"十一五"国家重点图书

FUSHI CIDIAN

服饰辞典

A DICTIONARY OF COSTUME

张渭源　王传铭　主编

中国纺织出版社

2012年·北京

图书在版编目(CIP)数据

服饰辞典 / 张渭源,王传铭主编. —北京:中国纺织出版社,2011.1(2012.12 重印)

ISBN 978-7-5064-6321-8

Ⅰ.①服… Ⅱ.①张…②王… Ⅲ.①服饰—词典 Ⅳ.①TS941.12-61

中国版本图书馆 CIP 数据核字(2010)第 045148 号

《服饰辞典》编辑出版人员

策　　划　孙兰英　包含芳
执行策划　唐小兰　李秀英　邱红娟
主　　审　郑　群
责任终审　郑伟良　李炳华
责任编辑　陈静杰　于磊岚　刘波涛
责任校对　陈　红　梁　颖
责任设计　何　建
责任印制　刘　强

出版发行　中国纺织出版社
地　　址　北京东直门南大街 6 号
邮政编码　100027
邮购电话　010—64168110
传　　真　010—64168231
网　　址　http://www.c-textilep.com
电子邮箱　faxing@c-textilep.com
印　　刷　北京盛通印刷股份有限公司
装　　订　北京盛通印刷股份有限公司
经　　销　各地新华书店
版　　次　2011 年 1 月第 1 版　2012 年 12 月第 2 次印刷
开　　本　850mm×1168mm　1/32
印　　张　25.5
印　　数　2001—2500
字　　数　1260 千字
定　　价　168.00 元

《服饰辞典》编辑委员会

主　　编：张渭源　王传铭

编委会委员（以姓氏笔画为序）：

王传铭　卞向阳　邓启明　刘晓刚　李珂玲　李　俊　杨以雄
吴汉金　张文斌　张渭源　陈　多　陈建辉　罗仪华　周邦屏
耿兆丰　徐莲珍　高春明　屠恒贤　缪元吉

学科分支主编

综合
主　编　张渭源

服装材料
主　编　王传铭
副主编　王革辉

服装舒适性与功能
主　编　李　俊
副主编　陈益松

时装表演
主　编　徐幸芝

服装品种
主　编　陈　彬
副主编　钱　欣

服装摄影
主　编　陈益松

服饰品（鞋、帽、领带、首饰、包袋等）
主　编　邓启明
副丰编　高　霞

服装结构工艺设计
主　编　张文斌

服装款式设计
主　编　刘晓刚

服装设备与仪器
主　编　缪元吉
副主编　陈慧敏　张　琳

服装生产管理与营销
主　编　杨以雄

服装史
主　编　卞向阳
副主编　屠恒贤

服装厂设计
主　编　李东平

形象设计与妆饰
主　编　杨　洁
副主编　李　芽

服装图案与色彩
主　编　汪　芳
副主编　陈　琳

针织与编结
主　编　周邦屏

服装工业数字化技术
主　编　耿兆丰
副主编　杨允出

《服饰辞典》参编人员名单(以姓氏笔画为序)

丁　洁	丁雪梅	于明智	万艳敏	王小群	王元皋
王云仪	王传铭	王贤平	王建萍	王革辉	王　俊
王晓莹	王晓谦	王朝晖	王善鸿	王　慧	卞向阳
方　方	邓启明	孔繁薏	叶金毅	史丽敏	宁玉明
师　晟	朱礼华	朱光尧	朱泽慧	任天亮	刘　华
刘咏梅	刘晓刚	刘健芳	刘　瑜	刘　雷	刘　鑫
齐小元	江进华	许重宁	许　群	孙矾天	孙　闻
孙骎骎	孙　熊	麦岐鸿	李东平	李旭东	李兴刚
李红燕	李　芽	李学东	李柯玲	李　俊	李　峻
李　敏	李　黎	杨以雄	杨允出	杨　军	杨　洁
杨海峰	连　蕾	吴汉金	吴安成	吴建萍	吴雄英
余素利	应耐良	汪　芳	汪建文	沈志文	宋绍华
张元明	张文斌	张丽华	张　连	张　旻	张金文
张建明	张宪玉	张祖芳	张晓霞	张　琳	张道英
张渭源	张　颖	张赛珠	陆小春	陆　嵘	陈万丰
陈　多	陈　红	陈　杉	陈建辉	陈春云	陈南梁
陈秋水	陈晓鹏	陈益松	陈　彬	陈　梅	陈慧敏
范士秀	罗仪华	金小英	周邦屏	周爱英	周　敬
郑宇林	郑佩芳	赵光贤	赵传超	柳　韵	侯永海
侯怀德	侯晓晨	姜新沪	洪　凭	洪　健	胥佩娜
袁梦雅	耿兆丰	贾晶晶	顾洪良	钱　欣	徐幸芝
徐莲珍	徐慧娟	翁慧珺	高士刚	高春明	高　赟
高　霞	黄士龙	黄晓昭	曹俊周	曹霄洁	崔玉梅
崔　琪	康　艺	屠恒贤	彭　波	蒋智威	傅　婷
虞海生	廖永富	缪元吉	潘建华		

序

世界服饰文化的发展与世界文明史的形成是同步的。古今中外，东西方历代服饰文化，源远流长、博大精深、交流融合、底蕴丰厚、内涵深邃、各具特色、与时俱进。

我国素有“衣冠王国”的美誉，既拥有56个民族的久远服饰文化历史，又体现了各民族服饰独特的风格和东方风韵。辛亥革命后，封建的冠服制度瓦解，又因西方服饰理念的传入，在民间首次得到服饰穿着的个性解放，由此，现代服饰文化在我国开始形成。

我国现代服装事业在新中国成立以来，走过了传统、保守、开放、入世的历程，经历了具有划时代意义的两个关键阶段。第一阶段是现代服装产业的形成阶段（新中国成立之初至20世纪80年代）。服装产业进入大规模的生产集约经营，向世界经济发达国家的服装工业生产技术水平看齐，由劳动密集型转向技术密集型，一改长期以来传统又保守的生产方式。第二阶段是20世纪最后的20年。国家以“大纺织”生产经营策略，从服装材料品种、产品质量、加工设备、现代管理等方面，积极支持服装工业的新兴发展，完成了中国现代服装工业的再一次产业升级。主要服装工业基地的生产技术、加工设备、管理水平已具有设计、裁剪电脑化，缝制高速化、专业化、集成化，黏合、整烫自动化，包装立体化和管理科学化等五大特征。到20世纪末，中国已成为世界上服装生产、出口、消费大国。与此同时，我国服装高等教育和服装科技事业都相应展开，既培养了高级服装人才（学士、硕士、博士、高级工程师、高级设计师、高级技师等），又显著地推动了我国现代服装文化的发展，加深了人们对服装理念的认识，由生活服装延伸到科技服装、太空服装等，为21世纪服装工业进一步全面地升级发展奠定了扎实的基础。进入21世纪，在现代经济全球化形势下，我国纺织服装界及其相关的教育科技人士都面临着一个艰巨而光荣的任务，那就是：将纺织服装工业教育与科研的总体水平提升到国际先进高度，以体现时代特征的“中国风采”理念走向世界，有规划地推动我国纺织服装大国跃升为世界纺织服装强国，从而开创成为世界时装中心之一的新局面。

值此时期，对我们从事纺织服装教学和科研的专业人士来说，该是总结、整理、分析、归纳的时候了，落实于《服饰辞典》的编纂与撰写工作，以完成数十年来企盼的时代使命和专业责任。

服饰这个概念，随着东西方服饰文化长期的交流、渗透和融合，已为人们由狭义的理解，逐步地趋向广义的认识，正是《辞海》中“服饰——衣服和装饰”之谓也。由于人们对日常生活越来越注重对美的追求，扩大了与整体美配套的范围，于是加速了服饰现代化的进程。如美容、美发作为人的头部、面部的妆饰手段，也被理解为与服装、首饰的整体协调配合，从而也被纳入服饰的范畴，连同妆饰用的化妆品一并纳入服饰门类中。还有一些过去主要体现实用价值的用品，如包袋、眼镜、假发等，已转为装饰功能与实用价值并重，甚至以装饰功能为主了，则都被列入服饰范围。为适应国际服饰领域的现状与发展趋势，本辞书取名为《服饰辞典》，并以广义服饰概念作为收词原则。

本辞典收词涉及的内容以服装为主，装饰为辅，既符合我国市场、生产、外销的现状，同时也与当前服装教育与科研相呼应。收词范围有：服装史，服装设计（款式、结构、工艺），服装材料，服装品种，服装图案与色彩，服装设备与仪器，服装标准与检测，服装生产管理与营销，服装厂设计，人体工程学，服装舒适性与功能（含暖体假人），服装卫生学，服装生理学，鞋、帽、领带、首饰、包袋等服饰品，形象设计与妆饰，丝巾艺术与着装，针织与编结等。收词近万条，并配有千余幅插图，以增强释文的直观性，便于阅读。

在编纂本辞典过程中，得到北京服装学院、天津工业大学、大连工业大学、苏州大学、西安工程大学、浙江理工大学、中国皮革和制鞋工业研究院、上海戏剧学院、中国戏剧学院、上海工程技术大学、上海第二工业大学、上海服装研究所、上海艺术研究所、上海老凤祥有限公司等单位的教授、专家、高工的支持和指导，文中手绘插图由陈瑞雪绘制，深表敬意。更值得我们感谢的是中国纺织出版社《服饰辞典》的编辑们，以“出好一本辞书”的责任感，认真细致，策划沟通，给我们较好的启示和帮助。

由于水平有限，错误和遗漏难免，敬请谅解，欢迎指正。

《服饰辞典》编辑委员会

2010 年 7 月

目　录

凡　例

一、收词

1.本辞典读者对象以从事服装服饰生产、设计、管理、贸易、科研、教育等的专业人员为主。选收服装服饰及有关学科专业的名词术语近万条，包括服装史，服装设计（款式、结构、工艺），服装材料，服装品种，服装图案与色彩，服装设备与仪器，服装生产管理与营销，服装厂设计，服装舒适性与功能，时装表演，服装摄影，服装工业数字化技术，服饰品（鞋、帽、领带、首饰、包袋等），形象设计与妆饰，针织与编结等。

2.词目一般采用科学名词或规范语言，以重要、常见、有代表性和新而稳定为原则。

二、释文

1.词目及释文力求使用规范的现代汉语，一般由（1）中文名称，（2）英文名称，（3）又称、简称等，（4）简明定义，（5）其他内容等组成。其他内容按照各类词目的规格与要求撰写。

2.一词多义的词目，用阴文❶、❷等序号分项释义。

3.释文中的计量单位按照国家标准《量和单位》的要求，科技名称术语以全国科技名词审定委员会公布的名词为准。未经审定和尚未统一的，从习惯。

三、编排

1. 中文词目按首字的拼音字母次序排列。同音字按笔画排列，笔画少的在前，多的在后。笔画相同的，按起笔笔形横（一）、竖（丨）、撇（丿）、点（丶）、折（乛）的次序排列。第一字相同时排第二字，排序规则同第一字，以此类推。

2. 除汉字外的其他文字，如数字、外文字母、连字符等不参加排序，其后的汉字按拼音排序。例如“T 恤衫”、“2+2 双罗纹织物”等。

3. 除词目表（音序排列）外，本辞典还有词目首字笔画索引、学科分类索引和插图索引。其中学科分类索引按学科专业分类，插图索引按正文中插图名称音序排列。

四、其他

本辞典字体除必须用繁体字的之外，一律用国家语言文字工作委员会公布的《汉字简化方案》中的简化字。

词目表

C

E

F

J

L

M

Q

X

词目首字笔画索引

A

阿波罗帽　apollo cap　美国国家航空航天局工作人员工作时戴的长鸭舌帽。色彩鲜艳，红色帽檐上装饰着黄色的文字。因阿波罗号登月计划的宣传而广为流行。

阿昌族服饰　Achang ethnic costume and accessories　中国阿昌族衣着和装饰。阿昌族分布在云南德宏。男子白布包头，并垂一长条绣花飘带（婚后黑布包头），左鬓角插鲜花或彩色绒球，戴两个银项圈。穿蓝、白、黑色对襟上衣，着黑色长裤，束腰带，腰佩阿昌刀。姑娘梳辫盘头，穿短衣长裤，婚后梳髻，戴蓝或黑色高包头，上饰彩线、绒球、银花和鲜花。穿窄袖上衣，袖口有宽缘饰，着黑色过膝筒裙，裹花式绑腿。系绣花或蜡染青布围裙。领口处饰四颗有银链环的银纽扣，腰系数条银链及银盒，戴数个银项圈、手镯、臂钏。

阿昌族男子头饰

阿昌族女子服饰

阿尔卑斯帽　Alpine hat, Tyrolean hat　一种软毡帽。圆锥状帽冠，帽顶呈纵长的凹褶，窄帽檐在两侧和后面向上翘起，深色帽腰，常修饰着竖直的毛刷、羽毛、绳子或缨穗，一般用粗毛毡或粗糙的斜纹软呢制成。源自奥地利阿尔卑斯山蒂罗尔地区。原多为绿色和茶色，现今黄色、深蓝色也较为多见。一般在运动、登山旅行时戴用。

阿訇帽　kulah　即“库拉帽”（291页）。

阿勒斯考福帽　atlesienne coif　法国阿勒斯（Arles）地区的民族头戴物。由戴在头顶的白色无檐帽和罩在上面的黑色天鹅绒无檐帽组成，长而宽的缎带垂在黑色无檐帽后。能在印象派画家文森特·梵高（Vincent Van Gogh）的作品《阿尔勒城的基诺夫人》中看到。

阿洛哈衫图案　hawaiian shirt pattern　即“夏威夷衫图案”（561页）。

阿瑞卡西利德　araxirde　古波斯男女均穿的一种服装样式。通常由一件裤脚塞入鞋或靴内的宽大东方式长裤及裹身的外罩斗篷组成。全身遮盖严实，体不外露，反映了波斯人保守、含蓄的性格。该服装在历史演变中有一定的代表性，影响一直延续至今。

阿斯曼通风温湿度计　Assmann aspiration psychrometer　一种能迅速测出空气温、湿度的测量仪器。由德国人阿斯曼于1887年所创。该仪器包含两支放置于防辐射性能极好的通风管道内的棒状温度计，并利用旋转的小风扇，在干、湿温度计的球部周围产生37 m/s左右的风速，使其中的水银能较快地吸收周围空气的对流传热，从而可以快速测出大气的温、湿度。该仪器测量精度高，使用方便，常用于测量野外环境的气温和湿度。

阿提夫王冠　Atef　高大的白色塔形冠状物。侧面饰有羽毛的王冠，也常饰有太阳形饰物、牛角等头饰。传说为某些埃及神灵的象征性头饰，特别是司阴府之神，埃及国王也曾戴用。

阿提夫王冠

埃及双重王冠　pschent　又称纳尔莫王冠。古埃及法老所戴的象征上下埃及统一的两顶王冠。上埃及采用高大白色的王冠，外形类似宝塔，顶部呈圆形，下埃及采用红色柳条编织的王冠，冠顶前端平直，后端高高翘起，呈立柱形。

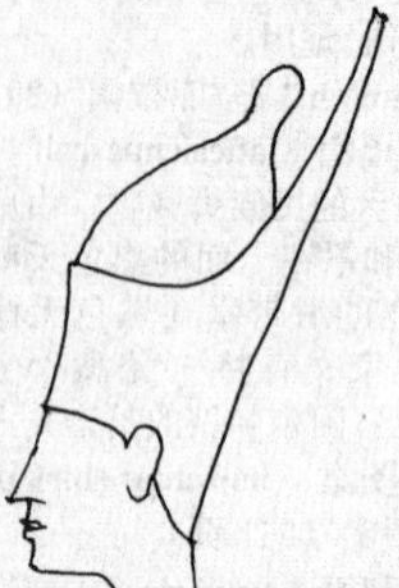

埃及双重王冠

矮帮皮鞋　low upper leather shoes　即“矮腰皮鞋”(2 页)。

矮腰皮鞋　low upper leather shoes　又称矮帮皮鞋。鞋口在脚踝骨以下的鞋类。是日常生活中最常见的鞋类，按其帮样的款式变化，分为耳式鞋、舌式鞋、开口式鞋、浅口式鞋等。

艾虎毛皮　fitch fur　又称艾鼬毛皮、地狗皮、二头鸟皮。小毛细皮的一种。艾虎在我国分布较广，以东北、西北地区为主产区。艾虎毛被分为：(1)大毛，针毛尖端呈黑色，中部青黄色，基部及绒毛均呈白色，背部毛被较长，皮板厚硬；(2)中毛，尾稍长，针毛呈黄色，绒毛为浅黄或乳白色，皮板稍厚；(3)小毛，尾细短，针毛呈棕黄色，绒毛呈白色，周身毛被细平而紧密，色泽鲜艳，皮板细柔。按要求取皮加工成皮板朝外、不开后裆的圆筒皮，毛被细密灵活，颜色艳丽。制裘后，适宜制作本色裘皮大衣、皮帽、皮领及服饰品镶边等。

艾鼬毛皮　fitch fur　即“艾虎毛皮”(2 页)。

爱奥尼亚式基同　Ionic chiton　古希腊著名服装。最初为男子服装，后来男女通用。其长边大于穿者的身高，宽为伸平手臂指尖到指尖距离的两倍。侧缝除留出伸手的一段外，其余部分缝合，呈筒状。从双肩到两臂用安全别针密集固定，形成袖状。穿时无需在上身处向下做外翻折。一般由亚麻或者棉布制成。

爱奥尼亚式基同

爱德华式男套装　Edwardian men’s suit　为英国上流社会设计的服饰。风格保守和传统，源于 20 世纪初英王爱德华七世时代。其特征为剪裁修长、合身，领子镶有绒边，袖口翻起，配有紧身裤子和织锦大衣。第二次世界大战后，此类风格再次流行。

爱德华式男套装

爱德利斯绸　Adelis silk　色泽图案具有维吾尔族风格的丝织物。采用传统的扎经分段染色法，再按图案所需排列，整经织造，纹样自然，色泽艳丽。

维吾尔族姑娘穿的爱德利斯绸裙

爱德利斯绸图案　Adelis silk pattern　又称舒库拉绸图案、和田绸图案。新疆维吾尔族传统扎经染丝织品图案。绷挂好经线，把设计的花纹绘在经面上，用玉米皮和棉线扎结用以防染，再予以染色，织造成图案面料。图案以粗犷的线条、弯钩、不规则块面组成几何图形。以饱和的红、黄、绿、蓝、黑为主色，生动自然，具有鲜明的艺术特点，是维吾尔族妇女喜爱的衣裙用料图案。

爱尔兰针织物　Irish knitted fabric　在双反面组织的基础上，根据设计的花纹要求，每个线圈纵行都由正反面线圈和反面单列集圈交替编织而成的纬编织物。厚实，蓬松，延伸性小，不易脱散。多用于制作外衣、毛衫等。

爱哥利盖帽　negligee cap　又称家居便帽。17 世纪流行的有褶饰的宽大无檐帽。一般和睡袍一起穿用。

爱国者装束　patriot costume　裤装打扮。平民化的设计风格，源自法国大革命时期。当时，画家大卫参照国民议会的指示，将紧瘦的长裤作设计蓝本，设计出旨在取消等级差别的服饰，因此，长裤汉装束成了爱国者装束的同义词了。

爱可运动鞋　Ecco sneaks　又称环保鞋。鞋帮鞋底及部件等都由回收材料制作的鞋。最早的爱可运动鞋是由美国德佳(Deja)公司生产的。以再生棉布作衬里，回收软饮料瓶作硬衬，坐垫厂碎布头作鞋舌，以再生橡胶为主作鞋底。这种充分考虑生态平衡与资源保护的鞋品深受人们的欢迎。

爱诺瑞克外套　anorak　极地服装的一种。在最外层穿用的防寒外套。源于爱斯基摩人(因纽特人)的服装，在俄罗斯称为派克大衣，德国称为防风夹克。具有防寒、防风、防水功能。由于质轻，便于活动，经常作为极地户外作业用上衣。款式造型上，在袖口、下摆处使用搭扣、橡皮筋抽缩等收紧部件。面料采用锦纶或锦纶与塔夫绸的双重结构。

爱上就送鞋　gift shoes for love　云南白族青年男女在谈情说爱中，作为信物的鞋。情歌唱起，男：月亮出来亮光光，到妹园中讨菜秧，妹不给秧还泼水，泼湿哥衣裳。女：身上衣衫湿透好，脚上鞋子也湿光，衣裳泼湿我不管，鞋子赔一双。至此，男女青年相爱了。接着女青年会定期给男青年送鞋。如果关系进一步确定，那男青年的鞋就由女方承包了。到结婚大喜的这天拜亲时，新娘每拜一位长辈，就会送上一双由她亲手缝制的布鞋，人们便会在相互传递中欣赏赞美不已。

安安衣　ananyi　中国传统戏曲袍服中素“褶子”(591 页)的一种。斜大领，大襟右衽，阔袖，不带水袖，长仅及膝，似短袄。蓝色布制，白色大领，袖口沿黑边。也有用红、灰等色布制作，对襟的。用于一般人家的儿童，如《桑园寄子》中的邓伯道之子、《宝莲灯》中的秋儿。

安安衣

安妮庄园风貌　Annie Hall look　一种将宽松裤、飘逸裙、大披巾等服饰以不协调的方式任意搭配的穿着风格。源于 1977 年伍迪·艾伦导演，迪艾尼·凯登主演，获美国学院奖的影片《安妮庄园》。例如：男式牛仔衬衣穿在晚礼服长裙外面；丝绸女衬衣、耳环配工装裤等。

安琪勒斯帽　angelus cap　欧洲农妇戴的用大手帕包头系扎而成的帽子。因出现在法国画家米勒的《晚钟》(*The Angelus*)画作中而得名。

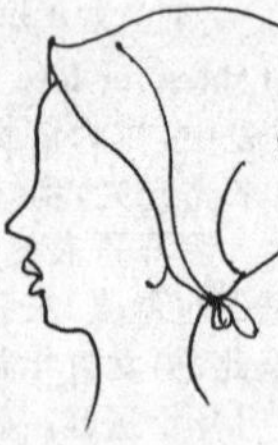

安琪勒斯帽

安全防护用品　articles for safe protect　保护人身安全的防护用品的总称。用于防止作业工人受到伤害,或者由于汽车、摩托车等交通事故引发的伤亡。主要有安全帽、防护眼镜、安全带、安全靴、难燃性工作服、防护手套等种类。

安全帽　helmet　又称头盔。防止头部受到伤害的防护用品。分帽体与帽托两部分。帽体由合成树脂、轻金属等制成,强度与人的头盖骨相当;帽托能吸收约80%的冲击能量以保护头部。由于用途不同,建筑、矿业工人用安全帽帽体较厚;交通部门用安全帽侧壁较厚,帽体内侧放入了缓冲垫;电气作业用安全帽的电绝缘性能良好;军事上使用的安全帽由钢铁制成;另外潜水服、防火服、宇航服等也配套安全帽使用。

安全靴　protective boots　对脚或脚踝部具有防护外在物理及化学等危害因素作用的安全防护用品。结构上在皮靴的头端嵌入了薄铁制的衬片;靴底由合成橡胶制成,有机械缝合与直接加硫压铸成型两种加工方式,后者居多。衬片的材质常用含碳0.6%的钢片,以保证耐重物冲击的能力及耐压迫性能等。同时具有耐磨损、耐热、耐电、耐油、耐酸等性能。

氨纶　polyurethane fiber　即“聚氨酯弹性纤维”(273页)。

氨纶弹力织物　spandex stretch fabric　用氨纶丝包芯纱作经纱和/或纬纱而织成的织物。根据外包纤维的种类不同,又可分为氨纶弹力棉织物、氨纶弹力涤/棉织物、氨纶弹力毛织物、氨纶弹力毛/涤织物和氨纶弹力涤纶织物等。织物的弹性好,伸长率大,运动舒适性好,并具有原来织物的外观风格和服用性能。可用作衬衫、裤、裙等的面料。

鞍背皮鞋　saddle leather shoes　鞋前帮中间有一马鞍形部件的前开口式皮鞋。通过变换该部件的颜色和质地,增加花色变化。其特点是造型活泼,色彩丰富,适合中青年男女穿用。

鞍背皮鞋

按扣　button snap　扣子的一种。起固定和开闭作用。分为凸状按扣和凹状按扣,一凸一凹的两个合成一对。

凸状按扣　　凹状按扣

按扣雨靴　push button rubber boots　用按扣开闭鞋口胶面的胶底矮帮靴。鞋帮背部可折叠的防水胶布可防止雨水进入靴内,穿时拉开,穿后收折。上盖带按扣的胶皮,后筒高过踝骨。压延出型外底,模压跟,颜色多样,为生活防雨水用鞋。

按摩保健鞋　massage health care shoes　鞋内底具有不同高低和粗细的上细下粗的锥形橡胶弹性柱的布面橡胶底鞋。行走时,足底压缩胶柱,胶柱的固有弹性刺激足底穴位,形成按摩效应。通过调动中枢神经对病区进行调节,从而起到治疗和保健作用。

按摩膏　massage cream　在按摩过程中起润滑作用的护肤品。能使美容师的手与顾客的皮肤之间具有润滑感,使按摩过程更加顺畅。按摩膏含有丰富的油分,用后要清洗干净,保证皮肤的呼吸功能。按摩乳含水分较多,适用于油性皮肤和缺水皮肤,使用后容易漂洗,皮肤感觉清爽。

按摩美容　massage beauty　一种美容方法。运用不同手法或器械在面部或其他部位进行按摩,以改善皮肤生理功能,增加皮肤弹性和润泽，防止或减轻皱纹产生，延缓皮肤衰老。能促进血液循环，增加养分的供给，改善新陈代谢，排除废物，增强细胞的再生能力，防止衰老，刺激肌肉和皮肤弹性组织，松弛紧张的神经，消除疲劳，排除积聚于皮下的水分，有利于清除肿胀，促进护肤品和药物的吸收。按摩的基本手法有按抚法、揉捏法、叩抚法、捏按法和震动法。美容按摩可分为西式按摩、日式按摩和经络按摩。

按摩鞋 massage shoes 内底上有很多大小不同、高矮不一的用橡胶或其他弹性材料制作的柔软的乳头状胶柱突起的鞋。走路时这些突起的乳头对脚底施加按摩作用，从而达到刺激神经、调节血液循环、防病祛病的目的，按摩鞋多为拖鞋。

暗包缝 welt seam 又称内包缝。缝型类型。将两片缝料正面相对复合，使一片缝料的缝份包裹住另一片缝料后车缝，然后翻向正面，将缝份向被包覆的缝料一侧折倒，再在正面车缝，缉线时要缉在反面缝份的边沿上，特点是缝边部位整洁平服，常用于单服装缝制。

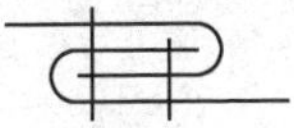

暗包缝

暗袋 concealed pocket 外观上不易觉察的口袋。如在裙子褶裥里开口的口袋、内衣里的口袋和男西装左侧内贴边上的细滚边小口袋等。

暗冬型女性 dark-winter female 冬季型女性的一种。人体色表现出中低明度及中低纯度特征的冷基调 B/D 型女性。此类型人数较少，为非标准型人群。一般肤色为偏暗的黄褐色，脸颊少红晕，头发黑色，眼珠黑色，眼白冷白色，眼神犀利。适合冬季色彩群中中低明度、中低纯度的冷色调(如暗红、暗绿、藏青、黑色、深紫色等)，并采用对比配色法和中差配色法。

暗缝 blind seam, invisible seam 缝型类型。线迹只将底层缝料和上层缝料的少量纱线(如衬布)缝合，在缝料正面不露出缝线，常用于正面不缉止口的服装部件与衣身的缝合。

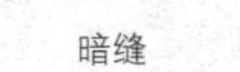

暗缝

暗缝机 blind stitch sewing machine 又称缲边机。将服装的折边与衣身缝合，并在缝料反面形成 103 型单线链式暗缝线迹的专用缝纫机。由弯形机针摆动刺料机构、送布机构、线叉机构、压脚机构、缝迹调节和机针深度调节机构等部分组成。正面缝线不明显，与人工缲边效果相仿。需要设定的工艺参数有针距、扎针深度和缝迹形状。转速 1400～3000 r/min，针距 2～10 mm，压脚升距 3～15 mm。用于上衣下摆边、袖口边、裤脚贴边和裙下摆等处的暗缝缲边作业，或用于在大衣领子和领角内部的拌花作业。作业结束时，若断线位置处理不当，缝迹一拉就散，出现假缝现象。

暗花图案 shadow pattern 隐藏在底色中的花纹。由写意或抽象图形构成。花形简洁，大小适中，布局匀称，色相与明度、底色高度统一。结合提花等织造工艺，变化花形与底色的经纬结构，形成纤维组织方向或凹凸变化的花纹；也可结合印花工艺，运用明度统一下的色相细微差异以及色相统一下的明度或纯度的细微差异，形成花形与底色对比的花纹。暗花图案多运用于里料、裤装、中年服装等图案设计中。

暗花图案

暗裥符号 invisible tuck 服装结构制图符号。表示裥面向下的折裥。常用于男女装衣身、口袋造型中。

暗裥符号

暗缭针　blind hemming stitching　即“暗缲针”(6页)。

暗门襟　fly-front dosing　扣眼或拉链夹在双层式门襟之间，表面看不见扣合物的结构样式。常用于外衣门襟、男女裤的开合处。由于暗门襟宽度一般为3～5 cm，故暗门襟的扣眼一般设计为斜形。

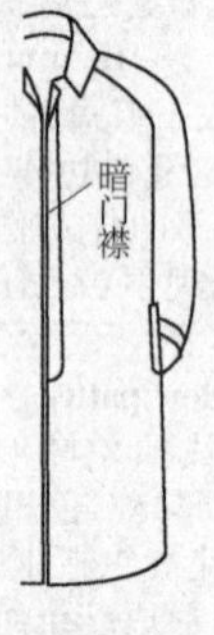

暗门襟

暗缲针　blind hemming stitching　又称暗缭针。缲针的一种。成缝时缝针只穿刺底层缝料的少量纱线，线迹暗藏在缝口内，缝料正面不显露。主要用于外观要求较高的厚实缝料的底边固定。

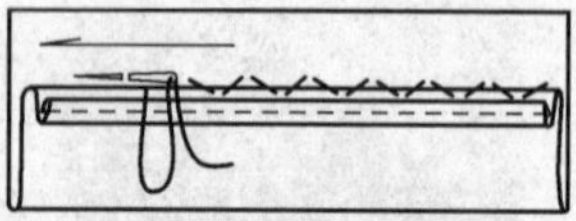
暗缲针

暗秋型女性　dark-autumn female　秋季型女性的一种。人体色表现出中低明度及中低纯度特征的暖基调Y/DK型女性。肤色为较暗的象牙色，少红晕，发色多为深棕色或黑色，眼珠呈现深棕色，眼白湖蓝色，眼神深沉稳重。适合秋季色彩群中中低明度及中低纯度的暗沉的暖色调，并采用弱对比的渐变搭配。

昂戈赛帽　Anglesea hat　19世纪中期圆柱形高帽冠、平帽檐男帽。

昂古莱姆罩帽　Angouleme bonnet　法国帝政时期的打褶高帽冠。帽檐前面宽、两侧窄，在脸侧面打结的麦秸罩帽。名称来自女公爵昂古莱姆。

凹势　concavity　服装部位的造型及部件的制成形态向里侧凹进的程度。常用于上衣腰、肘等部位的评价。技术关键是对凹进的缝边进行适当的拉伸熨烫。

凹凸法　embossed method　使用外力敲打、挤压画面所要处理的部位，由此产生凹凸的立体效果的方法。可用在纽扣、口袋、装饰物等需要突出的部位。色彩选用不可太多，最好在色块处做凹凸处理。根据纸张的弹性、厚薄施力，以免损坏画面。

凹凸纹网眼棉毛布　single pique interlock fabric　由双罗纹组织与集圈组织复合而成的纬编织物。原料采用细特棉纱、毛纱、低弹涤纶丝、腈纶纱及涤棉混纺纱等。织物表面呈现蜂窝状凹凸网眼，紧密、挺括、尺寸较稳定。用于制作内外衣、T恤衫等。

袄　ao　即“袄子”(7页)。

袄裤　aoku　中国传统戏曲中女性着用的短式套装。源于清代妇女服装。短袄为立领、大襟右衽、窄袖、长及腰，裤子同一般旧式女裤。绸缎面料，色彩有红、绿、蓝、淡黄等。绣各种花卉图案。多为家常打扮，用于小户人家妇女、丫鬟，如《拾玉镯》中的孙玉姣、《花田错》中的春兰。

袄裤

袄裙　aoqun　中国传统戏曲中女性着用的短式套装。在清代妇女生活服装基础上加工而成。上身为立领、大襟右衽、窄袖、长及腰的短袄，下身为大褶宽裙。多用红、粉、淡绿、浅蓝、鹅黄等色彩淡雅的绸缎面料。绣折枝花卉。短袄适于显现轻便灵活的动作，宽裙具有稳定感，故多用于活泼俊俏的大家闺秀，如《得意缘》中的狄云鸾。

袄裙

袄子　aozi　又称袄、短袄。一种缀有衬里的短上衣。由襦演变而来，最初作为内衣。长度介于襦与袍之间。形制既有宽袖，也有窄袖；既可对襟，也有大襟。衿部被裁缺一块的为武士穿用。最初为北方燕人服装，隋唐后逐渐传入中原，成为男女常服。

奥莫尼厄　aumoniere　十字军东征时期随身携带的一种放置钱财的小口袋。造型和装饰华丽精美，是当时一种人人喜爱的饰物。多为丝绒缝制，镶珠宝珐琅或用金线刺绣，甚至嵌以纯金，以显示主人的富有，使用时用长长的金属链悬挂在腰带上。

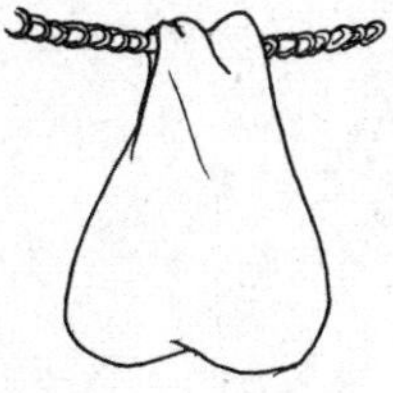

奥莫尼厄

奥斯德瓦尔特表色系　Ostwald color specification system　即“奥斯德瓦尔特色彩体系”（7页）。

奥斯德瓦尔特色彩体系　Ostwald color system　又称奥斯德瓦尔特表色系。由德国化学家威廉·奥斯德瓦尔特于1923年发表的色彩体系。奥氏色立体为两个正圆锥体的组合构造，其截面为以白、黑、纯色为顶点的三角形，即物体色通过色相、白色量（W）、黑色量（S）显示出来，色相为纯色量（V，完全色），即用 $100 = W + S + V$ 的公式表示物体色的方法来进行。奥斯德瓦尔特色相环由24个色相组成。色相环直径两端互为补色关系，如红与绿、黄与蓝，中间加入色相后，以黄（Y）、橙（O）、红（R）、紫（P）、群青（UB）、绿蓝（T）、海蓝（SG）、叶绿（LG）为8个基本色相，各色相又3等分，形成24色相，按顺时针方向自黄至叶绿以1～24的编号标定各色相。奥斯德瓦尔特色彩体系的明度中心轴定为8级，分别以a、c、e、g、i、l、n、p表示。每个字母均表示一定的含白量和含黑量：a的含白量最高，含黑量最低；p的含黑量最高，含白量最低。各色在表示上包含色相号码、白色量、黑色量三个部分，例如深咖啡色为5 pl，即色相5，白色成分3.5，黑色成分91.1，纯色成分5.4。

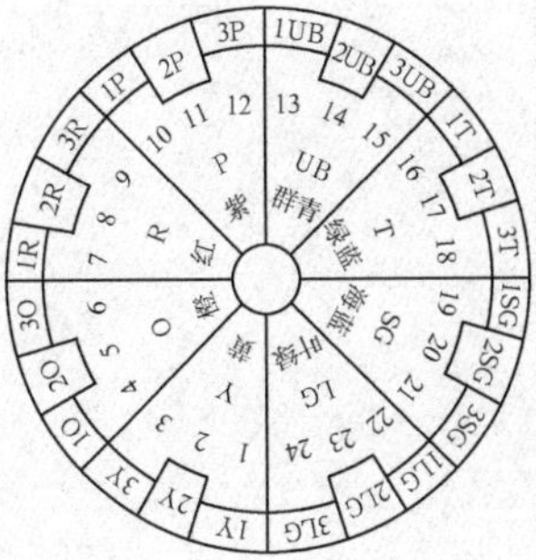

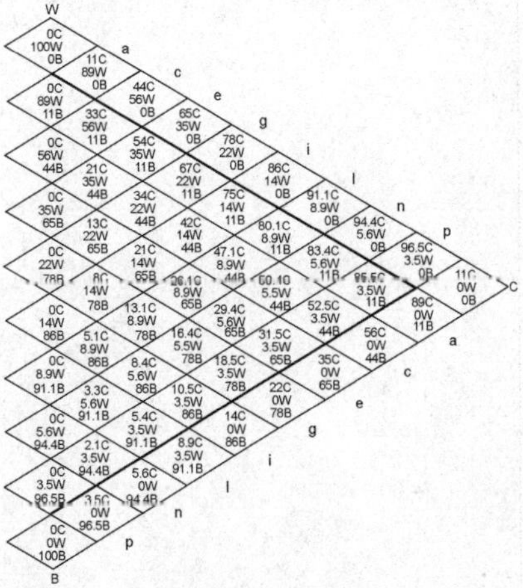

奥斯德瓦尔特色彩体系

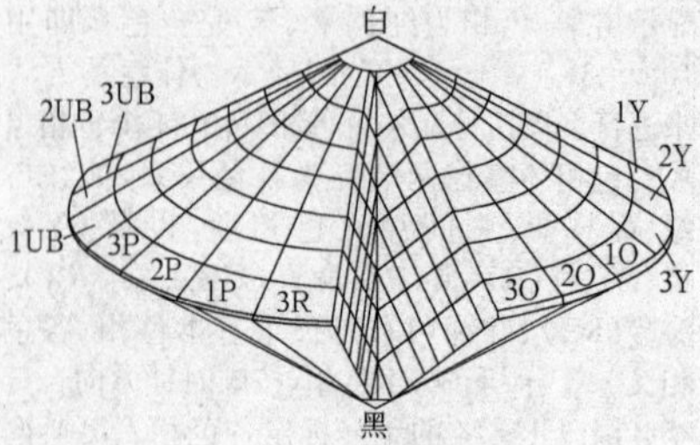

奥斯德瓦尔特色彩体系

奥特莱斯　outlets　即“品牌直销购物中心”(391 页)。

B

八宝纹 eight treasures pattern 中国传统静物装饰纹样。由八种器物组成。八种器物有：和合、鼓板、龙门、玉鱼、仙鹤、灵芝、磬、松，或从如珠、锭、磬、书、笔、方胜、如意、祥云、犀角、珊瑚、艾叶、焦叶、元宝等器物中选取八种。寓意祥瑞。在染织图案中，明代根据宝相花的图案特点，由莲花为主体，在花中镶嵌了八宝纹，创造了八宝花织锦。八宝纹造型丰富多样，或以连续循环样式，或以定位图案样式，结合织绣，在中国民间服饰中广为流传，运用于男女便服以及马面裙、荷包等图案中。

八卦衣 baguayi 中国传统戏曲男用袍服。斜大领，大襟右衽，长及足，阔袖带水袖，腰部略向里收，有两条下垂飘带，左右胯下开衩。衣身四周、袖口及腰际均绣宽花边。服色多为黑、紫、蓝等深色。最主要的特点是在前胸及后背绣太极图，并将八卦图形作为纹样绣于全身。专用于识天文地理、通阴阳法术的军师角色，如诸葛亮。

八卦衣

八角钉 whipper 免缝式塑胶按扣，适用于质轻柔软，伸缩性布料，常用于宝宝尿裤、幼儿装等的扣合处。

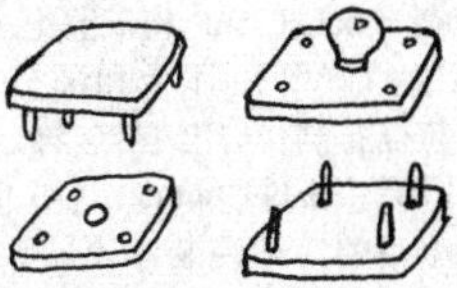

八角钉

八角星纹 Eight-point star design 呈八角十字造型的纹样。中间有方孔或圆孔成轴中心对称。新石器时代的陶器上有此纹样，在苗、瑶、侗族等少数民族的织锦、刺绣上多用此纹样。寓意光明、吉祥。

八角星纹

八字吊搭 bazidiaoda 简称“吊搭”（100 页）。

八字眉 bazi eyebrows 又称鸳鸯眉。汉唐宫女画眉样式。1972 年湖北云梦大坟头西汉墓出土的女木俑面部，即有此种眉式。

八字眉

八字髯 baziran 中国传统戏曲“髯口”（424 页）的一种。唇上两撮短须左右撇开，形如八字。多用于丑行扮演的江湖术士、落魄文人一类角色。有黑、白、红三种。如《一捧雪·换监》中的禁子、《请医》中的刘高手、《金钱豹》中的杜保，即分别戴黑、白、红八字髯。

巴别特帽　babet cap　19 世纪 40 年代穆斯林女性戴的遮罩住耳朵和部分面颊的晨帽。由细薄棉布制作，用缎带装饰。

巴别特罩帽　babet bonnet　19 世纪 30 年代的妇女戴用的薄纱晚装小罩帽。戴在头的后面并罩住双耳。

巴尔莫洛帽　Balmoral cap　苏格兰高地的传统帽式。扁平贝雷帽型，类似"苏格兰便帽"(498 页)。一般为深蓝色，顶部有红色的绒球，在一侧装饰着家族的饰章和羽毛，为苏格兰高地传统服饰的一部分。19 世纪晚期妇女运动时使用。

巴尔莫洛帽

巴伐利帽　bavolet　法国农村妇女戴的简单的头巾帽。

巴基斯坦式背心　Pakistani vest　无袖、低开 U 字领的民俗背心。以毛、腈及其混纺纱为主要原料。长至腰部，前开襟，滚边，暗纽。通常采用提花组织编织，色泽鲜艳，多以散花和多层二方连续式纹样布局。以绣花、流苏、丝带等装饰，带有少数民族风味，常与裙子搭配。我国少数民族和巴基斯坦等国妇女穿着。

巴黎臀垫　Cul de Paris　欧洲的一种用马毛做的半月形臀垫。始于 17 世纪末，使用时置于裙内后腰位置，起到使臀部膨大翘起的作用。一些妇女还将外裙撩起，搁在翘臀上面，部分裙摆用缎带固定，余下裙摆任其拖曳下来，从而使外表更加优雅美观。

巴里纱　voile　棉织物名。采用细精梳强捻股线织制的稀薄、滑爽的平纹棉织物。采用7.5 tex ×2(80/2 英支)～6 tex ×2(100/2 英支)的强捻股线，经蒸纱、烧毛和丝光处理后做经纬纱，经纬密度为 196～236 根/10 cm。质地轻薄透明、布孔清晰、透气性好，折叠时能充分显示出光的干涉条纹效果。适宜作夏季衣裙面料、穆斯林的头巾、面纱等。

巴洛克风格服饰图案　Baroque style pattern　运用巴洛克艺术特征进行设计的服饰图案样式。由石膏头像、花朵、棕榈叶、曲面、椭圆形、佩兹利等构成图案。源于 17 世纪欧洲，以法国路易十四时代的宫廷服装为代表，后流行于欧洲的服饰艺术风格。原意为变形的珍珠，即不合常规、怪诞、奇特，打破古典主义的均衡与完整，强调动感和光影效果，色彩艳丽对比、线条有力，呈现生气勃勃、气势雄伟、充满幻想的艺术风格。结合质地考究的提花或印花衣料，配以缎带、荷叶边、蝴蝶结及绢制高跟鞋等装饰，表现在巴洛克特有的服饰设计中。

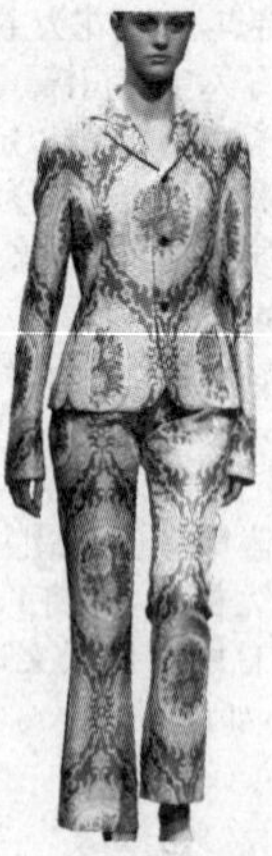

巴洛克风格服饰图案

巴洛克式风貌　Baroque look　装扮华丽具有浓郁宫廷风格的服饰。起源于 17 世纪欧洲。在艺术上表现为矫饰主义，强调的是戏剧性的动感和放射性的效果，以错觉、光影、色彩互相混合，呈现炫目华丽的视觉效果。法国路易十四时代的宫廷服装是巴洛克概念在服装上的典型代表，男子服装由短夹克和类似现在的裙裤组成，其间也曾流行过一种袖边卷起的长大衣，门襟敞开不扣，里面露出长背心，衣服的连接均用缎带装饰，颈上系着带有现代领带雏形的斯坦开克领带或克拉瓦领结。女子服装强调身材的修长感，领型袒露，以方型为多，A 型裙用衬裙撑开，多以荷叶边装饰为主。法国设计师拉夸(Christian Lacroix)的设计较多借鉴巴洛克风格，他于 1989

年推出的女装具有新巴洛克形象。

巴拿马　panama　机织物名。原为棉经毛纬以平纹组织或方平组织织制的厚实交织物。现多为用中长纤维混纺纱线以平纹组织或方平组织织制的厚实织物。织物质地厚实，挺括，结构略松，风格粗犷，有较好的透气性和耐磨性能。适宜制作中低档西裤、夹克等。

巴斯尔样式　bustle style　又称后撑裙式。19世纪流行于欧洲的一种服装样式。女性通过使用裙撑或其他装饰手段使臀部具有丰满隆起的效果。该样式的裙撑是用铁丝或鲸须制成的单圈或多圈衬垫。这一时期的许多短罩裙都是紧裹前体形成直线，并在后臀收拢系结，以堆积的大蝴蝶结和由此形成的褶裥增加后部的丰满感。夸张的裙裾也是该样式的重要特征之一，最长可达2 m。

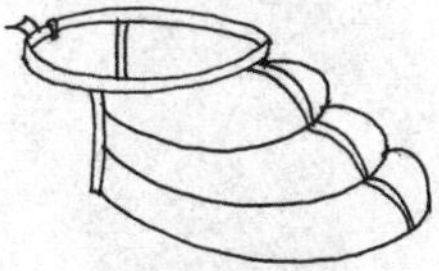

巴斯尔样式

巴斯克　basque　文艺复兴时期的一种长过腰部用于勒细腰身的紧身上衣。以鲸须为骨架材料的无袖胸衣式样，表面平整，呈倒三角形，从肩至腰非常紧身，腰以下为一截裙裾式下摆。后来由于对细腰的推崇，被铁制紧身胸衣代替。铁制胸衣由前后左右四片构成，四片之间用合页连接，宽窄与松紧由铰链和插销加以调整。

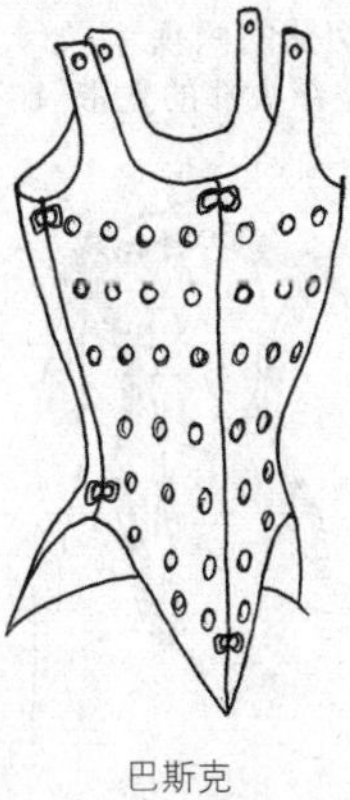

巴斯克

巴斯克贝雷　basque beret　顶和帽冠连为一体呈圆形，帽边带紧合，顶有细尾的帽子。源自西班牙和法国边界的巴斯克地区的农民帽。

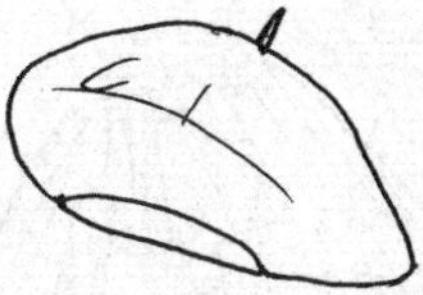

巴斯克贝雷

巴兹比军帽　busby　圆柱形高帽冠，链子或皮带兜住下唇或下颏的军帽。黑色皮毛制作，前中顶部饰有帽章，小簇白色羽毛装饰在帽顶左侧，袋状的织物垂至帽冠右面，袋子的色彩标明了队别。英国军队中的轻骑兵等兵种着正装时使用。

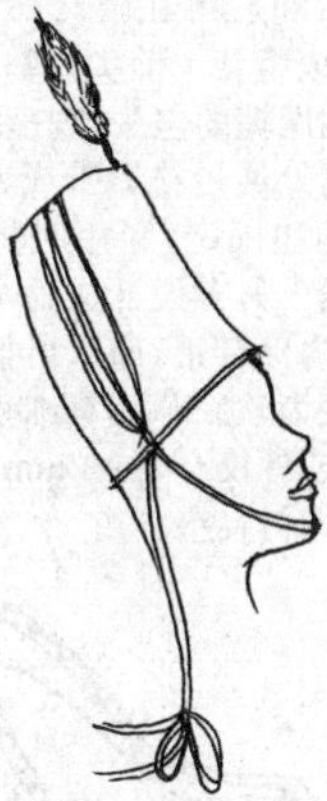

巴兹比军帽

芭蕉油　bajiao oil　中国古代妇女养发用的香油。可止发落，令发长而黑。

芭蕾礼服　ballet dress　芭蕾舞女演员穿着的舞蹈服装（图见下页）。1832年意大利浪漫式芭蕾舞盛行时期，由尤金·拉莫设计。一般上装为背心式紧身衣，下装为抽碎皱褶，下摆向外张开的钟形裙，裙部通常有数层白色薄纱。配与浅红裤袜及浅粉红缎质芭蕾舞鞋使用。裙子长度在踝部以上，材料多采用轻薄、柔软织物，如丝绸、绉缎、蝉翼纱等。如今，根据传统芭蕾舞服装设计的日常礼服，也统称为芭蕾礼服。

芭蕾礼服

芭蕾鞋 ballet shoes 专供芭蕾舞演员穿用的鞋品。浅口皮帮或布帮胶底结构。帮面多用柔软而富有弹性的材料,如纳帕革等制成。皮革前帮和后帮在腰窝部位连接,如用织物,也可制成整帮。前尖内衬有软硬适中、极富弹性且耐摩擦的包头(现多用半硬质 PU 泡沫块),腰窝处通过松紧带或者两条长带分别与鞋帮的两边固定,穿用时将其绕过脚背包住脚腕系紧。另有设计成整个鞋口有一较宽沿包边,其内穿鞋带,前口可抽动系紧的款式。鞋的外底为软底革或有细小花纹的薄型橡胶片,无跟或者仅有 2~3 mm 的坡跟,用缝绱工艺成型,内衬鞋垫。

芭蕾鞋

拔裆 stretch crotch 又称拔脚。将平面状裤片拔烫成符合人体臀部下肢形态的立体状裤片的动作。一般在下裆缝 10 cm 至中裆以下拉伸,使凹形的裆缝拔成与侧缝相同的形状,将多余的量在下裆缝 10 cm 处对应的烫迹线处归拢,裆缝与侧缝对合后将臀位的烫迹线向外推伸,做成符合人体臀部的形态。可用手工或专用的拔裆机加工。常用于贴体风格的裤装加工。

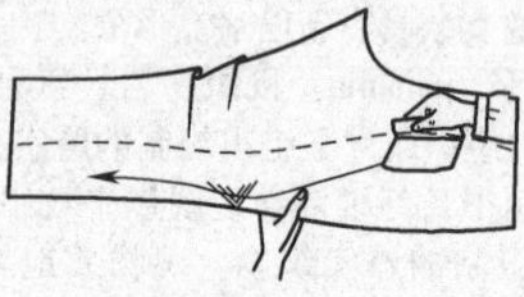

拔裆

拔脚 blocking crotch 即"拔裆"(12 页)。

霸王靠 bawangkao 中国传统戏曲戎装"靠"(285 页)的一种。京剧中西楚霸王项羽专用。黑色,式样、结构基本同其他男靠,但在"靠肚"(285 页)下端加缀黄色网子排穗。这是 20 世纪 30 年代饰演项羽的著名京剧演员金少山等改良创制的,与此前的绣象鼻、后身下围有方形甲片的霸王靠有所不同。

霸王靠

白布帽 cornet 17~19 世纪西方妇女白天戴的白布无檐帽。在颏下系牢,有的具有从头顶垂至两侧的侧垂片,如大头巾。源自 14~15世纪绕在头部的发带,16~17 世纪发展成无檐帽。

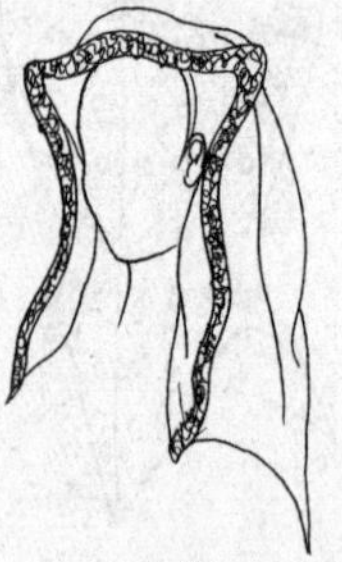

白布帽

白貂皮帽　lettice bonnet, ermine cap, miniver cap　16世纪户外用无檐女帽或遮住耳朵的三角形罩帽。用类似白貂皮的材料制作，也指16～17世纪用该材料制作的男用睡帽。

白度仪　whiteness tester　用于白色和近白色的纺织材料、油漆涂料、化工建材、纸张纸板、塑料制品等物体白度测量的设备。适用标准：GB/T 8424.2—2001(2008)《纺织品　色牢度试验　相对白度的仪器评定方法》等。由光源、滤光器、光电探测器、光电转换电路、样品夹持器、显示器等组成。卤钨灯作光源，经聚光镜和滤色片组成蓝紫色光线以45°照射样品，由硅光二极管以0°接收样品的反射光，经光电转换电路转换成电信号，对其处理后显示相应的白度值。白度值表示为蓝光白度R457。工作标准白板与参比白板作为仪器校准及标定的依据。

白度仪

K白金　karat white gold　白色的黄金材料。除金外，还含有钯、镍、锌、银等元素，合金比率与其他首饰用黄金材料相同，如18K白金的含金量为75%，钯与其他元素含量为25%。色泽可与铂金媲美，制成的首饰雅致、美观。

白领套装　white collar suit　上层社会和知识阶层的穿着打扮。风格严谨，第二次世界大战后在欧美出现。以此象征地位和教养，视白色衬衫最为优雅，最能体现男士的高贵，因此在穿正规的深色西装套装或礼服时，必须配上白领衬衫。20世纪后期，这一观念逐渐失去了原有的意义。

白色　white　一般色名。像霜或雪的颜色。在服饰上，自文艺复兴时期开始，白色一直作为最优美而高雅的颜色被使用，至今的结婚礼服、芭蕾舞服等仍沿用此色。20世纪80年代以来，白色经常成为时装流行色的主调，如用白色搭配黑色、粉红、粉蓝、粉绿等色时，常给人以清爽舒适以及时髦之感。白色为20世纪80年代后期秋冬的流行色之一。白色的象征：白色是无彩色，由于中国与西方传统用色观念的差异，在西方象征了和平与神圣，是国家婚典的用色，寓意着爱情的圣洁、高雅；而在中国则是丧礼的常用色。

白纱帽　baishamao　南朝帝皇所戴的礼帽。通常以白色纱縠制成，高顶无檐。多用于宴见朝会。皇帝登基时亦多戴此帽，是南朝官冠制的一大特点。唐高宗显庆元年(公元656年)改易服装制度，白纱帽从此被废除。

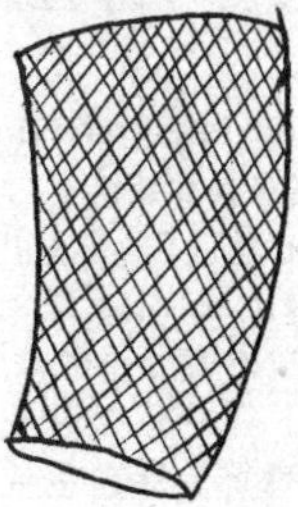

白纱帽

白衣　baiyi　用白色细麻布做成的衣服。白色在中国古代被列为五方色之一，是贵族和百姓都用的服色。帝王后妃及诸臣百官只有在西郊秋季祭祀的时候穿着。也作为庶民、未入仕者、小吏等的日常服装。白衣还特指“丧服”(444页)。

白银　silver　一种贵金属。主要用于首饰、工业和钱币。用于首饰材料的有纹银、成色银、足银等。纹银的含银量为100%；成色银含有其他金属，常用的有925银和90银，含银量分别为92.5%和90%；足银的含银量在99%以上。因材质软硬、所含金属不同，适用性不同，可制作声音清脆悦耳的手铃、响铃，也可制作光泽强的银条、银章。

白鼬毛皮　mustela ermine　又称银鼠毛皮。小毛细皮的一种。体瘦身长的鼬科动物毛皮。产于亚洲及欧洲，在我国的主要产地为黑龙江、吉林、内蒙古和新疆等地。毛皮细柔洁白，平齐美观。制裘后，适于制作各类大衣、围巾、领、袖镶边等。常用于制作法官、教授礼服上的饰带。

白妆 **bai style** ❶中国古代妇女的一种面部妆饰。以白粉敷面，两颊不施胭脂。多见宫女所饰。❷民间妇女守孝时妆饰。

白妆

白族服饰 **Bai ethnic costume and accessories** 中国白族衣着和装饰。白族分布在云南大理自治州。衣色尚白，男子扎白色、彩条边头巾，穿对襟白上衣，外罩黑领褂，下身着大筒长裤，裹绑腿，腰带处系绒球为饰。女子梳辫或盘辫于头。戴横条折叠花头巾，头饰上有彩线、绒球、珠饰。穿白色或浅色上衣，右衽大襟，外罩红或黄、蓝色宽缘边，斜竖领的大襟，领褂，紧袖结纽处系三五个有髹银链饰。系白色绣花围腰，着白或浅色长裤，衣襟、袖口、腰带、裤管处均有刺绣。姑娘喜爱白色与明快粉色的配色效果，擅长刺绣、排花、镶滚、扎染等工艺装饰。扎着两朵马樱花的白麻草鞋，是姑娘赠与小伙子的定情信物。

白族男子服饰

白族女子服饰

百蝶纹 **hundred butterflies pattern** 中国传统装饰图案。以数只蝴蝶构成，以蝶喻耋，象征吉祥长寿。图案布局匀称，于明清开始流行，色彩明丽，以蝴蝶翅膀的变化表现动感，服饰中以掐金满绣工艺的百蝶女上装最为著名。用于装饰年长女性的服饰。

百蝶纹

百合花王子服饰 **dress of lily prince** 即“祭司国王服饰”(244 页)。

百花纹 **hundred flowers motif** 中国传统装饰纹样。以牡丹、芙蓉、莲、菊、水仙等数种四季花卉构成。花枝簇拥，穿插蔓草与枝叶，形成一派富贵繁荣的景致。结合织锦、刺绣等多种工艺，多用于女装等图案设计。

百衲衣图案 **ragged clothes pattern** 僧衣的图案。僧尼为表示苦修，用被遗弃的破旧碎布片拼缝成衣服，称为衲衣。“衲”原作“纳”，指细密的针线缝纫，百衲指缝纫之多，现泛指补丁很多的衣服，由形状与色彩不规则的碎布片变换补缀形成图案，呈现自然古朴的气息。

百日鞋 **hundred-day shoes** 小孩百日时亲友送的贺礼鞋。多为姨家所送。样式和寓意似"满月鞋"(339页)。

百子纹 hundred children pattern 即"婴戏纹"(615页)。

摆衩 side vent 衣服左右两侧摆缝下端的开衩。除具有便于跨步行走和伸手插裤袋的功能外,也成为服装款式造型的具体标志部位。主要用于男上装、女旗袍类服装。

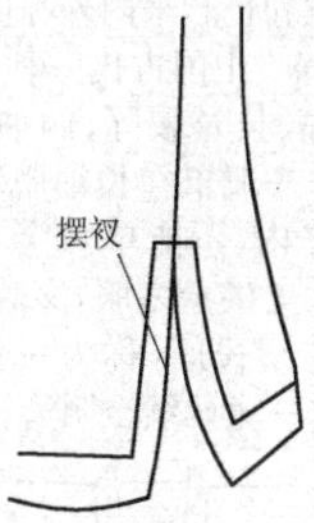

摆衩

摆缝插袋 side pocket 即"侧缝插袋"(46页)。

摆缝起链 wrinkles at side seam 即"摆缝皱曲"(15页)。

摆缝下端翘起 hem up turned 服装外观疵病。有两种现象:(1)前身摆缝起翘,后衣片太短,将前衣摆缝吊起所致。补正方法为:将后衣片升高,下摆底边放出,使后衣片摆缝线增长。(2)后身摆缝起翘,后衣片太长,将前身摆缝拖落所致。补正方法为:将后衣片缩短,下摆底边改短,使后衣摆缝线缩短。

摆缝线 side seam line 又称侧缝线。上、下装左右两侧的轮廓线。一般在衣片的袖窿底部(人体的腋下)或下装的腰节缝至其下摆边沿。大多是直线形或斜线形,也有曲线形(合体装)。用粗实线表示。见"前后衣身衣领结构线"(406页)。

摆缝皱曲 wrinkles at side seam 又称摆缝起链。服装外观疵病。摆缝向前(顺链)或向后(倒链)的现象。形成原因为:向前皱褶是由于后背太短,将前衣片摆缝吊起形成;向后皱褶是由于后背过长,前衣片摆缝拖落造成。补正方法为:向前皱褶需将后衣片开高,使后身线增长,缝制时在后衣片的摆缝上端稍加归拢,使摆缝平服;向后皱褶可采取与向前皱褶相反的措施,将后衣片缩短,前衣片开门放大,肩缝里端稍抬高,袖窿上端相应放出。

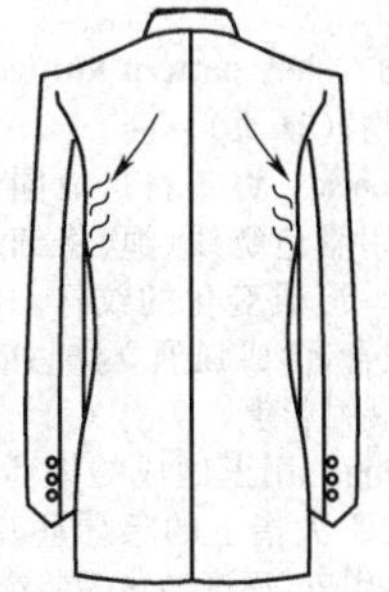

摆缝皱曲

摆围 hem around 服装下摆线一周的长度。

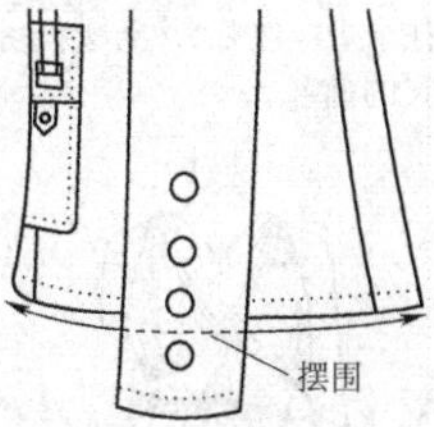

摆围

摆型 hem style 服装下边缘的形状。根据服装类型,摆型可分为衣摆、裙摆。摆型大小决定了服装外廓型和风格特征。与服装的功能性紧密关联,裙衩、衣衩的设计往往与摆型直接相关联。

拜诺利蒂罩帽 bagnolette 18世纪妇女用铁丝撑起远离脸部,只罩住肩部的罩帽。

拜占庭服饰 Byzantine costume 东罗马帝国时期服饰。统治者受东方服饰文化影响,采用厚实的锦缎面料,色彩艳丽。锦缎图案一般为波斯纹样,也有以基督故事为主题的图案。流苏、绉边与珠宝等装饰增加,服饰华丽。款式受基督教蔽体思想影响,衣服遮盖全身。后期接纳了东方的卡夫坦袍与长裤等服饰。拜占庭服饰对罗马服饰文化的延续,以及东西方服饰文化的融合起到了极大的作用。

拜占庭袍 Byzantine tunic 拜占庭时期服饰。形制与古罗马丘尼克相似。衣袖、下摆加长,面料较厚,受东方服饰文化影响,上层阶级采用锦缎面料,袍上缝塞格门泰缀贴作为装饰。

扳花织物 **shog pattern knitted fabric** 即“波纹针织物”(34页)。

扳网 **smock** 将布料折成同向或异向的细裥,然后用彩色绣线(绳)将细裥有规则地绣扎在一起,形成变化的纹样。由于各种布料凸痕的组合,形成强烈立体感效果,故常用于女装、童装衬衫上。

扳指 **ring** 用玉做成的指环状饰品。最初是戴在右手大指上的象牙环套,用来拉弓钩弦。以后用玉,逐渐转化为装饰品。

班丹纳巾图案 **bandana pattern, bandanna pattern** 即“牛仔领巾图案”(373页)。

班德奥 **bandeau** 古希腊的一种细窄形胸罩或乳带。年轻姑娘的胸部以两条带子交叉束缚以托住乳房,然后绕至腰间系结。是今天妇女胸衣的前身。

班德奥

板紧 **tight** 服装外观疵病。因衣服不符合穿着者体型而在某些部位与人体间空隙过小的现象。如后衣身裁配过小、后袖窿处太凹、小袖片裁剪太多等,使穿着者有压迫感,或衣服部件因缝制时缝线过分抽缩,造成外观形成皱、绷、不平服的现象。

板司呢 **basket** 精纺毛织物名。一种传统的有特色花型外观的中厚花呢。常用$\frac{2}{2}$方平组织,用纱多为17 tex×2～25 tex×2(40/2～60/2公支),重量为270～320 g/m^2。呢面平整,手感丰厚,软糯且有弹性,花样细巧。适宜制作西装、西裤等。

办公色 **office color** 为提高办公室工作效率、保持冷静、调节情绪而使用的色调。一般避免使用刺激的颜色。带绿色或者带蓝色的灰色系常使用在办公服装、室内装饰等处。向北的屋子则使用带暖色调的灰色以进行微妙的调整。

办公套装 **business suit** 职员上班穿着的日常西服。保守的着装风格,源于大量职业妇女出现的20世纪80年代。由同料上衣、背心、裤子三件套组成,选料考究,一般采用素雅单色或暗条纹呢料或化纤料,显得庄重,适合办公气氛。为避免过于单调,增添活力,女性多用领饰或衬衫来变换形象,男性通过变换领带的图案和色彩来内外呼应。

半臂 **banbi** 中国古代一种半袖上衣。基本形制是对襟、长及腰际、两袖宽大而平直、袖长不过肘。一般罩在长袖服装之外或是衬在长袖服装之内,不能单独穿着。唐初先为宫中内史及女史供奉之服,穿着后便于劳作。初唐晚期流传于民间,称为一种常服。男女均可穿着。并一直延续至明清。

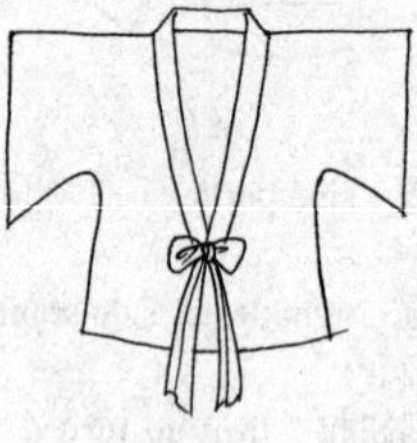

半臂

半成品检验 **semi-finished inspection** 对半成品进行的质量检验。半成品检验是质量检验的中间环节,为下一工艺阶段提供合格的半成品,保证成品质量;同时也可为本工艺阶段提供产品质量数据资料,为改进产品质量和加强质量管理提供依据。服装企业半成品检验主要集中在缝纫和整烫工艺阶段,通常缝纫和整烫结束后进行半成品检验。

半合身装 **semi-fit** 前身合体而后身垂直向下的服装款式。颇具女性味的设计风格,由巴黎世家于1951年推出。与当时流行的迪奥设计的新外观服装不同,半合身装强调胸和臀部的曲线,但后背从肩部起几乎不贴体,下配筒裙。半合身装借鉴了当时新风貌的特点,如3/4袖长等,款式的线条简练流畅。

半礼服女帽 **afternoon hat** 即“午后礼帽”(550页)。

半粒面革 **semi-grain leather** 制革加工时对皮革表面作轻磨处理和涂饰的皮革。保留天然粒纹部分。当原皮(主要为牛皮)表面有少量局部缺陷时宜采用轻磨工艺加工,既能减少涂层材料的使用以保持皮革的天然特性，又能修正原皮的表面缺陷。质地较柔软、丰满，手感和透气性稍逊于全粒面革，但明显优于修饰面革。用于制作鞋、包袋、箱类等。

半身通风服　half-body ventilating wear　航空服装装备中用以冷却人体上半身的服装。主要覆盖躯干和四肢靠近心脏位置约60%的体表总面积。多与部分密闭的不透气服装配合使用。分“管道式通风背心”(191页)、“气袋式通风背心”(403页)和“夹层式通风围裙”(246页)。

半透明底　transparent outsole　即“牛筋底”(373页)。

半托底　half length supporter sole　为保持皮鞋形状的稳定，在穿着过程中鞋的中后部受力后不往下塌，用以加固内底后部，增加刚性的一块强度和韧性都很好的钢板纸。通常为棕红色，抗张强度在4 MPa以上，密度在1.1 kg/m³以上，有一定韧性，耐90°弯曲不断裂。

半袜　banwa　即“膝裤”(556页)。

半月形帽　lunardi hat　即“气球帽”(403页)。

半正式夜礼服　semi-formal evening wear　由西服、衬衫、裤子组成的服饰。属较正式的男子服装，用于非国家级的正式礼仪，出现于20世纪50年代。上衣为单排扣、半驳头、深色呢料西服，内衬白色直条折裥衬衫，系黑绢领结，下装为深色有侧章的西裤，不穿背心时，腰部系各色宽腰带。

半自动铺料机　semi-automatic spreading machine　部分依靠人工手工操作，实现成卷面料层层对齐铺叠在裁剪台上的铺料机。由卷布辊、夹布器、面料移动装置、记长记层装置、自动断料装置等部分组成。作业时，人工上料并对齐布边，手工调节铺料速度，铺料机自动记下层数和面料长度，最后自动断料。

伴娘妆　matron make-up　突出伴娘的自然淡雅的化妆。常以轻便简单为主，整体风格要与新娘搭配协调，但不能比新娘艳丽，喧宾夺主。

绊胸　banxiong　见“绦绳”(508页)。

邦迪斯门淋雨试验仪　rain tester by bundesmann method　即“织物防雨性测定仪”(648页)。

邦尼服式　Bonnie style　美国电影《邦尼和克莱德》中女主角邦尼的服式。设计风格清纯可人，简洁的V领上装配短裙，选用轻柔有弹性的面料，色调素雅，再配上白色的长围巾和贝雷帽，20世纪30年代曾风靡一时。20世纪60年代末，马尔克·伯哈恩在春夏时装发布会上再度推出，使得此类装扮重新流行。

帮垫　Bangdian　藏族妇女围裙。多用彩色氆氇制成，以红、绿、蓝、白、黑等横条纹组合排列为主要纹样。农区妇女帮垫通常用自织毛料，以三幅20 cm宽的彩色横条氆氇错落拼缝，绚丽鲜艳，以贡嘎县的德秀区所产最佳，已有五六百年以上历史。

帮垫

帮样设计　upper design　部分或全部裹住脚背、脚趾、脚跟等部位的鞋帮面整体设计。包括：(1)整体造型设计，主要考虑鞋的种类与用途，皮鞋、胶鞋、布鞋、旅游鞋、运动鞋、劳保鞋等不同种类及用途鞋帮样的造型不同，所用材质、部件结构、色彩搭配乃至成型工艺也会有所差别；(2)部件结构设计，也称结构设计，对每个部件的性能需求、轮廓尺寸、加工方法、使用材质等作出明确的规定。设计方法大致可分为两类：(1)先在楦体上作图，然后展平制样板，包括各种经验设计法、复样法、计算机辅助设计(CAD)法等；(2)先将楦面展平，再在展平面上作图制样板，如平面法。其中CAD法具有直观快捷、样板扩缩准确、排料经济、存样管理方便等优点，已成为现代帮样设计的重要方法。

棒球帽　baseball cap　具有碗状帽冠的鸭舌帽。贴头的帽冠一般由六片帽片拼合而成，帽顶处有纽扣，舌状帽檐遮挡阳光对眼部的照射。原为棒球运动员戴用，现已被广泛使用。

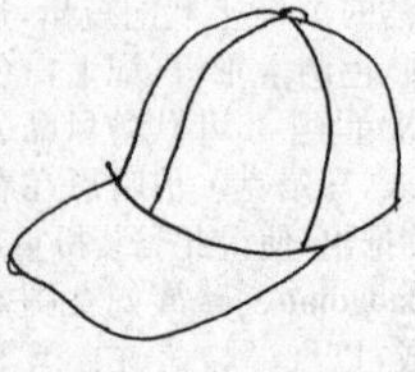

棒球帽

棒针 knitting pin 用于棒针编织品的手工编织工具。细长，头部有两种形状：(1)两端都呈尖形；(2)一端呈尖形，另一端有一小圆珠。由竹子、塑料、金属等材料制成。棒针的粗细用号数区分，号数越大，针越细，也可以用棒针直径表示，单位为 mm，通常分为 17 个型号。棒针的标准长度为 25 mm、30 mm、35 mm。通常以两根或四根为一组进行编织。两根棒针多用于编织单片织物，如衣片、围巾等，四根棒针编织织物通常成圆筒形，如大身、袖子、帽子和袜筒等。棒针编织物延伸性好，柔软蓬松，保暖性好，但保型性较差。

棒针

棒针编织方法 loop drawing method of knitting pin 棒针手工编织通常使用的基本方法。分为：每编织完一个行列后改变握持方法的“棒针平片编织法”(18 页)，连续螺旋式上升的“棒针圆筒编织法”(19 页)，从中心向外逐步扩展的“棒针圆片编织法”(19 页)和双层式的“提袋编织法”(511 页)。使用工具为棒针、钩针或环形针。

棒针编织衫插袋 sidekick of knitting pin clothing 正面呈现袋口，反面呈现袋片的棒针编织衫衣袋。按袋口分横插袋、直插袋、斜插袋。袋片有双层和单层之分。编织插袋前，先在衣片上确定袋口的形状和位置，留出袋口所需针数，然后编织袋口。挑出袋口下方或一侧的针数编织罗纹针或双层下针作为袋口边。挑出袋口线上方或另一侧面的针数用下针编织袋里。适用于各类毛衫。

棒针编织衫贴袋 patch pocket of knitting pin clothing 将单片已编织好的袋片用缝针缝合在衣片上形成的衣袋。制作方法简单。常用于开衫、T恤衫。

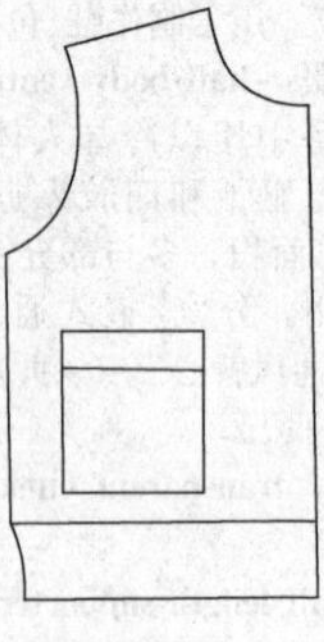

棒针编织衫贴袋

棒针编织衫衣袋 pocket of knitting pin clothing 棒针编织衫的部件。具有实用性和装饰性。分为插袋和贴袋。一般衣袋口的宽度为穿着者手的宽度加 1 cm，宽为 12～13 cm，长为 13～14 cm。外套款式衣袋稍大些，一般宽为 14～15 cm，长为15～17 cm。

棒针平片编织法 plain cloth knit of knitting pin 通常使用两根棒针，织物一行一行进行正面和反面往返编织的棒针编织方法。编织时可以由一端端口线圈开始，也可以不编织端口线圈，将该线圈从滑针开始编织。织物正面呈现下针针迹，反面呈现上针针迹。常用于编织衣片、裤片、围巾等织物。

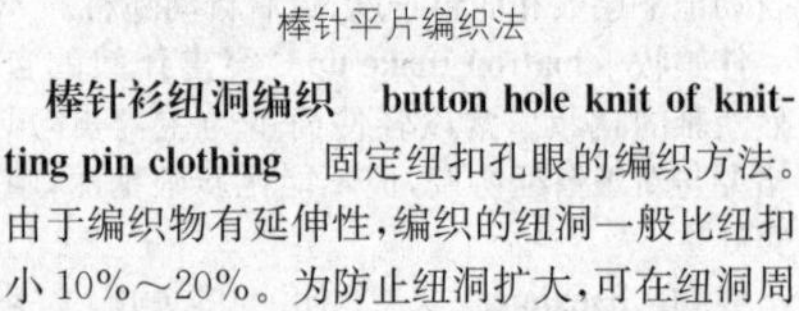

下针　上针

棒针平片编织法

棒针衫纽洞编织 button hole knit of knitting pin clothing 固定纽扣孔眼的编织方法。由于编织物有延伸性，编织的纽洞一般比纽扣小 10%～20%。为防止纽洞扩大，可在纽洞周围锁细线。纽洞可以与编织同时进行，也可在编织完成后进行。常见的纽洞编织方法有：横开纽洞、直开纽洞、空针纽洞、强加纽洞和纽环纽洞。使用工具为棒针、缝针和钩针。可手工或机械操作。适用于各类编织品。

棒针双反面编织　purl stitch of knitting pin　棒针的基础编织针法。上针横列与下针横列间不同配置交替呈现。下针横列凹陷，上针横列凸起，织物产生横条纹，有凹凸感，蓬松，纵横向延伸性好，门幅变宽，长度缩短。常与下针织物结合使用，形成不同几何形状的块面。适用于各类编织衫花样编织。

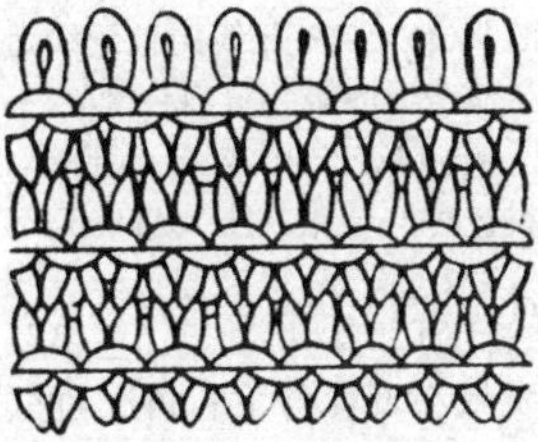

棒针双反面编织

棒针圆片编织法　cylindric knit of knitting pin　由一个线套开始，从中心向外加针编织扩展成圆片形编织物的棒针编织方法。通常先在钩针上做一线圈，再由钩针从该线圈中编织锁针，即开始编织第一环，以后改用棒针编织，随着圆的扩大需均匀加针。通常用于帽子、包和垫子等编织物。

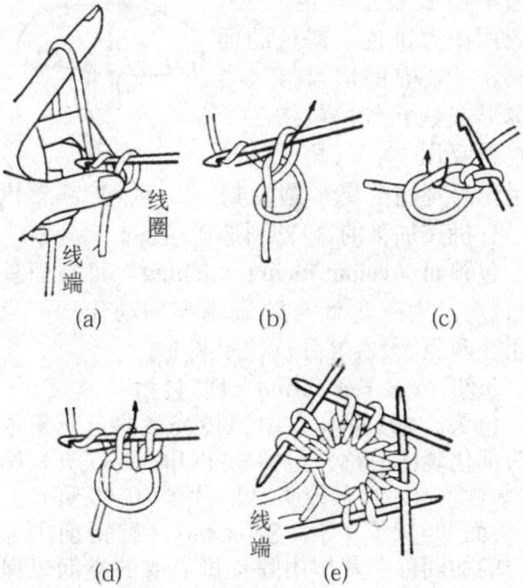

棒针圆片编织法

棒针圆筒编织法　cylindric knit of knitting pin　螺旋形连续转圈编织线圈，形成筒状编织物的棒针编织方法。通常使用四根棒针或环形针，使线圈头尾相连，形成没有接缝的圆筒状编织物。常用于大身、袖子和裤身等处编织。

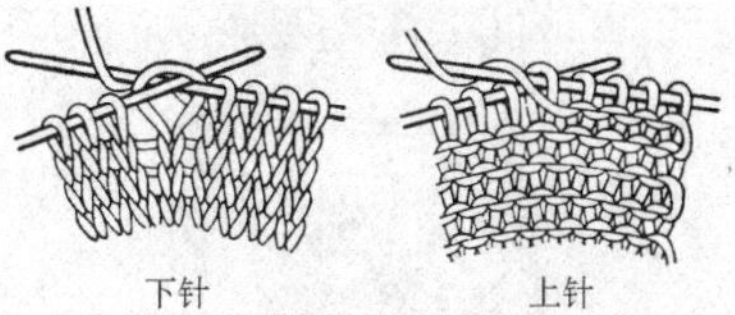

棒针圆筒编织法

包缠法　wrap-up method　用面料进行包裹缠绕处理的服装设计方法。包缠既可以在具有衬胆垫底的服装表面进行，也可直接在人体表面展开。无论哪种包缠，都要将包缠的最终结果加以固定，以免松散。我国彝族、普米族和壮族等头饰即包缠而得。包缠效果可以光滑平整，也可以褶皱起伏。包缠要有一定体积，过于细小的局部难以包缠。

包袋皮革　bag leather　用作皮包袋面料的皮革。制作外形规则（内衬纸板）类的时装皮包，要求皮革硬挺、光洁，对柔软弹性没有太多的要求，可采用牛皮修面革，牛二层皮革、猪皮革等制造；而制作休闲类软性包袋，外形无严格的规则，要求皮革柔软性和弹性好，宜采用羊皮革、软性牛皮革或软性猪皮革等制造；少量高档包袋采用爬行动物皮革（如鳄鱼皮革、蜥蜴皮革、蟒蛇皮革等）制造，突出天然无规则的鳞片花纹特征，以显示稀少、珍贵。包袋皮革种类多，没有固定要求和统一标准，以适合各种款式要求为准。

包袋图案　bag pattern　包袋等装载物品上所用的图案。结合包袋的造型、功能，分抽象、具象、传统、流行等类型。包袋的图案装饰由来已久，中国民间流传的印花包袱皮是包袋的一种特殊样式，中国的傣族、苗族等许多少数民族，结合民族服装，都有自己独特的包袋图案装饰样式；欧洲有珠绣图案、十字绣图案、蕾丝图案的包袋装饰传统。包袋是服装文化中重要的服饰用品，与外套相配，常结合定位图案样式，在包身、包口、包带等处装饰纹样，也可协调服装的图案，运用四方连续纹样装饰包袋。随着手绘、布贴绣、烫钻、镂刻、喷墨等工艺的运用，以及皮毛、皮革、塑料、涂层等新型材料的应用，造型与图案也更加丰富。与服装流行紧密结合，成为打造奢华品的设计重点之一。

包袋图案

包底领 covering collar stand 将底领的四边包光并机缉的动作。一般用于不用硬衬的底领缝制。

包底鞋 covered sole shoes 外观呈现帮底一体效果的鞋。分为：(1)真包底鞋：串缝后形成鞋套，从鞋的内腔前掌部位可以看到鞋围子和内底是由一块部件制成的；(2)假包底鞋：只保留真包底鞋的外观特征，串缝后需经绷帮操作才能与内底结合，从鞋的内腔可以看到围子与内底是分开的。包底鞋柔软舒适，适于日常生活和休闲穿用。

包缝 over seam, self-bound seam 缝型类型。将衣片的边沿固定，以防止织物纱线脱落，有两种形式：(1)将织物边缘用三线或五线包缝机进行包缝(俗称拷边)；(2)将衣片的缝份用两片衣片边沿相互包覆、缉线的方法固定而形成，此类方法可根据相互包裹的形式分为“明包缝”(358页)和“暗包缝”(5页)。

包缝机 overlock machine 由机针线和弯针线形成500级包缝链式线迹，同时完成缝料包边和缝合作业的工业用缝纫机。由针杆机构、弯针机构、挑线机构、差动送料机构、切刀机构和自动润滑机构等部分组成。可调整的作业参数有针距、包边宽度、差动送布量、缝线张力和压脚压力等。箱型结构的机型结构紧凑、运动惯性小、平稳、效率高，且无需更换梭芯。最高转速5000～8000 r/min，最大包缝针距4 mm，最大包缝宽度4.5 mm。线迹弹性和包裹性好，缝后衣片边缘不脱散。按线数，可分为“单线包缝机”(86页)、“双线包缝机”(480页)、“三线包缝机”(440页)、“四线包缝机”(494页)、“五线包缝机”(550页)和“六线包缝机”(328页)。

包缝线迹 overedge stitch 国际标准ISO 4915中编号为500级的线迹。可使缝制物的边缘被线迹包覆，起到防止针织物边缘线圈脱散的作用，且线迹的弹性好。此外，4～5线包缝在起到包缝作用的同时，还具有很好的缝合作用，可用于较厚实及品质要求高的服装缝料的包缝，而1～3线的包缝线迹只用于较薄及品质普通的服装缝料包缝。

包跟 wrap heel 用皮革、人造革、织物一类的材料包裹的鞋跟。主要目的是与鞋帮面颜色一致，增进美观，提高品位。鞋跟通常由木头、塑料或其他材料制成。包跟鞋视其帮底材质及楦型设计与工艺情况，可分为高、中、低不同档次。

包金 cover gold 用电镀或手工将黄金包覆在非黄金材料外的首饰表面处理工艺。它有严格的行业标准，如美国的包金首饰必须注明其特性及黄金所占比例，如1/10.14 K. GF型首饰，其含意是：包14 K黄金材料的首饰，包金量须占整个首饰重量的1/10。

包扣 covered button, needle work button 又称包纽。用布、皮革或编织物包裹的纽扣。通常用服装面料的较多，或用作为拼色或镶色的面料。一般有圆形、球形、半球形或柄状等。包扣芯子材料曾用木、骨、角等。19世纪后则用金属小圆盘物。20世纪80年代已有机械加工的，以塑料芯子居多。

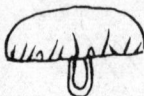

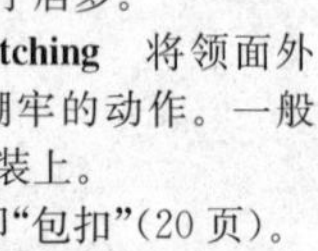

包扣

包领面 collar facing stitching 将领面外口包转，用三角针与领里绷牢的动作。一般用在西服、大衣等翻折领服装上。

包纽 covered button 即“包扣”(20页)。

包头 ❶baotou 中国传统戏曲旦行角色头部化装的总称。包括勒“网巾”(539页)、勒“水纱”(486页)、梳头、贴“片子”(390页)、上“头面”(522页)等。❷**toe-box** 鞋帮前尖部位的加固件。其作用除提供必要的空间以保护脚趾正常活动不受摩擦外，还能使鞋的头型挺拔，布面胶鞋的胶质外包头具有防水功效，劳保鞋的钢质包头能防砸伤。皮鞋的包头又称反脑，一般镶嵌于前帮面与衬里之间，而胶鞋、旅游鞋则多包覆于前尖外，称外包头，布鞋一般没有包头。皮鞋包头多用皮革、再生革或特种纤维片制成，布面胶鞋、雨鞋的包头则用橡胶片粘贴，运动鞋、旅游鞋多用皮革缝合于外。皮鞋的包头是由片料经冲截、削边、压型等几道工序制成。另外，可将固体聚合物胶料加热熔融后直接涂敷在帮面的前尖部位，随后将衬里黏合，称热熔包头，这种包头因其卫生性能差，只适宜于中低档鞋。

包头下陷 **toe caved in** 鞋的前帮部位变形凹陷现象。内包头弹性差，受力后变形所致。一般与内包头材质不好或制鞋过程中工艺处理不当有关。

包镶法 **cover inlaid** 用边框托架固定宝石的珠宝首饰加工工艺。用于较大颗粒和复杂宝石的镶嵌，能完美地体现特殊形状宝石的风采，构造主要由底座和边框组成。包边线处理成具有绘画性的框线，勾勒出作品的艺术形态，增加作品的立体感。

包镶法

包形帽 **bag cap** 14～15世纪男子戴的形似塔盘的无檐帽。天鹅绒制作，用毛皮和装饰带修饰。

包装 **packing** 为了在运输、贮存、销售过程中不损坏产品，以及为了识别、销售和方便使用，用特定的容器、材料及辅助物等将产品包裹起来的加工工序。按与服装接触形式，可分为内包装、外包装、中包装；按包装材料形式，可分为纸制品包装、塑料制品包装、木制包装、复合材料包装等；按包装内部环境形式，分有真空包装、集装箱包装、盒式包装等。

包装标准化 **packing standardization** 同类产品包装在设计造型、材料、规格、质量、工艺、标志、衬垫、封口和捆扎等方面达到统一的规定要求和技术标准。实现合理包装的技术法规。

包装储运标志 **packing and stockpile transporting mark** 用文字或图形在外包装上标明的特定记号和说明事项的文字。包括识别标志、指示标志和危险标志等。

薄面料质感表现技法 **thin material texture showing skill** 采用平滑细线轻松、自然地表现薄型面料飘逸轻薄，易产生碎褶的特征的表现技法。淡彩画技法、晕染法、喷绘法都可以用来表现其轻薄质感。用大笔触表现薄面料的大面积起伏，对碎褶可注重其随意性和生动性。

薄面料质感表现技法

饱和度 **saturation** 即“纯度”(71页)。

宝冠 **coronet** 即“小王冠”(569页)。

宝石 **gems** 美丽、坚硬、耐磨、稀贵，并可琢磨、雕刻成首饰和工艺品的矿物或岩石。常见品种有金刚石、翡翠、橄榄石、猫眼石、玛瑙、水晶等。

宝石鉴定 **gem appraisal** 对宝石内外结构进行测试分析并给予评定。不同类型的材料有不同的质量要求，如要求颜色纯洁鲜艳；或要求透明润泽；或要求重量、体积。

宝石鉴定证书 **certificate of gem appraisal** 对宝石内外结构进行测试，分析后给予的书面结论。准确记录了宝石质量内容，如重量，直径，色泽和净度等的完备资料。另外，在法律上也具有一定的作用，如消费过程中出现纠纷，质量疑义，价格偏差时，可作为裁定依据。

宝石性能 **gem performance** 宝石的各种物理及化学特质。因材料不同有的硬度高(如钻石)，有的硬度低(如珍珠)；有的折光率高(如钻石)，有的折光率低(如玉)；有的相对密度大(如红蓝宝石)，有的相对密度小(如欧泊)；有的耐酸(如大多数晶体透明宝石)，有的不耐酸(如有机类宝石)。这些特质对宝石的鉴别、选择和保养有着积极意义。

宝仙花图案 **baoxianhua pattern** 即“宝相花图案”(22页)。

宝相花图案　baoxianghua pattern　又称宝仙花图案。中国传统装饰纹样。图案以牡丹、莲花为主体，融合荷花、菊花、石榴等多种花形构成。宝相花始盛行于隋唐，寓意吉祥、美满、富贵。图案外形工整丰满，结构对称严谨，花瓣规律性渐变，多层次退晕色，以非写实性、程式化为造型特征，构成意象性装饰花朵纹样，有平面团形和立面层叠形两种形式。宝相花广泛流行于织锦、刺绣、铜镜以及瓷器的装饰上，也是现代时尚服饰图案的装饰图案之一。

宝相花图案

宝靥　jewellery ye　中国古代妇女面饰。以珠翠珍宝制成“花子”(218 页)装饰面部。

宝靥

保安族服饰　Bonan ethnic costume and accessories　中国保安族衣着和装饰。保安族分布在甘肃、青海。男子戴白圆帽，穿白色对襟衬衫，外套青布背心，长裤黑或蓝色，冬穿翻领皮袄，有时穿翻领右衽黑或青色条绒长袍，有彩色镶边，束长腰带，系 T 形红色绣花肚兜，戴礼帽，着牛皮靴。左腰佩保安刀。女子戴盖头或头饰或青布压发帽，帽右侧缀一朵带流苏的红花。穿大红、紫、绿等色中式衣裤，衣长至膝，外罩镶边短坎肩并露出上衣下摆。

保健服装　health protection wear　对人体具有保健疗效的服装。以增进身体健康、治疗各种慢性疾病为目的，有中草药保健服、电疗衣、磁疗背心、棉氨护腿等。当前通过应用高科技对服装材料进行科学处理获得保健功能。如磁疗性合成纤维制成的服装可促进人体血液循环。从薄荷、啤酒花等植物中提取天然染料染制的棉、毛服装，具有抗菌、除臭作用。

保健鞋　heal care shoes　对人体起到医疗或保健作用的鞋类。如按摩鞋、药物鞋、减肥鞋、矫形鞋等。有的依据人脚底有许多与周身器官相关联的穴位，对这些穴位施以不同的刺激，如添加橡胶柱、添加强磁片、挥发性药物等，从而调动周身经络，达到健身和医疗的目的。有的依据鞋的特殊构造达到减肥、矫形的效果。

保龄球鞋　bowling shoes　一种低帮矮跟系带式运动鞋。保龄球运动量不大，对帮样结构要求不高，但趾部位不能太厚太硬，否则掷球时小于 100°的弯曲可能损伤脚，对鞋底的软硬度要求较高，太软，摩擦力太大，掷球时的滑动技术动作做不出来；太硬，可能损坏地板。通常用皮革或仿皮底、硬度 75～80 邵氏度左右为宜。

保龄球鞋

保暖鞋　warm keeping shoes　具有保暖作用的鞋。以涤纶仿麂皮绒为鞋面，腈纶骆驼绒为鞋里，中间衬 PU 泡沫塑料，通过胶粘剂或火焰熔融方式复合而成帮材，鞋帮包裹整个脚背至踝骨以上部位，以米黄色半透明或彩色橡胶作成盘形底，通过胶粘工艺成型，鞋底周边用缝线加固。鞋内放置可以方便取出晾晒的纤维毡状内底，具有防寒保暖和吸湿性能，所用帮材外观优于帆布，并具有良好的透气性。式样比一般帆布棉胶鞋优雅大方，紧固结构有系带、粘扣、松紧口等多种形式，适合我国南方地区冬季防寒穿用。

保暖絮片 thermal insulation wadding 由纺织纤维构成的蓬松、柔软而富有弹性的片状材料。属非织造布类。絮片具有原材料丰富，规格容易控制，易缝制，易保养等特点。分为五大类：热熔型絮片、喷胶棉絮片、金属镀膜絮片、毛型复合絮片、远红外复合絮片。保暖絮片用于各类防寒服，在选用时应根据絮片的性能，如保暖性、透湿性、透气性、耐洗性、耐磨性及价格等因素综合考虑。

保守风格 conservative style 线型常规，结构合身的服装风格。装饰较多，零部件布局少有新意，工艺精良，多选用传统的精纺呢绒面料。

保守型人群 conservative group 即“古典型人群”(188 页)。

保温性 heat preservation 服装由于对传导、辐射及对流等传热方式的阻碍而具有的防止人体热量散失的性能。主要来自服装织物中及服装与服装间封闭的空气。导热系数极小的空气能很好抑制热传导，阻断热传递。服装在身体周围封闭的空气量越多，保温性越好。纤维材料本身的热传导率多数较小，对服装的保温效果影响不大。服装材料的种类、服装造型(身体覆盖面积、开口位置和大小)、着装组合(层数、内衣与外衣、上衣与下装的比等)、服装的透气性等都影响在身体周围封闭的空气量(即服装内气流与外界空气的交换)，因而对服装的保温性也有很大的影响。服装湿润后保温性会显著下降。服装保温性用克罗值来定量评价，也有采用最外层服装表面温度的间接表示方法。

报童帽 newsboy cap, applejack cap 具有平而宽松帽身的鸭舌帽。帽冠可垂下来接触到帽舌，帽舌可与帽身扣住，帽舌折进帽冠。用柔软的面料制作。原是报童戴的帽子，后来因小演员杰凯·库根(Jackle Coogan)在电影中戴用而得以流行，20 世纪的60～70年代又以夸张形式再度流行。也因其流行地伦敦卡纳比街而得名。

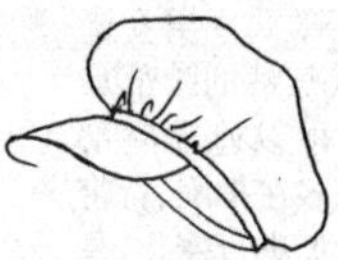

报童帽

抱腰 baoyao 中国古代一种女性腰饰。一般用丝帛制作，上下有带，长条形，其上有织纹或绣花，使用时加在袍衫之外，起着束腰并使身材纤细的束带作用。

豹猫皮 leopard cat fur 杂毛皮的一种。在我国分布很广，以长江为界，南部地区的豹猫俗称南狸子，毛被短而齐平，背部呈草黑色，腹部、肷部呈白色，斑纹明显，色泽鲜艳，其中云南、贵州的豹猫色泽杏黄，斑点清晰，黑黄分明，有光泽，为全国之冠，称云贵路；长江以北地区的豹猫俗称北狸子，毛长绒足，毛色呈灰棕色或棕黄色，斑点不清，其中鲁、豫、苏、皖等地的豹猫毛被较短，针毛较粗。正品张幅在 0.17 m^2(1.5 平方尺)以上，按要求取皮加工成皮形完整的开片皮，因其具有天然亮丽的斑点，制裘后可制成裘皮大衣、衣里、皮坎、皮帽等。世界各国的豹猫皮以墨西哥产的为最高级，毛皮坚牢，价格昂贵，图案美丽，主要用于制作外套、夹克等。

豹皮 leopard fur 又称金钱豹皮。杂毛皮的一种。中国、印度及非洲产的豹皮，具有黑色不规则的圆斑。最优良的品种产于非洲索马里、埃塞俄比亚的阿斯马拉及斯里兰卡的科伦坡。中国南方豹较小、毛短，北方豹较大、毛长，产于西南和东南部地区的毛被中短、细密，呈杏黄色、黄色、淡黄色，斑点均匀、清晰；产于东北地区的毛长绒厚，呈杏黄色、黄色、浅黄色，斑点不清，但色泽光润；产于西北地区的毛被较小，略显空疏，呈杏黄色，斑点较清晰。甲级皮张幅在 0.89 m^2(8 平方尺)以上。按要求取皮加工成皮形完整的开片皮，毛被细柔、平齐，斑点不规则，色泽鲜明。制裘后多用于制作裘皮大衣、帽子、手暖筒、饰边、装饰品等。

鲍别林 poplin 精纺毛织物名。经向紧密的薄型平纹精纺毛织物。呢面平整光洁，有饱满的菱形颗粒，颜色滋润，光泽柔和，手感紧密，滑挺结实，富有弹性。适宜制作外衣、风衣、妇女罩衫、裙子等。

背带裤 bib-top pants 20 世纪 40 年代流

行的一种裤子款式。男女皆可穿。在西式长裤的腰部加护胸和背带，可以遮盖胸部以防止污秽。多在护胸、背带和口袋的形状上进行变化，是一种比较理想的工装裤款式，在日常生活中也有使用。

背带裤

北苑妆　beiyuan style　中国古代妇女的一种面部妆饰。镂金于面，略施浅朱，以北苑茶花饼粘贴于鬓上。流行于中唐至五代期间，多施于宫娥嫔妃。也有将茶油“花子”(218 页)贴在额上的。

贝壳针钩编织物　shell stitch crochet　在一个针圈内长针与锁针组合，一次钩织四针，形成贝壳状的钩编织物。常见为五针一个花样，起针针数是其倍数上再钩织四针锁针，在第五针后钩长针两针，完成半个花样。再次在第五针上重复长针两针，锁针一针，长针两针，最后再钩半个花样。第二层在前层的锁针上开始编织两长针，一锁针，两长针。形成贝壳状。织物有较大的孔。适用于镂空织物、围巾等。

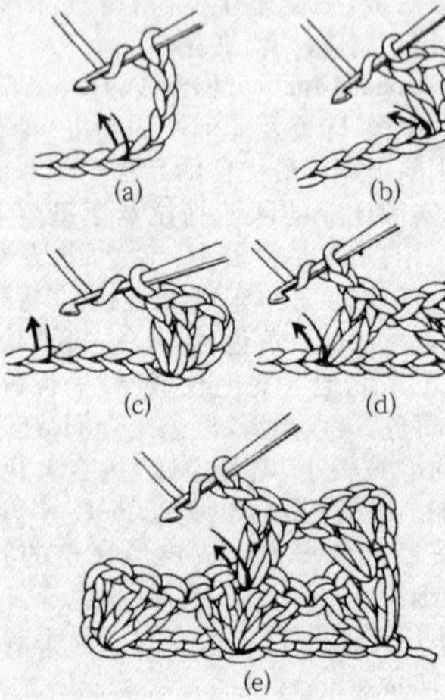

贝壳针钩编织物

贝雷帽　beret　帽顶帽冠连为一体，帽身宽大、扁平而缘口紧合的无檐软便帽。压叠着平戴在头顶部，常歪向头的一侧。顶部有一个钉状的短细尾，遮住帽顶部的收口部位。编织、剪裁或采用呢料和毛毡压模制作而成。应用广泛，常用作便帽、军帽，高档精做贝雷帽也可用作礼帽。源自古希腊和罗马，其中以巴斯克贝雷、文艺复兴时期的西班牙贝雷、19 世纪的塔穆香特贝雷最为著名。19 世纪 80 年代装饰着花朵、羽毛和缎带的贝雷帽很流行，此后大部分的贝雷帽保持了朴素的状态。第一次世界大战中英、法等国曾用作军帽，一些国家的伞兵、特种兵及军警使用，我国用作军帽。贝雷帽在两次世界大战时期大为流行。20 世纪 60～70 年代，在演员的带动下得以风行。

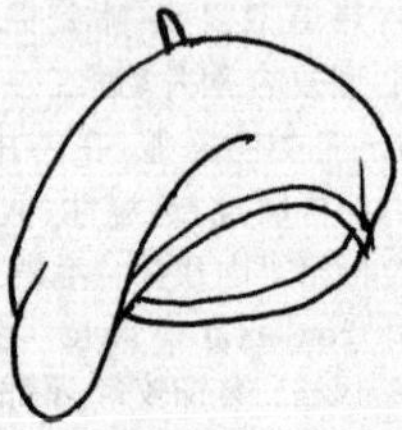

贝雷帽

贝型毛衣　shell sweater　长至臀部的无袖、半高圆领套头式毛衣。通常采用羊毛、腈纶膨体纱、锦纶弹力丝、毛腈混纺纱等为原料。配有罗纹领，合体收腰，宽下摆。以素色为主，纬平针组织编织。适于女性套装内穿着，也可以外穿配长裤。

贝衣　beiyi costume　又称珠衣。中国高山族服饰。台湾高山族酋长或族长的礼服。无领、无袖、无扣，对襟，左右襟下摆不等长。衣长约 100 cm，宽约 44 cm。麻布作底，上缀繁密的贝珠串，多达七百七十排，贝珠数万粒，贝珠均用海贝手工磨成，背面饰三排铜铃珠串(每排八串)，两肩下各挂铜铃珠串两排(每排四串)，部分珠串由珊瑚制成，形成红白相间的长方形几何纹样。制作费工，传世极少。

备料定制　stocking customizing　服装企业根据市场销售趋势自行配备各种花型、色泽的原材料，设计适合市场的款式供客户选择，并决定需加工的款式及加工的数量。

背部气袋式通风服　ventilation wear with air-baggy back　航空服装装备中利用背部气袋进行全身通风制冷的冷却服。采用置于服装背部的气袋作为通风途径。空气经总进风管送入背部的气袋，再由通风管送至四肢末端，沿体表回流汇合于胸前后经总出风管流出。

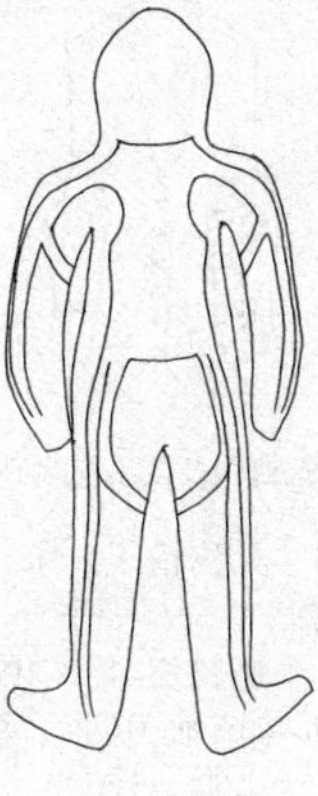

背部气袋式通风服

背衩　back vent　衩的一种。上衣后片背缝下端的开衩。除具有便于两手上举、前举运动时不致有过多牵制的功能性外，也成为服装款式造型的具体标志部位。主要用于男上装、大衣、风衣类服装。

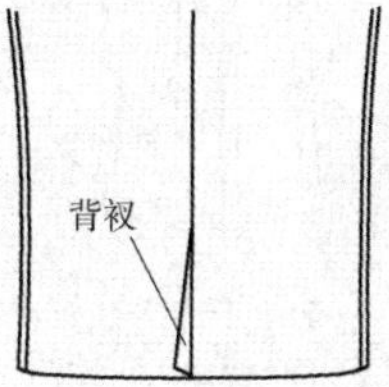

背衩

背衩豁　back vent split　服装外观疵病。背部下端背衩出现上下重叠量不等，下部重叠量小于上部重叠量的现象。形成原因是后背过长，后浮量消除过分，侧缝线抽紧等。

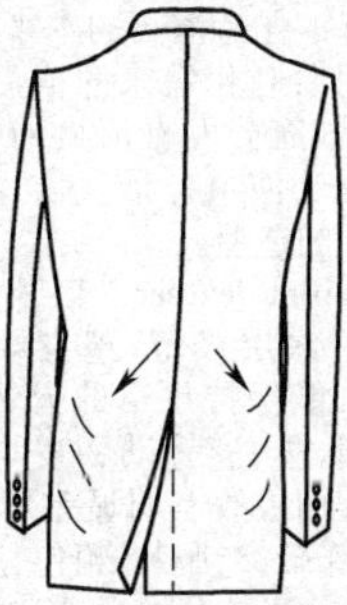

背衩豁

背衩搅　uneven back vent　服装外观疵病。背部下端背衩出现上下重叠量不等，下部重叠量大于上部重叠量的现象。形成原因是后背过短，后浮量消除不足，侧缝线拉开等。

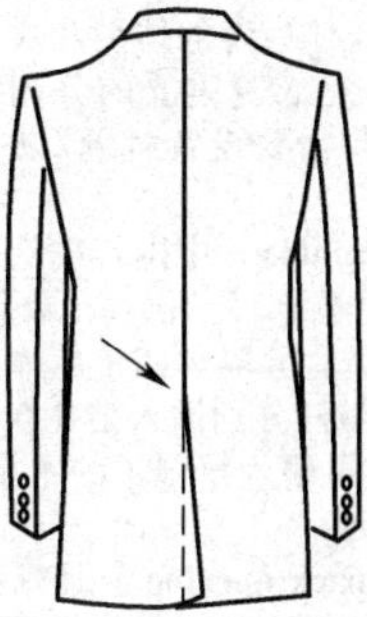

背衩搅

背衩搅豁　split and cross at the back vent　服装外观疵病。背衩中线向左或向右偏斜，其向右斜为叠合过多，向左斜为豁开出角。形成原因为：后衣片的衣料横丝下垂或上翘，背衩的牵带敷得过紧或过松，两侧摆缝下垂或上翘，背中的腰节部位与背摆的腰节部位伸拔不足等。补正方法为：在归拔后衣片时，将背上部的横丝绺下垂，两边肩角横丝绺上翘，背中和背摆的腰节部位凹势伸拔匀称，背衩牵带上段 5 cm 处稍敷紧，下段敷平，将两边摆缝的衣料横丝绺敷平。

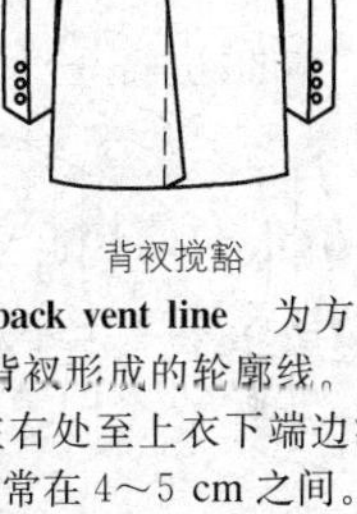

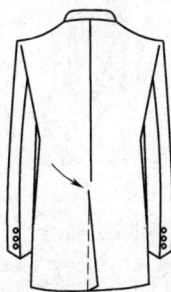

背衩搅豁

背衩线　back vent line　为方便腰袋伸插而在背部做背衩形成的轮廓线。常位于腰围线下 5 cm 左右处至上衣下端边沿之间的部位，贴边宽度常在 4～5 cm 之间。见"前后衣身衣领结构线"(406 页)。

背长 **back waist length, BWL, posterior waist length, PWL** 从颈椎点垂直向下量至腰围中央的长度。确定上装原型结构的重要参考值。见“人体长度尺寸”(426 页)。

背缝 **back center line** 后衣片中间的衣缝。可根据人体后背的体型和衣服风格进行准确的描绘，是衣身重要的分割线之一。一般合体服装都需要设置背缝，以很好地构成衣身轮廓。

背虎壳 **beihuke** 中国传统戏曲戎装“靠”(285 页)的组成部件。供插“靠旗”(285 页)用的皮制鞘袋。分隔为四个旗库。使用时将套有靠旗的靠杆分别插入结扎在靠衣背后的背虎壳旗库，再砸入浸湿了的木楔，使靠杆不会跌落或转动。

背开襟 **back opening** 即“后门襟”(212 页)。

背凸量 **back excess** 即“后浮余量”(211 页)。

背心 **vest** ❶即“坎肩”(282 页)。❷短而合身、无袖上衣。可以穿在外衣之内，也可以穿于外套和衬衫之间，起护胸作用，或作为礼节规格的标志。在不同场合要用不同的礼服背心，并与其他服饰构成一种标准形式，绝不可替代。燕尾服使用的礼服背心有 V 形领口加方领和 U 形领口加青果领。晨礼服使用的礼服背心通常采用双排六粒扣戗驳领或青果领，略装形式为单排六粒扣，小八字领或采用与普通西装背心相同的形式。西装背心多用 V 形领，单排六粒扣。

燕尾服使用的背心

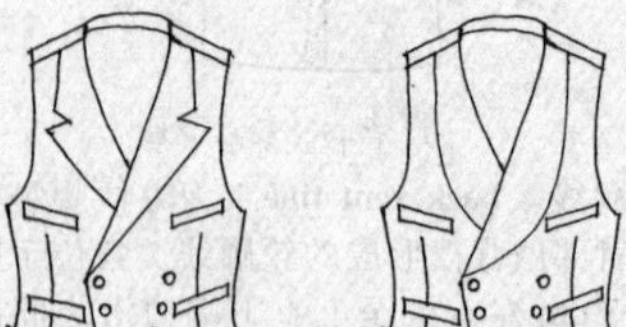

晨礼服使用的背心

普通西装使用的背心

背子 **beizi** 又称褙子。宋代广泛流行的一种服装。其基本式样是腋下开衩、长至膝部、直领对襟、不施衿纽，原本中腰束带，后又不束带。衣袖有短袖、长袖、宽袖、窄袖等。宋代着背子极为普遍，上至皇帝百官，下至庶民百姓，男女都穿。皇帝百官着于祭服、朝服内，武士、仪卫用作制服，妇女用作常服等。

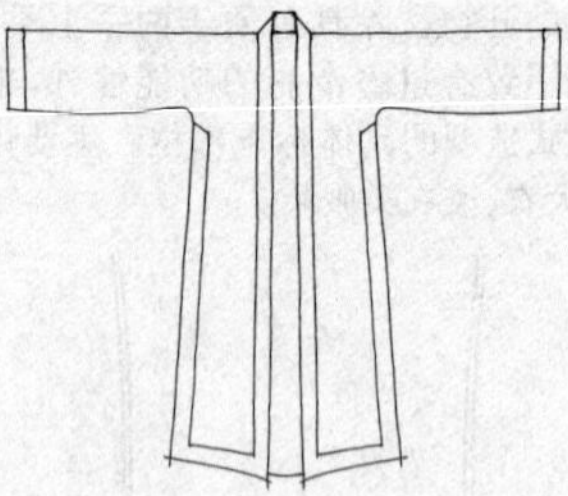

背子

褙子 **beizi** 即“背子”(26 页)。

本帮首饰 **local jewellery** 我国各地区的传统饰物。工艺和款式具有浓厚的地域风情特色。如北方地区首饰款式朴实无华，材料纯度较高，工艺简练实用，表现出该地区民族豪爽练达的风格。

本色化装 **true dressing** 不借助各种零件及附贴物并基本保持演员的本来面目的化装造型。一般用绘画化装来完成，对演员五官不做大的改动，充分发掘演员的个性和潜在的气质。适用于演员外形气质、年龄等与所扮演角色接近的造型。

苯胺革 **aniline leather** 以苯胺染料染色涂饰的皮革。涂层极薄，革身柔软，表面透明，色彩艳丽，能保持皮革的天然粒纹、毛孔等。牛、马、猪、羊、鹿等动物皮均可以加工，但反映出的皮面粒纹有明显差别。为高档皮革，常用于制作鞋类、服装、箱包、皮带等。

苯胺革鞋 **aniline leather shoes** 黄牛皮或山羊皮经精细鞣制后，采用染料着色和轻涂饰工艺制成的高级正面革鞋。涂层薄而透明,革面毛孔清晰,花纹自然,真皮特点突出。苯胺革鞋质地柔软,手感丰满,富有弹性,色泽亮丽,浓淡相宜,是鞋中佳品。另有半苯胺革鞋,特点是正面有轻微磨饰。

崩龙族服饰 **Benglong ethnic costume and accessories** 见"德昂族服饰"(91页)。

绷底边 **basting hem** 将底边扣烫后临时绷缝一道固定线的动作。使底边折边平整,方便后面的底边固定工序。

绷缝机 **cover seam machine** 又称砍车。两根以上机针线和一根弯针线的线环互相穿套,形成扁平状绷缝线迹的工业缝纫机。由针杆机构、弯针钩线机构、张力调整装置或绷针机构等部分组成。有绷针机构的绷缝机可将装饰线环在缝料上方穿套在机针线环内,形成缝料两面都有装饰线结构的600级双向绷缝线迹;没有绷针机构的绷缝机只能形成缝料底面有装饰线结构的406号或407号单面绷缝线迹。各机针针尖由高到低排列,弯针线环能依次穿过每根机针的线环。转速3000~6500针/min,针距1.5~4 mm,压脚升距3~8 mm,针杆行程29.5~32.5 mm,绷缝宽度4.8~6.4 mm,针间距离1.6~6.4 mm。线迹弹性、强力、装饰性强,拼接、滚边、挽边等效果好,广泛用于睡衣、运动衫、T恤衫、休闲内衣等针织服装的成衣加工。按机针数的多少,分为"二针三线绷缝机"(120页)、"二针四线绷缝机"(121页)、"三针四线绷缝机"(442页)和"三针五线绷缝机"(442页)。

绷针 **baste stitching** 即"扎针"(635页)。

鼻沟 **nasal fossa** 鼻翼两侧低凹带有阴影的部分。若以影彩在此凹陷处刷出阴影,则鼻子会显得更挺直。

鼻影刷 **nose shadow brush, nose image brush** 一种化妆工具。可塑造出鼻部的立体感。最好使用短毛,毛尾倾向一边,毛质稍硬的笔刷才能在狭窄部位上精准地刷抹。

匕首跟 **dagger heel** 一种高、细、直,形似匕首或钉状的鞋跟。始于20世纪50年代,以其高雅和性感为人们所喜爱。坚固的跟身用金属和工程塑料制作。随着塑料工业的发展,制作变得简便,现在稍粗的匕首跟可不镶嵌金属,而全用工程塑料注塑成型。跟的外表可包裹与鞋帮相同质量和色调的材质,也可镀金、镀银或刷涂其他颜色。鞋跟材质现多用ABS工程塑料,也有用聚碳酸酯的。

匕首跟

比比罩帽 **bibi bonnet** 法国第一帝政时期风行的女用小型罩帽。也指19世纪晚期任何小型优雅的罩帽。围绕脸部两侧向上和向前伸出花哨的绉边,用蕾丝装饰的缎带在颏处系牢。多用蕾丝、网纹布等女性化材料制作,也有用山海狸皮制作、装饰着羽毛的较大样式。

比格尼帽 **biggonet** 16~17世纪妇女和儿童戴用的遮住耳部,颏处系带的无檐帽。类似"考福帽"(284页)。

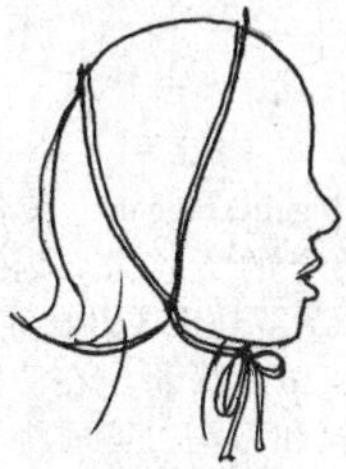

比格尼帽

比基尼泳装 **Bikini** 又称三点式泳装。环绕颈背的系带式胸罩与三角裤相搭配的三点装束。由法国人路易·力达于1946年创造。因当年美国试验原子弹的比基尼岛得名。20世纪50年代流行于法国,1965年之后才被美国人接受。其款式和花型图案随时尚而变,但始终保持上下两件式的基本结构。

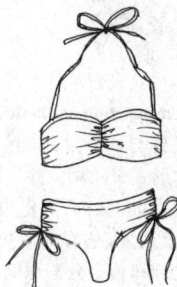

比基尼泳装

比甲 **bijia** 中国古代妇女穿着的一种类似马甲的服装。其形制有两种:一种下长过膝,对襟,直领,穿时罩在衫袄之外。流行于宋,因其穿用便利,故多用于士庶阶层妇女。另一种相传为元世祖皇后所创,基本形制为前短后长,不用领袖,着后便于骑射。多为北方妇女穿着。

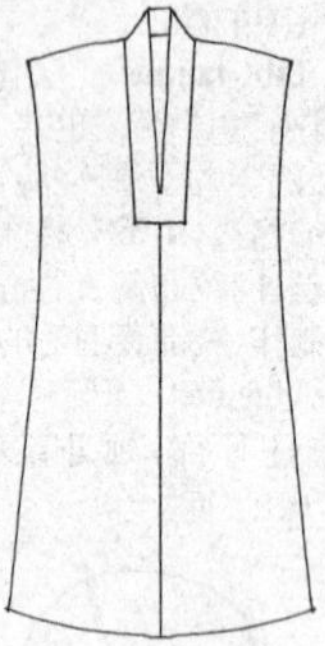

比甲

比京帽　biggin, biggon　又称儿童风帽。颏处系带紧合的无檐帽，类似“考福帽”(284页)。原为罗马天主教比京(beguine)教派的修女帽。16～17世纪在法国、美国等地主要用作女帽和童帽。英国将16世纪后半期、17世纪男子戴的睡帽也称比京帽。此外，也指19世纪早期女性戴的无下颏系带的大袋型室内帽。

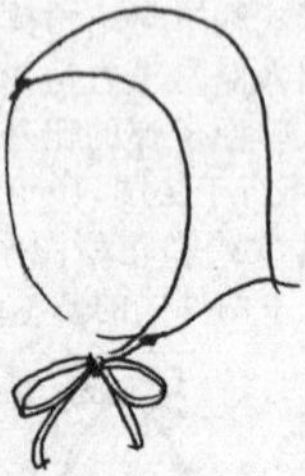

比京帽

比例美学　proportion aesthetics　造型中部分与部分或整体与部分之间，由于比例差异而形成美感的形式美法则。除了取自等差数列(算术数列)、调和数列、等比数列(几何数列)中数列的比例外，还有贝尔数列比例、费波纳齐数列比例和黄金分割比例。其中黄金分割比例为服装设计中的首选。服装的外观形式要给人美的享受，组成服装外观美的各因素中也应有良好的比例，如上衣与长裤之间、领面与领结之间、口袋与上衣片之间的色彩分配比例。服装的流行周期很短，比例标准变化也很快，所以在设计时既要尊重人固有的审美习惯和经验，又要顺应流行的变化。

比例制图法　scaling drawing　按一定的比例公式来计算具体部位尺寸的服装制图方法。制图尺寸有两种来源，其一是根据人体各部位的测量值，长度的定点测量有衣长、袖长、裤长、裙长、上裆等；围度的定点测量有净胸围、净腰围、净臀围、颈围、肩宽等。其二根据服装号型标准求得人体各控制部位尺寸、围度测量值，再根据款式风格对围度部位进行加放松量，最后在制图尺寸的基础上，采用各细部与控制部位的比例公式(一般为一元回归关系)进行裁剪制图，适用于相对稳定的款式。

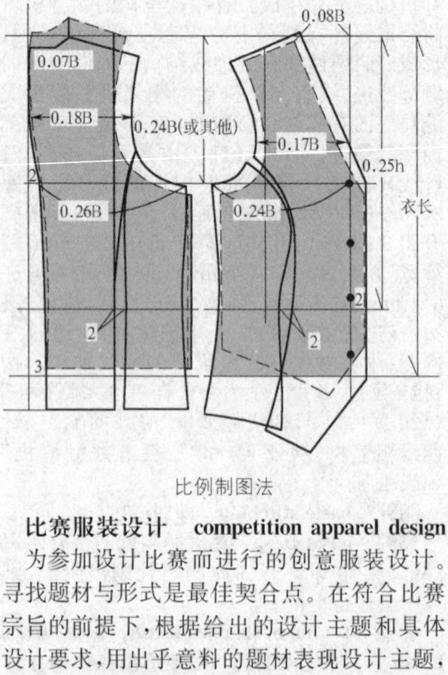

比例制图法

比赛服装设计　competition apparel design　为参加设计比赛而进行的创意服装设计。寻找题材与形式是最佳契合点。在符合比赛宗旨的前提下，根据给出的设计主题和具体设计要求，用出乎意料的题材表现设计主题，起到出奇制胜的效果。如找不到新颖的题材，则可利用设计语言的多样组合，追求表现形式上的突破。为创造新形象，造型往往突破常规，以独特思维构思，并体现整体和大气。配色效果是体现构思的重要因素，色彩要符合时代气息，并具有视觉冲击力。面料应根据主题和题材的内容及具体的表现形式而选定，在服装类别中，创意服装选材范围也许是最广泛的，经常采用钢丝、泡沫塑料、竹片、海绵、PVC薄膜、纸张等非服用材料，但主体材料仍以机织物、针织物居多。

比赛用服装效果图　competitive fashion illustration　服装设计者参加服装设计比赛用的服装画。目的是表现创意，吸引评委，因此在强调作者的个性风格、画面视觉冲击力及艺术效果的同时还要严格按照比赛要求绘制并切合比赛主题。

比赛用服装效果图

比维德利男帽　Bewdley cap　即“蒙默斯男帽”(350 页)。

彼克塔　triumph toga　即“凯旋袍”(282 页)。

闭式塔克　closed tuck　塔克种类。末端封闭的塔克。较开式塔克在很大程度上限制面料的活动量。

闭尾拉链　closed-end fastener　拉链在完全拉开的状态下，两条单侧链牙不能互相脱开的拉链。分为单头闭尾拉链和双头闭尾拉链。

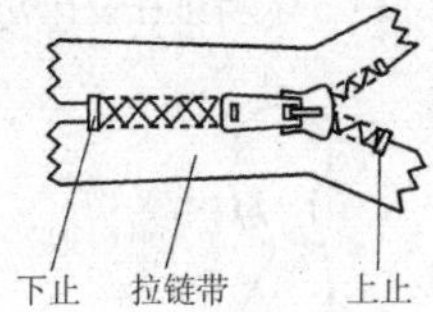

单头闭尾拉链

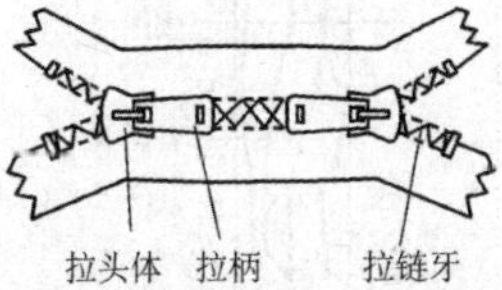

双头闭尾拉链

哔叽　serge　机织物名。采用$\frac{2}{2}$斜纹组织织制的经密略大于纬密的非紧密结构的斜纹类织物。根据所用纤维原料的不同又分为棉哔叽和毛哔叽两类。

蔽膝　bixi　中国古代的一种服装饰品。贵族和平民都用，但是各自作用、款式与称谓都不同。贵族所用称为韨，是礼服上的装饰品，以熟皮做成，一般上宽一尺，下宽两尺，长三尺。上窄下宽，使用时佩戴在革带之上，下垂前膝。汉时，也有用布者。平民所用称为袈襦、襜，是一种围裙。用布帛做成，长方形，使用时围于腰际，下长至膝。始于先秦，兴盛于汉。

臂根宽　armscye width，AW　从前腋点到后腋点的水平直线距离。设计袖肥的重要参考值。见“人体厚度尺寸”(428 页)。

臂根深　armscye depth，AD　从颈椎点到腋窝水平面与后正中线交点的弧长。确定原型基础袖窿深的重要参考值。见“人体长度尺寸”(426 页)。

臂根围　armscye girth，AG　软尺从肩端点穿过腋下围量一周的长度。一般等于0.4～0.42胸围，对于服装袖窿袖山的设计提供重要的参考。见“人体围度尺寸”(430 页)。

边界层　boundary air layer　在人体或服装的表面，由于空气的黏性而形成气流速度从零到与环境中气流风速相等的薄层空气。边界层中主要是空气的传导散热，具有隔热性能，如在室温 20～21 ℃、湿度小于 50%，风速不超过 0.1 m/s 的条件下，边界层的隔热值为 0.80～0.85 克罗。

边饰缝　edge decorating sewing　即“缉止口”(234 页)。

边子　bianzi　即“网巾”(539 页)。

编　bian　中国古代妇女的一种头饰，是取他人之发合已发编成假发的基础上加一些首饰而成。与“副”(168 页)、“次”(72 页)同属假髻，编列于两者之间。命妇参加亲蚕仪式时所梳的一种发饰。始于商周时期。

编带机　braiding machine　绣花机上采用盘带刺绣工艺时，能高速编出带料的专用辅助设备。由线架、条带编织机构和条带输送器等部分组成。

编结　braid　即“编织”(30 页)。

编结扣　corded button　用细绳或细带编

结、盘绕而成的扣子。包括葡萄扣、盘扣等。

编结扣

编松叶套结 triangle circle stitching 即“三角绕针”(439 页)。

编织 braid 又称编结。用各类编织针将线编织成线圈,相继串套连成编织物的工艺过程。可分为:(1)手工编织,主要包括棒针编织和钩针编织,棒针编织织物弹性好、柔软蓬松、保暖性好,钩针编织织物质地紧密,不易走形;(2)机械编织,主要机种为横机、能织成形衣片的舌针大圆机和经编机。机械编织效率高。织物花式品种繁多,延伸性、弹性、柔软性较好。

编织服装 braided garment 采用横机或手工编织(钩针、棒针)成形衣片,再经缝合而成的服装。色彩丰富,有凹凸、孔眼、叠层等肌理效果,以几何图案和花卉图案为主,配以各种花式线和金属、贝壳等小饰件。产品包括毛衣、开衫、套衫、背心、套装、礼服,以及帽、手套、提包等装饰用品。

编织革 braided leather 割成细条状编织后使用的皮革。一般为牛、羊、马、狗等动物的正面皮革。经切割的条状皮革宽度为 3~5 mm,长度不等。编织的方法和花型多样,有经纬垂直方格形的,也有菱形、三角形或六角形孔状的。风格独特。常用于制作网眼皮鞋、凉鞋和装饰性较强的包袋等。

编织工艺图 knitting process chart 用来说明编织款式外轮廓线中各部段的针数(由款式的围向规格尺寸确定)和横列数(由款式的长度规格尺寸确定)、收针或放针的编排以及编织图案部位的工艺图。衣片轮廓线外侧一般标注各部段编织的横列数(行数),轮廓线内侧一般用来表示针数、衣片名称、所指明的花样编织名称或编号、衣片轮廓变化的收、放针方式。如 4—2—3 表示每隔 4 行收(或放)2 针,连续 3 次。工艺图一般从下向上,轮廓线呈斜线表示针数有变化,应标注收针或放针。在完成毛衣编织前必须先制作编织工艺图,以便操作时参照。

编织围条 woven foxing 用麻等纤维织成带状的围条。常用于女鞋。

蝙蝠袖 batwing sleeve 外形似蝙蝠翅膀的袖型。袖窿底部低至腰线,袖下缝线与衣身胁线连成一体,至腕部合贴。属多尔门袖的变种。

扁平便帽 barrette 罗马天主教牧师和欧洲中世纪士兵戴的一种类似“四角帽”(493 页)的扁平无檐小帽。也是用精致面料经剪切、衬垫和刺绣制成的西班牙扁平无檐帽。

扁平帽 flat cap 具有圆而扁平的低帽冠,帽边下垂如帽檐状的无檐帽的总称。具有多种变化形式。16~17 世纪英国人常戴用,当时常用材料为天鹅绒、毛毡、丝缎等。伊丽莎白一世时期规定 7 岁以上的人必须戴用。20 世纪 30 年代曾一度成为流行便帽。

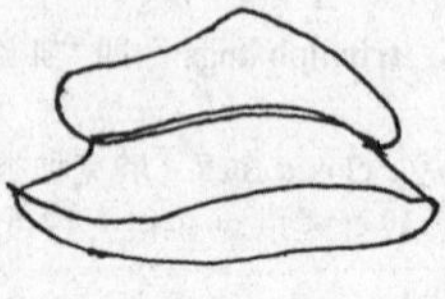

扁平帽

扁平体 flat figure 全身皮下脂肪及肌肉少,胸背部较薄的体型。与前胸相比,背宽较大,胸、臀部偏平。衣身纸样设计方法与厚实体相反。

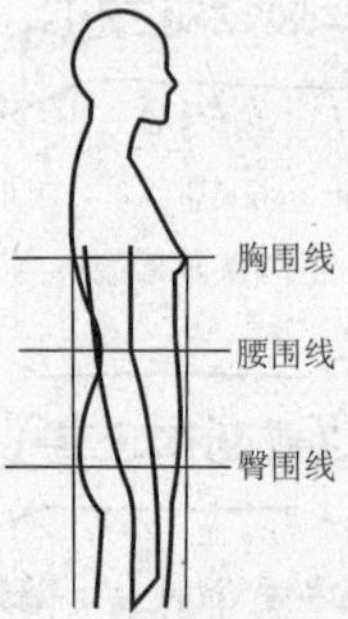

扁平体

变动成本 variable costs 又称变动费用。总额随产量增减而成正比例变动的成本。单位产品成本中的变动成本基本不变。降低变动成本，需从降低消耗定额着手控制，如：水电气费及工时定额等。

变动费用 variable expenses 即“变动成本”(31页)。

变化经编组织 derivative warp-knitted stitch 由两个或两个以上的“经平组织”(269页)、“经缎组织”(269页)或“重经组织”(63页)纵行相间配置所形成的经编复合组织。常见的有：经绒组织、隔针经缎组织、变化重经组织等。延展线越长越光滑，有卷边性，不易脱散。

变化添纱织物 reverse plating knitted fabric 采用两种以上不同颜色、不同质地或不同性能的地纱与面纱，按照设计图案规律编织的纬编织物。可形成各种花纹图案。原料采用棉纱、化纤混纺纱及花色纱。用于制作内衣、外衣等。

变脸 bianlian 中国传统戏曲当场改变面部化装的表演特技。用于表现剧中人物情绪在瞬间发生巨大变化。如《白蛇传·断桥》中青蛇瞥见许仙，愤怒之至，面色就逐渐由白变红、变绿、变黑。有面部局部变形的小变和全部变形的大变两种，大变可连续三变、五变以至九变。变脸的手法主要有：用手指往面部需要部位抹上青、紫等色的抹暴眼；将藏在手心、酒杯等处的色粉吹到脸上的吹粉；将事先装于头顶的薄型面具一层层扯下来的扯脸。变脸特技表演以川剧最为擅长。

变色皮革 changeable color leather 表面产生不同色彩变化的服装用皮革。一般底色为浅棕色或棕黄色，表层涂以深棕色或红棕色，或通过黑色在受到拉伸弯曲的部位以及不同的方向由于反光不同而显出不同色泽的特征制成，近年来出现了利用热敏染料染色印花工艺，使皮革表面在不同温度下呈现不同色彩和图形的技术。变色皮革表面平整，柔软坚韧，弹性好，用于服装可呈现较强的动态变色效应。

变形法 deforming method 服装内部造型设计方法之一。将原有内部造型作为设计原型进行一些设计处理，如挤压、拉伸、弯曲、扭转、切开、折叠、透视等方法。变形法保留原型中所有的部分，只对其造型进行改变。例如，原型是双嵌线、有袋盖和袋纽的外贴袋，设计时可以保留这些元素，仅将外贴袋拉伸成立体风琴贴袋。

变形纱 textured yarn 又称变形丝。利用合成纤维的热塑性，在热、机械或高压空气的作用下，将原伸直状态的长丝束加工成具有卷曲形态、蓬松、弹性好的长丝纱线。分弹力丝和膨体纱两类。弹力丝又分为高弹丝和低弹丝两类。高弹丝多用于袜类，涤纶低弹丝多用于外衣织物。膨体纱纱线蓬松，保暖性好，多用于编织针织衫。

变形丝 textured yarn 即“变形纱”(31页)。

便帽 cap 即“无檐帽”(549页)。

便装设计 informal suit design 对非正式场合穿着服装的设计。造型轻松自然，搭配随意多变，面料应用范围较广，条格面料和印花面料被大量使用。随着人们生活方式改变，便装设计愈加趋向休闲化。

辫线袄 bianxian'ao 中国古代蒙古人所穿的一种长袄。为仪卫穿着。形制为交领窄袖，腰作横向细折，密密打裥，又用红紫帛捻成线缀于其上，右侧结扣，衣长至膝，下摆宽大，作竖折裙式。通常以锦缎罗绢制成。元代时广为流行。至明代，上层官吏甚至皇帝，亦爱着此服饰。

辫线袄

标签 label 附属在商品或包装上的文字、图案、吊牌或印刷说明。主要作用是方便用户使用或增加消费者的满足感。服装标签设计的准则，遵守产品销往国家和地区的法律；标明企业名称、地址、联系方法、使用说明或注意事项等。

标志图案 logo pattern 又称LOGO图

案。以简洁明确的符号或文字构成。作为企业和服装品牌的专用标志,宣传和扩大品牌的影响力。标志图案历史悠久,中世纪的欧洲士兵盔甲等就运用了标志图案,而欧洲的贵族也都有家族的标志性徽记图案。标志图案有结合机绣等工艺,以定位图案的方式运用在服装的侧胸、领部、裤腰、帽檐等非视觉中心但较主要的部位;也有以印花工艺,结合连续循环纹样的方式运用在服装和包袋等服饰面料设计中。

标准光源箱　standard light source box　用于纺织品以及其他有色物品的对色及外观评定的设备。由多种色温及照度的荧光灯、钨丝灯组成。通常配备4～9种标准光源。灯箱的内壁采用低光泽度的中性灰色,尽量避免环境光的影响。灯管采用多种磷光涂料技术,使各种标准光源的显色更加精确。常用的国际标准光源有:D光源,为日光光源,又称北窗光源;A光源,为夕阳光源,又称钨丝灯光源;UV光源,为紫外线光源;F光源,为高效能日光灯光源;TL84为欧洲、日本商店光源;CWF为美国商店光源等。紫外灯管可以和其他光源配合使用,以准确判断含有荧光增白剂织物的颜色。

标准光源箱

标准人体　standard figure　成衣行业内,按特定目标消费者身材比例,制定出的绘制服装效果图时参照的人体。一般以头高作为计算人体比例的基础,中国人的身高一般是7～7.5个头高,上身4个头高,下肢3～3.5个头高。

标准色　standard color　区分各种色彩关系所使用的物体色标准。在《鲍尔·密尔支色彩辞典》中已编码刊登了6000种标准色。

标准体　standard figure　又称中间体。在确定的地区、年龄、性别、消费群体中,各部位尺寸居于平均值范围的体型。通过大样本人体测量数据,经过数理统计分析得到平均数,以介于平均数加上正负值域来决定中间体规格,在规格设计中以中间体为中心,分别向比中间体小的方向和比中间体大的方向延伸。

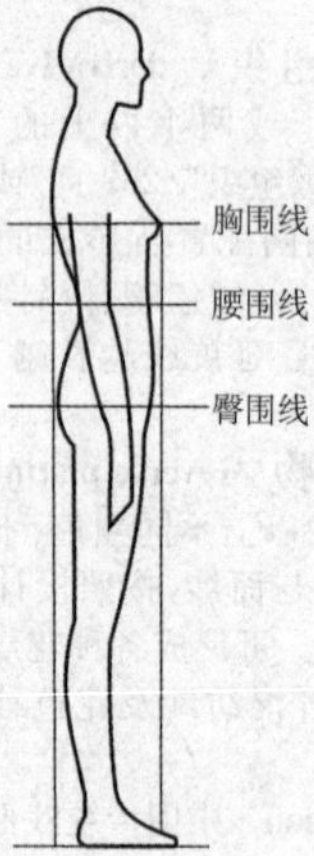

标准体

标准腰型　standard-waisted style　即"中腰型"(666页)。

表层划样　surface pattern making　用板样按不同规格在铺料的表层布料上合理套排划出衣片的外轮廓线条,作为开剪的标志。

表色系　color specification system　即"色彩体系"(448页)。

表演服装设计　show garment design　有表演主题的组服装设计。服装表演的主要作用是娱乐和普及服饰文化。整场设计须围绕一个中心主题,做到风格连贯,手法多样,款式新颖,表演生动。在设计时,要考虑到整台服装之间的连续、呼应、对比、统一等效果,还要注意灯光、舞台等表演条件对演出效果的影响。由于服装表演具有一定的经济目的,设计时要注意服装的成本核算,要控制材料的用量,还要考虑工艺制作的简便,注意组合搭配的多变性。

瘪胸　lack of fullness at chest　服装外观疵病。衣服胸部瘪落不挺,不饱满圆润的现象。产生原因为:(1)胸部的衬料裁配过高;(2)敷挂面时,领子、驳头的转折处和两只纽眼位置的挂面宽度不够，里口紧，外口松；(3)纽眼与驳头的交点部位牵带未剪断，止口被牵住；(4)衣领裁配过小，使衣领串紧，胸部吊上；(5)衣领的翘势裁配不准等。补正方法为：牵带不可敷得过急，与驳头交点处的牵带必须剪断。缉胸省时省尖部位稍放松，胸省的外侧省缝稍拔开(胸衬也做同样处理)。在烫胸省时，摆正衣料的横、直丝绺，并向直开领上角斜去，劈门部位的斜线要推直。

瘪胸

宾馆制服　hotel uniform　宾馆工作人员的着装。宾馆整体形象设计的主要组成部分，反映企业的精神。在服装款式、色彩、装饰图案等设计中充分考虑宾馆的内部环境和宾馆定位，设计风格与之相协调。

冰球鞋　ice hockey shoes　冰球比赛时穿用的鞋。为皮帮皮底，吸湿、透气性好，有防水功能。由于冰球运动速度快、运动激烈，高腰鞋帮皮质不能太软，以便具有防踢防击功能。

冰雪运动鞋　ice and snow sport shoes　冬季运动项目所需的各种鞋。如滑雪鞋、滑冰鞋等。滑雪鞋又分越野滑雪鞋、高山滑雪鞋、跳台滑雪鞋等；滑冰鞋分速滑冰鞋、花样冰鞋、冰球鞋等。

丙烯颜料　propene color　一种绘画颜料。由颜料粉调和丙烯酸乳胶制成。丙烯颜料可用水稀释，故利于清洗，速干，着色层干后失去可伸缩性。由于其带有一般水性颜料的操作特性，故常用于服装画中，还可直接用于文化衫的图案上。

柄式纽扣　shank button　又称有襻纽扣。半球形柄状纽扣。能牢固地扣置在服装上。材质有金属、塑料、贝壳、聚酯、聚苯乙烯或其他合成材料等。有古铜色和电镀单色扣。

柄式纽扣

并置法　file up method　将某一基本造型并列放置，产生新造型的服装设计方法。在并列放置时，基本造型不相互重叠，可以平齐并置，也可以错位并置，其基本造型仍然清晰地保持原有的特征。由于多个基本造型并置在一起，就产生了集群的效果，尽管视觉的注意力不如单一造型时那么集中，但其规模效应却大大地加强了表现力度。若干的细小形态距离很近地并列放置，可形成肌理效果。

病员服　patient wear　病人治疗和休养时穿用的服装的总称。造型上多类似于浴衣与和服，具有穿脱方便，便于病人接受治疗和护理的特点。同时服装的缝合部位缝迹少，避免出现较厚部位。面料要求吸湿性好，耐洗涤与消毒，多用棉织物。服装的色彩多选用易显脏污的白色或浅色。

波蒂克　bodice　❶女装连衣裙的上身部分，款式合身。❷19 世纪流行的一种紧身女上衣。通常用两层缝制在一起或浆在一起的亚麻布制成，质地硬挺。由胸至腰以交叉系带紧紧扣合。19 世纪后期改称为科尔塞特。

波尔卡　polka　又称法式无檐女帽。下颏处有系带的法国无檐女帽。宽宽的垂布盖住耳朵。用奶油色的薄纱加上钩边、蕾丝贴花装饰。

波尔卡圆点纹　polka dots pattern　同一大小和颜色的圆点，以一定距离均匀排列构成的图案。波尔卡圆点是来自捷克的一种民间舞曲，节奏轻快奔放，被发展成色彩明快鲜艳、活泼跳跃的图案，盛行于 19 世纪欧洲各地。波尔卡圆点图案配以各种材质的面料，广泛应用于服装、包袋等图案设计中。

波克罩帽　poke bonnet　19 世纪流行的兜帽形状的罩帽。戴在头后部的小帽冠，前帽檐覆盖住头顶并向前伸出呈圆拱状将脸部罩住，缎带绕过头顶的帽檐在颌下打结系牢，使帽檐能遮住面颊。只有在正前面才能看到脸部。

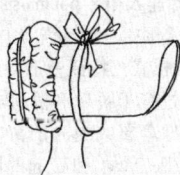

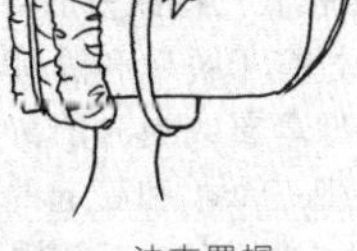

波克罩帽

波兰连衫裙　polonaise　即“波洛涅兹舞连衣裙”(34 页)。

波兰那　poulaine　即“尖头鞋”(248 页)。

波兰式围裙　polonaise　即“波洛涅兹舞连衣裙”(34 页)。

波浪领　wavy collar　有波浪效果造型的衣领。构成方法有圆弧状领身和直线状领身缝合抽缩等两种，是女装重要的装饰类衣领。

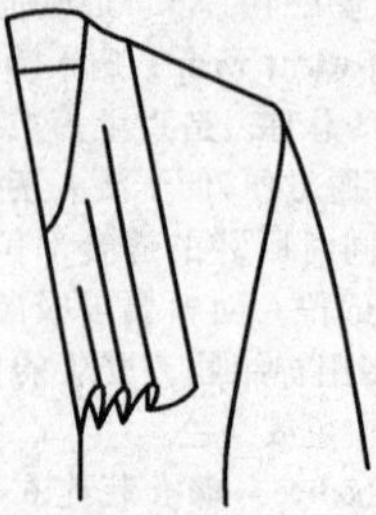

波浪领

波浪袖　flare sleeve　袖口宽大呈波浪形的衣袖。多用于女装、童装的衬衫、内衣。

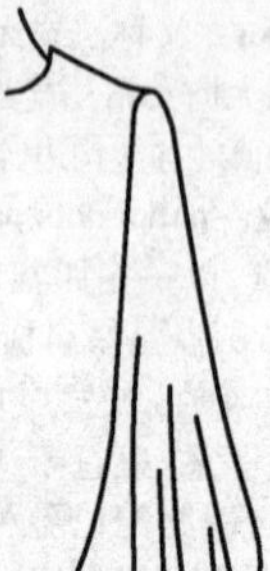

波浪袖

波浪针钩编织物　wavy stitch crochet　即“网眼钩编织物”(539 页)。

波洛涅兹舞连衣裙　polonaise　又称波兰连衫裙、波兰式围裙。18 世纪 70 年代欧洲流行的一种女裙样式。特征为下身的裙子在后侧分两处，通过置于臀后和隐藏在衬裙内的吊绳，将裙子像幕布或当时的窗帘般向上提起，使臀部出现三个柔和膨起的团。这种裙子的体积较小，裙长变短至脚踝处并配以鲜明的色彩。在中层妇女中十分流行，女佣也常穿这种裙子。

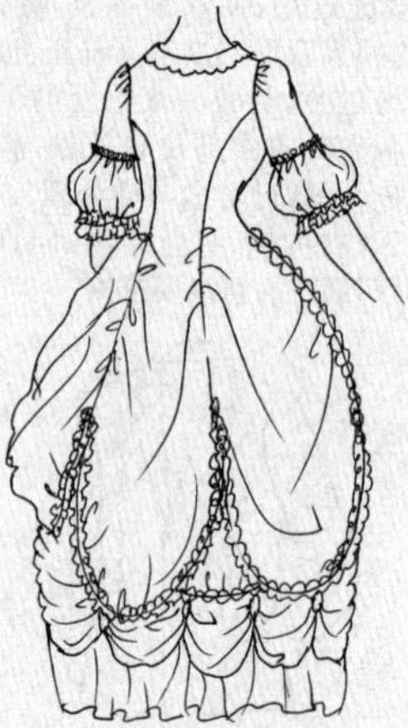

波洛涅兹舞连衣裙

波普艺术风格　pop art style　又称新写实主义风格、新达达主义风格。一种现代艺术风格。通过塑造那些夸张、丑陋和比现实生活更典型的形象来表达一种实实在在状态的写实主义风格。始于 20 世纪 60 年代的美国和英国。在服装设计中表现为款式简洁，色彩丰富，配上单纯的几何图案，给人以活泼感。主要通过运用发亮发光、色彩鲜艳的人造皮革、涂层织物和塑料制品等材料和巨大的写实图形来表现。

波斯羔羊皮　Persian lamb　即“三北羊皮”(438 页)。

波斯式样　Persian style　1670 年前后，在英国和法国流行的一种效仿波斯风格的男服样式。卷袖、无领的长大衣，穿着时一般不扣纽扣，露出里面的格子背心，同时配以领带或领结，下身穿紧身裤和长筒袜。

波纹毛衫　ripple knitwear　采用扳花组织编织而成的毛衫。分为罗纹波纹和集圈波纹两种，呈现凹凸、曲折、方格等图案排列，且带有小孔眼。较紧密，但延伸性和弹性较差。常用作外衣。

波纹针织物　ripple knitted fabric　又称扳花织物。倾斜线圈在织物表面形成似波纹状效应的双面纬编织物。按波纹花纹的设计要求通过前后针床织针间位置的相对移动织成。分为罗纹波纹针织物与集圈波纹针织物两类。波纹组织可以在四平、三平、畦编和半畦编等常用组织基础上形成四平扳花、三平扳花、畦编扳花或半畦编扳花等。主要以毛纱、腈纶纱和混纺纱为原料。弹性和延伸性较差。可用于制作毛衫、外衣、围巾等。

波西米亚风格服饰图案　bohemian style pattern　民族传统服饰图案样式。图案多以不规则的大朵花卉、多彩宽条纹等造型构成。波西米亚风格源于捷克共和国的中西部，融汇了多民族艺术形式，尤其是吉卜赛人服饰艺术。图案结合了红色、驼色、咖啡色、金色、粉绿、黑白等对比浓郁的色彩，布局于领口、袖口、腰线、前衣片、裙底摆等部位，运用纯棉、粗麻、砂洗真丝等材质，以刺绣、拼接、镂空、褶皱为主要工艺，配以彩珠、亮片、羽毛、毛边、流苏、碎褶、荷叶边、蕾丝等装饰。表现出民俗、自由、浪漫、浓烈、繁复的艺术特性，被视为具有现代多元文化意识的艺术风格，为都市文化人喜爱，流行于服饰中。

剥样　copy, duplicate　即“驳样”(36 页)。

菠萝织物　pineapple knitted fabric　将新线圈穿过旧线圈的沉降弧部段编织而成的纬编织物。表面呈现菱形网格，菠萝状的凹凸外观，有孔眼，透气性好，但强力较低。采用棉纱、涤纶及混纺纱等编织。一般用于制作汗衫、外衣、童装等。

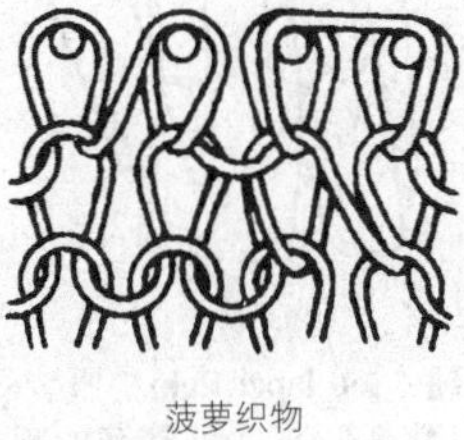

菠萝织物

伯伯罩帽　bebe bonnet　19 世纪 70 年代晚期户外用的小罩帽。修饰着缎带、花朵和薄纱，帽檐向上翻，露出里面的无檐帽。

伯瑞蒂诺帽　berretino　15 世纪以来的天主教红衣主教戴用的鲜红色、四个角被掐进去的方形头颅帽。

驳角　collar point　又称领角、领豁口。驳头与领子之间的夹角。呈八字形、尖角形等式样。

驳口不直　uneven lapel edge line　服装外观疵病。驳口线弯曲不顺直的现象。产生原因是驳头的里侧部位(驳口)在制作时归拢，或在装领时驳头部位的里侧与领身部位的翻折线没有对齐，常发生于西装领等翻折线为直线的翻折领。

驳口不直

驳口起曲　bunches appear below the back line　服装外观疵病。领口、领面和驳口之间不顺直、不平服，呈弧形卷缩或起伏状皱褶的现象。多出现于西装式翻驳领。形成原因为：衣领和肩窝之间前松后紧或后松前紧，以及单边大小不一等。补正方法为：在装缝衣领前领口和驳头拼串口缝时放平，松紧一致，左右肩缝与后领口中间部位对准。

驳口起曲

驳口线　lapel roll line　即“驳折线”(37 页)。

驳领　lapel collar　前领部和驳头组合的领型。结合部有缺口，领面自然向外翻出。按翻驳长度可分为短、中、长驳头三种；按宽度可分为宽、中宽、狭驳头三种；按几何概念可分为方角驳领、圆角驳领、尖领驳领以及综合式驳领等；按仿生态可分为蝴蝶领、蟹钳领、带鱼领、缺口青果领等；按工艺结构可分为立驳领、登驳领、重叠驳领、双层驳领、关驳两用领等。

驳头 lapel 与领身相连，且向外翻折的衣身门襟上的部位。常用于敞开领类服装的翻折部位。具有功能装饰作用，功能作用是其关闭时能防风保暖；装饰作用是其有平角、圆角、尖角等各种造型，构成服装的外观造型。

驳头反翘 lapel too tight 服装外观疵病。衣身驳头部位的外观部位（挂面）在横向或纵向过紧，没有里外匀量，形成驳头向外翘起的现象。

驳头反翘

驳头宽 lapel width 驳头的宽度。驳头宽与搭门量有对应关系，一般为6～9 cm。

驳头起皱 lapel crease 服装外观疵病。衣身驳头部位的外观部位（挂面）在横向或纵向过松，里外匀量过大，形成驳头表面有多余量的现象。

驳头起皱

驳头丝绺不正 uneven lapel roil line 服装外观疵病。翻折领上衣的驳头丝绺不正，引起驳头外翘的现象。造成原因为裁配挂面时丝绺未放正，或在敷挂面、合挂面时工艺不当，使挂面移位。补正方法为：在裁配挂面和敷、合挂面时，须认准和对准丝绺，对于有明显条纹的衣料，尤须注意。

驳头外口紧 lapel outer edge too tight 服装外观疵病。衣身驳头部位外翻后出现外轮廓弧长过短，驳头压紧衣身的现象。

驳头外口紧

驳头外口松 lapel outer edge too loose 服装外观疵病。衣身驳头部位外翻后出现驳头外轮廓弧长过长，使驳头与衣身不相伏贴的现象。

驳头外口松

驳头外翘 top lapel tight 服装外观疵病。挂面过紧，致使驳头向外翻翘的现象。常见于翻折领上衣驳头。形成原因为：缝驳头时挂面面料和衬料之间的松紧度掌握不好，面料过紧，或在合挂面时夹止口、烫止口，里外匀量未做好。补正方法为：挂面在横向和纵向都要放出必要的松量，缝挂面时要将里外匀量处理得当。

驳样 copy, duplicate 又称剥样。服装设计制板人员对客户来样或市场推出的新款服装进行解析，由样板师按原形状、原尺寸或局部款式，制出与样衣相同或类似的样板。服装设计制板中借鉴、学习优秀产品的方式之一。可以节省设计环节和试销成本，降低风险。

驳折线 **lapel roll line** 又称驳口线。翻驳领驳头外翻的起始部位。其长短形状决定了驳头的造型，形状有直线型、圆弧型之分。

钹笠 **boli** 元代蒙古族男子的一种夏帽。形制如乐器中的铜钹。通常以竹篾、细藤编成，外蒙细纱。考究者饰以金银珠宝，并加顶珠。有的笠后面还披有一片帛。不分尊卑均可戴用。

铂金 **platinum** 一种贵金属。原属稀有金属，1822 年起开发产量增多被列为贵金属，为首饰业普遍采用。主要产区有南非、俄罗斯、加拿大。用于首饰的材质有：Pt 1000、Pt 950、Pt 900 和 Pt 850 等，其中以 Pt 950 和 Pt 900 较为常用，Pt 950 表示铂含量不低于 950‰，Pt 900 表示铂含量不低于 900‰，可制作结婚钻戒和项链等。比黄金首饰更珍贵和高雅，逐渐成为首选婚礼首饰。

僰人服饰 **Boren costume and accessories** 中国古代民族服饰。古氐羌人支系，秦汉时分布于川东南与滇东北地区，部分成为后世白族等族源。据四川宜宾地区僰人悬棺遗物可知，僰人男子上身穿丝绸、麻质对襟短上衣，外用马褂，下身穿齐膝马裤，衣袖及裤管都较宽而短，高立领。领圈、袖口、襟边、裤脚都绣有几何纹饰，上衣有复肩，两肩亦绣花纹。胸前两襟缘边则绣成天梯式花纹，是古代氐羌人族祖先亡灵登天回归原籍观念的体现。

薄眉 **light eyebrows** 中国古代妇女画眉样式。以浅黛绘成。色淡而虚，如望远山。流行于汉代。

薄妆 **bo style** 淡雅的妆饰。南朝梁张率《日出东南隅行》："虽资自然色，谁能弃薄妆，施著见朱粉，点画示赪黄。"

补服 **bufu** 又称补褂。明清时期一种饰有品级标识的官服。胸前及背后缀有补子。文武百官朝视、谢恩、礼见、宴会均可着之。具体形制各有特点：明代用大襟袍，服色有绯、青、绿，补子通用方形，对补子品级图案的规定不太严格。一些舞、乐、工、吏杂职人员也可用杂禽、杂花补子，如正月十五的灯景补子，五月的五毒艾虎补子等。清代用对襟褂，服色用石青、天青。补子除方形外，也有用圆形者，或用二团，或用四团（两侧及前后各用一团）。对补子作了严格的规定：一品，文鹤，武麒麟；二品，文锦鸡，武狮；三品，文孔雀，武豹；四品，文雁，武虎；五品，文白鹇，武熊；六品，文鹭鸶，武彪；七品，文鸂鶒，武犀牛；八品，文鹌鹑，武犀牛；九品，文练雀，武海马。此外，都御史、按察史等均用獬豸。其中乾隆前后又略有变化。清代补子多缀于外褂上，故又称补褂。补子所用物料大都为绣品，但也有是提花织物、缂丝或彩绘。补子可另制后缀在补服上，也可与补服织在一起。

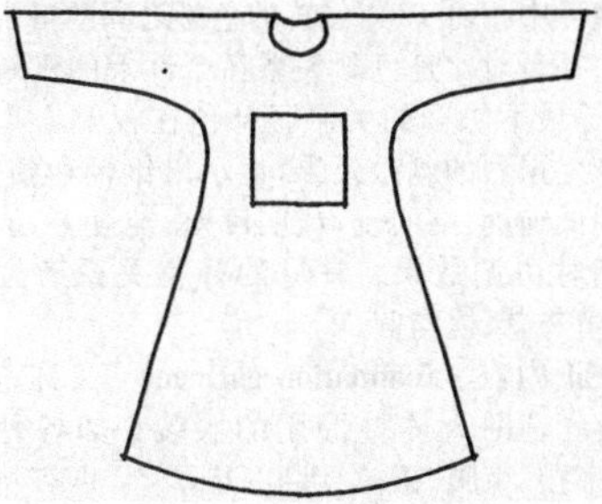

补服

补服图案 **mandarin squares pattern** 又称补袍图案、补褂图案、章衣图案。缀有补子的明清职官的应景、常朝之服图案。是一种饰有品级徽志的官服，因胸前和背后缀有补子而得名。可上溯至元，明清时期开始出现。按文武品级不同，补服图案也各不相同，文官绣禽，武官绣兽，各分九等。受过诰封的命妇也备有补服，补子图案以其丈夫或儿子的官品为准，用兽纹补、禽纹补，尺寸比男补要小，穿着于庆典朝会上。

补褂 **bugua** 即"补服"（37 页）。

补褂图案 **mandarin squares pattern** 即"补服图案"（37 页）。

补花绣图案 **patchwork embroidery pattern** 即"贴布绣图案"（517 页）。

补袍图案 **mandarin squares pattern** 即"补服图案"（37 页）。

补强围条 **reinforcing foxing** 为了加固已硫化外底与鞋帮的黏合，在底边与鞋帮内围条交接处粘贴的骑缝围条。一般以薄布浸浆后裁成宽约 15 mm 的胶布条，也可用压延胶条。

补色 **complementary color** 又称余色、互补色。三原色中的一原色与其他两原色混合成的间色关系。如原色红与其他两原色黄、蓝所混合成的间色绿，为互补关系。互为补色的有红对青绿、橙对青、橙黄对青、黄对紫青、黄绿对紫等。

补色对比 opposite color contrast 差异为180°左右的色相对比。色相的极端对比，对比关系最强烈，视觉最具刺激，对比两色之间不含有共同色素，色彩对比最醒目，但直接使用或处理不当，会产生幼稚、原始、粗俗、不安定、不协调的感觉。

补色调和 opposite color coordination 在色相环中相对180°位置的色彩之间的搭配组合。补色对比是色彩关系在个性上的极端体现，是最不协调的关系。补色在视觉心理上能产生强烈的刺激效果，显示出年轻和朝气。运用低纯度、高明度，或明度差、纯度差，能产生相对协调效果。常见的补色关系有红与绿、黄与紫、橙与蓝。

补正内衣 foundation garment 又称整形服装。辅助人体整形用的服装。如各种胸罩、束腰、束腹、裙撑、绑肚、垫子等，也有将胸罩、束腰、束腹、吊袜等局部或全部组合在一起使用。整形服装可以塑造人体形态，特别是调整乳房的形状与位置及腹、腰、臀部的大小与形状等。体现服装的外轮廓美。

补正前中心长 repaired front centre length, RFCL 对于胸部特别丰满体型的补正测量。测量前中心长时可以在左右胸点之间放量直尺，此时测量的颈窝点到腰围线的垂直距离为补正前中心长。

补正身长 repaired posterior full length, repaired back full length 对左右肩不一体型的身长测量。测量身长时在左右肩点之间放量弧形尺，在辅助测量尺的中点经后背到地面的弧线长度为该体型的身长。

补正臀围 repaired hip girth 对于腰腹部丰满的体型，在腹部垂直放量直尺，然后按测量臀围的方法，在腹部和臀部最丰满处水平围量一周，得到该体型的补正臀围。

补缀图案 patchwork pattern 以补丁状连接有纹饰块面的图案。补丁图案源于美国流行的古老绗缝工艺图案和中国民间的百衲衣、水田衣图案，在图形组织上模仿绗缝拼接的形式，把花卉、格子、条纹、色块等小块图案按规律排列在一起，并在块面的交接处模仿缝缀的针脚，形成丰富有序的图案样式。应用于儿童服饰和家居服饰设计中，也适合追求随意和乡村怀旧感的服饰设计。

补缀图案

补子图案 official ceremonial garment pattern 又称官补图案、绣胸图案、胸背图案。明清时期官服图案。胸背各饰的一块以动物为主形，配合花卉、海水江涯、器物、云纹、太阳、火纹、文字等构成的方形补子图案。补子图案分文官和武官两大类，定型于明代，官职不同，图案造型也不同。明代文官：一品仙鹤，二品锦鸡，三品孔雀，四品云雁，五品白鹇，六品鹭鸶，七品鸂鶒，八品黄鹂，九品鹌鹑；明代武官：一品、二品狮子，三品、四品虎豹，五品熊罴，六品、七品彪，八品犀牛，九品海马；杂职：练鹊；风宪官：獬豸。清代文官：一品鹤，二品、三品孔雀，四品雁，五品白鹇，六品鹭鸶，七品鸂鶒，八品鹌鹑，九品练雀；清代武官：一品麒麟，二品狮，三品豹，四品虎，五品熊，六品彪，七品、八品犀牛，九品海马。明代补子的绸料约40～50 cm见方，素色居多，底子多为红色，用金线盘成各种图案。清代补子以青、黑、深红等深色为底，五彩织绣。补子图案制作方法有缂丝、织锦和刺绣三种，外形规整，图案精细，制作精良，造型极具装饰感，有着极高的工艺和审美价值。

补子图案

不对称领　**asymmetric collar**　左右两部分不对称的领型，如哥萨克衬衫领。

不对称浅口鞋　**shoes with unsymmetric short toe top line**　里外怀帮样不对称的浅口鞋。与不对称服装相匹配，鞋形生动活泼，适合中青年女性穿用。

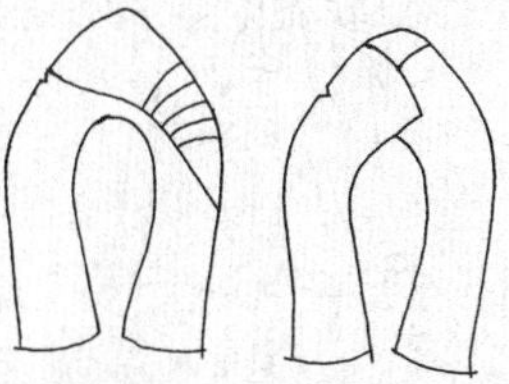

不对称女浅口鞋帮部件

不合格品　**substandard product, unqualified product**　又称不良品。不符合产品质量标准或订货合同规定技术要求的产品。可分为废品、次品、回用品、返修品等。不合格品率计算公式为：不合格品率＝不合格品数量/全部产品数量×100%。

不借　**bujie**　中国古代一种粗劣的鞋子。男女皆可穿着，多用于庶民。材料可用皮、麻或草。其名来历说法很多，有说是因为粗贱，人人可以有，不需借用。也有认为不借是一种屐履，不可以借用。还有说不借本作不惜，有不足珍惜之意。

不可分工序　**indivisible process**　在不变更操作技术性质和不更换生产工具的条件下，不能再进行细分的生产工序。生产平衡中工序的最小单元。

不可视形态　**invisible form**　即“理念形态”(310页)。

不良品　**defective product**　即“不合格品”(39页)。

布边交叉双线包缝线迹　**edge crossed two-thread overedge stitch**　国际标准ISO 4915中编号为503号的线迹。针线1的线环从已包绕缝料边缘的钩线a的上一个线环中穿入缝料，然后从包绕过缝料边缘的线环中拉出，到达缝料正面下一个机针穿刺点上，缝料表面显示平行钩线线迹。适宜缝制弹性大的部位，如弹力罗纹衫的袖口、底边等。

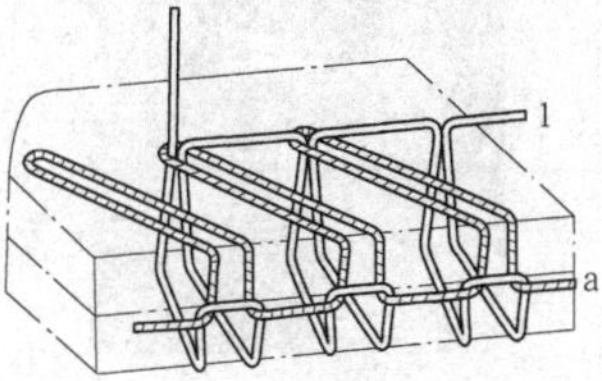

布边交叉双线包缝线迹

布袋式装　**sack dress**　上下紧窄、中间宽松的服装。造型呈袋式，设计风格短小简练，1957～1960年流行。由于当时女装风格趋于简练随意，在1957年秋冬季发布会上，袋式服装应运而生。其特点是：领口和裙摆较小较窄，胸线、腰线、臀线部位均很宽松，裙长至膝盖以下，袖子为七分袖。面料为较厚实保暖的格子花呢。

布莱思裤　**braies**　古罗马的一种有交叉吊袜带的肥大内裤。裤脚宽松，无裆，上裤口至腰节处用细绳系吊，形状松弛。

布莱思裤

布朗族服饰　**Blang ethnic costume and accessories**　中国布朗族衣着和装饰。布朗族分布在云南。男子用黑布或青布缠头，布穗侧垂，前额处斜插一银簪。穿圆领对襟或大襟衣，着宽脚裤。女子绾发髻，青布包头，上饰彩色绒球，穿窄袖左衽短衣，无领，襟、袖口、臂处条纹镶边，穿黑底红条纹筒裙或织花筒裙。也有外罩有红色密排扣作胸饰的短坎肩。戴象征女性的铓状银耳坠，或饰有红绒球的耳环及其他银耳饰。

布朗族女子服饰

布雷泽外套 blazer 以金属扣，两或三个贴袋，左胸饰以徽章或图纹等为特征的西便服。源于1890年英国剑桥大学划船俱乐部会员所穿的火红色制服。流行于19世纪，现泛指男女日常所穿的带有上述特征的齐臀翻领外套。

布雷泽外套

布里切斯裤 breeches ❶欧洲中世纪至16世纪后期裤子的总称。❷特指欧洲文艺复兴时期的一种裤型。似连裤袜，是一种半长紧身裤。

布里切斯裤

布利奥德 bliaut 12～14世纪初，西方男女穿用的一种长外袍。下摆、肩、胸及背部宽松。领口呈倒三角形，边缘有数条凸纹装饰，并有金银线缀缝。衣身布满褶皱，在臀胯处系有带状装饰物，并在腹前打结垂下且缀有瓔珞。袖子呈喇叭形下垂，形成自然飘逸之感。

布利奥德

布凉鞋 cloth sandals 鞋帮用织物条带或网眼布制成，脚背裸露，通风散热良好的鞋品。鞋底以往多用织物、木板、皮革等制成，现代多用塑料、橡胶等加工。棉帆布加工制作的条带式凉鞋，结构简单，通风散热良好，配上柔软舒适的硫化橡胶底，是女性夏季的上好鞋品。

布面胶鞋 canvas shoes 织物鞋帮，外底、内底、围条、前包头为胶制部件，经加热加压硫化制得的鞋。优点是鞋面柔软，有一定透气性，可借助帮布的染色、印花而变换花色。所用织物以棉帆布为主，也可采用棉维交织布及其他混纺织物。成型方法为粘贴、模压、注胶、胶粘法等。主要作为：(1)日常生活用鞋，如解放鞋、力士鞋、轻便布胶鞋等；(2)运动鞋，如高帮篮球鞋、矮帮乒乓球鞋、羽毛球鞋、足球鞋等；(3)劳动保护用鞋，如护士鞋、纺织工人鞋、船工鞋等。布面胶鞋的结构比全胶鞋复杂，以目前产量最大的解放鞋为例，即包括前帮、眼衬、鞋带、鞋眼、鞋舌、衬里、沿口布、后跟条、内后跟衬、内围条、后帮、外底、海绵内底、内底布、外围条、大埂子、外包头等十余个部件。

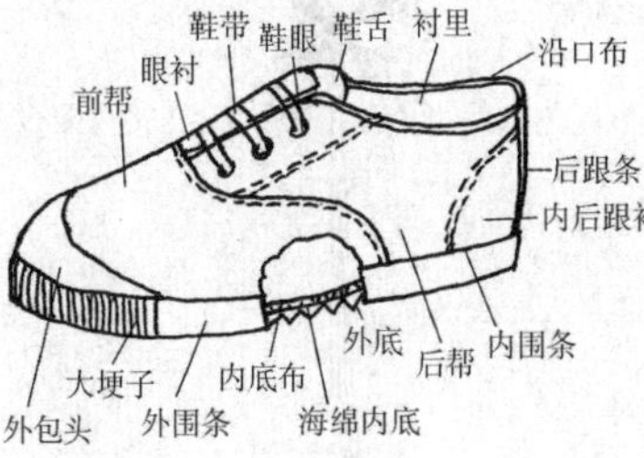

布面胶鞋

布匹衔接　cloth connection　铺料方式之一。铺料过程中，由于每匹布铺到末端时不可能都正好铺完一层，为了充分利用原料，将布匹之间进行衔接的方式。衔接时要求两匹布的重叠部分足够裁出完整的衣片，不能有缺片、残片的现象。

布匹衔接

布琼尼帽　bujonovka　苏联红军戴的盔形帽。类似俄罗斯古代士兵戴的金属盔，凸起尖帽顶，护颈可折起，帽身前面缝上红五角星。用灰色或灰绿色制服呢制作，与军大衣配合使用直至第二次世界大战初期。

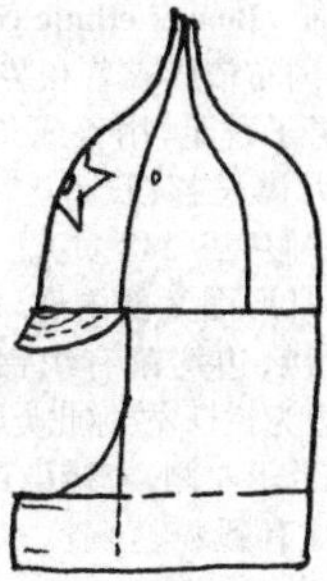

布琼尼帽

布拖鞋　cloth slippers　以织物为帮面，泡沫塑料等为鞋底，通过注塑，胶粘或缝线等工艺加工成型的无后帮鞋。由于织物种类繁多，夏季可用帆布、尼龙绸网眼织物，冬季用长毛绒、羊毛编织物等，因而花色品种丰富，是拖鞋市场的主要品种。织物帮面绣花，再配以人造革铺垫棉花或泡沫塑料软性鞋底，手工缝制成型的拖鞋被称为“工艺鞋”(180页)，颇受世界各国家庭妇女的欢迎。

布鞋　cloth shoes　以织物为帮面，皮革、橡胶、塑料或叠层布为鞋底，用缝绱、注塑、胶粘等工艺加工成型的鞋。布鞋以其柔软、舒适、吸湿透气、卫生性能好、加工制作容易、价格低廉著称，是重要的鞋品。麻鞋和丝鞋是最早的布鞋，出现于商周时期。至20世纪60年代塑料工业发展后布鞋生产逐步工业化。通过合布机将几层布黏合制成帮面，根据鞋样在下料机上冲裁，经缉边、缝制，在铝楦上拉绳绷帮，放在注塑底模上压紧、注塑，帮底结合成型。也可以先注塑成鞋底，再用胶粘剂或缝绱方式与鞋帮结合。布鞋式样很多，根据鞋底材料，分千层底布鞋、毛边底布鞋、塑料底布鞋、橡胶底布鞋等；根据加工成型方式，分缝绱布鞋、注塑布鞋、胶粘布鞋；根据鞋帮结构，分(1)浅口布鞋，包括圆口、方口、尖口、耳式、橡皮筋、带式、单梁、双梁、绣花等样式，(2)矮腰布鞋，鞋帮超过踝骨，多为冬季用棉鞋。由于帮面为织物，花色品种多变，加上各种装饰，布鞋是最为丰富多彩的鞋品，也是文化的重要载体。

布鞋套鞋　rubber over shoes for cloth shoes　套在布鞋上用以防水的橡胶鞋。式样似圆口布鞋，分胶里、针织布里两种，多为黑色。

布依族服饰　Bouyei ethnic costume and accessories　中国布依族衣着和装饰。布依族分布在贵州。男子跣足，用青或条纹布包头，穿对襟短衣和大襟长衫、长裤。女子戴织锦方花帕，婚后戴“假壳”(248 页)。穿黑色大襟短衣，系绣有半月形图案的围兜，袖有织锦和蜡染布镶嵌，衣襟、边均镶有织锦和蜡染花纹。该族称此花边为栏杆，故称此类服装为栏杆服。无领无扣，系带于左侧，着蜡染百褶长裙，系花边围腰。衣纹有穀粒、鱼骨、水波、螺旋、龙、云雷、花卉鸟虫、禽兽等。

布依族女子服饰(贵州兴义地区)

步摇　buyao　又称珠松、簧。中国古代一种女性首饰。从簪钗的基础上发展而来。底座通常为钗，钗上缀有活动的花枝，多以金玉制成，考究者在上面缀有花鸟禽兽等装饰，并附以珠串，走路时随步履的移动而摇曳。始于战国时期，唐时妇女普遍使用，五代后使用者渐少。

步摇

T 部　T-zone area　由额头、鼻子、下颚组成的脸部 T 形区域。此部位的油脂分泌相对活跃，易出现皮肤问题，也容易掉妆。化妆时可先用收敛水收紧皮肤，抑制皮肤分泌，并要适当增补蜜粉，防止油光泛出。

部件安装部位符号　installation of components　服装结构制图符号。表示部件安装的部位，常用于各类袋位的制图。

部件安装部位符号

部件缝制　parts sewing　缝制服装部件的生产过程。如上装部件缝制包括衬里收省、衣领、袋盖、做袋、衣袖、袖头、里布缝合等工序；下装部件缝制包括收省、褶裥、做腰、做袋、缝合裤身等工序。

部位代号　unit symbol　表示人体各量体部位的符号。国际上通用以该部位英文单词的第一个字母大写表示，如 L(长度 Length)、B(胸围 Bust)、W(腰围 Waist)、N(领围 Neck)、H(臀围 Hip)、S(肩宽 Shoulder)、SL(袖长 Sleeve Length)、CW(袖口 Cuff Width)等。制图注尺寸时方便书写，如 B/10 即 1/10 胸围。

C

擦色底　brush colored sole　一种轻微摩擦后能显出两种以上相互辉映色彩的仿皮革鞋外底。利用面层和底层涂料的色差，经过花板的压力压出花纹层次，再经过抛光（擦色），形成风格独特的精美图案。仿革底通常用高苯乙烯橡胶和塑料混合制成。按配方混合均匀后出片、压花、硫化，然后对片材表面进行机械或化学处理，以便涂饰。涂饰一般分三层，底层涂剂要求黏合性、填充性和色泽性俱佳；中层则应能显底纹；面层为擦色层。天然和合成高分子材料均可作为涂剂应用。例如干酪素、丙烯酸树脂等。涂饰方法分喷涂、辊涂两种。

擦色革　two-color effect leather　皮革涂饰层由两种颜色层构成，表层颜色涂层在使用中因摩擦逐步脱落，第二层颜色涂层逐渐显露出来的皮革。要求底层涂饰层颜色牢度好，耐摩擦，表面涂饰层与底色有明显差异，一般不成膜，有适当黏合牢度及抗干湿摩擦能力。表面自然褪色后，底色逐渐显露。形成自然的双色效应。以牛皮革加工的擦色革，主要用作鞋面革；以绵羊皮革加工的擦色革，可制作夹克类服装。

擦色革鞋　bruching leather shoes　用一种能同时显示出两种不同颜色的皮革为帮面制作的鞋。在制革过程中，皮面革上涂饰两层颜色，成鞋后经过专用蜡油和工具进行摩擦，可显示出深浅不同的双重色彩。擦色革鞋外观效果别致，很适合中青年人穿用。

材料美　material aesthetic　由材料因素而产生的美感。服装材料是服装的载体，对设计师来说，材料美的侧重点主要在面料上，辅料只是服装材料美的内在表现。材料美主要表现为色彩、肌理和一些物理性能，如悬垂性、透气性、柔软性、挺括性、伸缩性等。设计师应该对材料的感性判断有足够认识和经验，灵活运用流行的或过时的、新颖的或传统的面料，设计适合各种不同需求的服装。

裁刀　cutter　裁切直线边线的工具。有直式裁刀和转盘式裁刀两种。直式裁刀的刀刃为长形，刀身可直线伸缩移动，使用时将刀身向外推出进行裁剪。转盘式裁刀刀身是圆盘状，使用时推动刀身旋转进行裁剪。

直式裁刀

转盘式裁刀

裁缝用划粉铅笔　tailors chalk pencil　用于描画服装细部的划粉铅笔。笔尖十分精细，主要用于描画服装的褶、裥、省道等细小部位。

裁缝用划粉铅笔

裁缝用铅笔　dressmaker's pencil　用于标划的专用铅笔。一般为白色或其他淡色，用于高档面料，其印记可用铅笔另一端的刷子去除。

裁缝用铅笔

裁缝罩帽　sempstress bonnet　法国帝政时期女性戴用的长长的宽缎带在颏处交叉绕到帽冠顶部打结的罩帽。

裁耗　cutting loss　铺料后坯布在划样开裁中产生的损耗。包括因裁坏、污损、缺失等情况而重新配片的损耗。

裁剪　cutting, tailoring　运用专用设备或手工对缝料进行剪切、切割的工序。裁剪的缝料可以是多层的，也可以是单层的，手工或半手工裁剪由操作工人用剪刀或电动裁剪机完成。近年来由计算机控制的裁剪设备逐步代替人工裁剪作业，其中包括机械裁剪系统、激光裁剪系统、等离子体裁剪系统等。

裁剪检验　cutting inspection　裁剪工艺阶段的质量检验。检验要点：铺料时的尺寸规格、层数、拖料的方向、倒顺毛、正反面；排料时符合规定的丝绺和部位划分要求；开裁后逐层验片，发现有裁片质量问题应及时修正或换片。

裁剪剪刀　trimmer　剪切纸样或布料的工具。有 23 cm（9 英寸）、25 cm（10 英寸）、28 cm（11 英寸）、30 cm（12 英寸）等多种规格。其特点是刀身长、刀柄短、捏手舒服。裁剪布料宜使用 30 cm 规格的。裁纸与裁布剪刀宜分开使用。裁纸用刀宜选用小号规格，裁布用刀宜选用大号规格。各类用刀都要选择刀刃咬合顺适，刀刃尖没有参差的剪刀。

裁纸剪刀

裁布剪刀

裁剪设备　cutting machine　按裁剪图样，将单层或多层面料裁成合格衣片的机器。由电机、裁刀装置、刃磨装置和机座等部分组成。按刀片形式，分为“直刀式裁剪机”（655 页）、“圆刀式裁剪机”（623 页）和“带刀式裁剪机”（81 页）。其他形式的裁剪机还有“激光裁剪机”（234 页）、“程控自动裁剪机”（61 页）、“冲裁机”（62 页）和“开滚条机”（280 页）等。

裁剪台　cutting board　按照划样、排料和铺布的传统工艺作业，利用直刀式裁剪机或圆刀式裁剪机进行裁剪作业时的专用工作台。由台面和台脚两部分组成。台面光滑平整，便于裁剪机轻滑推动，台面高度一般为 850 mm 并可在一定范围内调节；台面长度和宽度随面料的幅宽及生产需要而定，常见宽度为 1200～1800 mm、长度为 12000～24000 mm。工作时，带吹风装置的裁剪台面吹风时在台面和布料层底部之间形成气垫，可减少裁剪机的进给阻力；吸气时在布料层顶部和台面之间形成局部真空，以压缩布料层厚度，便于裁剪操作，保证裁片质量。

裁片　garment section, cut pieces, cut parts　按排料图或划样线条将缝料切割后形成的衣片。在批量生产中，裁片与纸样之间的尺寸差异不能超过允许的公差值，上下层对应的裁片之间不允许出现错位。

裁片检验　garment section inspection　对裁剪好的裁片进行检验。内容包括用样板校对裁片的形状、规格、刀眼等，核对裁片数量，下层裁片尺寸误差是否在允许范围内，裁片两侧是否对称，裁片有无疵点或色差，有无散边或刀口等现象。

采购代理商　purchasing agent　与买主建有长期的业务关系，采购商品，或进行收货、验货、存货和送货等经营活动。如大规模服装交易市场的采购代理商，专门物色中、小城镇零售商经营的服装，为买主提供有益的市场信息，并代理采购价格适宜、品质保证的服装。

彩带　colorized strip　用各色丝或纱线编织的带。畲族的服饰品。白纬色经，手工编织。纹样有花鸟禽兽、文字、万字纹、铜钱及几何纹等。长约 2 m，可作腰带、围裙带、刀鞘带等。

彩点纱织物　knickerbocker yarn fabric　花式纱织物名。用彩点纱织制的织物。织物表面具有各种彩色的点子，风格休闲。多用于冬季女装面料。

彩稿　pattern　即“图案”（526 页）。

彩格纺　rayon palace checked　黏胶纤维仿丝织物名。经纬线均采用染色有光黏胶丝，以平纹组织织制的布面呈现彩色格子图案的非紧密结构的织物。绸面细洁，平挺爽滑，光泽明亮，常以白色为基本色调，配色雅致，条格细巧，吸湿性和透气性好。大多用作夏季衬衫、连衣裙面料。

彩绘艺术甲　color painting nail　运用画笔，丙烯酸颜料以及各色指甲油，在指甲或人造甲板上绘制、雕塑各种图案的指甲造型。结合饰物、背景灯光等道具，在视觉上造成一定美感，传达一定意义。装饰性强，表现内容丰富，有较大的发挥和延展空间，适于舞台表演。

彩裤　caiku　中国传统戏曲内衬服装。尺寸较一般的裤子肥大，裆深，以便于做大动作。各行角色均用。多为素地黑、红色绸料，少数为白、粉、古铜等色和绣花绸料。

彩排　rehearsal　正式演出前的总排练。一般在演出前一天或两天。演出人员全部到位，一切按照正式演出的要求进行。时装表演中的彩排分为：分组排练、分段排练、无乐排练、合乐排练、走位排练、无装合成排练和着装合成排练。

彩婆袄裤　caipoaoku　中国传统戏曲中彩旦行里中、老年妇女穿用的短式套装。上袄圆领，大襟右衽，腰、袖均肥大，长及膝，镶宽沿花边。裤腿亦肥大，裤口分绑腿式和镶宽花边的散腿式两种。多用海蓝、深灰等色。以肥大笨拙来显示人物的滑稽可笑。如《四进士》中的万氏、《锁麟囊》中的胡婆。

彩色化妆品　color cosmetics　即“美容化妆品”(348页)。

彩色蜜粉　colorful loose powder, chromatic loose powder　化妆用有色粉末。色彩多样。用于固定粉底，调整妆面。有浅黄色系、米黄色系、粉红色系、紫色系、蓝色系、陶土色系等，其中陶土色系的蜜粉使用时可用腮红刷扫于双颊低凹处，作出自然的阴影效果。

彩色铅笔　color pencil　一种绘图用笔。有勾线和平涂两种画法。宜用于粗糙纸质。优点是上色简便，色彩丰富。在服装画中，常用于在钢笔或铅笔工具勾线的基础上平涂上色，也可与其他工具结合表现理想效果。

彩色铅笔与水溶笔技法　color pencil technique, color pencil skill　以平涂为主，结合少量的线条，也可同其他工具结合，在钢笔或铅笔等工具勾线的基础上平涂，以达到理想效果的绘画技法。选用的纸张以粗糙纸质为宜。绘画方法和铅笔素描相似，色彩层次更为丰富多变。在画服装画时，要注意服饰的色彩关系，利用简单的上色方法，表现色彩缤纷的服饰。水溶笔是近些年较流行的新型绘画工具。采用干湿结合的画法，即先用水溶笔画出颜色，再用毛笔蘸水加以晕染，使画面出现干湿相融的丰富效果。采用干画法时，使用技法和效果与彩色铅笔相同，加水溶解会出现水彩画的效果。根据服装设计的需要，水溶笔可以在画面上调色，不同的颜色重复涂画之后，用毛笔加水在画中轻轻地涂染。最好选用纸面颗粒适中的水粉纸或素描纸，毛笔可用国画白云笔或水彩笔。

彩色铅笔与水溶笔技法

彩色轻便靴　colored female rubber boots　筒高在小腿以下，比半高筒靴筒低，质轻的彩色胶面雨靴。楦型、跟高基本与黑色女轻便靴相同，但色彩多为年轻女子喜爱的大红、浅红、绿、浅绿、蓝、浅蓝、黄、米色、白色等较明亮的颜色。20世纪60年代起，又在胶面上采用转移印花、贴异色部件、多色挤出及涂色围条等工艺，使胶靴从单一色调变得更加多彩。靴面多为光面，少数有皮纹或其他花纹。多为压延出型底，后贴模压高跟。靴里为本白色、彩色或印花针织棉毛布。

彩色钻石　color diamond　粉红、绿、蓝及金黄等颜色的天然钻石。与其他钻石相比，产量更为稀少，因此价值也更高。如果是呈淡黄色、棕色及褐色，则不能称为彩色钻石，这些颜色表明质量较差，有些只能作为工业用钻石。

彩匣子　caixiazi　在中国传统戏曲中放置面部化装用品的化妆盒。因戏曲行话称面部化装用的花粉胭脂等为彩而得名。

餐巾帽　napkin-cap　18世纪男子在家里摘掉假发后使用的无檐帽或朴素的睡帽。

仓子靠　cangzikao　中国传统戏曲戎装“靠”(285页)的一种。供《水淹七军》等剧中的周仓专用。因戏班中习称周仓为仓子而得名。黑色，式样、结构基本同其他男靠，但“靠牌”(285页)、“靠肚”(285页)都加大尺寸，以配合垫肩、衬胸、楦臂的"楦判"(589 页)。

操作效率　operational efficiency　操作时间占工作时间的百分比。公式为:操作效率=操作时间/工作时间×100%。操作效率越高则浮余率越低。

槽镶法　slip inlaid　用沟槽托架固定宝石的珠宝首饰加工工艺。源自法国的轨迹式镶嵌,因为它如同有轨电车在轨道上行驶,来回移动都不会出轨。构造主要由两条平行的、内侧开启沟槽的底座组成。适用这一方法的钻石形状和大小必须一致。制成的产品整洁豪华,具有古典美感。

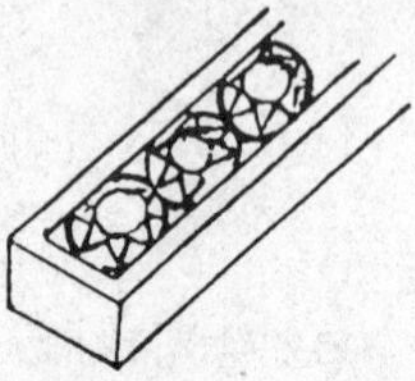

槽镶法

草狐皮　south dark red fox fur　见"狐毛皮"(213 页)。

草鞋　straw shoes　鞋帮鞋底都用棉、麻、葛、稻草等植物纤维编织而成的鞋。多为凉鞋,鞋帮由几组绳带组成,鞋底则由植物的皮、茎、叶等纤维材料编织而成。鞋的通风透气及防滑性好,但不防水,不耐磨。我国人民早期的鞋着之一,现仍在某些山区及少数民族地区穿用。

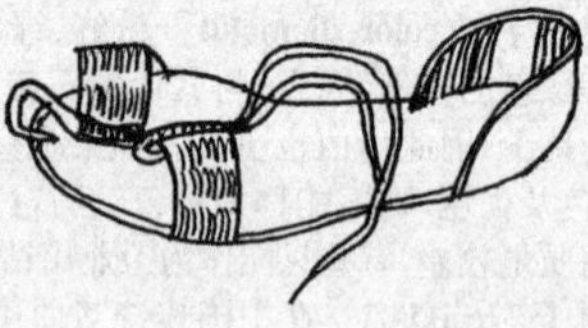

草鞋

侧缝　side seam　服装侧面的开缝,一般位于人体腋窝下。将衣身分为前后基本相等的前后衣身。

侧缝插袋　side seam pocket　又称摆缝插袋。利用侧缝进行开袋的。口袋种类,上装开袋的位置在服装侧缝,裤装开袋是斜向弧形,距水平线 75°左右。装袋襻时,袋襻宽度一般 2.5～3.5 cm,装嵌线时,嵌线宽是 1～1.5 cm之间。

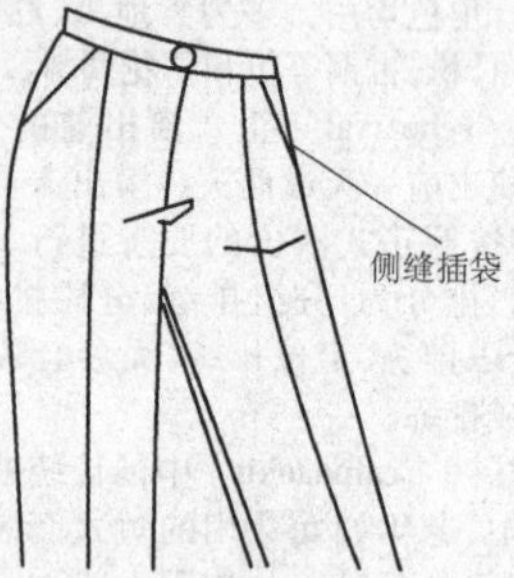

侧缝插袋

侧缝省　side seam dart　省道种类。处理前后浮余量的一种形式,省底在衣身侧缝线上的省。通过缝合能使前衣身浮余量消除,与人体胸部形态相吻合。常用于女衬衫、连衣裙类服装。

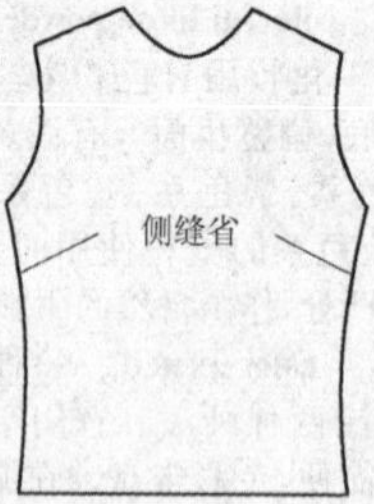

侧缝省

侧缝线　side seam line　即"摆缝线"(15 页)。

侧缝直线　side seam line　裤装侧面分割缝的垂直基础线。分前侧缝直线和后侧缝直线。用细实线表示。见"前后裤片结构线"(406 页)中图。

侧颈点　side neck point, SNP　人体测量点。在颈根的曲线上,从侧面看在前后颈厚的中央稍微偏后的位置。此基准点不是以骨骼端点为标志,不易确定。常以第七颈椎点的水平线向前后颈宽的 1/3 长度(2.3～2.5 cm)确定该点。确定前后腰节长及前衣长的基准点。

侧颈点高　side neck height, SNH　人体立姿时从侧颈点到地面的垂直距离。见"人体高度尺寸"(428 页)。

侧开襟　side opening　在侧缝处的开襟形式。一般用于连袖服装,如旗袍、中装等。

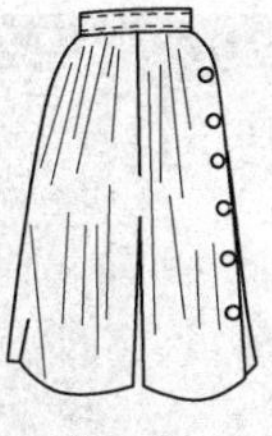

侧开襟

侧开口式皮鞋　side open leather shoes　在鞋口的单侧或两侧设计开口位置的皮鞋。两侧开口常以鞋带、橡皮筋、拉链、鞋钎、鞋扣等方式连接，因此也称橡皮筋鞋、拉链鞋、大钎鞋等。在双侧开口式鞋中，跗背类似鞋舌外形，由于这个类似舌形的跗背受到两侧连接部件的牵制，不能自由翻转，故不属于舌式鞋。侧开口式鞋的开闭在鞋口两侧，虽然开闭功能的大小受到了限制，但使前帮看起来素雅、干净利索。

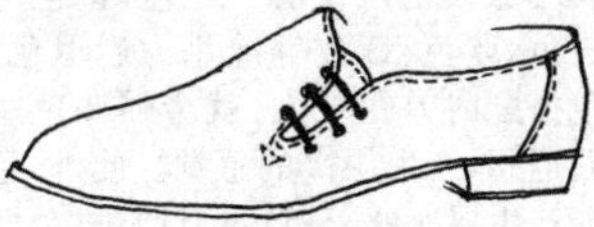

侧开口式皮鞋

侧片　side body　前后衣身作分割，袖窿底部的衣身部分。常用于贴体、较贴体风格服装中。

侧 S 形造型　S-line　20 世纪初盛行于欧美的一种服装造型。这种装束所呈现的轮廓侧面形如字母 S。主要特征为帽子宽大、向前伸出，并装饰有许多附属品。衣领高及颚部，紧身胸衣使胸部外突而腹部平坦。腰部以下的前摆平直垂落，臀部向后翘起，后衣裙的下摆拖曳至地面。

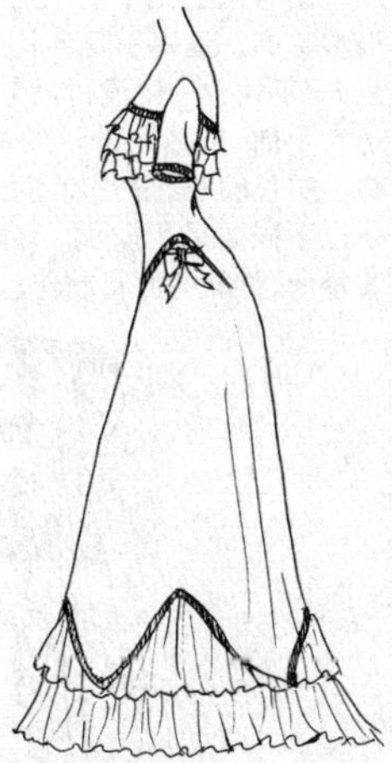

侧 S 形造型

侧章　sideband　在西裤侧缝处起装饰作用的条纹。面料通常使用缎子、丝绸或软缎，花样为木纹状。与燕尾服配套的西裤侧缝处嵌两条侧章；与夜间半正式礼服配套的西裤侧缝处嵌一条侧章；此外，在夜礼服式的军装，阅兵游行和行乐队的制服上也有采用。

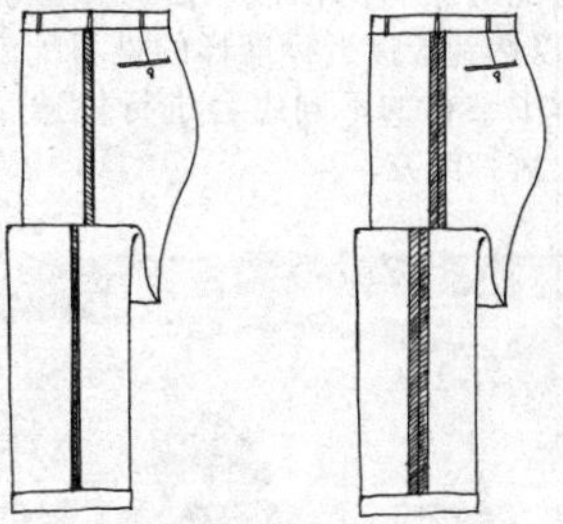

侧章

测色配色系统　color matching system　测试任何状态物品反射色或透射色的设备。不仅可以测量可见光颜色，还可以为变色材料测量近红外部分的颜色，满足特殊产品的测试，如迷彩服、红外变色材料等。适用标准：GB/T 8424.1—2001(2008)《纺织品　色牢度试验　表面颜色的测定通则》，GB/T 3979—2008《物体色的测量方法》。CIE 15，ASTM E 1164，DIN 5033.7 等。由光源、积分球、透射仓、光栅、探测器、微处理器等组成。属于分光光度测色设备。光源采用脉冲氙灯，模拟 D65 标准光源。单色器由高分辨率凹面全息光栅组成，检测器由 512 个硅二极管矩阵组成。采用 d/ 8°的几何条件，即光源通过积分球漫射照明样品，检测器在位于与样品的法线 8°夹角处接收样品的光谱幅亮度。仪器采用双光路设计，有两个光栅和两个检测器。测量时光源闪一次，同时测样品和参比白色，样品表面的光谱幅亮度系数为：$[L_c(\lambda)/L_s(\lambda)]\cdot\beta_c(\lambda)$，其中：$L_c(\lambda)$为参比白色的光谱幅亮度，$L_s(\lambda)$为样品的光谱幅亮度，$\beta_c(\lambda)$为参比白色的光谱幅亮度系数。通过微处理器的计算，得出样品的三刺激值。测量的波长范围 350～1100 nm，波长精度 5 nm。计算机配色基于在样品的反射率和染料浓度间存在的相关函数：$K/S=(K_0+\sum C_iK_i)/(S_0+\sum C_iS_i)$（$K/S$ 为光谱反射比，K_0为纤维吸收系数，S_0为纤维散射系数，C_i为各染料浓度），由于染着于纤维上的染料粒子很微小，染料的散射系数S_i值很小，$\sum C_iS_i$值可以忽略不计，则$K/S=(K_0+\sum C_iK_i)/S_0$。得到一系列的方程组，由于方程数远多于变量数，可得无数组解，即有无数组配方，一般用最小二乘法解决，即在标准样和配方样之间的反射率最小时求得配方染料的浓度。需通过多次修正、调整，以达到最接近标准样的染料配方，并对染料库中染料的不同组合进行优选，可获得多达上百种配方。

测色配色系统

测色仪　color tester　用于纺织、塑料、涂料、食品、纸等材料颜色测量的设备。样品形状可以为粉末、固体、液体等。适用标准：GB/T 8424.1—2001(2008)《纺织品　色牢度试验　表面颜色的测定通则》，GB/T 3979—2008《物体色的测量方法》等。主要由光源、光栅（分光单色器）、光电检测器、微处理器等组成。属于分光光度测色设备。光源采用充气氙灯，模拟D65标准光源。单色器采用衍射光栅。检测器由硅二极管矩阵组成。采用0°照明/45°检测的方式，使颜色测量结果同人眼观察完全一致，即光源通过单色器分色后垂直照射于样品上，检测器于45°的位置接收样品的光谱幅亮度。仪器采用双光路设计，有两个光栅和两个检测器。测量时，光源闪一次，同时测量样品和参比白色，样品表面的光谱幅亮度系数为：$[L_c(\lambda)/L_s(\lambda)]\cdot\beta_c(\lambda)$，其中：$L_c(\lambda)$为参比白色的光谱幅亮度，$L_s(\lambda)$为样品的光谱幅亮度，$\beta_c(\lambda)$为参比白色的光谱幅亮度系数。通过微处理器的计算，得出样品的三刺激值。测量的波长范围400～700 nm，波长间隔10 nm。

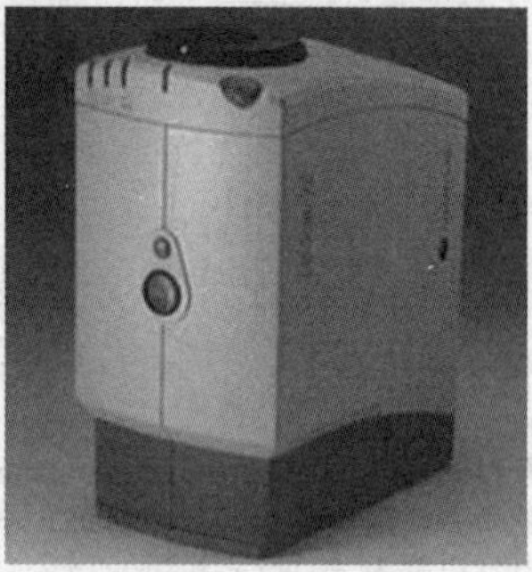

测色仪

层次感　layer feeling　服装与服装、部件与部件之间的前后视觉关系。有三个方面的含义：(1)整个着装状态中，内衣和外衣之间的层次关系，如用内衣长外衣短来显示层次感。用双层领子、双层袖口、双层或多层下摆，起到丰富视觉效果的作用。(2)利用色彩的特点来表现服装的层次感。红色、橙色等暖色为前进色，蓝色、紫色等冷色为后退色，暖色与冷色搭配时差距拉大，就会强调色彩的前进与后退感，产生层次的感觉。此外，色彩明度也能产生层次感，亮色具有前进感、暗色具有后退感。(3)面料的不同肌理和光泽也影响服装的层次感。表面粗糙、光泽好、大花型的面料都具有前进感，反之则有后退感。

层裙礼服　tiered dress　紧身连衣裙式礼服。裙身从上到下分几层，每层均抽褶成波浪形轮廓。适用于宴会礼服或夜礼服。20世纪30年代曾一度流行，80年代再次流行。袖子有半袖、长袖之分，半袖多为喇叭袖、波形袖。裙长较长，分割部位、皱褶多少不同，风格也不同。采用丝绸、天鹅绒、绉缎、乔其纱等轻薄、柔软的面料制作。

层裙礼服

差别定价 differential pricing 企业通过调整商品的价格以适应顾客、产品、时间、地理位置等方面呈现差异的定价方法。服装企业在经营多元品牌时，常采用若干种不反映成本比例的差异价格来满足不同层次消费者的着装需求。

差动比率 differential ratio 缝纫机差动式缝料输送器的差动送布对主送布的比值。当该值为1时，缝料输送器不具差动功能。

差动送布 differential feed 缝纫机推送缝料的形式之一。由于缝纫机针板下前后两块不同速度的送布齿条推布，使压脚下的缝料，前后以不同的速度运动，实现紧缩缝制和伸展缝制的送布方式。适于伸缩性缝料和弹性缝料的缝制，其差动比率可由前后两送布齿条速比的调节获得。

插袋 inserted pocket 利用衣片缝道（侧缝、分割缝），预留部分缝道不缝作为袋口而制成的袋类。袋口位置因与衣片缝道吻合，故口袋不破坏服装整体风格。袋口多为直线。

插袋

插花眼 mock button hole 男西装左驳头上端的装饰扣眼。原本用于礼仪场合时插花，现仅用作装饰，有真眼和假眼之分，真眼是将驳头剪开锁缝而成，假眼是用线缝成线迹。

插肩袖 drop shoulder sleeve 又称连肩袖。从衣身上将肩部分割出来，并使之与袖子连为一体，肩袖连接缝处为一斜线的衣袖。对人体肩部有收缩感，造型线条流畅美观，加工制作方便。有一片袖、两片袖、三片袖等多种形式。多用于男女装、大衣、风衣。

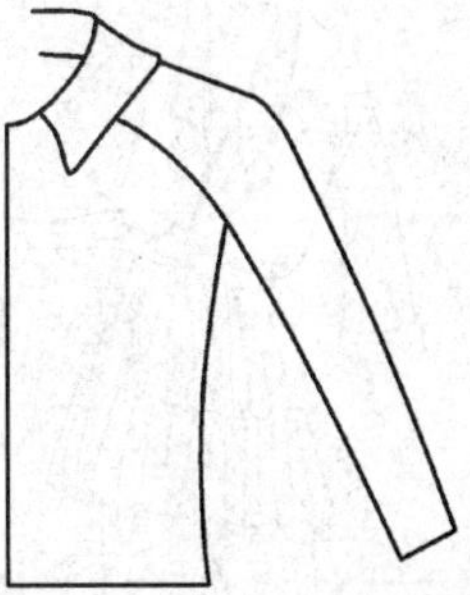

插肩袖

插角连袖 gusset-insert raglan sleeve 在袖山和袖身组合成一体的连袖结构基础上，从腋下增加一片插角，使袖身贴体，能提高手臂上举活动范围的衣袖。由于插角放在腋下，在静态时不会影响服装的外观形态。

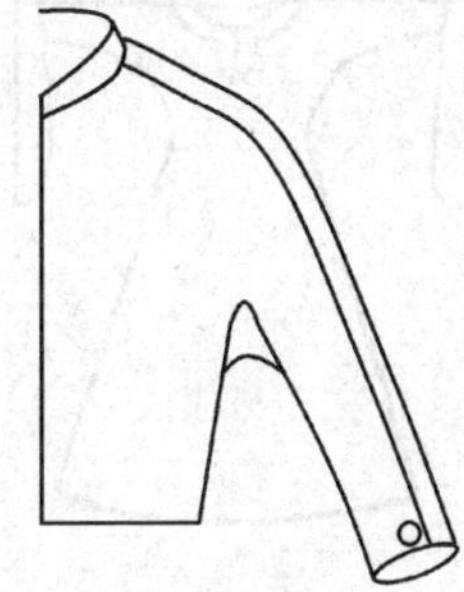

插角连袖

插角袖 sleeve with inserting angle 连袖结构种类。为便于手臂活动，在腋下插入各种造型的袖插角。常用于女外套、风衣、大衣。

插片袖 sleeve with inserting piece 袖身上做纵向分割的连袖。袖身结构的上段为连袖形式，下段为小袖片与衣身相连的形式。

茶衣 chayi 中国传统戏曲袍服中短衣的一种（图见下页）。茶褐或蓝色布料，长仅及臀。式样颇多，斜大领、大襟、对襟、立领或大领加饰如意头等。穿着者下身穿裤子，可再系短裙。主要用于由丑行演员饰演的茶房酒保、樵夫艄公等下层劳动人民，在某些剧种中专有茶衣丑一行。

茶衣

查安斯　chainse　又译作鲜兹。罗马帝国时期的一种长及脚踝的女式束腰内衣。袖子窄长，袖口和领口有精美的刺绣和饰带。一般选用精细的白色亚麻布制作，轻柔贴体。

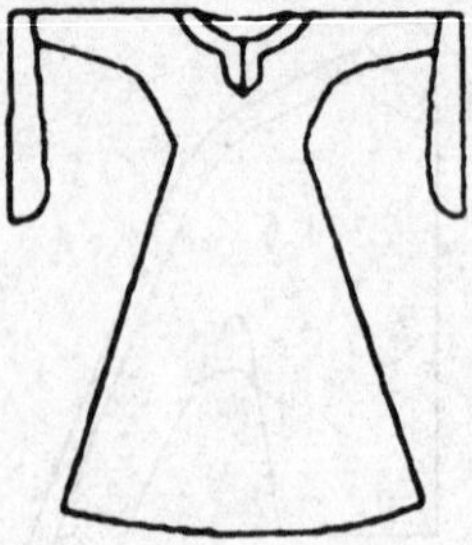

查安斯

查卢　Chullo　秘鲁印加人戴的盔形长袜式无檐帽。高尖顶，圆形大护耳，戴在黑色宽檐帽下面，彩色衬里的宽帽檐向上翻卷，用附加的缎带在颏处打结系牢。

查米斯　chemise　欧洲的一种用柔软的亚麻布制成的贴身长袍。男女均有穿用。长袖，与外衣配套穿着时要求其和外衣领口、袖口的褶或刺绣纹样一致。14 世纪男式查米斯称为衬衫或者内衣，女式查米斯称为贴身式内衣；17 世纪称为宽松直筒无袖内衣；19 世纪末期称为连衫内衣。19 世纪法国帝政时期的查米斯是低领、高腰的紧身裙状，用白坯布、平纹细布或薄纱织物制成。在第一次世界大战后流行，并成为 20 世纪 20 年代的基本款式，具有许多不同式样，有裁剪精细的白天穿用式样，也有在雪纺、蕾丝或其他丝绸材料上装饰珠子的华丽的夜晚穿用式样。

衩口　slit　在裙子等底边开的细长的切口，常用于裙装、男女上装类服装的下摆部位。

拆线器　seam ripper　将缝缉线切断并拆除，快速打开接缝、纽孔等专用的工具。

拆线器

钗　chai　中国古代妇女的一种发饰。以金属、犀角、玳瑁、翡翠、琉璃及玉石等材料制成，状似树枝丫杈，常为双股，插入发中以便固定发髻。盛行于汉代。唐代时，钗广泛流行，出现各种形制的钗。通常以钗的质料、形制来命名。如以金制成者，称金钗；素而无纹者，称素钗；饰有凤纹者，称凤钗。隋唐以后较注重钗首装饰，通常制成各种花形。

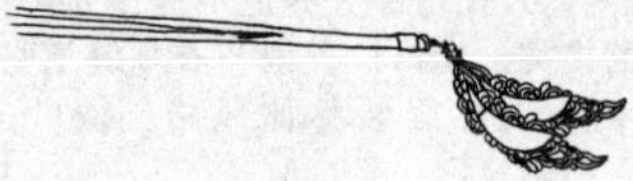

钗

襜巾　chanjin　即“围裙”(541 页)。

襜褕　chanyu　又称童容。中国古代一种上衣下裳合并的直裾长衣。形制与深衣相似，上下相连、宽大袖博、右衽交领。可用于平常家居、日常礼见和祭祀。材料可用缣帛、锦罽或兽皮。制作时上下分截，然后在腰间缝合。与深衣最大的区别是，襜褕是直裾长衣。制作时将衣襟前片解长一段，右掩之后多出一截。穿时折向后面，垂直而下，即成直裾。襜褕出现于西汉时期，最初为妇女穿着，男子偶尔穿着，则引起非议。东汉后普及，无论男女尊卑都可穿着。

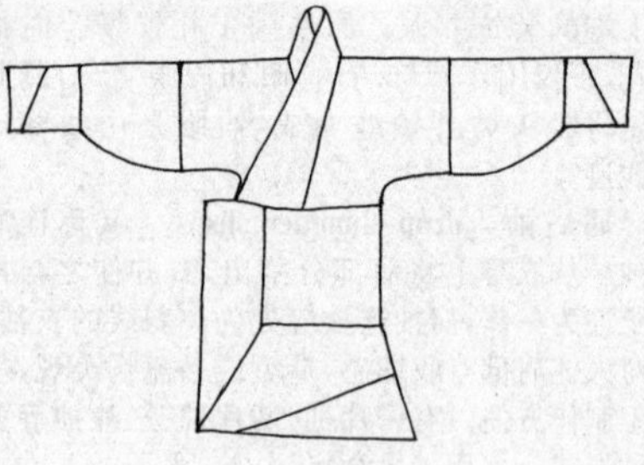

襜褕

缠腰布　loincloth　即“腰衣”(605 页)。

缠枝纹　entangled floral branch pattern　传统装饰植物图案。将常青藤、扶芳藤、紫藤、金银花、爬山虎、凌霄、葡萄等藤蔓植物的枝茎表现成波状、涡旋形或S形，并缀以叶子、花卉、动物等，构成二方连续或四方连续图案，寓意美好吉祥和延绵不断、生生不息。在中国，缠枝纹兴起于宋代，以元、明、清三代尤为盛行，枝茎与不同的花卉组合而得名为缠枝莲花、缠枝牡丹、缠枝宝相花等，表现在许多传世服饰用品中。同时，缠枝纹还影响了中亚和西亚地区的装饰图案，并盛行于欧洲，广泛地运用在服饰图案设计中。缠枝纹以波卷缠绕的结构、花叶繁茂的造型样式，为追求优雅和唯美的女性钟爱，成为经久不衰的服饰图案之一。

缠枝纹

蝉冠　changuan　即“貂蝉帽”(100 页)。

蝉翼纱　chanyi georgette　丝织物名。经纬线均为强捻桑蚕丝。2 根 S 捻 2 根 Z 捻间隔排列，以平纹组织织制的轻薄透明的织物。重量 27 g/m^2，柔爽飘逸。主要用作纱礼服、戏剧服装、民族服装等的面料。

产地标志　producing area mark　包装识别标志。标明商品产地的文字符号。

产品工厂成本　product factory costs　即“产品生产成本”(51 页)。

产品生产成本　production costs　又称产品工厂成本。在工厂范围内生产产品发生的全部费用。是综合性质量指标，企业内各部门的工作质量通过分析产品生产成本的构成，能明确降低成本的方向，从而采取措施，降低生产成本。服装产品生产成本包括：(1)材料费，如面料、辅料、缝纫机针、机油等；(2)劳务费，如计件工资、计时工资、间接工资、临时工资、休假日工资、退休退职金、奖金、津贴、保险费、法定福利费等；(3)制造经费，如样衣试制费、专利费、外加工费、设备租赁费、折旧费、利息、煤气费、燃气费、水费、电费、税金、旅费、运输费、易耗工具费、事务用品费、修理费、交际费、保管费、杂费等。

产品组合定价　product portfolio pricing　对商品进行组合配套销售定价的方法。通常，企业需要提供不同质量等级和定价的认证依据。例如，某男装品牌专卖店配套服装定为三种价格水平：880 元、980 元和 1280 元，消费者会联想到这是低档、中档、高档男式套装，并以能够接受的价格选购服装。

铲头鞋　plate and square toe shoes　鞋头方向明显变细的鞋类。铲头鞋前端变细的部位，设计在脚趾之前，不妨碍脚趾活动。称塌头式，适于尖头式、小圆头式、小方头式或大方头式等不同造型。

铲形罩帽　scoop bonnet　19 世纪 40 年代流行的软帽冠，有像面粉铲子一样宽硬帽檐的罩帽。

长调对比　strong lightness contrast　即“强明度对比”(411 页)。

长绗针　long-quilting stitch　一种“绗针”(202 页)针法。出针部位至入针部位之间的距离，远较入针部位至出针部位之间的距离长，缝料正面线迹长约0.3～0.4 cm，密度较小。常用于多层缝料的假缝固定或缝料间有填充料的固定。

长回针　long-bartack stitching　一种手针缝纫法。后一线迹的入针在前一线迹的出针部位后面进行，作出的回针线迹密度较大。一般用于缝料固定，使之不被拉伸变形。

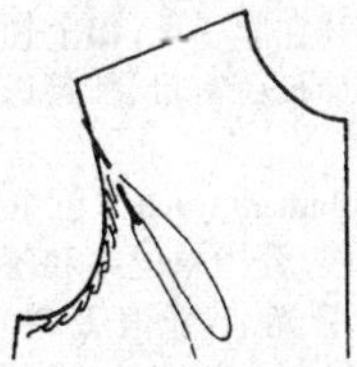

长回针

长巾图案　long stole pattern　图案的一种。主要分真丝等薄型面料图案设计和羊毛等厚型面料图案设计。薄型长巾多结合四方连续纹样与印花、刺绣、手绘等工艺，结合花卉等具象造型，花形大小适中，色彩明艳，适用于成年女性佩饰。厚型长巾多结合编结、织花、绣花等工艺，图案布局侧重长巾两端，几何条纹与清地小花形、标志图案，多适用于男士佩饰；佩兹利等传统织花工艺图案多适用于成年女性佩饰；机绣或印花的卡通或动物图案适用于儿童或青少年佩饰。

长颈体 **long neck figure** 颈长较正常体长的体型，瘦体型和垂肩体型的居多。颈部脂肪少，其中女性颈围小于39%胸围，男性颈围小于40%胸围。在衣身纸样设计时主要通过前后领窝宽度、深度的改小来处理。

长毛绒针织物 **long-pile knitted fabric** 即“人造毛皮针织物”(431页)。

长眉 **long eyebrows style** 中国古代妇女画眉样式。眉长而细，形如蚕蛾触须。秦汉时期即已出现。现存这一时期的彩绘木俑及帛画人物，妇女的双眉大多作成此式。盛行于隋唐时期。

长眉

长命锁 **pendant** 垂挂饰品。在江南用五彩丝线编结成绳索状，五月端午节时系在手臂上，以后又挂在脖子上，缀上锁状和如意状的坠饰，刻诸如长命富贵、麒麟送子的吉祥图案。

长丝纱 **filament yarn** 由单根或多根长丝组成的纱线。分为单丝纱和复丝纱。纱线细度均匀，纱身光洁，没有毛羽，光泽好。能够织制轻薄透明、光泽明亮、手感光滑的丝型织物，也能织制手感爽利的麻型织物和手感厚实、挺括的毛型织物。

长拖肩型 **supper dropped- shoulder style** 特别放大肩部尺寸，使肩缝线下垂至上臂中部，甚至肘部的服装样式。袖窿与装袖特别宽阔，是宽松型服装的一种表现形式。具有特别的舒适感。

长形脸 **longer-face** 前额发际线较高，下巴较尖长，脸庞面颊清瘦的脸形。

长袖 **long sleeve** 长度至手腕部的袖子。和短袖是相对的概念，其长度一般用0.3乘以身高加常数来计算，常数大小与袖长具体长度有关。

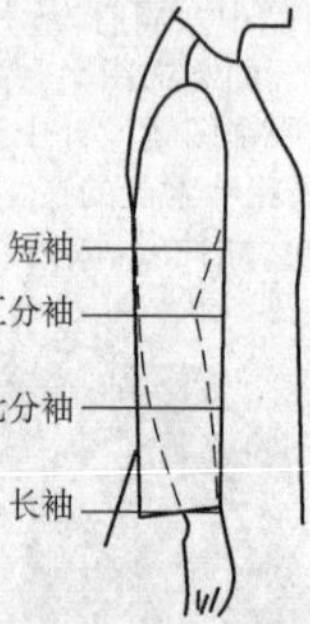

各种长度的袖子

肠棘点 **iliospinale, Ili** 人体测量点。在骨盆位置的上前髂骨棘处，即人体仰面躺下，可触摸到骨盆最突出之点。确定中臀围线的位置，也是测量服装压的重要部位。

肠棘点高 **iliospinale height, IH** 人体立姿时从肠棘点到地面的垂直距离。见“人体高度尺寸”(428页)。

肠棘点间距 **biiliospinale breadth, BB** 从左肠棘点到右肠棘点的横向水平直线距离。

肠棘点围 **iliospinale girth** 经过肠棘点水平围量一周的长度。

常服 **changfu** 中国古代的日常服装和半正式礼服的统称。包括将士所穿的军服，皇族、百官士庶平常穿的衣服，皇族、百官的公服和次于朝服、公服的普通礼服等。其中不同时期各种常服的款式、面料、配饰等均不同。

常服冠 **changfuguan** 又称常冠。清代帝王所戴的礼冠。其礼仪性次于吉服冠。使用时与常服袍相配。其制有二：冬季所戴者用兽皮制成，圆顶、翻檐；夏季所戴者以竹篾为胎，上蒙绸纱，尖顶、敞檐。通常冠顶缀一红绒小结。

常冠 **changguan** 即“常服冠”(52页)。

常青藤联盟套装　Ivy League Suit　美国大学生所穿的法兰绒西套装。常青藤联盟是美国东北部8所著名大学组成的足球联盟的名称，这些大学因喜爱灰色法兰绒西套装而得名。服装款式为：直身造型上装，自然肩线，三粒扣，只扣上面两粒，前片不收省道，有0.5 cm宽的镶边作装饰，具有整体修长、和谐明快之感。裤子前片不收褶，呈直筒形，裤边翻折。

常青藤帽　ivy cap　帽身为一片呈圆形的狩猎鸭舌帽。帽后有开裂，用扣合物固定并可调节头围尺寸，多用条纹棉布制作。

裳　chang　又称下裳。中国古代的一种专门用于遮蔽下体的服装。不分男女尊卑，均可以穿着。裳出现于远古时期。古代布帛门幅狭窄，裳的制作，通常要以七幅面料拼凑而成，前三幅，后四幅。另在腰间施褶，视穿着者的腰身粗细定褶的多少。两侧各开一道缝，以便行动。进入汉以后，渐渐被裙代替，只在礼服制度中仍保留。

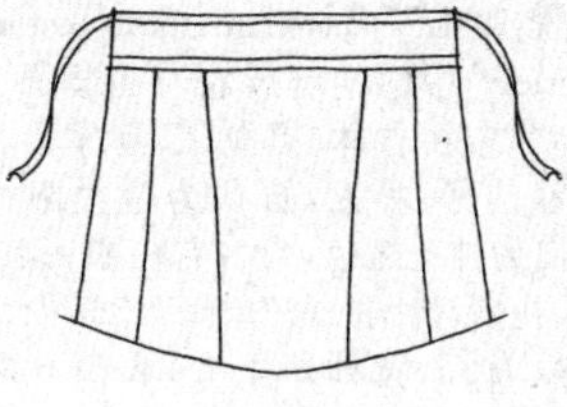

裳

厂标　factory mark　又称企业标志。企业用于公众形象的特定标志。可在商品包装、通讯用品、交通工具、工作服、厂徽上反复使用，以突出企业在公众中的形象。可用文字、汉语拼音、外文字母、图形或几种形式相结合，要求简单明了，给人良好易记的印象。不需办理注册手续。

敞开领　convertible collar　前领部位对称、装领点敞开分离、自然露出正面颈脖的领型。可与各种形状的领口相配，给人以新的感受。常见敞开领型有方角、圆角、尖角等，较适合用于女式衬衫和连衫裙。

唱诗班女帽　chapel cap　罗马天主教妇女戴的圆形、三角形小帽。蕾丝制作，常修饰着绉边。放在包里携带，到教堂时没有其他的头戴物时使用。

超大风貌　oversize look　上装过于宽大而下装相对窄小的服装造型。街头时尚之一，源于20世纪70年代欧美。超大风貌服装往往尺寸大了一号，肩线很宽（加肩垫）或肩线下落，胸线和下摆自然也随之加大，如超大尺寸的套衫、T恤衫、衬衫、夹克等。

超高分子量聚乙烯纤维　ultra-high molecular weight polyethylene fiber　以凝胶纺丝—超拉伸技术研制的高性能有机纤维。纤维内部高度取向和结晶，使其强度、模量大为提高，是目前高性能纤维中比模量、比强度最高的纤维。比强度比钢高14倍，比碳纤维高2倍，比“聚对苯二甲酰对苯二胺纤维”（274页）纤维高40%。具有质量轻、高比模量、高比强度的特点，还具有良好的疏水性、抗紫外线性、自润滑性和耐磨性，且柔软、抗霉、耐疲劳性和环境稳定性好，具有优异的耐冲击性和防弹性能。广泛用于军事及民用产品，如军用防弹衣、防弹头盔、防弹冲锋舟、航空、航海、海事救援、运动器材及复合材料中，在武器装备、工农业生产、医疗卫生等领域有着广阔的应用前景。

超级耐洗毛衫　super wash knitwear　见“防缩羊毛衫”（131页）。

超柔软毛衫　super soft knitwear　以经防缩处理的超细毛线为原料制成的毛衫。保暖性强，柔软，手感好，穿着舒适，价格高。为男女高档服装品种。

超声波美容　ultrasonic beauty　一种美容方法。将频率大于2万赫的声波作用于人体，以达到美容的目的。超声波作用于皮肤组织，产生热能和按摩作用，促进血液循环，改善新陈代谢，加快炎症物质的消散，增强皮肤的通透性和对药物的吸收，以消除疼痛或抗衰老，如同时配合药物，效果更佳。用于消除色泽沉着性皮肤病、防皱、除皱、祛瘀散血、消除眼袋和黑眼圈及治疗炎性硬结痤疮等。此外，还可用于超声波洗面和超声洗牙。

超声波熔缝　ultrasonic welding　熔接缝道类型。利用超声波的高频振动能量，使热塑材料的熔接表面热熔，再由成缝器加压后冷却，形成实线形或虚线形熔接缝道。由超声波熔缝机完成的锦纶针织服装的扣眼，牢度和抗磨损性超过线缝扣眼。

超细纤维织物　micro fiber fabric　用单纤维线密度小于0.44 dtex（0.4旦）的超细纤维

为原料加工的织物。主要有人造麂皮、仿桃皮绒、高密防水透气织物和高品质的仿真丝织物等品种。织物手感柔滑、细腻，光泽悦目，洗可穿性好，不霉不蛀，易照料。用作高档的时装面料。

超现实主义风格　surrealism style　具有超现实主义艺术特征的服装设计风格。始于20世纪20年代末至30年代的一种艺术流派，表现那些由潜意识带来的梦幻和狂想体验。在服装设计中摆脱常规设计思路，以意想不到的形式表现，如鲜艳刺目的色调、高跟鞋式的帽子、裙作衣和衣作裳等。代表设计师是意大利的西雅帕列利(Schiaparelli)。

朝服　chaofu　又称具服、朝衣。中国古代的一种礼服。男性着的朝服，主要分为祭祀所穿的礼服和君臣朝政议事所穿的服装。祭祀时所穿的礼服由玄冠、缁衣、缁带及素韨等组成。形制根据祭祀的场合而定。君臣当朝议政所穿服装是由祭祀服装演变而来，基本特点是上下相连的长袍，领口和袖口施皂色的边缘。命妇的朝服，主要用于陪祭、亲蚕、受封及重大朝会时使用。用服装颜色、冠饰、衣料、纹样区别身份等级。

朝褂　chaogua　清代皇族、皇戚及命妇的一种礼服。以石青缎制成，圆领、对襟、无袖，穿用时罩在朝袍之外，长与袍齐。皇太后、皇后朝褂有三式，以绣纹为别：一式绣纹为前后立龙各二，下通襞积，四层相间，上为正龙各四，下为万福万寿，领后垂明黄绦，珠宝饰按所需而用；二式前后绣正龙各一，腰帷行龙四，中有襞积，下幅行龙八(余同一式)；三式前后绣立龙各二，中无襞积，下幅八宝平水(余同一、二式)。民公夫人朝褂，前绣行蟒二，领后垂石青绦(余同皇后制)。其下侯、伯夫人至七品命妇制同。

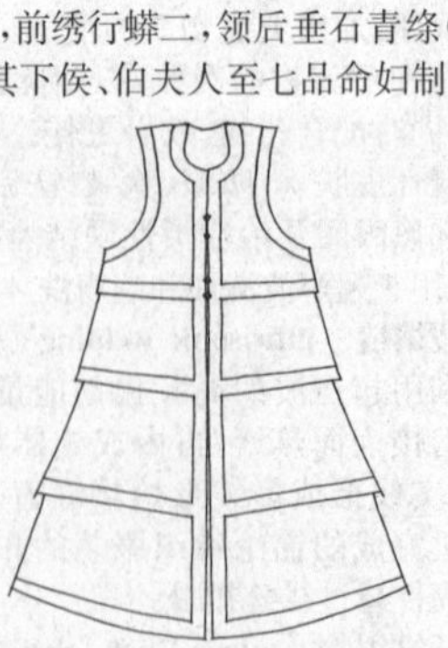

朝褂

朝裙　chaoqun　清代后妃命妇的一种裙服。有冬朝服和夏朝服两种。冬季所用者用缎制成，缘以毛皮；夏季用缎或纱制成，缘以织锦。用于朝贺和祭礼等场合。着于外褂之内、开衩袍之外。形制为正幅加襞积。材料用妆花、织金等丝织物，多加海龙皮毛缘饰。

朝裙

朝鲜雨鞋　Korean rubber shoes　朝鲜族喜爱的胶面胶底鞋。该鞋无织物衬里，帮面主要为白色，楦型前翘较高，帮面为盖式结构，后底为负跟，整鞋从侧面看两头翘，似船形。

朝鲜族服饰　Chaoxian ethnic costume and accessories　中国朝鲜族衣着和装饰。朝鲜族主要分布在吉林、黑龙江、辽宁。衣色尚白，以示洁净、朴素，自认为是太阳神的后裔，奉白为神圣之色，自古有白衣民族之称。男子戴礼帽，舞蹈时戴“象帽”(566页)，穿白色斜襟、右衽、宽袖短上衣，衣襟有飘带系扎，外套深色对襟坎肩，着宽裆肥腿长裤，黑布扎裹裤腿，也穿斜襟长袍，以布带系扎。女子梳辫，穿长及胸斜襟灯笼袖无扣上衣，衣襟上缀有两根长带，于右胸口处打一蝴蝶结。着长裙，裙长及脚面。男女均穿白布袜、船鞋。少女穿“七彩衣”(399页)。

朝鲜族服饰

朝靴　courtier boots　始自唐代，后为明清文武官员、儒士等上朝时穿用的礼仪鞋。明代盛行朝方靴，因靴头呈方形而得名。古人认为天方地圆，靴头呈方形代表天，靴跟为圆形代表地。靴筒一般用青缎制作，下部围子、前头饰梗等均用三道皮牙子反缝。靴底用八层皮条包边的双层纸板缝合而成，着地层为生牛皮，靴底边烫白铅粉。清代的朝靴头式也为方形，厚 3 cm，前头较薄，略翘起。朝靴分两种：(1)青缎面、青皮脸、粉白底的为一般官员穿用；(2)青缎面、绿皮脸、绿牙缝、粉白底的为大臣、将军穿用，以示尊贵。朝靴做工精细，用料考究，京城内联升鞋店是清代朝靴的主要制造商。

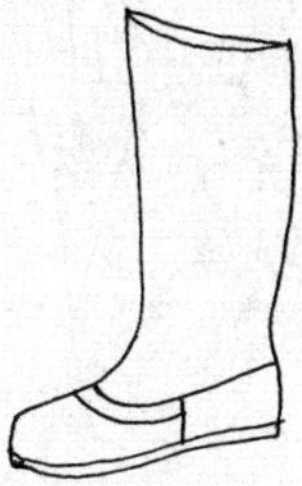

朝靴

朝衣　chaoyi　即“朝服”(54 页)。

朝珠　chaozhu　清代官员礼服上所佩戴的一种串珠。形制与念珠类似，其数为 108 颗。多用碧玉、青金石、珊瑚、琥珀、东珠、珍珠等制作。清制，凡文官五品、武官四品以上，及京堂、军机处、礼部、国子监、太常寺、光禄寺、鸿胪寺所属官员及科道、侍卫，皆戴用朝珠，悬于胸前，作为礼服的一种颈饰。

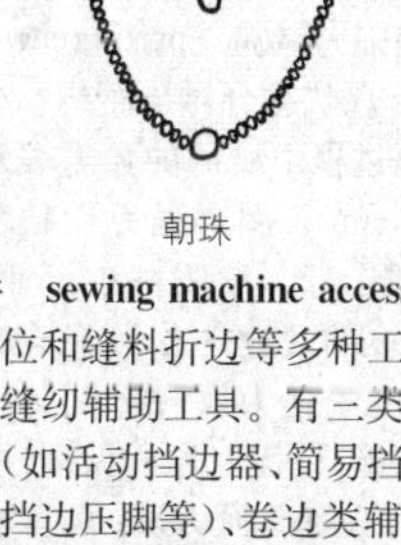

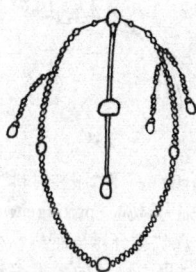

朝珠

车缝辅件　sewing machine accessory　辅助完成缝迹定位和缝料折边等多种工艺操作、且拆装简便的缝纫辅助工具。有三类车缝辅件：挡边类辅件(如活动挡边器、简易挡边器、磁铁式挡边器和挡边压脚等)、卷边类辅件(如自卷边辅件、镶边辅件、卷接辅件和镶条辅件等)、功能性辅件(如割线压脚、起皱压脚、单边压脚、卷边压脚、高低压脚以及抽褶压脚等)。

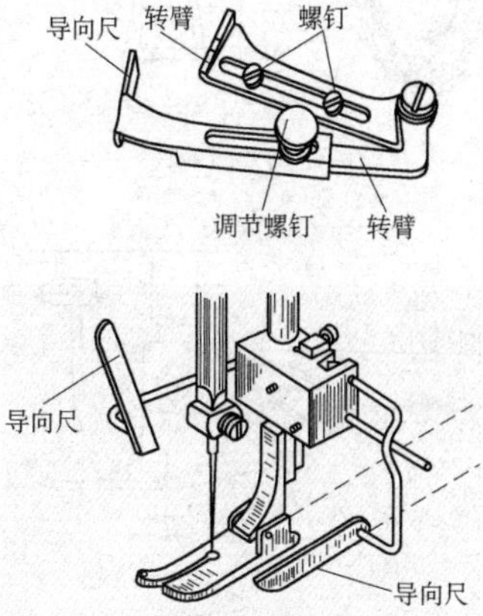

(a) 活动挡边器

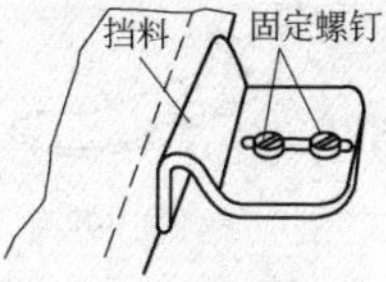

(b) 简易挡边器

(c) 磁铁式挡边器

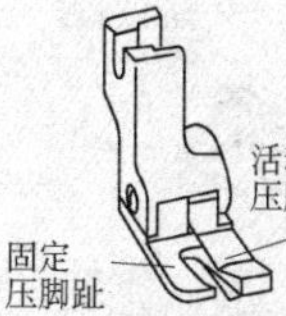

(d) 挡边压脚

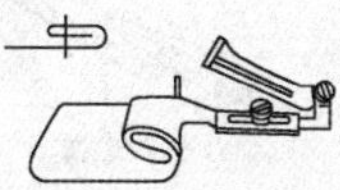

(e) 自卷边辅件

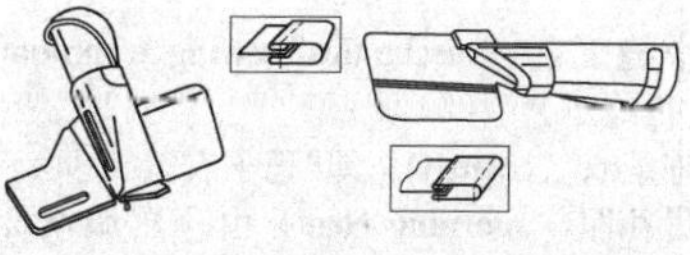

(f) 镶边辅件

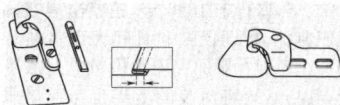

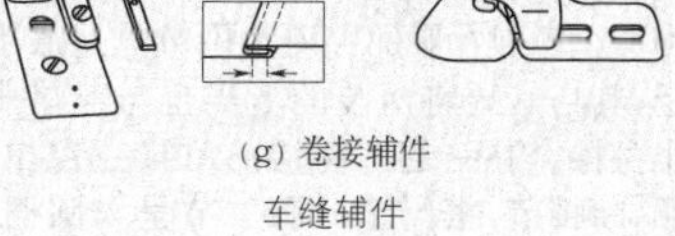

(g) 卷接辅件

车缝辅件

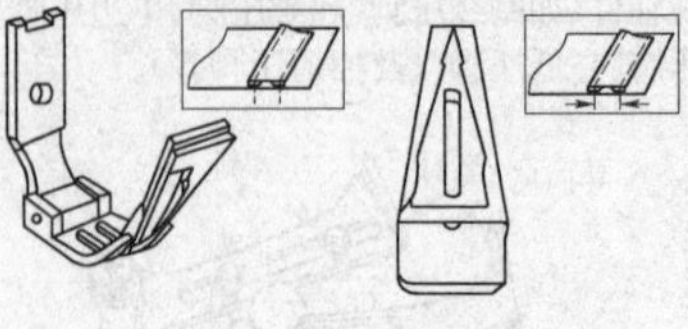

(h) 镶条辅件

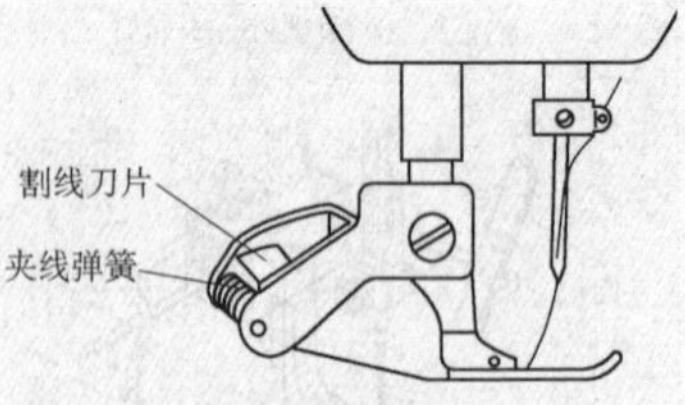

(i) 割线压脚

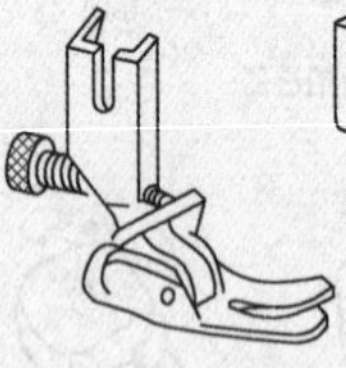

(j) 起皱压脚

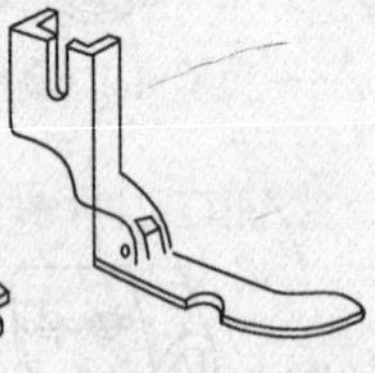

(k) 单边压脚

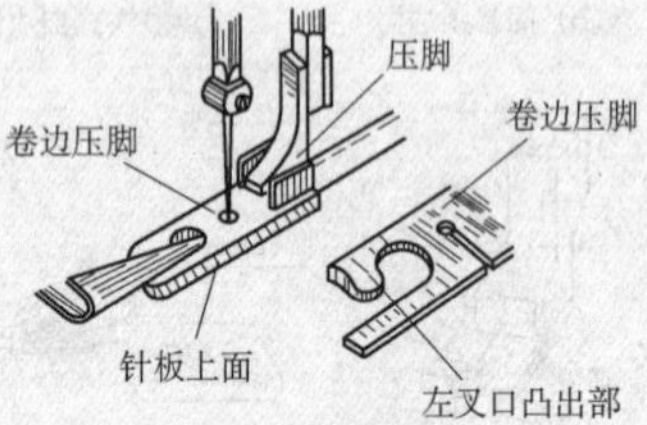

(l) 卷边压脚

车缝辅件

车缝工艺　mechanical sewing technique　即“机缝工艺”(229 页)。

陈子衣　chenziyi　即“程子衣”(61 页)。

晨礼服　morning coat　由燕尾服演变而来,适用于早晨及白昼时间所穿的礼服。始于 1876 年,盛行于 1898 年,频繁出现在国家级就职典礼、授勋仪式和日间大型古典音乐演奏会上。晨礼服的穿着范围较燕尾服更为广泛,其巧妙地将西装的上半身与燕尾服的下半身糅合在一起。简洁的单排一粒扣,戗驳领,断腰节,搭门至后膝关节呈大圆摆,后背与燕尾服相似。面料选用黑色或银灰色礼服呢,下装有黑灰条纹相间的饰条,且为非翻脚口。内穿白色礼服衬衫,双排六粒扣带领礼服背心,配有黑灰色领带,白色或灰色手套,黑色袜子和皮鞋。由于晨礼服在白天穿用,有时色彩和饰物的搭配可灵活使用。

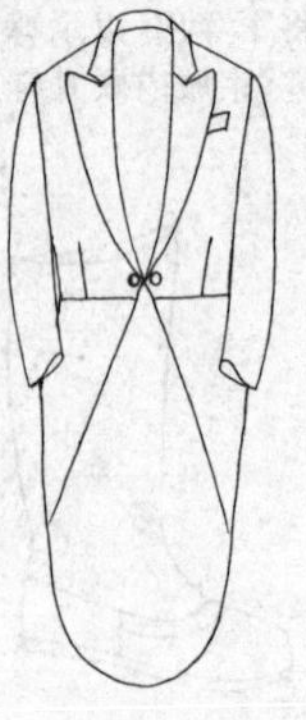

晨礼服

晨帽　morning cap　19 世纪后半期女性早晨在室内戴的无檐小帽。用细薄棉布、蕾丝、薄纱和缎带制作,戴在头的局部。

晨帽

衬布　interlining　即“服装衬料”(150 页)。

衬布剥离强力试验　peeling strength test of interlining　反映黏合衬与面料黏合强度的测试。以剥离过程中所需的强力表示,单位 N/(5 cm×10 cm)。剥离强力是黏合衬布的一项主要物理指标。按照衬布行业标准FZ/T 01085—1999 的试验方法,将黏合衬与面料黏合后,采用电子强力仪进行试验。为确定衬布的耐洗性能,还需对原样做耐洗性能试验,测定洗涤后的剥离强力,计算其洗涤后剥离强度下降率。

衬布尺寸稳定性测试　dimensional stability test of interlining　衬布经热湿处理后形态变化的测试。有三个含义:(1)干热尺寸变化;(2)水洗或干洗后尺寸变化;(3)与面料黏合后水洗或干洗尺寸变化。尺寸变化指衬布在使用过程中发生的形变—伸长/收缩。其中伸长或收缩的程度用尺寸变化的百分数表示,变化率为正值表示伸长,负值表示收缩。试验方法按国家标准 GB/T 8632 和行业标准 FZ/T 01082—2009、FZ/T 01083—2009、FZ/T 01084—2009 执行。

$$\text{尺寸变化率}=\frac{\text{试验后样品长度}-\text{试验前样品长度}}{\text{试验前样品长度}}\times 100\%$$

衬布服用性能　serviceability of interlining　衬布适于穿着和加工的性能。包括:(1)基本性能,衡量服用过程中抵抗外力作用的能力,如拉伸、剪切、折皱、断裂强度以及各项染色牢度;(2)舒适性能,描述衬布对服装的舒适程度以及手感、风格等相关性能的影响,如透气性等;(3)加工性能,制作服装时衬布对缝纫加工及熨烫加工的适应性,如染料性能、剪切性能、缝纫性能和耐蒸汽熨烫性能等。

衬布耐洗性能试验　launderability test of interlining　反映衬布耐水洗和耐化学干洗性能的测试。耐洗性能是黏合衬布的一项重要质量指标。按照衬布行业标准 FZ/T 01083—2009、FZ/T 01084—2009,在洗衣机和干洗机上进行洗涤后,进行外观质量评定,评定时用评定黏合衬布耐洗外观样照,分五级评级,对照衬布质量标准 FZ/T 64008—2000,FZ/T 64009—2009,确定是否合乎要求。

衬布配伍性能　compatibility of interlining　黏合衬布与服装及面料的适应性。包括衬布的缩水率、热缩率、颜色、手感、耐干洗和耐水洗性能与服装和面料的适应性,与面料黏合后能否达到要求的黏合效果和外观效果,满足服装的服用性能。在选用衬布时,必须进行配伍性能的分析和试验,其中应考虑的因素有:(1)服装的类别及服用性能要求;(2)面料的特性,包括纤维材质、组织结构、表面性能及尺寸稳定性;(3)衬布的特性,包括黏合性、耐洗性及尺寸稳定性等。通过压烫试验、整烫试验和耐洗性能试验最终确定衬布与服装及面料的配伍性。

衬布压烫试验　press test of interlining　黏合衬布在大批量使用前进行的先锋性试验。以确定选用的衬布是否符合要求,并确定最佳的压烫条件。一般参照衬布供应商提供的压烫条件,对温度、压力、时间进行调整性试验。压烫试验后要观察样品的外观、手感并进行耐洗性试验,通过测试结果,确定选用的衬布及最佳压烫条件。

衬垫婴儿帽　Child's pudding　婴幼儿戴的圆形加有衬垫的无檐小帽。用以减少跌倒时的震动。

衬垫针织物　inserted knitting fabric　以一根或几根衬垫纱线按一定的比例在织物的某些线圈上形成不封闭的悬弧,在其余的线圈上呈浮线停留在织物反面的纬编单面花式针织物。根据地组织结构分为"平针衬垫针织物"(396 页)和"添纱衬垫针织物"(514 页)。按衬垫纱的纤维类别分为骆驼绒、腈纶绒和纯棉绒布。按绒毛层厚度分为细绒布、薄绒布和厚绒布。按染整工艺分为素色绒布、印花绒布和色织绒布。按拉毛状态分为拉毛绒布和不拉毛绒布。衬垫纱使用的原料为较粗的毛纱、棉纱、腈纶纱等,地纱常用棉纱、涤纶纱或混纺纱。织物表面平整,手感柔软,质地厚实,尺寸稳定,仅逆编织方向脱散。纯棉类细绒布适宜缝制内衣、套衫、运动衣等;腈纶细绒布适于缝制童装、休闲服和运动衣等。

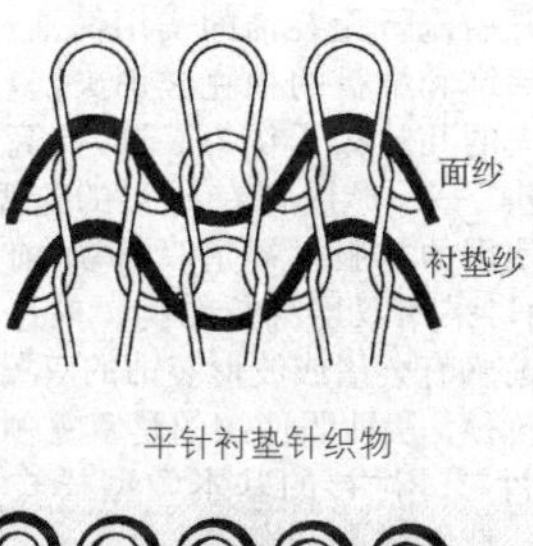

平针衬垫针织物

添纱衬垫针织物

衬裙 underskirt 穿在裙子里面，可将裙子与人体皮肤隔开的内裙。既可避免粗糙厚硬的面料对皮肤的不良刺激，又避免身体分泌物、汗液和皮屑等对裙子的污染，还可以掩饰身体某些部位，使其不太显露。一般衬裙要比外裙装短，不露出底边，有花边装饰或缘饰；衬裙颜色不要与透明或半透明裙装相悖；衬裙款式要和裙装款式相配合。

衬裙

衬裙式马裤 petticoat breeches 又称莱因伯爵裤。巴洛克时期在法国流行的一种男裤。长及膝盖，外观似裙又似裤，基本型是宽松的半截裤。腰部有环状缎带装饰，膝盖以下部位有时用花边打成蝴蝶结以系紧裤口，有时则在膝盖稍上的部位系紧，留出下摆，呈喇叭形。

衬衫 shirt 专门为西装、套装、礼服等正规服装作内衬的衣服的统称。主要功能是美化领型、袖口及前胸。18 世纪之前宫廷服装中的衬衫多以褶皱、花边、蕾丝作装饰。19 世纪前叶开始流行无装饰的实用简洁造型，袖口处的褶饰和翻折的袖克夫消失，只保留固定袖克夫的几粒扣子作为装饰，高高竖起的领子翻折下来，形成现在衬衫的造型特点。燕尾服使用的礼服衬衫是双翼领，前胸呈 U 字形，袖口采用双层翻折结构。黑色套装使用的是前胸有襞褶或波形装饰的双翼领或企领礼服衬衫。晨礼服使用的是双翼领或普通领礼服衬衫。衬衫的基本领型样式有尖角领、方领、直角领、饰针领等。

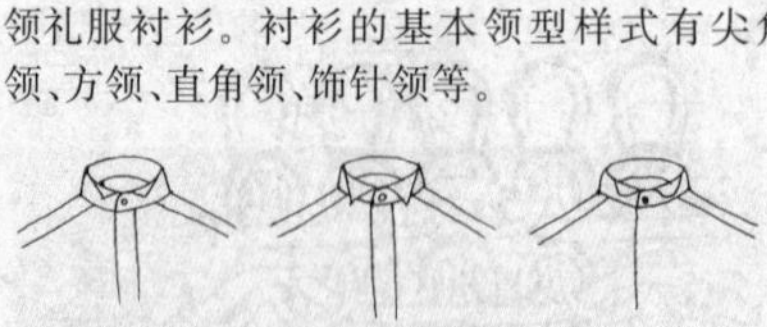

小双翼领 大双翼领 圆形双翼领

双翼领类型

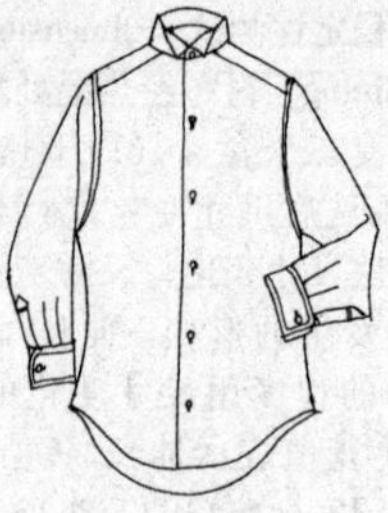

晨礼服使用的礼服衬衫

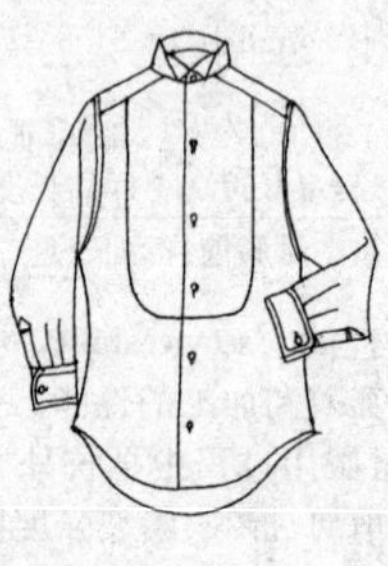

燕尾服使用的礼服衬衫

襞褶装饰的礼服衬衫

波形装饰的礼服衬衫

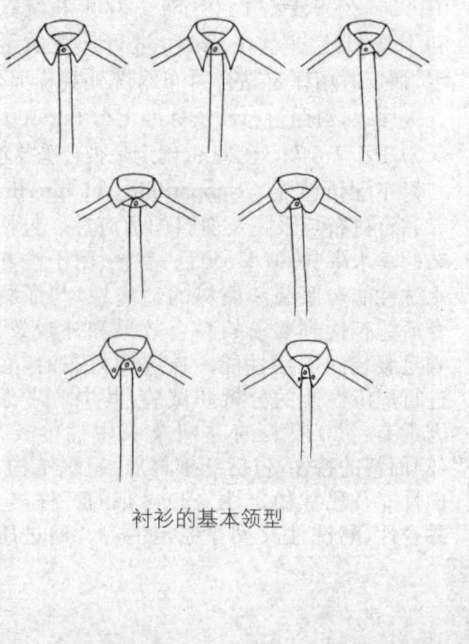

衬衫的基本领型

衬衫领 shirt collar 男式衬衫上使用的领型。采用翻立领与单立领的形式，一般后领座宽3～3.5 cm，前领座宽为2.6～2.8 cm，翻领后宽3.7～4.2 cm，前宽5～6 cm。

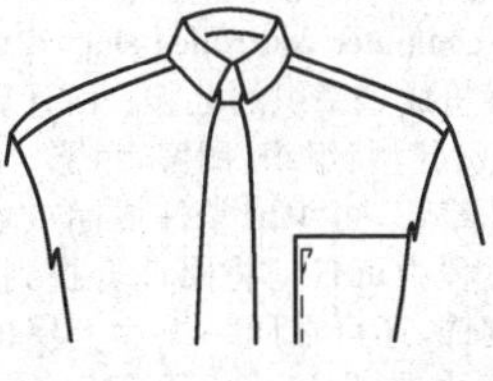

衬衫领

衬衫黏合衬 shirt fusible interlining 主要用于男衬衫的领、袖口和门襟部位的黏合衬。具有较好的耐水洗性能，一定的硬挺度和弹性。底布采用纯棉或涤棉平纹机织布，布面要求光洁，并经烧毛、练漂、防缩整理和涂层加工，热熔胶采用高密度聚乙烯(HDPE)。衬布要求缩水率在1.5%以内，水洗后表面平整不起泡不变形。分主衬和辅衬，主衬与面料直接黏合，辅衬黏合在主衬上，另有专用于免烫衬衫的黏合衬。衬衫衬的参考压烫条件是，温度：160～170 ℃；压力：196.2～294.3 kPa；时间：20～25 s。衬衫衬的手感分为软、中、硬三档，白度分为本白、漂白、特白三类。可根据服装及面料要求进行选用。

衬衫图案 shirt pattern 套装里面或内衣外面的上装图案。主要分两种类型，一种为搭配西装、套装、礼服等正装内衬的衣服，以合体挺括为特点，图案以提花细条纹等含蓄的图形为主，衬托外衣的前胸、领型、袖口，多与领带图案协调搭配，呈现出端庄、简洁、素雅的造型特色。另一种为与休闲服装搭配或夏季外穿的休闲衬衫，图案内容有大朵花卉、变形的卡通动物、多套色的佩兹利、对比的几何形等，采用棉、麻、丝等舒适度强的面料，结合印花、机绣等工艺表现图案，配合宽松、圆形下摆等款式，体现活泼、随意的造型特色。

衬衫熨烫机 shirt forming machine 用于衬衫领、袖的专用熨烫设备。由烫模、电热系统、液压或电气系统等部分组成。熨后领面、袖口弧形效果好，领尖平整、挺括。我国用于领子熨烫作业的专用烫机有“上下盘压领机”(455页)、“平型压领机”(396页)、“圆领机”(624页)和“领角定形机”(320页)，俗称四领机，是衬衫蒸烫加工的需选设备。

衬托构图 contrastive composition 在设计图中，利用背景或某些道具衬托着装人物。采用色块、线条、几何图案等形式表现设计图。

衬托构图

撑垫法 prop up method 在服装内部用硬质材料支撑或铺垫的服装设计方法。一些超大体积的道具服装或强调硬造型的部位需要通过撑垫来达到目的。撑垫分为两种：一种是与服装分开的；一种是与服装结合在一起的。例如在欧洲服装史上，女子的紧身胸衣造成丰满的胸和纤细的腰，鸟笼式裙撑将裙子前后撑开，轮胎式裙衬撑开臀部。撑垫工艺早先使用糨糊与白坯布黏合在一起作衬，后来有马尾衬、海绵衬等，如今有功能多样的黏合衬。撑垫的目的在于强调某个部位的高度感或饱满感，适合前卫风格的服装设计。

成本管理 cost management 进行成本预测、计划、控制、核算、分析以及采取降低成本措施的管理工作。源自成本会计、成本核算。内容包括开支范围、管理职责、监督与奖惩等。服装企业成本管理的重点是材料费和劳务费。

成本竞争定价法 cost-competitive pricing 以市场价格或竞争对手类似产品价格作为本企业产品定价参照系的定价方法。在市场品种丰富，市场价格已定的情况下，企业只有采取降低成本的方法，才能获得市场份额和利润，即企业利润＝市场价－成本价。服装企业可根据自己的产品与竞争者产品的差别来确定一个略高于、略低于或相似于竞争者产品的价格。

成缝机构 thread hooking mechanism 即“钩线机构”(184页)。

成革 finished leather 即“皮革”(389页)。

成年装设计 **adult's wear design** 对18～50岁的成年人所穿服装进行的设计。成年人除了体型变胖以外，身高基本稳定。成年装的设计要求是：造型合体，风格稳重，款式变化小，与青年装相比受流行因素的影响少。在局部细节上追求简洁和精致，装饰较少，用于衬托穿着者的气质与风度。讲究服装的成套感，注重服装的品质。色彩以常用色为主，间或有些流行色的运用。服装配色以同类色为主，两种为宜，一般不超过三种。面料选择的范围较广，以优质、细洁、清爽的面料为主，冬装使用毛料或高档的裘皮制作。

成品检验 **finished product testing** 又称最终检验。对已完成全部生产过程，即将入库待销产品进行的质量检验。成品检验应由专职人员按质量标准、合同规定或检验规格，检验产品性能、寿命、可靠性、外观和包装器材等。服装成品检验项目包括尺寸规格、疵点、色差、缝制规格和外观形态等。

成品坯布制成率 **garment-made-of-fabric rate** 制成品的坯布重量与投入坯布重量之比。考核服装厂增产节约效果的重要指标。公式为：(1－段耗)/(1－裁耗)×100%。达到85%及以上表示成品坯布使用效率高。

成品熨烫 **finished product ironing** 成衣的最后熨烫定形整理。使成衣外观平整、挺括、匀称、丰满和富有立体感。在带烫模的蒸汽熨烫机上进行，服装靠真空吸力定位于熨烫机下烫模上，在上烫模压至下烫模时，喷出高温、高压蒸汽，随后进行热压，因受湿热作用衣料变得柔软，并按烫模形态变形，最后抽湿，使衣料迅速冷却、干燥、固定。

成品熨烫机 **product pressing machine** 服装成品大部位整烫的蒸汽熨烫机。由气压传动系统、蒸汽给湿加温加压系统、真空抽气冷却系统、电气控制系统、烫模及相应的蒸汽锅炉、蒸汽管道、真空泵等附属设备组成。常用的蒸汽为干蒸汽。不同服装部位配置不同的烫模，是一个成品熨烫机群组，俗称熨烫流水线，以适应服装成品各部位，如上衣前片、上衣后片、衣领、袖头缝、肩部、袖窿折缝、衣袖、驳头和袖缝等部位的熨烫。熨后服装造型和整理作用好，服装整体平整、挺括、丰满。

成色印鉴 **percentage seal** 将材料的种类含量用钢印在产品上留下压印。根据国家有关规定，用于首饰的材料都必须标明种类（如铂金、黄金、白银），含量（如18 K，14 K等），以便消费者识别，否则不允许进入消费市场。

成型底 **unit sole** 即“单元底”(88页)。

成型毛衣 **computer controlled fashioned sweater, computer controlled shaped sweater** 由电脑横机成型编织的毛衣。由计算机进行款式造型、花型、组织、图案、色彩、工艺程序的设计和编织，可织成整件成品或衣片。毛衣编织过程中可自动将附件合拼到大身，产生多层镶饰，还可在同一织片上模拟各种粗细针编织效果、提花或组织变化。款式简洁灵活，原料多样。产品包括背心、套衫、开衫和毛裤等。

成衣 **ready-to-wear** 按系列规格批量生产的成品衣服。可由消费者自行选购和搭配使用，是相对于量体裁衣式定做和自制衣服而出现的一个概念。作为商品，成衣上需附有品牌、面料成分、号型、规格、洗涤保养说明、生产厂家等标识。自20世纪60年代以来，成衣已成为满足整个社会穿衣需求的主要产品。特点是服装款式依据服装市场细分化定位设计生产，价位适应不同消费群体。

成衣工艺 **garment technique** 将服装材料通过合理组合和加工塑型制作成适体且体现特定风格服装的工艺过程。属服装工程组成部分，主要由生产准备、裁剪、缝制、熨烫、成品品质控制、后整理等生产工序组成。工艺形式主要由裁剪工艺、缝纫工艺、熨烫工艺等五大类组成。须根据不同品种、款式和消费要求制定特定的加工手段和生产工序。按性别可分为男装工艺、女装工艺；按材料可分为丝绸工艺、毛呢工艺、皮草工艺、羽绒防寒服装工艺、特种功能服装工艺等。

成衣化 **ready-mades, dress making, tailoring** 按工业化标准和规格，分工序流水制作，适应大多数消费者即买可穿的批量服装加工方式。特点：能利用科学专业知识；能有效地利用人、物、机器确定工艺标准和生产管理技术；生产效率高（以计算机应用为主，推行自动化、机械化）；能进行工业化连续生产；质量好而且价格合适。

成衣率 **volume fashion rate** 整个国家成衣化服装的总量与按成衣生产、量身定做、自制等所有生产形态生产的服装总量之比。常以百分率表示。一般代表一个国家或地区的服装工业发展和服装消费水平，发达国家成衣率一般大于80%。

成衣设计　ready-to-wear design　按计划大批量、在流水线上生产的标准号型的服装设计。20世纪60年代由于服装加工设备的大量面世，使得大批量生产成为可能，成衣设计及其市场逐渐成熟在市场调研的基础上，根据市场要求和各国号型标准，将穿着对象分成不同类型，中国为Y、A、B、C四类，参考企业特点进行服装设计。也有指不确定的、单一的服装穿着对象。

成衣制成率　garment made up rate　成衣后的织物重量与投料织物重量的百分比。是衡量服装材料使用效率的重要指标。包括段耗、裁耗和因包缝等工艺方式而产生的缝耗等，其中影响最大的是裁耗。

城市长裤女套服　women's suit with city trousers　上装与长裤相配的女套装。高雅隽秀的着装风格，20世纪60年代出现。当时女子服饰在形式变化上极为丰富多彩，各种造型、各种长短的裙装，裤装琳琅满目。圣·洛朗推出了从臀围向下呈直线形的长裤，有点小喇叭的感觉，配苗条型的上衣，束上腰带，线条十分优雅，是当时流行的基本型新式女服。

城市运动服　city sports wear　由具有休闲感的夹克外套和裤装组成的轻便化都市服装。灵感来源于运动员（包括篮球、足球、橄榄球等）服饰。拉链、金属扣、明缉线等被广泛采用，色彩鲜亮，以红和黄色系居多，面料使用具有弹性、透气和防水性的莱卡及新型复合材料等。

乘马装　riding wear　适合女子在乘马时穿着，带有中性设计风格，源于19世纪法国。多为呢绒收腰短外衣配大摆长裙，外衣上有边饰和暗灰色绢线刺绣，配上礼服、毡帽等，十分婀娜潇洒。

程控自动裁剪机　computer controlled cutting machine　又称电脑裁床。根据排板图资料或工作指令计算出刀架及刀座的位移后，自动进行面料剪裁的设备。由吸布装置、自动刃磨装置、鬃毛垫裁床、裁刀提升机构、裁剪头和裁刀控制装置等部分组成。最大裁剪厚度50～100 mm，裁剪速度高达20320 mm/min以上。裁剪时，塑料薄膜包裹面料，抽真空后吸附于鬃毛垫裁床上，计算机控制的坐标式裁刀按照计算机存储器记录的排版数据沿X方向（横向）和Y方向（纵向）裁出所需形状的衣片。鬃毛刚性和弹性回复能力好，不会损伤裁刀。具有裁片精度高、切口整齐、自动化程度高、省劳力等优点。和全自动铺料机、计算机辅助服装设计系统配套使用，形成裁剪作业流水线。

程式化表演　stylized fashion show　最规范、最普遍的时装表演形式，即模特从T型台后台两端出场，在中间合并后，依次走向纵向台前端，然后原路返回。行走期间模特会做几次停顿或转身造型，向观众展示服装的立体效果。这种形式的表演能使观众的注意力集中，较快适应模特的走台路线，欣赏时装的细节之处。

程子衣　chengziyi　又称陈子衣。中国宋代至明代的士大夫燕居所穿的一种服装，礼见宴会等均可穿着。相传宋代大儒程颐生前常着此服。其基本形制为大襟宽袖，下长过膝，腰间以一道横线分为两截，取上衣下裳之意。材料多为纱罗纻丝。流行于明代初期，后因其过于简便，而逐渐弃用。

吃势　easing　缝料在缝合后归拢收缩的程度。不同服装部位缝合时吃势亦不同，吃势量与缝料的剪切特性、缩性有密切关系，吃势过小，会使衣服外观绷紧，吃势过大，会使衣服外观起皱。

持久睫毛　lasting eyelashes　由1～10根用特殊黏合剂黏合而成的睫毛束。附着在真睫毛上可达5周。持久睫毛能防水，可戴着它沐浴、洗头。不要刷睫毛油，否则卸妆时会自动脱落。

持蛇女神服饰　serpent goddess wear　即“克里特女神装”（289页）。

匙形罩帽　spoon bonnet　19世纪60年代早期的小帽冠罩帽。有两侧窄，在前额处向上伸出呈椭圆形的帽檐。

尺寸界线　size limit　用于表示一线段尺寸的界定区域的细实线。从图形的轮廓线或对折线引出，也可利用轮廓线或对折线代替。尺寸界线应与注寸线相垂直（弧线、梯形和尖形除外）。

尺寸稳定性测试方法　dimensional stability　“FAST织物风格仪”（648页）的测试方法。

由数字平板、输入鼠标组成。300 mm × 300 mm的试样经纬向各作三对距离为250 mm的标记点，用Fast电热板干燥器120 ℃或烘箱105 ℃干燥后放在数字平板上，用输入鼠标点击标记点，输入首次干燥长度L_1，将试样浸入约25～35 ℃，0.1%非离子湿润剂的水中30 min，移至数字平板上，用毛巾吸去多余水分，测量湿态时的长度L_2，再经过干燥后测量末次干燥长度L_3。计算松弛收缩率 = 100 × $(L_1 - L_3)/L_1$(%)，湿态伸长 = 100 × $(L_2 - L_3)/L_3$(%)。

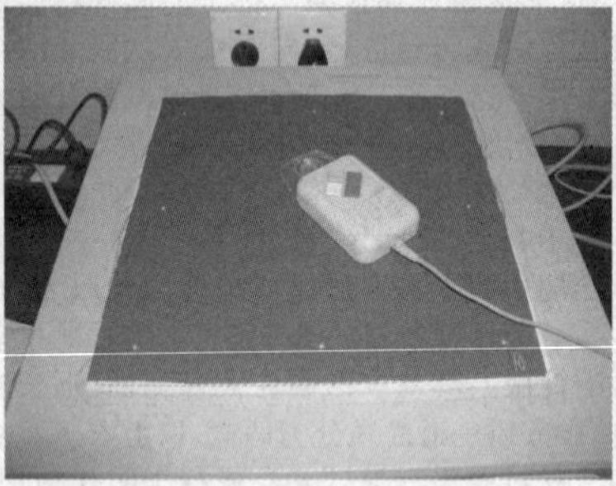

尺寸稳定性测试装置 Fast - 4

齿镶法　tooth inlaid　用齿形托架固定宝石的珠宝首饰加工工艺。是古老而实用的镶嵌方法。按照齿的枚数分为四齿、六齿和多齿几种。构造主要由底座和枚齿两部分组成。底座的形状依宝石的形状而定，有椭圆、圆、八角等，齿形有尖、平、半圆、方形等。制成的产品简洁大方。

齿镶法

充气底　air filled sole　一种内部充有气体的鞋外底。主要指：(1)在外底和内底之间嵌入扁形充气垫的鞋底，最典型的例子是耐克公司的U形垫和O形垫，用一种封闭性极好的高聚物膜将某些渗透性能极差的气体封闭其中，形成气囊结构，当受力时即产生弹性；(2)在外底的前掌和后跟处铸出若干个气囊，相互之间以细管或沟槽相连通，当其被弹性内底封闭后就形成了一个流动的气垫，脚跟受力时气体被压向前掌，前掌受力时气体涌向后跟，这种气垫由于压力小，效果不如前者好。另外发泡底因其无数个微孔或气泡中充满气体，也可看作充气底。充气底适于各类运动鞋、休闲鞋、工作鞋和生活用鞋的制作。对于减轻运动造成的大脑震动十分有利，也给人以轻盈舒适的感觉。

冲裁机　punching machine　又称下料机。利用安装在机器上的成形裁刀，对面料进行冲压裁剪的设备。由冲裁头、成形裁刀、蜡面工作台和机架等部分组成。裁剪时，多层面料叠放在蜡面工作台上，与衣片尺寸一致的合金钢或硬质合金制成的成形裁刀置于面料层顶部，冲头下行，裁刀压入面料层，实现面料裁剪。最高铺料层40 mm左右。蜡面工作台随时可用熨斗修复烫平。冲裁衣片质量好、精度高、切口光洁整齐。对于每一个需要冲裁的衣片，必须有一个相应尺寸的裁刀，所以只适于裁剪大批量规格形状不变的衣片，如衣领、口袋、袋盖、鞋底和鞋面等。根据冲裁头驱动方式，分为“机械式冲裁机”(229页)和“液压式冲裁机”(607页)。

重叠法　overlap method　以色与色的逐层相加，产生另一种色相、明度、纯度等不同的色彩效果的绘画技法。一般用于表现透明或需要加深的颜色。相加色彩的次数以纸张的厚度、颜色的覆盖能力和所要表现的效果为准。可以表现纱的透明感，由浅至深，逐层、逐次晕染，产生透明的效果。

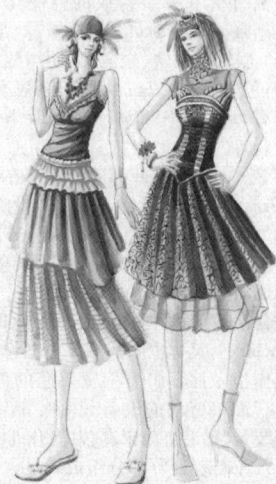

重叠法

重叠符号　overlapping mark　服装结构制图符号。表示两部件在此处需交叉重叠，交叉重叠部位的长度一般相等，需用等量线表示。

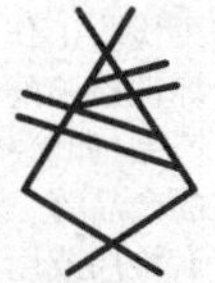
重叠符号

重叠毛衫　sweater on sweater　毛衫组合穿着的式样。将开衫或套衫穿着于厚的套头毛衫外，套头毛衫的袖与下摆外露。有层次感，常作为休闲装。

重叠着装　layered-wearing　多层服装重叠穿着的着装方式。采用多层着装，可增加服装的隔热保暖性。因为服装与服装间的静止空气层增加，会使空气层间的温差减小，从而减少热量的传递。但如果重叠着装的层数过多，会使最外层服装的表面积增大，导致散热量增大，同时服装间的空气层也受到压缩，反而使保暖性降低。因此重叠着装有一定的限度。

重复图案　repeat pattern　运用相同或相近的造型元素或组织关系，连续有规律地反复出现，实现重复图案造型，以体现和谐统一的视觉效果。通过形态和骨骼秩序化和整齐化，获得韵律、秩序、条理、安定的艺术特征。服饰图案的纹样连续循环就是重复的具体表现样式之一。

重复图案

重经组织　double-loop stitch　一根纱线在一个横列上同时在相邻的两枚针上连续形成两个线圈的经编组织。一般由脱利考经编机编织而成。常见的有重经编链组织、重经平组织、重经缎组织。织物弹性好，坚牢度高，脱散性小。但编织难度大。

重宁爱心救援医用服　Chongning aixin rescue clothing　即“组合式救援医用服”(681页)。

重色配色法　color on color　即“叠色配色法”(101页)。

重台履　raise plate toe shoe　即“笏头履”(215页)。

抽带管　mock casing　服装部件名称。用车缝形式将松紧带等束紧材料固定在服装的扣紧部位的布管道，与束紧材料在管内成自由状态的穿带管不同。

抽带管

抽纱法　drawnwork method　将织物的经纱或纬纱抽出而达到改变造型的服装设计方法。有两种表现形式：一种是在织物的中央抽去经纱或纬纱，必要时再用手针锁边口，类似于我国民间传统的雕绣。纱线抽去以后，织物外观有半透明感。造型作用不明显，适合作局部装饰用。另一种是在织物边缘去经纱或纬纱，出现毛边的感觉，毛边则可编成细辫状或麦穗状，达到改变原来沿边的目的，使原外轮廓虚实相间。

抽纱绣图案　drawnwork embroidery pattern　又称花边抽绣图案。一种刺绣图案(图见下页)。以亚麻布或棉布为材料，按设计抽去部分的经线或纬线，用扣针锁绣图形轮廓，形成镂空的装饰图案；还可运用细纱编结、雕绣和挑补花等形成图案。多以花卉、果实为主，结合经纬线的格状抽象装饰纹构成图案。抽纱工艺源于意大利、法国等欧洲国家，由民间刺绣发展而来，19世纪末传入中国，并发展成具有中国民族特色的抽纱绣图案。抽纱绣图案底布多结合以同色相针绣线色彩表现图案，图形轮廓分明、细密有致，具有精致典雅的艺术特质。多以定位图案的样式表现于女性夏装、睡衣、内衣以及手帕等服饰设计中。

抽纱绣图案

抽碎褶 gathering 将缝料用缝线抽缩成不定形均匀细褶的动作。细褶造型呈自由的蓬松状。

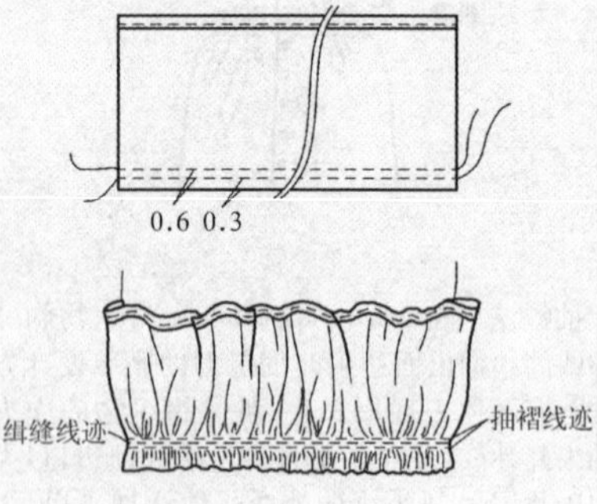

抽碎褶

抽象领型 abstract-collar style 相对于具象领型而言,不能直观感受,但具有欣赏功能的领型。如多层甩领,像流水,又像浮云;悬垂披肩领像瀑布,又像多层梯田。

抽象图案 abstract pattern 描绘不具体物象的图案。可来自对具象形态的概括和升华,也可来自造型的基本元素——点、线、面的组合。中国唐代丝绸上就出现具有抽象形态的寓意纹样,如马眼纹、鱼目纹、水波纹、龟甲纹、菱花纹、双胜纹、万字纹等。抽象图案充分体现纯形式的造型语汇和装饰形态,获得视觉的形式想象,是重要的表现手法,也是古今服饰图案中占据很大篇幅的图案类型。

抽象形态 abstract form 即"理念形态"(310页)。

抽样检验 sampling inspection 从已交检的产品批量中,随机抽取部分样本进行测试,将测试结果同产品的质量标准比较,作出产品批合格或不合格判定的检验方法。可以减少检验工作量,节省检验费用。一般用于破坏性检验的产品、不易划分单位体的连续性产品(如流体产品、粉粒状产品等)和批量大的产品等。服装企业的原材料检验、出厂后商检局或用户的检验通常采用抽样检验。

抽褶 gathering 为与人体曲面形态相吻合及服装造型需要,制作服装时将部分衣料缝缩而成的自然皱褶。由大小方向无规律的无数细小褶裥堆积而成,有功能抽褶和非连续抽褶之分,可在指定部位以水平、垂直或斜向的形式出现,也可上下两端都抽褶来控制某个部位的造型,既赋予服装款式造型变化,又使服装有足够的宽松量以满足人体运动需要。

抽褶袖 puff sleeve 在袖身、袖口部位单独或同时抽缩,形成部分或整体袖身蓬松感的袖类。按抽褶部位有袖山抽褶袖、袖口抽褶袖和袖山袖口同时抽褶袖之分,常用于女装、童装各类内外衣。

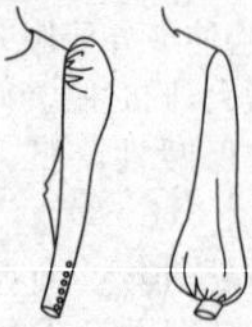

抽褶袖

绸 silks 丝织物大类名。地纹采用平纹和各种变化组织,或同时混用几种基本组织和变化组织,无突出特征的各类花、素丝织物的总称。按照制造工艺可分为生织和熟织。按厚度和重量分为轻薄型和中厚型。轻薄型的绸质地柔软、富有弹性,常用作衬衫、连衣裙等的面料。中厚型的绸面层次丰富,质地平挺厚实,适宜作各种高级服装,如西服、礼服等的面料。

愁眉 anxious eyebrows 中国古代妇女画眉样式。眉式细而曲折,眉头紧锁,两梢下垂,呈蹙眉啼泣状,故名。流行于东汉后期。相传为东汉大将军梁冀妻孙寿所创。

愁眉

愁眉啼妆　choumeitizhuang　以表现女人忧愁哭啼态为特点的化妆。眉毛画得细长而弯曲，眉梢向下弯垂，好似心生淡淡忧愁，轻轻皱眉一般，用白粉或油膏涂抹脸颊或点染眼角，看起来清亮，如刚刚哭泣过。东汉后期流行，当代又重新受到青睐，并衍生很多变种，如在眼睛下方贴一粒或一串点状闪亮的白色珠光亮片或者水钻的泪滴妆，在娱乐表演场合较为常见。

丑角裤　pantaloons, pierrot pants　即“潘塔隆裤”(382页)。

丑角帽　jester's cap　戏剧、杂技中的弄臣、小丑戴用的色彩鲜艳的圆锥形无檐帽。常装饰着铃铛或穗缨，一般有两种颜色，帽顶有两个尖角呈鸡冠状，每个顶部有一个铃铛。

丑三髯　chousanran　传统戏曲“髯口”(424页)的一种。于两腮及唇部各吊一绺寥寥几根的黑须，给人以卑微、寒酸之感，用于丑行扮演的小吏、文人等猥琐的小人物。如《长坂坡》中的夏侯恩、《风云会·送京》中的张广儿。

丑用红官衣　chouyong hongguanyi　中国传统戏曲袍服“官衣”(191页)的一种。圆领，大襟右衽。阔袖带水袖，袖裉下有摆，左右胯下开衩。专用于丑行扮演的县令一类小官中的反面或喜剧性人物，如《小上坟》中的刘禄景、《审头刺汤》中的汤勤等。和一般官衣的差别在于尺寸略短数寸，仅及膝、踝之间，给人滑稽之感，且便于较大的舞台动作表演。对于要走矮步的角色如《五花洞》中的县官胡大炮等，有时甚至直接穿用长仅逾膝的女式红官衣。

丑用红官衣

出厂价格　ex-factory price　工厂向商业批发部门等中间商出售或调拨商品的价格。产品的出厂价格是进入流通领域的第一价格，是制定产品、批发和零售价格的基础。定价形式：全国统一价格；分地区统一价格；地方临时价格；浮动价格；协议价格等。

出厂检验　factory inspection　产品在出厂前由成品检验人员按照技术标准及订货合同规定进行的最终检验。确保投入市场的产品质量合格，未通过出厂检验合格的产品，均不准对外报验或出厂。主要内容：出厂检验中的检验工具、测定方法、抽样规则等均须按照技术标准中的规定执行。服装企业中产品通过出厂检验可得出产品的正品率、次品率、调片率、返修率等指标。

出汗暖体假人　sweating thermal manikin　能模拟调节人体温度分布及人体出汗功能的假人(图见下页)。具有人体形体尺寸，主要用作服装蒸发散热效能客观评价的测试仪器。利用出汗假人能研究服装的湿传递性能和衣下微气候状况。模拟出汗的技术措施有喷水法、气态汗模拟、循环管道法等。已有的模拟出汗假人都还不能全面模拟复杂的人体出汗机制。最早期的出汗暖体假人是在干态假人上套上高吸湿的紧身连体内衣，并使用喷雾器在上面喷洒汗水来模拟人体皮肤出汗的(20世纪70年代，美国)，但这种皮肤表面的湿态不能维持很久。后来经过改进使用水管将水通入到高吸湿的模拟皮肤上，有外通式和内通式之分。外通式是在假人躯壳外部将一组水管通入模拟皮肤中，水管有多个出水口并分布于一定区域内，将水释放到皮肤中去，不足之处是较难做到汗水的均匀分布。20世纪80年代开始，内通式出汗暖体假人成为研制重点，一组水管从假人内部分别通到每一个出汗区域，出汗量由泵和阀控制，这样就可以做到假人全身出汗的均匀分布。出汗假人的基本设计都是为了满足皮肤表面保持润湿状态的要求，测量时先在干态情况下测量热阻，再在湿态情况下测量湿阻。2002年诞生的水袋式出汗暖体假人使用微孔膜织物模拟出汗皮肤，内部为一水循环系统，首次在无任何假设条件下完成了服装的热阻和湿阻测量。

外通式出汗暖体假人

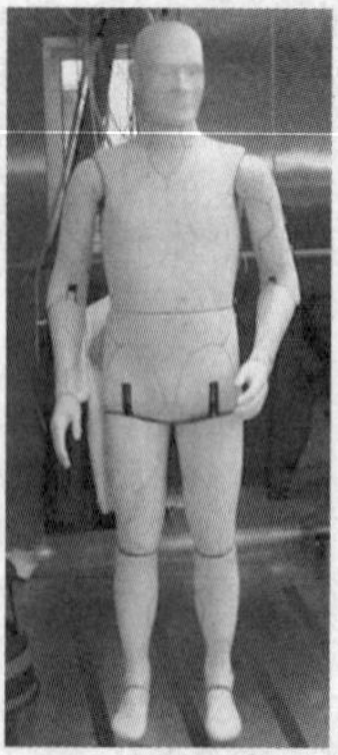

内通式出汗暖体假人

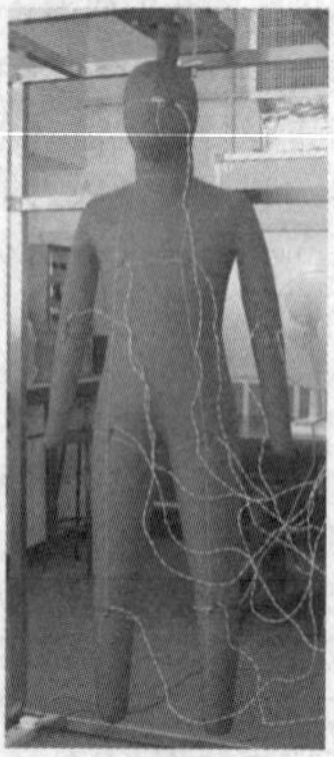

水袋式出汗暖体假人

出茧眉 **chujian eyebrows** 中国古代妇女画眉样式。眉形短阔，如春蚕出茧，故名。

出茧眉

出血 **smallness** 服装外观疵病。有两种现象：(1)裁剪时未按照衣片或附件的划线裁入线界里面；(2)刀车或拷边车在缝纫时缝口过大，被刀切去的衣缝过多，使衣服或附件的尺码规格不足。

厨师服 **chef wear** 厨师烹调食物时穿用的一类白色工作服装。常以清洁的上衣与裤装搭配，并用白色的厨师帽固紧头发。厨师服耐洗涤性要求较高。接触食物、食品的服务人员也采用白色的上衣、外套、罩衣等，并在款式设计上增加了一些装饰的成分。

橱窗陈列 **window display** 显示零售店主题商品，向消费者传递商品信息的陈列方式。独创的服装橱窗展示能聚集顾客视线，并成为有效的促销和广告工具。

处理翡翠 **treat jadeite** 又称 B 类翡翠。经过人工方法处理的翡翠。通常先漂白，再注入环氧树脂类物质，其结构在漂白时已受到破坏，耐久性下降，若长期受强光、热的照射，会出现微黄褪色现象。

揣单单鞋 **hiding shoe in the wedding ceremony** 我国西北地区某些回民结婚时表示吉祥如意的象征物。新娘进洞房后，将欲送给新郎的鞋子用红布包裹贴身藏好，而后由新郎摸出来。因该地鞋子与孩子谐音，以此表示新娘将为之生儿育女。亲友们此时一拥而入，新郎新娘赶紧将红枣、核桃、糖果等撒向众人，掀起喜庆高潮。

川剧舞台美术 ***Chuanju Wutai Meishu*** 中国戏曲美术著述。四川省川剧艺术研究院编，四川美术出版社 1989 年版。陈云先、尹珍绘图，唐耕云、丘壑文字说明。以图为主，共收服装图 80 余幅，头帽图近百幅，脸谱图 120 余幅，砌末图 160 余幅。

穿鼻 **punch on noise** 在鼻翼或鼻中隔部位打孔并穿戴饰物。

当代原始部落穿鼻

穿插构图 **artistic composition** 通过人物在图中穿插变化,表现多种人物造型的构图形式。给人以活泼、自由、随意、变化之感,打破画面死板平静的气氛,创造出流动的视觉效果,把画面推向起伏变化的动势之中,丰富了设计图的艺术性。

穿插构图

穿带管 **casing** 服装部件名称。将两层布料用若干道平行线迹形成的管道。缝合在每两道线迹间可穿入起束紧作用的布带、松紧带。带管宽通常比布带、松紧带宽,两端开口。常用于服装的腰口、袖口、裤口处。

穿耳 **chuaner** 一种古老的妆饰习俗。在耳垂上打孔,穿挂耳饰。本为少数民族所为,后来传入中原,被汉人所接受,宋以后逐渐成为一种流行的妆饰习俗。

穿耳的妇女

穿关 **chuanguan** 中国古代戏曲服饰用语。明代赵琦美(1563～1624)抄校的元明杂剧(《古本戏曲丛刊第四集》、《孤本元明杂剧》)中,有102种附有穿关,记录了每折戏登场人物穿戴的衣冠、髯口和需执的砌末。其中主要衣冠名目200余种,不同的搭配近300种,另记有髯口和假发30余种,面具及形儿40余种。反映明代嘉靖以来宫廷演剧的装扮情况,是迄今所见最早的较系统的戏曲服饰史料。

穿光壳 **refined fitting** 将经裁剪的衣片大部缝合成型供穿着者试穿,然后根据穿着者的体型特征作局部修改和修正的过程。以达到加工衣服的高度合体性。多用于高档毛呢类服装。

穿毛壳 **raw fitting** 将经裁剪的衣片部分缝合成型,部分假缝成型,然后供穿着者试穿,以检验裁剪是否精确、合身的过程。穿毛壳后还须经过穿光壳才能最后定形。一般用于工艺要求高的服装及特体服装,可减少因衣服不合体及款式细节不如意而产生的返修,是定制服装不可或缺的工序。

穿线打样器 **threading machine** 即“线钉机”(563页)。

穿线器 **threader** 用于帮助在机针上穿线的辅助工具。其管状外形可将机针套入,外宽内小的穿线孔正好对准机针穿线孔,可方便操作者精确到位地将缝线穿入机针穿线孔内。

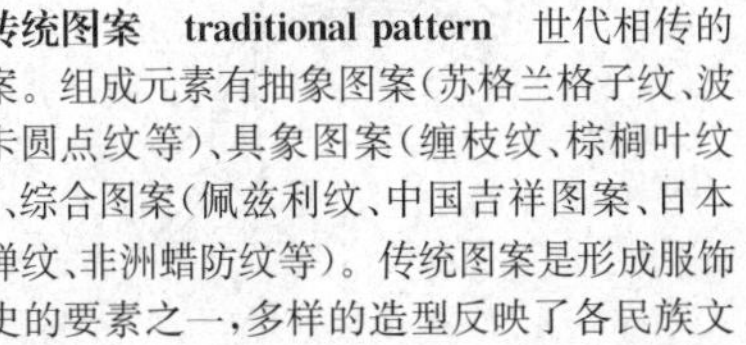

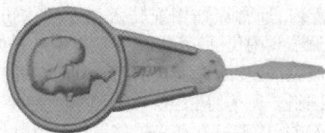

穿线器

传统图案 **traditional pattern** 世代相传的图案。组成元素有抽象图案(苏格兰格子纹、波尔卡圆点纹等)、具象图案(缠枝纹、棕榈叶纹等)、综合图案(佩兹利纹、中国吉祥图案、日本友禅纹、非洲蜡防纹等)。传统图案是形成服饰历史的要素之一,多样的造型反映了各民族文化和审美,具有经典的样式和丰富的内涵。现代服饰设计中,传统图案最易表现文化感和民族性,结合流行色彩、技法表现以及新型的款式、工艺、材料等要素,传统图案在继承的基础上获得全新的阐释和发展。

传统型人群 **traditional group** 即“古典型人群”(188页)。

传统罩帽 **conversation bonnet** 18世纪早期戴用的具有卷曲帽檐的罩帽。帽檐在一侧伸出超过脸颊,在另一侧的脸部向后翻卷,类似“波克罩帽”(33 页)。

船鞋 **❶pumps** 泛指鞋帮简洁,外形类似小船的鞋。多数浅口无带女鞋都可称为女船鞋;直口后帮舌式男鞋可称为男船鞋。**❷boat shape shoes** 清代满族妇女常穿的木底布鞋。由于鞋底较厚,且前后均削去一块,形成两头翘起,侧面看去像一只船的形状,故名。底厚一般为 4～7 cm,有的高达 10 cm 以上。船鞋掩盖了满人的天足(不缠足脚),和汉族妇女的三寸金莲(缠足脚)相匹配,达到了三寸金莲步步摇的效果(妇女因穿此鞋后走不快,而且一走路,头上、耳朵上的饰物便摇摇晃晃、叮当作响或闪闪发光)。

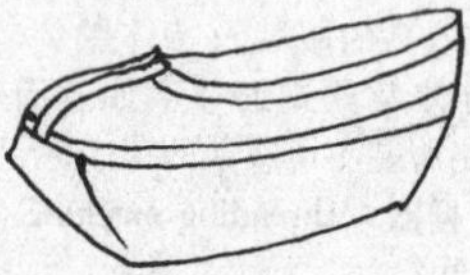

船鞋

船形军帽 **Glengarry cap** 苏格兰高地人戴用的帽顶呈纵向凹陷,帽身能折平的无檐帽。类似“海外帽”(199 页),前侧饰以缎带徽章,帽缘口通常以斯图亚特方格花呢镶边,有系带调节头围尺寸,系带尾端垂在帽后。多为毛呢制,有的装饰着簇状羽毛。戴时前端高起向后倾斜。原为苏格兰高地兵团制服的一部分,19 世纪晚期妇女和小男孩用作运动帽。

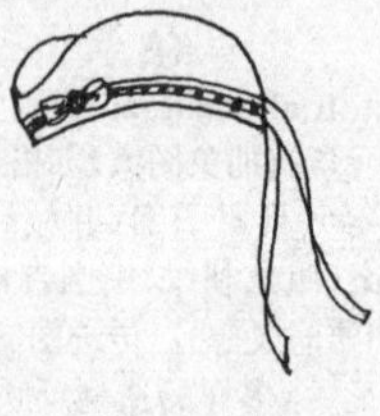

船形军帽

船长帽 **commodore cap** 19 世纪 90 年代女性在进行划船、骑车等运动时戴用的平顶鸭舌帽。类似“快艇用帽”(296 页)。

串带安装位置符号 **installation place of cloth loop** 服装结构制图符号。表示安装串带的位置。一般用于偏门襟外套服装或部件连接的结构。

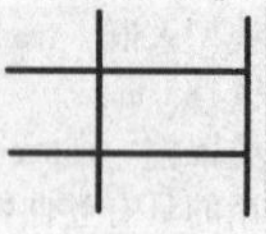

串带安装位置符号

串带襻 **belt loop** 即“襻耳”(383 页)。

串口 **gorge line** 领面与驳头面缝合处。是衣领造型的重要部位。要求平整、顺直。

串口斜裂 **uneven gorge line** 服装外观疵病。翻折领上衣领的串口出现斜裂的现象。形成原因为:绱领时,衣缝歪斜不直,或衣领缝和大身领圈衣缝的松紧度不一,抑或领下口弧度和大身领窝弧度不符等。补正方法为:装领时必须做到领下口斜度符合要求,衣缝顺直、流畅、自然,上下层之间的衣片松紧度一致。

串口斜裂

钏 **chuan** 古时候的臂环,即现在的镯。与条脱、跳脱、腕阑、臂钗是同类饰品。

钏

创意面料图案 **creative fabric material pattern** 对现成面料的形态、造型、材料、组织、结构、肌理等进行再设计与表现而形成的图案,强调创造性思维予以面料的综合视觉表现。主要创作手段有印染、褶皱、磨刮、撕扯、抽纱、镂空、拼贴、刺绣、补缀等,以表现出全新的面料图案,具有很强的个性特征。

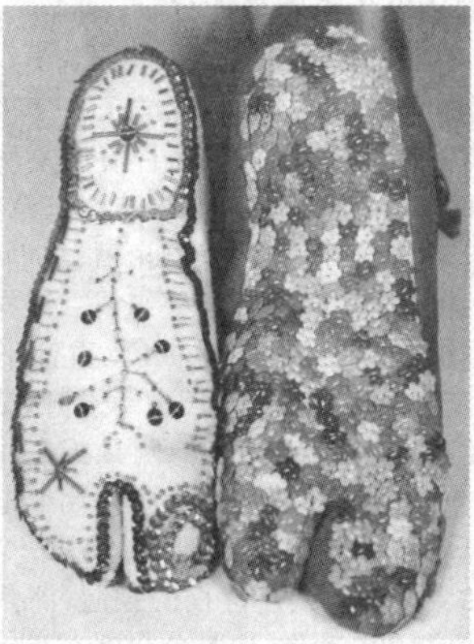

创意面料图案

创意时装摄影　**creative fashion photography**　以提升艺术创作力为目的的时装摄影。作品更多关注一种时装与模特及环境共同营造出的生活观念、情调和感觉。摄影师可根据自己对时装或时尚的理解，大胆发挥想象力，最大限度地运用创意手段，诸如模特夸张的造型、反常规的光线投射、幻想般的环境以及镜头的另类应用，表现令人耳目一新或者惊世骇俗的视觉影像，以开拓和提升人们对时尚表现力的认知空间。

创意图案　**creative pattern**　图案的形式美表现。强调创造性思维表现的图案。打破常规，以全新的创作理念，表现图案的构思、排列、形象、色彩、表现技法等，以体现现代审美与时尚观念。广泛地应用于T恤衫图案与现代服饰设计中。

吹吸风烫台　**suction and blowing ironing table**　带有吹风装置的吸风熨烫工作台。由台面、烫馒、吸风和吹风装置、风量调节装置等部分组成。具有吸风和吹风两种功能：强力吸风使服装快速冷却、干燥和定形；吹风可使面料毛羽重新竖立、柔软感强、无极光。多用于品质要求较高、需要进行精整的衣片熨烫，特别适于绒类面料和易产生极光面料的熨烫。

垂肩体　**low shoulder figure**　又称溜肩体。肩部过斜，其肩斜角度大于24°，常伴以体胖、躯体厚实等特征的体型。衣身纸样设计时将前后肩缝在肩端点处降低，袖窿相应降低，并将前胸宽、后背宽稍减少，有垫肩服装可不改肩斜尺寸，用增加垫肩厚度的方法处理。

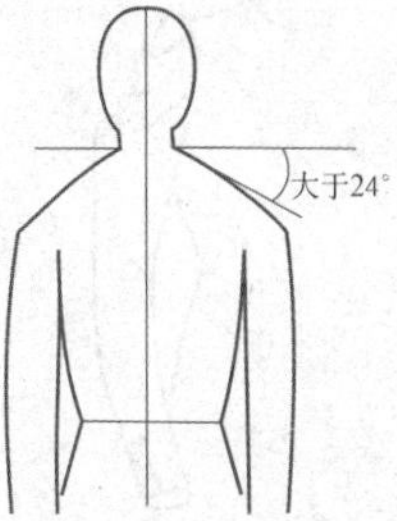

垂肩体

垂浪　**falling**　即"垂褶"(69页)。

垂眉　**drooping brows, ptosis eyebrows**　眉尾稍低于眉头的眉形。修剪时要将低于眉头的眉毛拔除。

垂檐帽　**floppy cap**　斜纹布或帆布制作的无檐帽。

垂褶　**falling**　又称垂浪。有悬垂效果的褶。

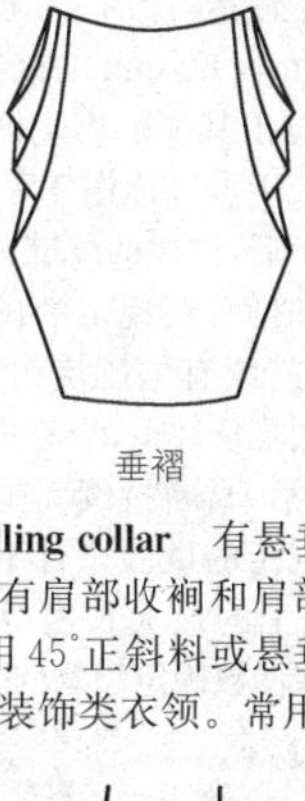

垂褶

垂褶领　**falling collar**　有悬垂褶造型的衣领。按种类分有肩部收裥和肩部不收裥两种垂褶领，一般用45°正斜料或悬垂性良好的面料。是重要的装饰类衣领。常用于女夏装。

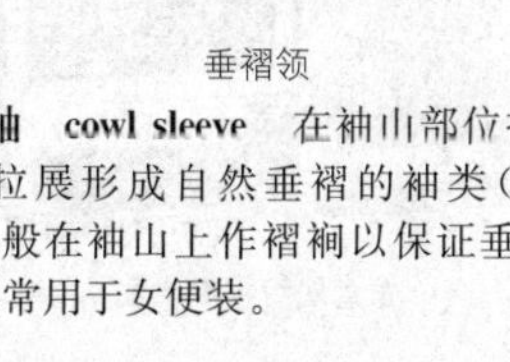

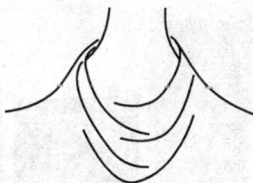

垂褶领

垂褶袖　**cowl sleeve**　在袖山部位折叠，袖中线处拉展形成自然垂褶的袖类(图见下页)。一般在袖山上作褶裥以保证垂褶的自然稳定，常用于女便装。

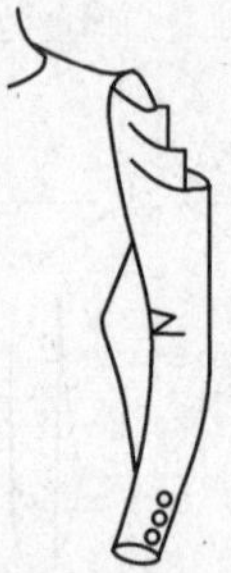

垂褶袖

垂直法织物燃烧仪 **vertical flammability tester** 用于有阻燃要求的服装织物、装饰织物、帐篷织物以及橡胶等材料阻燃性能测定的设备。适用标准：GB/T 5455—1997(2004)《纺织品　燃烧性能试验　垂直法》，GB/T 13489—2008《橡胶涂覆织物燃烧性能测定》，JIS L 1091 等。由试样固定装置、焰高测量装置、燃烧器、点火器、计时器、控制装置等组成。将 300 mm × 80 mm 的试样夹进 U 形试样夹中，点燃位于其下的燃烧器（火焰高度可调整，以丙烷或丁烷气体作气源），测量规定的点燃时间（12 s）后，试样的续燃、阴燃时间及损毁长度。续燃时间：在规定的试验条件下，移开火源后材料持续有焰燃烧的时间。阴燃时间：在规定的试验条件下，当有焰燃烧终止后，或者移开火源后，材料持续无焰燃烧的时间。损毁长度：在规定的试验条件下，材料损毁面积在规定方向上的最大长度（用不锈钢尺量取）。根据这些参数确定织物的阻燃性能。

垂直法织物燃烧仪

垂直法织物折皱弹性仪 **crease recovery tester of flange sample** 用于测定各类织物折痕回复性能的设备。适用标准：GB/T 3819—1997(2008)《纺织品　织物折痕回复性的测定　回复角法》，ISO 2313 等。由压重锤、试样翻板、测角器小车、激光测角器、继电器、步进电动机、单片机、显示屏等组成。试样放在试样翻板上，沿折痕线对折，压重锤下降加压，一定时间（5 min）后，压重锤上升，试样翻板自动翻起，用激光测角器测量折痕回复的角度。整个测试过程由单片机控制继电器和步进电动机完成，每隔 15 s 依次对 10 个工位进行加压、卸压、试样翻板的翻起、测角器小车移动、测角等动作，回复角数据在显示屏上显示，亦可打印输出。

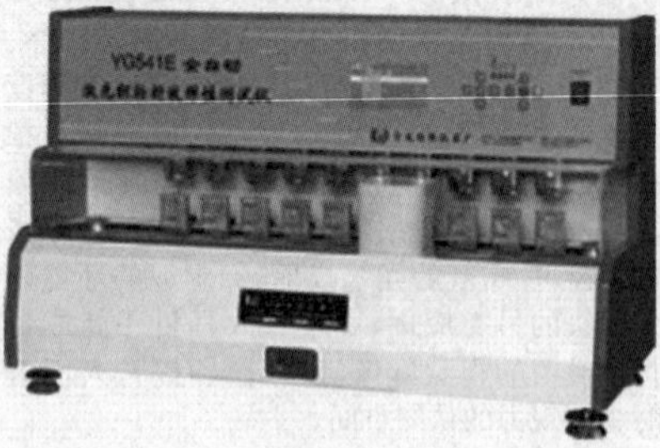

垂直法织物折皱弹性仪

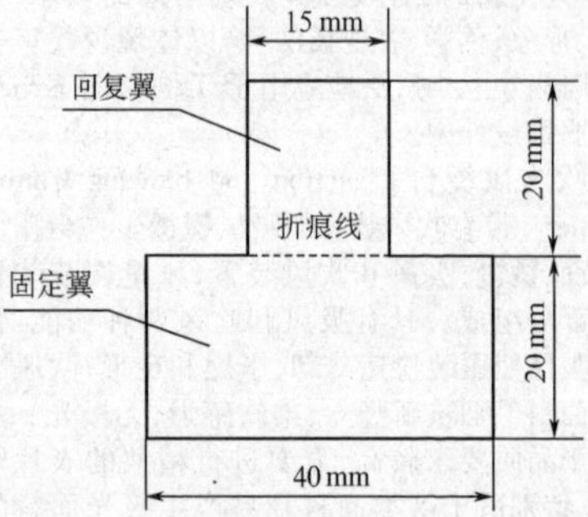

试样形状与尺寸

垂直分割线 **vertical division line** 服装设计中常用的分割形式。有高背缝、塔克分割线、叠裥分割线等。在服装上处在人体的胸、背、腰、臀隆起处和四肢关节处，因此分割里暗藏着收省的结构功能，既有装饰作用，又有合理性和科学性。人们在观看纵向分割线时，视线总是要顺着线的方向上下移动。这样的观察习惯使纵向线产生了高的视觉错觉，所以，服装上用纵向线能使人感到颀长。当两条、三条或更多的纵向线平行时，这些平行的纵向线又把人的视线向水平方向引导，如果这种方向引导视线的作用大于向纵向方向引导时，纵向线的水平排列就会有扩张宽度的作用。

垂珠眉　chuizhu eyebrows　中国古代妇女画眉样式。流行于唐代。

春季型男性　spring male　人体色以中高明度中高纯度的暖基调为主要特征的Y/B型男性。肤色较白皙，脸颊会出现珊瑚粉色红晕，头发多为较明亮的棕色，也可染成棕黄色调，眼珠棕色，眼白略呈湖蓝色，眼神明亮，整体印象是年轻朝气。适合鲜明活泼的暖基调，特别是柠檬黄、棕黄、浅橙色等，也适合浅淡的色彩(如乳白、米黄等)，回避沉重的颜色(如深灰、暗黄等)，眼镜可有金丝边或浅棕或浅橙色边框。利用强对比配色法搭配。

春季型女性　spring female　人体色彩基调带有春天色彩特征的暖色调女性。肤色明亮，偏浅象牙白或乳白色或金米色，常带红晕；发色偏淡暖黄色，在沙色或金褐色之间变化，多细而柔软有光泽，眼珠色呈淡棕黄色，眼睛多明亮清澈，指甲偏淡乳白色。春季型女性适合柔和的春天色彩以及以金黄为基础的所有颜色如鹅黄、桃红、珊瑚红等，避免黑白色及冷色调。根据体色明度和纯度的不同，春季型女性又可分为“亮春型女性”(317页)、“淡春型女性”(89页)和“柔春型女性”(435页)三种。

春秋鞋　spring-autumn shoes　适于春秋季节穿用的满帮皮鞋。有两种类型：(1)鞋帮包裹脚背但在踝骨以下；(2)鞋帮在踝骨以上脚腕部位。后者又称矮腰靴、夹鞋或夹靴，鞋内有一层布里或皮里。鞋底多用橡胶或塑料制成。成型工艺为线缝、模压、注塑或黏合。

春秋装设计　spring and fall garment design　对适合春秋季节穿着的服装进行的设计。可分为两类，一类是初春或暮秋时穿的服装，因天气稍凉，衣料不宜太薄，但仍需注意保暖功能；另一类是暮春或初秋时穿的服装，因天气较热，服装上仍然留着夏装的痕迹。由于各个国家和地区在同一时节的温差变化很大，春秋装的款式差异也很大，设计时应该以穿着地区的气候条件为参考依据。春秋装以套装为主，兼有风衣、夹克、编织衫等，其设计构思在造型、色彩、面料等方面紧随流行变化。具体款式设计有不同侧重，套装讲究品位，或温文尔雅，或明快亮丽，面料考究，做工精良；风衣则注重舒适，款式较为活泼，风格多样。

纯度　chroma　又称饱和度、鲜艳度。色彩的三属性之一，表示色彩的饱和程度或色彩的纯净程度，是对色彩鲜艳程度作出的评判。纯度是色彩含灰多少的反映，纯度越高，色彩越鲜艳，含灰越少；反之，纯度越低就越浑浊，含灰也越高。当色相中各色的明度相同时，纯度最高的是纯色，纯度高的为鲜艳色，纯度低的为暗淡色。

纯度差　saturation difference　色相组合时的纯度差距。在低纯度基调中，不同色相的纯度差小则对比弱，纯度差大则对比强；而高纯度基调中，纯度差小则对比强，纯度差大则对比弱。在同色相基调中，纯度差小则对比弱，纯度差大则对比强。

纯度对比　chroma contrast　色与色在纯正度和饱和度上的对比。由白色光通过三棱镜产生的色相是色彩最纯、饱和度最高的色，色与色之间的对比最强烈。色彩可用四种不同的方法混合获得不同的效果，例如将一种纯度色彩与白色混合，可使其原有特性或多或少地趋向冷调。一般可把色彩的纯度分为11级，0～3级为弱纯度，4～6级为中纯度，7～8级为强纯度，9～10级颜色最鲜为鲜强度。

纯度色　saturation color　色彩的浓度、纯度。在色彩中不含黑色、白色及其他有彩色的程度。

纯度统调　the same chroma tone　在参与组合的各种色彩中，使其同时都含有灰色，以求得整体色调在纯度方面的近似。如蓝灰、绿灰、灰红、紫灰、灰等色彩组合，由灰色统一成雅致、细腻、含蓄、耐看的灰色调。

纯度推移　chroma passage　将色彩按等差级数的顺序由鲜到灰或由灰到鲜进行排列组

合的一种渐变形式。互补推移是处于色相环通过圆心180°两端位置上一对色相的纯度组合推移形式。

纯度最高色调　vivid tone　色彩中活泼、鲜艳，纯度最高的色调。在服饰设计中，作为表示上述含义的设计，一般在附属品以及颜色的用语中使用。

纯纺织物　pure yarn fabric　经纱和纬纱采用同一种纯纺纱线织成的织物。如纯棉织物、纯毛织物、纯麻织物、涤纶纤维织物等。纯纺织物性能的很多方面取决于所用纤维本身的性能。

纯色　pure color　鲜度最高的、不含黑白量的色彩。色相环上的任何一色都为纯色。

唇彩　lip gloss　使嘴唇更有光泽的化妆品。唇彩中的色素含量大约为5%～8%或更低，而油的含量相应高一些，有晶莹透亮的效果。分为有色、无色两种。既可直接涂在唇上，也可当作上光剂涂在化过妆的嘴唇上。

唇彩粉　lip gloss powder　用于唇部的粉状化妆品。外观像眼影粉，而且涂抹用具也是海绵头的小刷子。含油分较少，持久性比唇膏要强，但不能滋润嘴唇。不适合在干燥的天气使用，否则应先涂一层护唇膏。

唇峰　labial peak, lip peak　又称唇山。上嘴唇与人中连接处，边缘呈山状曲线的部位。标准的唇峰位置在距同侧唇角1/3唇长的位置。

唇膏　lipstick　用于嘴唇的化妆品。主要成分是油、蜡和色素（主要是合成色素），成分的含量确定了唇膏的性质。唇膏赋予嘴唇不同的色彩，在整个妆面中有画龙点睛的作用。

唇膏调色板　lipstick palette, lipstick color palette　一种化妆用具。扁平棒状，一般为透明塑料制成。化唇妆时，若没有现成颜色的唇膏，可用唇笔在调色板上将两种以上不同颜色的唇膏调配到所需色度，然后再涂于唇上。

唇沟　labial groove　位于下嘴唇正中，两个唇珠之间向下凹陷的部位。部分人有唇沟。

唇色　lip color, labial color　嘴唇的天然色泽。受先天色素含量、体温高低、健康状况等因素影响，从粉红色到暗紫色不尽相同。因唇色不同，唇膏涂在嘴唇上的实际效果也因人而异。

唇山　labial peak　即“唇峰”（72页）。

唇刷　lip brush　用于蘸取唇膏或唇彩，给嘴唇赋予色泽的笔刷。以笔面平坦，毛质软硬适中的产品为佳。用唇刷填上的颜色不易超出唇线，色泽均匀。

唇纹　cheilogramma　嘴唇表皮上的自然折皱。唇纹的出现使嘴唇看起来缺乏光泽、有口渴之感。

唇线　lip liner　嘴唇皮肤与面部皮肤交接处的分界线。在化妆中起到清晰展现唇形的作用。

唇线笔　lip liner, lip liner pencil, lip pencil　用于描绘清晰唇线的化妆工具。外形呈铅笔状，上唇膏之前使用。如果嘴唇附近的皮肤不够光滑，无论是使用唇膏、唇彩或是护唇品，都应先用唇线笔勾出唇形。

唇形　lip shape　嘴巴的外观轮廓。可以通过唇线笔来强调和改变，改变唇形时不宜偏离原轮廓太远。

唇油　lip oil, lip gloss　用于唇部的化妆品。比唇彩含油量更高，较稀薄明亮，可以使双唇显得湿润饱满。一般只用于化过妆的唇部，起加强效果的作用。由于容易流失，色彩保鲜度不及唇彩持久，往往需要适时补充。

唇脂　lip cream　涂抹在嘴唇上的油脂。一般以动物油脂、矿物蜡和各种香料制成，涂在唇上以防开裂，如需颜色，则以朱砂、紫草、黄蜡或其他色素加油调和，以助姿容。1972年湖南长沙马王堆一号汉墓出土的九子奁中，发现盛放唇脂的小型圆盒，盒内唇脂至今犹存。

唇珠　vermilion tubercle　嘴唇上最突出的部位。上唇有一个唇珠，下唇有两个唇珠。唇珠处为高光处，上唇彩时可以特别强调提亮，嘴唇显得妩媚动人。

磁疗鞋　magnetic cure shoes　在内底或鞋垫上安装磁性部件，通过磁场作用达到治疗和保健目的的鞋。如在脚底涌泉穴相应位置的鞋内底上安装强力磁片，通过强磁场对脚神经末梢的刺激，达到镇痛止疼消除疲劳的效果。

次　ci　中国古代命妇的一种头饰，取他人之发合己发梳编打扮使之美化而成。与“副”

(168 页)、“编”(29 页)同属假髻，编列于两者之后。为礼见君主时所梳的一种假髻。始于商周时期。

刺辊式织物勾丝仪　pin-roller snagging tester　又称针筒式织物勾丝仪。用于检测织物尤其是合成纤维类织物和针织物勾丝起毛的设备。适用标准：GB/T 11047—2008《织物勾丝试验方法》等。由夹布滚筒、夹布器、刺辊、阻力器、导杆、拨盘开关、计数器等组成。将条状试样和垫板(100 mm × 250 mm，具有一定弹性和可挠性)一起夹入夹布器中，一端固定在夹布滚筒上，一端为自由状态。刺辊的摩擦阻力矩采用弹性阻力器，可调节阻力。刺辊上方的导杆按标准调至一定的角度和高度，以规定试样与针尖接触的状况。当滚筒周期性转动，试样擦过具有一定阻力的刺辊时，试样产生勾丝。至规定转动次数后，取下试样，在标准光源箱内对照标准样照，评出试样的抗勾丝等级。

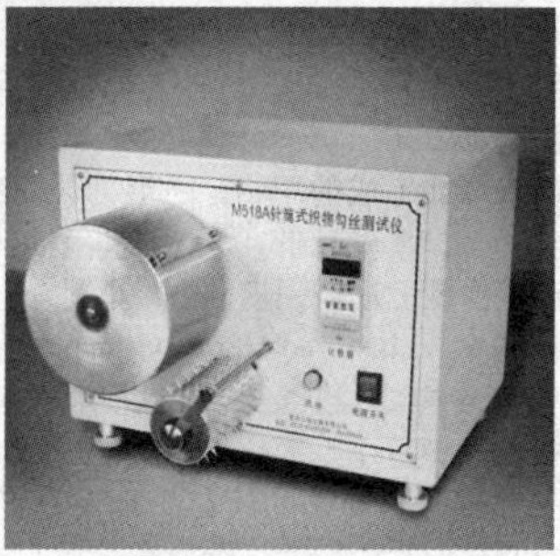

刺辊式织物勾丝仪

刺绣图案　embroidery pattern　按设计的花纹形状，用针将丝线施与织物，以绣迹形成的图案。刺绣图案因针法和配色的不同，以及地域与文化的不同，形成造型立体、风格迥异的图案。内容寓意吉祥，设色与针法各具特色。刺绣图案主要包括手工绣和机绣图案。刺绣较印花等工艺，图案与服装结合更为紧密与自由，定位图案是刺绣最为常见的图案表现样式。传统刺绣图案以服装袖口、衣领、裙边、门襟等为主要装饰部位，现代刺绣图案则以个性为特征，手段与样式灵活多变，呈现精致奢华或粗犷野性的两种极端服饰风格，成为流行服饰装饰工艺之一。

刺绣图案

刺绣图案表现技法　embroidery pattern showing skill　表现刺绣材料的反光感觉和特殊针迹效果的绘画方法。表现时可采用特定的排线手法，表现图案的深色调、固有色和亮部，从而产生不平整的纹理和反光效果。可选用适合排线的彩色铅笔、羽箭笔等工具。

赐服　cifu　又称赐衣。中国古代的一种赏赐制度。朝廷向有功之士赏赐冠服，以示恩宠。其服装形制繁复多样，有按季节的四时衣、五时衣，或赐葛纱、貂之类；有按时令的赐公服、赐花；也有封功行赏的赐紫、赐金鱼等。所赐之服的品级通常高于受赐者官职。

赐衣　ciyi　即“赐服”(73 页)。

从省服　congshengfu　即“公服”(181 页)。

粗布图案　handwoven cloth pattern　即“土布图案”(528 页)。

粗糙水牛革　rough buffalo leather　由水牛皮加工成较粗糙的皮革。可用于制作皮鞋、皮包、腰带等。富有自然、粗犷的特色，在美国比较流行。

粗纺花呢　tweed　简称“粗花呢”(74 页)。

粗纺毛织物　woollen fabric　由粗梳毛纱织制的织物。主要品种有“麦尔登”(338 页)、“海军呢”(198 页)、“制服呢”(661 页)、“学生呢”(590 页)、“法兰绒”(122 页)、“立绒大衣呢”(311 页)、“顺毛大衣呢”(489 页)、拷花大衣呢、“女式呢”(376 页)、“粗花呢”(74 页)等。有三类外观风格：呢面风格、绒面风格和纹面风格。织物光泽柔和，手感厚实、丰满，柔软而富有弹性，保暖性优良；洗涤时容易发生毡缩，一般需要干洗。存放时容易虫蛀，需加以防护。适合做秋冬季高档或中高档大衣、夹克的面料。

粗犷罗纹织物　bulky rib fabric　由 1+1 罗纹组织与畦编组织复合而成的针织物。厚实、蓬松、粗犷、悬垂性好。多用于制作毛衫。

粗花呢　tweed　粗纺花呢的简称。粗纺毛织物名。利用粗纺的单色毛纱、混色毛纱及花式毛纱等以各种织物组织及经纬纱排列方式织成的有条子、格子等花型图案的粗纺毛织物。重量 250～400 g/m^2。有呢面风格、绒面风格和纹面风格三类。呢面风格的粗花呢表面呈毡化状短绒覆盖，呢面平整、均匀，质地紧密，身骨厚实，不板不硬。绒面粗花呢表面有绒毛覆盖，绒面丰满，绒毛整齐，手感丰厚柔软，稍有弹性。纹面型粗花呢表面花纹清晰，纹面匀净，光泽鲜明，身骨挺且有弹性，松结构的要松而不烂。粗花呢的高、中、低档主要取决于原料和纱线细度。主要用于女装，如两用衫、西装、风衣，做中式罩衫也很别致。有的也适合做男西服上装和两用衫。

粗毛皮　harsh hair fur　见“毛皮”(342 页)。

粗绒　coarse velvet　绒面革鞋鞋面绒毛粗糙的现象。制革过程中工艺(磨绒、滚绒、浸水、浸灰或酶软等)控制不当所致。

粗实线　thick solid line　服装结构制图符号。服装和零部件的轮廓线和结构线。线条宽度一般为 0.9 mm。

粗腿体　heavy thigh figure　大腿根围以及腿部形态比一般人粗壮的体型。裤身纸样设计时注意将裤装横裆加大。

粗细针织物　thick-and-thin knitted fabric　在同一片针织物上同一行内或者相邻的区域内产生不同针距，模拟各种粗细针编织效果的针织物。由电脑控制在同一台机器上生产出不同针距的织物而无需更换针和针板。原料采用化纤长丝和短纤维。用于制作 T 恤衫、毛衫类产品。

粗腰体　thick waist figure　即“桶腰体”(521 页)。

POS 促销　point of sale promotion　在购物现场促进消费者购买商品的营销活动。POS 促销主要包括：POS 广告、POS 零售氛围的营造、POS 服装表演和展示等。POS 广告主要有：现场广告招贴、促销告示、广告牌、灯箱广告、霓虹灯等。由于 POS 广告处于购物现场，因此可以提供更直观的效果，如着泳装或内衣的模特灯箱广告、户外的运动装招贴等。

促销类时装表演　fashion show for promotion　以宣传为目的的商业性时装表演。如商场为了吸引顾客举行的季度、年度时装表演，服饰博览会上参展商为宣传产品而举行的产品动态展示，某品牌为扩大知名度而在各个商场中举办的巡回表演等。这类表演具有两个明显特点：(1)演出的功利性，表演要达到增加产品销售的目的；(2)产品的强调性，在表演中，对产品的特点如色彩、剪裁方式、面料以及搭配等细节加以强调，从而达到吸引消费者的目的。

促销组合　promotion mix　在市场营销过程中，将人员推广、广告、营业推广和公共关系等促销手段有机结合而形成的组合方式。包括推的策略和拉的策略：前者主要采用示范推销法、走访推销法、网点推销法、服务推销法等；后者主要采用会议促销法、广告促销法、试销促销法、信誉促销法等。管理的主要因素有：促销活动预算、产品类别、产品生产、供货周期、市场状况、目标消费者选择及掌握竞争对手的促销活动等。

醋酯纤维织物　acetate fiber fabric　用醋酯纤维纱线加工成的织物。一般为长丝织物，具有丝绸感。强度较低，吸湿性差，耐热性差，熨烫温度要低。用作领带、披肩、里料等。

簇花图案　clustered floral pattern　由一种或多种花卉构成，描绘聚集的花卉图案。运用多样的表现手段，形成密集的簇花和松散的空间对比。服饰中的簇花图案面积可大可小，也可将不同大小簇花排列在一起，形成主次和空间关系，营造丰富的层次和浪漫的情调，是表现乡村等自然风格服饰图案的最佳题材之一。

簇花图案

窜高 raising 因修改服装疵病需要，将某部位衣片自原来的位置向上提高的技术动作。如衣身后片的修改、后领圈的修改等。

崔姬风貌 Twiggy Look 带有男孩气的反叛冷漠形象的装扮。20 世纪 60 年代流行一时。崔姬是一个英国模特，身材瘦长扁平，喜穿低腰的合身装和迷你短裙，短发，前额有刘海，使用夸张的眼影，三道眼线和浓浓的假睫毛，是一种石膏美女形象。

翠钿 green dian 中国古代妇女面饰。以翠鸟羽毛剪成各种花样，粘贴于额头眉间。饰物呈青绿色，清新别致，极富谐趣。盛唐以后较为流行。

翠眉 green eyebrows 中国古代妇女画眉样式。以青黛画成，色浅而艳，故名。通常为宫女所饰，始于秦汉。六朝时期相袭不改。

翠靥 green ye ❶翠绿色的“花子”(218 页)。妇女粘贴于眉心以为装饰。❷男子黥面。

搓纹革 boarded leather 皮革的一种。以中小型牛皮加工而成。古时手工操作，使用简单的木制工具(月牙形搓花板)，将皮革对折，粒面向里，用搓花板在皮面上来回搓动，使之出现皱纹，换方向同样操作，能在皮面上搓出方形或棱形的花纹。现在采用轧花板取代手工搓花，可以取得类似的效果。用以制作包袋、票夹、鞋类等。

痤疮 acne 又称青春痘、粉刺。常见的皮脂腺和毛囊的炎症性疾病。主要发生于青春期男女，以男性多见。好发于面部皮脂腺丰富部位，在颊部、鼻部、额部及下巴处最多，胸背部亦可发生。发病率及复发率高，且消除不慎，易留下疤痕和色素沉着。由于先天遗传因素和雄性激素水平较高，皮脂分泌旺盛，毛囊皮脂腺管角化变窄，过多皮脂不能及时排出形成脂栓，毛囊口内痤疮杆菌在相对厌氧环境下大量繁殖，引起毛囊、皮脂腺周围炎症反应，引发一系列症状。其他因素可加重症状。可分为丘疹型(包括白头粉刺、黑头粉刺)、脓疱型、结节增生型、囊肿型、萎缩型和聚合型。以丘疹型和脓疱型最为常见。

错接图案 cross-linked pattern 又称移接图案、跳接图案。四方连续纹样接续格式。在画稿的 1/2 处进行错位拼接，是接续纹样最常用的格式。可使图案呈现空间穿插得当，变化灵活的效果，尤其适用于单元形较大、变化灵活的图案接续。

错视 illusion 视觉的错误判断。主要出现在形、色、光和肌理方面。错视带来错觉，包括前进或后退上的错觉、膨胀或收缩的错觉、冷暖错觉、轻重错觉、兴奋或沉静错觉等。

D

奁拉翅　dalachi　中国戏曲旦行旗头假发的一种。见“旗头”(401 页)。

搭护　dahu　即“端罩”(109 页)。

搭接焊接缝　fused lapping seam　熔接缝合的缝型类型。由两片涂层缝料组成,无限布边各处一侧,有限布边相互搭接的熔接缝型,分毛边和光边两种,毛边焊接缝道宽度一般不超过 10 mm,该缝道与水接触时,水会沿线芯渗进衣服未涂层的一面,故防水性较强。光边焊接由于上层缝料边被涂层覆盖,故防水性能好且外形美观,缝道宽度不大于 15 mm。

搭门　lap　门襟左右衣片交叠的部位。不同服装其量不同,可分为单排扣搭门和双排扣搭门。一般单排扣的搭门按纽扣的直径加 0.5 cm 计算,其最小值为 1.7 cm 左右,也有上衣片无搭门、下衣片有搭门的款式;双排扣搭门范围为 5～12 cm,视款式风格而定,即搭门越小,风格越轻松活泼,搭门越大,风格越庄重严肃。

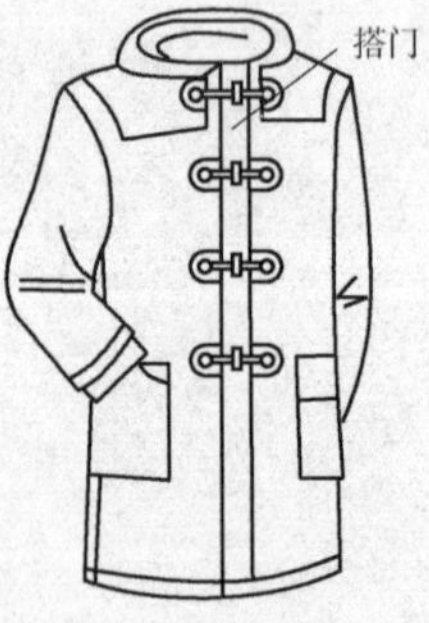

搭门

搭门线　front overlap line　确定搭门量的垂直基础线。用细实线表示。见“前后衣身衣领结构线”(406 页)。

搭配色　coordination color　在服装色彩设计中将各种色彩进行组合搭配。服装的色彩搭配以其中某一色调为主,配置其他色块,使之互相衬托,互相协调。色彩搭配方法主要有:(1)同种色搭配;(2)邻近色搭配;(3)对比色搭配;(4)三色搭配,即用两种邻近色和一种对比色;(5)黑、白、金、银色与其他色彩的搭配;(6)流行色的搭配。

达尔马提卡　dalmatic　拜占庭时期衣身前面饰有两条垂直条纹的宽袖宽松长外衣。男女都有穿用。通常由整幅布裁成十字形对折,或由两块 T 字形布缝合,中间留领口,从领口两侧肩处开始直到裙下摆边缘有两条带状纹饰。衣身宽松,有时腰间系带。女式达尔马提卡长及脚踝。男式的要短些,只至膝下,下身穿裤子。材料通常选用克罗地亚优良羊毛制作,有时也用亚麻或棉织物。

达尔马提卡

达夫尔开襟　duffle opening　达夫尔外套上使用的浮标型木钉与绳组合的叠合式开襟结构样式。

达斡尔族服饰　Daur ethnic costume and accessories　中国达斡尔族衣着和装饰。达斡尔族分布在黑龙江、内蒙古等地。冬穿立领右衽、两侧开衩的皮袍或棉袍,袍长至踝,束腰带,穿皮裤。春夏秋穿布袍,灰色或深蓝,着布鞋。男子戴狍、狼或狐狸的头皮制的帽子,着皮靴。女子袍色为黄、黑、灰,年长者外罩短坎肩,年轻者用格子布包头或戴刺绣珠饰的头箍,称为曼格尔其,盛行于内蒙古莫力达瓦。少女戴绣饰精致的头箍,婚后改盘高发髻,戴无珠帘,色彩素雅的头带。衣色略艳,领、襟、袖口、下摆有镶边和刺绣，长袍袖管肥大，有刺绣图案或花边，露出袖口，作为装饰。穿白布袜，着绣花布鞋，戴耳环、手镯等。

达斡尔族女子头饰

打粉印　chalking　用划粉在裁片上划出粉印作为修片缝制标记。由于粉印易拍去，不会永久附着在衣片上，所以只作为暂时标记，以方便修片与缝制。

打光革　glazed leather　皮革的一种。可将牛皮革、山羊皮革、猪皮革表面经打光工艺处理制作。表面涂饰层极薄，或仅染色不作涂层，经玻璃辊或光滑的金属辊来回滚压打光，皮革表面产生自然光泽，手感光滑舒适，天然的毛孔粒纹非常清晰，富有立体感，透气透湿性能极好，用于制作皮鞋、包袋、票夹、皮带等。

打号　numbering　为了避免在服装上出现色差，把裁好的衣片按铺料的层次从第一层至最后一层打上顺序数码。用打号机进行，号码一般由七位数字组成，自左至右，最左的两位数字表示裁剪的床数，接着两位数字表示规格号，最右面的三位数字表示层数。如0240135表示此裁片经第2床裁剪，规格为40号，由第135层面料裁剪而成。打号的颜色以清晰而不浓艳为宜，打号的位置应在裁片的反面边缘处统一规定的位置上。

打号机　numbering machine　在服装批量生产中，为避免色差及不同规格裁片的错乱，在裁片的指定位置打印上数字号码的裁剪辅助设备。由数字号码轮、滑块机构、机架和油墨盒等部分组成。作业时，调好数字码组合，上好印墨，将打号机放在衣片需打印号码处，压下手柄，需要的号码组合就会印在衣片上。打在衣片上的号码数字包含裁床号和规格号等一系列信息。每分钟贴附标签150个以上。后续缝纫作业中需对号码记号作隐蔽工艺处理。

打花铺盖　dahuapugai　即“土家锦”(528页)。

打猎套装　hunting suit　户外打猎时穿着的服装，19世纪出现于法国。男子穿着有格纹的上衣和背心、条纹裤，皮带上套革制小包，领部饰黑绢。女子穿着格子呢的收腰短外套、折裥短裙和有侧扣的长筒皮靴。

打泡线　make tailor's tack　即“打线丁”(77页)。

打套结　bartack, tacking　一种手针缝纫法。在车缝封口部位的表面用缝线做成线圈，打结固定。既美观又增加牢度。分为：(1)真套结，在成缝时，以2～3根缝线为内芯，用线圈包覆，再每隔若干线圈，通过缝线相互交叉穿刺缝料固定内芯；(2)假套结，将缝线绕在缝针上做排列紧密的线圈，然后将缝针从线圈中穿过，使套结固定在缝料上。

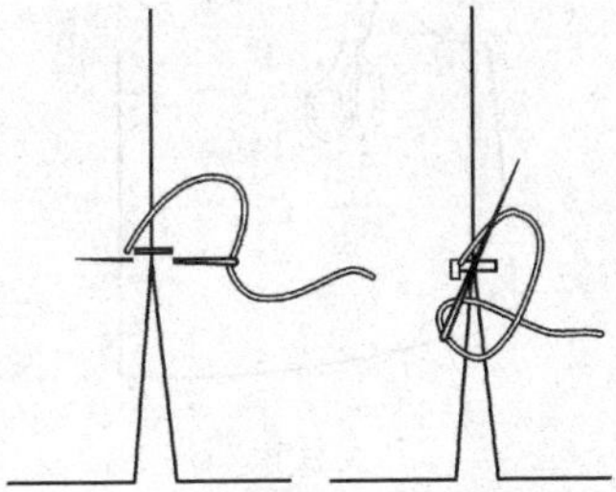

(a) 真套结　　(b) 假套结

打套结

打线丁　make tailor's tack　又称打泡线。一种手针缝纫法。在服装制作过程中作对位记号。先在缝料表面划线作绷缝线迹，针距间隔为0.3～0.5 cm，线迹作成后，将表层的缝线剪断，留下0.6 cm长的线头，然后掀起上层衣片，将线头从中间剪断，在上下层缝料上形成线丁。一般以白色低支粗棉线作缝线，因其柔软、疏松，表面线头较长，缝成的线丁不易脱落，且喷水熨烫时不褪色。成缝时视缝料厚薄，可采用穿单线作双针或穿双线作单针两种方法，注意不能使上下缝料错位。

在直线部位，线迹密度较大，在弧线部位，线迹密度较小。线丁长度一般为0.4 cm，不宜过长或过短，否则容易脱落。常用于毛呢服装的缝制。

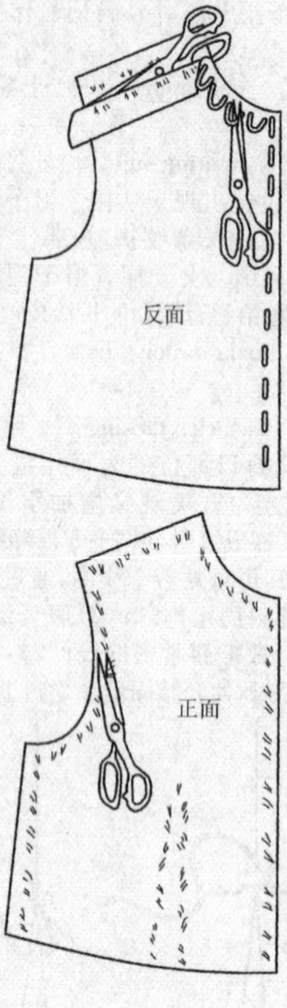

打线丁

打腰包　dayaobao　中国传统戏曲行话称穿着腰包为打腰包。

打衣打裤　dayidaku　传统戏曲中男用短打时着用的短式套装。斜大领，大襟右衽，窄袖，袖口收紧，紧身，长及臀。下摆缀两层异色绸边，像裙子又像水浪，称走水。下着长裤。用色缎制作。有花、素两种：(1)花打衣，于衣、裤绣同样的团花等图案，并于领口、袖口、走水处绣如意头等装饰。用于江湖武人或神怪，如《三岔口》中的任堂惠、《三盗令》中的燕青、《盗仙草》中的鹤童。(2)素打衣，不绣花，仅有如意头缘饰，或在领口、大襟、袖口镶饰异色缎边，多用于年岁较大的英雄，如《打渔杀家》的萧恩、《嘉兴府》的鲍赐安。

大包装　outside packing　即"外包装"(534页)。

大带　dadai　中国古代礼服的腰间配饰。以革带和丝帛制成，以丝帛为材料的又称丝绦。上及天子，下及百官，祭祀朝会时均可用，以长宽、质料、色彩以及带上的装饰来区别身份等级。天子用素带，加朱红衬里，整条大带以滚边为饰；诸侯所用素带加滚边而不用朱红衬里，改用素里；大夫用素带素里，腰后不滚边，唯有中腰等部分加滚边；士用练带，无衬里，唯带头下垂部分加滚边；居士用锦带；在学的弟子则用缟带。以皮革制成的大带，使用时加束在袍衫之外，用以佩挂蔽膝、印绶及各式杂配。

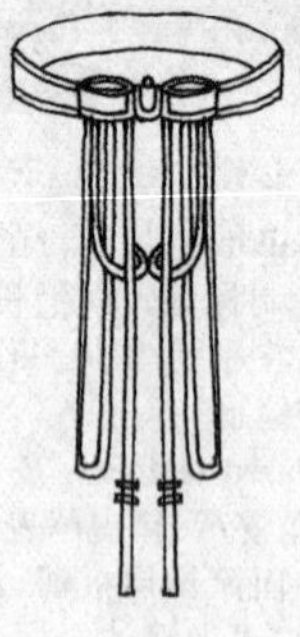

大带

大底　outsole　即"外底"(534页)。

大顶　dading　用人发梳裹的假髻。中国传统戏曲旦行假发。样式有两种：(1)大头，假髻呈椭圆形，髻心略凹进，戴于脑后，多用于夫人、小姐等有一定身份的妇女；(2)抓髻，髻形像小拳，戴于脑后，上端翘出头顶，多用于贫家少女或丫鬟等。

大豆纤维织物　soy bean fiber fabric　用大豆纤维纱线加工成的织物。一般为短纤纱织物。手感柔软，强度较好，但耐热性较差，熨烫温度要低。用作衬衫、连衣裙等的面料。

大45°法织物燃烧仪　fabrics burning behavior tester by 45° (damaged area and ignition times)　用于纺织品及其他材料在45°状态下燃烧时其损毁面积、损毁长度、燃烧速率测定，也可用于测定热熔融至规定长度时接触火焰次数的设备。适用标准：GB/T 14645—1993(2004)《纺织织物　燃烧性能　45°方向损毁面积和接焰次数测定》等。由通风的箱体、试样夹、试样支承螺圈、点火器、燃烧器、计时装置、控制系统等组成。试样夹 45°放置,做燃烧时损毁面积和损毁长度测定时,试样尺寸为 330 mm×230 mm,夹进试样夹中固定。点火器(以丙烷或丁烷气体作气源)顶端与试样表面距离为 45 mm。用计时装置控制点火器对试样点火,点火时间为 30 s,观察并记录试样的续燃和阴燃时间。分辨率:0.1 s 卸下试样,用求积仪测定损毁面积、测量损毁长度。做接焰次数测定时,试样长 100 mm,质量为 1 g。将试样卷成圆筒状塞入试样支承螺圈中,对试样点火,当试样熔融、燃烧停止时,重新调节残存的试样,使之最下端与火焰接触,反复进行这一操作,熔融燃烧距试样下端 90 mm 处时停止。记录试样熔融燃烧到90 mm 处所需接触火焰的次数。

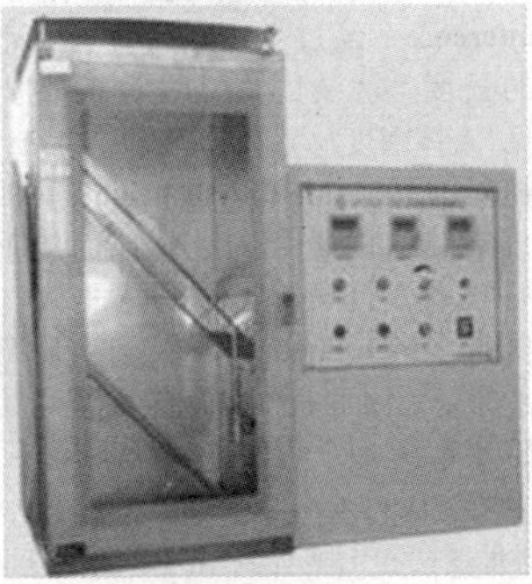

大 45°法织物燃烧仪

大盖帽　casquette　帽舌硬挺的无檐帽。类似"军帽"(276 页);也指 19 世纪 60 年代中期女性戴的无檐草帽。外形类似船形军帽,前后附加小帽檐,修饰着黑色天鹅绒饰带和鸵鸟羽毛。

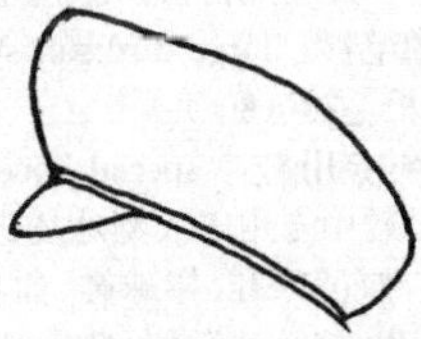

大盖帽

大埂子　welt strap　贴在橡胶鞋脚趾前端部位围条上的加固部件。为半圆柱形或梯形截面竖条的橡胶带。由于竖条与鞋底垂直,又围绕着鞋的圆形前头,很像半个齿轮,俗称大牙齿。粘贴时胶带可在鞋头两边对称贴,也可使一侧较长,另一侧稍短。有些后帮较长的球鞋,两端都贴至后帮上,使大埂子骑缝在整个前后帮面与鞋底的接缝。

大冠　daguan　即"武冠"(551 页)。

大祭司冠　miter　即"主教礼冠"(670 页)。

大巾　dajin　即"围裙"(541 页)。

大襟　large front　中式服装特有的一种门襟结构。左边衣片门襟向右偏移,偏位线由前中的顶端至右侧袖窿下 3～4 cm 处,呈拱月形或折线形,盖住小襟部位。一般设葡萄纽、暗揿纽、盘花纽等。

大开脸　dakailian　中国传统戏曲旦角假发"片子"(390 页)的一种贴法。先在额部正中用小片贴一小弯,再对称的在其两侧自额部经鬓角弯至耳后贴大片子,使面庞丰满,趋于长方形,多用于表现稳重正派的中年妇女。

大铠　dakai　传统戏曲戎装。形制和"靠"(285 页)大体相同,差别在于:(1)"靠肚"(285 页)不凸起,绣虎牙图案;(2)"靠牌"(285 页)连在铠上;(3)不用"靠旗"(285 页)。缎面,所用纹饰有两种:(1)丁字铠,满绣连环丁字纹样,多用紫红色,供御林军卫士随驾巡行或金殿站堂时穿着;(2)帽钉铠,无刺绣纹样而周身满缀电镀铜泡(帽钉)并镶配护心镜,黑或蓝色,一般供军中统帅的随从军士站堂时穿着。

大铠

大裤底　back crotch stay　缝在后裤片裆缝部位的附件。用以增加裆缝牢度和减少摩擦力,用羽纱、尼丝纺等面料裁制,常为三角形,主要用于精做裤类。

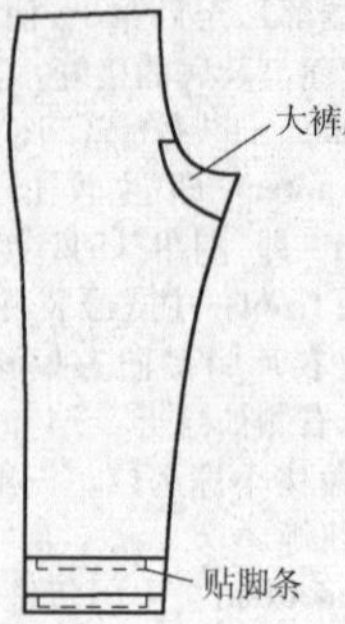

大裤底

大拉翅　dalachi　中国满族妇女传统发式。呈扁平耸立状,长发后梳,分两股,下垂至颈项,再分股向上反折,用黏液复压呈扁平,微向上翻,余发折上,合为一股,反复至前顶;以红绳绕扎发根成柱状,绕以阔约三四厘米的帛带,其上横插 4 cm×20 cm 有余的板片,又称扁方。余发绕扁方使之与发根之柱状成 T 字形。前缀大朵花卉,侧面垂流苏。

大领　daling　即"披领"(388 页)。

大麻织物　hemp fabric　用大麻纤维纺纱后织成的织物。表面具有纱线粗细不匀、条影明显的特征,风格粗犷,吸湿性好、放湿快,手感爽利,穿着凉爽,并具有一定的抗菌保健功能。主要缺点是弹性差,易起折皱,折边处易磨损。用作衬衫、套装、连衣裙等的面料。

大蟒皮革　python leather　"爬行动物皮革"(381 页)的一种。大蟒原皮,经鞣制加工而成的皮革。开张大,花纹清晰奇特。制作包袋、皮带,不用拼接,图案花纹完整自然。制品档次高,价格昂贵。

大毛细皮　long-fine fur　见"毛皮"(342 页)。

大身　body　覆合于人体躯干部位的服装部件。

大太监衣　dataijianyi　中国传统戏曲中专供大太监着用的袍服。除圆领外,均与"太监衣"(505 页)相同。大襟右衽,长及足,阔袖带水袖,左右胯下开衩,周身、腰际及袖口均绣宽花边,腰间并缀络穗,平金绣团龙或团花。色彩有红、紫、绿、蓝等。供戏中大太监,如《贵妃醉酒》中的高力士、裴力士着用。有职分、权势之大太监,也可穿"蟒"(340 页)或"褶子"(591 页),如《法门寺》中的刘瑾即着绿蟒。

大烫　whole ironing　"熨烫"(630 页)工艺的一种。对成型服装整体外形的熨烫。包括衣身、衣领、肩胸部、袖身、裤(裙)腰、裤(裙)身等部位。多由成套熨烫机械完成。

大头　datou　中国传统戏曲旦行"大顶"(78 页)假髻样式的一种。

大头针　pin　固定衣片用针。常用于试衣补正、服装立体裁剪。有多种不同粗细和长短,质地有黄铜、不锈钢、镀镍不锈钢等。标准女装用大头针为 26 mm 长,高档面料及轻薄面料用大头针为 25 mm 长。有机玻璃珠的大头针质轻易拿。T 形针用于网织眼织物。

大腿根围　upper thigh girth, UTG, thigh circumference　经过会阴点对大腿水平围量一周的长度。裤装的横裆设计的重要参考值。见"人体围度尺寸"(430 页)。

大腿根围高　thigh girth height, TGH　人体立姿时从大腿最大围处到地面的垂直距离。见"人体高度尺寸"(428 页)。

大腿围　thigh girth, TS　经过大腿最丰满处水平围量一周的长度。裤装中裆结构设计的重要参考值。见"人体围度尺寸"(430 页)。

大卫帽　Davy Crockett cap　美国殖民地时期的林地居民和先驱者戴用的后面垂挂动物尾巴的浣熊皮帽。名字来自边远居民和政治家大卫·克罗科特(David Crockett),20 世纪 50～60 年代因其常戴该帽出现在电视节目而流行。

大型卡迪根毛衫　big cardigan　又称大型开襟毛衫。开襟宽松针织毛衫。以粗毛线为原料,采用移圈、集圈等花式组织。织物正面有凹凸效应。外套风格粗犷、宽松。

大型开襟毛衫　large cardigan sweater　即"大型卡迪根毛衫"(80 页)。

大型球场专用鞋　special shoes for large court　运动鞋中专用于大型球场进行竞技比赛的鞋品。如足球鞋、棒球鞋、曲棍球鞋、橄榄球鞋等。由于运动激烈,鞋需要有较高的强度,所以常用皮革材料作帮面(或以皮革条补强),橡胶或热塑弹性体为鞋底,通过模压硫化、注塑或缝绱等工艺加工成型。鞋帮多为通背式系带结构。

大袖　top sleeve　又称外袖。服装部位名称。两片袖的结构中，手臂外侧面积最大袖片，与小袖片相对。是服装检验中最重要的部位之一。

大袖衩　sleeve top slit　在衣袖袖衩结构中，袖衩处于外层锁眼的部件。可做成各种形状，是袖衩的主要造型部位。

大腰型　Large-waisted style　即“松腰型”(496 页)。

大掖衣　dayeyi　即“冯翼衣”(142 页)。

大衣革　overcoat leather　即“服装皮革”(157 页)。

大衣箱　dayixiang　在中国传统戏曲中特指放置某种演出用服装的箱子。见“衣箱”(610 页)。

大云鞋　dayun shoes　即“老头乐”(307 页)。

大众呢　uniform cloth　即“学生呢”(590 页)。

傣族服饰　Dai ethnic costume and accessories　中国傣族衣着和装饰。傣族分布在云南。男子缠包头巾，穿无领葡萄纽对襟或大襟小袖短衣，长裤，冬披毛毡，有文身习俗。女子短衣长筒裙，上衣色彩淡雅而鲜艳，多为大襟或对襟圆领窄袖，内衣紧身束体，衣襟镶花边。服饰因地区不同而异，习称水傣、旱傣。衣袖均有刺绣，纹样为几何纹、缠枝花、横竖条纹等。外出背傣锦制作的背袋，持绸伞。傣族人多信仰小乘佛教，僧侣着缁黄袈裟。

傣族女子服饰(云南新平)

代号制　symbol designation　我国服装示明规格常规表示方法。以阿拉伯数字和英文字母作为代号来表示服装规格。代号制只表示服装规格的相对大小，数字代号小于等于18 时一般是表示适穿儿童的年龄，2,4,6,8 号为儿童规格，10,12,14,16,18 号为少年规格，但大于 18 后，数字的意义只是一种体型代号，与年龄无关。英文字母代号用于成人规格，有 XS(特小号)、S(小号)、M(中号)、L(大号)、XL(特大号)和 XXL(特特大号)。

带　dai　中国古代的一种围于腰间的配饰品。使用时由后绕前，材料由丝缕和皮革做成。商周时多以丝缕做成带，上自天子，下及百官，祭祀、朝会均可佩用。按不同的尺寸、面料区分等级。其后，带的材料以皮革为主，也更加趋于华丽，带身饰以金、银、玉、石等材料制成的牌饰。遵循服饰制度规定，不同等级配以不同材料的带。

带刀式裁剪机　band cloth cutting machine　又称台式裁剪机。带状刀具垂直于工作台面，自上而下地单向循环切割面料的裁剪设备。由气垫裁床、带刀张力调节及保护装置、刀片冷却装置、磨刀装置和碎片清理装置等部分组成。工作台尺寸 1200 mm×2400 mm，带刀厚度约0.5 mm，带宽 10～13 mm，带长2.8～4.4 m，切割速度 500～1200 m/min，最大裁剪厚度 300 mm 以上，裁剪速度 570～950 m/min。作业时，带状刀具绕在三四只高速回转轮上并适当张紧，夹紧的面料层依靠与工作台间形成的气垫在人工推动下移动至带刀处，带刀在电机驱动下逆时针运动，实现面料的切割。具有切割快、裁剪平稳等优点，适于切割小片和曲线形状的衣片，如领子、袋盖、口袋、门襟等。安装和更换带刀时，需配置带刀对焊机。

带钩　belt hook　用于束腰系带的接头饰品(图见下页)。我国古代早期的衣服没有纽扣，而是用一条编结的带系结，在带的接头处加上一个装置，或者用钩，或者用扣。它们被视为重要的服饰件，用各种贵重材料制成，如战国包金镶玉银带钩、西汉金带钩、明朝翠玉带钩，无论在材料还是在工艺上，都精美绝伦。是男性饰品。

带钩

T带鞋　T-strap shoes　即“丁带鞋”(102页)。

带状帽　diadem cap　19世纪70年代的游泳帽。外形类似“浴帽”(621页),前面有一个带子和向上的皱边并且在颔下打结系牢。一般用涂油的丝绸制作。

袋盖　flap　在挖袋或贴袋的袋口位置上方,既掩盖袋口又具有装饰作用的部件。在现代时装设计中使用比较广泛,袋盖的装置必须与袋面的尺寸和形状配伍,一般袋盖应超过袋面0.2 cm,则穿在人体上,袋盖正好和袋面一致。袋盖宽度一般是口袋长的2/7左右。袋盖形状有圆角形、方角形、六角形、三角形、圆弧形等多种形状。

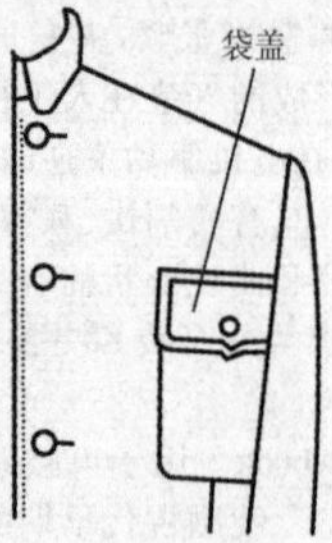

袋盖

袋盖不直　uneven flap edge　服装外观疵病。袋盖外轮廓不顺直的现象。形成原因是在缝合袋盖面里布的外轮廓线时没有考虑袋角外翻后形成的凸出量,致使袋盖外翻后轮廓线不直。

袋盖不直

袋盖反翘　flap sticking up　服装外观疵病。袋盖制成后向外翘起的现象。原因是袋盖面布纵向或横向过紧,没有里外匀量。

袋盖反翘

袋盖反吐　flap lining extension　服装外观疵病。袋盖制成后面布没有盖住里布,使里布外露的现象。形成原因是袋盖的里布纵向或横向过松,超过里外匀量。

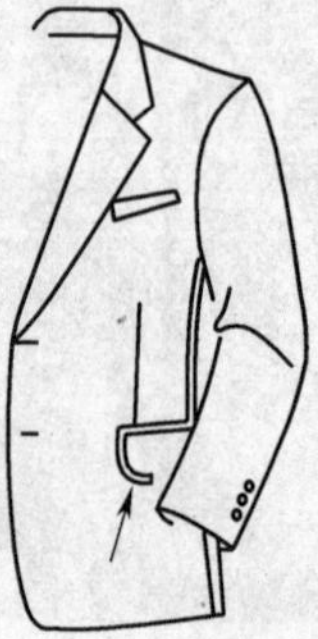

袋盖反吐

袋口边　flap　即“袋爿”(83页)。

袋口角不平　uneven pocket mouth　服装外观疵病。开袋在制成后，两侧袋口封口部位产生不平服的现象。形成原因是在开袋过程中袋口剪口与缝合线错位，或在袋口封线时线迹不齐。

袋口裂　pocket mouth split　服装外观疵病。开袋在制成后，袋嵌线部位出现不平整的现象。形成原因是袋嵌线缝合于衣身时过紧或过松，或袋嵌线自身不平整。常出现在单嵌线或双嵌线袋上。

袋口裂

袋口省　abdominal dart　即“肚省”(109页)。

袋口饰　pocket ornament　用于装饰衣袋的饰品。用特殊的标识和纹饰作为图案或造型装饰服装。可与军装、警服等制服和戏服、西式服装等其他服饰搭配。

袋爿　flap　又称袋口边。挖袋袋口边至缉缝的长条面料。一般宽度超过25 cm。表面上又分有缉止口线和不缉止口线两种。可增加袋口牢度，常用于男女大衣、风衣及部分外套上装。

袋嵌条　pocket welt　即“袋嵌线”(83页)。

袋嵌线　pocket welt　又称袋嵌条。各类挖袋袋口边加固和装饰的条状裁片。其宽度一般小于2.5 cm。按宽度分阔嵌线(成品宽度0.5 cm以上)和窄嵌线(成品宽度为小于等于0.5 cm)。按裁片数量有单嵌线和双嵌线。单嵌线指口袋的下方有嵌线；双嵌线指口袋的两边都装嵌线。

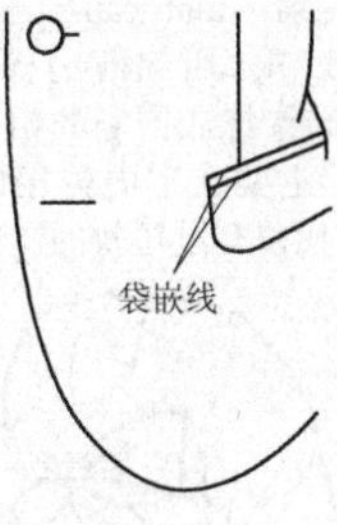

袋嵌线

袋舌　tongue flap　位于袋口的位置，盖在口袋外部起固定袋口作用的舌状部件。

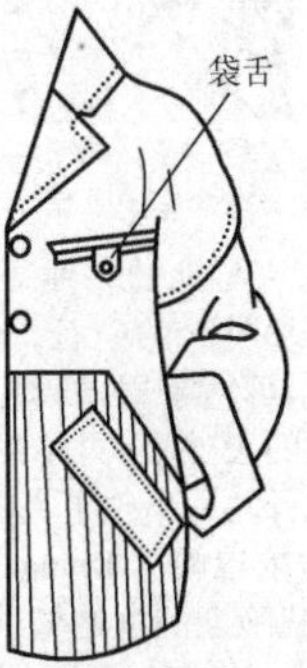

袋舌

袋鼠皮革　kangaroo leather　澳大利亚大袋鼠原皮经鞣制加工而成的皮革。薄而结实，富有弹性，表面花纹近似黄牛皮革，比山羊皮革细致平滑，外观质量良好。制成的皮鞋比牛皮鞋轻而舒适，比羊皮鞋结实耐用。用于制作舞蹈鞋、运动鞋、高档皮鞋等。

袋位　pocket position　开袋或装袋的位置。确定袋位的原则既注重使用方面的功能性，也注意美观装饰性或两者兼顾。一般胸袋位于前胸宽与胸围线交叉区域，腰袋位于前胸宽与腰围线以下的交叉区域。上衣上有胸袋位、腰袋位、插袋位、贴袋位等；裤子上有插袋位、侧袋位、后袋位等。

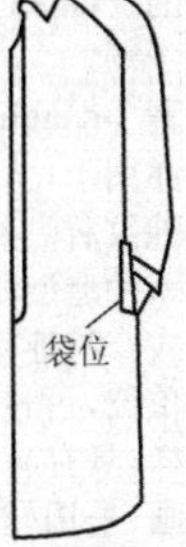

袋位

袋形室内女帽　mob cap　18～19 世纪朴素的室内用女帽。用细薄的棉布或薄布制成，用绳带将布聚拢成饱满的帽冠和皱褶边，在颏处打结。主要在室内戴用以保护头发。20 世纪 60 年代曾有过短暂的流行。

袋形室内女帽

黛　dai　古人早期的一种画眉材料。早期的黛是一种石墨类天然矿石。中国古人发现石墨质浮理腻，可施于眉，石墨故有画眉石的雅号。是中国的天然墨，男子用此写字，女子用此画眉。魏晋左右出现了人工制品。

黛安娜·维侬罩帽　Diana Vernon bonnet　19 世纪 70 年代晚期的宽帽檐、窄帽冠的麦秸罩帽。帽檐的一边向上翻折，并用玫瑰形花饰装饰，缝在帽檐下的宽彩带在颏处打结系牢。

黛眉　dai eyebrows　中国古代妇女眉饰。通常以黛染画而成，故名。后引申为美女的代称。

黛面　black face　中国古代吐蕃妇女居父母丧时的一种面妆。不施脂粉，以黛饰面。

丹　dan　以朱砂、胭脂等制成的红色化妆品。

丹的　dandi　中国古代妇女面饰。以朱丹点画于颊。

丹青　danqing　绘画用的颜料。中国古代妇女亦用于化妆。

单独纹样　single unit pattern　图案的格式。一种造型相对完整并能够独立存在的纹样形式。与连续纹样相对应，是图案组织的基本单位，可进一步构成其他连续图案。造型多样，具有醒目突出的特性，强调图案外形的刻画，采用转移印花、补绣花等工艺，呈现出丰富新颖的样式，是 T 恤衫服装等定位图案的常用形式，在服装出现的部位有前襟、后背、两肩、膝盖等。一般按图案的实际大小尺寸设计。

单独纹样

单环链式线迹　single-loop chainstitch　国际标准 ISO 4915 中编号为 101 号、105 号、107 号、108 号的线迹。101 号线迹是由一根针线自位置 1 从机针一面穿入缝料，在缝料另一面进行自连形成的线迹。缝料表面显示有一根直线形斜线线迹。常用于两层缝料间的临时固定，如西服领纳驳头，面粉袋的缝合。105 号线迹是由一根针线自位置 1 穿入缝料，通过缝料的一部分仍露在机针上面，在位于线迹形成的轴线上的下一个机针穿刺点进行自连形成的线迹。缝料表面显示 V 字形针线线迹。常用于衣服贴边的缲边、麻袋类物品袋口固定。107 号线迹的针法类似 101 号线迹，由一根针线自位置 1 作来回串套形成的线迹。缝料表面显示一根曲折形针线线迹。常用于上下衬布的边沿拼接。108 号线迹是由一根针线自位置 1 作来回串套形成的线迹。缝料表面显示单环形针线线迹。常用于物品袋口固定，两缝料的暂时固定。

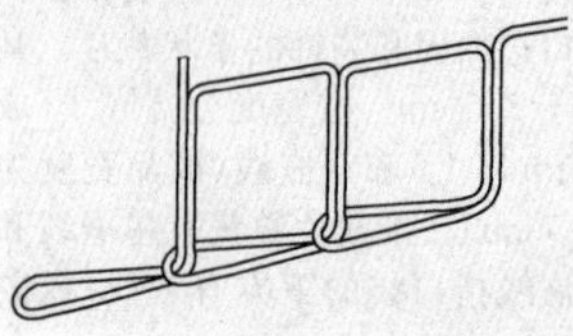

单环链式线迹 101 号

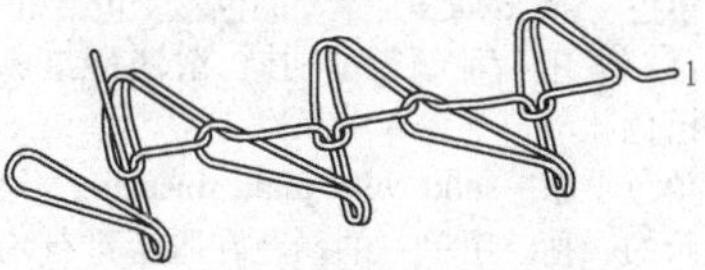

单环链式线迹 105 号

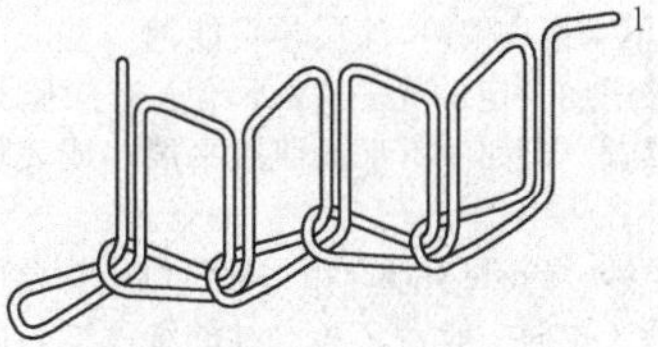

单环链式线迹 107 号

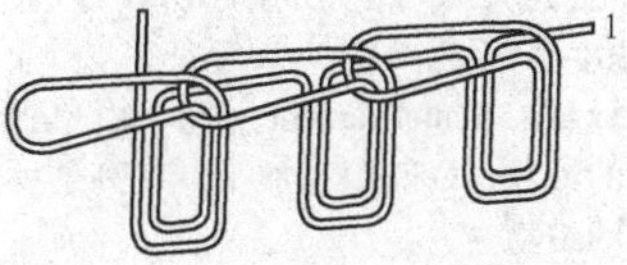

单环链式线迹 108 号

单环锁式线迹　single-loop lockstitch　国际标准 ISO 4915 中编号为 313 号、314 号的线迹。313 号线迹中，针线 1 的线环从机针一面穿入缝料的一部分，在缝料的机针一面露出，与钩线 a 进行交织形成的线迹。缝料表面显示为一根交叉形针线线迹。可用于底边缲边。314 号线迹是由一根针线 1 和一根钩线 a 相互串套形成的线迹。缝料表面显示为一根呈断续状的直线形针线线迹。可用于底边缲边。

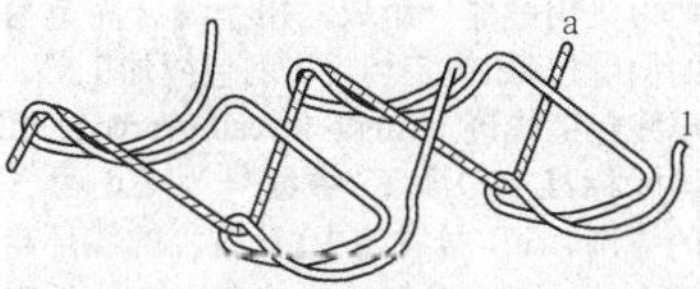

单环锁式线迹 313 号

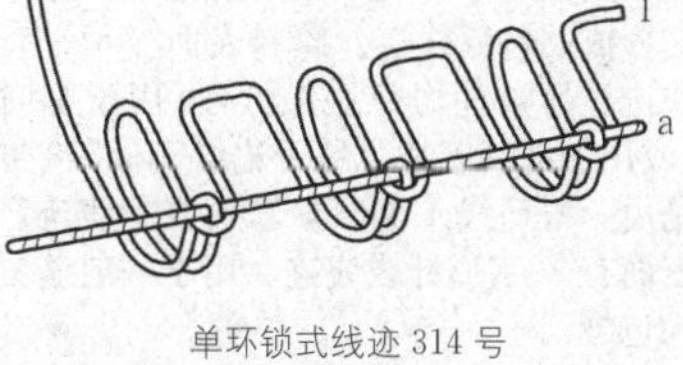

单环锁式线迹 314 号

单肩宽　shoulder width, SW　从肩端点量至侧颈点的距离。见“人体长度尺寸”(426 页)。

单肩领口　one-shoulder neckline　又称斜肩领口。一端在肩上，另一端在胳膊下的不对称线状领型。借助柔软的衣料产生优雅的感觉，常用于晚礼服等。源于古代款式，20 世纪 70～80 年代曾流行，现仍有吸引力。

单立领　single stand collar　只有领座部分且衣领呈直立状的领型。是立领的重要类别。其前部造型及侧部水平倾斜角是其最重要的外观特征。

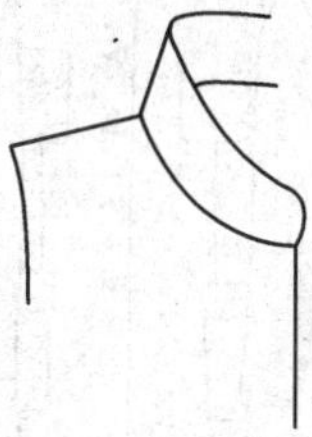

单立领

单罗纹编织物　single rib basketwork　即“上下针棒针编织物”(456 页)。

单面华达呢　single face gabardine　精纺毛织物名。用$\frac{2}{1}$右斜纹组织织制的华达呢。正反面外观明显不同。通常用 66 支以上的细羊毛作原料，经纬纱细度一般为 17 tex×2～18 tex×2(56/2～58/2 公支)，经密比纬密高 1 倍左右。织物正面呈 60°左右的清晰挺直的斜纹线，反面斜纹线不明显，有颗粒感。呢面光洁，质地紧密，织纹清晰，滑糯活络，富有弹性，光泽自然，色泽范围广。适合作男女各类外衣和女装连衣裙的面料。

单面经编织物　single jersey warp-knitted fabric　在单针床上编织的各类经编织物。织物两面有不同效果，一面显露经编线圈圈干，另一面显露线圈延展线。圈干为闭口或开口状，有倾斜。用于花边和装饰织物。

单面乔其纱针织物　single georgette crepe knitted fabric　又称针织绉。将一种或几种不同集圈方式的线圈作无规则分布的单面针织物。按照形成绉纹颗粒的组织结构，分为集圈乔其纱、浮线乔其纱和集圈浮线乔其纱。其中集圈浮线乔其纱绉纹效果最明显。织物表面形成分布没有明显规则的凸起颗粒，立体感强，使用广。还可利用不同细度的原料通过相应机号的针织机使织物产生绉纹效应。常采用涤纶变形丝和锦纶丝等为原料。织物抗皱、透气、悬垂性好，弹性好，轻薄飘逸。适宜制作衬衫和裙装。

单面绒针织物 single-flannel knitted fabric 见"割绒针织物"(177 页)。

单排扣 single breasted 里襟钉一排纽扣。用于扣合门里。左右开襟的上衣叠门重叠量比较小，一般为 2～3.5 cm。

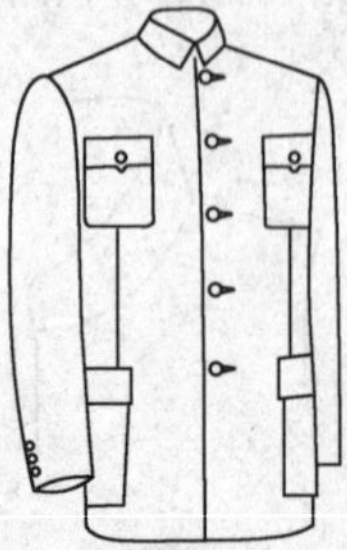

单排扣

单排扣套装 single breast suit 上衣里襟和门襟相重叠，门襟为单排纽扣的套装。相对双排扣套装，单排扣套装穿着随意、方便。

单胖针织物 single-blister knitted fabric 见"胖花提花织物"(383 页)。

单片领 one-piece collar 左右衣身的面、里料都由一整片面料做成的领型，常用在单立领、连身立领等服装中。

单嵌袋 single welt pocket 只在袋口下方装有嵌线的嵌线袋。在袋口部位装有嵌线，具有一定的装饰性和坚牢度，嵌线袋的嵌线宽一般不超过 1 cm，袋口宽都比贴袋口小 1～1.5 cm。常用于上衣的腰袋。

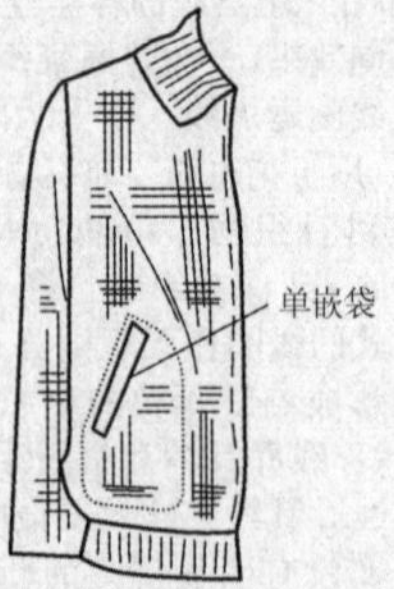

单嵌袋

单色 self colored 单一的色彩。包括(1)本色；(2)运用一种颜色的明暗、浓淡所组成的和谐色。

单色平涂 solid color plain smearing 绘画化妆的一种。用单一的颜色在脸上进行均匀涂抹。不施胭脂，不抹口红，也可不描眉画眼，色彩多选择与肤色接近但比肤色浅的色调，不宜偏青偏冷，涂层尽可能薄一些。可使面部增加一定的光彩，又不给人有涂脂抹粉的感觉。比如使不平的肌肤平展些或表现病态等。

单纱 single yarn 由一股纤维束捻合而成的纱。捻向一般为 Z 捻。纱的细度均匀度和光泽不及股线。多用于织制中低档棉型织物或麻型织物。针织纱所用原料较好，表面光洁，捻度小，手感柔软。

单丝纱 monofilament yarn 由单根长丝组成的纱线。一般用于加工具有高透明度且硬挺的织物。

单头电脑绣花机 1-head computerized embroidery machine 一次只能完成一个图案加工的绣花机。图案和颜色由机头提供的换针数量决定。针数 1 个，线数 2 个，转速 1700～2100 r/min，线迹长度 4～5.1 mm，针距 4～5 mm，针杆摆动振幅 0～12.7 mm，压脚升距 5.5～12 mm。

单线包缝机 1-thread overlock machine 一根机针线在两根叉针的配合下，将一根缝线穿套形成 501 号单线包缝线迹的缝纫设备。由针杆机构、线叉机构、挑线机构、送料机构和切刀机构等部分组成。用于缝合简单易拆线的假缝边，如包装袋封口的包缝加工等。

单线包缝线迹 single-thread overedge stitch 国际标准 ISO 4915 中编号为 501 号、513 号的线迹。501 号线迹中，针线 1 的线环自缝料正面从已包绕缝料边缘的前一个线环中穿入，然后从包绕过缝料边缘的线环中拉出，到达缝料正面下一个机针穿刺点上，如此来回串套形成的包缝线迹。缝料表面显示平行针线线迹。易被外力拉脱散开，可用于临时固定，或用于缝制麻袋及毯子边缘等。513 号线迹是由一根针线 1 来回串套形成的线迹。缝料表面有 V 字形针线线迹。用于一般缝料的边缘包缝。

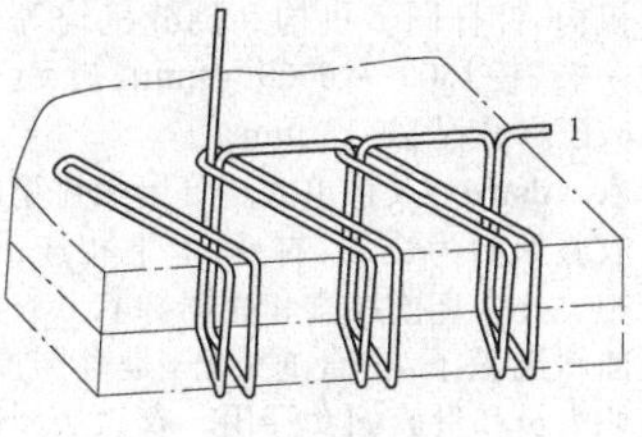

单线包缝线迹 501 号

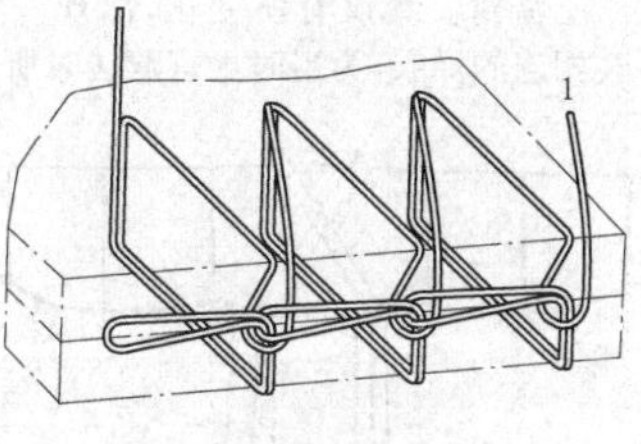

单线包缝线迹 513 号

单线链式缲针线迹　single-thread slip chainstitch　国际标准 ISO 4915 中编号为 103 号的线迹。由一根针线自位置 1 从机针一面穿入，通过缝料的一部分仍露在机针上面，到达下一个机针穿刺点进行自连形成的线迹。缝料表面显示一根直线形针线线迹。可用于西服领纳驳头、衣服贴边和袜口的缲边。

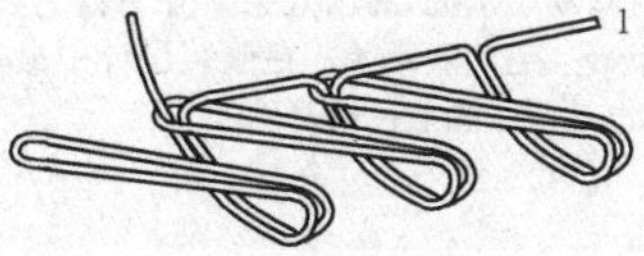

单线链式缲针线迹

单线链式线迹　single-thread chainstitch　国际标准 ISO 4915 中编号为 104 号线迹。由一根针线自位置 1 来回串套形成的线迹，缝料表面显示有环形斜线线迹。常用于缝料的临时固定。

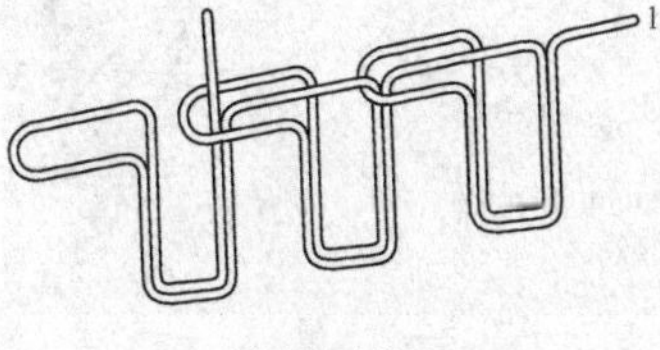

单线链式线迹

单向排料　single direction nesting　排料方式之一。将所有板样朝同一方向排列的排料方式。优点是没有因布纹方向不同引起的色差、外观差异等，品质较佳；缺点是用布量较多，布料使用率约为 77%～79%。使用在如倒顺毛、倒顺花的织物裁剪中等。

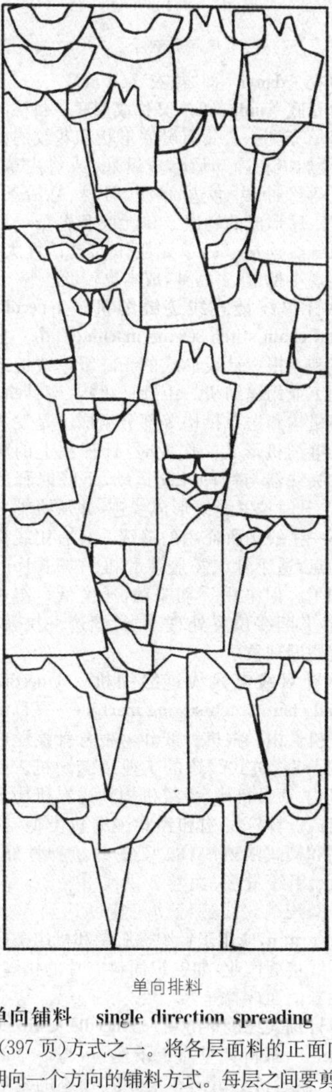

单向排料

单向铺料　single direction spreading　“铺料”(397 页)方式之一。将各层面料的正面向上并朝向一个方向的铺料方式。每层之间要剪开，使面料沿一个方向展开，因此工作效率较低。

单向折裥符号　single direction pleat　服装结构制图符号。表示顺向折裥自高向低的折倒方向。

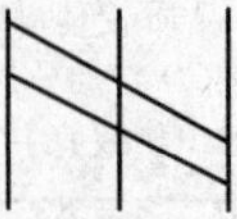

单向折裥符号

单衣　danyi　即"禅衣"(88页)。

单元底　unit sole　又称成型底。将橡胶或塑料填充到一个具有鞋底形状和花纹的模具中,经加热和冷却后形成鞋底,或将皮革、仿皮底等经冲截、磨边、磨里、开槽、粘沿条、粘跟等工序形成的鞋底。单元底和鞋帮可用胶粘或缝线连接。用单元底作鞋灵活性大,可以实现小批量、多品种,成本也较低。

单针单线链式线迹缝纫机　1-needle 1-thread chain stitch sewing machine　由一根机针线和一根弯针线形成的100级单线链式线迹的工业用缝纫机。由针杆机构、弯针机构、拨线机构和送布机构等部分组成。是发明最早的缝纫机形式。作业时,针杆头上的穿线孔和夹线器与针杆一起运动,下降时释放缝线,上升时拉紧缝线形成线迹,并从线轴上拉出下一个线迹所耗用的缝线。具有用线量少的优点,适于针织类服装和机织类衣片的缝合加工。但采用手动驱动,速度低。作业结束时,若断线位置处理不当,缝迹一拉就散,出现假缝现象。

单针双线链式线迹缝纫机　1-needle 2-thread chain stitch sewing machine　又称链式平缝机。由一根机针线和一根弯针线形成的401号双线链式线迹的工业用缝纫机。由针杆机构、弯针机构、挑线机构和送料机构等部分组成。针杆机构和锁式平缝机类似,线迹正面和锁式线迹一样。具有线迹弹性好、强度大、用线量多、大卷装供线等特点。高速单针双线链式线迹缝纫机速度达到5000～6000 r/min,应用于针织类服装和机织类服装的明线接缝作业,如针织面料衣片的拼缝、机织面料的西裤裆缝等。

单针锁式线迹平缝机　1-needle sewing machine　一根机针垂直上下运行,与一个旋梭配合,在缝料上缉出一道锁式线迹的缝纫设备。由针杆机构、针杆分离机构、钩线机构、送料机构、针杆同步机构和倒缝机构等部分组成。转速1600～6000 r/min,针距4～5 mm,压脚升程5～13 mm。

禅衣　danyi　又称单衣。单层无衬里的长衣。衣服形制为交领、右衽、上下相连、宽大的长袍。分为直裾禅衣和曲裾禅衣。衣襟从领上曲斜至腋下,再直通下齐,是直裾禅衣。为官职人员和贵族妇女穿用。衣襟从领部至下齐曲转而下,是曲裾禅衣,多为女子穿用。周代广泛流行。秦汉有所变化,出现一种上衣下裳相连的禅衣,为当时士官燕居时所穿。

禅衣

淡彩画技法　water color technique, water color skill　在勾线的基础上,用水彩、水粉或透明水色在画面上轻薄晕染的绘画技法。使用快捷,易于掌握,易出效果。分为铅笔淡彩、钢笔淡彩、毛笔淡彩等。在服装设计中最常使用。也是服装画上色的基础。

淡彩画技法

淡春型女性 light-spring female 春季型女性的一种。人体色表现出高明度中低纯度特征的暖基调 Y/L 型女性。此类型人数较少,为非标准型人群。肤色白皙,有透明感的浅象牙色,脸颊容易呈现淡淡的珊瑚粉红晕;发色为柔和的棕黄色、棕色;眼珠色呈现棕色,眼白浅湖蓝色,眼神轻盈柔和。适合春季色彩群中明度高而纯度低的暖调颜色,并采用邻近色相的渐变搭配法。

淡色调 pastel tone, shade 与强烈的原色相对立的,含有白色成分的柔和色调。与着色粉笔、蜡笔的颜色相似。

淡夏型女性 light-summer female 夏季型女性的一种。人体色表现出高明度中低纯度特征的冷基调 B/L 型女性。此类型人数较多,为标准型人群。肤色为白皙的乳白色或米白色,脸颊白里透红,容易呈现红晕;头发为柔软的灰黑色、深棕色,眼珠呈现深棕色、玫瑰棕色,眼白为柔白色,眼神轻柔。适合夏季色彩群中高明度中低纯度的柔和典雅的冷调色(如冰红、冰蓝、冰绿、淡雪青等),并采用弱对比的相同或相邻色系配色法,强调温婉素雅。

淡妆 light style 素雅、浅淡的妆饰。

淡妆

蜑民服饰 Danmin costume and accessories 中国古代民族服饰。自晋朝至清朝居住于闽、粤珠江口沿海地区的蜑民(疍民、蛋民)是船居的水上居民,妇女戴宽檐笠帽,帽檐垂一圈褶绸,上身穿窄袖右襟短衫,衫长于脐上,下身为宽筒长裤,跣足,尚黑色,其后裔已融为汉族,但至今在珠江口清远等地仍保留女服遗风。

珰 dang 垂挂耳际的女性饰品。带花纹,用珠玉制成,非常简洁美观。

珰

裆底点 crotch point 裤子裆底前后片缝合的交叉部位,对应人体的会阴点。

裆宽 crotch width 又称上裆宽。裤装中前后片臀围线上前后裆之间的横向宽度,一般贴体类裆宽大于等于 1.4/10 臀围,较贴体类横裆宽大于等于 1.5/10 臀围,较宽松类横裆宽大于等于 1.6/10 臀围,宽松类横裆宽小于等于 1.6/10 臀围。

裆里 crotch lining 裤子裆部的里布。用以遮蔽裆部缝头或增加装饰性。

裆围 crotch length 又称上裆围。裤装中相对于人体从前腰点经过两腿之间至后腰点的围度。一般在人体的尺寸上增加适当的松量便为裤身上裆围尺寸。

挡风护发罩帽 wind bonnet 可折叠起来,用来保护头发的轻质头部覆盖物。用网纱、薄纱等制作。

党项服饰 Dangxiang ethnic costume and accessories 中国古代民族服饰。古羌支系,11～13 世纪在甘、青、川、陕、宁接界地区形成西夏国,元代称唐古忒。其族人“始衣白窄衫,毡冠红裹,冠顶后垂结绶”,西夏建国后吸收唐宋官司服制度,但仍旧“毡冠后垂红结绶,附带饰,穿折领袍服加襕短围或圆领窄袖长袍,系带,带下加襕短围,着软裹”。在敦煌壁画中至今可见党项服饰形制。

宕条 bias tape 宕贴工艺中的装饰布条。一般用服装的里布或有丝绸光泽的布料裁成

45°狭长斜料，且要与布料的布纹成正交状态(断丝料)，宽度 1 cm 左右，一般在正面缉线，缉线作漏落缝缝制。

宕贴　bias binding　用装饰性较强的织物(羽纱、美丽绸等)的 45°斜裁布条，缉缝于毛料服装贴边的工艺。布条正面要缉成光边，形成外观整齐美观的宕条。常用于装饰女式毛呢服装的贴边，下摆内折贴边、袖口内折贴边、裙摆内折贴边等。

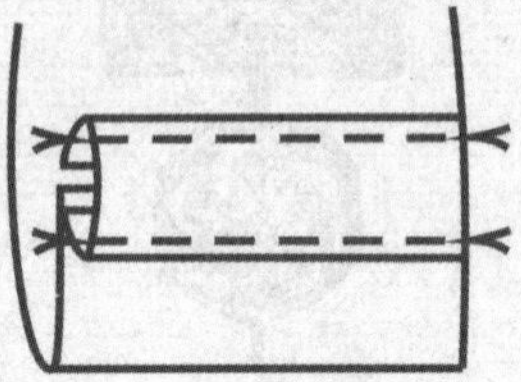

宕贴 ——

档差　grade　又称放码量。进行服装样板缩放时系列号型样板间相邻两档规格的控制部位尺寸的差量，如胸围的每两档档差为 4 cm，长袖的每两档档差为 1.5 cm 等。

刀眼　notch　即“眼刀”(598 页)。

导热系数　heat conductivity　表示物质热传导性能的物理量。1 m 厚的物体、其两面之间的温差为 1 ℃时，每小时每平方米截面积上的导热量即为该物质的导热系数。由服装材料的种类和结构特点决定。空气是导热系数最小的物质之一。含有死腔空气越多的服装材料保暖性能越好，如羽绒、绗缝棉等。

倒钩袖窿　back-stitching armhole　将袖窿用倒钩针法手缝缝扎的动作。使袖窿牢固，防止袖窿因拉伸开裂。

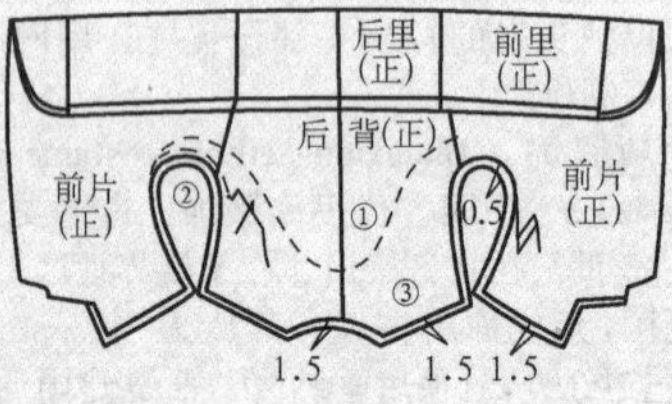

倒钩袖窿

倒回针　bartack stitching, back stitching　又称回针。一种手针缝纫法。在第二针的起始端和第一针的终止端作短距离的来回往复缝纫，使缝迹加固，不易脱散。整条缝迹须在一条直线上。常用于多层缝料的缝合加固。

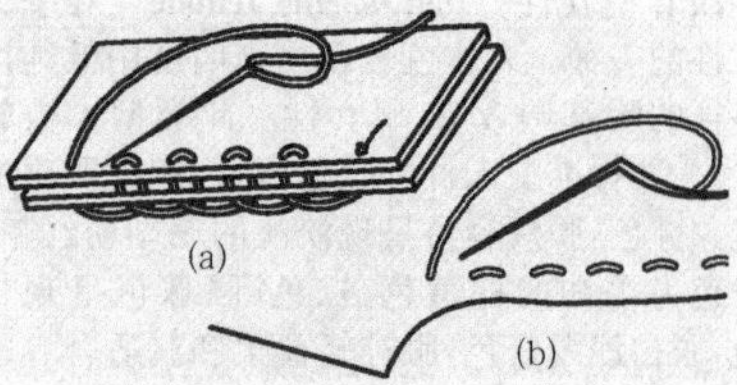

倒回针

倒三角形脸　inverted triangle face　前额宽，下巴尖的脸形。与三角形脸相反。发型设计时要增加下巴在视觉上的宽度。

倒顺花　running up and down pattern　织物表面具有方向性花型图案的现象。在裁剪排料时要注意根据服装外观要求安排织物图案的倒顺排列。

倒顺毛　running up and down　灯芯绒、羊绒等织物表面绒毛有方向性倒伏的现象。在裁剪排料时要注意根据服装外观要求安排织物的倒顺。

倒梯型　inverted trapeze shape　梯形的反置，一种夸张的造型形式。其特征是上大下小、上宽下紧，通过肩部的添加、夸张、强调和下摆的收紧而形成。在男女装上都有应用，如宽肩小下摆大衣、男性化风衣、宽肩衬衫、飞行夹克等。20 世纪 80 年代曾流行。

倒梯型

倒晕眉　daoyun eyebrows　中国古代妇女画眉样式。以浅黛或檀色薄染双眉，眉上呈晕状。流行于唐宋时期。

倒晕眉

倒扎领窝 back-stitching neck line 沿领窝用倒钩针法手缝固定的动作。使领窝在装领时不致拉开。

道服 daofu 即“道衣”(91页)。

道具服装设计 prop costume design 对在一些表演形式或特定场合中充当道具的角色进行的服装设计。如迪士尼乐园中的唐老鸭、米老鼠形象。道具服装已远离了服装的本来面目,成为表演项目的一个组成部分。造型要求卡通化、典型化,与人们心目中的形象保持一致。道具服装的体积一般很庞大,高度可达5 m以上,穿着者是支撑物。这类服装的难点在于制作,需裁缝师和道具师通力合作。在造型设计时,要考虑结构的可能性和合理性,为制作提供方便。对一些将全身包裹封闭其中的道具服装,要考虑穿着者视觉和呼吸的需要和服装的散热性能。为了获得生动的效果,可以将动物造型的眼睛和嘴巴等设计成由穿着者在内部所控制的方式。根据内容的需要,还可以安排冒烟、喷火或仿音等效果。特别重要的是,必须用质优量轻的骨架材料扎出造型,既不能求轻而东倒西歪,也不能过于求稳而沉重不堪。面料要求既轻又逼真,必要时表面要做模拟效果。色彩符合实际需要,以鲜艳明快、强调对比的配色为主,达到醒目耀眼的目的。

道衣 daoyi 又称道服。本是中国古代的一种释道之服。通常以绫罗绸缎制作,根据季节有单、夹、绒、棉之分,基本形制为大襟、交领,两袖宽博,下长过膝。所用颜色以白色、灰色、褐色为主。元代及明代初期流传于民间,成为士庶男子服饰。明代中晚期,此服饰逐渐消失。

道妆 Taoist style 中国古代道士、道姑的妆扮。

德昂族服饰 Deang ethnic costume and accessories 中国德昂族衣着和装饰。旧称崩龙族服饰。分布在云南西南部。男子黑或白布缠头,包头两端和衣领、襟均有彩色绒球装饰,戴大耳坠或左耳戴绒球。黑色大襟上衣,宽短裤。女子依服饰分为黑、花、红德昂。黑德昂女裙以蓝黑色为底,间织红、绿、白色细线纹。腰束缠绕白锡丝的藤腰箍。中老年妇女多剃光头缠黑包头,蓝黑对襟紧身短衫,筒裙,束多个藤腰箍,扎绑腿,戴银饰及彩珠,插竹管耳饰。红德昂筒裙上横织着显眼的红色线条。花德昂筒裙下边则镶有四条白带,带中有红条布为饰。不同色调的服饰是不同支系的标志。

德昂族女子服饰

德国皮革 German leather 即“方格纹小牛皮革”(127页)。

德国水手帽 German sailor's cap 平顶圆盒状鸭舌帽。

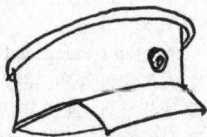

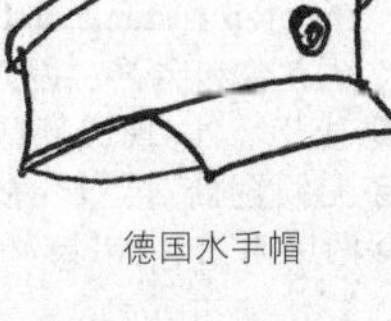

德国水手帽

灯光凝胶甲　lamplight gel nail　水晶甲的一种。在指甲上依次分层涂抹凝胶，并经过专门的灯光照射形成的水晶指甲造型。经打磨、抛光后，极富光泽。

灯笼袖　lantern sleeve　即“袖口抽褶袖”(584 页)。

灯泡袖　light bulb sleeve　袖子膨胀、形似灯泡、袖口有皱褶的袖型。通常选用比较硬挺的衣料制成。

灯芯绒　corduroy　又称条绒。棉织物名。纬起毛组织类织物。由一个系统的经纱和两个系统的纬纱(地纬和绒纬)交织成绒坯，然后割断绒纬并且进行刷毛，织物表面的绒毛成灯芯条状分布。根据每英寸内的绒条数，又分为粗条灯芯绒、中条灯芯绒、细条灯芯绒和特细条灯芯绒。手感柔软、厚实，绒条清晰、丰满，坚牢耐磨，吸湿性好。适合春、秋、冬季穿着的服装面料以及鞋帽面料。

登山服　mountaineering wear　进行登山运动时穿用的服装的总称。在款式设计、材料选择、装束配备、功能方面充分考虑肌肉运动、出汗、防寒、气压低、预防危险等特点。登山服装按着装顺序从内往外有内衣、针织衫、毛衣、防寒服、防风外套等层次及品类。内衣具有一定的保温性与吸汗性，采用骆驼毛、棉、羊毛等材料，或用化纤制成网状内衣。防风外套由爱诺瑞克上衣与裤子组成。上衣有防风帽。袖口、裤口、衣摆等处可束紧。面料强度高、拒水性能好，多用锦纶。具有较好防风功能。防寒服常采用羽毛、棉、合纤等填充材料，面料为经防水整理的锦纶织物，如绗缝棉外套。另外还配备双重防寒手袋、防寒靴等。登山服装穿脱方便、色彩鲜艳明亮。

登山靴　mountain climbing shoes　攀登冰雪地形的专用鞋。帮面为防水皮革，衬里为毛皮、毡毯或其他质轻保暖性好的材料，鞋底为天然橡胶或其他耐低温材料。模压或缝制方式加工成型。鞋帮为半高筒或矮腰结构，配备绑腿和鞋罩，增加保暖和防水性。在冰坡上行动时，需在靴下绑冰爪。

僜人服饰　Dengren costume and accessories　中国藏族支系衣着和装饰。僜人生活在西藏东南部察隅县及境外，现民族区归入藏族支系。女子穿无领短袖对襟衫，衫长仅及胸下，露脐，下穿两层筒裙，内裙长及膝，外裙仅蔽臀。上衣与裙摆皆用彩线绣成各种几何图案。用布带扎裹小腿，妇女绾髻，内掺假发，插银簪，额前有月牙形头箍环绕脑后，佩耳环、项链、项圈、胸锁等银饰。男子穿无袖无领、无扣对襟长衣，下身仅围一方布遮盖，中老年男子蓄发挽髻于脑后，用布缠头，戴耳环、项链、项圈、手镯。

等分线　equation line　服装结构制图符号。标注时线条分成相等的若干小段。主要用于表示衣片某一部位的大小占总长度的比例，如在服装制图中作为领圈、袖窿等划弧定点的依据。

等分线

低档服装设计　low-level garment design　服装构成要素体现出低档标准的服装设计形式。设计、材料、制作水平较低。设计目的为了满足低收入消费者的需要，必须降低生产成本和销售成本，以量取胜。其造型和结构处理往往以省料为原则。服装设计各元素也应适当地体现流行性，但因追求低成本，多选用价廉或过时的低档化纤织物面料，制作简陋、辅料也能省则省。在经济尚不发达的地区，低档服装仍有相当的市场。多在批发市场、简易商场或地摊上出售。

低压绝缘胶鞋　low voltage insulation rubber shoes　以绝缘性能优良的橡胶作外底和围条、包头、内底等部件，以帆布为鞋帮，用热硫化工艺加工成型的布面橡胶底鞋。鞋帮多为草绿色或黑色。在鞋帮充分干燥的条件下，可作为 1000 V 以下交流电压电工作业时的劳动保护用鞋。

低压绝缘耐油注塑鞋　low voltage and oil resistance injection molding shoes　以致密型或发泡型聚氯乙烯为底材，以织物为帮面，鞋类专用注塑成型机直接注塑成型的劳动保护用鞋。在鞋帮保持干燥的条件下，可作为 1000 V 以下交流电压电工作业的安全防护用鞋，因聚氯乙烯塑料有很好的耐油性，也可作为耐油防护劳保用鞋。

低腰式着装　low-waisted wearing　着装风格的一种。通过装饰点缀或上下身分割线的处理，将腰线下移并予以强调。整体印象为性感或纤细。低腰组合装需要将上、下装交接处设于腰下部位，以突出低腰效果。最常见的是贴身有弹性的布质低腰裤，以臀部为支撑点，拉长腰线，突出纤细的腰部曲线，解决了亚洲女性中梨形身材腰小臀大、普通裤子穿在身上不是臀太紧就是腰太松的问题；穿着时宜着运动型的低腰内裤，佩带一条质料较硬和承托托力足够的皮带，腿短的女性忌卷起裤脚。起源于非洲女子装束。适合腰细、腹部结实扁平的女性穿着。

低腰式着装

低腰型　low-waisted style　服装腰线位置低于人体实际腰线位置的造型。通过腰部的下移增加躯干的饱满和丰腴感觉。常见于女裤或女童、少女的直身型连衣裙等。

鞮　di　古时对皮鞋的称谓。用生皮制成的鞋称革鞮，用熟皮制成的鞋称韦鞮，用皮革制成的高腰靴称络鞮。

迪考艺术风格　Art Deco style　又称装饰艺术风格。将迪考艺术应用在服装设计的风格。迪考艺术始于20世纪20年代，有“摩登艺术”之称。特点为颜色鲜艳、对称几何图案和东方艺术情调。在服装设计上常表现为直线造型、对称的装饰品和纹样图案，对高级女装和成衣业发展有深远影响。20世纪30年代达到鼎盛期，60年代末、70年代初和80年代重新受到人们的广泛关注和应用。

迪普罗依迪昂　diploidon　古希腊的一种双层披肩。衣身较长，基本结构是将两块长方形衣料分别作为衣服的前片和后片，在右肩上用别针别住，左肩不缝合，完全敞开，在左腋下缝合。腰部束有腰带，具有活动性和开放性的特点。

迪普罗依迪昂

迪普洛斯　diplois　古希腊的一种女用折叠式斗篷。穿时用细绳通过左腋下斜向穿过双乳之间，在右肩将两端用别针别住。方形面料的1/3部分盖住斜勒在胸前的线绳并悬垂在线绳之外，其余的面料随线绳的走向斜垂在躯干周围。勒紧的线绳使面料聚拢形成密密的褶裥，倾斜的面料使褶裥像逐条递减的竖琴弦，在胸前缕缕下垂，极富装饰感。

迪普洛斯

迪斯科装　disco wear　由紧身衣、超短裙或紧身踩脚裤组成的搭配。热烈、青春，灵感来源于20世纪80年代全球风行的跳迪斯科装扮。色彩鲜亮跳跃，如鹅黄、鲜绿、荧光色、桃色等，妆容娇艳，发型夸张。1995年春夏季，米兰时装舞台重新推出迪斯科装扮。

的　di　中国古代妇女面饰（图见下页）。妇女点染于面部的红色圆点。商周时期多用于宫中，为宫妃避忌的一种标记。有月事者，难以口说，故注此于面以为识。汉代以后则演变为妇女面部的一种妆饰。多用于青年妇女。通常点染于面颊两侧的靥涡之处，以增眉妍。若以黑色点染，则称为“黔”（94页）。

的

涤纶仿麻织物 bast-like polyester fabric 机织物名。用涤纶长丝加工的外观和手感都像麻织物的涤纶织物。一般将长丝加工成强捻丝或用超喂等工艺手段加工成粗细不匀的长丝纱线，织物组织采用绉组织或透孔组织等。外观有麻织物的粗犷感，手感爽利，坚牢耐穿，易洗快干，不用熨烫，不虫蛀也不发霉，但吸湿性差，贴身穿着时有闷热感。用作夏季衬衫、裤子、连衣裙等的面料。

涤纶仿毛织物 wool-like polyester fabric 用涤纶长丝加工的外观和手感都像精纺毛织物的织物。主要有涤纶低弹长丝仿毛织物和涤纶网络丝仿毛织物，可仿精纺毛织物的几乎所有品种。织物具有良好的毛型感，手感比纯毛织物硬挺，坚牢耐穿，易洗快干，不用熨烫，不虫蛀也不发霉，但易产生静电和容易沾污。价格比纯毛织物便宜。一般为中低档服装面料。

涤纶仿真丝织物 silk-like polyester fabric 机织物名。用涤纶长丝加工的外观和手感都像真丝织物的涤纶织物。一般采用圆形、异形截面的细旦或普通细度的涤纶长丝作经纬纱，仿照对应的丝织物的品种的纱线结构和组织织成，后整理一般经过碱减量处理和柔软处理。手感上略显硬挺，吸湿性差，贴身穿着时有闷热感，坚牢耐穿，易洗快干，不用熨烫，不虫蛀也不发霉，价格比丝织物便宜。一般为中低档服装面料，用途同丝织物的相应品种。

涤纶织物 polyester fabric 用涤纶纱线作经纬纱织制的织物。根据织物风格不同有“涤纶仿毛织物”(94 页)、“涤纶仿真丝织物”(94 页)、“涤纶仿麻织物”(94 页)和涤纶仿鹿皮织物。涤纶织物强度高，弹性好，挺括抗皱；易洗快干，免熨烫，洗可穿性很好；不易虫蛀，也不易发霉，容易照料；有较好的耐化学药品性；具有热塑性，能形成永久的褶裥；吸湿性差，贴身穿着有闷热感，且易产生静电，易沾污，抗熔孔性差。可用作各类服装的面料、里料和衬料以及服饰用品。

涤棉织物 polyester/cotton blend fabric 用棉型涤纶纤维和棉纤维混纺纱线作经纬纱织制的织物。常见的混纺比有 65 涤/35 棉、55 涤/45 棉和 35 涤/65 棉等。主要品种有涤棉细纺、涤棉平布、涤棉府绸、涤棉卡其和涤棉绉布等，外观与相应的纯棉织物相似，但手感更加有弹性，织物强度好，耐磨性好，抗皱性好，易洗快干。可作衬衫、夹克、裤、裙等的面料。

涤丝纺 polyester habotai 涤纶仿丝织物名。经纬丝均采用无捻或弱捻涤纶长丝，以平纹组织织制的非紧密结构的织物。织物表面细洁光滑，平整缜密，质地坚牢挺括，具有良好的弹性和耐磨性，易洗快干，不需熨烫，不霉不蛀，但易起静电。主要作运动服、滑雪衣等的面料及服装里料。

黔 di 中国古代妇女面饰。画黑点于面以为妆饰，见“的”(93 页)。

底边 hem 服装下摆处向内翻折的部位。有连折底边和加贴边底边两种类型，一般宽度为 3.5～4.5 cm。袖口底边一般为3.5～4 cm，衣服底边一般为 4～4.5 cm。

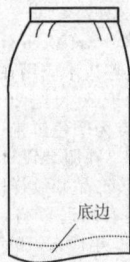

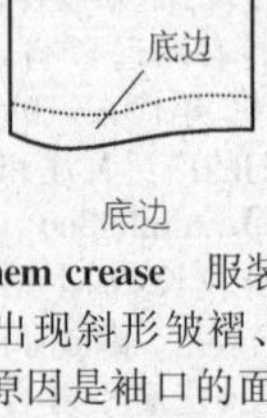

底边

底边起绺 hem crease 服装外观疵病。底边部位的面布出现斜形皱褶、浮起等不平整的现象。产生原因是袖口的面布在里侧固定太紧，或袖口里布与面布固定时，里布一侧太紧。

底边省 **hem dart** 省道种类。处理腰部收腰的一种形式，在底边处设置的腰省，既能收腰又能消除前后浮余量。

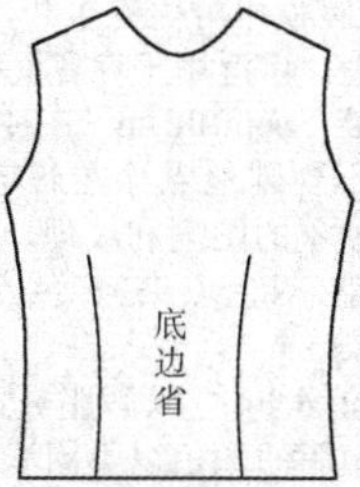

底边省

底边围条 **triangle foxing** 即“三角围条”(439页)。

底布 **base cloth** 即“基布”(232页)。

底领 **collar band** 即“领座”(324页)。

底领外漏 **collar stand extension** 即“领座外露”(324页)。

PU底鞋 **PU sole shoes** 以皮革为帮面，聚氨基甲酸酯(PU)为鞋底的鞋类。PU鞋综合性能良好，特别是发泡PU鞋底，耐磨性是普通橡胶的若干倍。PU底鞋既可采用浇铸工艺直接成型，也可以先制作鞋底然后将其与皮帮通过胶粘工艺粘接。

PVC底鞋 **PVC sole shoes** 以皮革为帮面，聚氯乙烯(PVC)塑料为鞋底的鞋类。PVC底鞋一般采用注塑工艺生产，如采用胶粘工艺生产，黏合剂的选择和工艺条件必须严格掌握，否则容易产生开胶现象。PVC底鞋加工方便，色泽美观，耐穿耐用，但鞋底冬季会变硬，防滑性也不太好，属于中低档鞋，现多用于劳动保护鞋的生产。

TPR底鞋 **TPR sole shoes** 以皮革为帮面，热塑性橡胶(TPR)为鞋底的鞋类。TPR底鞋穿着轻软舒适，冬天不变硬，不打滑，适合中老年人及儿童穿用。TPR底鞋既可以采用注塑法直接成型，也可以先制作单元底，然后将其与鞋帮黏合。TPR底鞋的缺点是黏合性能不太好，耐磨性也不如橡胶和PU。

底形 **pattern's background** 即“图案负形”(526页)。

底妆 **foundation make-up** 化妆的基础部分。打底妆时要借助手指或海绵，将适合的粉底以拍打压按的形式涂抹于皮肤，以达到调和肤色肤质、增加亮泽和立体感、修正轮廓、遮盖瑕疵等目的。完整的底妆又称立体粉底，通常包括：(1)用控制粉底或肤色修颜液调整皮肤过黄或过红的状态；(2)用和肤色接近的粉底再盖一层，使皮肤细腻白净光滑；(3)利用深色粉底收缩脸部需要缩小或凹陷的位置(如脸颊、鼻侧等处)，用浅色或亮色粉底强化脸部高耸或突出的结构(如鼻梁、眼睛下方、额头等处)，使脸型更加完美或增加立体感。可以根据妆型的需要灵活调整，但要求效果均匀、干净。

地狗皮 **fitch fur** 即“艾虎毛皮”(2页)。

地理定价 **geographical pricing** 企业根据地理位置和条件差异制定价格的方法。通常服装企业对距离产地较远的零售服装收取较高的费用以弥补运输成本及业务风险。

帝国罩帽 **empire bonnet** 19世纪60年代戴用的户外小罩帽。外形类似婴儿无檐帽。

帝国装礼服 **empire dress** 19世纪初期，法国帝国时期的典型礼服。腰线比自然腰线的位置高5～10 cm。裙长至脚踝，从肩部至裙摆基本上呈直线型。裙摆略展宽，具有宽敞舒展之感。无袖或蓬松短袖。20世纪60年代及70年代流行后，于1992～1993年秋冬再次流行。以高腰节、大领口、灯笼袖、长手套及胸下饰带为主要特征。多采用丝绸、乔其纱、网绢、平纹细布等面料制成。

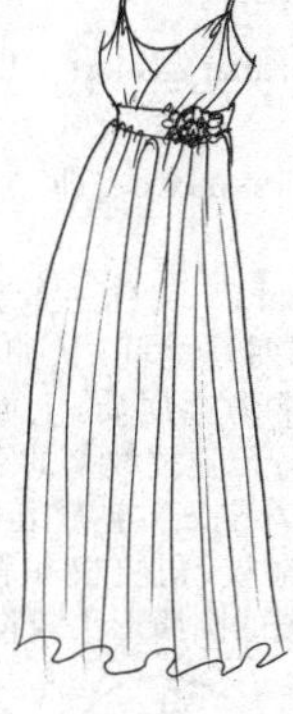

帝国装礼服

帝政风格装束 **Empire style costume** 古典主义风格的装束。19世纪在欧洲出现。结构简单，选料轻薄柔软，借鉴古希腊服装特点，高腰、袒领、裙摆曳地，悬褶波浪起伏，多用深色素雅的色彩，重视自然的人体曲线，摒弃了裙撑、紧身胸衣等矫形衬里，清新朴实。

服装带有一种英国式的田园风味。

帝政风格装束

第二次色 **secondly tint** 即“三间色”(439页)。

第二混合 **secondly mixed** 即“减法混合”(251页)。

第七颈椎点 **back neck point, BNP** 人体测量点。颈后第七颈椎棘突尖端之点。当颈部向前弯曲时,该点就突出,较易找到。是测量背长、后衣长的基准点。

第三次色 **third middle color** 即“复色”(168页)。

第三混合 **third mixed** 即“空间混合”(289页)。

第一次色 **primary colors** 即“原色”(622页)。

第一混合 **first mixed** 即“加法混合”(245页)。

蒂阿拉冠 **tiara** 又称三重冕。妇女冕状头饰,戴在头部两耳之间,状如发冠,有时用以固定婚纱。常为金属质,上面饰有珠宝或鲜花。或指罗马天主教教皇的皇冠或三重法冠。冠顶装饰着宝石,宝石上面是十字架。三重代表着司祭权、司牧权和教导权。也指古代波斯男性戴的圆筒形头戴物。

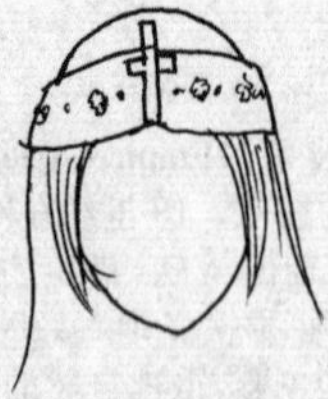

蒂阿拉冠

典雅妆 **elegant make-up** 突出高贵、华丽、优雅、成熟等特点的化妆。可分为冷妆和暖妆两种:冷妆相对正统沉稳,多用于古典型风格的塑造;暖妆相对优雅柔和,多见于优雅型风格的塑造。广泛用于晚宴妆和日妆。

点彩法唇装 **pointillism** 一种唇部造型手法。将唇彩不规则地点涂在唇部进行装饰,使唇部形成抽象的图案和纹理。具体表现形式有单色点染、双色点染、多色点染、局部点染和整体点染。

点唇 **rouged lip** 以唇脂或口脂点染嘴唇。唇脂或口脂的颜色以不同浓艳程度的红色为主。商周时期已有染唇之俗。女子点唇的样式,一般以娇小浓艳为尚,俗称樱桃小口。也有将嘴唇涂抹成各种形状的。

点唇妆 **beauty mole make-up** 见“点妆”(97页)。

点翠头面 **diancui toumian** 中国传统戏曲旦角头部饰物“头面”(522页)的一种。将翠鸟羽毛镶贴在镀银金属底板上制成。50件左右为一副。用时插于“水纱”(486页)上,可用全副或半副。翠羽色彩多样,富于变化,在头面中以雍容雅致取胜。青衣行中的宦门夫人、闺秀和皇妃等多使用这种头面。

点放码 **point grading** 又称逐点放码。服装样板缩放的方法,在坐标系内,把服装样板图形上的点(特征点)逐一进行上下、左右的档差缩放,从而得到缩放后的系列号型样板。

点绘图案 **pointillist pattern** 图案表现技法。运用不同大小或形状的点,通过疏密、色彩等渐变,来描绘图形或表现空间层次,有泥点、海绵点、牙刷点、雪花点等。可运用钢笔、马克笔、针管笔、直线笔、毛笔等来表现规则性的点;也可采用干枯的油画笔或海绵垂直敲打,形成不规则且多样化的点。点绘常用于表现服装面料中的花瓣,使花卉获得立体而逼真的效果,加强图案的细腻装饰感。

点纽位 **marking button position** 在钉扣前用铅笔或划粉点准纽扣位置的动作。一般使用标明纽扣位置、形状的工艺样板。

点纹 **dot pattern** 点组合的图案。由变化形状、大小、色彩、疏密的点构成,造型以圆点最为常见。在西方,圆点图案被马戏的客串丑角使用,以配合角色的诙谐和活泼个性。点纹最多表现于印花工艺,小而规则化排列的单色圆点图案,具有秩序严谨的特征,用于职业装、男士领带等;变化面积或无序排列的彩色圆点图案，具有动感活泼的特征，用于女性夏装、儿童服饰中。

点纹

点造型 point modeling 造型要素中最基本的形态。在服装中指与外形相比较显得小的东西，如纽扣、口袋、胸花、领结、耳环、手包、点状图案等。点在服装造型中能起到画龙点睛的效果，具有引人注目、诱导视线的作用。服装中常用到的点有两种基本形态：一种是几何形态的点，可经排列构成直线、弧线等几何轮廓，具有明朗、规范的特点；另一种是任意形态的点，可经排列构成不规则的弧线或曲线形轮廓，具有自然、随意的特点。除了形态以外，服装中的一部分点还表示一定的方向，如口袋、襻、有方向性的图案等。点的形状和方向对烘托服装的外观美起着很大的作用。几何形的点可以强化服装的庄重感；任意形的点可以使服装显得活泼、亲切；方向一致的点，使人感到有秩序；方向不一致的点使人感到有变化。点的排列方式能丰富服装的外观美，当服装外形确定之后，以正中位置放置一个点或一组点，能产生中心对称的视觉效果；而点不对称地放置又可以使对称的服装外形活泼起来；让相同或相似的点在服装中反复出现，可以产生一种节奏美；而反复出现的点如果呈现渐变、发射或密集状态，会给人更鲜明的运动感。

点妆 dot make-up 在脸颊、额头、嘴角、下巴等处，故意以黑色或红色点痣来进行美化的化妆。额上点的红痣称为美人痣，可以强调眉目；在嘴角下巴等处点的痣往往会增加神秘或性感的气质；将一颗或一串水滴状水钻或亮片贴在眼下又称“泪滴妆”（308页），可以增加悲伤忧愁之感。在中国，点妆起源于唐代宫中，有妃子来了月事不能侍寝，就在脸颊上点两个红点，避免开口解释的尴尬，后传到宫外成为一种流行的化妆术。又有女子将两个小红点演化成四季花朵和动物的样式，中国古代“花钿妆”（216页）就是点妆的一种。在西方，十七八世纪欧洲贵族妇女是点妆的始作俑者和忠实执行者，她们认为脸上多一些痣可以带来别样的审美味道，所以不断在嘴角、下巴甚至额头和脸颊点上大大小小的痣。现有很多变体，如将一串彩色的小珠子贴在眉骨上，或者在下巴上打一银钉等。

点缀色 embellishment color 惯用色名。在色彩组合中占据面积较小，在配色中处于次要地位，起到陪衬、点缀的作用，但视觉效果明显的色彩。它与主色调形成对比，形成主次分明、富有变化的韵律美。

电动家用机 multifunction household sewing machine 即“多功能家用缝纫机”（114页）。

电光整理织物 schreiner finished fabric 经过电光整理的棉型织物。在湿热条件下，棉型织物经表面刻有平行细密斜纹线的钢辊与软辊组成的轧点轧压后，在织物表面产生与主要纱线方向一致的平行斜线，对光线呈规则反射，给予织物丝绸般的光泽。一般以缎纹织物的效果为最佳，常见的有电光横贡缎和电光直贡缎等。用作女罩衫、旗袍、长裤等的面料。

电锅炉 electric heating steam generator 即“电热蒸汽发生器”（99页）。

电加热熨斗 electric iron 用电加热的底板进行熨烫作业的熨斗（图见下页）。由手柄、底板电发热元件和壳体等部分组成。没有喷汽给湿装置和调温装置。接通电源后，电发热元件使底板温度上升，达到一定温度或时间后，切断电源，利用底板存储的热量进行熨烫作业。底板温度的高低由自身功率和通电时间长短决定。功率一般在300～1000 W之间。结构简单，制造和维修方便。

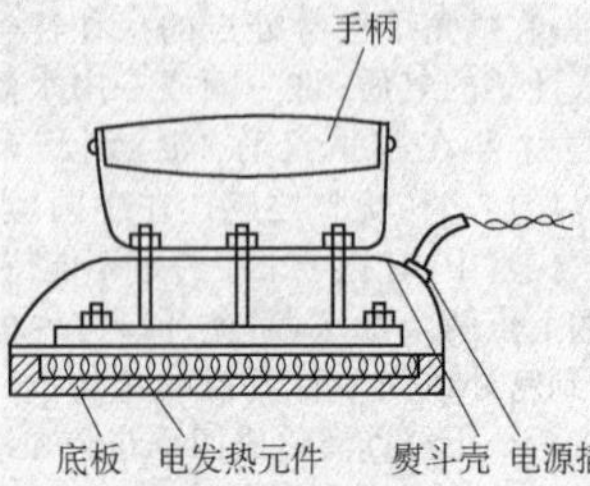

电加热熨斗

电剪刀 electric cloth cutter 即“直刀式裁剪机”(655 页)。

电离面膜 ionization mask 利用电流热效应作用的护理性面膜。加入具有营养、祛斑、消炎等作用的离子成分,通过特殊的装置(电离面罩),在电流作用下,将药物导入皮肤。能将营养渗透进皮肤,补充干性皮肤所需的水分和脂类物质。能溶解因分泌过盛、排泄不畅而积存于毛孔中的油污,使之便于清除。适用于干性、衰老和油性皮肤。敏感皮肤、痤疮皮肤等不宜使用。

电脑裁床 computer controlled cutting machine 即“程控自动裁剪机”(61 页)。

电脑绘画技法 computer drawing technique 利用电脑绘画表现服装效果图的技法。主要的软件有 Photoshop 和 Coreldraw。设计者可利用软件的勾线工具勾画服装人物造型,也可把画好的线描稿直接输入电脑,在勾线的基础上选择需要的颜色和技法进行表现,通过彩色打印机输出彩色效果图。

电脑绘画技法

电脑平缝机 computer lockstitch sewing machine 即“三自动平缝机”(443 页)。

电脑试衣 computer aided garment fitting design 即“计算机辅助服装款式试衣”(239 页)。

电脑绣花打板机 computerized embroidery plate-making machine 将设计的花型图案转化为绣花机控制码的专用打板设备。由计算机输入装置、花型设置和修改程序(包括刺绣针法设计程序和花型转换控制码应用程序)、存储设备等部分组成。作业时,操作人员应用系统提供的程序将所设计的花型转换成绣花机能执行的控制码,包括图案、颜色和针法等,模拟绘制出与绣花效果相同的花型图案。

电脑绣花机 embroidery sewing machine 与电脑绣花打板系统配合,缝制出设计所规定的花纹图案的装饰用缝纫机。由针杆机构、换针机构、钩线机构、挑线机构、自动润滑机构、变幅针摆机构和受花型控制的送料绷架机构等部分组成。作业时,机头旋转选针,选定设置好的绣线颜色,机针上下运动进行绣花作业,送料绷架前后左右动作控制绣花成缝作业。用于时装、内衣、饰品等的装饰绣。按绣花头或机针数量,分为“单头电脑绣花机”(86 页)和“多头电脑绣花机”(115 页)。

电热切口机 hot notcher 在需要作缝纫对位记号的衣片上烙出 V 形切口(俗称刀眼)的裁剪辅助设备。由 V 形截面的金属条、加热温度控制装置和测量仪等部分组成。切口尺寸一般为 200 mm,切痕不会消失。作业时,手动进给面料,并依靠测量仪调整切口长度。具有操作简单、切口整齐等特点。

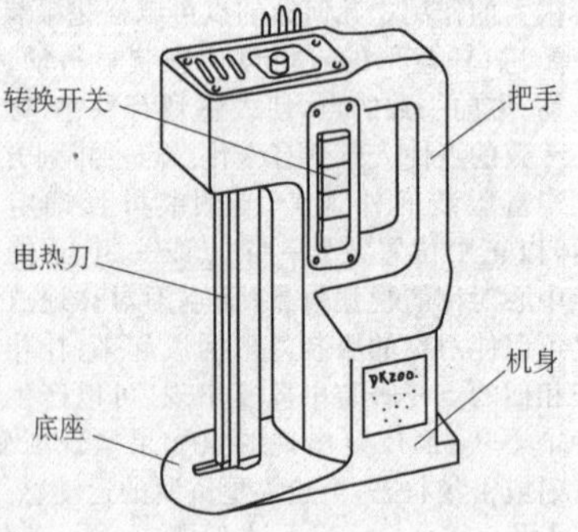

电热切口机

电热鞋 electricity heating shoes 在鞋腔

内装有电热源和贮热装置的鞋。将电阻丝绕在一块电热材料的铁芯上，通电后可产生热量，然后将其与贮热装置连接，把热量贮存起来。鞋底的凹槽内有一个插座，穿鞋时将其盖上，不穿时打开充电，从而达到暖脚的目的。

电热蒸汽发生器 electric heating steam generator 又称电锅炉。自动、连续地加热软水，并形成一定技术指标的成品蒸汽的机械设备。由入水接口、蒸汽出口、加热系统、水位检测系统、调节和缺水警报装置、压力检测、调节和过压保护装置等部分组成。产生的蒸汽压力 0.1～0.7 MPa，产生蒸汽量 3～229 kg/h，压力容器容积 12～21 L，外形尺寸 (250～550) mm×(255～700) mm×(920～1100) mm。供汽压力、供汽量、供汽温度均可调。具有体积小、预热时间短、重量轻、移动方便等优点。产生的成品蒸汽可供给蒸汽熨斗和干蒸汽熨斗。功率大、供汽量高的蒸汽发生器可与蒸汽熨烫机配套使用。与吸风装置配套使用，完成现代熨斗熨烫作业。

电蒸汽恒温熨斗 tank-type electrothermal steam iron 即“水箱式电蒸汽熨斗”(487 页)。

电蒸汽调温熨斗 electrothermal steam iron 又称自热式蒸汽电熨斗。能调温恒温并产生蒸汽的电熨斗。由水进汽出型的双发热管、不锈钢底板和电子调温器等部分组成。无需锅炉和蒸汽管道等辅助设备。作业时，根据不同性质的面料由恒温器或电子调温器设定并保持一定温度，按下气阀，由底板蒸汽槽孔喷出一定量的蒸汽。蒸汽质量不高，技术指标低，但结构简单，操作方便。根据贮水器的结构，分为“水箱式电蒸汽熨斗”(487 页)和“吊瓶式电蒸汽熨斗”(100 页)。

电子花样套结机 electronic controlled bartacking machine 由计算机程序控制缝迹形状，用密集的针距完成加固和装饰工艺的专用缝纫机。由针杆机构、摆梭机构、送布机构、压脚机构、互锁机构和程序控制装置等部分组成。套结图案多，适于加工多品种、少批量和要求套结种类多的服装企业配置，如雨伞、鞋、箱包、皮带、帽子和服装口袋、门襟等部位。

电子鞋 electronic shoes 能自动记录运动量的特殊运动鞋。鞋跟内配置微电脑，记录运动全过程的相关数据如跑步时间、速度、耗热量等，并可由液晶屏显示，便于运动员随时作出相应调整。

店铺自主商品策划系统 in-store merchandising planning system 零售商不直接按供货商提供的方案陈列产品，而是依据自主商品策划进行橱窗布置、货品展示、促销活动等的管理系统。

垫肩 shoulder pad 又称肩衬。上装中垫于肩缝下的用品。可改变肩部形状，帮助消除前后衣身因不合体而产生的浮余部分。其形状有直线形、圆弧形、翘曲形；厚度有 0.7～5 cm 不等；质地有海绵、棉花、化纤等；外表有裸露型(无布料包覆)和包覆型(有布料包覆)。需根据服装的肩、袖部造型风格而选择恰当的垫肩种类。

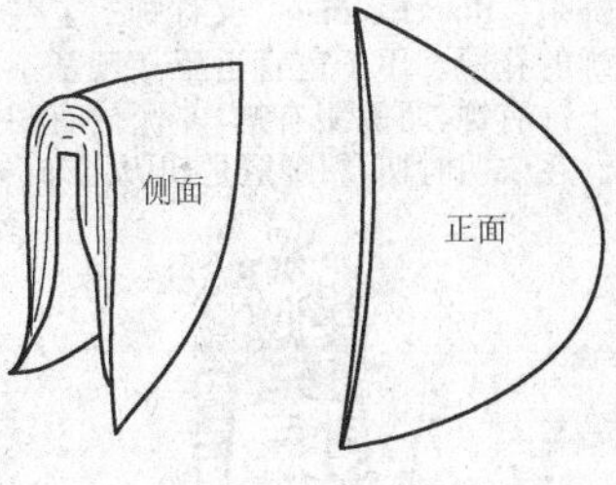

垫肩

垫襟 under fly 开襟服装的上衣身无搭门时，在里襟部位缝合的垫布。功能是可以掩盖开襟所对应的内衣，人体部位不致外露，同时保证开襟部位的左右对称造型，因而具有保暖、装饰作用。常用于中式挖襟服装及西式无搭门服装。

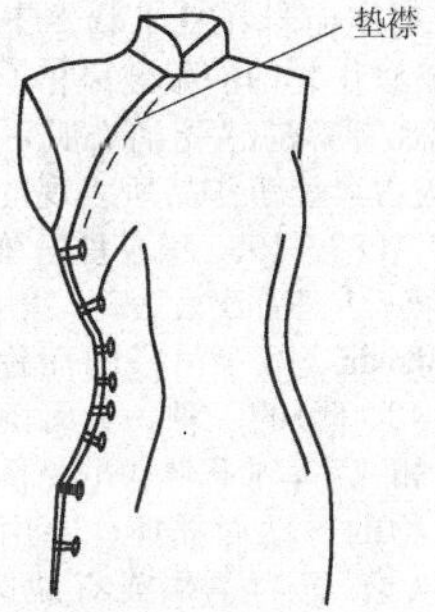

垫襟

垫纱图 **lapping chart** 即“经编图示法”(267 页)。

钿 **dian** 用金片做成的花朵形饰品。属于发饰之一,后归于簪类饰品中。

靛蓝花布图案 **indigo dyeing cloth pattern** 即“蓝印花布图案”(303 页)。

靛蓝染图案 **indigo dyeing pattern** 以天然蓝草为染料形成的织物图案。传统手工印染的主要图案样式,以蓝白色为特色,通过染色遍数形成深浅变化的蓝色,获得层次,呈现出蓝底白花或白底蓝花的图形。靛蓝染历史悠久,中国的秦汉时期已普遍应用,古埃及人与古印度人也使用靛蓝作染料。多运用蜡染、扎染等为工艺,中国著名的蓝印花布也是由靛蓝染形成的图案。靛蓝染图案质朴清新,颜色柔和细腻,随洗涤由深变浅,呈现丰富的层次变化。靛蓝染图案多结合手工棉织布,广泛应用于传统民间服装服饰品中。

貂蝉帽 **diaochanmao** 又称蝉冠。装饰有貂和蝉的礼冠。用于宦官近臣。其基本形制是额上饰有蝉,两侧缀有蝉,左侧插有貂尾的冠帽。在宋明时期,貂蝉冠是朝服冠饰。

貂蝉帽

雕塑风貌 **sculptural look** 强调造型的流畅和简洁,利用面料在悬垂状态下形成的各种褶裥和皱纹作装饰的服装风格。最显著的特点为,使观者容易感受到衣服下面活生生的人体。与古典雕塑作品所表现的服装风格方法相似。1988~1989 年春夏巴黎高级时装展上由皮尔·卡丹首次发表。

吊搭 **diaoda** 八字吊搭的简称。传统戏曲“髯口”(424 页)的一种。上唇两撮短须左右撇开,形如八字,颏下悬空吊一倒桃形的短须,可随人物的行动而摇摆。专用于丑行扮演的性格诙谐、行为不端或有缺陷的角色。色彩有黑、黪、白三种。如《群英会》中的蒋干、《金玉奴》中的金松、《法门寺》中的刘公道即分别戴黑、黪、白吊搭。

吊带夹 **suspender bar** 接在吊带上双面咬合的夹子。夹住裤腰或裙腰部位以固定位置。

吊带礼服 **halter dress** 颈部有吊带的礼服的总称。吊带可用绳,也可直接从衣片上裁出。款式以无袖为主,背部、肩部和胳膊露出,多为抽褶等造型的长裙,配以项链、耳环、手镯、手套、发饰等服饰品。采用乔其纱、巴厘纱、绉缎等材料制作。

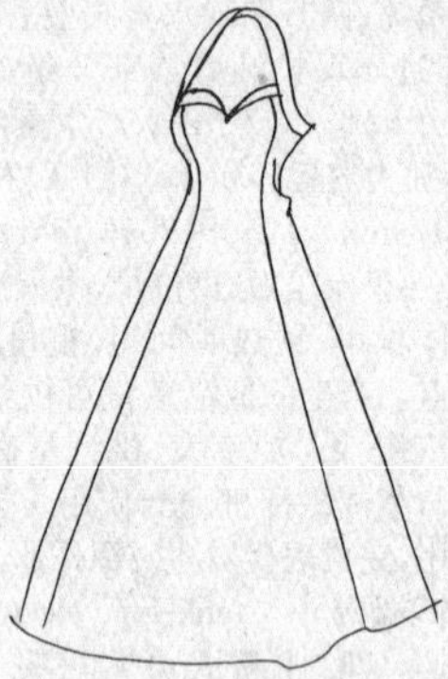

吊带礼服

吊敦 **diaodun** 即“套裤”(509 页)。

吊挂传输缝纫作业 **hanger transmission sewing operations** 按工艺流程,在各工位间用吊架沿轨道传递在制品,加工机器平行或垂直配置于环形轨道两侧的作业方式。缝纫作业时,能节省工位间的传递时间,减少褶皱和污渍;更换加工品种时,只需根据工艺流程改变各工位间在制品的传递路线,不需改变机台配置就能完成品种变换。

吊脚 **pulling at inside or outside seam** 服装外观疵病。裤子摆平后左右两边的下裆缝抽紧,裤腿向上提位,裆底部位摆不平服的现象。形成原因为:后身挺缝线的丝绺不直;后下裆缝凹度过大;缝纫时后裤片下裆未充分归拔或缝制下裆时松紧不一。补正方法为:裁剪时丝绺要摆正;后裆缝凹度改小,不超过 1.5 cm;缝制时缝线张力适中,缝合前后裆片下端时,将布料绷紧后缝合。

吊瓶式电蒸汽熨斗 **bottle-suspending electrothermal steam iron** 又称自产蒸汽熨斗。贮水器吊挂,用管线和熨斗连接的电蒸汽调温熨斗。由温度调节器、水瓶、水管、水阀和喷汽底板等部分组成。温度范围 50～230 ℃，底板尺寸 235 mm×170 mm，重量 2～3 kg。作业时，橡胶管将外挂水瓶中的蒸馏水通入熨斗体内，经加热汽化后由喷汽底板喷出，完成熨烫作业。工作原理和水箱式电蒸汽熨斗一致，但贮水容量大，蒸汽雾化充分，适于小型服装企业中间熨烫或一般熨烫要求的成品整烫。

吊鱼 **diaoyu** 中国传统戏曲戎装“靠”(285 页)的组成部件。见“靠肚”(285 页)。

掉浆 **decoating** 皮鞋帮面的涂饰层脱落的现象。涂饰剂质量差、涂饰工艺操作不当、涂饰层过厚或革面有浮油导致涂饰剂未能充分渗入革内所致。

叠暗门襟 **slip stitching facing** 暗门襟的边沿及扣眼之间用暗针缝牢，方便随后缝制的动作。

叠层针织物 **laminated knit** 又称凸条针织物。形成叠层的双面纬编针织物。其一面的单层编织横列与另一面相差达 10 横列左右，使多横列编织的一面相邻的循环之间重叠。采用涤纶变形丝、人造丝和锦纶丝等长丝为原料。面料丰厚，有凹凸感，弹性较差。适宜缝制休闲服、毛衣等。

叠加法 **pile-up method** 将基本造型作重叠、添加处理的服装设计方法。叠加以后的基本造型会改变单一造型时的原有特征。其造型效果有投影效果和重叠效果两种。投影效果仅取叠加以后形成的外轮廓线；重叠效果则保留叠加所形成的内外轮廓。叠加可以形成层次感。服装设计中，常见有六种叠加：(1)领子的设计，即多层领。使用同种色彩或不同种色彩的面料，层层叠叠。(2)常见款式。在某个局部如肩部、口袋等部位，添加新的造型，产生新的服装外轮廓。如坎肩式风衣。(3)不同长短服装的叠加。(4)面料直接在人体上包缠，产生十分巧妙的效果。(5)透明面料层层叠加，使支撑服装的人体若隐若现。(6)同种或不同种几何形、不规则形叠加，产生视觉上的强烈冲击感。

叠卷脚 **making french tack at cuff** 将裤脚翻边在侧缝和下裆缝里侧用手工缝或车缝固定的动作。注意卷脚的侧裆缝应与裤身的侧裆缝对齐。

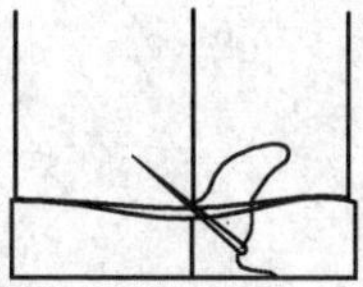

叠卷脚

叠领串口 **slip stitching gorge line** 将领串口缝与绱领缝扎牢的动作。使串口缝保持平直。

叠门襟 **overlap front** 上衣门襟分成左右两片相重叠的结构样式。一般男装为左前衣片在右前衣片上面，女装相反。前襟面可做暗襟或钉明纽、暗纽、装饰纽。叠门襟分为单排襟和双排襟两种，适合使用在各类服装上。

叠色配色法 **color on color** 又称重色配色法。两种色彩叠置因物质透明而得到新色的混合。与颜料混合一样，透明物每重叠一次，可透过的光量随之减少，透明度下降，所得新色的色相介于相叠色之间，并更接近于面色(面色的透明度越差，这种倾向越明显)，叠出新色的明度和纯度同时降低。双方色相差别越大，纯度下降越多。但完全相同的色彩相叠出的新色纯度可能提高。

叠顺裥 **sew one-way pleat** 缝制折叠成同一方向褶裥的动作。

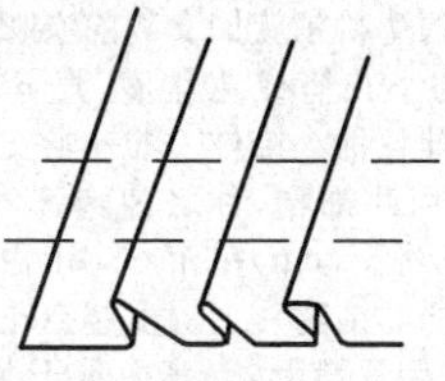

叠顺裥

叠袖里缝 **basting sleeve and lining** 将袖子面、里布的缝份对合后用手工或者机缝固定的动作。两者不能错位，否则会产生袖身扭曲的状态。

蝶恋花图案 **butterfly-flower pattern** 中国传统装饰纹样(图见下页)。以各种静态花卉与动态蝴蝶构成，可以花为主体，蝶为辅助点缀，也可反之。图案造型优美、布局繁密、色彩艳丽，形象化地寓意爱情甜蜜和婚姻美满，多结合刺绣，广泛应用于女装面料、鞋垫、荷包等服饰图案设计中。

蝶恋花图案

蝶形帽　papillon bonnet　又称窄檐罩帽。18世纪早期罩住头顶的女用窄檐罩帽。帽舌向前遮住前额，低些的帽边缘触及头发。

蹀躞带　diexiedai　即"鞢韄带"(102页)。

鞢韄带　diexie belt　又称蹀躞带。中国少数民族传统饰物。原为北方游牧民族腰间佩挂的实用小工具。蹀躞意指马小步缓行，即在马背上可顺手取用的小工具。清朝推行满汉服制改革后，因其实用兼有装饰意趣，逐渐扩及其他民族中成为服饰佩件。如内蒙古莫力达瓦的达斡尔族妇女胸前衣扣常挂银附饰，上部为小花篮或花盆形，其下用三或五根银链悬挂各种小饰件。湘桂黔交界处的侗族妇女也用此饰物，称之为胸牌，通常用白银打制，长约55 cm，呈帘状，用银链悬挂各式单独花样的饰物。上层多镂空花朵与垂蕾形，下层是倒置蝶形，夸张而富于装饰性，蝶下银链具吊精致的刀、铲、剑、钩、耳挖、簪、火镰、牙签等小件。只有小蝶饰或圆铃铛、花、蝶凹面有银等(烤漆)彩绘，以群青为主色，间错绿、黄、红、紫色。清代贵族男子则在腰间把蹀躞带与香囊佩玉等一列悬挂，美观而实用。

丁带鞋　T-strap shoes　又称T带鞋。自前帮口门向后延伸出一条皮带，与脚背上横向钎带相衔接的女浅口皮鞋。由于横竖两条带相交成丁字型，故名。丁带鞋的抱脚能力和护脚能力都很好，特别适合女性青少年穿用。

丁带鞋

丁字铠　dingzikai　中国传统戏曲的戎装。见"大铠"(79页)。

丁字裤　dingziku　高山族男子遮裹下身的装束。用一长布条，仅将生殖器包裹住并将布条绕腰一周后系住，外观如丁字。

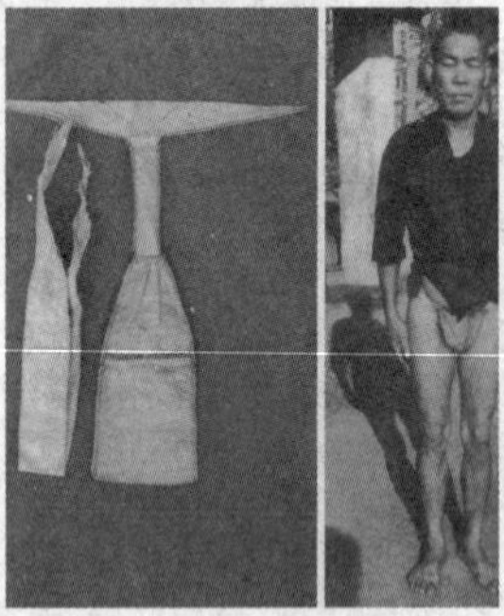

丁字裤(海南)

钉锤式织物勾丝仪　nail-hammer snagging tester　测试针织物及其他易勾丝织物防勾丝性能的设备。适用标准：GB/T 11047—2008《织物勾丝试验方法》，ASTM D 3939等。由链条、导杆、钉锤、转筒、预置开关、计数器、显示器等组成。转筒表面套有一层毛毡，试样套于毛毡上，用链条悬挂的钉锤绕过导杆放到试样上。转筒以恒速转动时，钉锤在试样表面随机翻转跳动，当钉子勾住试样上的丝缕时，钉子被拖住，链条绷紧，从而产生勾丝。导杆的导向作用，使钉锤在转筒上方一定角度的圆周上滚动。钉子与试样接触获得的动能，将钉锤抛离原来的接触点，转到另一位置而产生跳跃，这种运动是不规则的。链条的干扰作用使产生的勾丝力具有不同的大小和方向。钉子和试样的接触是间歇性的，故虽出现勾丝，但不致拉断，这与织物服用时的勾丝情况相似。转筒转至规定的转动次数后，取下试样，在标准光源箱内对照标准样照，评出试样的抗勾丝等级。

钉锤式织物勾丝仪

钉鞋　nail shoes　又称油鞋。古代下雨时所穿的防滑、防潮鞋。鞋底有直径约 1 cm 的半球形或圆锥形铁钉，钉底有尖角，插入鞋底皮革。皮革底为 2～3 层的厚革，用麻绳缝合。鞋帮、鞋底均用经桐油处理过的皮革制作，可以防水。

钉子省　nail dart　省道种类。省道呈钉子状，身部较直，省尖处较尖。常在前后衣身、裤腰等部位使用。

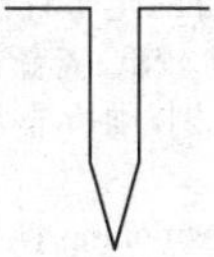

钉子省

顶结帽　tie top cap　将无檐帽的两侧护耳翻上去用两端的绳子在头顶打结的帽子。

顶穗帽　apex　又称祭司帽。顶部装饰着木穗的无檐帽。原为罗马祭司戴的无檐帽顶部有木穗的帽子。

顶针　thimble　又称针箍。用于保护手指在手工缝纫中免受损伤的工具。有帽式和箍式之分，一般套于中指，箍身上有点状凹孔，使手工针的针头能陷于凹孔而加以固定。材料一般为铁、不锈钢。

顶针

订婚戒指　engaged ring　用于订婚的戒指。历史悠久，起源于公元前四世纪，最初为铁制；后用黄金制作，并刻有赠语。15 世纪开始，随着钻石工艺的发展，材料多使用纯铂金与钻石，前者寓意纯真无私，后者象征永恒不变。

钉标签　attaching lable　将写有顺序号的标签钉在衣片上。以防止分包、缝制时衣片搞乱。标签的材料一般用零碎布料。

钉扣　button sewing　用缝线或其他固定件将纽扣固定在衣襟、衣袋、袖口等部位的扣紧材料。根据纽扣的种类和形状分为手缝钉扣、机缝钉扣与拷钉扣等。一般线缝纽扣多为两眼或四眼扣。通常男上衣纽扣钉在右前片，女上衣纽扣钉在左前片。

钉扣符号　button position mark　服装结构制图符号。表示钉扣的位置。交叉线的交点是纽扣缝线的中间位置。

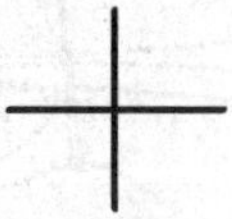

钉扣符号

钉扣机　button sewing machine　将扣子固定在衣服上的专用缝纫设备。由针杆机构、钩线机构、同步摆动机构、扣夹和拖板纵向移动机构、启动和制动机构、抬压脚机构、夹线过线机构或打结机构等部分组成。运转速度 1000～2000 r/min，缝钉针数 8～32，纽扣外径 9～32 mm，机针摆动距离 2～4.5 mm，纽扣夹移动 0～6.5 mm。有打结机构的钉扣机形成 304 号双线锁式线迹，线迹结实美观，抗脱散能力强。没有打结机构的钉扣机形成 107 号单线链式线迹，线迹结构紧凑、调节方便。断线位置不当时，会形成假缝，线迹一拉就散；锁针良好时，抗脱散能力也较好。

钉裤钩　attaching hook to waistband　将用以固定左右腰头的裤钩布条串好，缉缝于腰衬上的动作。

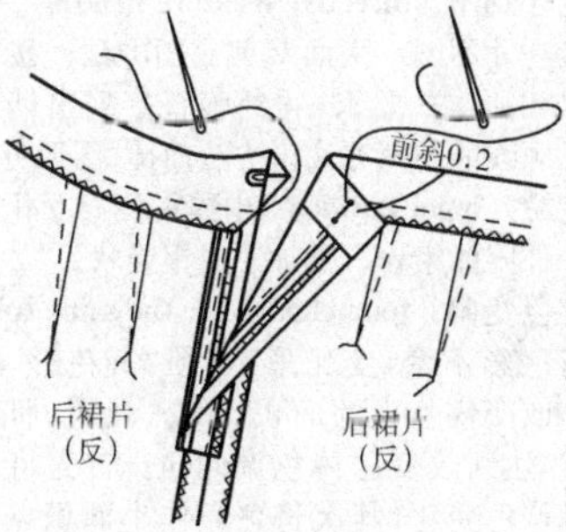

钉裤钩

钉纽 **fastening button** 将纽扣钉在确定的纽位上的动作。纽位作为纽脚的中心点，不能偏离。

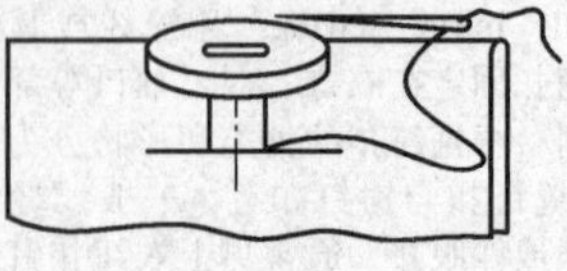

钉纽

钉纽襻 **fastening button loop** 将盘好的盘花纽襻缲缝固定于衣身的动作。

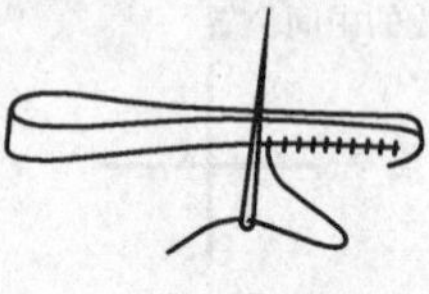

钉纽襻

钉镶法 **nail inlaid** 又称硬镶法。在材料上打孔并别齿固定宝石的珠宝首饰加工工艺。多用于钻石的镶嵌，尤其是处理小颗粒、多数量的情况，比其他方法简洁、美观、牢固。为适应不同情况和不同效果，可使用意大利式、密列式等。制成的产品流畅华丽，具有抽象美感。

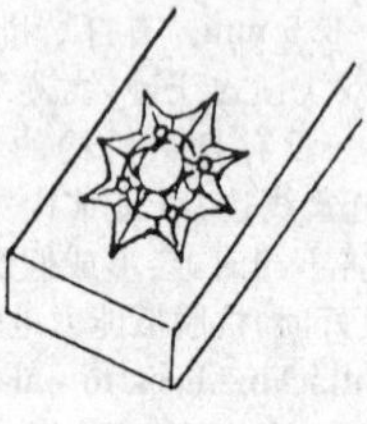

钉镶法

定寸制图 **directive measure making** 又称直接注寸制图。平面裁剪制图方法。按照服装尺寸和款式要求，凭经验直接划出辅助线和轮廓线的制图方法。方法简捷、图形可靠。

定粉 **ingot powder** 中国古代妇女化妆用的一种固体铅粉。被加工成银锭状。

定色变调 **tone change for the same color** 保持色彩不变，变化形态（图案、花形、款式等），或变化色彩的面积、形态、位置、肌理等因素，达到改变总体色调倾向。首先将大面积基调色变化，其次将色彩作小面积点、线、面形态的交叉、穿插、并置组合，利用色彩的空间混合效应，少色产生多色的效果，鲜色产生含灰色的感觉，使色彩之间互相呼应、取代、置换、反转与交织，做到各色调既有变化又很统一，既有整体性又有独立性，从而加强系列感。

定位机 **positioning machine** 在衣片上标出服装生产工艺作业记号的装置。用于标记袋口位、省位、衣领和领圈、袖口和袖窿等配合位。按工艺作业方式，有“线钉机”（563页）、“钻孔机”（682页）和“电热切口机”（98页）等。

定位扩展 **positioning expansion** 营销者发现新的市场机会，或扩大新的目标市场时进行定位扩展的方法。服装定位决策的最后确定和成功需要长期努力，只要与发展趋势基本相符不应对定位作过于频繁和过大的变动，以免造成企业品牌和形象的混乱。若新的目标市场与原目标市场有较多的共同之处，则可利用原有的定位优势进行扩展或略加修正，这样代价较低；若新的目标市场与原有市场有较大区别，则应非常谨慎地选择新的定位扩展策略。

定位图案 **positioning pattern** 服饰图案设计的格式。根据服饰特定部位完成图案设计。有单独纹样和二方连续纹样两种样式。内容广泛、造型丰富，图案大小与排列受限于款式的部位。常用于前襟、领口、帽檐等装饰，是传统手工化服饰图案的主要表现手法，许多民族服饰都有独特造型的定位图案。现代工艺发展赋予了服饰定位图案更广泛的表现空间，成为设计师表现个性与风格的手段之一。

定位图案

定位样板　pattern for positioning　用于某些半成品部件定位的样板。高档服装的口袋、扣眼、省道需要定位样板进行定位。多数与修正样板一起使用。定位样板一般以临近相关部位为基准,对齐或靠近某一个方向确定其位置。定位样板分为:(1)毛样板,一般口袋、省道的定位样板;(2)净样板,锁眼钉扣的定位样板。定位样板的材料要结实、耐磨、耐用而不易变形。

定形变调　tone change for the same shape　在保持形态(图案、花形、款式等)不变的前提下,只变化色彩而达到色调倾向的改变。主要有两种形式:(1)同明度、同纯度、异色相变调,即根据原有设计色调,保持明度、纯度不变,只变化色相(原有色相对比距离不变)而改变色调的倾向。(2)异色相、异明度、异纯度变调,即根据原有色调将色相、明度、纯度做全面改变,使其完全不同的色调类型。

定形定色变调　tone change for the same shape and color　在各色调的花形与色彩都相同的前提下,通过色彩的大小、位置、布局进行适当变化的系列设计构思方法。

定形样板　pattern for fixing shape　在缝制中保持某些部位形状的样板。用于口袋、前止口、领子等部位。根据各部位的圆弧、凹弯等外形制成大小不同的模板。定形样板为净样板,包括划线模板、缉线样板、扣边模板等。要求材料结实、耐磨、耐用而不易变形。

定形熨烫　setting ironing　见"熨烫"(630页)。

定制服装　custom-made clothing　根据顾客的体型并满足其个人爱好而设计、量体制成的服装。起始于19世纪中期的法国高级女装。一般要经过量体(观察体型)→裁剪订样(俗称扎壳子)→试样补正→假性缝合→精试样→缝合成型六个过程,做工考究,费财费料,因而价格较高。

定妆　fixing make-up　化妆的一个步骤。打底妆完成后,用散粉刷或粉扑蘸取适量的散粉均匀覆盖于脸部以固定底妆。可使妆容持久。淡妆,散粉要略少,浓妆或需要带妆时间持久,散粉需略多些。

东方情调妆　oriental-mode make-up　突出东方女性含蓄、内敛、清秀气质的化妆。上眼睑上平涂米白色、金色或其他素色眼影;唇妆突出,小巧而红润,有日本艺妓的感觉;一般脸颊略为瘦削,肤色白皙,腮红多斜上打,眉毛细长,锁骨清晰可见;深褐色或黑色直发,松松地披在肩上或简单地于两耳侧分别挽两个发髻并留两缕长长的发丝悬垂下来,飘逸中带复古的味道。比较适合小眼睛、单眼皮、较为瘦弱修长的女性做个性化化妆。

东方式着装　oriental wearing　着装风格的一种。具有中国、印度、伊朗或土耳其等东方国家的服饰特色。以中国的旗袍、阿拉伯长袍等为典范,注重东方服饰材料元素的运用。

东方式着装

东郭屐　dongguo shoes　破烂鞋的别称。汉代齐国人东郭,因家境贫寒,常穿鞋底已磨破、几乎仅剩鞋帮的鞋在雪地中行走,后人即称此无底鞋为东郭屐。

东南亚蜡防图案　southeast asia batik pattern　以蜡液防染的东南亚国家传统服饰图案。主要有传统的细雨纹、纺织纹、藤编纹、水滴纹、果实剖面纹、火焰纹、神蛇纹、皮影人物纹、双翼纹、补缀纹、蝴蝶纹、石榴纹、柿蒂纹、松了纹等,源于中国的麒麟纹、凤凰纹、水牛纹、吉祥瑞兽纹等,源于欧洲的花草纹、飞禽纹、花束纹、补缀纹、轮船纹、火车纹、童话人物纹等;背景纹有鱼鳞纹、谷粒纹、蛛网纹等。东南亚蜡防图案产生于18世纪,是当地妇女手工制品,以小型黄铜工具,蘸蜡液在布上勾勒图形,再予染色脱蜡,工序次数由套色的数量决定。传统图案多来自自然和宗教,每款花型集众多纹样,具有寓意与象征性,写意而富有装饰,多以白色、棕色、靛蓝、紫红为套色;源于欧洲的图案呈现写实而优美的造型特色,色彩艳丽丰富。由于图案曾为宫中御用布料,造型呈现细腻精致而华美的艺术特色。图案流行广泛,有缅甸、泰南、马来西亚、新加坡、苏门答腊、南印等国家和地区,其中以印度尼西亚的爪哇蜡防图案为著名,深受非洲、欧洲、印度等地人的喜爱,成为传播甚广的服饰图案。用于男女纱笼,妇女的胸巾、头巾、披肩,男子休闲阔裤、包头巾,裹兜小孩的襁褓更冬布等。

东坡巾 **dongpojin** 又称乌角巾。中国古代士人所戴头巾。相传宋代文人苏东坡最喜欢戴用此巾。通常以乌纱制成,分为两层,内层四面为长方形,外层低于内层,前正中开口,巾角位于两眉之间。元明时期较为流行。

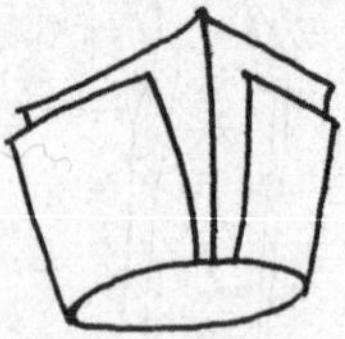

东坡巾

东乡族服饰 **Dongxiang ethnic costume and accessories** 中国东乡族衣着和装饰。东乡族分布在甘肃、新疆、宁夏等地。男子戴平顶无檐圆帽,穿右衽宽袍,袍长过膝,领、袖、衣襟、下摆有色布和毛皮缘饰,束腰带。也穿中式对襟短衣、外套深色短坎肩,着长裤,或穿对襟无纽长衫。姑娘戴卷檐软便帽,帽上缀一枝带红流苏的黄牡丹花,穿红色大襟绣花衣,衣长过膝,外罩黑色镶金黄色边的大襟长坎肩。妇女戴绿、黑、白色盖头,穿藏青、黑蓝色上衣,肘至袖口间用红、绿、蓝各色布缀成数层绣有花边的假袖。袖口宽大,滚一道花边。下穿套裤,裤管滚两道边,用带绾束。外套齐膝坎肩。纹样为花草禽鸟。

东乡族男子服饰

东乡族女子服饰

冬季型男性 **winter male** 人体色以中低明度中高纯度的冷基调为主要特征的B/D型男性。皮肤紧实,肤色为泛青的黄白色或略暗的黄褐色,脸颊不易出现红晕,头发和眼珠颜色深,多为棕黑色或黑色,眼白多为冷白色,眼神锋利,整体印象为个性分明。适合对比强烈或纯正饱和的冷基调色彩群和无彩色,搭配亮银或钻石类饰品,眼镜可为亮银边框或黑色边框。利用强对比配色法突出成熟和硬朗。

冬季型女性 **winter female** 人体色彩基调带有冬天自然环境色彩特征的冷色调女性。肤色带有蓝色的冷基调,常是瓷器般的透明苍白但不红润,不容易晒黑,头发多黑色或深黑褐色,发色明亮;眼睛黑白分明清澈;适合黑白等对比强烈的颜色以及鲜艳的蓝色、闪光的红色、柠檬黄和冷杉绿色等。根据体色明度和纯度的不同,冬季型女性又可分为“深冬型女性”(462 页)和“暗冬型女性”(5页)两种。

冬至献鞋 **sending shoes as a gift on the winter solstice day** 冬至献鞋给尊长,曾是我国旧时江浙一带儿媳孝顺公婆的具体表现。冬至意味着寒冬逼近,此时献鞋给老人,一为贺节,二为送温暖,让老人穿着这双鞋安全过冬。三国·魏·曹植《冬至献袜履颂》即为曹植冬至献鞋袜给父亲曹操的书信。

冬装设计 **winter garment design** 对适合冬季穿着的服装进行的设计。冬装由于用料多、制作难,是季节性服装中成本、售价和利润最高的服装。设计既注重保暖的实用功能,也体现一定的设计倾向。款式宜整体,领型、门襟、袖型等应简练。同时增加衣长,采用双层结构,增饰毛皮饰边,收紧腰带,以便增加保暖性。织物层之间含有静止空气越多，保暖性越强，因此蓬松厚实的面料是冬装的首选。冬装面料昂贵、制作复杂，经常洗涤会影响外观效果和内在质量，故比较耐脏的中低明度色彩是首选。因时尚潮流的影响，嫩绿、鹅黄、玫红、天蓝等高彩度色调和米色、白色等高明度色也有表现。冬装最常见的品种有大衣、棉风衣、滑雪衫、厚呢套装、皮衣等。

董事套装 director's suit 黑色西服配条纹裤的一种准礼服，属较正统的穿着风格，出现于20世纪后半期。随着人们对衣着礼仪态度的淡化，礼服的款式逐渐简化，公司董事长和学校校长所穿的日常礼服成为新的礼服样板，面料以高档毛料为主，样式非常高雅体面。

动态 posture 人体在服装画中的具体姿势。应根据服装款式和服装风格进行选择，使设计重点得到充分的体现。

动物毛皮图案 animal fur pattern 模仿动物毛皮花纹的图案。由豹纹、虎纹、鹿纹、斑马纹、蛇纹、鳄鱼纹、花牛纹、长颈鹿纹等动物毛皮纹构成。毛皮是人类最古老的衣料，先民用其遮体保暖和装饰身体；毛皮曾是贵族特权和身份的象征，动物毛皮图案的出现与应用促使毛皮走进大众的服饰生活，也是人类动物保护意识觉醒的体现。动物毛皮图案造型丰富，线条、斑点、块面等基本形以重复、近似、渐变等方式构成图案，呈现秩序、和谐、节奏、对比等审美特征。同时，毛皮图案具有温暖柔和、自然野趣、华美缤纷的视觉意义，结合长毛绒、棉布、丝绸等材料与印染工艺，配合服饰款式，营造出远古怀旧或现代时尚的气息，流行于各季服饰设计中，广泛适合各种人群。

动物毛皮图案

动物原皮革 animal raw leather 即“未涂饰皮革”（545页）。

动作要素法 action elements 即“沙普列克法”（453页）。

侗族服饰 Dong ethnic costume and accessories 中国侗族衣着和装饰。侗族分布在贵州、湖南、广西等地。男子亮布缠头，穿对襟短衣，外罩短坎肩，着长裤，裹绑腿、绣花护腿。女子梳双髻或平髻。穿蓝色镶边长上衣，着长裤，也有穿窄袖无领开襟上衣，着短百褶裙，腰系凤尾裙，裙片由若干条下缀白羽毛装饰的织锦花带组成，系有流苏的红腰带，裹绑腿。戴数个大小不一的银项圈和长项链。亦有系绣花胸兜。姑娘善刺绣，贵州黎平的“轴绣”（667页）技艺，具有半立体的特色，在百褶短裙外再罩围裙，镂空绣成花鸟蝴蝶纹样。

侗族服饰

兜裆 short seat 服装外观疵病。裤子的上裆吊紧，使裤身过分贴紧人体臀沟的现象。形成原因为：裤子的直裆过短，后裤片窿门过小，窿门凹度过大。补正方法为：裤后片直裆部位剪深，后横裆放大，后翘放量加大，修改窿门凹度。

兜裆

兜勒 doule 明清时期盛行的一种妇女头

饰。清时在北方妇女中所用较多。民国初年老年妇女亦有沿用。其基本形制为长条形，多以黑色绒类布料制成，也有用毛皮制作。用时兜往上额，向下掩过双耳，向后面收拢，再用两带系于后髻下，额前正中常镶以珠翠、玉花等物。

斗笠帽　bamboo hat　帽冠多呈圆锥状且里面有条带箍围的宽大帽子。顶部有圆顶、尖顶等多种变化。一般用如竹篾夹油纸、竹叶柳条、麦秆、藤条、棕、草等表皮材料编结制成，也有少数用皮革、毛毡。通风透气，用以防日晒雨淋，为我国和东亚、东南亚的劳动人民传统的头戴物。

斗笠帽

斗篷　mantle　即“曼特尔”(340 页)。

豆腐块　doufukuai　中国传统戏曲脸谱谱式。用于丑行。以白粉在两眼及鼻子间勾一方块。以其形似豆腐而得名。多用于文丑扮演的读书人，如《群英会》中的蒋干、《杨门女将》中的王辉。

逗号跟　comma heel　一种变形的路易斯跟。因其跟面较大，而跟身从上至下逐步变小，又有一个后弯曲的弧线，从侧面看很像逗号，故名。多用工程塑料注塑成型。由于跟身小，而且跟身弯曲处易折断，因此必须镶嵌金属条加固。适于制作中高跟女鞋。法国著名设计师罗杰·维维尔(Roger Viver)曾以此跟型设计了各式宫廷鞋。

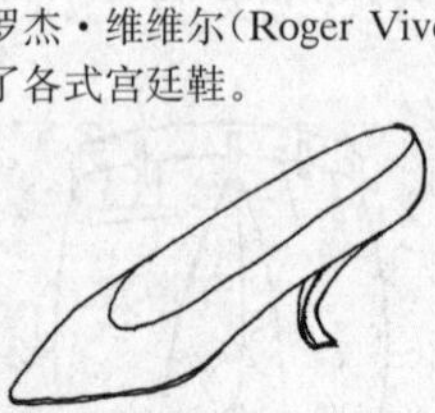

逗号跟

都市风貌　city look　充满城市现代感、雍容感和节奏感的款式。风格简洁。服装造型线条流畅，色彩明快优雅，可满足现代女性不同的场合搭配，包括正式赴宴、上班和外出上街这三大类型。

都市浪漫型人群　city romantic group　见“浪漫型人群”(305 页)。

督政府罩帽　directoire bonnet　19 世纪 70 年代晚期具有高帽冠、花哨的前帽檐的罩帽。戴时紧贴在耳朵上面。

督政府罩帽

独幅裙图案　skirt material pattern　即“裙料图案”(423 页)。

独龙族服饰　Derung ethnic costume and accessories　中国独龙族衣着和装饰。独龙族分布在云南高黎贡山。男女均披发及文面，双耳以竹管贯之或戴耳环，用红色藤制手镯和腰环饰物。男子披五色条纹麻布线毯，下身用布条遮住臀股前后，裹绑腿。佩砍刀、弩刀、箭。女子以两条麻布自肩斜披至膝，左右包抄向前，腰系绳。古时无衣裳，仅用麻纤维织制成独龙毯蔽身，男用较长，从左肩右腋绕向胸前系结，腰扎一布带或麻绳，下穿短裤或仅用一块布围于臀股前后，女子用彩布头巾，身披麻布，外用五色独龙毯由左腋下拉向前掩胸，袒露左肩左臂。男女用法相反。

独龙族女子服饰(现代)

独色独码 single color and single number 服装内包装的规格形式之一。相同色彩、单一规格的服装包装在同一纸包或纸盒内。

独色混码 single color and mixed number 服装内包装的规格形式之一。同一色彩、不同规格的服装包装在同一纸包或纸盒内。

肚兜图案 bellyband pattern 中国民俗服饰图案。用于护胸腹的肚兜。肚兜外形多为菱形，上角系于头颈，两侧两角系于腰间，面上饰有图案。图案题材多为中国民间传说、吉祥图案或民俗讲究，有趋吉避凶、吉祥幸福、连生贵子、麒麟送子、凤穿牡丹、连年有余等。图案强调中心和边饰，工艺以平绣和布贴绣为主，配以最具喜庆代表的红色底布完成图案表现。男女均用，其中儿童与女性肚兜图案较为精致考究。

肚兜图案

肚省 abdominal dart 又称袋口省。为使衣身腹部符合人体腹部隆起形态而在衣身腹部开的横省。一般隐蔽在腰袋内，有肚省的上衣开襟处下端不会因腹部凸出而翘起，适用于肥胖体和凸肚体型。

镀金 gold-plating 用电镀方法将黄金镀覆在材料外表的首饰表面处理工艺。可对同质材料进行表面处理，如黄金首饰；也可以对异质材料进行表面处理，如水白银首饰。按工艺特性分无氰与有氰两种。在色彩上从单一的金黄色，发展到三色，甚至更多，如玫瑰色、银白、黑色、蓝色等。在工艺标准中，镀层厚度较厚的为 10～25 μm，一般的为 2～5 μm，在 0.18 μm 以下的，称为涂金。

镀铑 rhodium-plating 用电镀方法将铑镀覆在材料外表的首饰表面处理工艺。多用于白银首饰及器皿上。处理后的产品防腐性好，耐磨性高。

端罩 duanzhao 又称搭护。清代贵族所着毛皮服装。礼服的一种。基本形制为圆领对襟，两袖平齐，下长过膝。为活动方便，一般多在腋下开衩，并缀以带。穿用时通常罩在袍服之外。制作时多以毛锋向外。衬里则用软缎。上自帝王贵戚，下及宫廷侍卫，在礼见朝会时均可穿用。多用于冬季。所用材料各有定制，以黑狐为贵，亦用紫貂、猞猁、豹子等动物皮为面，明黄、金黄缎为里。

短袄 duanao 即"袄子"(7 页)。

短寸法原型 accurate-measure system basic pattern 原型的种类。原型平面制图的尺寸是人体各部位的实测尺寸。主要用于科研及针对特定顾客的量身定制服装的结构制图。

短寸制图法 accurate-measure system drawing 又称实寸制图法。平面裁剪中制图的方法。根据人体实际尺寸进行制图。先准确测量人体的前胸、背部、肩部、腰节等部位的长度、宽度、厚度和斜度尺寸，而后按照测量数据进行结构制图。常用于制作高度贴合人体的服装结构图。

短调对比 weak lightness contrast 即"弱明度对比"(437 页)。

短绗针 short-quilting stitch 一种"绗针"(202 页)针法。出针部位至入针部位之间的距离，与入针部位至出针部位之间的距离大致相等，线迹长约0.15～0.2 cm，密度较大。常用于多层缝料的假缝或作缝料抽拢时的缝纫。

短后衣 duanhouyi 武士及百戏穿的一种衣裾短缺，便于活动的上衣。以区别于士人的长裾之服。

短回针 short-bartack stitching 一种手针缝纫法。在面料正面起小回针，向左缝6～10 mm后出针。连续运针的同时收紧倒针线迹，可使线迹不被看到。

短颈体 short neck figure 颈长较正常体短的体型。肥胖体和耸肩体型的居多。颈部的脂肪较厚，其中女性颈围大于41%胸围，男性颈围大于42%胸围。在衣身纸样设计时主要通过前后领窝宽度、深度的变大来处理，同时在立领设计时领面座高不要超过4 cm。

短跳 **duantiao** 中国传统戏曲袍服中男式素褶子的一种。斜大领，大襟右衽，长仅逾膝，阔袖不带水袖，左右胯下开衩，领部可绣花纹。多用蓝布制作。用于书童及酒肆堂倌一类角色，如《西厢记》中的书童、《御碑亭》中的得禄等。

短袖 **short sleeve** 袖口在肘部以上的袖子。与长袖是相对的概念。其长度一般用0.15乘以身高减去0～4 cm计算，常用在男、女、童的夏装中。

短袖毛衫 **short sleeve knitwear** 具有跨肩短袖、无袖、中袖、七分袖等风格的毛衫。以羊毛、超细羊毛及混纺纱为原料。采用V字领、一字领、低后开大圆领、珠绣斜领、飘带领、纽扣领等，也可采用吊带和毛肚兜等款式。平针或四平针结构。具有滑爽、保暖、透气性好、柔软舒适、紧密细致的特点，深受中青年女性喜爱。

段耗 **loss** 坯布经过铺料断料后产生的耗损。减少段耗可提高裁剪工序效益。一般段耗率的计算公式为：

$$段耗率=\frac{段耗长度(或重量)}{投料长度(或重量)}\times 100\%$$

断帮脚 **crackiness of upper margin** 与鞋口相邻的鞋帮部位产生裂纹的现象。鞋帮材料质量不符合要求或工艺控制不当所致。

断底 **sole broken** 鞋在穿着一段时间后，外底产生裂纹，逐渐发展到断裂的现象。鞋底材料质量差，在经受长期屈挠及环境因素变化的影响后，物理机械性能明显下降所致。解决办法是选择合适的鞋底材料，优化材料配方及优化鞋底成型工艺条件。

断发文身 **cut-hair tatoo** 又称鬋发文身，中国古代民族服饰。古越人有剪去长发，刺文于身的习俗，文身为服饰，源自远古图腾认祖的观念和避邪护身的意识。

断眉 **detached eyebrows** 眉毛中间有断裂或缺少眉毛。修饰时可先以浅色眉粉整体晕染，再以深色眉笔描画，注意眉色一致。

断腰节 **severing waist** 服装在腰节部位做分割的结构形式。

断腰节

缎 **satin silks** 丝织物大类名。全部或大部分采用缎纹组织织制的质地紧密、手感柔软、绸面平滑光亮的丝织物的总称。按织造方法和外观可分为锦缎、花缎和素缎三类。织物质地紧密，手感细腻柔软，光泽明亮优雅，华贵富丽，在光线的照射下能产生丰富的光影效果。是高档的服装面料。薄型的可作衬衣、连衣裙、披肩、头巾、舞台服装等的面料；厚型的可做外衣、旗袍、棉袄等的面料。

缎背华达呢 **satin back gabardine** 精纺毛织物名。用缎纹变化组织织成，正面呈华达呢外观、背面呈缎纹外观的精纺毛织物。呢面光洁平整，织纹清晰细洁，结构紧密、厚实，富有弹性，光泽自然，颜色有藏青、黑灰等深色。适合作上装、风衣、秋季大衣等的面料。

堆跟 **laminated heel** 又称皮革跟。用底革堆积叠合成型的鞋跟。随着皮革来源的匮乏以及价格的昂贵，纯皮革堆跟已很少，代之以：(1)真皮叠层跟或截面层包跟：用皮革叠层黏合后再切割成具有皮革断面的特殊纤维点花纹皮层，用其包覆鞋跟，可用于中高档鞋；(2)假堆跟：在塑料跟上喷涂不同厚度的色浆以形成叠层的外观，只用于中低档鞋。

堆跟鞋 **laminated heel shoes** 配有用底革一块块堆积而成的堆跟的鞋类。堆跟鞋是一种档次较高的鞋品。堆跟分真堆跟、包堆跟和假堆跟三种类型，前两者属于高档鞋，后者属于中低档鞋。见"堆跟"(110页)。

对比美学 **contrast aesthetics** 强调各表现形式要素间不同性质的对照，是表现形式间相异性的一种形式美法则。大小、强弱不同的两个对象放在一起比较时，由于相互衬托与抗争的作用，大的形式美比孤立看时要大，强的比孤立看时还要强。小的、弱的也是如此。因此，对比必须有两个或多于两个的不同因素才能成立。服装设计中的对比因素有色彩的鲜灰、冷暖、深浅对比；面料柔软与硬挺、透明与不透明、反光与不反光的对比；造型的大小、上下、高低、疏密的对比。对比可分为并置对比和间隔对比。并置对比指两种对比形式要素在较小的平面或空间内产生，由于相对集中，其效果比较强烈，常常成为造型的重点和趣味中心。间隔对比是指在两种对比形式要素之间隔开一定距离的对比。这种对比一般不易产生构成的高潮，而是产生呼应的效果。对比还可分为继发对比和同时对比。继发对比是通过继发的两段不同时间的网膜刺激对比，产生更强烈的视觉印象；如由亮处走进暗处，看过红色看绿色。同时对比是指在同一时刻观察在同一空间的两个对照对象，而产生的激化感觉。

对比配色　contrast color combination　即“对比色调和”(111页)。

对比色调和　contrast color harmony　又称对比配色。在色相环上色相距离约120°～150°范围的颜色之间的相互组合。除色相对比以外，还有明度的对比、纯度的对比等。由于色彩相互关系接近补色关系，具有明显的对立倾向，有较强的冷暖感、前进感或收缩感。过于强烈的对比，易产生炫目效果，例如蓝与黄。

对比色相对比　contrast color contrast　在色相环上色相距离约120°～150°范围的差异对比。由于两个色相差异较大，属中强对比，两色之间不含有共同色素，有色彩强烈、明朗、鲜艳之感，但也感觉刺眼、杂乱，易使视觉疲劳。

对比图案　contrast pattern　图案的形式美表现。图案通过形状、面积、色彩、位置、方向、肌理等呈现出性质的差异或对立，以鲜明地刻画纹样的特点，获得强烈的视觉效果。具体以纹样间冷暖、明暗、大小、曲直、粗细、刚柔、简繁、疏密、动静、规则与不规则、传统与现代等造型特点来呈现图案的对比。

对比图案

对称分割线　symmetrical panel line　分割线的部位呈左右或上下对称的造型。一般服装大多属对称型，故用分割线时常采用对称分割线。

对称美学　symmetry aesthetics　以对称轴为中心，使两侧的形象相同或相似的形式美法则。有五种形式：(1)轴对称：指两个对象相对一直线而对称。若依轴线反折，则图形对合。对称性的任何一对对称点与轴的垂直距离相等，它们连成的直线与轴垂直。(2)中心对称：指对应于一中心点所构成的对称。任何一对对称点，其连线通过中心点，而且到中心点等距。若把图形旋转180°，则与其对称部分重合。(3)放射对称：任何一对对称点与中心点连线成一角度，且距中心点的距离相等，若把图形旋转这一角度，则与对称点重合。如风车、螺旋桨。(4)平移对称：平行移动图形而产生新型的对称状态。如一叠碗、一串珠是多于两个图形的平移对称。(5)膨胀对称：图形扩大或缩小成相似形。如树木年轮、指纹就是自然的膨胀对称。人体是以对称的形式出现的，如果与之组合的领型、口袋等附件和配件也是以对称的形式存在，服装会呈现稳重、庄严的视觉效果，但长久多看可能会有呆板的感觉。

对称式套装　symmetrical suit　讲究设计规整平衡的服装，风格严谨，1961年巴黎秋冬发布会上由设计师纪梵希(Givenchy)推出。服装的左右线条、造型是完全对称的，强调特殊造型的左右一致，如曲线门襟，间距不同的双排扣等，几何造型感很强。面料选用高档呢料。

对称图案 symmetrical pattern 图案的形式美表现。纹样相同或相似部分的相称组合样式。是平衡的特殊表现形式，主要表现为纹样的左右和上下对称、重复和相似对称。对称图案使视觉获得了稳定、平衡和秩序的美感，也使制作工艺、复制与生产获得了便利。是服饰图案中最常见的表现形式，如领口、门襟、袖边等图案的对称设计。

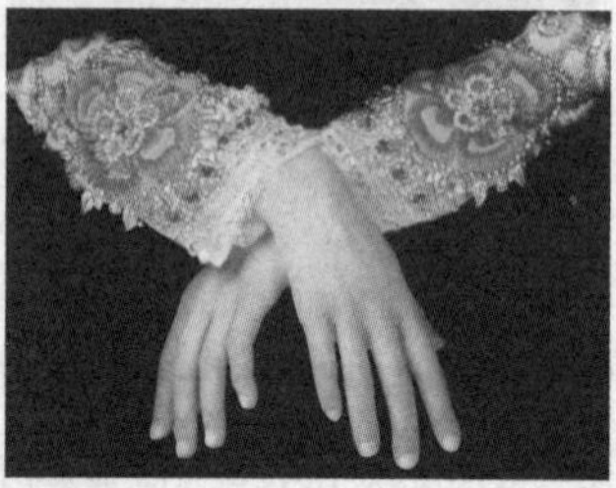

对称图案

对刀 notching 为使服装衣片在拼合缝制时能准确一致而在相关部位作对位记号的工艺。通常用剪刀剪成V字形刀口，或用专用工具剪成T字形刀口。

对合焊接缝 contacted fused seam 熔接缝合的缝型类型。由两片涂层缝料组成，无限布边共处一侧，有限布边相互对合的熔接缝型，熔接缝份的宽度一般为10 mm。

对合裥 box pleats 裥的种类。由中间向两边折叠而成。

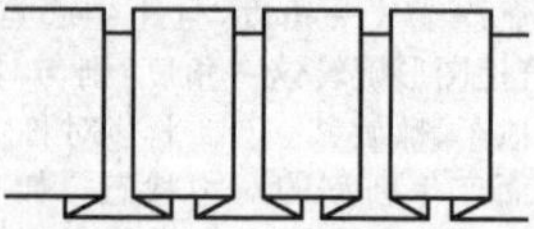

对合裥

对合折裥符号 opposite direction pleat 服装结构制图符号。表示对合折裥自高向低折倒两个方向。多用于男、女装腰袋造型。

对合折裥符号

对花 matching pattern 制作有花型图案的服装时，对关键部位的花型进行完整排列的动作。一般用于高档男女衬衣、睡衣及外衣。

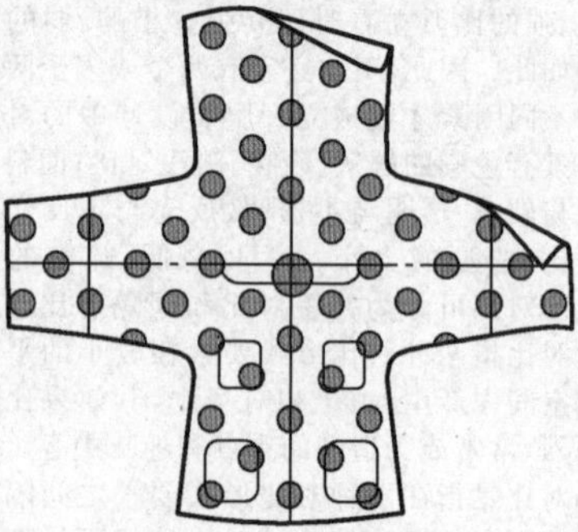

对花

对接缭针 docking stitching 即“对接缲针”(112页)。

对接缲针 docking stitching 又称对接缭针。缲针的一种。按缲针针法运作，但成缝时须确保两块缝料边缘吻合，且线迹宽度一致，宽松适当。常用于两块缝料的对拼缝合。

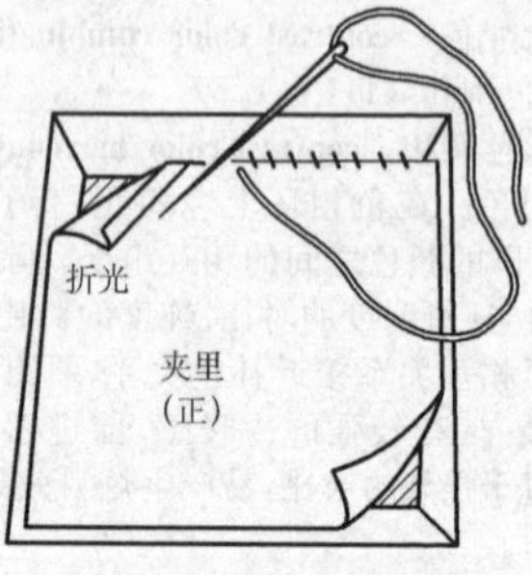

对接缲针

对接图案 plain-linked pattern 即“平接图案”(393页)。

对襟 front opening 上衣门襟分成左右两片但并不重叠的结构样式。如拉链对襟、套纽对襟、盘花纽对襟、葡萄纽对襟等。

对立色 opposite color 又称相反色。(1)在色相环中相对180°位置的颜色。(2)暖色与冷色、白色与黑色等对比色彩。

对流散热 convection 随液体或气体等流体的移动，而使热量进行传递的一种接触散热方式。是着装人体体热散失的一种途径。

对帔 duipei 中国传统戏曲袍服中"帔"(384页)的一种组合应用。将色彩、绣饰、纹样完全一样的男、女团花帔用于夫妻，如《望江亭》中的白士中和谭记儿、《宝莲灯》中的刘彦昌和王桂英。

对条格 matching check and stripe 排料裁剪时使各相关衣片的条格对称吻合的动作。如前后裤身、前后衣身、袖身、领身等相关部位有这种要求。

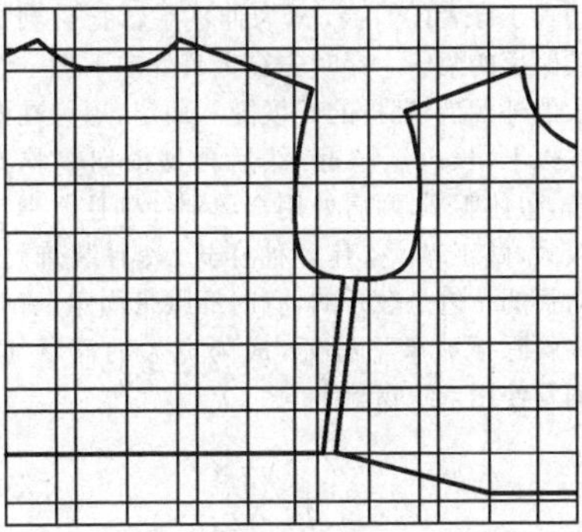

对条格

对位记号 balance marks 服装结构制图符号。表示相关衣片两侧的对位。前侧用单横线表示，后侧用双横线表示。

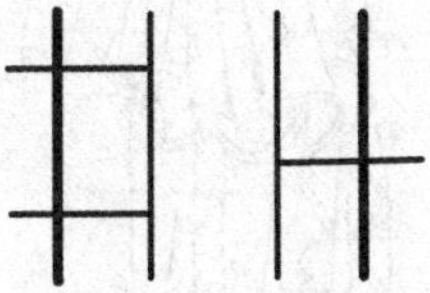

对位记号

顿项 dunxiang 即"固项"(189页)。

多臂提花织物CAD dobby fabric computer aided design 见"计算机辅助机织物设计"(241页)。

多步曲折型锁式线迹 multi-step zigzag lockstitch 国际标准ISO 4915中编号为308号的线迹。针法类似301号线迹，由一根针线1和一根钩线a相互串套形成的线迹。连续的每两个线迹排列成曲折形针线线迹。用途与曲折型锁式线迹相同。

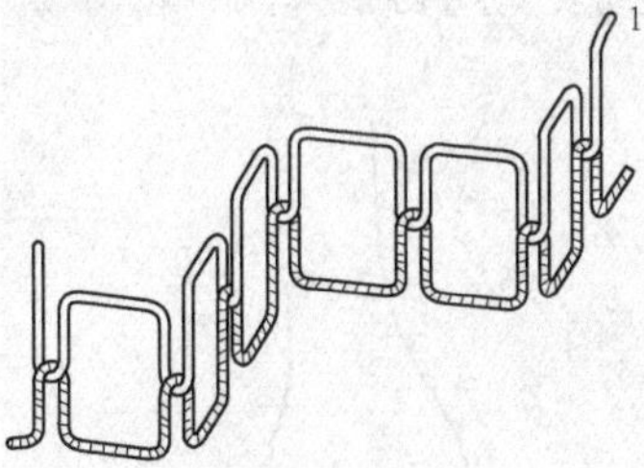

多步曲折型锁式线迹

多层式着装 layered wearing 着装风格的一种。采用多套服饰层叠组合以产生节奏感、层次感。整体印象为活泼、随意、时尚。多层组合常见的有马甲或短身上装、长衬衫或圆领衫与长裤、短身上衣与连身短裙、中长外衣与短裙等，往往穿在里面的比外面的衣物长，每件服装的颜色均有不同，但搭配协调。适合年轻人穿着。

多层针织物 multiplayer knitted fabric 产生多层镶饰效果的针织物。由电脑横机在编织过程中自动将附件合拼于针织物坯布中，形成新型的多层次的花型效果，包括流苏、花边、叠层等，立体感强。多用于制作毛衫类产品。

多重裥 accordion pleats 见"顺裥"(488页)。

多重色效应革 multi-tone finished leather 皮革表面涂层颜色在不同视角、不同光线下，有着不同的颜色差异，呈现多重色彩效应的皮革。表面涂层材料中掺入特殊的荧光颜料或发光颜料，从而显现多彩的色泽效应。主要用于装饰性强的场合以及制作包袋、服装、鞋类等。

多段底 multi-stage outsole 为了合理使用橡胶，根据外底各段不同的穿用要求，采用不同性能要求、不同含胶率及不同颜色的胶料拼合压延成型的鞋外底。将压延外底分为前端、前掌、脚腰、后跟4个部位，再加上各部位间的过渡段，共为7个段，称七段底；装跟的底自脚腰向后为一个厚度，此时只有5个段，称五段底。统称为分段底。如胶料的颜色不同则称为分色底。此外底主要用于橡胶鞋的生产。

多尔门袖 dolman sleeve 袖窿腋下处宽大而袖口狭窄的袖型。源自土耳其人着装。袖下缝线与衣身胁线连成圆弧状。一般具有六分、七分及八分等长度变化，袖口贴合手腕。

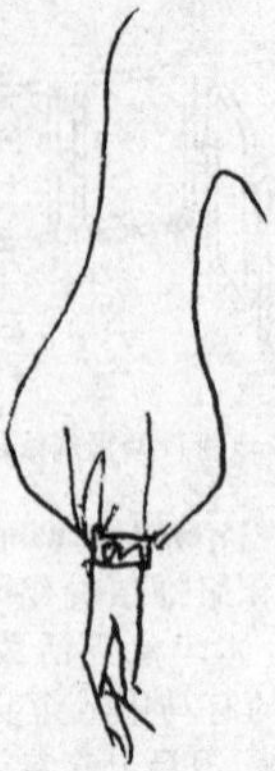

多尔门袖

多功能家用缝纫机　multifunction household sewing machine　又称电动家用机。家庭或服装小作坊使用的多功能缝纫机。由针杆机构、钩线机构、送料机构、挑线机构、针迹调节控制装置、压脚机构和电子式速度控制机构等部分组成。具有缝纫照明、自动穿线、任意倒缝、双针缝纫、锁眼、钉扣、缝拉链、织补、包边、缲边、字母绣和贴布绣等多种功能，可以做直线缝、曲折缝、钉扣、锁眼、锁边、装饰花边和绣花等。

多行抽碎褶　multi-row gathering　面料横向车缝数行形成的碎褶。可采用多种方法形成多行抽碎褶：松紧线抽褶、松紧绳抽褶、抽拉底线（普通缝纫线）用窄布条固定碎褶、抽褶器打褶、刺绣法抽碎褶等。

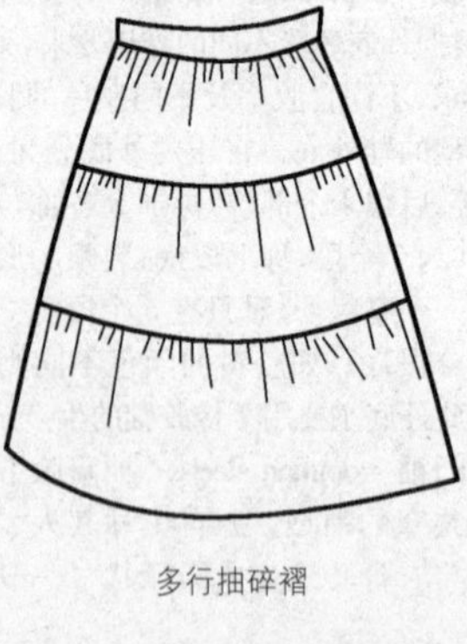

多行抽碎褶

多卷式发型　multi-curly hair style, multi-ringlet hair style　一种希腊风格发型。一般为短发，以颈背处稍短，前顶部较长的层次修剪，使头上半部发量充足，再根据需要以不同方向整体卷发，通过整形达到满头蓬松、柔软、不经意的卷发效果。卷发中许多不同风格都由此而来。

多利亚式基同　doric chiton　古希腊著名服装。多为女性所穿，男子穿着较少。其长边大于穿者的身高，宽为伸平手臂指尖到指尖距离的两倍。穿时先在上身处向下做一个大的外翻折，翻折的长度随意而定，短可在腰线以上，长可至膝部；然后再做横向平均对折，包住躯干，两肩处用金属别针别住。别针较大，做工精美，有多种样式，具有装饰性。对折的一边是敞开的，有时靠腰带固定，有时在腰际下或腋下缝死，成为宽大的筒状裙。通常使用毛织物制作。

多利亚式基同

多色彩　multicolor　一件衣料中使用两种以上颜色的重叠花纹之总称。1967 年期间曾作为流行色的配色特征，在色织花样与印花花样中用鲜明的色彩显示出来。

多头电脑绣花机 multi-head computerized embroidery machine 能同时进行多个相同图案加工的绣花机。每头所含的机针数表示可满足所绣图案需变换的缝线颜色数。机头数5～28个，机头中心距108～520 mm，针距0.1～100 mm，转速120～900 r/min，刺绣范围(180 mm×300 mm)～(450 mm×680 mm)，最大绣花架移动量450 mm×750 mm。

多纤维协定 multi-fiber arrangement, MFA 又称国际纺织品贸易协定。国际纺织服装贸易的重要协定。MFA主要目的是促进发展中国家的经济和社会发展，保障它们的纺织品及服装出口收入增加。参加本协议的有经济发达国家和发展中国家，包括世界各主要纺织品及服装的进出口国和地区，我国于1984年正式加入。原协议只限制棉、毛和人造纤维、纤维制品和服装产品，1986年协议又增加了对苎麻和丝混纺等植物纤维的限制(真丝织品除外)。MFA规定从1995年1月1日至2004年12月31日逐步取消国际纺织、服装贸易的配额。

多线链式线迹 multi-thread chainstitch 国际标准ISO 4915中编号为400级的线迹。用线量较多，弹性及强力都较锁式线迹好，缝纫时不用梭芯，效率高且不易脱散。常用于弹性较强的面料和受拉伸较多的部位，如牛仔服、运动服等。

多元品牌策略 multi-brand strategy 避免单一目标市场竞争风险的品牌营销策略。目标市场集中，特别是服装商品，容易被消费者辨识、认知，对消费者的吸引力大。但若目标市场过于集中，品种单调，容易被竞争对手模仿而销售额增长受到限制。大中型服装企业针对市场和顾客需要，可确立多个目标市场，开发相应的品牌，这样既能扩大经营领域和销售潜量，又不会造成目标市场混乱和市场错位，多元品牌协调得当，企业将获得全方位、平衡的发展。

多针链式装饰缝纫机 multi-needle decorative chainstitch sewing machine 又称链缝装饰机。带有花式缝迹针床或起褶装置的多针链式缝纫机。由针杆机构、弯针机构、拨线机构、挑线机构、花型摆动机构、起褶装置和滚轮送布机构等部分组成。线迹形式是401号链式线迹。速度2000～4200针/mm，针数2～12个，线数3～8根，针距1.4～5 mm。缝迹可变，并有打褶功能，弹性好、强力大，适于窗帘和床罩等寝具的装饰缝、中厚面料和皮革服装的松紧带加工以及各类服装的镶边、滚边、抽纱等装饰作业，效果与多针链式缝纫机相同。

多脂鞋面革 oil-pull-up effect leather 皮面涂以一种特殊油脂，使皮面顶崩、弯曲时具有变色效应的特殊性皮革。多用牛皮加工，可分为：(1)粒面形式，皮面天然粒纹良好的加工成全粒面多脂革，皮面顶崩、弯曲变形时颜色明显变浅，变形恢复时，颜色随之恢复原样，这种变色效应革又称普拉普效应革；(2)反绒面形式，皮面粒纹损伤较大时，可加工成反绒多脂革。由多脂鞋面革制成的皮鞋柔软、舒适，并有较好的防水、防油作用，牢度较好，耐磨、耐刮性均较好。广泛用于制作劳保鞋和休闲类皮鞋。

多直线型锁式线迹 multi-track straight lockstitch 国际标准ISO 4915中编号为307号的线迹。四根针线(1、2、3和4)的线环从机针一面穿入缝料，与钩线a交织，在缝料的另一面形成的线迹。缝料表面显示为四根直线形针线线迹。一般用于表面需四针形线迹的止口缝合。

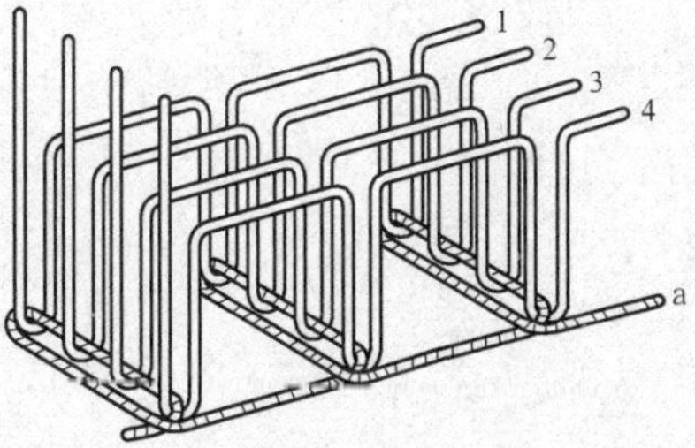

多直线型锁式线迹

朵花图案 floral pattern 由一种或多种花头构成，描绘花卉花头的图案(图见下页)。花朵形态寓意美好，是服饰图案中常见的纹样之一。朵花图案在中国的唐代服饰中已成风气，有牡丹、芙蓉、莲花、梅花、桃花、菊花、葵花等写实花朵，以及意象化的宝相花图案。

朵花图案

朵帕 duopa 又称四棱花帽。维吾尔族小花帽。"朵帕"为维吾尔族语，意为繁花似锦。由四块形如莲花瓣的布缝合而成，上方下圆，有四条凸起的棱，用锦缎、平绒或金丝绒制作，以花卉、果实图案为主。也绣有巴旦木、杏花等纹。男女均戴。

朵帕图案 uygur ethnic square hat pattern 即"维吾尔族方帽图案"(542 页)。

垛子头 duozitou 传统戏曲男式盔头的装饰配件。形似方形帽子，贴银点翠，加缀光珠及大红绒球，很小，仅可置于头顶心。用时簪于紫金冠或"孩儿发"(197 页)顶上，如《穆桂英挂帅》中的杨文广。

E

俄罗斯皮革　Russia leather　以俄罗斯小牛皮经植鞣(桦树皮)鞣制,经桦木焦油处理后具有香味的皮革。手感柔软而舒适,牢度尚好。如今其他地区模仿俄罗斯皮革风格,采用不同工艺也能生产出类似的软性皮革。可用于制作手套、鞋靴等,也可用于装帧图书。

俄罗斯族服饰　Russian ethnic costume and accessories　中国俄罗斯族衣着和装饰。俄罗斯族主要分布在新疆、内蒙古、黑龙江。男子穿白色宽松的竖领套头衬衫,领口、前胸、袖口有几何刺绣纹,着长裤、皮靴,束腰带。冬季戴皮帽,穿皮短衣或翻领毛皮大衣。女子梳双辫或短发,戴彩色头巾或系彩带于头顶。浅色绸上衣,领、袖、衣襟有几何刺绣纹,色彩鲜艳,外罩无袖方领深色连衣裙,外出披织绣长披肩。戴耳环、项链或十字架。

俄罗斯族女子服饰

俄式靴　Russian style boots　俄国设计师所设计的紧贴腿肚的时尚高筒皮靴。靴筒口多为直线形,筒高齐膝,靴头较尖,卷跟,鞋筒有拉链。俄式靴的出现,取代了系扣式女靴,20 世纪 30 年代曾风行一时。

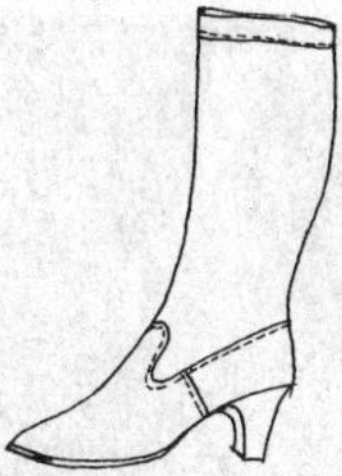

俄式靴

鹅毛翘肩型　goose feather warped-shoulder style　即“耸肩型”(496 页)。

蛾绿　elyu　中国古代画眉材料。源自波斯,隋唐时非常流行。五代以后渐为中国自产的画眉墨所取代。

蛾眉　delicate eyebrows　中国古代妇女画眉样式。形状像蚕蛾触须般纤长、柔曲的眉型。宽窄曲直可有差异,可以是细细弯弯,也可以是平平直直,但是普遍修长柔美。通常经染画而成。亦指男子的纤眉。

蛾眉

额花　adornment on brow　饰于额间的“花子”(218 页)。中国古代妇女面饰。

额黄　yellow adornment on brow　中国古代妇女面饰(图见下页)。以黄色粉末涂染于额,以为装饰。始于汉代,流行于六朝。先为宫女所为,后流传至民间。所涂颜料在西安郭家滩唐墓曾有出土,盛放在小铜盒内,呈粉末状,浅黄色。涂额方法约有两种:(1)平涂法,整个额部全用黄色涂满;(2)半涂法,仅涂一半,或在发际,或在眉骨,以清水渐渐过渡,呈晕染状。

额黄

额黄妆 forehead yellow make-up 又称佛妆。中国古代妇女在额头上进行修饰的一种妆型。起源于秦朝，南北朝时期盛行。与信仰佛教有关，佛的额前总有象征神性的金色，信仰佛教的妇女开始学着在自己额头画上相似的黄色，即额黄，并称此妆为佛妆。涂额黄的方式分为染画和粘贴两种：(1)染画。用画笔沾黄色染料涂在额上，根据各人的喜好可以将整个额头都涂成黄色，也可以只涂上面或者下面的一部分；画好形状后以少量清水将边沿晕染开，以达到一种自然的效果。(2)粘贴。用胶水将黄色材料(纸或者棉、金等)制成的薄片状的饰物粘在额头上，使用方便，形状变化丰富，可以任意裁剪，故又称花黄。南北朝时期，女子除了额黄，还会在额前贴彩色甚至黑色的花子来装饰。蒙古族妇女也喜欢额黄妆，同时配以一字眉和眉间美人痣。

额状面 forehead plane 又称冠状面。经过人体重心线位置，并垂直地面、矢状面的平面。额状面将人体分为前后两部分。见“人体测量面”(426页)。

鄂伦春靴 Oroqen boots 我国北方少数民族鄂伦春人用狍子皮作靴面靴底，将兽筋晒干敲打成纤维作线缝制的皮靴。上绣各种植物的茎叶花朵等图案。人死后棺材里也要放入生前穿过的靴鞋。

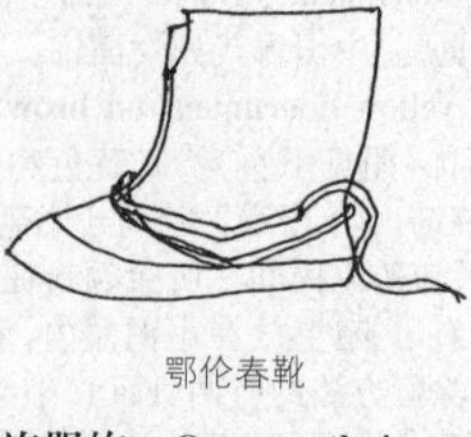

鄂伦春靴

鄂伦春族服饰 Oroqen ethnic costume and accessories 中国鄂伦春族衣着和装饰。鄂伦春族分布在内蒙古、黑龙江等地。男女皆穿大襟袍，多狍皮制。领、衣襟、袖口、下摆镶黑色薄皮云头纹，用猞猁或狐狸皮作领边。男袍长至膝、前后开衩，纽扣为木、铜或兽骨制，系皮腰带。着至膝长裤、外套兽皮裤，戴皮帽，穿皮袜、着皮靴，戴皮手套。女袍长至膝下，两侧开衩，扎黄、紫、蓝色等布腰带。着皮长裤、裤管镶有云纹。冬戴皮帽，夏戴缀有彩色珠串、纽扣、贝壳等的头饰。表示爱情信物的荷包上绣有南绰罗花。女子戴耳环、手镯、戒指，男猎手右拇指戴指环。衣、鞋、帽、手套、褥子、马褡等物品都绣有花卉、蝴蝶、角隅花、斜回纹、几何纹等图案。儿童帽用完整的狍头皮制作。

鄂温克族服饰 Ewenki ethnic costume and accessories 中国鄂温克族衣着和装饰。鄂温克族分布在内蒙古和黑龙江等地。男女均穿立领，右衽长袍，袍长至膝下，领、袖、衣襟、下摆用布或毛皮镶边。男子衣色为蓝黑、外罩布或缎面的羔皮袄，也有对襟短皮袍。外套皮套裤，套裤膝盖处绣圆形花纹。戴狍或鹿头皮制成的帽子，也戴蓝布圆锥帽。帽顶饰流苏。着绣花皮靴。女子衣领较大、着对襟皮长袍，领下、双肩、前后胸襟、下摆开衩处多饰花边，少女袖口处用多层边饰，年长妇女多于胸侧挂香囊荷包。衣色为红、绿、蓝等。戴耳环、手镯、戒指。常用图案有花、草、树、蝴蝶等。男女皆着皮筒靴、登软靴。

鄂温克族妇女服饰

鳄鱼皮革 alligator leather “爬行动物皮革”(381页)的一种。鳄鱼原皮经鞣制加工而成的皮革。表面有粗大而无规则的鳞片花纹，凹凸明显、立体感强，头颈、脊背部位尤为明显，坚实耐用。资源稀少，价格高。主要产于北美洲墨西哥地区。制作箱包、皮带和装饰性强的革制品，也可用作鞋面革等。

鳄鱼皮鞋 alligator leather shoes 用鳄鱼皮为帮面制作的鞋。鳄鱼皮以特殊的花纹而深受欢迎，常用来生产高档系列产品，如皮包、皮夹、皮鞋、皮带等。

儿童风帽 **biggin, biggon** 即“比京帽”(28 页)。

儿童装设计 **children's wear design** 又称学龄儿童装设计。对 7～11 岁儿童所穿服装进行的设计。儿童的头部与总体身高的比例约为 1∶(5～6)。这个时期是儿童智力发育的强盛时期，已接触了大量外界事物，智力发展较快，有一定的思维能力和模仿能力，对美的敏感性增强。此时期孩子活动量较大，总体造型以宽松 H 型为主，女童可穿稍收身的 A 型。款式设计可运用育克、抽细褶和打揽绣等方法，使服装从胸下展开。可采用图案装饰，但内容与婴幼儿服装有所不同，女童宜采用小型花草图案，色彩对比不太强烈；男童宜采用活泼的卡通类图案，色彩搭配强调对比关系，协调明快，增强其天真活泼的特性。在面料的选择上可适当选用耐磨、易洗、有弹性的化纤、混纺面料。

耳环 **earring** 戴在耳际的饰品。大多为女性佩戴，一般左右耳成双。部分少数民族男性和一些前卫男性也有佩戴单枚的现象，用以点缀脸部，增加脸形美观。

耳毛子 **ermaozi** 又称飞鬓。传统戏曲假鬓的一种。将牦牛毛编织制成笔尖向上的倒毛笔头状物，长约 20 cm，插于耳际，象征倒竖的鬓发。用于净行扮演的性格粗犷豪放的角色，如《生辰纲》中的刘唐、《斩黄袍》中的郑子等。多与“扎”(634 页)、“一字髯”(609 页)配合使用，色彩必与所戴“髯口”(424 页)一致。偶有单用者，如《李陵碑》中的杨七郎鬼魂，《风波亭》中的王横、张保即不戴髯口而仅戴耳毛子。

耳暖 **ernuan** 即“耳套”(119 页)。

耳式皮鞋 **Oxford shoes** 又称牛津鞋。后帮设计成耳形的矮帮鞋。根据后帮与前帮的结构方式分为“内耳式皮鞋”(369 页)和“外耳式皮鞋”(535 页)。两鞋耳多以系鞋带的方式连接，达到紧固脚和鞋的目的，也称系带鞋或绷带鞋。耳式鞋的抱脚能力强，适应范围广，适于各种日常生活和工作运动用鞋。

耳式浅口鞋 **Oxford shoes with short toe top line** 带有仿耳形部件的浅口鞋。口门前端位置很靠前，鞋耳部件只作为一种装饰变化。分为内耳式和外耳式，但鞋耳不能对鞋的抱脚与否产生影响。

耳式浅口鞋

耳套 **ertao** 又称耳暖、耳衣。中国古代一种冬季用于防寒的耳饰。唐代流行两种式样：一种是用毛皮缝制成圆圈，套在两耳上；另一种是用绸布等缝制如耳形，里絮棉花、丝帛等，口沿夹缝兔毛皮等，用以保护双耳不受寒冷。随着人民生活的提高，棉皮帽将逐渐取代这种耳套，现已较少使用。

耳衣 **eryi** 即“耳套”(119 页)。

耳衣图案 **earmuffs pattern** 即“暖耳图案”(378 页)。

珥 **er** 又称瑱。中国古代妇女的一种珠玉耳饰。通常以玻璃、琉璃等晶莹透明的材料制作的空心圆筒，长约 2～3 cm，腰部收缩，两端或一端宽大，呈喇叭口。使用时以丝绳系缚，悬挂于耳垂，亦有将其系缚于发簪之首，插簪于髻。前者多用于士庶，后者多用于贵妇。

二层革 **split leather** 又称剖层革、二榔皮和二层皮。由较厚的动物皮剖出的第二层皮革。尽管牢度不如头层革，表面无粒面层，但经贴膜或磨绒等加工后仍可作为皮鞋、包袋、皮带、皮球等的面料使用，价廉实用。

二层革鞋 **split leather shoes** 用二层面革制作的鞋。二层革鞋的结实程度和吸湿性尚可，但不如头层革，而且经过涂饰处理，皮革的毛孔堵塞，透气性能降低，只能用于制作中低档鞋。

二层皮 **deep-buff** 即“二层革”(119 页)。

二层湿法涂饰革 **coated wet split leather** 以牛皮二层革为主体，表面采用湿法涂层与顶层涂饰工艺制成的皮革。湿法涂层的形成同“二层湿法移膜革”(119 页)，并在顶层进行较轻薄地涂饰。湿法涂饰革的顶层较薄，手感较软，较丰满，有弹性，有一定的透气性。主要用于制作鞋类、皮带等。成本较低。

二层湿法移膜革 **transfer wet split leather** 以牛皮二层革为主体，表面采用湿法涂层与移膜工艺制成的皮革。湿法涂层由聚氨酯材料制成。湿态凝聚时，可形成许多微孔；再对该湿法涂层进行移膜加工,形成二层湿法移膜革。表面光洁、平整,手感身骨比普通移膜革稍好,较柔软丰满。广泛用于制作鞋类、箱包、皮带等。

二层贴膜革 patch split leather 即“二层移膜革”(120页)。

二层移膜革 transfer split leather 又称二层贴膜革。以牛皮二层革为主体,表面采用移膜工艺加工而成的皮革。膜层材料由聚氨酯材料制成,表面花纹由预制在离型纸上的花纹转移而得。加工时,需在表面清洁的二层革上刷底胶,在离型纸上涂覆膜层材料,通过专门的转移涂膜机将二层革与离型纸压为一体,剥去离型纸,花纹即转移到薄膜表面,薄膜同时牢固地黏合在二层革上成为复合皮革。移膜革表面光洁平整,身骨较软,牢度尚可,但手感较差,有塑料感,无透气性。移膜革大大提高了天然皮革的利用率和使用范围,是一种低成本的良好资源,广泛用于制作箱包、鞋类、皮带等。

二方连续纹样 both directions continuous pattern 图案的格式。以一个基本组织为单元,左右或上下循环连接成带状图案,最常见的是植物题材,具有很强的节奏感秩序感及边饰感,以刺绣、印花为主要工艺,主要用于服装的袖口、领口、裙摆等部位,以及围巾、雨伞等服装饰品边饰,二方连续纹样也是许多民族传统服装常用的图案形式。

二方连续纹样

二级渠道 secondary-level channel 在生产商与最终消费者之间含有两个销售中介机构的渠道方式。生产企业以出厂价售予批发商,由批发商以批发价售予零售商,再由零售商以零售价售予消费者。我国服装大企业,中、小城市以及国际贸易服装营销常采用这一方式。

二节头皮鞋 two joints leather shoes 鞋帮仅分为前帮和后帮两大部分的耳式皮鞋。鞋的结构简单,分内耳式和外耳式。

二节头皮鞋

二郎靠 erlangkao 传统戏曲戎装“靠”(285页)的一种。供《宝莲灯》等戏中的二郎神专用。式样、结构基本同其他男靠,深黄色,特点在于“靠旗”(285页)为方形。

二榔皮 deep-buff 即“二层革”(119页)。

二涛 ertao 又称二涛髯。传统戏曲“髯口”(424页)的一种。基本形状与“满髯”(339页)相似,长片形,不分绺,将唇上、两腮及下颏完全遮住,较满髯薄和短,故称短满。用于老生行扮演的下级官吏、家人等。色彩有黑、黪、白三种,如《九更天》中的马义、《锁麟囊》中的薛良、《双官诰》中的冯仁即分别戴黑、黪、白二涛。

二涛髯 ertaoran 即“二涛”(120页)。

二挑 ertiao 传统戏曲“髯口”(424页)的一种。唇上两撮短须左右撇开且向上挑起,呈倒八字形。多用于武丑扮演的机警伶俐、滑稽善噱的侠客、义士,如《连环套》中的朱光祖、《铜网阵》中的蒋平。

二头乌皮 fitch fur 即“艾虎毛皮”(2页)。

二维虚拟试衣 two-dimensional virtual try-on 具有顾客试穿各款服装后显示人体二维静态着装效果功能的自动试衣系统。见“计算机辅助服装款式试衣”(239页)。

二衣箱 eryixiang 在传统戏曲中特指放置某种演出用服装的箱子。见“衣箱”(610页)。

二针三线绷缝机 2-needle 3-thread cover seam machine 两根机针线和一根弯针线的线环互相配合,穿套形成的有单面装饰线结构的绷缝机。由针杆机构、弯针钩线机构、挑线机构和张力调整装置等部分组成。线迹形式为406号绷缝线迹。适于裤带襻、裤带环、松紧带裤口等工序的缝纫作业。

二针四线绷缝机　2-needle 4-thread cover seam machine　两根机针线和一根弯针线的线环互相穿套，形成有双面装饰线结构的绷缝机。由针杆机构、弯针钩线机构、张力调整机构和绷针机构等部分组成。线迹形式为602号绷缝线迹。适于睡衣、内衣、裤子及汗衫等服装上的搭接、覆盖等工序的加工。

二字髯　erziran　中国传统戏曲"髯口"(424页)的一种。形似"扎"(634页)及"夹嘴髯"(246页)，髯唇上自两鬓连成一片，留一方口使嘴部露在外面。扎长60～70 cm，夹嘴长约20 cm，二字髯极短，长仅10 cm左右。用于不重修饰的莽撞人物及僧人。色彩有黑、黪、白三种。如《千忠戮》的《惨睹》中化装为僧人逃亡的明建文君戴黑二字髯，若干年后《搜山打车》中的明建文君则戴黪二字髯，《西厢记·下书》的法本戴白二字髯。另有唇上长仅寸许的短髭自两鬓连成一片，颏下再悬空吊搭一撮短须的髯口，也称二字髯。

F

发布会服装设计　collection garment design　在发布会上通过模特展示的服装设计。服装发布会主要有三个目的：(1)宣传品牌形象，通过富有个性的服装发布会，给观众留下深刻印象；(2)通过概念性设计，发布和传递流行信息；(3)服装企业通过服装发布的形式征求服装订单。由于服装发布会的目的不同，设计思路也不一样。宣传品牌形象的发布会，其服装的设计要求带有鲜明的个性，甚至是前卫怪诞的设计。发布流行信息的发布会，其设计既要有一定的超前性，又要具备实用服装的特征，在设计中反复强调流行因素，目的在于使人们接受。服装订货的发布会则采用非常务实的设计思路，努力使每个款式都能成为客户争相订货的热点。设计这类服装应该具有适当的超前意识，服装的风格、造型、款式、色彩、材质和细节能反映下一季的流行要点，同时也要考虑订货—生产—销售的时间差。

发布信息类时装表演　fashion show for information　服装行业中的某些协会或设计师等举办的发布会。如年度流行色发布会、高级成衣发布会、设计师个人作品发布会、时装设计院校学生毕业作品发布会等。旨在通过时装展示告诉人们关于时装的某些信息，如下一季的流行色、高级成衣的新特征、设计师最近的设计风格、毕业生的潜在设计才能等。对发布会的组织者来说，新闻宣传尤为重要，没有直接的商业目的。

发热鞋　heat producing shoes　在鞋腔内装有可自动发热鞋垫的鞋。鞋垫内密封有特殊材料，走路时通过脚对鞋垫的挤压，引起材料内部发生氧化反应，并逐步放出热量，达到暖脚的目的。材料一般可以水煮后再生，反复使用。

发射法　radioactive method　把基本造型按照发射的特点排列的服装设计方法。发射可分为由内向外或由外向内集聚的发射、以旋转方式排列逐渐旋开的螺旋式发射和层层环绕一个焦点的同心式发射三种。在服装设计中，往往把部分发射图形用于服装造型或局部装饰之中。

法国小牛皮革　French calf　皮革的一种。身骨丰满柔软，主要多加工成软性绒面革和软性漆皮革。主要用作女鞋类和包袋面料。

法国小羊皮革　French kid skin leather　皮革的一种。具有各种漂亮的颜色，手感特别柔软。常用作服饰材料。

法国鞋号　French size of footwear　即“法码”(122 页)。

法兰绒　flannel　粗纺毛织物名。采用 64 支精梳短毛，掺入 5%～15%粗绒棉或 30%以下的黏胶纤维为原料，用平纹、$\frac{1}{2}$、$\frac{2}{1}$、$\frac{2}{2}$斜纹等组织织制，经缩绒加工而成的呢面风格的混色粗纺毛织物。单位面积重量 260～320 g/m^2。呢面细洁平整、手感柔软有弹性、混色均匀，具有黑白夹花的灰色风格，薄型的稍露地、厚型的质地紧密，混纺法兰绒因有黏胶，故身骨较软。可用作春秋大衣、风衣、西服套装、西裤、便装等男女装面料。

法兰西裙　Watteau　即“华托服”(219 页)。

法码　French size of footwear　法国鞋号的简称。以鞋内底长度毫米为基准制订的一种鞋号。是世界上应用最广的鞋号。长度号以 100 mm 鞋内底长为起始号 15 码，而后按码(号)差 2/3 cm 累加，为 15，16，17，…，婴儿鞋为 15～22 码，小童鞋为 23～29 码，中童鞋为 30～33 码，大童鞋为 34～39 码，女鞋为 34～42 码，男鞋为 40～48 码。法国鞋号的肥瘦型以跖趾围长来表示，型差为 5 mm，一般在鞋号中不标识出来。

法勤盖尔　farthingale　文艺复兴时期的裙撑。用铁丝、藤条或鲸骨等支撑做成，使裙子看上去具有膨胀感及饱满效果。主要有三种样式：(1)吊钟形或圆锥形的西班牙式裙撑；(2)左右宽、前后扁的英国式裙撑；(3)置于臀腹部的轮胎型法国式裙撑。裙撑外面一般会缝制亚麻布的厚衬裙。

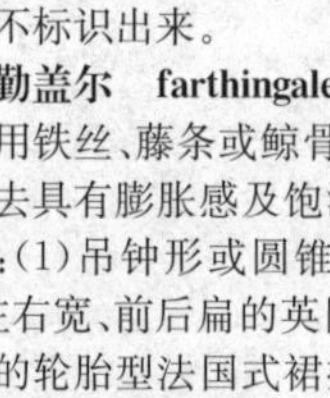

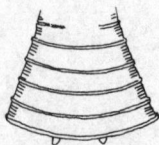

西班牙式裙撑

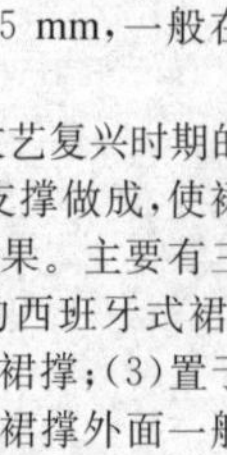

英国式裙撑

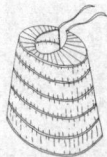

法国式裙撑

法式贝雷帽　French beret, pancake beret　又称盘形贝雷帽。盘状扁平帽冠的贝雷帽。比巴斯克贝雷帽宽些，斜戴并遮挡住眼睛。常用羊毛制作，藏蓝色。

法式省　French dart　前衣身省道种类。为使衣身形成半紧身造型，将腋下省和腰省组合，形成对准胸高点（BP）的长省道。只用在服装的前衣身，以保证胸部的隆起和腰部的收紧。外形光顺、修长、富有装饰性，常在紧身服装中使用。

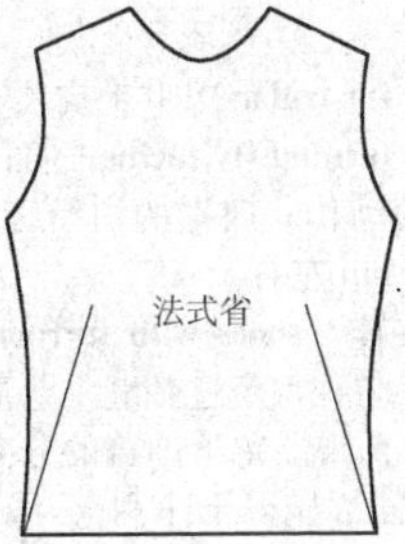

法式省

法式水兵帽　French sailor hat　饰以海军蓝的硬帽带和红毛球的无檐帽。常为海军蓝色或白色，用棉布制作。

法式无檐女帽　polka　即“波尔卡”（33页）。

法式渔人考福　Point l'Abbe coif　法国布列塔尼海岸的彭拉贝渔村妇女戴用的高帽冠的无檐帽。薄纱或蕾丝制成，常在颏下的右侧打结固定。

法式指甲　French manicure, French style nail　指甲前缘白色不透明，整个甲板呈透明粉红色的指甲造型。操作方便、线条简洁，能充分体现手指的健康形态，适用于表现状态完美的指甲。对指根部有半月区的指甲，效果尤佳。

法式制服　redingote　即“骑装长外套”（400页）。

法衣　fayi　中国传统戏曲中神仙、道士作法时着用的服装。由四幅长及足，顶端连缀在一起的色缎衣片组成，对襟，大领直贯到底，无袖、双手自两侧伸出。绣太极、八卦、日月等图案。穿着时内服“八卦衣”（9页）或素褶子。如《青石山》中的王道士、《借东风》中的诸葛亮等。

发髻帽　chignon cap　20世纪30～40年代戴在发髻上作装饰用的无檐小帽。用各种颜色的面料制成，有的用羊毛编织而成，常用作婚礼帽。20世纪60～70年代再度流行。

发鬏　fajiu　传统戏曲假发的一种。以铜圈为底座，在其四周束以牦牛毛，分别梳成三组：一组为突出于头顶的半圆形蓬松发团，一组为披散在脑后的发尾，另一组为垂于左右耳际的两绺鬓发。有黑、灰、白、红等色。用时将铜圈固定在“网巾”（539页）内，再用“水纱”（486页）束紧。如《群英会》中《打盖》时的黄盖戴白发鬏，《天门阵》中的萧天佐戴黑发鬏。

发饰　hair ornament　用于固定发型又起到装饰作用的女性服饰配件。通常采用塑料、金属、丝网等材料制作。主要产品有条形发夹、小发夹、发带、发棍和冕状头饰等。

发用化妆品　hair cosmetics　用于毛发的一类化妆品。(1)洗发用品，主要用于清洁头发，促进毛发正常的新陈代谢，包括洗发水、洗发膏、香波等；(2)护发用品，主要用于柔软头发，调理头发，使头发在干、湿状态时易于梳理，包括发油、发蜡、发乳、发水等；(3)整发用品，主要用于滋润头发，固定发型，起修饰和美发效果，包括摩丝、定形水、毛鳞片、润发露、亮发露等；(4)剃须用品，主要用于柔软须毛，便于剃除，同时兼具护肤和修饰作用，包括须前水、剃须膏、须后水等。

发质　hair quality　用于对头发状态进行分析的品质指标。分为油性、中性、干性、混合性、受损几种类型。因饮食习惯、体内激素、外部保养等因素而改变。

珐琅　enamel　通过加热被熔化到金属饰物上的玻璃。以石英、长石等作主要原料，并加入纯碱、石明砂等作熔剂，氧化钛、氧化锑、氧化铝等作乳蚀剂，金属氧化物作着色剂，涂覆于金属制品（例如金、银、铜等）的表面，经干燥烧成景泰蓝或搪瓷制品，具有保护及装饰作用。中国的珐琅制作是在明朝景泰年间发展起来的。喜用蓝料,故称景泰蓝。

帆布凉鞋 **canvas sandals** 帆布条带鞋帮,浅色橡胶底,通过粘贴法热硫化工艺生产的女式坡跟鞋。鞋帮条带式样较多,用和帮面条带同样的帆布包裹坡形后跟底,然后与鞋垫黏合,外贴橡胶底,成型后经硫化而成。易洗易干,主要为白色,很受医护人员及青年女性欢迎。20世纪60~80年代东北等地较流行。

帆船鞋 **boat shoes, sailing ship shoes** 从防滑性能较好的甲板鞋演变而来的矮帮浅口系带皮鞋。1935年保罗·斯佩里(Paul Sperry)在帆布运动鞋的橡胶底上设计了吸盘,甲板鞋诞生了。自此甲板鞋不仅成为帆船运动员的标准装备,而且还成为流行时尚。甲板鞋逐渐发展成用皮革材料制成的外耳式包底鞋,称为帆船鞋。

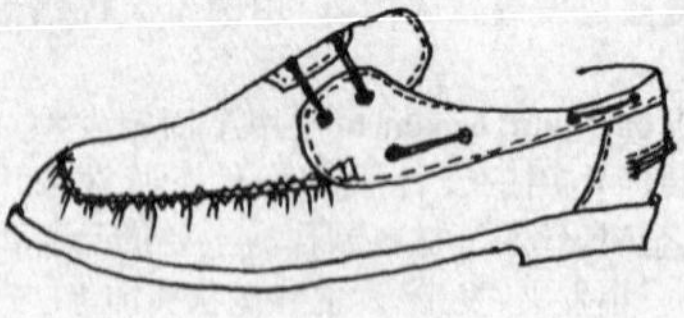

帆船鞋

翻 **turning over** ❶将反面相对缝合后的缝料翻向正面并熨实的工序。常用于服装零部件。❷制作御寒服装时将絮状填充料,如棉花、驼毛、中空纤维絮片铺入衬胆的工序。❸通过弹、拉等方式使服装中板结变硬的絮状填充物恢复蓬松状态的工序。

翻串带襻 **turning belt loop** 将已缝好的串带襻翻向正面的动作。由于布条较长,需用钩针钩住一端向另一端翻。

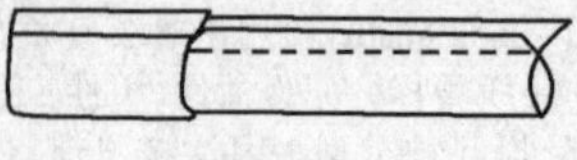

翻串带襻

翻克夫 **double cuff** 即“双袖头”(482页)。

翻立领 **stand and fall collar** 由领座部分和翻领部分缝合组成的领型,是立领的重要类别。其翻领与领座的缝合、翻折下的平稳性是其最重要的外观特征。

翻立领

翻领子 **turning collar** 将里缝缝合好的领身翻向正面的动作。

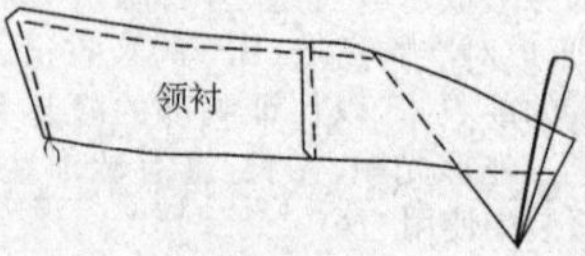

翻领子

翻毛领 **fur collar** 即“毛皮领”(343页)。

翻门襟 **turning fly facing** 将门襟缉好从正面翻出的动作。门襟的内缉缝缝份要小,一般为0.6 cm左右。

翻围子皮鞋 **shoes with surrounding upper parts** 围子与鞋盖经过翻缝工艺形成的围盖式皮鞋。在前帮上留下围盖的分割线但看不到线迹,使鞋帮显得干净利落,线条清晰、简洁。在进行花色变化时,常在线缝内嵌入异色皮条,增加装饰效果。

翻围子皮鞋

翻线 **thread bare** 鞋的缝线中里线翻到鞋面,面线翻到鞋里的现象。工艺设备或操作不当所致。

翻小襻 **turning tab** 小襻的面、里布缝合后将正面翻出的动作。注意要翻实翻平,正面可缉线或不缉线。

翻折领 **fold-over collar** 衣领结构种类。由领座与翻领形成一体并自然外翻的领型。其种类按前部造型分为敞开型、关闭型和可敞开可关闭型三种,敞开型翻折领是指领身前部外翻，翻领和衣身的驳头部位相连形成整体向外翻折的结构形式；关闭型翻折领是指领身前部（有领座或无领座）可以扣紧、包覆人体颈部的结构形式；可敞开可关闭型领是指领身可以向外翻折，也可扣紧、包覆的结构形式。其种类按领座的立体形态分为小于90°的外倾型、等于90°的垂直型和大于90°的内倾型；按翻折线的形状可分为直线型、圆弧型和部分直线部分圆弧型。按上述基本结构的领身与衣身相连的关系，又分为整体相连型和部分相连型，其中部分相连型使用较广泛。常用于男装、女装、童装中，具有较强的装饰性。

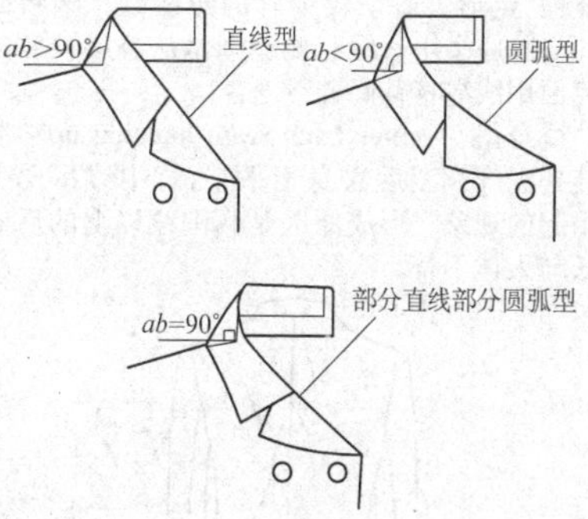

翻折领

凡·戴克领　Van Dyck collar　即“拉巴托领”（299页）。

凡立丁　valitin　精纺毛织物名。轻薄缜密的素色平纹精纺毛织物。原料以全毛为主，也有毛涤、纯化纤等品种。呢面条干均匀，织纹清晰，光洁平整，手感柔软、滑爽、活络有弹性，透气性好，以中浅色为主，如中灰、浅米等，也有少量黑色、藏青、漂白以及其他杂色。适宜用作夏季上衣、西裤、裙子等服装的面料。

樊哙冠　fankuaiguan　中国汉代殿门司马、卫士所带的冠。汉初樊哙所创。其形制如冕，宽九寸、高七寸、前后突出各四寸。相传鸿门之会，事急，樊哙裂裳裹盾，戴以为冠，直入羽营，力斥项羽背信，刘邦乘机得以脱身。汉代时，即模仿樊哙用裳裹盾的形制以为冠，颁赐予殿门卫士。南朝以后废除。

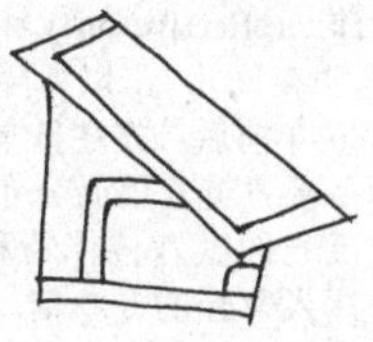
樊哙冠

繁弁　fanbian　即“武冠”（551页）。

繁复风格　complicated style　线型短、分割线复杂的服装风格。零部件多而琐碎，附件多，装饰复杂，线迹明显，硬性和反光材料居多。

繁化图案　busy pattern　图案的艺术表现手法。与简化图案相对应。在图形外轮廓或内部添加装饰花纹，以花套花、花叠花的手法，对原始物象进行联想式的繁复处理，以突出图形细腻华美的艺术特征。常见的有佩兹利纹和中国传统的团花图案等。

繁化图案

反复美学　repeat aesthetics　通过相同或相似要素的重复出现而产生的节奏与秩序的形式美法则。反复是面料图案组织的主要原则，体现秩序美。可分为单纯反复和交替反复。单纯反复是最简单的节奏形式，指某一种形式要素简单重复出现，节奏容易陷入平凡、呆板的境地，因此，运用单纯反复时，应该设法对细节或单元的性质作适当的改变，以免沉闷。服装设计中，百叶裥和折叠裥的设计、服装面料的单色和纯色的使用等都是单纯反复的实例。交替反复是指两种或两种以上的形式要素轮流反复，属于非单一性的节奏，效果比单纯反复好。反复的主要特征是创造形式要素间的单纯秩序和节奏的美，容易被视觉辨认，在视觉上既不产生对抗，又加强印象，增强人们的记忆。

反光安全鞋　reflective safty shoes　具有反光结构，适合于夜间步行，以保障人身安全的专用鞋。1985年前后首先在日本推出。所用反光材料为每平方英寸表面分布有4.5万个能产生强烈反光的微六棱体特种塑料薄膜。反光效果可达入射光的600倍，视距250 m，这种薄膜以热塑性高分子材料(ABS)为主体。通过各种形状组装在鞋的任何部位。在黑夜或暗处受光照射时，反光强烈，可令远处的车辆及早发觉并防止车祸事故。

反光面料表现技法　reflective fabric showing skill　表现反光面料的绘画方法。通常有两种：(1)比较简略的平涂法，将反光面料归纳为两三个或更多的层次，重点表现面料的受光面、灰调面、暗面，加大灰面与受光面的明度对比，使其产生光感，特别能表现面料大的转折、皱褶的光感；(2)较为复杂的写实法，将面料按写实的风格处理，表现反光面料丰富的层次，注重面料的细部变化，对面料的转折、褶皱进行深入刻画，面料的反光便会表现得淋漓尽致。

反光面料表现技法

反光性标志带　reflective trim　缝纫在消防员灭火防护服、高可视性警示服等防护服装外衣上，能反射光线作为标志用的面料。有利于提高可见性。

反栲　bleeding tannin spew　浅色皮鞋革面出现局部发黑的现象。制革过程中鞣料选择不当或后处理不当，残留鞣质从表面析出，接触空气后氧化变黑所致。反栲除了会造成鞋面变黑外，还有可能造成裂面。

反披头底　inverse slopped sole　也称反切口底。热硫化胶鞋的压延外底手工割底时，样板放在没有花纹一面所成型的鞋底。割成底形后，切口在底的反面，花纹面看不到切口，做成鞋后，底显得宽大。力士鞋曾用此种底。

反翘　turned　即“翘”(413页)。

反切口底　inverse slopped sole　即“反披头底”(126页)。

反绱布鞋　turning cloth shoes　鞋帮鞋底用反绱方式线缝连接的布鞋。按线缝方式分透缝(又称兜底绱)、侧缝和反绱等。反绱工艺最常见，简单适用：将鞋底反钉于木楦底上，缝制的鞋帮反套于鞋楦上，缝合鞋帮脚和鞋底，反转鞋帮，用大一号的木楦绷帮、喷湿、整理、定形。适于较柔软的布底鞋。塑料底和橡胶底多用透缝。侧缝则是从叠层鞋底的侧面用线绳将鞋底鞋帮缝合。

反身吊　center back seam hanging up　服装外观疵病。后衣身不平整，背中线呈向上吊起的现象。形成原因是胸围线以上的后衣长与人体不符。

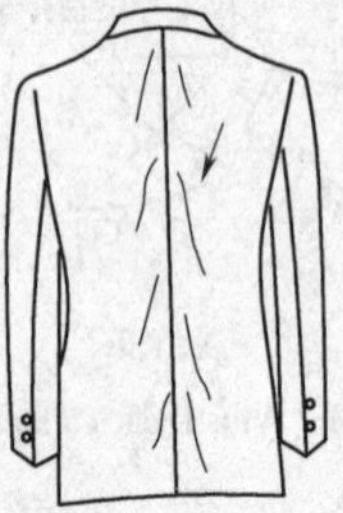

反身吊

反吐　facing lean out of front edge　又称吐止口。服装外观疵病。上、下两层衣片组成的衣缝止口，显示出不该在正面看到反面部分的现象。补正方法为将止口缝线拆开，重新缝制，使所有服装的止口作出里外匀量。

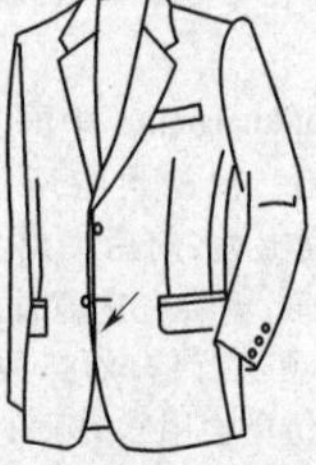

反吐

反向缭针　reverse stitching　即“反向缲针”(127 页)。

反向缲针　reverse stitching　又称反向缭针。缲针的一种。缝针由左向右穿刺，运行方向与其他缲针方法相反。常用于两块缝料的对拼缝合。

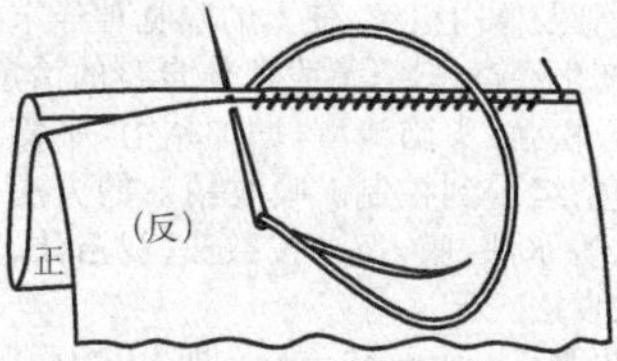

反向缲针

返修率　back repair rate　产品或经过某一工序加工后的半成品中由于各种原因而造成质量不符合标准要求，需要重新返回加工修改的数量占生产总数量的百分数。实际操作中，返修率一般根据检验人员检验发现缺陷后退回重新加工修改的产品或半成品数量进行计算，由操作人员自我检验后返修的数量不作统计。返修率的计算公式为：

$$返修率=\frac{返修件数}{生产总数}\times100\%$$

范阳粉　Fan-yang powder　以范阳(今河北省北部)之水制成的妆粉。

方登　flat and stiff　方正、平挺、有立体感，不瘪不皱。主要用于上衣的后部衣身近袖窿处部位的外型评价。

方格纹小牛皮革　boxcalf　“小牛皮革”(569 页)的一种。黄牛的犊牛和小牛的原皮经鞣制和特别加工而成的皮革。表面呈现小方格状粒纹，皮面伤残极少，皮组织紧密，粒面极细致，不显毛孔，皮革平滑，光泽柔和，抗拉抗撕强度较好，为高档皮革。德国出产较多，也较有名，因此也称德国皮革。主要制作高级皮鞋、皮带和皮包。

方格针钩编织物　checked stitch crochet　又称方眼针钩编织物。由长针与锁针组合，形成方格状的钩编织物。以锁针起针后，每隔数针挑锁针里辫子钩织长针一针后钩织锁针数针，重复钩编，最后以钩编长针结束。第二层先钩起立针数针锁针，再钩中间的数针锁针，在第一层长针上钩织长针，与第一层相同。锁针的针数根据花样和纱线的粗细而定。棉纱或细线比粗线更能表现方格的纤细，更紧密，直线更直挺。用于编织各类编织品和服装的下摆、裙带等。

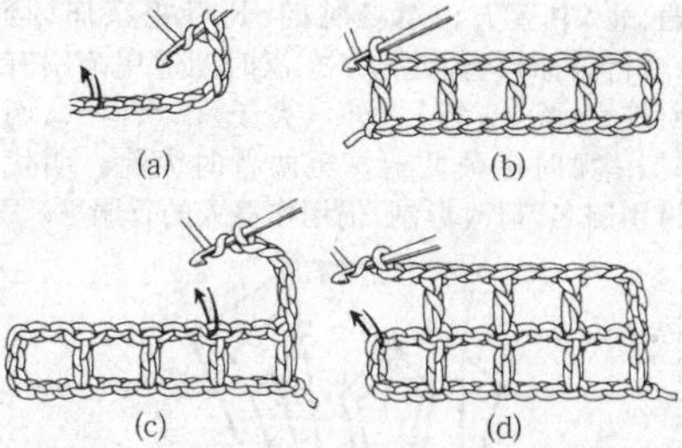

方格针钩编织物

方巾　fangjin　即“四方平定巾”(493 页)。

方巾帽　scarf cap　20 世纪 60 年代晚期戴用的用头巾系到帽舌上面并围绕头部系扎而成的帽子；也指长管状的针织或钩织的头巾帽。一端为开口戴在头上，类似“袜形帽”(534 页)。

方巾图案　square scarf pattern　方巾上所用的图案。内容涉及广泛，造型表现丰富多样。结构有独立式、二分之一对称式、四分之一重复式、中心独立加二方连续边框式、中心连续循环纹加二方连续边框式等，是集单独纹样、适合纹样、角隅纹样、二方连续纹样于一体的图案设计样式。结合折叠颈饰佩戴和披肩佩戴等效果，方巾的四角和中心都成为纹样设计的重点。方巾图案以真丝印花为典型样式，因尺寸大、外形方正的特点，为绘画式图案的表达提供了契机，许多画家名作或风景场景被印染在方巾上，使方巾具有旅游纪念等功能。

方口鞋　shoes with square toe top line　口门造型呈方形的浅口鞋。分为：(1)大方口门鞋，较传统，前脸比较长；(2)小方口门鞋，类似尖口鞋，较时尚。方口门的造型适于方头楦，楦头前端比较平齐，给人以潇洒飘逸的感觉。

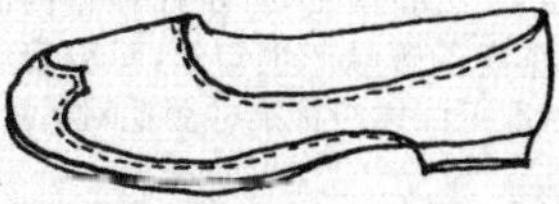

方口鞋

方色　fang color　即“五方色”(549 页)。

方山冠 **fangshanguan** 中国古代舞人、乐者所戴之冠。通常以铁丝为骨，分别以青、赤、皂、白、黄等五色细縠为之，以象征东、南、西、北、中五方。秦汉时期，凡祭祀宗庙、行《五行》舞时均戴此冠。东汉时期适用范围有所扩大，除《五行》之外，《大予》、《八佾》、《四时》诸舞时也戴此冠。至两晋时废除。明代沿用旧名，但改形制，仍用作舞人的首服。

方山冠

方头锁眼 **straight buttonholing** 扣眼近止口一端成方形的锁缝扣眼。用左手捏住扣眼的尾部起针，缝针从扣眼底层向上挑缝，出针时先不拔出缝针，而用右手将针尾线由下向上缠绕在缝针上，依次按顺时针方向作重复动作，缝至尾部可来回缝两针，线迹与起针对齐。常用于细薄布料制成的内衣。

方头鞋 **square toe shoes** 鞋头造型为平直形的鞋类。在鞋的前端，有一条明显的平直线，鞋头两侧可以设计成圆弧形或棱角形。方头鞋分大方头鞋和小方头鞋两类，大方头鞋显得宽厚、纯朴、坚强有力；小方头鞋则给人以敏锐、权威、冷漠的感觉。

方箱式织物勾丝仪 **saw-tooth box snagging tester** 用于检测织物勾丝性能的设备。与“箱式起毛起球仪”(565页)的测定方法相似，在箱内壁加入标准角钉或锯齿条后即可进行勾丝试验。试验箱旋转，试样在箱内滚动与角钉或锯齿条碰触产生勾丝，至设定的试验次数后，取下试样与标准样照比对，评出抗勾丝等级。

方形脸 **square face** 两腮部区域突出，前额较宽的脸形。

方眼针钩编织物 **filet stitch crochet** 即“方格针钩编织物”(127页)。

芳香疗法 **aromatherapy** 一种使用天然纯植物精油的疗法。通过对人体生理、心理等方面进行调节，以达到治疗皮肤病的目的。精油是植物的精华，为化学混合物，含有醇、醛等成分，具有医疗作用。能够迅速渗入肌肤、血管及体内组织，使人的嗅觉神经末梢感受器产生兴奋作用，激发肌体自身的治愈力，使身心松弛，头脑清醒，增加精力，平衡内分泌，使情绪得到控制。吸收精油的方法有熏蒸法、香水法、吸入法、按敷法、浸浴法、涂敷法、饮食法。

防尘服 **dustproof wear** 即“无尘服”(547页)。

防尘帽 **dust cap** 20世纪早期妇女做家务时戴用的一块在圆形面料外围用橡皮筋收拢而成的无檐帽。

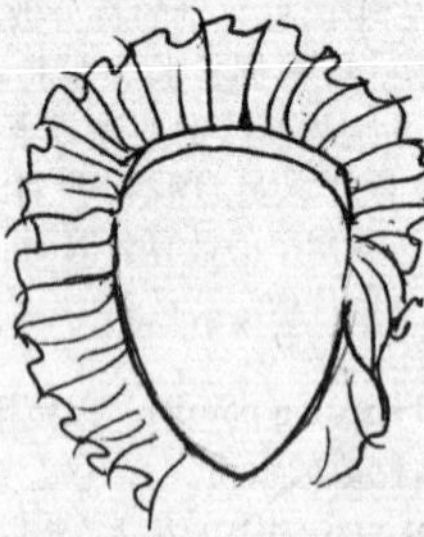

防尘帽

防刺穿鞋 **pierce resistance shoes** 以皮革或帆布为帮面，弹性极好的橡胶为鞋底，内外底之间嵌有特制防刺穿薄钢片或其他高冲击材料制作的片材，经模压硫化工艺加工成型的高腰或半高腰鞋靴。鞋底厚度一般为12～16 mm。不仅踩在有钉的木板上不会刺伤脚，即使从半米高的地方往有钉子的板上跳，也不会被刺伤。可供矿山、消防、建筑、林业等工作人员穿用。

防弹服 **bullet-proof clothing** 保护人体(特别是重要部位)不受枪(炮)弹及其碎片伤害的个人防护服装。多为背心式，结构上有服装外套和防弹体两部分。用优质钢、合金钢、不锈钢钛合金板及氧化铝防弹陶瓷等材料制成鳞片状或板状的硬板，作为防弹体，插入服装外套内，发挥硬碰硬的防弹作用，称为硬体防弹服。如早期的金属铠甲式。近来多用混纺纤维布或防弹纤维布制成外套，防弹体用多层柔软且高强的织物（如芳纶、玻璃纤维布、聚酯复合物、聚乙烯无纺布等）叠合缝制而成，发挥以韧克刚的防弹作用，称为软体防弹服。如美国轻型软体防弹服，由13层凯芙拉纤维层构成。由软质防弹材料和硬板组合而成具有防弹功效的复合结构形式，称为多用途防弹服，又称软硬体防弹服。如美国的多层凯芙拉纤维布加陶瓷板防弹背心；我国的特种钢片加防弹织物的防弹背心等。硬体防弹服能较好防护弹片及刀刺的伤害，但质重且不便行动。软体防弹服重量轻、质地柔软、韧性好、牢度好，但尚不能有效抵挡高速枪弹。多用途防弹服具有较好的综合防护作用。

防地雷鞋　anti-mines shoes　专供工兵探测或扫除地雷时穿用的鞋。主要防雷原理为：(1)增加鞋的踏地面积，分散人体重量使之低于地雷引爆压力。以色列的防地雷鞋采用轻质充气鞋板捆扎于士兵的鞋底上，以分散重量。放气折叠于军用包中，一旦需要几秒钟即可充气捆扎。(2)地雷爆炸时，由于鞋结构厚实，用材坚固，可减少人员伤亡。英国工兵的防地雷靴用高密度凯芙拉纤维浸渍环氧树脂制成，底厚18 cm，内用不锈钢架空，即使地雷爆炸也不至于伤人。

防电磁波织物　radiation protective fabric　即“防辐射织物”(129页)。

防电磁辐射纤维　electromagnetic radiation proof fiber　防无线电波，即频率低于300 GHz电磁波的纤维。种类较少。将铜粉加入湿纺黏胶纤维，可纺制线密度为1.1～16.5 dtex的长丝及38～171 mm的短纤，用该纤维加工的织物可制作计算机罩、服装等，防电磁波效果较好。由于纳米材料特殊的结构，其对电磁波的透射及吸收率比微米粉末大很多，可以用来制备防电磁辐射纤维。

防辐射服　radiation-proof suit　又称放射线防护服。医疗上用于防止X射线，工业上(如核能部门)用于防止放射性物质释放的α、β、γ射线等对人体危害的物质时使用的服装的总称。主要有以下种类：(1)体外受污防护服是防护身体外侧暴露于放射线之下的一类防护服。防护对象主要为X射线与γ射线，常采用铅板、含铅材料制成全身防护服。另外也用橡胶手套、塑料制的面罩来防护β射线。医疗用X射线防护服是医生在用X线诊断病人时着用的防护服。多为围裙式或背心式，材料为含铅橡胶或乙烯塑料。另外还配用X射线防护手套、铅玻璃制成的X射线防护眼镜，含铅乙烯材料制成的防护帽等。(2)体内受污防护服是在有放射性污染的场合进行作业活动时着用的服装，作为人体与表面污染、空气污染的隔离物，同时使用氧气面罩、空气面罩等设施，重点防护呼吸物、摄取物导致的体内污染。这种防护服除具有防辐射安全性外，还有耐牢度、耐化学药品性、舒适性等方面的要求。(3)送气式防护服是在一定的污染区域内活动或操纵机器，处理废弃物时使用的一种防护服，主要特征在于服装为全身密闭型，通过管道将清洁的空气由压缩机或压力筒提供给作业人员，送气管长度通常不超过20 m。送气分向头部和向全身送气两种，后者耐污染程度高。此时服装内的气压高于外部，又称为加压服，材料为天然橡胶、合成橡胶等，厚度在0.2～0.5 mm，造型上有连体型和上下装分离型两种。通过拉链、紧固绳等实现穿脱，袖口、裤脚口等开口处均为两层，手套、靴子夹于其间，由头部、背中部的过滤器排气，服装的气密性要求很高。(4)自给式防护服是在事故后的探查或不能使用送气式防护服的场合短时间作业时用的防护服，由背负的空气筒通过面罩来保证呼吸。服装本体的材料与送气式防护服相同。空气污染程度低的场合采用覆盖整个面部的保护面罩，由活性炭等材料制成过滤器。这种防护服的舒适性、活动自由程度较差，气密性要求高。

防辐射纤维　radiation proof fiber　基于对人体的防护，开发的一系列防辐射纤维材料。如防电磁辐射纤维、防微波辐射纤维、防远红外线纤维、抗紫外线纤维、防X射线纤维、防α射线纤维、防中子辐射纤维、防激光纤维、防宇宙射线纤维等。有一定强度和弹性，易于织造、裁剪和缝制，可制成罩布和服装，防护性能好，质量轻，柔韧性好。

防辐射织物　radiation protective fabric　又称防电磁波织物。具有屏蔽电磁波辐射功能的织物。加工方法主要有两种：一是将金属纤维(如不锈钢纤维)与常用纤维混纺或加工成长丝包芯纱后再加工成织物；二是对普通织物进行防辐射整理。织物具有良好的防电磁波辐射的功能。用作在电磁波辐射比较严重的环境下工作人员的工作服、孕妇服的面料。

防寒服 cold proof coat 在低温环境条件下穿着，具有防寒保暖作用的服装。设计时通过在服装中保持导热系数小的静止空气，以及不使服装里的温暖空气散逸，并防止外部的寒冷空气进入等措施来防止着装者体热散失；服装材料上选择含气量大的羽绒、棉、羊毛、起毛（或毛圈）织物、编织物等，并增加着装层次使服装层间静止空气增多；同时利用难透气的皮革、涂层等材料，配合服装上适当的领口、袖口等开口。将含气性材料放在内层，防风性好的材料放在外层。普通的冬季服装重量为 3～4 kg，－50～70 ℃使用的极地服全套装备重量为 10 kg 左右。同时耐－120 ℃低温和 130 ℃高温的宇航服装备重量为 28 kg 左右。

防寒帽 arctic cap 寒冷地域的住民以及在寒冷地区进行观测与探险的人员用于头部防寒保温的帽子。采用露出面部而将头部其他部位覆盖的造型，也采用连衣帽的形式依附在防寒服上。常用羊毛编织物或毛皮材料。毛皮的毛尖面朝里，利于保温，脸部轮廓处用长毛皮滚边，具有防风效果。

防护服 protective clothing 为防止外界物体或外力造成对人体器官的危害及对肉体的损伤，起保护人体作用的服装的总称。广义上普通服装都有防护作用，狭义是指特殊环境、特殊作业、特殊活动的场合着用的特殊服装。特殊环境里有防寒服、防暑服、航空服、极地服、宇航服、潜水服、登山服等，特殊作业时着用的有消防服、耐热服（隔热服）、防毒服、放射线防护服、矿山服、防尘服、防烟、耐电、耐药品的装备等，以及体育运动时采用的各种防护物，战斗中的防弹服，日常生活中用的太阳镜，炊事用手套等。根据用途而采用具有保护效果的材料，如金属、皮革、竹木、橡胶、塑料等能耐冲击和压力，纤维、泡沫（微泡塑料）等填充材料防低温，对高温则用金属膜、金属涂层布、石棉布、玻璃纤维制品等，要求气密、耐水的场合选用橡胶、合成橡胶、薄膜、金属等，同时也为其他一些安全保护品（手、脚、面部、眼、呼吸器等的保护部件）使用。这些特殊防护服装用品的形态与构造、着用方式都对应于使用目的和功能而专门设计。服装以功能性为主、装饰性为辅。

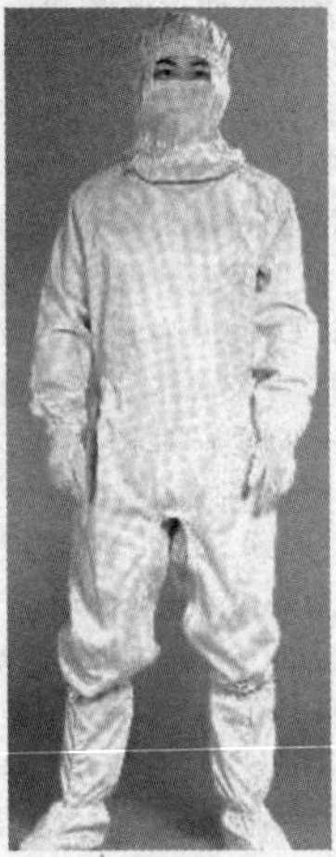

防护服

防护眼镜 protective glasses 对眼睛具有防尘、遮光功能的安全防护用品。分防尘眼镜和遮光眼镜两类。防尘眼镜用于防护粉尘、药液对眼睛的伤害，镜片分普通镜片和塑料镜片。遮光眼镜能防止电弧焊接作业、冶炼炉等高热炉产生的有害光线对眼睛的伤害，可视光线可适度透过，而阻挡减弱红外线、紫外线。

防滑鞋 anti-slippery shoes 以皮革或织物为帮面，天然橡胶、顺丁橡胶或两者混合物，以及热塑性弹性材料（TPR）等具有较高摩擦系数的材料为鞋底，经模压、注塑或胶粘等方式加工成型的鞋。鞋底弹性好，硬度不超过 60 邵氏度，且具有抓地性能优良的花纹结构，如倒顺齿、粗深人字纹等。

防滑雨靴 slippery resistant rain boots 防湿滑性能很好的轻便雨靴。筒高在小腿以下，比低筒雨鞋有更好的防水功能。由于外底花纹结构为仿民间的钉鞋式样，有乳突状胶钉及其他粗深的花纹，穿用时能插入较松软的路面，从而起防滑作用。适用于泥泞、雪地等路面。鞋底分三种：(1)全压延出型底；(2)前掌及后部底板压延出型，后跟部位贴模压跟；(3)贴平面整底，然后分别贴模压前掌、后跟。以全压延出型底生产效率最高。

防静电服 antistatic uniform 不会产生静电现象的服装。由亲水性化合物、导电性低的纤维经改性、表面处理后制成，近来多用金属纤维、碳素纤维等导电性纤维。防静电服还需具有耐低温、耐洗涤、耐久等特点。

防静电织物 antistatic fabric 为防止衣物的静电积聚，在纺织时，大致等间隔或均匀地混入导电纤维或防静电合成纤维或者两者混合交织而成的织物。

防晒化妆品 sun-proof cosmetics, untanned cream 含有紫外线吸收剂及屏蔽剂，可防日晒红斑和黑斑的化妆品。其中的防晒剂分为两类：(1)紫外线吸收剂，自身对长波和中波紫外线有较强的吸收性能，从而减少或完全吸收紫外线，使人体免受伤害；(2)紫外线屏蔽剂，根据反射或散射原理，屏蔽紫外线对人体皮肤的接触，把紫外线挡住，防止其对皮肤的侵害。产品形态有膏状、凝胶状、乳液状、油状和气溶胶型等。四季皆用，可用于脸部、全身皮肤和头发，能防长波和中波紫外线。防晒剂的多元复配使用，生物防晒制剂和天然提取物(芦荟、羊毛脂、骨胶原)的研究和应用等是其发展趋势。

防暑服 hot proof coat 夏季、热带地区或高温作业时着用的服装总称。设计时通过增大身体的裸露部位；采用透气性能好的材料(如孔隙大、孔隙率高的织物面料)；服装结构造型上扩大开口部、增加宽松度，促进汗液蒸发散逸等措施，使体热尽量散失。同时利用阳伞、宽帽舌的帽子等遮热；在高温低湿的地方采用全身包覆的款式隔热；利用白色、浅色面料减少辐射热吸收等。在热带、亚热带地区还配用防暑帽、防蚊覆面、防蚊手套、遮光眼镜等。

防暑帽 hot proof hat 防暑隔热用的帽子。特别是在炎热地区防止头部受到强烈日晒。传统上帽舌较宽，帽体用藤、竹等材料制作，表面用白色或浅色织物，帽子内部有支撑物，避免帽体与头部紧密接触。农村地区多用麦秆、藤、竹、草茎等编织成防暑帽。

防摔鞋 tumbling proof shoes 适于老年人穿用的具有显著防滑防摔功能的鞋品。始于日本。帮面采用轻柔的天然皮革，鞋底为目前防滑性能最好的热塑性弹性体(TPR)，也可用硫化橡胶制作。鞋底花纹采用具有较好防滑性能的深人字形或倒顺齿形花纹。鞋底设计着地面积较大，较柔软，鞋口向前掀起，便于穿脱。

防水透湿织物 breathable waterproof fabric 能够阻挡雨滴，同时使人体皮肤产生的水汽透过织物。目前有两种加工工艺：一是采用防水透湿涂层整理，利用涂层剂形成的连续薄膜可以阻挡水滴的通过，而涂层剂本身所具有的吸湿性能将人体表面的水汽传递出去；二是采用层压工艺，将具有防水透湿性能的微孔薄膜(薄膜上具有很多比水分子直径大很多又比最小的水滴直径小很多的微孔)与普通织物复合在一起形成。具有很好的防水性能，同时具备一定的透湿性能，穿着舒适性有所提高。用作雨衣、野外工作服等的面料及消防服的防水层面料。

防水性 waterproofing property 防止液态水渗透的性能。服装材料中疏水性的合成纤维有一定防水性能，经防水整理后的服装材料也具有良好的防水性能，同时耐洗涤，纤维不易损伤，风格不会改变。无防水性能的服装会因吸湿或吸水使含气量减少、透气性下降、热传导性增大、水分蒸发导致体热散失。

防水整理织物 water proof finish fabric 经过防水整理的织物。在结构紧密、表面平整的织物表面，涂一层连续的不透水的薄膜，堵塞织物上的孔隙，使水和空气都不能透过。织物防水效果好，由于不透气而易产生闷热感，穿着舒适性差。用作雨衣、野外工作服等面料。

防酸碱胶靴 acid and alkali resistance rubber boots 以耐酸碱性能较好的天然橡胶或氯丁橡胶为基料，用热硫化工艺加工成型，适用于接触酸、碱、化学药品等作业时穿用的防护用全橡胶靴。多为长筒靴。靴底具有特殊设计的防滑花纹(酸碱地面一般较滑)。靴身不宜太重，通常每双靴不超过 2 kg。

防缩羊毛衫 shrink-proof wool knitwear 经防缩处理的羊毛衫。防缩性能分为干洗、小心手洗、机可洗三个等级。机可洗防缩羊毛衫又称超级耐洗羊毛衫。防缩羊毛衫穿着、洗涤过程中不易收缩变形，始终保持良好的手感、弹性、规格和外观等工艺质量要求。

防雨袋 rain-proof pocket 具有防雨功能

的口袋。其材料用防水材料，缝道和折边都用密封处理以防水，多用于雨衣、雨披等外套上。

防雨外套 **rainwear** 用于防雨且有防水性能的外套的总称。根据适用要求，一般分为间接防雨的透气型和直接防雨的不透气型两类。采用的防水面料有透气性防水织物与不透气性防水织物两种。如橡胶涂层织物、乙烯膜织物等。防雨外套的面料以表面易于水滴滑移的薄型面料为主，常用棉织物、拒水性能好的毛织物，经防水加工的绢、化纤等高密织物。防雨外套款式上有两面兼用外套、三季外套、战壕雨衣等，也有与防尘外套兼用的形式。通常衣长较长(衣长、袖长等都较普通长外套略长1 cm左右)、造型宽松。

防砸胶靴 **squash resistance rubber boots** 矿山、冶金、运输、建筑等行业的专用胶面胶靴。鞋头部位衬有钢质包头，形状与鞋头外轮廓一致。钢片厚3～6 mm，能承受20～25 kg的重物自1.5 m高度自由落下所产生的冲击性破坏，起到保护穿着者趾部的作用。

防砸皮鞋 **squash resistance leather shoes** 在皮革帮面的前尖部位装配有钢包头等高抗冲材料的矮帮或高腰鞋。包头能承受23 kg重锤从90 cm高度落下，其形状基本保持不变。鞋底多用硫化橡胶模压工艺成型。适于建筑工人或其他具有砸伤危险场所工作的人员穿用。

防毡缩整理织物 **antifelting finished fabric** 经防毡缩整理的毛织物。能防止或减轻在洗涤和服用过程中发生的收缩变形，使服装尺寸稳定，但手感较硬，强力有一定程度下降。适合用作机可洗羊毛服装的面料。

防震鞋 **shock resistance shoes** 具有衰减震动功能的劳动保护鞋。鞋底厚而柔软，以便吸收震动能量。可用软质发泡聚氨酯(PU)等材料制作。鞋帮用皮革或织物加工，根据需要可制成矮腰或高腰。主要供在具有强烈震动场所的工作人员穿用，以减轻震动对人脑的损伤。

防蛀整理织物 **mothproof finished fabric** 经防蛀整理的毛织物。用防蛀整理剂处理毛织物，使蛀虫在噬食极少量毛织品时就中毒死亡，或使羊毛纤维结构产生化学变化，不再是蛀虫的食粮，从而达到防蛀目的加工处理。织物易于保管，不易虫蛀，但手感和强度有一定损失。用途同普通毛织物。

防紫外线织物 **UV protective fabric** 具有防紫外线功能的织物。加工方法有两种：一是对普通织物进行防紫外线整理，二是采用防紫外线纱线织制织物。织物具有良好的防紫外线功能。用作夏季户外服装的面料。

仿八字形拼缝线迹 **mock eight-like pinch stitch** 国际标准ISO 4915中编号为215号的线迹。缝料表面显示八字形点状线迹。用于两边缘折光缝料拼接时的固定。

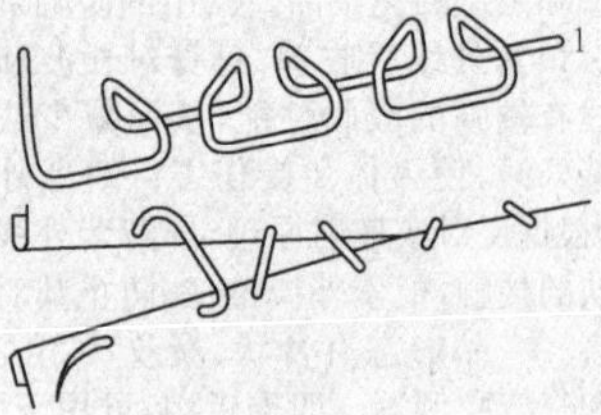

仿八字形拼缝线迹

仿八字形绕针线迹 **mock eight-like around stitch** 国际标准ISO 4915中编号为213号的线迹。由一根针线自位置1穿过单层缝料，再穿过缝料卷边的一部分，缝线的另一面微露，穿刺点与前一穿刺点呈直线，将缝线向前拉出。一般在要求缝料另一面看不见线迹或稍微露出线迹时使用。用于缝料边缘的折边(毛边)固定。

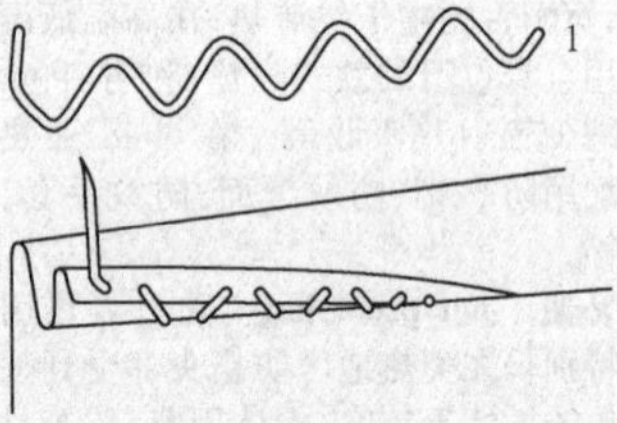

仿八字形绕针线迹

仿倒钩针线迹 **mock back stitch** 国际标准ISO 4915中编号为205号的线迹。针法类似202号线迹，仅向后取1/3针距穿过缝料，从右向左为顺钩针，反之为倒钩针。缝料表面只显示断续的线迹，能防止斜丝绺部位拉开与疏松，保持衣片原形以增强牢度。常用于某部位的加固，如西服裁剪后在袖窿弧线处用此线迹加固以避免袖窿变形。

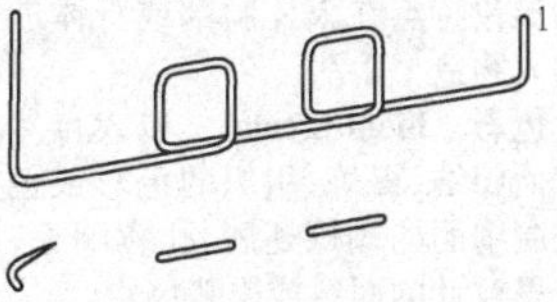

仿倒钩针线迹

仿点状绕针线迹　mock spot-like around stitch　国际标准 ISO 4915 中编号为 214 号的线迹。由一根针线自位置 1 穿过缝料的叠层，并在短距离的稍右上方进入单层缝料，缝线再斜向穿过叠层缝料，穿刺点与前一穿刺点呈直线，正面显示斜形点状线迹。用于边缘折光的缝料搭伏在另一缝料上的固定。

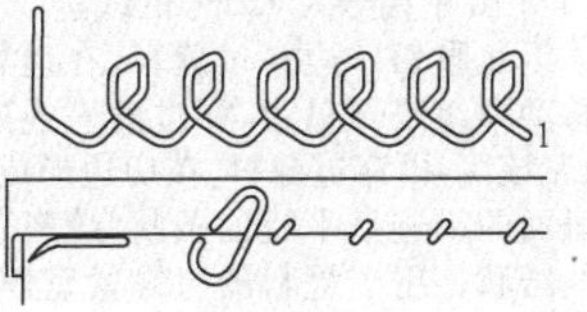

仿点状绕针线迹

仿古革　antique leather　表面涂层颜色似古铜色、陈旧色或加工成似石磨蓝牛仔布风格的皮革。由牛、马、猪皮加工而成。较厚实，弹性尚好，仅经染色，不烫压，表面经机械打磨，凸出部位颜色被磨去，显露较浅的颜色，而低凹部位未被磨损，颜色较深，整体呈现自然的陈旧感觉。颜色多样。可用于制作服装、鞋类、皮带、包箱，或用于装饰性革制品。

仿古色彩　antique color　根据古代瓷器、陶器、绘画等文物进行归纳、组织的色彩或色调。如仿照唐三彩、敦煌壁画色彩构思设计的服装色彩，如米黄、灰棕、红棕、深棕、石绿色的组合等具有独特的古代情调和民族风味的色彩。

仿绗针线迹　mock quilted stitch　国际标准 ISO 4915 中编号为 209 号的线迹。由一根针线自位置 1 穿过缝料，在缝料底部向前取所需针距，然后穿过缝料，返向正面，通常针距相等，缝料表面显示断续的线迹。用于衣片缝合或装饰点缀。

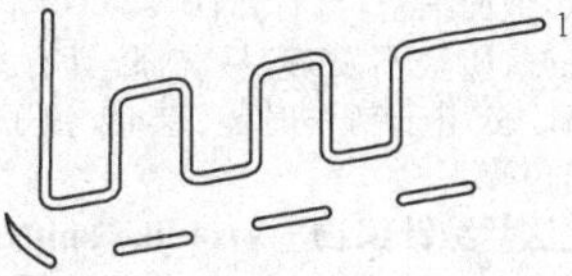

仿绗针线迹

仿花绷缝线迹　mock flower flat lock stitch　国际标准 ISO 4915 中编号为 204 号的线迹。由一根针线自位置 1 从左上到右下通过缝料，向前取所需针距回穿过缝料，再从左下到右下回穿过缝料，针距斜横均匀。缝料表面显示交叉的三角形针线线迹，反面针迹不明显，只固定底层缝料少量丝绺，能防止毛边，又能起到装饰作用。常用于衣服袖口、底边、脚口贴边等部位。

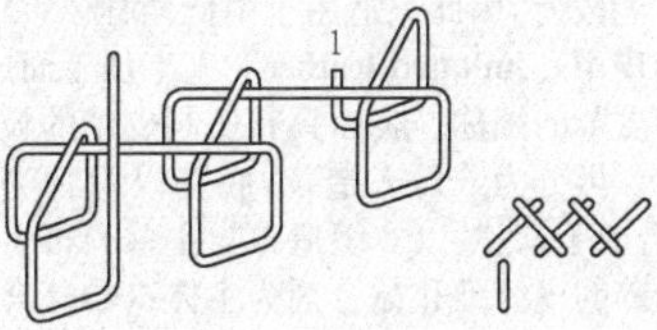

仿花绷缝线迹

仿回针线迹　mock backstitch　国际标准 ISO 4915 中编号为 202 号的线迹。由一根针线自位置 1 穿过缝料后，向前取所需针距回穿过缝料，再向后取 1/2 针距穿过缝料形成的线迹。面料正面与反面的线迹都呈平行连续状，外观与合缝线迹相似。常用于其他线迹形成的起始和结束，如打线丁起针与落针时，或用于加固某部位的缝纫牢度。

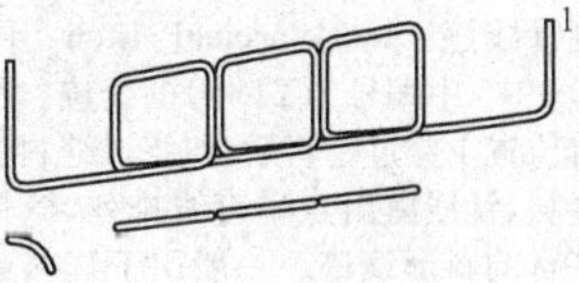

仿回针线迹

仿麂皮织物　suede weft knitted fabric　纬编毛圈提花坯织物经浸轧聚氨酯和磨毛整理而形成的针织物。表面具有密集柔软的短绒毛，外观类似麂皮。分为两类.（1）编织成提花坯布再进行起毛、磨绒等整理；（2）编织成本色坯布，进行染色、印花和磨毛等整理。采用超细涤纶长丝，常规低弹涤纶丝。产品手感柔软，绒面细密，富有弹性，尺寸稳定性好，悬垂性好，质轻不发霉，易洗涤，具有高档麂皮风格。多用于制作时装、鞋面、帽子、手套以及箱包等。

仿毛法兰绒针织物 **wool-like knitted flannel** 针织坯布经拉毛、剪毛、蒸呢等后整理工艺制成的仿毛纬编织物。原料采用捻度较低的粗特化纤混纺短纤维纱或化纤空气变形丝等。手感柔软，绒面细腻，丰满，较挺括，厚实，外观类似全毛或混纺机织法兰绒。用于制作外衣、裤、童装等。

仿皮底 **imitation leather sole** 表面具有皮革花纹和颜色，同时具有良好物理机械性能的片状鞋外底料。基本是橡胶和塑料的混合物，利用塑料的刚性，加入某些橡胶，以增进弹性和韧性。仿皮底与皮革底相比吸湿排汗性能较差，因此只适用于中低档鞋。

仿皮革 **imitated leather** 人工加工而成的代用皮革的统称。表面具有仿制皮革的粒纹，故名。可分为：(1)人造革，底基以织物为主；(2)合成革，底基以非织造布为主；(3)再生革，以粉碎的皮纤维和黏合剂为主体；(4)复合革，底基以高分子合成材料与较差的天然革相结合为主。仿皮革综合性能较差，有不透气、强度较差、吸湿性差、低温时容易断裂、易老化等缺点。但也有成本低、有防水性、易于机械化生产等优点。可用于制作鞋类、包袋、皮带等，柔软性好的产品也可制作服装。

仿皮纽扣 **leather-like button** 由 ABS 塑料纽扣注塑成扣坯，涂仿皮涂料的纽扣。皮纹表面富有皮质感，色彩丰富，但耐洗性、耐热性、耐磨性较差。

仿绕针线迹 **mock around stitch** 国际标准 ISO 4915 中编号为 211 号的线迹。由一根针线自位置 1 穿过缝料后，包绕过缝料边缘再穿过缝料，针线露出点呈直线排列，缝料表面显示平行的斜形线迹。一般用于缝料边缘的折边（光边）固定，既可防止纱线边缘脱散，又起装饰边缘作用。

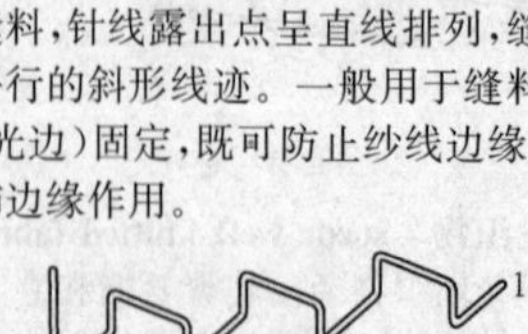

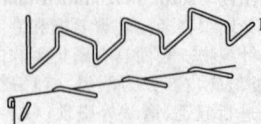

仿绕针线迹

仿生法 **bionics method** 将大自然中的动物、植物的优美形态加以概括和典型化，并结合人物形象特点在人体脸部或身体进行艺术创造的人物造型手法。

仿生色彩 **bionics color** 以大自然动植物为依据而归纳、提炼、组织的色彩或色调。如仿照斑斓绚丽的蝴蝶翅膀、孔雀羽毛、虎豹毛皮等构思设计的面料或服装色彩。

仿手工线迹 **mock handmade stitch** 国际标准 ISO 4915 中编号为 200 级的线迹。主要用于一般机缝不能加工得到、需要在装饰及加固作用时，用特殊机缝形式模仿手工制作装饰线迹的场合。如 204 号三角针线迹、205 号倒钩针线迹、220 号仿锁边线迹等。

仿手工线迹缝纫机 **handle operated machine** 即“珠边机”(668 页)。

仿锁边线迹 **mock overedge-stitch** 国际标准 ISO 4915 中编号为 220 号的线迹。由一根针线靠近纽眼切口边穿过缝料，在缝料背面垂直移动到纽眼切口边，穿过前一线迹的线环，拉紧该线，再穿过缝料，在切边形成线结，缝料表面的线迹呈平行的条状，缝料边缘线迹呈线结状。用于缝料的边缘紧密固定，如锁扣眼等。

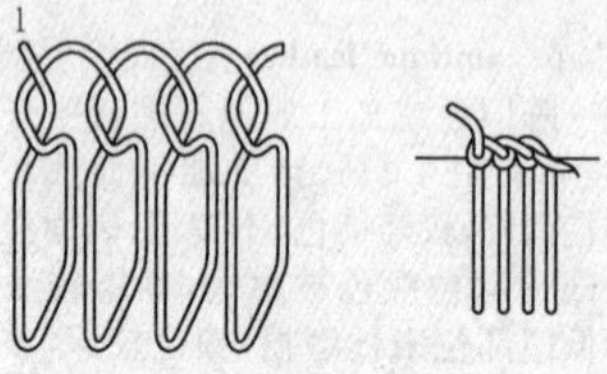

仿锁边线迹

仿线状拼缝线迹 **mock linear pinch stitch** 国际标准 ISO 4915 中编号为 217 号的线迹。缝料正反面显示断续线状的线迹。用于两边缘折光缝料对拼时的固定。

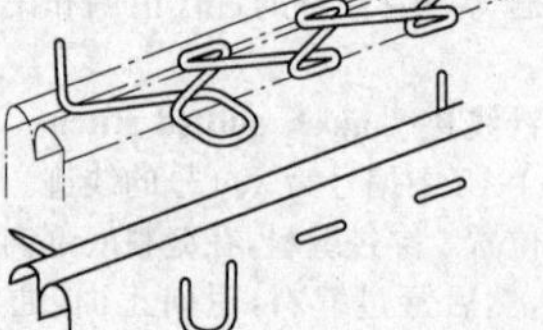

仿线状拼缝线迹

仿真丝针织物　silk-like knitted fabric　采用平针编织或在平针组织的基础上，编织集圈与浮线而成的纬编仿绸织物。采用异形截面涤纶超细纤维、高吸湿涤纶丝、透明或半透明异形丝以及各种复合长丝为原料。产品轻薄滑爽、透气、有光泽、有弹性，悬垂性良好。多用于制作外衣、汗衫、T恤衫、衬衫、裙子等。

仿注针线迹　mock note-needle stitch　国际标准ISO 4915中编号为201号的线迹。面料正面与反面的线迹都呈连续状，外观与合缝线迹相似。常用于衣服边缘止口的装饰缝，起加固和装饰作用。

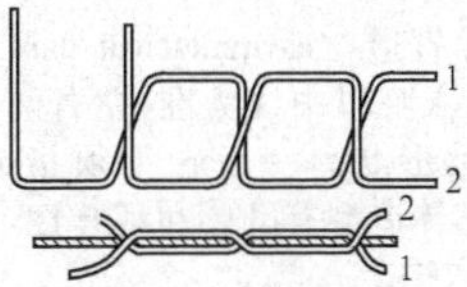

仿注针线迹

纺　habotai　经丝纬丝不加捻或加弱捻，以平纹组织织制的外观平整缜密的非紧密结构的素、花丝织物的总称。有色织、漂白、染色和印花等种类。织物外观细洁平滑，手感柔软，光泽柔和明亮。主要用作妇女夏季衬衫、裙子等的面料。

纺织工人鞋　spinner shoes　供纺织工人穿用的帆布帮面，橡胶底，浅口加橡皮筋横带，帮底间有窄加固围条的鞋。和护士鞋类似，只是帆布的颜色可多样化。更主要的是鞋底和鞋垫的硬度和弹性比护士鞋高，便于长时间行走。为了增加弹性，可适当提高鞋底的橡胶含量。

纺织环保标志　textile environmental mark　表示对人体健康和环境不产生不良影响的产品标志。国际环保纺织品协会制定了《环保纺织标准100》标准，并制定了相应的环保标志。

纺织品CAD　textile computer aided design　即“计算机辅助纺织品设计”(238页)。

纺织品甲醛含量测定仪　formaldehyde tester for textiles　用于纺织品中甲醛含量测定的设备。适用标准：GB/T 2912.1—2009《纺织品　甲醛的测定　第1部分：游离和水解的甲醛(水萃取法)》，GB/T 2912.2—2009《纺织品　甲醛的测定　第2部分：释放的甲醛(蒸汽吸收法)》，AATCC 112，DIN EN ISO 14184.2，ISO 14184.2等。由硅光光源、比色瓶、集成光电传感器、微处理器等组成。纺织品萃取液(蒸汽吸收液)中的甲醛与显色剂(乙酰丙酮)反应生成有色化合物(黄色)，对可见光有选择性地吸收，在其最大吸收波长412～415 nm处进行比色测定。集成光电传感器测得的信号输入微处理器计算，可直接在显示屏上显示出被测样品萃取液中的甲醛含量和吸光度值。分为：(1)水萃取法制样：将剪碎的试样1 g(精确至10 mg)加100 mL水，置于40 ℃的水中1 h，每5 min摇瓶一次；(2)蒸汽吸收法制样：将1 g试样(精确至10 mg)，悬挂于广口玻璃瓶中，瓶底放50 mL水，盖紧瓶盖放入40 ℃烘箱中20 h，取出冷却30 min。

纺织品甲醛含量测定仪

纺织品与服装协定　agreement on textiles and clothing，ATC　由国际贸易组织(WTO)制定的纺织服装贸易和配额规则。自1995年起取代MFA，至2004年底取消配额。协议规定：在10年内分四个阶段，进行配额调整；任何在1994年12月31日以前仍然存在的配额都被转入到新的协议中；协议规定了每一阶段纳入GATT规则的产品比例，并逐步取消。

放格法裁剪　loose check cutting　一种对条格的裁剪方法。先将组合中某一部件排好，再将另一部件在划样时适当放大，留出余量的裁剪方法。裁剪时按照放大后的毛样开裁，待裁下毛坯再逐层按对格要求划好净样，剪出裁片。此法对格较准确，但费工费料，适用于高档服装。

放码　grading　即“推档”(530页)。

放码量　grade　即“档差”(90页)。

放射线防护服　radiation-proof suit　即“防辐射服”(129页)。

放射线火灾用防火服　radioisotope fire protection wear　在医院或化工厂等有放射线设施的建筑物发生火灾等情况时，消防队员穿用的防护服装。造型上采用衣帽一体密闭型(或密闭式爱诺瑞克上衣与裤子)。头部的头盔及背部的呼吸保护器均内藏于服装。面部是3 mm厚的丙烯腈透明窗。裤子在脚口处有两层,内层束紧,外层罩住防护靴。通常的放射线防护服外层为白色乙烯树脂、里面为锦纶针织物。也采用铝与橡胶材料。面料除具有除染性(防止α、β射线附着服装)外,还具有良好的耐热性。

放射形分割线 **radiate division line** 服装中常用的分割形式。由一点向周围引发出的无数条辐射线组成的分割形式,具有光辐射的想象和意向,带有装饰性。有两种:一种为绝对分割;另一种为相对分割。前者在外观上感觉从头到尾被放射线彻底割断;后者只在局部有分割、收敛等感觉。放射线是一种浪漫性的线条,其长短、粗细、疏密和布局上的变化,都会在服装的外观上形成丰富的视觉效果。

放余量 **allowance** 为保证脚在鞋内有一定的活动空间,使鞋不至顶脚,在鞋的前部预加一定的余量。见“楦型”(589页)。根据各种鞋的长度、跟高、款式结构,通过感觉极限试验再加上一定的经验值确定放余量。例如中国鞋号250号素头皮鞋的放余量为20 mm,而同一号码和跟高的三节头皮鞋的放余量为25 mm。

飞鬓 **feibin** 即“耳毛子”(119页)。

飞霞妆 **feixia style** 中国古代妇女的一种面部妆饰。先施浅朱,再以白粉盖之,呈浅红色。流行于唐宋时期,多见于少妇,见“红妆”(210页)。

飞霞妆

飞行服 **flying costume** 飞机驾驶员的服装。风格粗犷。最初飞行服类似御寒的披风,第二次世界大战前,美军曾先后尝试用马皮、山羊皮和牛皮制成夹克作飞行服。1947年锦纶面料成为飞行服的主要选择,夹克款式设计更加周到细致,完全适应飞行员的高空飞行和战况变化需要。衣长至腰,袖口和下摆均装宽紧带,衬里色彩是橘黄色,1978年锦纶被新型的中空涤纶纤维所替代,使威武的飞行服更受到青年一代的喜爱与青睐。

非彩色 **achromatic color** 即“无彩色”(547页)。

非对称省道 **asymmetrical dart** 省道种类。前后衣身以中线为准,左右两侧的省道呈不对称形状。一般省尖须指向胸高点(BP)。整体造型有动感和趣味性,常用于女衬衫、连衣裙。

非对称式套装 **asymmetric suit** 服装的设计要素,如款式、结构、装饰、色彩等左右处于非对称、非平衡状态。相对于对称式套装,设计显得活泼有趣,流行于20世纪90年代。

非对称下摆 **asymmetric hem** 左右不对称的服装下摆。呈现强烈的动态美感,以花瓣裙摆、手帕角裙摆为代表。

非价格竞争 **non-price competition** 运用价格以外的营销策略,以提高本企业产品的核心能力,促进产品销售的非价格竞争方式。影响产品销售的因素很多,如品牌影响力、设计研发、产品质量、广告、企业形象、销售服务、分销渠道、消费者购买力和价格等。价格只是一种重要因素,而不是唯一决定因素。服装商品可从商品策划、品牌战略、设计、工艺制作、流通渠道及销售服务等多方面着手,用非价格竞争手段获取社会和经济效益。

非接触式三维人体测量法 **non-contact three-dimensional body measurement** 人体体表测量法。使用光学技术结合光传感器装置,不接触人体来捕获人体表面数据的测量方法。由一个或多个光源,一台或多台捕获装置,一套计算机系统以及可以显示采集数据的监视器组成。特点是可不接触人体,短时间之内即可得到人体多个部位的数据与形态。

非斯帽　fez　即“土耳其毡帽”(528 页)。

非正式调查　informal research　即“探测性调查”(506 页)。

非正式套装　informal suit　相对于礼服和正规西服套装较为随意的套装。适合非正式场合穿着。

非织造衬　non-woven interlining　用非织造布直接制作的衬布。原料可以是一种或几种纤维混合而成。常用的有黏胶、涤纶、锦纶和丙纶等纤维，其中应用涤纶及涤纶混合纤维较多，黏胶纤维非织造衬价廉，强度较差；涤纶非织造衬尺寸稳定性较好；锦纶非织造衬弹性恢复力强。产品分为薄型(15～30 g/m^2)、中型(30～50 g/m^2)、厚型(50～80 g/m^2)三种系列。由于基布加工方式不同而有不同的性能。各向同性型手感柔软、富有伸缩性、初始模数 1～2 kg/5 cm；稳定型手感较硬，回弹性高，不伸缩，初始模数 3～4 kg/5 cm；特殊型根据特殊用途制成，有防水型、耐久压烫型、妇女胸衣型、毡垫型等，多用于针织服装、轻便服、风雨衣、羽绒服及童装的前身、衣领、袖口、口袋、驳头、裤腰等部位，其中毡垫型用于制作垫肩、袖垫等。具有质轻、价廉等优点。缺点是耐水性较差、牢度低、易撕裂、热缩率高。

非织造热熔黏合衬　non-woven fusible interlining　非织造布经热塑性热熔胶涂布加工后制成的衬布。具有质量轻、缩水率小(1%以内)、剪裁切口不脱散、保形性良好、使用方便、生产工艺简单、价格便宜等优点。为消费量最多的衬布，广泛用于女装、童装、针织服装、风雨衣及各类服装的补强衬。非织造布所用的纤维有涤纶、锦纶和黏胶纤维。一般采用热轧法和化学粘接法，手感柔软的用水刺法成形。基布按平方米质量分为薄型(15～30 g/m^2)、中型(30～50 g/m^2)、厚型(50～80 g/m^2)三类。低档采用撒粉法，中、高档采用浆点法涂层加工。按所涂热熔胶品种不同而有不同的应用性能和压烫条件。为改善非织造布强力较低的缺点，将非织造布进行经向或纬向缝编制成黏合衬，称非织造缝编黏合衬，兼有非织造衬和机织衬的优点。热熔纤维通过熔喷法制成的黏合衬，两面均可黏合，故称双面黏合衬。非织造黏合衬多为白色，薄型面料需要的彩色衬布称有色非织造黏合衬。

非洲蜡防纹　africa batik pattern　非洲蜡液防染而成的面料图案。以块面感的花卉、动物和抽象图形配以底色的细线蜡纹构成。非洲的蜡染工艺由埃及或东南亚传入，风格热烈奔放、粗犷刚健、深沉拙朴，与木雕等艺术品构成了非洲民间艺术样式。以靛蓝、深褐、米黄为主要套色，单纯而强烈，结合天然棉或麻纤维，运用于男女服饰设计中。现今非洲蜡防更多以高效率的机印为工艺手段，图案仍追求手工蜡防造型样式。

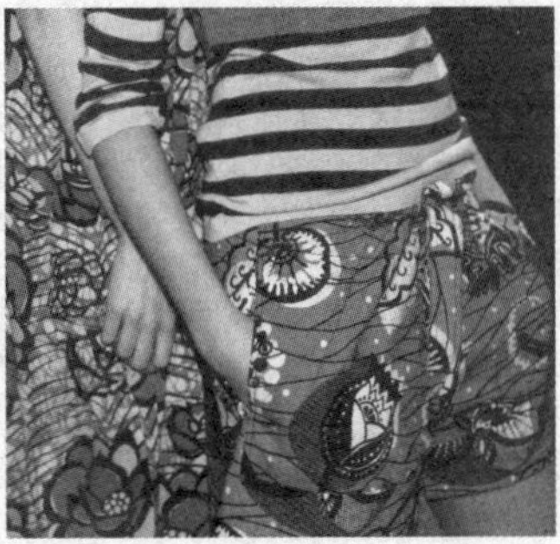

非洲蜡防纹

肥胖厚实体　flesh and firm figure　身体肥胖，骨骼粗壮，皮下脂肪厚，肌肉较发达，颈部较短，胸背轮廓大的体型。衣身纸样设计时参照厚实体和凸肚体的处理方法。

翡翠　jadeite　钠和铝的硅酸盐矿物。颜色丰富多彩，以绿色为上品。是价格昂贵的宝石品种和高档玉料。

分包　bundle opening　即“开包”(279 页)。

分包缝　machine neatening　即“分压缝”(139 页)。

分割放码　linear grading　即“线放码”(563 页)。

分割构图　division composition　采用分割大小不同的画面，表现设计图的不同效果(图见下页)。包括水平线横向分割、垂直竖线分割以及十字线分割。可在分割后的画面中，标明设计作品标题或设计说明，也可以画出配饰品或贴面料等。

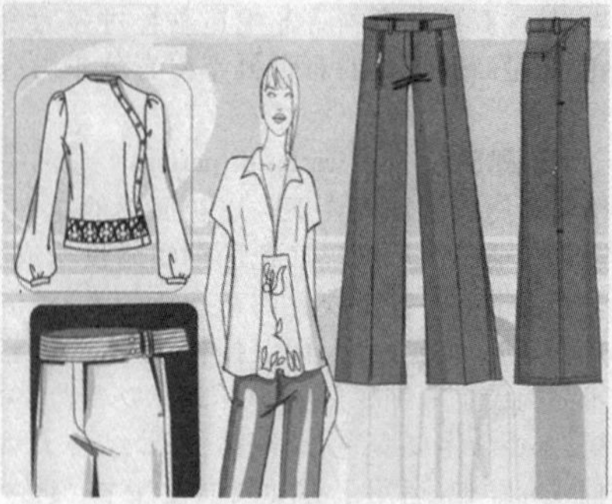

分割构图

分割线 **panel line** ❶为符合人体和造型需要，将衣身、领面、袖片、裙身、裤身等部位进行分割形成的衣缝。服装结构线的主要形式之一。从形状上分有纵向分割线、横向分割线、纵横交错分割线、斜向分割线等不同形式；从功能上分有功能分割线和造型分割线；也有历史形成的专用名称，如公主线，是纵向经过胸部、后背肩胛骨等部位的分割线。❷裁剪制图上表达分割造型的线条。其定点无固定格局，由款式造型决定，有直线型、折线型、弧线型。用粗实线表示。见“前后衣身衣领结构线”(406页)。

分割袖 **division sleeve** 在连袖的结构基础上，将衣身和衣袖重新分割，组合而形成的新的衣袖。是衣袖基本结构之一，按造型线分类可分为插肩袖、半插肩袖、落肩袖以及覆肩袖，常用于男、女、童各类外衣。

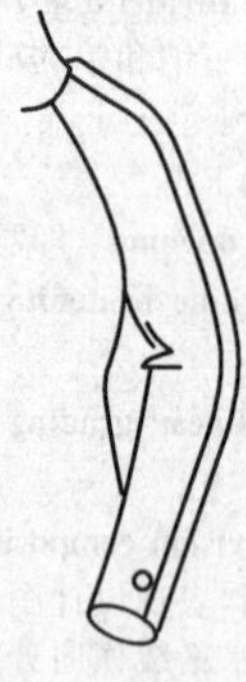

分割袖

分开缝 **open seam** 缝型类型。将两块缝料复合(通常为正面相对或反面相对)，用线迹缝合固定，然后用硬器挤压或熨烫，使缝边向两侧平服分开，用于服装外层材料的缝合时，缝边一般为光边或包缝。用于服装里层材料的缝合时，缝边一般为毛边，常用于缝合要求平服的部位。

分开缝

分离法 **separate method** 将一个基本造型分割开组成新的造型的服装设计方法。分离时，对基本造型作切割处理，然后拉开一定的距离，形成分离状态。既可全部保留分离后的结果组成新造型，也可以去除某些不需要的部分，化整为零。服装设计分离后的造型之间必须有联系物，如布料、饰物、配件等。

分片 **piece separating** 将裁片按序列号配齐或按部件的种类配齐，然后集中放置，输入流水线工位的工作。

分色裤 **parti-colored hose** 1410年后文艺复兴时期男子的主要装束。紧身结构，如同现今的连裤袜。有单色和镶拼色两种，强调色彩的对比，以绿与橘黄搭配为主。材质为羊毛和天鹅绒。

分梢眉 **fenshao eyebrows** 中国古代妇女画眉样式。内端尖锐，外端阔而上翘，呈分梢状。流行于唐代。

分梢眉

分烫摆缝 **pressing open side seam** 将侧缝缝份分开熨烫的动作。使之形成稳定的分开缝状态。为使缝后平服分缝腰节部位摆缝时要注意先将该部位缝份拉伸拨开。

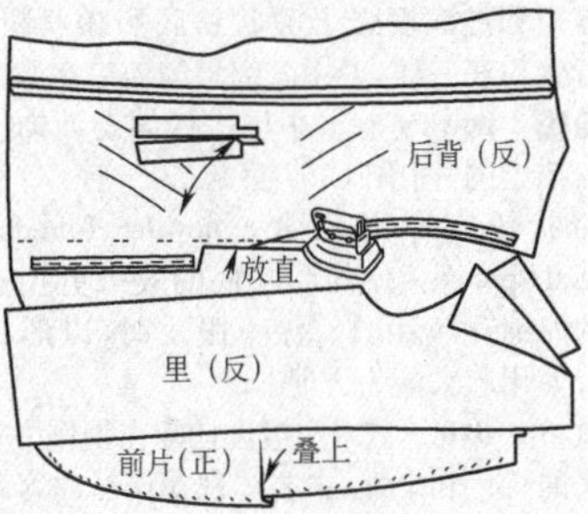

分烫摆缝

分烫领串口 **pressing open gorge line seam** 将翻领面与挂面缝合的领串口缉缝分开熨烫的动作。注意分烫时不能拉拽串口缉缝，应尽量缩烫。

分烫绱领缝 **pressing open collar seam** 将绱领缉缝分开，熨烫后修剪的动作。注意分烫时不能拉拽绱领缝，应尽量缩烫。

分体式隔热服 **heat insulative protective pant and jacket** 上衣下裤分离式样的隔热服。由隔热上衣、隔热裤、隔热头套、隔热手套以及隔热脚套等单体部分组成。隔热上衣对消防员的上部躯干、颈部、手臂和手腕提供保护，但不保护头部和手部。隔热裤对消防员的下部躯干和腿部提供保护，但不包括踝部和脚部。

分体式隔热服

分袖窿 **separating and pression crown seam** 服装衣袖与衣身缝合后，分开袖山、袖窿缝头的工艺。一般把肩端点前后 10 cm 左右的衣缝熨烫分开，使袖山的上部外形呈扁平状，美化袖肩外观。常用于男装正装类袖山加工。

分压缝 **machine neatening** 又称分包缝。缝型类型。将两片缝料相对缝合后翻向另一面，即将两侧缝份分开，折光毛边后车缝线迹加以固定，特点是缝边部位外观平服。

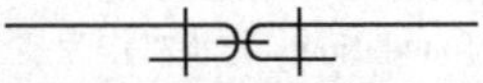

分压缝

分压服 **part-pressure wear** 通过对飞行员的躯干和四肢施加压力，对抗因头盔或面罩加压供氧而使肺内压力增加的加压服。由服装主体和张紧装置组成。造型为上下连体型，按结构分为侧管式和囊式充气加压两种。采用锦纶、合成橡胶等材料制成。

分组缝纫作业 **division sewing operations** 按产品部件分组进行加工的作业方式。每组配备相应的设备和人员，各组的产品均为组件，最后由总装组将各部组件装配缝制成成品。

粉 **powder** ❶敷面用的粉状化妆品。通常作成白色，施之面颊以助姿容。男女贵贱均可使用，以妇女使用者为多。粉起源于先秦时期。古时的粉包括米粉及胡粉。粉的实物在考古发掘中屡有出土，有的盛放在妆奁之内，有的包裹在布袋之中；有的呈粉末状，有的则为粉块。以粉饰面的习俗，一直流传至今。❷爽身用的粉状化妆品。通常加以香料，浴后洒抹于身，有清凉滑爽之效。多用于夏季。

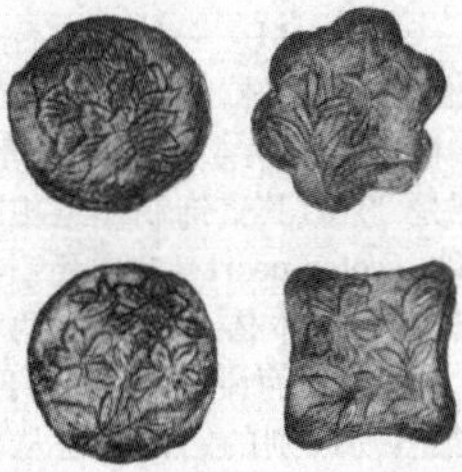

粉块

粉白黛黑 **fenbaidaihei** 先秦时期妇女比较流行的一种素雅面妆。只用铅粉和眉黛，不施朱粉。也借指妇女的靓妆。

粉白脸　fenbailian　即“水白脸”(483 页)。

粉饼　pressed powder, powder, powder foundation, pan cake　化妆盒中的饼状粉底。具有很好的遮盖效果,因为它含有最多的色素和粉质。包括干粉饼、干湿两用粉饼。干湿两用粉饼使用时可将粉扑打湿,这样可以达到更匀质的效果。

粉刺　acne　即“痤疮”(75 页)。

粉黛　powder and dai　❶妆粉及眉黛。❷代指妇女化妆。

粉底　foundation　化妆时作为整个妆面的基础底色和脸部轮廓调整使用的彩妆产品。由水分、油分、颜料按照一定比例混合而成,有不同的深浅亮度。

粉底唇膏　foundation lipstick, base lipstick　无透明感色度鲜明的唇膏。所含油分少,不易掉色,遮盖力强。

粉底乳　skin lotion　一种含有较少粉质和油脂的流质型粉底。能较好地均衡肤色,但不能遮盖毛细血管和色斑。特别适合于油性皮肤。

粉面小生装　Teddy boy wear　一种混穿效果的着装风格。兼有爱德华式和美国爵士风格,20 世纪 50 年代初流行在英国下层阶级,一些年轻人为发泄对生活的厌倦和玩世不恭的心理,将爱德华式服装与美国爵士服装混合穿着,再佩戴美国牛仔的领带,形成一种大混杂的穿着效果,被舆论讥为粉面小生,一直持续至 20 世纪 70 年代。

粉扑　powder puff　扑抹蜜粉的化妆用具。纯棉制粉扑可使蜜粉与皮肤充分密合。粉扑背部多附有一条细带,可以固定于手指上,便于上妆。

粉色金　color gold　一种经过合金或电镀方法处理的首饰材料。是非黄金色彩的黄金。18 K 粉色金的黄金含量与一般的 18 K 金相同,都是 75%,其首饰制作也相同。

粉色珍珠　color pearl　非白色或淡色的各种异色珍珠。多由本体色和伴色两种不同的颜色组成。在柔和而漫射的光线下,本体色与伴色是很容易区别的。伴色是从珍珠表面反射的光,有玫瑰色、粉红色、蓝色、绿色等。而珍珠自身所显示的颜色便是其本体色有黄、绿、蓝、紫、灰等。最稀少的是一种表面有移动的彩虹光泽的粉珠。

粉水　powder water　用以配制妆粉的优良用水。

粉条　powder strips　呈条状的膏状粉底。遮盖力和滋润度强于液状粉底和霜状粉底。与膏状粉底一样,可用海绵均匀地涂在脸上。

粉靥　powder ye　中国古代妇女面饰。以脂粉描绘的“面靥”(355 页)。

粉状粉底专用海绵　powder foundation special sponge　使粉状粉底的效果更扎实自然的海绵化妆用具。涂下眼皮时,以形状方圆者使用起来最为方便。

风格　style　艺术家或设计师在创作中表现出来的特色和个性,主要体现在作品内容和形式的诸要素中。在服装领域中,风格可以分 7 个大类:(1)代表地域特征,如中国风格、墨西哥风格等;(2)代表某一时代特征,如希腊罗马风格、爱德华时期风格等;(3)代表艺术流派特征,如哥特风格、浪漫主义风格等;(4)代表文化群体特征,如印第安风格、乡村风格和雅皮风格等;(5)体现人的气质、风度和地位,如骑士风格、绅士风格、学生风格等;(6)以人名命名并与其外貌形象相关,如崔姬风格、蓬皮杜风格等;(7)代表特定服装造型,如多层风格、克里诺林风格和巴瑟尔风格等。

风格线　style line　决定或影响服装整体风格的线条。起装饰作用,与结构无直接关系的缝线。

风格主义风格　stylism style　盛行于 16 世纪末。它在文学艺术方面轻视内容,单纯强调形式上的奇巧和个人风格上的癖好。创作脱离现实生活,生搬硬套或模仿别人的独特风格和技法,意大利文艺复兴衰落时,曾风靡一时。

风纪领脱开　collar coming away　服装外观疵病。中山装、学生装等立领式服装,在穿着后风纪扣容易脱开的现象。造成原因是衣领左右两端的风纪扣和风纪襻的位置高低不一,衣领尺码过大等。

风景图案　scenery pattern　由自然景象和建筑景象构成的图案。自然景象包括天空、地面、山川、树林、河流等图形;建筑景象包括楼房、村舍、街道等图形。由于地域与文化的差异,风景图案成为表现文化风情的图形载体,不同国家的景象为风景图案创作提供了丰富的图像资源。中国早期刺绣风景图案多被用以烘托花草动物,清代出现织造和刺绣风景的图案,表现出亭台楼阁、柳岸曲桥等湖山景色,表现在挽袖、荷包等服饰样式中。欧洲18世纪的朱伊图案与中国风图案也都有描绘风景的服饰面料图案。风景图案具有图形多、空间层次强等造型特点，空间疏密得当、单元形大小适中、强化或弱化透视感，并结合色彩表现季节或烘托气氛，是风景图案呈现的手法特色，适用于中或大花位的循环图案面料设计。

风景图案

风帽　fengmao　又称观音兜。中国古代一种挡风御寒的暖帽。通常以厚实的织物制成，帽式采用尖头，中间纳絮，或用毛皮做成。帽下有裙帘，穿戴的时候兜住两耳，披及肩背。外形与佛教中观音菩萨所披戴的帽子相似。男女均可戴用。太平天国时，将官秋冬以风帽作为朝帽，以颜色及绣纹区分等级。

风貌　look　整体上给人以某种特殊印象的打扮或着装形式。由巴黎高级女装设计师迪奥在1947年推出的新风貌而广为流传。20世纪50年代起，作为时尚用语对战后成长起来的年青一代有深刻影响。青少年借各种服饰风貌（如嬉皮士风貌、朋克风貌等）来反抗传统礼仪、正统文化和伦理道德。风貌的形成也可源于时装表演和电影电视，或由时尚领袖和名人佳丽塑造，如肯尼迪风貌、戴安娜风貌和杰克逊风貌等。

风琴裥　accordion pleats　见“顺裥”（488页）。

风箱效应　bellows effect　着装人体由于来回摆臂、步行等连续重复的动作，在服装（如裙子）向下的袖口、裤脚口等开口处产生类似风箱一样的换气现象。风箱效应促使服装散热量增大，影响服装的隔热、透气性能。

封背衩　bartacking back vent end　将背衣衩上端封结的动作。一般在腰节线10 cm以下或造型确定的部位用明封与暗封两种方法封结固定。

封袋口　bartacking ends of pocket mouth　袋口两头机缉倒回针封口的动作。封口缉线要恰到好处地缉到袋口两端边沿，注意外观美观光洁。

封袋捆扎　sacking and biding　包装时用于加固包装盒、包装袋、包装箱，捆扎使之不松散的措施。袋、盒的加固一般用纸绳、纱绳或塑料绳作十字捆扎。纸箱的封装一般用8～10 cm宽的牛皮纸加黏合剂黏合，箱外用扁形纸绳带、塑料带或铁皮捆扎，包装时先用钉子将封口钉牢，四周用铁皮条加固。麻布包在专用的压力打包机上打包，两端用线缝合，中间用铁皮条捆扎2～3道。

封小裆　bartacking front rise　将小裆开口机缉或手工作倒回针封口的动作。封口位置在距裤裆十字缝大于等于5 cm处，以增加前门襟开口的牢度。

封小裆

封袖衩　bartacking sleeve slit end　在袖衩上端的里侧机缉封牢的动作。缉封袖衩时要注意将上下袖衩放平、放齐，避免成型后袖衩豁开或不平整。

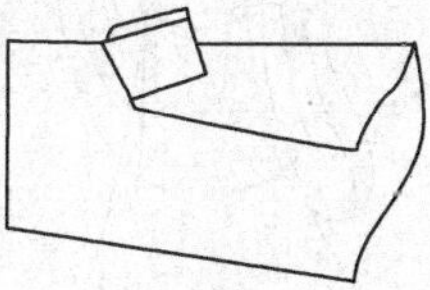

封袖衩

封样　sample confirming　服装生产前确立标准实物产品的工序过程。服装新款式、新品种批量投产前，按规定的材料、工艺程序和质量标准制作少量的产品，并进行严格检验，确认符合设计和加工要求后作为样品，封存在技术部门。样品在最终封存前，允许进行修改,但批量生产时规格、操作质量一律以封存的样品为标准。

蜂巢式罩帽 **beehive bonnet, hive bonnet** 19世纪初西方流行的无檐麦秸罩帽。用系带在颏下固定,外形类似蜂窝。

蜂巢式罩帽

蜂窝状针织物 **waffle stitch knitted fabric** 由提花纬编机按花型要求通过成圈、集圈、浮线等方式编织而成的纬编织物。呈现凹凸的系列方格蜂窝状花色效应。立体感强、厚实、透气。多用于制作毛衫等服装。

蜂腰体 **wasp-waist figure** 又称细腰体。胸围丰满而腰围过细的体型,其体态状如蜜蜂。一般情况下臀围和腰围的差量大于25 cm。

冯翼衣 **fengyiyi** 又称大掖衣。冯翼即是逢掖。一种男子穿着的袍衫。源自北晋处士冯翼所穿的大袖衣。基本形制为衣袖宽博、周缘以皂、衣下加襕、前系两长带、衣身上下相连、右衽大襟的长衣。隋唐时候为朝野人士穿着。颜色多素雅。

冯翼衣

缝吃势 **shrinking easing** 手工将某部位衣片缝缩的动作。在服装需收缩的部位或部件上,用手工作短针绗缝,使上下松紧不一并车缝,再抽缩其中较紧的一根缝线,或在缝料上缉以抽紧的牵带,使其归拢成褶裥状。常用于衣袖的袖山等部位。

缝道 **in seam** 又称衣缝。将两块及两块以上分开的缝料缝合后形成的轨迹,包括缝合形式和线迹类型。各类缝道都由一定的缝型及连接方法组成。按性质分有"结构缝"(259页)、"装饰缝"(673页)、"结构装饰缝"(260页)。按部位分有"内缝"(369页)、"外缝"(535页)。按外观分有"硬缝"(616页)、"软缝"(436页)。按连接方式分有线接缝、粘接缝、熔接缝。

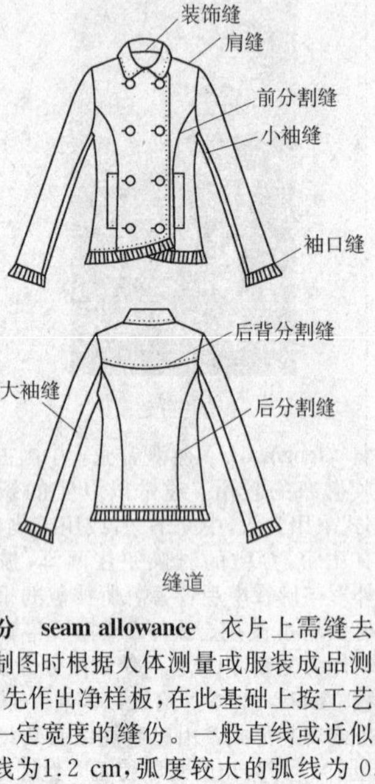

缝道

缝份 **seam allowance** 衣片上需缝去的部分。制图时根据人体测量或服装成品测量的数据,先作出净样板,在此基础上按工艺要求放出一定宽度的缝份。一般直线或近似直线的弧线为1.2 cm,弧度较大的弧线为0.8～1 cm,贴边为3.5～4 cm,对某些特殊需要的缝份,可视具体情况而定,放出缝份后便形成毛缝样板。

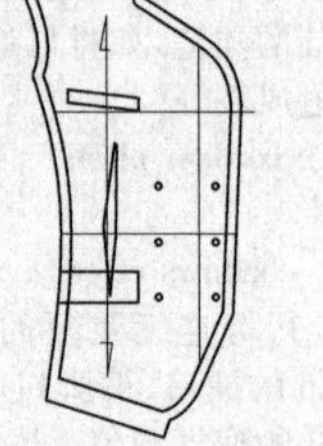

缝份

缝埂皮鞋 sewing rib leather shoes 在围子与鞋盖之间缝出立体棱线的围盖式皮鞋。利用缝埂工艺，还可以使围子产生均匀皱褶，形成包子鞋、烧卖鞋。在前帮围盖并不断开的情况下采取下边衬绳的办法也能缝出埂来，围子上会有自然的微小皱褶。

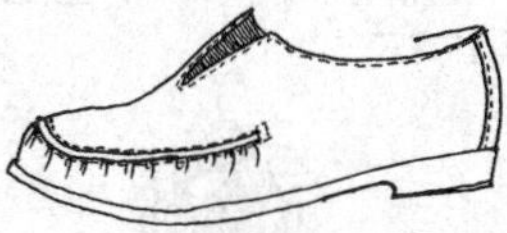

缝埂皮鞋

缝合—包缝缝 overedge-stitch seam 又称复合缝。缝型类型。在将两衣片的有限布边叠合包缝的同时，完成衣片连接的缝型，由缝合—包缝机加工，其缝份若座倒烫平就形成缝份被包缝的座倒缝缝型。多用于针织服装衣片缝型的处理。

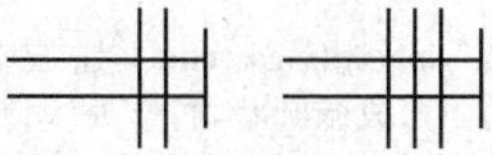

缝合—包缝缝

缝合止点符号 break point of assembling 服装结构制图符号。表示部件缝合止点，也可以表示缝合开始的位置和附加物安装的位置等。

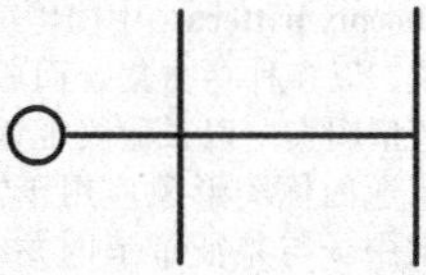

缝合止点符号

缝纫工艺符号 sewing technique marks 服装工业为方便编排加工程序及工序示意图而设计的各类符号。包括线迹图形，缝型构成示意图标号，缝制所需材料的符号，缝制所需设备和工具的符号等。表达形式有三类：(1)用白描单线作简洁描绘，表示对象的外形图，如各类线迹图形和缝型示意图；(2)用特定的，能从本质上概括所表示对象外形的符号，如服装材料的各种符号；(3)用抽象的约定符号，如服装设备和工具的符号。缝纫工艺符号中有些由国际标准化组织颁布（如线迹和缝型示意图），因而具有普遍意义，有些则是由某一地区、某一企业自行决定，仅限于一个地区、一个企业使用。

缝纫工艺设计 sewing technique design 对所加工服装的缝纫类型（手缝、机缝）、缝型、缝迹密度、缝纫牢度、缝制设备进行全面的设计工作。包括服装缝制加工时各部位使用的缝纫类型，缝型的类别，面、里布在单位长度的缝迹密度，缝纫线的支数、色泽，缝纫牢度，缝制设备的种类、型号，缝纫工艺符号的使用等。

缝纫回缩率 sewing relaxation shrinkage 缝制加工中裁片经向、纬向的回缩率与缝制前裁片长度、宽度之比。与布料组织结构、原材料纱线的特征、染整加工工艺有关。直接影响成品规格的准确度，是样板设计时应考虑的重要因素。

缝纫机 sewing machine 用单根、双根或多根机针和缝线，将按缝式标准叠放的两层或多层缝料，用选定线迹标准中的某一线迹进行连接或固结，或在缝料上缝缀缝迹的机械设备。由机头、机座、传动机构和附件等部分组成。有四个基本运动：刺料运动、钩线（成缝）运动、挑线运动和送料运动，对应的机构有针杆机构、钩线机构、挑线机构和送料机构。每个运动之间按线迹形成的顺序精确配合。按使用对象，分为家用缝纫机和工业用缝纫机；按线迹形式，分为锁式线迹平缝机、链式线迹缝纫机、暗缝机、缭缝机、包缝机和绷缝机等；按工艺用途，分为装饰缝纫机、机械套结机、锁眼机和钉扣机等。

缝纫速度 sewing speed 缝纫机主要性能参数。缝纫机每分钟针刺的次数，或缝纫机主轴每分钟的转数。

缝纫消耗 sewing consumption 衣片在缝制时所需的缝份和切边消耗的总和。不同的缝纫设备和不同的加工工艺会产生不同的缝纫消耗。

缝线 sewing thread 针线和底线的总称。用以形成线迹。品种有棉线、棉丝光线、涤棉混纺线、涤纶线、维纶线和锦纶弹力线等，一般为多股 Z 向捻线。在强度、光滑度、均匀度、捻度、弹性、柔软性、缩水率和色泽等方面根据线迹的种类均有一定的要求。

缝型 seam type 缝迹与缝料在缝道上的

配置形态。国际标准化组织1981年3月拟定的缝型标号国际标准。ISO 4916中规定的缝型共分8类,一类缝型由两片或两片以上的缝料构成,其"有限布边"(619页)和"无限布边"(549页)分别位于线迹的两侧;二类缝型由两片或两片以上的缝料组成,其有限布边和无限布边均处于线迹两侧,若另有布片,其有限布边可任居线迹一侧或两侧;三类缝型由两片或两片以上的缝料构成,其中一片一侧为无限布边,另一侧为有限布边,并被另一片两边均为有限布边的缝料夹裹;四类缝型由两片或两片以上的缝料构成,其有限布边对接于同一平面上,若再有布片,其有限布边可任意配置;五类缝型为两片以下的缝料,两侧均为无限布边,若再有布片,其布边可任为有限布边或无限布边;六类缝型由一片一侧为有限布边的缝料构成;七类缝型由两片或两片以上的缝料构成,其中一片缝料一侧为无限布边;八类缝型由一片或一片以上缝料构成,缝料两侧均为有限布边。缝型的标号由五位数字组成,第一位表示缝型大的类别,第二、第三位表示布边的配置形态,第四、第五位表示压上线迹的部位,如1.06.02缝型即指来去缝。

缝沿条 welting 一种经典的皮鞋成型方式。沿条先和内底、帮脚缝合,再和外底缝合。缝合通过手工或专用设备如沿条机和外线机等完成。缝合前须作好制作沿条、盘条、内底起棱、外底开槽等准备。沿条、盘条为有一定断面要求的长条形工件,用天然底革、塑料或橡胶制作。前帮和中帮部位缝沿条,后帮部位钉盘条,两者紧密衔接。

缝制成品延伸量 sewn product extensibility 衣片加工后的长度与扣除缝纫消耗的衣片裁剪长度之差。包括悬垂重量所引起的伸长量和缝纫加工及湿热加工所形成的衣料的工艺伸长量。

凤穿牡丹纹 phoenix-peony pattern 又称凤嬉牡丹纹、牡丹引凤纹。中国传统装饰图案。以凤与牡丹组合构成,寓意吉祥。中国古代把凤视为鸟中之王,牡丹为花中之王、富贵花,两者组合意为光明美好和富贵幸福。图案装饰性强,静态圆润的牡丹结合纤细灵动的凤,形成造型、动态的对比。民间把凤穿牡丹为主题的纹样表现在蓝印花布、刺绣等工艺中,并广泛应用于女装等服饰设计中。

凤冠 fengguan 中国古代妇女的一种缀有凤凰纹样的礼冠。在女性冠饰中为最贵重。基本形制是以竹丝为骨,编为圆框,框内外各糊一层罗纱,然后在外表缀以金丝、翡翠做成的龙凤,周围镶嵌各式珠花。在冠顶正中的龙口,还衔有一颗宝珠,左右二龙及所有凤嘴均衔挂珠串。

凤冠

凤凰装 phoenix costume 畲族女子的盛装。把竹子弯成椭圆状,竹节处缀以银片,用红头绳或缎带将竹圈系扎垂于后脑的发髻上,插簪并用银、铜饰点缀,状如凤形冠。上衣和围裙上镶饰五彩刺绣花边,纹色为大红、桃红中夹黄色,镶金丝银线,象征凤凰的颈、腰、羽毛,表示万事如意。与畲族的崇鸟传说有关。

凤纹 phoenix pattern 中国传统祥瑞神异动物装饰纹。以多种鸟禽集合而成的一种意象化神鸟造型图案。以长冠飞羽,卷尾曲爪,翅膀灵动飘逸的优美形象应用于宫廷、民间的服饰图案中。与象征帝王的龙纹相配,凤被视为封建王朝最高贵女性的代表,凤又是传说中能给人带来和平、幸福的瑞鸟,是融现实与理想的完美形象,象征吉祥与喜庆的事物。凤纹历史悠久,历朝历代对凤的形象进行了演化与发展,凤纹分为团凤、盘凤、对凤、双凤、飞凤等,造型细腻华美,以其独具的艺术魅力成为体现中华民族精神的经典图案样式。

凤嬉牡丹纹 phoenix-peony pattern 即"凤穿牡丹纹"(144页)。

凤仙花 fengxian flower 又称金凤花。旧时妇女用以浸染指甲的植物。见"染指甲"(424页)。

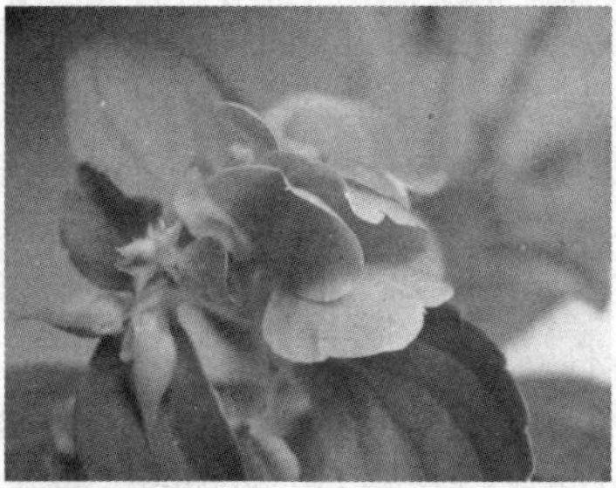

凤仙花

佛罗伦萨皮革　Florentine leather　意大利佛罗伦萨地区生产的轧花革。凹凸压印痕迹组成的花纹,图案明显,采用较硬质的牛、马、猪皮植鞣革或结合鞣革加工。主要用于制作皮带和皮包等。

佛妆　Buddha style　即"额黄妆"(118页)。辽代契丹妇女的一种面部妆饰。以栝蒌等黄色粉末涂染于颊,经久不洗,既具有护肤作用,又可作为妆饰。多施于冬季。因观之如金佛之面,故名。吉林哲里木盟库伦旗一号辽墓出土女尸的脸部,即作有此妆。

肤蜡塑型法　skin-wax plastic method　用蜡类、脂类等制成的蜡状物质在肌肉活动不频繁的部位进行雕塑造型的塑型化装技法。使用时,可用塑刀将肤蜡直接塑在需要塑型的部位。肤蜡的附着力较强,粘手,影响操作,可用纱布或毛巾轻轻按平肤蜡表面,以达到理想的造型。肤蜡质地柔软细腻,有一定的韧性,表面效果真实,操作也较简便。肤蜡也可用来覆盖演员面部疤痕,填平某些部位的皱纹等。广泛用于性格化装、肖像化装、气氛化装中。

肤色　skin color, complexion　皮肤的自然色彩。有白色、黄色、棕色、黑色四类。每个人的肤色除分属这四大类之外,也各有深浅、冷暖不同,即使同一个人的身上,肤色也会因皮肤状况而有局部变化。化妆打底前,先要根据肤色选择适合的粉底颜色,以保证妆面色彩均匀、真实。

肤色修正液　complexion regular liquid　又称修颜液。在妆前液后使用的用来调整皮肤到白净透明状态的乳液态粉底。能使肤色具有某种淡淡的色彩,使其在化妆前呈现一种健康理想的色泽,但不能遮盖皮肤缺陷。最常见的有绿色和紫色两种,绿色多用来调整偏红的皮肤,紫色多用来调整偏黄的皮肤。

肤用化妆品　skin cosmetics　化妆品的一类。用于面部及体肤。品种繁多,有用于清洁的清洁霜、泡沫清洁剂、磨面膏、面膜等,有用于调理的化妆水,有用于护肤的雪花膏、润肤霜、冷霜、婴儿霜、润肤蜜、护手霜等。

跗围　instep girth　经脚心最凹处第五跖骨粗隆处及跗面最高点周长。决定了鞋跗面的高低,跗面太高,鞋不跟脚,当脚往前冲时脚趾会顶鞋前帮;跗面太低,会压迫脚面感到疼痛。

敷背衩牵条　attaching tape to back vent

将牵条布缝在或粘贴在背衣衩边沿部位的动作。以防止背衩拉扯并增加该部位牢度。

敷驳口牵条　attaching tape to lapel roll line

将牵条布用手工扎上或用粘衬粘贴在驳口部位的动作。起加固作用,防止驳口在缝制时拉扯变形。

敷衬　interline　将经归拔熨烫处理(推门)后的面布复合于缝制后熨烫挺服的衬布上,使面布与衬布各部位贴合一致,再作绷缝加固的工艺。敷衬时要注意面布丝绺的顺直,并根据材料的特性掌握面布的松紧,是精制服装加工中的重要工艺形式。

敷衬记号　interlining mark　服装结构制图符号。表示服装裁片在相应部位要加衬,斜线不分方向。

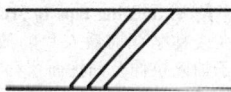

敷衬记号

敷袋口牵条　attaching tape to pocket mouth

在裤、裙的斜袋口装牵条布或粘衬的动作。装牵条布或粘衬时要稍拉紧。

敷挂面　attaching facing　将挂面敷在前衣片止口部位的动作(图见下页)。在驳头、底边转角处挂面要拉紧,做成里外匀的向里窝服状态。

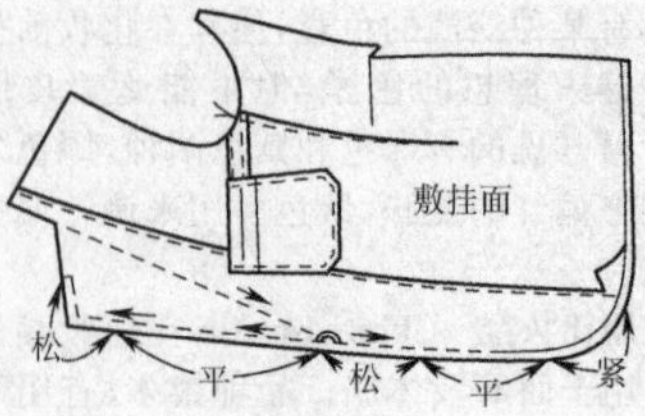

敷挂面

敷夹里　attaching lining　将缝合的里布敷于缝好的面布衣身上，用手缝线迹将其固定的技术动作。常用于高级女装的缝制，一般服装可用机缝代替。

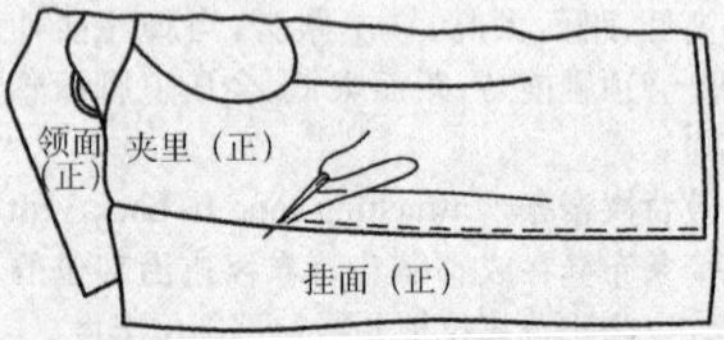

敷夹里

敷领面　collar facing covering lining　将领面敷上领里，使领面、领里复合一致的动作。领角处的领面要宽松些，作出里外匀状态。

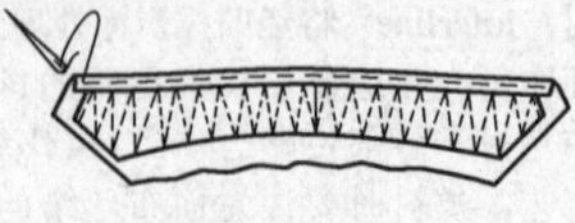
敷领面

敷牵带　attaching tape　在服装某些部位敷设牵带的动作。在服装门襟、袋位、袖窿、底边等部位敷以 1 cm 左右宽的纱带，并用稀疏的三角针、斜形缭缝或黏合带将其固定，以增加所在部位的牢度和挺度。

敷袖窿牵条　attaching tape to armhole　将牵条布缝在或粘贴在前后衣片的袖窿部位。以防止由于袖窿拉伸及归拢而留存在袖窿上的前后浮余量。

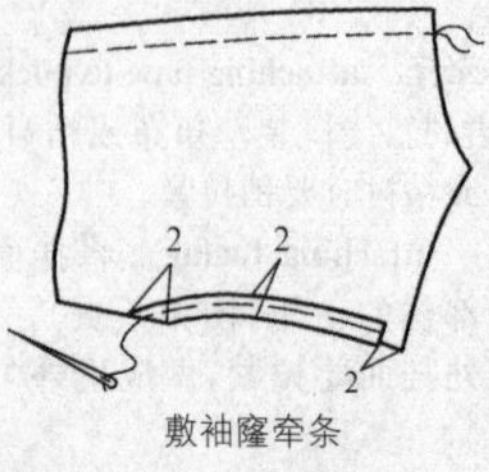

敷袖窿牵条

敷止口牵条　attaching tape to front edge　将牵条布用手工扎上或用粘衬粘贴在止口部位的动作。在对应人体隆起的部位和需作出向里窝服状态的部位要拉紧。

敷止口牵条

弗里吉亚帽　Phrygian cap, Phrygian mitre　帽顶高而圆、垂落向前的无檐帽。两侧垂挂着护耳，有的用皮革制作。源自小亚细亚中西部古国弗里吉亚，9 世纪到 12 世纪古希腊人戴用，18 世纪经仿制推出。

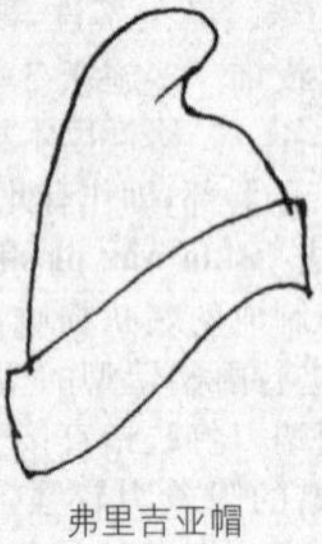
弗里吉亚帽

芙蓉妆　furong style　中国古代年轻女子的美丽妆束。

芾　fu　即“韨”(166 页)。

服　smooth and flat　常指服装的面布与衬布、里布的贴合状态良好。技术关键是衣服形态要合体，布料的丝绺要归整。

服饰风格图案　costume styles pattern　内容和形式整体呈现艺术特征的服饰图案。图案题材、造型、色彩、技法、工艺等受社会背景、文化思潮的影响。有古典风格服饰图案、巴洛克风格服饰图案、洛可可风格服饰图案、中国风格服饰图案、现代风格服饰图案、朋克风格服饰图案、乡村风格服饰图案、浪漫主义风格服饰图案等。

服饰功能图案　clothing function pattern　从服装的性能出发，以实用为目的进行的图案创作。图案兼具功能性与装饰性，并与工作性质、周围环境、年龄等因素相匹配。具体包括职业装图案、工作装图案、制服图案、正装图案、晚装图案、休闲装图案等。服饰图案结合丰富的材质与多样的工艺，配合款式实现并强化服装的功能。

服饰图案　costume pattern　人体穿戴所出现的纹样。包括植物纹、动物纹、人物纹、风景纹等各种具象及抽象图形组合。图案涉及历史、文化、宗教、审美、造型等诸多因素。主要有衣、裤、裙等服装上的图案，以及鞋、袜、帽、围巾、腰带、纽扣、包袋等服饰品上的图案，因功能、风格、款式、工艺、材料以及穿着者的民族、习惯、年龄、性别等因素而变化多样。

服饰图案 CAD　clothing and accessories pattern computer aided design　即“计算机辅助服饰图案设计”(238页)。

服饰图案工艺　pattern crafts　制作服饰图案的手段和方法。由印、染、织、绣构成。涉及材料、工具、技术等因素，工艺包括手绘、扎染、蜡染、蓝印花布、刺绣、机印、喷墨、提花等。随着历史的进步和经济的发展，图案工艺从最初的家庭式手工转为现代的印、染、织、绣，具有经济、便捷、产量高、图案表现自由等特点。传统图案工艺因个性与精良的手工特点而获得保留和继承。服饰图案因工艺而获得最大限度的艺术表现，是服饰设计重要的环节之一。

服装 CAD　computer aided garment design　即“计算机辅助服装设计”(240页)。

服装 CAI　computer aided garment instruction　即“计算机辅助服装教学”(239页)。

服装 CAM　computer aided garment manufacture　即“计算机辅助服装制造”(241页)。

服装 CAPP　computer aided garment process planning　即“计算机辅助服装工艺规划”(239页)。

服装 CIMS　computer integrated garment manufacturing system　即“计算机集成服装制造系统”(243页)。

服装 CRM　garment customer relationship management　即“服装客户关系管理”(154页)。

服装 E-Tailor　garment electronic tailor　即“服装电子化量身定制系统”(150页)。

服装 ERP　garment enterprise resource planning　即“服装企业资源计划”(158页)。

服装 PDM　garment product data management　即“服装产品数据管理”(149页)。

服装半成品检验　work-in-process inspection　即“服装在制品检验”(165页)。

服装包装　garment packing　服装商品包装于适当材料之内，以便运输、陈列、销售、消费使用和保管。主要包装方法：折叠包装装箱，能充分利用空间，但开箱销售时外观不佳，有时需要额外熨烫整理；立体包装，能较好地保持整烫后的服装外观，具有良好的店铺陈列效果，但相对成本高。女套装、西服、大衣等采用立体包装。

服装保护作用　clothing' protective function　服装具有辅助体温调节作用和防护身体皮肤不受外界各种伤害的作用。服装在外界气候激烈变化时，通过服装气候的调节，可以辅助人体生理功能，发挥维持人体体温的作用，如防寒用和防暑用的服装等。服装保护皮肤的作用有两个方面：一是防止皮肤受到内、外部的污染，保持皮肤清洁。服装既能吸着皮脂、汗垢等内部污染，又能阻止尘埃、煤烟、飞沫等外部污染侵入。二是防止机械外力、有害药品、辐射热、火焰、电气、害虫等对身体的伤害，主要指工作服、防护服一类的服装。

服装变形　apparel deformation　服装在使用和保养过程中发生的形状改变。人体关节的弯转、肌肉的伸缩、皮肤表面积的变化会使构成服装的纤维集合体受到伸长、扩展、弯曲、压缩等力学作用，服装的洗涤、熨烫、保管等也都可能引起服装的变形。由穿用而引起的服装变形大致有四种：(1)服装着用时因姿势而产生的折皱；(2)服装面料因形态保持性和尺寸稳定性低下而产生的歪斜、鼓起等变形；(3)为符合人体而因自重形成的优美曲面；(4)因步行而产生的扭绞等变形。

服装标样　apparel specimen　用以鉴定服装产品的实物标准。对于不易用定量指标表达，难以用仪器、仪表、量具和测试手段测定的服装标准化对象。通过我国服装质量技术权威机构（国家服装质量技术监督检测中心）确立，并经过标样标志证明符合标样标准规范。例如 GB/T 2660—2008《衬衫》、FZ/T 81006—2007《牛仔服装》等。

服装标志 **clothing mark** 由国家颁布的服装标准说明和图形符号构成的标志。在产品质量法上对标志的使用作了规定，图案具有比文字表达思想、传播信息更快速、明了、概括的特点。内容包括：成分组成、使用说明、尺寸规格、原产地、条形码、缩水率、阻燃性。各国服装标志所表达的内容基本一致，但标志图形符号不完全相同。我国现行的服装标志是根据 ISO/DP 3758/5《ISO 对纺织品和服装使用说明图形符号的建议》制定的。服装标志为企业生产提供依据，指导消费者选择和保养服装。

服装标准 **apparel standard** 以服装技术和实践经验的综合成果为基础，对重复性的服装质量所做的统一规定。我国服装国家标准由国家质量技术监督局指定有关方合作起草，经全国服装标准化技术委员会进行协商并一致通过后，报国家质量技术监督局标准化司批准，以特定形式发布，作为服装行业共同遵守的准则和依据。ISO 国际服装标准有 ISO 4415，1981《男成人和男童的内衣睡衣和衬衣》等 12 项。服装国家标准有 GB/T 2660—2008《衬衫》、GB/T 2664—2009《男西服、大衣》等 55 项。服装行业标准有 FZ/T 81008—2004《茄克衫》等 62 项。

服装标准草案 **apparel draft standard** 国家和行业服装标准发布以前的标准起草征求意见稿、送审稿。由承担编制标准的单位和个人，根据国家质量技术监督局和中国纺织行业协会计划任务书起草的服装标准文稿。一般构成要素有：概述部分，包括封面、目录、标准名称、适用范围；技术内容，包括名词术语、符号、品种、规格、技术要求、试验方法、检验规则、标志、包装、运输、贮存等；补充部分，包括附录、附加说明等。

服装标准级别 **apparel levels of standards** 服装标准等级的区别。根据《中华人民共和国标准化管理条例》的规定（1979 年 7 月 31 日国务院发布），我国标准分为国家标准、部标准（专业标准）、企业标准三个等级。1989 年 12 月第七届全国人大常务委员会通过的《中华人民共和国标准法》中，将我国标准级别分为国家标准、行业标准、地方标准和企业标准四个等级。例如国家标准 GB/T 1335—2008《服装号型》，行业标准 FZ/T 73021—2004《针织学生服》，地方标准 QB/T 1615—2006《皮革服装》。

服装标准体系表 **apparel standards system table** 服装标准体系内容的内在结构用图表。我国服装标准的第一层次为服装通用标准、基础标准；第二层次为服装方法标准；第三层次为服装产品标准，包括西服标准、衬衫标准、时装标准、童装标准、防寒服标准、帽子标准等。

服装表面温度 **clothing's surface temperature** 服装表面冷热程度。低温环境中穿着保温性良好的服装时，衣下最内层空气的温度较高，从内向外服装表面温度逐渐降低，最外层服装表面温度与外界气温之差变得很小，此时向外界散发的热量也很小。这是发挥服装保温作用的必要条件，可以用来推定所穿服装的隔热性能。

服装裁剪 CAD **computer aided garment cutting system** 即“计算机辅助服装裁剪系统”（238 页）。

服装裁剪图 **garment cutting structure sketch** 又称服装结构图。用曲、直、斜、弧线等图线将服装造型分解展开成的平面裁剪用的图。可用牛皮纸画图，便于折叠、剖开、放大、黏合，成本较低；或用硬卡纸画图，可长期使用，便于保存。裁剪图最初是净样，通过放缝份和放贴边成为毛缝纸样。通常根据毛缝纸样排料，个别针织衫与内衣可直接画毛缝裁剪图。

服装产品标准 **apparel product standard** 对服装产品设计结构、规格、质量和检验方法所作的技术规定。在一定时期和一定范围内具有约束力的技术准则。作为服装生产、质量检验、选购验收和洽谈贸易的技术依据。内容包括：（1）服装的品种、规格和结构形式；

(2)服装适用范围;(3)服装检验方法和验收规则;(4)服装包装储存和运输要求。按其适用标准的等级范围,分别由国家、行业、地方和企业制定。例如 GB/T 14272—2002《羽绒服装》国家标准。

服装产品生命周期　apparel product life cycle　服装产品从投入市场到被淘汰的整个过程。一般将这一过程划分为四个阶段,即投入期、成长期、成熟期和衰退期。各阶段可由销售增长率确定,销售增长率计算公式为:

$$\text{销售增长率}=\frac{\text{本期销售量}-\text{上期销售量}}{\text{上期销售量}}\times 100\%$$

当增长率呈不稳定性变化时,产品处于投入期;增长率大于 10%时,产品处于成长期;增长率介于-10%～10%之间时,产品处于成熟期;增长率为-10%时,产品处于衰退期。

服装产品数据管理　garment product data management　又称服装 PDM。以产品为中心,集数据库的数据管理功能,网络的通讯能力和过程控制能力于一体,使参与产品生命周期内所有活动的人员能共享和传递与产品相关的所有信息的管理系统。可提供产品全生命周期的信息和过程管理,并可在服装企业范围内为企业的设计与制造建立一个并行协同工作环境。服装企业的信息主要包括项目计划、设计数据、成品样衣、样板图、技术规格、工艺资料等。本系统提供了计算机辅助服装设计、计算机辅助服装工艺规划、计算机辅助服装制造、服装企业资源计划等系统的集成平台,由服装 PDM 系统统一管理各种数据,使产品数据在其生命周期内保持一致、最新和安全,提高了服装企业的市场竞争力和应变能力。服装 PDM 系统以服装款式数据管理及款式开发、生产过程管理为核心,支持面向服装企业全面信息化改造。

服装厂集团式流水线作业　grouping flow process of garment factory　成衣批量生产的一种作业方式。多用于西服或职业服的批量生产。通常按照成衣结构中的衣身、衣领和衣袖等部件分成若干个专业小组分别进行加工,最后再将各个相关部件进行合缝(组装),完成整件成衣的组装和检验。此作业适用于加工品种相对稳定、款式结构复杂的产品。

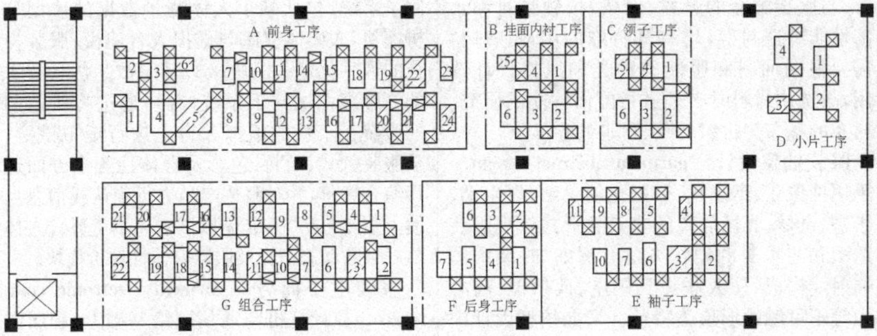

服装厂集团式流水线作业

服装厂流水作业　flow process of garment factory　成衣批量生产的一种作业方式。将衣片、半成品或成衣按照一定的顺序有规律地从前道工序流向后道工序进行加工。流水作业的特点是:(1)组成流水线的各工作地按工艺过程顺序排列;(2)各工作地固定完成一道或几道工序的加工;(3)各工作地完成作业的时间相同或成简单的倍数关系;(4)加工对象在各工作地之间,按照一定的节奏(时间)投入或产出。流水作业适用于大批量生产类型,不适合品种、款式多变的小批量或单件生产。

服装厂设计　garment factory design　新建或改建服装厂所作的规划与设计。包括服装生产工艺设计、服装工厂总平面布置、厂址选择、公用工程设计、车间布置和流水作业设计等部分。

服装厂总平面布置 **garment factory plain collocation** 又称服装厂总平面设计。根据主管部门批准的计划任务书所确定的工厂建设规模，合理布置厂区内的建筑物、构筑物、堆场和道路的工作，并使工厂平面的总体布置达到必要的艺术效果，创造一个良好的、舒适的工作环境。工厂总平面布置应合理进行功能分区，充分满足生产工艺要求。建筑物的朝向和间距应符合安全、防火及卫生要求。

服装厂总平面设计 **garment factory plain design** 即“服装厂总平面布置”(150 页)。

服装衬料 **clothing interlining** 又称衬布。介于面料与里料之间的服装材料。有服装骨架之称。其作用可归纳为：(1)赋予服装一定的造型；(2)增强服装的挺括性和弹性；(3)改善服装悬垂性和手感；(4)增强服装的舒适性；(5)防止服装变形，洗涤后起保型作用；(6)对服装局部部位具有加固补强作用；(7)增强服装的丰满感和保形性。传统衬布有：毛衬、棉衬、“麻衬”(335 页)、马尾衬等；现代衬布有：黑炭衬、树脂衬、机织(或针织)热熔黏合衬、非织造黏合衬四大系列产品，其中热熔黏合衬是发展最快最流行的衬里材料。另外，与服装配套的腰衬、牵条衬，领带衬和水溶性非织造衬等，均有其特殊的用途。衬料需要根据面料和服装的种类和风格设计选用，故选用衬料时必须进行配伍性能的研究。衬布的基布为机织、针织和非织造布。

服装抽象设计 **garment abstract design** 采用抽象化、寓意化、夸张化的手法，以生动、丰富、奇妙、光怪陆离的非具象形式体现服装造型和艺术美的创作方法。例如，时装中的辐射线构成，使人联想到闪电、放射能、离心力等不可触的形象美特征。又如领型设计中的各式甩领结构，则使人联想到浮云、流水、倾瀑等动态美特征。再如袖型设计中的几何形体的构成，给人以雕塑感和建筑感的深刻艺术形象。

服装单元生产系统 **apparel unit production system** 一件服装的全部裁片从一个工作地传递到下一个工作地的流水生产方式。常与吊挂式机械传输系统结合，通过设计缓冲环节改善工艺流程，当某个工作地缓冲量增满时，下一个单位的工作量将被传送到另一个相同操作的工作地，但这种系统成本高，所需空间大。适用于短交货期、高档服装的生产。

服装导热性 **clothing heat conductive property** 服装在人体与环境间通过传导方式传递热量的性能。是服装保暖性能和防暑散热性能的重要影响因素。主要取决于服装所能束缚的静止空气量。另外，服装材料的导热系数和材料内静止空气的含量及干湿、脏污等因素也能影响服装的导热性。从体温调节的角度，冬季服装应选用导热性小的服装材料防止体热散失，夏季则应选用导热性大的服装材料增强体热散失。

服装电子化量身定制系统 **garment electronic made-to-measure system** 又称服装 E-MTM 系统，服装 E-Tailor。强调在网络化环境中实现传统量身定制的设计、生产和销售的电子商务系统。能够在很短的时间内为单个用户或者群体用户定制服装，快速地实现量身定制服装的整条生产价值链。其关键技术集中体现在三大板块：(1)基于数据库技术、网络技术和智能卡技术的信息管理子系统，主要包括基于电子商务的信息服务模块，客户信息的数据库管理和服装产品的数据库管理等；(2)基于三维人体扫描技术的产品定制子系统，包括基于人体测量数据的体型分析模块，人体体型库与虚拟人台建模，服装样板的数字化定制模块；(3)基于数字仿真技术的三维虚拟试穿子系统，客户通过将所定制的服装在个性的虚拟人台上进行虚拟试穿，从服装款式、面料、色彩及合体性等多方面进行综合评价，并对服装产品进行确认或信息反馈。主要包括“三维虚拟试衣”(440 页)、人体与服装的动态仿真及服装合体性评价模块。

服装电子商务 **garment electronic commerce** 在计算机与通信网络基础上，利用电子工具实现服装商业交换和行政作业的全过程。其功能是实现服装企业各个商务环节的电子化与自动化，具有全球性、快捷性、集成性和低成本性的优点。由服装电子商务实体、电子市场、交易事务和信息流、资金流、物流等基本要素构成。业务包括信息交换、销售服务、电子支付、运输管理、组建虚拟企业等。主要分为两大类：(1)企业与企业之间的电子商务，即 B to B 型；(2)企业与个人之间的电子商务，即 B to C 型。

服装吊挂传输式流水作业　Product-O-Rail system for garment manufacturing and manager　成衣批量生产的一种作业方式。通常由机械系统和管理系统两部分组成。机械系统包含主传输轨道、进出料轨道、挂架和支架等，与缝制设备配套组成若干个相对独立加工单元(工作站)，完成对衣片、半成品或成衣的加工。管理系统大多采用机电或计算机收集和发布各项加工信息，进行实时控制和管理。智能式吊挂生产管理系统还能根据成衣要求，自动将衣片、半成品或成品按照加工顺序，直接将物料传送到各操作人员或机械手最方便的位置上。系统的长短、工作站位置的排列完全可以满足工艺要求。整个系统除了可按指令完成物料的传送功能外，还具有自动装料、卸料及加工功能。

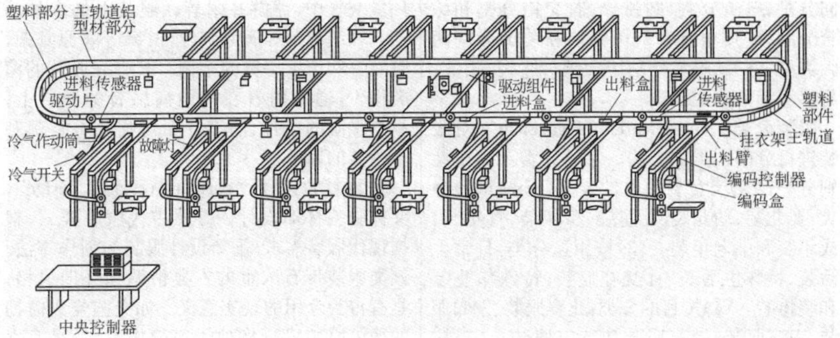

服装吊挂传输式流水作业

服装二次设计　garment redesign　在服装第一次设计的基础上进行的搭配设计。是服装品种的设计，即单一地对某一服装进行具体的设计。服装第一次设计的对象是虚拟的，过程由设计师完成。服装的第二次设计是在着装状态下进行的，也就是将各个单一的服装品种，在一定饰品的陪衬下，结合穿着者的个性特征和环境要求，完成组合搭配。服装的第二次设计个体不同，它由穿着者完成。

服装发布会　garment conference　服装设计师或品牌在一定时期内同时进行的新季节作品发布或展示。国际著名时装发布会的主要城市为：巴黎、米兰、伦敦、纽约、东京、香港等。其中，巴黎每年10～11月举办春夏季服装发布会，3～4月举办秋冬季服装发布会。

服装防护性　protective property of clothing　服装有维护人体安全的功用。危害人体的外力有机械外力、物理外力、化学外力、生物外力等。为防御这些危害因素，特别是对在特殊环境中的工作人员，其着装是首要考虑的因素。服装对外来危害因素的防护性统称为防护功能性。服装所具有的潜在性能，是以服装材料的性能为基础，结合款式造型、结构尺寸、层次搭配等综合形成的。且只有在穿着后置于自然环境和社会环境中，服装的潜在性能才能显化为功能。服装的功能以人—服装—环境(自然、社会环境)系统为前提存在的。

服装放码 CAD　computer aided garment grading　即"计算机辅助服装放码设计"(238页)。

服装分部　garment detail　即"服装细部"(165页)。

服装分部设计　garment partial design　又称服装细部设计。对服装各部件、元件、构件、配件或零件进行单独设计的创作方法。是组合设计的基础。服装部件是指产品的最主要、最关键的重大组成部分，具有相对的独立性。包括衣(裤、裙)型、领型、袖型、袋型、肩型、背型、腰型等。服装元件是从属于某一部件的单独构成成分，它是部件构成的主体。如前后衣片、胸育克、下胸育克、断腰育克等。又如袖大片、袖小片、袖口边等都是构成袖型的独立性元件。元件设计是服装部件设计的分支。构件是指将服装各个分部连接起来并制造一定形状的构成物件，如缝纫线、黏合衬等。构件设计也是分部设计不可忽视的工序。配件和零件是产品构成的最小单位，带有装饰和机能作用。如拉链、纽扣等配件及女式大衣夹里上的嵌线、暗袋上的装饰小三角等小零件。

服装分割线 **apparel division line** 为体现服装特定廓型和写实服装表面形态而设置的各种线形。按其特征有垂直(纵向)分割、横向分割、斜向分割、圆弧分割、交错分割和综合分割；按其功能有结构分割和装饰分割两大类型。广义服装分割线含领、袖、袋、腰节、肩襻等细节造型线。

服装分类 **classification of garment** 对服装进行分门别类的方法。常见分类：(1)按性别分类：男装、女装和中性装。(2)按年龄分类：婴儿装、幼儿装、儿童装、少年装、青年装、成年装和中老年装。(3)按用途分类：日常生活装、特殊生活装、社交礼仪装、特殊作业装和装扮装。(4)按目的分类：比赛服装、发布服装、表演服装、销售服装和特定服装。(5)按气候分类：季节性服装、地域性服装和气候性服装。(6)按服装外形分类：字母型服装、规则几何型服装、自由几何型服装。(7)根据服装品质分：高档服装、中档服装和低档服装。(8)按服装材料分类：针织服装、梭织服装、毛皮服装、皮革服装和其他材料服装。(9)按品种分类：大衣、风衣、套装、衬衣、裤子、裙子等。(10)按民族性分类：中式服装、西式服装、民族服装。(11)按制作方式分类：成衣服装、高级时装、高级女装、定制服装和自制服装。

服装风格 CAD **fashion style computer aided design** 即"计算机辅助服装风格设计"(238 页)。

服装辅料 **clothing accessories** 服装上除面料以外的所有用料。是服装材料的两大组成部分之一。辅料在服装上有装饰、造型、保形、连接、扣紧、标识、保暖、舒适等作用，辅料直接影响服装的款式造型、服用性和功能性。根据服装辅料的基本功能和在服装中的使用部位，服装辅料可分为七大类：服装里料(如羽纱、尼丝纺、醋酸绸等)、填料(如丝绵、喷胶棉等)、衬料(如毛衬、树脂衬、黏合衬等)、垫料(如垫肩、领底呢、组合胸垫等)、线料(如缝纫线、工艺装饰线等)、紧扣材料(如拉链、纽扣、金属扣件、绳带类等)、商标和标志。制作辅料的材料有纤维制品、树脂制品、金属制品、皮革制品及其他制品(如木质、贝壳、石料、骨料等)，其中以纤维制品为主。现代服饰要求整体美，因此服装辅料除保证服用性外，其颜色、造型、厚薄、轻重都要与服装面料相适应。

服装附着性菌类 **adhering-bacteria** 来自环境空气中、浮游并附着在服装上的多种菌类。如结核菌等病原细菌，白癣等病原真菌，霉及一些产生恶臭的杂菌。其中病原性的菌类很少，通常附着在传染病患者的服装上。高温多湿的条件、沾有汗垢污物的服装都利于菌类的繁殖。

服装复古设计 **garment restored design** 又称服装怀旧设计。参照古代服装样式，根据现代服装需求，重新设计服装的创作方法。该类服装带有浓重的古典情调和怀旧风格，具有古为今用的现实意义。如文艺复兴时期的德国服装盛行将袖子剪接成数段，具有立体团块结构感，奇妙的袖型应用在现代时装中，富有浓郁的怀古情调。

服装隔热性 **clothing heat insulation** 服装由于对传导、辐射及对流等传热方式的阻碍而具有的防止人体与环境间热传递的性能。与服装材料的透气性，导热系数，辐射热的反射、吸收、透过等性能密切相关，特别受织物的构成状态影响。织物中静止空气和死腔空气越多，服装的隔热性就越好。服装造型(身体覆盖面积、开口位置和大小)、着装组合(层数、内衣与外衣、上衣与下装的比等)等都影响着装者周围封闭的空气量及服装内气流与外界空气的交换，因而对服装隔热性也有很大的影响。服装湿润后水分挤占了大部分空气，隔热性会显著下降。人体与服装间的空气层厚度为零时隔热性能最差，随空气层厚度的增加隔热性增强，当重叠着装使衣下空气层厚度超过 15 mm 时会因空气对流的增强致导散热增加，隔热效果反而下降。所以空气层的厚度以 5～15 mm 为宜。服装隔热性通常用克罗值定量评价，也可采用最外层服装表面温度的间接表示方法。

服装工艺规程 **clothing process specification** 规定服装加工顺序的技术文件。根据服装生产经验总结、分析并制定合理的加工工艺程序，不同款式的服装其工艺程序亦不同。一般包括在制品加工工序、工序顺序、工序中在制品的加工方法、质量标准、加工时间、在制品使用材料的数量和质量等基本内容，是服装生产的工艺纪律。

服装工艺设计 garment technique design 对所加工的服装进行加工设备、加工方法、品质要求、技术参数等全面系统的设计工作。是服装设计中最后的设计环节，对大批量新款式的产品而言是必须进行的设计工作。

服装功能性设计 garment functional design 服装实现其功能的合理、有效、独特、多用的创作方法。重视人体工效学和实用机能性，强调服装效能的充分发挥，使之护体、适体、方便和安全，并与服装外形的美化相结合。如夏装采用薄料、敞领、短袖或无袖，注重凉爽透气的设计，以体现其防暑功能。多件组合式套装可灵活更换，提升对环境场合的适应功能。衣袖、裤腿的组装式结构，利于增强工作服的安全功能。近年来服装越来越讲究轻薄软、富弹性和易护理等提升舒适性的设计，还开发各种高科技的功能服装。

服装构成 garment construction, clothing construction 按一定形式法则对服装形态构成要素进行的意向组合。是现代设计中三大构成(平面构成、立体构成、色彩构成)向服装专门化的发展与延伸。包括款式造型(形、色)、材质(面辅料)和制作(结构、工艺)三部分内容。应注意比例与节奏、对称与非对称表现、各部分间的主从关系、静态与动态的应用和服装整体的均衡与完美。

服装构造线 garment structure line 即“服装结构线”(154 页)。

服装规格 garment specification 服装成衣外形主要部位的尺寸。控制和反映服装成衣外观形态的一种标志。服装规格有上装与下装之分，上装有衣长、袖长、腰节等长度部位和肩宽、胸围、领大、腰围、臀围等围度部位，还包括袋位、袋口大、省长、袖口大等细部尺寸；下装有裤(裙)长、直裆等长度部位，腰围、臀围、裆宽、脚口、裙摆等围度部位，还包括腰节宽、裥宽、省宽等细部尺寸。围度部位一般要根据服装风格和穿着要求放出适当松量。

服装行业标准 apparel industry standard 在全国纺织服装行业内统一使用的标准。由中国纺织工业协会立项，经服装标准化技术委员会秘书处组织起草和修改，通过审定后报中国纺织工业协会批准的标准，由中国标准出版社发布。用 FZ 符号表示，目前已制定、修订服装行业标准有 62 项。例如 FZ/T 81008—2004 《茄克衫》行业标准。同内容的国家标准制定公布后，该项行业标准即行废止。

服装号型 apparel size designation 表示设计和选购服装长短、大小体型代号。“号”指人体高度，设计制作服装长短的依据；“型”指围度以及体型分类代号，设计制作服装大小的依据。例如 170/88A 表示该服装适宜 170 cm 左右身高，净胸围 88 cm 左右 A 体型的人穿着。根据国家标准 GB 1335—2008《服装号型》规定，把中国人体型分为 Y、A、B、C 型四种，以胸和腰围度之差值区别，男子胸和腰围度之差 17～22 cm 为 Y 型(瘦)，12～16 cm 为 A 型，7～11 cm 为 B 型，2～6 cm 为 C 型(肥胖)。女子胸和腰围度之差 19～24 cm为 Y 型(瘦)，14～18 cm 为 A 型，9～13 cm为 B 型，4～8 cm 为 C 型(肥胖)。

服装后整理 garment finishing 服装缝制后的生产过程，包括整烫、整理、成品检验、清理和包装等过程。在后整理过程中可以最后矫正、消除以前工序产生的不良外观，是服装最后的品质控制阶段。

服装画 fashion illustration 又称时装画。服装设计从构思到物化的载体。服装设计分支学科中的重要组成部分，具有完整的艺术理论和表现技法。广义的服装画指以服装时尚为表现主题的绘画形式，分为四类：(1)以示意性为特征，直接体现设计者构思的服装效果图，包括“设计构思图”(461 页)和“比赛用服装效果图”(29 页)；(2)以工艺性为特征，是生产中的服装外形图解，即服装款式图，包括“款式设计效果图”(297 页)，“立体着装效果图”(311 页)和“服装平面结构图”(157 页)；(3)以宣传性为特征，展示或促销用时装画，包括“时装广告画”(467 页)，“服装平面结构图”(157 页)和“流行趋势效果图”(325 页);(4)以表现性为特征,供艺术欣赏用的服装插画,包括“商业时装插画”(455 页)和“民俗服饰画”(357 页)。创作风格包括“写实风格服装画”(575 页),“写意风格服装画”(575 页),“夸张风格服装画”(296 页)和“装饰风格服装画”(672 页)等。狭义的服装画仅指服装“款式设计效果图”(297 页)。

服装怀旧设计　garment nostalgic design
即“服装复古设计”(152 页)。

服装绘画技巧表现手法　fashion illustration showing skill　具有特色的服装画绘画技法。主要包括:“淡彩画技法”(88 页)、“平涂法”(394 页)、“喷洒法”(385 页)、“晕染法”(627 页)、“撇丝法”(391 页)、“重叠法”(62 页)、“剪贴法”(252 页)、“阻染法”(681 页)、“拓印法”(504 页)、“转印法”(671 页)、“凹凸法”(6 页)、“摩擦法”(361 页)、“流彩法”(325 页)、“折皱法”(639 页)、“复印法”(168 页)、“刮割法”(190 页)等。

服装即兴设计　garment impromptu design
在特定的条件和环境下,受外因的强烈刺激,触景生情,即兴产生的一种创作方法。是现实主义和浪漫主义的有机结合。即兴是一种心理变化,除了外界客观因素外,在主观上首先要富有即兴的素养,包括敏锐的视觉判断、整体的设计概念、综合的艺术修养、驾驭智慧的能力以及新颖的表现形式等。只有当这些素养联系着发生作用时,即兴设计和创作方有可能。即兴设计有当时当场一次性完成的设计方法;也有即兴取得印象和轮廓,以待思辨和深化的设计方法;还有回忆性、记忆性的即兴设计。

服装技术标准　apparel technology standard
在生产技术活动中为取得最大经济效益,对生产对象、生产条件、生产方法以及检验、包装、贮运等的具体要求,在一定范围或规章内作出统一规定,并经过一定批准程序,以规定形式颁布的技术法规或规程。

服装结构　garment structure　服装外在或内在的部位和部件的相互构成关系。包括外轮廓部位的形态,部件的形状组成,相关部位的配伍等。由服装造型和功能决定。

服装结构设计　clothing construction design
现代服装工程的重要组成部分。既是款式造型设计的延伸和发展,又是成衣工艺的准备和基础。一方面将造型设计所确定的立体形态的服装廓体造型和细部造型分解成平面的衣片;另一方面,为缝制加工提供了成套的规格齐全、结构合理的系列样板。

服装结构图　garment cutting illustration
即“服装裁剪图”(148 页)。

服装结构线　garment structure line　又称服装构造线。表示服装部件裁剪、缝纫结构变化的线,也是与服装廓型有直接关联的实际缝线。如侧缝线、肩缝线、分割线、育克线、省道线等,结构线的设置应科学严谨,其位置、长短及形状的计算应精准到位,表现力求新颖,富于美感。结构线根据粗细分为:(1)细线,包括制图辅助线、尺寸标注线、等分线等;(2)粗实线,表示裁剪制作的结构线。

服装进口配额　clothing import quotas　一国政府在一定时期内对于服装的进口数量或金额所规定的最高限额。在规定的期限内,配额以内可以进口,超过配额不准进口或征收较高的关税或罚款。例:美国对从指定国家和地区进口的机织、针织服装以平方米为单位设定配额。

服装客户关系管理　garment customer relationship management　又称服装 CRM。利用现代数字化技术、网络技术协调服装企业与社会的关系,从而实现企业升值的管理理念。能够按照客户的分割情况有效地组织企业资源,培养以客户为中心的经营行为,以及实施以客户为中心的业务流程,并以此为手段提高企业获利能力、收入及客户的满意度。主要包括数据挖掘、数据仓库、商业智能、呼叫中心、电子商务,基于浏览器的个性化服务系统等。目前,产品按照功能可分为操作型、协作型和分析型三类。

服装快速反应流水线作业　quick-response flow process of garment production　根据成衣加工要求,通常有 6～9 个由不同功能的缝纫和烫台设备组成的加工模块,按 U 字形方式排列,每个模块安排一个工人进行多工序多机种操作。事先配好的衣片,从系统的一端借助步进式吊挂传输装置依次传送至各个模块进行缝制加工，制成的成衣由系统的另一端输出。这种单件流水方式适用于小批量、多品种的中高档女装生产。

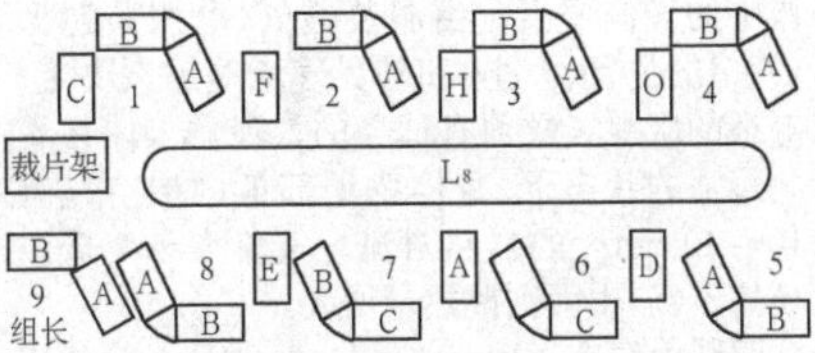

服装快速反应流水线作业

O—吹吸烫台　A—平缝机　B—包缝机　C—烫台

D—差动送布平缝机　E—暗缝机　F—电子绣花机

H—上袖机　L_8—吊挂传输装置　1，2，…，9—模块编号

服装宽松量　**garment ease**　成品服装各部位的横向尺寸与人体围度尺寸之差。由设计人员根据服装款式特点、舒适程度、流行趋势、衣料厚薄、季节变化及顾客喜好等因素决定。分为生理宽松量、运动宽松量、心理宽松量和装饰宽松量。

服装款式 CAD　**computer aided fashion style design**　即“计算机辅助服装款式设计”（239 页）。

服装廓型　**silhouette**　正面观察服装所得到的外轮廓形态。由松量、结构线形状、材料的质地等因素决定，常以英文字母、几何图形、物态或体态等方法命名。按肩形分为 H 型、A 型、T 型；按衣身胸围宽松度分为宽松、较宽松、较贴体、贴体等；按收腰程度分为宽腰、稍收腰、收腰等；按衣身形态分为 H 型、梯型、X 型、O 型等。

服装里料图案　**clothing lining pattern**　又称夹里图案。传统里料图案多由条格纹、暗花纹等简洁花形构成。花形小的混地连续纹，配以弱对比的色调，采用印花工艺结合羽纱、锦纶、绒布等面料，可衬托夹衣、棉衣等衣面。现代里料不但拥有传统里料的特性，还具有向外翻折的装饰性，图案以满地碎花纹、佩兹利纹、条格纹、标志纹等为主，陪衬素色衣面。有的还结合衣面的图案作呼应或对比；写实花卉衣面配以条格纹里面；大花形图案衣面配以同类小花形里面等。色彩也分里料与衣面调和或对比两类色调关系，以烘托服装的艺术效果。

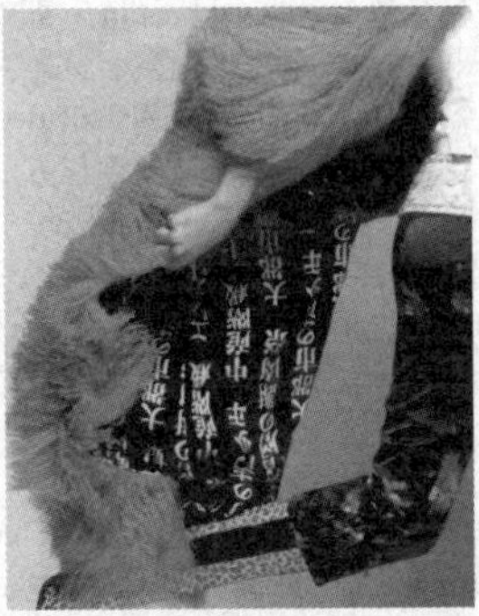

服装里料图案

服装立体设计　**garment 3-dimentional design**　运用立体构成原理，使用艺术和技术相结合的手段进行造型的创作方法。一般分为艺术立体造型和技术立体造型（即立体裁剪工艺）两大部分。前者应用服装三维空间构成原理，采取添加和削减、重复和省略、夸张和变形等艺术立体造型技法，使服装在造型上符合形式美法则和款式上的多样统一。后者通过立体设、找、塑、定、整、修、补、调型的一系列立体裁剪工艺流程，使艺术造型得以实现，不对称、飘逸型、多皱纹的高级礼服最适宜运用立体设计。

服装连锁店　**clothing chain stores, multiple-shops**　在核心企业或总公司的领导或控制下，将分散经营同类商品或服务的零售企业，通过规范经营，实现规模效益的经济联合体组织形式。其中：连锁店的核心企业称为总部、总店或本部，各分散经营的企业称为分店、分支店或成员店等；经营方式可分为自愿连锁、加盟连锁（合同连锁）和直营连锁。连锁店具有四个鲜明一致性，即规范化经营理念、规范化企业识别系统、规范化商品服务、规范化经营管理；有统一店名、店标、建筑形式、店堂陈列、广告宣传、营业员服饰等规范化视觉形象；各分店经营同类商品，服务水平和方式一致，分布广泛，便于总部根据消费者需求进货、建立信息反馈系统；连锁店实行集中管理和分散经营体制，总部负责经营业务决策，如计划制定、分店选择、人事安排、人员培训、商品采购、保管和广告等，分店只负责执行销售计划、为顾客服务等，分店与总部联系紧密，如果脱离总部，分店将无法经营。

服装零部件　garment detail　即“服装细部”(165页)。

服装流派设计　garment school design　公认的具有继承性的服装设计的创作方法。为时代、艺术、文化、科学技术、思想意识的产物，是某个时期设计内容的集中反映，以满足人们的精神和物质的欲望，迎合社会的需要，在设计风格和技巧上具有独到之处。流派设计的生命力在于创新，在吸收传统精华、继承和学习前人宝贵经验的同时融入设计师独特的见解。

服装面料 CAD　garment fabric computer aided design　即“计算机辅助纺织品设计”(238页)。

服装模仿设计　garment imitated design　通过描绘、临摹服装范本而直接获取设计素材的设计方法。包括款式照片或图片、服装表演或发布会的款式、名人名作、橱窗样品、影星或歌星服装、街头或社交场合所瞥样式等。模仿是简便的创作方法。模仿设计可以忠实于原作，也可根据需要局部取样。在获取大量服饰资料的基础上，对照参考这些服装样式，取其精华和长处为己所用。

服装内部造型　internal formation　服装内部零部件的边缘和省裥线条的结构形状。如领子、口袋、裤襻等零部件和衣片上的分割线、省道、褶裥等内部结构均属内轮廓设计的范围。外轮廓确定后，有一种或许多种内部造型与之相配。有时，内部造型与外轮廓的轮廓线是公用的。例如，高耸的领子、凸起的口袋、夸张的裙下摆花边等。

服装内换气　clothing pumping　服装内气流与外界空气的交换。服装内换气对保暖性来讲不利，但若无适当的通风换气，服装气候中的湿度就会上升，在超过60%时人就会有不快感。服装内换气决定于服装的透气性和服装造型(开口的位置、大小)等。

服装内气流　airflow in clothing　服装气候中的气流要素。由服装透气性、服装造型(开口的位置、大小)和外界气流等因素决定。舒适的服装气候须有适当的气流。人体在着装舒适的状态下，身体躯干部最内层空气有10～40 cm/s的自然对流。气流太小会造成换气不畅，太大则散热量增大。

服装内湿度　humidity in clothing　服装气候中的湿度要素。舒适的服装气候须有适当的服装内湿度。人体在着装舒适的状态下，身体躯干部最内层空气的相对湿度为40%～60%。服装内湿度受服装材料的透气性、服装造型(开口位置、大小)、服装材料的吸湿放湿性能、外界空气湿度、皮肤上的水分蒸发(不感知蒸发、出汗)等因素的影响。

服装内温度　temperature in clothing　服装气候中的温度要素。由服装保暖性和外界环境温热条件等因素决定。舒适的服装气候须有适当的服装内温度，人体在着装舒适的状态下，身体躯干部最内层温度在31～33℃。

服装排料 CAD　computer aided garment marker making design　即“计算机辅助服装排料设计”(240页)。

服装排料图　garment marker sketch　依照裁剪方案和规格，以最小的面积或最短的长度合理编排裁剪纸样的图纸。制作方法分为实际生产纸样排板、缩样排板和电脑排板三种。常用1∶1薄纸质的排料图，覆盖在铺层的缝料上进行裁剪；也可将实际或生产纸样缩小成比例图样，如1∶4或1∶5，再用缩样进行排板。

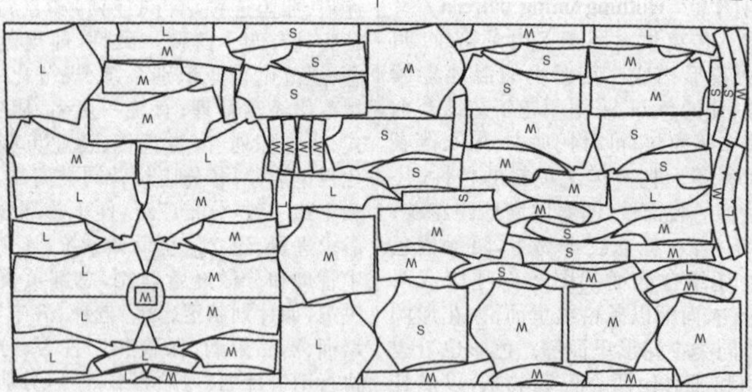

服装排料图

服装派生设计 garment derived design 又称服装再生设计。以一种服装款式为基础，在表现形式或工艺制作上做细部的加工整理，进行再生构成，从而派生出似又不同的新样式的创作方法。如口袋的设计可选择作方形或圆形、有袋盖或无袋盖、立体或平面、多层或单层、超大或缩小、用拉链或用纽扣、单嵌线或双嵌线等种种变化，稍加组合变化，就可以派生出多种不同形式的样式。

服装配件 CAD garment accessories computer aided design 即"计算机辅助服装配件设计"(240 页)。

服装配套设计 garment match design 配合成套服装的创作方法。追求配套规格适宜，整体造型协调，色彩搭配和谐，做到配而不乱，套而不俗。配套一般有两件套、三件套、多件套和组合套等不同形式。两件套主要有上装和裤子、上装和裙子、连衣裙和披肩、连衣裙和上装、连衣裙和外套等。三件套主要有上装和裤子及背心、上装和裙子及背心、衬衫和西装及裤子、上装和裤子及风大衣等。多件套和组合套可将各类服装系列化配套。甚至包括鞋、帽、手套、围巾的设计。

服装皮革 garment leather 又称大衣革。用于制衣的皮革。要求特别柔软、富有弹性、皮张平整、粒面细致、薄而均匀。可采用质量上乘的绵羊皮、山羊皮、小黄牛皮，如采用猪皮、马皮，则手感、外观等方面质量较次，也可采用其他动物皮(鹿皮、蛇皮、麂皮、鱼皮等)加工，以突出不同的风格特点。市场上大多数的服装皮革是由绵羊皮和山羊皮加工而成的。以染色产品为主，也可采用轧花、轧染等加工工艺形成不同花色外观。

服装品牌 apparel brand 服装商品的名称、图案、符号或上述的组合。区别于竞争商品的标志。服装品牌是质量保证或购买识别的符号，起到表达服装流行、风格、文化价值、个人理想、社会角色的作用。

服装品牌定位 apparel brand positioning 表达品牌流行、风格、文化价值、个人理想、社会角色的标识象征，并能被消费者认知或认可。品牌定位首先要确认品牌属性，然后分析在同一类品牌中竞争者的定位，最后根据目标顾客的特点、流行趋势以及竞争者与企业的优势比较，对企业品牌进行定位。服装品牌是市场定位的最佳载体，只有借助服装品牌的市场定位，企业经营才能更有成效。

服装品质标志 garment quality label 显示服装面料所用纤维种类和比例的标志。通常按纤维含量的多少排列。例如：T/C 65/35表示含涤纶纤维 65%，棉纤维 35%。品质标志是决定服装档次和价格的主要依据。

服装平面工艺图 technique drawing 服装画的一种。着重对款式细节的绘制。并配以文字说明、尺寸数据及工艺标识，使表现意图更加明确。讲究精确、规范，不注重艺术效果，是制定生产工艺的主要依据。

服装平面结构图 garment plan structure sketch 针对服装的立体效果，忽略色彩和面料质感，对服装正面、背面和局部结构进行平面展开的图稿。设计师表达其设计意图的途径，样板师制板和工艺师制定生产工艺的重要依据。通常配备文字说明及详细的尺寸数据，画面不讲求艺术性但必须精确且依照制图规范绘制。为保证图稿的规范性，多借助直尺、曲尺及圆规等制图工具完成。

服装平面设计 garment plane design 通过二维的平面表达进行服装款式、色彩、面料肌理、构图的综合性创作方法。平面设计的构图是以形式美法则为基准，着重线条的布局和组织形式。先把服装理解为设计图纸或画面，然后以丰富的想象着笔描绘和安排线条，注意构图的整体性、协调性和新颖性。在设计的过程中往往充满着遐想和假设，使线条处理沿着主观理想的轨道行进。

服装企业 apparel manufacturers 拥有策划、设计、生产、销售服装等功能的企业。按规模和业态有不同类型，从拥有上万人的大型服装企业到仅有若干员工的微型企业，直至包括拥有制造、批发和零售一体化功能的综合服装企业。

服装企业标准 apparel company standard 服装企业就其有关质量、规格和检验方法等作出并经标准化技术主管部门审批或备案的技术规定。企业内部对面、辅料采购，检查，管理等工作制定的标准。通常分为三大类：技术标准、管理标准和产品标准。例如QB 7508《出口绣衣检验》上海绣衣厂。

服装企业资源计划　garment enterprise resource planning　又称服装ERP。利用计算机与网络等技术全面解决服装企业供销存、财务、计划、质量、制造等核心业务的集成化管理系统。主要包括服装产品设计开发管理（设计管理，板房管理，工艺管理）、供销存管理、财务管理、质量管理、生产计划管理等。以经营资源最佳化为出发点，整合企业整体的业务管理，并最大限度提高企业经营的效率。

服装气候　apparel's climate　广义指人体皮肤与最外层服装表面之间所形成的空气层的微气候，狭义指人体皮肤与最内层服装之间的空气层的微气候。服装气候的要素包括温度、湿度、气流等。着装者通过服装的穿脱加减来调节衣下微气候的状态，这有助于维持人体体温恒定，获得热湿舒适。身体躯干部的服装气候大致稳定在温度31～33 ℃，湿度40%～60%，气流10～40 cm/s的范围内。服装内空气通过服装的开口部位和外界空气进行交换的状况。服装开口的位置、大小、身体覆盖面积，都影响着服装气候。温暖的衣下空气形成上升气流从朝上的服装开口逃逸，因此向上的开口比向下的开口对气流交换的作用更大。要使服装的保暖效果好，向上的开口须狭小。例如烟囱领、围脖在冬天的防寒效果就很好，反之向上的开口宽大则利于防暑降温，如开领衬衫。服装的件数、内外层配置、上下分配的方法等影响服装气候。同样质地、同样重量的服装由于着装组合不同，保暖效果和服装气候也会不同。重叠着装的件数多，服装间空气层增加，静止空气量增多，保暖性就好。

服装人体表现步骤　fashion human body drawing procedure　服装画中，表现人体的绘画步骤。根据构图需要，依照所选择的人体姿态的特征，在第一格内画出蛋形头部，从锁骨窝点开始垂直向下画一条人体姿态的重心线，从胸锁骨窝点画出人体动态线。根据动态线画出胸腔和盆腔外形。确定脚、膝关节、手和肘关节的位置，并根据重心线和脚的位置画腿，连接肘关节和肩点，画出手臂。弧线连接胸腔、盆腔，画出乳房形状，注意透视关系。

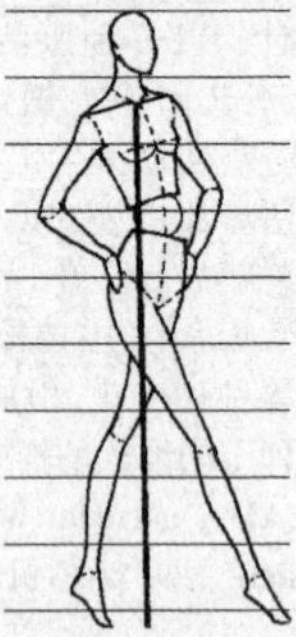

服装人体表现步骤

服装柔性加工系统　apparel flexible manufacturing system　由管理软件和计算机控制吊挂运输线组成的流水生产系统。可使不同款式、颜色及型号的服装在同一流水线加工，缝纫过程效率高、生产周期短。适应服装多品种、小批量生产方式。

服装色彩设计　fashion color design　根据服装面料质地对面料图案、面料色彩在服装上、服装里外、上下服装色彩等进行的设计。服装色彩设计能塑造服装的整体形象。设计中，既可先进行造型设计再配适合的色彩，也可先提出色彩方案再配适宜的造型。造型和色彩的表现既可相互加强，也可以相互减弱。当色彩鲜亮时，服装色彩即为观者瞩目；当色彩暗淡时，服装造型成为视觉重点。成功的服装色彩设计颜色不宜过多，除印花面料外，一般控制在三种以内。

服装商标　garment brand　在生产或销售的服装上使用由文字、图形或两者结合构成的具有显著特征、便于消费者识别的商品标志。商标是服装质量的标志，生产、经销单位要对使用本企业商标的服装质量负责。商标的使用权经企业注册、有关部门批准后取得。服装商标按用途分为：(1)内衣用商标，要求薄、小、软；(2)外衣用商标，相对大、厚、挺。按使用原料分为：(1)用纺织品印制的商标；(2)纸制商标；(3)机织商标；(4)革制商标；(5)金属制商标。商标按要求缝制在服装的不同部位。

服装商品策划　fashion merchandising　针对服装消费者潜在的需要、欲望、期待和需求,实施服装商品规划及帮助消费者得以自我实现的有关服装商品的一系列经营活动。服装商品策划将背景文化和流行时尚商品化,对生活方式、品牌理念、社会生活环境动向、流行趋势、服装季节主题的定位、推销和促销计划、商品类别确定、生产管理、成本控制、陈列展示及时装发布等进行统筹考虑,并制定达到企业营销目标的系列规划。通常策划原则为:商品差别化;市场细分化;多样化;陈腐化;产品废弃。

服装商品组合　apparel merchandise mix　服装商品种类的组合方式。主要因素:商店的物理特性、商品组合的赢利程度、合作方式和市场信息等。库存单元是商品组合控制中的最小单位,在服装中一个库存单元通常指品牌、尺寸、规格、颜色和款式。例如一条女式小码、石磨蓝、直筒形牛仔裤可作为一个库存单元。

服装设计　garment design　(1)以服用材料,运用形式美法则,结合人体而进行的构思行为,包括款式、面料、色彩三大基本要素。(2)以人为对象,根据服装的功能用途,选择相应材料,运用一定技巧,在饰品、环境的烘托下创造出新颖服装形态与着装形式。以棉、麻、丝、毛、化纤、毛皮等服装材料,根据功能,按实用、经济、美观、新颖的原则进行设计,既要适应体型特征,表现其阶层、身份、气质,又要符合美学法则、时尚潮流和环境场合。同时选择适当辅料和工艺制作,产生一定的经济效益和社会效益。操作中分构思和表达两个环节,具体内容为款式设计、结构设计、工艺设计,而在工业化成衣中,服装设计贯穿于生产、销售和消费的全过程。

服装设计变更法　shifting method of garment design　改变原有事物中的某个构成因素,产生新形态的服装设计方法。服装由设计、材料、制作三大因素构成,变更造型、色彩、面料或辅料、结构或工艺,都可能产生新的设计。例如,将婚纱的白色变成太空色;把普通衬衫面料换成金属箔质感的面料。变更法常用于实用服装设计,一些销量不好的服装往往只需改变其中某一因素,便可成为畅销服装。

服装设计步骤　garment design procedure　从服装设计构思到实样确定的一系列过程。包括:(1)明确要求。①明确设计目的。是工业性服装设计还是非工业性服装设计。②明确设计的具体要求。包括:服装销售地区、穿着对象、产品定位、穿着时间、具体场合、穿着目的、何类品种、何种面料,穿着对象的消费水平。(2)调查研究。①调查服装销售地区的地理气候条件、人体形态特点、穿着习惯、消费心理、消费水平、市场供求情况以及服装款式、面料、色彩的流行趋势。②调查当地消费者对现有服装的反映,调查服装流行趋势对当地影响程度。③调查服装新材料、新工艺、新设备的发展和应用情况。(3)初步设计。①画出服装的款式图或服装的效果图与平面结构图。②用文字概要地描述服装的款式特点和适应范围。③同一款式,同一材料的服装可采用不同的工艺进行加工;更多的设计是同一款式(如西装),取不同材料,同一材料又择不同颜色。(4)初步评审。评审内容包括:①设计构思是否符合设计要求。②结构及工艺是否合理、新颖美观。③选料的配色是否恰当,是否符合当前潮流和市场需求。④加工技术条件是否具备,成批生产时能否保证质量。(5)优化设计方案。根据初步评审时所提的意见,对原来的设计进行优化修改,确定设计方案。同时补充下列内容:①制定规格尺寸。不仅是单件样品的尺寸,还要根据标准要求,定出分档规格尺寸。②估算材料及加工的耗费,提出估算成本。(6)技术经济评价。对设计方案的技术评价,应由企业负责人组织设计、工艺、生产、质量监督、计划、供销、设备等各部门有关人员一起参加。评价内容除了参照初步评审的内容外,再增加以下几个方面:①原材料供应有无保证。②规格尺寸是否适合当地号型标准。③所定性价比是否具有竞销力。④企业经济效益。(7)样品试制。可分为裁剪制图(打纸样)、开裁、定布样、定实样、做实样等步骤。对一些价格比较高的面料,为节约起见,试制样品可先用廉价布样代替,以便进行反复修改、拼接,即使报废也花费不大。(8)鉴定定型。在实物样品完成后,应进行一次全面技术经济分析,鉴定定型。

服装设计调查法　investigation of garment design　根据一定的意图调查原事物现状的服装设计方法。调查可从以下几个方面进行：(1)服装的款型。例如，某套服装的领型是畅销的主要原因，就应该在设计下一个产品时，着重考虑是否再采用此种领型或作出何种修改。用这种方法推出新产品比较保险。一般适用于已上市销售的批量实用服装。(2)色彩情况。例如，同种款型的服装，哪种颜色好销、哪种颜色不好销，可以作为生产新产品时的依据。(3)结构设计情况。领围、胸围、肩斜度、衣长等，设计不当都会给穿着者带来不舒适的感觉。通过调查，改进新产品的尺寸规格，使服装穿着既美观又舒适。服装是一种变化较快的商品，受人们的审美标准和流行趋势的影响，款式每年都在变化，盲目推出产品往往会冒很大的风险。在进行了广泛地调查研究以后，确定设计方案，抛弃原有服装中不好、不流行的元素，并将原有服装中好的元素加入到下一个产品的设计中去。

服装设计反对法　opposition method of garment design　把原有事物放在相反或相对的位置上进行思考的服装设计方法。反对法能使两种以上不同的思路相互启发、促进，使人的思维产生跳跃，从而有可能激活人的知识贮存，诱发出创造性的设计灵感。在服装设计中，反对法的内容比较具体，如：上装与下装的反对、内衣与外衣的反对、里子与面料的反对、男式与女式的反对、前面与后面的反对、宽松与紧身的反对等。又如，硬朗性的线条、军事化的造型风格、浓厚的中性味、野性味表现，均是由女装优雅端庄的反对而产生的创意。使用反对法不能机械地照搬，而是要灵活机动，对被反对后的造型要进行适当修改，使其符合反对的原有意图。

服装设计方法　garment design method　开拓服装设计思路，从宏观角度解决设计中碰到的问题的方法。主要方法包括调查法、极限法、反对法、转移法、变更法、加减法、追踪法、联想法、结合法、整体法、局部法、限定法和仿生法。不同方法侧重的角度不同，结果也不一样可能会有重叠的部分。

服装设计仿生法　bionics-oriented method of garment design　创造性地模拟生态造型的服装设计方法。借助艺术想象和联想，采用外形仿生、结构仿生、色彩仿生、肌理仿生、神态仿生、原理仿生、宏观仿生、复合仿生等手法，赋予原型以服装的意义，结合现代生活方式和审美情趣，应用于服装的廓型结构、细部纹饰、色质类比或穿衣形态的创意，如鱼尾裙、蝙蝠衫、袋鼠装、豹纹裤、花瓣领、羊腿袖以及自然纹样图案等。体现着人与自然的沟通，是服装环保主题的最佳表现形式之一。在构思中，切忌盲目求全，一味逼真，贵在神似与意会。

服装设计极限法　exaggeration method of garment design　将事物的特征进行极端想象和夸张的服装设计方法。夸张有两种形式，即在原型上夸大或缩小。夸张的内容包括造型、色彩、材料、形态等。通常是在原有的造型上，对领、袖、袋、衣身等各部分进行夸张处理，探究其造型上的极限，从中确定最理想的造型。

服装设计加减法　counting method of garment design　增加或减少原有事物中必要或多余部分的服装设计方法。可以使设计复杂化或简单化，增强或减弱造型的部分要素。在服装设计中，加减依据的是流行时尚，在追求繁华的年代里，就应做加法；在崇尚简洁的年代里，应做减法。整体的最佳状态并非各部件最佳状态的相加，在服装设计中，需要修剪某些不必要的或可有可无的成分，把一些必要的成分组织，强调得更合理、更贴切。

服装设计结合法　combinational method of garment design　两种或两种以上事物功能结合起来，从而产生新的复合功能的服装设计方法。往往是将两种不同功能的部件结合起来，产生兼有两种功能的新造型。例如，将领子与围巾结合成为围巾领；将口袋与腰带结合起来成为口袋腰带等。也可以与服装的整体结合起来，形成新的款式。例如，连衣裙是短衬衣和裙装的结合；连裤袜是裤子和袜子的结合；中空棉服是单夹克与棉衣的结合。主要用于实用服装设计。

服装设计局部法　partial method of garment design　从局部考虑的服装设计方法。首先确定事物的局部形态，然后配合整体框架的设计方法。与整体法相反，这种方法比较容易把握局部的设计效果，具有精细周到、灵活多变的特点。在服装设计中，设计师的灵感往往来自于某些精致的小部件，这些小部件经过一番改变会适用于服装的局部造型。有时,设计师对服装中的某些局部爱不释手,并由此产生新的设计灵感。局部造型一经确定,与之相配的整体造型必须风格相近,否则会引起观者心理上的杂乱感觉。

服装设计联想法 association method of garment design 以某一个意念或物象进行持续相关联想的服装设计方法。联想由多个物象或意念相互变换,由量变达到质变,从而得出理想独特的设计。由于每个人的生活经历、艺术修养和文化素质不尽相同,即使从同一个意念开始联想,最终的结果也不会相同。服装设计师要在一连串的联想中找到自己最需要、又最适合发展成服装雏形的,无论中间步骤,还是最终结果都行。联想法是拓展形象思维的好方法,尤其适于设计前卫服装时寻找灵感。

服装设计灵感 garment design inspiration 服装设计的思路源头。受某事物或现象的启迪而激发的一种创造性的思路。既是活跃的思维活动,又是复杂的心理活动,具有突然性、短暂性、偶发性、模糊性、独创性等特征。服装设计灵感源于设计师直接间接的生活,其领域包括:服装名师名称;历代服饰和时装新潮源头;社会生活和国际国内大事;姊妹艺术和娱乐天地;新产品、新材料、新设备等科技进步;包括动物、植物、天体、气象在内的整个自然界;旅行、健身、阅读、收藏等个人爱好。在观察、理解基础上通过联想、对比引发创新灵感。

服装设计思维 garment design thought 服装设计师在表象、概念的基础上进行分析、综合、判断、推理等的认识活动及过程。设计思维是形象(灵感)思维和抽象(逻辑)思维的交叉运作,其本质在于创造。由于设计思维的推动,为创作提供线索,在设计师的想象中逐渐形成服装内容及形式和总观念。服装设计时主要运用聚敛性思维和开放性思维。前者属常规思维,是平常对原有款式进行局部修改的翻新改良,具有传统性和保守性,稳健而务实,适于前卫服装设计后期深化与完善;后者属非常规思维,多向扩散,拓展理念,活跃思路,使服装新颖、别具一格,具有趋向性和前卫性的特点,是一种设计革新或探索实验,适于高级时装、新潮时装和艺术展示服装的设计,也适用于成衣设计的起始阶段。

服装设计限定法 restriction method of garment design 在有所限定条件下进行的服装设计方法。服装设计中的限定包括:造型、色彩、面料、辅料、结构和工艺六个方面。有些职业装、标志服的设计中会超出上述六个方面的限定。设计者应灵活应变,在有限的条件下设计出令人满意的作品,此法适用于实用服装的设计。

服装设计新潮设计 new wave garment design 紧紧把握流行趋势,具有开拓性、创造性、指导性的时髦服装的创作方法。要求设计师周密详尽地掌握国际、国内及区域性服装变化的规律,找出三者之间共性和个性的特点及它们的关联性;正确评估新潮服装在总销售中所占比例,这些比例能否促进服装的总销售量,从而繁荣服装市场;抓好新潮服装设计,除宏观变化情况外,还要作微观上分析,注意设计品种、科目、数量等各细节问题。

服装设计要素 garment design elements 款式、色彩和材料三大要素。具体包括服装造型、服装结构、服装工艺、服装缝制、面料色彩,细节等。材料分为服装面料和服装辅料。

服装设计原则 garment design principle 服装设计时需思考的原则。主要有五个:(1)什么人穿。首先了解穿衣者的性别、年龄、职业、社会地位、性格爱好、经济收入等。(2)什么时候穿。分清穿衣者在什么季节,一天中的什么时刻穿着。(3)什么地方穿。地方指自然条件下的地域和环境。不同地区的服装会呈现不同的文化含义和时尚倾向。不同场合应有不同的服装与之协调。(4)穿什么服装。一旦时间与场合确定,就能选择相应的服装和饰品,反映出穿着者的时尚品味和审美水平。服装设计时既要有自己的特色,还要留给穿着者较多种搭配的可能。(5)为什么穿。服装具有实用性、象征性、审美性、时代性及民族性等含义。从服装的社会意义看,服装在一定程度上可视作为别人而穿,社会的法律秩序和道德秩序、人之间爱与被爱,都可以由服装来体现。

服装设计整体法 total method of garment design 从整体考虑的服装设计方法。首先确定事物的整体框架,然后围绕这个框架进行题材的取舍和形象的塑造。各个局部之间在这个整体框架下相互照应、彼此关联,呈现一种呼应的状态。在服装设计上，整体法需从两个方面进行：(1)从整体上把握外在形式。设计者受各种灵感的启发而形成了整体造型的轮廓，此时，服装的衣型、领型、袖型、袋型、肩型等部位的组合必须符合形式美法则，符合平面和立体构成原理，通过整体观察与比较，使服装款式组合设计得协调、统一。如流线型的整体造型不应该配尖角领。(2)从整体上把握内在情感和风格。这种方法比较容易从整体上控制设计的结果，具有全局观念强、整体造型鲜明的特点。

服装设计主题 **garment design theme** 服装创作意图和风格特征的核心思想。设计师往往从生活素材中提炼，找出与设计相关的元素，然后确定主题；或主题明确后寻找相应的灵感源，塑造服装形象，以唤起联想，传递情趣，增强服装文化氛围。

服装设计转移法 **transform method of garment design** 将原有事物转移到另外的问题中，寻找解决问题的可能性的服装设计方法。有些问题难以在本领域很好解决，将其放在其他的领域里，由于性质发生了变化，容易引起思维的突破性变化，从而产生新的解决方法。转移法在服装设计中表现为不同风格的服装相互融合或将其他材料引入到服装领域从而产生新的品种。转移法的作用不在于完成一个具体款式的设计，而是着重于服装新品种的开发，可以为企业更新产品结构、拓宽思路，起到宏观设计指导作用。这种设计方法较适用于实用服装，也可用于前卫装设计。

服装设计追踪法 **tracing method of garment design** 以某一事物为原型，类推出该事物的所有相关形态的服装设计方法。当一个新的造型设计出来以后，设计思维应继续顺着思路追踪下去，把相关的造型尽可能地设计出来，然后从中选择一个最佳方案。追踪法适合快速而大量的设计，也适用于实用服装或前卫服装的系列设计。

服装设计组合设计 **garment composited design** 将服装部件、元件、构件、配件、零件综合组合的创作方法。包括款式和色彩的组合、上下装的组合、内外衣的组合、服装与饰品的组合、饰品与饰品的组合等多项内容。要使服装款式组合设计得协调、统一、寓于美感，不但要在服装的衣型、领型、袖型、袋型、肩型等部位的设计组合中遵循形式美法则，还要符合平面和立体构成原理。在款式的外形及各部分形状的组合设计中求变化，以获得最佳的款式群，寻找到流行性与机能性的最佳结合点。色彩的组合除了要着重对比色与调和色之外，对色彩的属性、色种、表情性、流行性也要有周到的分析和推敲，注意整体与局部的色彩比例关系，变化中求统一，和谐中求生动。此外还要根据款式的风格选择色彩，活泼的款式用艳丽的色彩，庄重款式用素雅的色彩。

服装生产工艺设计 **garment technological design** 对服装制造过程中的技术路线、加工顺序的规划安排。服装厂产品方案及原料辅料选定之后，需根据产品品种特点、缝料性能和缝制要求，合理制定裁剪工艺、缝制工艺及成衣整烫与包装工艺流程。在此基础上，根据产品款式、结构特点进行工序分析并将该产品的加工顺序和方法列成工序分析表，同时根据各工序的作业内容、要求、时间等配置相应的加工设备或工具，配备工作人员，并将所选设备的型号、名称、数量等列出设备明细表，为进一步安排流水线做好准备。

服装生产管理 **apparel production management** 运用科学的思想、组织、方法和手段，对服装企业的人力、物力、财力及生产的全部活动与进程进行计划、组织、指挥和协调，以保证企业生产的连续性、均衡性、有效性、经济性和安全性，更好地完成预定的生产目标并最大限度地满足社会需求的管理活动。主要由质量、成本、生产计划、生产组织、生产调度与控制等管理子系统组成。

服装使用标志 **garment care label** 指导服装消费者的使用须知标志。如洗涤须知、贮藏保管须知等。

服装市场调查 **apparel market survey** 对影响服装市场供求变化的诸因素进行系统收集、分析，为企业预测市场发展趋势，掌握供求变化规律以及为作出市场营销决策提供依据的营销活动。包括与企业市场营销活动直接和间接相关的信息和因素，其中有市场特性不可控因素调查、市场结构不可控因素调查、市场可控因素调查等，是服装企业市场预测和经营决策的依据。

服装市场营销管理系统 **apparel marketing**

management system, AMMS　对服装企业销售过程中的信息流、物流和资金流等进行控制和管理的系统软件。通过服装销售活动各环节的数据采集和分析,能为企业决策者提供有关销售和库存的第一手信息,提高市场决策能力、经营绩效和服务水平。

服装市场预测　apparel market forecasting　在服装市场调查的基础上,对市场需求、变化等方面作出的预测分析。包括:展望市场发展趋势,制定营销策略;分析市场信息,提出商品策划方案,如服装价格、商品组合、销售方式、分销量等;目标利润预测,风险利润比较;流行主题预测等。这是一种引导性、推荐性行为,可组织服装企业家、色彩学家、设计师、时装评论家、营销人员、市场调查分析人员等进行预测研究。

服装试样　sample, testing specimen　定制服装成型前的试穿。将服装衣片先以3～5 cm的长针距进行假缝,然后试穿,针对不合身的部位予以加工修正,以达到合体要求和穿着舒适的目的。试样形式分毛壳试样(第一次试样)与光壳试样(第二次试样),毛壳试样较为多见。

服装舒适性　clothing comfort　着装者通过感觉(视觉、触觉、听觉、嗅觉、味觉)和知觉等对着用的服装得到的综合体验,包括生理上的舒服感,心理上的愉悦感和社会文化上的自我实现、自我满足感。在狭义上主要指着装的生理舒适性。着装得到的舒适状态是环境气候、服装造型及材料的性能等物理因素与人体生理因素、心理因素发生复杂的相互作用的结果。生理舒适性主要包括温度性舒适、接触性舒适与适体性舒适。温度性舒适是指服装在外部环境条件与身体活动条件的交互作用下,发挥适当的辅助体温调节功能,使人体保持热平衡。通常讲的服装舒适性狭义上都指温度性舒适。服装的接触性舒适指着用服装时触感的舒适。服装的适体性舒适包括服装的尺寸合体性与运动的自由度等力学角度的舒适程度。服装舒适性的研究涉及纺织材料学、人体生理学、商品心理学、人体工程学、服装学等多门学科,非常复杂。服装舒适性(特别是狭义上的着装的温度性生理舒适)作为现代服装卫生学的一个重要分支体系,在20世纪40年代得以建立和发展。特别是近代全球性战争起到了推动作用。在两次世界大战中,士兵遭受的严重冻伤、冻僵等严寒威胁促使一些学者开始了对服装隔热性进行调查和研究。20世纪40～50年代的研究主要集中于防寒服,发展了服装隔热性能的定量评价指标克罗值,奠定了服装舒适性与服装功能方面的基础。20世纪60～70年代的研究集中于热环境条件下服装热湿舒适性问题,提出了服装湿传递性能的评价指标——透湿指数。20世纪80～90年代,计算机及信息处理技术的进步,使精确计算人、服装和环境之间复杂的热交换过程成为可能。服装舒适性科学得到迅速发展。

服装术语标准　apparel clothing terminology　服装行业领域内使用的专用词语。以服装专业用术语为对象所制定的标准用词。适用于服装工业生产、技术交流和经济贸易交往统一制定的名词术语。包括名词术语名称,定义或解释性说明以及对应的英、日语外文名称。例如GB/T 15557—2008《服装术语》,FZ/T 80003—2006《纺织品和服装　缝纫型式　分类和术语》等。

服装填料　clothing filling material　服装面料和里料间的填充材料。赋予服装保暖性,保形性和功能性。从材质形状上分为:(1)絮类填料,包括棉絮、丝绵、羽绒、骆驼毛及各种合成纤维;(2)材类填料,包括绒衬、骆驼绒、毛皮、人造毛皮以及由合成纤维混合制成的喷胶棉和热熔棉絮片等。服装填料还可具有一些特殊性能,如防辐射、保健、抗菌除臭等。新型功能性填料可采用电热丝、甲壳质膜层、镀金属膜等特殊材料。服装填料除特殊功能要求外,应具备吸湿透气性、舒适性和持久耐用性。

服装条形码　garment bar code　利用条码数字表示商标的产地、名称、价格、款式、颜色、生产日期及其他信息,并能用读码扫描设备将其内容读出。我国采用的是EAN码。服装条形码大多印制在吊牌或不干胶标志上。

服装通用标准　apparel method standard　多种服装标准之间包含有一些相同的特征,以通用为对象的方法标准。有服装尺寸规格、验收规则、理化试验方法、抽样、统计、测定作业等制定的共性标准。例如FZ/T

80004—2006《服装成品出厂检验规则》、GB/T 1335—2008《服装号型》标准等。

服装图案 clothing pattern 人体衣着上的装饰纹样。包括植物纹、动物纹、人物纹、风景纹等各种具象及抽象图形组合。图案涉及历史、文化、宗教、审美、造型等诸多因素。主要有衣装图案、裤装图案、裙装图案等,因服装的功能、风格、款式、工艺、材料以及穿着者的民族、习惯、年龄、性别等因素而变化多样。

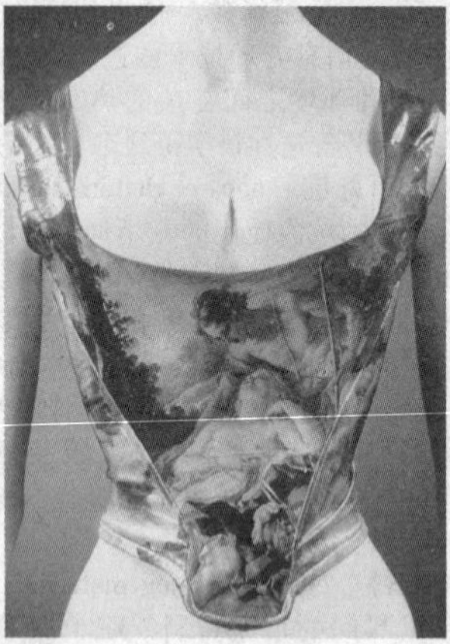

服装图案

服装推板 CAD computer aided garment grading design 即“计算机辅助服装放码设计”(238 页)。

服装推档图 garment grading sketch 根据第一档号模样板推移出其他三档或五档号模规格样板的技术图。推档步骤为:(1)制作小号(或大号)规格样板作为标样,放缝后剪下样板;(2)确定推档公共线;(3)计算档差和推档数值,制作大号(或小号)规格样板;(4)运用等分连线制出中间各档规格;(5)把样板线铺在下层,用点纸器复制各档规格的样板。采用计算机辅助推档系统代替手工推档,可大大提高推档排料的效率。

服装外轮廓 silhouette 服装外部造型的剪影。服装的外轮廓决定服装造型的总体印象,给人的视觉速度和强度高于服装的内部造型。服装在造型变化中,外轮廓的变化最使人感到新鲜。服装款式设计也先从服装的外轮廓开始,它是流行款式的基础。20 世纪 40 年代末至 50 年代法国设计师迪奥(Dior)先后发布了 A、O、Y、H 等外轮廓,开创了女装设计新思维。外轮廓按几何概念可分为:箱型、梯型、倒梯型、重叠梯型、球型和三角型等;按字母概念可分为:A 型、H 型、V 型、Y 型、O 型;按流行特征又可分为:紧身型、直身型、宽身型、宽绰型、蓬松型、混合型、直筒型等。

服装卫生学 clothing hygiene 环境卫生学的一个分支。以人的生理、形态、成长、适应等诸特性作为基础,在人—服装—环境体系中考虑服装的功能,同时探求安全、舒适、功能性着装的条件和特性,追求包含适应社会生活整体在内的健康的穿衣生活方法,力图将这些结果加以应用和实践。涉及很多领域。

服装污染度卫生评价方法 contaminate degree evaluation method 从卫生学角度对服装受污染程度的评价方法。分物理、化学和细菌学三类:(1)物理方法。采用测定服装表面反射率的方法计算污染度:污染度(%) = $(r_o - r_s)/r_o \times 100\%$,$r_o$为污染前的表面反射率;$r_s$为污染后的表面反射率。(2)化学方法。从化学角度定量测定污染物中的某种成分。这在评价内衣等服装受人体污染的场合很有效。常以汗液、皮脂、垢等的成分作为对象,定量测定氯、氨性氮、高锰酸钾的消耗量,脂的质量等。由高锰酸钾的消耗量可知主要有机物的含量。(3)细菌学的方法。通常检测一般细菌的数量,必要时检测特定种类细菌的数量。用试样单位面积的细菌数来表示。

服装物理消毒法 physics sterilize 利用物理作用原理对服装进行消毒的方法。分阳光消毒法和加热消毒法。阳光的消毒效果来自于紫外线的杀菌作用和红外线的加热干燥作用,简单易行,对抵抗力弱的病原体较为有效。加热消毒法有煮沸消毒和蒸汽消毒两种方式。多数病原体对湿热抵抗力弱,在高温中会死亡。但该方法有损伤纤维、褪色等缺点。

服装洗涤消毒法 washing-sterilize 通过日常对服装的湿洗去除附着的病原体和其他污物。洗液温度高,且呈较强碱性时还可杀菌,漂白也有类似作用。洗涤后的清洁服装,菌类、害虫不易繁殖、滋生,不会成为传播传染病的媒介。日光晒干、熨烫等也有较好的消毒效果。

服装系列设计 garment series design 在单件或单套基础上延伸、扩展成群体的服装设计方法。以主题、风格、廓型、纹饰等艺术因素为重点，强调新颖、独特的整体美。形成一品多种、互有关联的产品格局，有利于强化信息传递、适应市场销售和体现整体形象，广泛应用于成衣设计中。商业成衣系列以品种、面料、流行等为重点，设计实用适销。定制职业服系列既塑造企业形象，又反映不同职业、工种特色。此外也有兼商业目的和艺术效果为一体的服装系列，设计紧贴市场，以整体的系列美进行促销，显示强劲的生命力。

服装 E-MTM 系统 garment electronic made-to-measure system 即"服装电子化量身定制系统"(150 页)。

服装细部 garment detail 又称服装分部、服装零部件。体现服装的细微构成部分。包括衣领、衣袖、口袋、门襟、衣摆以及压条、搭襻、开衩、镶滚、拼接、商标等各种部件。细节构思既要与服装风格协调，又要独具匠心地强化主题，表现个性。

服装细部设计 garment detail design 即"服装分部设计"(151 页)。

服装写意设计 garment lyric design 着手于抒发情感、传递神韵、表露气质、渲染氛围的内涵性创作方法。要求设计师富有相当成熟的生活经验和较高的艺术修养，具有渊博的知识和综合发挥的水平。写意创作的题材很广泛，包括山、水、花、鸟、鱼、虫，甚至环境、季节、气候等。往往采取朦胧虚构和蒙太奇的手法，使人心领意会，回味无穷。

服装虚拟试衣 garment virtual try-on 即"计算机辅助服装款式试衣"(239 页)。

服装压 garment pressure 人体着装时服装垂直作用于人体表面的单位压力，单位为帕(Pa)。在着装状态下，服装作用于人体的压力主要有两种形式：第一种是服装的重力作用对人体产生的压力；第二种是材料的变形产生张力，从而产生作用于人体上的压力，使人体产生压迫感。测试方法有主观评价法和客观测试法。主观评价法常用于评价服装压的大小，模糊感觉；客观测试法可测量压力大小，包括直接测试法和间接测试法，直接测试法有流体压力法、电阻法、气压式等；间接测试法有石膏法和理论计算法之分。

服装样板 CAD garment pattern computer aided design 即"计算机辅助服装纸样设计"(240 页)。

服装印制商标 garment printed label 用经过涂层整理的纺织品印制的商标。坯带可使用锦纶涂层布(又称胶带)、涤纶涂层布(又称绑带)、纯棉涂层布、涤/棉混纺涂层布。印刷的方法有平版胶印、凸版印刷和丝网印刷。印刷后需经切折、干燥、洗涤等后整理。印刷商标有制作周期短、表现力丰富、适用性广等优点，为各类服装常用商标。

服装油性污物 grease-filth 污染服装的皮脂、油垢、空气中的油性尘埃，以及食品类、化妆品类、涂料、机械油、燃料油类等。服装上附着的油性污物一般难以去除。油性污物污染服装的难易与纤维的亲油性关系很大，合成纤维比天然纤维和人造纤维更易附着油性污物。

服装再生设计 garment regenerated design 即"服装派生设计"(157 页)。

服装在制品检验 work-in-process inspection 又称服装半成品检验。在服装各部件组装成型之前，对在制部件进行的检验。包括从辅料到成衣后整理等各个加工工位进行的检验。有助于在生产过程中及早发现质量问题，减少损耗和人工费，节约成本。

服装造型 fashion modeling 服装在形状上的结构关系和空间上的存在方式。包括外部造型和内部造型，整体造型和局部造型。点、线、面、体是造型艺术的基本要素，在服装造型艺术中，它们必须依附于人体，并遵循人体的运动规律。色彩和形状是服装造型的两个重要因素。色彩的艺术美本质具有表情性和象征性；而作为表现具体款式特征的形状，它的艺术美本质是具有形体感、空间感和情感意味。二者在服装造型中往往同时存在，或以色彩为主，或以款式为主，或二者并重。服装造型的过程实质上是将设计意图转化为服装成品的过程，即通过对服装面料和装饰物材料的选配、加工、整形、外观处理等，使之成为服装造型的有机构成。

服装造型设计 garment style design 按艺术形式美法则和三维空间构成原理，根据人体特点，采用体块组合分解，线条处理布局，装饰点缀等方法，达到造型上完美的设计。

包括廓型、款式、细节、色彩、材质、装饰等内容，构造了框架式样，为材料的使用和最后的制作提供有效依据。

服装展示会 garment fair, garment exposition 展示企业研发、设计或生产样品等服装陈列、发布和交易的场所。狭义的服装展示会主要是国际、国家或地区的企业服装产品展示、贸易洽谈、订货等活动；广义的服装展示会还包括流行信息发布、时装表演、研讨会及联谊节目等交流活动。

服装纸样 CAD garment pattern computer aided design 即“计算机辅助服装纸样设计”(240 页)。

服装制板 CAD computer aided pattern design 即“计算机辅助服装纸样设计”(240 页)。

服装制图用笔 pens and pencils 制图时专用工具。有铅笔、绘图墨水笔和鸭嘴笔等。

服装制图纸 paper 制图、打板用纸。有卡片纸、牛皮纸和裁剪用复写纸等。

服装质地的表现手法 costuming texture showing skill 用来表现不同服装面料质地特色的服装画技法。主要包括：“薄面料质感表现技法”(21 页)、“中厚面料质感表现技法”(664 页)、“毛绒面料质感表现技法”(343 页)、“透明面料表现技法”(523 页)、“反光面料表现技法”(126 页)、“镂空面料表现技法”(329 页)、“针织面料表现技法”(641 页)等。

服装质量仲裁 apparel quality arbitration 供需双方对服装产品质量发生争议时，由作为第三方的法定质量技术监督机构，国家服装质量技术监督检测中心，按标准规定对有争议的服装质量进行抽样检验，并根据检验结果作出公正的裁决。质量仲裁的依据是供需双方合同中的质量标准、款式图样及样品所作的明确规定。凡合同中对服装质量没有明确规定，又无技术标准的，一般不受理仲裁检验。

服装专卖店 clothing specialty store 针对某一细分种类品牌或某一企业产品经营的服装零售店。在市场细分、目标市场的制定和产品专业化方面风格定位明确，往往呈连锁形式且具有较好的购物环境，以迎合顾客个性消费的需求。例如，一家服装专卖店可以经营一条产品线窄的女装商品，运动服、婚纱、套装、内衣、袜子等品种配套齐全。

服装总体设计 garment integrated design 从宏观到微观、从艺术到技术的服装设计过程。在宏观上，总体设计对服装新潮流进行预测和把握。在微观上，总体设计是对服装的外形、款式以及装饰附件作符合新潮的具体设计。在艺术上，总体设计是服装形式美和对服装艺术的创新。在技术上，总体设计是服装工程、工艺、设备、产量、数量和质量的综合总设计。

韨 fu 又称芾。冕服上的“蔽膝”(29 页)。为帝王、诸侯、卿大夫所服用。用熟皮做成，长条形，上窄下宽，外表涂漆，并绘上图纹。天子用色为纯朱，诸侯黄朱，卿大夫素(助君祭祀，用赤)。使用时系佩在革带之上，下垂于膝前。始于商周，秦汉时也有以布帛做的韨，宋时去其纹饰，明亡后就不再使用。

浮雕毛衫 sculptured knitwear 将设计图案嵌入织物表面的印花毛衫品种。以羊毛纱为原料。在印花浆中加入适量防缩剂，将印上花型图案的毛衫进行缩绒处理，图案部分不毡缩，因而下凹，无图案部分经缩绒后呈现丰满的绒面，因而上凸，产生凹凸立体感，形成浮雕效果。为男女粗纺毛衫品种。

浮纹皮革 embossed leather 采用凹凸板或凹凸辊筒压轧而成的皮革。显示出两种或两种以上颜色浮出皮面的花纹，立体感强，手感偏硬。可以采用各类原皮表面较差的材料加工，以提高皮革的等级和利用率。可用于制作箱包、皮带等。

浮纹针织物 float pattern knitted fabric 由浮线、毛圈和胖花等线圈单元有规律地组合形成正面浮纹纹样的针织物。具有凹凸立体感浮纹和浮雕花纹效应。原料以毛、腈及混纺短纤维为主。常用于制作毛衫类产品。

浮线 thread on the surface 服装外观疵病。由于缝纫机的底、面线张力没有调节好，如面线张力过紧，面线会形成一直线状，底线则松浮；如底线张力过紧，底线会形成一直线状。正常的缝线张力在缝纫时，面线和底线都紧锁在上、下两层衣料的中间，正面和反面不应有浮线现象。

浮余动作 floating operation 又称富余动作、余裕动作。指工作时间内，除定期动作之外的所有不定期动作。如衣片整理、次品返修、工作商讨、自然需要及做与本职工作无关的事情等。

浮余率 **floating rate** 浮余时间占工作时间的百分比。衡量企业管理水平的重要标志。计算式:浮余率=浮余时间/工作时间×100%。浮余率低说明企业的劳动组合、生产计划、职工教育等管理水平高。

幅巾 **fujin** 即“缣巾”(250页)。

辐射散热 **radiation** 以电磁波形式传递能量的非接触散热方式。是着装人体体热散失的一种途径。所有的物体都向周围辐射散热,比周围物体温度高的皮肤或服装向外界辐射散热,同时,身体或服装也接受周围温度更高的物体的辐射热。辐射散热量与皮肤平均温度、体表面积和周围物体的平均表面温度有关,但腋窝、臀股沟间皮肤的接触部分却无辐射热。

福尔摩斯帽 **Sherlock Holes cap** 即“猎鹿帽”(318页)。

福字鞋 **fuzi shoes** 又称送寿鞋。古时为老人举行祝寿礼仪时,子女为表孝心赠送的鞋。有的地方在鞋头或鞋垫上绣大红福字,故名。

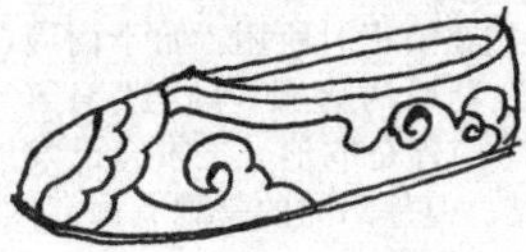

福字鞋

府绸 **poplin** 棉织物名。经向紧密的平纹组织或平纹地小提花组织的棉织物。府绸品种繁多,按纺纱工艺分普梳府绸、半精梳府绸(经纱为精梳纱,纬纱为普梳纱)和精梳府绸;按纱线结构分纱府绸、半线府绸和全线府绸。经、纬向紧度之比为5∶3左右,经向紧度约为61%~80%,纬向紧度约为35%~50%,织物表面呈现由经纱构成的饱满的菱形颗粒纹。布身挺括,质地细密,织纹清晰,细腻柔软,具有丝绸感,吸湿性好。适宜做衬衫、连衣裙、裤子、夹克、外衣等的面料。

辅衬 **auxiliary interlining** 又称局部黏合衬。用于服装较小部位,如袋盖、袋口、门襟、袖口、贴边、止口等,对服装起局部造型、加固、补强和保形作用的黏合衬。按其形状可分为块状补强衬和牵条衬。常用暂时性黏合衬,有特殊要求的用永久性黏合衬。

辅助工序 **auxiliary processes** 服装生产工艺流程中的辅助工序。主要包括:衣片粘衬,衣片修剪修正,衣片记号的绘制,假缝缝线的拆除,线头的剪除,衣边的烫折,衣边缲缝和线襻套结的缝钉等工作,也可将手工缝纫纽眼和缝钉纽扣包括在内。

负跟鞋 **negative heel shoes** 较厚的楔形外底的后跟部位在与地面成45°~60°的方向被砍去一块的鞋。优点是能防止泥水溅裤管,但由于减少了后跟对地面的反作用力,走路会感觉疲劳。

负面相 **negative facial play** 一般指奸相、懒相、馋相、坏相、滑相、呆相、傻相、笨相,八种面相的整体造型。每种形象都有典型脸部特征,比较复杂,不可千篇一律,设计中抓住演员自身的一两点进行夸张往往就可收到效果。比如奸相:不乏智慧,往往额头宽大、高凸;高度用脑,往往头发较少、眉毛稀薄细窄;脸颊较瘦、颧骨突出,下巴较尖,嘴巴或前凸或后缩,面色较灰暗。

复查划样 **checked pattern making** 复查表层划片的数量和质量。数量包括大片、小片和零部件,质量包括衣片的丝绺、缝份、排料的紧密程度、污片残片现象。

复古法 **restoring ancient method** 运用古典风格的图案、饰品进行艺术创造的人物造型手法。其素材来源主要为历史名画、壁画、画报等人物图片资料。参照古代服饰、化妆、发型的样式。

复古法

复合材料包装 **composite-material packaging** 服装"包装"(21 页)形式之一。采用几种材料复合在一起制成的包装。以纸基材的较多,层数为 2～10 层不等,可根据商品的需要确定。

复合底 **composite sole** 两种或两种以上材料叠合或镶嵌而成的鞋底。叠合可以是整体的,也可以是局部的。例如为增进皮革底的耐磨性或增大摩擦力,可以在鞋底的前、后跟部位叠加一层耐磨或防滑材料。某些旅游鞋和运动鞋的外底由好几种颜色的材料构成,其中多数起装饰作用。这种多色复合外底通常以模压法或注塑工艺成型。

复合缝 **split stitch** 即"缝合—包缝缝"(143 页)。

复合革 **overlapping leather** 见"仿皮革"(134 页)。

复合焊接缝 **compound fused seam** 熔接缝合的缝型类型。在离衣边熔接缝迹 1～2 mm处正面缉缝一条线迹,熔接缝份的宽度一般为 10 mm,线接缝份的宽度一般为 8～9 mm,在衣缝拉伸时,会产生高弹性可逆变形,直到线迹断裂为止,常用于由高弹性涂层织物制成的服装的装袖和装领,穿用时更为牢固并可防水。

复活节罩帽 **Easter bonnet** 为庆祝复活节而首次戴用的任何罩帽形式。

复描器 **duplicate device** 在作板样时将上图的图形复制到下层制版纸上的制图工具。由手柄和齿状滚轮两部分组成,使用时握住手柄用力推动滚轮沿图滚动,便可将图形复制到下层制板纸上。

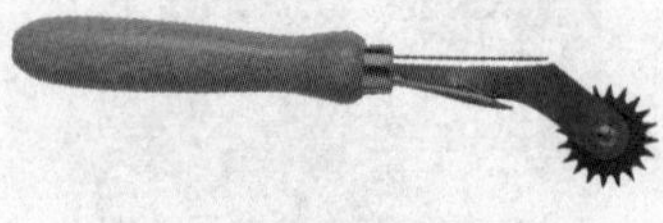

复描器

复色 **second middle color** 又称再间色、第三次色。一种原色与一种或两种间色相调和;或两种间色相调合的色彩。如:红 + 橙 = 红橙;黄 + 橙 = 黄橙;黄 + 绿 = 黄绿;蓝 + 绿 = 蓝绿;蓝 + 紫 = 蓝紫;红 + 紫 = 红紫。这六种通过第二次调合出来的中间色为复色。

复丝纱 **multifilament yarn** 由两根或两根以上长丝组成的纱线。分为无捻、弱捻和强捻三类。纱线细度均匀,纱身光洁,没有毛羽,光泽好。可用于加工多种风格的织物。

复印法 **copy method** 利用现有的资料,进行多次复印、剪接、再复印、再剪接,以达到某种预期效果的方法。

复杂配色 **complex color harmony** 不调和的配色方法。对协调的配色作相反的艺术处理,例如藏青与藤紫(淡紫色)、深绿与浅蓝、茶色与粉红等。尽管并不协调,但取得了独特的艺术效果。20 世纪 70 年代曾流行此种配色法。

复杂折叠缝 **complex folding seam** 折叠缝型类型。将弯曲形的衣片折叠缉缝线迹的缝型。分为:(1)复杂装饰折叠缝,在一片衣片的反面沿内翻折线垫上织物条并压上缝合线迹,再沿外翻折线翻折衣片并疏缝,熨平压上装饰线迹后,拆除疏缝线迹;(2)复杂装饰—连接折叠缝,由两片或两片以上的衣片缝制而成,先将上衣片折叠并疏缝,再疏缝到下衣片上,压上装饰线迹之后,拆去疏缝线迹。

副 **fu** 中国古代妇女的一种头饰,是假发和全副华丽的首饰配合而成。取他人的头发与自己的头发合编成髻,上插簪饰。通常为后妃、命妇在祭祀时所用。始于商周,秦汉时期仍然为贵妇的盛服。副与"编"(29 页)、"次"(72 页)皆是取他人之发合己发成结,亦都是假结。但是不同的是副有衡笄六珈等装饰,而编、次则没有。

副翼短袖 **aileron sleeve** 形似飞机副翼的短小袖型。造型可爱,袖上侧叠线很低,袖幅高很宽,刚盖住肩头,是一种凉爽的袖子。常用于 T 恤衫与套头夹克。

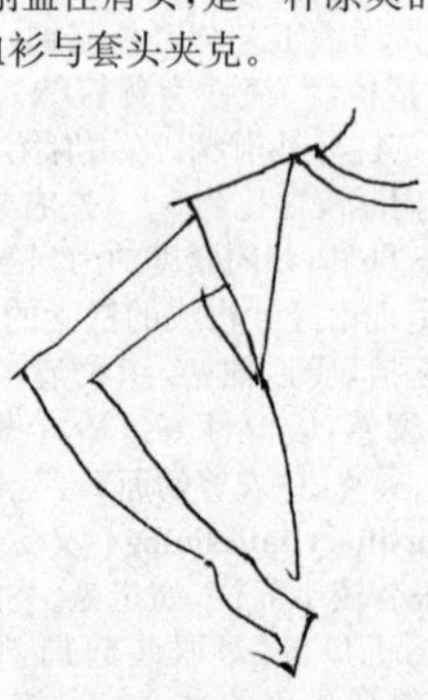

副翼短袖

富春纺 fuchun habotai 黏胶纤维仿丝织物名。经纱采用有光黏胶丝或无光黏胶丝，纬线采用有光黏胶纤维短纤纱，以平纹组织织制的非紧密结构的织物。有漂白、染色和印花三类。织物表面细洁光滑，有略显凸起的横棱纹，光泽明亮，质地丰厚，手感柔软光滑，吸湿性和透气性好。大多用作夏季连衣裙面料。

富贵衣 fuguiyi 传统戏曲袍服中不绣花饰的男式素褶子的一种。即在黑色、斜大领、大襟右衽、长及足、阔袖带水袖、左右胯下开衩的“男青褶子”(368页)上零散补缀若干形状不规则的红、黄、蓝、白的纯色绸子，象征破衣上打的补丁。供穷困潦倒、沦落为乞丐的落难者或读书人穿用，如《打侄上坟》中的陈大官、《路遥知马力》中的路遥等。穿此种衣服的人都有富贵的结局，故名富贵衣。

富禄纹 bats-sika pattern 中国传统文字装饰纹样。用“福”与“禄”字构成字花的一种；也有以象征“福”的蝙蝠，象征“禄”的梅花鹿构成图案，谐音为“福禄”，寓意幸福吉祥。图案以四方连续形式，多用于年长者的服饰中，并以锦缎与刺绣工艺烘托富贵而华丽的衣饰。

富纤织物 polynosic fabric 用富强纤维纱线织制的织物。富纤是富强纤维的简称，是一种高湿模量黏胶纤维，日本称虎木棉。多为平纹织物。有棉型织物的风格，并具有弹性回复率高、尺寸稳定性好、在水中溶胀度低等特点，湿态强度差，约为干态强度的80%。多用作夏季服装面料。

腹部前突点 abdominal protrusion points 人体测量点。腹部中心线上最向前突出之点。测量腹围的基准点。

腹带 belly band 调整型内衣的一种。主要是遮盖腹部、臀部、大腿部，同时可压平腹部、抬高臀部，起到修身塑型作用。

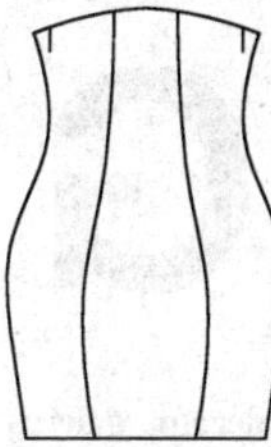

腹带

腹厚 abdomen thickness, AT 在髂嵴点高度上，腹部前、后最突出部位间的水平直线距离。确定裤装上裆及上衣腹部结构的重要参考值。见“人体厚度尺寸”(428页)。

腹宽 abdomen breadth, AB, abdomen width, AW 腹部最突出部位水平面与人体侧面交点间的横向水平直线距离。确定上衣腹部结构的重要参考值。见“人体宽度尺寸”(429页)。

腹围 abdominal extension girth, AE, abdomen full, abdomen measure 经过腹部最突出处水平围量一周的长度。一般用于凸肚体体型的测量。见“人体围度尺寸”(430页)。

腹围高 abdominal extension height, AEH 人体立姿时从腹部最突出点到地面的垂直距离。确定裤装腹围部位的重要参考值。见“人体高度尺寸”(428页)。

腹围线 abdominal extension line, AEL 人体测量线。过人体腹部最突出点的水平围线。

覆盖襟 covered closing 在原有门襟的基础上，将另一门襟面料覆盖在原门襟上的结构样式。

覆盖线迹 cover stitch 国际标准ISO 4915中编号为600级的线迹。具有装饰线的绷缝线迹。由于覆盖有装饰线，缝迹外观非常漂亮。可由直针数和缝线数加以命名，如608号线迹称四针七线绷缝，表示由四根直针线、一根弯针线、两根装饰线共七根缝线组成。可用于针织服装的滚领、滚边、折边、绷缝加固、拼接缝和饰边等。

G

伽莱伦帽　galerum, galerus　古罗马猎人等平民戴的用毛皮或未鞣过的皮革制作的贴头帽子。

改良官衣　gailiangguanyi　20世纪对中国传统戏曲“官衣”(191页)加以改良而形成的一种新式官衣。圆领，大襟右衽，阔袖带水袖，袖裉下有摆，左右胯下开衩，长及足，与传统官衣的区别为：(1)将作为官服特征的补子改为平金绣团形纹饰；(2)在领、袖口及腰部以下绣饰简单花纹。用途同传统官衣。

改良靠　gailiangkao　中国传统戏曲戎装中“靠”(285页)的一种。对传统靠的改良，源于1916年周信芳在京剧《张松献地图》中饰演刘备时对靠的改动。基本形制是将“靠身”(285页)改为上下两部分，上部不用“靠肚”(285页)，用软带拦腰紧束，下部只保留鱼形甲片。“靠牌”(285页)分前后左右四块。软带及肩部绣半立体虎头。甲片下缀排穗。不扎“靠旗”(285页)。较传统靠轻便简洁，但威武雄壮的大将气魄略逊。所以一般多用于外邦将官或不需显现威风凛凛的将官。女改良靠则便于在高难度武打、舞蹈动作中突出女将威武中见轻盈的风姿，故武旦或刀马旦饰演如《扈家庄》中的扈三娘等需有激烈武打动作的角色时，采用较多。

改良蟒　gailiangmang　中国传统戏曲袍服中男“蟒”(340页)的一种。其创制源于20世纪20～30年代京剧表演艺术家马连良，后经过多人不断加工，形成大体统一的样式。一般采用秋香和古铜两色，用于老生行当扮演的角色。在保持蟒的圆领、大襟、右衽，阔袖带水袖，袖裉下有摆等形制的基础上，对周身纹绣简化，仅在前后胸各绣一个面积扩展的龙团，并于其下部增绣行龙纹样，删去大量流云、花朵等衬底花纹。使绣纹突出醒目，服饰呈清爽飘逸之势，减轻了蟒服的重量，便于演员表演。其代表式样如马连良在《龙凤呈祥》中饰乔玄时所着。进一步的改良是将行龙及海水浪花上端的江牙、日、山等纹样一并删去，简化团龙的纹饰，改束腰的硬质玉带为软带，使郑重场合着用的礼服向常礼服转化。如《淮河营》中的蒯彻。

改良女青褶子　gailiangnyuqingxuezi　中国传统戏曲袍服中女式褶子的一种。在黑色、对襟、小立领、长仅逾膝、左右开衩、阔袖带水袖的“女青褶子”(376页)基础上，采用女帔领式，将领子的沿边形式改为加用小如意头之类的装饰。既保持了女青褶子的朴质素雅风格，又增添了装饰意味。使用范围与女青褶子相同。

盖斑笔刷　spot concealer brush　以条状或霜状盖斑膏遮盖黑斑、雀斑时用的笔刷。选购时以纤细、毛长适中者为佳。也可使用画油彩的小笔刷。

盖茨比服式　Great Gatsby style　由连衣裙、毛衣组成的服装款式。随意而休闲，20世纪70年代流行欧美。起源于美国作家斯科特·菲茨杰拉德的小说《了不起的盖茨比》改编的电影，其女主人公身穿V字领口、低腰线的及膝、打褶连衣裙，外套遮臀的宽松毛衣。

盖式皮鞋　leather shoes with cover vamp part　前帮鞋盖压住围子的围盖式皮鞋。鞋盖压住围子，产生类似浮雕的效果。鞋盖四周没有遮挡，产生向外延伸感，经常用于设计奔放类型的鞋品。

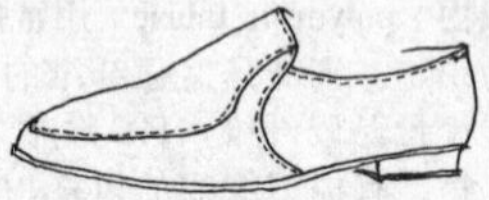

盖式皮鞋

盖头　Gaitou, veil　❶中国传统服饰。古代婚礼时，新娘头上会蒙盖一块大红绸缎，称红盖头。入洞房后由新郎揭开。❷中国少数民族服饰。又称面纱。伊斯兰教的妇女遮面护发的头巾，垂在衣领上，不露装饰，故又名羞体。现回族、撒拉族、东乡族等妇女仍有穿戴，以纱、绸、绒等织物制作，从头顶垂至肩，仅露面部。少女和青年妇女多用绿色，中年为黑色，老年尚白色。

盖头图案　head piece pattern　中国民俗服饰图案。在五尺见方的红色绸缎盖头上饰以图案，四角缀以铜钱或彩穗，绣有龙凤、牡丹、鸳鸯戏水、麒麟送子等，寓意喜庆祥和、成双成对、早生贵子等，在新娘婚礼时使用。这是旧式婚礼的显著特色。随着人们对传统文化的重新发现，这一悠久的婚俗传统再次受到一些现代年轻人的青睐。

戳势 **tolerance** 服装为适合人体运动的舒适需要，在某些部位设置的松余量。当人体静态时该部分收进、贴体；当人体活动时则伸展、宽松。常用于服装的后背袖窿部位。

戳势不足 **diagonal wrinkles at sleeve cap** 服装外观疵病。袖窿部位紧窄，衣袖山头轧住并起皱褶，造成抬手不便的现象。多见于男式上衣。造成原因为：衣片袖窿过小，后山头过长。补正方法为：将后肩缝适当归拢，后山头相应缩短，使戳势起登（有立体感），前衣片摆缝上端稍放出，使袖窿门横度扩大。

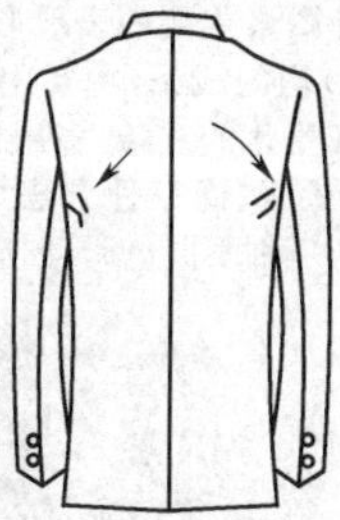

戳势不足

干粉 **gan powder** 以滑石制成的妇女妆粉。

干湿球温度计 **dry and wet bulb thermometer** 测量温度、湿度的一种仪器。由两支水银温度计并列构成。其中一支水银球用纱布覆盖，纱布下端浸在水槽中，通过芯吸作用保持润湿，称为湿球温度计，所测温度称为湿球温度。另一支称为干球温度计，所测得的温度称为干球温度。空气越干燥，湿球蒸发的水分越多，吸收热量而导致湿球温度计的显示值越低。根据干球温度及干湿温度之差查湿度表，即可求出相对湿度。

干态暖体假人 **dry thermal manikin** 能模拟人体发热的暖体假人。世界上诞生的第一个暖体假人（20 世纪 40 年代）就是干态的。大多数由织物构成的服装，在无特殊要求的情况下，测量克罗（clo）值可以表征服装的主要热学性能。服装的克罗（clo）值与热阻可以互相转换：1 clo = 0.155 cm^2/W。

干洗符号 **dry cleaning symbol** 服装使用说明符号。使用有机溶剂洗涤服装，包括必要的去除污渍、冲洗、脱水、干燥等过程，图形符号用圆形表示。如在图形符号下面添加一条粗实线，表示对干洗条件有所限制。

干洗符号

干性皮肤 **dry skin** 皮脂分泌量少，角质层含水量低于 10%的皮肤。皮层较薄，纹理细致，毛孔不明显，肤色较苍白，缺少光泽，弹性下降，较干燥，易衰老，易生细小皱纹，对外界刺激较敏感。由于先天或后天性皮脂腺和汗腺功能减退、维生素 A 缺乏、偏食脂肪少的食物、营养不良、血液循环不良、使用化妆品不合理等原因造成。分为缺水性和缺油性两种。前者多见于 35 岁以上者，后者多见于年轻人。

干蒸汽熨斗 **re-heated steam iron** 又称再热式蒸汽加热熨斗。对成品蒸汽二次加热的蒸汽加热熨斗。内有蒸汽加热电极和底板加热电极。输入蒸汽 0.2～0.4 MPa，调温范围 60～230 ℃，底板尺寸 220 mm×140 mm，重量 1.3～2.7 kg。作业时，由蒸汽发生装置产生的成品蒸汽经管线通入熨斗，蒸汽腔内的加热元件对成品蒸汽二次加热，形成 150～220 ℃高温非饱和干蒸汽。蒸汽温度高，适用于有较高造型要求的各类高档和精品服装的成品整烫，是目前性能最优良的熨斗产品。

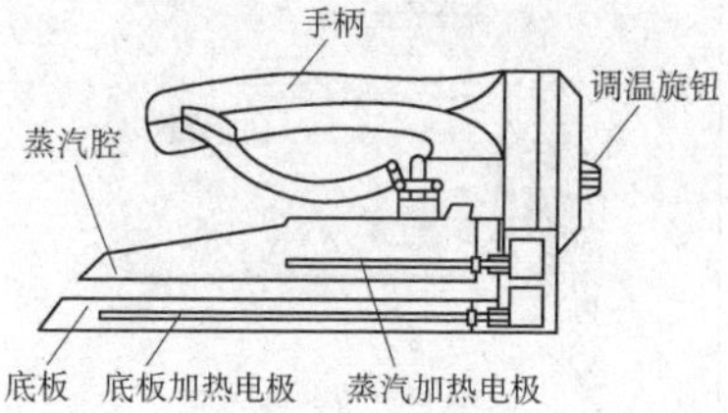

干蒸汽熨斗

甘地帽 **Gandhi cap, Gandhi hat** 白色棉布无檐帽。因印度总理甘地在公开场合经常戴用而得名。

甘地帽

感应式静电测试仪 **charge-inducing elec-**

trostatic tester 用于测定纤维、纱线、织物、地毯、装饰织物及其他板型材料静电性能的设备。适用标准：GB/T 12703—2008《纺织品 静电性能的评定 第1部分：静电压半衰期》，FZ/T 01042—1996《纺织材料 静电性能静电压半衰期的测定》等。由高压发生器、高压放电极、静电检测电极、静电电位检测器、试样台、设定开关、显示器等组成。试样平放于试样夹板中，条子、长丝和纱线等均匀、密实地绕在与试样尺寸相同的平板上，由高压发生器产生的高压（10 kV）通过高压放电极对织物放电，使织物感应静电，规定时间（30 s）后，停止高压放电，记录此时静电检测电极上的电位，以及静电衰减至一半时的时间。以此表征织物感应静电的大小以及静电流失的速度。除测定静电半衰期外，还可通过设定开关，选择测定10%，20%，…，90%等的衰减期，选择定压或定时的试验方法以及不同的电压。

感应式静电测试仪

橄榄省 **double-pointed dart** 服装省道种类。省道呈橄榄状，中间宽、两头尖。多用于收腰式上衣或连衣裙等服装，便于在收取胸腰差的同时符合人体形态。

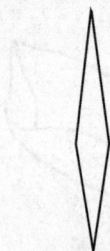

橄榄省

橄榄石 **peridot** 镁和铁的硅酸盐晶体，硬度6.5～7级。最佳的颜色是由中到深的绿黄色，色泽柔和自然。美国、俄罗斯、巴西、缅甸、捷克和中国都有产出。

冈多拉式着装 **Gondola wearing** 着装风格的一种。吸收非洲的冈多拉式着装特色形成各种款式的宽长裙。造型有袖或无袖，常被作为礼服穿着，后发展为有束带或点缀装饰物的造型。以自然舒适受到人们的喜爱。

钢笔淡彩 **pen tinge** 见“淡彩画技法”（88页）。

钢笔技法 **pen technique, pen skill** 钢笔画是服装设计图最主要的表现形式。常采用两种线条：(1)均匀线条，主要用针管笔和签字笔；(2)粗细变化的线条，多用书画硬钢笔。同时可以用点、线、面三种方法结合，在画面上产生黑白灰三种不同色调，创造出素色美。

钢笔技法

钢花呢 **homespun** 又称火姆司本。粗纺毛织物名。用粗纺彩点毛纱织制的纹面风格的粗纺毛织物。粗花呢的传统品种之一。因表面除一般花纹外，还均匀散布着红、黄、绿、蓝等彩点，似钢花四溅而得名。色彩独特，别具休闲风格。主要用作休闲西装上装、两用衫、风衣等的面料。

高潮色 **culmination color** 正在流行的色彩。

高档服装设计 **top-level garment design** 服装构成要素体现出高标准的服装设计形式。其设计、材料、制作均是一流的。设计上不太受流行因素的左右，往往选择传统造型形式，在品牌的既定风格基础上进行有限的变化，局部细节非常精致，注重韵味感和成熟感，以绣花、钉珠、镶嵌和蕾丝花边等工艺体现。色彩以传统色调为主，基本与流行无关。剪裁结构一般采用立体裁剪。服装造型符合穿着者体形和个性。面料常选用质地精良的天然纤维织物或手工面料，如精纺花呢、真丝锦缎，优质裘皮或皮革等。高档服装有批量小、成本高的特点，价格昂贵，目标顾客以上流社会和影视娱乐界人士为主。

高低肩体　high and low shoulder figure　左右肩高不同的体型，一般常见于男性体力劳动者及单侧经常背包者。衣身纸样设计时将不正常的单肩（平肩或塌肩）进行处理或肩部仍按正常体设计，但在肩平的一侧减垫肩，肩溜一侧加垫肩，以此来调整肩型。

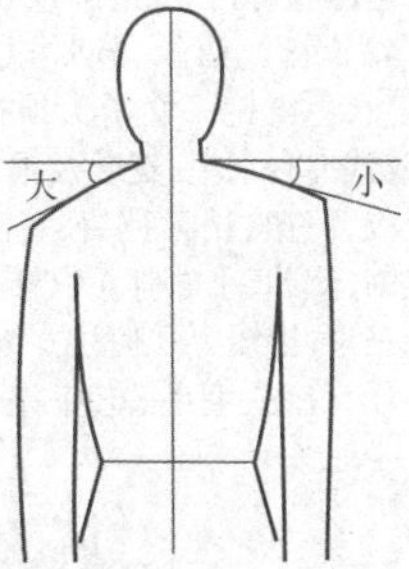

高低肩体

高地服式　highland dress　英国苏格兰高地居民的民族服装。包括方格呢料的有褶裥的苏格兰短裙、外套、马甲等。1979 年秋冬发布会上伊夫·圣·洛朗（YSL）推出了具有苏格兰情调的高地服式。

高尔夫帽　golf cap　打高尔夫球时戴的鸭舌帽。由若干帽片组成圆帽冠，帽顶有纽扣装饰，帽腰部分贴合头部。

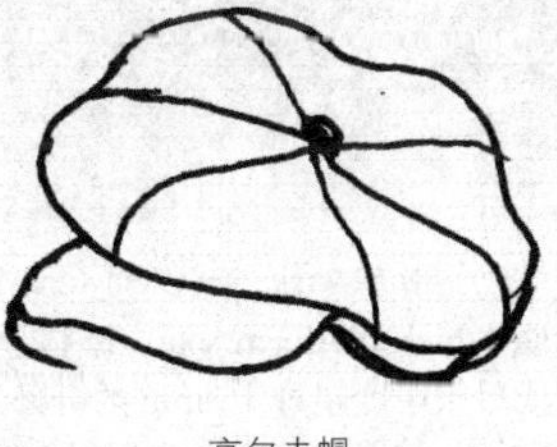

高尔夫帽

高尔夫球鞋　golf shoes　鞋口护住脚腕，帮面用皮革或帆布制作的高腰鞋。鞋帮结构分：(1)耳舌系带式，将鞋舌头部加宽与鞋耳缝合，以防止砂土、水露等进入鞋内；(2)吉利式，即无舌式，为便于脚进入而将鞋口稍为加大，并将鞋口周围的皮革帮面下翻，在形成一个装饰花边的同时，穿进一根鞋带，脚进入后拉紧，将鞋口和脚腕严密封住。为便于在高尔夫球场高低不平的草地上行走，鞋底前掌多设计为带胶钉的皮革底或仿皮底，以防打滑，后跟部有 15～20 mm 的跟高。

高跟鞋　high heel shoes　鞋后跟较高的鞋类。可以增加人体的高度，所以很受欢迎。穿高跟鞋使人体重心前移，而穿者为了保持平衡，自然要挺胸收腹提臀，使得女性体形曲线更显优美，所以高跟鞋是舞会、社交场合的宠儿。但由于重心前移，前脚掌受力加大，长时间穿着会造成脚板痛，腿部肌肉紧张，并导致腰痛。因此穿高跟鞋要有节制，使脚适时得到休息。

高光区　specular region, highlight　面部正对光源时呈现出高度明亮的区域。如：面部的额头、鼻梁、颧骨最高部位、下巴等。对高光区域的强调可增加妆面的立体感，使面部结构分明、生动。

高级化纤超柔软毛衫　chemical fiber soft knitwear　以腈纶、锦纶、涤纶等化纤为原料，经特殊整理制成的毛衫。柔软，手感好，毛感强，可机洗，不发霉，价格接近羊毛，在国外广泛应用。特别适宜婴幼儿穿着。

高级女装　haute couture　设计师以皇室贵族或上流社会女性为顾客，量体裁衣，用手工定做的独创性昂贵女装。设计师及高级女装店必须取得法国巴黎女装协会的会员资格认证，一经获得“高级女装设计师”头衔，可使用“高级女装”称号，并受法律保护。标准：在巴黎有自己的设计工作室；至少雇佣 20 名全职员工；服装必须量身定做；每年至少举行两季高级女装发布会；每季至少推出 65 套新款；每年至少对客户做 45 次内部新款展示。

高级女装设计　haute couture design　高级女装属特殊的定制服装，造型独特、装饰考究、风格传统典雅，需量体裁衣、单件手工制作、工艺精湛。起源于 18 世纪，英国人查尔斯·弗雷德里克·沃斯（Charles Frederck

Worth)是巴黎高级女装店的奠基人。他于1858年开设了世界上第一家以上流社会的达官贵人为对象的沙龙式高级女装店，深得皇后公主和贵族名媛的宠爱，开创服装设计先河，对现代服装设计的影响深远。由于每件工时耗200 h以上，因此价格十分昂贵。

高肩型　high shoulder style　即“耸肩型”(496页)。

高可视性警示服　high-visibility warning clothing　用鲜艳的基底材料和逆反射材料按特殊要求制作，具有警示作用的服装。

高领　high collar　比一般服装的领座高很多，高度在6 cm以上的领型。常用于高领毛衣、风衣等保暖防风服装。

高频电美容　high frequency electrotherapy beauty　一种美容方法。利用高频率振荡电流作用于人体，以达到美容的目的。根据共鸣火花原理，采用充有少量氖、氩气体的玻璃真空电极，利用火花振荡产生高压、高频和弱电流。局部火花可对皮肤产生刺激作用，降低感觉神经的兴奋性，有镇痛、止痒、消炎、改善局部血液循环、提高细胞活力和促进组织再生等作用。对冻疮、脱发、脂溢性皮炎、痤疮有较好的疗效。使用时电极会发生淡紫红色光线。玻璃电极有多种形式，多为羹匙型、蘑菇型、火花型等，分别配合不同部位。

高频熔缝　high-frequency welding　熔接缝道类型。在电场的作用下，服用热塑材料分子的充电颗粒按电场方向移动，使充电颗粒发生极化，在改变电场的方向时，分子的充电颗粒改变运动方向。这种在高频电场中分子的充电颗粒往复运动产生的能量，以材料自身发热的形式释放出来，使服装缝片熔缝处的热塑材料熔融，冷却后形成熔接缝道，实现连接，特点是加工速度快。

高频压烫机　high frequency fusing press　利用微波辐射进行压烫加工的机械。压烫机由平板加压，周围密封以防止微波泄漏。高频振荡器产生频率为26 MHz的交变电流，在交变电场作用下，热熔胶分子运动相互摩擦产生热量，使热熔胶熔融黏合。由于高频电场穿透能力较强，可以多层压烫，工作效率较高。

高山滑雪鞋　mountain skiing shoes　在具有一定坡度的高山进行滑行运动时穿用的鞋。早期用皮革制造，现在使用塑料模压制成硬外壳，然后用塑料泡沫复合布制成内套。鞋底狭窄，鞋腰较高，质硬不能弯曲，能够固定踝关节，便于稳定重心，变换方向和提挪。穿着时，通过滑雪板上的脱落式固定器将鞋紧紧固定，以便作出各种动作。

高山族服饰　Gaoshan ethnic costume and accessories　中国高山族衣着和装饰。高山族分布在福建、台湾。有黥面文身习俗，男子下颚刺蓝直线纹，表示勇敢机智，女子刺三道蓝斜线纹标志善织布、持家。也有拔须、染齿、拔牙习俗。男子穿麻、棉布或藤皮、柳树皮、兽皮制的衣。衣为无袖胴衣，即四片连缀的长方布，以带相连，着“丁字裤”(102页)。后也穿对襟或琵琶襟衣，排扣衣或圆领衣，外套短坎肩，宽腰带，着长裤。酋长、族长以“贝衣”(24页)为礼服。衣色鲜艳。女子头顶扎饰带也有黑布缠头，或戴饰有羽毛、花叶及银饰的冠。穿对襟长袖上衣、筒裙、长衫披肩、背心等。衣多刺绣和缀银饰、流苏、小珠等。纹样有蛇、人物、方格、菱纹、三角、折线等几何纹。饰品有贝、珍珠、玛瑙、兽牙、兽皮、羽毛、花卉、银、铜、钱币、竹管等。

高山族女子服饰(台湾)

高台底　high platform sole　整体厚度、前掌厚度或后跟厚度超过16 mm的鞋外底。可用软木、杉木、微孔塑料、泡沫聚氨酯等轻质材料制作。高台底适于配中高跟。

高台底

高台底鞋 **high platform sole shoes** 又称厚底鞋。一种鞋底加高加厚的鞋。由于鞋底用低密度泡沫塑料制成，故又称松糕鞋。不同于高跟鞋，高台底鞋是鞋底整体加高。高台底鞋起源于 16 世纪的意大利。后来鞋底越来越高，有的高达 20 cm 以上，摔跤事故不断。无论从生理卫生和运动力学方面考虑，高台底鞋都是不合适的穿着，因为鞋底难以随着脚走路而弯曲，而且弯曲应力很大，走路会觉得很累。高台底鞋有隔热防潮和增高作用。我国古代的木屐和现代的松糕鞋都是高台底鞋。法国著名设计师维维尔是现代高台底鞋的创始人。

高挑眉 **upstroke brow** 眉头与眉峰的连线与水平位置呈较大角度，整个眉干呈陡峭上扬状的眉形。适合表现妖娆、个性凸显的形象。

高筒雨靴 **high leg rain boots** 筒高接近膝盖的胶面防水靴。中间号的后筒高度约 340 mm，黑色，针织棉毛布里。粗深花纹压延出型外底，模压后跟，靴筒胶片较厚，弹性好，不穿时也能直立。

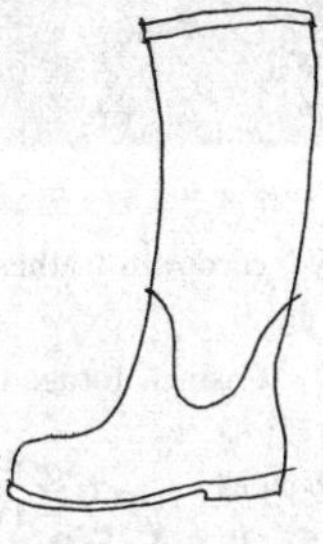

高筒雨靴

高头鞋 **high toe shoes** 鞋头造型加高的鞋类。较高的头型，给人以粗犷的感觉。有的造型类似鹅冠，又称鹅冠式；有的造型又粗又厚类似榔头，又称榔头鞋。

高臀体 **high hip figure** 臀部丰满位置偏上的体型。其腰围线和臀围线之间距离比例较小。裙裤身纸样设计时按臀围线上移以及后腰省改短等处理。

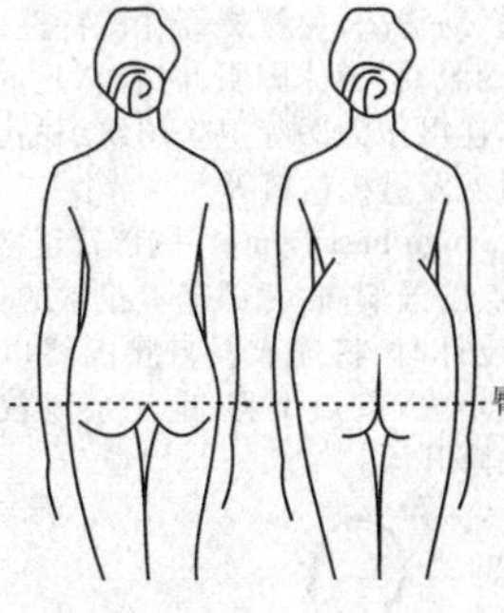

正常体 高臀体

高温防护鞋 **high temperature protecting shoes** 以皮革或织物为帮面，特种橡胶混合物为鞋底，经模压硫化工艺加工成型，鞋底能在短时间内(60 s)承受高温(300 ℃)而不发生熔化、开裂或与帮面脱开等现象的矮帮或高腰鞋。鞋底具有良好的隔热性，多为炼钢厂炉前工等高温作业工人穿用。

高温工作服 **operation wear for hot environment** 在高温环境中穿着的一类能促使体热散发、防止中暑等症状发生的工作服。高温工作服能防止辐射热的侵入，促进汗液的蒸发和通风，加速体热散发。其中铠甲式工作服、铝箔工作服较常用，但防热效果有限。将身体完全覆盖来遮断辐射热、并依靠人工制冷的冷却背心来散热的高温工作服能防护高温，但服装附带的管道往往限制穿着者的活动余地。

高吸湿纤维 **high-hygroscopic fiber** 又称吸湿排汗纤维。吸湿量大，放湿速度快。吸湿量远超过常规疏水合成纤维而接近天然纤维，放湿速度远大于天然纤维，具有服用舒适和保健功能的高科技纤维。合成纤维普遍存在吸湿性较差的缺点，通过共聚或接枝等化学改性技术，可以在疏水性纤维分子主链上引入亲水性基团，以提高吸湿性和吸水能力；或用物理改性方法，制造中空纤维、多孔纤维、表面粗糙型纤维、微孔纤维、微细纤维和异形纤维，借助毛细管导湿、导水或保水效应，提高纤维的亲水性，改善其服用舒适性。如日本尤尼契卡公司的 Hygra、美国杜邦公司的 Coolmax、日本旭化成株式会社的 Technofine 等。可纯纺或与棉、麻、天丝等混纺制成舒适性服装面料。因其质轻、导湿、快干、凉爽、舒适、易清洗、免熨烫等优良特性，广泛应用于运动服、旅游休闲服、内衣、儿童服装等的制作，还可作为医疗卫生用纺织品、农用纺织品、过滤及透析材料等。

高胸体 **high bust figure** 胸部较正常体丰满且胸高点位置偏高，背部基本正常的体型。衣身纸样设计时，将前衣长自腰围线以上加长，前胸围增大，胸点上移，前浮余量较标准体增大，袖窿开深。

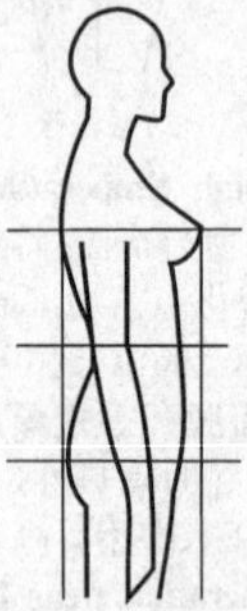

高胸体

高压绝缘胶靴 **high voltage insulation rubber boots** 以绝缘性能和加工性能均优良的天然橡胶等为基料，加入绝缘性能同样良好的云母粉等添加剂，用热硫化工艺制成的全橡胶靴。适用于高压电力系统电工作业时穿用。出厂标准可耐 2 万伏交流电压，实际可在 1.5 万伏电压下长期使用。在近靴筒上口贴有明显的绝缘靴字样标记。

高腰皮鞋 **high upper leather shoes, ankle boots** 鞋口在脚踝骨以上、脚腕以下的鞋类。高腰鞋后帮高，增加了防护功能和保暖性，常被设计成劳保鞋、皮棉鞋以及某些运动鞋。典型的款式有内耳式、外耳式、拉链式、橡筋式等。

高腰型 **high-waisted style** 服装腰线位置高于人体实际腰线位置的造型。可以提高视线，强调胸部的隆起和腰部的纤细，突出曲线感。常见于紧身连衣裙、女式礼服、内衬长裙和裤子等，如法国帝政时期服装、朝鲜民族女装等。

羔羊皮革 **lamb leather** “绵羊皮革”(353 页)的一种。幼小绵羊原皮经鞣制加工而成。皮板柔软，粒纹细腻平滑，开张不大。可用于制作手套、帽子、服装和领带。

膏状眼影 **cream eye shadow** 用来修饰眼睛的膏状化妆品。通常装在小盒或软管里，色浓度高，色泽比眼影粉更深、更亮。使用时可直接用手指抹于眼睑，再用眼影棒予以晕染，呈现出漂亮的色彩层。

锆石 **azorite** 锆硅酸盐晶体。硬度 7～7.5 级。在天然宝石中锆石折光率仅低于钻石，是色散值很高的宝石。无色透明的锆石酷似钻石，是很好的代用品。以无色和蓝色为主，此外还有红褐色、绿色及蓝色。中国、斯里兰卡、柬埔寨、缅甸均有产出。

仡佬族服饰 **Gelao ethnic costume and accessories** 中国仡佬族衣着和装饰。仡佬族分布在贵州、广西等地。男子白或青布包头，穿对襟密襻上衣，着长裤。女子绾髻，顶一方帕，头顶束带，亦有用海贝装饰包头巾。穿无领大襟短上衣，衣长及腰，衣襟及环肩、袖口均饰宽边，外套半长袖外衣或无袖长袍，长袍前短后长，绣有花饰，穿时从头套上。无袖长袍从贯首衣演变而来。再罩对襟坎肩。着无褶长裙，裙分三段，中段用羊毛织成，染成红色，上下两段用麻织成，多用青、白色条纹。着翘头绣花鞋。

仡佬族老年妇女服饰

哥多华皮革 **cordovan leather** 即“科尔多瓦皮革”(287 页)。

哥萨克皮帽 **Cossack forage cap** 高帽冠，顶部略宽的无檐帽。帽冠大致两英尺高、两英尺宽，顶部有棱角。用中亚的一种羊毛或俄国阿斯特拉罕羊羔皮制作，原为俄国哥萨克骑兵军帽，我国哥萨克人也戴这种帽子。

哥萨克皮帽

哥特式样　Gothic look　12世纪起以建筑式样的变化为开端的一种西方艺术风格。在服装上受建筑风格的影响，该时期的服装风貌具有显著特色。强调直线剪裁，妇女常戴高的尖顶帽，在衣服上装饰精致的花边或图案，男士穿长而尖的鞋，戴尖形头巾，服装上采用极不对称的奇异色彩等。

哥特式装束　Gothic costume　以哥特式复古风格为设计灵感的装束。源于13～15世纪的欧洲。廓型呈直线型，下摆很长甚至曳地，代表款式为腰线抬高至胸部的高腰裙，高而尖的帽子等。1993～1994年克劳耶（Chloe）品牌再度推出带有浓重哥特式风貌的时装。

割绒灯芯绒　warp knitted corduroy, tricot knitting corduroy　见“经编灯芯绒织物”（264页）。

割绒针织物　cut pile knitted fabric　衬垫针织物经拉毛或毛圈针织物经割绒整理后，表面纤维梳拉形成绒毛层的针织物。分为：(1)单面绒针织物，将衬垫纱进行拉毛处理，形成一层稠密短细倒伏的绒毛层，或将毛圈组织的线圈梳拉起来后，进行割绒整理形成绒毛层。后者绒毛层丰满、厚实、细密，手感更柔软。(2)双面绒针织物，将双面毛圈织物的毛圈进行起绒整理或由一面衬垫织物和一面毛圈织物进行起绒整理后形成。原料采用涤纶低弹丝、腈纶纱、棉纱、毛纱等。产品厚实、蓬松、柔软、丰满。多用于制作外衣、童装、服装里子等。

割止口　stitching edge　又称夹止口。在服装部位与部件的外沿缉缝规定宽度的止口缝迹。如割袋盖、割袖襻。

歌舞片化装　song and dance film dressing　适用于歌舞影片的化装，即以形象优美、造型精致为特点的歌舞影片中的整体造型。化装形式较夸张，色彩带有装饰性。歌唱演员的化装，男装较生活化，女装则修饰性较强。装饰色彩根据服装不同而略有区别，着戏装应略浓些，着生活装应略淡些。

革带　gedai　又称鞶革、鞶带。中国古代的一种腰部饰物。通常以宽阔的皮条制成，端首缀以钩鐍，使用时系束在礼服之外，前佩蔽膝，后系印绶，左右悬挂各色杂佩。春秋战国时，大量使用带勾式革带，形式比较简单。大约在南北朝以后形制上有所变化，主要的特点是带扣取代了带钩，这时的革带称为鞓，革带外面包裹绸绢，缀以带扣、带箍、孔眼、銙等饰物。以绸绢色彩及带銙质料来区分等级。

革带

格朗奇款式　grunge style　由摇滚音乐和街头文化衍生而出的服饰。风格怪诞前卫，于20世纪90年代流行。格朗奇装束是前开襟长裙搭配无肩带迷你型上装和紧身长裤，再加头巾；有时上身穿紧身条纹T恤衫，下着低腰喇叭裤，再现20世纪60～70年代感觉。色彩往往是低调类的黑、烟灰、咖啡等，再加凌乱蓬松的发型，一派颓废失落的街头服饰形象。

格子碧绉　checked kabe crepe　丝织物名。经线为22.22～24.42 dtex×2(2/20/22旦)染色桑蚕丝，纬线为[22.22～24.42 dtex×3(3/20/22旦)17.5 S捻/cm + 22.22～24.42 dtex(20/22旦)]16 Z捻/cm染色桑蚕丝，以平纹组织织制的表面有细小波纹的彩格丝织物。重量68 g/m^2。光泽柔和，手感挺爽弹性好。用作夏季衬衫、男士唐装、长衫或妇女连衣裙等的面料。

格子纹　check pattern　方形框子纹。以变动线条的宽窄、色彩、疏密形成格子图案，是人类最古老的色织物纹样之一，后也发展成印染纹样。格子纹可由组织结构的变化形成细密的单线小格子纹，也可由线面交织成变化多样的格子纹，著名的有苏格兰格子纹、千鸟格子纹、朝阳格等。格子纹或简或繁，具有传统和现代的双重个性，适用于各种类型的服饰设计中。

格子纹

㑚人服饰　Geren costume and accessories　中国苗族支系衣着和装饰。居住在贵州凯里黄平地区的㑚家人，在民族区划上归入苗族支系。㑚家妇女梳顶髻，用蜡染头帕自脑后向左右包裹，两侧角翻翘，额上用三厘米宽的薄银片向后围髻成箍，并用织花带加固，鬃髻外有织成髻顶外垂红缨穗散披，髻顶用银簪斜向前方插牢，俗称银箍为"了"而视银簪为箭，颇有古代武士风味。上身半袖短衫，卷起袖口呈蓝白宽边，上有绣花，下着青布裤。姑娘则穿蜡染百褶裙，裥褶很细，间有红橙花边，腰系织绣围腰长及裙裾，外罩蜡染围腰一层，比内层略短十余厘米。外有围兜自领下来，围兜上部有白线绣成火炎祭坛纹，围兜外再系扁形围腰，缀满蜡染细花。穿裙者小腿用织花长带裹成绑腿，垂缨为饰，有袭自祖先盔甲戎衣之传说。盛装时另有贯首衣从头套下呈前后T式，银饰繁杂，排花精致，蜡画细密，通体蓝青与红橙辉映，健美醒目。

葛　poplin grosgrain　丝织物大类名。采用平纹、经重平、急斜纹组织，经细纬粗，经密纬疏，外观有明显的横棱纹，质地厚实缜密的素、花交织物的总称。按是否采用大提花工艺分为素葛和花葛。代表品种特号葛，明花葛和文尚葛，可用作罩衫、棉袄等的面料。

个人服饰风格规律分析系统　personal style analysis, PSA　"个人形象规律分析系统"(178页)的分支之一。通过人体和服饰的型特征的匹配分析进行服装、饰品、化妆、发型等总体风格定位的理论体系。将各类服饰的型特征和各类人体与生俱来的型特征分别归类，考察不同类型人群对不同类型服饰的适应程度，根据人体型特征的全部细节确定恰当的服饰型特征，同时提供发型、化妆的选择规律。局部服饰风格主要取决于局部人体部位型特征。脸型特征是服饰风格定位的关键。当各部位型特征不一致时，服饰风格首先取决于脸型特征，其次是体型特征，最后是性格特征。身材越高，体型特征对服饰风格的影响会越强。在决定人体的服饰风格特征时要充分考虑个性、年龄、场合、角色、流行等因素，灵活变通。系统有分别针对男性和女性的两个部分。男性风格变化相对较少，主要体现在面料、图案所带来的感受上。系统用于个性化的服饰形象分析和塑造。

个人色彩规律分析系统　personal color analysis, PCA　"个人形象规律分析系统"(178页)的分支之一。以人体和服饰的色特征分析为基础，阐述色彩基础理论和个人色彩应用理论的关系，利用两者之间的匹配来指导个人服饰色彩定位的理论体系。系统提供了中国人群适用的色彩规律分析图，在对人体色特征分析归类的基础上，研究不同类型的色彩群对个体的适用程度，划分出适应不同色特征个体的色彩范围，并给出相应的个人服饰色彩建议。另外，就个人色彩属性与选色配色的其他因素，如年龄、性格、居住区域、个人服饰风格、社会角色以及TPO着装等之间的关系也做了较为完整的描述。系统用于个体的服饰、化妆、发型的色彩定位。

个人形象规律分析系统　personal image analysis, PIA　用于指导中国人群形象诊断的系统化理论体系。分为"个人色彩规律分析系统"(178页)、"个人服饰风格规律分析系统"(178页)两个分支，并提供分析和咨询流程。系统借鉴和发展了国际形象咨询业的相关理论体系和操作标准。利用"形容词分析法"(578页)、"量感分析法"(317页)、"轮廓分析法"(332页)定位服饰风格，使相关咨询服务及自我形象定位方便易行。

个体防护装备　personal protective equipment　对着装者的身体，包括头、躯干、四肢、面额部等提供针对外在危害因素防护的服装、头盔、鞋靴、手套、眼镜、呼吸器和耳塞等装备。

个性服装设计　individual costume design　专门为穿着者设计或为公关宣传、橱窗陈列、舞台表演、特殊工艺创作而进行的服装设计。往往具有造型夸张、手法独特、工艺复杂、色彩醒目、配饰奇特等特点，以达到宣传效果。以单件为主，一般不能形成批量生产。

个性妆　individual make-up　以追求独特和较为强烈展示效果为目的的化妆。造型偏夸张，用色较大胆，有时会不遵循生理自然结构描绘，以显示与众不同的效果。多用于形象展示、模特摄影及其他个性形象设计中，不属于日常生活化妆。

铬鞣革　chrome leather　以三价铬盐为主要鞣剂加工而成的皮革。铬盐鞣剂通常用重铬酸钾或重铬酸钠为原料，在酸性条件下，以葡萄糖或白糖为还原剂制备，或者直接使用商品铬粉。用铬盐鞣制的皮革柔软坚韧，有弹性，耐热性好，生产周期短。主要用于软性皮革的加工。用于制作鞋面革、服装革、包袋革等。

跟面　top lift　鞋跟与地面接触的部件。通常是由插销紧固于鞋跟底部的预置孔眼中。跟面必须是很耐磨的材料，最好有一定弹性，以减轻运动对大脑的震动。早期常用特种耐磨橡胶，现多用热塑性聚氨酯(TPU)，这种材质可注塑成型，生产效率极高，耐磨性也极好。匕首跟常用钢、铜等金属作跟面。

工笔勾描　detail drawing make-up　绘画化妆的一种。以工整严谨的运笔方法对脸部进行细致精确的描绘。画眉要分出浓淡层次和眉毛生长的方向；其他部位的线条，应根据脸部结构，运用涂、描、勾、点等基本绘画笔法，展示面部的肌理状态，使人物的外貌富有表现力。

工兵帽　warworkers cap　战争中的工兵戴的鸭舌帽。有的后面有遮阳垂布。

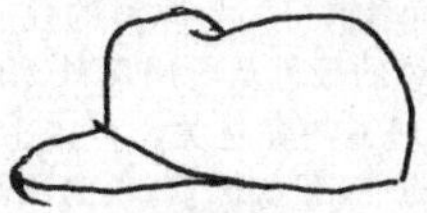

工兵帽

工矿胶靴　miners protective rubber boots　矿工作业时穿用的胶面胶底劳动保护用靴。筒高接近膝部，外形及结构似高筒靴。针织棉毛布或帆布衬里，粗深花纹耐磨防滑的压延外底，模压后跟。有的专用劳动保护靴加有钢包头可防砸，鞋底中加薄钢板可防穿刺，采用特种橡胶可防油防酸碱，加入导电材料可防静电；排除导电组分可作高压绝缘鞋等。

工序　process　作业工人在工作地对构成作业系列分工的劳动对象进行连续加工的生产活动。服装产品的生产工序分为：最小工序，通常指服装工序分析表上最基本且不能再细分的工序，如缝合领片、缝袖边等；合成工序，作业工人接受加工的范围，一般由一至若干道最小工序组成，如缝领工序、缝袖工序等；不可分工序，必须由一名作业工人完成的作业内容，如上衣的摆缝和使用标识的缝合等。工序单元小，容易实行生产线和工作地的组织、平衡及改进。加工服装主要衣片结构的工序为主流工序。如前身衣片、后身衣片、男西装上装、下装的组合加工等。加工服装零部件衣片的工序为支流工序。如衣领、袖头、袋盖等。生产线上负荷量最大的工序为瓶颈工序。瓶颈工序是影响服装流水生产线效率的主要因素，可采取工序同期化降低瓶颈工序时间，提高流水线编制效率。

工序编制效率　process arrangement efficiency　生产线上各工序作业量分配的平衡度系数。计算公式为：

$$E = SPT / P_{max}$$

式中：E 为编制效率(%)；SPT 为平均节拍；P_{max}为瓶颈节拍。单件服装生产流程编制效率应控制在85%以上才能投入生产；批量生产时若通过在制品量的调整和互助生产方式，可使编制效率达到95%以上。

工序分析　process analysis　根据生产分工活动的实际情况，以工序为单位加以改进的方法。包括工序的划分、组合，工序平衡的策划，生产过程连续性、比例性、平行性、节奏性的统筹等分析工作。

工序分析表　process analysis table　服装加工工艺处理的工序细则表。内容包括：加工部件分解图，加工机械和工具的型号、数量，各工序所需单项操作时间，每小时工作件数，在整个加工工程中的节拍占有率等。

工序平衡　process balance　以工序平均节拍为基准，平衡生产线作业工人工作负荷或机器设备负荷的方法。设计生产线时，通过采用技术组织措施调整工序时间，使各工序或各作业工人的加工时间尽可能等于生产线工序平均节拍的正倍数，工序平衡得当，可提高生产线生产的连续程度和设备的负荷率，减少生产过程中在制品的数量，提高生产效益。服装生产线工序平衡的方法有：合理编排，分拼工序；调配技能水平高的工人到瓶颈工序工作；进行动作研究，减少无效动作；改进工作地组织结构，生产线配置辅助工人；引进先进机器设备或采用辅助工具，提高工作效率；发扬团队协作精神，采用互助生产方式，积极平衡各作业工人之间的工作负荷量。

工序图示记号　processes icon marks　用简明易懂的图形记号替代由文字语言说明工序生产特性的方法。服装企业常用的工序图示记号如下页：

加工	◯	平缝作业；特种缝纫机或特种机械作业；手工熨烫；手工作业；整烫作业
搬运	○	搬运作业（加工记号的 1/2 或 1/3 大小）
检验	□	数量检验
	◇	质量检验
	□◇	数量、质量同时检验
停滞	▽	裁片、辅件、半成品停滞（进）
		半成品、成品停滞（出）

工序组　process group　将若干个不可分工序，按照一定的要求（生产的设备及员工的技术素质）合并成的一组工序。

工序组织　process organization　按生产形态分解和组织在制品生产工序，制定工序的工时定额和技术要求的管理组织方法。包括最小工序的划分、工序组的组合、不良效率工位的工序分析，以及优良效率工位的工序分析研究等。

工业化服装设计　industrial garment design　以工业化大生产为目的的服装设计。设计时应结合生产和销售的实际情况，选用最合理的造型、款式、面料、工艺，以最经济的设计创造最佳的效益。

工业用缝纫机　industrial sewing machine　服装工业化生产中广泛使用的各种缝纫设备的总称。由刺料机构、钩线机构、挑线机构、送料机构、针距调节装置和自动润滑系统等部分组成。配以车缝辅件能高效完成各种缝型缝式的缝纫作业，广泛用于机织物、皮革、非织造布的缝纫加工中。常用的高速工业缝纫机的转速通常为 3000～6000 r/min。转速在 8000 r/min 以上的高速工业缝纫机已无实际生产意义。按结构和用途，分为“锁式线迹平缝机”（502 页）、“包缝机”（20 页）、“绷缝机”（27 页）、“锁眼机”（502 页）和“钉扣机”（103 页）等。

工艺辅助样板　auxiliary pattern　又称工艺样板。在缝制和熨烫过程中起辅助作用的样板。如在轻薄面料上缝制暗裥，在裥的下面衬以工艺样板（窄条），以防熨烫时正面产生褶皱；在缝制裤口时，使用工艺辅助样板（标准裤口尺寸的样板）以保证两裤口大小一致。

工艺工序　process　使劳动对象发生物理变化或化学变化的加工工序。如服装生产中的缝省、绱袋、绱领、绱袖等属于物理变化的工序，服装生产中的敷衬、熔接等属于化学变化的工序。

工艺美　technological aesthetic　通过运用高超和精致的工艺，以增强服装的设计效果而产生的美感。完整的工艺过程包括测体、裁剪、缝纫、熨烫和包装等，具体表现在测体准确、裁剪合体、线迹整齐、熨烫平整、归拔到位、包装精美等。完美的服装作品应该是服装设计和服装工艺的最佳结合。

工艺密度　technical density　横机针织物（坯片）的工艺设计参数。主要分为两种：(1)下机密度，又称毛密度，指织物在编织过程中的密度。根据成品密度和产品在工艺流程中所产生的回缩率求得。与原料的性质、毛纱所受张力、毛纱的颜色及所用染料、织物的组织结构、后整理工艺等有关。直接影响到成品的密度、厚薄、重量等因素。(2)成品密度，又称净密度，指织物成品的密度。根据所选用的毛纱支数、机号、产品的重量要求和织物的手感等因素而确定。

$$\text{回缩率}=\frac{\text{成品密度}-\text{下机密度}}{\text{成品密度}}\times 100\%$$

工艺鞋　embroidered slippers　帮面绣花的软底“布拖鞋”（41 页）。帮面多为黑色绸缎或布，上饰绣各色图案花纹。鞋底为软皮革或人造革，上铺棉絮或 PU 软泡沫塑料等弹性物，内底为皮革、织物或人造革，手工反绱成型，多为妇女室内穿用。20 世纪 70 年代盛行于欧洲。

工艺样板　auxiliary pattern　即“工艺辅助样板”（180 页）。

工装　work wear　即“工作服”（180 页）。

工作缝纫速度　secure sewing speed　缝纫机主要性能参数。缝纫机正常缝纫条件下能承受持续安全操作的最高缝纫速度。

工作服　operation wear　又称劳保服、工装。工作时穿用的服装。主要指依靠人体动作来完成工作时所着用的服装。广义上与职业服、作业服相通，狭义上指在办公室事务、服务、轻体力劳动等工作中着用的服装。公用事业部门、服务部门等趋向将工作服作为制服规范使用。对应轻体力、重体力劳动，手工作业、机械作业，坐姿、立姿等不同工作活动，在造型、结构、装束、功能等方面各具特点。目的是提高工作效率、确保安全（防止危害）、减轻疲劳、感觉舒适。设计时从材质、构造、着装方法等方面保证服装具有良好的动作适应性（肢体活动自由性），质轻体积小；在允许范围内减少对体表的覆盖率和离体部分，确保服装牢固地附着于人体。针对出汗、减少服装压迫、防止阻碍动作及减轻疲劳、危害等因素选择材质、结构造型、着装方法，确保劳动卫生，使作业活动变得舒适。在满足工作条件的基础上，从色彩、形态等方面突出审美性，使工作环境、工作气氛变得舒适。根据职业和工作环境的需要，与安全帽或防护面罩、防护靴和手套等附件搭配使用。

工作研究　working research　以提高工作效率为目的，研究合理的工作程序和有效工作方法的管理技术。寻求最经济和有效的工作方法，工作方法标准化、合理化，制定标准作业时间，培训作业人员掌握新的或经过改进的工作方法。服装企业工作研究内容包括：工作状态分析、工序分析和图示方法、动作研究以及时间研究等。

弓背体　hunch back figure　即“驼背体”（532页）。

弓鞋　bound foot shoes　旧时缠足妇女穿用的鞋。因其脚背部和底部均随脚弓拱起，故名。通常由妇女自己制作，帮面用布或绸缎绣以各式花饰或缀以珠玉麝香等物。

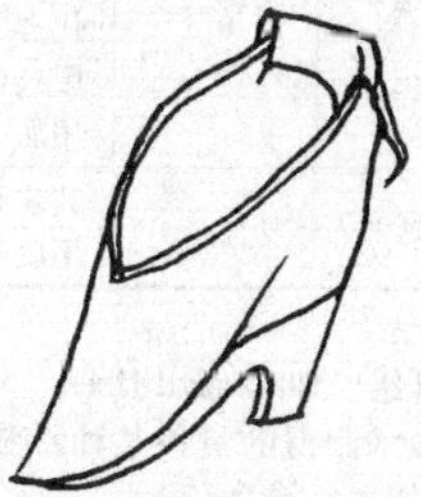

弓鞋

公服　gongfu　又称从省服。中国古代帝王、百官办理公务时所穿的服装。常用作官服。基本形制为上下相连、衣服前后片直裁、长度过膝的长袍。通常以冠服款式、材料、数量、颜色及纹样区别身份等级。唐代时亦是命妇的一种礼服。道士若是顶黄冠、戴玄巾、服青色袍服、系黄绦，外穿鹤氅，足缠白袜，脚纳云霞朱履，取五行俱备，亦可称为着公服。

公路跑步鞋　running shoes for high-way　在公路上进行中长跑、马拉松跑时穿用的鞋。公路的路面较硬，有上下坡，要求公路跑步鞋质轻，曲挠性、吸震性、耐磨性好。

公牛皮革　bull leather　雄性成年牛的原皮经鞣制加工而成的皮革。主要为黄牛和水牛皮革，其中水牛皮革表面更为粗糙。公牛皮革张幅大、厚实、牢度好。但由于毛孔粗大、粒面粗糙，外观和综合质量逊于小牛和未生育过的雌性成年牛皮革。一般可加工成鞋底革、硬质箱包革、皮带革或鞋面革。

公主式女装　princess dress　体现女性身材曲线、具有公主线设计的服装。古典主义设计风格，20世纪50年代开始流行。服装追求自然肩线，上装收腰，纸样从肩缝起直向剖开，经过胸部最高点再至腰部；后片也直向剖开，经过肩胛骨，再至腰、臀部。A字型宽敞长裙，外形线条经过人体凹凸部位，充分体现女性的优雅和高贵。这种分割法在行业内称公主线裁剪。1989年、1990年秋冬巴黎成衣发布会上，兰皮卡（Lempicka）曾推出此种风格服装。

公主线　princess line　服装造型中沿女性形体曲线而设置的结构线条。前公主线由人体正面锁骨最凹陷处（在脖颈的外侧）垂直往下，经乳高点到达腹部丰满处，左右对称两条；后公主线由人体背面肩胛骨最隆起的地方（右脖颈的外侧，且与前公主线连接）垂直往下经过臀部丰满处，左右对称两条。位置不受服装外形的变化而改变。公主线美化、修饰了人体线条，决定了服装的立体造型与线条分布，将结构线、分割线和装饰线融于一体。

功夫鞋　gongfu shoes　练习刀、枪、剑、戟、拳术等功夫时穿用的布鞋。多为布帮布底，也有橡胶或塑料底。浅口矮帮。为了裹脚，鞋脸较长。有的橡皮筋松紧口布鞋也称功夫鞋。女子功夫鞋多为一带式。帮面布多为黑色，鞋底薄而柔软。

功能分割线 functional panel line 分割线种类。适合人体体型、具有功能性作用的分割线。如前后弧形分割线、前后公主线等。一般包括凸胸（背）、收腰和显臀三种功能。在女装、童装中常采用。

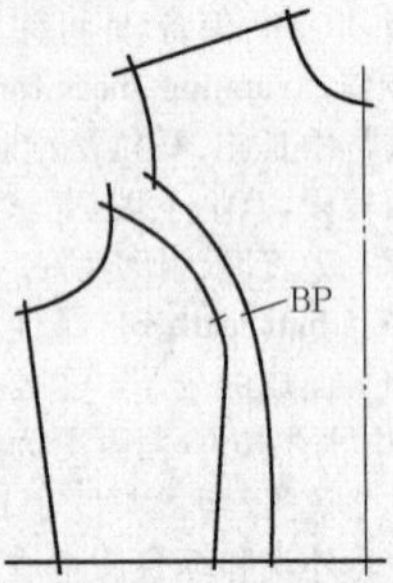

功能分割线

功能服 functional clothing 具有特殊功能的服装总称。为在真空、水压、严寒、高温、细菌、毒气等情形下保护人体，而有特殊的材质、形态构造和着用方式的服装。如宇航服、潜水服、极地服、耐热服、防毒服等。功能服对于不同的条件具有相应的防护遮蔽等功能，使人类在特殊环境得以生存，并拓展生活圈，是科技含量高的服装类别。从生物学意义上说，服装着用的目的，包括生理卫生和生活活动两个方面。生理卫生方面的要求就是服装具有辅助人体适应外界气候变化的功能，防止和消除外界对于人体的危害。防寒服、防暑服、防雨服及各种防护服装皆属此类。这类服装要求具备一定程度耐寒暑及雨雪的功能，同时具有利于身体防护的形态和材质。生活活动方面的要求就是对应于日常生活中的各种工作和活动，服装或装束具有助长运动功能，增进对健康的疗养效果的作用。从工作服、运动服、登山服、泳衣到潜水服、宇宙服等工作用服装，以及睡衣、病员服等日常生活用服装，都具有对应各自目的的特定功能和实用、耐久的形态、结构及服装类别等。服装对外来危害因素的防护性统称为防护功能性。对应所防护的外力（如物理性外力、化学性外力、生物性外力等），特种功能服装及运动服的类别如右侧表所示。

特种功能服装及运动服分类

防护针对性	具体防护对象	特种功能服装举例
物理性外力	机械外力、光	安全头盔、安全帽、防护鞋、体育运动中的撞击防护服及用品（如击剑服、冰球服、赛车服等）、防弹服
	水、严寒	南北极服、抗浸防寒服、冷库服、水上救助服、防水透气服
	火、炎热	消防服、阻燃服、通风服、液冷服、耐高温服
	电	绝缘服、导电服、电工服与防导击服、防静电服
	辐射、放射线	辐射防护服、X射线防护服
	菌、尘	无菌服、无尘服、医务服装
化学性外力	药品	耐药品服、劳保卫生服、农药撒播服
	毒（液、气）	防毒服、防毒面具、生化防护服
生物性外力	虫、蜂	防虫（蚊）服
特殊环境	多种因素	航空、航天用特种功能服装（宇航服、加压服、代偿服、飞行服）、潜水服及用品
用于延伸人体功能		残疾人服装、尿不湿产品

功能性纤维 functional fiber 采用物理和化学改性技术制得的具备某种特殊功能的纤维。如“防辐射纤维”（129 页）、“远红外纤维”（626 页）、“抗菌纤维”（283 页）、“抗静电纤维”

(283 页)、"抗紫外线纤维"(284 页)、"阻燃纤维"、"高吸湿纤维"(175 页)等。功能性纤维的广泛应用,提高了产品附加值,提升了纺织品的功能和档次。将高科技与人类健康紧密结合,兼具防护性和保健性的多功能纤维是未来功能性纤维的发展方向。

供号标志 **number available mark** 包装识别标志。供应商供应各地商品所开列的供货单据的号数(码),以便于货物核对,防止差错。

宫粉 **palace powder** 中国古代宫廷妇女所用的妆粉。亦指出自宫廷的妆粉。

宫廷鞋 **palace shoes** 欧洲对浅口尖头女鞋的通称。不用系紧,也没有环扣和拉链却很抱脚。脚的上部裸露,类似于女浅口时装鞋。宫廷鞋的特点是有一条宫廷线,即环绕脚面的连续鞋口轮廓线。

宫妆 **fashion in palace** 中国古代宫廷妇女的服饰款式及妆饰。

宫装 **gongzhuang** 又称宫衣。传统戏曲女用袍服。缎面,圆领,对襟,宽袖带水袖,袖筒下端镶由红、黄、粉、绿等光缎组合成的宽数寸的阔边。上衣下裳联为一体,窄腰(也有为适应体形特征而改为肥腰的),腰以下缀三层彩色垂穗的绣花飘带,内连衬裙。周身满绣飞凤、祥云、花枝等纹样。着宫装时例配云肩。为皇妃、公主、郡主、仙女等在较闲适场合的常礼服,如《贵妃醉酒》中醉酒后的杨玉环、《状元媒》中的柴郡主等。其庄重程度次于女蟒,华丽鲜艳则过之。

拱针 **prick stitching** 一种手针缝纫法。自右向左运针,使针尖上下拱缝面料。在拉线之前连续拱数针,每针大约长 3 mm,运针迅速,但没有回针线迹牢度大,常用于缝合和抽褶。

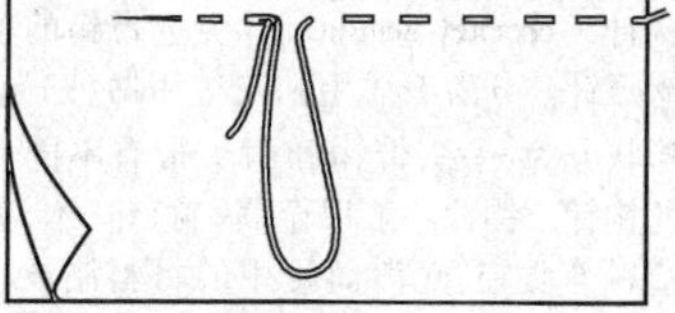

拱针

贡针机 **decorative stitching machine** 即"珠边机"(668 页)。

勾背鞋 **hooked vamp shoes** 一种具有朝鲜族古鞋饰风格的鞋。鞋头稍翘,浅口,方便入室脱鞋。帮面选用粉红或粉绿色绸缎制作,鞋底为牛皮,用麻线与鞋帮缝合。以往朝鲜族姑娘出嫁必着勾背鞋。白色勾背鞋配丝绸短衣长裙是朝鲜族妇女节日向老人祝贺的最佳打扮。

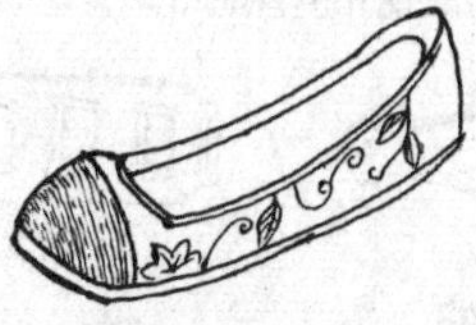

勾背鞋

勾裆缝 **crotch reinforcement** 为增加服装部位的缝迹强度,用粗线沿车缝缝迹作倒钩针缝的技术动作。密度通常为 5~7 针/cm。用于裤子上裆等经常承受摩擦、拉伸的部位。

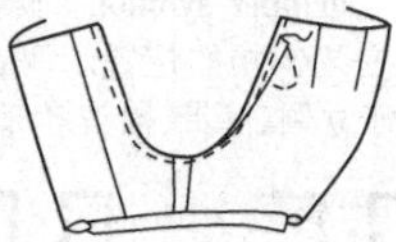

勾裆缝

勾缝 **abutted seam** 即"合缝"(205 页)。

勾尖绣花鞋 **point toe embroidery shoes** 一种少数民族鞋式。彝族新娘出嫁时,必须穿一双漂亮的勾尖绣花鞋到婆家去,寓意新娘一路平安,夫妻幸福。

勾脸 **goulian** 中国传统戏曲涂绘脸谱手法中使用最为广泛的一种。先用笔在脸上勾绘出眼窝、鼻窝、嘴角,继而于空白处填充主色,再添加需要的脸纹、图案。一般脸谱多用勾脸方法绘制。

勾心 **shank** 用以支持皮鞋的后部,特别是高跟鞋,以保证在穿用时鞋底不至下榻的皮鞋后底部部件。勾心、鞋跟和半托底支撑着人体的绝大部分重量,因此勾心本身必须具有很高的刚度和韧性,通常用优质钢材制作。勾心形状必须和楦底后部完全一致。勾心一般用 1 mm左右的钢片经冲截、压型、加热、淬火、发蓝等工序制成,也可用工程塑料注塑于内底纸板的后部形成一个集半托底和钢勾心于一体的新型内底。玻璃钢也可用于勾心,但在定形后要经高温(140 ℃)处理才能达到所需强度。有一定跟高的布鞋和塑料鞋也有勾心,只是它们不单独加工制作,而是在制底时在鞋跟和腰窝之间加两根三角形肋条，以托住鞋腰，保证其在穿用时不下塌变形。

钩棒扣　hook & bar　由钩状头的金属片和棒形或挖有孔眼的金属片组成的扣合件。通常以缝线缝合或以耙钉钉合在裙腰或裤腰开合处两端，能扣上搭配扣合。

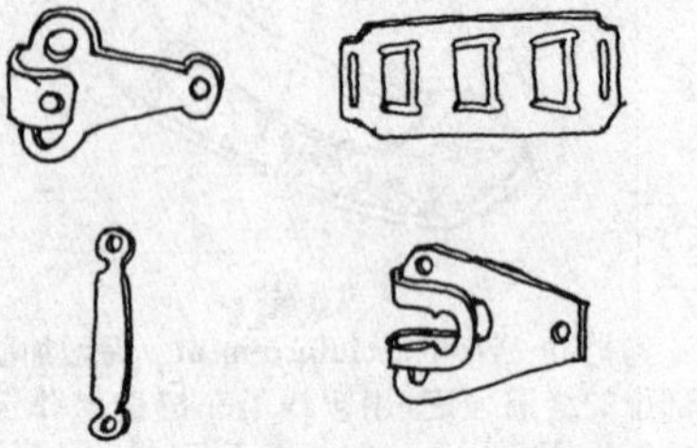

钩棒扣

钩扣符号　gripper symbol　服装结构制图符号。表示安装钩扣的位置。两者成钩合固定。一般用于立领、裤带、袖头等部件的连接。

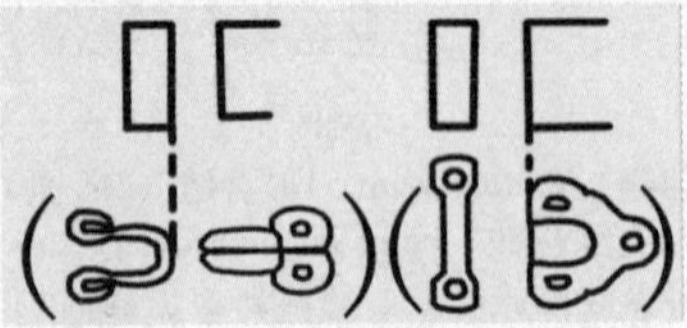

钩扣符号

钩线机构　thread hooking mechanism　又称成缝机构。缝纫机缝纫时，完成缝线线环互相穿套或绞套（即联锁），形成线迹的机构。由钩线传动机构与钩线器组成。常见钩线机构有：旋梭钩线机构、摆梭钩线机构、弯针钩线机构、钩针钩线机构和线叉钩线机构等。弯针、钩针和线叉等钩线机构形成链式线迹，梭子钩线机构形成锁式线迹。

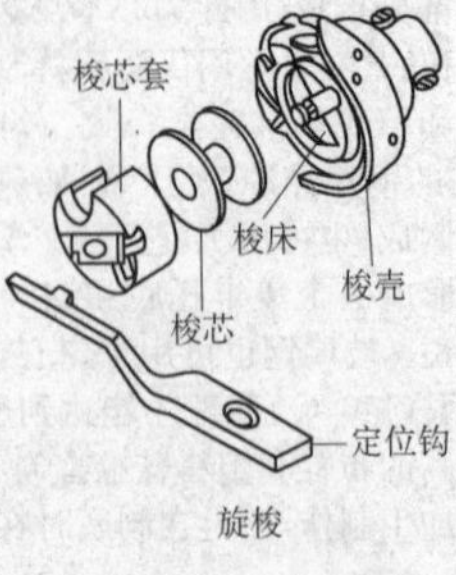

旋梭

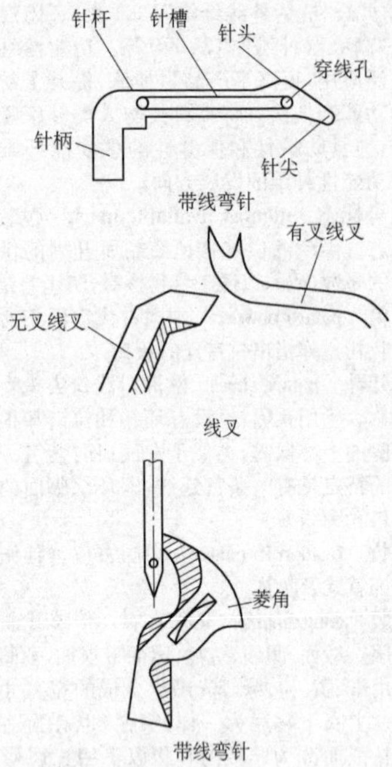

钩线机构

钩眼扣　hook & eye　又称毛皮钩眼扣。由钩扣和孔眼形金属圈组成的扣合件。

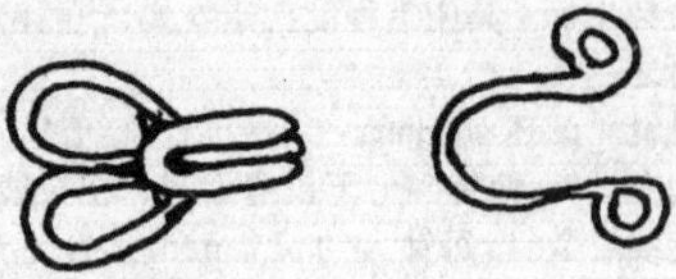

钩眼扣

钩针　crochet needle　针尖上带钩的手工编织短针。分为毛线用和花边用两种。按钩针形状分为：一头带钩和两头带有不同大小钩的钩针。钩针一般以金属、竹、角、木、兽骨和塑料等质轻、光滑而耐用的材料制成。长度约15 cm，由弯钩、针轴、捏手和针杆四部分组成。钩针的针头光洁、细滑，不宜太尖，弯钩深浅适当，弯钩与针轴之间的夹角一般为60°。钩针的粗细用号数表示，毛线使用的金属钩针为2号（直径2 mm）～10号（直径6 mm），塑料钩针为4～10 mm，号数越大，针越粗。

花边(网眼)用的钩针为0～12号,号数越大针越细。视编织用线的粗细和编织物的种类选用钩针针号。

钩针

钩针编织纽扣　crocheted button　钩针编织小球形纽襻。这种传统式的盘花纽扣多为圆形、菱形、方形等,有时可在纽扣中间嵌入芯子,作出所需的特定外形。

钩针编织物　crochet　使用有钩的短针用线钩织成的手工编织物。织物呈现孔眼、凹凸、条纹。常用图案有:花卉图案、几何图案、动物图案。常用于制作服装、花边、提袋和饰件等。

钩针长长针　crochet long-long stitch　钩针编织中的基本针法。从起立针开始加高4锁针,在针上将线绕圈两次,并将针穿过前一层的针圈钩出新的一针,依次每隔两针并钩编为一针,重复3次。高度与起立针相同。

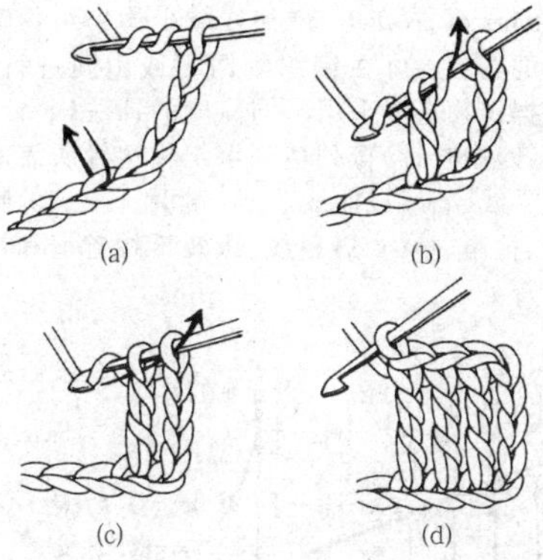

钩针长长针

钩针长针　crochet long stitch　钩针编织中的基本针法。以绕圈并钩组合。将线在钩针上绕一圈,并将针穿过前一层的针圈钩出新的一针,再绕一圈与靠近针钩一侧的两针一起钩出,两针并为一针,再将剩下的两针并为一针。长针类针法有:"钩针中长针"(186页)、"钩针长长针"(185页)、"钩针三卷长针"(186页)等。同时也适合与其他针法组合钩编。可用于各类编织物。

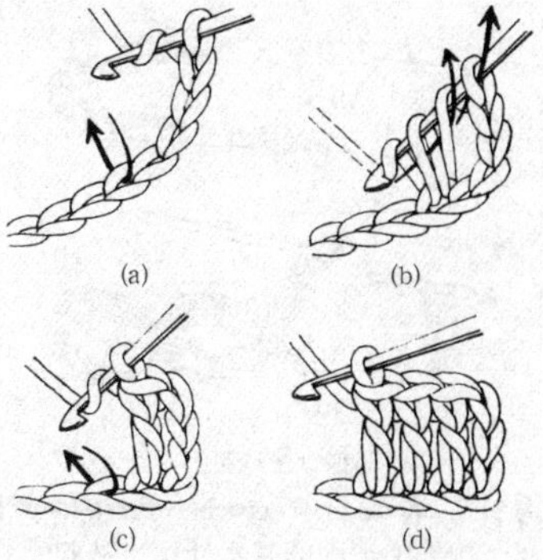

钩针长针

钩针短针　crochet short stitch　钩针编织中的基本针法。从辫子(立针)开始向上加高一针锁针的编织开始,钩针穿过锁针辫子,拉出一针,再将挂有编织线的钩针从这两针中一起钩出,并为一针,形成新的辫子。特点是针圈短、针孔密、结构紧,手感厚实。由短针变化的针法有:短针环、畦针(垄针)、筋梗针、扭绞短针、反扭短针等。适合钩编整件织物或领、门襟、袖口、下摆等织物的边缘。

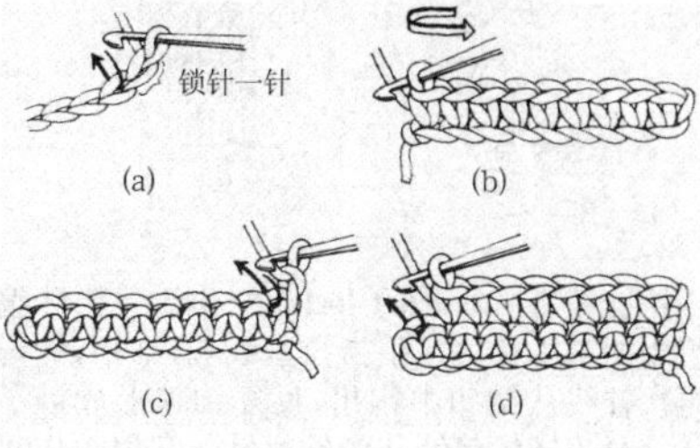

钩针短针

钩针基本针法　crochet basic stitch　钩编形成织物的最基本针法。"钩针锁针"(186页)、"钩针短针"(185页)、"钩针长针"(185页)为钩针编织的基础针法。锁针针法延伸性较小,短针针法织物较紧密,长针针法织物较厚实。基本针法的互相组合变化使织物结构花型丰富,产生凹凸、孔眼、条纹等花式效应。

钩针金钱花针　crochet money flower stitch　又称钩针七宝针。由一针紧针圈和一针长针圈组合织成的钩编花样编织(图见下页)。结构松稀,单薄,针圈大,有孔。适合钩织镂空花型织物。

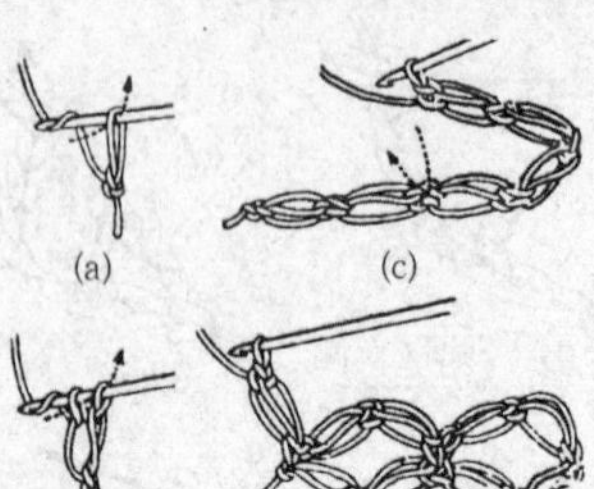

钩针金钱花针

钩针三卷长针 **crochet three-loop long stitch** 钩针编织中的基本针法。从起立针开始加高 4 锁针，在钩针上绕线 3 圈，并将针穿过前一层的针圈钩出新的一针，依次每两个针圈钩编一次，绕一次线，重复 4 次。高度与起立针相同。

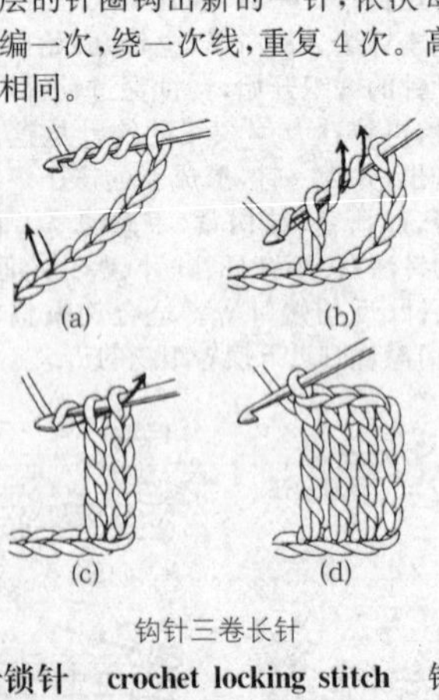

钩针三卷长针

钩针锁针 **crochet locking stitch** 钩针编织中的基本针法。手指拉紧线端，结扣，针钩再次挂线从结扣中钩出，反复钩编形成辫子状。分为锁针起针和锁针挑针。常用于作起针、起立针、挑针钩织织物的边缘等。

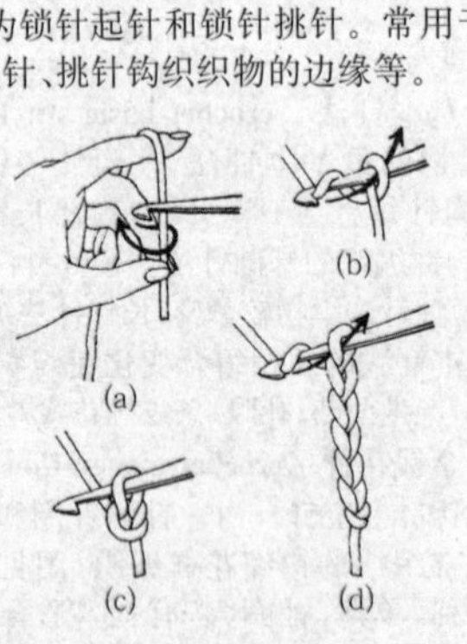

钩针锁针

钩针织物边缘钩编 **crochet edge of fancywork** 又称钩针织物滚边或钩针织物加边。在织物的边缘用不同针法、不同颜色、不同质地的纱线进行钩编。分为：(1)短针钩编，结实、紧密、硬挺；(2)短针与锁针交互钩编，较松软，用于蓬松稀疏的花样织片；(3)花样钩编，有装饰性，华丽，用于花样织片上。同时适宜加针、减针，保持边缘的平整服帖。分为圆领口钩编，V 字领口钩编，前襟、下摆转角处钩编，袖口、袋口等边口花样以及纽孔与纽环钩编。

钩针织物缝合法 **crochet linking method** 两钩编织片间线圈与线圈、辫子与辫子或线圈与辫子的连接方法。常见的缝合法有：绕线缝合法、短针缝合法、叠针缝合法和锁针缝合法。工具为钩针或缝针。

钩针织物滚边 **piped edge of fancywork** 即“钩针织物边缘钩编”(186 页)。

钩针织物加边 **crochet edge of fancywork** 即“钩针织物边缘钩编”(186 页)。

钩针织物加针与减针 **adding and reducing stitches of crochet** 增加或减少钩编织物宽度的方法。可在编织物两端或中间进行。根据织物造型采用不同高度的针法(叠针、短针、中长针)排列达到编织物边缘所需的水平线、斜线或曲线造型。常用于服装的腰胁、袖窿、袖山、肩斜线、服装折线省道和袖片等处。

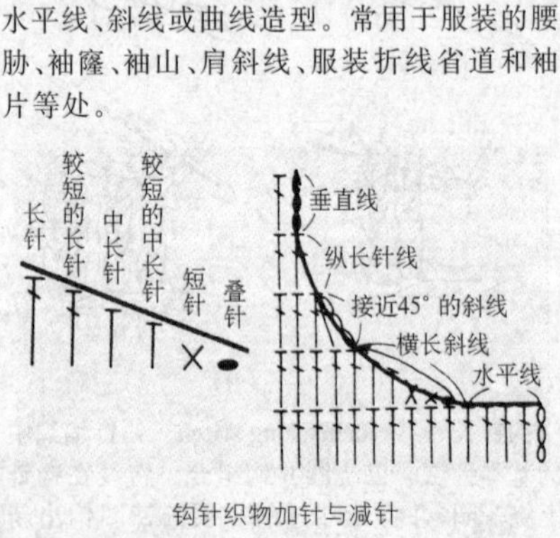

钩针织物加针与减针

钩针中长针 **crochet medium length stitch** 钩针编织中的基本针法。从起立针开始加高两锁针，在针上将线绕圈一次，并将针穿过前一层的针圈钩出新的一针，再在针钩上绕圈一次，线从 3 个针圈中一起钩出，高度与起立针相同。

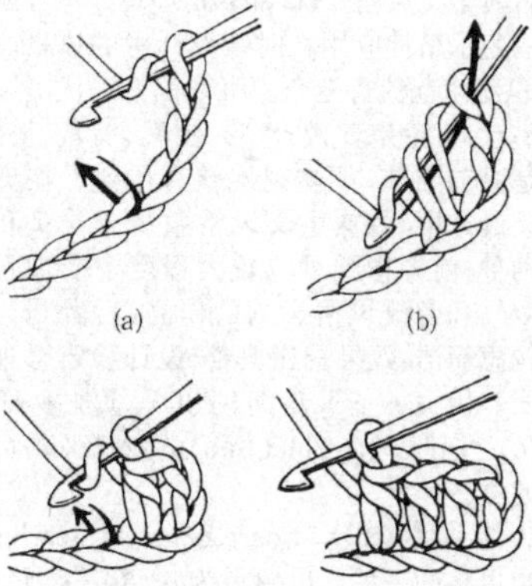

钩针中长针

狗皮　dog fur　即"犬毛皮"(421 页)。

构图　composition　绘画时根据题材和主题思想的要求,把要表现的形象适当组织起来,构成协调的完整画面。包括"平行构图"(395 页)、"穿插构图"(67 页)、"整体与局部构图"(646 页)、"衬托构图"(59 页)、"分割构图"(137 页)。

构图形式　composition pattern　艺术家在有限的空间或平面,对表现对象进行组织、加工取舍,构成整个空间或平面的特定结构,形成理想的画面效果,从而增强画面的艺术性。服装设计效果图是其最直接的反映。要求服装设计师注重构图艺术性,运用形式美,采用理想的构图充实画面,使画面产生强烈的视觉冲击力。形式有:"平行构图"(395 页),"穿插构图"(67 页),"整体与局部构图"(646 页),"衬托构图"(59 页),"分割构图"(137 页)。

姑姑冠　guguguan　又称鹧鸪冠。中国古代的一种女性礼冠。多见于宋元时代蒙古族贵族妇女首服。一般以铁丝、桦木或柳枝为骨,外裱皮纸绒绢,冠后插染五色朵朵翎毛,另饰金箔珠花。靠近元代都城地区也有汉人使用,而南方妇女一般不戴。

姑姑冠

古埃及假发　Egyptian wigs　古埃及男子和年轻公主剃光头后所戴的假发。用人发、羊毛、亚麻或棕榈纤维制成,以人发做成的假发最贵,色彩有黑、蓝、棕和金色,发型有平直短发,卷曲长发和编结辫发等。

古巴比伦服饰　Babylonia costume　继苏美尔文明后,西亚美索不达米亚平原古巴比伦文明时期(公元前 2500 ～公元前 1000)的服饰。与苏美尔服饰相近。在相当一段时期内,女祭师、女神、贵族少女仍穿康纳克斯服。后来服装经裁剪,头部与手臂部开洞,衣覆盖全身,有裙、披肩、袍等服装。男子服装仍以包缠披挂形为主,穗状流苏是男服主要装饰。

古巴跟　Cuban heel　一种直形、小锥度或柱式压跟。由于跟的着地面积较大,因而比较稳定。这种跟型较早流行于古巴,故名。由于跟型粗直,宜配方头或圆头型高台底鞋。这种跟早期用木料制作,现常用 ABS 工程塑料注塑成型。

古巴跟

古典风格服饰图案　classicism style pattern　运用古典艺术特征进行设计的服饰图案样式。由动植物、人物、佩兹利、几何格纹等构成。图案源于古典主义,以古希腊、古罗马为典范的艺术样式,自 18 世纪末影响至今。强调表现真理般的经典格式,造型完美、色调沉稳,追求语言规范与技巧性。具有理性而严谨、内敛而适度、典雅而精致、富丽而精良、平衡而内在等艺术特征。古典风格图案代表了一种文明与文化,有着深厚的文化意蕴。以织造、印花、刺绣、蕾丝等工艺表现的古典风格图案是服饰图案的重要组成部分。

古典型男性　classical male　见“古典型人群”(188页)。

古典型女性　classical female　见“古典型人群”(188页)。

古典型人群　classical group　又称传统型人群、保守型人群。人体体貌及服饰风格的一种。量感中等偏重，轮廓线适中，偏直线，整体印象为正统、庄重、高贵、精致、成熟。人体型特征：五官端庄，比例适中，眼神平静偏冷，体型匀称适中。服饰特征：服饰用料考究，多为精纺毛料、皮革、丝绸、羊绒和针织物；做工精良，服装裁剪合体，以直线裁剪为主；色彩以个体色彩群中冷静理性的中间色调为主，多为夏季色彩群(如深蓝、蓝灰、米色、驼色等)，配以低纯度、高明度的颜色，对比温和。图案多为方格、条纹、水点等均匀规则排列的小图形。饰品高级精致、大小适中；发型整齐传统。古典型人群可分为古典型女性和古典型男性两种。(1)古典型男性：三件套西服或传统样式的西服，标准领或方领衬衫；休闲装为合体的翻领外套、有领的T恤衫或衬衫等传统式样；皮鞋款式经典、皮质精良，包大小适中、方正居多；发型四六分或三七分，规矩齐整。(2)古典型女性：款式精致合体的职业装，内配丝绸衬衫；休闲装穿着较少，可尝试直长裤和开司米小圆领衫，少穿牛仔裤；浅口中跟船型鞋，无带无扣；包精致而不柔软，中等大小，直线型居多；饰品忌假宝石、水钻；发型多为盘发、简洁的短发或中长发或整齐严谨的烫发，化妆柔和，注重细节完美。

古典型女性着装

古典主义风格　classicism style　将古典主义的艺术精神应用在时装设计中的风格。自18世纪末起流行至今。服饰设计以优美气质为重点，无论是款式、色彩、图案、剪裁、搭配，还是服饰细节，都体现规整和严谨。在现代时装设计中，古典主义风格服装有狭义和广义两种，前者指继承或较大程度上受古希腊古罗马和帝政风格影响的作品，后者则为任何构思简洁、效果端庄典雅、设计稳定合理的样式。伊夫·圣·洛朗(YSL)、恩加罗(Ungaro)、华伦天奴(Valentino)的设计风格可归于此类。

古雷兹式着装　Courreges style wearing　着装风格的一种。以白色为基调，简洁轻松。用于女性。连衣裙设计常能见到方形、梯形或三角形等几何图形。长度至膝。全部采用白色。如设计有局部装饰，同样为白色调，娃娃式平底靴等。1964年由法国设计师安德烈·古雷兹发表，长期受到女性的喜爱。

古雷兹式着装

古罗马服饰　Roman costume　古罗马帝国时期(公元前1世纪～公元5世纪)服饰。沿袭古希腊风格，外衣为包缠披挂式，内衣为经裁剪缝制的T形袍。男子剪短发，穿丘尼克、托嘎，外出时使用披肩式披风，与古希腊的基同、希玛申、克莱米斯等服饰相类似。女子卷发或编辫子盘曲，或戴假发，时髦女子喜将头发漂染成亚麻色。服饰有斯托拉、帕拉，与古希腊女子的基同、希玛申类似。

古希腊服饰　Greek costume　希腊古风时

期至希腊化时期的服饰，有佩普洛斯、基同、希玛申、克莱米斯等。服装无固定形制，按需要织成大小不等的衣料，无裁剪、无缝合，以不同方式披挂在人体上，直接形成各类服装，形制简洁。

古装头 **guzhuangtou** 中国传统戏曲旦角发式的一种。京剧表演艺术家梅兰芳于1915年起排演《嫦娥奔月》、《霸王别姬》各剧时，以古代雕塑和仕女画中的发型为蓝本逐步创作的一种新发式类型，在当时被称为古装头，并沿用至今，还影响到其他戏曲剧种。发髻大体成吕字形或品字形，不梳在脑后而梳在头顶正中、两边或偏向一侧，脑后用披散的长发代替线尾子。

古装衣 **guzhuangyi** 辛亥革命后以梅兰芳为代表的京剧演员创制的表现古代女性的新式戏曲服装。以古代绘画和塑像中仕女的装束为蓝本。与传统戏衣的主要不同在于：(1)改衣长裙短为衣短裙长；(2)将裙子由系在上衣内改为束在上衣外，从而显示出胸、腰部的曲线；(3)改肥且直的大袖为由肥大的袖口向上逐步缩小，呈喇叭状，加长水袖或不用水袖；(4)绣纹趋于淡雅，多用纱、绸等轻盈的面料，更便于舞蹈表演。如《霸王别姬》中的虞姬、《天女散花》中的天女、《黛玉葬花》中的林黛玉等。

股线 **ply yarn** 由两根或两根以上单纱捻合而成的纱线。捻向一般为S捻。纱线的细度均匀，光泽好。多用于毛织物和高档棉型织物或麻型织物。

骨感 **bony manner** 由于面部骨骼结构突出而呈现出来的棱角轮廓。在化妆中多用于表现精神气质。

牯脏服 **Guzang costume** 又称鼓藏头服。苗族男子在主持牯脏节礼仪时穿的服装。苗族每隔十三年举行一次隆重的祭祖大典，称牯脏节或鼓社仪，以贵州榕江月亮山地区苗族的古仪式为典型。其款式为无领、对襟、无扣长袖上衣，袖宽大平直，与衣身成直角，下摆缀有一条条刺绣飘带，带端缀有羽毛装饰，袖与衣身的前襟、后背呈片状并不缝合，以带连接，除袖有蓝土布或蜡染布贴饰外，通体有织或绣纹。衣背正中有一斜置正方形方框纹样，方形框内外有田坎花、龙、枫叶、蝴蝶、飞鸟、花卉等，衣色鲜艳，纹样纯朴。

牯脏服

鼓形套纽 **tubular toggle** 即"筒式索结绳扣"(521页)。

鼓藏头服 **Guzangtou costume** 即"牯脏服"(189页)。

固定成本 **fixed costs** 总额在一定期间或业务量范围内不随产量的增减而发生变化的成本。单位产品固定成本与产量的增减成反比，即产量增加时，单位产品的固定成本减少；产量减少时，单位产品的固定成本增加。降低单位产品的固定成本，需从降低固定成本总额和提高产量着手。服装产品的固定成本包括间接工资、厂房和设备折旧费、管理费等。

固项 **guxiang** 又称顿项、护项。中国古代盔甲的组成部分之一，用于保护颈部。形制多种：有的用一片片的甲片编缀而成；有的是一整片皮革，上缀铜泡或铁泡做装饰；有的用像鳞片一样的小甲片一层层地缀在革或帛上。各个朝代的盔甲形制不同，色彩不同，固项的形制、色彩也有很大的区别。盛唐以后，盔的固项变化很大，有的整个向上翻起，有的则向两边斜卷。宋代的固项与护颊连成一片，披垂下来覆盖整个肩部，起到护颈、护肩双重作用。元代固项用绢布做面及里，并在里面间衬以铁丝网，表面再钉上甲泡。至清末废除。

固有色 **proper color** 在户外太阳的自然光下，所见的对象的色彩。由于物体的颜色只是相对存在，色彩并非物体的固有属性，因此所谓固有色这一概念，来源于物体固有的某种反光能力，以及外界条件——环境光的相对稳定，例如树叶呈现出恒定的绿色，是因为每天受到含有绿光的阳光照耀且只能反射绿光。

瓜瓞绵绵纹 **melon-butterfly pattern** 中国传统装饰图案。以瓜与藤蔓、蝴蝶构成。瓜以多籽象征多子，蝶谐音“瓞”，瓜蔓象征绵绵不断，图案寓意子孙昌盛、事业兴盛。图案在唐和南宋时已有记载，明清后流传广泛。图案瓜形厚实、藤蔓卷曲、彩蝶灵动，呈现疏密有致、动静有别的和谐图案样式。应用于蓝印花布女装、刺绣荷包、鞋垫等男女服饰中。

瓜皮帽 **skullcap** 一种在极地等严寒环境使用的防寒帽。源自俄罗斯人常用的一种毛皮帽。造型上具有可根据寒冷程度卷起或放下的护耳部分。材料多用牛皮或羊毛，以及锦纶、涤纶、腈纶等。

瓜袖 **melon sleeve** 由若干部分缝合在一起的蓬松短袖。袖中部宽松。可用硬质织物或透明织物取得夸张的效果。主要用于女装。

刮割法 **scratch method** 利用某种硬物、尖状物或刀状物，刮割画面，使其产生一种特殊效果的方法。如对裘皮的处理时，可采用尖状物沿裘皮纹理适当刮划，表现裘皮的蓬松和真实感。

刮浆 **smear paste** 在需要用浆位置上浆的动作，以增加该部位挺度，便于缝合。常用于中式服装及少量不使用黏合衬的服装制作。

寡妇罩帽 **widow's bonnet，widow's peak** 16世纪中期西方寡妇戴的一种在前额中心部位用铁丝弯成V形尖角的小罩帽。苏格兰的玛丽皇后曾戴用过此帽。

寡妇罩帽

挂肩 **armhole depth** 又称抬肩。连袖式上衣肩平线至腋下的距离。常用于中式服装的部位称谓。

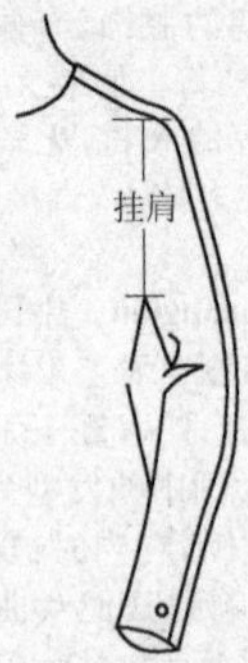

挂肩

挂件 **pendant** 用于垂挂的饰品。可与项链搭配，作为项链坠饰于胸前，也可作为装饰随处悬挂。

挂面 **facing** 用面料裁制的、装在门里襟上的部件。既能使服装里外层面料一致，也能加强门里襟的挺度和厚实感。有与门襟相连成一片和与门襟缝制而成两种形式。其宽度规定为：单排纽服装挂面宽度应大于3倍的搭门量，双排纽服装挂面宽应超过第二排扣宽度1 cm以上。

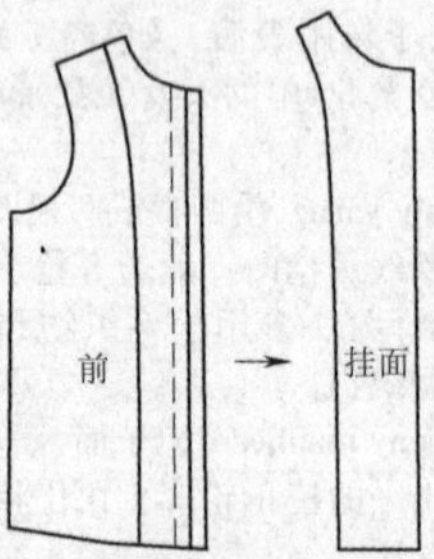

挂面

关公髯 **guangongran** 中国传统戏曲中关羽专用的髯口。扮演关羽原多戴马尾制的黑色“满髯”(339页)或“五绺”(549页)。擅演关羽戏的徽调、京剧演员王鸿寿(1850～1925)将其改为以人发为材料制作加长的黑“三髯”(439页)，色泽和顺，做捋髯等动作时假髯不致滋张，更利于塑造关羽美髯公的形象。有黑、黪二色，黪色者用于关羽晚年的《走麦城》等戏。

关门领 **closed collar** 纽扣扣至颈脖或略下部位的领型。由领面、领里和领衬三层组成。按其形状可分为方领、圆领、尖领、竖领、香蕉领、环领等。按其用途可分为中式领、中山装领、衬衫硬领、领带领、花结领等。按其工艺装饰特征可分为缉线、嵌线、镶拼、配色、襻带、花边、脱卸等。按其领衬和加工效果又可分为软领和硬领等。人的颈脖是一个上细下粗、前倾的圆柱体,与肩宽,肩斜度直接相关。人体颈脖围越大,领面越宽。肩越平或面料越硬越厚,关门领的领脚和领窝的弯度就要越大。

关羽靠 **guanyukao** 传统戏曲戎装“靠”(285页)的一种。供京剧中关羽专用。式样、结构基本同其他男靠,但在甲片周围加缀黄色排穗。一般用绿色靠。在《水淹七军》、《走麦城》等关羽临终前的戏中或用淡黄色靠。

观剧罩帽 **opera hat, Gibus** 19世纪早期西方女性参加音乐会或观看歌剧时戴的有褶的罩帽或篷形头巾。可以折叠。

观音兜 **guanyindou** 即“风帽”(141页)。

观音帔 **guanyinpei** 中国传统戏曲袍服中观音菩萨的专用“帔”(384页)。长领,领底端装如意头,对襟,阔袖带水袖,左右胯下开衩,长过膝。白色缎面,绣象征观音所居的南海仙山竹林的绿竹或黑竹。

观音妆 **Kwan-yin style** 中国古代仿效佛教中观音菩萨形象所作的妆饰。

纶巾 **guanjin** 又称诸葛巾。中国古代一种头巾。相传三国时期诸葛亮常戴此巾。纶巾有用粗丝织成,也有以葛布制成。以粗丝织成的纶巾颜色以白色为贵,取其高雅洁净。东汉末年及三国、两晋时期较为流行。当时亦有其他颜色面料制作的纶巾,多为宫廷妇女戴用。隋唐时期由于幞盛行,用者甚少。入宋后恢复其制,多用于道士、儒生。

官补图案 **official ceremonial garment pattern** 即“补子图案”(38页)。

官粉 **guan powder** 中国古代妇女化妆用的一种铅粉。南宋都城临安(杭州)所产的铅粉,以质地细腻、色泽洁白而闻名。名称出现于宋末,后一直沿用。

官衣 **guanyi** 中国传统戏曲袍服中供中级以下文职官员着用的官服。在明代盘领、右衽、宽袖大袍的官服基础上加工改造而成。圆领,大襟右衽,阔袖带水袖,袖裉下有摆,左右胯下开衩,长及足。素色缎料制作,不饰纹绣。胸前及背后各缀一方形补子,上绣飞禽、旭日、海水江涯等。补子纹样不区分官品,仅起象征和装饰作用。官衣的色彩大体显示官阶的高低:官阶较高者着紫、红色官衣,蓝、黑、秋香等色次之。服用时均头戴纱帽,腰围玉带,足着厚底靴。此外还有“丑用红官衣”(65页)、“改良官衣”(170页)、“青素”(415页)、“女官衣”(375页)、“学士官衣”(590页)等多种官衣。

官中行头 **guanzhongxingtou** 中国传统戏曲服装分类用语。见“私房行头”(491页)。

冠 **crown** 帽的主要类型之一。象征权力、地位和荣誉的头部装饰物有环状、轮状、宝塔状。一般由贵重金属制成,多加以宝石装饰。也有用树枝、花朵编制而成的。人类戴冠的历史悠久,古巴比伦、埃及的君主都戴用王冠;古罗马凯旋将军戴象征荣誉的金冠;古希腊结婚仪式上新人戴花冠等。至今,一些君主制的国家还实行加冕礼,用华丽的金制嵌宝石的王冠代表皇家的荣誉。在有些国家的会议仪式中仍有戴冠的礼节。冠在中国是古代帝王、官吏所戴礼帽的通称。它的基本形式是用狭窄的冠梁遮住头发的拢起部位,两旁用带子在颔下打结固定。冠具有束发的作用,同时更具有等级地位的标识作用,在形式、色彩、用料以及装饰物、缀物的数量等几个方面都有明确的规定。中国古代贵族男子二十岁开始戴冠,并举行戴冠礼表示成年的开始。

冠弁 **guanbian** 即“委貌冠”(545页)。

冠状面 **coronal plane** 即“额状面”(118页)。

管道式通风背心 **piping ventilation vest** 航空服装装备中利用管道作为冷却介质进行通风制冷的背心。结构上是由锦纶软管、聚氯乙烯管或橡胶缝在针织内衣上构成。总管从上腹部或腰部进入,分成上、下行支管。气流从支管上的小孔吹向皮肤,从袖口、裤口等处流出。

管道式通风服 **piping ventilation wear** 通过置于服装中的管道网内的空气流动实现通风散热的冷却服。管道式通风服在躯干前面的通风分配器通过4根通风管向全身通风。按通风流向方式分为送风式和回风式两种。前者通风空气送至肢端后回流至躯干前排出;后者通风先至头部,然后沿体表自上而下至肢端后,再汇向躯干前经总排风管流出。

管镶法 **tube inlaid** 用圆管作托架固定宝石珠宝的首饰加工工艺。多用于钻石的镶嵌,将圆管作出底座(管的直径大于钻石直径一倍左右),在周围剔出齿,制成的产品敦厚稳重,富有质量感。

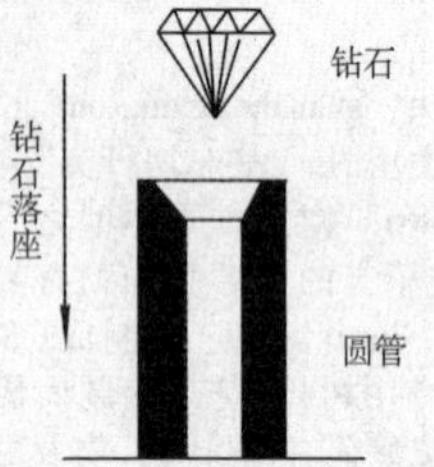

管镶法

管形套组 **tubular toggle** 即“筒式索结绳扣”(521 页)。

管皱 **piping** 皮鞋帮面的粒面层与网状层之间的纤维松弛导致帮面出现粗大皱纹的现象。检验方法同松面。

管状造型 **tubular silhouette** 流行于 20 世纪初的一种服装造型。通过服装将女性形体特征掩饰起来,呈现直筒形长而直的外观造型。

管状造型

贯头衣 **guantouyi** 中国原始社会的一种袍衫类服装款式。其形制为齐膝无袖、套头,腰间束带。用一块布对叠,在对叠处正中开一裁口,穿时头部从这个裁口钻出,腰间用带系结,穿着后长与膝齐。所用材料为麻、丝、毛等。穿着者不分男女和尊卑。中国甘肃辛店出土放牧纹彩陶盆上的人物着装中可见贯头衣的样式。

甘肃辛店出土放牧纹彩陶盆

光边贴缝缝 **finished edge lapped seam** 见“贴缝”(518 页)。

光环形檐边女帽 **bambin, bambino hat** 即“婴儿式女帽”(615 页)。

光轮帽 **aureole** 法国布隆尼(Boulogne)地区妇女戴的白色无檐帽。在颌下系带固定,上过浆的蕾丝褶裥围绕脸部形成装饰。

光面革鞋 **polished leather shoes** 即“粒面革鞋”(312 页)。

光效应图案 **optical art pattern** 又称视错图案。以精确的骨骼交错变动而形成的抽象图案。源自 20 世纪 50 年代的欧普艺术,以放射的波纹形和扩散的色块,结合黑与白等简洁套色,刺激观者的视觉,产生错觉和颤动、迷闪乃至晕眩的幻象。图案以奇幻的空间效果获得抒情的意味。光效应图案与服装结合,可以使形体的部位产生缩小或者放大的视觉效果,使服装具有另类的前卫风格。

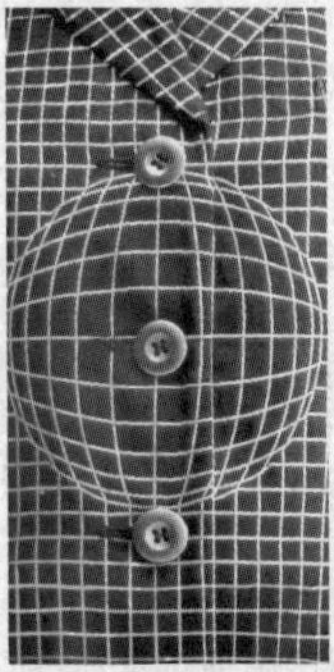
光效应图案

光源色　light source color　不同光源的表面色，如太阳、月亮、火、灯泡、日光灯、蜡烛。有光才能感觉到色彩的存在，故有色光之说。色光有两种，一种是光源色，另一种是物体色，即各种物体的表面色。

广告衫图案　advertising shirt pattern　即"T恤衫图案"(588页)。

广眉　big eyebrows　中国古代妇女画眉样式。眉形之阔为原眉数倍。初见于西汉时期，先为长安城内的妇女所为，后传遍各地。盛行于唐代。

广眉

广冕　guangmian　即"爵弁"(276页)。

归拔　blocking　"熨烫"(630页)工艺动作。将服装衣片通过归拔和拉伸的熨烫形式进行立体塑型。归指归拢、归缩，拔指拉伸、伸展。服装制作特别是毛呢服装制作中经常使用的一种热定形工艺。主要根据毛呢织物在一定的温度、湿度、压力等条件下能被拉伸和归拔的可塑性，通过人工或机械方式对不同款式的服装造型及不同体型的服装衣片进行工艺处理。一般在服装廓体的凹面采取以拔为主的热塑定形，在服装廓体的凸面采取以归为主的热塑定形，常交替使用。处理后的服装穿着舒适、合体，外形饱满美观。

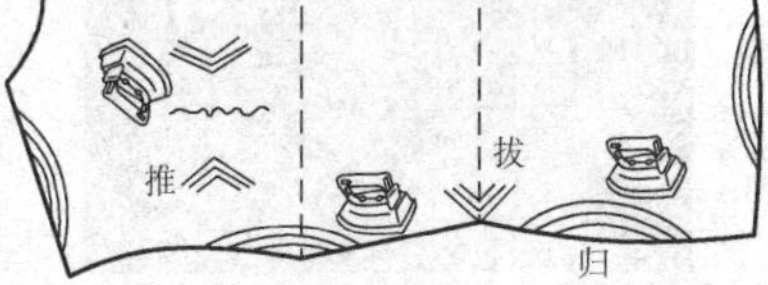

归拔

归拔后背　blocking back piece　将平面的后衣片，按人体形态归拔拉烫成立体衣片的动作。技术关键在于后背的浮余量要在肩缝和袖窿处收拢，背缝处胖势要推直，胁腰处要拉出烫直。

归拔后背

归拔领里　blocking collar lining　将覆上衬布的领里归拔熨烫成符合人体颈部窝曲形态的动作。一般用在不挖领脚的领里上，挖领脚的领里由于板样已作出符合人体颈部的窝曲状态，不必进行归拔。

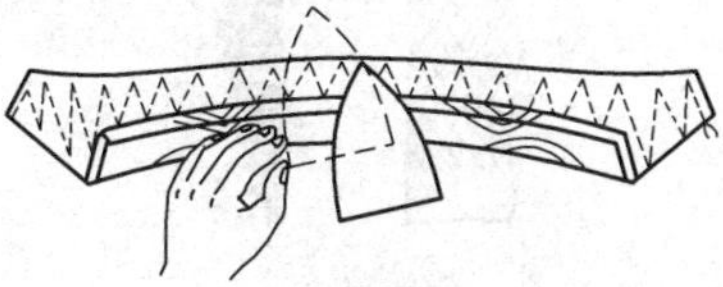

归拔领里

归拔领面　blocking collar facing　将领面归拔熨烫成符合人体颈部窝曲形态的动作。与领里的形态一致，并符合里外匀的要求。用于不挖领脚的领面，挖领脚的领面由于板样已作出符合人体颈部的窝曲状态，不必进行归拔。

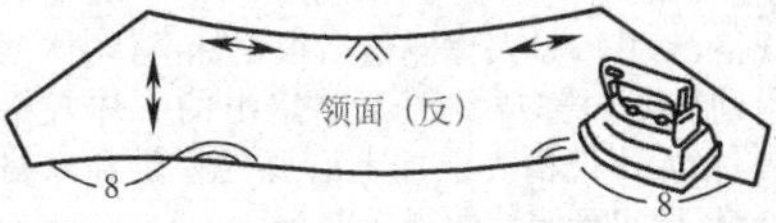

归拔领面

归拔偏袖　blocking sleeve　将大袖前偏袖部位归拔熨烫成人体手臂弯曲形态的动作。一般大袖偏袖的袖肘处要拉拔小于等于1 cm左右，特别弯曲的袖型拉拔量要大于1 cm。

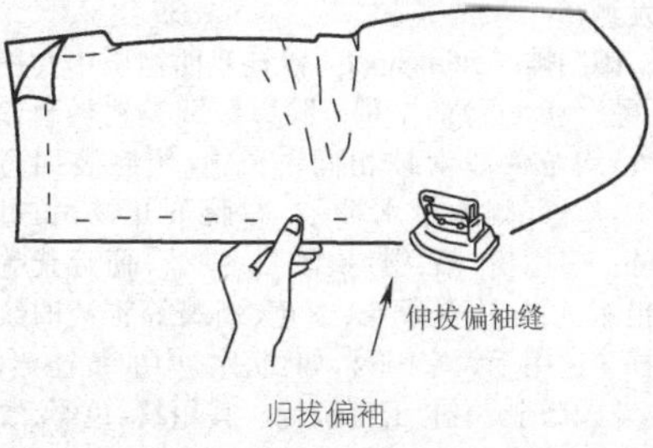

归拔偏袖

归平 smooth in ironing 通过熨烫使服装的面布丝绺归顺，外观平服无折皱、斜裂等缺陷。

龟背围条 tortoise lack pattern foxing 中厚边薄，呈龟背形的围条。边薄有利于围条边缘与鞋面黏合，常省略内围条。用于胶面鞋的围条边缘更不宜厚，否则胶面易沿围条边缘开裂。单边薄的围条用于有内围条的鞋品。

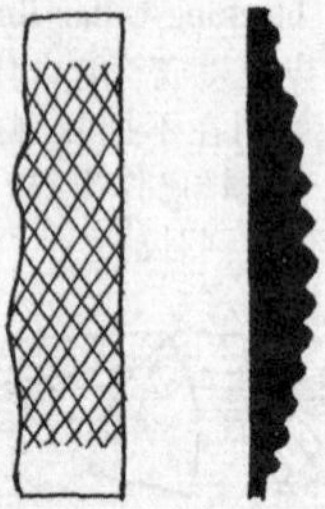

龟背围条

龟服 gui costume 见“叶车人服饰”（606页）。

规格设计 specifications design 在服装结构设计中，根据人体穿衣合体要求和服装的风格特征，对与人体控制部位和若干重要细部相对应的服装部位的大小进行的量化设定。一般用于成衣生产，分示明规格和细部规格，其基础是人体测量后根据标准体、体型组别与回归部位的关系制定出的人体规格表，在人体规格表上加上必要的松量和风格变量，即得到服装的规格表。

闺房帽 Boudoir cap 19世纪、20世纪早期西方妇女在卧室内戴的柔软的无檐帽。用缎带收聚成的膨起的帽冠和边缘的绉边并能保持帽子戴在头上，薄细平布或白麻布制作，并常用蕾丝修饰。穿衣时用来保护发型。

闺门帔 guimenpei 传统戏曲袍服中女用“帔”（384页）的一种。除以绉绸类软料制作外，均与一般女帔相同。长领，领底装如意头，对襟，阔袖带水袖，左右胯下开衩，长过膝。多用粉、橙、翠绿、皎月、湖蓝、葡萄紫等艳丽色彩，绣栀子花、兰草、蝴蝶等雅淡的纹样。适用于大家闺秀，如《卖水》中的黄桂英、《花园赠金》中的王宝钏等。其用料、色彩、纹样均显示出闺中少女端庄大方、轻盈活泼的形象。

轨道缝纫作业 trajectory sewing operations 缝纫在制品借助于运输箱、推车，按加工顺序制定传送线路，在工作地之间传递加工对象的作业方式。缝纫设备按机种、作业内容的难易程度，分区纵向平行配置。改变品种时，只需改变缝纫在制品的传送路线，而不需改变机台配置即可完成品种变换。

贵冠 diadem 又称王冠。前方高起的环状冠和类似冠的装饰性头戴物。通常由后向前变宽变高，前额中央高耸的部分装饰着宝石。贵重金属制作。源于东方诸国国王戴的王冠，特别是古波斯的王冠。象征着地位和权力，妇女祭祀时也戴用。

贵冠罩帽 diadem fanchon bonnet 19世纪60年代晚期的帽檐成光环状的罩帽。有两条罩帽绳，一条用来系扎后面的假髻，另一条松垮地系在颔下。一般用蕾丝和天鹅绒制作。

桂冠 laurel wreath 即“科罗纳冠”（287页）。

桂叶眉 laurel leaf eyebrows 中国古代妇女画眉样式。因眉式短阔，形如桂叶而得名。流行于中晚唐时期。描绘桂叶眉的妇女形象，在唐人周昉所绘《簪花仕女图》中有所反映。

桂叶眉

绲 gun 即“裈”（297页）。

绲裆袴 gundangku 即“穷绔”（417页）。

滚边 binding, bordering 在服装边沿处缝上和衣身面料不同色泽或质地的斜裁滚条，并将滚条翻折包紧缝边，最后在正面紧贴第一道缝迹缉线，使之固定的工艺。一般与衣身面料成对比色或为黑、白、金、银等中性色，宽度0.3～0.8 cm，视具体需要而定。滚边具有良好的装饰性。常用于妇女中式服装及童装的领、袋、袖口、门襟止口等部位。

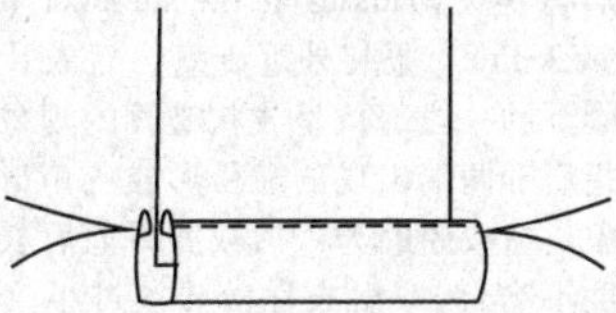

滚边

滚边包缝 **overedge seam** 缝型类型。将折光的滚边包住两片缝料的毛边后车缝固定的缝法，包缝缝份宽为1.5 cm，被包缝部分宽为1 cm，适用于细薄布料的缝合，为常见的缝合方法。

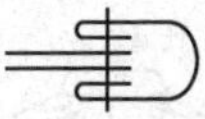

滚边包缝

滚边套装 **bound suit** 采用滚边工艺技术制成的服装。由于所选用的色彩差异大，或明度对比，或色彩对比，或纯度对比，所以滚边套装能带来强烈的轮廓视觉效果。夏奈儿设计的套装多喜用滚边工艺。

滚挂面 **piping facing** 将挂面的里口毛边用滚条包边。滚边45°斜裁布条，宽度0.4 cm左右。

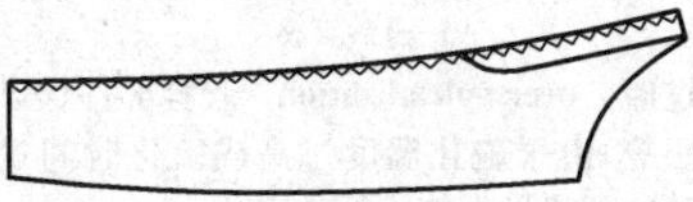

滚挂面

滚扣眼 **piping button hole** 用布料缉缝扣眼，剪开后把扣眼毛边包光的动作。常用于不用锁缝扣眼的服装。

滚条裁剪机 **binding cutting** 即“开滚条机”(280页)。

滚袖窿 **binding armhole** 用滚条将袖窿毛边包光，增加袖窿牢度和挺度的动作。包光用的滚条为2 cm宽的45°斜裁面料。一般用于不装袖的服装。

国大党帽 **congress cap** 朴素的白布小帽。因印度国大党党员常戴用而得名。

国画颜料 **Chinese painting color** 绘画颜料类别。按成分分为：(1)矿物颜料。显著特点是色彩鲜艳，不易退色。(2)植物颜料。主要从树木花卉中提炼，色彩稳定性比矿物颜料低。在表现服装画时，效果类似于水彩颜料。

国际纺织品贸易协定 **arrangement regarding international trade in textiles** 即“多纤维协定”(115页)。

国际服装标准化技术委员会 **ISO apparel standardization technical commission** 服装标准化的国际权威组织机构。属ISO/TC 133，于1969年成立，秘书处设在南非共和国。有加拿大、奥地利、南非、英国、德国、法国、美国、日本和中国等26个正式成员国组成，简称ISO“P”成员。还有澳大利亚、比利时、丹麦、印度、泰国等21个非正式成员国(观察员)参加，简称ISO“O”成员。每年发布ISO/TC 133服装标准化信息、年度报告，征求正式会员国意见和投票表决。我国于1987年加入该组织。

国际流行色 **inter color** 由国际流行色协会正式发布的流行色。每年2月和7月国际流行色协会都定期召开两次色彩研究会，商讨18个月以后的流行色，参加会议的会员国要提供色彩流行预测。协会根据各会员国的提案作出最后的定案，即18个月后的流行色。国际流行色协会所发布的流行色定案主要分为男装和女装两大组别。协会每年在1月底与7月底在巴黎各举行一次会议，讨论、预测以及决议两年后的流行色。

国际流行色协会 **International Commission for Color in Fashion & Textiles** 又称国际时装与纺织品流行色协会。由法国、瑞士、英国、美国以及日本等十多个国家发起，于1963年9月建立的国际性组织，总部设立在巴黎。参加的都是各国的公共流行色研究机关。我国在1982年2月以中国丝绸流行协会及全国纺织品流行色调研中心的名义加入该协会。

国际时装与纺织品流行色协会 **International Commission for Color in Fashion & Textiles** 即“国际流行色协会”(195页)。

国剧简要图案 ***Guoju Jianyao Tu'an*** 中国传统戏曲著述。齐如山著《齐如山剧学丛书》第十种。北平国剧学会1935年版，后收入1979年台湾联经出版社版《齐如山全集》第一册。收戏曲行头、盔头、髯口、脸谱、砌末、兵器、乐器彩色图谱两百余幅，用中、英、德文对照说明。为较早的关于戏曲服装图谱的出版物。此后一些戏曲史著所附的行头等插图多源于此。

果实图案 **fruit pattern** 由一种或多种果实构成、描绘果实的图案。闭合的外形使果实具有特殊的装饰感，果实的剖面更具多变有趣的图案纹理。丰富多样的果实图形组合，获得热烈华美的造型气息；饱满的外形可强调出果实图形的生动趣味性；细部纹理刻画，可突出果实的秩序美感。果实图案被广泛地运用在儿童与家居服饰图案设计中。

果实图案

果子狸皮 **gem-faced civet fur, masked civet** 又称青猺皮、花面狸皮、香狸猫皮。大毛细皮的一种。主要产于我国江南地区。按要求取皮加工成皮形完整的开片皮。皮毛特点为毛被呈青灰色，针毛平顺，绒毛细软有光泽。正品张幅在0.14 m^2（1.3平方尺）以上，制裘后可制成大衣、皮帽、皮领等。针毛和尾毛富有弹性，可作为画笔原料。

过渡制图法 **indirect drawing** 即"间接制图法"（253页）。

过肩 **yoke** 即"肩育克"（250页）。

过肩臃叠 **wrinkles at the shoulder line or back neck line** 服装外观疵病。后衣片上端沿领圈下的一段部位呈波状皱纹的现象。有时亦指肩部两端出现的横弓形或三角形皱褶的现象。造成原因为：(1)裁剪时前后衣片的肩斜度不吻合，或后衣片横开领过小；(2)装缝衣领时后领圈被拉宽、撑直；(3)前衣片在推门时，里外肩缝部位衣料的横丝推归不足；(4)垫肩过厚。补正方法为：裁剪时肩斜度和横开领须按比例配准，装领时后领窝衣料不可拉宽，衣缝宽窄要一致，使后领圈部位衣料的横直丝绺准确不歪斜，推门时将里肩缝的横丝推下，外肩角横丝向上拔，所配垫肩厚度适中。

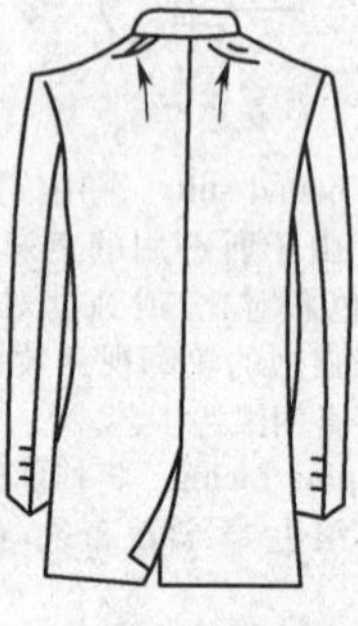

过肩臃叠

过硫 **over vulcanization** 胶鞋部件（鞋底、鞋跟等）由于硫化温度过高或硫化时间过长导致物理机械性能降低的现象。

过转子点的大腿根围 **upper thigh girth via trochanterion** 经过会阴点和转子点对大腿围量一周的长度。运动短裤大围脚口设计的重要参考值。见"人体围度尺寸"（430页）。

H

哈夫洛克帽　Havelock cap　20世纪早期妇女驾车时戴的无檐帽。平顶，帽檐前面卷下来，后面翻上去，戴在贴头的兜帽上，仅露出脸部。一般使用防水材料制作。

哈尼族服饰　Hani ethnic costume and accessories　中国哈尼族衣着和装饰。哈尼族分布在云南。衣色尚黑，男女跣足，也穿布鞋或木屐。男子用白或黑布包头，穿黑色或紫绿色对襟短上衣，衣襟镶两行银币，两侧有排列整齐的银泡、银币、绒球、彩绒装饰。穿圆领、右襟上衣，穿短裤，也有穿百褶裙，裙长于膝口，小腿打花绑腿。系花腰带，戴耳环、手镯、项链等。衣纹中的X、己、土、～、σ纹，分别表示日、月、人、河水、蛇(或鬼魂)等。哈尼族支系较多，服饰各异。

哈尼族女子服饰(云南哀牢山)

哈萨克族服饰　Kazak ethnic costume and accessories　中国哈萨克族衣着和装饰。哈萨克族分布在新疆北部。用羊、骆驼等皮毛作衣料。男子戴三叶型皮帽，帽式为尖顶四棱形，左右有两耳扇及后有一长尾扇，用绸缎面、羊羔皮或狐狸皮制。穿套式白衬衣，外穿深色棉或皮坎肩和毛大衣，或外套光板羊皮大氅或羊羔、狼皮、马驹皮制作的圆领皮大衣，衣式为对襟，无扣，着皮裤、皮靴。姑娘扎彩色头巾或戴黑绒布圆锥帽，帽上插几根猫头鹰羽毛，帽顶镶嵌玛瑙、金银饰等。穿绸缎或毛织物制的连衣裙，爱好红色，连衣裙身常作三叠，外穿短上衣或红、深色坎肩。冬穿皮大衣，衣襟用珠宝、贝壳、银币装饰。妇女常戴白布披巾，长及脚跟。着长筒靴。伊犁地区中老年哈萨克妇女常用白布作幂篱式罩衣，前垂胸际，后垂腰下，连头带肩至腰全部遮住，仅露眼、口、鼻，其领下胸部和边缘常有刺绣。

哈萨克族男子服饰

哈萨克族女子服饰

蛤蟆装　creepers　即“田鸡装”(514页)。

孩儿发　haierfa　中国传统戏曲中供儿童或少年用的假发头套。以人发或粗黑丝线制成，前额发齐眉梢，左右各有一绺鬓发。后背尾发有齐肩长和下垂及臀两种。前者用于一般儿童及年轻佣仆，如《汾河湾》中的薛丁山、

《十五贯·访鼠》中的门子、《西厢记》中的书童等；后者专用于贵族显宦家年未及冠的少年，如《杨门女将》中的杨文广、《岳家庄》中的岳云，并于头顶戴"垛子头"(116页)，前额插面牌。

海豹皮　seal leather　海豹原皮经鞣制加工而成的毛皮。绒少毛粗，短而整齐，有光泽，颜色以黄色为主，常伴有深色斑点，斑点形状较大而无规则，皮板欠柔软。可用于制作帽子、大衣的毛皮领子、皮背心及包袋等，装饰性较强。

海盗风貌　pirate look　一种现代时装风貌。1981～1982年冬季由英国时装设计师维维恩·韦斯特伍特首次推出。服装风格粗犷、宽松、散乱，束宽腰带，扎长筒花纹绑腿，穿高筒靴，戴有羽毛和徽章装饰的戏剧性的帽子(外形类似三角帽)。

海盗妆　pirate dressing　模拟海盗整体造型的化妆。典型特征是肤色阴沉沉、黑黝黝，绝少剃胡须，脸上往往还有伤疤，头发邋遢蓬松、体毛较重。在西方海盗电影中常见。

海龟领　turtle collar　类似海龟的头颈部，紧贴下巴的一种高领型。常用于毛衣类服装。

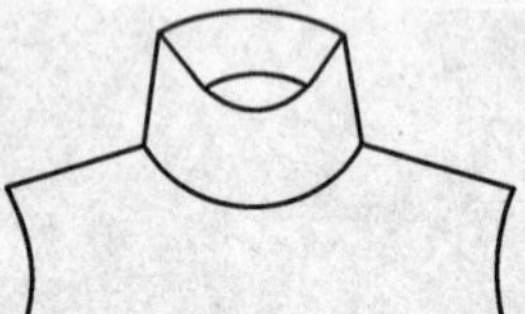

海龟领

海军领　sailor collar　类似海军上衣上使用的一种坦领领型。几乎没有领座，后领座宽1.5 cm左右，翻领后宽12～14 cm，常用于水手衫、女式衬衣、童装等服装。

海军领

海军呢　navy cloth　又称细制服呢。粗纺毛织物名。用一、二级改良毛或混入30%左右的黏胶纤维，纺成83.3～100 tex(10～12公支)粗梳毛纱作经纬纱，用$\frac{2}{2}$斜纹组织织制，经缩绒整理而成的一种呢面风格的匹染素色的粗纺毛织物。按使用原料可分为全毛海军呢和混纺海军呢两类。重量为360～490 g/m^2，品质比麦尔登稍差，比制服呢好。织物表面有细密绒毛覆盖，手感丰满平整，不露织纹，耐磨不起球，质地厚实有弹性。主要用作海军服、大衣等中、高档面料。

海军条纹　navy stripe pattern　深蓝与白色相间的条纹。源于海军的T恤衫与军服的领部装饰图案，以线条宽窄适中、对比强烈为特征，呈现端庄、朴素、秩序的美感。常用于针织面料的男女夏装等设计中。

海蓝宝石　aquamarine　铍铝硅酸盐晶体，硬度7.5～8级。属绿柱石类。颜色有蓝色，带绿的蓝色和带蓝的绿色，以淡雅的天蓝色为最佳。主要产地是巴西，其次为俄罗斯和中国。

海狸鼠皮　nutria　小毛细皮的一种。主要产于俄罗斯、北美洲、中国新疆及蒙古边境地区。毛密而丰厚，触感柔软，属高级毛皮。原产于南美的阿根廷、智利、乌拉圭等国，20世纪50年代末引入我国。按要求取皮加工成皮形完整、挑开后裆、毛朝外的圆筒皮。毛被细柔而紧密，掺有稀疏的针毛，拢针后的绒皮称为海狸绒皮，绒毛细密，色泽均匀，品质更佳。可制成裘皮大衣、皮领、皮帽等。

海力蒙　herringbone　精纺毛织物名。外观呈人字破斜纹花型的中厚花呢。多用$\frac{2}{2}$斜纹作基础组织，相邻的两条斜纹条子宽狭相同，方向相反，在倒顺斜纹的换向处，组织点相反，形成纤细的沟纹。呢面有光洁的，也有轻绒面的。织物结构紧密，手感丰满，光泽柔和，弹性良好，有休闲风格。适用于各类西装、西裤。

海力斯　harris　粗纺毛织物名。采用二、三级羊毛，拼用部分48～50支精梳短毛或混入30%左右的黏胶纤维，纺成100～200 tex(5～10公支)粗纺毛纱做经纬纱，采用$\frac{2}{2}$斜纹或破斜纹组织织制纹面风格的结构较松的粗纺毛织物。表面常呈现不上色的白色戗毛,风格粗犷,手感厚实、挺括、富有弹性。主要用作休闲西装上装和风衣等的面料。

海绵内底 sponge insole 又称弹簧底。海绵状的弹性内底。分为:(1)先经模压成海绵内底,成鞋后再经一次硫化的二次硫化底。可根据要求做成前薄后厚或脚腰有弓形垫,或者背面有菱形、矩形、圆形等凹进空穴,以增加弹性及降低材料消耗的设计。(2)未经硫化的海绵内底经成鞋后一次硫化鞋内底,一般为同一厚度的胶片,但工艺较简单。先经硫化的海绵也有同一厚度的,如乳胶海绵。为使脚腰有凸起的弓形,可在其反面脚腰部位贴托海绵。

海绵扑 sponge puffs 由乳胶制成的优质的海绵化妆用具。牢固又富有弹性,布满细小的孔。海绵孔的大小决定了海绵吸入粉的能力。一般海绵扑的孔径以适中为好。

海绵拖鞋 sponge slippers 以发泡橡胶片为鞋底,密质柔软橡胶片为帮面,通过机械或化学方法连接的无后帮鞋。发泡橡胶俗称海绵,故名。柔软舒适,很适合室内穿用,也是海滨、浴池的常备鞋品。但耐磨性较差,颜色不够鲜艳,制作工艺较复杂,成本较高。20 世纪 60 年代以后逐步被泡沫塑料拖鞋取代。

海绵中底不平 sponge insole rough 胶鞋中底的海绵出现高低不平的现象。造成原因:(1)发泡剂用量过多,发气量过大,形成气泡;(2)海绵的交联速度明显慢于发泡剂的分解速度,因此发泡后硫化工艺不能及时跟上;(3)海绵出型后停放过久,表面被尘埃、油脂沾污,或者局部早期硫化,以致造成凹凸不平。消除措施包括:控制好海绵的交联速度,使其略慢于发泡速度;将海绵胶的可塑度控制在 0.5～0.6;适当减少发泡剂用量。

海宁帽 hennin 又称尖塔形垂纱帽。15 世纪的一种高耸的尖塔形女式高帽。尺寸及外形有许多变化,一般有圆锥形、角状或心形等。通常社会阶级越高,帽冠越高且装饰越多。共同特征为以铁丝支撑,帽顶垂覆柔软的披纱。

海宁帽

海派首饰 jewellery of Shanghai style 有上海地域文化经济特征的饰物。有金银首饰、宝石徽章、珠翠钻石等,款式和工艺显示我国传统特色,并糅合了海外设计与技术。20 世纪 30 年代享誉海外。

海青 haiqing 传统戏曲袍服中不绣花饰的纯色男式素褶子的一种。斜大领,大襟右衽,长及足,阔袖带水袖,左右胯下开衩。黑色绸缎料制作,大领用黑色。院子等奴仆专用,又称院子衣。也用于下层社会的英雄好汉,如《快活林》中的武松、《翠屏山》中的石秀等。

海上救生装备 lifesaving equipment 防止飞行人员因坠落海中而发生生命危险的救护装备。包括"航空救生背心"(202 页)、"抗浸防寒服"(283 页)等。

海水江涯纹 seawater-spray pattern, haishui jiangya pattern 中国清代官服装饰纹样。由自然气象的海水、浪花等构成,多作龙袍的底边下摆等处的装饰。波浪翻滚的水浪中立有山石宝物,表示绵延不断的吉祥含义,寓意"一统山河"、"万世升平"。在明代官服上已见雏形,是清代官服的程式化图案。花纹工整精细,颜色浓丽华美,造型具有很强的经典性。

海水珍珠 seawater pearl 海洋贝类产出的珍珠。有天然和养殖两种。主要产自波斯湾地区。

海外帽 garrison cap, overseas cap 帽顶呈纵向凹痕,帽冠可折叠放平的无檐军用便帽(图见下页)。戴时不分前后。一般用卡其、毛料、斜纹布制作。自第一次世界大战时开始戴用。原为美国陆军驻外士兵用帽,后被广泛用作制服帽。

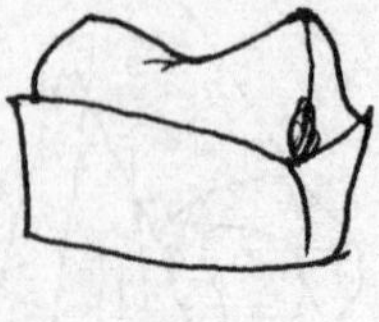

海外帽

海员服 **sailor uniform** 海员(包括在河川上航行的船员、不包括海军)等海上勤务者所着用的制服。上装常用单排扣或双排扣驳折领、衣长适中。帽章上常用锚、所属公司的徽章、月桂树等加以装饰,也有肩章、袖章等。源于英国的海军服,各国的海员服大体上类似于本国的海军将校的制服。

函 **han** 即“甲”(247页)。

涵烟眉 **hanyan eyebrows** 即“柳叶眉”(327页)。

韩公帕 **hangongpa** 即“韩君轻格”(200页)。

韩君轻格 **hanjunqingge** 又称轻纱帽、韩公帕。中国古代一种用纱制成的帽子。相传由后人模仿五代南唐韩熙载所戴的一种黑纱高顶帽演变而来。通常帽子比较高,帽顶呈圆形,另有一圈黑纱作帽墙,在帽前处开衩,帽墙后有垂耳。

汉代化妆 **Han dynasty dressing** 中国古代化妆的一种。由于“红蓝”(209页)的引进,汉代在面妆方面,胭脂的使用日益普及,开始盛行各式各样的红妆。在眉妆方面,创造出许多颇为大气和媚惑的眉式,加之“花子”(218页)与“面靥”(355页)的趋于成俗,汉代女性对美的追求更加无拘无束。自汉以后至魏晋、隋唐,屡屡出现男子涂脂傅粉的现象,既表明了化妆术的日益普及,也表明了这一时期人们追求美的态度。

汉族服饰 **Han nationality costume and accessories** 中国汉族衣着和装饰。以古代华夏族为主体吸纳各族长期融合成的汉族,历史上服饰曾有许多变化。虽夏周时代传闻黄帝首创中国服制即上衣下裳制,实为战国时孔子强调华夷之别时才明确汉族以簪髻冠礼和右衽袍服为特征,并把服制分为礼服、丧服和常服三类,各有严格仪规,不同身份的人均须依不同场合着衣。礼服多以长襦冠袍为主,丧服以缞巾披麻为主,常服则因地、因时、因人而异。礼服、丧服有定制;常服则因风俗习惯而变换,又以实用为目的,蔽寒、遮盖、美化和身份标志是造成时代地域变化的主要原因。以中原为例,劳动人民常服多为上衣下裳,上衣有对襟、右衽、短襦、夹袄;下裳则为裤褶、套裙或襡裙、围腰、蔽膝。也有夏穿单衫肚兜,冬着棉袄、短襦。绅士文人则以巾帻长衣示风度,身份高者以峨冠博带为追求,士、农、工、商、皂隶和僧侣均有特定职业服装的制度制约,不得轻易僭易。历史上,汉族服装曾有多次受异族影响大变,战国时赵武灵王为战争而下令易胡服,清朝更严令汉族改冠易服,使男子发型依满族男子发型一样,半髡发,梳一辫于脑后,服饰类似满族服饰。辛亥革命后,汉族服饰男女均有很大变化,并受到西方服饰影响,城市有男长袍女旗袍之服式,农民、市民、工人则以中山装或女裤短袄为新潮。传统服饰至1949年以后才获根本改变,男女皆以短衣长裤为主。

汉族男子服饰

汉族女子服饰

汗布 **plain-knitted fabric, single jersey, undershirt cloth** 即“纬平针织物”(544页)。

汗衫 **singlet** 贴身穿着的薄型针织衫。领式以圆领、V字领为主。袖式为连袖、装袖和无袖。下摆以滚边、挽边、加边和罗纹边为主。样式有套衫、半门襟圆领衫和全门襟开衫。常用面料包括:纬平针织物(汗布)、网眼布、单罗纹布、毛圈织物和薄型双罗纹织物,其中汗布光洁平整、延伸性好、吸湿透气。可添加印花、绣花、印字以及曲牙、绷缝线迹等装饰。

旱冰鞋 **roller skating shoes** 又称轮滑鞋。非冰地面快速滚动的带滚轮的特种鞋。早期鞋底滚轮用金属制作,噪声大,质量重,现在改用质轻、耐磨、无声响的热塑性聚氨酯弹性材料(TPU)制作。滚轮一般为四个,直径50 mm左右,分直排和方排两种形式,后者更适于小孩或老人穿用。分鞋套和轮架两部分,均用工程塑料经注塑工艺成型。鞋帮内有软质织物脚套,外用鞋带缚紧。

旱獭皮 **marmot fur** 又称土拨鼠皮。小毛细皮的一种。一种结实的动物毛皮。旱獭多栖于草原地带,特别是地势起伏的地区。主要产于俄罗斯、摩洛哥和中国的沙丘地带。我国旱獭资源丰富,根据旱獭的毛色差异,分为四路:(1)内蒙古路,产于内蒙古东北部和东北的部分区域,毛被细平、紧密,呈深褐色,光泽好,皮板细韧,张幅中等;(2)新疆路,产于新疆北部,毛长绒足,呈深褐毛,光泽好,皮板粗厚,张幅较大,产于新疆南部的毛较短、略粗、稠密、有弹性,呈褐色,皮板较粗厚,张幅中等;(3)甘肃路,产于甘肃、青海、四川的部分地区,毛被粗短,呈褐色,光泽较差,皮板粗厚、油润,张幅中等;(4)西藏路,产于西藏,质量接近青海及与新疆南部接壤地区所产的毛皮。按要求取皮加工成皮形完整的开片皮。制裘后可制成裘皮大衣、童装、皮帽、皮领等。染色制成品的毛被光亮,可与水獭皮媲美。

焊接防护鞋 **welding protecting shoes** 鞋底具有很好的隔热和绝缘性能,通常用特种硫化橡胶制作,鞋帮多以较厚的牛皮革为原料,以模压工艺加工成型的鞋。按鞋底耐热程度,焊接鞋分为:(1)普通型(HP);(2)低耐热型(HN—1),要求鞋底在150 ℃、30 min左右的时间内不熔化、不变形,帮底不分离,鞋内底的温度不超过22 ℃;(3)高耐热型(HN—2),要求鞋底在250 ℃、30 min左右的时间内不出现上述现象。

杭罗 **Hangzhou leno** 丝织物名。采用55.55～77.77 dtex×3(3/50/70旦)桑蚕丝作经纬线,以罗组织织制的织物。经密33.5根/cm,纬密26.5根/cm,重量107 g/m^2。织物光洁平挺,挺括滑爽,孔眼清晰,吸湿性和透气性好。宜做男女衬衫、便服等的面料。

绗缝机 **quilting machine** 在很宽的缝料上,按要求的缝迹或花型,将面料、芯料(或胆料)和里料固接在一起的缝纫机。由机头、绷架和绗架等部分组成,或者由多针刺料机构、无芯梭钩线机构和滚轮送布机构等部分组成。线迹形式为301号锁式线迹或401号链式线迹。针距、绗缝宽度和花型图案可调。速度400～3000 r/mm,针挑数单针或多针,针挑距离32～76 mm,针距0～10 mm,绗缝宽度1680～3400 mm,最大缝厚80 mm。适于棉被、床罩和汽车坐垫等的缝纫加工。

绗缝图案 **quilting pattern** 用线绗针的方法形成的图案。通常由小块织物拼缝而成,连接处绗缝针迹,起到固定面料和装饰的作用。用以绗缝的印花布,最常见的是满地小花图案,并将其与格子素色布搭配,构成方格、三角、菱形图案。绗缝图案源于18～19世纪的北美,图案以丰富有序、质朴华美为特征,数百年来经久不衰,成为欧美、日韩等国家纺织用品的经典工艺,用于家居服、包袋等服饰品设计。

绗缝针织物 **quilting weft knitted fabric** 具有绗缝外观效应的纬编织物。采用双面提花机或双面专用针织机编织,两片单面纬平织物经集圈连接,夹层中衬入不参加编织的纬纱,随后双面编织呈绗缝外观效应。采用棉纱或棉混纺纱为面纱,丙纶或涤纶长丝为衬纬纱。织物表面可形成格形、菱形、多角形和球形等花型图案。尺寸稳定、柔软、丰满厚实,穿着舒适。多用于制作内衣、棉毛衫裤、休闲服等。

绗棉 **quilting** 按绗棉标记机缉或手工绗线,将填充材料与衬里布固定的动作(图见下页)。为确保面里布平整,需要专用压脚或在面布上放置硬纸板。

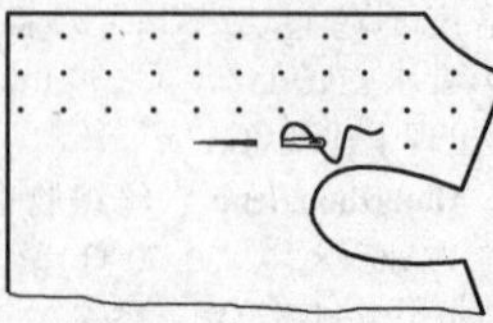

绗棉

绗棉起绺　quilting pucker　服装外观疵病。绗棉服装的面布表层在绗线周围出现不平整的抽褶现象。形成原因是绗线没有与绗棉同步，或绗线太紧。

绗针　quilting stitching　一种手针缝纫法。在缝料上持续向前作上下出入针，使线迹平坦地覆于上下层布面。按针距分“长绗针”（51 页）与“短绗针”（109 页）。常用于多层缝料的假缝固定、缝料的抽拢手缝、缝料间有填充料时的固定等。

航海图案　nautical pattern　描绘航海题材的图案。以航海相关的海岛、船舶、锚、绳索、海水、浪花、海鸟等造型构成。布局疏密适中，多以勾线与平涂手法，结合棉布印花工艺，用色调明快的图案，洋溢出海上旅行的休闲气氛，为夏季男装、童装的常用服饰图案。

航空防护头盔　aviation protective helmet　航空服装装束中的一种头盔。由防护外壳（防撞击）、吸能部件（吸收碰撞能量）、滤光镜（防眩光）等部分组成。主体由玻璃纤维制成。

航空服装　aviation wear　飞机上的飞行人员着用的服装装束的总称。主要有普通航空服和特殊航空服两大类。普通航空服是正常情况下飞行员进行驾驶操作等活动时着用的一类工作服。款式设计有上下装分离式、上下装连体式两类，后者居多。结构造型上注重航空服是以坐姿使用的特点：如将口袋设置在小腿部或前臂处等。服装材料采用棉，毛，以及锦纶、涤纶等化纤。同时还有头盔及皮革制短靴等附属品。特殊航空服是在特殊情形下使用的具有特殊用途的航空服。包括“加压服”（245 页）、“抗荷服”（283 页）、“冷却服”（309 页）、“航空面罩”（202 页）、“航空防护头盔”（202 页）或“加压头盔”（246 页）及“海上救生装备”（199 页）等配套用品。

航空救生背心　aviation lifesaving vest　航空服装中的海上救生配套装备。飞行人员落水后可保持直立姿势，将头部浮出水面。由衣面与气囊组成。通常衣面用锦丝绸制成，呈橙黄色或橘红色。气囊由涂胶布黏结而成，内装木棉以产生浮力。

航空面罩　aviation mask　航空服装装束中的一种面罩。保证使用者顺利吸入来自供氧系统的呼吸气体。根据使用高度与工作原理分为开式、密闭型与加压呼吸型三类。

航天服　space suit　又称宇航服。航天员穿着用以对抗航天活动中不利环境因素的影响、保障生命安全、维持正常工作能力的个体防护救生服。第二次世界大战后得以发展，作为人类进行宇宙飞行的一种生命维持装置，主要功能是进行必要加压，防止高真空、低压对宇航员的危害，进行氧气的补给。同时具有防止高低温、速压、微流星和多种辐射等作用。宇航服的组成分服装本体、头盔、手套及靴四个部分。各部分通过金属紧固器连接。在结构及层次上，宇航服的主体可有内衣、保暖层、通风—液冷层、气密限制层、真空隔热屏蔽层、外罩层等，并根据使用目的的不同而进行配套组合。内衣选用棉、棉麻混纺等材料，柔软、吸湿、透气。保暖层一般采用羊毛制品或合纤絮片等柔软、重量轻、隔热性能好的材料。气密限制层大多采用合纤，如聚酰胺类纤维、聚四氟乙烯纤维、凯夫拉纤维等，能防止漏气、承受宇航服内的规定气压。液冷服（水冷服）的结构通常是将聚氯乙烯管固定在锦纶织物上，通风层常用聚氯乙烯导管。真空隔热屏蔽层采用镀铝的聚酯薄膜或聚酰亚胺薄膜制成一系列屏蔽板，屏蔽板间隔被抽成真空，防止极端高、低温的影响。外罩防护层的常用材料为聚四氟乙烯、玻璃纤维、碳素纤维等，对辐射热的防护采用升华盐吸热材料，反辐射热材料采用铝或其他金属镀膜材料。外罩层具有阻燃、防辐射、防陨石微粒冲击、耐磨等功能。宇航服还包括头盔、加压手套、靴鞋、饮水及尿收集等其他组成部件。宇航服按使用目的可分为舱内宇航服（如美国水星服），用于航天器舱内应急时使用；舱外宇航服（如美国阿波罗登月服），用于舱外执行任务或天体考察；舱内外共用宇航服（如美国双子星座服）。按材料和工艺成型分类则有主要以非金属材料（棉、毛、凯夫拉纤维）制成的软胎宇航服（气密层与限制层分别由胶布与织物制成）、由金属材料制成的硬胎宇航服(气密层与限制层合为一体),以及二者综合的软硬胎混合服。宇航服在结构造型、材质选择等方面均朝功能多样化和复合化的方向发展。美国正在研制的不吸氧排氮服在整个航天过程无须吸氧排氮,也不会发生减压病,同时具有良好的活动性能。

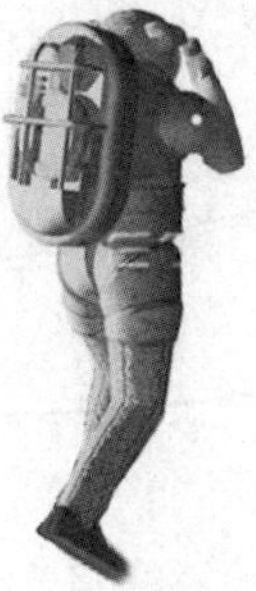

舱外航天服　　舱内航天服

航天服测试用暖体假人　manikin for testing spacesuit　测试航天服的各项性能指标时使用的人体模型。具有恒温、恒功率、变温、变功率等特殊要求的控制模式,设计有特殊的关节和结构以适应航天服的测试条件,能与液冷服等各种生命保障系统相互配合完成测试工作。

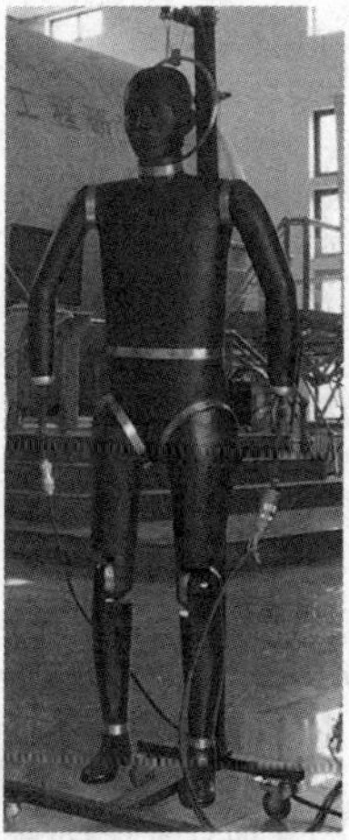

舱外航天服测试用暖体假人

貉子毛皮　raccoon dog fur　大毛细皮的一种。其毛色因地域差异有所不同。产于黑龙江北部的貉,针毛呈青灰色,绒毛呈灰黄色;产于黑龙江中部和南部的貉,毛被呈青黄色;产于吉林省的貉,毛被呈青黄色;产于辽宁省的貉,毛被呈灰黄色;产于河北省的貉,毛被呈黄色,针毛带黑尖;产于江、浙、皖一带的貉,毛被呈杏黄色;产于鄂、湘、赣、闽、豫及两广地区的貉,毛被呈黄色或灰黄色,针毛多数带黑尖;产于云、贵、川等省的貉,针毛均呈黑灰色,绒毛呈灰黄色。按要求取皮加工成皮形完整的开片皮或毛朝外的圆筒皮。针毛较长且富有弹性,拔取后可制刷、油画笔。貉的绒毛细柔、灵活,拔去针毛的貉绒毛质量上乘,毛色均匀美观,与不拔针毛的貉皮一样均可制成大衣、皮帽等,轻暖耐用,御寒性能较强。

豪普兰德　houppelande　14世纪欧洲流行的一种非常风雅的装饰性袍服。男女均可穿用且款式大致相同。肩部合体,肩部以下宽松肥大,有宽大的袖子。男装衣长过膝,分套头式和前开式,腰身位置偏低。早期的领型为漏斗形,后为V形。袖子为长而丰满的宽松式风笛形。袖口、下摆和衣身开衩处有锯齿形边饰。用填充物使肩、胸的造型更加突起。腰间系皮带将腰身收紧。强调男性宽肩窄臀的造型美。女装为套头式,高腰身,领子为带翻领和围檐的V形领或勺形领,袖子为长袖紧身式样或体积庞大毛皮装饰的式样,在下摆和衣身开衩处以异色刺绣花边或镶拼毛皮边作为装饰。多选用锦缎类面料。配色大胆,常取左右不对称色,或从左肩到右下摆斜分成两色。

豪普兰德

好莱坞式套装 Hollywood suit 体现好莱坞影星风格的服装。冷艳而高贵，最初流行于20世纪40年代。当时，在欧、美好莱坞影片风靡一时，受此影响，体现好莱坞风格的服装款式广受青睐。款式主要表现为上装宽肩、细腰，裙摆紧窄贴体，线条流畅、简洁。1995年春夏曾在欧美重新流行。

好望角羊皮革 Cape skin, Cape leather 又称南非羊皮革。泛指南非产的优质直毛羊皮经鞣制加工而成的皮革。革面细腻光滑、特别柔软、结实耐洗，属高档皮革。如今世界其他地区如俄罗斯、西班牙、亚洲等生产的同类型皮革，也称好望角羊皮革。主要用于制作手套、包袋、服饰等。

号帽 Hao hat 即“回民帽”(224页)。

号型系列 size series 把人体的号(身高)和型(胸围或腰围)进行有规律的分档排列形成的规格系列。成年男子和女子的身高和净胸围分别以5 cm和4 cm为档差，净腰围则以4 cm、2 cm为档差，故其号的分档为5 cm，型的分档为4 cm、2 cm，把号的分档和型的分档结合起来形成系列，其中上装系列为5·4系列，下装系列分别有5·4系列和5·2系列两种。80～135 cm的儿童服装号型系列为10·2、10·3系列，135～160 cm的儿童服装号型系列为5·2、5·4系列。

号型制 size designation 我国服装示明规格常规表示方法。成人服装规格用号/型和体型组别表示，童装规格只用号/型表示。其中号为人体身高，型为人体净体胸围(上装)或腰围(下装)尺寸，皆以厘米为单位。体型组别为净胸围与净腰围的差数，分为四类：其中A体型表示中间体，Y体型表示瘦体，B体型表示较胖体，C体型表示胖体。如号型160/84A表示女体身高为160 cm，净体胸围为84 cm，体型类别是A体，胸腰差为18～14 cm。

合摆缝 machine-stitching side seam 将衣身、裤身、裙身的侧缝缝合固定的动作。缝合时要注意对准前后倒缝的各个对准点。

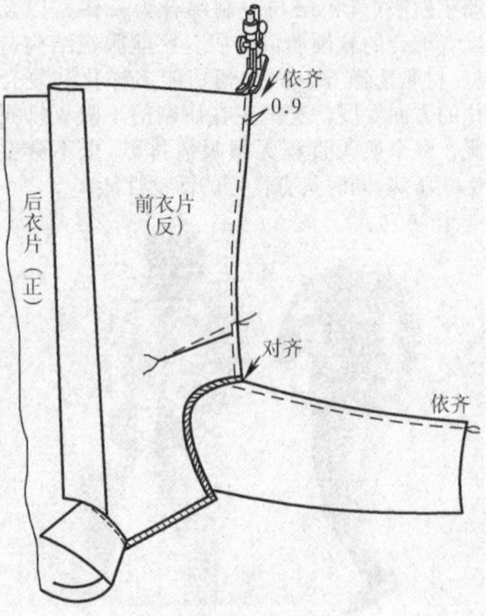

合摆缝

合背缝 machine-stitching back center seam 将背缝机缉缝合的动作。要求左右对条格，丝绺平整。

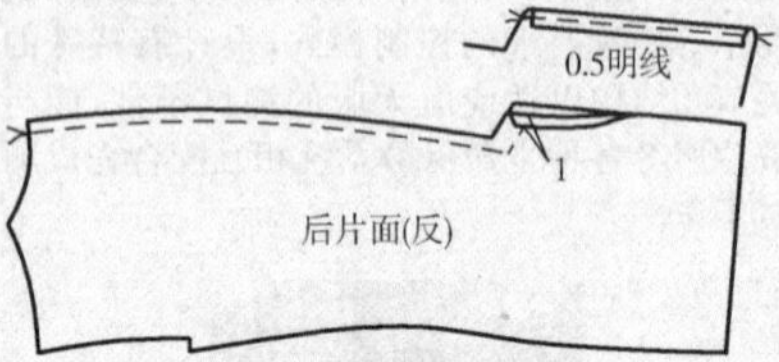

合背缝

合成革 synthetic leather 以非织造布为底基，PU树脂为面层制成的复合柔性材料。具有类似天然皮革的外观结构和手感。

合成革鞋 synthetic leather shoes 以合成革为帮面，塑料、橡胶、仿革片等为鞋底，用注塑、胶黏等工艺加工成型的鞋。色泽美观，保养方便，由于面料的伸展性，绷帮造型更精美，并具有一定的吸湿透气功能，是天然皮革鞋较好的代用品。

合成纽扣 synthetic resin button 由合成树脂化学材料制成的纽扣。常用的有树脂扣、塑料扣、仿皮纽扣、有机玻璃扣等。色泽鲜艳、造型丰富、品种多样、价廉物美，但在耐高温、耐化学试剂的性能上不如天然材料纽扣。

合成纤维织物 **synthetic fiber fabric** 用合成纤维纱线织制的织物。强度高，弹性好，挺括抗皱，易洗快干、免熨烫，洗可穿性很好，且具有热塑性，褶裥保形性好，有较好的耐化学药品性，不易虫蛀，也不易发霉。但吸湿性差，贴身穿着有闷热感，且易产生静电，易沾污，抗熔孔性差。可用作各类服装的面料、里料和衬料以及服饰用品。

合成钻石 **synthetic diamond** 用人工合成的方法制成与天然碳元素结晶相同的晶体。硬度、相对密度、折光率、色散与天然晶体均相同。1954年，美国通用电气公司的科学家研制出一种可以产生16×10^{9} Pa，2700 ℃高压高温的设备，这种压力和温度相当于地下350 km深的地质构造，用这套设备加上镍做融媒，制造出了世界上第一颗合成钻石。

合串带襻 **machine-stitching belt loop** 将串带用布料反面车缝成造型所需宽度的动作。

合大身里面 **machine-stitching bodice and lining** 将衣身面、里布对合后用手工或车缝固定的动作。

合刀背缝 **machine-stitching open dart** 缝合刀背形分割缝的两侧衣片的动作。一般刀背形分割缝易拉开，故缝合前宜粘贴牵条。

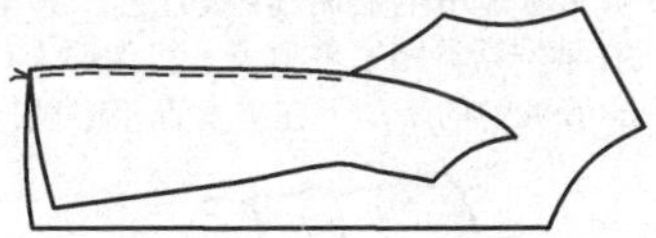

合刀背缝

合缝 **abutted seam** 又称勾缝、平缝。缝型类型。将两片或多片缝料重叠后，按所需宽度和密度车缝一道缉线，是最简单的缝合形式，应用范围较广。

合缝

合格品 **conforming product** 又称正品。符合产品质量标准或订货合同规定技术要求的产品。可分为优等品、一等品、二等品等。合格品率计算公式为：合格品率＝合格品数量/全部产品数量×100%。

合肩缝 **machine-stitching shoulder seam** 将前后衣身肩缝缝合的动作。一般缝合时后肩缝缝缩取值0.6～1.2 cm，女装取值偏小，男装取值偏大，缝缩量主要在肩缝近颈处及肩缝中央部位。

合领子 **machine-stitching collar** 将领面、领里用车缝缝合里侧缝边的动作。

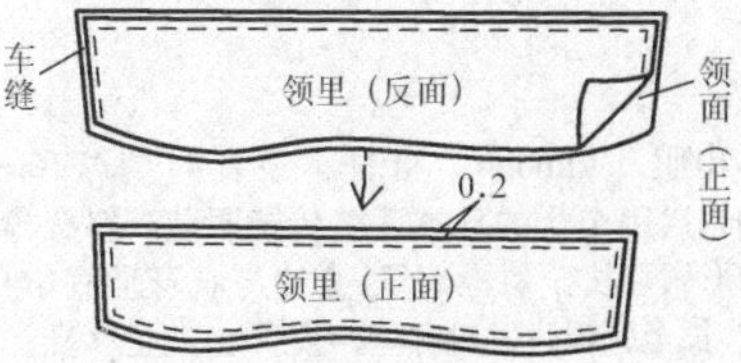

合领子

合帽缝 **machine-stitching hood seam** 将分割的帽身面里布各自的缝份缝合的动作。一般风帽帽身造型分两片、三片等。

合帽面里 **machine-stitching hood and lining** 将帽面、里布的外沿轮廓线缝合的动作。预留可翻转里布的空隙。

合身背心 **jerkin** 即“杰金背心”（259页）。

合身毛背心 **jerkin, sweater vest** 无袖，长至腰部或腰部以下的合体背心。以毛、腈及其混纺纱为主要原料。直筒形，V字领，领口、下摆、袖口采用罗纹边。通常采用纬平针组织编织。适宜于衬衫外、外套内穿着。男女老少皆可穿着。

合同连锁店 **contract chain stores** 即“加盟连锁店”（245页）。

合位符号 **alignment mark** 服装结构制图符号。表示两部件的裁片在缝合时需要对准的部位。

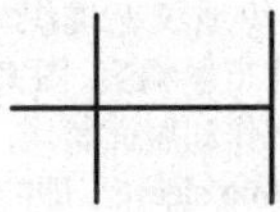

合位符号

合下裆缝 **machine-stitching inside seam** 将前后裤片的下裆缝缝合的动作。注意后中裆处要稍紧，距上裆缝10 cm处要稍松。

合止口 **machine-stitching front edge** 将衣片和挂面在门襟止口处机缉缝合的动作（图见下页）。根据需要分上下平整和上下不等两种缝合状态。

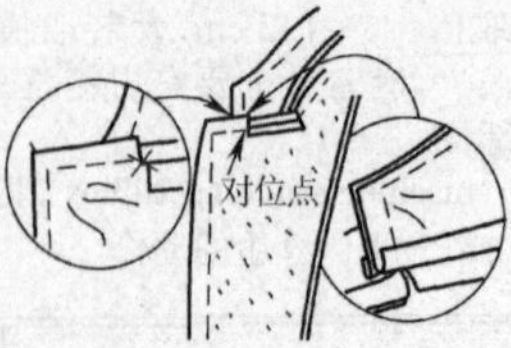

合止口

和服 kimono 自日本奈良时期(710～794)启用至今的日本著名传统服装。斜叠襟,带形领片长至斜襟边缘,直袖与衣身呈直角相接,长至脚踝。面料有丝、毛、棉等,花色多样。

和服

和服绸 kimono silk 丝织物名。经纱采用22.22～24.42 dtex×4(4/20/22旦)无捻桑蚕丝,纬线采用[22.22～24.42 dtex×3(3/20/22旦)23 S捻/cm×2]6 Z捻/cm强捻桑蚕丝,在绉组织地纹上提织出经面缎纹花的丝织物。质地丰厚糯爽,图案典雅,光泽柔和悦目。专门用作和服面料。

和服袖 kimono sleeve 即"连袖"(313页)。

和服绉 kimono crepe 丝织物名。经线采用22.22～24.42 dtex×2(2/20/22旦)桑蚕丝,纬线为31.08～33.3 dtex×4(4/28/30旦)24捻/cm强捻桑蚕丝,以两根Z捻两根S捻间隔排列,花、地组织分别为经面四枚和纬面四枚破斜纹织制的表面有细小皱纹的丝织物。绸面光泽柔和,手感柔软,富有弹性。主要用作日本和服面料。

和尚马甲 heshang majia 中国传统戏曲中坎肩的一种。对襟,直领,领端饰如意头,左右胯下开衩,长过膝。绿绸或麻布面料,腰际镶象征僧人的黄色绸布,或为黄色面料,绿绸镶腰。一般用于如《蜈蚣岭》中的武松一类擅长武艺、带发修行的头陀和神话剧中的伽蓝神等。

和田绸图案 he-tian silk pattern 即"爱德利斯绸图案"(3页)。

河水珍珠 river pearl 江河及淡水湖里的蚌所产的珍珠。有天然和养殖两种。目前天然河珠的产量比天然海珠高得多,但是颗粒小,形态差,不论药用或者装饰用,价值都比不上海珠。美国的密西西比河流域,苏格兰的河流,中国的长江流域等气候温和的地区都有出产。养殖河水珠在亚洲地区较为发达,特别是日本和中国较为著名。

荷包图案 purse pattern 中国民俗服饰图案。用于荷包。荷包外形呈圆形、椭圆形、方形、长方形、桃形、如意形、石榴形等,图案由花卉、草虫、鸟兽、山水、人物、吉祥语、诗词文字等构成。图案装饰性强,繁简不一,色彩鲜艳,并结合精细的各种针法刺绣表现,是中国传统文化和民间工艺美术的综合体现。荷包也是中国民间男女定情物,因此图案富有浪漫美好的意韵。

荷兰男孩帽 Dutch-boy cap 宽帽冠的软鸭舌帽。通常用羊毛制作,藏青色。20世纪60代在俄罗斯舞蹈家鲁道夫·纽瑞耶夫(Rudolf Nureyev)的带动下在男女青年中风行。

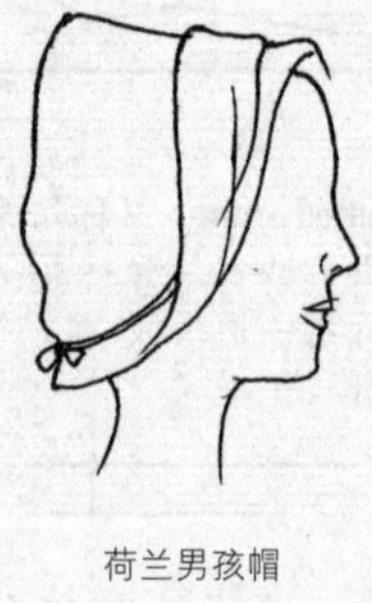

荷兰男孩帽

荷兰罩帽 Dutch bonnet 荷兰福伦丹(Volendam)地区妇女和女孩戴的传统帽式。帽冠紧贴头部,顶部有一个小尖,两侧向上翻起形成向外伸展的侧翼。用蕾丝或刺绣的细薄棉布制成,有时用作新娘帽。20世纪20年代由著名的舞蹈家艾琳·卡索尔(Irene Castle)将其带入流行。

荷兰罩帽

荷叶边塔克 **flounced tuck** 塔克种类。制成荷叶形状的塔克。一般在细薄面料上，用手针或机缝缝制而成。

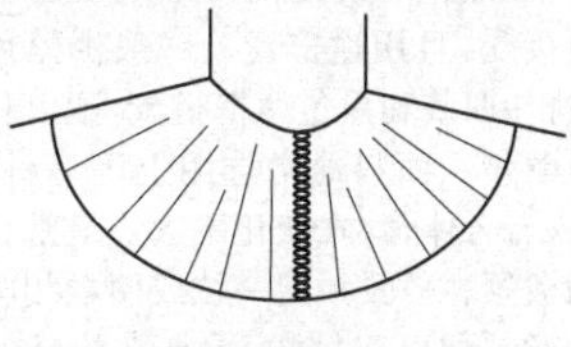

荷叶边塔克

颌下点 **gnathion, Gna** 人体测量点。下颌骨下缘与正中矢状面相交之点。该点与头顶点之间的垂直长度为头长。

貉袖 **hexiu** 宋代男女均可穿用的一种便服。衣长不过腰，袖仅掩肘，以紫色或皂色缘边。通常以极厚的丝绸做面料，或夹或衬以锦。原为御马苑圈人所穿着，便于控制马匹。后流传至民间成为一种男女便服。

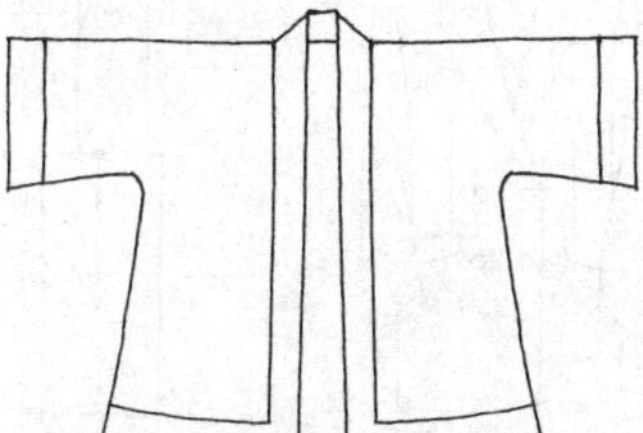

貉袖

赫哲族服饰 **Hezhen ethnic costume and accessories** 中国赫哲族衣着和装饰。赫哲族分布在黑龙江、松花江、乌苏里江沿岸。以狍、鹿等兽皮和胖头鱼、草鱼、鲑鱼、鲤鱼等鱼皮为服装原料。男子穿立领、衣长过膝、大襟或偏襟的狍皮或鹿皮大衣，衣袖饰有深色缘边，穿狍皮裤、戴皮帽(儿童用整张狍头皮做帽子)，着翘头靴。捕鱼时穿鱼皮套裤，系围裙，戴手套。女子穿鱼皮衣，下摆缀有贝壳、铜铃、璎珞、线穗等饰品，着长裤，也穿兽皮长袍，戴毛皮饰边的头饰或绣花圆顶小帽，帽上有护耳，着龙舟形厚底绣花鞋或靰鞡鞋。戴耳环、手镯。衣纹有云头纹，几何纹，花卉鸟兽等，多用鹿皮剪成镶缀于领襟边、袖口处。

赫哲族服饰

鹤氅 **hechang** ❶中国古代一种披于身上的较宽松的衣服。材料有鸟类羽毛、皮质或厚实的织物中间纳絮。形制多样，有无袖的披风形式，也有长袖、衣身宽大长衣。多为对襟。可以防寒、御风。道士作法时披于身上的绣有白鹤的道具服饰也称鹤氅。❷中国传统戏曲男用袍服。斜大领，大襟右衽，长及足，阔袖带水袖，腰部略向里收，下垂飘带两条，左右胯下开衩。衣身四周、袖口及腰际均绣宽花边。用于神话剧中的仙翁，如《盗仙草》中的南极仙翁，也可用于诸葛亮、徐庶等有法术的谋士，用途、式样与“八卦衣”(9页)相同，唯不用八卦及太极图纹样，而改绣云、鹤，以显示潇洒出尘之仙气。

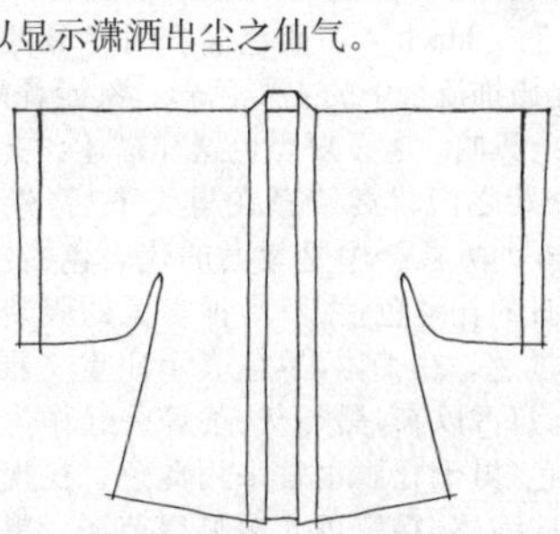

鹤氅

鹤子草　hezi herb　一种草本植物。花叶之状形如飞鹤。民间妇女采之晒干粘贴于面以为妆饰。

黑齿　black tooth　把牙齿染成黑色。分为:(1)永久性染齿,有意用染料染齿或因嗜好嚼食某种东西(如槟榔)染齿;(2)暂时性染齿,以示礼仪。

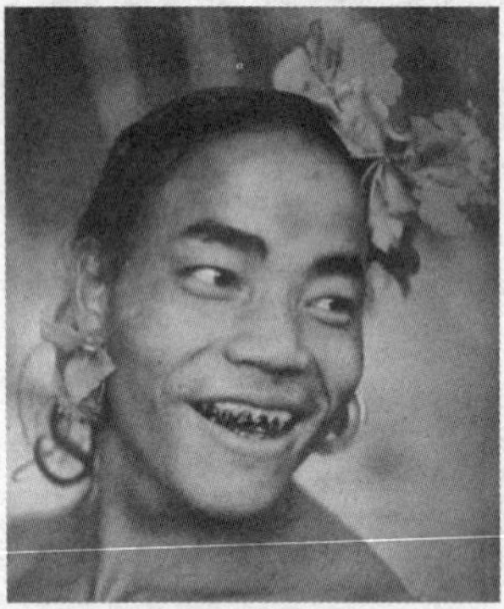

越南人所染的黑齿

黑唇　black lip　中国古代妇女唇妆。以黑色的乌膏点染嘴唇。状似悲啼。其俗始于南北朝时,至中唐晚期大兴。初为宫女所饰,后传至民间,成为一种比较另类的妆饰。

黑貂毛皮　black sable fur　即"紫貂毛皮"(675 页)。

黑球温度计　globe thermometer　一种用来测定辐射热程度的测定仪。由一个外表面涂成黑色的空心铜球(黑球)与一支棒状温度计组成。在测定对象空间里吊置 15～20 min 后就可读取温度计的示度(黑球温度),进而可求出有效辐射温度和平均辐射温度。

黑色　black　一般色名。明度最低的颜色,是服饰流行中的主要色彩。象征着神秘、恐怖与黑暗。老子对黑色这样描述:"玄之又玄,众妙之门。"秦始皇在得天下后,崇尚黑色。在西方社会中是教会的代表色、丧色和受难日的礼拜色,古罗马神学家的服装色彩就是黑色。在美国,黑色表示庄重文雅。在欧洲,自古以来,黑与灰、茶等一起作为丧服的颜色,男士礼服也常采用此色。在视觉上具有收缩感,穿黑色衣服显得苗条。黑与白的对比最强烈、差异最大。

黑色素　melanin　由黑色素细胞产生的一种非常细小的棕褐色或黑褐色颗粒。属保护性色素,具有保护皮肤的功能,能够吸收阳光中的紫外线,阻止其射入体内伤害深层组织。黑色素的代谢受交感神经和内分泌的影响。人体皮肤内约有 400 万个黑色素细胞。黑色素的多少、分布和疏密程度,决定皮肤的黑度。

黑色套装　black suit　黑色西上装与相同质地的黑色西裤的组合着装。18 世纪末,黑色成为礼仪和公共场合的正式服色,极具权威性,所以黑色套装逐渐以准礼服的形式为人们所接受,且用途广泛。一般由黑色单排扣、双排扣西装和黑色西裤搭配,配以相应的衬衫及领带。面料通常选用上等毛料,做工精良,衣着合体,款式变化不大。最常见平驳领或戗驳领。平驳领配一粒或两粒扣圆角西装。戗驳领配以双排扣,重点在流畅的线条突出挺拔。西裤采用直筒形,口袋、褶等细处根据上装的变化而改动。脚口为非翻脚边。在一些隆重的晚间场合,一般将黑色套装的戗驳领换成缎面,配用双翼领衬衫、领结,或缎面青果领配以亮丽的腰带,更显庄重。在现代男士对社交装束的新观念下,黑色套装已广泛搭配组合穿用。

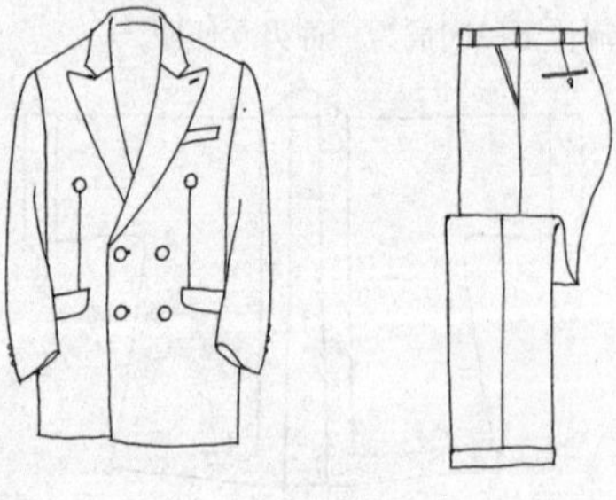

黑色套装

黑色珍珠　black pearl　呈灰色或黑色光泽的特殊珍珠。产于波利尼西亚的塔希提岛。20 世纪 60 年代起濒临绝种,于是人工养殖实验开始在波拉·波拉岛的盐湖进行。典型黑色珍珠的本体色为黑蓝色、蓝绿色,伴色呈青铜色,有金属光泽。

黑炭衬　hair interlining cloth　以棉或棉混纺纱为经纱,以牦牛毛或山羊毛与棉混纺的纱线为纬纱,采用平纹组织织成的织物。牦牛毛为黑褐色,故有黑炭之称。织物硬挺、粗糙、平整,纬向弹性好。常用于高档西服的胸衬。

黑头粉刺　black-point acne　丘疹型痤疮的一种。属轻型痤疮。挤压后可见顶端为黑色的黄白色脂栓排出。由皮脂等物挤开毛孔而形成。由于表皮底部黑色素细胞在毛囊通道口上部,使毛囊顶端形成一个黑色小点,或因表面的脂肪经空气氧化和外界灰尘沾污而变为黑色。可存在数月甚至数年,大多不会发炎,也不易留下疤痕。

黑眼圈　black eye-rim　因上下眼睑皮肤颜色加深出现的黑色、褐色或褐蓝色等肤色变化。对身体无害,可自然好转或加重,对容貌有明显的影响。产生的主要原因是长时间熬夜、慢性消耗性疾病、神经衰弱、精神紧张、消化道疾病、肝肾疾病、体质虚弱、内分泌失调等。可分为脾虚和肝肾阴虚两类。脾虚者眼睑可出现浮肿,颜色偏蓝,多伴有消化不良,治疗原则是益气健脾及局部倒模治疗。肝肾阴虚者颜色偏褐色,以滋阴、补肝肾,合理作息为治疗原则。

黑妆　black style　明代妇女的面部妆饰。以木炭研成灰末涂染于额上以为装饰。据传由古时黛眉妆演变而来。一说黑妆亦可饰眉。

横裆　thigh　裤装上裆下部的最宽处。对应于人体的大腿围度。横裆量的大小与人体尺寸和裤装造型相关。一般贴体类横裆量小,宽松类横裆量大。

横裆线　crotch line　确定上裆高度的水平基础线。是上裆和下裆的分界线。在裤片中为横向最宽部位。用细实线表示。见"前后裤片结构线"(406页)中图。

横断舌式皮鞋　cross-section half tongue leather shoes　鞋舌与前帮横向断开的舌式皮鞋。在断帮的位置上,用横担压住断帮线。适于休闲时穿着。

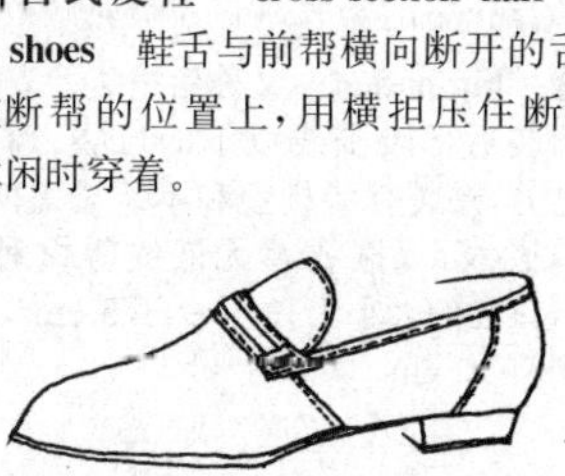

横断舌式皮鞋

横贡　sateen　又称横贡缎。棉织物名。用5枚纬面缎纹组织织成的纬向紧密的缎纹织物。多用纯棉精梳纱,经纬纱细度一般为14.5 tex(40英支),经向紧度为65%～100%,纬向紧度为45%～55%,经纬向紧度比约为3∶2。布面光洁,富有光泽,手感柔软,有丝织物中缎的外观特点。成品主要为印花,其次为杂色。适宜用作妇女衣裙、儿童棉衣等面料。

横贡缎　sateen　即"横贡"(209页)。

横肩宽　across back shoulders, S　即"总肩宽"(679页)。

横截面测量仪　body cross section measurement　使用横向滑杆的位移测量人体胸、腰、臀等横截面形状的仪器。由固定的纵轴及可移动的横向插杆组成。当人体测量时,横向插杆则移动,接触人体后静止,此时可从插杆位移量中分析人体横向各个部位的大小及横向截面图,并计算出面积。

横开领线　front neck width line　即"前开领宽线"(408页)。

横密　wales per unit length　针织物横列方向10 cm长度内的线圈纵行数。单位:线圈数/10 cm,以 P_A 表示。取决于针的尺寸、排针密度、编织条件、组织结构、纱线直径和张力等。

红宝石　ruby　氧化铝晶体,含微量氧化铬。硬度9级,属刚玉类。最珍贵的产于缅甸,颜色极鲜红,被称为鸽血。当内部的某些元素按宝石结构有规律地排列时,在光源下可以反射出六射星光,称为星光红宝石;若呈一条线则称为猫眼红宝石。

红狐皮　red fox fur　见"狐毛皮"(213页)。

红黄蓝三色配色　three-colors harmony　处于红黄蓝三个系列色相之间颜色的搭配组合。由于红黄蓝三色间隔差大,能呈现出活泼、明快、明朗和动感。

红锦靴　red satin boots　唐代流行的一种女式靴。按靴筒分高筒、低筒;按靴头分圆头、方头;按帮面分皮帮、棉帮、丝帮;按靴底分软底、硬底。汉人、胡人、男子、女子均有穿用。

红蓝　honglan　草本植物(图见下页)。其花色红而鲜艳,可作染料及胭脂。原产于燕支山下,曾称燕支,汉代以后从匈奴传入中原,改名红蓝。

红蓝花

红铅 hongqian 调和胭脂的铅粉。中国古代妇女用以妆面。

红色 red 一般色名。各种红的颜色的总称。属暖色，是活泼、兴奋、热情的颜色，是三原色(红、蓝、黄)之一。红色的种类较多，深红色有稳定感，橙红色和粉红色比较柔和，后者更适合温柔的性格。给人视觉以扩张感，能加速血液循环，所以红色是兴奋的色彩，是火的象征，意味着热情激烈；又因红色与血的色彩相同，还表示为斗争或死亡。在中国，象征着幸福、喜庆，是传统节日的色彩。在西方国家，红色调中深红色则表示嫉妒与杀戮，恶魔的化身；红色表示为圣餐和祭祀；粉红色则象征着祥和、健康。

红妆 hong style 又称胭脂妆、燕支妆、面靥妆。中国古代妇女的一种面部妆饰。以胭脂、红粉涂染面颊。秦汉以后较为常见。最初多用红粉为之，汉代以后多用胭脂。至唐尤为盛行，其俗历代相袭，经久不衰。敷粉后将红色胭脂放在手心调匀后涂在脸颊，颜色浓的称酒晕妆，颜色稍浅的称桃花妆；有的先在脸上涂胭脂，然后再扑粉，称飞霞妆；还有一种特殊的紫妆，即用紫色胭脂来修饰脸颊。亦有将铅粉和胭脂调和在一起涂抹在脸上者。涂抹红妆的习俗，一直沿袭到清末。

红妆

后帮 quarter 包裹脚的后跟至腰窝部位的帮面。为保证行走时脚不会在鞋内左右摆动，一般鞋后帮都在后跟部位有加固衬，皮鞋称之为“主跟”(669 页)，其他鞋称后跟衬或后跟皮。矮帮鞋的后帮设计至关重要，太高，踝骨部位磨脚，太低，鞋不跟脚。

后背宽 back width, BW 从后背左腋窝点水平量至右腋窝点间的体表长度。生活类上装背宽设计的重要参考值。见“人体长度尺寸”(426 页)。

后背宽线 back chest width line 又称后冲肩线。位于肩缝以下，与后袖窿深 1/2 部位相切的垂直基础线。其定位既可按人体测量实际加必要的放松量求得，也可用胸围的一定比例(如 1/6 等)加减参数求得。用细实线表示。见“前后衣身衣领结构线”(406 页)。

后背片 back wings 即“后比”(210 页)。

后背V形下沉 back piece sinking 服装外观疵病。后衣片两侧向中间成 V 字形下沉的现象。造成原因为：后衣片的后山头部分过长，前衣片的袖窿门过小，致使后衣片袖窿部位戗势不足。可将前衣片的摆缝上段稍放出，使袖窿门横度扩大，并在后衣片的外肩缝处稍作放低和归拢，将后山头线缩短，或将后衣片背缝上端缝进一些，并在肩缝部位相应放出。

后比 back wings 又称后背片。环绕人体背部的文胸部件。能够帮助罩杯承托胸部并固定文胸位置，一般用弹性强度大的材料，且在靠近罩杯约 3 cm 的地方加有胶骨，以避免拉伸时起皱。

后撑裙式 bustle style 即“巴斯尔样式”(11 页)。

后冲肩线 back shoulder outward line 即“后背宽线”(210 页)。

后袋 hip pocket 又称后枪袋。安装在裤装或裙装后部腰围线以下的口袋。有贴袋、开袋之分，贴袋有装袋盖和不装袋盖两种；开袋有单嵌线、双嵌线及无嵌线等多种形式。一般后口袋的大小为13.5～14.5 cm，袋布大小为 17～20 cm。

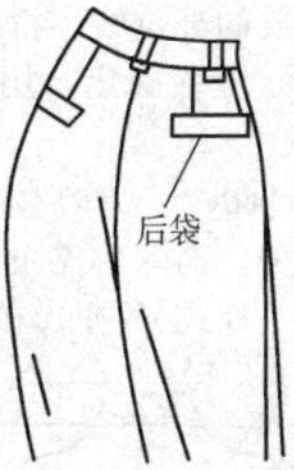

后袋

后袋线 **back pocket line** 后裤片确定后袋开袋位置的轮廓线，可以为一条或两条。有后袋的裤子结构设计时，先确定袋口线，再绘制省道。用粗实线表示。见“前后裤片结构线”(406页)中图。

后裆 **back rise, back crotch** 裤装后腰线上沿到裆底点的长度。

后裆缝线 **seat seam line** 即“裤后缝线”(292页)。

后裆下垂 **slack seat** 服装外观疵病。裤装穿着后，后裆部有多余褶皱的现象。产生的原因是上裆宽度不够，裤后裆底凹度不够，裤后裆没有经过充分的拔裆处理。

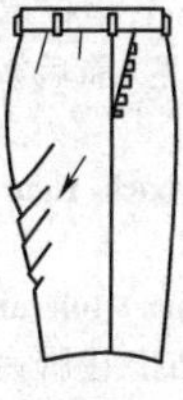

后裆下垂

后裆线 **back crotch line** 即“落裆线”(334页)。

后浮余量 **back excess** 又称背凸量。后衣身背阔线呈水平状时，背阔线以上的浮起多余量，一般为1.5～1.8 cm。多以缝缩或收省的方式消除。

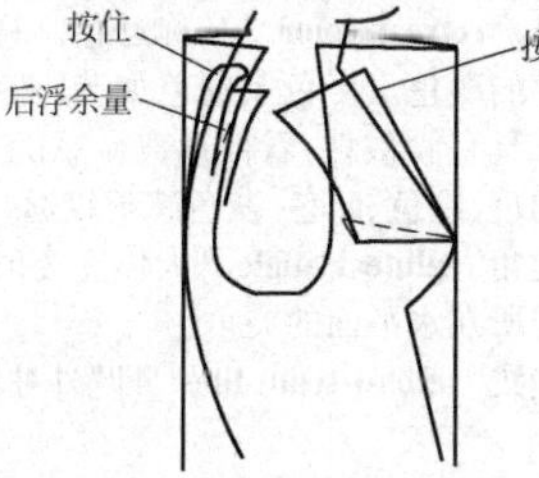

后浮余量

后跟皮 **back stap** 即“后跟条”(211页)。

后跟条 **back stap** 又称后跟皮。鞋后帮接缝处的增强防护条。其作用除加固后帮左右两片料的弧形接缝外，还可增加美观性。有的设计者将其加长，形成提耳，便于提鞋。后跟皮的材质和色泽通常和帮面一致。

后跟贴条 **heel stay** 即“贴脚条”(518页)。

后肩省 **back shoulder dart** 后衣身省道种类。后身肩部的省道。可以满足肩胛骨隆起形状的需求，是解决后衣宽线以上浮余量的主要结构形式之一，常用于女装后衣身上。

后肩省

后开襟 **back opening** 即“后门襟”(212页)。

后开领宽线 **back neck width line** 自衣身后中心线向外，与后开领深线相垂直的水平基础线，其长度即为后领窝宽。服装后开领宽度和前开领宽度可相同，也可不同。用细实线表示。见“前后衣身衣领结构线”(406页)。

后开领深线 **back neck depth line** 自后衣片的顶端(后上平线)向下，与后开领宽线相垂直的竖向基础线，其长度即后领窝深。成人服装的后领深度为2～3 cm。若按比例计算定位，则约为后开领宽的1/3。用细实线表示。见“前后衣身衣领结构线”(406页)。

后空鞋 **open back shoes** 又称露跟鞋。一种后空式女浅口皮凉鞋。晚宴鞋的一种。无后帮部件，只留一根带子挂住脚后跟。

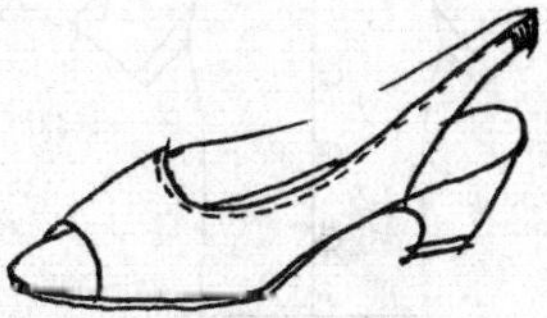

后空鞋

后领起翘　bunches appear below the back-line　服装外观疵病。衣领领口的两边在肩部荡开,不贴身,呈三角形的现象。形成原因为:(1)装缝衣领时外领窝的凹势不够;(2)装领时在驳口线与直开领交点的侧面处领料太松;(3)装领时领脚与驳口线未对准,产生驳口不直、不顺;(4)后衣片横开领处衣料被拉宽,领里在后领部位过松,在作归拢处理时翘度、弯度未按照制图要求等。补正方法为:肩缝凹势要圆顺,放松度不宜在驳口线与直开领点处,须放在肩缝的左右,装领时领脚与驳口的位置要对准,在后横开领部位不可将衣料拉宽,领里可略松于后领窝。

后领深　back neck depth　服装后领口的深度。常用于服装检验中。

后领窝起涌　back neckline bunch　服装外观疵病。衣领与领窝缝合后,穿着在人体上产生后领窝中线附近有多余横向皱褶的现象。主要原因是后领窝不平顺,有纵向多余量。

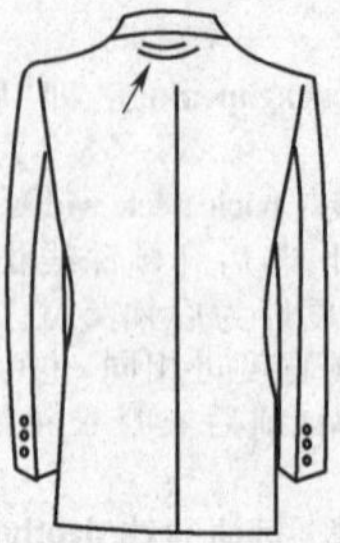

后领窝起涌

后门襟　back opening　又称背开襟、后开襟。门襟开在服装后面的开襟形式。常用于女式连衣裙、童装等服装的后中部位。

后门襟

后偏袖线　fold line of under sleeve　大袖片偏近后轮廓线的部位线。根据各种造型大小,后偏袖量可任意确定。用粗实线表示。见“衣袖结构线”(610 页)。

后片　back body　又称后衣身、后身。衣服大身的后部分。消除后浮余量和胸腰差的主要部位。有一片式、两片式和多片式等。

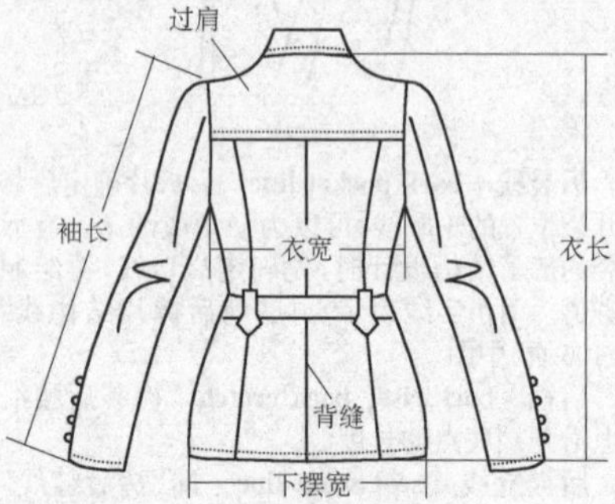

后片

后枪袋　hip pocket　即“后袋”(210 页)。

后翘线　waist upline　裤装后腰口处上翘的水平基础线。在此线上决定起翘量,一般裤装小于等于 3 cm,牛仔裤小于等于 4 cm。用细实线表示。见“前后裤片结构线”(406 页)中图。

后倾体　lean-back figure　即“挺胸体”(519 页)。

后容差　back part tolerance　为适应脚后跟凸度,鞋和楦凸度在脚底部的投影距离。见“楦型”(589 页)。后容差太小,鞋不跟脚,特别是浅口矮帮鞋;后容差太大,穿着不舒适,还可能卡伤脚后跟。后容差的大小不仅和鞋的品种结构有关,也和鞋的长短、鞋跟高矮等有关。例如 30 mm 跟高的女皮鞋后容差为 4 mm,而 80 mm 跟高的仅为1.5 mm。

后退色　retreat color　又称远色。视觉上有后退感的颜色。冷色系的色如蓝、蓝绿、蓝紫等色彩具有收敛性,看似远离。总的来说,明度低的色、冷色、暗色、灰色感觉较远。

后臀沟角　gluteal angle　人体立姿时臀沟与臀围线所在水平面的夹角。

后袖缝线　elbow seam line　即“外袖缝线”(536 页)。

后檐帽　houyanmao　又称檐帽。元代蒙古族的冠饰之一。男女均可戴。基本形制一般为圆顶,前檐窄而向上折,后有披檐。具体样式有多种,有的只有后檐、有的无檐、有的前后均有檐、有的是短檐。戴此类帽子时,头发要编成小辫再成绕鬟形垂于两耳后。

后腰节长 **back waist length, BWL** 由侧颈点通过肩胛骨垂直量至腰围线的距离。上装设计中后腰节线的重要依据。女性后腰节长一般小于前腰节长,男性则反之。见"人体长度尺寸"(426页)。

后腰围高 **back waist height, PWH** 人体立姿时从后正中线与腰围线的交点到地面的垂直距离。裤长设计的重要参考值。见"人体高度尺寸"(428页)。

后腋窝点 **back armpit point, BAP** 人体测量点。在手臂根部的曲线外侧位置,手臂与躯干在腋下结合的终点,是测量背宽的基准点。左右后腋窝点之间的横向长度即为后背宽。

后衣长 **coat length, clothing length** 由后领窝中点垂直向下量至衣服底边的长度。一般用人体身高比例和一定的常数来表示其长度,如短上装衣长=0.4×身高+0~6 cm。

后育克 **back yoke** 连接后衣身胸围线以上横向分割的与肩缝缝合的衣片。一般用直料。

后育克

后中心线 **back center line** 各类上衣后衣片的左右中线。为后衣片制图的各条纬向直线的参考线,如后开领宽、后肩宽、后胸围宽等,均以后中心线为基准向外推移。用细实线表示。见"前后衣身衣领结构线"(406页)。

厚底运动鞋 **sport shoes with thick bottom** 用加厚的外底使穿用者增高的模压底运动鞋。受到身材较矮的穿用者的喜爱。为和厚底相匹配,鞋帮设计为高帮。帮样结构、海绵鞋垫等都和普通模压底运动鞋相同。

厚实体 **firm figure** 上身肌肉及皮下脂肪多,胸背厚度比平均体型大的体型。背长相同的情况下,髁脊骨上部附带的肌肉及皮下脂肪较多,则看似上身较短。衣身纸样设计时主要应增加袖窿门的宽度,减少胸宽和背宽,增大袖肥。

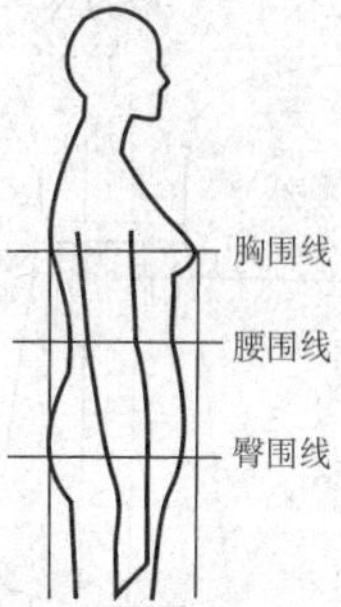

厚实体

厚头鞋 **thick toe shoes** 鞋头造型加厚的鞋类。不挤脚,给人以宽松、舒适的感觉。常配以圆头式、大方头式等不同鞋头的造型。

狐毛皮 **fox fur** 大毛细皮的一种。北极产的白狐和蓝狐毛皮是狐皮中最高档的品种,毛细绒厚,色泽光润,御寒耐磨,具有丝绸般触感。在我国狐的分布极为广泛,东北路:毛被长而细密,色泽光润,多呈红色,质量颇佳,俗称红狐皮;西北路:毛被丰厚,背部呈黄色或淡黄色,腹部呈淡黄色或乳白色,俗称西黄狐皮;华北路:毛被稍粗、略短,呈黄色或灰黄色;南路:毛被较粗而空疏,背部毛被呈暗红色或黄色,腹部呈青灰色,俗称草狐皮。按要求取皮加工成皮形完整、挑开后裆、毛朝外的圆筒皮。毛被细厚,色泽光润,御寒性强。制裘后可制成串刀、嵌革大衣或皮领、皮帽、装饰围巾等,还可利用各部位皮的特点拼接成狐头、狐腹、狐脊、狐腿、狐尾等服饰产品。

弧形分割线 **radian division line** 服装中常用的分割形式。由弧形线对服装进行分割。如弧形育克线、弧形高背缝等。可以代替结构线和暗藏省的功能。弧线富有弹性,使服装具有柔和与饱满的感觉,适用于女性服装。

胡粉 **paste powder** 中国古代妇女化妆用的一种糊状铅粉。后成为铅粉的别称,不论块状、糊状,都可用此名。

胡服 **hufu** 又称胡衣。泛指古代北方及西域少数民族的衣冠服饰。特点是短衣、左衽、窄袖、窄裤、靴等。服装材料较为厚实,冬季以皮毛居多。服装色彩以间色为主。装饰纹样较为粗犷,题材以禽兽为多。

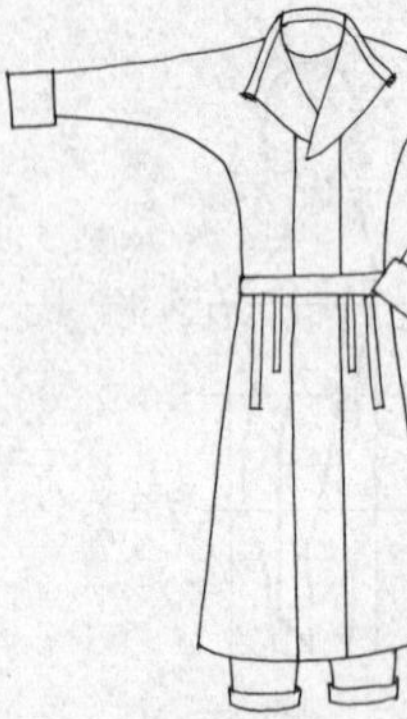

胡服

胡胭脂 **hu rouge** ❶以紫铆染绵而制成的胭脂。紫铆是一种细如蚁虱的昆虫——紫胶虫的分泌物。紫胶虫寄生于多种树木,分泌物呈紫红色,以此制成的染色剂品质极佳,可作胭脂。❷以落葵子汁和粉制成的胭脂。

胡衣 **huyi** 即"胡服"(214 页)。

胡妆 **hu style** 泛指中国古代西域少数民族的妆饰。

湖羊皮 **zhejiang lamb** 粗毛皮的一种。主要产于浙江省钱塘江以北的杭嘉湖地区,江苏省的苏州、常熟、无锡及上海的部分郊县也有饲养。从未经哺乳湖羊幼体身上剥下的毛皮,毛色洁白光润,具有天然波浪形花纹和皮板轻软等特点,制裘后可染成各种颜色,制成裘皮大衣、服装里子、帽子装头等。从湖羊成体上剥下的毛皮,毛绒细柔,有花弯,富有光泽,可用于制裘,做成各种御寒皮衣。皮板细韧,厚薄适中者,也可用于制革,做成皮夹克、皮帽、皮手套等。

蝴蝶帽 **butterfly cap** 18 世纪 50～60 年代女性戴的蕾丝无檐小帽。用线弯成一只蝴蝶的形状,修饰着垂片、珠宝和花朵,顶戴在头前部,通常用于宫廷穿着。

虎皮坎肩 **hupikanjian** 中国传统戏曲中供小鬼、夜叉着用的坎肩。见"卒坎"(680 页)。

虎皮披挂 **hupipigua** 中国传统戏曲中供小鬼、夜叉着用的坎肩。见"卒坎"(680 页)。

虎头帽图案 **tiger's head hat pattern** 中国民俗服饰图案。用于儿童饰有虎头的帽子。帽呈筒形,图案置于额头或头顶、帽圈部位,留出面部。图案有红、黄、蓝、绿、紫五色,在耳、鼻、口部加白色或彩色兔毛,用彩线绣制老虎面部五官,黑、白和金银线作点缀。以立体表现形式,呈现造型生动、明快、协调的艺术特色。图案用彩线绣制而成,多为棉和绸制材料,具有装饰功能,也是长辈对孩童寄予平安健康成长的吉祥祝福,流行于南北农村,各具特色。

虎头鞋 **tiger's head shoes** 鞋帮前脸上装饰有虎头图案的布鞋。图案可以绣成,也可以剪贴成型,人造革帮面可用高频压合成型。多为小童鞋。

虎头鞋

虎头鞋图案 **tiger's head shoes pattern** 中国民俗服饰图案。用于饰有虎头的童鞋。图案造型夸张拙朴,生动传情,色彩多由红、黄、黑色组成,表现出吉祥之虎的憨态与威武。以棉或绸为鞋料,结合平绣或贴布绣等工艺手法,图案具有加强鞋头耐磨和装饰的功能,也是长辈对孩童寄予平安健康成长的吉祥祝福,流行于南北农村,以山东地区最为著名。

琥珀 **amber** 第三纪松柏科植物树脂。属有机类宝石。产于煤层中,呈饼状、瘤状及拉长的水滴状。颜色多呈黄色、橙黄色、褐黄色或暗红色。内含昆虫为贵,依昆虫的清晰度、形状和数量决定其经济价值。产地有波兰、德国、印度、新西兰、中国等。

互补色 **complementary color** 即"补色"(37 页)。

互串线圈 **interlooping** 缝线相互间形成线圈的形式之一。由两根以上缝线的退针线圈依次相互串套或交结形成针迹的成圈方式。是构成 400 级、500 级、600 级线迹的线圈形式。

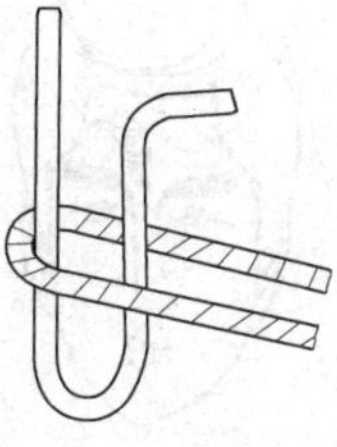

互串线圈

互助生产线 **mutual production line** 生产线作业工人互相帮助共同完成生产任务目标的生产线组织形式。多品种小批量生产时，采用互助生产方式可使生产线负荷平衡达到最佳值(满负荷工作)，但需要增加较多的机器设备。一般单件流程服装生产线编制效率达到 85%即可投入生产，而互助生产线生产效率可达到 95%以上。

护唇膏 **lip balm, lip repair** 唇膏的一种。从油分多的无色透明唇膏，到色度隐约可见的护唇品，产品范围广泛。可单独使用，增加双唇的湿润度，或加在口红上，强调出光泽感。缺点是容易掉落，也容易使底层口红溢出。

护颈罩帽 **necked bonnet** 16 世纪上半期男子戴的无檐罩帽。宽垂布围绕在脖子后面。

护士服 **nurse wear** 护士从事医疗护理工作时穿用的清洁、端庄的一类工作服装。因护士工作源于修女，故护士服还保留一些修道服的特征。一般为长袖与长裙的白色服形式。连身裙、系腰带、白色护士帽、白袜、白靴的装扮也很多。面料常用耐消毒、耐洗涤的纯白棉织物、化纤织物，也有采用浅色以避免纯白带来的心理刺激。

护士帽 **nurse's cap** 护士值班时戴在头上的无檐帽。通常上过硬浆。毕业时授予注册的护士，和制服一起穿用。每个医院有各自不同的护士帽款式。

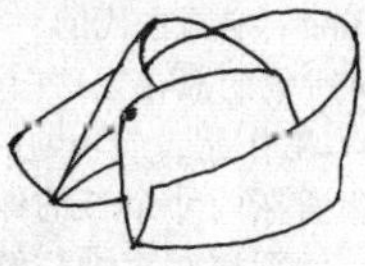

护士帽

护士鞋 **nurse shoes** 供医护人员穿用的白帆布面、橡胶底、浅口无围条或仅有窄加固围条的鞋。鞋底用浅色胶制作，弹性好且柔软，硬度不大于邵氏 60 度，以防走路时发出声响。因多在光滑地面上行走，底花纹为细水纹型。为使鞋跟脚，鞋帮中部有较宽的松紧带。

护项 **huxiang** 即“固项”(189 页)。

笏头履 **raise plate toe shoes** 又称重台履。翘头履的一种。盛行于隋唐五代时期。鞋头高翘，形似古代臣子面见君王时手中所握用以记事的玉或象牙制的狭长板子，上刻重叠山状花纹，顶部为圆弧形。男女均可穿着，隋唐时多为女鞋。

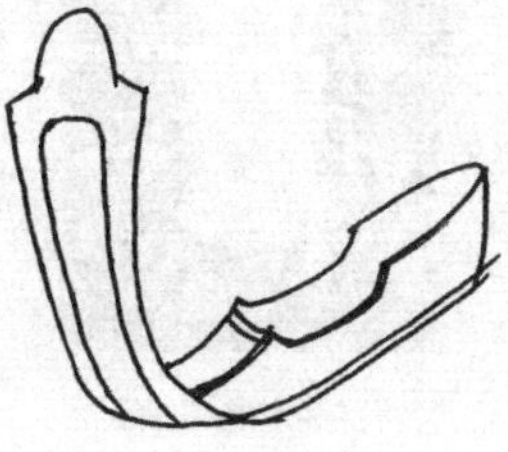

笏头履

花绷十字缝 **attaching stitch crotch** 将裤裆十字缝熨烫分开，用手工或车缝绷牢的动作。

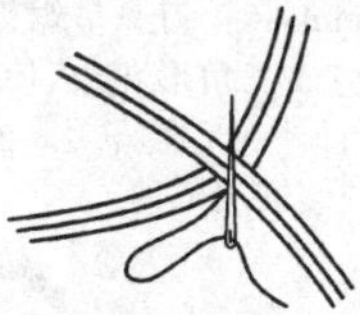

花绷十字缝

花边抽绣图案 **lace drawnwork embroidery pattern** 即“抽纱绣图案”(63 页)。

花边箭衣 **huabianjianyi** 中国传统戏曲男用袍服中轻便戎服“箭衣”(255 页)的一种。

花边毛衣 **trimming sweater** 采用花边纹样的毛衣。通常以毛腈、毛涤混纺纱、腈纶膨体纱等为原料。花纹结构繁多，呈纵向条纹，有孔眼，全前开襟，系扣式，V 字领，门襟边多为四平针组织。以横机、经编机或钩编编织。适合妇女穿着。

花边图案 **decorative border pattern** 用花纹组合成的图案。图案多以植物、几何纹为内容，以主花加辅助小花构成单元形，形成二方连续纹样。花边按工艺分为机织、刺绣、编织等种类，图案因工艺而变化。花边图案结构紧密、材料多样。机织花边的金银丝线与对比色彩，形成了民族花边的特色。编织花边的网眼图案轻盈优雅，富有立体感。刺绣花边精致细腻，色彩多变，广泛运用于各民族民间服饰的领边、门襟、袖口、裙边、装饰线以及包带等装饰设计中。

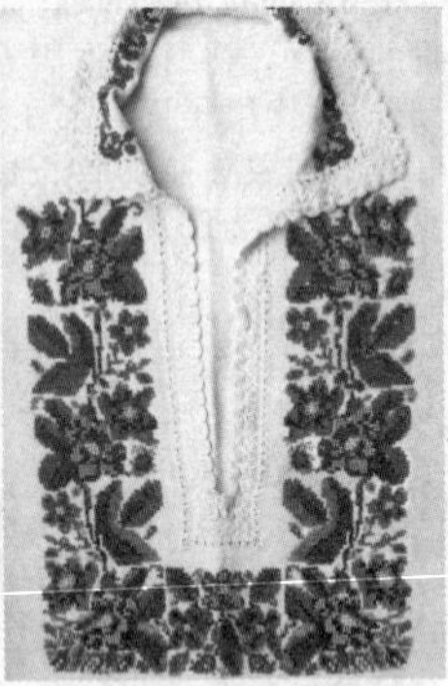

花边图案

花饼 huabing 圆形“花子”(218页)。以金箔等材料制成，表面镂画各种图纹。唐宋妇女用作面饰。

花齿剪 pinkers 刀口呈锯齿型的剪刀。主要将布边剪成三角形花边，使布料外端丝绺不易脱散，且外观呈整齐美观的锯齿状，作为剪布样用或装饰用工具。

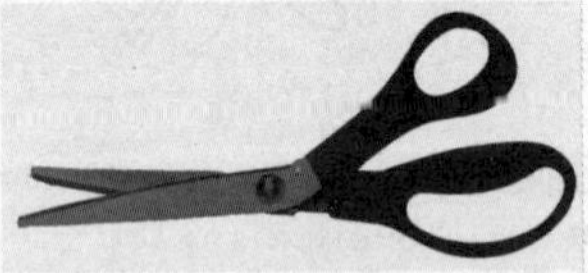

花齿剪

花钿 huadian 即“花子”(218页)。

花钿妆 huadianzhuang 唐宋时期将花钿贴在脸颊、眉心、眼角等部位用来修饰面容的化妆。花钿是古代妇女喜爱的头饰，后也用作面饰，形态多样。制作花钿的材料有云母、剪纸、鱼骨、羽毛、鱼鳃、金箔、珍珠等。花钿颜色主要有金黄、翠绿和艳红三类，也有不少是材料的天然色彩。宋朝贵族妇女将额前、眉间和两额都贴上了小珍珠作装饰，称为珍珠花钿妆。经常将水钻、亮片贴在眉下眼旁以获得醒目的效果，是这种妆型的一种变体。

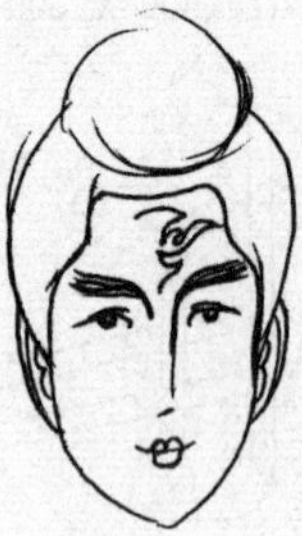

花钿妆

花冠 ❶huaguan 中国古代一种以鲜花或花朵纹样装饰的冠饰。多为女性戴用。由唐代簪花习俗发展而来，多以罗帛制成，加以金银珠翠、彩花装饰，彩花有莲花、牡丹、芍药等花形。盛行于两宋时期。尤其喜庆时期常用。❷chaplet，corolla 14～15世纪女性戴在头上的圆环或饰有宝石的金属带。原为安格鲁-撒克逊男女在节日时头上戴的花环。15世纪新娘多戴用。也指14世纪晚期和15世纪用丝绸或缎子缠绕在加垫过的卷条上形成的发带。

花广绫 Guangdong satin brocade 丝织物名。纯桑蚕丝单经单纬生织缎类提花丝织物。经线采用22.22～24.42 dtex(20/22旦)桑蚕丝，纬线为22.22～24.42 dtex×5(5/20/22旦)桑蚕丝，在八枚经面缎纹地上显出八枚纬面缎纹花。绸面光滑，质地柔软。宜做妇女夏季服装面料。

花花公子风貌 playboy look 即“纨绔风貌”(537页)。

花环冠 Anadem 16～17世纪妇女戴在头上用树叶或花朵制成的圆环状饰品。

花黄 huahuang 中国古代妇女面饰。以黄色硬纸或金箔剪成花样，粘贴于额；或于额上点涂黄色。其俗流行于南北朝时期，多见于年轻妇女。

花箭衣 huajianyi 中国传统戏曲男用袍服中轻便戎服“箭衣”(255页)的一种。

花翎 hualing 中国古代的一种冠帽装饰品。清代官员所戴的冠在冠顶向下垂拖有一根孔雀尾翎羽，用作品级或功勋的标志，由内廷颁发。花翎插在两寸余长的翎管内，翎管固结于冠顶。翎羽尾端有灿烂鲜明的圈纹，叫眼或目晕。花翎据此分为单眼、双眼、三眼乃至四眼和五眼等，没有眼的叫蓝翎（用鹖翎）。以眼多为贵。花翎原为武官的标志，中国古代武士冠顶插鸟羽为饰的制度可上溯至汉代的鹖冠，明代的翎枝则是花翎的前身，清亡后废除。

花翎

花露 flower perfume 以花蒸馏而成的香水。

花面 huamian figured face ❶用剪刻的金箔花纹贴在额头或者两颊，所剪花样以花朵、蜂蝶凤鸟为多。❷中国传统戏曲化装方法。在面部涂绘脸谱。见“脸谱”(314 页)。

花面狸皮 gem-faced civet 即“果子狸皮”(196 页)。

花鸟蝶图案 flowers with birds and butterflies pattern 描绘花与鸟蝶的图案。可以花为主体，鸟蝶为辅助点缀形，也可反之。中国历史上，以宋代花鸟画带动了服饰中花鸟图案的表现，民间的喜鹊登梅、凤穿牡丹等，造型优美，寓意吉祥。也是日本和服、东南亚蜡染、英国的莫里斯等图案的重要题材，成为世界范围的经典图案。

花鸟蝶图案

花盆底鞋 chopine 即“乔平高底鞋”(413 页)。

花盆跟 flowerpot heel 外形上粗下细，圆形或椭圆形，和花盆相似的压跟。由于跟形粗壮，高度一般为 3～5 cm，女鞋和男鞋都可使用。有的设计者将其上下倒置，即跟面大跟底小，称倒扣花盆跟，穿这种跟型的鞋走路自然稳当，但鞋跟要用轻质材料制作，否则脚负担重。

花盆鞋 flowerpot shoes 又称马蹄鞋、旗鞋。我国清代满族妇女的盛装鞋着。鞋底一般高 4～7 cm，最高可达 16 cm。上宽下窄，形似花盆，故名。鞋底通常用木料制成，中间着地部分凿成马蹄状，踏地时印痕似马蹄。花盆鞋多为中青年妇女穿用，缎面上常绣有各式艳丽花饰，极其华贵。

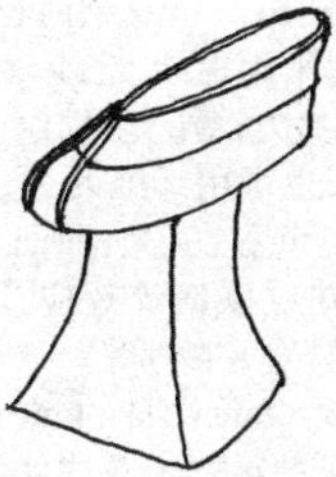

花盆鞋

花片子 huopianzi 中国传统戏曲旦角假发“片子”(390 页)的一种贴法。基本特征为额际两侧的大片呈不对称的曲线。多用于活泼俏丽的小家碧玉或轻浮佻佻的女性。

花三块瓦脸 huasankuaiwalian 中国传统戏曲脸谱谱式之一。见“三块瓦脸”(439 页)。

花十字门脸 huashizimenlian 中国传统戏曲脸谱谱式之一。见“十字门脸”(465 页)。

花式经缎组织 fancy atlas stitch 在一个经缎完全组织中，多次改变垫纱方向和垫纱针距数的变化经缎组织。由于针背垫纱针数多，会改变经缎织物延展线的倾斜角度。织物较厚。

花式皮革 fancy leather 在天然皮革表面染绘图案，艺术风格独特的皮革。可利用皮革天然粒纹本身美观独特的效果，经加工形成特殊肌理，也可配以手绘图，或在光面上进行花式麻绒雕刻，亦或采用手染、扎染、蜡染、喷染等多种方法进行加工，染成各种不同艺术效果、花纹独特的美术染花革。常用猪、牛、羊等皮革加工，具有较高的艺术价值。用于制作装饰品、服装、包袋、皮箱等。

花式双反面针织物 **jacquard purl fabric** 由平针组织与双反面组织组成有规律的条块配置而成的花式纬编织物。原料采用毛纱、腈纶纱及毛型混纺纱等。弹性、延伸性较好，较蓬松，厚实、丰满、具有凹凸效应。用于制作毛衫、外套等。

花式纬编织物 **fancy weft knitted cloth** 以基本组织或变化组织为基础派生的纬编织物。利用线圈结构的改变或另外编入一些附加纱线，形成具有显著花纹的织物。采用集圈组织、纱罗组织、波纹组织、提花组织、菠萝组织、添纱组织、毛圈组织、长毛绒组织、复合组织、横向连续组织以及纵向连续组织等编织。主要原料采用棉纱、毛纱、麻纱、腈纶纱、涤纶低弹丝、弹力锦纶丝、锦纶长丝、混纺纱及花色纱等。也可用纤维束、金属丝装饰、点缀面料。呈现色彩、闪光、凹凸、孔眼、绞棒，不同质地的花纹图案等效应。用于缝制内衣、外衣、T恤衫、毛衫裤等。

花式线毛衫 **fancy yarn knitwear** 以花式线为原料制成的毛衫。花式线结构特殊，色泽丰富，外观别致，立体感强，蓬松，但易抽丝变形。花式线品种较多，常见的有：花股线、夹色线、珠光线、结子线、波纹圈形线、雪尼尔线、毛粒线、弹力线、睫毛线等。为男女皆宜的服装品种。

花塔夫绸 **jacquard taffeta** 即“花塔夫绢”(218页)。

花塔夫绢 **jacquard taffeta** 又称花塔夫绸。丝织物名。桑蚕丝色织提花绢类丝织物。质地平挺爽滑、织纹紧密细腻，花纹光亮突出。宜做妇女春秋服装、礼服等的面料。

花样滑冰鞋 **figure skating shoes** 在冰上滑出各种图案，表演各种技巧和舞蹈动作时穿用的鞋。通常按脚型订制，为高腰、高跟、硬帮、硬底的皮鞋。腰高到踝关节以上，太高妨碍小腿肌肉的活动。跟高与鞋大小成比例，一般260号鞋跟高50～60 mm为宜。与花样冰刀(圆形刀或自由滑刀)相匹配。装配冰刀时，冰刀前端最下面的刀齿应控制在鞋底前端点边沿处，刀尾超鞋后跟25 mm，冰刀前端嵌在冰鞋底中线稍偏里一刀身处，有利于控制平衡。

花瑶 **huayao crepe** 涤纶仿真丝织物的一种。经丝为无捻涤纶长丝，纬丝为强捻涤纶长丝，以2 Z、2 S间隔排列，采用平纹组织织制，表面呈现细小均匀皱纹的织物。质地轻柔，平整光亮，富有弹性，坚牢耐穿，透气性、悬垂性好，洗可穿，尺寸稳定。缺点是吸湿性差，贴身穿着有闷热感，舒适性较差。可作衬衫、连衣裙、丝巾等的面料。

花靥 **flower ye** “花子”(218页)与“面靥”(355页)。泛指中国古代妇女面部妆饰。

花衣 **huayi** 即“蟒袍”(341页)。

花针 **zigzag stitching** 一种手针缝纫法。类似三角针，但出入针之间的线迹距离较大，具有一定的装饰性。常用于服装面、里布上明显需用手缝线迹的部位。

花子 **huazi** 又称花钿。中国古代的一种女性饰品。有用作头饰和面饰之别。用作头饰者，属于花钗类。以金银制成花状，考究者贴以翠羽或镶嵌珠宝，插于发际，以为装饰。其制多见于六朝，延续至明清。用于面饰者，盛行于唐代中后期，即在双眉之间贴以各种材料制成的五彩花子，形状有鸟、虫、花、叶等。材料有硬纸、金箔、鱼鳃骨、螺钿、蜻蜓翅、云母片及翡翠等。贴有花子的妇女形象，在陕西、新疆等地唐墓出土的陶俑、壁画中屡有反映。

花子

华春纺 **huachun habotai** 涤纶仿丝织物名。经纱采用[33.33 dtex(30旦)半光涤纶丝8 S捻/cm×2]6 Z捻/cm，纬丝为13.4 tex(44英支)的65涤/35黏的混纺纱，以平纹组织织成的非紧密结构的织物。重量约75 g/m²。织物平挺、弹性好、洗涤后免烫快干。主要用作夏季衬衣或连衣裙等面料。

华达呢　gabardine　精纺毛织物名。采用斜纹类组织,经纬纱的纱支相同或接近,经纱密度远大于纬纱密度的精纺毛织物。根据织物组织和正反面外观的不同,可分为单面华达呢、双面华达呢和缎背华达呢。织物表面平整光洁,正面斜纹纹路清晰挺直,微微凸起,斜纹角度约 60°,手感滑糯、挺括,富有弹性。但穿着后长期受摩擦的部位因纹路被压平,纤维受磨损,易形成极光。适合作男女套装、风衣等高档服装面料。

华丽风格　gorgeous style　线型曲折多变,上下装比例变化大的服装风格。节奏感尤其强烈,零部件复杂,装饰较多,对比因素夸张,材料光艳。

华丽色调　gorgeous tone　色彩丰富、对比强烈的色调。色彩的三要素对华丽感都有影响,其中纯度关系最大。明度高、纯度高的色彩交叉表现华丽感觉。

华鬘　huaman　即“瓔珞”(615 页)。

华托服　Watteau　又称沃朗特宽松袍、法兰西裙。18 世纪欧洲最时髦的系列女装。由于经常出现在著名画家华托的作品中,故被称为华托服。基本特征为腰以上紧贴身体,领口较低并常饰以皱褶花边,从后领窝处向下有一排整齐规律的箱型褶裥并向长及地面的裙摆处散开,使后背的裙裾蓬松,行走时徐徐飘动。很少有琐碎的装饰,选用图案华美的织锦或闪闪发光的素色绸缎制作。

华托服

猾子皮　goatskin　见“山羊皮”(454 页)。

滑动量规测量法　sliding gauge body section measurement　即“可变式人体截面测量仪法”(287 页)。

滑雪服　ski wear　进行滑雪运动时着用的一类运动服装。除了以运动为主的滑雪服外,还包括往返滑雪场、滑雪后等场合穿用的服装(包括休闲服)。滑雪服包括滑雪(夹克)衫、滑雪裤、滑雪靴、袜、手套等,还常用爱诺瑞克外套、绗缝棉大衣、滑雪帽、滑雪眼镜等品类。结构上有滑雪衫圆翻领(龟领),滑雪裤细裤口等特征。在款式造型上多强调中心线的利用。功能上保证滑雪服膝盖处 13% 以上、臀部 6% 以上的伸缩率。面料要求防水、防风,具备一定的伸缩性和较小的空气阻力。现在多用化纤针织面料,配色对比强烈。

滑雪帽　ski cap　滑雪时戴的具有保暖性的无檐帽。戴时可拉下盖住耳部。一般用毛线或毛皮制作,毛线编织的滑雪帽多色彩亮丽,尖帽顶上装饰着绒球。

化纤服装　chemical fiber garment　采用非天然纤维面料制作的服装大类。如各种时装、休闲服、职业服和特种功能服装。具有色泽鲜艳、不易褪色、不易起皱变形、耐洗、易干、免烫、使用寿命长等优点。随着工艺技术的进步,化纤服装克服了透气性差的缺陷,更加接近天然纤维面料,服用性能大大提高,还获得了众多独特效果。氨纶等弹性化纤服装的问世,使时装设计向表现女性曲线美的方向发展。

化纤织物　chemical fiber fabric　用化学纤维纱线织制的织物。包括“再生纤维织物”(632 页)和“合成纤维织物”(205 页)。再生纤维织物主要有黏胶纤维织物、铜氨纤维织物和大豆纤维织物等,一般具有良好的触感,悬垂性好,吸湿性好,贴身穿着舒适性好,但抗皱性较差。合成纤维织物主要有涤纶织物、腈纶织物、锦纶织物和丙纶织物等,一般强度好,耐穿,抗皱性好,易洗快干、免烫,不易虫蛀和发霉,且具有热塑性、褶裥保形性好,有较好的耐化学药品性,但吸湿性差,易起静电,易沾污,抗熔孔性差,贴身穿着舒适性较差。可用作各类服装的面料、里料和衬料以及服饰用品。

化学防护服　chemical protective clothing　用以防止人体皮肤暴露或接触到化学危害物质时穿着的服装。

化妆　make up　运用化妆品、工具和相应的技术手段，对脸部进行符合一定审美心理的修饰。见“化装”(220 页)。

化妆灯 **cosmetics lamp** 为满足化妆需要而布置的室内光源。国际标准的化妆灯由 15～17 个 100 W 的白炽灯组成。灯泡安置在模特面部的上方与左右侧边，使光线均匀分布在整个面部，效果接近自然光。化妆灯光线的强度可以调整。

化妆风貌 **look** 国际彩妆界的通用术语。指妆面的整体效果图。每季发布一次，展示各个品牌的色彩搭配及化妆重点，是传达流行趋势的重要手段之一。

化妆服 **dressing gown** 梳理发型、入浴后及化妆前后穿用的服装。款式上有长袍罩衣式和披风式两类。面料常用起毛毛圈厚型棉、毛织物。

化妆品 **cosmetics, toiletries** 为保持人体清洁、美化人体、改变容貌、增添健美效果，以物理、化学等方法制造并应用于人体的物品。多用于皮肤表面，除装饰外，主要作用是清洁皮肤，维持适量的油性和水分，以使皮肤细腻、滋润。由基质(水、有机溶剂、油剂、乳剂)、活性成分(表面活性剂、保湿剂、营养成分、特殊成分)、辅助成分(稳定剂、防腐剂、抗氧化剂、香料、着色剂等)三部分组成。有膏、粉、油、胶等状态种类。分为有色系列与无色系列，有色系列起均衡、突出、丰富层次和烘托作用；而无色系列往往起到润泽、粘贴等无形修饰作用。根据使用部位不同，可分为肤用化妆品、发用化妆品、美容化妆品、特殊用途化妆品。

化妆水 **lotion** 具有清洁、调理等功能的液状护肤品。作用是补充水分，使角质层柔软，保持皮肤的正常功能。早期主要于妆前使用，以使妆面持久，今已成为日常的护肤品。根据形态不同，可分为：(1)透明型，含油量少，使用感好；(2)乳化型，又称润肤水，加入一定油性成分，润肤效果好；(3)多层型，粉底与化妆水相结合。适宜夏天使用，清凉不油腻，又起化妆打底的作用，防水，防紫外线，提高美容效果。商品名包括爽肤水、柔肤水、紧肤水、收缩水、保湿露、平衡液等。

化妆箱 **cosmetics case, cosmetics box** 专门用于放化妆品及化妆工具的便携式箱包。一般有若干个分割空间，可以分类存放物品。箱壁以硬质的较好，可有效保护化妆品不因挤压、震动而碎裂损坏。专业化妆人士必备工具。

化装 **dressing** 利用多种材料、零件和工具，对人的头脸部以及身体轮廓、五官、皮肤进行“形”与“色”的艺术设计过程。按使用场合不同，可分为生活化装和表演化装。前者多局限于脸部的艺术处理，后者常涉及全身；按表演性质不同可分为“影视化装”(616 页)、“舞台化装”(551 页)和“歌舞片化装”(177 页)等。习惯上把脸部化装或在身体皮肤上涂脂抹粉、线条描画和色彩晕染的化装写为“化妆”。

化装痕迹 **dressing trace** 即“化装破绽”(220 页)。

化装破绽 **dressing flaw** 又称化装痕迹。指化装技术上的露假现象。主要有：色彩处理不当引起的腮红、口红、眼圈肤色描画过重而露假；塑型零件(乳胶塑皱、假发、假须、假眉、假睫毛)制作不精，粘贴不当而露假；气氛化装与剧情不符，与镜头不接而露假等。化装破绽会影响和损害人物形象的真实感。

化装师 **make-up man, make-up woman** 影视话剧造型人员。职责是根据剧本主题思想、情节结构、演员形貌等要求，设计人物的整体造型，指导制作各种相关的零配件，完成全片人物的试装和定形。

化装舞会礼服 **fancy dress** 女性参加化装舞会时穿着的礼服。由时代服装、民族服装、舞台服装等改造设计的礼服。款式可以自由选择，不受任何限制，主要是与穿着者的个性相适应。根据衣料和穿着者打扮，有的可以作为午后礼服、晚礼服穿着，是各种礼服中最随意的一种。可表现世界各国风俗人情，各种时期的着装特点和特定的人物、鬼神。面料多选用亮丽的花式图案或织有金银丝的华丽面料等，以不同材料的组合运用展现服装的个性。

化装舞会礼服

化装细节 **dressing detail** 化装造型中重点强调的、由生理特点和社会生活赋予人物的外部特征。人的相貌各异，五官各有特点，有时面部还有斑、痣、瘤等。这些生理特点的细节通过化装手段运用于造型，有助于塑造人物外部形象。主要有：人物生活经历所留下的痕迹（如风吹日晒的皮肤，养尊处优的面容，以及年龄增长给人们带来的变化等），风俗习惯和个人趣味爱好在化装上的典型细节（如发式、须型、装饰打扮等），心理现象的细节，如由于心理活动、心理变化而表露于面部的气色、表情等。用于表现人物身份、所处时代和地方特色、人物个性、气质修养等。

化装员 **dressing worker** 又称化装助理。化装师的助手。职责是在化装师指导下完成化装造型所需要的零配件制作，负责次要角色的试装，编制预算，购置和管理化装用品，在拍摄现场保持角色化装的完整。有时也独立进行人物造型设计，完成角色的试装和定型。

化装助理 **dressing assistant** 即“化装员”（221 页）。

划 **making-in** 将衣片按规定尺寸和形状用划粉或其他用具画清、画准轮廓线的技术动作。如划门襟指用划粉画准门襟线。

划粉 **chalks** 在衣料上绘画板样轮廓的制图工具。分为裁剪用划粉和蜡质划粉，蜡质划粉用于毛料，熨烫后划粉会消失。

划绗棉线 **drawing quilting line** 在布料上作出绗棉间隔标记的动作。一般预先做好绗棉间隔大小的样板以方便画标记。

划线器 **seam marker** 用于在布料标划缝份的塑料粉盒。在盒底部装有一个小轮，划粉从小轮处漏出，标划缝份。

划眼位 **marking button-hole position** 成衣加工中按衣服长度和造型要求划准扣眼位置的动作。扣眼之间的间距一般为 7～10 cm，距止口1.5～3 cm，视扣眼大小而定。

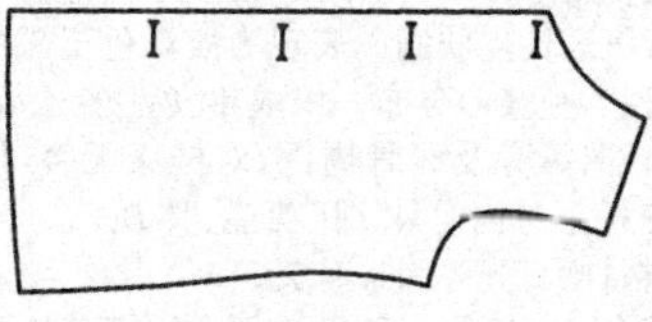

划眼位

划样 **marking-in** 衣片裁剪前将样板放在铺好的缝料上，用铅笔或划粉沿样板轮廓划线作标记。是裁剪开刀的依据，是技术性很强的工艺操作，因此要求划线线条清晰、均匀、圆顺、符合规范。倒顺花原料的划样，应为有方向性的顺向划样；有明显条、格原料的划样，应在标准规定的部位对条、对格。工业生产中有“纸皮划样”（660 页）、“面料划样”（355 页）、“漏板划样”（329 页）和“计算机划样”（243 页）等几种方法。

画眉集香圆 **huameijixiangyuan** 一种人工制成的画眉墨。以煤油渗入麻油、脑麝等香料调制而成。中国古代妇女以此描画双眉。

画嵩 **amending** 服装某部因横向或纵向的长度、宽度不够，使穿着者有压迫感，对这类服装的衣片进行修改的技术动作。如肩头画嵩表示衣片肩缝需改平。

怀旧色系 **nostalgic color** 20 世纪国际流行色彩。20 世纪 50 年代开始，人们眷恋、怀念过去的生活及时尚风格，出现了怀旧浪潮，20 世纪 70～80 年代受到嬉皮士风格及朋克风潮的影响，一度中断，20 世纪 80 年代后又继续盛行。中国敦煌古代绘画色系及陶土色系，土红、土黄、金茶、古铜、棕榈绿、深紫莲、钢蓝、象牙、浅茶褐、栗子等色都是当时的流行色。

踝骨 **ankle bone** 脚腕两边突出的骨头。分内踝骨和外踝骨。从脚底至内外踝骨的高度不同，外踝骨通常比内踝骨矮 3～5 mm，因此矮帮鞋的后中帮高度需要内外有别，且必须低于踝骨，否则会卡脚，甚至磨破皮肤。

环保纺织品 **environment friendly textile** 即“绿色纺织品”（331 页）。

环保鞋 **Envirolites shoes** 即“爱可运动鞋”（3 页）。

环境管理系列标准 **environmental management standards** 又称 ISO 14000 系列标准。国际标准化组织针对全球工商业和其他团体制定的环境保护管理标准。1996 年起陆续推出系列标准，是继 ISO 9000 系列标准后的又一重大举措，旨在改善人类赖以生存的生态环境，为可持续发展创造理想条件，我国有相应配套的环境保护法律和国家标准。采取企业自愿申请，由隶属国际标准化组织的非官方机构审核通过后，可获得认证资格。

环境式风格　environmental style　着装风格的一种。以展示某种环境情调寄托情感为主要目的。服饰常带有特定时间区域的鲜明环境特征，如田园式着装、水手式着装、都市着装。

环境协调纺织品　environmental coordination textiles　即“生态纺织品”(463页)。

环形针　circular needle, loop needle　分别将两根铝制棒针的尾端用尼龙绳连接的手工编织工具。长度为40 mm、60 mm、80 mm和100 mm。按粗细可分为九个号型。使用时成环形编织上升。按尼龙绳的长度确定编织物圆周长的尺寸范围。适用于编织套衫、裤子等。

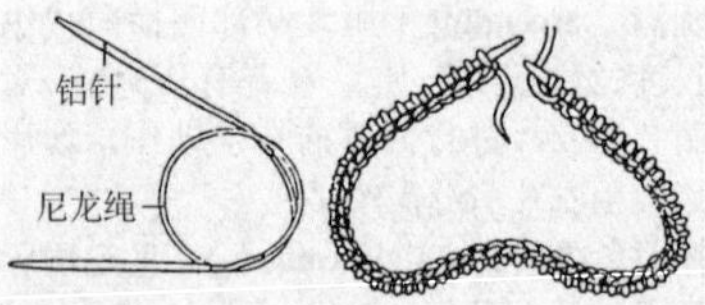

环形针

环针　catch stitching　又称绕缝针、甩针。一种手针缝纫法。在缝料毛边边缘作S形手缝线迹，使边缘纱线不易脱散。操作时缝线要平放，缝料边缘不得扭曲。常用于不易进行车缝、包缝而省缝形状又较复杂的分割线处。

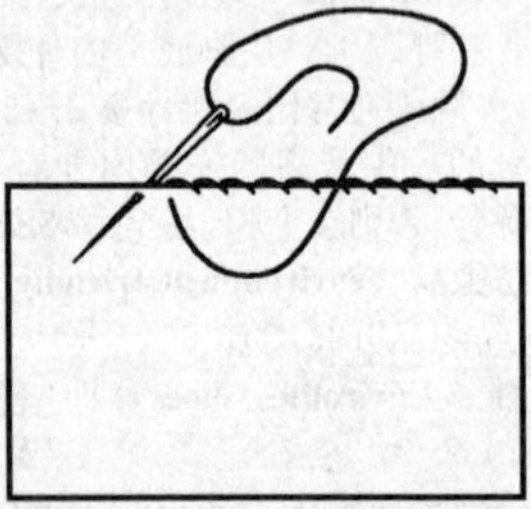
环针法

环状体翻转钩　rouleau loop turner　用于翻转狭窄管状服装部件的工具。由优质细金属丝制成，容易插入非常狭窄的管状部件(如裤腰带等)，以便把该部件翻出正面。

环状体翻转钩

缓性　restoration　缝料经过一定温度、水汽、压力的熨烫后，纱线(特别是经向纱线)会出现收缩，充分冷却后，又有不同程度的伸长，但一般不能回复到原来长度的现象。在服装制作过程中应充分让衣片冷却。

幻彩妆　illusive color dressing　即“梦幻妆”(351页)。

换脚鞋　changing shoes in the wedding ceremony　云南丽江纳西族人办喜事时，新娘送给新郎的鞋。入洞房时，女方送新娘的人将鞋扔到新床下深处，让新郎弯腰爬到床下将鞋取出穿上。鞋与谐同音，取夫妻和谐之意。

换片　changing defective pieces　调换不符合质量的缺损、污损裁片。以减少因部分不良裁片而使整件衣服报废的可能性。

浣熊皮帽　coonskin cap　浣熊皮制的无檐帽。帽后拖挂着浣熊尾巴作装饰，原为美国拓荒者所戴。

浣熊皮帽

皇帔　huangpei　中国传统戏曲袍服中男用“帔”(384页)的一种。帝王、太子专用的常服。长领，领底端齐头，对襟，阔袖带水袖，左右胯下开衩，长及脚面。明黄色，绒绣团龙。如《长生殿·赐盒》中的唐明皇、《上天台》中的刘秀等均着此。

黄褐斑　tawny blotch　发生于面部的一种色素沉着性皮肤病。表现为淡褐色至深咖啡色斑状，呈蝶形分布。以成年女性多见，好发于口部、鼻旁及颧骨周围，对健康无害，但有碍美观。与内分泌、肝功能、体质、营养、药物、精神、日光等因素有关。

黄金　gold　一种贵金属。用于首饰的材料有：千足金，足金，K金等。千足金的含金量千分数不小于999;足金的含金量千分数不小于990;K金按含金量多少又分为24 K金、22 K金、18 K金、9 K金等。1 K代表含纯金1/24,约4.166%。因材质软硬度、延展性、色泽各异,适用性不同,可制作小巧精致的镶宝戒指、耳环,也可制作纤细绵长的项链、手链。

黄狼毛皮　pole cat fur　即"黄鼬毛皮"(223页)。

黄眉　yellow eyebrows　中国古代妇女画眉样式。以黄粉涂眉。

黄牛皮革　cattle leather　"牛皮革"(373页)的一种。黄牛原皮经鞣制加工而成的皮革。毛孔细密、粒面平整、皮板坚韧,手感和物理性能等优于水牛和牦牛皮革。

黄桑服　huangsangfu　即"鞠衣"(272页)。

黄色　yellow　一般色名。包括各种黄的颜色的总称。是三原色之一。太阳光中有太阳黄,微带橙色的称为金丝鸟黄,稍带绿色的称为柠檬黄等。黄色的象征:黄色是大地之色,有光芒四射的含义,在色彩中是最亮的。黄色的明度比较高,十分醒目,在工业安全用色和交通指示灯中,它是警告危险的指定色。在中国传统用色中,最明亮的黄色是除了佛家弟子,唯有历代帝王可专用的色彩,明黄色相应成为最高智慧和权力的象征。我国的古代文明也被称为黄色文明。在古代,罗马黄色也是高贵的象征色。在欧洲,它是上层人士的丧服用色。黄色比红色与橙色都来得明亮,被认为是活泼、快乐的色调。此外,黄色也与财富、光明、永恒、显贵相联系。

黄星靥　yellow star ye　中国古代妇女面饰。以金黄色小花妆饰双颊。

黄鼬毛皮　yellow weasel　又称黄狼毛皮。小毛细皮的一种。产于从东北到长江流域的广大地区。(1)东北地区:绒毛紧密丰厚,针毛挺拔,富有弹性,毛被呈金黄色,以筒状剥皮法剥出的皮筒商品名称为元皮。(2)华东地区:俗称江北路黄狼皮,毛色较深或微红,针毛光润且细,呈黄色,绒毛呈深灰、淡灰或白色,皮板坚韧,厚薄可选,在国际黄鼬毛皮市场最负盛名。(3)中南地区:产于湖北省沙市、宜昌、天门、仙桃、岳口等地的黄鼬皮,针毛呈浅黄色或带微红,绒毛呈灰色,有的尾尖部带黑色,皮板细韧,商品名称为长江路黄狼皮。产于湖北省襄樊及河南省新县、光山、信阳一带的黄鼬皮,针毛呈杏黄色,绒毛呈灰色,皮板较韧厚。河南省安阳、新乡一带的黄鼬皮,针毛略粗呈浅黄色,商丘、洛阳一带的黄鼬皮,针毛细而稍短,色泽略淡,绒毛空疏,称为北狼皮。(4)华北地区:毛被一般较长,针毛呈黄色,绒毛丰厚,色泽光润略浅,皮板张幅较大。(5)西南地区:称为川狼皮,针毛呈褐色,绒毛空疏,皮板较松软。(6)西北地区:称为陕西狼皮,其针毛长、无弹性,色泽棕灰,中脊呈黑色,皮板松而枯薄。黄鼬毛皮具有针毛细密、灵活、绒毛丰足、色泽鲜艳、皮板细韧的特点。经拔针、染色后称黄狼绒。制裘后,适宜制作串刀大衣、披肩等。其尾毛稠密、坚挺、弹性好、沥水耐磨,是制笔、制刷的优质原料。

簧　huang　即"步摇"(42页)。

灰背　gray back　见"灰鼠皮"(223页)。

灰肷　gray shank　见"灰鼠皮"(223页)。

灰色调　gray tone　多种色彩组合时,以无彩色中的灰色或含灰量较多的色作大面积基调色,以小面积高、中纯度色作对比色,总体倾向低纯度的色调。感觉高雅、庄重、含蓄、细腻、耐看、成熟、质朴,较多用于职业服、传统服、礼仪服、便装、时装等。

灰鼠皮　gray squirrel fur　又称松鼠皮、松狗皮。小毛细皮的一种。原产地为南美的安第斯山脉。灰鼠皮上覆盖着纤细致密的青灰色绒毛,毛长3～4 cm,十分柔软,富有光泽。西伯利亚产的灰鼠皮,品质上乘,其背部为灰色,腹部为白色或灰色。灰鼠在我国分布于东北大小兴安岭、长白山和新疆北部阿尔泰山、河北、山西及河南等地,但以东北大小兴安岭一带数量最多。毛色有青灰色、灰色、褐灰色、深灰色、黑褐色等,地区差异十分明显,产于北部的偏灰,南部的较黑,冬毛偏灰,夏毛偏黑。按要求取皮加工成挑开后裆、皮板朝外的圆筒皮。灰鼠皮毛被细密、灵活、色泽光润,皮板细韧。制裘后通常将背、腹皮分开制作成品,用背部皮的称为灰背,用腹部皮的称为灰肷,均可以制成大衣、围巾、皮帽、皮领、手套里等。

徽章　badge　佩戴在身上用来表示身份、职业等的标志饰品。通常用特殊的标识和纹饰作为图案或造型装饰服装。还可以作为纪念品或旅游品收藏,如功臣章、领袖章、风光章等。

回民帽 Huimin hat 又称号帽。回族男子戴的白或黑布制成的无檐平顶圆帽。

回民帽

回纹 rectangular spirals pattern 中国传统几何装饰纹样。以直线折绕或曲线螺旋而成,寓意吉利深长、富贵不断头。由中国商代陶器和青铜上的雷纹衍化而来。图案多以重复排列,表现出井井有条、凝滞严谨、整齐划一的视觉效果。回纹作边饰出现在中国传统服装的领口、袖边等设计中;也作服装面料图案设计的辅助底纹;民间服饰中的回回锦图案就是由四方连续回纹织锦组合而成。

回修 rehandle 工厂中对将质量不合标准的在制品或成品退回原生产者修理的工作总称。是将不合格品修改成合格品的重要工作,常设置在流水线的中间工位及完工检查工位上。

回针 bartack stitching, back stitching 即"倒回针"(90页)。

回族服饰 Hui ethnic costume and accessories 中国回族衣着和装饰。回族分布在宁夏、甘肃、青海、新疆等地。男子戴"回民帽"(224页)或五角、六角、八角帽。穿白土布对襟衬衣,外着蓝、黑色对襟中式纽扣的短装,外罩黑色坎肩,着长裤。老人冬穿青色长袍,戴心形绣花护耳。女子戴白圆撮口帽或盖头(用纱绸缎制作,遮耳护脖),穿大襟衣或对襟长袍,领、衣襟、下摆有绣花、嵌线、滚边、镶色作装饰,戴耳环。也有少女头戴绣有星月纹的勒子与大白方巾,系绣花围兜,着长裤。衣色尚白,纹样以花草、阿拉伯文字为主,忌用人、动物、鸟虫纹样。负责宗教事务的阿訇仍保持古老的长袍,并在号帽外加缠大头巾。

回族服饰

会阴点高 perineum point height, PPH 人体立姿时从会阴点至地面的垂直距离。决定裤长的重要参考值。见"人体高度尺寸"(428页)。

会阴上部前后长 total crotch length, TCL 在躯干前正中线上,以最小腰围部位为起点,经会阴点至躯干后正中线的最小腰围部位的曲线长。裤装上裆长设计的重要参考值。见"人体长度尺寸"(426页)。

绘画般罩帽 draw bonnet 19世纪中期流行的女罩帽。用藤、竹等材料箍制成帽骨架,上面覆盖着薄纱,绕过头顶花帽冠上系带打结,颏处系带打结固定。

绘画般罩帽

绘画风图案 art style pattern 又称美术图案。以某一著名绘画作品为表现主题的图案。是把绘画流派中典型的作品形象直接搬到服饰上,利用名画效应,将或写实或抽象的造型,结合面料材质和服装款式,呈现出新的视觉意义。图形大且完整性好,具有很强的视觉冲击力和艺术感染力。

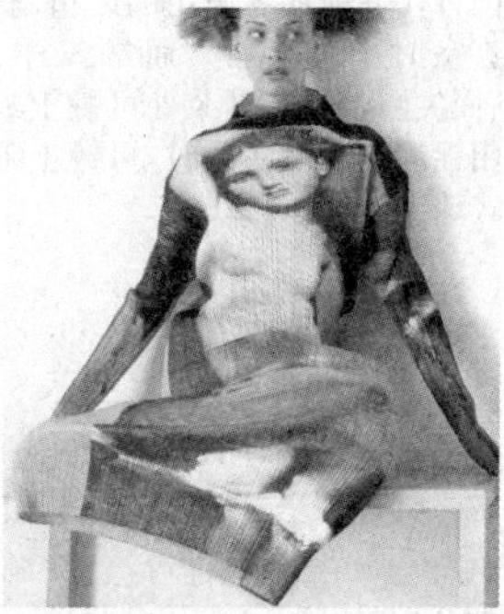

绘画风图案

绘画化妆　painting make-up　化妆艺术最基本的方法。运用色彩以绘画方式进行化妆造型。在影视化妆中,运用色彩学的基本原理,根据演员的面部结构、精神状态、气质、风度、五官的布局等刻画人物的性格、年龄、身份、命运以及心理和生理的某些特征。现化妆色彩越来越趋向生活化,不强调遮盖力而要求透明度、润滑性以增强皮肤的质感和美感。我国电影化妆的绘画技法主要有:"深色淡抹"(462 页)、"局部着色"(272 页)、"单色平涂"(86 页)、"重彩装饰"(666 页)和"工笔勾描"(179 页)等。绘画化妆的色彩,应考虑影片的题材、样式和风格,给予不同的处理,浓淡、繁简应根据影片的色调总谱来设计,并应注意面部与服装、环境造型、光影之间的和谐、对比、变化、均衡的规律。

绘面　drawing on face　一种古老的人体妆饰手法。用矿物、植物或其他颜料,在人脸上绘成各种有规律的图案。既有一定的实用功能,也代表着人类特殊而复杂的精神世界。在青海乐都县柳湾六坪台采集的一件裸体人像彩陶壶,颈部正面塑人头像,嘴与鼻两侧用黑纹各画有竖道,甘肃广河出土的三件彩绘陶塑人头器盖的面部、颈部、肩部都绘有类似山猫或虎豹的兽皮花纹。另外,从秦汉时开始流行的在脸上勾画花子、面靥等面饰的化妆行为,也属于绘面的一种形式。现代的狂欢节、歌舞表演等场合,绘面屡见不鲜。

马家窑彩陶上的绘面

绘身　body printing　一种人体妆饰手法。用矿物、植物或其他颜料在人体上绘成各种有规律的图案。既有一定的实用功能,也代表着人类特殊而复杂的精神世界。曾广泛流行于世界各地的原始民族及当代原始部落中。随着时代的发展,在服装表演、歌舞表演、时尚生活中,绘身也逐渐流行。

马赛人身上的绘身图案

绘图板　digital table　即"数位板"(477 页)。

婚礼服设计　wedding dress design　对婚礼仪式中穿着服装进行的设计。男式婚礼服为高档的西服套装。女式婚礼服基本保留了传统的婚礼服形式,体现纯洁高雅、秀丽素净的风格,因外有披纱,故称婚纱服。女式婚礼服外轮廓造型以 X 型居多,典型款式是上身贴体、胸部微袒,袖山高耸宽大,露臂。下身裙摆前片及地,后片超长,裙摆造型向外张开。

配以头纱和纱手套。婚礼服吸收晚礼服的特点，采用大量花边和刺绣作装饰，层层叠叠，在纯洁中显露华贵之气。绝大部分婚纱均选用纯白色，面料以高档丝绸和纱绡为主，也采用人造缎面织物和提花织物。随着时代的发展，也出现了富有个性特点的婚纱设计，如采用超短连衣裙，配合大量轻纱、花边和亮片的设计，透出时代气息。

婚礼首饰　wedding jewellery　婚庆时佩戴的饰件。分为订婚首饰和结婚首饰两类。订婚首饰主要是订婚戒指，显示男女恋人的订婚身份。结婚首饰除了戒指外，还有套装首饰，如戒指、耳环、胸针等。选用纯度较高或质地纯净的材料，以示爱情纯洁无瑕。

婚纱　wedding dress　婚礼仪式上新娘穿着的礼服。另有头饰、头纱、手套、皮鞋及花束等相搭配。西方新娘多穿着白色紧身连衣裙，第二次结婚者穿粉红色。中国根据红色象征喜庆、幸福的习惯，有选用红色婚纱的需求。为表现纯洁、庄重，白天正式的婚礼服不露胸、肩、手臂、后背等部位；夜间礼服可适当裸露。裙长依场合而定，庄重情况下裙摆较长，前摆及地，后摆加长拖于地面、头纱一般采用丝绸薄纱、锦纶薄纱、网眼薄纱、蝉翼纱或极薄的乔其纱。连衣裙面料多采用绉缎、塔夫绸、乔其纱、天鹅绒等材料。首饰为珍珠项链、耳环。捧花品种可由新娘选定，多用白蔷薇、山茶、百合等花卉。

婚纱

婚纱摄影　wedding photography　以拍摄新娘着婚纱并与新郎一起见证人生重要时刻为主题的摄影。重在表现即将步入婚姻殿堂的恋人之间情深意切、相互爱慕的情愫，以及对未来生活的美好向往。婚纱摄影比较注重新郎、新娘的互动造型和新人面部与婚纱光线的平衡，不能将白色的婚纱拍得暗淡无光，也不能拍得失去细节。

浑脱毡帽　huntuozhanmao　又称卷檐毡帽。中国古代一种秋冬服用的以毡制成的帽子。唐玄宗时十分盛行。通常式样为圆扁形，顶高而尖圆，卷檐，耳朵处可翻上或放下。也有改用锦缎制作。冬季时，可镶上毛皮，或缀上各式珠宝。

浑脱毡帽

混地图案　mixed background pattern　图案与底的面积大致相同，是纺织品图案设计中对四方连续图案设计的一种编排样式。内容广泛、造型丰富，强调图与底的疏密适中且富于变化，排列匀称，以避免花形在接版后产生明显的横档、直条、斜路等。广泛运用于传统和现代服饰图案设计中。

混地图案表现技法　pattern mix showing skill　纹样与地色的面积大致相等的图案的表现技法。易造成平均分配，缺少变化的效果，其表现的重点是纹样以及由衣褶、结构等引起的纹样变化。

混地图案表现技法

混色独码　mixed color and single number 服装“内包装”(369 页)的规格形式之一。不同色彩、同一规格的服装包装在同一纸包或纸盒内。

混色混码　mixed color and mixed number 服装“内包装”(369 页)的规格形式之一。不同色彩、不同规格的服装包装在同一纸包或纸盒内。

混水做　mixed processing 在服装缝制过程中不光用缝纫机缝制加工，还配合使用熨斗熨烫、敷衬定位或手针缀缝的加工方法。与“清水做”(417 页)相对。多用于有夹里的毛呢、丝绸和化纤服装。

混纺毛衫　blended sweater 由两种以上的纤维经过混纺制成的毛衫。0.4～0.9 dtex 超细腈纶短纤维与羊绒及细羔羊毛混纺，织物平滑、古朴、蓬松。羊毛与棉或丝混纺，织物柔软、古朴并具有特殊的花式效应。羊绒/丝/黏胶(10∶20∶70)混纺，织物光泽优雅独特，用于制作套衫、外套。

混纺织物　blended fabric 由两种或两种以上纤维为原料混合纺成纱线，再织造成的织物。可以进行多种纤维间的混纺，使混纺织物兼具所混合纤维的优点。如涤/棉混纺织物既发挥了涤纶纤维强度高、弹性好、抗皱的特点，又发挥了棉纤维吸湿性好、穿着舒适、不易产生静电的优点。根据织物最终用途，可以选择不同纤维原料混纺和不同混纺比的织物。如 65/35 涤/棉织物、50/50 涤/棉织物、70/30 毛/涤织物等。

混合式通风服　mixing ventilation wear 由管道式通风服与夹层式通风围裙结合而构成的全身通风冷却服。

混合型　mixed style 对紧、直、宽三种服装的基本外形进行多元组合，重新设计出兼有三种造型特征的新廓型。如紧宽相兼、紧直相兼、直宽相兼。

混合性皮肤　composite skin 兼具“中性皮肤”(666 页)、“干性皮肤”(171 页)、“油性皮肤”(618 页)中两种或两种以上基本类型皮肤特征的皮肤。一般在脸部 T 形区(前额与鼻梁和下巴组成的区域)呈油性，眼部、两颊呈干性或中性。通常为中性和油性或干性和油性皮肤的组合。由于各部位皮脂分泌不均或水分含量不均造成，以年轻人多见。据统计，青春期女性的皮肤约有 80%属于此类。

豁止口　split at the front edge 服装外观疵病。多指西服上衣的第一颗纽眼扣紧后扣眼以下部分不能并拢的现象。造成的主要原因为:(1)敷衬时，门、里襟止口铺得过斜，敷驳口牵带不紧，驳口宽出;(2)装缝衣领时，串口处的领圈部位被拉宽，或衣领宽松程度不一，烫缝分开后向下倾斜。补正方法为:敷衬时，止口部位的衣料丝绺摆正放直，敷牵带时驳口部位略微收紧，衣领和领圈大小要一致。

豁止口

活裥　kick pleats 又称跨步裥。裥的种类。裥的一端被固定，另一端松散开口。裥的形式可为暗裥，也可为明裥。常用于直裙中，便于腿的跨步行走，也可成为服装设计的点缀。

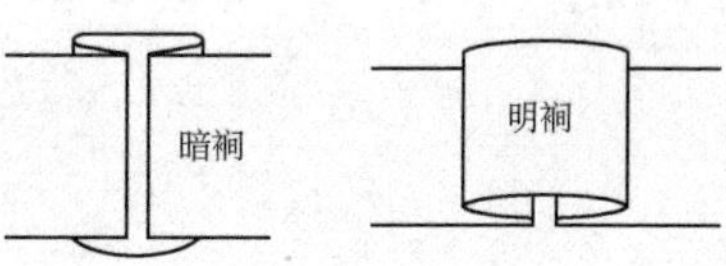

活裥

活力妆　lively make-up 突出活泼朝气、健康自然等特点的化妆。色彩造型较为随意，没有固定的模式，主要避免平淡无味和过于人工化的效果。常以淡妆出现。

活络育克　front and back yoke 即“披水布”(388 页)。

活式塔克　tuck with a heading opening 即“开式塔克”(281 页)。

火加热熨斗　thermal heating iron 带有加热燃料的熨斗。由盛放木炭或煤球的平底器皿和手柄组成。作业时，器皿内的木炭或煤球燃烧加热底板。目前已被淘汰。分为“炭火熨斗”(506 页)和“火烙熨斗”(228 页)。

火烙熨斗　conventional flatiron　用加热的烙铁进行熨烫作业的熨斗。由烙铁和手柄组成。生铁铸造的烙铁放在炭火炉上烤热到需要的熨烫温度后进行熨烫作业。熨烫温度不稳定，目前已被淘汰，但烙铁加热的思想被应用到现代无绳电熨斗上。

火姆司本　homespun　即“钢花呢”(172页)。

火腿纹　ham pattern　即“佩兹利纹”(384页)。

火叶子皮　flame leaf fur　即“紫貂毛皮”(675页)。

霍兹　hose　拜占庭时期的一种看起来类似紧身裤的长筒袜，男女皆穿。有丰富的花色，穿在袍服里面。最早由波斯宫廷戏班丑角穿着，后来由于其迎合了拜占庭人的审美趣味而广为流行。

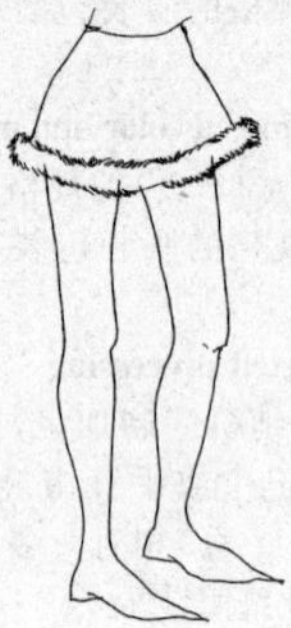

霍兹

J

击剑风格款式　fencing style　设计灵感来源于击剑运动服饰。款式特征为护颈、垫肩、缉明线及面罩等。给人以神秘与英武感。由土耳其裔英国设计师利法特·奥兹贝克(Rifat Ozbek)于1995年春夏季发布会上首次推出。

击剑服　fencing wear　从事击剑运动时穿着的运动服装。包括制服、护面、鞋、袜、手袋等。制服多用长袖针织衫,立领;袖窿较宽松;裤子长度至膝部略靠下;上下装重叠10 cm以上。服装多采用白色或浅色;用厚型急斜纹麻织物。另外配备护胸和护膝等局部身体部位防护物。

击球手帽　batter's cap　棒球打击手轮流击球时使用的具有坚硬帽冠的鸭舌帽。用以保护头部,以免击球时受到伤害。

机缝工艺　mechine-stitching technique, mechanical sewing technique　又称车缝工艺。服装缝制过程以机器为主的操作工艺。设备通常包括各种平缝机以及钉扣、锁眼、开袋、打套结、包缝、卷边等专用缝纫机。机缝工艺种类按线迹类型可分为明包缝(外包缝)、暗包缝(内包缝)、来去缝、搭缝、分缝、分缉缝、坐倒缝、坐缉缝、压缉缝、漏落缝等。

机号　knitting machine gauge　针织机针床上规定长度内所具有的织针数。

$$机号(G)=\frac{针床上的规定长度(E)}{针距(T)}$$

机号表示针床上织针的稀密程度。机号愈小,针床上规定长度内的针数愈少,反之则针数愈多。根据机号大小,可以确定加工纱线线密度的使用范围和判断织物的厚薄。

机械式冲裁机　mechanical punching machine　用曲柄滑块机构产生的动压力冲裁衣片的裁剪机。由连杆、成形裁刀、蜡面工作台、电动机和机架等部分组成。冲裁衣片质量好、精度高、切口光洁整齐。对于每一个需要冲裁的衣片,必须有一个相应尺寸的裁刀。

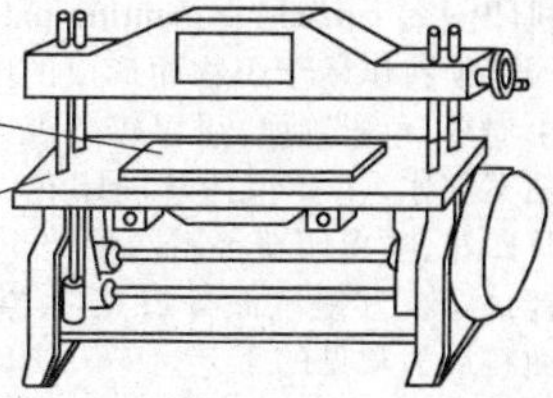

机械式冲裁机

机械套结机　bartacking machine　由凸轮控制缝迹形状,用密集的针距完成加固和装饰工艺的专用缝纫机。由针杆机构、摆梭机构、挑线机构、凸轮送布机构、压脚机构、抬压脚机构、二级制动机构和互锁机构等部分组成。线迹形式为301号或304号锁式线迹。转速1600～2300 r/min,套结长度6～100 mm,套结宽度1～3 mm,套结针数21～42针,针杆行程35～41.2 mm,压脚升距12～17 mm,最大缝厚6 mm。用于袋口部位、裤门襟等的加固缝,或为钉裤带襻、背带、商标等的装饰和加固缝。

机绣图案　machine embroidery pattern　用机器代替传统手工刺绣而成的图案。较之传统手工刺绣图案,表现内容更为宽泛,具有面积大小自由、线迹紧密平整、成本低、速度快等优点,但也有精细度差、缺乏浮雕感等缺点。机绣图案为20世纪初发展起来的图案工艺,在保证产量的同时,也更追求手绣图案的艺术效果,逐步取代了手绣图案,成为服饰刺绣的主要表现工艺,同时还结合印花、织花等工艺的图案,呈现丰富的视觉特征。广泛应用于童装、男女服装、鞋袜等中低档服装服饰图案设计中。

机绣图案

机印图案 machine printing pattern 通过机器将染料作用于织物而形成的图案。造型自由逼真，色彩艳丽，可以较直观再现设计师的图案创作，主要包括丝网印花、滚筒印花、转移印花、喷墨印花等不同种类。具有经济、便捷、高效、方便洗涤等特点，是生产批量图案面料最为常见的工艺之一。机印图案设计应避免图案色档，保证图案的整体连贯性，手绘与计算机技术的结合，是现在设计师采用最多的图案设计方式。广泛运用于女性夏装、男性衬衫、童装、家居服、方巾等。

机印图案

机针 machine needle 机器缝纫所用针。种类繁多，为家庭用、职业用、工业用、特殊用等。有用于机织物的普通尖头针，用于针织物的圆头机针，用于弹性织物的双针等。各类机针有多种规格，以适应不同厚度的织物，一般有 7～24 号，号码越大针身越粗，针孔也越大，通常使用 9～16 号针。

机针

机织服装 woven garment 全部或主要采用机织面料制成的服装，属服装传统大类。机织物的组织品种繁多，织纹变化复杂，结构稳定，不易脱散、起球和卷边，制成的服装外观平整、挺括，尺寸稳定性好，经久耐穿。服装结构既可简约又可繁复，开刀手法、装饰工艺使用方便，轮廓造型变化多。用途非常广泛，尤其适宜制作各类制服和外衣。

机织图案 machine-woven pattern 以纱线作经纬交织而成的图案。经纬材质、组织和色彩的变化形成种类繁多的图案，不同民族、地域各具不同风格样式的机织图案。机织提花组织的图案，花形种类多样，表面可形成浮雕感，以精美华丽为特色，常用于高档女装设计中；工整而规律性强的几何色织图案面料多用于男装设计中。机织图案由于制作工艺复杂，图形的面积、排列、造型、色彩都受制作工艺的限制，现代机织图案更多强调造型与材料、组织的创新结合，追求肌理丰富的图案样式，以适应更广的服装设计需求。

机织图案

机织物 woven fabric 由相互垂直的经纱和纬纱在织机上按照一定规律上下沉浮、相互交织而成的织物。外观、手感和性能与其所采用的纤维原料、纱线的粗细和结构、纱线排列的紧密程度、织物组织和织物的印染后整理有密切关系。根据所用的纤维原料，可分为“纯纺织物”（72 页）、“混纺织物”（227 页）和“交织物”（255 页）。根据所用纱线类型可以分为长丝纱织物和短纤纱织物。根据织物组织可以分为原组织织物、变化组织织物、联合组织类织物、复杂组织织物和大提花组织织物。织物强度高、外观平整、尺寸稳定性好、保形性好，延伸性和弹性较差（弹力纱织制的织物除外）。可用作各类服装的面料、里料、衬料以及服饰用品。

机织物 CAD　woven fabric computer aided design　即“计算机辅助机织物设计”(241 页)。

机织物幅宽　fabric width　机织物沿其纬纱方向量取两侧布边间的距离。是织物经自然收缩后的实际宽度。棉织物幅宽分中幅和宽幅,中幅为 81.5～106.5 cm,宽幅为 127～167.5 cm。精纺毛织物幅宽为 144 cm 或 149 cm,粗纺毛织物幅宽为 143 cm、145 cm 和 150 cm 三种,毛织物均为双幅。长毛绒幅宽为 124 cm,驼绒幅宽为 137 cm,丝织物幅宽范围为 73～140 cm。化纤织物幅宽多为144 cm左右。

机织物匹长　piece length of woven fabric　整匹机织物的长度。棉织物一般在 30～50 m,精纺毛织物一般为 60～70 m,粗纺毛织物一般为 30～40 m,丝织物一般为 25～50 m。

机织物组织　weave　机织物中经纬纱线相互交织的规律。分为:(1)原组织:包括平纹组织、斜纹组织和缎纹组织;(2)变化组织:包括平纹变化组织、斜纹变化组织和缎纹变化组织;(3)联合组织:包括绉组织、凸条组织、假纱组织、网目组织、蜂巢组织和条格组织等;(4)复杂组织:包括重组织、双层组织、起毛组织和纱罗组织;(5)大提花组织等。对机织物的外观、手感和服用性能有很大影响。

肌理纹　texture pattern　模拟天然纹理构成的图案。结合纤维材质与组织结构的变化,表现粗糙、光滑、柔软、坚硬等视觉感受,以获得天然原始、真实随意等艺术特征。广泛运用于服饰设计中。

肌理纹

肌肉妆　muscle make-up　将脸部肌肉的种类、形状、走向在脸部体现出来的化妆。肌肉分为咀嚼肌和表情肌两类,后者是重点,又可细分为三种:(1)单独确定面部表情的肌肉,如额肌、皱眉肌、降眉肌、颧肌、三角肌;(2)可以辅助完成表情的肌肉,如眼轮匝肌、鼻肌、颈阔肌;(3)与表情没有太大关系的肌肉,如帽状腱肌、枕肌、颊肌和耳后肌。化妆步骤是:(1)确定肌肉的位置;(2)涂色晕染;(3)强调线条体现韧性;(4)整理妆型。可用于熟悉面部肌肉的部位、形状、职能以及运动时表情变化规律。

鸡冠帽　coxcomb　专业的宫廷小丑戴用的修饰着锯齿状红布条的无檐帽。

鸡脚皮革　chicken claw skin leather　以鸡的脚爪皮为原料,经鞣制加工而成的皮革。鳞片花纹大而清晰,近似于蛇皮。鸡脚皮革的开张面积很小,只能制作表带、小皮件,或作为装饰品拼接在其他皮革制品上。价格较低廉,装饰性强。

鸡尾酒会礼服　cocktail dress　鸡尾酒会时穿着的礼服。鸡尾酒会从傍晚开始直到夜里,所以穿着要比午后礼服华丽,但却不及夜礼服豪华。款式多为袒胸露肩式连衣裙,裙长至膝下。采用绢地豪华面料,如塔夫绸、天鹅绒、绸缎、乔其纱或有光泽的金银织锦缎等。1988 年秋冬巴黎高级时装发布会上,法国设计师恩格罗首次推出有多重荷叶边的紧腰身鸡尾酒会礼服,采用发亮材料,晶莹闪烁,更增添女性魅力。

鸡尾酒会礼服

鸡尾酒会套装　cocktail suit　正规场合的打扮。风格庄重高雅。由做工精细的上装、长裙(或连衣裙)等组成,再由饰品(帽、披肩、金饰品等）加以点缀，适合鸡尾酒会上穿着。所用面料包括丝绸、天鹅绒、高档呢绒等。色彩以酒红色、暗黑、烟灰、米白等居多。

鸡胸体　pigeon-chested figure　前胸沿前中心线的隆起程度较正常体大的体型。衣身纸样设计时左右胸高点的水平距离较标准体小，前浮余量较标准体增大。

笄　ji　中国古代的一种簪发用具。头饰的一种。商周时期称笄，战国后多称为簪。现有大量出土实物，常见有伞形、夔形、蛙形等。材料有玉、石、骨、竹、木、金、银、铜、角、象牙、玳瑁等。考究者将簪首做成各种形状。男子用它系髻栓冠，女子则用于固髻。一般以材料区分等级，每个朝代各有所不同。清朝实行剃发留辫，男子使用者减少，渐演变为女子专用饰品。

屐　ji　南北朝至辽宋时期对鞋，特别是木底鞋的称谓。最初于雨天穿着以防滑，后演变成一种便鞋，晴天也可穿着。一般为木底，鞋板底部前后各有一直竖状木齿。鞋面有木、麻、布、皮等材料。种类很多：如谢公屐，南朝人谢灵运发明的一种适于山地行走的木底鞋；棕屐，以棕片为鞋帮的木拖鞋；帛屐，以丝织物为帮面的木底拖鞋；蜡屐，防潮湿的涂蜡木底鞋；重齿屐，一种木底上装有鎏金铜齿的鞋；皮屐，皮帮木底鞋，多见于唐代，我国南方新中国成立前尚有，称木屐。

基本色名　basic color name　在日本工业标准的色名中，把红、黄红、黄、黄绿、绿、青绿、青、青紫、紫、红紫作为彩色的基本色名使用。把白、明灰、灰色、暗灰、黑等作为无彩色的基本色名使用。

基布　base cloth　又称底布。制造衬布所用的织物。用机织物、针织物和非织造布制成。所用纤维材料有棉、麻、毛、化学纤维以及涤/棉、涤/黏混纺纤维等。基布的单位面积重量为12～130 g/m^2。机织物和针织物均需经前处理和后整理方可进行涂层，非织造布可直接进行涂层。目前机织基布与针织基布、非织造基布用量比约为3∶1∶6。加缝编的非织造布兼具两者的特点，是一种新型基布。

基础标准　basic standard　在一定范围内作为其他标准的基础并普遍使用，具有广泛指导意义的标准。服装基础标准按其性质和作用的不同有四类：(1)术语。例如GB/T 15557—2008《服装术语》；(2)符号。例如GB/T 1335.1—2008《服装号型》；(3)测试方法。例如FZ/T 80007.1—2006《使用黏合衬服装剥离强力测试方法》；(4)管理标准。例如FZ 80002—2008《服装标志、包装、运输和储存》。

基础粉底　base foundation, base make-up　在肤色修正液后使用的用来对全脸进行肤色肤质调整的粉底。

基础领窝　basic neckline　与人体颈根围相对应的衣身领窝。常作为衣身原型的领窝应用于各类服装样板设计过程中。

基础线　basic line　在结构制图过程中所使用的纵向和横向的基础线条。作为构造衣片外轮廓的基础。常用的上衣纵向基础线有“止口线”(660页)、“搭门线”(76页)、“撇胸线”(391页)等；上衣横向基础线有“衣长线”(609页)、“肩斜线”(250页)、“胸围线”(581页)、“袖窿深线”(585页)、“腰节线”(604页)等。常用的下装纵向基础线有“裤侧缝线”(291页)、下裆线、“前裆线”(405页)、“烫迹线”(507页)等；下装横向基础线有“上平线”(455页)、“裤长线”(292页)、“横裆线”(209页)等。

Y/B基调理论　Y/B fundamental theory　解释色彩冷暖感受形成规律的理论。在冷暖倾向不太明显的一组颜色中分别加入一定量的蓝色或黄色，视觉上会有前者变冷而后者变暖的感觉。蓝色和黄色能够支配一组颜色的冷暖倾向，如一组颜色让人感觉相对寒冷，则这组颜色以蓝色为基调色(支配色)；如一组颜色让人感觉相对温暖，则这组颜色以黄色为基调色(支配色)。适用于个人服装色彩的整体协调。

基诺族服饰　Jino ethnic costume and accessories　中国基诺族衣着和装饰。基诺族分布在云南。男子青布包头，头穗处饰以花卉。穿镶边的白粗布对襟短褂，无领无扣，胸部、下摆、袖口有黑红相间的条纹，背部缀一绣有太阳花的黑布。这种形似太阳的月亮花，传统称为孔明印。着白或蓝色的过膝长裤，扎白或黑色绣花绑腿。女子披发或打结，穿三角绣花胸兜，外套彩色横条纹对襟小褂，无领无扣，袖窿以上为黑或青色，背部绣一对太阳花。着长不过膝的合欢裙。裙摆有彩色镶边。扎绑腿，挎背包。男女都穿大耳孔，男子戴大耳塞或耳孔处戴黄色花朵，女子则在耳孔处戴花朵或插有鲜花的竹管，头戴的麻布翅尖帽，或用彩条为饰，少女帽角下垂至肩，婚后卷起一角。

基诺族服饰

基色　soul colors　即“原色”(622页)。

基同　chiton　古希腊的一种白色束腰宽衫。通常用布料横向对折的方式围住身体,以胸针或扣节系固。男女均有穿用,女装长及脚踝,男装长及膝盖。根据剪裁及系束的不同,后又发展出“多利亚式基同”(114页)和“爱奥尼亚式基同”(2页)。

基同(男)

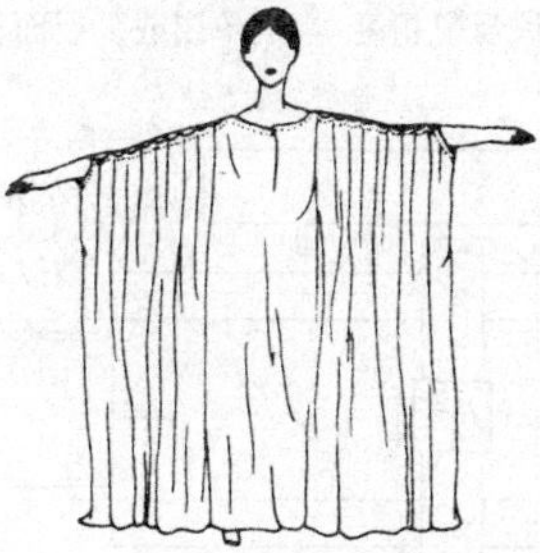

基同(女)

基型　standard block pattern　服装基础纸样的形式。同类服装中最基本的款式造型的样板。如单排西装是各类西装的基型,以基型作为基础进行结构制图,更加方便、快捷。

基型制图法　standard block pattern drawing　根据服装造型和规格,在基型样板上作结构变化,得到所需款式的结构制图方法。由于基型是最基本的款式,所以在其样板上做简单变化便可得到所需款式的样板。

基准垂直面　reference vertical plane　即“正中矢状面”(647页)。

基准点　reference point, starting point　又称样板基准点或样板原点。服装样板缩放时预先要确定的基础点。作用相当于坐标轴上的原点。它决定了样板缩放时的方向性,其他样板特征点也以此点为基准进行上下左右的缩放。

基准水平面　reference horizontal plane　即“人体腰部水平面”(430页)。

缉　stitching　衣服正面止口缝迹的缝制。有时与缝并用,作缝合的一般用语。如缉双止口、缉缝挂面。

缉衬　stitching chest-interlining　将前衣身的挺胸衬、布衬用锯齿形线迹缝合的动作。缝合时注意胸部的隆起状态。一般用于非黏合固定布衬的场合。

缉衬省　stitching lining-dart　机缉前衣身衬布省的动作。一般用叠合省两边缝合的方法缉缝。

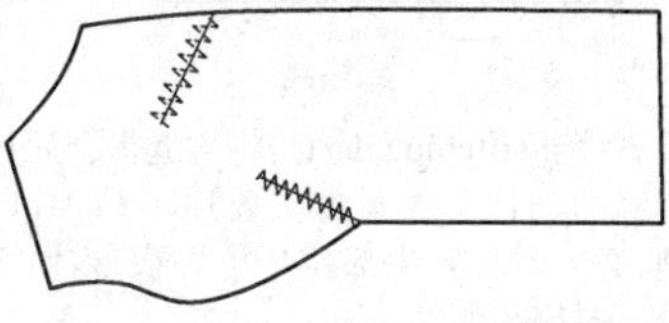

缉衬省

缉袋嵌线　stitching pocket welt　将嵌料缉在开袋口线两侧的动作。嵌线料要取直丝绺,缉缝时嵌线布要稍拉紧,以使成型袋嵌线外观平整坚实。

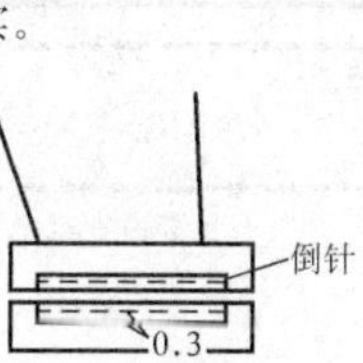

双嵌线

缉袋嵌线

绱裥 machine-stitching pleat 将褶裥烫折后在上口车缝固定的动作。车缝固定的长度一般为 3～4 cm。

绱零料 stitching components 将构成服装的零部件，如衣领、口袋袋盖、门襟、里襟、腰头等，用锁缝或链缝线迹缝合成所需造型的工序。该工序比较独立。

绱明线 top stitch 机绱或手工绱缝服装表面的线迹。要求绱线光顺、整齐，一般不能接缝。

绱嵌线 inserting pipe 将同色或异色的包芯或不包芯嵌线布缝合于两块缝料之间，使部分嵌线露出的工艺形式。嵌线布一般用裁成 45°的斜料，且要与布料的布纹成正交状态(断丝料)。具有良好的装饰性。常用于童装或部分成人服装。

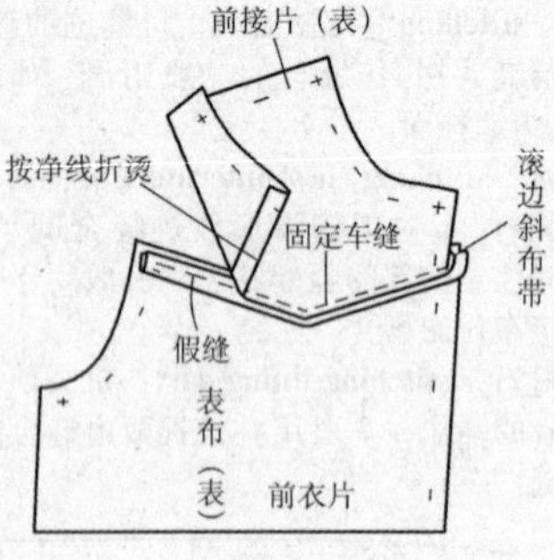

绱嵌线

绱省缝 stitching dart 将省缝折合后用机器绱缝的动作。注意省尖要逐步趋尖，以免成泡，必要时在省尖部位垫小块垫布，便于省尖分开时熨烫服帖。

绱双止口符号 double topstitch 服装结构制图符号。表示在服装止口处绱双明线。实线表示衣片的轮廓线，虚线表示明线的线迹，两条明线一般间隔 0.6 cm。

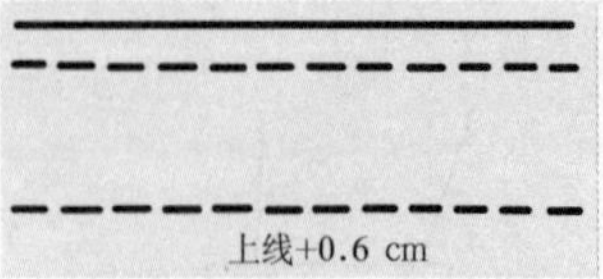

绱双止口符号

绱线上炕 stitch seam leans out the line 服装外观疵病。服装绱缝时缝线绱在规定位置上部的现象。补正方法为：可在压脚旁边装定规或放一块栏边，使绱线等距顺直。

绱线下炕 stitch seam leans out the line 服装外观疵病。服装绱缝时缝线绱在规定位置下部的现象。补正方法为：可在压脚旁边装定规或放一块栏边，使绱线等距顺直。

绱褶 tuck 即“塔克”(504 页)。

绱止口 stitching ends 又称边饰缝。在已缝制成型的缝料正面，沿部件轮廓线车缝的工艺。可根据款式造型选择缝线粗细，缝迹宽度0.1～1 cm，密度(8～16 针)/3 cm。既起固定缝份的作用，又具凸显止口形状及装饰线立体形态的装饰功能。常用于服装衣领、门襟、口袋、袖口等部件的缝制。

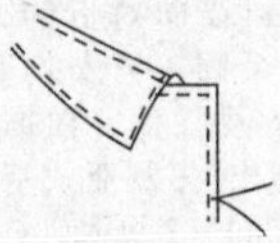

绱止口

激光裁剪机 laser cutting machine 利用激光熔融纤维材料切割面料的非接触式裁剪设备。由激光发射装置、聚光切割嘴、裁剪工作台、托架和滑座等部分组成。切口宽度 0.2 mm，最大误差为 ±0.05 mm，最大切割速度 46 m/min。作业时，在计算机控制下，聚光切割嘴将高强度聚焦光束按要裁剪的衣片图案指令在布料表面移动，实现面料裁剪。激光强度不会对裁剪工作台面的网状金属丝产生切割作用。作业过程中无需换刀。切割布边硬实、光滑，且布屑少、割缝小、精度高，适于切割任意复杂形状或有特殊形状要求(如镂空、衣片曲线反复折变等)的单层或少层面料。

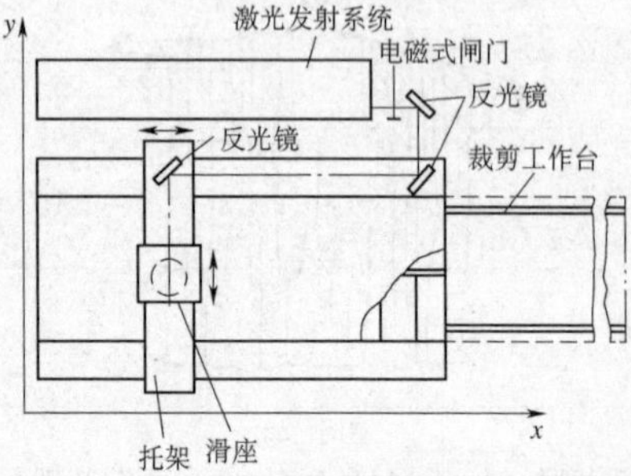

激光裁剪机

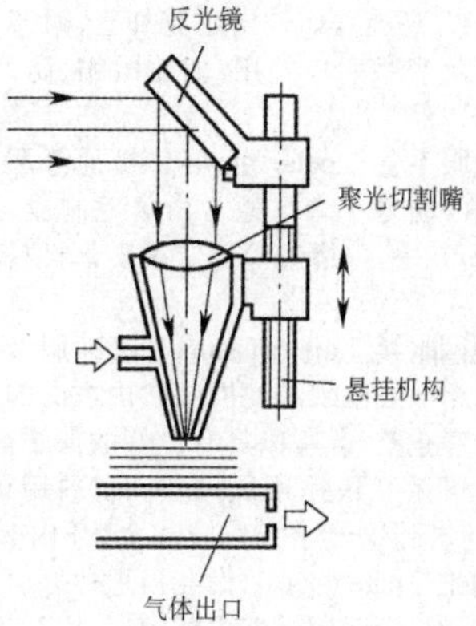

激光裁剪机

激光美容　laser beauty　一种美容方法。利用激光的热作用，破坏病变组织，以达到美容的目的。小功率激光可影响身体的内分泌功能，促进体内代谢过程，提高皮肤细胞的活力，从而起到抗衰老作用。可用于治疗色素痣、血管瘤、汗管瘤、粟丘疹、皮脂腺囊肿、皮肤疣、腋臭、多毛症，并可用于穿耳孔。

吉卜赛风貌　gipsy look　以吉卜赛的民族服饰为灵感设计的时装款式。源自20世纪60年代末。当时，由于受嬉皮风的影响，吉卜赛风格服饰十分流行。1968年春夏发布会上，设计师朱利斯·富兰克斯·克拉汉(Jules Francois Crahay)设计了带浓郁吉卜赛风情的女套装，黑色衬衫、黄色短裙、印花皮革马甲，加上吉卜赛风格项链和帽子，引人瞩目。其后，巴杜(Patou于1971年)，郎万(Lanvin于1975年)，伊夫·圣·洛朗(YSL于1976年)，恩加罗(Ungaro于1977年)等先后推出此类风貌的款式。

吉卜赛帽　gipsy bonnet　19世纪后期流行的小型女罩帽。仅可罩住头顶，用羽毛和花边装饰。

吉布森女郎风貌　gibson girl look　呈S型曲线的女装。维多利亚风格，19世纪末开始出现。以女性服饰的侧身轮廓S型曲线为特征，强调收敛的腰部，丰满的胸部，腰臀合身而裙摆宽大，女性味十足。由于美国画家吉布森(Gibson)曾描绘此类妇女肖像而得名。

吉布森女郎风貌

吉服　jifu　即"祭服"(244页)。

吉服褂　jifugua　清代命妇所穿的一种礼服。相当于皇后、嫔妃的龙褂。以石青缎制成，圆领对襟，两袖平齐，下长过膝。所绣花纹各有定制。自皇子福晋至七品命妇，礼见、宴会均可穿用。皇子福晋绣五爪正龙四团，前后两肩各一。

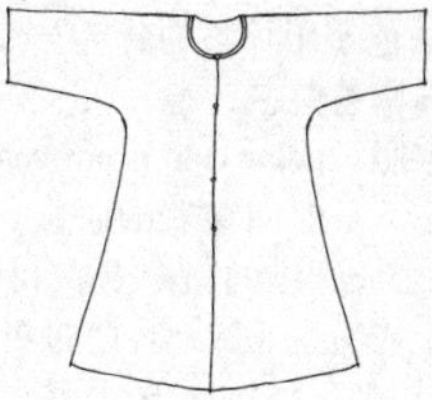
吉服褂

吉服冠　jifuguan　清代帝后、百官及命妇所戴的礼冠。其礼仪性仅次于朝冠。常朝礼见均可戴用。分为冬季冠和夏季冠。冬季冠以兽皮制成，圆顶、翻檐。夏季冠以竹篾为胎，上蒙绸纱，尖顶、敞檐。通常冠上缀以朱纬和顶饰；冠下缀以帽缨，使用时系结于颔下。冠上的顶饰是区别身份、辨别等级的重要标志。如皇子用红绒结顶；亲王、亲王世子、郡王、贝勒、贝子用红宝石顶；镇国公、辅国公、镇国将军、辅国将军用珊瑚顶；奉国将军用蓝宝石顶；奉恩将军用青金石顶；一品官用珊瑚顶；二品用镂花珊瑚顶；三品用蓝宝石顶；四品用青金石顶；五品用水晶顶；六品用砗磲顶；七品、八品用素金顶；九品用镂花金顶。普通命妇所用之顶各依品级。皇后、贵妃用东珠顶；皇子福晋用红宝石顶。其制沿用至清末。

吉服冠

吉利鞋 Gillie shoes 一种矮帮无舌皮鞋。Gillie一词原指苏格兰打猎者的向导。20世纪初，时髦的苏格兰地主经常穿着带有鞋穗的镂花皮鞋打猎，为便于在山野中行走，并防止泥沙、露水和草屑等进入鞋内，将鞋口稍微加高加大，以便脚伸入，而后将鞋口周围的帮面皮下翻，形成一个既可作为鞋口装饰的精致花边，又可穿进鞋带的窄缝。拉紧鞋带，将鞋口和脚腕严密封住。

极淡色调 pale tone 淡雅色调。20世纪60年代，西方女性追求纤弱美的服装成为一时风尚，女装强调优雅的线条和极淡的色彩，在洁白的肤色上用长长的睫毛与红红的口唇作反衬以强调苍白感。

极地防寒服 polar cold proof coat 一种户外极寒状态下长时间穿着的服装。包括内充羽毛或棉、合成纤维的绗缝上衣和裤子，以及连衣帽。上衣分为套头型、门襟处有拉链和纽扣的固结型两大类，衣长及膝。爱斯基摩人的极地防寒服采用防风性好的埃及棉，内垫狼等动物毛皮。或者采用合成纤维替代兽皮，更为轻便，如用锦纶斜纹布作面料，锦纶塔夫绸作里料。袖口、衣摆等处（如采用针织品）可紧闭，裤脚口能放入防寒靴内。上衣有大口袋，便于戴着手套的手插入。连衣帽的周边有毛皮，能防风。

极地服 polar wear 南北极地严寒区域内着用服装的总称。具有防寒、安全、造型简洁、耐久、透气、易于活动和穿脱、注重色彩等特点。早期多指北极圈里爱斯基摩人穿用的毛皮外套等。第二次世界大战后，对南极的开发使得极地服受到重视和发展。按使用场合有室内用（气温较高、干燥），如网眼衬衫、网眼裤子、法兰绒针织衫；夏季户外用（气温0℃左右、高湿），如爱诺瑞克外套、耐寒橡胶长靴以及严寒期户外用，如露眼帽、防寒帽、雪靴等。

极地服手套 polar gloves 极地等严寒环境使用的防寒手套。通常由羊毛制成、五指可分开，在手套、指尖等部位用皮革材料增加强度。

极地网眼衫 air-net shirt 极地服装的一种。由粗纱线编织成的网眼状内衣。因网眼可滞纳静止空气，所以具有良好的保暖效果。同时也可敞开快速通风散热。材料用棉、维纶、腈纶、棉混纺等。该结构也适用于内裤等。

极地靴 pole boots 南北极地严寒区域穿用的鞋靴。帮面用天然皮革制成，内衬毛皮，面里间夹PU泡沫塑料或其他绝热材料。天然橡胶外底，特种纤维纸板内底，内外底间插入较厚的泡沫塑料层或毡垫、气垫等材料，以隔绝热量散发和冷空气入侵。外底具有吸盘式胶钉或倒顺齿式粗花纹。无后跟或后跟较低，鞋底较柔软，从而尽量扩大接触面，增加抓着力。靴内有活动海绵垫，有的内置发热电池装置。除帮面缝线外，所有连接均用天然棉麻线手工或机器缝合，以免胶粘剂等聚合物冻硬断裂。

极简主义风貌 clean basic look 一种服装设计风格。20世纪90年代开始流行。服装强调简洁清晰的造型轮廓，不注重细部设计，突出衬衫、长裤、裙子、外套等基本款式的搭配组合，色彩侧重黑、白、灰的无色系或米黄、棕色等。

集圈纬编织物 tuck knitted fabric 由一个正常编织的线圈和一个或几个未封闭的悬弧组成，并将一种或几种不同的集圈线圈作无规律配置或交叉配置而成的纬编织物。产品包括：在双罗纹组织基础上集圈编织的集圈双罗纹，在集圈组织基础上形成的集圈波纹组织，由提花组织和集圈组织相复合的提花集圈组织，在纬平针组织基础上交叉连续两次集圈编织的珠地网眼织物、集圈乔其纱、菱形网眼织物以及皱裥织物等。采用棉纱、涤纶丝、腈纶纱、毛纱、丙纶纱等为原料。具有横向延伸性小，不易脱散，厚度、宽度大等特点。集圈线圈按一定规律排列，织物表面呈现图案、闪色、孔眼、凹凸等效应。用于制作衬衫、T恤衫、休闲服、套装、内衣等。

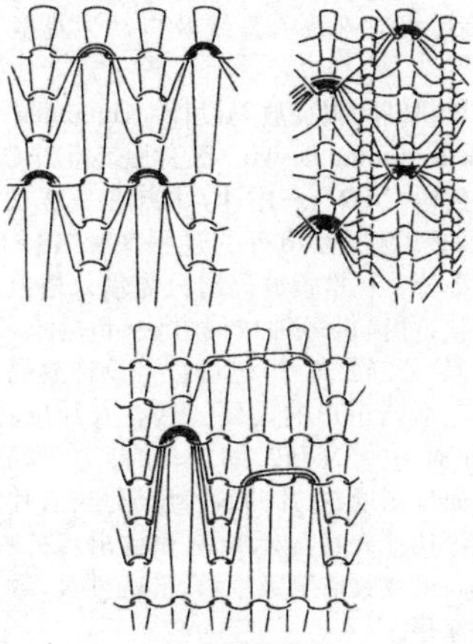

集圈纬编织物

几何纹　geometric pattern　直线、曲线形成的抽象图案。包括正方形、三角形、圆形等，构成元素简洁而规整，表现严谨、比例、节奏、秩序的美感，具有强烈的视觉特征。图案与制作工艺紧密相关，常见的有织造和编织等工艺。现代印花工艺为几何纹提供了更为自由的表现手段，随意多变的几何纹体现了抽象图案的魅力，广泛应用于各类现代服饰设计中。

几何纹

几何形剪发　geometric sculpting　将头发剪成几何形外观。通常借助于头发直度、体积，以方形或三角形线条进行修剪，使头发末梢呈斜线形或钝形，塑造立体的外形。

几何造型法　geometry formative method　服装外轮廓设计方法之一。利用简单的几何模块进行组合变化，从而得到所需要服装造型的方法。做法是：用纸片裁成形状各异的简单几何形，如圆、椭圆、正方形、长方形、三角形、梯形等，将这些简单几何形在模特胸架上进行拼排，直到出现自己基本满意的造型为止，此造型的外层边缘就是服装的外轮廓造型。几何模块的数量和种类越多，得到的造型就越丰富越细致。接着对拼出的造型做进一步的修改完善，使之成为具有服装特色的造型。最后还要配备许多能准确表达服装特色的线条，使外轮廓更完美更精确。其优点是不受某个造型的局限，设计的自由度极大。

挤出围条　extruded foxing　用三色橡胶围条挤出机制造的围条。机组中，主机较大，用以挤出围条的基体，两侧两个副机，用以挤出色线。三种胶料通过机头的复合板复合，成为附有与基体不同颜色色线的三色围条。若只用一条色线，则仅使用一台副机。由于色线也是橡胶，在基体上的附着力、颜色遮盖力，都胜于涂色围条。

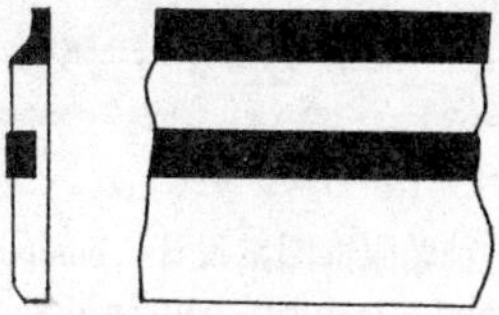

挤出围条

麂皮革　chamois leather　麂的原皮经鞣制而成的皮革。麂皮的毛较粗硬，皮面粗糙，斑疤较多，不宜制成光面（正面）皮革，通常制成双面绒面皮革，表面的绒毛细腻、柔软，丝光感强，拉伸强度好，耐碱、耐溶剂、耐水洗、耐摩擦，有良好的吸水性。常用作揩擦材料，擦拭光学仪器、玻璃镜片、高级轿车等，既可擦净，又不留细小毛絮，而且不会损伤光洁的表面；可以用于过滤汽油，以吸收汽油中的水分；也可用于制作衣服、手套、领带、鞋类和手袋等，为高档商品。因野生麂皮来源很少，以羊皮、鹿皮或小牛皮经油鞣制成的绒面革，性能与麂皮革基本相同，用途也相同，统称为麂皮革。

麂皮鞋　deer leather shoes　即“鹿皮鞋”（330页）。

计算机辅助纺织品设计　computer aided textile design　又称纺织品 CAD、服装面料 CAD。利用计算机技术解决纺织品设计与数据管理的自动化软件系统。一般由输入、管理、处理和输出四大模块组成。主要功能包括图案与色彩设计、纱线设计、组织设计、工艺设计、外观效果模拟和数据管理等。通常针对不同类别纺织品开发相应的专业软件，如机织物 CAD，针织物 CAD，印花织物 CAD，绣花 CAD 等。本系统能将设计图纸和织物 CAD 图像快速地转化为技术设计数据，并能支持相关设备实现自动化生产，可大大缩短纺织设计周期，降低设计成本，是提高纺织品设计及加工数字化程度的理想工具。

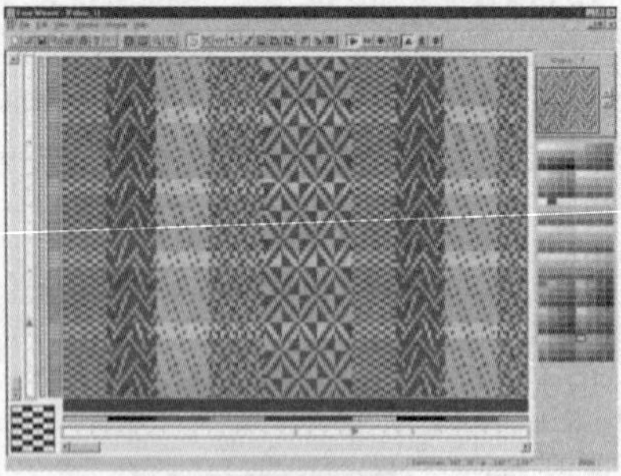

计算机辅助纺织品设计

计算机辅助服饰图案设计　computer aided garment and accessories pattern design　又称服饰图案 CAD。服饰图案是服装造型设计的要素之一，常指服装上的纹样装饰。借助计算机实现三维人台静态着装效果显示，可以在人台上任意调换面料及相应花纹，是实现快速服装造型设计系统。一般由花型图案编辑模块，造型设计模块，着装效果显示模块，各类信息与图案库管理模块，输入输出模块等组成。大大缩短了服饰图案设计周期，可用于服装产品系列的综合展示。

计算机辅助服装裁剪系统　computer aided garment cutting system　又称服装裁剪 CAD。利用计算机辅助完成衣片裁剪的软件系统。在传统裁剪机械设备系统的基础上用电脑导入排料的数据信息，如衣片数据、缝料数据及排料要求，利用数码控制装置对剪切工具进行直接控制，按照排料图形裁出符合技术要求的衣片。自动裁剪系统具有规格缩放功能、样板检验功能、衣片排料功能、自动验布及切割功能等。剪切工具分为激光裁剪系统、高压水射流裁剪系统及自动刀具裁剪系统等。

计算机辅助服装放码设计　computer aided garment grading design　又称服装推板 CAD、服装放码 CAD。利用计算机辅助完成衣片读入、推板、绘制输出等的过程。属服装 CAD 的一部分。在推板放码时只需输入档差及放码档数，可提供多种放码方法，包括点放码、线放码、分割放码等，也可自行设计放码方法以适应不同用户的需要。具有衣片旋转、对称、分割、组合、翻转、缩放、加贴边、加缝边、衣片面积测量、衣片曲线长度测量、衣片周长计算等功能。可显示绘制和输出各档衣片，可提高工效数倍至数十倍，准确性高，数据样本易保存。

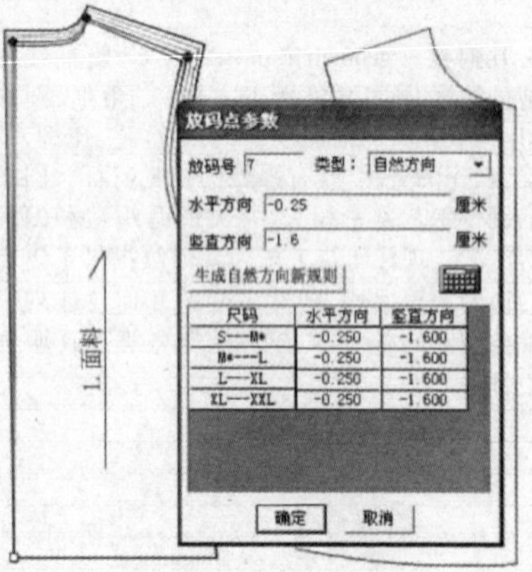

计算机辅助服装放码设计

计算机辅助服装风格设计　computer aided fashion style design　又称服装风格 CAD。借助计算机完成服装款式平面结构风格设计的系统。服装风格指服装设计所表现出的思想和艺术特点，可按综合性、个别性、艺术流派、名师名品以及文化群体等命名(如经典型、民族型、运动型、休闲型等)。这类系统软件一般由款式库、部件库、配件库、服装风格交互设计模块、款式智能拼接模块、输入输出模块以及数据库管理模块等组成。通过输入款式及相应的风格、各类元素的交互风格设计、款式智能拼接、部件图案填充、显示输出等流程实现快速设计。其中服装风格的数字化设计与基于款式智能拼接为核心模块。这类系统软件实现了基于服装风格的快速服装设计技术，是“服装款式 CAD”(155 页)基础上的发展。可用于服装产品系列综合展演、大型服装商场供消费者选购时装时试衣。

计算机辅助服装工艺规划　computer aided garment process planning　又称服装 CAPP。采用计算机编制服装工艺规程的系统。是连接计算机辅助服装设计和计算机辅助服装制造的桥梁。基本功能包括服装的工艺流程设计、设备选择、工时定额计算等。通常由五个部分组成：(1)服装信息输入；(2)工艺决策；(3)服装工艺数据库和知识库；(4)人机界面；(5)服装工艺文件输出。系统的输入包括服装加工基础数据，加工要求数据，加工综合信息等。系统的输出为服装加工工艺路线、工序卡、工序图及工时定额等。该系统包括两种基本类型：(1)创成式服装 CAPP，基于系统决策逻辑和服装加工数据信息自动生成服装加工工艺；(2)派生式服装 CAPP，通过匹配系统的典型工艺，并基于服装加工的具体要求，进行必要的编辑，从而生成服装加工工艺。该系统可缩短服装工艺设计周期，降低设计成本，实现工艺设计的标准化和最优化。

计算机辅助服装教学　computer aided garment instruction　又称服装 CAI。利用多媒体技术、数据库技术与网络技术，通过人机互动实现服装专业教学的系统。为信息技术与学科课程整合的重要组成部分。通常指结合服装知识编制的一套专业性较强的多媒体课件、教学网站或教学软件系统。结合预先编制的服装专业性教学 CAI 软件，应用多媒体计算机、投影仪等硬件设备辅助课堂教学。使学生在声、光、影等元素的刺激下接受比普通教学多得多的信息量。融科学性、教育性、艺术性及技术性于一体，有利于实现服装教学的体系化、规范化和科学化。具有交互性高、因材施教、操作简便、形式多样等特点，可用于远程教学。

计算机辅助服装款式设计　computer aided fashion style design　又称服装款式 CAD。利用计算机辅助完成服装款式设计的系统。代替服装设计师手工绘制服装款式图和效果图，可反映着装者的全貌和重要的细部设计。款式设计软件包括：(1)数据库模块、包括工具库和素材库，素材库又包括笔型库、线型库、色彩库、纱线库、面料库、工艺样片库、款式库等；(2)面料设计模块，包括：①面料的组织结构设计，如机织物的组织设计图与效果模拟，针织物的线圈结构设计与效果模拟；②面料的图案设计，通过丰富的绘画、图案编辑功能再现服装的自然隐影、悬垂感、褶皱感等特性；(3)着装效果图设计模块，在人台或模特身上设计不同的服装款式，并任意更换面料、款式，模拟二维或三维着装效果；(4)款式图形输出模块。该系统可大大缩短服装款式设计周期，并可用于产品系列款式的综合展演。目前正向智能化、网络化、三维立体化方向发展。

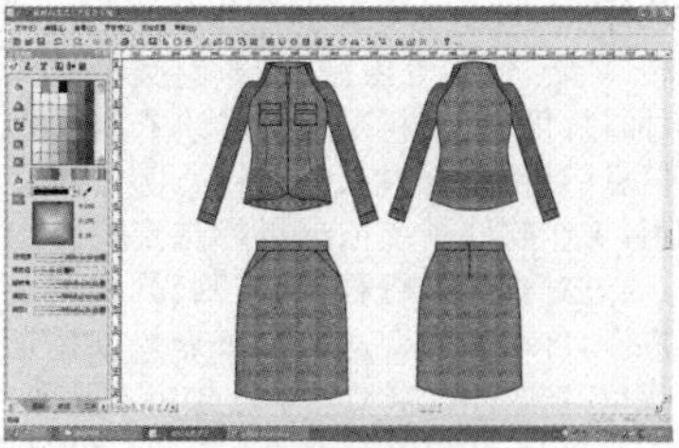

计算机辅助服装款式设计

计算机辅助服装款式试衣　computer aided garment fitting design　又称电脑试衣、服装虚拟试衣。顾客试穿服装后显示虚拟着装效果的计算机软件(图见下页)。一般可分为“二维虚拟试衣”(120 页)和“三维虚拟试衣”(440 页)。使用时可调出储存于图片库中的款式在屏幕上展示，供顾客浏览选择，再通过图像采集设备摄入顾客形象，试穿调出的服装款式，并可根据喜好选择和修改服装面料、质感、色彩及图案，在屏幕上显示顾客的最后着装效果。软件系统包括：(1)摄像输入模块，摄取静止或活动的人像；(2)图像库，存储和交互查询大量的服装款式图及其主要属性资料；(3)试衣模块，根据顾客体型参数，从图像库中选择相应规格的服装款式，虚拟显示试衣效果；(4)画笔模块，可对试衣效果进行人机交互式修改；(5)图像输出模块，输出彩色的试衣效果图。

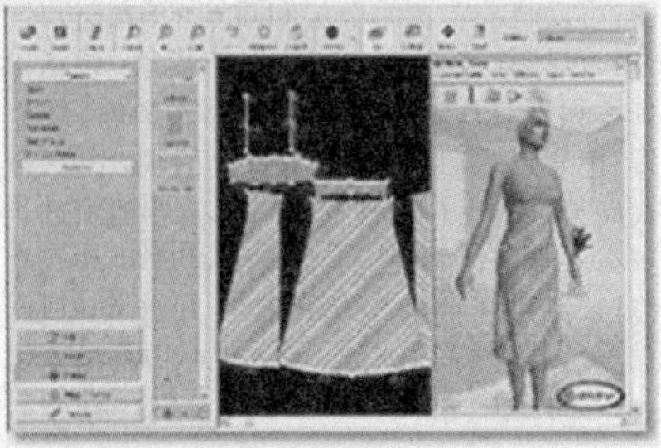

计算机辅助服装款式试衣

计算机辅助服装排料设计 computer aided garment marker making design 又称服装排料CAD。利用计算机辅助完成衣片精确排料的过程。具有操作方便、效率高、布料利用率高、生产成本低、劳动强度低等特点。排料方式分为:(1)人机交互式排料,分为两步:①工作软件系统输入衣片排料限制信息(衣片数,旋转、翻转、切割等限制)和布料类型选择信息(面料、里料、衬料),随后输入衣料外形限制信息(对条格、门幅、款式号);②进行交互排料,工作软件系统依据鼠标选定要排的衣片,通过对衣片进行移动、切割、翻转或旋转等操作,自动寻找合适的位置靠拢已排定衣片或布料的边沿,自动显示已排定衣片数、待排衣片数、布料利用率等动态参数,确保排料质量。(2)自动排料,按照预先设置的计算方法,在确定指标参数或布料利用率后,自动进行衣片排料,一般会产生若干排料方案让用户挑选,或挑选后再做交互排料,以提高布料利用率。

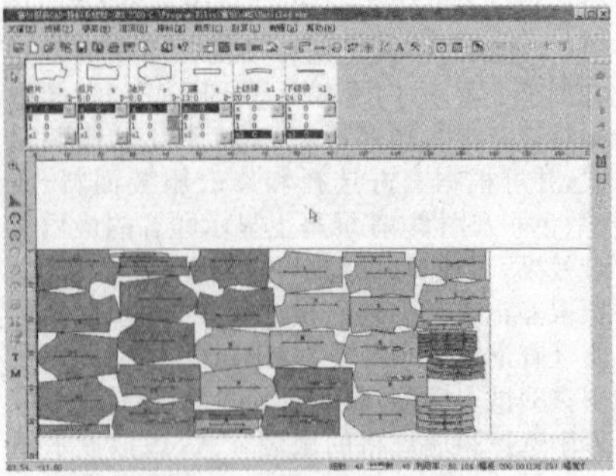

计算机辅助服装排料设计

计算机辅助服装配件设计 computer aided garment accessories design 又称服装配件CAD。通过计算机完成服装配件造型、色彩、材质等的设计和模拟的系统。服装配件指从属或附着于服装主体的搭配用品,如帽、领带、围巾、腰带、肩带、袜、花边等。这类系统一般包括花型图案编辑及设计模块,着装模拟模块,各类信息与图案库管理模块,输入输出模块等。大大缩短了服装配件设计周期,可用于服装产品系列的综合展演。

计算机辅助服装设计 computer aided garment design 又称服装CAD。利用计算机辅助完成服装设计工作的系统。用户通过该系统界面输入设计构思、原始数据、计算方法,经计算机分析处理及交互编辑,将各类设计数据及图样分类存档,需要时随时调出和编辑修改,以实现服装设计师的设计。硬件由三部分组成:(1)电脑主机及其外部设备;(2)输入设备,如鼠标、光笔、扫描仪、数字照相机、摄像机等;(3)输出设备,如打印机、绘图仪、裁剪系统等。软件主要包括服装款式设计系统、服装结构设计系统(打板、放码、排料等)、服装工艺设计系统和相应的数据库管理系统等。该系统能大大缩短服装设计周期,降低设计成本,提高设计质量。是提高服装设计水平和加工数字化程度的理想工具,也是构成服装快速反应系统的一个主要技术单元。尤其能适应多品种、小批量、高质量、快交货的生产要求。目前,计算机辅助服装设计技术正沿着三维虚拟化、网络化和智能化等方向发展。

计算机辅助服装纸样设计 computer aided pattern design 又称服装制板CAD、服装纸样CAD、服装样板CAD。由计算机辅助设计符合款式要求服装板样的过程。工作系统的软件包括:(1)输入模块,有三种输入方式:①使用比例制图法或原型制图法直接绘制板样;②通过数字化仪或读图仪,输入基础板样图形;③通过衣片扫描仪,快速输入批量衣片。(2)衣片设计及编辑模块,主要功能有:显示尺寸的网格线,画直线和曲线,设定或修改样点的位置和类型,为放码点输入相应的放码量,切割衣片,测量直线和曲线的长度,对称样片的展开和折叠,样片的开省、打褶、放缝边,测量衣片的面积等。(3)衣片管理模块,方便推档衣片的存取,以利于后继工序中服装推档、排料 CAD 的使用。

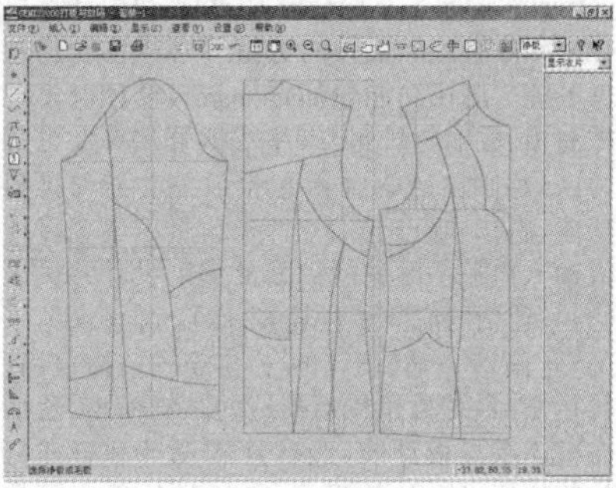

计算机辅助服装纸样设计

计算机辅助服装制造 computer aided garment manufacturing 又称服装 CAM。计算机在服装制造方面各种应用的总称。有广义和狭义之分。广义指通过直接的或间接的计算机与企业的物质资源连接界面，把计算机技术有效地应用于企业的管理、控制和加工操作。包括企业信息管理、计算机辅助设计、计算机服装生产三部分，也称为“计算机集成服装制造系统”(243 页)。狭义指利用电子技术，计算机技术，通过各种数控设备，自动完成服装产品的加工、装配、检测和包装等制造过程，包括计算机辅助服装裁剪、自动缝纫和服装柔性加工等。可降低服装生产的劳动强度，提高生产效率。

计算机辅助机织物设计 computer aided woven fabric design 又称机织物 CAD。利用计算机技术，结合机织物的设计原理，实现机织物设计与数据管理的软件系统。可有效提高机织物设计与管理的效率，是机织物生产企业实现数字化的理想工具。根据织物类型可分为：(1)多臂提花织物 CAD，提花织物 CAD 等。主要包括：①组织设计，通过设计纹板图和穿综图自动产生相应组织图，由输入组织图自动分解出基本纹板、纹板排列图和穿综图，并能查看织物设计的整体效果以便修改，组织图的编辑与变换操作；②工艺设计，经纬纱线设计(密度，线型，颜色，排列根数)、组织更换、织物模拟和织物预示输出，交织统计等；③图像处理，图像格式转换，与通用图像软件的链接，模拟各种织物风格的图像处理。(2)“计算机辅助提花织物设计”(241 页)。

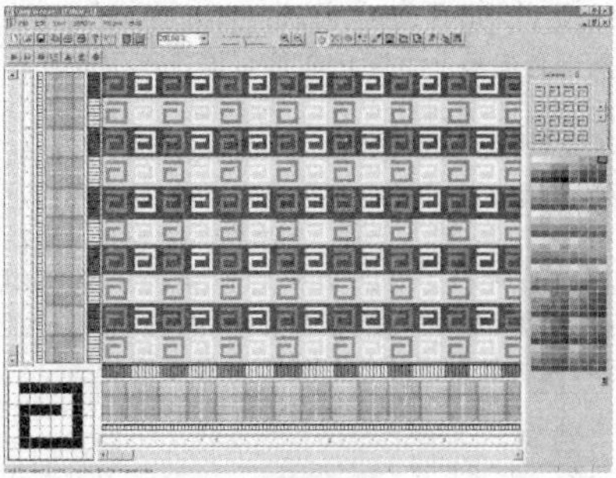

计算机辅助机织物设计

计算机辅助人体测量系统 computer aided body measurement system 利用计算机技术辅助进行人体形态与尺寸信息的测量，可为服装设计或其他工业设计提供人体相关基础数据的系统。具有速度快、信息量大、准确性高和可重复测量等特点。目前，商业化产品包括：(1)二维测量系统，利用数码相机获取人体正侧面图像，根据相关的二维图像处理技术提取人体的主要尺寸信息；(2)三维测量系统，利用三维测量技术获取人体三维数据，利用三维图形学算法和相关技术进行数据处理、三维人体模型的构建、人体尺寸数据的提取。三维测量技术主要包括双目体视法、激光法、投影法和莫尔条纹法等，其中激光法，莫尔条纹法应用较广。目前三维人体测量系统主要应用于三维人体调查、人体体型分析研究、服装量身定制等领域。

计算机辅助三维服装设计 computer aided three-dimensional garment design 又称三维服装 CAD。利用三维图形学技术实现服装虚拟设计的系统。包括：(1)三维人体建模，可通过三维人体扫描仪或通过参数化的人体建模系统获得；(2)三维服装款式模型设计，在人体模型基础上通过三维图形的建模工具和相关的虚拟建模设备来实现；(3)三维服装的展平，将设计好的三维服装模型通过三维图形到平面图形的展平技术，实现二维样板的自动生成；(4)二维样板的三维仿真，通过三维图形的仿真技术将设计好的二维样板在三维人体模型上进行虚拟缝合与试穿，以预测顾客穿着服装的艺术效果与合身程度。

计算机辅助提花织物设计 computer aided jacquard fabric design 又称提花织物 CAD。利用计算机技术解决纹织物(大提花织物)的设计与生产的自动化软件系统。由提花织物纹织工艺设计系统和计算机控制自动冲孔机两部分组成。主要功能是对提花织物的纹样进行图像编辑和意匠工艺处理，生成纹板数据文件，控制冲孔机自动冲制纹板或直接转换成相应电子提花笼头所需的电子纹板信息格式，控制经纱升降。其组成系统和工作流程如图所示。由四个相对独立的子系统组成：图像（纹样）输入子系统、意匠处理子系统、纹板处理子系统和纹板冲孔子系统。

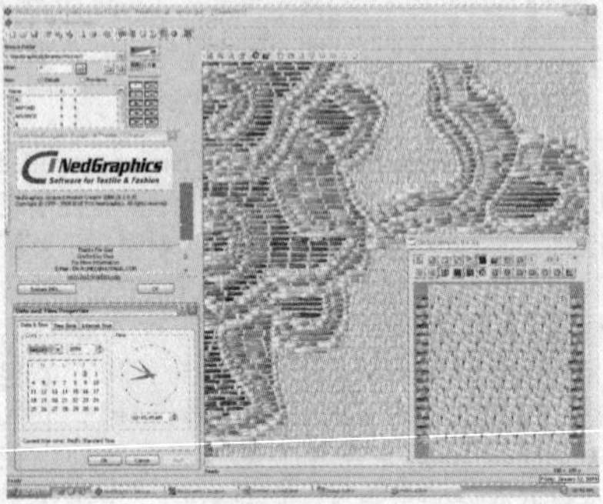

计算机辅助提花织物设计

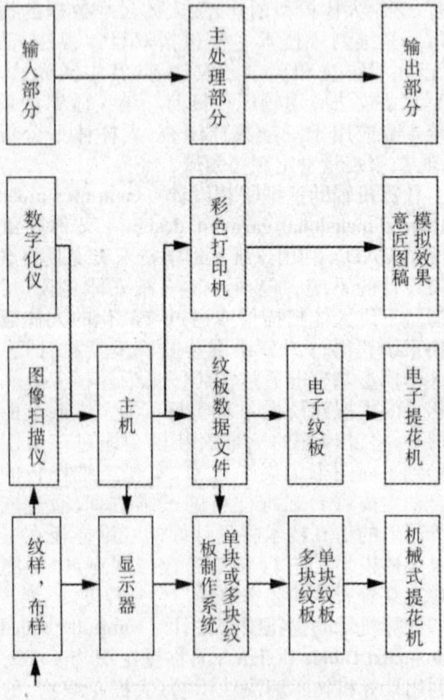

计算机辅助提花织物设计的主要工作流程

计算机辅助鞋样设计 **computer aided shoe pattern design** 又称鞋样 CAD。利用计算机技术解决鞋产品设计与数据管理的自动化软件系统。主要功能包括鞋样款式设计以及鞋样制板、放缩与排料、产品数据管理等。可分为：(1)二维 CAD，主要包括放缩功能与排料功能，制作样板还要手工完成，然后逐个将样板输入电脑，再进行扩缩及辅助设计并输出切割，耗费的时间相对较多；(2)三维 CAD，采用专门测量鞋楦设计的三维鞋楦扫描仪，直接在 CAD 软件里构建鞋楦的三维模型，然后在楦体上画设计线，进行款式设计和鞋样分片并仿真出设计效果，可方便进行款式的修改，直到效果满意为止。该系统可自动将样片展平，实现样片的二维样板放缩，省去了烦琐的手工打板过程和样板扩缩时扫描输入的过程，并可直观地看到鞋样的三维真实效果。

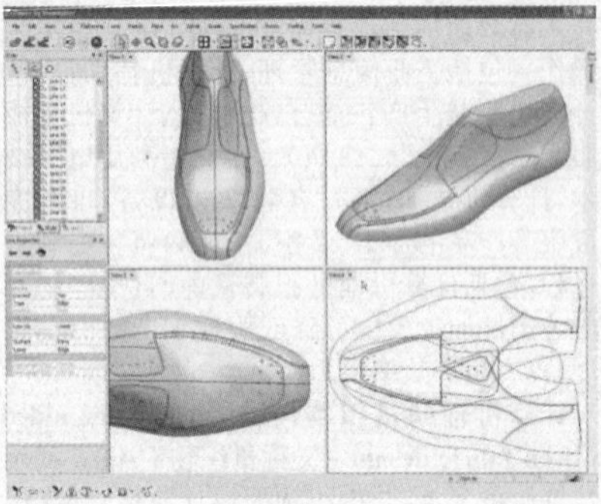

计算机辅助鞋样设计

计算机辅助绣花设计 **computer aided embroidery design** 又称绣花 CAD。针对机绣类型，将所需图案输入计算机，直接快速加工刺绣的系统。硬件主要由两大部分组成：(1)计算机主机及输入、输出设备；(2)刺绣机的 X 轴和 Y 轴运动控制装置。软件主要包括刺绣图案的设计模块，刺绣图案转化为刺绣机运动的工艺参数的运算、控制及输出模块，实时信息管理模块等。刺绣速度快，可分为单机刺绣和多机头刺绣，生产效率很高。

计算机辅助印花织物设计 **computer aided printed fabric design** 又称印花织物 CAD。利用计算机辅助设计技术实现传统印花图案设计和工艺设计的自动化系统。具有设计精度高、速度快、质量好的特点。主要功能有：(1)印花图案设计，运用系统的编辑功能直接设计图案，也可将来样扫描输入后进行拼接、接回头等工艺处理；(2)拼色修改，对印花图案进行拼色处理及圆整修改设计，以提高图像质量；(3)分色制版，将图案花样每套颜色单独保存为单色稿或黑白稿，用于制作胶片、制网，供平网印花机、圆网印花机、滚筒印花机使用。目前，已出现数字印花技术，无需制网，计算机控制直接喷墨印花，工艺流程大大简化。

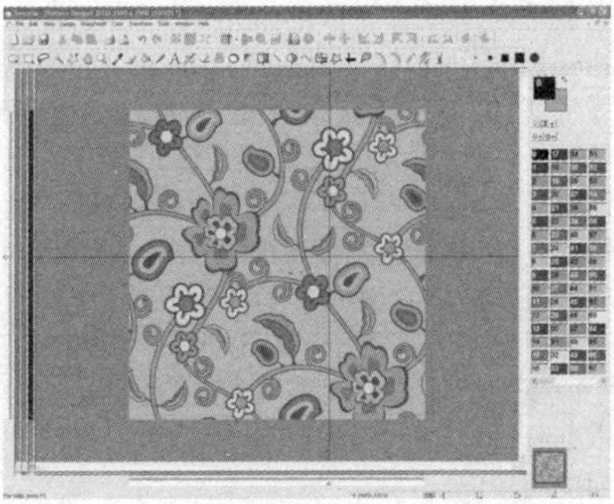

计算机辅助印花织物设计

计算机辅助针织服装设计与制造　computer aided knitted garment design and manufacture　又称针织服装 CAD/CAM。应用于大型针织横机上的服装辅助设计系统。主要功能是：(1)快速设计针织物编织图案；(2)按设计的图案，实现编织加工生产。主要组成是：(1)花型准备系统，主要包括点、线、面、体等元素的设计工具和编辑工具，测色、配色、分色等色处理工具，各种定位、定方向、定符号工具等；(2)从编织图案到满足编织工艺要求的意匠图或编织图的生成系统，用于确定纱线在织针上的编织情况；(3)从意匠图到编织工艺参数的生成系统，将设计的花型转换为导纱机构、选针控制机构等的操作数据信号，确保针织服装的准确编织。实现了从设计到编织生产的一条龙，生产效率很高，广泛应用于大型针织服装生产企业。

计算机辅助针织物设计　computer aided knitted fabric design　又称针织物 CAD。利用计算机技术解决针织物的设计与生产的自动化软件系统。主要用于纬编、横编和经编针织物的组织设计、花型设计、结构辅助工艺设计与计算、织物外观模拟以及针织服装辅助设计等方面。主要功能有：(1)工艺计算，在给定成品织物密度后，计算针织物的最佳线圈长度，纵密与横密；(2)花型设计，先扫描针织物实物，通过剪辑分离出结构要素，重新绘制织物形态或通过线圈单元的不断叠加绘制花型图案，然后进行编辑处理，根据工艺要求，进行意匠图设计和模拟显示设计，可将花型信息转化为不同数据信号存储，并能与相应设备集成，实现自动化生产；(3)经编或纬编工艺辅助设计，多应用于针织提花机。可进行图案输入、图案编辑、工艺设计(将图案转化为意匠图、编制图和排针图)、工艺存储和物理参数计算。

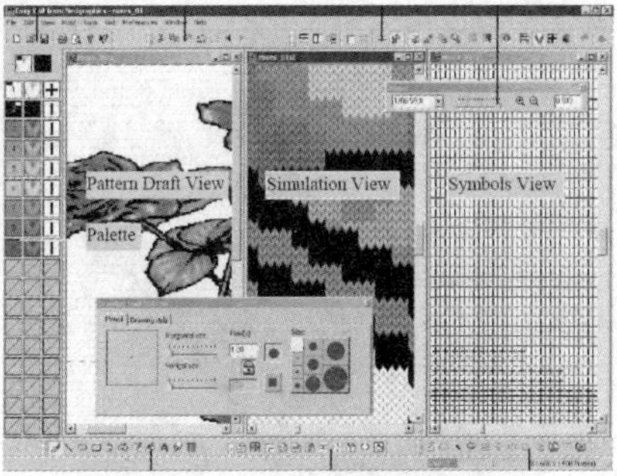

计算机辅助针织物设计

计算机划样　computer aided cutting　“划样”(221 页)方法之一。将板样形状输入计算机进行排料，排好后可由计算机控制的绘图机将结果自动绘制成排料图。

计算机集成服装制造系统　computer integrated garment manufacturing system　又称服装 CIMS。利用计算机网络、数据库等技术，将服装企业制造活动中各种业务领域的单项信息处理系统(计算机辅助服装设计、计算机辅助服装制造、计算机辅助服装工艺规划等)和企业管理信息系统集成在一起，将服装产品生命周期中所有的相关功能，包括设计、制造、管理、市场等信息处理全部集成的系统。主要包括：(1)服装管理信息分系统，包括服装市场预测、服装经营决策、生产计划、生产调度、销售、供应、财务、成本核算、设备、工具及人力资源的管理等。(2)服装工程技术分系统,包括服装CAD、服装CAPP。(3)服装制造自动化分系统,是计算机集成服装制造系统中信息流和物料流的结合点,包括服装的裁剪、缝纫、熨烫、输送等各个环节。根据服装的工程技术信息和车间层加工指令,完成对服装的一系列加工。(4)服装质量保障分系统,包括质量决策、质量检测与数据采集、质量评价、控制与跟踪等。

计算机绣花图案 computer embroidery pattern 运用计算机控制绣花机制成的图案。借助计算机图库和软件的便捷,图案内容广泛,以装饰性强为特色。在机绣图案的基础上,方便地生产四方连续纹样的匹料图案,便于洗涤,使传统的刺绣图案具有印花图案广泛应用的空间,广泛应用于童装、男女服装、鞋袜等中低档服装服饰图案设计中。

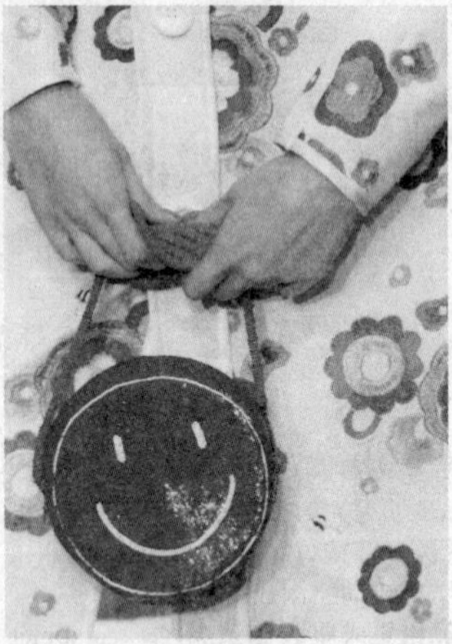

计算机绣花图案

技术检验 technical inspection 即“质量检验”(662页)。

季节定位 seasonal positioning 确定生活背景、季节、月份或周次主题的商品策划方法。包括:对消费者生活方式、需求、欲望等进行调查分析;提出流行主题词,色彩搭配,面辅料及上市款式、方案,确定季节主题,必要时,展开至月份或周次主题;对上市季节主题的视觉形象及诉求重点进行阐述。是服装商品策划的开端和出发点,与品牌理念定位相互统一。

季节色 seasonable color 在特定季节里所常见的服饰色彩。春季服装常用的季节色以柔和、明快的色调为主;夏季服装常用的季节色宜以宁静的冷色和能反射阳光的浅色为主;秋季服装宜用中等明度的温和色为主;冬季服装宜以暖色调为主。

季节色彩理论 season color theory 又称四季色彩学说。一种将人的体色基调根据明度和纯度的变化并结合大自然的四季色彩特征进行分类,以谋求和服饰色彩的快速搭配的色彩理论。由美国的卡洛尔·杰克逊于1980年提出,根据人的头发、眼睛和皮肤的色彩特征,将人分为春季型、夏季型、秋季型和冬季型,每一季型的人群都有属于各自的服饰色彩群,这些颜色群多带有对应的季节性特征,可以和其体色和谐搭配。1984年,日本的佐藤泰子将它引入日本并加以改进,创建了更适合东方人的季节色彩理论。1988年,于西蔓女士将它引入中国,并将色彩类型加以细分。该理论在指导个人服饰色彩搭配方面应用较广。

季节折扣 seasonal discount 生产企业向非季节商品订货商提供的折扣。服装生产企业在换季时常用的方法,能使工厂在一年中维持稳定的生产。

祭服 jifu 又称吉服。中国古代祭祀时所穿服装的统称。各类冠服中最贵重的服饰。视祭祀的轻重和场合,有不同形制的祭服。始于商,至西周时祭服制度逐渐完备。宋代时,除公祭外,还有家用祭服,形制各按身份等级而不同。清代废除汉族衣冠,以朝冠、衮服代替祭服。各朝代祭服均有所不同,不但服装式样有别,其配套的鞋帽、佩饰、服饰纹样、质料也都不同。

祭司国王服饰 dress of priest king 又称百合花王子服饰。见于米诺斯时期的克里特岛上的诺萨斯王宫壁画(公元前1550～公元前1450),盛开的百合花花丛旁有一年轻的祭司国王,卷曲的长发,头戴彩虹色石英王冠,上插红玫瑰色、紫色和蓝色三片羽毛。上身裸露,戴镶有百合花状的项链。纤细的腰上束有金属腰带。紧窄的胯裙,光脚。

祭司国王服饰

祭司帽 apex 即“顶穗帽”(103页)。

加法混合 additive color mixture 又称第一混合。色光的混合。当不同的色光同时照射在一起时,能产生另外一种新的色光,随着不同色混合量的增加,混色光的明度会逐渐提高。将红、绿、蓝三种色光分别作适当比例的混合,几乎可以得到光谱上全部的色光。加法混合效果是由人的视觉器官来完成的,是一种视觉混合,其混合的结果是色相的改变,明度的提高,而纯度并不下降。

加工工艺流程图 processing scheme 服装加工工艺处理的流向图。表示产品部件组装顺序和设备配置的技术文件。内容包括:制品加工的流向示意图(部件—组合—检验),加工工序的分类示意图(缝纫、熨烫、检验等),生产设备配置示意图等。表示方式一般是以前后衣身为主干、零部件为枝干的树干形流程图。

加固缝 tacking seam, fastening seam 缝型类型。在缝料的缝边上车缝一道缝迹,固定缝边使之不易伸展变形及纱线脱散,是简单的缝边处理方法。

加固缝

加利福尼亚鞋 California shoes 见“月台式皮鞋”(626页)。

加盟连锁店 allied chain stores 又称特许连锁店、合同连锁店、契约连锁店。以契约为基础采取特许授权经营方式的零售组织。加盟店根据契约,统一进货,有偿使用特许方商标、店名、广告、外观设计等营业象征的标志,自负盈亏,自主管理,并接受特许方的质量监督。加盟店借助于特许方的品牌和商业有形或无形价值,对消费者具有吸引力。加盟连锁能获得与直营店同样的效果,同时又避免了自愿连锁过分分散的弊端。我国市场上境外服装品牌,主要采用加盟连锁店的经营方式。

加强胸型 emphatic-bust style 又称聚胸型。根据人体实际情况进行加强处理的服装胸部造型。强调胸部的高度,体现女性的曲线美,是一种浪漫主义风格的表现。通过推、归、拔、熨烫工艺,使胸部造型饱满;或采用黑炭衬、马尾衬、复合羊毛绒等弹性胸衬,加强人体胸部的造型。一般多用于紧身呢料外套。

加乌乔式着装 Gaucho wearing 着装风格的一种。吸收南美洲牛仔或加乌乔人服饰风格而设计。通常上装为坎肩,下配裤长至小腿部的长裤,足蹬长筒靴等。裤筒比普通裤筒要宽许多,类似裙裤。起源于20世纪60年代末的纽约。个性活泼,男女皆宜,特别是中青年人群。

加乌乔式着装

加压服 pressure wear 航空服装装备中对身体覆盖部位具有加压功能的服装。服装内可加压至规定水平，具有防止飞行人员在高空因气压低、缺氧而导致生理调节紊乱的功能。加压服又分为“全压服”(420页)和“分压服”(139页)。

加压头盔　pressure helmet　航空服装装备中对头部具有加压功能的头盔。通过加压，可以使头部处于规定大气压下。根据加压部位不同又分为全压头盔与分压头盔；按面窗可动与否又分为活动面窗型和固定面窗型。

夹层式通风围裙　double-layered ventilation apron　航空服装装备中利用夹层结构进行通风制冷的半身冷却服。造型为围裙式，分内外两层，均由不透气材料制成，两层之间有点状分布的衬垫相隔。通风空气经内层小孔流向皮肤，再从外层大孔流至隔热层衣下，经袖口与裤腿下端溢出。

夹裆　crotch too tight　服装外观疵病。裤装穿着后在裤裆部产生向人体臀沟处挤压的现象。产生的原因是裤上裆宽度不能满足人体腹臀厚度。

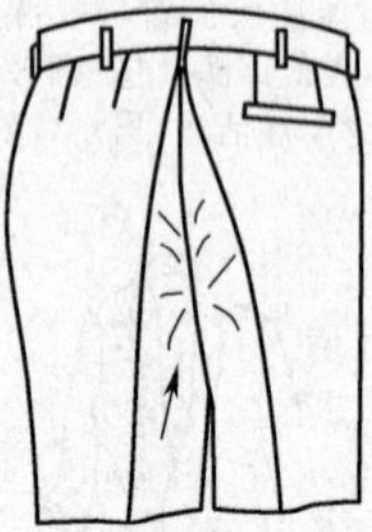

夹裆

夹翻领　attaching collar to band　将翻领夹进领底面、里布内机缉缝合的动作。

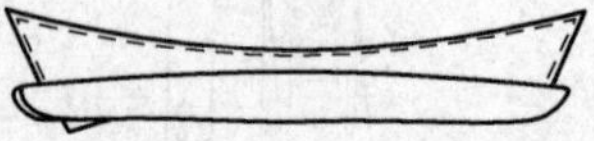

夹翻领

夹克套装　jacket suit　以夹克与同料裤子(或裙子)为搭配的服饰组合。属于休闲风格。上下装的色彩、质料可不尽相同，女子套装经常选用一素一花图案进行配搭，趣味高雅。

夹里　lining　又称里料。部分或全部覆盖服装里面的材料。作用是保持服装外形挺括，减少与内衣摩擦，便于穿脱和保暖。其缩水率、坚牢度要与面料相配伍，常采用单一色泽织物，个别情况下也用色织、提花、印花、网眼等织物。

夹里图案　lining pattern　即“服装里料图案”(155页)。

夹线装置　thread tension mechanism　即“张力装置”(636页)。

夹止口　stitching edge　即“割止口”(177页)。

夹嘴髯　jiazuiran　中国传统戏曲“髯口”(424页)的一种。基本形状与“扎”(634页)相似，呈长片形，嘴部留一方口，使嘴外露。比扎短，长仅10～20 cm。有黑、红两色，如《西川图》中的张飞戴黑夹嘴，《双珠记·投渊》中的温天君戴红夹嘴。

佳力索式着装　Calypso style clothing　着装风格的一种。通常以半长的瘦腿裤、V形领口敞开领式的衬衫搭配组成。衬衫上面有印花图案，穿着时将下摆系于前部。源于西印度群岛土著人的服饰，他们跳舞时即兴演唱的歌曲为佳力索。潇洒自由，特别受年轻人的喜欢。

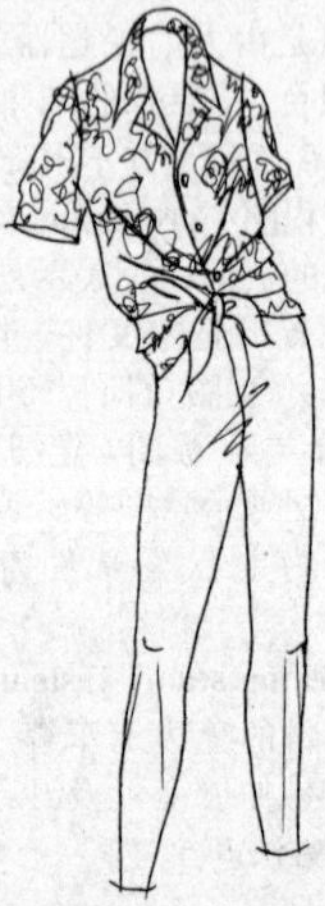

佳力索式着装

家常服　brunch coat　以家庭生活为设计基础的服饰。属休闲服饰一类。服装造型宽大，款式简洁，色彩以优雅轻松的浅色或白色系列为主。选用面料以轻柔透气的全棉织物最为理想，穿着舒适。

家居便帽 negligee cap 即“爱哥利盖帽”（3页）。

家居服设计 house wear design 对除睡眠时间以外，在家中休闲或从事家务时穿着服装的设计。比睡衣略正式一些。造型相对宽松，穿着较舒适。款式比较简洁随意，裙长至膝盖以下，不过于暴露。做工精细，色彩典雅。面料以全棉、真丝、麻类为主。主要品种有主妇长袍、马甲、围裙、罩衣、宽松裤装等。

家居装图案 house dress pattern 在居家室内穿着的服饰的图案。图案因穿着者和具体功能不同而变化，女装多为植物，男装多为条格，儿童装多为卡通动物以及蔬菜水果图案。图案以随意简洁、温暖明亮的用色为特征，突出宽松舒适、宁静温馨的家居氛围。以棉、丝等天然材料为面料，结合机印、机织、机绣等工艺，应用于睡衣、浴衣、围裙等设计中。

家兔皮 rabbit fur 杂毛皮的一种。我国饲养较普遍的皮用或皮肉兼用的家兔包括：中国白兔（菜兔、小白兔）、山羊青兔、大白兔（大耳兔）、獭兔（力克斯兔）、天鹅绒兔、公羊兔（垂耳兔）、喜马拉雅兔（五黑兔）、丹麦白兔（兰达力斯兔）和巨型兔等。兔皮毛被丰足、平顺、灵活，色泽光润，皮板细韧，针毛长且易折，绒毛随季节而疏密变化。颜色有灰、白、黑、茶及银灰等色，有的有斑纹。兔毛皮除保持原色使用外，还可染成仿麝鼠、海狸、山猫等毛皮。按要求取皮加工成皮形完整的开片皮，制裘后可制成兔皮大衣、皮帽、手套里及服饰镶边等。以大洋洲产的为最优。

家用缝纫机 household sewing machine 家庭或服装小作坊缝制服装的机械设备。由针杆机构、钩线机构、送料机构、挑线机构、脚踏板或电动机等部分组成。传动方式是连杆挑线、摆梭钩线、送布牙送料。线迹形式为双线锁式线迹。可缝制一般薄料和中厚料，如棉布、呢绒、绸缎、麻布、毛织物及化纤纺织品等。缝纫速度一般不超过1000 r/min，效率和专业化程度较低。根据驱动方式，分为“脚踏式缝纫机”（257页）和“多功能家用缝纫机”（114页）。

甲 jia ❶又称介、函。中国古代以皮革制成的将士穿用的护身衣。殷商时最早的甲是一整块皮做成的，虽具有一定的防护能力，但是不方便活动。到周代时制甲技术有了很大的发展，不再是整片皮，而是把皮革切成小片，用组绳联缀起来，形成皮片纵横状排列。一小片称一扎或一属，片切割得越小则越坚固。所谓的七属、六属、五属是指甲身从上往下数有七排、六排、五排。到汉代以后，铁甲的制作技术越来越完善，皮甲则渐渐地退居次要地位。❷即“靠”（285页）。

甲板鞋 deck shoes 又称水手鞋。供船工穿用的橡胶模压底帆布矮帮鞋。围条较宽，有的筒口有海绵衬垫。窄小的波浪形花纹外底或刀切底，即在硫化后的无花纹鞋底表面用刀片切出波浪纹，当鞋底弯曲时，用刀片切出的花纹显露出来，对湿地面有一定的防滑作用。

贾斯特科外衣 justaucorps 17世纪中期到18世纪初期欧洲流行的一种男式长外套。通过背缝和两侧缝收腰，并在两侧取褶使下摆呈扇形张开。无领或翻领。前门襟密布一排纽扣，扣子兼具实用性和观赏性，常以金、银、珠宝为材料。口袋位置偏低，袖型较宽松，袖口有一对向上翻折的“克夫”，使服装的整体造型重心下移。服装上饰有金色的穗带。

贾斯特科外衣

假缝 basting 服装在正式缝合前，为便于根据实际情况对整个衣身和某些部位进行修改，用稀疏的缝迹或抽去部分缝线后即脱散的缝迹进行的暂时缝合。可手工缝合和调松缝纫机面线进行机器缝合。主要用于制作高档毛呢服装、丝绸礼服等。

假缝工艺 mock seam technique 以稀疏的手缝或机缝线迹临时缝合衣片的成型工艺。在制作高档服装时，对特殊体型或有特殊要求的顾客先采用假缝工艺，将预留充足放缝和贴边的衣片进行假缝以便试穿补正，也可对缝制品中的半成品进行假缝、试穿，这样对衣服补正时拆开更方便，不易留下缝制痕迹。

假缝沿条皮鞋 **false welt leather shoes** 外观上有沿条结构的胶粘皮鞋。加工时先将沿条缝在外底周边，然后采用胶粘工艺将帮脚与外底黏合。这种鞋看上去有沿条，但沿条并没有与帮脚缝合，只是摹仿沿条外形而已。

假睫毛 **false eyelashes** 由长短交织的人造睫毛吊在一根线上而形成的睫毛。在上完眼影后画眼线之前，用专用胶水把它粘到睫毛根处，紧贴真睫毛上方，使睫毛显得浓密动人。根据假睫毛长度一般有整体型假睫毛、眼尾用假睫毛和加强式假睫毛，可自行修剪而成。

假壳 **jiake** 布依族已婚妇女的头饰。以青布缠裹竹笋壳制成，簸箕形，上盖花头帕，用布条扎紧捆实。婚后戴上假壳才算正式落夫家，实是抢婚制之遗俗。

假双眼皮画法 **double eyelid drawing of eye shadow** 一种眼部化妆方法。适用于上眼睑较宽的人。画时先要在离上眼睑睫毛根处约0.3～0.5 mm处画一条与眼睑弧度一致的线。在这条弧线的上部可以采用渐增的画法，此弧线与睫毛根处用色要亮。

假头 **jiatou** 即“套头”(509页)。

假小子式打扮 **Tom boy wear** 青少年装扮。中性风格，流行于20世纪40年代。当时，美国十几岁的女孩喜穿宽大的绒线衫、卷脚牛仔长裤、直身裙、短袜、球鞋，配上头发分成两段或向后梳的发型，被称为假小子式打扮。

假形 **jiaxing** 即“形儿”(577页)。

假袖襻 **sleeve tab imitation** 装在袖上的带襻。袖襻一头缝在袖子的侧缝里，另一头锁上扣眼，与钉在袖子上的扣子相扣，主要具有装饰作用而不具功能作用，常用在时装和运动装上。

价格定位 **price positioning** 根据目标消费者的特征、利润最大化、市场份额及质量保证确定价格的方法。应与目标市场的期望值、目标市场的购买力以及品牌定位协调。当大多数消费者收入水平较低时，一些高质量高品位的时装以中档价格投入市场更能被目标顾客接受，而高价格的策略只适用于少数高收入消费者的目标市场。

价格竞争 **price competition** 在市场竞争中，通过价格调整而达到经营目的，包括提高市场占有率和经济效益的竞争方式。通常企业为了增加产品销量、战胜竞争对手，采用薄利多销的定价策略，有时定价甚至低于产品成本，等竞争者退出市场以后，再提高价格以获取额外利润。价格竞争是服装企业传统的竞争手段，跌价销售是一种最简单、最直接的方式。但应注意低价销售有时会受到法律约束，如反不正当竞争法、反倾销法的限制。

价格折扣 **price discount** 企业通过价格调整回报或激励顾客积极参与某种购买行为的方法。例如，在美国服装供应商和零售商交易中，实行商品买断制，合同规定，每月30日为商品货款结算截止日，若下月10日之前付款，可以得到8%的货款折让。

架子头 **jiazitou** 即“大拉翅”(80页)。

尖顶帽 **pixie cap** 童话中妖怪所戴的尖顶帽。帽顶装饰着绒球，用毛线编织。

尖角翻转器 **point turner** 整理尖角、省道等的专用工具。有尖头和圆头两端，尖头可将领子等的尖角捅出；圆头可将短缝或省道整理平整。

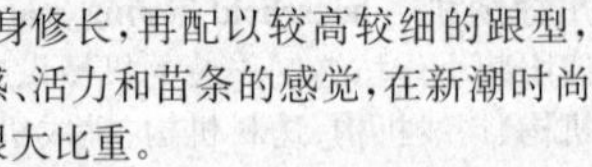

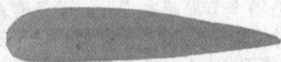

尖角翻转器

尖口鞋 **shoes with narrow toe top line** 鞋帮口门造型呈尖形的浅口鞋。常配以尖头楦型，鞋身修长，再配以较高较细的跟型，给人以动感、活力和苗条的感觉，在新潮时尚鞋中占有很大比重。

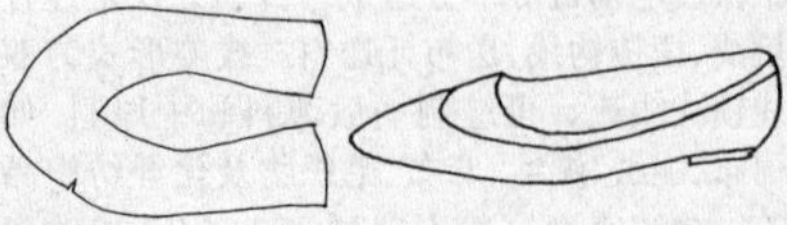

尖口鞋

尖塔形垂纱帽 **steeple headdress** 即“海宁帽”(199页)。

尖头鞋 **point toe shoes, poulaine** 又称波兰那。哥特时期流行的一种鞋。最早于13世纪的波兰开始流行，14世纪时尖头鞋的长度达到高峰，最长达1 m左右，其尖头内用苔藓等填充。由于鞋子过长妨碍行走，一些人将多余的鞋尖向上弯曲，用金属链把鞋尖拴于膝下或脚踝。不同阶层的人所穿鞋的长短有所不同。

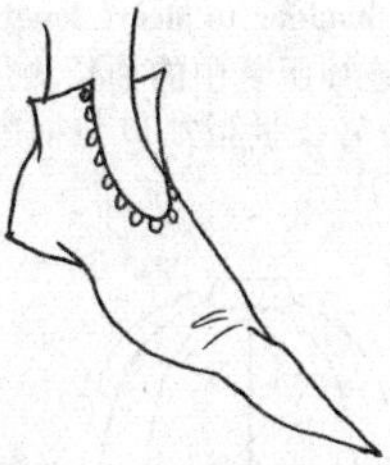

尖头鞋

肩衬　shoulder pad　即“垫肩”(99页)。

肩带　strap　经过肩部连接胸罩罩杯与侧翼的部分，一般可以进行长短调节，是文胸设计中的重要部分之一。

肩端点　shoulder point, SP　人体测量点。在肩胛骨上缘最向外突出之点，即肩与手臂的转折点。为衣袖缝合时袖山最高点与肩线对位的基准点，同时也是量取肩宽和袖长的基准点。

肩端点高　shoulder height, SH　人体立姿时从肩端点到地面的垂直距离。见“人体高度尺寸”(428页)。

肩峰点　acromion, Acr　人体测量点。肩胛骨的肩峰外侧缘上，向外最突出的点。与肩端点有别，其边缘与肩端点相连。

肩缝起翘　wrinkles at shoulder　服装外观疵病。两侧肩缝外端起翘，前后袖窿坐落，摆缝下垂的现象。造成的主要原因是：未根据穿着者的肩型裁剪，特别是塌肩者；在衣片上肩缝太平，袖窿太高；袖片上袖山太尖。补正方法为：前后衣片的肩缝(主要是外端)适当划低放斜，前衣片开门放大，袖窿上端放出并相应开落，后衣片横肩相应放宽，并在缝制时适当加以归拢，衣袖的袖山适当划平。

肩缝起皱　puckers at shoulder　服装外观疵病。前衣片肩缝近领窝处呈八字形皱褶，后肩缝部位绷紧的现象。造成原因为：(1)在合肩缝时，后衣片的肩缝松度不足，缉缝时肩缝部位松紧不一；(2)前片横开领部位被拉宽；(3)装领时缉的紧度不匀，领片和领窝未按坐缝标记缝合；(4)后横开领太小。正确的缝肩方法是：后衣片肩部缝合时，在近领圈肩缝的2/3处作均匀吃势；在装缝衣领时，前衣片的衣料不可拉宽，如为毛呢衣料，可用熨斗稍作归拢，使其圆顺，衣领和领圈的松紧应一致。

肩缝起皱

肩胛骨内侧突点　inside scapulae peak point, ISP　人体测量点。肩胛骨内侧与人体正中线最近的点。

肩胛骨内侧突点高　inside scapulae peak height, ISPH　人体立姿时从肩胛骨内侧突点到地面的垂直距离。见“人体高度尺寸”(428页)。

肩胛骨内侧突点间距　inside scapulae peaks width　肩胛骨内侧突点之间的距离。见“人体长度尺寸”(426页)。

肩胛骨突出体　scapulae prominent figure　肩胛骨较正常人突出的体型。衣身纸样设计时，后腰节弧度及长度、后浮余量要增加。

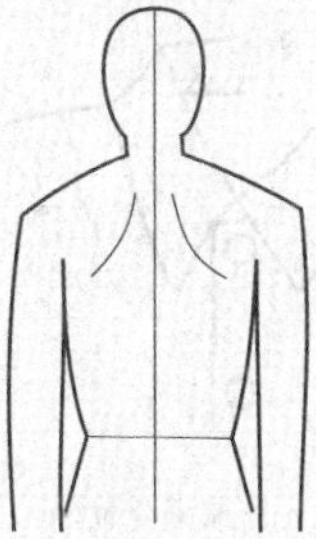

肩胛骨突出体

肩胛骨下角点　angulus inferior scapulae point, AISP　人体测量点。肩胛骨下角的下缘端点。

肩胛骨下角点高　angulus inferior scapulae point height, AISPH　人体立姿时从肩胛骨下角点到地面的垂直距离。见“人体高度尺寸”(428页)。

肩胛骨下角点间距　angulus inferior scapulae points width　肩胛骨下角点之间的距离。见“人体长度尺寸”(426 页)。

肩开襟　shoulder opening　开在肩部的开襟形式,常用于背带装等服装的肩部。

肩宽线　across shoulder line　肩部宽度的垂直基础线。后衣片的肩宽线以后中心线为基准,经后领中点向外侧推移,常用总肩宽的1/2 加减定数计算;前肩宽用后肩宽的量减去吃势求得。用细实线表示。见“前后衣身衣领结构线”(406 页)。

肩省　shoulder dart　省道种类。处理前后浮余量的一种形式,在前后肩线上收的省道。

肩省

肩省不直　uneven shoulder dart　服装外观疵病。肩省弯曲起皱、不顺直的现象。造成原因为:缉省时上下层衣料松紧不一。故在缉省时,衣料应先作好划线和省缝标记,然后将衣片叠好,用手针扎缝固定。

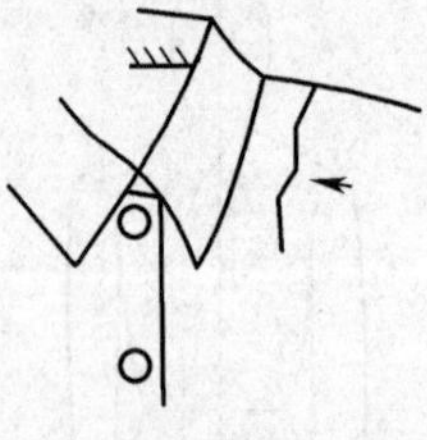
肩省不直

肩线　shoulder line, SL　人体测量线。连接人体的侧颈点和肩端点的直线。见“人体测量点”(426 页)。

肩斜角　shoulder slope, SS　人体肩线与水平线之间的夹角。上装肩斜度设计的重要参考值。见“人体角度尺寸”(429 页)。

肩斜线　shoulder slope line　表示肩部倾斜程度的斜向轮廓线。从上平线向下,按肩斜的数据要求定点,划一直线与肩宽线相交。一般前衣片的肩斜量大于后肩斜量,后肩量随人体体型及服装造型变化,用粗实线表示。见“前后衣身衣领结构线”(406 页)。

肩袖长　shoulder to sleeve length　又称出手。常用于连袖服装中的袖长测量。以颈侧点为起点,沿肩线量至袖口与袖中线相交的点为止点。

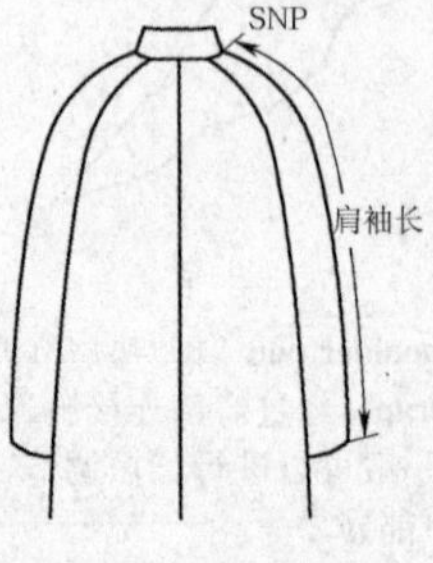

肩袖长

肩育克　shoulder yoke　覆盖肩部没有肩线的育克,常用于夹克、男衬衫等服装的肩部。

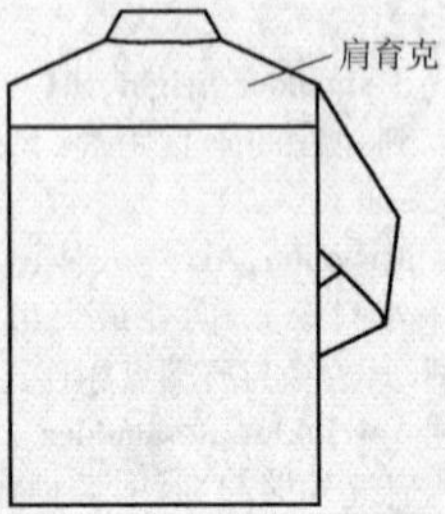

肩育克

兼并与收购　merger and acquisition, M&A　通过企业资本所有权的有偿转让,由一家企业对另一家企业进行吞并、接收和控制的企业重组行为。包括兼并和收购两层含义、两种方式,习惯将两者合在一起使用,称为M&A 或并购。服装企业通过并购可实现资本的低成本、高效率扩张,优化资源配置,获得规模经济效益,迅速谋求竞争优势。

缣巾　jianjin　又称幅巾。中国古代的一种巾。通常用古代一种双经双纬织成的丝织物缣制成。基本形制为方形,长宽与布幅相等。使用时包裹发髻,系结于脑后或额前。

古代庶人戴用。东汉后贵贱均用,尤为士人多用。以幅巾束首的习惯,历代沿用,并逐渐演化称幞头。至五代,由于幞头改用硬翅,形式与帽子相同,名士、世族阶层又恢复幅巾裹首的习惯。宋代尤其盛行。元明两代也都仍有人戴用。入清后被废除。

缣巾

检验工序 **check process** 对原材料、半成品和成品质量进行检验的工序。如验布、检验板样、在制品检验、成品检验等。贯穿于服装生产品质控制的整个过程中,对质量的控制尤为重要。

检针机 **needle detector** 检测服装等缝纫产品上是否有断针等磁性物质的检测设备。由发光管、自动计数器等部分组成。作业时,探头上发光管显示出断针位置,由自动计数器记录被检物的数量。有手提式和传送带式两种结构。传送带式效率高,作业连续,常用于服装质检单位和服装企业的成衣检测中。

减法混合 **subtractive color mixture** 又称第二混合。色彩混合的一种。在光源不变的情况下,两种或多种色彩混合后所产生的新色彩,其反射光相当于白光减去各种色彩的吸收光。与加法混合相反,混合后的色彩不但色相发生变化,而且明度和纯度都会降低。其混合的颜色种类越多,色彩就越暗越浊,最后近似于黑灰的状态。

减肥 **slimming** 减去体内过度蓄积的脂肪组织,以维持正常生理机能,保持身体健康,形体健美。形成肥胖的因素有遗传因素、饮食不当、运动过少、内分泌失调、神经精神因素、生理因素和环境因素。一般分为:(1)继发性肥胖,多由疾病引起,通过对疾病的治疗,可达减肥目的;(2)原发性肥胖,理想的减肥方法应以综合治疗为主,包括饮食控制、运动疗法、物理减肥(如推脂按摩、淋巴引流减肥、仪器减肥、塑型导膜)等。

减弱胸型 **inferior-bust style** 根据人体实际情况进行减弱处理的服装胸部造型。不强调胸部的高度,而突出胸部的平挺度,一般适合于男女轻便西装和宽松型时装。胸衬以软衬为主,也可用有纺或非织造布黏合衬,有时无衬布。

剪发 **haircut, hairdressing** 美发最基本的程序。根据顾客的要求和顾客的发质、脸型、工作环境修剪成适合顾客的发式。

剪口法 **garment-cutting method** 人体体表测量法。通过在贴体的着装上剪口以满足人体运动量需求的方法。测量时观察运动引起着装剪口变形的量以及变形方向,估计形体变化、衣料的伸展量和服装的宽松量。因着装的形态难以与人体形态高度一致,此法有一定的误差值。

剪切法 **cutting method** 对无纺材料或皮革服装作剪切处理的设计方法。即按照设计意图将原有造型剪出口子,但整个块面仍然相连,块面靠点与线连结会产生镂空的效果。剪切后实块面积不仅没有变,而且增加了虚的面积。服装设计中的剪切法一般是使面料在剪切后成为条状。剪切的方法很多,有横向平行剪切、纵向平行剪切、错位剪切等。横向平行剪切后,面料会产生垂荡下坠的效果。纵向平行剪切若在服装的中心部位,而且边缘不剪开,则会产生膨胀感,通气透亮。若沿边缘剪开,会产生飘逸舒展感。错位剪切能使小块面料拉伸成长条,犹如彩纸拉花。横向剪切和错位剪切均能使形态产生拉伸、扭曲等变化,从而产生与原造型迥然不同的效果。剪切是一种造型方法,不适用于有纺材料。

剪省缝 **cutting dart** 将因缝制后厚度过大而影响衣服外观的省缝剪开的动作。一般用于有里布的毛呢服装。

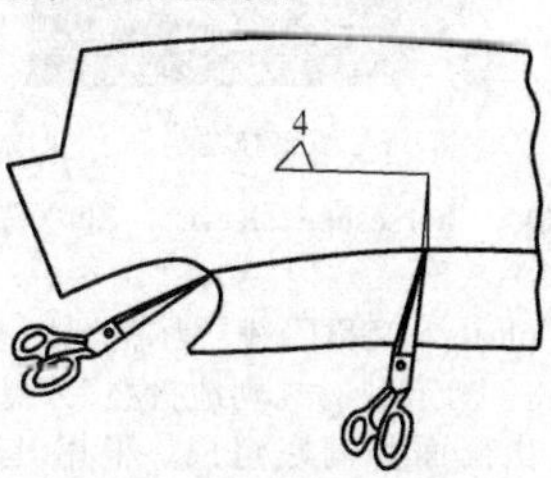

剪省缝

剪贴法 **paper-cut method** 以面料、报刊、色纸等可用于剪辑、拼贴的材料，按画面需要进行拼接、粘贴的时装画技法。间接预视面料运用的整体效果。多用于时装广告、时装潮流预测等。

剪贴技法 **clipped technique, clipped skill** ❶利用生活中具体的材料，通过剪裁和粘贴的技法表现服装设计图的技法。快速表达设计意图的有效方法。剪贴画的材料有废旧画报、色纸和布料等。表现方式有拼接勾线法和直接剪贴法。❷一种形象设计表现技法。融工艺性和装饰性于一体。利用特定的材料进行分割组合和剪贴造型，以塑造具有概括性、抽象性和装饰性的人物形象，体现一定的主题风格。常使用的材料有挂历、报纸、吹塑纸、包装纸、画报、布料、麻绳、毛线、干花等。不同材料表达的外观特征和审美情趣不同，如报纸剪贴的人物形象由于具有文字装饰而带有文化艺术内涵，画报或旧挂历剪贴塑造的人物形象由于光滑反光而具有华丽和图案新奇独特的效果。常用的技巧有摆、叠、排列组合、分割、拼、嵌、镂空、间隔、贴、缝、挂、悬等。

剪贴技法

剪袖 **horseshoe sleeve** 即“马蹄袖”(337页)。

裥 **pleats** 又称褶裥。为适合体型及造型需要，将部分衣料有规则地折叠，并熨烫定形而成。由裥面和裥底组成。根据其结构种类，可分为“顺裥”(488页)、“对合裥”(112页)、“活裥”(227页)、“死裥”(492页)等。常用于衣身、袖身、下装腰部，起装饰作用。

裥裙 **jianqun** 即“间裙”(253页)。

简便套装 **causal suit** 穿起来随意、轻松的服装。在选料、做工、搭配等均不特别讲究，与正式套装不同，适于非正规场合穿着，价格也适合工薪阶层。

简单折叠缝 **simple folding seam** 折叠缝型类型。将直线形或稍有弯曲的衣片折叠后，缉缝线迹形成缝型。分为：(1)简单装饰折叠缝，由一片衣片折叠并疏缝，并倾倒折叠熨平后，根据款式要求压上装饰线迹，然后拆除疏缝线迹；(2)简单连接—装饰折叠缝，沿裁边疏缝，并折叠于织物条上熨平后，根据款式要求压上装饰线迹，然后拆去疏缝线迹。

简化图案 **simplicity pattern** 图案的艺术表现手法。与繁化图案相对应。舍去图形的细节，采用直线与平涂的手法，对原始物象进行概括、简练的处理，以突出图形对比与醒目的特征。常见于服饰的标志等图案表现。

简易型表演 **simplified fashion show** 向为数不多的客户展示产品，由少数模特进行的时装表演。对场地和舞台要求不高，向客户展示产品时，可以走入客户中让客户近距离了解面料、款式、色彩、剪裁等细节，走台路线也没有严格规定，模特按职业习惯即兴发挥即可。

简约主义装束 **minimalism costume** 款式简洁的穿着打扮。给人以纯净、清新的形象，兴起于20世纪80年代初。设计上主张少即多(Less is more)原则，即舍弃繁琐的装饰、图案和色彩搭配，运用简单的线条、单一的色调，强调面料本身的质感，注重搭配和精致的工艺。现代高科技化纤产品是其主要面料。意大利普拉达(Prada)、吉尔·桑德(Jil Sander)，奥地利海尔姆特·朗(Helmut Lang)等设计师是此装束的代表者。

简做 **soft tailoring** 服装加工中对衬以挂面衬或不衬衬布，内装部分里布或不装里布，服装辅助材料和加工质量较逊于“精做”(270页)服装的加工方法。多用于成批生产的中低档服装。

件料图案 **piece goods pattern** 服饰面料图案设计的格式。以完成一件服装的图案设计为目的，图案设计以连衣长裙为高度，单片裙围为宽度。图案面积大，讲究图案在成衣后的布局，被喻为面料图案设计中较有难度的设计形式。通常用来制作晚礼服、连衣长裙、日本和服、长围巾等高档服装服饰，也运用于裤装、短裙、长巾等设计。价格昂贵的真丝配以印花是传统中最常见的面料和工艺，现代也出现绣花等其他工艺，面料丰富多样。

件料图案

件料图案表现技法　piece pattern showing skill　从时装的整体形态出发，以整个时装为单元而设计的面料图案的表现技法。件料的布局具有变化性，风格特征强。件料设计与设计的视觉中心相联系，表现时要重点表现件料的设计风格。

件料图案表现技法

间接制图法　indirect drawing　又称过渡制图法。采用原型或基型等基础纸样为过渡媒介进行结构制图的方法，操作时在过渡媒介的基础上根据服装具体尺寸及款式造型，通过加放、缩减尺寸及剪切、折叠、拉展等技术手法制作所需服装的结构图。可分为“原型制图法”(622 页)和“基型制图法”(233 页)两种。

间裙　jianqun　又称裥裙。中国古代由两种或是两种以上颜色的裙料交替缝制而成的多幅长裙。一般以红绿、红黄、黄白等色最为常见。源于古代的波斯，经过丝绸之路传入中国。汉魏时开始流行，隋唐时为不同阶层的妇女穿着。中唐后一度被废除，五代、宋时再度风行。

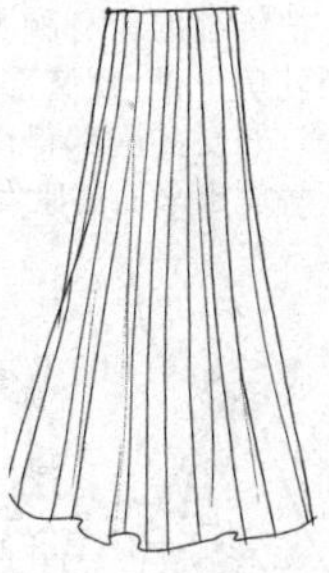

间裙

间色　middle tint　又称中间色。在十二色轮上除原色(红、黄、蓝)外的间隔之色，包括原色之间调和产生的一间色以及原色与一间色调和产生的二间色(再间色)等。尤指一般的浊色，如红 + 黄 = 橙、黄 + 蓝 = 绿、红 + 蓝 = 紫等。

建冠　jianguan　即“武冠”(551 页)。

建筑风貌　architectural look　时装设计流派。把人体作为设计出发点并不断给予抽象化，从而赋予服装一种独立的三维结构。以夸张的几何图形外轮廓为特征，表面装饰极少；追求简洁和现代感。设计构思和作品风格有类似建筑物的外观特征。

剑道服　fencing apparel　进行日本传统式剑道运动时穿用的服装。可分为剑道衣、剑道裙、剑道防护具。主要功能为防止击打伤害与方便运动。剑道衣是进行剑道运动时穿用的上衣，具有防击打、卫生、易于运动、合体等特征。材料有棉、麻等。袖长常为七分袖。颜色常为深蓝、黑、白等，并有同颜色的刺绣。

剑道裙同剑道衣相配，能保证下肢的自由运动。造型上裙摆比腰幅宽，前片有五个折裥，后片中心有一个大折裥。面料为棉。颜色多用深蓝、黑、白等。剑道防护具包括护面、护手、护胴、护腰等。多为黑色或深蓝色。护面由纵向一根、横向十四根的铁丝制成，与面部形状吻合。护手能覆盖前腕的前 2/3 部分。多由伸缩性好的薄牛皮制成。护胴分护胸与护腹两部分。护胸外层为牛皮，内衬以芯。护腹的里侧为并列的细竹，外侧贴有生牛皮。护腰是覆盖从躯干下部至腰的防护用具。由薄牛皮等制成。

健康胸衣 health corset 1900 年由法国妇女盖切斯·洛特(Gaches-Sarraute)创造的一种胸衣样式。把传统的紧身胸衣上部硬缘从乳房中部挪至乳房下部，使胸部凸起，腰部收紧，呈 S 形曲线，妇女的胸部得以从传统紧身胸衣的束缚下解放出来而健康发育。

健康胸衣

健身鞋 health care shoes 适合在户外行走、跑步、训练、登山、旅游时穿用的鞋。一般为帆布或皮革面，橡胶底，高帮、矮帮、系带、搭扣均可，是比较自由的鞋类。可在鞋内底加不同大小和高矮的胶粒，使之对脚底进行按摩，或者加挥发性药物或磁铁刺激足底神经。

渐变美学 graduation aesthetics 形状或状态在连续过程中产生递变，即以近似形式有序排列的形式美法则。通过类同要素的微差关系来求得新统一的手段，在视觉上产生柔和含蓄的感觉，具有抒情意味。渐变一定要遵从由量到质的变动原则，按一定比例分量逐渐增减，到变化的量累积到一定程度时，图形的质也产生飞跃性的改变。渐变不容许有大幅度的突变，否则就失去了渐变的和谐美。因此，无论怎样极端对立的要素，只要在它们之间采用渐变的手段加以过渡，极端的对立就会很容易地转化为统一关系，如颜色的冷暖之间、体积的大小之间、形状的方圆之间均可用渐变的手法求得它们的统一。在设计渐变时，要先确定逐渐演化的始端和末端的量，使位置、方向、形状、大小、色彩变化控制在恰如其分的尺度上，既避免简单重复，又不致发生突变。渐变法则既能协调确立主从关系，在静止画面上制造动的幻景，又能巧妙地把不同时空的单位衔接起来。

渐变图案 gradual pattern 图案的形式美表现。以基本形或骨骼渐次变化体现韵律和节奏感的图案。通过基本形大小、数量、形状、疏密、位置、方向、色彩等渐次递增或减弱的规律变化，实现渐变图案造型。多运用在裙料的裙边等设计中。

渐层法 grading method 使用深色眼影从睫毛线开始徐徐扫开，使眼影呈现从睫毛根往外逐渐变淡的效果。眼影可以有一种或几种颜色，但要保证睫毛根最深。

箭蟒 jianmang 中国传统戏曲袍服中男"蟒"(340 页)的一种。创始于 1936 年，是京剧表演艺术家马连良为新排《胭脂宝褶》中微服私访的永乐皇帝而设计。在保留蟒袍圆领、大襟、长及足、左右胯下开衩造型的基础上，以"箭衣"(255 页)的窄袖、马蹄形袖口、腰束软带取代蟒袍的阔袖带水袖及挂于腰间的玉带，删去蟒袍的海水江牙、云图等繁琐辅衬绣纹，仅绣六个简洁的龙团。用织有隐花纹的绉绸制作。既不失帝王气度，又兼有普通武士的风貌。

箭头袖衩 sleeve placket 又称琵琶头袖衩。袖衩由大袖袖衩(用于门襟一边)和小袖袖衩(用于里襟一边)组成，分别缝于袖开衩的两边。大袖袖衩宽为 2.5～3 cm，小袖袖衩宽为 1 cm 左右。缝合后袖衩上部缝迹成箭头状。常用于男式衬衫、夹克类袖口。

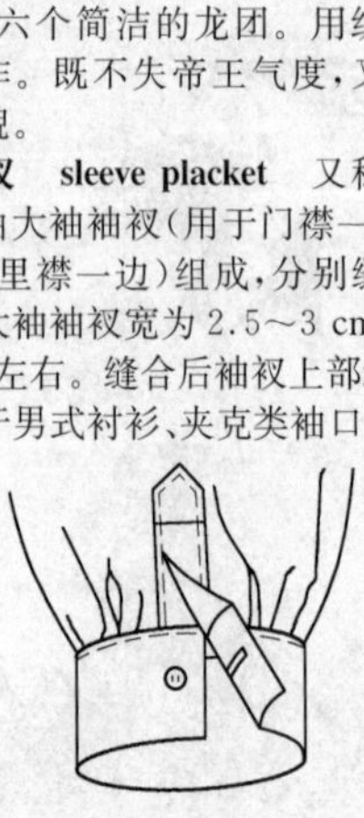

箭头袖衩

箭袖 ❶**jianxiu** 即“马蹄袖”(337 页)。❷即“箭衣”(255 页)。

箭衣 jianyi 又称衬箭、箭袖。传统戏曲男用袍服。属轻便戎服。参照清代满人骑马射猎时着用的四开衩蟒袍、行褂加工而成。行路时用。小圆领，一般加饰苫肩，大襟右衽，窄袖，袖口装马蹄盖，长及足，紧身，自腰际以下前、后、左、右四开衩，用鸾带束腰。色彩多样，“箱中十色”(566 页)俱备。包括：(1)龙箭衣，缎料，平金或绒绣团龙，缀有海水江牙、云图等辅衬纹饰，用于帝王、将帅及性格粗犷的绿林豪杰，如《彝陵之战》中的刘备、《群英会》中的周瑜、《连环套》中的窦尔墩等；(2)花箭衣，分为：①绣花团、蝙蝠等，并于周沿辅以花草纹等缘饰，用于一般武将及各类江湖人物，如《取洛阳》中的马武、《艳阳楼》中的高登；②周身散绣连枝花叶，以俊雅俏丽取胜，用于风流英俊的青年将领或女扮男装的女将，如《凤仪亭》中的吕布、《挡马》中的杨八姐；(3)花边箭衣，缎料，素面，仅于周身边沿绣花草纹等缘饰，供家将、校尉等着用；(4)素箭衣，分为：①用缎料制作，黑、蓝色为多，另有白、紫、灰诸色，素面无绣饰，仅于周身边缘加异色宽边。用于《黑风帕》中的高旺、《走麦城》中的关平等英雄义士、青年将领及衙役班头；②用布料制作，无任何辅衬装饰，供身份较班头更低的衙役、解差等着用，如《女起解》中的崇公道、《空城计》中的老军。

江湖行头 jianghuxingtou 中国传统戏曲服装分类用语。旧时指民间职业戏曲班社所用的行头。分衣、盔、杂、把四箱。衣箱有大衣箱、布衣箱之分。限于经济条件一般仅备一副行头，且更新周转期较长。如演三国等角色众多的大戏时，行头不敷应用，只能优先照顾主要人物。

江州粉 Jiang-zhou powder 以江州县(今重庆一带)水穴之水制成的妆粉。

降落伞帽 parachute hat 即“气球帽”(403 页)。

绛唇 bright red lip 中国古代妇女唇妆。以鲜红色唇脂点染唇部。

交叉分割线 cross division line 服装中常用的分割形式。由两条或两条以上的线相交组成，一般服装分割成三个以上几何图形。常见有 T 形交叉分割线、纵横交叉分割线、弧与直分割线、交叉与横弧交叉分割线、斜与直交叉分割线、斜与横交叉分割线，折与直分割线、折与横分割线。若交叉分割线由三条或三条以上的各类线条组合，那更是变化丰富、五彩缤纷。交叉分割线的艺术效果是一种视觉上的综合效果。

交叉曲折线圈 zigzag cross-over loop 缝线相互间形成线圈的形式之一。由一缝线越过或绕过另一缝线的线圈，且形成锯齿形线迹的成圈方式。是构成 304 号、305 号、308 号、310 号、404 号、405 号线迹的线圈形式。

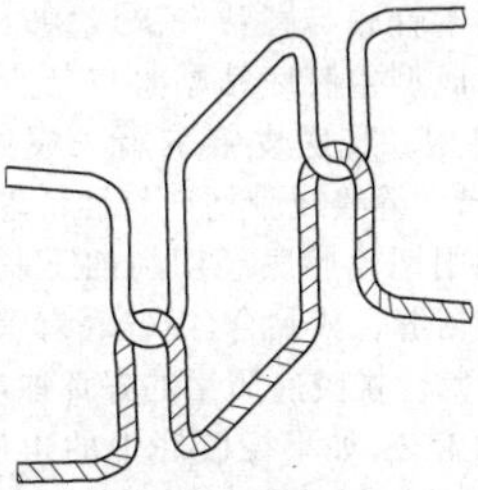

交叉曲折线圈

交叉线圈 cross-over loop 缝线相互间形成线圈的形式之一。由一缝线越过或绕过另一缝线线圈的成圈方式。是构成 300 级线迹的线圈形式。

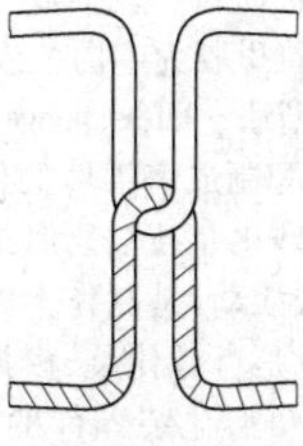

交叉线圈

交换添纱织物 cross plaiting knitted fabric 有规律地交换面纱与地纱在织针中的位置，或在圆机针筒上配置不同的织针编织而成的纬编织物。织物正面形成花纹效应。用于制作外衣。

交织物 mixture fabric 经纬纱的原料不同或一组用短纤纱、另一组用长丝纱交织而成的织物。常用的交织物如棉麻交织物、棉毛交织物、丝毛交织物、蚕丝与黏胶长丝的交织物、棉纱线与黏胶长丝的交织物和棉纱线与涤纶长丝的交织物等。

浇花布图案 jiao-hua cloth pattern 即“蓝印花布图案”(303 页)。

娇蝶粉 jiaodie powder 中国古代宫廷妇女所用的一种妆粉。粉中掺入珍珠粉末及香料等物。

胶底皮鞋 rubber sole leather shoes 以皮革为帮面,橡胶为鞋底的鞋类。橡胶底不仅具有很好的弹性、耐磨性和耐曲挠性,而且防水、耐热、绝缘等性能也很好。品种很多,模压皮鞋属于鞋底与鞋帮一次成型;硫化皮鞋通过压出成型生胶底粘贴于皮帮脚上,经加热硫化成型。胶底皮鞋采用先模压出成型底,然后借助缝线或胶粘剂与鞋帮连接;轮胎底皮鞋利用旧轮胎底经切削加工制成鞋底,随后与鞋帮缝合或黏合,因鞋底有帘子布,缝线不易缝豁。橡胶底质量的好坏取决于橡胶的配方和工艺,如果橡胶底中的再生橡胶含量或其他添加剂过多,橡胶底的强度、耐磨性、弹性会大大下降。

胶里胶靴 rubber lining rubber boots 靴里为胶皮的胶面胶底劳动保护用靴。当水进入靴筒内时,只要把水倒出,擦干,即可再穿。适用于水上作业及其他接触水且易灌入靴筒的作业。多为长筒靴。靴面胶一般为黑色或特定的彩色。靴里胶为本白色或浅棕色。

胶乳海绵塑型法 latex-sponge plastic method 用天然胶乳配制成海绵体的化装零件进行化装造型的塑型化装技法。海绵体零件质地柔软,可随肌肤活动,是制作大型零件和面具的较好材料,也是肖像化装、模拟化装等较好的造型手段。塑型化装零件的制作步骤是:(1)翻制模型;(2)制作海绵零件;(3)塑型零件的粘贴和着色。翻制模型的步骤是:(1)从演员脸上取石膏阴模;(2)翻制脸型的阳模,即成演员的石膏脸型;(3)在石膏脸上进行雕塑;(4)在雕塑好的部位灌上石膏,即成为做海绵零件的模型。

胶乳塑皱法 latex wrinkle-free method 用天然胶吹塑皱纹的塑型化装技法。吹塑皱纹时不仅要考虑年龄的效果,还应根据人物的性格、身份等特征,采取不同的操作方法,以得到不同的艺术效果。年轻演员扮演年老的角色,或者扮演从年轻到年老几个不同时期的角色时,常采取此法塑造皱纹和松弛的肌肤,可塑造真实而立体的皱纹,但演员的肌肤条件和化装师操作的熟练程度仍直接影响立体感和真实感。

胶鞋 rubber shoes 橡胶鞋的简称。以橡胶为主要原料,并与其他材料配合,经加热加压硫化所制成的鞋品的统称。按帮面材质可分为:(1)布面胶鞋,以日常生活用鞋和运动鞋为主;(2)胶面胶鞋(雨鞋),以一般防雨鞋及工矿劳动保护用鞋为主。按胶鞋的成型方式分:(1)粘贴法,最早也是最普遍的成型方式,效率高,适用面广,更换品种快;(2)模压法,鞋形规矩,只适用于布面胶鞋;(3)注胶法,新近发展起来的可作双密度鞋底的帮底结合成型方式,只适用于布面或皮革面胶鞋;(4)胶粘法,广泛应用于模压硫化成型底与布面或其他材料帮面胶鞋。

胶粘布鞋 cemented cloth shoes 鞋帮和鞋底用胶粘剂连接的布鞋。鞋底多为 EVA 等泡沫塑料片材,由于鞋底抗撕裂性能较差,不便于缝绱,只好借助胶粘剂。优点是轻便、柔软、舒适。泡沫鞋底保暖性好,尤其适合作棉鞋。缺点是强度难以保证,某些低表面能泡沫材料,未经表面处理或处理不好,很容易开胶。

胶粘皮鞋 cementing leather shoes 通过胶粘工艺使鞋帮与鞋底连接成型的皮鞋。特点是操作简单,生产效率高,品种变换快,能耗低,适合各种档次鞋类的生产。档次的划分取决于材质的选择、帮底的造型设计、鞋的黏合质量、工艺加工条件和胶种的选择等。鞋跟可以不受模具的限制而进行各种变化。

角花 corner pattern 即“角隅纹样”(256 页)。

角帽 corner cap 16～17 世纪配合学术或神职服装戴用的有四个或三个角的无檐帽。

角隅纹样 corner pattern 又称角花。图案的格式。多以花草构成图案,附属在服饰的角或边形上,是边缘装饰纹样的一种。有单角式、包角式、分角式和自由式,构成形式有对称式和均衡式。常见的有平绣、挑花绣、蕾丝、珠绣、印花等工艺，用于衣襟下角、领角、头巾、手帕等服饰设计中。

角隅纹样

绞 **twisting** 又称链。服装外观疵病。经缝纫后的两层衣片，因经纬丝绺不一致，使衣缝或附件像链条一样扭曲起皱的现象。产生原因为：在缝制过程中，由于上、下两层衣片的松紧未掌握好，造成一层紧、一层松，引起扭曲。补正方法为：将两层衣片的相关部位打好刀眼，缝制时对准刀眼松紧一致缝合。

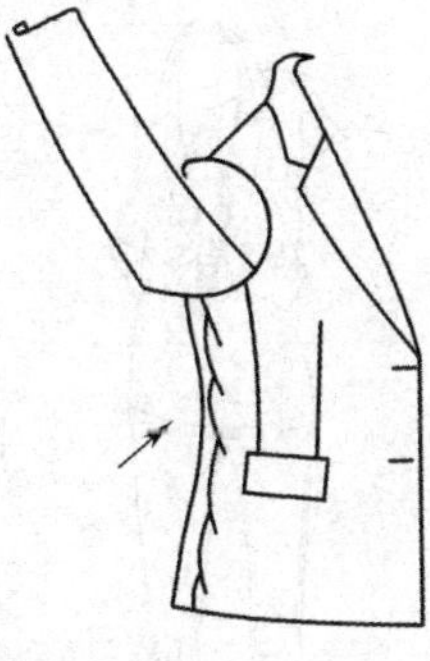

绞

绞缬图案 **Jiaoxie pattern, tie-dye pattern** 即“扎染图案”(632 页)。

矫形化妆 **orthopedics make-up** 即“矫正化妆”(257 页)。

矫正化妆 **rectified make-up** 又称矫形化妆。对人的脸部缺陷进行修饰，利用人的视错觉，将不理想的容貌尽量美化的化妆。多以三停五眼和肤质细腻为标准。主要类型有：(1)各种脸型的矫正，包括长脸、方脸、菱形脸、正三角形脸等；(2)眼睛的矫正，包括外眼角上扬或下垂、眼睛距离太近或太远，眼皮太肿，两眼大小不一等；(3)眉毛的矫正，包括眉毛杂乱、稀缺等；(4)唇形的矫正，如嘴角下垂、太厚或太薄等；(5)脸上疤痕色斑的掩盖等。

脚跟围 **heel girth, HG** 经过胫骨下点和足后跟点围量一周的长度。蹬脚裤结构设计的重要参考值。见“人体围度尺寸”(430 页)。

脚口围线 **trousers bottom girth line** 又称脚口线、裤脚线。裤片最下端的边沿轮廓线。正规毛料裤的脚口线为前内凹形，后外凸形。用粗实线表示。见“前后裤片结构线”(406 页)中图。

脚口线 **trousers bottom girth line** 即“脚口围线”(257 页)。

脚链 **ankle chain** 戴在脚腕上的饰品。由链条和搭扣组成，长度按佩戴者的脚腕围确定。除女性外，少数民族男性及幼儿也有使用。

脚踏 **stirrup** 裤脚部位延伸出来的用于踏在脚下的带状物，常用于蹬脚裤。

脚踏式缝纫机 **treadle sewing machine** 依靠脚的踏力驱动和控制缝纫机速度的缝纫设备。由针杆机构、钩线机构、送料机构、挑线机构和脚踏式动力传动装置等部分组成。脚踏式传动装置由以摇杆为主动件的曲柄连杆机构和皮带传动机构组成。缝纫时手脚并用，缝纫速度 600 r/min 左右。具有结构简单、制造和维修方便、成本低等优点。由于功能单一，传动方式落后，21 世纪以来已逐渐退出家用缝纫机市场。

脚型 **foot pattern** 脚的形态与构造。包括外形、骨骼及肌腱结构等。脚趾、跖趾关节、脚背、脚底、脚心、踝骨、脚弯、脚腕、后跟、小腿等构成脚的外形。脚的长短、肥瘦和脚背高低是外形的特征尺寸。脚型随人们的生活、工作环境及遗传基因的不同而有所差异，故世界不同地区、不同民族、不同年龄段亦各不相同。脚型是鞋型的基础。

脚型测量 foot-pattern measuring 对人脚各特征部位长度、宽度、高度和围度的量度。分为:(1)直接测量,脚长和各部位高度和围度的测量;(2)间接测量,根据脚底踩印图各部位尺寸的量度。有简易的尺测量和非接触测量(光电投影等),有双足平行站姿测量,更接近于穿鞋条件;也有坐姿测量。测量的目的在于对数据进行统计分析,而后找出被测者或被测量地区人群脚型的基本变化规律,因而制定出适合某人或某地区人群的鞋号和楦型系列,以便最大限度地满足不同穿着者的需求。

搅止口 crossing at the lower part of front edge 服装外观疵病。多指中山装等关门领式服装左右(门里襟)衣片叠正后,下端叠头偏斜,或领下第一颗纽扣扣合后,左右两片衣片的下端自然叠合过多的现象。造成原因为:(1)推门、敷衬时不妥,或敷牵带、敷挂面时在腰节部位敷得过紧;(2)领窝部位的衣料被拉宽。补正方法为:放松牵带、领窝部位衣料归拢。

搅止口

教士便帽 zucchetto 罗马天主教教会神职人员戴的头颅帽。堂区主管教父戴白色,枢机主教戴红色,主教戴紫色。

教士圆帽 calotte 即“卡洛帽”(278页)。

教友派罩帽 Friend bonnet, Quaker bonnet 英国基督教教友派贵格会的女信徒所戴的无装饰的罩帽。加衬垫的帽冠蓬松柔软,灰色帽檐向前在脸的上面和两侧形成圆形遮挡,系带在颏处打结系牢。戴在有绉边的白色软布衬帽上,一般用和衣服同样的面料制作。源于17世纪,因信徒间互称教友而得名。

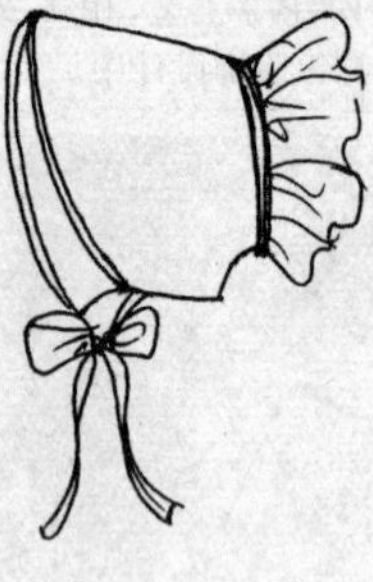

教友派罩帽

阶梯式着装 step wearing 着装风格的一种。服装造型和组合强调层次感,较休闲常见的着装有:塔裙,造型本身构成阶梯状态;多件套裙,最上面为短背心,下面一层为长出一节的外衣,再下面露出一节套衫衬,最下面是裙摆。色彩搭配自然,效果繁而不乱。

接 abutting 裁制衣片时,因衣料长度不够,不同布段的衣片需按相同丝绺拼接。

街头风格装束 street style costume 带有强烈反叛色彩的着装。最早于1940年出现在美国,后延伸于英国。一些来自下层社会的年轻人(包括相当数量的失业者和罪犯),整天无所事事在街头闲逛,所穿服装款式怪异、搭配奇特。20世纪80年代后期,在时装舞台上也出现了许多带街头时装味的作品,曾成为流行主流。

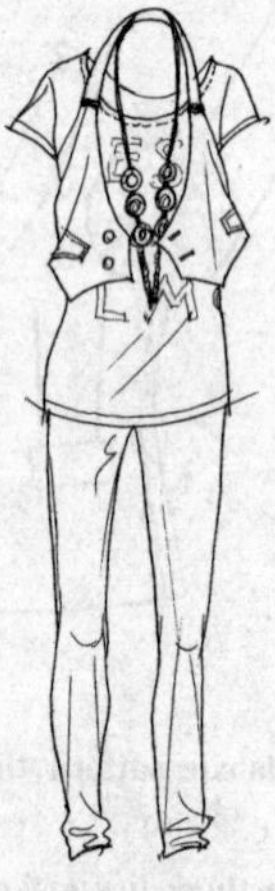

街头风格装束

街头式表演　outdoor fashion show　在露天广场、商场门口、建筑物台阶等户外场所举行的时装表演。打破了时装表演的一些固有模式，宽广的自然景观、人文景观使表演更加生动真实。

节晕妆　jieyun style　隋代宫廷妇女流行的一种面饰。以脂粉涂抹面部，色彩淡雅而适度，有别于浓重的酒晕妆。

节奏美学　rhythm aesthetics　一定单位的有规律重复，建立在重复基础上的空间连续的分段运动，使形式富有机械的美和强力的美。分为重复节奏和渐变节奏：(1)重复节奏。由相同形状的等距离排列形成，无论是向两个方向、四个方向延伸还是自我循环，都是最简单也是最基本的节奏。也是一种通过简单的重复达到的统一，就像音乐的节拍一样，有较短的周期性特征。重复节奏的典型形式是图案中的散点二方连续。(2)渐变节奏。仍然以重复为基础，但是每一个单位包含着逐渐变化的因素，这就淡化了分节现象，有较长时间的周期性特征。通过形状的渐大渐小、位置的渐高渐低、色彩的渐明渐暗和距离的渐远渐近等表现形式，形成有序的变化。由于变化是渐次发生的，强端和末端的差异很明显，形成高潮迭起、流畅而有规律的运动形式。服装设计中让同样或近似的图形、色彩、材料在一套服装中反复出现，能呈现一种有秩序的不断变化的美感。

杰金背心　jerkin　又称合身背心。穿在衬衣外的背心。文艺复兴时期西班牙绅士的装束。造型特点为短小、紧身收腹；前门襟下摆呈尖角嵌入下腹；无袖。通常用皮革材料制成。分套头式、拉链式和系扣的前开口式。

杰奎琳款式　Jacqueline style　灵感来源于美国已故总统约翰·菲茨杰拉德·肯尼迪遗孀杰奎琳的着装风格。杰奎琳容貌并不十分出众，但其着装却独具匠心。她在 *WWD* 刊登的一张露膝照片，不久风靡全美，她的发型和太阳镜戴法甚至影响一代人。自 20 世纪 60 年代初起，杰奎琳的着装风貌一直受世人瞩目，甚至在 1994 年杰奎琳去世以后，时装界纷纷推出灵感来自杰奎琳风貌的时装，如古姿(Gucci)的 A 字型裙装、米拉·辛(Mila Schon)的套装。

杰奎琳款式

结构缝　construction seam　缝道类型。服装结构中必须处理的缝道，是整件衣服的缝合基础，大多分布在不易看到的位置上，如装饰缝、肩缝、小袖缝、后分割缝、大袖缝，见“缝道”(142 页)中图。

结构画法　structural drawing　借助色彩的深浅和亮度变化来突出凹凸结构的化妆方法。常用于脸部轮廓和眼睑眼窝的塑造。眼睛结构画法主要有两种：(1)按眼睑部的自然结构，常用于生活妆；(2)在眼睑部另选位置重塑新的眼睑结构，较为夸张，常见于时装表演或广告、艺术展演等场合。

结构平衡　balance of construction　服装覆合于人体时外观形态应处于平衡稳定的状态。包括服装部位和部件外观形态的平衡，以及各类服装材料之间缝合后形态的平衡。部位平衡有前衣身门襟处、肩缝处、底边部位、后中线部位和下装裆围线以上的平衡。部位外观平衡有衣领的安装平衡、衣袖的安装平衡、口袋的安装平衡。

结构线　structure line　构成服装组织结构和部位规格尺寸的基本线条。人体是一个有高低起伏变化的近似圆柱体，要使服装穿着得体，必须要有相应的结构线配合。结构线与服装外形直接关联，对外形的成型和符合理想化人体美等方面都有积极的意义。同时，外形对结构线设计也有决定性的意义。外形简单宽松，结构线稀少和省略；外形复杂紧身，结构线繁多而密集；外形夸张变形，结构线变化多端。按其表现形态可分为两大类：一大类为有形无线的线，是制图和划样时的基本线，出于把握形的规格的需要而主观假定的，在制成服装后这些线就不存在了。另一大类为有形有线的线，在制图和划样的时候不仅有线的名称，而且制成服装后有明显的衣缝结构线。有形无线的结构线有：衣长线、底边线、胸围线、臀围线、袖窿线、肩线、领线、叠门线、腰节线、袖肘线、袖山高线、袖口线、裤（裙）长线、腰口线、臀围线、挺缝线、臀省线、下裆缝线、横裆线、直裆线；有形有线的结构线有：止口线、摆缝线、胸省线、腰节省线、袖窿省线、袖山弧线、领外线、领围线、背中线、背缝线、肩省线、叠裥线、脚口线、下摆线等。

结构制图 **structure draft, structure drawing** 使用一定的制图工具把服装结构绘制成平面结构图的过程。传统上利用铅笔和各种尺具等进行手工结构制图，现多应用服装CAD制图。方法有原型制图法、比例制图法、胸度制图法、基型制图法和短寸制图法等。

结构装饰缝 **ornamental-construction seam** 缝道类型。在结构缝上缉装饰线、装饰物，这种缝既起处理结构的作用，又有装饰的作用，多分布在服装的表面，如后背分割缝，见“缝道”（142 页）中图。

结合鞣革 **combination tanned leather** 以两种或两种以上鞣剂结合使用加工而成的皮革。包括铬鞣与植鞣结合，油鞣与醛鞣结合，铝鞣、锆鞣与铬鞣、植鞣、合成鞣剂的结合等多种方法，以提高皮革的使用性能，改善皮革的某种特性。适用于特殊性能的服饰皮革。

结子纱织物 **knop yarn fabric** 花式纱织物名。用结子纱织制的织物。大多为经细纬粗，结子纱用作纬纱。结子可以是单色、双色或多种颜色。布面有散布的结子，具有颗粒挺凸、立体感强、色彩新颖等风格特征。毛型结子织物可用作秋冬季女上衣面料；薄型的绢丝结子织物和棉结子织物可用作夏季女上衣面料；化纤结子织物可用作春秋季女上衣面料。

睫毛膏 **mascara** 利用纤维成分让睫毛伸展变长并使睫毛显得更挺更浓的膏状化妆品。此类产品多不易晕开，容易使睫毛纠结在一块，不够自然。防水睫毛膏加了防水树脂添加剂，游泳、流泪都不会使睫毛褪色。卸妆时也必须使用含有油分的卸妆液和卸妆油。彩色睫毛膏有各种不同的颜色，刷上之后，眼睛会显得亮丽有神，多用于欢庆场合、时尚派对或舞台表演，也可用在青春活力的日常妆中。

睫毛胶水 **eyelash glue** 用来粘贴假睫毛的白色胶体。一般市售的假睫毛中都附带睫毛胶水，也有独立包装的。使用时，先将睫毛胶水涂在假睫毛根部的基线上，待稍干，再粘贴到所需位置。

睫毛梳 **eyelash comb, eyebrow shaper** 可将刷上睫毛膏的睫毛一根根梳开的化妆工具。

姐妹色对比 **one-color contrast** 单一色相或同一色相对比。在色相环中约 0°～15°范围的色相差异对比。只有明暗变化，而无色相对比，对比较弱，有单纯柔和、高雅文静之感，色相倾向明确，但较单调、软弱。

姐妹色调和 **one-color coordination** 又称单一色相调和、同一色相调和。同一色相不同明度乃至不同纯度、或不同色调之间的配色，在色相环中处于约 0°～15°的范围。同一色相搭配时，给人以一种温和安静感。如果色彩明度、纯度变化甚小，则显得沉闷单调，如果明度、纯度层次拉开，即可使色彩产生明快丰富之感，例如中黄与柠檬黄；深蓝与淡蓝；深咖与浅咖。

解放鞋 **liberation shoes** 以帆布为鞋帮，橡胶为鞋底，帮底结合的侧面有一圈较高的防水橡胶围条的系带式矮腰鞋。因最初为中国人民解放军战士专用，故名。鞋的楦型较肥，适合广大工农、战士脚型，鞋帮有加固跖趾部位的跖趾布，较宽的胶围条和保护脚趾的橡胶外包头有防水作用，较厚的海绵内底，穿着舒适，大波浪形花纹外底，防滑性好，黑色橡胶底耐磨性优良。不仅供战士穿用，也可作为劳动和生活用鞋，鞋帮主要为草绿或迷彩色，草绿色围条及外包头，少数为黑色鞋帮，米黄色围条及外包头。

解构主义装束 **deconstruction costume** 一种创新设计流派。设计理念前卫，20 世纪 80 年代初由日本设计师川久保玲率先推出。解构主义是对原有的造型精致、棱角分明的重要部件如一些典型女装大胆改造，把领、肩、胸、腰、袋等结构拆散，重新组合形成的新裁剪方法。

介 **jie** 即“甲”（247 页）。

戒指　ring　戴在手指上的饰品。男女皆可使用。

巾　jin　又称头巾。中国古代一种裹头用的布帕。主要功能为保暖和防护。始于先秦，是庶民首服。通常以缣帛制作，裁成方形，长宽与布幅相等，使用时包裹发髻，系结于后脑勺或额前。男女皆可用。巾的材料除布、葛、纱、罗之外，还有皮质的。东汉后贵贱均可使用，成为时髦的装饰。有一种头巾，事先被折叠成型，使用时直接戴在头上，无须系扎。菱纱巾、乌纱巾、葛巾均属于此类。北周武帝时，巾的式样又有所改进，裁四脚，后幞发，四脚成带状。通常以两带系脑后垂下，另外两带反系头上。这时巾已经逐步演变成帽子。巾作为首服，被历代沿用，并化成多种类型。清代后，由于剃发令的实施，男子扎巾已不多见。

金波缎　jinbo damask　丝织物名。经线为[22.22～24.42 dtex(20/22 旦)8 S捻/cm×2]6.8 Z捻/cm染色桑蚕丝，纬线为133.2 dtex(120旦)染色有光黏胶丝，地组织为八枚经面缎纹，花纹采用八枚纬面缎纹，并陪衬方平纹组织的暗花和点缀少量纬浮花。地部紧密细致，图案精巧活泼，花地分明，属于高档传统品种。主要用作棉袄面料。

金箔　rolled gold　锤制而成的黄金薄片。是质地较软、伸展性极佳的高纯度黄金。常用于包金首饰，面饰等。

金凤花　jinfeng flower　即“凤仙花”(144页)。

金刚石　diamond　即“钻石”(682页)。

金花胭脂　jinhua rouge　一种制成薄片的胭脂。以金箔或纸片浸染胭脂红色素而成。使用时稍微蘸湿使之溶化，即可涂抹面颊或点染嘴唇。

金缕玉衣　jade burial suit　用金丝编缀玉片制成的殓服。由头罩、上身、袖子、手套、裤筒和鞋组成。玉片四角都有穿编金丝的小方孔，然后用金丝一缕缕地贯串，使玉片固定成一形。脸部玉片较大，刻出细线，呈瞑目入睡状，整体按人体结构编缀。

金纳帽　Jinnah cap　巴基斯坦男子戴用的土耳其帽式。一般用卡拉库尔羊羔皮材料或其仿制品制成。因巴基斯坦首任总督穆罕默德·阿里·金纳(Mohammed Ali Jinnah)的戴用而得名。

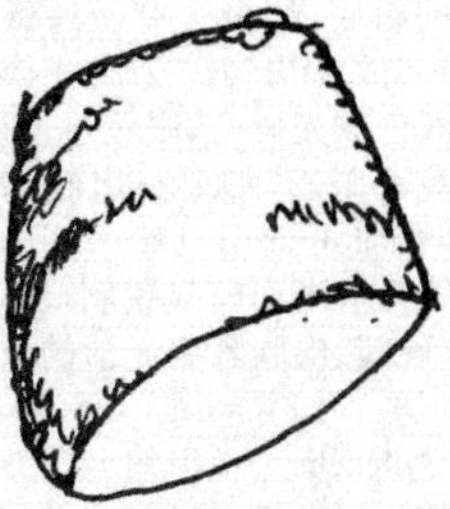

金纳帽

金皮革　gold leather　表面加工成黄金色的皮革。可通过涂饰皮革时在涂料中掺入金粉颜料制成。金粉颜料由铜锌或铜锡合金制成，似一层金箔覆盖在皮革表面。涂层极薄，能隐约可见天然皮纹凹凸不平的形态；也可采用金色电化铝移膜工艺制成。用于制作鞋面革或镶拼较高档的皮具。

金片冲压机　sequin punching machine　高速冲压出供电脑绣花机金片刺绣用的带孔金片盘的专用辅助设备。由曲柄滑块冲头机构、金片盘模装置和自动输带材装置等部分组成。

金钱豹皮　leopard fur　即“豹皮”(23页)。

金属环洞　grommet　又称金属孔眼。金属的卷边较宽的孔洞。有不同的尺寸和形状，可作弹簧环扣的环扣洞或用以穿系较粗的带子、花边等，也可作不叠合式腰带两端的穿系带洞眼，用于装饰。

金属拉链　metal zipper　由黄铜、白铜或铝合金组成的金属丝连续冲压排牙成型的拉链。铜质拉链耐用、柔软、高雅庄重，但其链牙比其他类别的拉链易脱离或移位，主要用于高档的夹克、皮衣、滑雪衣、羽绒服及牛仔服装等。铝质拉链的强力性能稍逊，但经表面处理具有彩色的装饰性，可用于中、低档服装。

金属色调　metallic tone　发出冷光的金属色调。1958年春夏，呈现金属美的明亮灰色曾作为流行色推出。而后，伴随着从1967年起流行的宇宙风貌，冷色调服装色又一次形成高潮。

金属妆　metallic filling make-up　突出金属质感和光泽酷感的化妆。根据用色的不同，主要分为金色调和银色调两种类型，前者阳光健康，后者酷感前卫。粉底可使用含有金属微粒的粉底，配合含有金属微粒的散粉定妆，让脸部散发均匀的金属光泽。唇部选用同色调淡色珠光唇膏，眼妆可选用金色、银色或黄绿色系眼影，如要突出脸部的金属质感，唇妆和眼妆可选用自然一些的色泽。脸部和五官线条清晰而略显锐利。多适合骨感较强、轮廓硬朗、皮肤紧实光洁的人群做个性化化妆。

金丝绒　**pleuche**　丝织物名。桑蚕丝和黏胶丝交织的单层经浮长通割起绒织物。地部经纬纱均为无捻桑蚕丝，地组织为平纹，有光黏胶丝作绒经，以一定浮长浮于织物表面，用割绒刀把经浮长通割后再经精练、染色、刷绒等后整理而形成短密略显倾斜的绒毛。织物光泽柔和，绒毛耸密浓簇，质地柔软，富有弹性。适宜作高档旗袍、晚礼服等的面料。

金靥　**golden ye**　以金箔剪制而成的"面靥"（355页）。中国古代妇女面饰。

金靥

紧粉　**face powder**　貌似粉饼，起定妆作用的一种蜜粉。使用时，以轻压的方式将紧粉敷上妆面，会使表面有一层薄膜的效果，皮肤因此显得光滑且触感良好。

紧圈　**loop tighten up**　即"收线"（472页）。

紧身毛背心　**doublet**　采用V字领或低领的抽绳系带式前开襟紧身背心。以毛、腈及其混纺纱为主要原料。收腰，长及臀围以上。通常采用四平针、仿麂皮、提花等组织编织。与喇叭裙、宽松裤配套，适于女性、儿童穿着。

紧身毛衫　**skinny sweater**　采用2+2罗纹组织或不同上下针配置编织而成的毛衫。横向弹性好，延伸性强，紧身合体，不易脱散，不卷边。适用于内外衣裤及女装等。

紧身型　**straight-fit style**　外轮廓基本忠实于人的体形轮廓。考虑人的活动性与舒适性，设计时常采用开衩、收省、打褶或使用针织等弹性面料的方法，保证服装贴合人体、显露人体外形美，且便于活动。

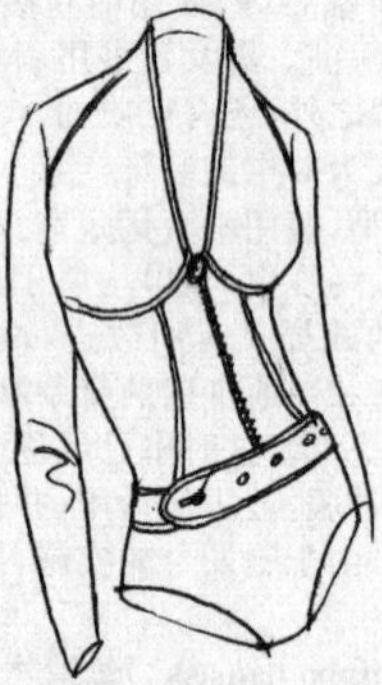

紧身型

紧身袖　**tight sleeve**　衣袖和手臂之间余量少，袖身紧贴胳膊的袖类。一般使用弹性面料，常用于女装内外衣。

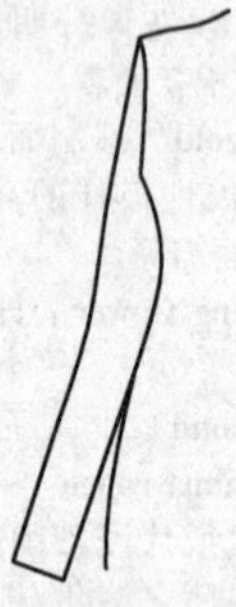

紧身袖

紧缩缝制　**tight sewing**　缝纫机差动缝料输送器的差动比率小于1时进行的缝制。可使缝料抽缩，多用于缝料的抽缩缝。

紧腰型　**fit-waisted style**　根据人体腰部自然形态造型的腰型。有全紧腰型和半紧腰型两种。全紧腰型是通过分割、设省，使腰型尽量符合人体自然曲线形态，并无碍于活动，带有古典主义风格。半紧腰型是通过收橡皮筋、束带、抽褶等工艺，使腰部呈紧中有宽、宽中有紧的效果，既可用于紧身型服装，又可运用于宽身型服装，有较大的灵活度。

锦 brocades 丝织物大类名。以无捻或弱捻染色长丝为经纬纱,采用斜纹、缎纹的立体多层重经重纬组织织制的绸面精致、色彩绚丽的色织大提花丝织物。花纹图案多为龙、凤、仙鹤、梅、兰、竹、菊、福、禄、寿、喜等体现中国民族传统文化的含吉祥如意寓意的纹样。质地厚实,手感光滑挺括。品种繁多,传统的有宋锦、蜀锦、云锦、妆花缎等,现代有织锦缎、古香缎等。适宜用作具有中国民族特色的服装,如旗袍、中式棉袄及其罩衫等的面料。

锦标长筒球鞋 champion long leg basketball shoes 曾称标准篮球鞋。压延出型制得的具有似模压花纹的橡胶外底,白、黑、棕、蓝等色帆布鞋帮,普通粘贴法硫化工艺制成的布面胶鞋。20世纪50年代投入生产。成本较低,适于一般运动穿用。

锦纶搭扣带 polyamide hook and loop tape 又称粘扣带。由锦纶钩面带与锦纶圈面带(绒带)组成的搭扣。钩面带用直径0.22~0.25 mm的锦纶单丝,经热定形、涂胶、刻画成钩等处理,形成硬挺直立的钩子,圈面带用细度33.3 tex的锦纶复丝,经热定形、涂胶、磨绒处理,获得浓密柔软的圈状结构。带面宽度有:16 mm、20 mm、25 mm、30 mm、40 mm、50 mm、100 mm等规格。钩面带与圈面带复合,略加轻压即能粘在一起,撕揭即可分离,可用于服装、袋子、皮件、手套等的连接材料,用途较广。优点是扣合简单,操作方便,缺点是承受力不如金属扣件,且易钩毛服装。

进贤冠 jinxianguan 中国古代男子的一种礼冠。通常为文官、儒士所戴的朝冠。因文职官吏有向朝廷荐引能人贤士之责,因此得名。通常以铁丝为骨,外蒙细纱。穿戴时加在介帻之上,与介帻合为一体。整个冠式前高后低,前柱倾斜,后柱垂直。冠上缀梁,以别身份等级。自汉以后历代相承,其制不衰。晋代时期,皇帝也戴进贤冠,多用五梁,以示区别。宋时,形制有所变化,以漆布制成,冠额上有镂空金银的额花,冠后有纳言,用罗为冠缨,垂于颔下系结。用玳瑁、犀角或角质制成的簪横贯于冠中。冠上有银地涂金的冠梁。元代以后曾一度用于侍仪舍人。清代以后废除。

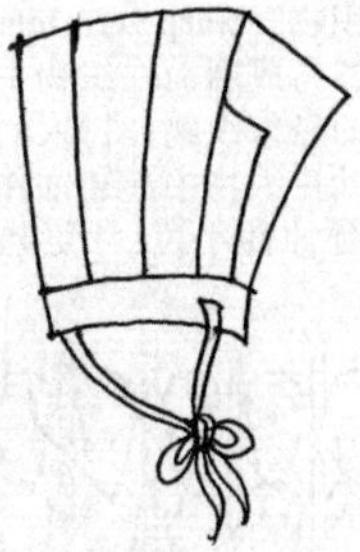

进贤冠

茎突点 styliod, Sty 人体测量点。桡骨下端茎突最尖端的点。测量袖长的参照点,自肩端点垂直向下量至茎突点附近决定装袖的长度。

茎突至大拇指根长 styliod-to-thumb-root length, STRL 从茎突点到大拇指根的长度。见"人体长度尺寸"(426页)。

京剧人物 *Jingju Renwu* 戏曲美术著述。赵梦林撰文、绘图,朝华出版社1999年版。全书包括"京剧人物的造型艺术"、"京剧人物图谱"两部分。前者以图文对照形式对京剧的"行当与化装"、"发式、头饰、髯口及巾、帽、冠、盔"、"服装的分类和色彩"、"道具的运用与象征性"、"特殊扮相"、"舞台的整体效果"诸专题进行了简单介绍。"人物图谱"分行当绘制剧中人图像,并逐一说明所绘人物使用的髯口、服装、盔靴等扮相。共绘彩图160余幅。

京族服饰 Gin ethnic costume and accessories 中国京族衣着和装饰。京族分布在广西的三岛。男子穿窄袖、长及膝的对襟上衣和宽腿长裤,腰束带。女子梳砧板髻,戴耳环和竹半笠,内穿菱形抹胸,外穿紧身、窄袖、圆领的对襟或大襟短上衣,衣色喜白、绯色等浅色,着黑或褐色的包腿长裤。

京族女子服饰

经编衬经织物 **warp zero inlay fabric** 编织中垫入不参与成圈而在织物中成纵向直线排列的经纱的经编织物。衬入的经纱称为衬经纱。衬经纱在织物中起装饰作用。经编衬经织物纵向延伸性小,尺寸更趋稳定。可作为外衣面料。

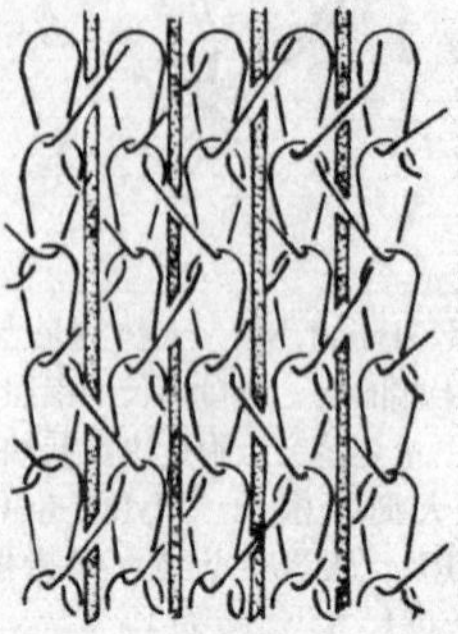

经编衬经织物

经编衬纬烂花织物 **warp knitted inlay cauterized fabric** 经过烂花处理的经编衬纬织物。利用耐酸的合纤长丝编织地组织,不耐酸的天然或再生纤维素纤维为局部或全幅衬纬纱编织而成。在整理过程中通过烂花工艺,按设计要求除去相应的衬纬纱,形成网孔花纹效应。坯布重 50～300 g/m²。产品主要用于制作斗篷、裙料等。

经编衬纬织物 **warp knitted weft insertion fabric** 具有衬纬组织的经编织物。在经编地组织的线圈圈干和延展线之间周期性垫入一根或几根不成圈的衬纬纱所形成的织物。成圈地组织以合纤长丝为原料,衬纬纱采用各种长丝和短纤纱,构成不同用途和风格的衬纬织物,涤长丝逐行衬纬织物,结构紧密,形态稳定,质地轻薄;涤长丝间隔衬纬,可构成各种网眼花纹外观的装饰材料;腈纶短纤维衬纬坯布,经拉毛整理后制成经编腈毛呢,用作冬装外套面料。

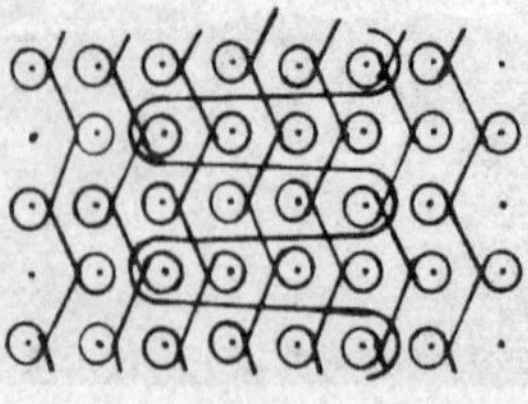

经编衬纬织物

经编衬衣织物 **warp knitted singlet fabric** 缝制衬衣用的经编织物。面料品种有:两梳高速经编机满穿编织的锦、涤交织布,横条纹半网眼衬布,三空一穿的薄型网眼布,四梳高速经编机一空一穿的涤纶小网眼布,经过染色、轧花等加工整理的色织经编坯布。采用涤纶丝、锦纶丝以及涤棉混纺纱等原料编织而成。布面结构稳定,不脱散,不卷边,略有弹性,质地轻薄,表面平整。

经编灯芯绒织物 **warp knitted corduroy fabric** 表面具有灯芯条状绒条的经编织物。弹性、延伸性以及毛绒的固着牢度优于机织灯芯绒织物,而毛绒的细密程度则不及后者。利用梳栉穿纱规律及垫纱运动的变化,可织出宽窄直条、曲折条和菱形等凹凸绒面的花式灯芯绒织物。原料采用 50～83 dtex 涤纶长丝以及各种天然和化学纤维。经编灯芯绒主要包括:(1)拉绒灯芯绒,特里科单针床经编机编织,经拉毛起绒整理;(2)割绒灯芯绒,双针床拉舍尔短绒机编织,经剖幅割绒、定形、电热烫光整理。产品用于制作男女衬衣、外衣。

经编涤盖棉 **warp knitted double-faced fabric** 织物正面采用涤纶纱,反面采用棉纱编织而成的双层经编针织物。正面挺括、耐磨、色泽鲜艳,反面柔软、吸湿性良好。与纬编涤盖棉相比,具有较好的尺寸稳定性。主要用于制作外衣裤、运动衣裤和西裤等。

经编多梳栉花边饰带 **warp knitted multi-bar lace edging** 多梳栉拉舍尔机编织的条带状花边织物。分为:(1)饰带,一边为缝纫边,一边为花式边;(2)嵌条,两边都是缝纫边;(3)金银丝带,两边都是月牙边。原料以合成纤维长丝和黏胶丝为主。采用纤细的网眼地组织,最流行的是六角网眼,常辅以衬纬纱,形成各种变化网眼,厚密的衬纬组织构成花纹图案,从而使花地对比明显,花纹突出,整片织物质地轻薄。风格轻盈,透光、透气性好,花纹丰满、活泼、层次多,呈现中小型花纹图案。坯布重 30～100 g/m²。产品主要用于服装的装饰性加固用边条辅料。

经编方格织物 **warp knitted check fabric** 织物表面呈现格子效果的经编织物。按组织结构分为:(1)缺垫经编组织,编织的方格较大;(2)变化经平组织,编织的方格较小;(3)经编衬纬组织，有明显的格子效果。一般采用色织或不同原料交织。常用的原料有：天然纤维、合成纤维和人造纤维等。织物结构紧密、厚实、外观挺括，线圈结构分布均匀稳定。主要用于外衣面料、裙料以及装饰、工业用布。

经编仿麂皮织物 **suede knitted fabric** “经编起绒织物”（266 页）的一种。经过磨绒的经编起绒织物。绒面致密，柔软，弹性好，尺寸稳定，悬垂性好。纤维越细，越利于体现织物的优良性能，故常采用超细涤纶长丝作为起绒纱原料。坯布需经特殊的磨绒整理。通过印花、压花处理，可生产花色麂皮绒。产品常用于制作外衣、运动衣裤、鞋面、手套等。

经编仿鲨鱼皮织物 **warp knitted imitating sharkskin fabric** 即“经编雪克斯金织物”（268 页）。

经编花边意匠图纸 **mesh notation paper** 经编花边组织设计中表示花边地组织、花型设计的图纸。一般画有几何图形，六角形表示六角网孔地组织，四边形表示四角网孔地组织。花纹大小由产品用途决定。设计图案要考虑纱线的行走路线，避免花边外观受影响。花型要连贯、圆滑，同时应充分考虑意匠纸的纵横向比率规格，以减少设计花型与实际花型间因变形而产生的差异。

经编花压织物 **warp knitted cut-press fabric** 在钩针经编机上利用压针变化形成的经编织物。在编织时，将平压板改为有缺口的花压板，由于缺口不能进行压针而形成缺压织物。有时同时装有平压板和花压板交替工作，编织花式效应织物，如贝壳状织物、结节效应织物，凹凸效应织物以及集圈织物等。产品主要用于制作妇女外衣等。

经编基本组织 **warp knitted basic stitch** 构成各类经编织物的最基本的经编组织。分为单针床基本组织和双针床基本组织。采用 2～4 组纱线，以“经编链组织”（266 页）、“经平组织”（269 页）、“经缎组织”（269 页）、“重经组织”（63 页）等单针床基本组织和罗纹经编组织、双罗纹经平组织、双罗纹编链组织、双罗纹经缎组织等双针床基本组织编织而成。

经编贾卡连裤袜 **warp knitted jacquard pantistockings** 又称塑身裤袜。贾卡提花分支筒状成形经编织物。可采用锦纶、涤纶、氨纶长丝和弹力丝等为原料。在各种网孔地组织上进行提花，各部分筒体连接无缝隙，花纹连续。织物下机后仅需缝制弹性腰带即可。经编连裤袜容易勾丝，易从破损处纵向脱散。

经编贾卡织物 **warp knitted jacquard fabric** 由配置贾卡提花装置的拉舍尔经编机编织的提花针织物。织物花纹由三种基本组织构成：(1)贾卡厚实织物，在相邻两纵行间有两贾卡纱聚合在一起横过的不透明织物；(2)贾卡稀薄织物，在纵行间只有一根纱线横过的半透明织物；(3)贾卡网孔织物，贾卡纱线绕在织物纵行上，两纵行间没有贾卡纱连接的全透明织物。主要品种有：单针床贾卡经编机编织的花边织物和提花毛圈绒织物；双针床贾卡经编机编织的提花手套、连裤袜、圈绒花纹网眼花边及提花割绒织物。原料为涤纶、锦纶、腈纶等合纤长丝及其短纤纱、棉纱、各种混纺纱或金银线等。产品主要用于手套、连裤袜、围巾、披肩、装饰性服装辅料。

经编剪绒织物 **warp knitted sheared terry fabric** 通过剪毛整理，使经编毛圈织物表面形成绒头的经编绒类织物。具有毛绒细密、绒面坚立、高度均匀、外观丰满厚实、弹性较好、保暖性和悬垂性好、结构稳定等特点。采用的原料有合成纤维、天然纤维、人造纤维等。织物重 100～400 g/m^2。产品为高档天鹅绒类织物，可用于制作外衣裤、连衣裙、礼服。

经编间隔织物 **warp knitted spacer fabric** 双针床拉舍尔经编机编织的双层经编织物。前后针床各自编织织物，中间由确保稳定性的间隔纱线连接。在间隙中可填入固态、液态或气态的物质，产生保暖隔热、透湿、排水、隔音、过滤、防震等各种功效。按用途选择原料、改变组织结构、进行橡胶涂层、薄膜层压或金属喷涂等整理，可形成正反两面具有不同性能的间隔织物。产品主要用于制作有特殊防护功能（如防震、保温、隔热、防潮、防各种污染等）的防护服、运动服和鞋子等。

经编烂花织物 **warp knitted cauterizing fabric** 织物表面具有半透明花型图案的轻薄型混纺经编织物。分为：全幅衬纬、局部衬纬、衬经衬纬和全幅衬经组织等。利用耐酸的合纤长丝编织地组织，不耐酸的棉、人造纤维、涤棉或丙棉包芯纱作为局部或全幅衬纬纱编织，通过烂花工艺，除去相应的衬纬纱，使织物呈现所需的花纹，也可施加必要的套边印花加工，以增强烂花花纹的边缘质量效果。织物结构稳定，布边挺括，不卷边，花纹清楚，立体感强，花型层次分明。主要用作装饰、男女内外衣、裙和礼服等的面料。

经编链组织　pillar stitch　经编基本组织。同一枚导纱针在编织时始终在同一枚针上垫纱形成链条状织物。该组织不能连成一片，只能形成相互间没有联系的纵条。分为开口经编链和闭口经编链。经编链纵行间没有延展线连接，延伸性小，横向无卷边。

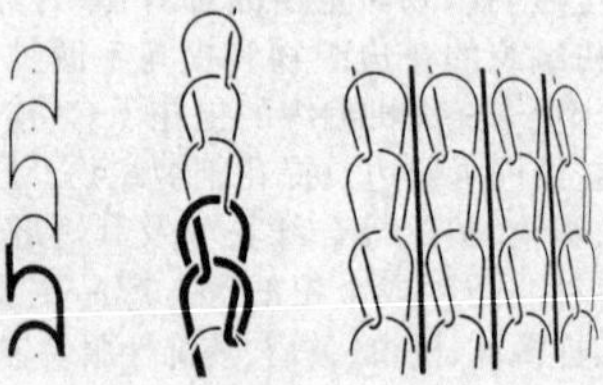

经编链组织

经编六角网眼织物　warp knitted tulle net fabric　呈现均匀分布的六角形孔眼的经编织物。原料以锦纶、涤纶等的复丝或单丝为主。为使网孔清晰，常采用相对较细的原料。坯布经热定形、树脂或上浆等整理后，可用于制作防蝇网、服装、鞋、帽的辅料等。

经编罗纹网孔织物　warp knitted rib-based mesh fabric　具有方形或长形网孔的经编罗纹织物。两面均显露正面线圈。一般在双针床拉舍尔经编机上编织。可作为各类服饰面料。

经编罗纹组织　rib raschel fabric, warp knitted rib fabric　平行排列的双针床织针相间配置，交错编织而成的经编组织。双针床织针以针背相对配置，每根经纱在相同配置的两个针床的织针上轮流编织。正反面均呈现正面线圈。织物横向延伸性较好，类似于纬编单罗纹组织的外观效应。

经编骆驼绒　warp knitted camleteen　经编机编织的传统毛绒织物。具有绒面厚实、丰满、弹性好，保暖性能优良，织物表面色泽鲜艳等特点。一般以 24.3 tex 的棉纱作地组织原料，98.5 tex 的毛纱或毛黏混纺纱以衬纬形式被夹持在地组织中，坯布经拉毛整理形成毛绒。织物重 615 g/m^2 左右。采用不同形式的衬纬方法，可以形成花型各异的产品。主要用作服装夹里或制作外衣裤、夹克、绒衣裤等。

经编毛巾　warp knitted towel　用经编方法生产的毛圈类织物。根据花型要求在毛圈经编机上加专用机件，以便在编织毛圈组织和平素组织之间进行交替。织物表面有规则地分布着毛圈组织和平素组织，形成了毛巾的结构和特征。用于制作浴衣，睡衣等。

经编毛绒织物　warp knitted pile fabric　织物表面覆盖着蓬松短绒毛的经编织物。可由起绒整理制得，也可由毛圈剪毛或双针床织物割绒制得。具有绒毛结构紧密、绒面手感柔软、悬垂性好、较高档的外观和较好的保暖性等特点。常用原料为合纤纱、人造纤维和天然纤维等。坯布重 100～550 g/m^2。可采用交织、提花、印花等技术，使织物具有各类图案花纹。产品主要用作外衣和运动衣面料等。

经编平面织物　warp knitted planar fabric　由单针床或双针床满穿单梳、双梳或多梳基本组织编织而成的经编针织面料。布面结构稳定，平整、轻薄、不脱散、不卷边，挺括且略有弹性。用作外衣面料、印花或涂层底布等。

经编起绒织物　warp knitted napped fabric　经拉毛起绒整理产生细密直立绒毛的经编织物。外观酷似呢绒，结构紧密，手感柔软挺括，具有良好的保暖性和悬垂性。原料为合成纤维、人造纤维和天然纤维。按结构分为局部衬纬起绒和经平起绒，可单面起绒也可双面起绒。可利用色织、交织、提花、印花、轧花等工艺，增加花色品种。多用于制作外衣裤，绒衣裤和运动衣裤等。

经编全幅衬纬织物　full weft warp knitted fabric　全幅范围内，在线圈的圈干和延展线之间夹入纬纱，形成横向稳定性较好的经编织物。织物横向延伸性很小，结构稳定，与机织物相仿。如衬入弹性纱线，则可增加织物的横向弹性。全幅衬入纬纱，会减少织物的蓬松性与透明性，增加覆盖性，并可形成清晰的横向色条。衬纬纱可以采用质量较差的纱线、粗节纱、花式纱线等。用于制作服装、服饰制品。

经编人造毛皮　warp knitted imitation fur　经编双层织物经剖幅、烫花、轧花、印花等工艺加工而成的仿兽皮毛绒针织物。由毛纱和地纱构成，底布以线圈串套固着绒毛，毛绒长度由两针床的距离控制，绒面耐磨牢固，具有逼真的毛皮形态，质轻，抗霉蛀，易水洗。产品主要用于制作冬季妇女外套、大衣及服装衬里等。

经编绒类织物　warp knitted pile fabric　普通平面织物的延展线或衬纬纱经磨绒或起绒形成短绒，或由毛圈织物经剪毛形成绒毛较高的绒类织物，或由双层织物下机剖开后形成长毛绒织物的经编绒类织物。织物绒毛较长、脱散性小、质轻、耐磨、丰满、坚牢。用作外衣、冬装面料。

经编色织物　warp knitted color fabric　用两种以上色纱、色丝在两把或两把以上梳栉中以一定的顺序穿经，并通过不同的组织编织的经编花色织物。采用天然纤维、合成纤维和人造纤维等为原料。织物呈现条纹、菱形等几何纹样，挺括有弹性。用于外衣面料、裙料等。

经编双层织物　warp knitted double layer jersey-based fabric　两层单面组织由连接纱连接在一起形成的经编织物。连接方式有：(1)在两层单面织物的两侧边缘由连接纱连接，形成筒状经编织物；(2)由中梳在前后针床上作针前垫纱，形成两层单面织物间的多线稳定连接。织物两面均显正面线圈圈柱。常见品种有：双层平织物、筒状织物、空气层织物、割绒织物。用作内、外衣面料。

经编双罗纹组织　warp knitted double rib fabric　平行排列的双针床织针针背相对配置交叉编织而成的双罗纹组织。其织针排列方式和纬编针织物中棉毛组织相类似。正反两面均呈现正面线圈。织物较为紧密、平整，悬垂性好。用于制作内外衣。

经编双面毛圈织物　warp knitted double-face terry fabric　织物两面都覆盖着毛圈的经编织物。产品广泛用于制作睡衣裤、毛巾以及T恤衫等。

经编双向弹力织物　warp knitted duo-elastic fabric　纵横向都具有高弹性的经编织物。延伸性高达200%，最大残余变形2.5%～4%，而且在各个方向上相同。成衣紧身适体且不影响人体的自由活动，裁剪排料也不受织物方向的限制。在锦纶、涤纶、棉等复丝或短纤纱编织的经编单梳基本组织中，用复式全幅衬纬机构衬入氨纶弹性纱线，从而形成经编双向弹力织物。产品主要用于制作竞技运动服、各类紧身服装和内衣等。

经编弹力绷带　warp knitted elastic bandage　一种由经编机编织的用于医疗救护和康复的弹性经编织物。分为两种：(1)单针床经编机编织的平型经编弹力绷带；(2)双针床经编机编织的筒形弹力绷带。以氨纶或弹性纤维为原料。织物弹性和延伸性好，适体透气。用于包缚身体、四肢、头和胸等部位。

经编提花毛巾织物　warp knitted jacquard terry fabric　织物的两面分别具有提花的凹凸毛圈和普通毛圈的经编毛巾织物。底布以锦纶或涤纶长丝为原料，具有免烫、尺寸稳定等性能，毛圈纱为棉纱，毛巾的吸湿性和舒适性良好。毛圈根部以线圈方式与底布线圈串接，十分牢固。产品主要用于制作毛巾、浴衣、睡衣、居家便服、运动服等。

经编头巾　warp knitted scarf fabric　用经编法生产的轻薄织物。采用染色性能不同的原料进行交织，染整后形成隐条、彩条等具有双色或多色效应的织物，或同一种原料通过穿纱、对纱、垫纱运动的控制，形成大小不等的菱形、方形、网眼等几何图案织物。质地轻薄柔软，结构较稀疏，透气性好，保暖，有弹性，易洗快干，但容易勾丝。采用2.2～5.6 tex的合成纤维长丝为原料。产品用于制作妇女装饰性的头巾、披肩、围巾等。

经编图示法　warp knitted illustration　又称垫纱图。经编针织物中垫纱运动和组织结构的表示方法。经编织物设计专用的意匠纸(点纸)上的每个小点代表一枚针的针头，小点上方表示针前，小点下方表示针后。用从下到上的点行表示一个针依次形成几个线圈横列，用横向的点列表示依次排列在针床上的针，代表一个线圈形成的过程。在点纸的小点前后画出梳栉的运动路径，表示垫纱运动的工艺过程。

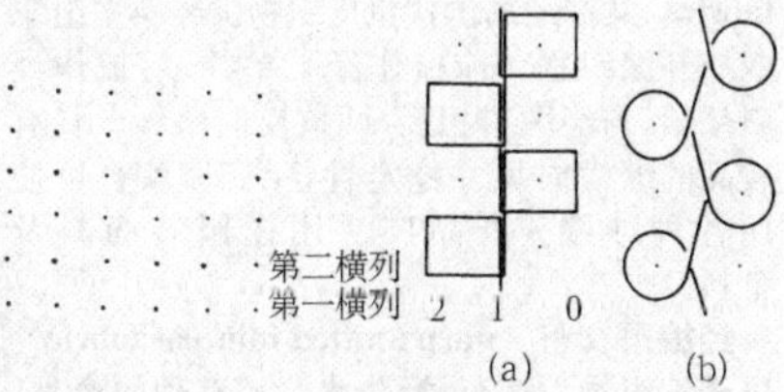

经编图示法

经编网眼汗衫布 warp knitted net singlet fabric “经编网眼织物”(268 页)的一种。2～4 梳空穿组织的经编抽花网眼织物。具有透气性好、织物表面网眼分布均匀等特点。以棉纱、涤纶长丝、腈纶、羊毛或混纺短纤纱等为原料。通过工艺变化得到具有不同形状和大小的网眼。产品主要用于制作汗衫、衬衫和T恤衫等。

经编网眼织物 warp knitted net fabric 织物结构中有按一定规律分布的孔眼的经编织物。利用经纱密度的改变,呈现较大间隙,并配合垫纱方式,使相邻纵行间的部分横列无延展线连接,从而形成格子形、圆形、六角形、菱形等各种几何形态均匀排列的孔眼,结构稳定,无相对滑移,具有良好的透光、透气、透水等特征。常用原料为涤纶、锦纶、丙纶、乙纶等的复丝、单丝或扁丝,也可采用棉、腈纶等的短纤纱或混纺纱。产品用作男女外衣、内衣、运动服衬里、花边、头巾、绷带等。

经编围巾织物 warp knitted scarf fabric 围巾、披肩和包头等较厚的经编织物。围巾有管状和单幅平形两种。管状围巾由双针床经编机编织而成,平形围巾由单针床经编机编织。一般用较粗的羊毛、腈纶、氨纶和人造纤维为原料。结构稳定,不脱散,手感柔软,保暖性好。

经编斜纹织物 warp knitted twill fabric 织物表面呈现连续的按一定角度和间隔规律配置的斜向凹凸条纹或斜向颜色条纹的经编织物。分为素色经编斜纹织物和色条经编斜纹织物。线圈结构分布均匀,有隐约横条效应,斜纹条有宽有细。织物稳定厚实。主要采用化学纤维编织。坯布重 70～300 g/m²。经过后整理加工,可制得具有特殊手感和外观的毛绒或呢绒产品。可作为外衣裤面料和裙料。

经编雪克斯金织物 warp knitted sharkskin fabric 又称经编仿鲨鱼皮织物。经斜平组织双梳经编织物。前梳作经平垫纱,后梳作经斜垫纱,与经平斜相反,两梳反向垫纱。具有较高的纵横向尺寸稳定性,手感坚实。可使用各种纱线。产品广泛用作服装面料及鞋料。

经编雨衣布 warp knitted raincoat fabric 以经编织物为基布,经防水涂层整理的产品。通常由特里科脱经编机编织。结构密实、稳定,经涂层整理后表面平整,具有拒水性,不易老化,但透气性差,穿着有闷热感。以 5 tex 左右的涤纶长丝为原料,坯布采用蜡光整理,上蜡热轧后光泽较好。织物重 124 g/m² 左右。产品可以制作雨衣、防水盖布等防雨防水用品。

经编褶裥织物 warp knitted plaited fabric 表面具有凹凸褶裥效应的经编织物。具有立体感强、厚实、丰满、弹性好等特点。主要以化纤长丝为原料。织物重 175～230 g/m²。产品经定形后,褶裥顺经向折倒,色彩丰富,不缩水,不褪色,不变形。可制作内外衣、裙子以及花边等服饰品。

经编针织领带 warp knitted tie 用经编机生产的服饰件。单针床经编机编织坯布后经裁剪、缝制整理而成。可通过提花编织花色图案。面料以涤纶、锦纶为主。具有密实、挺括、不起皱、色彩图案丰富、悬垂性好等特色。

经编针织物的变化组织 warp knitted variation stitch 由两个或两个以上基本经编组织的纵行相间配置而成的组织。常见的有“经绒组织”(269 页)、“经斜组织”(269 页)、变化经缎组织等。

经编真丝绸 warp knitted silk fabric 在经编机上生产的薄型真丝经编织物。结构稳定,细致紧密,具有较好的弹性,采用色丝编织,可产生缎条纵条纹效应的外观。一般以 4～4.4 tex 的真丝为原料,也可采用真丝与涤纶或锦纶长丝交织。织物重 32～130 g/m²。主要用于制作内衣裤、衬衫、T恤衫等。

经编织物 warp knitted fabric 一组或数组平行排列的经纱,在沿织物经向喂入所有工作针上同时编织成圈,并相互串套连接形成的针织物。分为:(1)单面织物,由单针床经编机编织,织物一面显露线圈圈干,另一面显露线圈的延展线;(2)双面织物,由双针床经编机编织,织物两面都显露线圈的圈干,而延展线处于两面圈干之间,部分双面经编织物还可沿中间割开形成两片单面绒织物。按组织结构分为:基本组织、变化组织和花式组织。按外观特征分为:“经编平面织物”(266 页)、“经编绒类织物”(267 页)、“经编网眼织物”(268 页)和“经编斜纹织物”(268 页)等。经编针织物的原料以化纤长丝居多,主要采用涤纶、锦纶、氨纶等合纤复丝或其加工丝,也可采用棉、羊毛、腈纶等短纤纱及各种纤维的混纺纱。面料具有较好的弹性和延伸性，质地紧密、尺寸稳定性较好，脱散性较小，透气性好。用作内衣、文胸、连衣裙、袜子、装饰花边、蚊帐、弹力绷带等。

经典首饰　classical jewellery　历史上一些艺术性、工艺性、价值性较高的饰物。具有鲜明的时代特征。代表作如：19 世纪末 20 世纪初的中国翡翠饰物，法国卡地亚设计制作的豹系列饰物等。由于艺术独特，工艺高超，材料珍贵，对首饰文化具有继承、发展和研究价值。

经缎组织　atlas stitch　导纱针顺序地在 3 个或 3 个以上的织针上垫纱成圈形成的经编组织。编织时，梳栉最少在两个连续横列（起始横列除外）上同方向渐进垫纱，然后在相反方向作相同的垫纱运动。可采用开口垫纱或闭口垫纱。如果配以不同颜色的经纱或使用不同原料的经纱，可形成锯形花纹。有缎纹效果，延展线较长，织物较厚重，不易脱散。

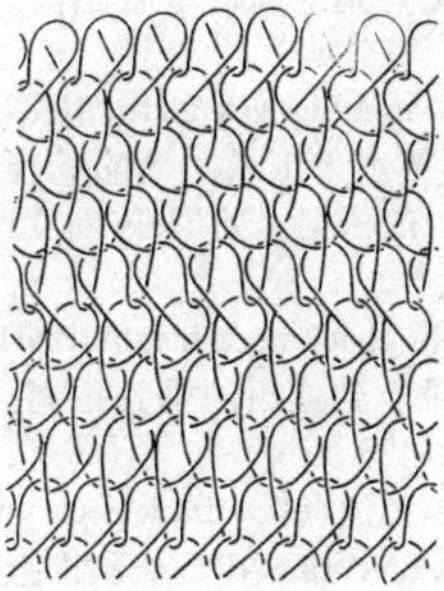

经缎组织

经平绒织物　locknit fabric　由前后梳栉经纱按不同经编组织结构的成圈规律垫纱，前梳编织经绒组织，后梳编织经平组织所形成的双梳经编织物。采用的原料范围很广，纱线细度不受限制。织物具有较好的手感、光泽和弹性，脱散性小，结构紧密细致，纹路清晰，织物尺寸稳定性好，厚薄适中。广泛用于制作内衣裤和衬衫等。

经平组织　tricot stitch　经编基本组织。由一把梳栉将每根经纱轮流在相邻的针上垫纱成圈，编织形成最简单的经编织物。分为闭口经平组织和开口经平组织。一般很少单独使用，经常与其他组织配合编织，形成各种派生组织。织物在纵向或横向具有一定的延伸性，两面有相同的外观，卷边性小。当纱线断裂时，线圈会沿纵向逆编织方向脱散成两片。

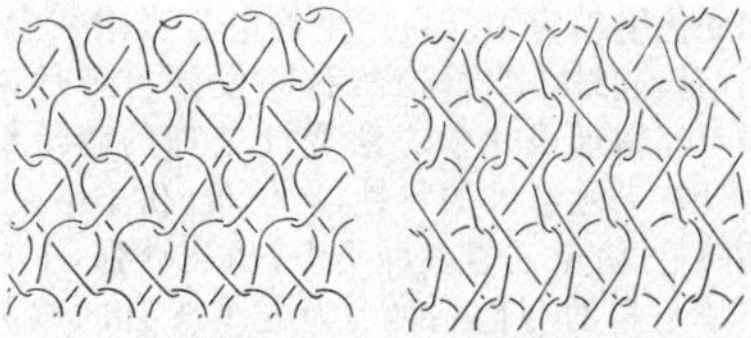

开口线圈　闭口线圈

经平组织

经绒组织　cord stitch　每一根经纱在连续横列上，间隔一个线圈纵行编织成圈所形成的变化经平组织。梳栉针背垫纱横移两针距，前针垫纱横移一针距。分为开口线圈和闭口线圈。针背横移针数越多，延展线越长，织物越厚。织物反面显得比较光滑，因此常以反面作为正面使用。易勾丝，易起毛起球。如穿经时配以色纱，可形成纵条纹花色效应。

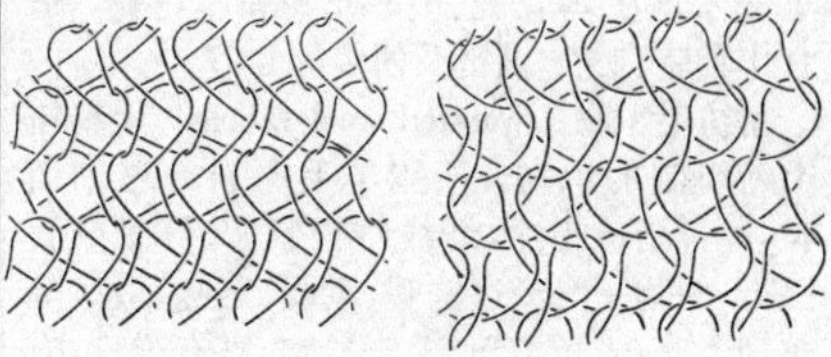

经绒组织

经斜组织　satin stitch　每根经纱在连续横列上，间隔两个线圈纵行编织成圈所形成的变化经平组织。可采用开口线圈或闭口线圈。织物较厚，横向延伸性小，背面具有柔滑的浮线，较光滑，有缎纹光泽，可加工成起绒织物。易勾丝，易起毛起球。

腈纶毛绒　acrylic woolen type fabric　粗纺毛织物名。采用纤度 3.3 dtex、6.7 dtex、10 dtex（3 旦、6 旦、9 旦）的 100%有光腈纶纤维为原料，织物经过热定形后多次剪毛，再经 4～5 次烫光工艺加工成的一种人造毛皮。绒毛短密平整，富有光泽。主要用作冬季夹克面料。

腈纶衫　acrylic knitwear　以腈纶为主要原料制成的中低档毛衫。腈纶纱色泽鲜艳，强度高于羊毛1～2.5倍，耐磨性比羊毛好，但吸湿性较差。腈纶以短纤维为主。纯纺腈纶纱分为：(1)膨体纱，结构蓬松柔软，弹性好，丰满，毛型感强，多用于上装；(2)正规纱，结构较紧密，多用于毛裤和外衣。以提花组织和变化组织为主。易产生静电且吸附灰尘，易勾丝起球，多次洗涤后，易发硬且弹性减弱。经物理或化学方法变性处理的腈纶纤维具有天然纤维的特性，有仿棉、仿羊绒、仿马海毛、仿兔毛等多种类型，仿真性强，丰富了腈纶衫的花色品种。为老少皆宜的服装品种。

精纺花呢　fancy suiting　精纺毛织物名。利用各种精梳彩色纱线或各种花式纱线做经纬纱，运用平纹、斜纹、变化斜纹或其他各种组织织纹的变化，织成的条、格以及各种花型的精纺毛织物。品种繁多。按原料分有：纯毛花呢、毛混纺花呢、纯化纤花呢三类。按整理工艺分为三类，光洁整理，织纹清晰、手感挺括；轻缩绒整理，织纹略有隐蔽，呢面有短而匀的绒毛，手感柔糯丰满；绒面整理，织纹不清楚，呢面有密而匀的绒毛，手感丰厚。按重量可分为：薄花呢、中厚花呢和厚花呢。适宜作套装、上衣、西裤及便装等。

精纺毛织物　worsted wool fabric　用精梳毛纱织制的织物。所用羊毛原料纤维细而长，经过精梳工序，纱线结构紧密、纤维顺直平行，织物一般经过洗呢、煮呢、蒸呢、烫呢等整理工序，光泽柔和、手感滑糯、富有弹性，有良好的抗皱性和塑型性，多数品种表面光洁、织纹清晰。常用的品种有："凡立丁"(125页)、"派力司"(382页)、"哔叽"(29页)、"啥味呢"(460页)、"华达呢"(219页)、"女衣呢"(378页)、"直贡呢"(655页)、"驼丝锦"(532页)、"马裤呢"(336页)、"精纺花呢"(270页)等。由于容易虫蛀，在储存时应注意保护。多用作高档西服、套装、风衣、男士礼服的面料。

精做　tailored　服装加工中对需在胸部衬以全胸衬，内装全里布，操作质量和外观质量要求较高的服装的加工方法。与"简做"(252页)相对。不同的服装品种其具体的加工内容和质量要求不同。多用于男、女毛料服装。

颈部　neck　连接头部与肩部的人体组成部分。其基本形状为圆柱体，圆柱体的底面呈前低后高的斜面，与衣领有密切的关系。

颈侧点至头顶点长　side neck to side neck via vertex　从左颈侧点经过头顶点到右颈侧点的弧长。风帽的帽长设计的重要参考值。

颈根围　neck base girth, N　通过侧颈点、颈椎点、颈窝点，在人体颈部围量一周的长度。见"人体围度尺寸"(430页)。

颈根围线　neck base line, NL　人体测量线。过人体的颈椎点、侧颈点和颈窝点的弧线。决定服装的基础领窝。

颈链　neck chain　戴在脖子上的饰品。结构和形式与项链基本一致，只是长度较短，一般根据佩戴者脖围来确定，以略大为好。现多与服装配套设计，更有装饰感和整体感。

颈窝点　front neck point, FNP　人体测量点。位于左右锁骨的中心，颈根曲线的前中心点，前领圈的中点。决定前门襟中线的基准点。

颈窝点高　front neck height, FNH　人体立姿时从颈窝点到地面的垂直距离。见"人体高度尺寸"(428页)。

颈中围　middle neck girth, MNG　通过喉结，在颈中部水平围量一周的长度。立领领围规格设计的依据。见"人体围度尺寸"(430页)。

颈椎点高　back neck height, BNH　人体立姿时从颈椎点到地面的垂直距离。见"人体高度尺寸"(428页)。

颈椎点至侧颈点长　back neck point to side neck point, BNP to SNP　从颈椎点到侧颈点的直线长度。确定基础领窝宽的重要参考值。

颈椎点至眉间点长　back neck to glabella via vertex　从颈椎点经过头顶点到眉间点的弧长。风帽的前沿长设计的重要参考值。

颈椎点至乳头点长　back neck point to bust point, BNP to BP　从颈椎点到乳头点的弧长。确定乳头点的重要参考值。

景颇族服饰　Jingpo ethnic costume and accessories　中国景颇族衣着和装饰。景颇族分布在云南德宏。男子缠白头巾，巾两端饰有彩色绒球并垂于头部一侧。穿白色短上衣，深色长裤，腰佩长刀，胯缀有银泡、银饰片的挎包。女子戴饰有彩色绒球的红色高包头，穿黑平绒紧身短衣，其上缀数排银泡、银垂片，着红色毛织花筒裙，系红腰带，小腿裹红裹腿，戴银项圈、项链。腰间的藤篾圈是爱情的信物。纹样有蝴蝶花、虎脚花、牛角花、蜂巢花、木棉花等。

景颇族女子服饰

警服 **police apparel** 警察穿用的制服。作为在大众中执行警务时的着装而具有象征性和实用性。根据性别和职能的不同，有男式警服、女式警服、警官礼仪服、交警服、乐队服等种类。分警帽、上装、下装三部分。有帽徽、肩章、袖章、金线等标志，并携有枪、棍等器械。服装结构上多采用开襟驳折领。材料有毛、毛涤混纺哔叽等。颜色常用蓝色、土黄色、草绿色等。

净缝制图 **actual size drawing** 按照服装成品的实际尺寸，不包括缝份和贴边的平面制图形式。在制作裁剪样板时，必须另放缝份和贴边。教材、书刊和技术资料中的裁剪图均采用此种形式，并在图纸或图样中标明净缝制图字样。

净气式呼吸护具 **air-purifying respiratory protection equipments** 能把吸入的劳动环境空气经净化部件的吸附、吸收、催化或过滤等作用，除去其中有害物质后作为气源的防护用品。

胫骨点 **tibia point, Tib** 人体测量点。胫骨上端内侧的踝内侧缘上最高的点。

胫骨前下点 **anterior distal end of tibia point, ADT** 人体测量点。胫骨下端下关节的最前缘点。

胫衣 **jingyi** 又称绔、袴。中国古代的一种无腰无裆仅有两只裤管的裤子。其形制与后世的套裤相似，穿时套在胫部，上端缀以细带，系结于腰。胫衣着后只能遮盖住胫部以下的部位，外面必须套穿“裳”（53 页）、“裙”（422 页）。胫衣的使用盛于秦汉，是中国早期的裤子形式。

竞赛类时装表演 **fashion show for competition** 以比赛为目的的时装表演。比赛内容主要有两种：(1)设计作品比赛，一般根据作品的风格分系列展示；(2)模特比赛，根据不同的场合安排服装让模特穿着展示，以考核模特的综合素质。在竞赛类表演中，设计效果、动态穿着效果、模特对服装的理解能力与表现能力等均由评委评定。

静态测量法 **static body measurement** 测量在静止处于正常体位时人体各部分的长度、厚度、围度、角度等部位尺寸与形态的方法。其按工具分有软尺法、马丁测量仪法、截面测量仪法、莫尔等高线法、石膏带法。

镜面革 **mirror leather** 即“漆皮革”（399 页）。

九霞缎 **jiuxia crepe satin brocade** 丝织物名。桑蚕丝平经绉纬生织缎类提花丝织物。经线采用无捻桑蚕丝，纬线为桑蚕丝强捻线，以 2 S、2 Z 交替织入，在$\frac{1}{3}$纬斜纹地上起出八枚缎纹经花。绸面色彩光亮柔和，质地柔软，富有弹性。宜作妇女礼服、棉袄、罩衫等的面料。

酒杯跟 **cup heel** 一种上圆中间小跟面大，似酒杯状的压底鞋跟。高度 40～80 mm，跟座为全圆或大半圆，跟面有圆形、三角形、菱形、椭圆形等。由于造型别致，适合中青年女鞋选用。

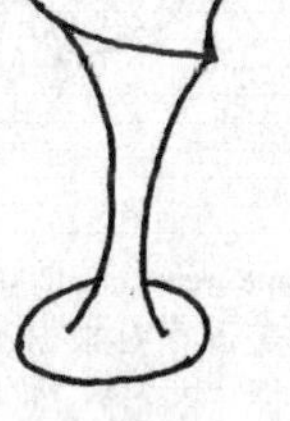

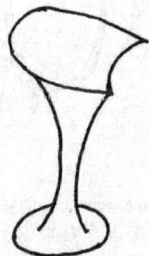

酒杯跟

酒晕妆 **jiuyun style** 中国古代妇女的一种面部妆饰。先施白粉，再在两颊涂以浓重的胭脂，像酒晕一样。通常为青年妇女所用。

酒晕妆

酒渣鼻　nose-acne　痤疮的一种。鼻子前端发红，日久鼻尖和鼻翼肥大，有的可发生在两颊、额部，分布对称。常见于中年男女。与饮酒、遗传等因素有关。因面部血管舒缩功能失调，毛细血管长期扩张所致。可分为红斑期、丘疹脓疱期和鼻赘期。

救世军罩帽　Salvation Army bonnet　宗教和福利组织里的妇女戴的黑色罩帽。高帽冠，前帽檐高起远离前额，露出浅蓝色的丝质内里，帽冠前中的缎带上标有救世军(Salvation Army)的字样。连在帽子上的深蓝色缎带绕过帽冠在脸颊一侧打结固定。用麦秸制作，材料和颜色稍加改变后，曾被仿制成廓形相似的流行帽式。

救世军罩帽

居家服　home wear　午前在家中穿着的服装总称。在欧美国家有根据不同时间，穿着不同服装的习惯。大多数主妇在午前要做许多家务，为了干活方便出现了居家服。一般款式较宽松，有连衣裙式，上下随意搭配的套装、套裙式等，一般均附大口袋。采用棉、混纺或合成纤维等易于洗涤的材料制成。

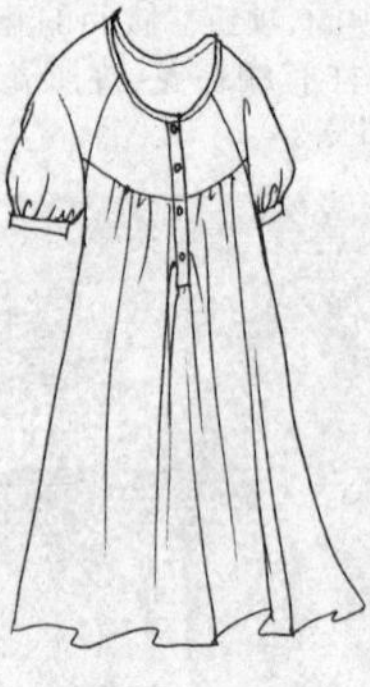

居家服

鞠衣　juyi　又称菊衣、黄桑服。古代皇后或王后举行告桑仪式以及九嫔、卿妻用于朝会时所穿服装。衣式采用袍制，面料用黄，衬里用白。到明朝时候则面料改用红。明亡后，鞠衣被废除。

鞠衣

局部黏合衬　partial fusible interlining　即“辅衬”(167页)。

局部用睫毛夹　partial eyelash curler　夹卷数根睫毛的小睫毛夹。宜于整体型睫毛夹夹不出卷度，或是夹不到的睫毛时采用。眼尾的睫毛根部夹翘些，可以修饰下垂的眼睛。眼睑中段的睫毛经夹卷后，眼神会更显明亮灵动。

局部着色　partial tinting　绘画化妆的一种。根据演员的具体条件、剧中人物的要求以及胶片的感色性能，在演员脸部的某些局部涂抹特别的颜色以增强表演效果。可不涂底色。应注意色彩衔接的和谐统一，着色部位和没有着色部位连贯并形成一个整体，做到真实自然。比如表现风吹日晒的面部皱纹和松弛的肌肉的效果，老年人的粗糙的皮肤效果；表现疲劳进度、体弱多病引起的眼圈的蓝晕、绿晕，以及其他部位所浮现的惨绿、青灰等。

菊衣 **juyi** 即“鞠衣”(272 页)。

巨浪袖 **billowy sleeve** 袖山很高的一种袖型。

拒水性 **water repellency** 表面不被液态水浸润、渗透的性能。是雨衣、雨伞、外衣等的必备性能。拒水性的织物表面沾水时，水分子间的凝聚力大于水和织物的附着力，水因表面张力形成水滴，织物倾斜时水滴就会滑落。

拒水整理织物 **water-repellent finished fabric** 经过拒水整理的织物。拒水整理的原理是运用拒水整理剂，使织物的表面张力远小于水的表面张力，致使水滴不能润湿织物。按其拒水效果的耐久性，可分为暂时性、半耐久性和耐久性三类。拒水整理因不堵塞纱线间和纤维间的孔隙而对织物的透气性和透湿性没有影响，但在水压较大时，水可以透过织物，即织物的防水性较差。可用作羽绒服、雨衣等的面料。

拒油整理织物 **oil-repellent finished fabric** 经过拒油整理的织物。织物的表面张力远小于各种油类的表面张力，致使油不能润湿织物，同时具有良好的透气性和拒水性，可用作高档西服、高档羽绒服、高级雨衣、旅游服、加油站工作服等的面料。

具服 **jufu** 即“朝服”(54 页)。

具象领型 **concrete-collar style** 具有实在外观造型的领子。如方领、圆领、盆领、西装领、蟹钳领等。

具象图案 **representational pattern** 有具体形象的图案。使人一目了然并能加以指认。传统的具象图案多为模仿自然物象的创作，现代具象图案强调把握物象的造型特征，进行概括变形的再创造。具象图案由植物、动物、人物、风景、器具等形象构成，广泛地应用于各种服饰图案中。

具象形态 **realistic form** 即“现实形态”(563 页)。

剧装科 **juzhuangke** 中国传统戏曲班社舞台工作人员的一种组织。负责管理演出用的衣箱、服装和协助演员穿卸服装，递送道具。其成员习称衣箱倌、箱上的。

锯齿纹 **zigzag pattern** 形似锯齿牙口的折线图案。由变化宽窄、色彩、疏密、方向的线条构成。细密的印花锯齿纹具有动感与节奏美感，适用于轻薄的衣裙料；缝纫线产生的锯齿纹可作衣片连接线，以加强服装的牢度与装饰感，强化服装的结构与轮廓。广泛运用于运动装、牛仔裤、夹克、童装等休闲装和时装设计中。

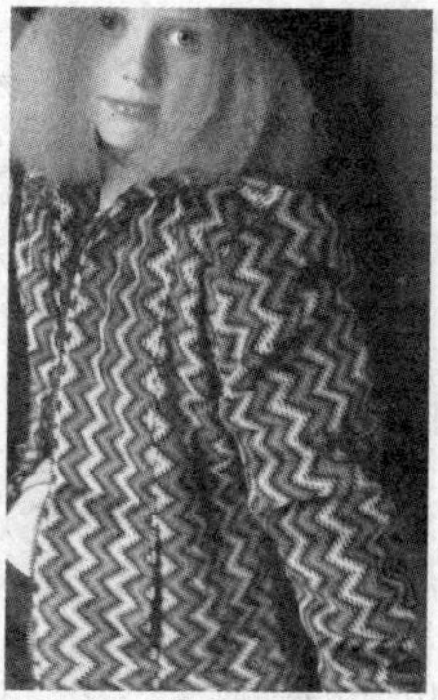

锯齿纹

聚氨酯弹性纤维 **polyurethane elastic fiber, PU** 又称斯潘德克斯、氨纶。新型弹性纤维的一种。美国杜邦的商品名称为莱卡(Lycra)。分子链中含有至少 85%的聚氨酯链段的合成纤维。氨纶具有优异的弹性和弹性回复力，在织物中加入少量氨纶(2%～25%)，就能改善其性能。可混纺、交织，也可使用特殊的成纱技术，生产氨纶包芯纱、氨纶合捻纱、氨纶包覆纱等，应用于弹性织物的生产。目前广泛应用于棉、涤纶、锦纶、蚕丝等各类纤维复合纺织材料的开发。氨纶内衣伸缩性好，被誉为“第二皮肤”。广泛用于游泳衣、紧身衣裤、运动服、针织内衣、袜子、外衣及医用绷带等，并应用于高档服装面料和弹性非织造布，发展前景较为乐观。

聚对苯二甲酸丙二酯纤维 **polytrimethylene terephthalate fiber, PTT** 由对苯二甲酸和丙二醇(PDO)缩聚而成，经熔融纺丝制成的新型聚酯纤维。既有涤纶的拒污性、耐光性等优点,又有锦纶的回弹性和良好的可染性。具有良好的手感、丰满度和悬垂性。是优良的地毯材料,也适合做内衣、泳装和高档服装面料。

聚对苯二甲酰对苯二胺纤维　poly(*p*-phenylene terephthalamide) fiber, PPTA　高强度、高模量纤维的一种。包括我国的芳纶1414、美国杜邦的凯芙拉(Kevlar)、荷兰的Twaron,日本帝人的Technora及俄罗斯的Terlon纤维等。分子链为棒状伸直链,分子间通过氢键连接,形成片状微晶,流动时易形成液晶,纤维在轴向具有相当高的取向度和结晶度,易产生微纤化。具有极高的拉伸强度,优异的耐热性和韧性,耐酸耐碱,重量轻等优良性能,强度是钢丝的5~6倍,模量为钢丝或玻璃纤维的2~3倍,韧性是钢丝的2倍,而重量仅为钢丝的1/5,在560℃的温度下不分解、不融化。可用于制作防弹衣、工作防护服、安全手套、运动衣等,并可广泛应用于产业用纺织品,如缆绳、光纤和耐热织物等。

聚对亚苯基苯丙二咪唑纤维　poly(*p*-phenylene benzimidazole) fiber, PBI　杂环高分子耐高温纤维的一种。商品名为托基纶(Togylen)。由苯丙咪唑熔融聚合后,在二甲基乙酰胺溶剂中进行干法纺丝制得。热稳定性好,在550℃仍保持使用性能,660℃分解。具有良好的纺织加工性能,强度高、伸长率低。阻燃性能好,极限氧指数为38%~46%,在空气中不燃。回潮率13%,手感较好。主要用于航天领域,亦可用于制作防护服和救生用品等。

聚对亚苯基苯丙二噁唑纤维　poly(*p*-phenylene benzobisthiazole) fiber, PBO　高强度、高模量、耐高温纤维的一种。被誉为21世纪超级纤维。商品名为柴隆(Zylon)。聚合物纺丝液呈液晶性,液晶纺丝法纺丝时能形成伸直链结构,具有十分优异的力学性能和化学性能。其强力、模量为凯芙拉(Kevlar)纤维的2倍,兼有“聚间苯二甲酰间苯二胺纤维”(274页)的耐热阻燃性能,强度为钢丝纤维的10倍以上。耐冲击性、耐摩擦性和尺寸稳定性优异,质轻而柔软,是理想的纺织原料。长丝可用于轮胎,运输带,胶管,光缆,缆绳,防弹背心,防弹头盔,高性能航行服,网球、快艇、赛艇等体育器材,高级扩音器振动板,新型通讯用材料,航空航天材料等。短纤维主要用于耐热缓冲垫毡、耐热过滤材料、热防护皮带等。纱线可用于消防服、炉前工作服、焊接工作服等耐热工作服,防切伤保护服,安全手套,安全鞋,赛车服,骑手服,运动服,防割破装备等。

聚会装　party dress　即“宴会服”(599页)。

聚间苯二甲酰间苯二胺纤维　poly(*m*-phenylene isophthalamide) fiber, PMIA　耐高温阻燃纤维的一种。包括芳纶1313、Nomex、Conex、Fenelon纤维等。具有柔性分子链结构,在力学性能上接近普通的柔性链纤维,但其苯环含量高,易形成梯形结构,耐热性能大大提高。玻璃化温度为270℃,没有明显的熔点,热分解温度为400~430℃,极限氧指数为29%,不发生熔滴现象,离开火焰会自熄。它具有优异的耐高温性、良好的尺寸稳定性、优异的防火性、杰出的耐腐蚀性、优良的可纺性、较强的抗辐射性。但耐光、染色性能较差。可用于消防服面料、军用防护服、阻燃装饰布、针织品、缝纫线、床上用品等。

聚萘二甲酸乙二酯纤维　polyethylene naphthalate fiber, PEN　由2,6-苯二甲酸和乙二醇缩聚而成,经熔融纺丝制成的新型聚酯纤维。具有比聚对苯二甲酸乙二酯(PET)纤维更好的性能,如高强度、低伸长、尺寸稳定性好,优异的热性能等。可用于服装、服饰材料及轮胎帘子线等产业用品,并可与PET纤维混合制备复合材料。

聚乳酸纤维　polylactic acid fiber, PLA　新型生态环保型纤维。由乳酸直接聚合或将乳酸环状二聚体丙交酯开环聚合得到高分子量聚乳酸,再经熔融纺丝制成的纤维。结晶度高,具有与涤纶相近的强度,比涤纶亲水性好,回弹性、悬垂性、舒适性、耐热性和手感好,可用分散染料染色。可生物降解,且具有良好的生物相容性和生物可吸收性,具有良好的医疗卫生保健等功能。有单丝、复丝、短纤维等产品。适用于服装面料、针织服饰、家纺用品、医用纺织品等。

聚胸型　emphatic-bust style　即“加强胸型”(245页)。

屦　ju　汉代以前对鞋的通称。有单底和复底之分，复底称为舄。材质有皮、葛（一种藤科植物），夏屦用葛，冬屦用皮。多为仕宦官平时穿用。

屦

卷边　curled edge　织物边缘卷曲疵名。织物边缘线圈中弯曲的纱线由于内应力不平衡，力图使纱线伸直，产生一定方向的卷曲现象。与纱线的弹性、组织结构、细度、捻度及织物的稀密程度有关。单面纬平针织物、单面毛圈织物比其他面料容易卷边。但也可以利用卷边性能制作花边、卷口边等装饰。

卷草图案　rolled grass pattern　又称唐草图案。中国传统装饰纹样。由忍冬、葡萄、石榴等植物纹演变而来，植物枝茎以柔和的波曲线左右或上下延伸，波状草叶形成的骨骼灵活地把各式花卉、凤鸟等图形结合在一起，形成二方连续纹样形式的花草纹样。图案动感流畅、柔中带刚，成为世界范围的经典流行纹样，广泛应用于裙边、衣襟等服装面料设计中。

卷跟　roll heel　一种跟口上部呈弧形面的鞋跟。其跟座直接与绷帮后的后跟部黏合，而外底的后部则和跟口形状相符并黏合。其典型代表是路易斯跟。造型较美观，适合中高跟型女鞋。

卷跟底　flap sole　一种后部变窄、厚度逐渐变薄的鞋外底。后部的具体形状和长度取决于与之相匹配卷跟跟口的形状和高度。这种底多用皮革或仿革片加工制作，主要用于女鞋。用这种底作的鞋显得高雅、清秀，是中高档鞋的主要底型。

卷跟鞋　roll heel shoes　配有跟口上部前尖嘴向前伸出的卷跟的鞋类。装配时外底的底舌翻卷下来，与跟口黏合。路易斯跟、匕首跟都属于卷跟。卷跟鞋外观线条流畅，从侧面看底跟一色，给人以清爽高雅的感觉。

卷眉　curly eyebrow hair　如卷毛一般根根卷起的眉毛。

卷檐毡帽　juanyanzhanmao　即“浑脱毡帽”（226页）。

绢　taffeta　采用平纹或重平组织，经纬先染色或部分染色后进行色织或半色织套染的经向紧密的丝织物的总称。绸面细密挺爽，光泽柔和。用作外衣、礼服、滑雪衣等的面料。

绢纺　spun silk pongee　丝织物名。以桑蚕绢丝（桑蚕丝短纤纱）为经纬纱，采用平纹组织织制的漂白、匹染或印花的纺类丝织物的总称。质地丰满柔软，织纹简洁，光泽柔和，触感宜人，并有良好的吸湿性、透气性。主要用作妇女夏季衬衫、裙子等的面料。

绢纱整复法　spun silk plastic method　用质地细而透明的绢纱贴在需要部位以改变面容的造型技法。主要方法有：(1)用绢纱贴在凹陷的部位（如眼袋），使其得以平复，可使演员年轻；(2)用绢纱贴在伤口修复疤痕；(3)平复眼囊、加高颧骨，覆盖内眼角，使两眼间距拉开，从而使眼形得到改变，平整塑型零件边缘及某些部位的皱纹等。绢纱整复在灯光下的效果优于在阳光下的效果。

绢纱整形牵引法　spun silk plastics traction　一种整形化装技法。为了改变演员脸型、皮肤状态以及表情、神态，在适当部位粘贴牵引纱（各种不同长度和宽度的纱条）或用演员自身额头两边毛发编结成小辫向后用力拉紧，牵引面部和五官的某些部位使其变形，或把松弛的皮肤提升减淡皱纹和下垂以达到面部造型的要求。原是医学上骨外科常用的防止或矫正肢体畸形的措施，在我国早期应用于戏曲化装（如勒头、吊眉等）。现广泛用于影视剧中改变演员年龄、刻画性格、美化形象。

屩　jue　古时对草鞋的称谓。多以芒、麻、棕、蒲草等植物纤维为原料，经加捻编织而成。吸湿透气，穿着舒适，与地面的摩擦力大，不易打滑，在我国南方很多地方至今仍穿用。缺点是怕潮湿，沾水后吸湿膨胀，既增加重量，又容易因容积变小而磨破脚皮。

角色化装　role dressing　根据角色要求，通过改变年龄、人种、特征、面部或形体中的一项或多项特征而改变一个人外形的整体造型。用于帮助演员表现人物，以取得较好的表演效果。

绝缘皮鞋　insulation leather shoes　以皮革为帮面，绝缘性能良好的橡胶或塑料作鞋底，经线缝、注塑或模压硫化等工艺加工成型的系带式满帮鞋或矮腰靴。为保证绝缘性，鞋底最薄处厚度不得小于 4.5 mm，能在 50 Hz、1000 V 以下的交流电或 1500 V 以下的直流电条件下长期工作。皮革帮面具有较好的吸湿透气等卫生性能，适宜于一般维修电工上班时穿用。

爵弁 juebian 又称广冕、雀弁。中国古代天子、贵族所用的仅次于冕的一种礼帽。形制如冕冠，一个圆筒式的帽卷上面覆盖一块延，但无向前倾斜之势，也没有悬旒。延下做合手状。通常以木为底，外裱细布。颜色为赤多黑少的雀头色。乐人、士人以及低级的官吏助君王祭祀时均可以戴。始于商周时期，历代均有差异，宋代以后逐渐废除。

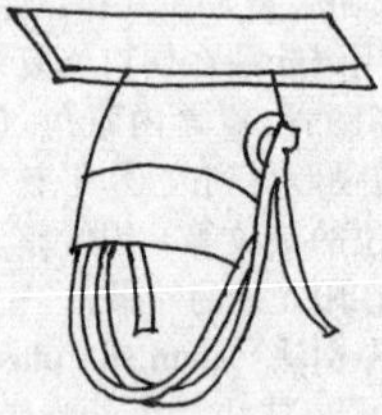

爵弁

爵士乐服 jazz suit 上装紧身、下装宽松的打扮。20 世纪 40 年代在欧美流行。借鉴了美国黑人爵士乐艺人的装束，色彩以黑色居多。

军便服 junbianfu 中国 20 世纪中期流行的一种仿照军人制服制作的上衣。其款式为中山装领型的立翻领，胸前有 4 个开袋，外加圆袋盖。前门襟有 5 个纽扣，左门襟。曾为 20 世纪 50～70 年代中国男性的主要上衣种类之一，也有部分女性穿用。

军便帽 forage cap 圆筒形帽冠的鸭舌小帽。帽带加藤条而变得坚硬，类似"凯比军帽"(281 页)。19 世纪上半期由驻非法军开始使用，后美国陆军士兵穿普通制服时戴用。从帽顶中部垂下一个流苏，有时用皮革条带系在颏下处。

军服 military uniform 军队制式服装装束的总称。具有保健、耐久等性能，适合军人行军、作战、训练、保持威容。设计严谨，兴起于18～19 世纪欧洲。从军帽、肩章、臂章和衣服颜色上可以辨别出属何种部队，同时也表示军队整齐划一的威严性。小型袖章是士官军服的主要特征，而军官服装则佩戴肩章、臂章及穗带。按材质或款式分为普通式服装和作战服两类；按兵种又可分为陆军服、海军服和空军服等。普通军服包括军帽(钢盔)、军衣、军鞋、手套、雨衣等品种。陆军军服要求不妨碍动作，颜色多为土黄色、青灰色以及迷彩伪装色。海军军服多受到英国海军服款式的影响，使用塑料纽扣、拉链和帽舌。空军军服里包括携带气密装置的飞行服。军服的材料有天然纤维、合成纤维等多种，如羊毛的海军呢常用于海军服装。

军服风貌 military look 设计师从军服款式中汲取灵感而设计出的新服装样式。威严中带有时尚感。20 世纪 80 年代中后期女装曾流行军服风貌，伊夫·圣·洛朗(YSL)、恩加罗(Ungaro)等设计师均推出过此类作品，迷彩服、苏军军服、飞行夹克，甚至拿破仑时代的军帽都能在 T 型舞台上找到影子。面料多样，如卡其、呢料等。

军服式套服 military suit 设计灵感来自军服的套装。带有英武之气的女装风格，20 世纪 70 年代末期出现。具体款式有立领衬衫束在背带军裤中，有些肥大的裤腿放进特长的鲸鱼皮制长筒靴，再加上一顶法国式军帽，进一步渲染军队的主题。在 1977 年秋冬女装发布会上，法国设计师捷利·缪格勒（Thierry Mugler）推出系列款式。

军帽 army cap 军人戴的帽子。具有多种形式。有棒球帽型，如美国武装部队军帽；船帽型，如原苏格兰高地军团的军帽；贝雷帽型，如英美特种部队军帽，我国的军帽式样。正式场合戴的美国陆军鸭舌帽在帽顶和帽舌处有硬衬垫，多用斜纹棉布或呢料制作，通常为黄褐色、深绿褐色。

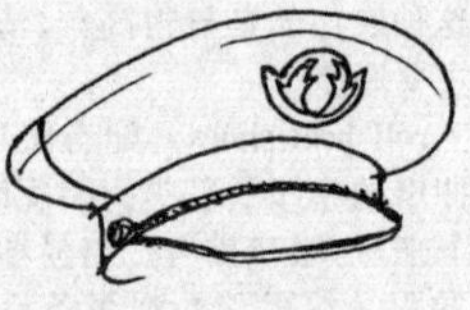

军帽

龟裂 cracking 塑料鞋帮底或合成革鞋帮上出现细小裂纹的现象。主要由两方面因素造成：(1)鞋帮鞋底在成型过程中由于加工压力、温度失调或发泡膨胀使制品产生较大的内应力；(2)环境的影响，特别是光、热、氧及某些化学药品，使聚合物产生降解。另外穿着过程中弯曲、踢磕等应力作用，都导致龟裂的产生和增长。PVC 发泡鞋底的龟裂最严重。裂纹逐步集合加大，最后断底。

俊扮 **junban** 又称素面、洁面。传统戏曲生、旦角色的面部化装方法。有别于净、丑的绘脸谱和话剧的写实化装，仅在面部薄施脂粉，以装饰手法突出人物面貌的清秀、俊美、姣好等。主要表现行当人物的共性，而不强调角色的个性。面部的生理皱纹、阴影等一般极少显现，且都要用水纱勒头，将眼梢、眉梢牵引向上，消除演员本身的面部皱纹并扩大眼眶使人物更显英俊。化妆品过去用花粉、胭脂等粉彩，自 20 世纪后半叶起，多改用油彩。

K

卡波特罩帽　capote　19世纪30年代流行的罩帽，脸周有柔软绉边装饰的硬帽檐，在侧面或颔下系蝴蝶结。多为妇女戴用。

卡波尤金罩帽　capuchon　19世纪70年代后期的花朵制成的小罩帽。

卡布希罩帽　capuche　19世纪中期有丝绸衬的女遮阳罩帽。

卡尔塞　calcei　古罗马人在户外活动时穿用的一种鞋子。通常在鞋面处装饰花边或用皮带系紧脚背及踝部，带子固定在鞋的两侧。贵族们穿的卡尔塞用上好的皮革制成并用金银饰品装饰。

卡拉库尔羊皮　karakul　即“三北羊皮”(438页)。

卡拉西利斯　kalasiris　古埃及的一种长至踝骨的贯头衣。由两倍于穿着者身长的长方形布料做成。将长方形的布对折，中间及两侧开洞，以便头部及手臂伸出。衣身和袖子非常宽大，常将宽余的布料在腰间打结，形成褶裥。男女皆可穿用，女装腰节位置较高。

卡拉絮连颈帽　calash　又称蓬形女头巾。18世纪20～70年代，以及19世纪20～30年代在欧洲流行的一种宽大的头巾。用铰链式拱形鲸须或藤条作支撑架，上面覆盖一层布料，类似于顶端可自由打开的车篷。帽冠与头部有较大空间，可以保护柔软而蓬松的发型。

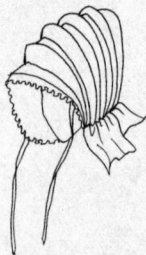

卡拉絮连颈帽

卡洛帽　Calotte　又称教士圆帽。指多种无檐小帽。一般为呢毡制。多由三角形帽片拼合而成。如19世纪40～50年代装饰着大珠宝徽章的小头颅女帽；学校男孩子戴在无檐帽或头饰下面的小瓜皮帽；古罗马的神职人员和早期宗教制度中的牧师或和尚戴的贴头小帽，在顶部的中央有小突起；中国男子戴的黑色丝绸的小瓜皮帽，顶部用绳索打结，结婚时为红色，丧葬场合为白色；15世纪戴在大型头饰下的小衬帽，前中缝有小布环，帮助调整头饰的方向；19世纪秃发者在室内戴的绒制无檐帽。

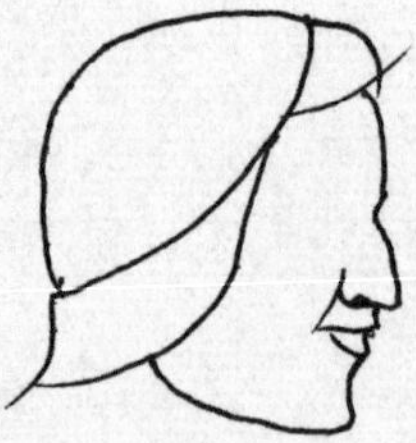

卡洛帽

卡玛褶饰带　waistband adornment　围在腰间的装饰带。采用立体横褶，做工精美。多使用绸缎、软皮等有光泽的面料制作。通常与领饰配套用于夜间半正式礼服。

卡玛褶饰带

卡美劳金帽　kamelaukion　希腊东正教会神职人员在宗教礼仪活动中戴的平顶无檐高帽。多为黑色，毛皮或毡制作。伊斯兰教系宗派的信徒也戴用。

卡派克帽　calpac　平顶、圆筒形帽冠的大型无檐帽。黑色羊皮或毛毡制作。由巴尔干半岛及土耳其、亚美尼亚等近东地区的人戴用，类似“哥萨克皮帽”(176页)。

卡普里紧身褡　capri girdle　长至足踝部的针织束腰长裤。采用腈纶或羊毛与氨纶交织。腰部采用松紧带，紧身贴腿，弹性好，柔软，保暖。常用作妇女冬季内穿。

卡普里裤 **capri pant** 裤长距足踝部10 cm,左右收口的针织长裤。通常采用腈纶、棉、羊毛与氨纶交织。腰部采用松紧带,紧身贴腿,弹性好,柔软。常用作秋冬季外穿。

卡其 **khaki drill** 棉织物名。经向紧密的斜纹类棉织物。品种规格较多,按织物组织分为单面卡其、双面卡其、人字卡其和缎纹卡其等,按纱线种类不同分为普梳卡其、半精梳卡其和全精梳卡其;按纱线结构可分为纱卡其、半线卡其和全线卡其。织物质地紧密、斜纹线清晰、突出,手感厚实,挺括耐穿,但紧度过高的卡其,耐平磨而不耐折边磨,制成的服装在袖口、领口、裤脚等折边处容易磨损断裂。适于做各种制服、工作服、风衣、夹克、西裤等。

卡塞领 **casse collar** 领尖翻折弯曲的衬衫领。1978年巴黎春夏时装展由高田贤三与让·路易·谢雷尔等推出。原用在男夜礼服衬衫上,配用黑色的细领带或缎带。

卡它温度计 **kata thermometer** 用来对风向不固定的微弱气流的流速进行测定的一种仪器。由感温球、毛细管和顶部安全球三部分构成。源于科学家 leonard hill 在 1916 年以人体为模型,用于评价环境对于人体的冷却效果时使用的一种酒精温度计。这种模型的温度在从 100 ℉(37.8 ℃)下降到 95 ℉(35 ℃)时散失的热量是一定的,测量冷却所需要的时间,就可显示出外界空气的冷却效果。即单位时间单位面积所散失的热量。卡它温度计分干卡它与湿卡它温度计,前者感温球部裸露,后者感温球部用湿润的布包裹。两种卡它温度计的背面均显示其固有的卡它常数。

卡通图案 **cartoon pattern** 由动画片或漫画作品中的形象构成。常见的有:米老鼠、维尼熊、铁臂阿童木等,也有卡通手段表现的其他不知名动物和人物等造型。图案以主题化的造型与个性化的图案样式、强烈的视觉效果表现出流行而深受儿童喜爱的形象。结合醒目的定位图案、传统的四方连续图案,应用在儿童服饰设计中。随着观念和流行的改变,卡通图案也被成年人接受和喜爱,表现在T恤衫等休闲服饰设计中。

卡通图案

卡纸 **glossy paperboard** 一种绘画用纸。纸质厚实、平滑度高、外观匀整、耐磨。普通的卡纸不上色,习称白卡纸。如果上色,称作色卡纸。白卡纸对白度要求很高,A 等白度不低于 92%;B 等不低于 87%;C 等不低于 82%。在绘制服装画时,较易上色,颜色表现清晰,可用于各种形式的绘画。

开 **loose** 服装外观疵病。衣服的部件因制作、穿着时过分拉伸或需归拢处归拢不足,造成过长、宽松的现象。常见于门襟、袋口、底边等部位。

开包 **bundle opening** 又称分包。缝纫加工的首道工序。将裁剪分包后的衣片打开,对衣片逐层敲号,进行缝边修剪,作对位记号,作流水生产前必须提前进行的部件缝合工作,将里布、衬布按面布进行配置,作部分衣片的敷衬、归拔、熨烫等工作。开包形式分为:同一衣服的所有衣片分包捆扎与同一部件的所有衣片分包捆扎两种。

开包头皮鞋 **open toe cap leather shoes** 鞋盖与围子的分割线将包头部位冲开的皮鞋。可以看作围盖鞋的一种变型,适于宽头楦型,可使鞋头显瘦。开包头式鞋能与不同的后帮搭配,形成开包头外耳式皮鞋、开包头舌式皮鞋等。

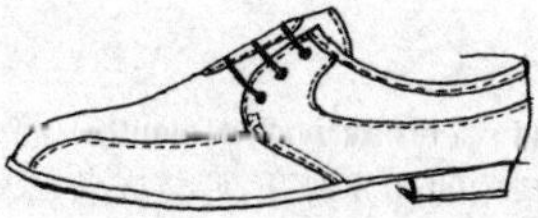

开包头皮鞋

开衩　vent　为服装的穿脱方便及造型需要，在衣袖、衣身、裙身、裤身底边上部设置的开口形式。其分类从功能上分为真开衩和假开衩，其形式上分为搭叠式、对襟式、裂口式与折裥式四种类型：搭叠式有西式裙身的前后衩、侧衩等，对襟式有旗袍的摆衩等，裂口式有女衬衫袖衩等，折裥式有西装袖的袖衩等形式。

开氅　kaichang　中国传统戏曲男用袍服中的外套。大领，斜大襟，右衽，长及足，阔袖带水袖，左右有摆，胯下开衩。用缎料制作，色彩多样，“箱中十色”(566 页)俱备。绣狮、象、麒麟或团花等图样。衣边及袖口镶绣装饰纹样的宽边。权臣武将和武艺高超的山大王、豪侠义士、土豪恶霸等家居、行旅时外用的便服，如《将相和》中的廉颇、拜相后的蔺相如、《千金记·追信》中的韩信、《甘露寺》中的赵云、《艳阳楼》中的高登均着用。特点是经常做外套使用，在乘马、行路或临战前，用双手大幅度地将开氅似蝴蝶翅般展开，露出着于其内的紧身快衣快裤等战斗服装，极具气势。

开袋　slit pocket　又称挖袋。切开衣身，通过开袋布把袋布放在衣服里面的口袋。其变化主要是袋口规格、形状变化及袋位斜度变化。袋口可挖成直线、弧线、曲线等形状，依运用的袋边不同分为条挖袋、装袋襻挖袋、拉链挖袋、盖挖袋等。

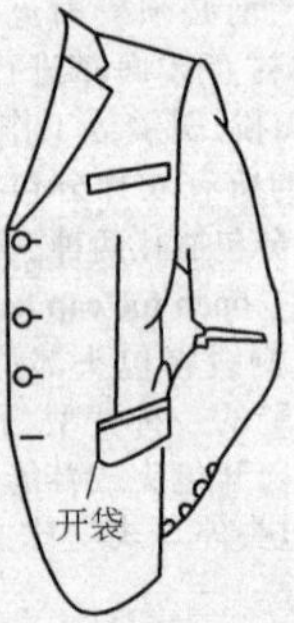

开袋

开袋口　cutting pocket mouth　将已缉嵌线的袋口中间部分剪开，使袋嵌条、袋布能翻向反面的动作。注意袋口两端既不能剪毛又不能剪不到位，否则袋口两端易起毛、起皱。

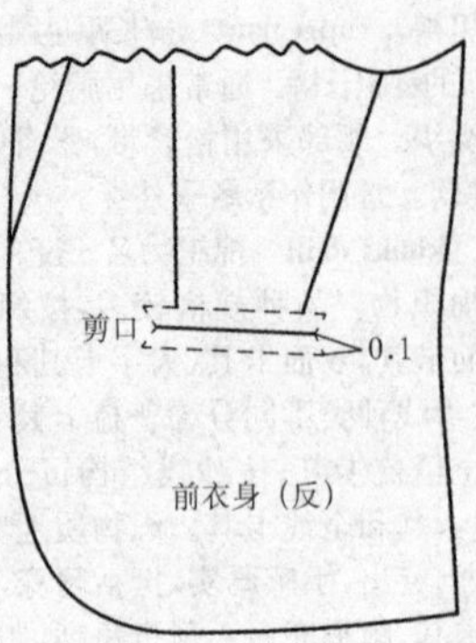

开袋口

开缝　split　服装外观疵病。在缝纫时因断线、空针、脱线或严重浮线等引起的衣缝豁开现象。补正方法为消除缝纫机故障，在开缝处补缝。

开滚条机　binding cutting　又称滚条裁剪机。用于裁剪滚条类细长裁片的裁剪机。由面料架、圆刀驱动机构、张力辊、布卷输送装置等部分组成。作业时，面料卷装通入输送装置，在张紧力保持的状态下，单层展开通过裁剪台，上下一对圆形裁刀形成滚剪刃口，裁后布条被卷成盘状供缝纫使用。裁刀可以多组，布边宽度可以调节，可同时加工不同规格的滚条。主要用于棉毛、汗布、弹力布等针织服装的滚条加工，或裁剪牵条、织物条带、装饰边等。

开花省　dart tuck　省道种类。省道两侧是两道平行或斜向线迹，省道不收省尖，故省道成形后，尖端面料呈碎花状。多用于女上装、裙装和裤装的腰部造型。

开花省

开胶　adhesive failure　鞋帮与鞋底或外底与中底间用胶粘剂黏合的结合缝开裂现象。胶剂质量不佳、胶剂品种选择不当或工艺操作不当所致。

开襟　opening　又称开门。为适应服装穿脱需要而设置的可打开、关闭的部件形式。长度一般比较短小简单,可设置的部位较多,一般为围绕人体最细处,如前中半开襟、背中后领开襟、肩开襟、偏侧开襟,男裤的前中开口的右侧、左侧、前中、后中开口;紧身裤装的裤口外侧开襟。一般设置开襟都需加纽扣、拉链、钩襻或系带等启闭装置,有方便穿着和装饰作用。

开襟式毛衣 cardigan sweater 全前开襟,系纽扣或拉链的毛衫。常采用羊毛、腈纶及其混纺纱为原料。圆领、V字领、翻领,领口、袖口、下摆处装有罗纹边。多采用纬平针组织编织。适用于男女外套。

开孔装置 punching device 又称切纽孔装置。在缝料上切开设计所规定孔的形状的裁割装置。由下刀机构、刀模、缝料绷紧机构等部分组成。结构形式和缝纫机的工艺作业有关,如锁眼机上开锁眼孔的装置、绣花机上开花纹孔的装置等均为开孔装置。

开口缝浅口鞋 leather shoes with short toe top line and open central line 鞋的前帮背中线处断开后再缝合的女浅口皮鞋。在不变的款式中开了一道中缝线,显示出变化。适于年岁较大的女性穿用。

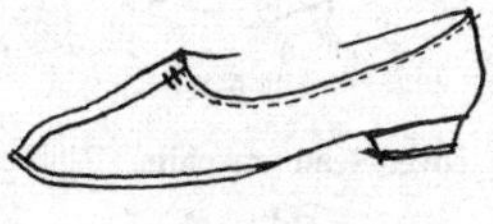

开口缝浅口鞋

开门 opening 即"开襟"(280页)。

开门领 open collar 领身前部呈敞开型,纽扣不同程度地低于颈脖的领型。按其造型特征可分为翻折领、驳领、摊领和敞开领等。

开纽眼机 buttonhole sewing machine 即"锁眼机"(502页)。

开裙 kaiqun 见"战袄战裙"(636页)。

开省符号 dart cutting mark 服装结构制图符号。表示在该部位的省道需要剪去,一般用于厚料装有里布的服装结构制图中。

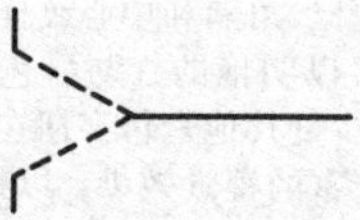

开省符号

开式塔克 open tuck 又称活式塔克。末端活动的塔克。缝制时末端不缝合,熨烫时只熨烫缝合的部分。

开尾拉链 opened-end fastener 通过拉链底端的插口,使两单侧链牙既能拉合,又能完全脱开的拉链。分为单头开尾拉链和双头开尾拉链。

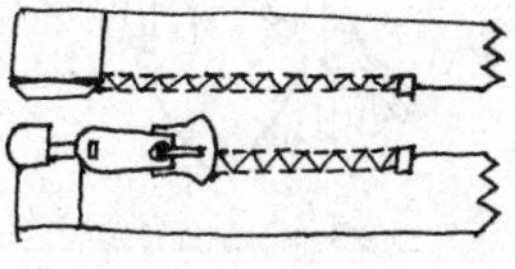

单头开尾拉链

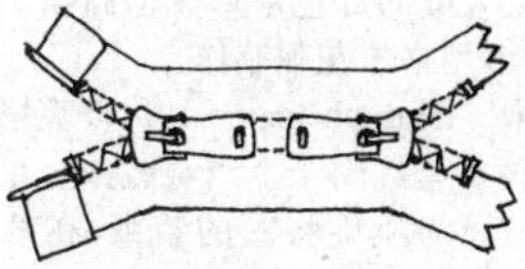

双头开尾拉链

开线 split sewing 鞋帮或鞋底的缝线断开,造成缝合处开裂的现象。线的质量问题,穿着太久缝线磨损或制鞋过程中操作不慎剪断线所致。

凯比军帽 kepi 平顶、筒形高帽冠,舌状帽檐的军帽。有的在前中装饰着毛束或徽章。19世纪30年代出现,最初为法国远征非洲的部队使用。第一次世界大战中用作野战帽,颜色为淡青色,后改为米黄色。现在为法国的陆军和美国的某些行进军乐队用帽。有些国家的官员、公共部门的职员也戴用。

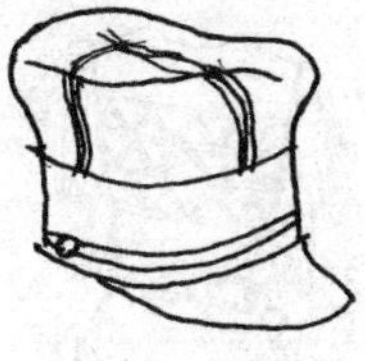

凯比军帽

凯芙拉纤维 Kevlar fiber 见"聚对苯二甲酰对苯二胺纤维"(274页)。

凯帕福洛卡塔帽 cappa floccata 希腊牧羊人戴用的仿毛面料制作的圆形无檐帽。

凯特·格林纳维罩帽 Kate Greenaway bonnet 帝政时期的女童罩帽(图见下页)。柔软的帽冠,环绕脸庞的绉边软帽檐,缎带式镶边,用绳子或缎带在前头顶处打结装饰。因常在英国女画家凯特·格林纳维(Kate Greenaway)的作品中出现而得名。

凯特·格林纳维罩帽

凯维兹 Kaveze 18世纪到19世纪末土耳其犹太人戴的红色塔形无檐高帽。类似塔布什帽,多用格子花呢制作。

凯旋袍 triumph toga 又称彼克塔。古罗马的一种在紫红料子上绣金线或金星等图案的外袍。原为凯旋将军的装束,在某些正式场合皇帝或执政官也穿用。

铠 kai 又称铁甲。中国古代以铁制成的武士护身服装。取代皮甲逐渐成为武士的主要军戎服装。防护能力很强,但是很笨重,并且随着流行其重量也日渐递增,致使行动很不便利,反而不利于战斗。所以到了明代开始产生以棉花、棉布制成的战袍、战袄。清代后,普遍使用以棉花、棉布、铁叶、铜钉制成的棉甲。

坎迪斯 kandys, candys 古波斯包缠式袍服。用三角织物绕身包缠,内穿直筒紧身长衫,或为对襟样式,前襟敞开且不系扣,外部用包缠布在腰间扎紧,在身体上形成参差繁复、错落相间的层次。

坎迪斯

坎肩 ❶**vest** 又称马甲。流行于清代和民国时期的一种无袖上衣。男女均有穿用,有衬于内,有着于外。式样有一字襟、大襟、琵琶襟、对襟等。四周和襟领处可镶滚各种异色缘饰,可做成单、夹、棉或纱的;材料可选用丝绸和皮革裘毛等。可作半礼服或常服。❷**kanjian** 又称背搭。中国传统戏曲中的无袖外衣。有长、短坎肩(戏曲行话称大、小坎肩),“琵琶襟”(390页),“卒坎”(680页),“和尚马甲”(206页),“水田衣”(487页)等多种,形制、纹饰各不相同。

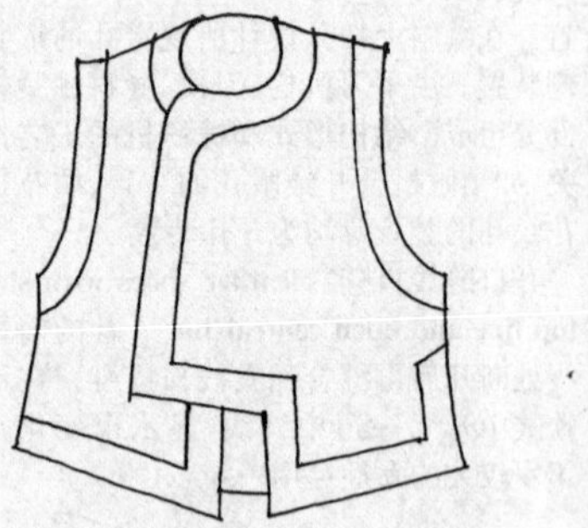

坎肩

砍车 cover seam machine 即“绷缝机”(27页)。

康定斯基风格 Kandinsky style 现代西方抽象绘画风格。由俄国画家瓦西里·康定斯基在20世纪初创立。由色块、点线面等几何图形构成,不具意义形式,给人机械化时代的感觉。在服装设计上,康定斯基风格主要用于服装色彩和面料的印染图案设计上。2007年康定斯基画作首次出现在女装上。

康茄图案 kanga pattern 非洲传统妇女服饰图案。传统康茄图案内容以半写意的花卉为主,现今图案包括家禽、明星肖像、著名景点等内容。源于19世纪中叶东非的斯瓦希利民族,由边框、角隅和中心纹样构成。块面感强,色彩多以明艳的红与绿色、黄与棕色,加上黑色与少量其他套色穿插在复杂的图案中,呈现出丰富的视觉效果。以蜡染、机印为主要工艺,结合轻薄的纯棉巴里纱、麦尔纱等材料,长方形的康茄布可用作头巾、胸衣、长裙、连衣裙等服饰,图案也因穿着时的折叠、裹扎而变化多端。

康茄图案

康纳克斯服　kaunakes clothes　一种苏美尔服饰。服装面料由层层羊毛束组合而成，模拟羊皮风格，据推测该面料用羊毛以绳结法编织而成。穿着时包缠于身体，衣服上端斜向跨越左肩，露出右肩，男女皆可穿着。

抗荷服　pressure-resistant wear　对获得较大正加速度的飞行员腹部和下肢加压以对抗正过载能力的服装装备。通过抗荷服里腹部、大腿、小腿处的气囊或侧管充气施压实现。抗荷服也可与高空代偿服或普通航空服做成一体。抗荷服的材料多用锦纶织物、锦纶涂胶布等。

抗浸防寒服　water proof & cold proof coat　航空服装中的一类海上救生配套装备。飞行人员落水时为防止体热短时间大量散失而着用的一种防护服。造型为密闭连体型。结构上分别由外层抗浸层和内层保暖层来实现抵抗海水浸入、防护严寒两种功能。抗浸层透气不透水，可由聚四氟乙烯薄膜粘贴到阻燃芳香族聚酰胺织物上构成。保暖层面料采用锦丝绸，内充羽绒或保暖性好的合纤等材料。颜色多用橙色等鲜艳色。抗浸服在颈部和腕部有橡胶防水圈，胸前开口处用防水密封拉链封口。

抗静电毛衫　antistatic wool knitwear　以加入微量导电纤维的纯羊毛毛线为原料制成的毛衣。特别适宜在干燥气候条件下穿着。

抗静电纤维　antistatic fiber　进行抗静电改性，使其表面电阻和体积电阻降至 10^9 ～ 10^{12} $\Omega \cdot cm^{-1}$的纤维。合成纤维的表面电阻率为 10^{14} $\Omega \cdot cm^{-1}$，易产生静电，且很难消除。静电对加工造成很大危害。织物积聚的静电会引起灰尘附着，服装黏附人体，引起不适。纤维材料的抗静电处理分为：(1)化学改性，将具有导电性和亲水性功能的单体，如含羟基、醚、羧基、酰氨基、取代酰氨基等的乙烯类单体，直接与纤维共聚，可制得具有导电性能的共聚物；(2)物理改性，包括共混改性、整理改性等。产品在航空航天、国防、纺织、轻工、电子、化工、建筑、食品、医疗卫生等方面得到广泛应用。

抗静电整理织物　antistatic finish fabric　经过抗静电整理的合成纤维及其混纺织物。用抗静电剂处理合成纤维织物，可以减小织物表面的摩擦系数而降低静电荷的数量，可以提高织物表面的吸湿性而促进静电荷的逸散，最终减少静电荷的聚集程度，减少或避免静电问题。适合做秋冬季外衣面料。

抗静电织物　antistatic fabric　具有抗静电性能的合成纤维及其混纺织物。加工方法有两种：一是将导电纤维或抗静电纤维与普通的合成纤维混纺成纱线织成抗静电织物，或将一定比例的导电纤维纱线或抗静电纤维纱线与普通合成纤维纱线间隔排列织成抗静电织物；二是对普通合成纤维织物进行抗静电整理得到抗静电织物。前者的抗静电性能优于后者。可用作防尘服、抗静电服装的面料。

抗菌防臭鞋　bacterium and stink resistance shoes　具有去除、抑制或减轻胶鞋穿着臭味功能的布胶鞋。胶鞋臭味的造成，其重要原因是由于橡胶的透气性差而使真菌在鞋内大量繁殖。胶面胶鞋基本不透气；布面胶鞋帮面布复合胶粘材料，在很大程度上降低了织物的透气性。抗菌防臭胶鞋的帮布、海绵中底或中底布中使用了抗菌防臭剂及干燥、吸水助剂，吸附已产生的水分和臭味，以抑制真菌滋生，从而达到除臭、止痒、杀菌的综合作用。

抗菌纤维　antibacterial fiber　具有抑制和杀死细菌，防止因细菌分解人体分泌物而产生臭气，阻止疾病传播等功效的纤维。制造方法有共混纺丝法、复合纺丝法、抗菌剂与纤维间接枝共聚及离子交换反应等。目前多采用共混纺丝法，将超细抗菌粉体加入纤维中，达到抑制大肠杆菌、枯草杆菌、鼠伤寒沙门菌、金黄葡萄球菌、肺炎克雷伯氏杆菌生长的目的。永久性抗菌长丝产品广泛用于针织内衣裤、运动服、袜子、各种装饰织物、针织绒类面料、过滤织物、地毯、运动鞋内衬材料等。

抗菌短纤维可以与天然纤维混纺或纯纺，用于床上用品、家具布、装饰织物、卫生敷料、医院专用床单、被褥、手术衣、医生工作服、病员服、食品行业专用服装、鞋用材料、手套及各种内衣裤和服装。抗菌无纺布用于各种一次性卫生材料，如无菌手术衣、手术帽、口罩及卫生包覆材料、敷料、鞋垫、过滤材料等。

抗菌织物　antimicrobial fabric　具有广谱抗菌效果的织物。可以用抗菌纤维为原料加工而成，也可以用适当的抗菌整理剂对普通织物进行抗菌整理而得到。多用于袜子、内衣等服装。

抗紫外线纤维　ultraviolet resistant fiber　通过吸收、反射、散射达到屏蔽紫外光目的的纤维。紫外屏蔽剂分为：(1)紫外吸收剂，一般为有机化合物；(2)紫外散射剂，一般为无机氧化物。纳米微粒，如纳米氧化锌、纳米三氧化二铁等对紫外线有强烈的吸收作用。利用纳米粉体开发抗紫外线纤维，涉及涤纶、维纶、锦纶、丙纶及各种交织、混纺纤维。主要用于制作运动衫、制服、工作服、游泳衣、休闲服、童装、帽子、窗帘、广告布、日光伞及帐篷布等。

考比阿帽　kopia, copia　印度尼西亚人普遍戴用的黑色帽子。多无帽檐或具有可收拢的帽檐。

考蒂姬罩帽　cottge bonnet　女性夏季用贴头部的麦秸罩帽。帽檐向前伸出超过脸颊，系带过帽顶在颌下系牢，多用玫瑰花装饰，一般为缎质衬里或有亚麻衬帽。早期的款式是戴在弃儿罩帽上，后来为前帽檐向上翻而后帽檐下垂的样式。19 世纪初在英国很受欢迎，风行一时。

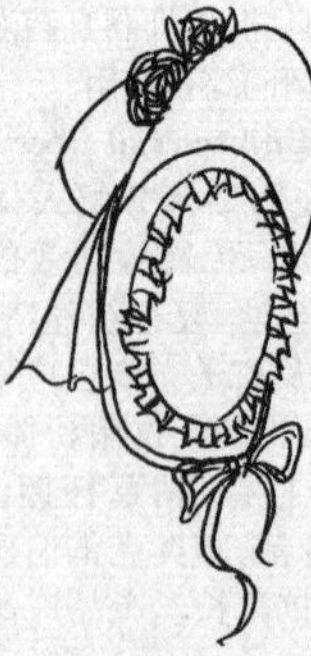

考蒂姬罩帽

考福帽　coif, quoif　贴头软帽的总称。具多种式样。如修女头纱下面的头戴物；法国布列塔尼(Brittany)地区戴的用硬亚麻和蕾丝制成的帽子，不同的形状指明了不同的地区；士兵戴在金属盔下面的衬帽；12～15 世纪有学问的长者戴用的亚麻制成的帽子，两侧伸出的系带在下颏处系牢固定，类似兜帽；16～18世纪妇女戴在正规帽下面的衬帽或独立使用的便帽，有的经刺绣装饰；19 世纪英国律师和法官戴在假发下的无檐白衬帽；英国驻外使者戴的衬帽；保护头颈的铁盔或皮帽。

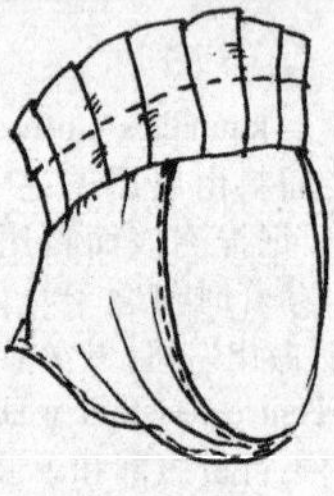

考福帽

考内科尔帽　conical cap　帽边向上翻卷的锥形尖顶帽。常在古波斯到中世纪的艺术作品中出现的帽式。

考特　cotte, cote　13 世纪欧洲男女均使用的一种宽松束腰外衣。衣身较长，腰间系带，筒形袖，小圆领口、收紧的袖口以及裙下摆处常有饰边。有些在肘部到手腕处用一排扣子收紧固定。男服较短而女服较长，女裙的裙摆更肥大多褶，腰带系得较高。

考特(男)

考特(女)

拷边 **overlocking** 即“锁边”(502页)。

拷绸 **gambiered canton gauze** 即“莨纱绸”(315页)。

拷花鞋 **ornamental engraving shoes** 在鞋帮上镂刻有各式孔眼以构成花纹图案的皮鞋。孔眼以圆形居多,椭圆形、菱形、三角形、六角形、方形等也有运用。分两种方式装饰:(1)在鞋帮结构部件的连接缝处打眼,形成自然的曲线孔带。由于这个部位是双层皮结构,只需在上层皮打孔,如下层皮为另一颜色,则孔眼更为醒目。(2)在部件的中间部打孔或镂空,形成图案。通过手工或机器打孔,后者更均匀、规范。拷花鞋多为男鞋,某些比较大的镂空图案更适合于女鞋。

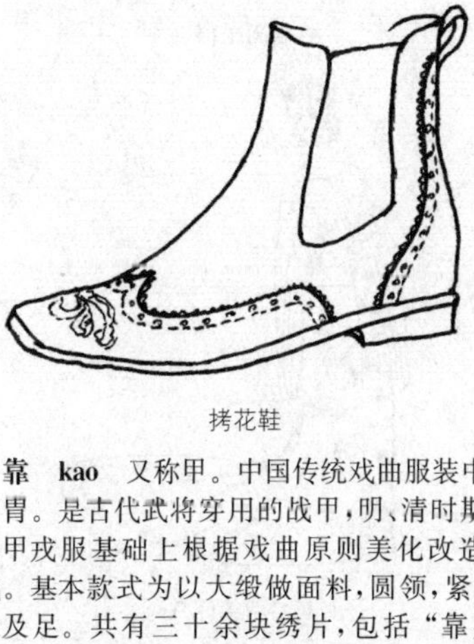

拷花鞋

靠 **kao** 又称甲。中国传统戏曲服装中的甲胄。是古代武将穿用的战甲,明、清时期在绵甲戎服基础上根据戏曲原则美化改造而成。基本款式为以大缎做面料,圆领,紧袖,长及足。共有三十余块绣片,包括“靠身”(285页)、“靠肚”(285页)、“靠牌”(285页)、“靠旗”(285页)等部件和苫肩、“背虎壳”(26页)等辅助性、装饰性附件。靠的品类有男靠、“女靠”(376页)、“软靠”(436页)、“硬靠”(616页)、“改良靠”(170页)等,还有若干用于特殊角色的专用靠。如“关羽靠”(191页)、“仓子靠”(45页)等。靠的色彩多样,“箱中十色”(566页)俱备。根据角色的年龄、性格、脸谱,有基本固定的穿着规范,如赵云、马超等少年勇将多用白靠,周瑜等少年将帅多用粉红靠,王爵如岳飞、老将如黄忠等多用黄靠。红脸的将官如关羽、关胜多用绿靠,黑脸的猛烈武将如张飞等多用黑靠。

靠肚 **kaodu** 中国传统戏曲戎装“靠”(285页)中“靠身”(285页)的一部分。靠身前片腰腹部处缀一较腰围略宽的带长方形硬衬的凸起绣片,上绣大虎头或二龙戏珠图案。靠肚下部缀有一象征甲胄护裆的形似垂帘的鱼形或虎头形绣片,称为吊鱼。表演时可以用双手将靠肚托起。

靠模缝纫机 **template sewing machine** 即“模板小片机”(363页)。

靠牌 **kaopai** 中国传统戏曲戎装“靠”(285页)的组成部件。依据战甲的护腿甲片美化而成。由两片长方形、绣有鱼鳞或海水江涯纹样的绣片及所附的别色绸制绣带构成。穿着时用布带将两片靠牌相连,围扎在腰部,使其自两侧垂下。

靠旗 **kaoqi** 中国传统戏曲戎装“靠”(285页)的组成部件。和靠色彩相同的四幅缎料绣花小旗,上端各附一别种彩色的飘带。使用时将靠旗套入靠杆,再将靠杆呈放射形的插入绑在靠衣背后的“背虎壳”(26页)中楔紧。靠旗一般多为三角形,由将官身背的令旗衍化而来,现在已经发展为纯装饰性的、舞蹈表演用的工具。

靠身 **kaoshen** 中国传统戏曲戎装“靠”(285页)的组成部件。主要由前、后身的两片长及足的袍料构成,分别称为前片、后片,用排在右肩的扣襻作为连接前、后片的纽带。两肩部下连蝶翅形护肩,护肩下连齐腕的紧口窄袖。此外有护腿的“靠牌”(285页)、护腋的腰窝(燕窝)等附件。各部件均满绣象征金属甲片的鱼鳞纹或丁字纹等纹样。前胸及后心部位绣象征护心镜的圆寿字图案。

苛尔佩凯 **corps pique** 文艺复兴时期一种鲸鱼骨制的紧身系带内衣。使用两层以上的亚麻布，中间加薄衬。为了达到整型的目的，在前、侧、后的主要部位纵向嵌入插骨，插骨又称撑衣片，由细条或片状鲸骨制成。前后身系带，前中央设计成尖角状下摆，以引导视觉，强调细腰。

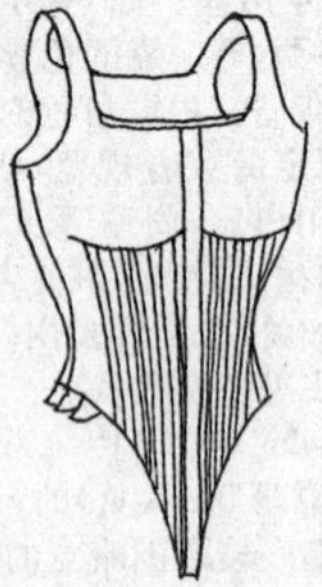

苛尔佩凯

柯达　cotta　哥特时期的一种著名服装。衣长及踝，有腰带，钟形长袖，通常为白色。多为神职人员、牧师和唱诗班的成员所穿。

柯尔克孜族服饰　Kirgiz ethnic costume and accessories　中国柯尔克孜族衣着和装饰。柯尔克孜族分布在新疆西部。男子戴各色圆顶帽或圣帽，穿绣花圆领套头白衬衫，外穿羊皮、驼毛布、棉布“袷襻”(404 页)，束皮或绣花腰带，着宽腿裤或皮裤。女子戴红、绿、白头巾，姑娘戴圆顶帽，帽顶为水獭、旱獭皮制，帽顶饰珠、缨穗。穿长袖连衣裙，外套黑色绣花坎肩，着灯笼裤、绣花靴。外出套袷襻。未婚女子扎多根辫子，婚后梳两条辫子，辫梢上有银、铜币、珠子作装饰，戴耳环、戒指。传统纹样有：星、月、云、日、鸟、火焰、牛羊鹿角、马蹄、狗爪、石榴花、莲花等。有的地区姑娘佩戴铸花圆银胸饰片。

柯尔克孜族新娘婚礼服饰

柯尔萨折　corsage　罗马帝国时期人们穿着的一种紧身上衣。领口和下摆滚边，背后开衩，穿带系结。使用金、银线和各种色线，将二、三层布纳在一起结实且富有装饰效果。一般在正式或特殊场合穿着。是欧洲女性之紧身胸衣和多褶蓬裙的雏形。在 18～19 世纪作为女性的紧身胸衣使用。

柯特阿弟　cotehardi, cotehardie　14～15 世纪欧洲流行的一种外衣。男女皆穿。男服衣身较短，有窄细的紧身袖子或风琴式宽松袖，领子宽而薄，衣身上有未压过的褶，从衣身的上端到腰部缝有一排扣子。女服一般采用紧身袖子，衣身两侧有开衩，前后衣身有蕾丝装饰，用昂贵的面料制成。

柯特阿弟(男)

柯特阿弟(女)

柯特儿 kirtle 见“丘尼克”(417 页)。

柯以弗帽 coiffes 哥特时期欧洲的装饰着花边织物但造型不同的帽子的统称。饰以花边的薄纱或细布从帽子上向面部和肩部落下,在脸的周围形成美丽的褶皱和飘忽不定的阴影,使女人的面庞在其映衬下更加妩媚动人。

柯以弗帽

科多佩斯 codpiece 欧洲文艺复兴时期用以体现男性生殖器的装饰。三角形袋状物,里面塞有使其膨胀的填充物,表面有刺绣或缀以珠宝装饰,有的采用切口方式露出内裤等,使男子生殖器部位显得十分醒目。

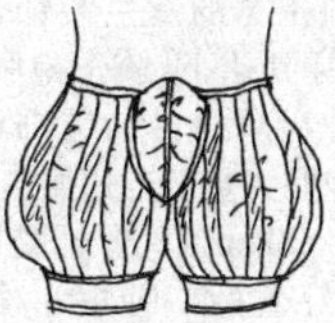

科多佩斯

科尔多瓦皮革 cordovan leather 又称哥多华皮革。一种柔软的染色皮革。产于西班牙的科尔多瓦地区,故名。主要为黑色或红棕色。原料采自马皮臀部,革身坚牢结实,强度高,有橡皮质感,表层油性重,忌用肥皂液清洁,不需刷油保养。常用于制作鞋和腰带等。

科尔塞特 corset 又称束腹。盛行于 19 世纪的一种紧身胸衣。无袖、带花边、多层布料纳缝而成,紧贴胸以下至臀围之间的位置,穿着时柔软舒服。背部中央采用系带整形,具有可调节性。1940 年后改用轻薄的弹性布料制作。

科费特帽 coiffette 14 世纪士兵戴的钢或铁制的头颅帽。

科芬革 Corfam artificial leather 1963 年美国杜邦公司研制的人造皮革。以非织造布为底基,涂覆聚氨酯材料,具有少量透气性。可防水,强度较好,成本低,便于机械化生产。可用作鞋类面料。

科罗纳冠 corona 又称胜利冠,桂冠。古罗马皇帝或执政官授予载誉归来的人的环状头饰。如体育比赛的获胜者、诗人和战争中的凯旋者,象征勇敢、智慧和荣誉。最初用月桂树叶或橄榄树枝编成,后改为金制。自尼禄皇帝(公元 54～68 年在位)后用作皇冠。古罗马帝国的前四位皇帝戴用仿制月桂树叶的环式金冠。

颏下涛 kexiatao 中国传统戏曲“髯口”(424 页)的一种。长仅 20 cm 左右的须髯,紧贴腮边悬挂,口部裸露在外。将“扎”(634 页)挂于颏下,露出口部,也称颏下涛。多用于相貌凶恶,绘脸谱的武生或净行扮演的角色,如《斩颜良》的颜良、《闹天宫》的巨灵神。

瞌脑 kenao 传统戏曲盔头中动物形象化的冠帽。原为元、明时代一种武人戴的盔帽的名称。一般是由在头、面部进行动物塑型化装用的假面、假头变化而成的置于头顶的盔冠,如《昇平署扮相谱》所绘《青龙棍》中青龙戴的制成龙形的帽子,《水漫金山》中虾兵蟹将所戴的虾蟹象形盔帽。但在各剧种中对其所指并不统一,也有连“套头”(509 页)一并称为瞌脑的。

可爱型人群 lovely group 即“少女型人群”(459 页)。

可变式人体截面测量仪法 sliding gauge body section measurement 又称滑动量规测量法。人体截面形态的测量方法。用一组相互平行等长的滑杆在水平或垂直方向滑动,测量时,将滑杆排列固定在某一方向并与参考平面垂直,移动各滑杆使其尖端与人体体表轻轻接触并固定,在坐标纸上记录滑杆各点的位置,最后将所有点连成曲线,即可得到人体横截面或纵截面的形状。

可变式人体截面测量仪

可成型性　conformability　用于评价织物成型的难易程度、出现褶皱的可能性以及严重程度的综合描述。采用平面织物作为增强材料，制作具有三维空间曲面的预型件，或用平面织物作为增强材料制成的复合材料板在模压成复杂制品时的加工可能性。

可缝性　sew-ability　织物缝纫加工性优劣的一个综合评定指标。包括布料的缝合后平整程度，缝纫的缝迹外观形态优劣，缝迹在常规外力作用下的断裂程度。缝料在缝针、压脚、送布齿、缝线等的作用下，在针脚旁会产生缝迹皱，出现针洞等缝迹外形变化或损伤，以及因布料关系，缝针切断底线等现象。此类织物属于可缝性差的织物。

可挂式包装　hanging packaging　服装“包装”(21 页)形式之一。用塑料制成的有吊钩可悬挂的包装袋包装服装。可充分利用货架的陈列空间。

可视形态　realistic form　即“现实形态”(563 页)。

可洗革　washed leather　可经水洗的皮革。经特殊的材料与工艺处理，颜色牢度好，皮革中油脂不易流失，水可溶性物质较少。经多次水洗，皮革的颜色鲜艳度、柔软性、强度、面积等主要指标不会受到明显的影响。一般用猪、牛、羊皮制成绒面革。用作服装面料。

克夫　cuff　服装上由宽到窄的束紧部位。用于方便运动或有装饰效果的部位，一般采用罗纹针织物，常用于针织类毛衫、外套等服装中。

克拉瑞萨·哈勒维罩帽　Clarissa Harlowe bonnet　19 世纪 90 年代晚期流行的麦秸编制的女用大罩帽。天鹅绒的衬里，修饰着大鸵鸟羽毛，戴时向前遮住眉毛。名称来自撒姆尔·理查森(Samuel Richardson)发表的流行小说《克拉瑞萨》(*Clarissa*)。

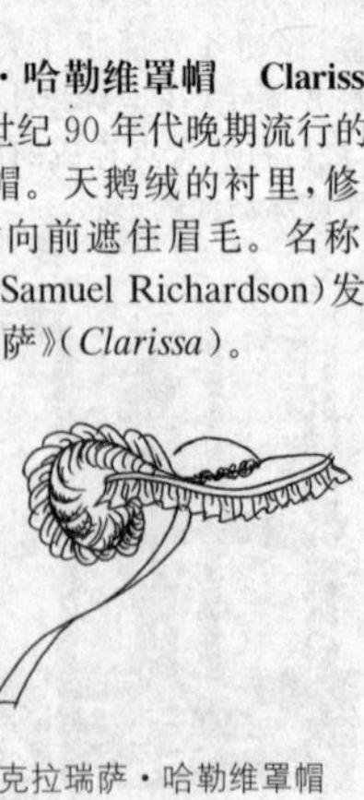

克拉瑞萨·哈勒维罩帽

克拉瓦特领巾　cravat　17 世纪 60 年代至 19 世纪末期欧洲流行的一种男用领巾。起源于 17 世纪法国战争中克罗地亚士兵用以围脖的亚麻布带。最初用细亚麻布、细棉布或丝绸制作，后以蕾丝和刺绣花纹为饰。同时由原来的宽约 30 cm，长约 1 m，改为长 2 m。最常见的系法是将领巾折叠成合适宽度，呈带状绕在脖子上，在颈前打结后自然垂落在胸前。

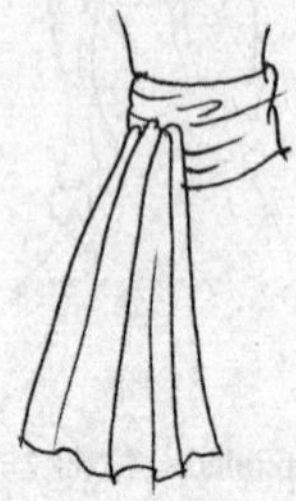

克拉瓦特领巾

克拉维　clavi　出现在古罗马袍服上的用于区别等级的带状装饰纹样。如元老院议员的袍服装有两条宽的紫色装饰带，从上身胸口、领口下贯穿到裙下；骑士袍服上的装饰带比较窄。这种显示身份的装饰纹样，后来仅使用在教会神职人员的专用服装上。

克莱米斯　chlamys　古希腊男子在旅行、狩猎、打仗时穿着的一种短斗篷。用长方形的毛料制成。披法较为自由，可以简单地往身上一挂，在一侧肩上用别针固定，穿在身上可以左右肩任意移动，也可以采用固定的穿法，在肩、背及颈等处用别针固定。四角常吊有重物使其下垂。

克莱米斯

克朗茨　crants, craunce, graundice　又称女式珠宝花冠。中世纪到18世纪妇女戴用的花环或花冠。用金子或宝石制作。

克劳迪娜领　Claudine collar　没有或稍有领脚、中等宽度领尖呈圆形的领型。来自法国女作家考兰丝的小说中女主人公克劳迪娜服装的衣领。在妇女或儿童的衬衫及连衣裙上经常使用。

克里诺林式裙撑　crinoline　19世纪50～70年代欧洲流行的一种裙撑。克里诺林源自拉丁语，原指马毛、麻类材料，引申指用马毛、麻为材料制成的裙撑式样。利用轻金属制成环状框架，填塞或包覆马毛、麻等材料构成裙撑。取代了浪漫主义时期流行的以多层叠衬撑起裙子的方法。初期的克里诺林裙撑像一个圆形屋顶状的重硬壳，出入门或乘马车时极不方便。1860年前后，从英国传入了采用鲸须、鸟羽、细铁丝或藤条作轮骨，用带子连接的鸟笼状克里诺林。外观呈金字塔形。为便于行走，前面没有轮骨，较为平坦，后面向外扩张且较大，具有弹性，可根据需要加以提升。传入法国的英国式克里诺林，受到法兰西第二帝国宫廷和社交界女性的青睐，后来还增加了各种装饰品和波形褶边、花边、缎带、盘花纽扣、缨穗及流苏等，并通过法国流传至整个欧洲。

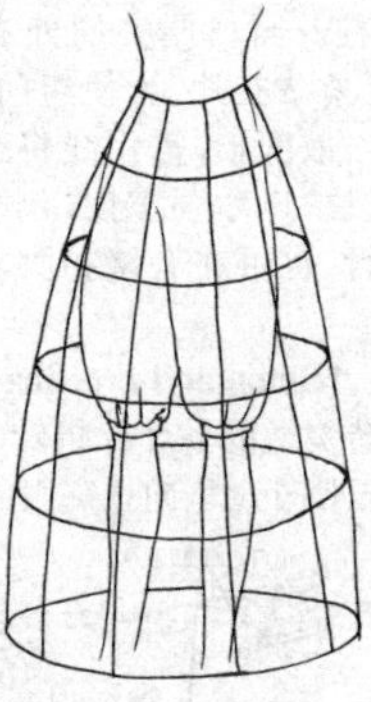

克里诺林式裙撑

克里特女神装　serpent goddess wear　又称持蛇女神服饰。由双手持蛇的女神身着短袖高腰袒胸上衣、长裙、围裙式罩裙及头箍组成。源于公元前20世纪～公元前12世纪爱琴文明中的克里特女性服饰。以红、黄、蓝三种颜色相间处理。上衣很短、立领，领口很大，乳房全部裸露在外，衣襟在乳房下系合，从下托住双乳，短袖袖头和门襟有宽边缘饰。腰部用宽腰带勒紧。长裙为下摆宽大的吊钟状塔裙，有六七层之多，每层均有很多裙褶。衣裙之上，臀部裹有围裙式小型罩裙。所有的线型均以蛇形线为基础，表达了设计者对蛇神的崇敬，独具其完美的服装造型、开放的着装理念。

克里特女神装

空边　empty hem　服装外观疵病。装有填充料的防寒服装的边缘部位（袖口、底边、缝边等）明显缺少填充料的现象。补正方法为拆开该部位，补加填充料。

空间混合　space mixed　又称中性混合、第三混合。将两种或多种颜色穿插、并置在一起，于一定的视觉空间之外，能在人眼中造成混合的效果。颜色本身并没有真正混合，只是反射光的混合。与减法混合相比，增加了一定的光刺激值，其明度等于参加混合色光的明度平均值，实际比减法混合明度高，因此色彩效果显得丰富、明亮。它具有远看色调统一，近看色彩丰富；色彩有动感；使用少量色可以获得配色丰富的效果等特点。空间混合的产生须具备一些条件：(1)对比各方的色彩比较鲜艳，对比较强烈；(2)色彩的面积较小，形态为小色点、小色块、细色线等，并成密集状；(3)色彩的位置关系为并置、穿插、交叉等；(4)有相当的视觉空间距离。

空间坐标法　space coordinate method　服装外轮廓设计方法之一。根据设计意图，在原型服装或标准人体的关键部位设定活动的空间坐标。人体每一个关键部位都可以假设一个坐标，这些坐标移动后形成的轨迹就是所要设计的服装外轮廓造型。关键部位主要有颈、肩、胸、腰、臀、腹、膝、腕、肘、踝等，此外还可以自行确定，甚至作适当的增加或删减。

空气变形纱 **air jet textured yarn, ATY** 利用空气喷射变形技术，对丝束进行交络、缠结而成的具有圈结，蓬松的变形纱。用粗旦丝加工的空气变形纱适合加工仿粗纺毛织物风格的织物。用较细旦的丝加工的空气变形纱适合加工仿精纺毛织物风格的织物，毛型感强。

空气层毛衫 **milano knitwear** 采用罗纹组织与平针组织复合编织而成的毛衫。多为精纺羊毛衫。产品可分为：(1)罗纹空气层毛衫，又称四平空转毛衫，结构较紧密，横向延伸性小，尺寸较稳定，厚实挺括；(2)罗纹半空气层毛衫，正面呈隐影的凹凸效应，反面外观平整性比罗纹空气层毛衫好，手感比较柔软；(3)双罗纹空气层毛衫，正面呈明显的凸横条纹，紧密厚实，横向延伸性较小，挺括，不易变形。空气层组织常用于外衣、套装、运动衣裤等。

空调鞋 **forced ventilation shoes** 在行走过程中能促使鞋内空气流动的鞋。外底有较高的厚度和跟高，后跟内有类似于皮老虎的弹簧压气装置，脚跟着地时，压迫皮老虎内的空气通过管道从前掌喷出，脚跟离地时，皮老虎吸进空气，如此循环往复，使鞋内空气不断流动，带走热量，达到不闷脚不烧脚穿着舒适的目的。

空心鞋 **hollow shoes** 在鞋内架设通风部件的防湿、防臭保健鞋。用一段透气、防尘的织物连接鞋帮下部鞋底之上、足弓之下的部位。此连接部分分别与鞋底前部、后部相连，可防止尘土进入鞋腔。外观和普通鞋相似。人在静止时，鞋内空气能自由流通排出湿气，而行走时空心处不断产生吸气、排气的交替，获得良好的透气效果。

孔花毛衫 **lace knitwear** 采用纱罗组织编织而成的毛衫。呈有规则的孔眼、扭曲或凹凸效应的花纹图案，或在毛衫的衣领、袖口、下摆等处进行局部挑花，装饰效果好。常用作春、夏、初秋女装及童装。

孔明印 **kongming stamp** 见“基诺族服饰”(232页)。

孔雀革命 **peacock revolution** 1967年促进男式服饰多样化的改革。那时期整体穿着显得随意并富有一定的创意和反传统。包括套头针织衫、尼赫鲁夹克、喇叭裤、爱德华外套以及圆形坠的粗项链、戒指、香水等配饰和不太保守的发型等。

控制粉底 **regular foundation** 专业人士在基础粉底之前用来调整偏黄或偏红肤色的膏状粉底。与肤色修正液或修颜液的作用相当。在整个面部用可控制妆面色调气氛，也可局部使用。色彩种类繁多，较常用的有粉红色、紫色、白色、黄色、蓝色、橘色、咖啡色、奶白色、绿色等。

口腔整形化装法 **oral plastics dressing** 将假牙腮托放在口腔来改变嘴部外形和脸颊的造型技法。脸颊较瘦可在口腔后部牙上卡一个牙托使面颊胖些；上颌和下颌用牙托垫高以后，嘴部、颊部的外形都将起变化；牙齿整齐与否，不仅影响嘴部的外形，也影响人物的气质和风采。

扣百子鞋 **praying to give birth to a child shoes** 江苏省连云港市郊云台山娘娘庙的娘娘塑像后放着的小童布鞋。不孕妇女来此烧香时，偷偷拿走一双回去放在自己床边，不让人知道。以后若真的怀孕生了孩子，就将此鞋给小孩穿，而后自己再做几双送还庙内。因此娘娘庙内的小鞋永远偷不光。

扣脚 **button stem** 又称纽脚。连接纽扣和衣片的线柱。面料厚实的外衣钉缝纽扣时，扣底不能紧贴衣片，为使纽门平服，纽扣钉缝线不易松散磨损，需用线将纽扣钉缝线包绕，形成线柱，以增强牢度；包绕加工可在扣脚机上进行，也可在有绕扣脚功能的钉扣机上进行。

扣烫底边 **folding and pressing hem** 将底边折光或折转熨烫的动作。折转时注意要将底边稍归拢以使外观呈向里窝服的状态。

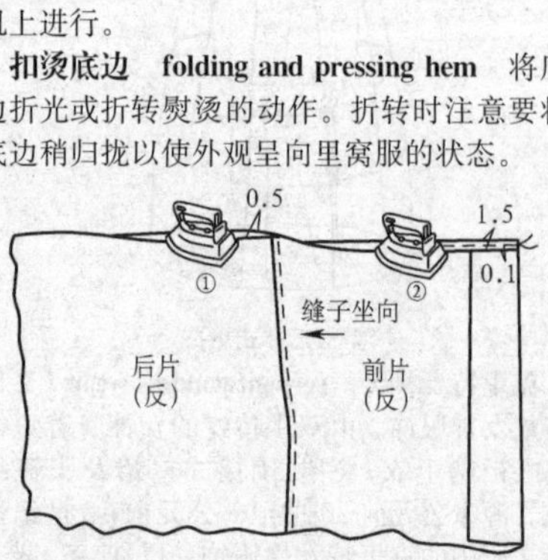

扣烫底边

扣烫过肩　**folding and pressing back yoke**　将肩部横向分割线扣烫的动作。扣烫后方便在分割线上缉缝止口线。

扣烫裤底　**attaching back crotch stay**　将装于裤裆十字缝部位的裤底外口毛边折转熨烫，使其光洁的动作。裤底的作用是使下裆部整洁、美观、牢固。

扣烫膝盖绸　**folding and pressing knee kicker**　将贴于膝盖部位起保护作用的里布边缘扣烫做光的动作。膝盖绸可减少裤装膝盖处的弯曲变形程度，并在穿着时保持滑爽。

扣靴　**push button boots**　在外怀一侧有按扣的短靴。靴的下部设计成鞋套形式，采用光亮的皮革材料；上部常用布、无光的皮革作靴筒。丘吉尔与卓别林非常爱穿这种短靴。

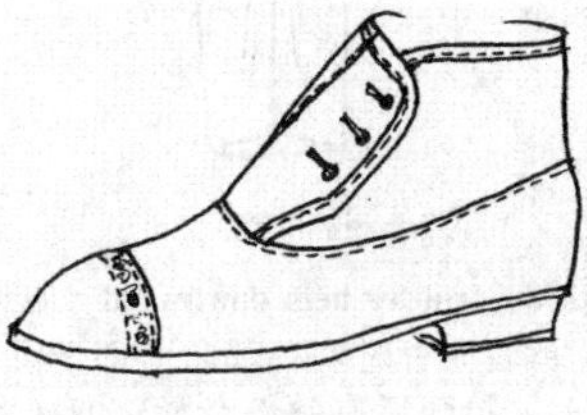

扣靴

扣压缝　**top-stitched lap seam**　即“压缉缝”(593 页)。

扣眼位符号　**buttonhole position mark**　服装结构制图符号。表示扣眼的位置。一般扣眼近止口的一侧位于搭门线外 0.1 cm 处，扣眼的大小位置等于扣眼的直径加厚度。

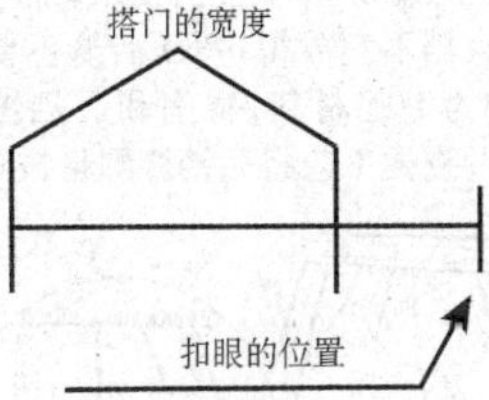

扣眼位符号

扣熨　**folding and pressing**　按净样板或净粉线轮廓，将缝料的缝份用熨斗烫倒烫实，以利缝制的动作。

扣子　**button**　即“纽扣”(374 页)。

骷髅妆　**human skull make-up**　将头面部的骨骼在人的脸上描画出来的化妆。是学习影视戏剧化装的基础，需要准确表现以下骨骼的具体位置和特点：额骨、眉弓、颞骨、鼻骨、颧骨、上下颌骨、和颌结节。步骤是：(1)观察模特面部，确定骨骼正确位置；(2)遮盖眉毛；(3)在凸起的部位涂抹亮色；(4)在凹陷部位涂抹暗色；(5)在骨骼缝隙处勾线。可用于熟悉头面部的骨骼构造和解剖原理，对于改变年龄的化妆，如果对于骨骼位置不是很清楚，就很难将其特点表现准确。

库缎　**satin brocade**　又称摹本缎。丝织物名。纯桑蚕丝色织缎类丝织物。经线采用(23 dtex8 S 捻/cm×2)6 Z 捻/cm 染色桑蚕丝，纬线为 31.08～33.33 dtex×4(4/28/30 旦)染色桑蚕丝，以 8 枚缎纹组织织制的织物。分为花库缎和素库缎。原由清代官营织造生产，进贡入库以供皇室选用。织物经、纬紧度较大，质地紧密，厚实挺括，缎面平整光滑，花库缎纹样以传统风格的团花为主。晚清乃至民国初年，一般士绅常用作袍服、马褂的面料，也作藏族等少数民族服装的面料。

库库希纳克冠　**kokochnik**　俄罗斯已婚妇女戴用的半圆形盾状冠。

库拉帽　**kulah**　又称阿訇帽。红色天鹅绒制无檐帽。金线刺绣装饰的帽冠顶部略窄，上面缠绕着约 20 码(18 m)长的彩色细薄布条，类似头巾帽。有的皇室用帽用白鹭羽毛做装饰。是印度、伊朗等地伊斯兰教僧侣的僧帽，也是印度某些地区的民族服饰的一部分。

绔　**ku**　即“胫衣”(271 页)。

袴　**ku**　即“胫衣”(271 页)。

裤　**trousers**　穿在腰部以下的衣服。一般有裤腰、裤裆和两条裤腿。

裤侧缝线　**trousers side seam line**　前、后裤片外侧缝合处的两条弧形轮廓线。其弧度大小根据人体体型而定，与裤子造型密切相关。正常体在腰口部位向里凹进，至臀围处突出，到中裆部位再向里凹进。分裤前侧缝线和裤后侧缝线。用粗实线表示。见“前后裤片结构线”(406 页)中图。

裤侧缝皱褶　**wrinkles at side seam**　服装外观疵病。侧缝吊起并有皱褶，下裆沉落，门襟起皱的现象。多见于男式西短裤。形成原因为：前裆开襟部位过高，侧缝胖势不足，裁剪时未注意腰部髋骨较高的体型。补正方法为：将前裆酌情改短，侧缝放长，并相应将前裤片门、里襟下端弯势放低，下裆也应同时放低，将前、后裤片侧缝处的捆势向前后裆缝处放出、修直。

裤插袋起翘　splits at vertical pocket edge
服装外观疵病。裤子放平后，直插袋袋口豁开，垫料外露，插袋的下封口起皱翘起的现象。形成原因为：(1)袋口牵带敷得不紧，使贴边不能盖足袋布沿边，形成袋口虚松；(2)裤子侧缝缝合时，前裤片直袋部位紧于后裤片或与后裤片相等；(3)袋垫料拉得太急，或缉缝口袋时袋布拉得过紧。补正方法为：在敷袋口牵带时拉紧、拉顺，袋口贴边要盖足袋布；在缝合侧缝时，前裤片袋位处稍紧于后裤片侧缝；在裤片拔脚时，直袋口胖势部位要推归顺直；在缉袋口明线止口时，最好垫一块纸板压缉；在缝合袋垫料时，不要拉得过紧，要上下匀顺、平直。

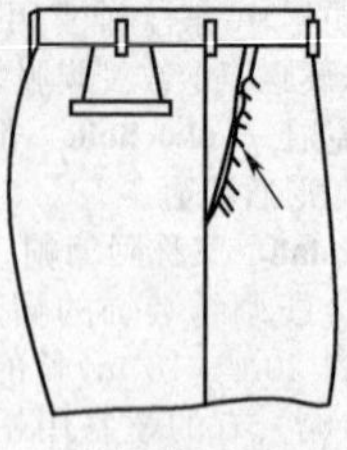

裤插袋起翘

裤长　trouser length　从侧缝裤腰上口起量至裤口的长度，不同风格裤装裤长不一。

裤长线　trousers length line　裤片腰口线至裤脚口的水平基础线。裤长线到腰口线的长度为常规裤长减去腰头宽(3～4 cm)。用细实线表示。见“前后裤片结构线”(406 页)中图。

裤底襟　fly shield　即 “裤里襟”(293 页)。

裤吊裆　tight crotch　服装外观疵病。裤子左右两边的下裆缝抽紧，裤脚口向上吊起，裆底不圆润的现象。形成原因为：(1)裁剪时后裤片挺缝部位丝绺不直，侧缝和下裆缝的倾斜度不相符，后裆缝捆势不足或横裆尺寸裁配过大等；(2)缝纫时裤片拔脚不透，下裆缝弯势拔得不足，在下裆缝上口 10 cm 处丝绺未归整，裆底、臀部的横丝绺未拔出推圆，缝合下裆缝时松紧不一等。补正方法为：裁剪时后裤片挺缝丝绺要放直，侧缝与下裆缝的倾斜度吻合，加放后缝捆势，在缝纫时要拔脚透彻，下裆缝弯势拉透拔足，下裆缝上口 10 cm 部位的直、横丝绺归整，缝合下裆缝时，防止拔开部位回缩，或已归缩部位伸开。

裤吊裆

裤吊脚　trouser hem downward　服装外观疵病。裤装穿着时裤口部向前部下沉，呈多余状态，人抬腿后有膝部牵紧感的现象。形成原因是裤前上裆部过长，穿着时前裤身下坠形成吊脚现象。

裤后裆肥宽　long seat　又称坠裆。服装外观疵病。后臀围部位宽翘坠落的现象。形成原因为：裁剪时直裆过长而横裆过宽，裤子后裆太斜，裤裆缝弯势过深，后裤片与前裤片裁配比例不当，臀围宽放度加放过多等。补正方法为：根据穿着季节的要求，加上适度的宽松量，直裆不宜放得过长，后缝不要裁得过斜等。如为毛呢材料，臀围和后裆缝可稍紧些，并通过熨烫工艺将后裆缝酌量拔宽。

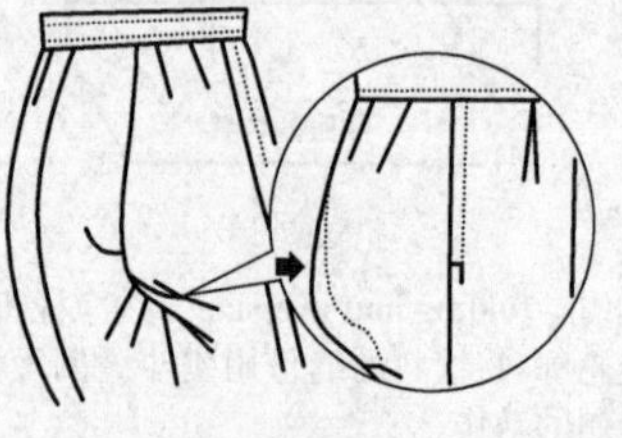

裤后裆肥宽

裤后缝线　trousers back seam line　又称后裆缝线。后裤片中，上起腰口线、下至横裆线的竖向轮廓线，与裤前缝线相对。宽度定位一般为1/4臀围加减定数，弧线下端的圆弧形凹陷，并与下裆缝连接，凹陷程度与人体臀部形状相似。直接影响裤子成品的质量，若处理不当，会出现包紧、豁开、下坠、起吊等弊病。用粗实线表示。见“前后裤片结构线”(406页)。

裤后省线 trousers back dart line 后裤片腰口线处为调节臀腰差而采用的收省形式的结构线。收省的大小、长短随穿着者的臀围大小、臀位高低而定。用粗实线表示。见“前后裤片结构线”(406页)。

裤豁脚 uneven trouser pieces 服装外观疵病。裤子摆平后，左右裤片侧缝和左右下裆缝不齐，前后烫迹线偏前或偏后的现象。形成原因为：(1)裁剪前后裤片时，侧缝、下裆缝的斜度不符，两片裤片的裤缝合不拢、对不齐，缝合后形成偏形；(2)后裤片下裆缝缝合时，弯势部位伸拔不足；(3)缝合下裆缝时，中裆部位的前后裤片移动或坐缝偏进。补正方法为：(1)裁剪时要求前后裤片侧缝和下裆缝的倾斜度相符；(2)缝纫后裤片下裆缝弯势时，拔开拉足，并将拔脚后的裤片对折、摆平，以前后裤片两缝(前后裤片缝合后的侧缝和下裆缝)、脚口、上腰口对齐为准；(3)如裤脚向前豁，根据豁脚程度，可将前裤片下裆缝向上移动，如裤脚向后豁，则方向相反。

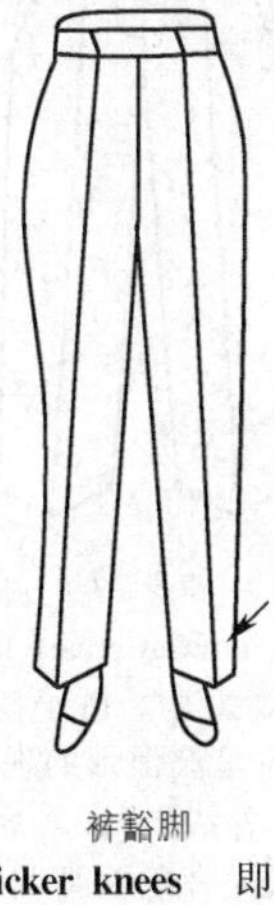

裤豁脚

裤脚绸 kicker knees 即“膝盖绸”(556页)。

裤脚口 leg opening, trouser hem 裤腿下口的边沿。裤装造型的重要部位。根据裤口的大小可将裤子分为锥形裤(裤口小)、直筒裤(裤口中)、喇叭裤(裤口大)等造型。

裤脚前后 uneven two legs 服装外观疵病。裤子的两裤脚一前一后的现象。形成原因为：左右裤片丝绺不一致。补正方法为：后裤片拔裆时要松紧一致，合后缝时上下两片松紧要一致，对准下裆十字缝，防止移动与错位。

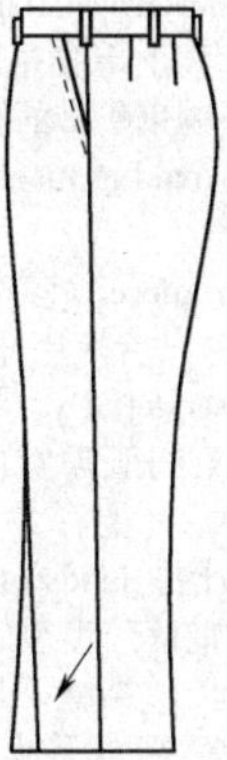

裤脚前后

裤脚线 trousers bottom girth line, legopening line, trouser hem line 即“脚口围线”(257页)。

裤卷脚 trouser turn-up 将裤装脚口翻上，形成外翻贴边造型的部位，按卷脚与裤身的关系分有连翻脚和加翻脚，连翻脚是翻脚部分与裤身相连，加翻脚是翻脚部位加布料与裤脚口缝合。翻脚宽度视流行而定，一般应放出2乘以翻脚宽(2.5～4 cm)加1.5 cm的量。翻脚形式又可分为实翻脚和虚翻脚，虚翻脚指裤长不够长时可将翻脚口的一部分翻出，以补足裤长的翻脚形式。

裤里襟 fly shield 又称裤底襟。裤装中开口部位下方钉扣的部位。造型有方头型、尖头型、圆头型等各种形式。位于钉扣部位，必须有一定的牢度和宽度，其宽度一般是3～4 cm。

裤门襟 fly faciny 裤裙装中前裆缝封口以上的开口部位(图见下页)。外襟为门襟的外部，里襟为门襟的里部。有一片和三片之分，一片形式用于缝钉拉链，三片形式用于钉纽扣。

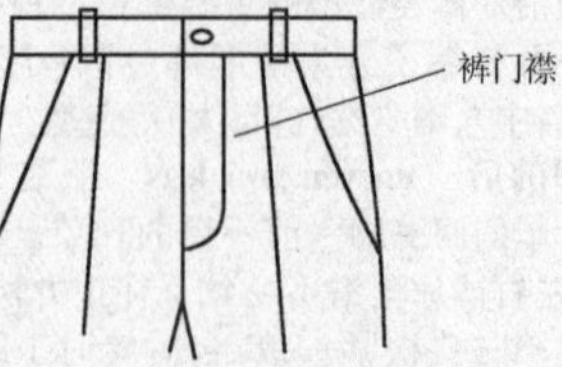

裤门襟

裤襻高低　uneven waistband belt loop　服装外观疵病。裤腰上串腰带的布襻位置高低不一的现象。影响束腰带的腰身稳定性。

裤襻机　belt making machine　即“马王带机”(337 页)。

裤片　trouser piece　各类裤身裁片的总称。一般分前裤片、后裤片、侧裤片等形式。

裤拼裆　trouser left fly　因受衣料门幅的限制，裁剪时达不到所需宽度而另外拼合的裤料。一般拼在后片上。

裤前裆横向皱褶　landscape wrinkles at the front rise　又称前窿门生须。服装外观疵病。裤前裆处横向起皱，裆缝不圆润的现象。形成原因为：(1)前后裆宽不足；(2)裁剪时前裆缝凹势过大或不顺；(3)装缝门里襟贴边时，裤片的裆缝被拉宽，两边的坐缝宽窄不一，缉线弯曲；(4)在缝门襟贴边时移动歪斜，裆底(前后裆缝的会合处)10 cm 处的裤片斜丝被拉宽变形等。补正方法为：(1)加大前后裆宽；(2)将前裤片小裆凹势修剪圆润，将门里襟稍作归拢；(3)在缝门襟贴边时用纸板覆在上面缉线；(4)裆底 10 cm 处斜丝作归拢处理，使其平服。

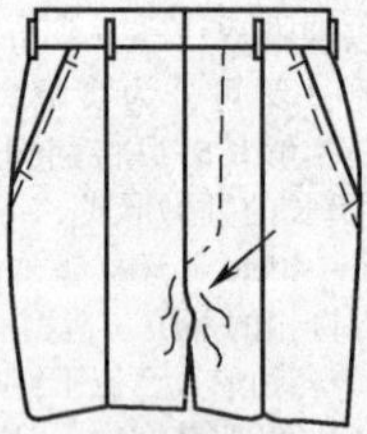
裤前裆横向皱褶

裤前裆纵向皱褶　portrait wrinkles at the front rise　服装外观疵病。裤前裆下部出现纵向多余量，不平整的现象。形成原因为：(1)前上裆缝上口撇量过大；(2)缝合时前上裆底部被拉过。补正方法为：将上裆缝上口撇量缩小，缝裆时前小裆处贴裤垫。

裤前缝线　trousers front seam line　前裤片中，上起腰口线、下至横裆线的竖向轮廓线。用粗实线表示。见“前后裤片结构线”(406 页)中图。

裤前折裥线　pleat position line　前裤片腰围线处为调节臀腰差而采用的折裥形式的结构线。一般每片作双裥，也可作单裥。用粗实线表示。见“前后裤片结构线”(406 页)中图。

裤裙　culottes　即“裙裤”(422 页)。

裤身结构　pant structure　包覆在人体的腰、腹、臀及下肢部的下装的结构。较裙身复杂。按长度分，有长裤、短裤、中裤。长裤长及踝骨附近；短裤长至膝盖以上；中裤长至膝盖以下、踝骨以上的部位。按臀围的宽松程度分，有宽松型、较宽松型、较贴体型和贴体型等。宽松型裤的臀围松量在 18 cm 以上；较宽松型裤的臀围松量在12～18 cm；较贴体裤的臀围松量为 6～12 cm；贴体裤松量在 6 cm 以下。按腰部形态，可分装腰、连腰、高腰、低腰。装腰的腰带安装于裤身，带宽 3 cm 左右；连腰是腰带与裤身相连成一体；高腰裤腰带宽超过 4 cm；低腰裤裤腰带宽小于 2 cm。

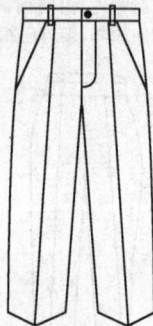

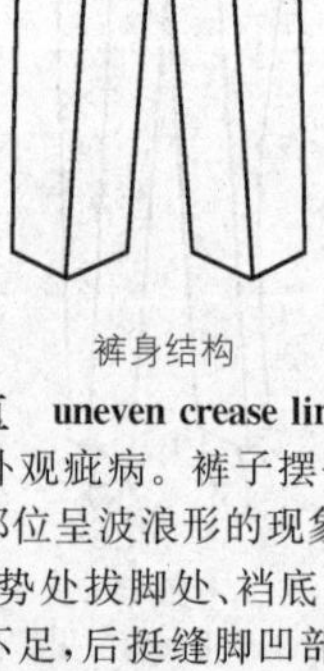
裤身结构

裤挺缝不直　uneven crease line　又称裤子摇摆。服装外观疵病。裤子摆平后，前后挺缝线在中裆部位呈波浪形的现象。形成原因为：下裆缝弯势处拔脚处、裆底、臀围处横丝绺拔出推圆不足，后挺缝脚凹部位归拢不足等。有时裤子的中裆过小(如裤脚口较大的喇叭裤)也容易产生摇摆。补正方法为：裤身拔脚要透彻,后下裆弯势处伸开,臀部拔开推圆,后挺缝脚凹部位归足,在分缝时,中裆以下部位要用力伸拔,脚边如有豁势也须归拢。

裤挺缝偏斜　declining crease line　服装外观疵病。裤前挺缝内移,穿着后跨步不便,登高时大腿部有紧迫感的现象。形成原因为:(1)裁剪不当;(2)缝纫时裤片在中裆部位未拔开;(3)裤裆缝合时,前裤片的裆缝处出现吃势;(4)人体本身为外撇脚。补正方法为:除避免上述造成原因外,还要注意小裆弯势处不能太凹,同上部裆缝的连接要呈椭圆形。

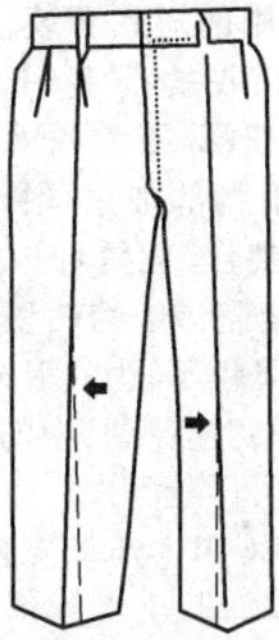

裤挺缝偏斜

裤下口不齐　uneven leg-opening　服装外观疵病。裤脚侧缝部位与后下裆部位长度不一致,致使裤口凹进的现象。造成原因为:下裆缝过凹,又未经拔脚或下裆缝缝缩过分。补正方法为:后下裆缝改直,后下裆缝充分拔脚,下裆缝缝合熨烫时要伸烫。

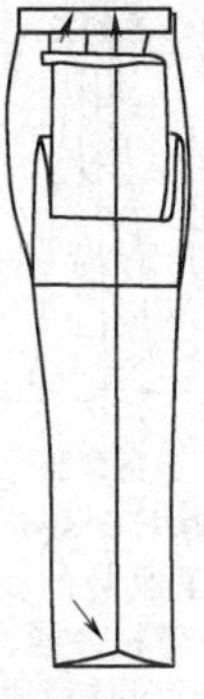

裤下口不齐

裤腰口不齐　uneven trousers waist　服装外观疵病。裤装穿着后裤腰上口弯曲不平的现象。形成原因是缝制前裤身腰缝不齐或缝制时缝道不齐。常出现于装腰的裤装。

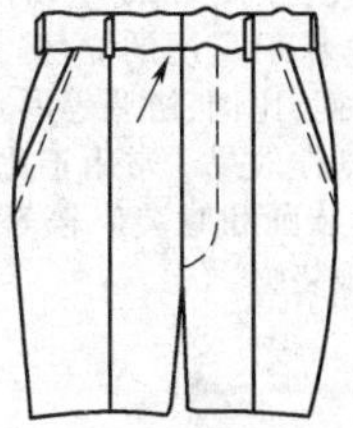

裤腰口不齐

裤褶　kuzhe　中国古代的一种北方游牧民族服装。基本款式有两种,一种是流行于南方的短身广袖、交领左衽的上衣,配以肥腿裤。另一种是流行于北方的短身小袖、交领左衽的上衣,配以窄腿裤。材料用绫、罗、锦、绮、皮革、毛罽等。战国赵武灵王胡服骑射开始产生,起初只有下层劳动人民和军队官兵穿着。魏晋南北朝时期广泛盛行,无论男女尊卑皆穿着。唐初,裤褶还作为官服、常服。至宋逐渐被废除,仅在仪卫中可见。

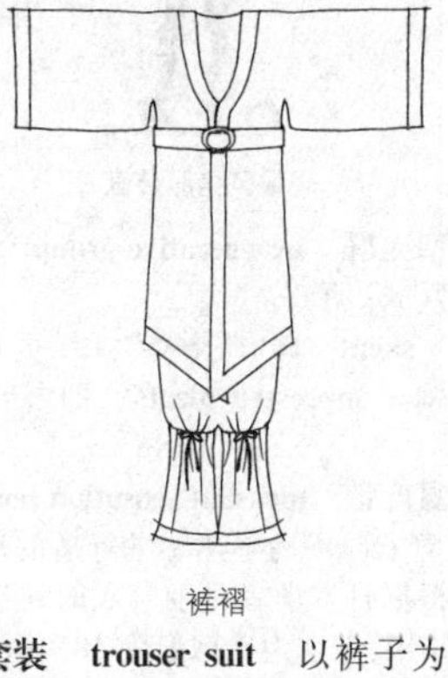

裤褶

裤子套装　trouser suit　以裤子为主的组合装。也指由长裤和上装组成的套装。变化有同料同色,同料不同色、同色不同料及异料异色,面料与色彩的差异形成不同的着装效果。裤子造型可分成直筒型、喇叭型、萝卜型等,相应的上装搭配也呈现不同的款式和造型。是女性体现干练、成熟的象征。

裤子摇摆　uneven crease line　即“裤挺缝不直”(294页)。

夸张风格服装画 exaggerative style fashion drawing 将时装画中人体或服装的某些部分加以非真实的艺术处理与变形，有的刻意削弱减少，有的刻意夸大，从而达到加强和突出重点目的的服装画。浪漫生动，极具艺术感染力，但必须基于实用的立场，做到有的放矢，并遵循均衡、比例、协调等形式美法则，强调画面的戏剧性效果。常用于比赛用服装效果图、商业时装画和时装广告等注重个性和艺术效果的服装画。

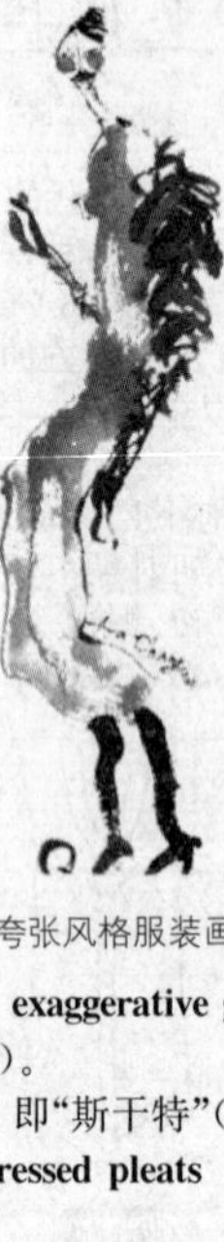

夸张风格服装画

夸张型人群 exaggerative group 即“戏剧型人群”(557 页)。

胯裙 skent 即“斯干特”(491 页)。

跨步裥 unpressed pleats 即“活裥”(227 页)。

快感温度带 pleasant sensation temperature range 着衣时不冷不热感觉舒适的环境温度范围。根据日本学者丹羽着衣时快感温度带的研究结果：冬季为干球温度 18.0～22.0 ℃，湿球温度 15.0～19.0 ℃，有效温度 16.7～20.0 ℃；夏季：干球温度 20.0～24.0 ℃，湿球温度 18.0～22.0 ℃，有效温度 19.4～22.8 ℃。

快速反应生产系统 quick response production system 对市场需求的变化能够迅速作出反应，并在短时间内生产出所需产品的生产系统。有广义和狭义之分，广义指售点信息管理系统，服装计算机辅助设计系统，服装计算机辅助制造系统，快速反应缝制系统及吊挂传输系统等一整套从收集信息到产品上柜的快速反应、敏捷制造系统；狭义是指缝制系统，由缝制设备组成的模块以及吊挂传输装置构成，每个模块由一名工人操作，各模块可选择平缝机、包缝机、专用缝纫机、熨斗及真空烫台等 2～3 台加工机器组合而成。

快艇用帽 yachting cap 游艇俱乐部成员在艇上戴的黑色或藏青色硬帽舌的无檐帽。由白色棉布制成的扁平帽冠，装饰着游艇俱乐部的徽章。

快衣快裤 kuaiyikuaiku 中国传统戏曲中男子短打时着用的短式套装。上袄小圆领，对襟，窄袖，袖口收紧，紧身，长及腰下，前襟、腋下密排白色纽襻，下着长裤。穿用时一般均扎鸾带，或于胸部加束丝绦，裤脚可加绑腿。多用黑缎制作，无绣饰。如《武松打虎》中的武松、《刺巴杰》中的胡里。或以黑丝绸制作，绣蝙蝠、飞蝶等，为武丑饰演的如《七侠五义》中的蒋平、《莲花湖》中的杨香武和武行扮演的家丁、家将等着用。

宽身型 loose-fit style 宽松的服装造型。在肩、胸、腰、臀、袖、下摆等部位均呈宽大尺寸。样式上分为全宽型和局部宽型两种。结构简练、线条概括，很少见分割线和结构线(包括省缝)，能表现较强的形式感，可采用一些装饰线或装饰成分。20 世纪 90 年代初曾流行。

宽身型

款式技术说明书 style technological instruction 对加工服装的款式特征、材料外观、工艺要求、面辅料性能、裁剪、缝制、熨烫加工工艺要求进行具体说明的技术文件。是设计部与生产线之间沟通最重要的技术文件。要画出所加工服装款式的前、后视设计图，对款式中的工艺要求（线迹、用线）要具体说明，要附使用的面辅料小样，对裁剪、缝制、熨烫等加工工艺的具体技术参数及特殊要求详细说明。

款式设计效果图 **apparel modeling design drawing** 服装公司或工厂生产加工成衣所用的设计图稿。狭义概念所指的服装画。根据流行趋势、市场定位和品牌风格并依据功能用途和形式美原理，着重于表现服装外观形式的设计图稿。表现内容包括主题、廓形、分割、细节及色彩、材质、装饰等。通过对着装效果的表现成为抽象设计转化到具体形态的传达媒介。以实用性为主，艺术性为次，一般构图简洁，着色细腻，不采用夸张人体比例和动态，力求表现真实着装效果。

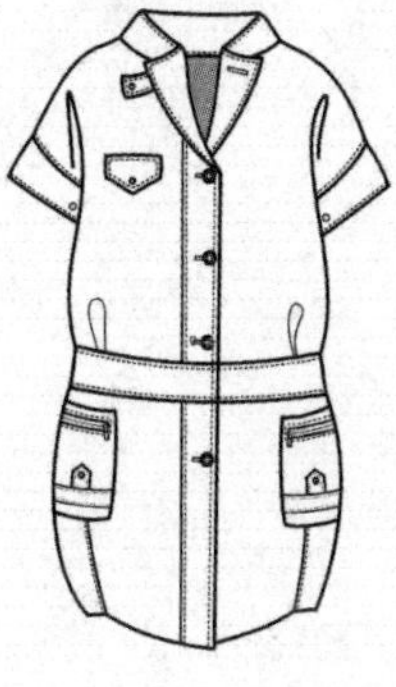

款式设计效果图

矿工帽 **miner's cap** 具有短帽舌的无檐帽，帽冠前面有以电池为动力的灯。

盔头箱 **kuitouxiang** 专门放置戏曲角色所用各种冠帽的箱子。也用于放置各种假发、髯口、雉尾、狐尾、彩匣子等。

盔箱科 **kuixiangke** 中国传统戏曲班社舞台人员的一种组织。负责管理盔头箱和帮助演员穿戴、摘卸盔帽，大多兼管一般的盔头修整。成员习称盔箱倌。

盔形帽 **casque** 中世纪地中海地区的居民用木材或皮革制成的盔形帽。源自法国的头盔。

盔形罩帽 **helmet bonnet** 法国执政府时期流行的盔形帽身的罩帽。小帽檐向上卷起，装饰着羽毛，用头巾经头顶围裹并在下颚处打结系牢。

盔形罩帽

昆虫图案 **insect pattern** 描绘瓢虫、甲虫、蜻蜓、蝴蝶等昆虫的花纹或图形。中国传统有百蝶和花鸟鱼虫的服饰图案题材，昆虫是图案中的主体或点缀图形。蜻蜓的翅膀、甲虫的外形、瓢虫的斑点、蝴蝶的花纹等都是昆虫图案强调表现的对象，结合数量、面积、方向、色彩等造型要素，呈现趣味或优美的艺术特征，适用于女装及童装面料图案设计中。

昆剧穿戴 ***Kunju Chuandai*** 中国戏曲服饰著述。昆剧老艺人曾长生（1888～1967）口述，苏州市戏曲研究室记录、整理，徐凌云、贝晋眉校订，收入苏州市戏曲研究室编印的《戏曲研究资料丛书》，1963 年刊印，共两集，记载了 19、20 世纪之交苏州昆剧全福班及昆剧传习所演出的四百六十余折剧目时的穿戴，包括盔头、发饰、髯口、靴鞋及道具等。记载翔实可靠，对了解当时的昆曲穿戴规制及比较研究戏曲服饰的发展演化情况，颇具参考价值。

裈 **kun** 又称绲。将两裆缝合的满裆短裤。两股之间以裆相连，多穿在里边，外覆裳、裙。也可以不在其外加穿服装，即可外出。春秋战国直至汉代，社会上层人物囿于传统审美观念，仍然保持宽襦大裘的服式，只有军人及劳动人民下身单着裈而不加“裳”（53 页）、“裙”（422 页）。因裈贴体而穿，一般以质地细密的布帛制成。

捆势 **slope degree of side seam** 裤片的前、后侧缝在臀围部位向外斜出的量。可反映穿着者的臀围量大小和裤上裆运动松量的大小。一般来说臀围大则捆势大；贴体程度大的裤装，其运动松量主要来自后上裆的倾斜，故捆势也大。

捆扎缝纫作业 **bundle sewing operations** 将衣片或半成品捆扎成束，按产品加工顺序在工作地移动，解包后，再进行缝制的作业方式。

捆扎式服装生产线 **apparel bundle production system** 按照加工部件在流水线各个工作地之间进行传递方式的不同而划分的流水线作业方式。服装在制品以一定的数量，用捆扎的方式束在一起，在各个工作地之间进行单向流动加工；每个工作地高度专业化，仅完成一道或少数工序的加工；各道工序的工作地数量同该道工序的节拍时间成比例。整个流水线在制品量多，从裁片投入到成品入库周期长。适应于批量大，成品结构和工艺相对稳定的产品生产。我国大多数服装企业采用这种生产线加工服装。

捆直 **straighten** 将倾斜程度过分的服装部件进行修改使之趋直的动作。常用于门襟等部位的修正。

阔幅贝雷帽 **beret snood** 帽边饰有宽幅缎带的贝雷帽，一般用柔软的毛织物制作，多在旅行时使用。

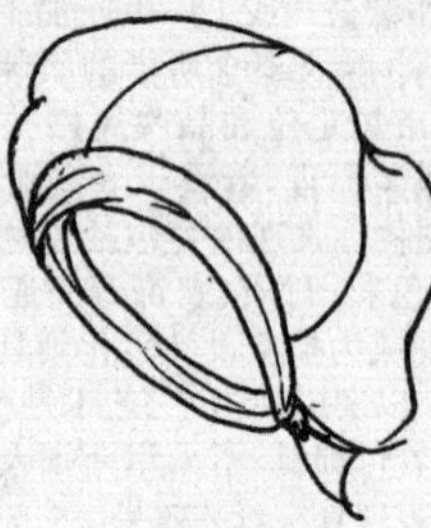

阔幅贝雷帽

L

拉巴托领　rabato　又称凡·戴克领、扫帚领。16 世纪末至 17 世纪中期欧洲流行的一种平折领。用花边或带花边的亚麻布制成，领子后面用铁丝固定使之竖起。

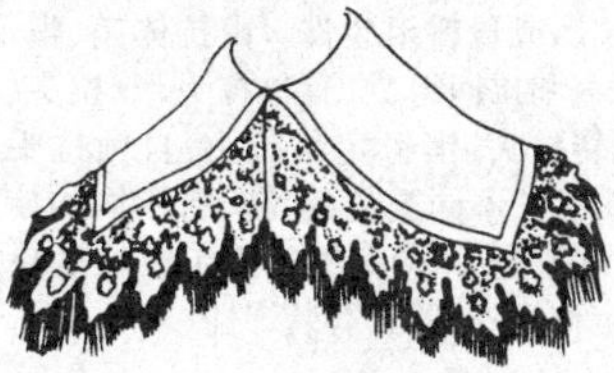

拉巴托领

拉拔送布　pulling feed　缝纫机推送缝料的形式之一。利用单个或多个滚轮，在缝纫机压脚后面连续或间歇拉拔缝料，协助送布齿条送布的送布方式。适于缝装松紧带或缝制弹性缝料。

拉剥缝　lapped seam　即"坐缉缝"(683 页)。

拉夫领　ruff　又称轮状皱领、褶领。文艺复兴时期欧洲男女普遍采用的领饰。呈宽而硬的轮状，其波浪形折皱是一种 8 字形的连续褶裥。用白色或染成黄、绿、蓝等浅色的细亚麻布或细棉布裁制并上浆，干后用圆锥形熨斗整烫成形。为使其形状保持固定不变，有时用细金属丝放置在领圈中做支架。

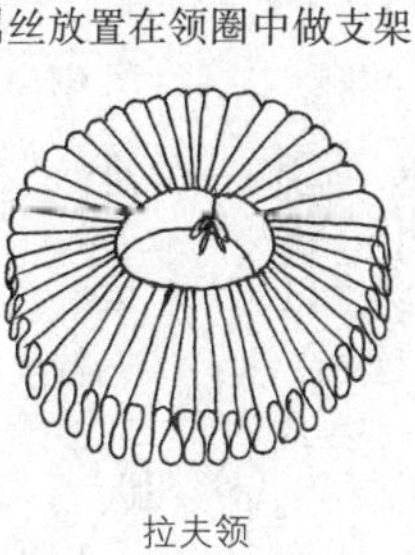

拉夫领

拉光　overlocking　即"锁边"(502 页)。

拉祜族服饰　Lahu ethnic costume and accessories　中国拉祜族衣着和装饰。拉祜族分布在云南。衣色黑，男子缠黑布或戴布便帽，穿圆领对襟短上衣，外套短褂，着长裤。女子用黑长巾包头，巾两端缀以彩色丝线穗，末端垂及腰际，穿长至脚背的布长袍，斜襟、高衩、高领，领、襟、袖有彩色镶条，领至开襟处镶有数排银币或银泡，着长裤，打绑腿。亦有穿斜襟、无领、窄袖短衫，色布镶边，着黑底横彩条纹筒裙。用三角形的色布先制成方块，再串成花边作衣服花边，色彩浓艳。戴耳环、耳坠、项圈、银饰、藤箍。男女外出皆背方形背袋。

拉祜族女子服饰

拉力布　reinforcement patch　服装附件名称。起加固作用的小块布料，用于承受拉力和易破损的部位，如衩口、外贴袋袋口的反面封口处和鸡心形领圈下端的夹角处等部位。

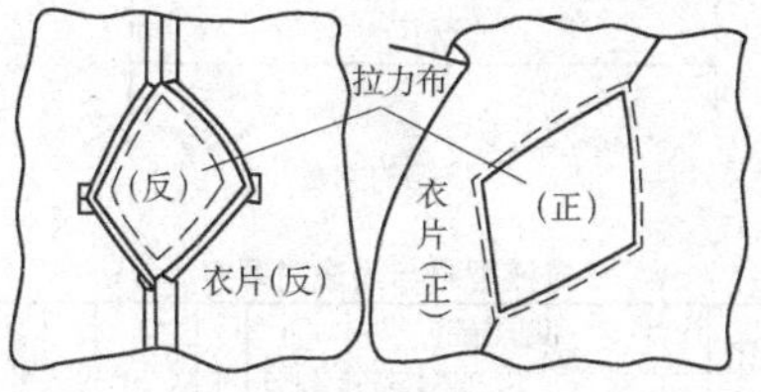

拉力布

拉链　zipper, slide fastener, zip-fastener　又称拉锁。依靠连续排列的链牙，使物品并合或分离的连接件。用于服装、鞋、帽、箱包等。由底带、边绳、拉链牙、拉链头、把柄、尾掣、头掣、针片、针盒等构成。按造型结构分为"开尾拉链"(281 页)、"闭尾拉链"(29 页)。按材质分为"金属拉链"(261 页)、"塑料拉链"(499 页)等。按加工工艺分为"螺旋拉链"(333 页)和"隐形拉链"(612 页)等。拉链型号共分1～10 号，由拉链牙齿闭合后的宽度而定。号数越大，拉链牙越粗，扣紧力越大。服装应根据强度要求选择拉链型号。没有其他组件的长条拉链带称为码装拉链，使用时按需要长度切断并配上其他组件。拉链长度是拉头顶部与下止底部间的距离，在开尾拉链中，是拉头顶部与插口底部间的距离。测量时拉头应在拉链的顶部且拉柄向下。

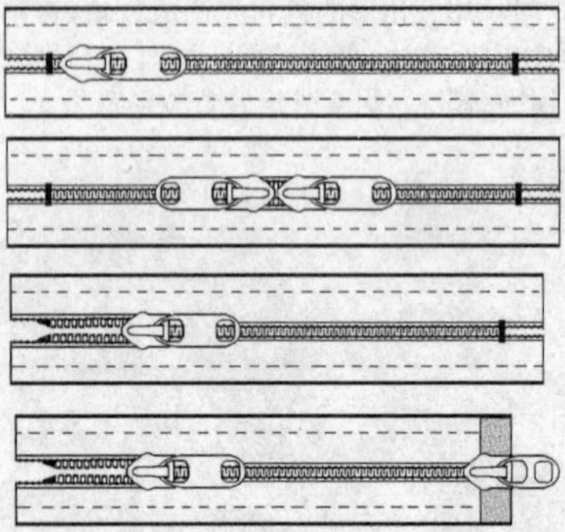

拉链

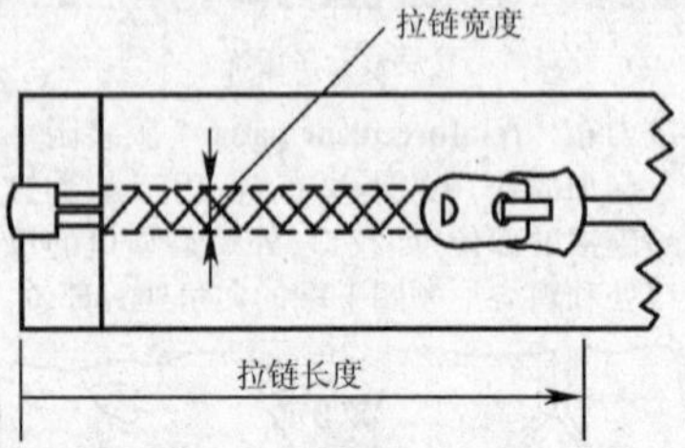

拉链的测量

拉链型号与用途对照表

序号	我国拉链型号(号) / 拉链用途	2	3	4	5	6	7	8
1	女内衣、裤及裙	—	—					
2	西装裤、童装	—	—	—				
3	女衬衫、休闲服			—	—			
4	工作服、牛仔服装				—	—		
5	帽、手套、箱包内袋、鞋子		—	—				
6	皮包、箱包、靴子、夹克衫				—	—		
7	滑雪衫、羽绒服				—	—	—	—
8	呢大衣、皮装					—	—	—

拉链安装止点符号　break point of zip　服装结构制图符号。表示拉链安装的上、下止点位置。

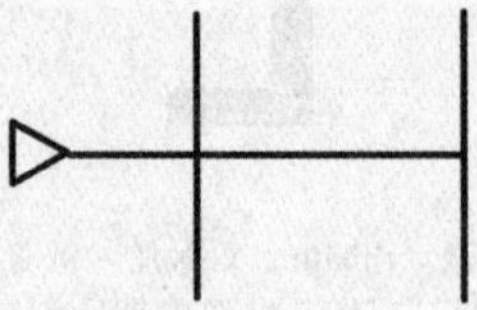

拉链安装止点符号

拉链头　zipper pull　用来拉合和拉开拉链牙的金属或塑料组装件。由拉体销、帽罩、上盖、下盖和拉柄组成，有单拉头、双拉头、三拉头、翻转拉头、销钉定位拉头、自锁拉头和无锁拉头等。不同类型的拉头有不同的使用功能，由服装的款式和用途而定。拉柄除有拉和锁定作用外，还具有装饰性。

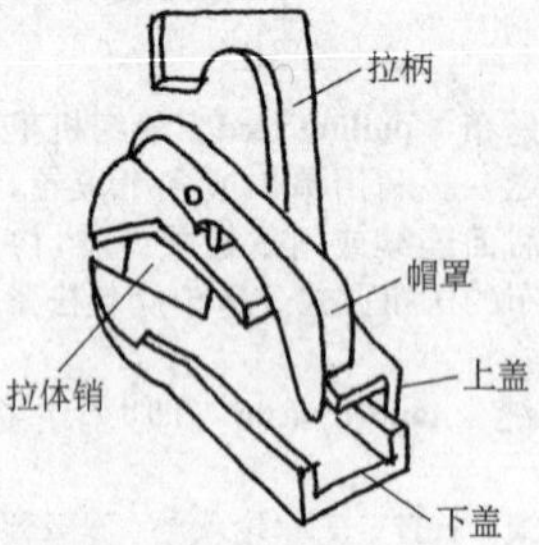

拉链头

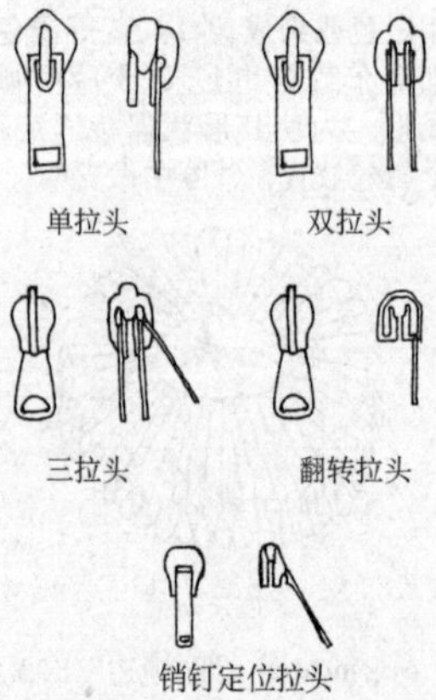

拉链头种类

拉链靴 rain boots with zip fastener 为便于穿脱而用拉链在鞋背面或侧面开闭鞋口的胶面雨靴。后筒高过踝骨，压延出型底上装模压鞋跟。以黑色为主，女式靴有彩色及高筒产品。针织棉毛布里，为生活防水用鞋。

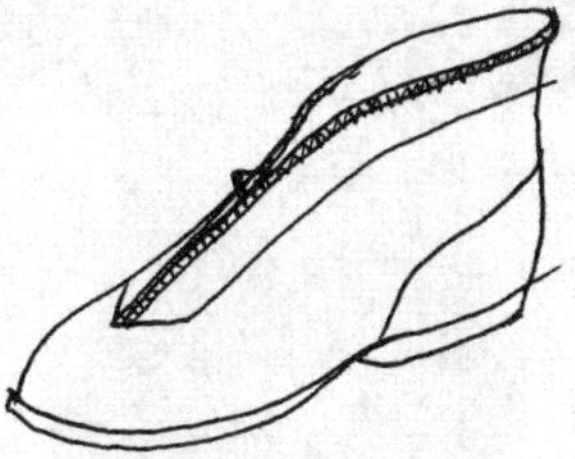

拉链靴

拉绒灯芯绒 warp knitted corduroy 即"经编灯芯绒织物"(264页)。

拉伸符号 stretch mark 服装结构制图符号。表示缝制工艺中在该部位需要熨烫伸展拉长。

拉伸符号

拉伸及剪切性能测试仪 FB1 tensile and shearing tester KBS-FB1 "KES织物风格仪"(648页)的一种。主要由前、后夹持器，应力检测器，应变检测器，驱动系统，信号处理及控制系统等组成。将20 cm×20 cm的试样以一定预张力固定在前后两个夹头之间，夹头间距离5 cm。前夹头固定，后夹头可移动并装有应力及应变检测器。做伸张试验时，后夹头以恒速向后(与试样应力方向平行)移动，试样拉伸至设定的最大张力处停止，然后反向移动退回原点。可通过设定进行反复循环试验。得出应力—应变曲线以及线性度、伸张功、伸张回复性指标。剪切试验时，后夹头以恒速横向(与试样应力方向垂直)移动，当达到设定的剪切角时停止移动，然后作反向移动至设定的反向剪切角时停止移动，返回原点。得出剪切力—剪切角曲线以及斜度、剪切滞后等指标结果。

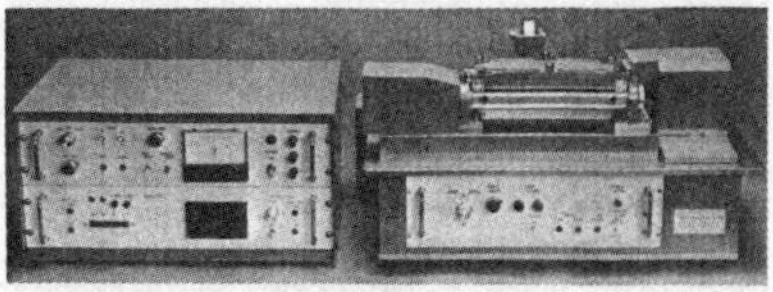

拉伸及剪切性能测试仪 FB1

拉伸仪 Fast-3 extension meter Fast-3 "FAST织物风格仪"(648页)的一种。由压重锤、杠杆、上下夹持罗拉、位移检测器、启动开关、显示器等组成。将150 mm×50 mm的试样握持在上下夹持罗拉之间，在杠杆的左端放压重锤，右端与下夹持罗拉连接。试验时旋转启动开关，释放下夹持器，重锤通过杠杆的传递作用对试样施力，由位移检测器测出试样的伸长量。分别测出试样在490 Pa、1960 Pa、9800 Pa负荷下的伸长量。45°斜向裁剪的试样只测试490 Pa负荷下的伸长EB_5，剪切刚度(N/m)=123/EB_5。

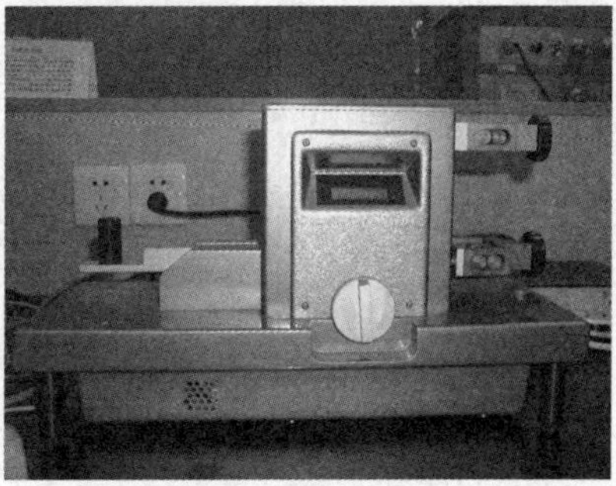

拉伸仪 Fast-3

拉锁 zipper, fastener 即"拉链"(299页)。

拉烫 pulling in ironing 熨烫时，根据造型需要对服装某些部位给汽、加热、施加外力，进行拉伸造型的技术动作。施加的外力、温度、水汽视织物纤维种类而定。一般化纤类和织造紧密、织纹为经向的织物，施加外力需大；棉、羊毛纤维等织造较疏松和织纹为斜向的织物施加外力需小。一般用于前后衣片的腰节、小袖片以及裤片的下裆缝等凹形部位。

喇叭裤 flares 20世纪70年代风行世界的一种裤子式样(图见下页)。裤子的臀部及大腿部剪裁合体、贴身，在膝盖以下裤脚逐渐张开，呈喇叭状。

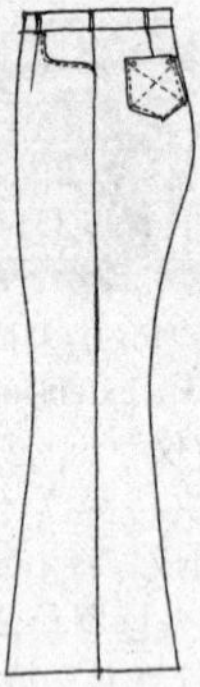

喇叭裤

喇叭袖　trumpet sleeve　外观形状似喇叭的袖子。袖口宽大于普通衣袖。常用于女装内衣。

喇叭袖

腊缬图案　batik dyeing pattern　即“蜡染图案”(302 页)。

蜡感革　wax feeling leather　皮革表面涂饰层以蜡质材料为主的皮革。对皮面粒纹粗糙和疵点有较好的掩盖和修饰功能，多以水牛皮制作，手感滑爽，经干软布揩擦即可产生光泽，保养简便。主要用作鞋面材料。

蜡染图案　batik dyeing pattern　又称腊缬图案。用蜡染的方法形成的图案。是一种古老手工防染印花图案，按图案设计的花纹形状，用蜡刀或笔，蘸熔蜡绘于布上，再浸染退蜡而成。蜡染图案有花鸟虫鱼等具象纹和丰富的几何纹，浸染时龟裂的蜡产生自然生动的冰纹，是蜡染图案的特色之一。蜡染早在秦汉时期就有记载，到唐代得到了很大的发展，并有出土蜡染实物衣裙。蜡染流传于东南亚、中国、日本等国和非洲，各具艺术特色，东南亚套色蜡染图案精细华美；中国的苗族蓝白蜡染图案古朴清新；非洲蓝白蜡染图案粗犷生动。蜡染图案可运用于各种传统服饰设计中。

蜡染图案

蜡染织物　batik dyed fabric　通过以蜡为防染剂的防染加工制成的具有独特风格、花纹图案的织物。蜡染时，先将需要防染的花纹部位涂上熔化了的蜡，待蜡干燥凝固后再进行染色。由于蜡会产生自然的裂纹并具有防染作用，所以染色后在织物表面就形成了特有的带有自然裂纹的花纹图案，风格朴实典雅，富有东方韵味。适合做具有中国传统民族特色的服装面料。

来料加工　processing with customer's materials, processing raw materials on client's demands　服装企业承接客户(个人或团体)自带的服装面料以及部分或全部里、辅材料，根据其特定的款式和规格等要求，通过看体量衣、款式设计、算料配料、开单承接、登记发料、裁剪缝纫、假缝试衣、补正修改等步骤以制成符合客户要求的服装。

来样加工　processing according to customer's sample　按照客户提供的式样样品或裁剪制作的样板进行的服装加工生产。

莱卡　Lycra　见“聚氨酯弹性纤维”(273 页)。

莱塞尔纤维　Lyocell fiber, Lyo cellulose fiber　新溶剂法纤维素纤维的一种。将天然纤维素原料直接溶解在 *N*-甲基吗啉-*N*-氧化物(NMMO)和水的混合溶剂中进行特殊纺丝加工制成的再生纤维素纤维。废弃物可自然降解，被誉为 21 世纪绿色纤维。商品名有天丝(Tencel)短纤维，Newcell 长丝等产品。纤维截面呈圆形，结构均一，无皮芯之分，拉伸、撕裂、钩结等强度均与涤纶相当而远高于一般纤维素纤维。干湿强度比在85%左右。回潮率与棉、黏胶纤维相近，具有原纤化特性。白度高，透气性好，手感柔软，悬垂性好，有真丝光泽和柔和感。对染料亲和力强，耐后整理加工，收缩率低。可纯纺或混纺，制成不同风格的面料、绒线等。用于高级服装面料、服饰配件材料、工业用过滤材料和医用材料等。

莱塞纳披风 lacerna 古罗马的一种长及膝部的半圆形斗篷。用一块布料披在肩上，在前胸、颈部或右肩位置用金属扣子固定。主要起防寒保暖作用。

莱因伯爵裤 rhingrave 即“衬裙式马裤”(58页)。

莱因拉夫女帽 ranelagh mob 18世纪60年代的由一块方巾扎成的女帽，用两个长角在下颏处打结，向后拽并用别针固定或任其垂下。

兰泽 orchid cream 用以涂发或润肤的化妆品。以泽兰草汁和油脂调和而成。

蓝宝石 sapphire 氧化铝晶体，含微量钛和氧化铁，硬度9级。属刚玉类。除了蓝色外，还包括绿色、黄色、灰色、无色等，其中以黑水蓝和天鹅蓝为上品，最好的称为克什米尔蓝。另有一种带粉红色或橙色的也很优异，若有特殊的星光效果更佳。

蓝领套装 blue collar suit 从事体力工作的劳工阶层的穿着打扮。风格随意。代表性的服饰是蓝领衬衫和牛仔裤，面料为棉、卡其布、粗布等。20世纪80年代后，人们观念发生了变化，越来越多从事于脑力工作的知识阶层也喜欢穿蓝领衬衫和牛仔裤。

蓝色 blue 三原色之一。海洋和晴空的颜色。蓝色表示神圣、和平、庄重，象征着希望。蓝色是蓝天的再现，是宁静、忠诚的象征。蓝色具有深远、自信、稳重的性格，也具备了一些黑色的特性，能衬托其他色彩。蓝色属冷色调，为大多数人所喜爱，是服饰的常用色彩。1996年春夏流行色。

蓝衫 lanshan 中国传统戏曲袍服。圆领，大襟右衽，阔袖带水袖，长及足，左右胯下开衩。蓝色缎料制作，周身镶以波纹式的黑色宽边，无其他纹饰，朴素中兼具大方稳重的气派。用于置身宦途但并未为官的书生着用，如《赵氏孤儿》中身为赵盾门客时的程婴。

蓝印花布图案 blue printed cloth pattern 又称药斑布图案、浇花布图案、靛蓝花布图案，中国传统的手工镂空版白浆防染印花图案。蓝印花布图案分型版印和夹染两种制作工艺。型版为：按图案镂刻油纸形成花板，覆于布面，用石灰、豆粉与水调成防染粉浆进行刮印，晾干后用靛蓝染色，再晾干，铲去粉浆而成的蓝白图案花布。夹染为：按图案雕刻两块花纹对称的木版，将对折的布夹持于两板之间并紧固，使靛蓝染液渗入雕空处，形成蓝白图案花布，图案以对称花纹为特色。蓝印花布已有千余年历史，明清时期盛行于各地，各具特色，以江苏南通等地最为著名。蓝印花布图案以白底蓝花、蓝底白花为特点，以来自民间的花草鸟兽等具象纹组合成寓意吉祥的图案，有凤穿牡丹纹、喜鹊登梅纹、瓜瓞绵绵纹、麒麟送子纹、百蝶纹等，呈现淳朴自然、清新明快的造型特色，代表中国民间的审美情趣，蓝印花布是中国农业社会时期百姓人家服饰和居室的常见布料。

蓝印花布图案

蓝罩帽 blue bonnet, bonaid 帽腰部位贴头，后垂黑色长装饰带，顶部装饰着彩色绒球的苏格兰男用小便帽。一般用色羊毛和蓝色窄格子呢制作。原为用皮革制作的战时保护头部的帽子。

蓝罩帽

篮球鞋 **basketball shoes** 篮球运动时穿用的专业运动鞋。分压延出型外底式和模压外底两类。由于篮球运动多在平滑地面上高速进行，因此鞋底接地面积大、花纹可偏小。专业运动员穿用的篮球鞋对弹性有特殊要求，除含胶量较高外，鞋的跟底部还配有专用弹性气垫，扭力块等装置。

篮球运动服 **basketball wear** 从事篮球运动着用的一类运动服装。包括运动背心、短裤、篮球鞋。运动背心常选用中厚型吸水性好的针织物，短裤多用缎纹织物；结构上侧缝处开衩。

襕衫 **lanshan** 一种下摆施有横襕的袍服。始于唐代，基本形制为圆领大袖、下施横襕、腰间有襞积的袍服。至宋代多为秀才、举人穿着。用白色麻布制成的襕衫被视同丧服。明清时期，用作士人公服，式样略有改变。

榄子鞋 **knitted shoes** 一种少数民族鞋式。用纳鞋底的白线编结成的方形花格布为帮面制成。我国毛南族女青年在月明之夜，应邀去花场与男青年生夜（约会）时送给男方的信物。表示愿结百年之好。此时男方也会以一顶花竹帽回赠，至此两人即定终身。

懒汉鞋 **loafers, loafer** 带有横担的直口后帮舌式包底鞋。莫卡辛皮鞋的变种。分为：(1)真包底鞋：鞋内底与围子连在一起，价格昂贵；(2)假包底鞋：内底与围子断开，价格低廉。

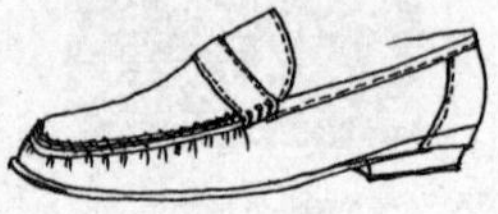

懒汉鞋

懒收网 **lanshouwang** 即“网巾”（539页）。

懒梳妆 **lanshuzhuang** 传统戏曲假发头套的一种。以硬纸胎涂生漆制成头套，上绘毛发线条及发髻。用时套在头上即可，不需梳妆。多用于丑婆或彩旦扮演的如《六月雪》中的禁婆、《牧羊圈》中的婶娘一类角色或妖怪幻化的妇人。

烂花丝绒 **etched-out velvet** 丝织物名。锦纶丝作地部的经纬线，有光黏胶丝作绒经，交织后经割绒、精练、烂花处理、刷绒等后整理而形成的表面有凹凸花纹的绒类丝织物。利用锦纶丝和有光黏胶丝的耐酸碱性不同，在印花色浆中加入酸性物质使印花处的绒毛被腐蚀而去除，形成透明花纹。织物地部轻薄、柔挺、透明，绒毛浓艳密集，花地凹凸分明。主要作妇女连衣裙、套裙、民族服装等的面料。

烂花图案 **burnt-out printing pattern** 用烂花工艺印花而成的图案。按图案设计的花纹形状，在织物上运用侵蚀性酸液化学药品加工，使织物不耐酸部分纤维溶解腐蚀，形成绢筛网透明与耐酸纤维对比的凹凸质地，以表现花形。烂花图案多表现面积大小适中、装饰性强、外形简洁的花卉或抽象图案，烂掉的纤维部分既可为正形，也可以为负形，具有图形立体、色调单纯、手感柔软、质地丰富、优美浪漫等特点。烂花图案织物有涤纶与棉纤维、涤纶与黏胶纤维等品种，广泛应用于夏季男女服装、围巾与传统手帕等设计中。

烂花织物 **burnt-out fabric, etched-out fabric** 表面具有凹凸立体感的半透明状花纹效果的轻薄棉型织物。多为以涤纶长丝为芯纱、棉纤维为外包纤维的涤棉包芯纱织物。烂花织物的加工原理：根据棉纤维与涤纶纤维的耐酸性不同，在印花时，将呈酸性的印花浆按图案设计的要求印到织物上，经焙烘，印花部分的棉纤维受酸的腐蚀和高温焙烘而焦化，经水洗后可去除，作为芯纱的涤纶长丝因不受酸的破坏而保持原有状态，使得印花部位的织物厚度变薄，并呈半透明状，而没有印花的部位仍保持原有的厚度和状态，从而织物整体上呈现具有凹凸立体感的半透明状的花纹效果。同样的原理可以加工出涤黏、涤麻等烂花织物。多用作妇女和儿童的衬衫、连衣裙和沙滩裤等的面料。

狼皮 **wolf fur** 杂毛皮的一种。毛长皮硬，绒毛浓密、有光泽。一般呈暗黄色，背部有杂黑色或灰白色毛。针毛呈五节色，即基部浅灰，接近基部黑灰，中部灰白，上部淡黄，尖端黑色，体侧和四肢外缘呈浅棕色或灰棕色，前肢上部有棕黑色纹，头部浅灰色，额顶暗灰，腹部和四肢内侧均呈乳白色，尾与背部色泽相同，混有较长的黑尖毛，尾基部1/3呈白色，尖端黑色。产地以北美和西伯利亚为主，加拿大的森林狼皮为高级品。使用时常采用自然色或染成上等狐狸毛皮色。我国境内除台湾、广东和云南南部外，几乎均有分布。其毛被粗长、丰足，针毛有色节，色泽光润。按要求取皮加工成皮形完整的开片皮，甲级皮张幅在 0.39 m^2(3.5 平方尺)以上。制裘后可制作裘皮大衣、披肩、夹克、皮袄、皮裤、皮领、镶边装饰和领巾等，也可用于制革。

朗巴尔罩帽　Lamballe bonnet　19 世纪 60 年代中期戴用的盘状罩帽。平直地戴在头上，两侧稍微下倾，在颏处打结形成巨大的缎带结。一些款式有蕾丝的护耳，有的在后面有小面纱。

浪漫型人群　romantic group　人体体貌及服饰风格的一种。服饰量感大，眼神迷人感性，吸引力强。男性多身材、脸部、五官线条柔和，风度翩翩；女性多脸部轮廓圆润，身材丰满，曲线感强，柔软而少骨感，女性味浓郁。浪漫型人群可分为都市浪漫型人群和田园浪漫型人群两种。(1)都市浪漫型人群：整体印象为华丽性感，夸张成熟；服装线条柔和，服装面料多光泽的华美的丝织物(如丝绒、丝绸、丝绵、金银线织物等)，也可选用精纺呢、羊绒等柔软面料；色彩多为较明快的、饱和华丽的颜色(如金色、红色、橙色等)；图案曲线感强，多为花卉、水点、水波纹或其他梦幻般的流线；饰物华丽闪亮、夸张而富有曲线。都市浪漫型人群又可分为都市浪漫型女性和都市浪漫型男性两种。①都市浪漫型男性：西装面料垂感较强，衬衫多立领、翼领或标准领；休闲西服和毛衣质地柔软细腻，毛衣高领偏多，长裤垂感强；鞋子造型圆润、皮质柔软，有拼皮、小空或其他较多装饰；包扣上多有醒目的饰品；长发或卷发造型，柔软飘逸。②都市浪漫型女性：职业装面料柔顺，围巾等服饰细节上突出浪漫氛围，回避整体过于华丽、曲线过多的性感装扮；休闲服装多可以采用夸张华美的曲线裁剪为主的服装，如线条流畅的、带褶皱的、宽松长裙或柔垂感好的宽松裤搭配女性装饰较多的上衣，荷叶边、花边、蕾丝、蝴蝶结是常用装饰；镶有花朵或花边的高跟鞋、软皮包；发型和化妆是重点，多卷发，可采用柔和蓬松的中长披肩发或动感的盘发，化妆上强调眼睛妩媚.嘴唇丰满，曲线柔和，色彩较华丽。(2)田园浪漫型人群(又称罗曼蒂克型人群)：多用于女性，带有幻想气息或田园气息。服饰特征为材质柔和轻快，大致有三类，一类是乡土风味的绢布、带有小褶皱的弹性薄布，一类是清纯的棉质花边布料，一类是优雅的手编织物；色彩多为柔媚的粉色、平缓的绿色、清纯的蓝色、温和的黄色等，也可选用纯净素雅的白色或浅灰色调；图案多为花卉或其他梦幻般的流线；多运用抽褶、多层次或波浪式裙摆、蕾丝、花朵或珠串等要素；发型为柔软飘逸的直长发配以头巾或头饰飘带，化妆上强调嘴唇丰满，色彩和曲线柔和自然。浪漫型风格以洛可可时代的罗曼蒂克为蓝本，通常东方人倾向于心灵的梦幻感，西方人倾向于表现华美和新意。

都市浪漫型女性

田园浪漫型女性

浪漫主义风格　romantic style　将浪漫主义的艺术精神应用在时装设计中的风格。在服装史上，巴洛克和洛可可服饰具有浪漫主义的特征。1825～1845年间的欧洲女服属典型的浪漫主义风格。特征为宽肩、细腰和丰臀的大X造型。上衣用泡泡袖、灯笼袖或羊腿袖配合紧身胸衣和圆台型裙撑，塑造丰满胸部和纤细腰肢。面料多为绸缎，纹样图案以花卉镂空花边为主，色调轻淡柔和。在现代时装设计中，浪漫主义风格主要表现为柔和圆润的线条、变化丰富的浅淡色调，轻柔飘逸的薄型面料，循环较小的印花图案以及泡袖、花边、滚边、镶饰、刺绣等。

浪漫主义风格服饰图案　romantic style pattern　运用巴洛克艺术特征进行设计的服饰图案样式。由大提花或印花丝绸构成流行的花卉纹、格纹图案，色彩娇柔粉亮。涉及文学、美术等艺术创作，并成为盛行于19世纪20～40年代欧洲的女装风格。配以刺绣、蕾丝、缎带、蝴蝶结、绢花等装饰，与宽檐帽、多层的翻领、一字领、灯笼袖、羊腿袖、紧身胸衣、超大长裙搭配，强调华丽浪漫而富于感性的视觉体验，语言与手法夸张，以抒发对理想世界的热烈追求。

浪漫妆　romantic make-up　运用色彩和曲线，展现柔美、梦幻、神秘、飘逸等特点的女性化妆。适用于浪漫型风格的塑造。

浪势　swing　服装部位的波浪造型及各种活动皱褶的活动量。常用于衣裙下摆、后背等处造型的评价。技术关键是使用45°斜料，浪势左右两侧受力要平衡。

劳保服　operation wear　即“工作服”(180页)。

劳保胶鞋　protective rubber shoes　劳动保护用胶鞋。分为两类：(1)全胶鞋，即鞋帮鞋底均用橡胶制作如防酸碱胶靴，是化工及相关行业的作业人员防酸碱侵蚀的劳动保护靴；防砸胶靴，具有钢包头，是建筑及搬运工人的防护鞋靴；油田靴，能防止石油对鞋帮鞋底的侵蚀，是石油开采工人的防护靴；森工靴是林业工人上山伐木搬运时穿用的具有防刺穿、防锯伤的特种胶靴；矿工靴除筒高齐膝有防尘抗砸功能外，有的还附有发光片，以利发生事故时寻找，主要供煤矿、铁矿等地下作业工人穿用；绝缘靴具有极大的电阻，供电工野外或室内作业时穿用；农田靴，保护农工不受水中生物如蚂蟥、血吸虫等的侵害。(2)布面胶鞋，如护士鞋，要求轻、软、有弹性、无声响；抗静电鞋，利用抗静电胶底导电排尘，超净车间穿用；纺织工人鞋，和护士鞋要求基本相同，但因纺织工走路比护士要多，因此鞋底和鞋垫稍硬。

劳保鞋　protective footwear　劳动保护用鞋。由于劳动种类不同，劳保鞋的功能各异。如防水、防火、防油、防化学腐蚀、防刺穿、防砸、防静电、防电击穿、防地雷、防高寒、防震等。皮革或织物帮劳保鞋由于具有较好的吸湿透气性能，适于长时间作业时穿用，而胶靴等卫生性能差的劳保鞋，通常只适于短时间穿用。有的鞋由于涉及穿用人员的生命安全，因而国家有严格的性能标准，如电工穿用的绝缘鞋。每一种劳保鞋都必须按照自身的特殊要求加工定制。

劳德列克风格　Lautrec style　设计灵感来自劳德列克笔下舞女的服饰形象。风格艳丽，源于19世纪末20世纪初法国知名画家劳德列克所描写的妓院和小酒馆歌舞女郎的打扮。衣着自颈部开始包裹，肩线较小，轮廓合身纤细，外衣下露出内衣蕾丝花边。1992年春夏，缪格勒(Thierry Mugler)推出的时装，带有浓浓的劳德列克舞女形象。

劳动布　denim　即“牛仔布”(373页)。

劳动定额　labor quota　在一定生产条件下，企业为生产完成某种产品所规定的某道工序或某专项工作所耗用的劳动量标准。劳动定额有两种形式：工时定额、产量定额。前者是为完成某件产品或某道工序所必须消耗的工时量；后者指在某一单位时间内应该完成的产品或工序的数量。劳动定额有四种制定方法：(1)统计分析法，根据过去生产同类型产品或相同工序所需的劳动量，由统计资料进行分析整理并结合当前的生产条件来确定劳动定额；(2)经验估计法，由定额员、技术员根据个人或集体的实践经验并结合当前的工具、设备等生产条件，估算出完成某一产品或某道工序的劳动定额；(3)类比比较法，通过对同类型的产品或工序的典型定额标准进行分析，然后在典型定额的基础上进行加减来制定某一新产品或某道工序所需的劳动定额；(4)技术测定法，在充分发挥生产潜力的基础上，根据合理的技术组织条件和工艺方法，对生产各个部分的劳动量进行测定、写实和分析计算来制定劳动定额。以上四种方法各有优缺点，服装企业可根据实际情况采用，也可几种方法结合起来应用。

老旦大坎肩　laodandakanjian　中国传统戏曲中坎肩的一种。对襟，直领，底端平直，左右胯下开衩，长过膝。多用明度低的黑、古铜、墨绿等色绸或布料制作。素地，无纹饰，可于领口绣寿字或镶白色云头。专用于老旦扮演的平民妇女、道姑，如《罢宴》中的刘婆、《玉簪记》中的老道姑。

老旦皇帔　laodanhuangpei　中国传统戏曲袍服中女用“帔”(384 页)的一种。由老旦扮演的皇太后专用的常服。长领，领底端齐头，对襟，阔袖带水袖，左右胯下开衩。长过膝。明黄色，绒绣团龙凤。下身一般配以墨绿色大褶裙。所绣花纹较简洁，以显沉稳素雅。如《甘露寺》中的吴国太、《望儿楼》中的窦太后等。

老旦褶子　laodanxuezi　中国传统戏曲袍服中女式“褶子”(591 页)的一种。多用古铜、黑等纯色布料制作，阔袖带水袖。与其他女褶子不同之处在于大襟，斜领，用青色领或在领部加嵌色带。用于家境贫寒的老年妇女，如《李逵探母》中的李母、《钓金龟》中的康氏。

老年女装图案　aged dress pattern　老年女性服装的服饰图案。主要以花卉、传统纹样等构成。常以对比高彩度图形配以黑、暗红等深底色形成色调，花形较大，疏密有致，富有动感。以羊毛、真丝、纯棉等天然纤维，印花、织花、提花等工艺，配以宽松轻便、舒适保暖的款式以表现图案。

老年妆　old-age make-up　模拟老年人形象的化妆。突出以下特征：皮肤松弛，无光泽，面色为灰调子的土黄色；面颈部皱纹较多，纹路深浅因年龄、生活状况的不同而有差异；眼皮下垂，言行呈现衰老状态；睫毛稀少，眼珠显得混浊不清，视力下降，眯着眼睛看人或外界环境；牙齿老化，有的牙齿松动脱落，嘴唇周围的皱纹呈放射状，嘴唇干，缺乏弹性；头发眉毛以及老年男性的胡须呈白色或灰白色，毛发质感细软，发量稀少，可能秃顶。老年女性的骨骼凹凸程度不如老年男性明显；无论男女，年龄较大的人行动都比较缓慢，身体弯曲成弓形前倾。广泛用于电影电视以及戏剧作品中。

老年装设计　old aged wear design　对 60 岁以上的老年人所穿服装进行的设计。这个年龄段的人出现发福肥胖比例最高，身材缩短，背驼或凸腹者较多。设计者要注意用造型修正体态。老年人追求安详宁静的生活，要求服装造型宽松舒适，零部件简单实用，色彩宜选用干净明快的色调，纯度偏低、色相偏暖，适当配合一点碎花图案，面料宜选用柔软、透气的天然或化纤织物。代表性品种有西便装、中山装、运动式夹克、羽绒装、毛衫以及保暖背心等，但由于时尚的推动，也有向中年装靠拢的趋向。

老三块瓦脸　laosankuaiwalian　中国传统戏曲脸谱谱式之一。见“三块瓦脸”(439 页)。

老头乐　aged happy shoes　鞋帮周身纳有云形线迹的布帮布底棉鞋。因鞋形似鱼，又称大鱼鞋。特点是古朴、典雅、轻便，既跟脚又便于穿脱。老头乐始于明末，盛于清，沿用至今，特别受老年人欢迎，故名。鞋帮通常为青帆布或青缎面。用股子皮(软驴革)将里外两片帮料结合，从鞋头至鞋口形成一条梁子。以白帆布或色绒布为里，中间絮棉。鞋底为叠层或毛边底，厚约 10 mm，手工缝绱成型。

老祖母风貌　granny's look　流行于 20 世纪 60 年代的英国，并于 60 年代中期传入美国的一种流行风貌。由当时的年轻人模仿其祖母的穿着风格而得名。长及脚踝的裙子，拼缀式印花、高圆领型、高腰线和裙褶，领口和下摆处有皱褶装饰。

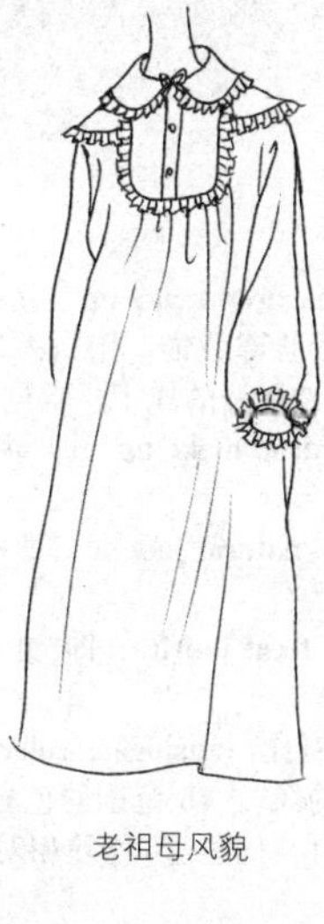

老祖母风貌

蕾丝图案　lace pattern　欧洲的一种传统图案。以网眼为特征构成，是传统的服装辅料装饰品。图案内容多以植物和抽象装饰纹构成。图案以疏密有致、精致繁复为特征，色彩单纯古雅，白、米黄是传统主要用色，现代蕾丝扩展到黑与其他色彩。传统以手工棒槌、梭结、针绣、贴花、刺绣、雕绣、抽纱等不同工艺形成蕾丝图案，现代蕾丝图案主要以机器织造为主。材料从传统的棉、亚麻、真丝发展到锦纶等合成材料，质地与手感也多样化。传统蕾丝图案主要用于女性婚纱、时装以及内衣等服饰的装饰，多出现在裙边、领口、袖口等部位；现代蕾丝图案改变以往辅料的单一功能，成为一些服装服饰的主要面料，与绸缎、雪纺、薄纱、牛仔布、毛皮等搭配，多应用于晚装等华丽或前卫的服饰设计中，更是透明装的流行图案。

蕾丝图案

泪滴妆　teardrop make-up　又称泪妆。唐宋时期女性的脸部妆饰。用白粉涂抹脸颊或者点染眼角，像哭泣的样子。常见于宫中。

泪妆　teardrop make-up　即“泪滴妆”(308页)。

A类翡翠　natural jadeite　即“天然翡翠”(513页)。

B类翡翠　treat jadeite　即“处理翡翠”(66页)。

类似色相对比　analogous color contrast　在色相环中约30°～45°范围的色相差异对比。对比两色含有共同色素，色差相对少，虽然有一定的变化效果，但总体上色彩对比自然和谐。

类似色相调和　analogous color harmony　将色相环上处于约30°～45°范围的类似色相组合搭配，色彩之间的调和较为自然，能产生一定的变化效果。例如：橙与红、绿与青绿、红与紫等。

冷暖对比　cool-warm contrast　将冷暖两色并置在一起而形成的对比。在运用中，冷暖色的并列将使冷暖感更加鲜明，冷的更冷，暖的更暖。冷暖对比有如下特征：(1)服装色彩冷暖主要由色相决定。(2)服装色彩冷暖对比不仅受色相影响，而且受明度、纯度的制约。(3)冷暖双方对比越强，双方差异越大，冷暖倾向越明显；反之亦然。

冷暖感仪　warm/cool feeling tester　用于纺织品冷热感、热传导以及保温性能测定的设备。是KES织物风格仪系列的扩展设备。由储水盒、冷热感测量盒(T—BOX)、热导测量盒(热板，BT—BOX)、热导测量盒(冷板，大BT—BOX)、冷热感测量控制盒、热板控制盒、冷板控制盒以及电子控制系统单元组成。冷热感测量盒是绝缘体，底部装有只能一面传导热量的铜板，铜板上装有温度传感器。热板上装有主板加热器、保护板加热器、温度传感器。冷板上装有温度传感器。将热板温度设定为比环境温度(20～25 ℃)高10 ℃，把T—BOX置于BT—BOX上，使T—BOX的温度达到BT—BOX的温度T_1，迅速将T—BOX与试样接触，试样吸收热量后，其表面产生温度T_2($T_2<T_1$)，立即测量T—BOX铜板向试样转移的热量Q，Q值是时间的函数，是对铜板温度t的微分，与接触冷暖感成线性关系。

冷暖感装置及控制器

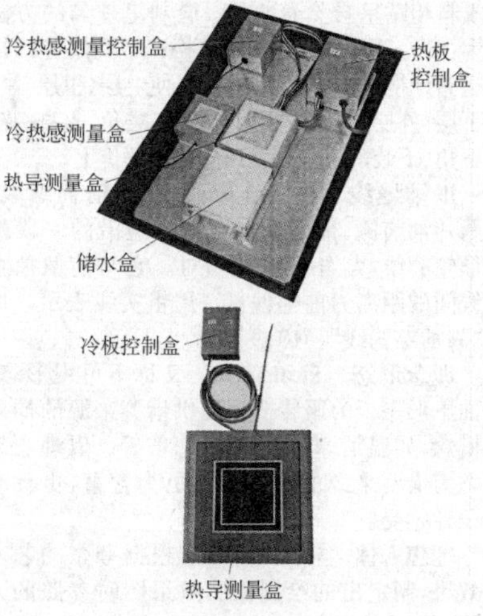

冷暖感仪示意图

冷却服 **cooling wear** 对身体具有冷却功能的航空服装。通过服装内的空气、水等冷却介质的对流散热协助人体维持正常体温。按散热降温的介质分“通风服”(519页)和“液冷服”(607页)两类。

冷热指标 **cold-heat indexes** 表征冷热感觉程度的量化指标。将环境因素(如温度、湿度、风、辐射热)和人体因素(如活动量、着衣量)相结合,通过图表或简单的公式来量化人体的冷热感觉和环境的恶劣与否。

冷色 **cold color, cool color** 光度和色度弱的色相,如青绿、绿青、青、紫青等。使人产生寒冷感觉的色相,微带点绿的青色给人的感觉最冷,这是由于人的视网膜受色彩刺激而引起的生理性反映。

冷妆 **cold make-up** 整体感觉为冷艳硬朗的化妆。结构清晰,略带棱角,以冷色为主色调,色彩明暗对比度较强,变化层次丰富。

犁牛皮革 **yak leather** 即“牦牛皮革”(345页)。

黎族服饰 **Li ethnic costume and accessories** 中国黎族衣着和装饰。黎族分布在广东、海南。男子红或黑布缠头,插雉翎,穿无领对襟短上衣,下身前后围两幅麻布或着长裤,戴耳环。女子束髻于脑后,扣以骨簪,插箭猪毛或金属发簪,披饰有云母片、羽毛、珠串、贝壳及流苏的绣花头巾。穿对襟、开胸、无扣长袖短上衣,也有贯首式或交领式上衣,衣色尚黑。着织绣筒裙,有中、长、短之分。戴耳环、手镯、银项圈、银挂饰。纹样有龙、鹿、蛙等动物纹,象征高贵、善良、母爱和辟邪;有木棉树、竹子花、莲子花、白藤果花等植物纹,表示幸福、吉祥;另有天文、人物、劳动工具等纹样。

黎族男子服饰(海南)

黎族女子服饰(海南)

礼服背心 **formal vest** 长至腰部与臀部间的短背心。采用羊毛、腈纶、毛腈混纺纱等为原料。全前开襟,无袖,合体紧腰身,青果领或U字领,低至腰部,单排或双排扣,颈部配有蝴蝶结。采用四平针等紧密组织编织。多为男性穿着。

礼服呢 **tuxedo worsted** 精纺毛织物名。正规礼服所用呢料。呢面细洁、光泽优雅、端庄严肃,通常包括直贡呢和驼丝锦两个品种。适合用作夜小礼服、夜礼服、燕尾服等正式社交场合穿着的礼服的面料。

礼帽 formal hat 与礼服配套戴的帽子。帽身为圆筒形，两侧的窄帽檐微向上翘。作为男子正式礼服用在野外集体活动，如赛马等使用。妇女穿用正式骑马服装时也戴此帽。

礼帽

里袋 inside pocket 在衣服的前身里布一侧的口袋。袋口通常开在挂面与里子之间。面料采用里料，与面料颜色相近或不同，常做成挖袋的形式。

里袋

里襟 under fly 服装开口部位的下层。一般作为钉扣的一侧，被前襟压盖。男子服装里襟在右，女子服装里襟在左。

里襟里起皱 lining crease 服装外观疵病。裤里襟部位里布不平起皱的现象。形成原因是装里襟时没有将里布与面布放平，使其处于一致的位置。

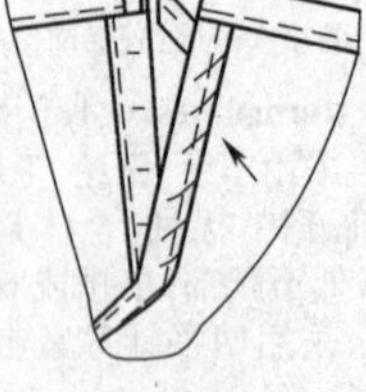

里襟里起皱

里料 lining 即“夹里”(246 页)。

里外匀 balanced inside and outside 外层衣片较里层衣片均匀地长(宽)出一些，使两层衣料相贴呈自然卷曲状。缝制里外匀的方法为：(1)一层拉紧，另一层放松；(2)利用缝纫机送布牙推送下层稍快的原理，使上层(里层)紧，下层(外层)松。主要用于领角、袋角、衣身门襟下角、下装门里襟的外形质量的评价上。

里袖缝线 inseam line 又称前袖缝线。两片袖前侧、袖山低处至袖口边沿的一段弧形轮廓线，与外袖缝线相对。它与前偏袖直线间的距离为前袖偏量。用粗实线表示。见“衣袖结构线”(610 页)。

理念形态 ideal form 又称不可视形态、抽象形态。为服装造型提供借鉴来源的抽象概念，如温柔、高兴、纠缠、悲伤等。以理念形态为借鉴来源的服装往往更为含蓄，更具有设计感受。

理想人体 ideal figure 根据夸张的艺术效果，制定出的绘制服装效果图时参照的人体。通常在标准人体的基础上，对下肢进行夸张处理，即人的身高在 8 个头高以上，上身 4 个头高，下肢 4 个或超过 4 个头高。

力士鞋 warrior shoes 小帆布鞋帮，橡胶鞋底的矮帮布面系带式胶鞋。系带部分较短，一般 3～5 个鞋眼，比球鞋轻便，既适宜步行又利于跑步，故又称跑鞋。前帮上有一倒 U 形的楞，对前帮骨架起支撑及美化作用。帮面为黑、白两种颜色，白色多为学生及青年穿用。外底为浅色不规则小碎块浅花纹橡胶，四周边缘切成反切口。一般运动、步行或劳动时穿用。

力士鞋

立领 stand collar 衣领结构种类。领身耸立且将人体颈部作封闭式包覆。其基本结构从部件上可分为具有领座的单立领和领座与圆领缝合而成的翻立领；从领身的立体形态可分为小于 90°的外倾型、等于 90°的垂直型和大于 90°的内倾型。其变化结构又按领身与衣身的相连关系而分为整体相连结构和分部相连结构，其中整体相连结构是指前领身和前衣身、后领身和后衣身全部连接在一起；分部相连结构是指领身分成若干段与衣身分段进行相连。常用立领领型主要为领座为大于、等于90°的单、翻立领，连身立领也为常用的变化立领结构。

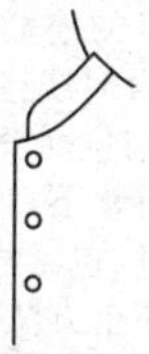

立领

立绒大衣呢　raised pile overcoating　粗纺毛织物名。用品质支数48～64支弹性较好的羊毛，纺成71.4～166.7 tex(6～14公支)粗纺毛纱做经纬纱，以$\frac{2}{2}$、$\frac{1}{3}$破斜纹、五枚纬面缎纹组织织制，经洗呢、缩绒、拉毛、剪毛等工艺整理加工成的表面具有细密蓬松且直立的绒毛的粗纺毛织物。单位面积重量420～720 g/m²，织物绒面丰满，绒毛密立平齐，手感柔软，弹性好，耐磨，不易起球，并富有自然光泽。主要用作大衣面料。

立式操作　standing operation　作业工人站立加工劳动对象的工作方法。服装企业裁剪、整烫主要采用立式操作，缝纫车间加工以坐式操作为主。但吊挂生产线，长裤、时装生产线有时采用立式操作，这时应避免一个工人一道工序的作业方法，而应采用多工序作业，使工人身体各部位匀称地工作，减少单一操作的疲劳。

立体包装　stereoscopic packaging　服装包装形式之一。通常采用集装箱保存、运输，使服装在整个装运过程中不产生折叠和压迫，始终保持良好外观的包装。包装箱由衣架、压杆、吊杆、箱盖、箱体、塑料袋等组成。

立体裁剪　draping, draping cutting　在人体模特上用材料直接裁剪而得到纸样或坯布样的造型剪裁方法。服装制作中常用白坯布或面料覆盖在人体或人体模架上，通过大头针的固定将布料折叠、抽褶、拉展变形，并直接剪切取得所需服装款式。优点是操作直观，易于修改补正，特别适用于悬垂性良好的材料及不规则波浪、折褶、缠绕等复杂造型的布料裁剪。由于操作时即兴性强，需操作者具有良好的技术素质和艺术构思能力。立体裁剪较平面裁剪费工费料，为提高效率，常和平面裁剪交替使用。立体裁剪广泛应用于具创意性质的晚装、表演服、展示服等的创作中。

立体裁剪

立体粉底　3-dimensional foundation　见“底妆”(95页)。

立体感　modeling　具有长、宽、高的服装所占据的空间位置关系。服装的立体感有三层含义：(1)贴身形服装，服装的袖窿、胸部、背部、腰部、臀部等处处合体，而又不妨碍人体的活动。(2)局部造型突出于服装之上，如高耸弯曲的领子、隆起的口袋、袖山吃势、起泡的袖。(3)服装的整体造型强调膨胀夸大的体积，常用于创意性服装。

立体口袋　accordion pocket　又称箱形袋、折叠口袋。形状呈立体状的贴袋，袋体在袋面的左、右、下侧都加连贴边，贴边宽为3 cm左右，安装时将贴边缉缝与衣身，形成微小立体空间。当口袋内装置物品较多时，袋体便呈膨胀立体形态，内置物品较少时呈平面状。常用于猎装、工作服和休闲服中。

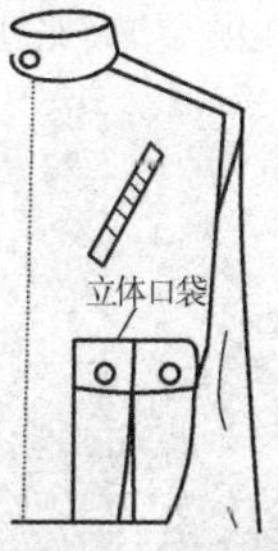

立体口袋

立体着装效果图　3-dimentional wearing

drawing 又称人体着装图。运用三维虚拟试衣系统虚拟人体着装的效果图。用扫描仪等输入设备将人体和款式输入计算机，转化为数字图像形式，运用计算机辅助服装设计系统对其进行修改，最终呈现虚拟人体着装效果。最具写实性和直观性且易于携带和修改。

利亚绒 ria velvet 丝织物名。用有光人造丝作经纬纱，采用上下接结双层组织织造，后经中间分割成为两幅单层绒坯，再经剪绒、精练和染整而成的绒类织物。织物表面绒毛丰满，色泽鲜艳，手感柔软。适宜作旗袍、晚礼服等的面料。

粒面革鞋 grain leather shoes 又称光面革鞋。用表面未经磨饰或轧花等处理的天然皮革为帮面制成的鞋。粒面革因其保持皮革毛孔处的小粒状微突起而得名。由于完整地保留了皮革原有的表面结构，皮纹清晰，吸湿透气等卫生性能良好，是皮革帮面料中的上品。根据原料皮种类，可分为牛粒面革、羊粒面革、猪粒面革等。粒面革鞋具有美观、结实、穿着舒适等特点。

傈僳族服饰 Lisu ethnic costume and accessories 中国傈僳族衣着和装饰。傈僳族分布在云南西北部、四川等地。男子蓝布缠头，穿白色无扣大襟长衫，袖口有黑边，系缀有贝饰的腰带，外套蓝绿色短衣，着过膝长裤，戴珠串或绒线球颈饰，挎背包、小腿套白布彩绣护腿。女子垂刘海，用褐色布缠头，穿右衽上衣，袖有彩绣横条纹，着深色多褶长裙，下摆有多条彩绣细条纹。织锦和刺绣纹样多用“八角星纹”(9页)。由于各支系妇女服饰颜色变化较大，民间有白傈僳、黑傈僳、花傈僳的习惯看法，滇西北和北部傈僳女服多白与黑为基调，滇南傈僳女服则多镶绣花边，头缠花布。

傈僳族女子服饰(四川)

连驳领起翘 wrinkles at lapel 服装外观疵病。领面不平服，起翘、起皱的现象。多见于有缺角没有串口的连驳领。形成原因为：领面料太宽松，缝合时线迹时紧时松，兜领面时先紧后松，装领前领面没有经过归拔定形，装领时针迹走向与领下口的针迹走向不一，兜缝时领面和领里(包括衬料)移位，领面料的丝绺不顺等。补正方法为：在装缝连驳领时注意上下层之间的松紧度一致，兜领对准作缝标记，尽可能先用手针扎缝，使之不移位，后横开领处保持平衡，不可拉宽，领里略松于后领窝，剪刀眼不可太深、太浅，太深则缝线剪断，出现挑毛、松开，太浅则止口翻不足，出现坐缝。

连驳领起翘

连跟底 cutsole with heel 与鞋跟连在一起的鞋外底。既可用橡胶模压成型，也可由压延机压出成型，塑料弹性体外底则可注塑成型，PU外底可浇铸成型。多用于男鞋，适于日常生活或工作时穿用。

连肩袖 raglan sleeve 即“插肩袖”(49页)。

连接缝道 joining seam 缝道类型。使衣片相互连接的缝道。

连省成缝 link darts to line 根据款式要求，将省道连接起来形成分割缝。产生的分割缝既具有原先省道所包含的功能性，又具有省道组合更光滑、美观的装饰性。在女装、童装的造型结构设计上常加以使用。

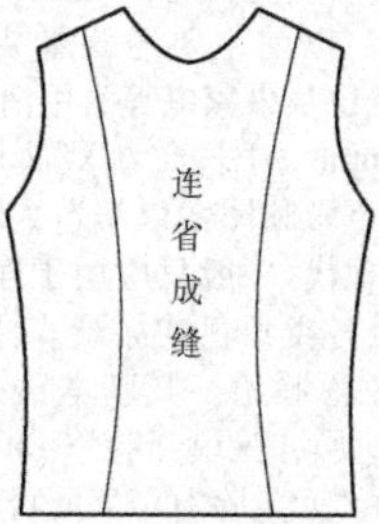

连省成缝

连身领　grown-on collar　衣领和衣身连在一起的领型。按种类分有连身立领和连身翻折领等类型，其既可以消除前浮余量，又使领身与衣身相连后缝制工作量减少，是女装重要的衣领类别。

连身领

连体式隔热服　heat insulative protective jumpsuit　上衣下裤连体式样的隔热服。由连体隔热衣裤、隔热头套、隔热手套以及隔热脚套等单体部分组成。

连头眉　liantoumei　见"仙蛾妆"(562 页)。

连袖　raglan sleeve　又称中装袖、和服袖。将袖山与衣身组合成一体形成的衣袖。衣袖的基本结构，按其袖中线的水平倾斜角可分为宽松、较宽松、较贴体三种风格，其造型简洁、素雅、轻松，常用于中老年男女服装。

连袖

连续循环纹样　endless continuous pattern　图案的格式。以二方连续纹样、四方连续纹样为基本格式，作纹样的反复并形成图案，是织物设计最常见的格式之一。结合印花、织造等各种机器和手工艺，广泛用于各种服饰图案设计中。

连续循环纹样

连续压烫机　continuous press machine　将黏合衬布和面料在准备台上准备好，并排列在输送带上，通过加热器加热，后经轧辊加压，使面料与衬布黏结，经出布口在冷却台冷却，由出料输送带引出的加工设备。分为：(1)普通式；(2)全自动式，有两组加热器和两组轧压机，可分段进行温度和压力的调节，加热后的温度可进行程控，以适应各种热敏感织物和难黏合织物的压烫加工。压烫机的工作幅宽为 700～1400 mm，功率 19～33 kW，液压压力 0.490 kPa (0～5 kg/cm^2)。

连腰　faced waist　下装腰部处理形式。下装在腰部不另装腰带，而将腰部做成与下装衣身连裁状态。常用于较贴体、贴体裙和裤类下装。

连腰

连腰节　faced waist　服装在腰节线上下

两部分不作分割的结构形式。

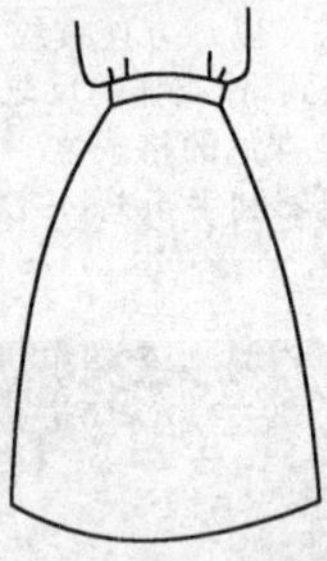

连腰节

连指手套　mitten　除拇指外,其他四指均合用一个套袋的手套。如极地等严寒环境使用的防寒手套,手腕处以及与上衣袖口重叠的部位各有一根固紧带。外层采用锦纶斜纹或聚偏氯乙烯面料,保暖层采用腈纶或涤纶短纤毡片。

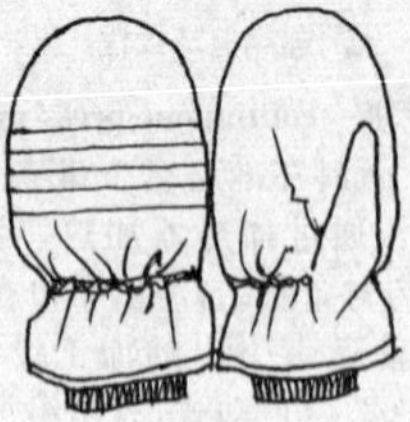

连指手套

莲步型女裙　hobble skirt　即"蹒跚女裙"(382页)。

联缝机　4-thread overlock machine　即"四线包缝机"(494页)。

联珠纹　couplet pearl pattern　中国传统几何装饰纹样。在团纹的四周饰以若干小圆圈,圈圈相套相连,如同联珠,向四周循环发展,形成大圆的主题纹样,并组成四方连续纹样。借"珠"的美好,喻"珠联璧合",后发展出了在大圆小圆中间配以鸟兽或几何纹。中国原始时期的彩陶装饰中就有联珠纹的萌芽,隋唐时期受当时波斯萨珊时代的图案影响而成,成为唐代的流行纹样。应用于古代织锦,如唐代阎立本创作的《步辇图》中,外国使者便穿着饰有联珠纹的服装。

廉价商店　discount shop, dime store　又称折扣商店。出售品质相同或相近但销售价格相对较低的大众化产品的零售店。廉价商店多实行顾客自助服务的售货方式,尽量减少人员成本,商店设施简单,一般设在地价较低地区或郊区。以前主要经营服装、纺织品和化妆品,现在也从事家电等耐用消费品经营。

脸谱　lianpu　中国传统戏曲用夸张手法在面部涂绘色彩和图案以塑造人物形象的化装方法。近现代,一般只应用于净、丑两行扮演的角色,且各类角色的涂绘式样基本定型,成为谱式,故称脸谱。其基本谱式在净行有"整脸"(646页)、"三块瓦脸"(439页)、"六分脸"(327页)、"元宝脸"(622页)、"碎脸"(501页)、"十字门脸"(465页)等,在丑行有"豆腐块"(108页)、"腰子脸"(605页)、"枣核脸"(633页)等。脸谱化装依照戏曲以形写神,距离真实较远,倾向于注重造型的外观装饰美、艺术美,将夸张的色彩和构图组织成一定的图案,既显示人物类型的特征,又寓褒贬、别善恶,展现创作者对人物的审美判断。

脸谱面具图案　mask pattern　用脸面装饰的图案。图案产生与精灵、信仰、戏剧文化相关联,有中国的京剧脸谱、日本的歌舞伎脸谱,以及非洲的巫戏脸谱等。脸谱在许多国家都有独特的造型样式,具有神秘、怪异而强烈的视觉效果。如以小面积形成的四方连续图案脸谱、大面积形成的定位图案脸谱,适用于休闲服装面料和T恤衫图案设计。

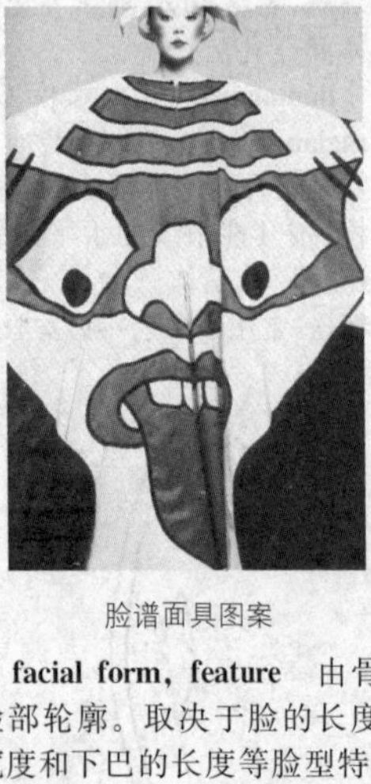

脸谱面具图案

脸型　facial form, feature　由骨骼、肌肉决定的脸部轮廓。取决于脸的长度和宽度、下颌的宽度和下巴的长度等脸型特征。分为"圆形脸"(626页)、"方形脸"(128页)、"长形脸"(52页)、"椭圆形脸"(532页)、"菱形脸"(318页)、"三角形脸"(439页)和"倒三角形脸"(90 页)。

脸型特征　facial form's characteristics　脸和五官的型特征。(1)轮廓:脸部骨骼状态和五官线条的倾向性,有直线型、曲线型和中间型三种。男性直曲不明显,主要在于线条是硬朗还是柔和。眼神锐利坚毅为直线型,眼神柔和妩媚为曲线型,眼神自然亲切或明亮清澈为中间型。(2)量感(含比例):脸部骨架大小和五官大小及其在脸上所占比例,有大骨架型、小骨架型和中间型三种。大骨架型脸部骨架大,骨感强,五官夸张立体;小骨架型则五官紧凑而小巧。脸型特征对发型、发饰、耳饰、领型、项链等人体邻近部位的服饰风格影响最大。

链　twisting　即"绞"(257 页)。

链缝机　chain stitch sewing machine　即"链式线迹缝纫机"(315 页)。

链缝装饰机　multineedle decorative chain-stitch sewing machine　即"多针链式装饰缝纫机"(115 页)。

链扣　cuff link　即"袖扣"(584 页)。

链式平缝机　1-needle 2-thread chain stitch sewing machine　即"单针双线链式线迹缝纫机"(88 页)。

链式线迹　chain stitch　国际标准 ISO 4915 中编号为 100 级线迹。由一根或二根缝线与自身形成的线圈串套联结而成。一根缝线的线迹称为单线链式线迹。其优点是单位长度内用线量少,缺点是当链线断裂时会发生边锁脱散。常用于上衣下摆、裤口绑缝、西服上衣的扎驳头等。两根缝线的线迹称为双线链式线迹,其弹性和强力都较锁式线迹为好,同时又不易脱散。常用于缝边、省缝的缝合,裤子的后缝和侧缝,松紧带等受拉伸较多,受力较强的部位。

链式线迹缝纫机　chain stitch sewing machine　又称链缝机。由机针线形成单线链式线迹,或机针线和弯针线形成双线链式线迹的工业用缝纫机。由针杆机构、弯针机构、拨线机构、挑线机构、送料机构和张力调整装置等部分组成。机器转速 4500～6000 r/min,最大针距 4 mm。具有线迹弹性好、强度高,大卷装供线,生产效率高等特点,适于缝纫针织面料、弹性面料和组织结构容易松散的面料,如衬衫、睡衣、运动服和牛仔系列服装等。能多针排列(两根直至十几根机针)。按机针数量,分为"单针单线链式线迹缝纫机"(88 页)、"单针双线链式线迹缝纫机"(88 页)、"双针四线链式线迹缝纫机"(482 页)、多针链式线迹缝纫机和"多针链式装饰缝纫机"(115 页)。

莨纱绸　gambiered canton gauze　又名香云纱或拷绸。丝织物名。经茨莨液浸渍处理的桑蚕丝提花绞纱丝织物。织物轻薄,手感挺爽柔滑,抗皱性好,透凉舒适,易洗免烫。特别适合作夏季服装面料。

凉帽　liangmao　中国古代一种男子冠帽。多为夏秋两季所用。历代凉帽形制繁多。其基本形制为敞檐,形如覆锅,以便遮阳避雨。文人儒生所戴者多以纱罗制成,轻薄、凉爽、透气。劳作之人所戴者多以藤、竹皮编制。也有以竹篾为骨,外蒙纱罗,并施以彩绘装饰者,多用于贵族男女。清时被规定为官吏夏秋两季所戴的礼冠。起初帽体崇尚扁而大,后崇尚高而小。一般用藤竹或篾席制成,内衬红色纱罗,沿口镶滚片金缘;顶部则缀以红缨、顶珠、翎管,翎管之中插以翎枝。清亡后废除。

凉帽

凉爽麻纱羊毛内衣　ramie-wool tropical underwear　采用高捻度精纺羊毛纱,经特殊工艺织造和后整理制成的高档羊毛产品。舒适、滑爽。为高档内衣和高级休闲服。

凉爽型毛衫　tropical knitwear　以喷涂或印染陶瓷粉末的纱线为原料制成的毛衫品种。穿着凉爽、柔软、舒适,与人体皮肤摩擦后产生负氧离子,有保健作用,柔软轻薄。为内衣毛衫品种。

凉鞋　sandals　具有前后帮但被设计成透空结构的鞋的总称。凉鞋的透气性好,适于夏季穿用。按凉鞋透空结构的形式划分,主要有:(1)满帮式凉鞋,常用网皮或凿花孔的方式生产;(2)女浅口式凉鞋,在女浅口鞋基础上变化出前空式、后空式、中空式等不同款式;(3)条带式凉鞋,又称全空式凉鞋,由于用条带缚脚,脚趾、脚后跟、脚背、脚腰窝可能同时露出,故名。条带式凉鞋的后帮常以襻带的形式连接,牵带自脚背上绕过连接,称前襻带式,特点是抱脚能力强;牵带自脚后绕过连接,称后襻带式。特点是穿脱方便。凉鞋的鞋底比一般鞋底略厚,既起到隔热作用,也防止泥水进入鞋腔。

梁冠 liangguan 中国古代缀有直梁的礼冠的统称。梁即冠脊,既用做装饰,又用以区分身份等级。远游冠、“进贤冠”(263 页)、“通天冠”(519 页)等均为梁冠类。各种梁冠形制不一,同一梁冠各朝代也有所变化,都以缀梁做装饰,也以此表示等级。

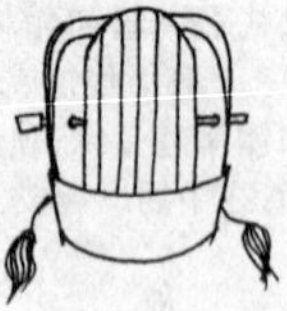

梁冠

两把头 liangbatou 即“大拉翅”(80 页)。

两当 liangdang 即“裲裆”(317 页)。

两裆 liangdang 即“裲裆”(317 页)。

两件式套装 two-piece suit 由上装和裤子组成的男子服饰。风格较休闲。为区别于正式套装,上装可取粗花呢、板司呢、贴袋、平驳角款式;裤子可选择不同的面料,风格造型比较宽松。

两面纬编织物 double face knitted fabric 采用两种以上不同类型、质地的纱线,分别编织平针组织,并由集圈组织连接而成的两面针织物。采用棉纱、丙纶纱及复合纤维等为原料。布面清晰,手感厚实、蓬松、柔软、挺括,保型性好,两面可呈现不同密度、不同组织、不同质地、不同色彩。延伸性与弹性较小。可用于制作春秋季两面穿服装。

两片袖 two-piece sleeve 又称西装袖。衣袖结构种类。袖身外观为弯身袖形式。由于有两条袖缝,形成大袖片和小袖片两片。大袖片的前袖缝与轮廓线之间的间距前偏袖小,故容易熨烫拉伸成弯身型,这是两片袖在制作上的方便性。常用于男女各类服装中。

两片袖

两线覆盖链式线迹 two-thread covering chainstitch 即“两针四线绷缝线迹”(316 页)。

两针三线绷缝线迹 two needle three-thread flat lock stitch 国际标准 ISO 4915 中编号为 601 号的线迹。由两根针线(1 与 2)和一根钩线 a 相互串套形成的线迹。缝料表面显示平行针线线迹。主要用于针织服装绱领、锁边。

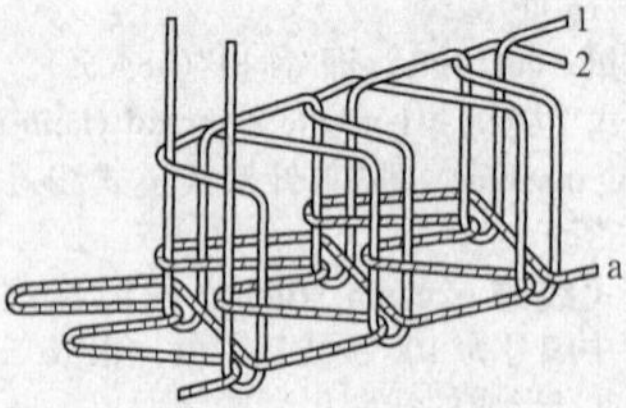

两针三线绷缝线迹

两针四线绷缝线迹 two needle four-thread flat lock stitch 又称两线覆盖链式线迹。国际标准 ISO 4915 中编号为 602 号的线迹。针线(1 与 2)的线环从已覆盖缝料正面的装饰线 Z 的线环中穿入缝料,再穿过由钩线 a 的前一个线环分离的两个线环后,与钩线 a 的线环进行互连,缝料表面形成平行的针线线迹和网状装饰线迹。主要用于针织服装绱领、锁边、折边等。

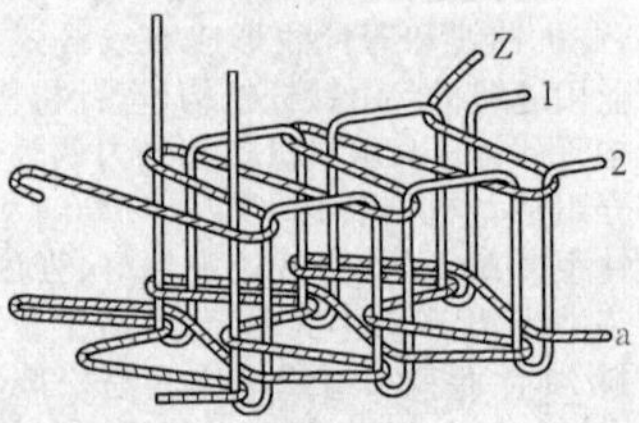

两针四线绷缝线迹

两针五线绷缝线迹 two needle five-thread flat lock stitch 国际标准 ISO 4915 中编号为 603 号的线迹。由两根针线(1 与 2)、一根钩线 a 和两根装饰线(Y 与 Z)相互串套形成的线迹。缝料表面显示平行的针线线迹和网状的装饰线线迹。主要用于针织服装绱领、锁边、折边等。

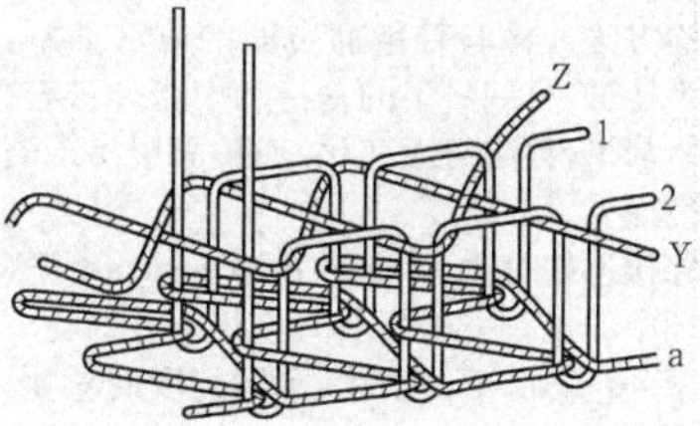

两针五线绷缝线迹

裲裆 liangdang 又称两当、两裆。一种无袖的背心式的服装。基本形制为无袖,前后两片,前片挡胸,后片挡背,肩部以带相连。材料一般有罗、绢、织锦、彩绣、彩帛等。也有皮革或贴片制成的裲裆,为武士穿着。西汉时期用作妇女内衣。魏晋南北朝时期盛行,用作外服,男女皆可穿着。唐以后,多用于仪卫,式样略有变化。

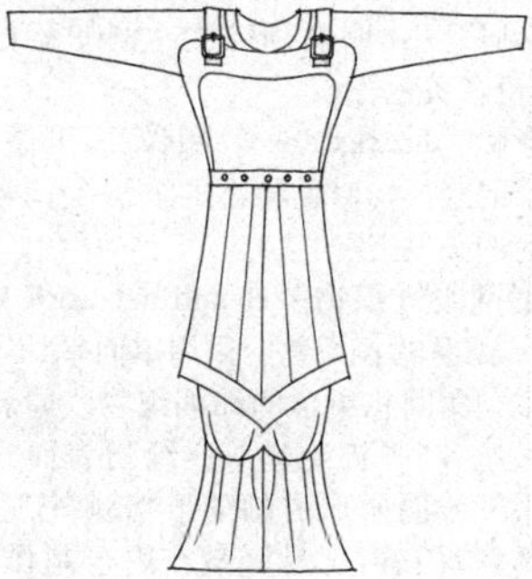
裲裆

亮春型女性 bright-spring female 春季型女性的一种。人体色表现出中高明度中高纯度特征的暖基调 Y/B 型女性。此类型人数较多,为标准型人群。一般肤色乳白细腻而有透明感的浅象牙色,脸颊易呈现较多的珊瑚粉或桃粉色的红晕;头发多为明亮的茶色或柔和的棕黄色;眼珠呈现棕黄色或棕色,眼白呈现湖蓝色,眼神明亮轻盈。适合采用春季色彩中明亮鲜艳的色彩群,并利用强对比配色法搭配,突出俏丽和朝气。

亮度 lightness 即"明度"(358 页)。

亮光 iron-shine 服装外观疵病。服装制成成衣后外观出现比面布本色更浅亮的痕迹的现象。形成原因是制作过程中面布部分部位受到熨斗等重物压迫,或熨烫后形成与周围部位不协调的光亮痕迹。常出现在有绒向、有毛向的面布。

亮夏型女性 bright-summer female 夏季型女性的一种。人体色表现出中高明度中高纯度特征的冷基调 B/B 型女性。此类型人数较少,为非标准型人群。肤色为健康的小麦色,脸颊容易呈现水粉色红晕,头发为灰黑色,眼珠呈现深棕色或灰黑色,眼白和瞳孔色对比较强,眼神明亮。适合夏季色彩群中高明度中高纯度的冷调色,并采用中度对比的中差配色法。

亮油影条 coiling soup 橡胶鞋鞋面亮油不匀,呈现条形花纹的现象。亮油质量差或操作工艺不当所致。

量感 quantity feeling 见"型特征"(578 页)。

量感分析法 quantity feeling analysis 根据人体的骨骼大小、比例和轮廓等综合视觉感受决定的量感特征来判断服饰风格规律的方法。观察脸和身材的骨架大小、五官在脸部的比例及立体强度、骨感,判断人体的量感大小,以推测合适的服饰风格。不同量感的服饰风格不同,比如戏剧型风格多骨架大、骨感强、五官立体。

僚人服饰 Liaoren costume and accessories 中国古代民族服饰。从汉至清代,史籍皆记中国西南生活着僚族人,如俚僚、蛮僚、夷僚、土僚、鸠僚等。鸠僚又称葛僚、仡僚,即今日仡佬族祖源。其服饰特点是文身、凿齿、穿桶裙。

缭缝机 run stitcher 又称疏缝机。为两层缝料作临时性定位进行缝合用的缝纫机。由针杆机构、离合器和脚踏板等部分组成。线迹形式为 301 号锁式线迹。作业时,针杆机构受离合器控制,在脚踏板操纵下一针一针地由手工控制送料,在缝料表面形成针距长短不一的临时固定用缝迹。速度 50～1000 针/mm,压脚升距 7～18 mm。用于垫肩、敷衬敷挂面、扎后背面等工序。后续缝纫作业中需对临时线迹作消除工艺处理。

缭针　slip stitching　即“缲针”(413 页)。

咧口　gaping　穿着时鞋口向外咧开或敞开的现象。原因是样板设计和裁剪不正确，或主跟太短、弹性太差，以至于成鞋鞋帮不合脚，穿着不久就出现咧口现象。

列宁帽　Lenin cap　一种扁圆帽冠的舌状帽檐的工作帽。由于列宁常戴用而得名。

猎鹿帽　deerstalker, fore-and-after cap　又称福尔摩斯帽。男子传统格子花纹或斜纹软呢制作。前后有舌状帽檐，有些猎鹿帽两侧有护耳可以扣到或系到帽顶上，20 世纪女性也戴用。因阿瑟·柯南道尔(Sir Arthur Conan Doyle)创作的侦探小说中的名探歇洛克·福尔摩斯(Sherlock Holmes)的戴用而得名。

猎鹿帽

裂肩　shoulders pucker　服装外观疵病。衣服穿着后肩部出现自胸部至肩点向上绷紧的斜形皱褶的现象。形成原因是衣服肩斜度太大或穿着者为平肩体。

裂肩

裂浆　crazing　皮鞋帮面的涂饰层出现裂纹的现象。涂饰剂质量差、工艺操作不当或涂饰层过厚所致。按照标准 QB/T 1812《皮鞋成鞋检验方法》，检验鞋帮面裂浆的方法如下：一只手持鞋，另一只手的食指和中指伸进鞋内，顶紧帮里，目测帮面变化，如涂饰层出现裂纹为裂浆。

裂面　crackiness of grain　皮鞋帮面的粒面层出现裂纹的现象。鞣制或处理不当，造成皮纤维受到化学腐蚀、微生物侵害或机械损伤所致。按照标准 QB/T 1812《皮鞋成鞋检验方法》，检验鞋帮面裂面的方法如下：一只手持鞋，另一只手的食指和中指伸进鞋内，顶紧帮里，目测帮面变化，如粒面层出现裂纹为裂面。

邻接色相对比　family color contrast　在色相环中约 15°～30°范围的色相差异对比。是同系列色彩的不同明度、不同纯度的对比，或在同一颜色基础上相近色相的不同色调的对比。效果单纯、和谐、柔和、雅致，但也感平淡、单调、呆板，因缺少层次感而显得模糊，较少直接用于服装配色中，必须调节明度差来加强效果。

邻近色相调和　family color coordination　又称同族色彩调和。同系列颜色的不同明度、不同纯度的调和，或在同一颜色基础上相近色相的不同色调的搭配，在色相环中处于约 15°～30°的范围。邻近色的色彩倾向近似，色调统一和谐，搭配自然，若要产生一定的对比美，则可变化明度和纯度。例如蓝色与紫色、橘色和黄色等。

菱形脸　lozenge face　颧骨高，下颌尖，前额较窄的脸形。修正脸型的方法是调整下颌和额前的头发造型。

菱形网眼针织物　rhomb net-work knitted fabric　又称褶裥织物。采用单面平针组织与单针多列集圈相组合的纬编织物。原料采用涤纶长丝、高弹锦纶丝等。织物表面具有凸起的平针线圈所形成的菱形褶裥外观效应，轻薄透气，柔软，不易脱散。用于制作衬衫、裙子、文胸等。

菱形纹　argyle pattern　对角线相互垂直且平分的格纹。格子大小适中，以黑红、黑白、灰白等两色交错为特征，20 世纪 30 年代起广泛用在高尔夫球袜、学生中短袜以及男式毛衣或背心前片上，成为传统衣袜图案。后发展有大小菱形重叠图案，配色也更为丰富多样，应用范围扩大到女性服饰。

菱形纹

羚羊皮革 antelope leather 又称麂鹿皮革。羚羊原皮经油鞣制加工而成的绒面皮革。轻薄、柔软、较结实。制作手套、服装的极好材料，但资源较少。

绫 silk twills 以斜纹或变化斜纹为基础组织，表面具有明显的斜纹纹路的素、花丝织物的总称。织物光泽柔和明亮，质地细腻，穿着舒适。中厚型质地的绫宜做高档衬衫、连衣裙、睡衣、领带和丝巾等的面料。

零级渠道 zero-lever channel 又称直接营销渠道。生产企业将产品直接销售给消费者的渠道方式。主要方式：以上门推销、家庭销售会为主的直接销售；以寄发商品目录或利用电子网络、电视电台、报纸杂志等为广告媒体的直复营销；制造商自设商店的营销方式。服装零级渠道可节约营销中介机构的费用、时间，消费信息传递准确、快速，但由于主要采用一对一销售方式，工作量大，若计算机信息管理系统应用不当，渠道效率将会受影响。

零钱袋 coin pocket 用于放置零钱而设计的口袋。规格尺寸较小，常位于上装的腰袋及裤装插袋的里层。

零售价格 retail price 又称最终价格。由批发价格、零售费用和利润等构成的商品出售价格。按价格管理划分有计划零售价格和非计划零售价格。由于中国服装业发展迅速，种类和数量丰富，20 世纪 90 年代服装零售已从计划零售价格转向非计划零售价格体系，依靠市场调节价格。

零售商 retailer 将服装等产品销售给最终消费者的销售组织。零售商是流通领域中分布最广、数量最多、与国民生活最密切的销售组织。按出售的产品线可分为百货商店、专卖店、小型服装店、超级市场和便利店等；按销售形式可分为连锁、特许、代理、无店铺零售等种类。

领长 collar length 领子的长度。根据领型而定，立领的领长为领口上纽扣至纽眼中心点之间的领身长度，其他领型的领长为翻折线的长度。

领带 tie, necktie 系于衬衫领部呈立体带状的颈饰配件。在正式场合作为礼服的配件。色彩应与衬衫及西装相衬或对比。图案也是领带的重点部分，面料以天然纤维织物为主。

领带别针 tie pin 把领带或围巾固定在衬衫上的饰件。形状似长针，针头常用宝石或精致的装饰品点缀。为礼服装专用的领带饰针。

领带衬 necktie interlining 专用于制作领带的衬布。由羊毛、化纤、棉、黏胶纤维纯纺、混纺或交织成基布，织物为平纹组织，经纬均为股线，类似帆布结构，经单面或双面起绒和树脂整理加工，用于领带内起补强、造型、保形作用。领带衬幅宽 150 cm，便于 45°斜裁成立幅，重量为 350～550 g/m^2，要求丰满厚实，手感柔软，富有弹性，耐干洗性能优良。高档领带多采用纯毛领带衬。

领带夹 tiepin 用于夹持领带的饰品。由装饰体和金属弹簧夹组成。多佩在领带的中下部位，起装饰和固定作用。主要为男性使用。

领带图案 tie pattern 领带上所用的图案。图案分抽象、具象、传统、流行等类型，因着装风格与功能而异。条纹、格纹、点纹等抽象图形，佩兹利等传统图形，以及文字、小花纹等具象图形较多。布局紧密、小单元形和小循环、配色雅致的图案，多结合正装、制服等配饰；抽象组合纹、写意花卉纹、流行纹等编排随意、表现技法多样的图案，多结合休闲等特殊场合的服装配饰。领带图案经过一百多年的发展，逐渐淡化最初的实用功用性，强化装饰性，成为男性重要的服饰用品。领带图案多结合织花、提花、印花等工艺，应用于锦缎、羊毛等质地考究的面料中，点缀和丰富男性装束，是衬衫、西装等外套的重要饰品图案。

领带图案

领豁口　collar point　即“驳角”(35页)。

领尖　collar point　领子前部的造型,领尖有尖角形、圆角形、直角形等。

领角　collar point　即“驳角”(35页)。

领角薄膜定位　attaching collar stay　将领角薄膜在领衬上定位的动作。一般用在硬挺领衬的领角上。

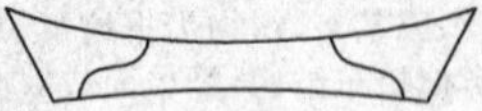

领角薄膜定位

领角定形机　collar blocking machine　熨烫衬衫衣领尖部锐角的专用熨烫设备。由上下领角模、电磁铁和电热系统等部分组成。熨烫压力3～4 MPa,温度50～200 ℃,外形尺寸245 mm×155 mm×290 mm,重量25 kg,领夹角度58°或60°。作业时,依靠电磁铁的吸与放,驱动电加热的上领角模和下领角模的开或闭。领尖的夹角大小、熨烫温度、时间、压力均可调。具有动作迅速、噪音小、无油污染等优点。熨后领尖止口薄、领角尖、外形挺、无极光。

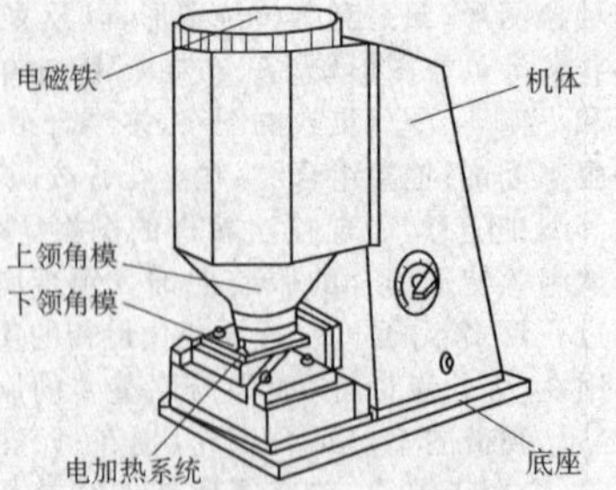

领角定形机

领角断尖　broken top at collar angle　服装外观疵病。尖角式衣领的领角不尖,呈钝角形或小圆状,或在领角端处呈黄豆状鼓起的现象。多见于男式硬领衬衫,领角造型越尖或领衬越硬,越容易产生此类弊病。形成原因为:领角修剪时剪得过多,或翻领时未翻足。不宜在翻领时用锥子等尖锐工具在外面挑勾,从而把领尖处衣料纱丝挑断,使领尖变毛。

领角断尖

领角反翘　top collar appear tight　服装外观疵病。领角处出现向正面反翘的现象。形成原因为:裁剪时领面没有宽于领里,或缝合时在领角部位领里没有拉紧。补正方法为:领面应大于领里0.1～0.4 cm,合缝时领里的领角部位稍微拉紧,合缝时起手和落手之间宽松度一致,使做成后的衣领领面宽松、领里略紧,衣领两角向下向内形成弯势。

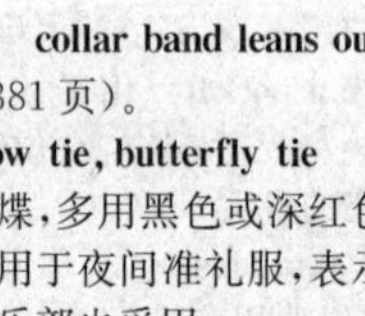

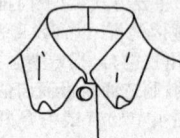

领角反翘

领脚外露　collar band leans out of collar　即“爬领”(381页)。

领结　bow tie, butterfly tie　一种颈部饰物。形似蝴蝶,多用黑色或深红色的丝、绢或缎子制作。用于夜间准礼服,表示礼节隆重,一些高级俱乐部也采用。

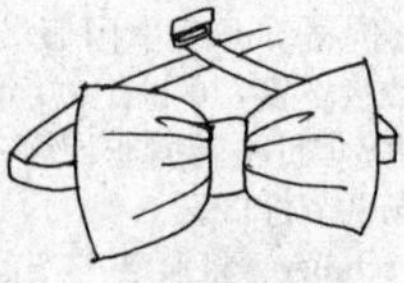

领结

领卡脖　neckline too tight　服装外观疵病。领身与领窝缝合后，由于领窝宽度不足，形成领身压迫肩缝的侧部，从而压紧人体脖颈的现象。常发生于面料较厚重装翻折领的大衣、春秋外套。

领卡脖

领口　collar opening　即“领窝”(323页)。

领口宽　neck width　服装领口左右之间的宽度。常用于服装检验中。

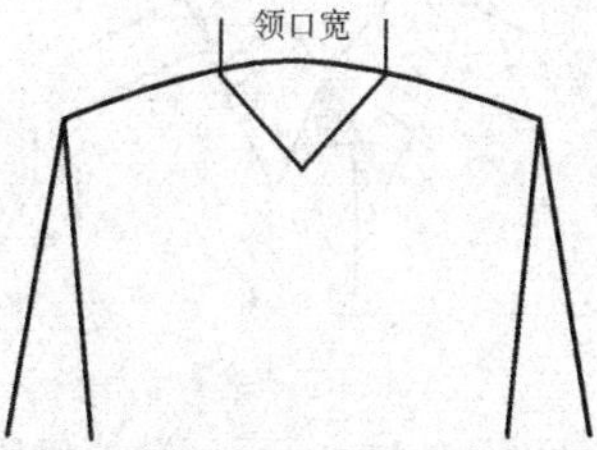

领口宽

领口领　non-collar　又称无领。衣领结构种类。只有领窝弧线造型而没有领身，其领窝线形状即为衣领造型线。结构种类可分为前部相连型和前部开口型两类。前部相连型，后领窝宽应为前领窝宽加上撇胸量1 cm左右；前部开口型，前中线处一般要撇胸。其造型可有鸡心形、V形、圆弧形、方形等各种几何形状。具有较强的装饰性。常用于女装、童装衬衫、连衣裙、内衣设计中。

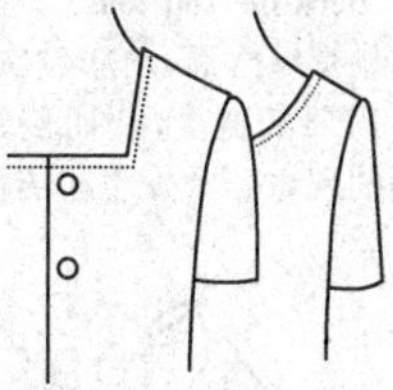

领口领

领口饰　collar badge　用于装饰衣领及领尖的饰品。用特殊的标识和纹饰作为图案或造型装饰服装。如与军装、警服等制服配套的领章，及与戏服、世族装等搭配的领夹饰物。

领口外紧　collar outer edge too tight　服装外观疵病。服装领身外轮廓弧长过小，致使外轮廓牵紧，领驳止点超过第一粒纽位的现象。

领口外紧

领口外松　collar outer edge too loose　服装外观疵病。服装领身外轮廓弧长过大，致使外轮廓松弛，使领驳止点驳不到第一粒纽位的现象。

领口外松

领离脖 **neckline too loose** 服装外观疵病。领身与领窝缝合后，由于领窝宽度过大，超过造型所需要的宽度，从而使领身过分离开人体脖颈的现象。常发生于男女西装等正装类服装。

领离脖

领里 **under collar** 衣领的最里层，直接与衣身相接触的部位。一般用 45°斜料或横料。这样制作较伏贴。

领里口线 **collar inside line** 即“领下口线”(324 页)。

领面 **top collar** 衣领的最外层部位。覆盖于领衬和领里之上。其用料常为横料，也有直料与斜料，横料造型舒展，直料造型挺服，斜料造型自然。

领面绷皱 **crumples at top collar** 服装外观疵病。领面出现一道道条状皱褶的现象。多见于男式硬领衬衫。形成原因为：领面过紧(与领里、领衬相比较而言)，或领面衣料没有经过预缩。补正方法为：领面经过充分预缩或适当放宽余量，特别在领面的两端横丝绺处要比领里稍大，以一边放宽 0.5 cm 左右为宜。

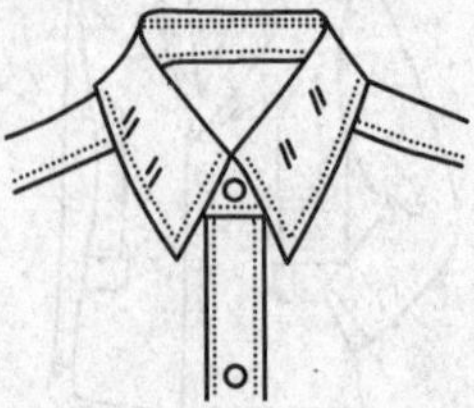

领面绷皱

领面紧 **collar facing too tight** 服装外观疵病。服装领身的领面部分在横纵向总体或分别偏小，致使领面在横纵向或单向牵制拉紧的现象。

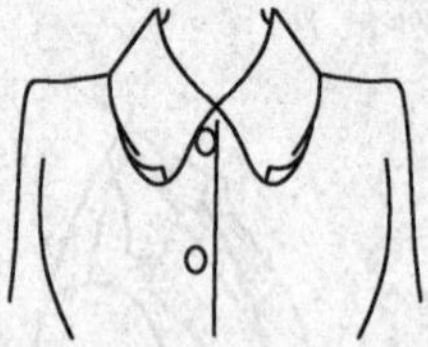

领面紧

领面起泡 **collar facing bubble** 服装外观疵病。衣领缝制后翻领的领面部位由于辅衬黏合不均匀，致使领面出现领状不平整的现象。

领面起皱 **wrinkles at top collar** 服装外观疵病。多指男式衬衫领面不平服、领衬起翘、折皱等现象。形成原因为：(1)敷领面时领面过大，里外匀量做得太多；(2)缉缝领止口时缝针太粗，或缉止口时压脚压力过重等。补正方法为：在缉缝领止口时，用手把领面稍向前拉，不使领面向后移动，做里外匀量时，两边尖角处放匀，不集中在一起。

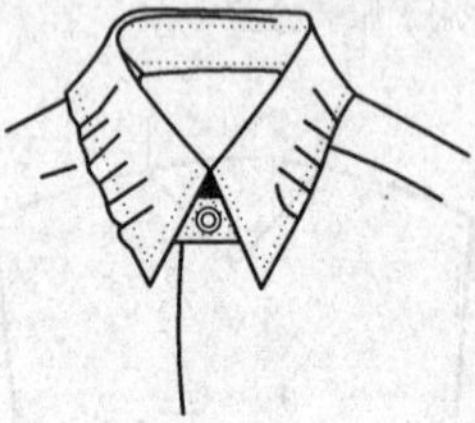

领面起皱

领面松 **collar facing too loose** 服装外观疵病。服装领身的领面部分在横纵向总体或分别偏大，致使领面在横纵向或单向松弛浮余的现象。

领面松

领圈布纹歪斜　twists at the neckline　服装外观疵病。领圈部位起翘、经纬不平的现象。形成原因为：领圈布的丝绺不正造成领圈表面起翘、经纬不平整。补正方法为：放领圈部位需装缝贴边，不论外贴边或里贴边衣料，都需 90°斜料裁制，或用与衣片领圈部位经、纬丝绺一致的衣料裁制。

领圈长　gorge curve length　沿领子缝合处测得的领窝长度。

领圈豁开　bunches appear at the neckline　服装外观疵病。领圈边缘宽松，穿在身上不贴身、荡开的现象。多出现于各类无领式上衣。补正方法为：横开领的上口不宜过大，领圈贴边应用与衣片丝绺相同或斜形的面料，缝制时，贴边要拉紧，在弧形的弯口处，更须拉紧，切不可将领窝的边缘拉宽，如有里布的服装，可敷以牵带，或通过熨斗归拢，使其边缘收缩。

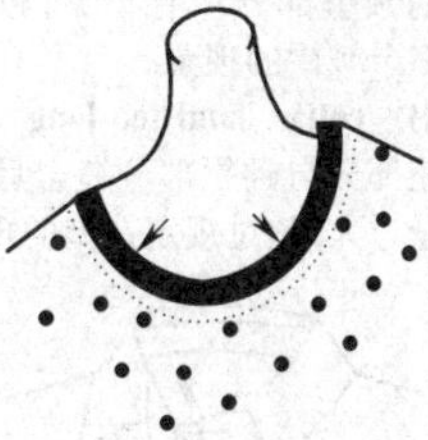

领圈豁开

领省　neck dart　省道种类。位于前衣片领窝处和后衣片领窝处的省道，有对准胸点和不对准胸点两种，常呈上宽下尖的钉子形状。通过收领口省，使前衣片领口下部位和后衣片领口下部位与人体体形相吻合。

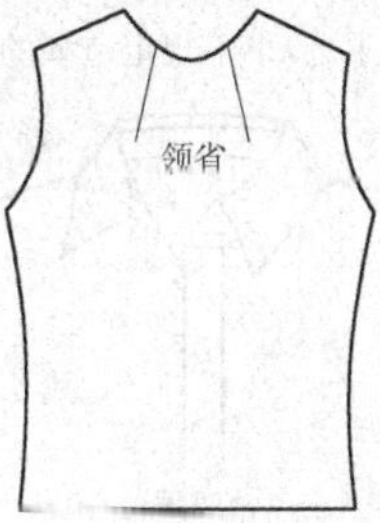

领省

领外口线　collar outside line　又称领外轮廓线。衣领外沿的弧形轮廓线。形状根据衣领的款式而变，如翻折领，翻领凹势越大，领外口弧度越大、弧线越长。用粗实线表示。见“前后衣身衣领结构线”(406 页)。

领外轮廓线　collar outside line　即“领外口线”(323 页)。

领弯　collar roll curvature　即“领弯度”(323 页)。

领弯度　collar roll curvature　又称领弯。衣领翻折线的弯曲度。弯曲度越大，领子贴紧颈部程度越大，反之越小。

领围制　neck around designation　我国服装示明规格常规表示方法。以服装的领围尺寸作为服装的示明规格，档差为 1 cm，一般用于男衬衫。

领窝　neckline　又称领口。与人体颈窝相对应的服装部位，也是前后衣身与衣领缝合的部位。其种类分基础领窝和实际领窝，基础领窝完全与人体颈窝一致，形状如桃形，其纵径与横径比应在 1.3～1.4 之间，原型的领窝即为基础领窝；实际领窝是按衣领的实际情况将基础领窝改变大小或形状后形成，各类领窝款式不同，其量与形状也不同。

领窝不平　neckline too loose　服装外观疵病。衣领领身与领窝缝合后，由于领身过紧，致使领窝产生松弛的现象。多发生于立领安装时。

领窝不平

领窝不顺　creases appear below the neckline　服装外观疵病。翻领在靠近肩缝部位不圆顺，有皱缩和起翘的现象。形成原因为：做衣领时靠近肩部的领脚部位及其外口归拔不足，领子翻驳的宽度过小。补正方法为：将领面、领里重新归拔，领脚靠颈肩的部位要有所伸度。用不需要归拔的布料制作的衣服，在裁剪衣领时，领脚弧度要足，外口要放长，并带弧形。

领窝起绺　neckline creases　服装外观疵病

病。上装的领窝部位出现横向折皱的现象。常因衣片肩部过斜及后领窝没划顺所致。补正方法为:将衣片肩缝改平、领窝划顺。

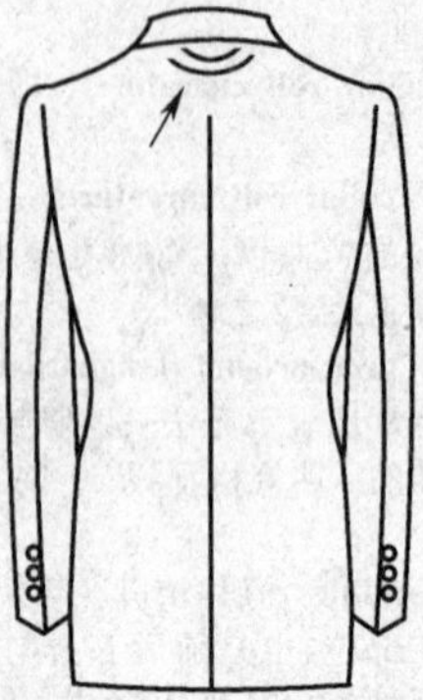

领窝起绺

领下口线 **collar inside line** 又称领里口线、装领线。衣领下端边沿的弧形轮廓线,与前、后衣片领窝缝合的部位。衣领式样不同,弧线凹度也不同。用粗实线表示。见“前后衣身衣领结构线”(406页)。

领型 **collar style** 衣领的外轮廓造型。领部是款式设计的一个重要部位,是设计视觉的焦点。按设计手法可分成三种:(1)仿生构思,如青果领、蝴蝶领、戗驳领、尖角领等。(2)功能构思,如关门领、推开领等。(3)风格构思,如中式领、西式领等。

领针 **collar needle** 用于装饰衬衫领子的饰品。属西式服饰用法。多用金属制成,呈细长形,两头点缀饰物,佩戴时穿过衬衫领尖的纽扣孔。主要为男性使用,有古典服装韵味,具有绅士气质。

领中线 **central line of collar** 衣领左右两片的中心线。衣领造型大多为左右对称,故以领中线为界,作半面领片图。有些女装的衣领须用斜料裁制,领中线则为拼接部位。装缝衣领时必须与后衣片的后中心线对准。用粗点划线表示。见“前后衣身衣领结构线”(406页)。

领子 **collar** 覆盖脖子的部件。常用于外套、西装、衬衣等服装上。其部位有驳头、领串口、领座、翻领、领尖、驳角、驳头宽、驳折线等。具体见领子结构图。

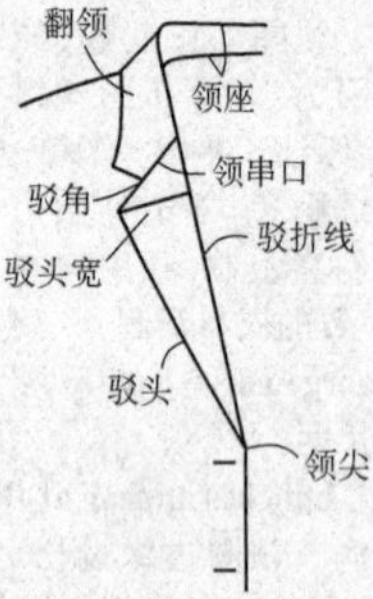

领子结构

领座 **collar stand** 又称底领。衣领中与领窝相缝合的部位。在立领中是单独成一体的,在翻折领中与翻领相连成一体。

领座里起皱起绺 **collar band inside crease** 服装外观疵病。领座与翻领部分缝合后,由于领座的领里部分没有拉紧,致使领身弯曲后产生多余皱褶的现象。

领座伸出 **collar band too long** 服装外观疵病。领座部分与翻领部分缝合后在领座的前端伸出量过大,超过规定造型的现象。

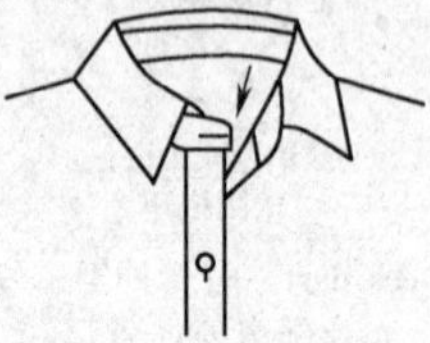

领座伸出

领座缩进 **collar band too short** 服装外观疵病。领座部分与翻领部分缝合后在领座的前端伸出量不足,小于规定造型的现象。

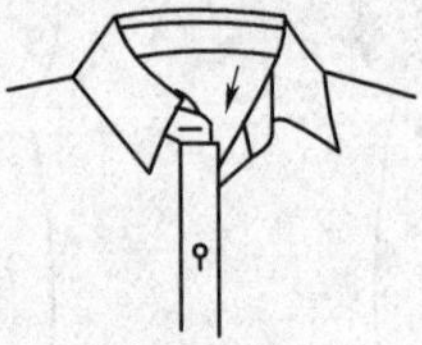

领座缩进

领座外露 **collar band extension** 又称底领外露。服装外观疵病。衣领的翻领翻下后后领部位不能盖住领座的现象。

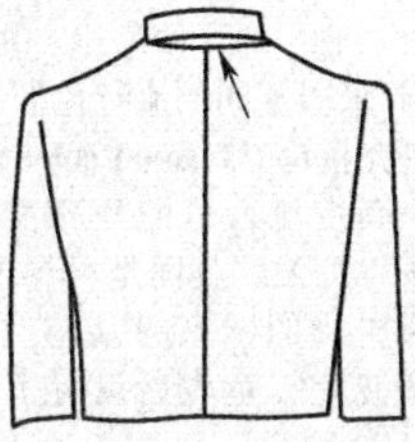

领座外露

溜冰服　skating wear　速滑和冰上舞蹈运动员着用的服装的总称。前者多为弹性好的连体紧身衣，利用氨纶等材料，表面光洁，以减少空气阻力。后者华丽、鲜艳、飘逸，女式通常为连裙装或上下分离装。造型上裙子短而折裥多。材料多采用丝绒、乔其纱等面料。

溜肩体　low shoulder figure　即“垂肩体”(69 页)。

刘海　Bangs　额前留一排流苏状头发的女子发式。源自古羌游牧民族的祖神刘海的发型。

刘唐髯　liutangran　中国传统戏曲中刘唐专用的髯口。《水浒传》中的刘唐绰号赤发鬼，故如《刘唐下书》等剧中的刘唐多在所戴黑扎、黑二涛的上唇部位加几绺红髯。

留香绉　liuxiang crepe jacquard　丝织物名。由两组经线与一组纬线交织而成，地经甲采用桑蚕丝，纹经乙为有光黏胶丝，纬线为强捻桑蚕丝。地部由地经与纬线交织成平纹，纹经在背面起有规则的水浪纹接结点。纹经在织物表面起经缎花时，背面衬平纹；地经在织物表面起经花时，背面衬$\frac{1}{3}$斜纹。绸面在有水浪形的绉地上呈现两色花纹，色泽鲜艳，花纹细致，质地柔软，富有弹性。用作妇女春秋服装。

流彩法　mingle method　利用颜料的流动性表现某些面料肌理或特殊肌理的效果的方法。先用适量的清水打湿需要处理的部分，然后放入含有一定水分的颜料，并小心翻动画面，使色彩流动至满意为止。也可以在镜面、水面(需用油性颜料)等光滑材料表面将颜料作出流动的色彩肌理，然后将画纸盖在上面，流动的色彩就印到画面上，最后进行剪辑处理。

流彩法

流水缝纫作业　flow sewing operations　缝纫设备按主要工序流程配置的作业方式。

流水生产　flow line production　劳动对象按规定的工艺过程顺次通过各工作地，并按一定的生产速度(节拍)连续不断地加工和出产产品的生产组织形式。专业化程度高，每个工作地只完成一道或若干道工序，工人操作熟练程度快速提升，生产效率高。例如：同一款式的西服，一个人完成需 3～5 天，而流水生产每人每天单产 1.5～2 套。

流线形分割线　stream cutting line　服装中常用的分割形式。由具视觉流动效果的线条对服装进行的分割，富于浪漫和遐想。通过对称或非对称、穿插或交叉、疏或密的变化，产生微妙的动态。服装上常见的有甩领流线分割、披肩流线分割、多层裙流线分割等。应用于女装或时装上。宜采用轻、薄、柔、软、垂、弹的面料，如真丝、软缎、乔其纱、丝绒、薄型涤纶等。一般选用 45°斜料裁剪，通过立体裁剪的设形、找形、造形、塑形、整形等工序，使流线达到意想不到的效果。

流行化妆　pop make-up　即“时尚妆”(466 页)。

流行美　prevailing aesthetic　因服装的流行因素而产生的美感。流行因素包括款式、造型、色彩、材料、工艺和搭配等，服装的流行美是集合了多种因素而最终表现出来的综合美感，是评判服装的一个审美标准。

流行趋势效果图　fashion trend illustration

根据流行趋势所作的具有指导意义的着装效果图。浓缩了流行时尚的概念,集中表现款式的时尚感。流行趋势不局限于服装款式、色彩和面料,更是一种文化和氛围。流行趋势效果图主要表现的是画面整体的时尚感,包括模特的整体造型、画面背景、细节等方面。应用于时尚拓展机构发布的流行趋势刊物中,是时尚最前沿的服装画。

流行色　fashion color　某一时期内被许多人注目,并为人们所采用的颜色。流行色有如下几类:(1)预测流行色:根据各种要素分析的结果预测的色彩;(2)标准色:作为基本色而广泛被人接受的颜色;(3)前卫色:仅在少数赶时髦者,尤其是新潮青年人中流行的颜色;(4)话题色:最新流行色。在一般人普遍采用使之成为流行色以前,部分人已率先采用的颜色;(5)市场青睐色:在服饰市场最为流行的颜色;(6)多量流通色:在某部分人中间,作为一种风格而稳定流行的颜色。流行色的产生是一个十分复杂的社会现象,是经济文化的反映,它首先涉及人的生理、心理感受,这是客观的。另一方面,流行色的产生又受社会政治、经济、文化、科学技术等诸多方面的影响。

流行色传播　fashion color dissemination　流行色逐渐为大众接受的过程。在服饰水平比较高的一些国家,流行色的传播首先在一部分富裕阶层中进行,然后为多数人接受,最后固定而成为流行色。但 20 世纪 80 年代以来,传播方式更主要是从风俗出发,形成风格式流行色。

流行色范围　fashion color area　流行色的使用范围。它与每个国家的服饰水平、民族传统等密切联系。在美国,流行色除了在服装、饰物、床上用品等使用外,还涉及建筑物外表、室内装饰等。在欧洲,流行色还深入到窗帘、椅套等室内装饰织物和地毯。在日本,流行色反映在妇女服饰、男子服饰以及儿童服上,20 世纪 80 年代开始普及到室内装潢。

流行色卡　fashion colorbook　国内外流行色预测机构发布的色样资料。一般每年发布 12 次,以此作为传播的主要形式。通常每个色卡有 30 种左右色样,其中分为:(1)时尚色组,包括即将流行的始发色及正在流行的上升、高潮色;(2)点缀色组,一般都较鲜艳,且往往是时尚色的补色;(3)基础常用色组;(4)金、银、黑、白、灰调和色组。由于男女装风格的区别,采用不同的流行色卡。

流行色研究机构　fashion color research organization　负责流行色的预测及发布,半官方性质的研究机关。英国是世界上最早设立流行色研究机构的国家,其后美国、法国、德国、意大利、波兰等也先后设置了类似部门,亚洲也有日本、中国、菲律宾、韩国等研究流行色。1963 年 9 月法国、瑞士、日本共同发起成立了国际时装与纺织品流行色委员会。我国在 1982 年 2 月以中国丝绸流行协会及全国纺织品流行色调研中心的名义加入该协会。此外,一些专门从事纤维材料研究的国际机构,如国际羊毛事务局(IWS)、国际棉业协会(IIC)、法国流行时装工业组织,以及法国第一视觉(Premiere Vision)、美国的国际色彩权威(International Color Authority)等,甚至其他一些民间机构也参与流行色的分析和发布。

流行色预测　fashion color forecast　对色彩作出的前瞻性估计与预测分析。流行色的预测需要做大量细致的准备工作,包括研究色彩学的色彩要素及秩序特征,研究人们的生理、心理因素,研究消费者的风俗习惯和消费动向等。因此,流行色的产生既带有主观的人为因素,又有严谨的科学依据,所发布的流行色趋势对市场和消费者都具有导向作用,同时也极大地影响着时装的流行。

流行色周期　fashion color cycle　一种流行色从形成到衰退的周期。研究结果表明,色彩的流行周期长短不等,从萌芽、成熟、高峰到退潮有的持续 3～4 年,原有色彩和新的色彩可能交替出现。流行色的传播由时尚发达地区传向落后的地区。在流行色的流行期内,高峰期约为 1～2 年,这是真正的产品黄金旺季。流行色确实有周期性变化的现象,有时还表现为一种反复。在某一色彩流行时,总有几个色彩处于雏期,另外几个色彩步入了衰退期,如此周而复始地运转。日本流行色研究协会研究得出,蓝色与红色常常同时相伴出现。蓝色的补色是橙色,红色的补色是绿色,所以当蓝色和红色广泛流行时,橙色和绿色就退出流行舞台。蓝色和红色是一个波度,橙色和绿色也是一个波度,合起来恰好是一个周期,一个周期大约是蓝、红色三年,橙、绿色三年，中间过渡一年。由此可见，暖色调和冷色调总是相互交替流行。在两种色调的转换期，常出现无彩色的白、灰、黑及浅茶色。其周期体现在妇女服饰方面约有七年左右。因而某色彩若被称为流行色，其寿命要观察三年半，即使在顶峰期也要一年半载才能确定。

流行图案 fashion pattern 传播迅速而盛行一时的图案。图案的内容、造型、表现手法，受限于每个时代的文化、审美、生产工艺等因素。具有极强的时效特性，给人以耳目全新的感觉，是追求新奇另类人群乐于接受的图案样式。

流行预测 pop forecasting 对流行现象作出的前瞻性估计与预测的分析。服装尤其是时装的流行分析，除及时收集国际流行信息，掌握国际市场发展趋势外，还应针对国情，对色彩、面辅料、款式、社会生活方式、市场消费现状等进行科学调查，在此基础上进行流行预测。国际上有许多流行预测机构，如巴黎流行色协会、美国的第一视觉、色彩箱等，中国也先后建立了一些流行预测机构，如中国服装研究设计中心、中国流行色协会等。

硫化胶乳塑型法 vulcanized latex plastic method 用硫化胶乳制作的塑型零件进行化装造型的塑型化装技法。硫化胶乳化装零件有橡皮头套、橡皮胡须套、橡皮手套和脚套、橡皮皱纹、面具和局部器官的零件，其他各种气氛效果的化装零件如伤疤、肿瘤、斑、痣等。硫化胶乳零件的模型制作根据不同的品种采用不同的工艺方法。

硫化皮鞋 vulcanized leather shoes 鞋帮与鞋底通过硫化工艺结合的皮鞋。鞋底用橡胶制作，将塑炼混炼后的生橡胶片，裁成外底形状，并与缝帮套楦的帮脚贴合。由于生橡胶性能差，帮底结合力很小。将成型的鞋放入硫化缸内硫化，经过硫化的鞋底具有很好的弹性、耐磨性和耐曲挠性，帮底结合也十分牢固。因材料和工艺造型都比较粗糙，属于低档产品，我国20世纪60～70年代曾大量流行，现已很少生产。

旒冕 liumian 即“冕冠”(354页)。

鎏金 gilding 用黄金涂附在其他金属器物上的首饰表面处理工艺。将黄金和水银组成金汞剂涂在金属表面，经烘烤或研磨使水银蒸发而黄金留在器物上。可用于建筑物、工艺器皿、首饰摆件、佛像等。我国古代青铜器、银质首饰常用这种方法作为装饰。

柳叶眉 eyebrows like willow leaf 又称涵烟眉。中国古代妇女画眉样式。中间宽阔，两头尖细，形似柳叶。历代妇女皆喜为之，尤以隋唐五代最为盛行。亦指女子细长秀美之眉。

柳叶眉

六分脸 liufenlian 中国传统戏曲脸谱基本谱式之一。由“整脸”(646页)发展而来。眉做白色，并加宽至眼窝以上的整个额头均为白色，仅于正中留有呈露额面底色的一线立柱纹，眉梢往下勾至耳根，在宽大的白眉中再勾黑色点眉。眼窝以下只用红、黑、紫等色彩中的一种，它与上半部表现眉毛的白色成六与四的比例，故名六分脸。一般用于老年的正面人物，如《群英会》中的黄盖、《白良关》中的尉迟恭、《二进宫》中的徐彦昭即分别勾红、黑、紫六分脸。

六合巾 liuhejin 即“六合一统帽”(327页)。

六合一统帽 liuheyitongmao 又称六合巾。中国明代至20世纪中期男子所戴的圆顶小帽(图见下页)。制作时先将布料裁为六片或八片瓣型裁片，再将其缝合为一体，以六合一统为名，寓意为天下归一。其质料有纱罗、缎绒、绒毡、马尾或人发等。颜色以黑为主，夹里用红。始于明代，清代时发展成多种形制。有平顶或尖顶、硬胎或软胎之分。尖顶小帽始于清咸丰；硬胎衬以棉花，软胎则不用衬里，可以折叠；帽缘有宽窄之别。富贵之家多在宽边之下镶以狭窄的织金锦边。亦有不用帽边。在小帽的顶上，通常还缀有一枚结子，以红色丝线编成。服丧时则改为黑色或白色。

六合一统帽

六线包缝机 6-thread overlock machine 三根机针线和三根弯针线互相穿套，形成如401型链式线迹与512型/514型四线包缝线迹的复合线迹的缝纫设备。由针杆机构、弯针机构、挑线机构、差动送料机构、切刀机构和自动润滑机构等部分组成。线迹美观、牢固，效率高，适于针织、内衣等包边和缝合的联合作业中，缝合和包边质量最佳。

龙的 longdi 中国古代妇女面饰。以朱丹或墨色点画面颊。相传仙女鲍姑五月初五以艾灼龙女面额，故名龙的。后流传至民间，遂有此俗。

龙凤呈祥纹 dragon and phoenix pattern 中国传统祥瑞神异动物装饰纹。以龙与凤构成。龙凤对应飞舞，配以朵朵瑞云、灵芝为辅饰，呈现一派祥和之气，象征阴阳谐和，寓意婚恋美满、吉祥福瑞。清代以前多用于帝后衣饰，近代流行于民间婚庆喜事的服饰中，结合喜庆的对比色表现出图案的造型。以印染、织绣、蓝印花布等不同工艺手段表现的龙凤呈祥纹各具艺术魅力，是民间婚嫁服饰常用纹样。

龙箭衣 longjianyi 中国传统戏曲男用袍服中轻便戎服“箭衣”(255页)的一种。

龙袍图案 dragon robe pattern 织绣龙纹构成的袍服图案。龙袍为至尊之服，不同朝代的龙纹各异，以明清龙袍图案最为精美。图案多以明黄、金黄、杏黄为底，用金、银线以及五彩丝线织绣龙纹、十二章纹等。龙数为九条，前后身各三条，左右肩各一条，襟里藏一条，正背各显五条，吻合帝位的九五之尊。清代龙袍下摆等部位还绣有水浪、山石、宝物图案，隐喻山河统一。龙袍图案布局繁密、造型精美、色彩明艳，是造型与织绣工艺的完美体现。

龙套衣 longtaoyi 中国传统戏曲中专供龙套用的服装。龙套是扮演象征兵卒或随从群体的角色行当，以四人为一堂，一般着与所随从的主人同色的龙套衣。其形制为小圆立领，对襟，宽袖，带水袖，长及踝，前后开衩。绣团龙纹，四周装单镶边的绣纹缘饰。有红、绿、白、蓝诸色。

龙吞口 longtunkou 即“马蹄袖”(337页)。

龙纹 dragon pattern 中国传统祥瑞神异动物装饰纹。集蛇身、鱼鳞、蜥腿、鹿角、鹰爪、蛇尾等形象为一体的意象化造型图案。龙被视作神圣、吉祥、吉庆之物，是英勇、权威和尊贵的象征，集传神、写意、美化于一体，为中国历代皇室御用服饰图案。历朝历代对龙的形象进行了演化与发展，或爬行，或卷曲交缠，变化无穷，极具装饰感。龙纹分为正龙、团龙、盘龙、坐龙、行龙等，成为起源最早、流传最广、应用最久的中国传统纹饰。封建统治阶级以龙代表至高无上的皇帝，有龙袍、龙褂等服饰的应用表现，结合织绣等工艺，呈现精美绝伦的艺术样式。现代服饰中，龙纹通过各种装饰手法出现在各种装饰部位，成为象征中华民族精神的经典图案样式。

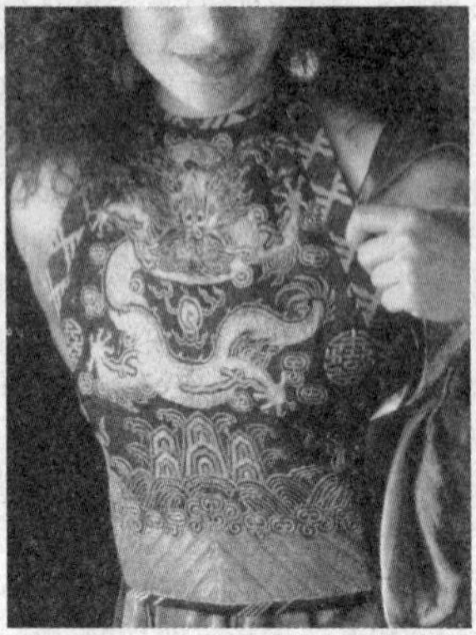

龙纹

笼冠 longguan 即“武冠”(551页)。

笼裙 longqun 中国的一种桶形裙子。通常以轻薄的罗纱制成，穿时由首贯入，与后世套裙类似。笼裙上的纹饰一般复杂多样。最初多见于西南少数民族。隋唐时传入中原。

窿门 turning 上衣袖窿拐弯处和裤子裆缝拐弯部位的统称。上衣前袖窿、裤前裆拐弯处称前窿门，上衣后袖窿、裤后裆拐弯处称后窿门。

楼兰靴 Lolan boots 我国新疆楼兰地区出土的距今约4000年前的古代羊皮女靴。由靴筒和靴底组成，高约 20 cm。靴筒由灰白色羊皮制成，靴内有微黄的羊毛。靴筒前部开口，有约 2 cm 宽的皮制襻带。全靴用筋线缝制，做工、用料及造型精细，年代久远。

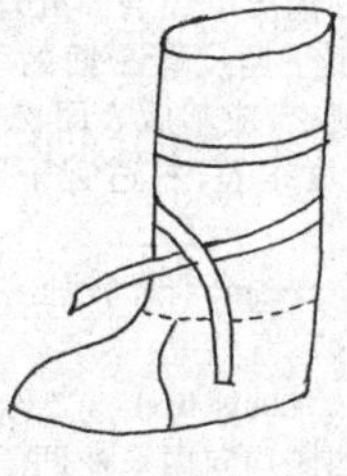

楼兰靴

镂空法　hollow-out method　在基本造型上作镂空处理的服装设计方法。镂空法只对物体的内部造型产生作用，是一种产生虚拟平面或虚拟立体的造型方法。镂空法以服装面为实面，以人体的皮肤为虚面，将面料与人体融为一体。

镂空面料表现技法　cut-out fabric showing skill　通过“阻染法”(681 页)表现镂空面料的技法。用一种性质的颜料(油性或水性)，按需要事先绘制图案，将另一种性质的颜料覆盖在图案之上(面积略大些)，两种不同性质的颜料会产生分离效果，以此达到镂空面料的感觉。

镂空面料表现技法

镂空与剪影图案　cut-outs pattern　以镂雕块面或剪刻边形来塑造形象的图案。由植物、动物、人物、建筑场景等具象形构成。图案源于剪纸、剪影以及蕾丝图案艺术，造型简洁明快，多以单色平涂的图形与底色形成对比，白与黑、白与红等套色最为常用。以机印为工艺，结合四方连续、二方连续等形式，运用于各式男女服饰面料设计中。

镂空与剪影图案

镂空妆　perforated make-up　利用剪纸在脸上进行创意造型并在结束后揭下剪纸的化妆。步骤是先制作镂空花纸，即在黏性适中的贴纸上刻出事先画好的图案，或将图案纸直接贴在有黏性的纸上刻出；再打底妆，在需要贴镂空花的地方打得浅亮些；将镂空花纸均匀牢固地贴在脸上，在花纸中镂空的地方用小刷子涂满颜色；在面部其他地方的妆都画好后撕下剪纸。

镂空妆

漏板划样　hole location cutting　服装“划样”(221 页)方法之一。在一张与面料幅宽相同的厚纸上进行排料，排好后先用铅笔画出排料图，然后用针沿画出的轮廓线扎出密布的小孔，便得到一张由小孔组成的排料图，称为漏板。将漏板铺在面料上，用小刷子沾上粉末沿小孔涂刷，使粉末漏过小孔在面料上显出板样的形状，按此进行裁剪。采用这种划样方式制成的漏板可以多次使用，适合生产大批量的服装产品，大大减轻排料划样的工作量。

漏检率　omission rate　服装企业中评价检验人员工作质量优劣的百分数。生产过程中造成的不合格产品或半成品，通过前一道检验时应剔出而未被发现，在经后一道检验时才被发现剔出的情况称为前道检验的漏检。漏检率的计算公式为：漏检率=[后道检验剔出的不合格品数/(前道检测剔出的不合格品数+后道检验剔出的不合格品数)]×100%。

漏落缝　self-bound seam　缝型类型。在经合缝后分开的两片缝料正面，沿着缝合线车缝，使缝线纳入缝内，不要显露在正面。常用于正面不缉止口线的开袋嵌线的固定。

漏落缝

芦山纱　Lushan leno　丝织物名。采用两组经线，甲经线为 31.08～33.33 dtex×2(2/28/30 旦)桑蚕丝，乙经线为 22.22～24.42 dtex×2(2/20/22 旦)18 捻/cm 桑蚕丝，S 捻或 Z 捻；纬线为 22.22～24.42 dtex×6(6/20/22 旦)12 捻/cm 桑蚕丝，以平纹为地组织，提织 $\frac{3}{3}$ 纬重平纹暗地花、不规则的细小纱孔点子和经向 8 根为一组的直条形暗花的丝织物。绸面素洁，直条清晰并略有细小纱孔，吸湿性和透气性好，手感轻薄爽挺。主要用作夏季中式服装、长衫、衬衫等的面料。

颅侧点　euryoun, Eur　人体测量点。颅侧壁最外突之点。测量头围时的基准点。

颅后点　opisthocranion, Opi　人体测量点。正中矢状面上头骨最向后突(离眉间点最远)的一点。测量头围时的基准点。

鹿皮革　buckskin leather　鹿的原皮经鞣制加工而成的皮革。手感丰满舒适，弹性极佳，毛孔花纹清晰、独特自然，比牛皮花纹明显而有规律。因其皮质细，所加工的绒面革表面毛绒柔软致密，均匀平整，丰满而有弹性，吸湿透气，穿着舒适，是上等的鞋用皮革。随着加工技术的发展，人们把小牛皮、羊皮等模仿鹿皮风格加工而成的仿鹿皮革，作为鹿皮革的代用品使用。

鹿皮鞋　deer leather shoes　又称鹿皮鞋。用牛皮革或其他皮革经磨面处理作帮面制成的鞋。真正用于鹿皮鞋帮面的不是鹿皮，由于鹿皮纤维疏松，成革后表面松软呈绒毛状，延伸性大，强度很差，只适宜于制作手套、衣服等的衬里。

鹿油　deer cream　台湾地区一种用以涂发或润肤的香油。

路易斯跟　Louis heel　又称路易十五型跟。鞋跟的四侧均向内弯曲凹陷而底部又微向外展开的跟型。仿自路易十五时期流行的鞋跟样式，高度在 4 cm 左右。路易斯跟鞋的鞋面大部分采用丝绸、织锦或亚麻布制作，少数采用柔软的山羊皮等材料。

路易斯跟

路易斯跟鞋　Louis heel shoes　一种配有跟腹收缩、跟底部扩大的卷跟的皮鞋。早期的高跟多是路易斯跟，常用于宫廷鞋和晚宴鞋。

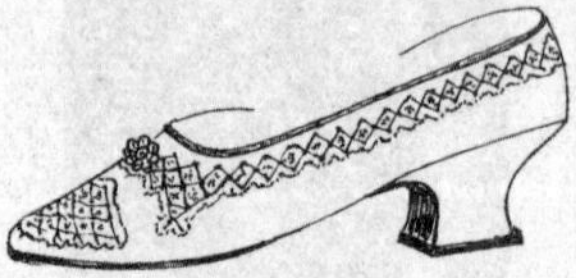

路易斯跟鞋

露钉　nail revealed　新鞋中钉子扎脚的现象。制鞋过程中操作者未严格执行操作规程，忘记将内底的定位钉拔出所致。

露跟鞋　open back shoes　即“后空鞋”(211 页)。

露眼帽　balaclava　一种极地等严寒环境使用的防寒帽。造型上除两眼部分露出外，将头、颈、脸的大部分遮住。对易于冻伤的耳、鼻、颊部防护效果好。采用羊毛或腈纶针织物材料制作。

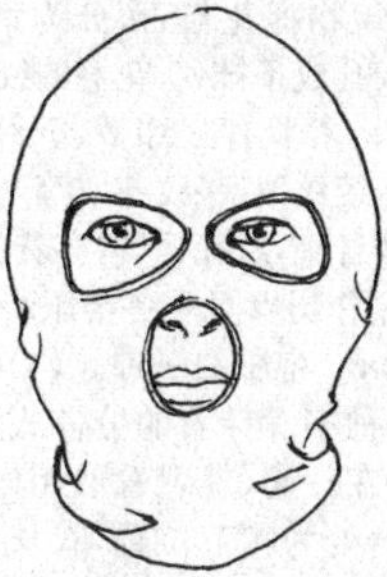

露眼帽

露趾鞋 **open toe shoes** 即“头空鞋”(522页)。

露珠儿 **dewdrop** 晚唐僖昭年间妇女点唇样式。因其式样娇小,色泽鲜艳明亮,形如露珠而得名。

旅行外套 **journey suit** 一种户外服饰。设计风格简洁明快,19世纪后期出现于法国,最初属女子服饰。当时上流社会的年轻女子时兴参加划船、击剑、旅行等体育活动,为便于运动,各种类型的服装款式应运而生。旅行外套轻便活泼且实用,去除了繁琐的饰边,式样多为呢料披肩,内有天鹅绒的内裙。

旅游鞋 **touring shoes** 以皮革、人造革、合成革、泡沫尼龙复合材料或其他天然、合成纤维织物为帮面,橡胶、塑料或两者并用料作鞋底,帮底以胶粘或注塑工艺加工成型的鞋品。由于质轻柔软、美观舒适,可在旅游、一般体育和健身运动以及日常生活中穿用。通过系带、尼龙搭扣、拉链等方式锁鞋口。是帮样结构和色彩最为复杂和丰富的品种。帮样的主要变化为:(1)鞋头变化:丁字外包头、直冲式包头、开式包头、半围式包头等;(2)鞋眼及眼盖变化:5眼、6眼、7眼、8眼,单排眼、双排眼,一段眼盖、两段眼盖、整眼盖、开眼盖等;(3)后跟口变化:平式造型、单峰造型、双峰造型、保险皮与后包跟条相连或相分离等;(4)补强条的造型变化、色彩变化。鞋底变化除有多层底、盘形底之分外,盘形底的侧花纹也多种多样。鞋底的功能件变化,气囊、扭力块、通气泵、发光器、发声器等。底花纹多为粗犷型。20世纪70年代初问世以来,发展迅速,已成为与皮鞋、布鞋等平行的鞋种。旅游鞋的基本结构由帮面、眼衬、鞋舌、筒口衬垫、后口皮、外后跟皮、内底、中底、外底、外包头等组成。

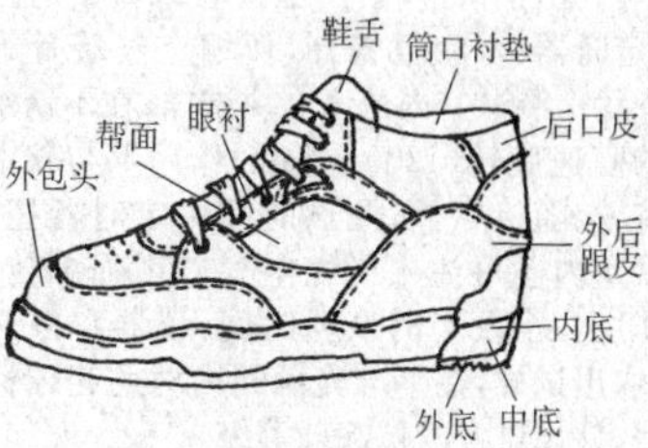

旅游鞋

捋 **smoothing** 把服装表面用手抹平的技术动作。可将衣片与内衬不相符合的部位抹平,或根据造型需要抹紧,如捋大身、捋肩头。

履 **lyu** 春秋战国至南北朝时期对鞋的称谓。种类很多:如素履,白色布鞋,居丧时穿用;革履,以皮革制成的鞋;綦履,系带鞋;玉履,汉代皇帝死时穿用的鞋;尘香履,南北朝贵妇人穿用的鞋,鞋内撒以龙脑等香屑;叶履,古时女子穿用的木底鞋,行走时有声,又名响屧履;方头履,起源于战国,定型于秦汉的一种方口方头鞋;丝履,以丝织物为鞋帮的鞋,秦汉时颇为流行;凤头履,鞋的前尖翘起似凤头状;胡履,西域和北方民族所穿的高筒靴。

绿色 **green** 一般色名。绿色属于冷色调。葱茏绿茵的自然田园色彩,给人以凉爽、安闲的感觉。暗绿色和橄榄绿广泛使用于服装。绿色是一种中性色彩,是植物色,最接近大自然,性格温和。它象征着和平、安全、年轻、安定。黄绿色具有深远、智慧的性质;嫩绿充满了希望和生命;墨绿显得老练、稳重;粉绿细腻而富有朝气;翠绿寓意着新鲜和活力。此外,绿色在阿拉伯国家和伊斯兰教中是神圣和吉祥的象征,也反映在国旗上。绿色在基督教中有复活和永生的含意。

绿色纺织品 **green textiles** 即“生态纺织品”(463页)。

氯漂符号 **chloride bleaching symbol** 服装使用说明符号。表示水洗的整个过程中,在水溶液中可加入氯漂白剂以提高白度及去除污渍。图形符号用等边三角形表示。

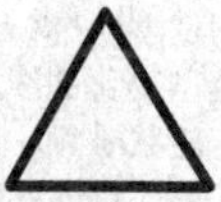

氯漂符号

乱翻式起毛起球仪 **random pilling tester** 检测织物起毛起球性能的设备。适用标准:ASTM D 3512,DIN 53867,JIS L 1076(B

法)等。由不锈钢叶片、铺有软木衬壁的测试室、定时器、音频报警器、压缩空气装置等组成。每个测试室内放入3块试样，在不锈钢叶片的高速旋转(1200 r/min)作用下与软木衬壁持续、随机摩擦，测试时间由定时器控制，测试室内还可注入压缩空气以增强翻转、摩擦作用。至设定的试验时间，仪器自停并报警，取出试样，在标准光源箱内对照起球标准样照，评出试样的抗起球等级。

乱翻式起毛起球仪

乱眉 **stray eyebrow hair** 一根根如杂草丛生，各方向不一致的眉毛。给人以暴躁、粗犷的感觉。

轮滑鞋 **roller skating shoes** 即"旱冰鞋"(201页)。

轮廓分析法 **silhouette analysis** 根据人体外部轮廓特征来判断服饰风格规律的方法。脸部轮廓主要指脸部的骨骼状态以及五官线条，身体轮廓指肩部及全身的骨架线条。观察人体天生的外部轮廓特征(直线型、曲线型、中间型)，线条特征(硬朗、柔和)，以推测合适的服饰风格。不同轮廓的服饰风格不同，比如前卫型人群风格的线条较为锐利，浪漫型人群风格的女性线条多曲线。

轮廓线 **silhouette** 构成服装部件或成品服装的外缘造型线条。如衣身的造型轮廓线、下摆底边的轮廓线、领部的轮廓线、袖子的造型轮廓线以及收省、褶裥、波形、皱褶等造型变化的线条。

轮状皱领 **ruff** 即"拉夫领"(299页)。

罗 **leno silk** 丝织物大类名。全部或者部分采用罗组织，构成等距或者不等距的条状绞孔的素、花丝织物的总称。根据绞孔成条方向，分为直罗、横罗两种，绞孔沿织物纬向构成横条外观的，称横罗；构成直条外观的即为直罗。根据罗织物提花与否，分为素罗、花罗两种，素罗的绞孔成条排列，花罗的绞孔按一定花纹图案排列。素罗有三纬罗、五纬罗、七纬罗等；提花罗有绫纹罗、平纹花罗等。罗类织物质地轻薄，丝缕纤细，绞孔透气，穿着凉快，并耐洗涤，适合于制作男女夏季各类服装。

罗布 **robe** 袍服的一种。(1)文艺复兴时期欧洲的一种妇女穿着的分体式女袍。上衣和下裙缝合在一起，外观看似相连，腰部有接缝，常以缝合处为腰节位置，衣长及脚踝。显示出文艺复兴时期服装分段构成的结构特征；(2)非正式场合穿着的宽松外套，可套穿在睡衣或礼服外面；(3)祭祀活动时穿着的长袍，以及学者、牧师所穿用的宽松外衣。

罗缎 **bengaline** 棉织物名。由细经粗纬织制的府绸。经纱采用10 tex ×2(60/2英支)～6 tex ×2(100/2英支)的纱线，纬纱采用42 tex×2(14/2英支)～10 tex ×2(60/2英支)的纱线，经纱密度一般为283～393根/10 cm，纬纱密度约为129～251根/10 cm，布面颗粒明显，有明显的横棱纹，质地紧密结实，手感硬挺滑爽，有丝绸般光泽。适合做男女外衣、制服、夏季裤料、风衣和夹克等的面料。

罗汉衣 **luohanyi** 中国传统戏曲中罗汉专用的服装。斜大领，大襟右衽，宽袖，紧束袖口，长及膝。黄或灰色布、棉绸面。穿用时着色彩相同的裤、袜和腰巾，并悬挂夸大了的佛珠串。

罗拉姆 **lorum** 拜占庭时期披绕在身上的装饰性外衣。从古罗马和古希腊时代服装演变而来，宽约15～20 cm，表面刺绣或缀以珠宝。穿用时像围巾一样先披搭在肩上，一端自右肩垂至脚前，另一端从左肩经胸前与前一端交叉，再至右腋下用腰带固定后拉回到左侧，搭在手腕上。或做成套头式披肩，整个造型呈Y字形。在拜占庭时期的贵族阶层中非常流行。

罗曼蒂克风貌 **romantic look** 强调女性美感的装扮。以浪漫主义审美为基础，出现于19世纪欧洲。服饰多选用张扬的造型，如宽檐帽、细腰、超大长裙、繁琐刺绣花边等，配以多彩的粉色系列，塑造华丽甜美的服饰形象。面料为绸缎、电力纺、乔其纱等。

罗曼蒂克型人群 **romantic group** 见"浪漫型人群"(305页)。

罗裙 **luoqun** 中国古代用罗纱制成的裙

子。罗织物花纹密集，无纱无孔，地纹稀疏透亮，可形成花实地虚、明暗对照的效果。通常套穿于衬裤之外，下长曳地，并有刺绣、剪绣等装饰方法。贵族妇女还有以珍珠为装饰。一般罗裙前都有一条系裙子的裙带，于裙同长，上附装饰。多为年轻女性穿着。

罗纹边　rib-knit welt　下摆、袖口接边的常见形式。使用有弹性的带状针织物，或用装有橡皮筋带的各类毛线编织制品做成的衣服接边，常用于夹克、工作服的袖口边和下摆边。

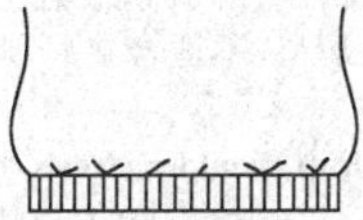

罗纹边

罗纹织物　rib fabric　由正面线圈纵行和反面线圈纵行以一定形式组合相间配置而成的纬编织物。根据一个完全组织中正反面线圈纵行的组合规律命名，如1+1、2+2罗纹等，前面的数字表示正面线圈纵行数，后面的数字表示反面线圈纵行数。罗纹组织是一种双面纬编针织物，可以在双面针织圆机，如罗纹机、提花圆机及棉毛机上编织，也可以在双针床横机上编织。织物横向有较好的延伸性和弹性，正反两面都有清晰的直条纹路，正反面线圈相同配置时无卷边，仅逆编织方向脱散。原料采用棉纱、毛纱、真丝、涤纶丝、人造丝、氨纶长丝及涤棉、腈棉、黏棉等混纺纱。可用于制作弹力内外衣、背心、三角裤、健美裤、运动服以及服装的领口、袖口、裤口、袜口、下摆和饰边等。

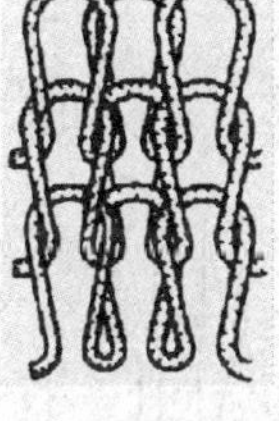

1+1罗纹织物

螺旋拉链　spiral zipper, coil zipper　以聚酯或尼龙丝为原料，经加热缠绕成型的拉链。柔软，表面光滑，色泽鲜艳。广泛用于各种服装和包袋，尤其适用于内衣及薄型面料的高档服装、裙、裤等。

螺旋眉　spiral eyebrow hair　整根眉毛中出现有圆心的毛流，形成一个螺旋的眉毛。一般出现在眉头或眉峰处，在修正眉形时可将螺旋的下半部分修剪掉，以保持整体顺畅。

螺旋形分割线　spiral division line　由螺旋状线条对服装进行的分割，起装饰作用，在具体设计中并不多见。一般有螺旋曲线分割装饰、螺旋花边装饰、螺旋饰物装饰等，使服装富有变化，产生节奏感、动律感、上升感、优雅感。常用于女礼服、连衣裙、长裙。

螺旋状眉刷　spiral eyebrow brush　用来刷匀眉毛或梳开眉毛膏的化妆工具。刚用眉笔画好的眉毛颜色较浓重，不够自然，用螺旋状眉刷可将眉毛刷得匀致自然。眉刷太细或太小，安定感都不佳，最好选用一般大小的刷子。

螺子黛　luozidai　一种人工合成的画眉材料。以靛青、石灰水等经化学处理制成，呈黑色，外形如墨。使用时蘸水即可，无需研磨。古代的画眉品中，螺子黛最为名贵。相传源自波斯。汉魏时便已有之，但到隋代才有文字记载。

裸妆　naked make-up　没有和发型、服饰等做整体搭配的脸部化妆。

洛可可风格服饰图案　rococo style pattern　运用洛可可艺术特征进行设计的服饰图案样式。由贝壳、山石、藤蔓、蔷薇、丝带、曲线、旋涡形以及中国式亭台楼阁、秋千仕女、工笔画的花鸟、扇子、屏风、青铜器、龙、凤、狮子等构成图案。源自法语，原意为华丽贝壳，是法国18世纪的艺术样式，造型受到东方文化特别是中国的陶瓷、家具、园林等艺术的影响，以路易十五时代的宫廷服装为代表，后流行于欧洲。图饰以C形、S形、波浪形和旋涡形的曲线作装饰，采用非对称式结构，色彩淡雅柔和，表现出繁缛而华丽、轻巧而纤细的艺术风格。常见把图案印或绣于塔夫绸、缎、天鹅绒等衣料上，并添加金银线、蕾丝花边、缎带、羽毛、皱边和毛皮装饰，以体现奢华纤秀、幽雅精致、娇柔妩媚的艺术样式，在服饰中反复流行。

洛可可风貌　rococo style　受18世纪洛可可艺术风格影响，强调曲线趣味、华丽装饰、非对称设计、色彩柔和妩媚的服饰风格（图见下页）。通常以纤细、轻巧、华丽和繁琐的装饰为特点，对蕾丝、缎带、花结和褶裥等构成的额外装饰很重视。服装多采用C形、S形和涡卷形曲线，色彩清淡柔和，大量使用紧身胸衣和裙撑。

洛可可风貌

洛克式着装　Locke style wearing　着装风格的一种。以瘦腿裤、夹克、长筒靴组合为代表。英国一些青年人吸取了摩托车服的灵感，并形成特色。起源于20世纪50年代末。风格潇洒随意，适合于不同性别的中青年人群。

珞巴族服饰　Lhoba ethnic costume and accessories　中国珞巴族衣着和装饰。珞巴族分布在西藏东南部。男子蓄长发，黥面文身，戴礼帽，帽为熊皮或竹藤制成。也有前额挽一个海螺形大发髻，髻上插木、竹签，或帽上插孔雀羽毛，穿藏式氆氇长袍，外穿长至腹的黑色羊毛贯头坎肩，背披一块野牛皮。腰佩兽牙、贝做的饰物。女子头顶盘辫，戴数串珠子项链，链饰有野猪牙，穿中式上衣，有圆领窄袖短衫，外套无领无袖、彩色氆氇镶边、无缝合的贯首服，下身围羊毛花格长及膝部的筒裙，系腰带、腰饰、小腿裹布，戴兽牙腕饰。男女皆注重佩饰，男子戴竹管耳环和项链，腰挂长刀、弓箭等物，妇女用各色项珠，盛装时多至几十串，另有手镯、耳环、铜铃、银币、铁链、小刀、火镰、海贝等，重达十斤以上。

珞巴族女子服饰

落裆线　back crotch line　又称后裆线。自腰口按上裆长度确定的水平辅助线。用细实线表示。见“前后裤片结构线”(406页)。

落肩线　shoulder line　自后颈点水平量取1/2肩宽，与肩线相交的水平方向基础线。用细实线表示。见“前后衣身衣领结构线”(406页)。

落肩型　dropped- shoulder style　放大肩部尺寸，增长肩缝线，形成肩部自然下塌的外观结构。比肩部最高点低5～10 cm。配上宽大的装袖，给人协调、舒适的感觉。外观宽绰舒展，一般不装肩垫，不适合狭肩和塌肩型的人穿着。

落肩袖　drop shoulder sleeve, epaulet sleeve　袖山的一部分分割给衣身的分割袖。产生肩线下延的视觉感。常用于男女装等各类内外衣。

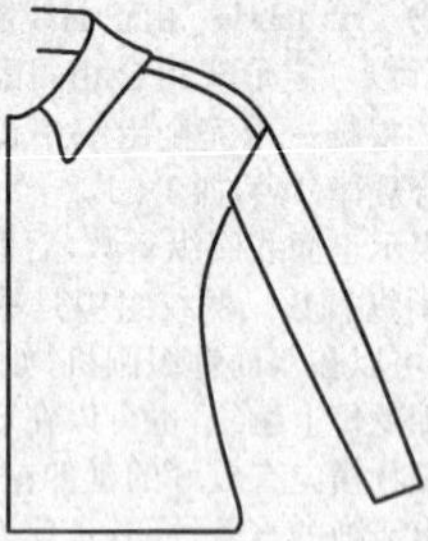

落肩袖

落臀体　low hip figure　臀部下塌，位置下移的体型。其腰围线和臀围线之间的距离比例增大。裙裤身纸样设计时按臀围线下移，后腰省长度增长等处理。

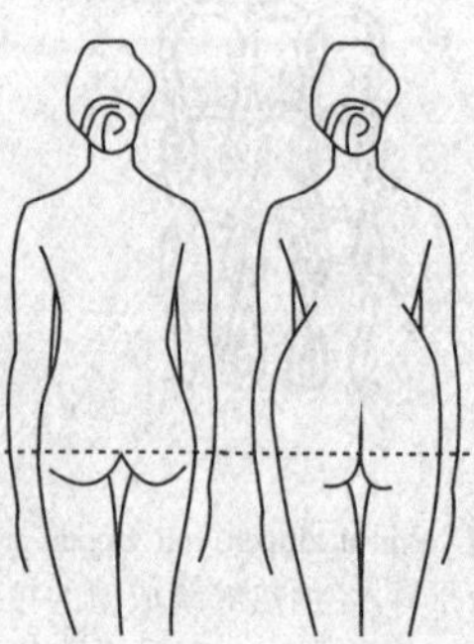

M

麻衬　bast interlining　最古老的传统衬布。以麻纤维为原料，采用纯麻、麻与化纤混纺、麻与毛混纺织成基布再经硬挺剂或树脂整理。基布以亚麻平纹织物为主，也可采用黄麻、大麻、马尼拉麻和苎麻等。产品不易伸缩，挺实，有一定弹性，表面摩擦系数较大，与面料协调性好。常用作大衣、西服的前身衬和腰衬。

麻纱　dimity　棉织物名。经纬纱采用中细棉纱线(18～36tex)，经纱捻度较高，采用变化纬重平组织(经纱以两根纱线和一根纱线相互间隔排列)织制。按染整加工方式分，有漂白、染色、印花等品种；按组织结构分，有普通和花式麻纱(如：异经麻纱和提花麻纱)等；按织品外形分，有凸条、柳条和提花麻纱等。除纯棉品种外，还有麻棉、涤棉、棉维、棉丙、中长化纤麻纱和涤麻麻纱等。布面呈明显的粗细相间的经向直条纹路，类似麻织物纱线粗细不匀的外观，布面有细小的孔隙，质地轻薄挺滑，穿着不贴身，凉爽、透气。适合作男女夏季衬衫、儿童衣裤、裙料等。

麻型织物　bast-like fabric　麻纤维纯纺织物或麻型化学纤维与麻混纺织成的织物。具有麻织物特有的粗细不匀的粗犷外观风格和爽利的手感。用作夏季服装面料。

麻织物　bast fabric　用纯麻纱线或麻与其他纤维交织、混纺织制的织物。用作服装面料的麻织物主要有“苎麻织物”(670 页)、“亚麻织物”(597 页)、“大麻织物”(80 页)和罗布麻织物。麻织物表面具有纱线粗细不匀、条影明显的特征，风格粗犷，吸湿性好、放湿快，手感爽利，穿着凉爽，主要缺点是弹性差，易起折皱，折边处易磨损，贴身穿着时偶有刺痒感。可作男女服装和童装面料，尤其适合用作夏季服装面料。

马丁博士靴　Dr. Martins boots　一种带气垫鞋底的外耳式矮筒皮靴。早期的靴帮面是用黑色皮革制成的，有 8 个靴带孔，并带有用于矫形的气垫。现代马丁博士靴的特点是：带有 Z 形沿条的靴用黄色线缝合，并在双色鞋底的侧面缀有圈状类似旧唱片花纹的凹槽。

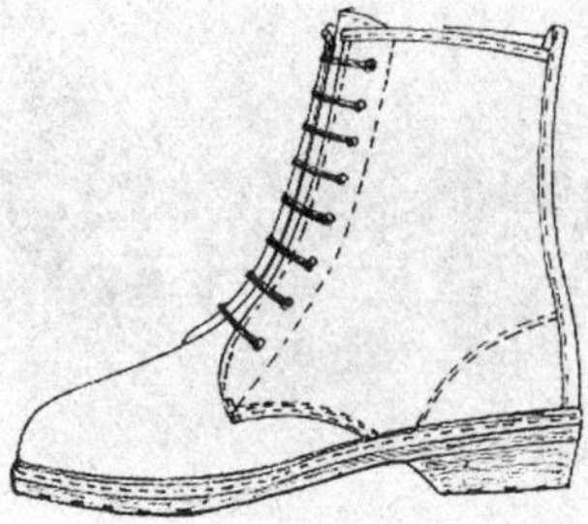

马丁博士靴

马丁测量仪法　Martin measuring instrument　人体体表静态测量法。1928 年确立为世界通用的人体接触计测法。马丁测量仪由德国医生马丁发明，至今仍为应用最可靠、最广泛的人体接触式测量法的工具，包括测高仪、弯角仪、杆状仪、卡尺、软尺等。以人体的骨骼端点或关节点为计测点，水平截面为基准面进行测量，可以测量人体高度方向、围度方向、宽度和厚度方向、体表长度、投影距离等各种尺寸。

马丁代尔耐磨和起球仪　Martindale fabric abrasion tester　检测各种织物耐磨损性能及抗起球性能的设备。适用标准：GB/T 4802.2—2008《纺织品　织物起毛起球性能的测定　第2 部分：改型马丁代尔法》，ASTM D 4966，ASTM D 4970，ISO 5470.2，DIN 53863.1，BS 3424.24，BS EN ISO 12945.2，BS EN ISO 12947，DIN EN ISO 12947，JIS L 1096 等。由工作圆盘、试样杯、芯轴、加压重锤、磨台、微处理器、计数器、输入按键、显示屏等组成。试验杯加载试样，工作圆盘加载标准磨料(起球试验时加载与试样相同的布料)。试样杯中心插入芯轴，芯轴上可加压力重锤，芯轴与磨台相连。试验时，工作圆盘绕自身圆心作回转运动，磨台作两个互相垂直方向的复合运动，则试样与磨台的相对运动均匀地分布在各个磨损方向。至预定的转动次数后评定试样的耐磨损性(重量或厚度的损失率），或者以试样破损时的转动次数评价试样的耐磨损性。织物抗起球性评价以转动一定的次数后，与标准样照对比评出其抗起球等级。做耐磨损与抗起球试验时的磨台动程不同，所加载的压力也不同。

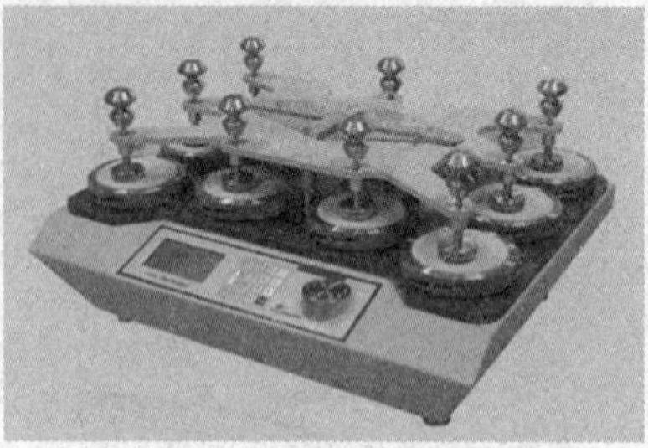

马丁代尔耐磨和起球仪

马褂 **magua** 清代及民国时期的一种服装。长仅至腰，袖可掩肘，有对襟、大襟、琵琶襟等款式。穿时一般套在长衣袍衫之外。面料常用绸缎和皮毛等。清初仅是八旗士兵穿用。后八旗子弟为表示勇武也多身着马褂。有做成单、夹、纱、皮或棉的等各式马褂，四时均可穿用。雍正以后普遍流行。后又渐具礼服的性质。辛亥革命后及民国时期，马褂仍为男子常用服装，并以长袍配马褂作为礼服的一种。

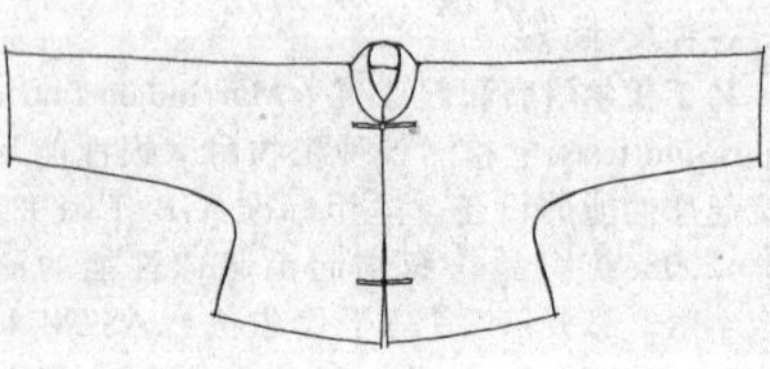

马褂

马海毛衫 **mohair knitwear** 以安哥拉山羊毛为主要原料制成的高档毛衫。质轻，柔软，表面绒毛粗长，呈水波纹状，不易变形、起球，洗涤后不易缩水毡化。

马甲 **vest** 即“坎肩”(282 页)。

马甲套装 **vest suit** 以马甲和裙装（或裤装）为组合的套装。马甲的面料、花型较为别致，衬衫和裙装（或裤装）作为陪衬，可与上装同质同料。20 世纪 90 年代初国内曾风行此类装扮。

马克笔 **mark** 又称麦克笔。一种绘图用笔。分为油性和水性，笔头的形状有尖头和斧头型两种。尖头适合勾线，斧头型用于大面积涂色块。在服装画中，多采用水性马克笔，易于表现毛呢、格子面料和硬挺的服装。使用马克笔时，最好用卡纸、素描纸等硬质地纸张，不宜用吸水性过强的纸，否则会使马克笔的水分渗出，影响画面。

马克勒伯格帽 **Mecklenburg cap** 19 世纪 60 年代塔盘类型的室内女帽。名字来自嫁给英国乔治三世马克勒伯格（Mecklenburg）的夏洛蒂。

马裤呢 **whipcord** 精纺毛织物名。采用急斜纹组织织制的呢面有粗壮陡直斜纹线的厚型精纺毛织物。呢面光洁，斜纹线粗壮突出，角度 63°～76°，结构紧密，立体感强，手感厚实且富有弹性，风格粗犷、休闲，颜色多为黑色、黑灰、铁灰、藏青、草绿、暗棕、白色等素色或各种混色，也有夹丝或闪色等品种。适宜制作猎装、马裤、卡曲衫、军服等。

马拉松鞋 **marathon shoes** 马拉松长跑专用运动鞋。由于马拉松是田径比赛距离最长的运动，因此对鞋的要求高，合脚、耐磨、重量轻、吸湿、透气、卫生性能好。矮帮系带式以保证脚活动自如，散热良好，跖趾弯曲部位薄而柔软。帮面以细帆布、锦纶、聚氨酯泡沫夹层料或柔软性与弹性较好的皮革等制作。鞋底以弹性、耐磨性好且重量轻（密度 0.6 g/cm^3 左右）的弹性聚氨酯制作。成型工艺采用模压硫化、注塑、浇铸和缝制等均可，视帮面与底材而定。内底通常用低密度（0.2 g/cm^3 左右）高弹性聚氨酯片，鞋底硬度，邵氏 65 度左右。

马面裙图案 **horse face skirt pattern** 中国传统裙装图案。裙子左右两侧各有四条方便跨步的顺风折裥，前后裙片中间各有一段光面，称为马面，上饰重复或对称纹样以构成马面裙图案。图案外形规整，呈约 25 cm × 30 cm的长方形，内容由团花、器具等吉祥图案构成。布局繁密，多为对称结构，从中心向周围展开，精致华美。马面图案以红、白、黄、蓝为主要色调，分别与裙身相对应协调，适合不同年龄的女性穿着。图案以刺绣为工艺特色，针法多样，主花形常用打籽绣来表现，细腻紧致，别具特色，是中国民间服饰图案的精华。

马面裙图案

马皮革 **horse leather** 马皮类(包括驴、骡)原皮经鞣制加工而成的皮革。可分为:(1)马皮革,马皮前后身皮质差异较大,加工时,宜采用前后半身分割加工。前半身纤维结构松软,纤维束极细,制革后皮子较薄,革表面毛孔呈椭圆形,稍大于黄牛皮革毛孔,排列分布较有规律,呈阶梯状,制成革粒面细致、平滑,可与牛皮革媲美,常用于制作鞋面革、服装革等,后半身纤维结构坚实,臀部两块椭圆形股子,纤维组织特别紧密、坚实,制革后强度好,常用于制鞋;(2)驴皮革,纤维结构紧密有弹性,与马皮相似但无股子;(3)骡皮革,介于马、驴皮革之间,用途相似,可用作低档服装革、鞋用革等。

马皮鞋 **horse leather shoes** 用马皮革作帮面制成的鞋。外观类似牛面革,光滑平坦,但前后身皮革纤维紧密程度相差很大,前身适于制帮面,后身适于制鞋底。马皮鞋的服用性能接近牛面革,但没有黄牛面革的美丽皱纹,耐曲挠性也较差。

马球领 **polo collar** 又称针织衬衫领。马球衬衫上,前中央半开襟式的翻领。前襟叠合处为长方形布条,有2～3颗纽扣。

马球毛衣 **polo sweater** 薄型针织毛衫。短袖,前胸中央半开襟,由2～3颗纽扣系合,配有罗纹领或横机领,在马球运动中作为运动服,故名。

马球帽 **polo cap, polo hat** 用横条纹面料制作的圆盒帽。

马蹄鞋 **horses hoof shoes** 即"花盆鞋"(217页)。

马蹄袖 **horseshoe sleeve** 又称剪袖。袖端呈马蹄形的袖型。原是中国清代的一种礼服袖,用于品官及八旗妇女服装,骑射时具有保暖功能。袖口可以翻折,行礼时放下。还可以把另制的马蹄形袖头扣在便服袖端上以模仿礼服用。

马王带机 **belt making machine** 又称裤襻机。采用双折边卷边器,在带状衣片上加工406型二针三线绷缝线迹的专用缝纫机。由双针针杆机构、弯针机构、带折边器的送料机构和条带输送装置等部分组成。作业时,带状衣片经输送器和折边器卷成光边条状后,车缝成正面为两条平行直线缝迹、反面为带状曲折绷缝线迹(类似蚂蟥背部的条纹)的条带。经定长切割断料设备,剪成一条条裤环、裤襻等条带类小部件。

马戏团装束 **circus costume** 灵感来源于马戏团小丑和魔术师的打扮。风格夸张。重点表现轻松明快的风格、鲜艳夺目的色彩、别具一格且无逻辑的搭配。面料图案有各种类型的直横线条和几何造型,金属感强的闪光交织布、塔夫绸和锦纶均为常用面料。

马靴 **riding boots** 即"骑士靴"(400页)。

玛丽·斯图尔特罩帽 **Marie Stuart bonnet** 16世纪苏格兰的玛丽皇后戴的头饰物。帽檐向前额中部伸出,左右心呈弧形在前中略向下凹形成尖角,至脸庞两侧向外延展,后面收回,帽子的整体轮廓呈心形。遮盖住耳朵,帽后系一布巾,精致布料和蕾丝制作。帽子的边缘用蕾丝和绉边装饰。

玛丽·斯图尔特罩帽

玛瑙　agate　隐晶质的二氧化硅。硬度 7 级。颜色有：红色、蓝色、紫色、苔藓色。以搭配和谐的俏色为佳品。红玛瑙、缟玛瑙产自巴西和中国；苔藓玛瑙产自印度、美国；白玛瑙产自俄罗斯、冰岛、印度、美国和中国。

码头鞋　wharf shoes　适合码头员工穿用的浅口平跟软底鞋。源于塞巴戈(Sebagc)制鞋公司，因而又称塞巴戈。浅口、外耳式，2～3 个鞋眼，便于系带穿脱。前帮有倒 U 形梗。鞋底为橡胶或其他弹性材料，具有良好的抓着力和抗干湿滑性能，底花纹为中等粗深的人字纹或水纹，较柔软，硬度 55 邵氏度左右，抗撕裂性好，平跟，无主跟包头，可用模压硫化、胶粘、注塑等工艺成型。

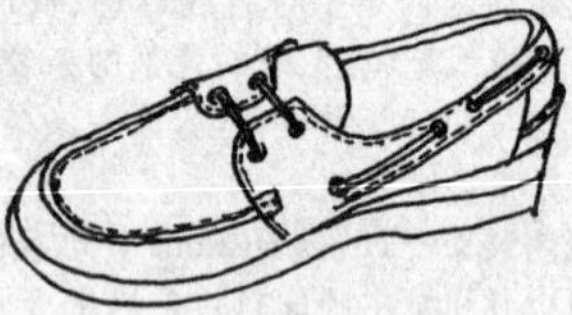

码头鞋

麦尔登　melton　粗纺毛织物名。采用一级改良毛或 60 支羊毛为主要原料，混以少量 64 支精梳短毛或 25%～30% 的黏胶纤维，纺成 62.5～83.3 tex(12～16 公支)粗梳毛纱作经纬纱，用 $\frac{2}{2}$ 或 $\frac{1}{2}$ 等斜纹组织织制，经缩绒整理而成的一种呢面风格的匹染素色的粗纺毛织物。按使用原料可分为全毛麦尔登和混纺麦尔登两类。重量360～480 g/m^2，织物表面有细密绒毛覆盖，手感丰厚滋润，呢面细洁平整，身骨挺实，富有弹性，不露织纹，耐磨不起球。是制作秋冬季西服上装、中山装和大衣等的高档面料。

麦尔纱　mull　棉织物名。由普梳单纱织制的稀薄、柔软的平纹棉织物。一般采用 10 tex(60 英支)～14.5 tex(40 英支)普梳单纱，经向紧度在 28%～40% 之间，纬向紧度在 24%～36% 之间，结构疏松、质地轻薄、手感柔软、透气性好，适宜作儿童夏季衣裙面料、穆斯林的头巾、面纱等。

麦克笔　mark　即“马克笔”(336 页)。

麦克笔技法　mark technique, mark skill　运用麦克笔形成绘画的技法。在画服装设计图中，多采用水性麦克笔，颜色透明，使用方便，笔触与色之间较容易衔接。适合表现如格子、毛呢、硬挺的服装。在平涂或勾线时，应该注意其特性，要充分表现麦克笔的材质美感。用笔讲究力度，不宜过多重复涂盖。机械地使用麦克笔，会失去其美感。

麦克笔技法

麦斯林　muslin　一种轻薄稀疏的精纺毛织物。采用平纹组织，经纬纱都用单纱，细度范围为 17 tex×2～34 tex×2(30/1～60/1 公支)，成品经纬密度稀，但较接近，重量为 90～150 g/m^2。织物质地疏松，轻薄细洁，柔糯而有弹性，不易起皱，不易沾污。花色以印花为主，也有本白、漂白以及各种鲜艳色。适宜作妇女头巾、衫裙等。

唛头　mark　收货和发货人识别不同货物的特定标记号。多用简单的文字，配以图形边框设计而成，与商标形式极为相似，但不办商标注册手续，仅为行业通用。

满帮皮鞋　full upper leather shoes　具有完整前后帮结构的皮鞋。除了拖鞋、凉鞋、女浅口式鞋外的鞋品。

满地图案　all-over pattern　图案中花形占据画面的整个或大部分空间，四方连续编排样式的纺织品图案。内容广泛、造型丰富，以写实和写意花卉组合为经典内容。图案由主花、辅助花、点缀花三大关系构成，通过精细的花形、变化的色彩，以层层叠叠不透底来实现图案的多层次、饱满的艺术效果。广泛运用于传统和现代服饰图案设计中。

满地图案

满地图案表现技法 allover pattern showing skill 纹样所占面积远远大于或完全占满地色的图案的表现技法。表现的关键是对图案的整体风格、造型及色彩等进行重点描绘。而对图案中较为次要的填充地色的纹样,可简略表现。

满地图案表现技法

满髯 manran 传统戏曲"髯口"(424页)的一种。长片形,不分绺,将唇上、两腮、下颏全部遮住。是颊颐生满须髯的夸张表现,一般长约60 cm,净角用的更有长70 cm的。造型丰厚伟实,适用于体格健壮,有气魄、身份的人物。主要色彩有黑、黪、白三种,如《打严嵩》中的邹应龙、《霸王别姬》中的项羽戴黑满髯,《打渔杀家》中的萧恩、《打严嵩》中的严嵩戴黪满髯,《四进士》中的宋士杰、《秦香莲》中的王延龄戴白满髯。三国戏中的孙权因据说是碧眼紫髯,故戴紫满髯。

满月鞋 full month shoes 小孩满月时亲友送的贺礼鞋。多为姨家所送。鞋上绣有花饰,多为猫、虎头等带眼睛的吉祥物,意为引导小孩认路识途,不致磕碰,并引申到小孩长大后多长眼,在人生道路上不致跌跤。

满族服饰 Man ethnic costume and accessories 中国满族衣着和装饰。满族分布在东北三省及河北、内蒙古、北京等地。男子多穿带马蹄袖的袍褂、腰束宽带。夏戴凉帽,冬戴皮制马虎帽,并剃去额上头发,脑后梳一条长辫,民国后改戴圆顶礼帽。冬穿棉袍,夏穿长衫。窄袖右衽,两侧开衩。也穿行袍。青蓝色为主。外罩马褂或衣襟为大襟、对襟、琵琶襟、一字襟的坎肩。着双鼻皮条布鞋,冬着靰鞡。女子穿窄袖右衽长袍,衣色艳丽、下摆均缘边,外罩坎肩。传统发式有燕尾式、大拉翅等,着盆底鞋。衣料以棉布为主,坎肩多用锦缎。衣纹有花卉、鸟虫、龙凤等。男女腰间或襟侧挂佩饰,古称鞢韄带,腰下佩香囊、荷包等。

满族服饰

满族袖 mandarin sleeve 即"中式袖"(665页)。

曼特尔　mantle　又称披风、斗篷。12～16世纪男女穿用的一种无袖斗篷状长披风。形状有长方形和圆形，一般在胸前或肩上固定，也有套头式的。通常带风帽。面料选用锦、缎，并常以金银线绣作缘边。许多缝制考究的披风有衬里，衬里色彩通常比披风的颜色深。

蔓草纹　vine pattern　传统装饰植物图案。以葛蔓、萝蔓等蔓生植物或常春藤等藤本植物的枝茎构成。图案强调蔓草卷曲的波状姿态，营造出优美流畅的植物造型样式。广泛运用在英国、印度、中国、日本等国的服饰设计中。

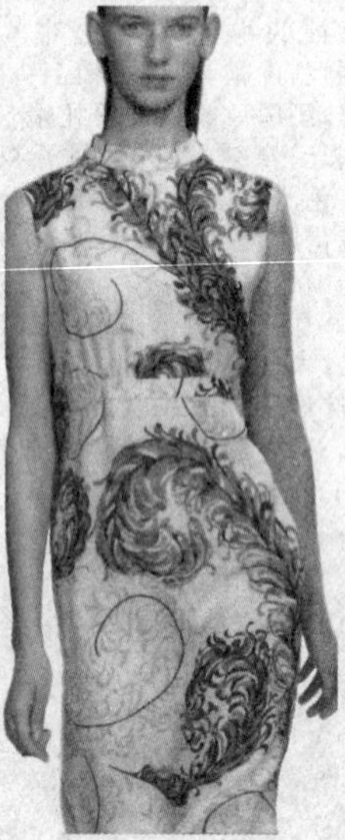

蔓草纹

缦衫　manshan　隋唐时一种舞蹈服装。舞蹈时用以其罩在外面，但舞至第二叠时聚于场中一起脱去，以达到戏剧性的效果。帛无文采便是缦，故缦衫无花纹图案。形制多样，有广袖、无袖、及地、及膝、及腰、对襟、右衽等，都是便于脱卸的款式。缦衫颜色与内穿的舞衣地色相同，为单色。

蟒　mang　传统戏曲袍服中帝王后妃、将相显爵及其夫人在郑重场合着用的礼服。明代有用以赏赐外邦君主及阁臣辅弼的蟒衣，衣上绣形似龙而少一爪的蟒，清代称为蟒袍，官员参加典礼时着用，戏曲中蟒即源于此。男蟒圆领，大襟右衽，阔袖带水袖，袖裉下有摆，长及足，左右胯下开衩。缎地，以金、银及彩线绣团龙、正龙或行龙，龙爪除明黄色蟒绣五爪外，其余均绣四爪，下摆绣称为蟒水的海水浪花，有弯立水、直立水、立卧三江水、立卧五江水、全卧水五种。所绣龙及蟒水的具体形状各有其特定的象征意义，一般不可混用。色彩多样，“箱中十色”（566页）俱备。大体为皇帝、国君和玉皇大帝着明黄色蟒，如《上天台》中的刘秀；太子、亲王等着杏黄色蟒，如《杨家将》中的赵德芳；王侯、宰相、元帅、驸马等着红蟒，如《战宛城》中的曹操、《铡美案》中的陈世美；身份略次于此者着紫蟒，如《二进宫》中的徐延昭；高级将官及如《通天犀》中的青面虎等一些绿林英雄着绿蟒；性格威武刚直及画黑色脸谱者着黑蟒或蓝蟒，如《断太后》中的包拯、《黄鹤楼》中的张飞；戴白髯口的老臣如《草桥关》中的铫期、《追韩信》中的萧何着湖色、古铜色蟒；英俊的青年将领如《群英会》中的周瑜、《辕门射戟》中的吕布着白蟒；身居显爵的儒雅小生着粉红蟒，如《玉堂春》中的王金龙。服用时一般均腰围玉带、足着厚底靴。女蟒式样基本同男蟒，但长仅至膝，袖裉下无摆，绣纹有团凤、行龙两种，色彩一般仅用黄、红、白三色：黄色蟒绣团凤，周身镶绣云、鹤纹样的黑宽边，用于后妃；其余均可着红色蟒；白蟒专供穿孝时着用，如《别宫祭江》中的孙尚香等。服用时一般均于肩部披云肩，腰围玉带，下身着裙。女蟒又可用于占山为王的草寇如程咬金等，长仅及膝，双腿外露，形象滑稽，以寓贬义。老旦扮演的角色用绣团龙或团龙凤等纹样的老旦蟒，一般为杏黄、秋香两色。太后着杏黄色蟒，挂玉带，如《打龙袍》中的李后；其余贵夫人着秋香色蟒，一般颈挂朝珠，腰系丝绦，如《四郎探母》中的佘太君。下身均着墨绿色大褶裙。此外尚有“改良蟒”（170页）、“箭蟒”（254页）、“旗蟒”（401页）。

蟒服图案　python robe pattern　缀有蟒补的明清时期官服图案。蟒服是明代官员蒙恩，皇帝特赏的一种赐服，蟒服图案与皇帝所穿的龙衮服相似。蟒形与龙相似，但少一爪，底色多为蓝或石青，以金线刺绣，蟒数五至八条，按等级为差。明代后期有的重臣权贵也穿五爪龙衣，称为蟒龙，清代皇子、亲王之袍绣五爪金黄色蟒龙，一至七品官按品级绣八至五只四爪蟒，不能用金黄色。

蟒袍　mangpao　明清时期织绣有蟒纹的官员袍服，用于万寿、上元和年节等隆重场合。明代多作蟒衣或蟒服。清代又称花衣。蟒形像龙，与龙的首、鬣等处略有差异，用以象征低于皇帝的权力与地位。明代需特赐方能服用。清代则上自皇子，下至九品、未入流者都可用，以服色、蟒的多少等区分尊卑：色以杏黄（皇太子）、金黄（皇子及亲王、郡王特赐）为贵；蟒数以九为最尊；五爪蟒较四爪蟒为贵；正蟒（坐蟒）较行蟒（走蟒）为贵。

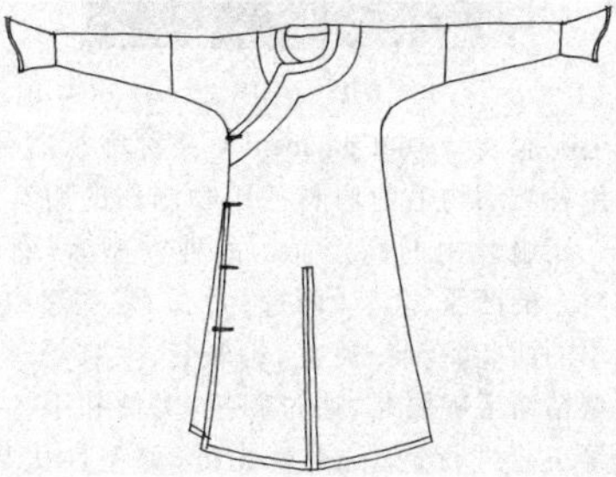

蟒袍

猫跟　cat heel　一种矮胖型路易斯跟。流行于20世纪50年代。用这种跟作的鞋具有轻松、稳定的感觉，因而成为色彩丰富的娱乐鞋的首选跟型，反映了第二次世界大战后人们的乐观主义情绪，受到当时年轻人的特别欢迎，并被赋予一个喜庆的名字——斯丽卡（Slicca）。图为美国设计师兰普莱特（Lamplighters）设计的猫跟娱乐鞋中的一款。

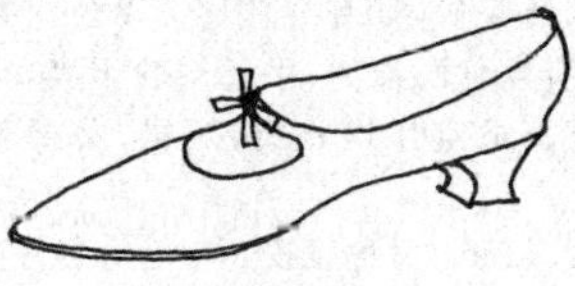

猫跟娱乐鞋

猫王式套装　Elvis Presley suit　一种摇滚乐演出着装。风格充满奔放和野性，带少许西部色彩，因20世纪50年代著名歌星猫王埃尔维斯·普莱斯列（Elvis Presley）穿着而得名。款式为色彩鲜艳的镶边或饰流苏的衬衫，下穿紧身长裤，腰系宽皮带。

猫眼石　cat's-eye　铍铝酸盐晶体，硬度8.5级。属金绿玉类。切磨成半球形的宝石用强光照射时，表面会出现一条细窄明亮的光带，形似猫眼。有各种颜色，如蜜黄、褐黄、灰绿、黄绿等，以蜜黄色最佳。主要产地是斯里兰卡。

毛笔淡彩　writing brush tinge　见“淡彩画技法”（88页）。

毛哔叽　wool serge　精纺毛织物名。采用$\frac{2}{2}$右斜纹组织，经纬纱的纱支相同或接近，经纱密度略大于纬纱密度的非紧密结构的中厚型织物。哔叽的经纬纱密度之比约为1.1～1.25，外观呈现45°左右的右斜纹，纹路扁平、较宽。呢面有光面和毛面两种，光面哔叽纹路清晰，光洁平整；毛面哔叽呢面纹路仍然明显可见，但有短小绒毛。哔叽呢面细洁，手感柔软，有身骨弹性，质地坚牢，色泽以灰色、黑色、藏青色、米色等为主，也有少量混色。主要用于春秋季男装、夹克、女套装、裤子、裙子等的面料。

毛边底鞋　rough edge sole shoes　鞋底用一层层相同颜色的布（多为白色）叠合起来的布鞋。袼褙叠起后不包边，仅有上层一个包边小底，直接用麻绳纳底加固。缝帮成型后，鞋底的侧面能见到布的毛边，故名。比千层底柔软，穿着更舒适。我国南方农村这种鞋较多。缺点是对袼褙布的颜色要求较高。

毛边贴缝缝　raw edge lapped seam　见“贴缝”（518页）。

毛涤织物　wool/polyester blended fabric　用羊毛和涤纶纤维的混纺纱线加工的织物。几乎所有的粗、精纺毛织物都有相应的毛涤混纺品种。具有毛织物的外观风格，手感比纯毛织物硬挺，洗可穿性、耐用性比纯毛织物好，价格比纯毛织物便宜。可用作套装、西服、夹克、裤子、大衣、外套、帽子、披肩等的面料。

毛发化装法　hair dressing　运用假毛发、毛发制品以及毛发着色进行化装的造型技法。包括假发、假胡须、假眉毛、假睫毛、假髻、假辫等的制作工艺，粘贴技法和造型技巧，真发的漂染着色方法等。不包括理发、烫发。用于改变演员年龄、面貌、气质以至神态，刻画人物性格。

毛缝制图　raw seam drawing　制图时将缝份和贴边考虑在内的平面制图形式。方便适用于固定款式的制图，不太适用于变化款式的制图。故在女装制图中已基本不用，仅在部分男装制图中应用，在图纸或图样中标明毛缝制图字样。

毛革 **double face leather** 即“毛革两用皮革”(342页)。

毛革两用皮革 **double face leather** 又称毛革。正反两面均可用作服装面料的带毛皮革。一般由绵羊皮制成。毛被一面通常采用剪绒工艺加工，使毛被平齐，松散、有光泽；皮板一面经磨绒染色后制成绒面革，或将皮板一面磨平后喷浆、涂饰、上光以制成光面革。制成的服装不带夹里，正反两面均可外穿，保暖、挡风性能好。

毛巾布 **terry fabric** 即“毛圈针织物”(343页)。

毛漏 **raw edge** 服装外观疵病。缝纫工艺粗糙，衣片的某些部位外边缘未缝到，或衣片的某些部位纱线毛头外露的现象。补正方法为：将纱线毛头外露的缝迹拆开，修剪多出的纱丝，再缉线；补缝漏缝处，并注意不可组成双轨缝迹。

毛南族服饰 **Maonan ethnic costume and accessories** 中国毛南族衣着和装饰。毛南族分布在广西。衣色尚青蓝。男子穿对襟上衣，领、前襟、袋口、下摆有镶边，袖有两道V形装饰，着长裤。历史上则多穿斜襟上衣，左衽。除丧事外，忌穿白色衣服。妇女戴花竹帽，梳辫或梳髻盘发，或戴珠子流苏头饰，穿大襟上衣，领、胸有镶边。着下摆有饰边的齐膝裙或长裤，系围裙。戴耳环(表示订婚或已婚)、银项圈、银麒麟、银簪等。

毛南族男子服饰

毛南族女子服饰

毛呢服装 **wool garment** 又称呢绒服装。采用各类动物毛为原料的织物制作的服装大类。属服装中的高档品。品种类型多，有春秋时令的西服、套装、西裤、大衣、夹克等和秋冬季的西装、套装、夹克、长外套、大衣等。中厚型精纺毛呢服装，通过归拔、熨烫和手工针缝等工艺进行造型，平整光挺，保型性优异；中厚型粗纺毛呢服装，手感柔软、丰满、保暖性好。20世纪末流行高支精纺的超薄型毛呢服装和质地轻柔、手感优异的羊绒大衣，属服装精品。

毛泡泡纱 **wool seersucker** 呢面呈泡泡状皱缩的薄型精纺毛织物。织物组织以平纹为主，利用收缩性不同的毛纱间隔配置，经整理后形成泡泡。一般为经向条子状泡泡，也有格子状泡泡。织物潇洒别致，泡泡散布错落，呢面凹凸起伏，富有立体感。以色织条格居多，也有素色匹染的，手感柔软干爽，穿着舒适透气。适宜作连衣裙、短裙、女衫等夏令女装。

毛皮 **fur** 又称裘皮。带毛的熟兽皮。由皮板和毛被组成。毛被由锋毛、针毛、绒毛单独或按比例有规律地成簇排列而成。绒毛最细，最短，最柔软，颜色较差，色调较一致，占总毛量的95%以上，是御寒的主要组成部分；针毛较粗，较长，较直，有弹性，颜色、光泽较好，其质量、数量、分布状况决定了毛被的美观和耐磨性能，是影响毛被质量的重要因素，占总毛量的2%～4%；锋毛最粗，最长，最直，弹性最好，占总毛量的0.5%～1%。根据毛的长短、粗细、色泽和皮板厚薄，可分为：(1)小毛细皮，毛短而珍贵，如水貂毛皮，黄鼬毛皮等；(2)大毛细皮，毛长，价值较高，如狐毛皮；(3)粗毛皮，指各种羊皮，如山羊皮等；(4)杂毛皮，如青鼬毛皮，猫及家兔皮。按季节可分为冬皮、秋皮、春皮和夏皮等。其中从立冬到立春所产的毛皮质量最好。也可分为家养和野生两大类。毛皮御寒性强，轻柔美观，高雅珍贵，价格高昂。既可用作面料，又可充当里料与填充材料。适用于制作裘皮服装、披肩、皮领、皮帽、围巾、手套、服饰镶边和饰件等。

毛皮领　fur-collar　又称翻毛领。用毛皮、仿毛皮面料制成的领子，常用于防寒外套与大衣。

毛皮鞋　fur shoes　以皮革或特种帆布为帮面，毛皮为衬里，橡胶为鞋底的防寒高腰鞋。由于毛皮保暖性强，柔软舒适，是高寒地区理想的鞋里衬垫材料。适合作鞋里的主要是羔皮，不仅价格适中，而且性能良好。其他如狗皮、猫皮等也能满足要求。狐皮、獭皮造价过高。兔皮毛易脱落，不适合鞋里频繁摩擦的要求。人造毛皮具有质轻、不易脱落、价廉等优点，是较好的替代材料，但保暖性较差。硫化橡胶底是目前较好的鞋底材料之一，不仅耐磨性能好，而且天冷不变硬打滑。为了保证脚在鞋内有足够的活动空间以及衬里毡垫等的需要，毛皮鞋的头型都比较高大，故称大头鞋。

毛圈针织物　terry knitted fabric　又称毛巾布。单面或双面覆盖着环状毛圈的纬编织物。地纱采用低弹涤纶丝、锦纶长丝、棉纱或涤棉混纺纱等，毛圈采用棉纱、腈纶纱、低弹涤纶丝、黏胶纤维、醋酯纤维或涤棉混纺纱等。手感松软，质地厚实，具有良好的延伸性、弹性、抗皱性、保暖性与吸湿性。分为：(1)单面毛圈织物，有脱散性和卷边性；(2)双面毛圈织物，使用不同颜色或不同纤维编织，可以缝制两面穿的春秋季服装、运动服、套衫、睡衣、浴衣、裙子等，并可进一步加工制成高档短绒织物，如天鹅绒织物、单面绒织物和刷花绒织物等。

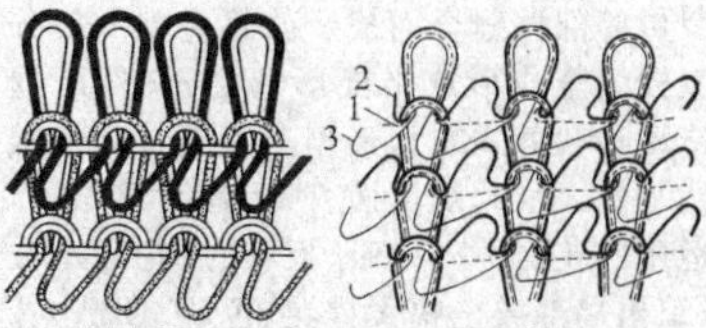

单面毛圈　　双面毛圈

毛圈针织物

毛绒面料质感表现技法　fur and fluffy fabric showing skill　根据毛绒面料的质感差异，采用的不同的绘画表现方法。有以下几种：(1)裘皮面料，蓬松，无硬性转折，体积感强。长毛狐皮面料有层次感，可结合“撇丝法”(391页)、“摩擦法”(361页)、“刮割法”(190页)等，先置深色，再顺其纹理逐层提亮。(2)绒布，有发光与不发光之分，与其他面料相比，同一种颜色的绒布较深。丝绒面料较一般绒布的反光和悬垂性强。处理绒布面料的边缘时，应起毛和虚化，可用“摩擦法”(361页)。(3)羽毛，层次感强，可用较大笔触参考表现裘皮面料的步骤画出羽毛的形状。

毛绒面料质感表现技法

毛衫　woolen sweater　由针织机械或半机械加工的成衣服装。习惯上有别于手工编织的绒线衫。品种有：羊毛衫、羊绒衫、羊仔毛衫、驼毛衫，各种混纺或交织衫。传统款式有套衫、全开襟、半开襟、背心、童衫裤等。整件毛衫由前片、后片、领片、袖片等主要衣片以及罗口等部件缝合而成。款式造型一般分为收放针式全成形或半成形造型、整件压脚成形造型和裁剪式衣片造型三大类。除了常用的纬平针、罗纹、双反面、四平针等组织外，还可运用嵌花、提花、网眼、扳花、挑花等花式组织，织出局部或全幅大提花、色块、凹凸、孔眼等图案花纹，并可采用印花、绣花、绣珠片、拉毛、缩绒等手段加以整理。

毛衫袋盖 **sweater pocket flat** 棒针毛衫衣袋的部件。袋盖边有直角、圆角、三角等造型。宽度与袋口相同，长度一般为 4～6 cm。起实用与装饰作用。适用于各类毛衣。

毛衫领型 **collar style of sweater** 毛衫领子的类型。

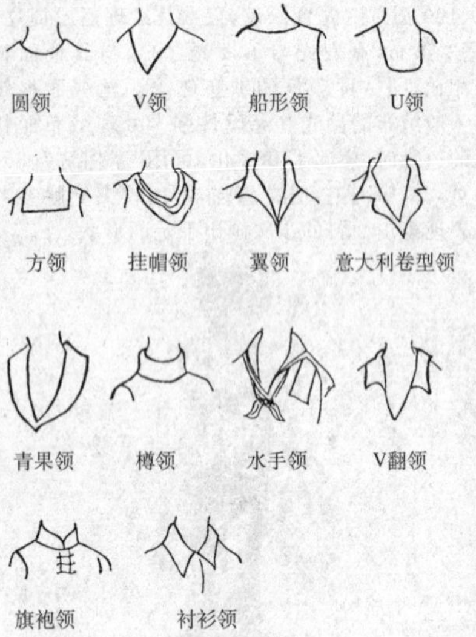

毛衫领型

毛衫套装 **sweater suit** 套衫或开衫与裤装或裙装组合的针织套装。上下装可采用不同组织、不同色彩搭配。采用纬平针、提花等组织编织。常作为休闲时装。

毛衫袖型 **sleeve style of sweater** 毛衫袖子的类型。

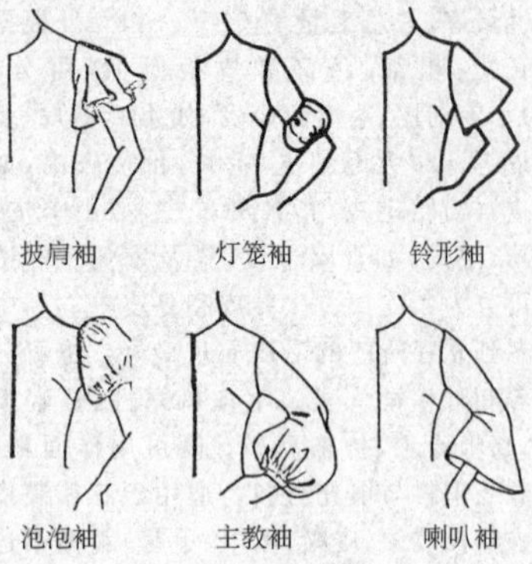

毛衫袖型

毛细效应测定仪 **fabric capillary effect tester** 测定各类纺织品吸水性的设备。适用标准：FZ/T 01071—2008《纺织品 毛细效应试验方法》等。由试样夹张力夹、水槽、电加热器、温度传感器、温度控制器、定时器等组成。测试时，将条形纺织品试样夹入试样夹，另一端夹入张力夹后浸在液体中，液体沿纺织品的缝隙上升或渗入，在规定时间内，用量具测量液体上升的高度。由电加热器加热，温度传感器和控制器检测水温并控制电加热器的工作。设定时间到，由定时器报警。

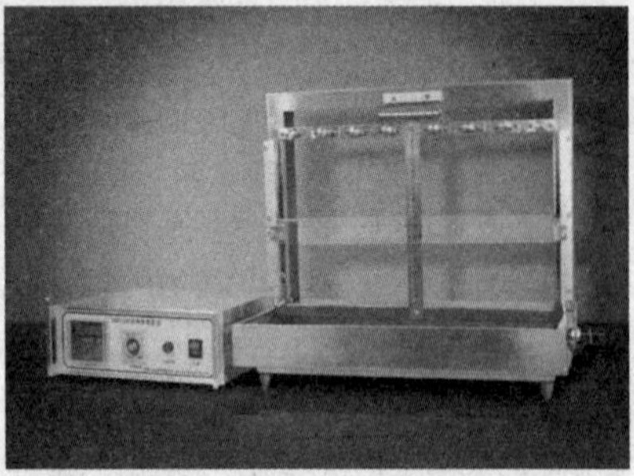

毛细效应测定仪

毛线紧身服 **wool body sweater** 紧身合体的毛衣。采用羊毛、腈纶及其混纺纱编织。紧身适体，分长袖、短袖、无袖，圆领、V 字领、半高领或高领，长至腰部或臀部。常以罗纹、罗纹集圈织物或弹性较好的针织面料经裁剪缝合而成。常作为休闲服装。

毛线连衣裙 **sweater dress** 上身合体，下身呈喇叭形或旗袍式，短至膝盖以上，长至脚跟的编织连衣裙。以机器编织成坯布，整理后经裁剪缝制而成。采用纬平针、罗纹、提花等组织编织。

毛线外套 **sweater coat** 手工或机械编织的针织外套。常以毛腈混纺纱、腈纶花式纱为原料。长至臀部或臀部以下，以开衫为主，配有腰带或纽扣，常采用西装领、丝瓜领等翻领形式，并与连帽、披肩、头巾等组合使用。采用提花、畦编、纬平针等组织。风格粗犷、宽松。

毛型织物 **wool-like fabric** 具有毛织物外观风格的织物。包括毛织物、毛混纺织物、中长纤维仿毛织物和涤纶长丝仿毛织物。外观和手感接近毛织物而价格比毛织物便宜。可用作西服、套装、夹克、帽子、披肩等的面料。

毛织物 **wool fabric** 又称呢绒。用纯毛纱线或毛与其他纤维交织、混纺织制的织物。用作服装面料的毛织物主要有"精纺毛织物"(270 页)和"粗纺毛织物"(73 页)两类。光泽柔和，手感柔软而富有弹性，干态抗皱性好，但湿态抗皱性差，洗后需要熨烫，一般采用干洗。服装加工熨烫后有较好的褶裥成型和服装保形性。比较耐酸而不耐碱，且容易虫蛀。用作高档或中高档服装面料。

牦牛皮革 **yak leather** 又称犁牛皮革。"牛皮革"(373 页)的一种。牦牛原皮经鞣制加工而成的皮革。皮层中的恒温层较厚，约占厚度的 1/3，生胶质纤维与黄牛皮相近，革面较细且柔软，但表面一般有虻眼缺陷，皮组织较松，强度较差，部位差异较大，部分经过精心加工后，可成为较好的皮革材料。常用于制作鞋、皮带、刀鞘、箱包等产品。

牦牛绒衫 **yak hair knitwear** 以西藏高原的牦牛绒毛为主要原料制成的高档毛衫。粗纺牦牛绒衫多用细羊毛、绢丝或化纤与牦牛绒毛混纺原料制成，风格接近羊毛衫，手感细腻，弹性优良，不易起球，色彩偏暗。常见品种有绞花套衫、开衫及纹花筒裤、筒裙、男装内衣裤等。

铆合扣 **tack button** 不用缝线钉缝而用铆钉钉在布层上的扣子。如免缝按扣等。

铆合扣

贸易促销 **trade promotion** 即"贸易推广"(345 页)。

贸易推广 **trade promotion** 又称贸易促销。营业推广中生产商面向中间商或用户的促销手段。包括：购货折让，即在一定期间内给予购买的产品减价优惠，目的在于鼓励采购商增加购买的产品或数量；采购津贴，为鼓励采购商积极购买产品给予的津贴；广告津贴，用来补偿采购商进行产品广告活动的支出；陈列津贴，给零售商陈列产品或举办特殊展示的补贴；免费商品，由于中间商购买了一定数量产品而赠予的奖励商品；推销奖金，采购商及推销人员业绩优秀者给予的奖金或奖品；广告特赠品，赠予相关人员印有公司名称的小礼品，如钢笔、包、日历、纪念册、记录本等。

帽 **hat, cap** 遮盖头部作防护或装饰用的服饰配件。起到保暖、遮阳、挡风避雨、装饰等作用。有无檐帽、有檐帽、罩帽、兜帽、盔帽、冠等类别。由帽顶、帽檐或帽身组成。成型材料有线带、织物、编织物、毛毡、皮革、麦秸、麻绳、马鬃毛、橡胶等，其中大部分与服装材料相同，但也有制帽的专用材料。常用的辅助材料和装饰材料有衬布、蕾丝、网纱、羽毛、珠片、铁丝等。制作精确合尺寸的帽子需要测量帽围和帽深：从前额发根处量起，通过后头部隆起点以下 2 cm 处绕头围量一周，再加放 1～2 cm 即为帽围；双耳根以上 1 cm 处通过头顶间的距离为帽深。帽子的成型主要有两种方式：模制和缝制。模制一般采用金属模型和木模，工业用模一般为金属模。随着时间地点的不同而发展变迁，戴帽曾有很强的礼仪性，在欧美一度作为上层社会女性穿戴的必需品，需注重场合的变化。第二次世界大战后帽子失去了往日在服饰中的重要地位，也不再表征身份、地位、宗教和权利，但是，在高级时装、服装展示、日常休闲运动着装中，帽子发挥着不可替代的作用。较正式的女装中，帽饰作为服装的一部分，进入室内也不脱掉。

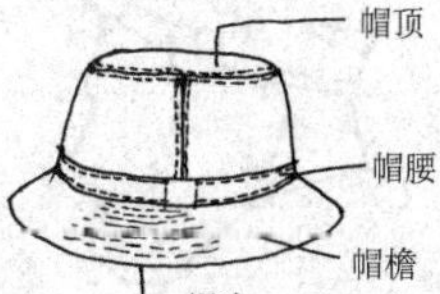

帽

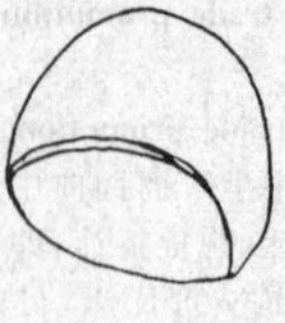

圆顶型

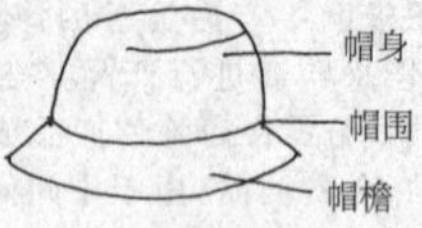

平顶型

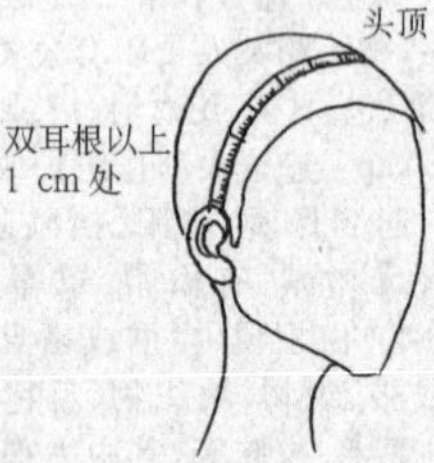

帽深

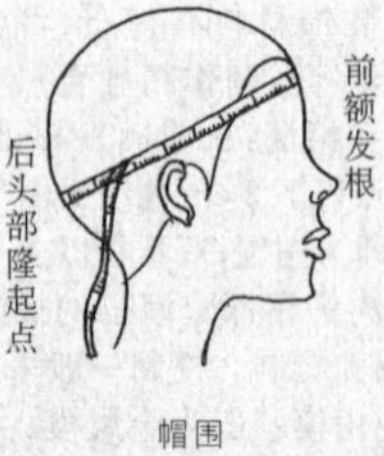

帽围

帽钉铠　maodingkai　中国传统戏曲戎装的一种。见“大铠”(79 页)。

帽箍　maogu　中国古代的一种无顶帽。圆箍形，使用时绕头一周。常用作护额，有时候也用作部队徽识。通常用布帛或是金属材料做成。

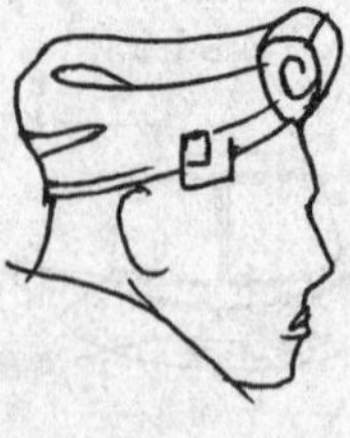

帽箍

帽徽　hat insignia　佩于帽上的饰品。通常用特殊的标志和纹饰作为图案或造型，装饰在军装、警服等制服上。

帽针　hat pin　尖形长别针。通常在一端镶有卵形宝石或金属亮片，使帽子固定在头部某部位，也起到装饰效果。

帽针

玫瑰图案　rose pattern　以玫瑰的花朵、折枝、花束等构成的图案。蔷薇科的玫瑰，栽培普及，造型优美，色彩丰富，是最受人们喜爱的观赏花卉之一，也是服饰图案中应用和流行广泛的装饰花卉。玫瑰是英国的国花，是西方情人节的标志花卉。玫瑰花形饱满，花瓣渐变重叠，对称却不失变化，集古典、温馨、浪漫、优雅为一体，运用写实、写意、独枝大花、满底小花、对比色调、柔和色调等多种表现手法，可以打造出各种风格的服饰面料图案。

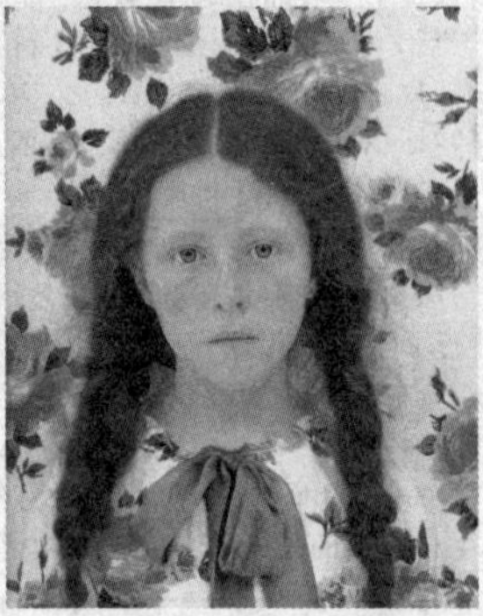

玫瑰图案

眉笔　eyebrow pencil　用于描绘改变眉形，弥补眉毛缺陷的软质笔。使用者根据所要描画眉形的感觉，变换眉笔的颜色和硬度。

眉粉 **brow powder** 灰色系或咖啡色系的小型盒装粉饼。可用细平头笔或斜角眉刷蘸取，画出自然的眉形。使用过多时眉色会十分突兀。

眉峰 **brow ridge** 眉毛的最高点。眉峰与"眉头"(347页)连线的坡度、眉峰的圆润度和眉峰的前后位置是决定眉形的关键。标准眉形的眉峰位于鼻翼与眼球外侧延长线上。

眉弓肌 **superciliary arch muscle** 眉骨附近，挑眉时会牵动的肌肉。扬眉时眉峰附近的这块肌肉会隆起，故在画眉时要在此处画出轮廓线。漂亮的眉毛是看不到眉弓肌的。

眉尖 **eyebrow end** 眉毛的末端。多位于唇中、鼻翼、外眼角延长线与眉毛交汇处。

眉间点 **glabella, Gla** 人体测量点。额骨鼻部两眉弓之间，正中矢状面上最前突的一点。测量头围时的基准点，也是服装人体功效学中测量体表温度的重要点。

眉间俏 **adornment between eyebrows** 妇女施于额眉间的"花子"(218页)。装饰方法繁简不一。简单者仅用彩绘，复杂者则以珠翠制成禽鸟、花卉或楼台等形象，粘贴于眉间。唐代以后较为流行。

眉剪 **eyebrow scissors** 用来修剪眉毛长度的工具。

眉毛胶 **brow set** 固定眉毛的液体胶。能使眉毛产生浓密挺拔的效果，具有光泽感。

眉毛流向 **brow hair direction** 从眉头到眉尾，顺着一根根眉毛的自然生长方向形成的总体趋向。有顺眉、乱眉、断眉、卷眉、螺旋眉等多种情况。眉的流向、颜色和眉形共同表达了眉毛丰富的表情特征。

眉钳 **eyebrow tweezers, eyebrow clipper** 用来将眉毛从根部拔除的工具。夹毛处有的平直，有的圆锐。

眉色 **eyebrow color** 眉毛主体的颜色、疏密特征。通常属灰黑色系或咖啡色系，也有后天加工成各种颜色的。浅淡色给人柔和、亲切感；深浓色则给人坚强有力、精力旺盛、凶狠等印象。

眉刷 **eyebrow brush** 用于眉粉或眼影粉画眉的化妆用具。一般柄较长，刷子呈扁平倾斜状，在描画效果上比较自然。

眉头 **forepart eyebrow, eyebrow head** 眉毛靠近鼻侧的部分。颜色相对较浅。

眉形 **eyebrow shape, camber** 由眉轮廓线表现出的眉毛主体形状。如：柳叶眉、剑眉、一字眉等。眉形的长短、高低、平陡、粗细会在很大程度上影响整个脸部结构给人的视觉印象。

梅钿 **dian like plum blossom** 梅花形花钿。中国古代妇女面饰。

梅花妆 **plum blossom make-up** 中国古代妇女点画或粘贴于眉额上的梅花形"花子"(218页)。相传南朝宋武帝之女寿阳公主正月初七仰卧于含章殿下，殿前植有梅树，微风袭来，吹落梅花，不偏不倚，正落在公主额上，额被染成花瓣之状，经久不去。宫中女子见其新异，竞相效仿，遂演变成一种妆饰风尚。

煤筐形罩帽 **coal scuttle bonnet** 19世纪欧洲流行的铲子状宽硬帽檐的罩帽。平顶的帽冠，系带绕过帽檐在颏处系牢，亚麻布衬帽。一般用麦秸制作。外形类似煤筐。

煤筐形罩帽

美国纺织品和服装进口限制措施 **United States textile and apparel import curbs** 美国限制纺织品、服装进口的关税和非关税措施。主要包括：高额关税；绝对配额；反倾销税；反补贴税；进口许可证制等。除上述主要限制措施外，美国对纺织品和服装进口还实行诸如单一品种临时协商制、单方面暂定进口制、政府当局证明、吊牌说明书和反向贸易等各种限制。美国对纺织品、服装征收的进口关税普遍高于其他商品，并实行差别关税制，将进口税率分为优惠税率、普通税率和普惠制税率。优惠税率适用于加入WTO成员国及与美订有贸易协定和享有最惠国待遇的国家和地区，税率较低；普通税率要比优惠税率高出1～5倍，少数商品高达10倍以上；普惠制税率是对发展中国家的若干特定商品实施的免税待遇。

美国陆军舌帽 **service cap** 美国陆军士兵着便装时戴的平顶军帽。帽冠约 9 cm 高，舌状帽檐，一般为米黄色。

美国鞋号 **American size of footwear** 以鞋内底长英寸为基准制订的一种鞋号。分为波士顿号、标准号和惯用号，均以 $\frac{1}{3}$ 英寸(8.47 mm)为号差。波士顿号一般用于男鞋，将鞋内底长度为 4 $\frac{1}{4}$ 英寸(107.95 mm)的鞋号定为 1 号。鞋内底长度每增加 $\frac{1}{3}$ 英寸，鞋号增加一个号，13 号对应的鞋内底长度为 8 $\frac{1}{4}$ 英寸(209.55 mm)。13 号以后，下一个号不是 14，而是又一个 1 号，然后，再以上述同样方法，又从 1 号排到 13 号。前一个 1～13 号为童鞋，后一个 1～13 号为成人男鞋。标准号和惯用号一般用于女鞋。标准号比英国鞋号大一号半；惯用号比英国鞋号大两个半号。

美国袖 **American sleeve** 造型短而宽的袖型。有翻边和不翻边两种。

美丽绸 **mei-li lining twill** 又称美丽绫。黏胶纤维仿丝织物名。经纬纱均采用有光黏胶丝。

美丽绫 **mei-li lining twill** 即“美丽绸”(348 页)。

美目胶 **eye glue, eye paste** 包装类似于睫毛胶水，无色或白色胶液的化妆用品。作用与美目贴一样。在化好眼妆的上眼睑上，找出所需双眼皮的皱折线位置，闭上眼睛，在此皱折位置涂上美目胶，待稍干，用棉签抵住此线，睁开眼睛，使皱折粘牢、固定。

美目贴 **eye stick, eye paste** 用于将单眼皮变成双眼皮或将双眼皮变得更明显、更漂亮的透明胶纸。有月牙形和卷状两种，含透气孔。使用时可以根据个人眼形的不同剪出适合眼形的形状，贴于上眼睑。一般可以在打粉底之前使用。

美容服 **cosmetology wear** 理发、美容行业的从业人员着用的一类工作服装。因服务顾客，设计造型多采用外罩型、罩衣型等，短袖较多，时尚感强。采用白色或浅色面料，耐洗涤与消毒。

美容化妆品 **make-up cosmetics** 又称彩色化妆品。化妆品的一类。主要用于面部美容，也包括指(趾)甲和头发的美容。通过赋予各种色彩，使肤色改变或增强立体感，达到修饰的目的，使容貌光彩焕发，更具魅力。此类化妆品特别注重发挥色彩和香味的效果。可分为指(趾)甲类化妆品、修颜类化妆品(包括香粉类)、眉眼部化妆品、唇部化妆品和香水类化妆品。

美术图案 **art pattern** 即“绘画风图案”(224 页)。

门巴族服饰 **Monba ethnic costume and accessories** 中国门巴族衣着和装饰。门巴族分布在西藏。男子戴褐色圆顶、橘黄色边、帽前翻边有缺口的小帽。穿赭色氆氇长袍，无领无扣，右衽，束腰带。着红、黑两色氆氇靴。女子梳两条长辫，辫梢用红、黄、绿、白等彩色线编成辫饰。也戴帽，穿类似男式的长袍，腰束白氆氇围裙，腰右侧挂银饰。有时穿红色翻领上衣，着长裤，外穿彩条长裙，外套无缝合氆氇长褂衣片。或袍外背披一块与图腾崇拜相关的完整小牛皮或山羊皮，戴珊瑚、玛瑙、彩珠颈饰，戴耳环、戒指、手镯和护身符。

门巴族女子服饰

门襟 **fly** 上装前衣身的开口部位。专业上规定男装的门襟位于左衣片，女装的门襟位于右衣片。门襟与衣身相连的称为连门襟，通过缝合与衣身相连的称为装门襟。根据门襟结构、形式、作用以及所在部位和配量等，主要有前襟、里襟、偏襟、对襟、大襟、缺襟、暗襟、叠门襟、琵琶襟、覆盖襟、装饰襟等。

门襟

门襟布 front cloth, front tape 在服装的门襟部位使用的面料。

门襟翻边 front band 连门襟中门襟部位向外翻折的部件。一般在翻边外沿要缉止口线,起装饰作用,常用于女式衬衣类服装。

门襟翻边

门襟宽 front placket width 门襟翻边的宽度。根据服装的款式特点确定宽度,一般衬衫类为 2～3 cm,外套类为 3.5～5 cm。

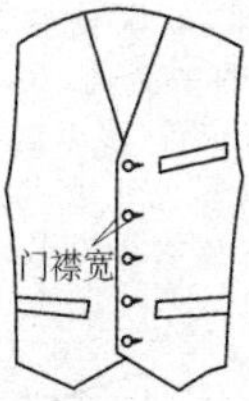

门襟宽

门襟省 front fly dart 省道种类。处理前后浮余量的一种形式,在门襟处设置的省道。

门襟省

门襟圆角线 front curve point line 服装门襟下端确定门襟圆角形态的轮廓线。见“前后衣身衣领结构线”(406 页)。

门襟止口皱曲 uneven front edge 服装外观疵病。衣服扣上纽扣后,门、里襟的止扣沿边呈波浪形皱曲的现象。常见于关门领服装。产生原因有:前胸止口部位推门归势不足,敷衬时面料过紧或敷牵带时在胸部止口部位太宽,缉外沿止口衣缝时又过于拉紧或衬料离止口较远,使衬料脱落,止口部位线缉不到等。补正方法为:推门时前胸止口部位将胖势推直,敷衬时面料的松紧适宜,敷牵带时在胸止口有胖势的部位要敷直,缉止口时要摆平,止口距离面料和衬料约 0.8 cm,缉止口 0.6 cm,恰好缉在牵带边缘约0.2 cm,不致脱落。

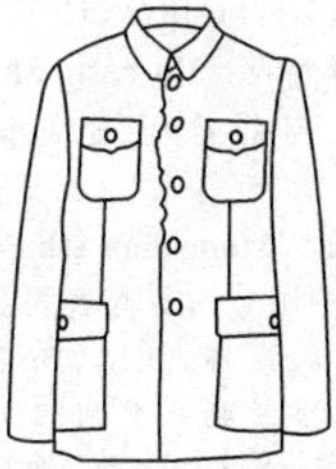
门襟止口皱曲

门球鞋 gate ball shoes 专供中老年人参加门球运动时穿用的专业运动鞋。帆布或皮革面橡胶底带围条结构。为增加穿着舒适度和宽松性,前尖部位比一般运动鞋加宽加厚,保证脚趾有足够的活动空间。门球运动的活动量相对较小,为了方便老年人穿脱,采用尼龙搭扣代替系带。鞋口部位垫衬泡沫复合材料,鞋帮适当加高。脚腰位置开 2 个透气孔眼。外底花纹以菱形为主,前掌处有下凹 3 mm的圆形吸盘,以加强站立时的稳定性。内底为海绵橡胶,比解放鞋略软。

闷缝 top-stitched lap seam 即“压缉缝”(593 页)。

蒙德里安风格 Mondrian look 受荷兰抽象派画家蒙德里安 20 世纪 20 年代作品影响的服装风格。蒙德里安作品特征之一为以垂直和水平的黑色粗线条将平面分割成大小不一的正方形或长方形结构,再作大胆的原色组合搭配。在服装设计上,主要用作面料图案,具装饰性。1965 年,圣・洛朗推出的面料图案为蒙德里安风格齐膝连裙装。

蒙哥马利帽 Montgomery beret 上部比传统的巴斯克贝雷帽稍大些的贝雷型军帽。具有类似“苏格兰便帽”(498 页)的帽带,一般在帽子前侧装饰着团徽。第二次世界大战英国陆军首席指挥官蒙哥马利子爵(Montgomery)戴用,故名。

蒙哥马利帽

蒙默斯男帽 Monmouth cap 又称比维德利男帽。圆形高帽冠的针织男帽。曾一度成为初到美国移民的必用品,17 世纪最为常见。因在英国伍斯特郡(Worcestershire)的蒙默斯(Monmouth)、比维德利(Bewdley)两地制作而得名。

蒙古族服饰 Mongolian ethnic costume and accessories 中国蒙古族衣着和装饰。蒙古族分布在内蒙古、吉林、辽宁、黑龙江、青海、甘肃、新疆。服饰因地域不同而略异。男女皆穿中式立领,右衽的蒙古袍,袍长至踝。肩下处为并排二或三粒葡萄纽。男子衣色为褐、深蓝,腰带系于自然腰线下。戴软边帽或头顶饰流苏的无檐帽,着翘头皮靴。女子衣色为红、粉绿、天蓝、乳白等,腰带系于自然腰线。戴帽或用三四尺长的绸布扎头,穗头在左侧挽结垂下,已婚者不留穗头。鄂尔多斯妇女的盛装为戴金银珊瑚、绿松石制作的头饰,或圆顶帽,帽下缀饰多串珠饰,垂于耳边肩下,前额饰有银流苏、袍身修长,领袖处有黄布或绒线绣纹,外罩长或短的彩绸缎坎肩。

蒙古族服饰

蒙古族摔跤服 Wrestle costume 蒙古族男子摔跤专用运动服。包括皮坎肩、长裤、套裤、彩绸腰带。坎肩袒露胸部。长裤宽大,用 10 m 长布特制而成,利于散热泄汗。套裤绣以各种粗犷华丽图案,膝盖处用各种色布块拼接增厚,坎肩和套裤缝制特别坚牢以利拉扯滚摔,坎肩上饰有银制缀物或绣花。

蒙古族摔跤服

蒙靴 Mongolian boots 蒙古族人民喜爱穿用的靴鞋。分为:(1)传统蒙靴,靴尖梢上翘。靴筒用皮革或厚布制成,一般为古铜色或棕黄色。靴梁和牵条为芽绿色,靴身宽大,内有衬皮或衬毡,可套棉袜或毡袜,还可藏刀。靴底为皮革或织物,用麻绳纳底加固。(2)马靴,深受年轻人喜爱。靴筒用皮革或厚布制成,分中筒和高筒两种,布底加一层革,皮底饰以铁钉,以防奔跑时滑倒。新婚男女青年都着皮马靴,新娘靴多为红色。(3)毡靴,雪地中穿用的中筒靴。(4)唐吐马,一种形似马靴的中筒布靴,多以黑色条绒布制作,靴内有毡袜。以彩色线绣出云纹、植物及其他图案。因蒙古族喜爱奇数,故所有图案花饰均不成双出现。

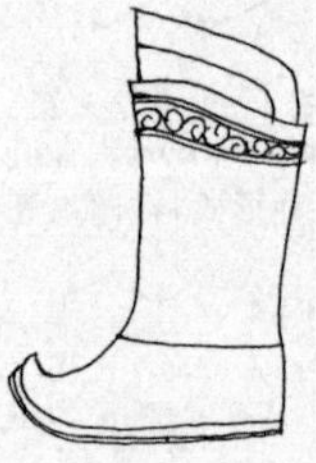

蒙靴

孟塞尔表色制 Munsell color specification system 即“孟塞尔色彩体系”(351 页)。

孟塞尔色彩体系 Munsell color system 又称孟塞尔表色制。通过比较标准的颜色色彩来鉴定颜色的方法。由美国色彩学家孟塞尔(Albert H. Munsell,1858～1918)于1905年发表,他用符号来测定色彩的尺度,不像目测那般会发生偏差,后经美国光学会(O.S.A)修改,成为改良型孟塞尔色彩体系。这种方法被世界各国公认,目前广泛用于产业界。在孟塞尔体系中,色相以H(HUE)表示,色相环选择了红(R)、黄(Y)、绿(G)、蓝(B)、紫(P)5个主要色相,中间色相为黄红(YR)、黄绿(YG)、蓝绿(BG)、蓝紫(BP)、红紫(RP)。色相环分为10个色区,每个主要色相又细分为10个色阶,如红(R)标为1 R,2 R,…,10 R,这样共有100个色相刻度。各色相以刻度5为主要色相作标准色(正色),如5 R是以红色为主要色相(正红),2 R则是接近红紫的红色,8 R表示接近黄红的红色。10个色阶又各自分为2.5,5,7.5,10共4个色相编号,形成40个色相,色相排列顺序是按光谱色作顺时针方向排列。孟塞尔体系的中心轴为黑—灰—白的明暗系统,以此作为有彩色系的明度标尺。黑为0级,白为10级,中间1～9级是等分明度的深浅灰色。无彩色的黑、灰、白组成的中心轴以N为标志,黑以B或BL、白以W为标志。自中心轴至外围的横向水平线(与中心轴垂直)构成了纯度轴,以渐变的等间隔分为若干纯度色阶等级,中心轴纯度为0,横向越接近外围的纯色其纯色就越高。孟塞尔体系的表述方法以色彩属性为基础,其色彩记号是色相、明度、纯度(H、V、C)。由于各色相的明度、纯度值不一,即与中心轴水平距离长短不等,形成不规则的球体形状。10个标准色相的纯色标识符号是:红—5 R4/14、黄—5 Y8/12、绿—5 G5/8、蓝—5 B4/8、紫—5 P4/12、黄红—5 YR6/12、黄绿—5 YG7/10、蓝绿—5 BG5/6、蓝紫—5 BP3/12、红紫—5 RP4/12。

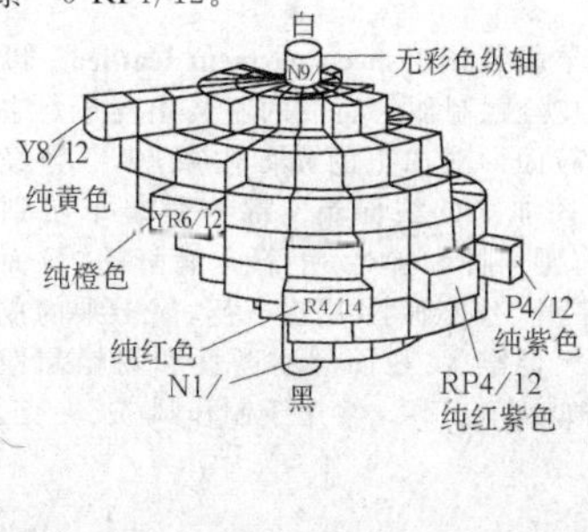

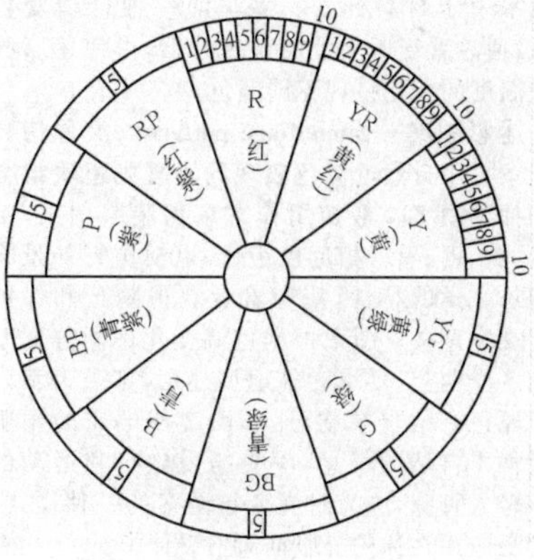

孟塞尔色彩体系

梦幻妆 dreaming dressing 又称幻彩妆。运用绘画造型技巧对人体局部乃至全身进行写意式的艺术创造,并借助不寻常的材料、道具和夸张的手法,给人以丰富联想和强烈视觉冲击的化妆。题材多种多样,线条组合复杂奇特,色彩冲击强烈,常运用原始狂野的夸张手法和强烈的对比色或大色块变化。属于写意式的人体彩绘,多见于艺术欣赏、艺术类活动和化妆比赛。

迷彩服 camouflage wear 通过在面料上涂染与使用环境背景相适应的颜色、图案或光谱反射特性的保护成色剂,消除或降低与背景差异的军用防护服装。有作巡服和野战服等种类。迷彩服的面料常用涤/棉、锦/棉、涤纶织物。颜色、图案及染料与涂料均要求具有良好的防侦视性能和伪装性能;同时在强度、色牢度、可洗性、耐磨性、耐日晒性等方面具备较好的服用性能。颜色一般不超过6色,多为3～4色。图案设计多为不规则的斑点状、角形结构的碎片状或阴影造型。涂料的成膜树脂采用耐气候性较好的聚丙烯酸酯、聚氨酯、烯烃聚合物等,并采用金属铝、锌、黄铜或锡等颜料构成片状以实现红外隐身性能。对应使用环境的特点,迷彩服有不同的种类:采用亮绿等颜色的林地型迷彩服与地面上零星的石块、杂草、灌木丛的阴影十分相似;荒漠型迷彩服采用沙土色等来模拟深秋与冬季无雪的荒漠;还有草原型、山地型、海洋型等种类。采用如热敏和光敏技术、电子模拟技术、活性蛋白生物技术等一些新技术用于材料开发。美军的一种自动变色布，通过置于服装上的微传感器，可使迷彩服随温度的变化呈现不同颜色。

迷彩图案 **camouflage pattern** 又称伪装图案。用自然近似色表现的不规则色块组合的抽象图案。最初用作军事伪装服图案，由绿、黄、褐、黑等相近色组成，以模仿野外景物和仿生学的特性，使穿着者获得隐蔽和保护的视觉意义。图案根据色调变化不同分夏季和冬季两类，夏季为林地型迷彩，冬季为荒漠草原色。结合军装，迷彩图案使端庄的军服获得了自然的气息，深受酷爱旅行和运动的年轻人青睐，成为时尚流行图案的一种样式，广泛应用在休闲等服饰风格设计中。

迷你风貌 **mini look** 短上装、短大衣、超短裙等的搭配。设计充满青春活力，20 世纪 60 年代在年轻人中风行。特征为：衣长刚过腰，合体紧身，裙长特短，最短是英国设计师玛丽·匡（Mary Quant）于 1965 年推出的裙长至膝盖以上 15～20 cm 的超短裙。色彩为鲜嫩的粉彩系列，如果绿、粉红、嫩黄、米白等。迷你风貌迎合当时年轻人的穿着口味，同时也对 20 世纪 80 年代和 90 年代的时尚潮流影响甚大，20 世纪 90 年代初，迷你风貌再次席卷服装界。

麋鹿皮革 **elk leather** 即“羚羊皮革”(319 页)。

米兰罩帽 **Milan bonnet** 16 世纪的男式无檐罩帽。通常为黑色，柔软加衬垫的帽冠、向上翻卷的帽檐，有的边上有开口，将深红色的绸缎里布斜向拉出作为装饰。

米诺斯服饰 **Minoans costume** 地中海克里特岛米诺斯文明时期（公元前 1750～公元前 1400）的服饰。男子裸露上身，下着遮羞带或围裙、璎珞裙，系腰带或用金属环装饰，腰纤细。女子穿裸胸、束腰的紧身短袖上衣，下穿饰有多层荷叶边的钟形长裙，裙前后有舌状围裙装饰。晚期服饰出现有袖 T 形袍。服装采用裁剪缝制与包缠披挂式相结合的形式。

密 **twisting** 服装制作过程中的手势动作。用拇指和食指用力捻出凹进去的衣缝，使其结实。常用于滚条、镶边、嵌线等部件的制作。

密缝 **dense sewing** 针迹密度大，针距小于 1 cm 的缝纫。常用于面布缝纫中需加固的部位等。由于针迹密度大，外观较坚实、牢固。

蜜粉 **loose powder** 又称散粉。化妆品的一种。能吸收皮肤上多余的油脂，使皮肤具有丝绒般的滑腻感，能使脸上的粉底霜更好地附着在皮肤上，保持长久而不脱落；能够改善由于胭脂和眼影选用不当造成的色彩不平衡。分“透明蜜粉”(523 页)、“彩色蜜粉”(45 页)、“闪光蜜粉”(454 页)三种。

蜜蜡面膜 **bees wax mask** 以石蜡油、蜂蜡、矿物油为主要成分的蜡状面膜。使用时先加热熔化，呈半流动状，冷却至皮肤适宜温度，用毛刷层层涂抹至约 5 mm，在空气中快速冷却结成蜡状模体。去除时，从颈部开始取下。敷在皮肤上呈封闭状，有效成分的渗透力强，能促进皮脂腺和汗腺的分泌，通过补充皮肤的水分和养分，使皮肤滋润舒展。适用于干性和有皱纹的皮肤，除面部外，还可用于手部、足部皮肤护理。痤疮、敏感皮肤不宜使用。

绵绸 **noilcloth** 丝织物名。经纬均采用单股桑细丝，以平纹组织织制的织物。绸面粗犷，手感丰厚，少光泽，布面散布杂质绵粒，手感柔软而略显涩滞。用作妇女罩衫等的面料。

绵袴 **mianku** 又称棉裤。纳有棉絮的裤子。男女均可穿用，多用于冬季。由袴腰与袴脚两部分组成，袴脚上部与袴腰相连，但两裆不相连，后腰敞开形成开裆。形制有满裆和无裆之别。

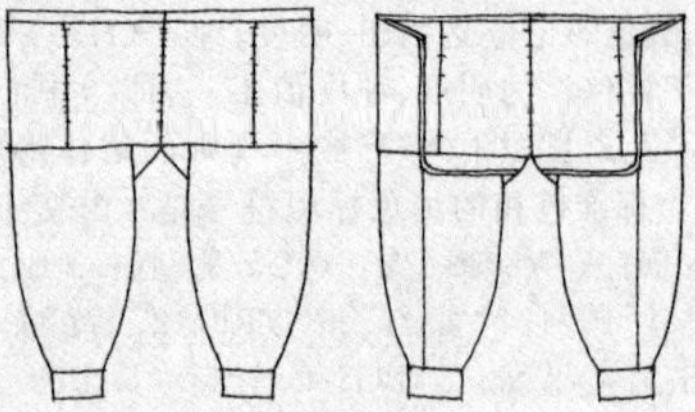

绵袴

绵羊服装革 **sheep garment leather** 以绵羊原皮经鞣制加工而成的服装用皮革。主要为全粒面形式加工的光面皮革，少数为经磨绒形式加工的绒面革。绵羊服装革特别柔软，有延伸性和弹性，手感丰满舒适，粒面细致、平滑，毛孔细小，用途广泛，属上乘的皮衣面料。但牢度、粒面层耐磨性和耐钩刮性明显不如山羊皮革。常用于制作风衣、夹克、马甲、皮裙、领带等。

绵羊皮革 **sheep leather** “羊皮革”(601页)的一种。绵羊原皮经鞣制加工而成的皮革。放大镜下可见细小的毛孔,毛孔排列呈短弧线,以鳞片状分布。纤维松弛、柔软、滑润、丰满,具有良好的弹性、延伸性和保暖性,强度稍差,是制作冬季御寒服装的优良材料。每张绵羊皮革面积为 0.4~0.7 m^2,厚度为 0.7~1.0 mm。主要用于制作服装、包袋、鞋、帽、手套等。因其纵横向拉伸弹性不同,背部与腹部皮质的差别较大,裁剪时需注意配皮和排料的方向。

棉布 **cotton cloth** 即“棉织物”(353 页)。

棉布服装 **cotton garment** 用全棉或棉混纺织物制作的服装大类。大多无里子和胸衬,缝制工艺简单,重点工艺是裁剪与缝纫工序。棉布服装实用、舒适,便于洗涤与保管,而且厚薄类型多,品种花式齐,占日常服、休闲服和工作服的首位,品种有内衣裤、衬衫、T恤衫、罩衫、睡衣、春秋男女时装、牛仔装以及各类冬装等。20 世纪末流行的纯棉高支服装、纯棉免烫衬衫等环保棉质服装日益得到人们的青睐。

棉胶鞋 **canvas shoes with cotton padded vamp** 橡胶底材,织物鞋帮,在帮面与衬里间夹有棉花等保暖材料,以粘贴热硫化工艺制造的防寒保暖用鞋。最常见的式样为高帮帆布鞋面里,橡胶外包头及围条,鞋底为防滑的大波浪花纹。棉胶鞋具有较好的防寒保暖作用,可在雪地或湿地行走,适于我国北方地区城乡人民穿用。

棉裤 **mianku** 即“绵袴”(352 页)。

棉毛布 **interlock fabric, paramatta** 即“双罗纹织物”(479 页)。

棉毛衫裤 **interlock singlet and trousers** 贴身穿着的双罗纹棉毛布针织内衣。织物原料分为纯棉、真丝、羊毛、腈纶、混纺以及氨纶弹力丝等。分本色、印花和色织。款式有长、中、短袖,圆领、半高领、三翻领,半开襟、斜襟,袖口、领口、下摆、裤口为挽边、滚边和罗纹边,裤裆为伞形裆、菱形裆、圆裆和大小裆等,腰部为松紧带或穿纱带,并可采用印花、绣花、贴花、相拼、嵌条以及缝迹加以装饰。

棉皮鞋 **cotton leather shoes** 以皮鞋为帮面,毛皮、毡毯等保温材料为衬里,橡胶、皮革等为鞋底的适于冬季穿用的高帮鞋。为了保温,帮高一般超过踝骨,鞋口多设计成系带或钎带、橡皮筋、拉链等形式。

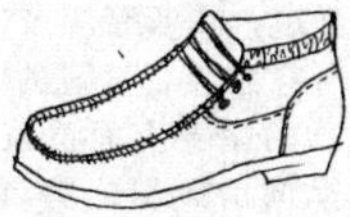

棉皮鞋

棉型织物 **cotton-like fabric** 具有棉织物外观风格的织物。主要有涤棉织物和人造棉(棉型黏胶纤维)织物两类,可用作鞋、帽、包袋及各类服装的面料。

棉织物 **cotton fabric** 又称棉布。用纯棉纱线或棉与其他纤维交织、混纺织制的织物。品种繁多,按织物的组织结构可分为:平纹织物,如“平布”(392 页)、“府绸”(167 页)、“细纺”(559 页)、“牛津布”(373 页)、“巴里纱”(10页)、“绉布”(667 页)、“泡泡纱”(384 页)等;斜纹织物,如棉哔叽、“卡其”(279 页)、“牛仔布”(373 页)等;缎纹织物,如“直贡呢”(655 页)、“横贡”(209 页)等;变化组织织物,如“凸条布”(525 页)等;复杂组织织物,如“灯芯绒”(92 页)、“平绒”(394 页)、多层织物等。按织物的染整后加工,可分为:本色棉布、色织布、漂白布、色布和印花布,有的还经过丝光处理、树脂整理、液氨整理、涂层整理等。棉织物强度较好,手感柔软,吸湿性好,具有优良的贴身穿着舒适性,不起静电,但抗皱性和洗可穿性差,普通棉织物的缩水率较大,经树脂整理可提高其抗皱性和服装保形性。棉织物耐碱不耐酸,不容易虫蛀,但容易发霉。可用作各类服装的面料、里料和衬料以及服饰用品。

免缝按扣 **no-sew snap, hammer-on-snap** 又称四合扣。背面设计成钉爪式的按扣,可直接穿过布层钉附衣物上,无须缝合。由纽面、纽座、纽珠和纽棒四件组成,故名四合扣。纽珠按入纽座便完成扣合。

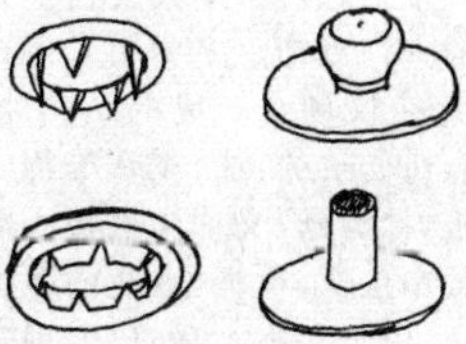

免缝按扣

免浆围条　self adhesive foxing　即“无浆围条”(548页)。

冕服　mianfu　中国古代一种礼仪服饰，由冕冠和礼服配成。用于帝王及王公贵族祭祀等重大场合所穿服装。冕冠的大致形制类似在一个圆筒式的帽卷上面覆盖一块冕板(称为延)，冕板呈向前倾斜之势，前后悬旒。根据典礼轻重和服用者的身份悬旒数量各有不同。其中十二旒为最贵，专用于帝王。与冕冠相配的礼服包括上衣、下裳、蔽膝、大带及舄等，其上衣基本款式都是上衣下裳相连、宽大、博袖的长衣。衣裳绘绣十二章纹，纹样视级别的高低而异，其中以十二章为贵。下裳通常为围裙。礼服根据不同场合、身份、季节，配以不同的样式、颜色、质料，每个朝代都有严格的制度。冕服起始于夏、商，盛行于整个封建社会时期。入清后被废除。

冕服

冕冠　mianguan　又称旒冕。俗称平天冠。中国古代帝王、诸侯、卿大夫在重大礼仪场合所戴用的一种冠饰。主要用于祭祀、登基、朝贺等重大礼仪场合。冕的结构主要包括冕延、冕旒、纽、笄、纮、紞、充耳等物。其冠顶部盖有一板，称为延，又称为冕板。冕板前后两端垂有数串玉珠，称为旒；旒的多少视穿戴者身份而定，以十二旒为最贵，专用于皇帝。冠身两侧开有小孔，称为纽。纽中贯以玉笄，玉笄顶端结有冠缨，称为纮。耳两旁各垂一段丝绳，称为紞，紞上缀玉珠称为充耳。冕冠起源于黄帝时期。历代相袭，但形制时有变易。明亡后冕冠废除，以冬夏朝冠代之。

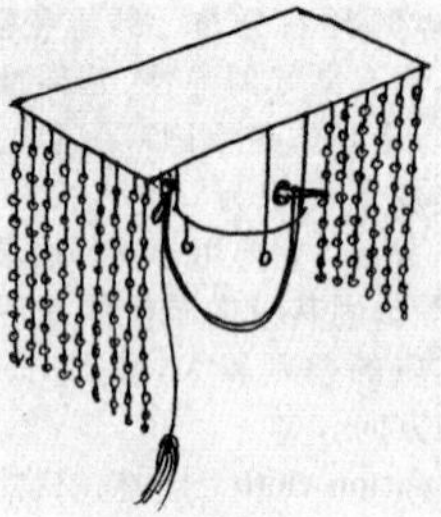

冕冠

面花　adornment on face　涂画或粘贴于面部的妆饰物。多施于妇女。以五色花纸、金银箔、鱼鳃骨、云母片等材料制成各种特定形状的饰物，粘贴于额头、眉间或两颊。亦有用脂粉描绘成各种图纹者。商周时已有，汉代以后尤为盛行，至唐宋时达到高峰。主要包括额黄、蕊黄、妆靥、翠钿、花子、眉间俏等。

面积对比　area contract　两个以上色彩组合后，由于面积不同所产生的对比效果。面积对比是服装色彩设计的构成形式之一，这种对比会因颜色面积比例不同而产生不同的美感。大面积的色彩表现出较高的稳定性和主导性，加入小面积的色彩对比，可以增加其丰富性、活泼性。

面积推移　area passage　将同一色彩按由大到小或由小到大的等差或等比规律，作面积形状渐变排列组合。通常较多采用横、直条纹变化，给人以静中有动及闪光效应的新奇、趣味感。还能根据人们对近大远小的透视经验联想，巧妙地造成胸、臀部丰满，腰部纤细的错视效果。常用于毛衫、T恤衫、运动服以及时装的色彩设计中。

面具　mianju　中国传统戏曲中改变面部形貌的塑型化装用具。依照对剧中角色的设计，用木或纸制成面部模型并勾绘出脸谱，使用时用带子套在头上；或于口内置横梁，演员用牙咬住。眼部一般开有孔洞，以便演员窥视。戏曲中使用面具历史悠久，在汉、唐文献中已有记载。面具有涂面化装难以取代的特点，即对演员面部进行夸大的、雕塑性的改造，尤其有利于远距离观众的观看。但由于无法显现演员面部表情,逐渐被涂面化装取代,目前除云南的关索戏、贵州的地戏、安徽的贵池傩戏等少数戏曲剧种外,面具一般仅用于扮演神鬼或神话色彩的人物角色。

面料 **shell fabric, fabric material** 构成服装的主体材料。常用的服装面料有纺织服装面料(机织物、针织物、非织造布和编织物)、毛皮和皮革等。其色彩、光泽、质地和服用性能在很大程度上决定了服装的品质,与色彩、款式成为服装设计的重要因素。

面料划样 **draw pattern** "划样"(221 页)方法之一。将板样直接在面料上进行排料,排好后用笔将板样形状划在面料上,铺布时将这块面料铺在最上层,按面料上划出的板样轮廓线进行裁剪。这种划样方式节约了用纸,但遇颜色较深的面料时,划线不如纸皮划样清晰,并且不易改动,需要对条格的面料则必须采用这种划样方式。此种划样方式是我国中小型企业目前经常采用的方法。

面料图案表现技法 **fabric pattern showing skill** 在时装画中表现面料图案的技法。面料的纹样按一定的规律排列,比较复杂,表现图案时会出现繁杂和难以控制总体效果的问题。可根据不同的服装风格和类型,将处于时装主要部位的图案着意刻画,其他部位的则可作简单或省略处理。主要包括:"混地图案表现技法"(226 页),"清地图案表现技法"(416 页),"满地图案表现技法"(339 页),"件料图案表现技法"(253 页),"刺绣图案表现技法"(73 页),"手绘图案表现技法"(474 页),"扎蜡染图案表现技法"(632 页)等。

面料图案表现技法

面帽 **mianmao** 又称面衣、昭君帽。中国古代妇女障面、防风、御寒之巾。有帽帷下垂颈肩,蒙头遮面,帷有孔可露出脸部。原为西北民族女性为防风沙而戴的帽子,南北朝时期流传至中原,唐代妇女多有戴用。为妇女出门远行、乘马时所服用。相传王昭君远嫁匈奴单于时曾戴用过此式样的帽子。

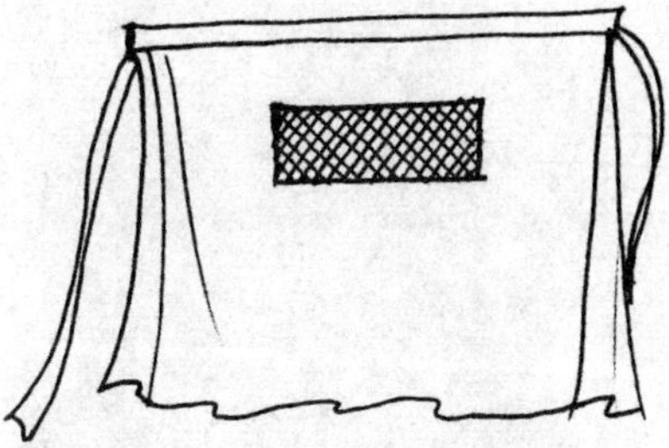

面帽

面膜 **mask, face pack** 一种面部护肤品。以成膜材料、植物和有机溶剂等为基质,加以营养成分和药物,涂抹或贴敷于面部,在皮肤上形成一层膜状或不成膜的覆盖物,达到护肤、美容目的。具有保湿、保温、营养和清洁肌肤作用,能减少水分蒸发,滋润角质层,扩张汗孔,加快血液循环,促进皮脂分泌,有利于排除污垢,清洁、收缩皮肤,减少皱纹。利用优质黏土、小麦粉等粉末及能在皮肤表面具有成膜作用的物质,加入水分混合制成。产品从形态上分为剥离型、黏土型、粉末型、片状型、泡沫状、膏霜状、浆泥状等。从功能上分为营养面膜、漂白面膜、抗皱面膜、中草药面膜等。

面纱 **veil** 即"盖头"(170 页)。

面线 **top thread** 即"针线"(640 页)。

面靥 **mianye** 原指面颊上的酒窝,引申指古代妇女施于两侧酒窝处的一种妆饰,也泛指妇女的面饰(图见下页)。古老的面靥也称"的"(93 页)。商周时期便已有之。最初为点染于面部的红色圆点,后来范围渐扩大到鼻翼两侧,形状亦日新月异,有花靥、杏靥等名目,并增加了鸟兽形象等图纹,妆饰范围也不限于两颊,有时贴满脸部,也有用金箔、翠羽等材料剪成各式花样粘贴于颊者。尤以宫廷妇女为常见。晚唐至宋初最为盛行。

面靥

面靨妆　dimple make-up　即“红妆”(210页)。

面衣　mianyi　即“面帽”(355页)。

面造型　plane modeling　一种造型要素。面是线移动的轨迹，从空间意义上讲，可分为平面和曲面两大类。其中平面属于二维形态，而曲面则带有三维性质。由于面在各个方向的幅度、比例、曲直的不同产生了各种不同的形，所以凡是面都具有特定的形。一个面被分割后会形成新的面。在服装设计中，对面的分割应用最多。服装上的线条，几乎都可以看作面的分割，具体有纵向分割、横向分割、斜向分割、曲线分割、综合交叉分割、综合非交叉分割六种。

面脂　face cream　中国古代敷面用的油膏。除了最基本的滋润功效外，古代大部分面脂中还加入了中药成分，使其兼有美白、去皱、祛斑和令面色光润之功效。男女均可使用。

苗族服饰　Miao ethnic costume and accessories　中国苗族衣着和装饰。苗族分布在贵州、云南、广西、四川、湖南等地。衣式多样，重装饰，因其是中国最古老的民族之一，历史迁徙与地域分隔，支系复杂，服饰通常分湘西型、黔东型、川黔滇型、黔中南型及海南型等几大类别，已知有一百三十余种款式，故有百苗之称。男子缠头或包头布上插羽毛，穿对襟或大襟上衣，着大裆裤，牯脏节时穿“牯脏服”(189页)。女子多梳髻或包头，戴牛角型银头饰、银项圈、银项链、银锁挂饰，穿青或蓝的深色左衽或对襟上衣，衣襟袖身有刺绣，着长裤，外穿凤尾裙。有时系绣花围腰。服饰中用蜡染、刺绣装饰，刺绣针法以“轴绣”(667页)、辫绣、数线绣为特色。纹样有蝴蝶、花卉、牛、龙、人物、鹡鸰、祖庙、田坎花等，其含义除神话传说、图腾信仰外，实是民族迁徙的历史文化记载。

苗族女子服饰(贵州雷山)

苗族女子服饰(贵州台江)

灭火防护服　fire-fighting clothing　即“消防服”(567页)。

民国化妆　Republic of China dressing　民国时期的化妆。民国时期是中国化妆史的重要转折期，女性由于受西方影响日益深化，化妆观念发生了质的变革。面妆风格最大的特点是取法自然，浓艳却不失真实，过去年代里的繁缛面饰和奇形怪状的面妆已不再流行。唇妆抛弃了中国自古以来崇尚的以樱桃小口为美的观念，大胆依据原有唇形的大小进行描画，显得自然而随意。在眼妆上，民国时已引进了眼影和睫毛膏，开始追求翻翘的睫毛，并以深色眼彩画出幽深的眼眶。

民国化妆

民间装束　folk costume　即“民俗装束”(357 页)。

民俗服饰画　folk-custom apparel drawing　以各民族服饰风貌为表现内容的民俗性服装画。记录民族、民间服饰的载体。绘制手法细腻写实，注重画面与服饰的装饰性，注重图解与欣赏性的结合。如中国的仕女图、日本的浮世绘等。

浮世绘

民俗型人群　folklore group　又称异域型人群。人体体貌及服饰风格的一种。展现各国传统的民族装束或乡村农民装束特点的服饰风格，表现力强。服饰材质不一定与民族传统完全一致，图案和饰物强调自然朴素的异族异地风情；造型富有新意，将民间风情与现代形象设计融为一体；色彩上有两种类型，一种是以艳丽、夺目的色彩组合来展示花哨、有趣的异域情调，另一种以质朴、温和的色彩组合来展示亲切、思乡的田园情调。

民俗型人群

民俗妆　folkloric dressing　突出表现民间特色或异国风情的化妆。形式多样，色调可质朴自然，也可强烈对比。适用于民俗型风格的塑造。

民俗装束　folk costume　又称民间装束。以本土民俗服装为设计灵感，加以变化的服装款式。包括我国云南、青藏地区，以及韩国、泰国、日本、蒙古、高加索等国家和地区的民间民族服饰。由于地理、风俗、文化等的差异，这些地区的服饰呈现强烈的个性，因此常常成为设计师的灵感来源。

民族风格服饰图案　ethnic style pattern　运用传统民族艺术特征进行设计的服饰图案样式。以写实花卉、抽象几何纹构成，图案反映各民族的历史、文化、审美特性，是不同民族的服饰标志。有中国的蓝印花布图案、日本的友禅纹、印度的沙丽纹等。图案赋予寓意和象征性，色彩对比浓郁，呈现质朴、热烈、健康的艺术气质。常以二方连续的定位图案为特色，结合刺绣、手绘、扎染、蜡染、编结、梭织等手工艺表现样式，用于许多服装设计师作品中，也是现代都市人追求个性与浪漫的服饰图案样式。

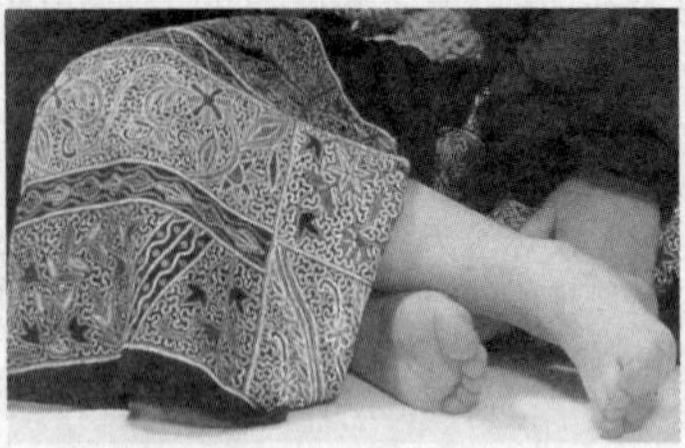

民族风格服饰图案

民族服式　ethnic costume　以世界各地的本土民族服装为设计灵感的服饰装扮。款式有宽松外套、打褶长裙、镶边刺绣背心、花边围裙、绣花衬衫等，以及形形色色的围巾、披肩、帽子。东方（中国、日本、印度）和阿拉伯、拉美及东非等地的民族服饰常常成为时尚潮流的设计源泉。

民族主义者风貌　nationalist look　带有本土乡村感觉的打扮。风格古朴，20 世纪 50 年代兴起于南美和欧洲，流行于那些喜爱乡村生活的中产阶级中。无论是毛衣、衬衣还是裤子、裙子，他们都乐于选用鲜亮的色彩和充满乡土特色的装饰。面料常用麻、棉、土布等。

敏感性皮肤　sensitive skin　对外界因素反应过强而易引起组织损伤或生理机能紊乱的皮肤。皮层较薄，当受到外界刺激后，会出现局部微红、瘙痒、红肿，出现高于皮肤的疱块及刺痒等症状，甚至引起全身反应。有的皮肤对紫外线非常敏感，这与机体的免疫功能有关。可与干性、油性、混合性皮肤共存。

名片袋　card pocket　用于放置名片而设计的口袋。尺寸大小约为宽 6 cm，长 9 cm。

名章戒指　name ring　刻着姓名的戒指。将姓名或特殊印记雕刻在戒面上，当作自己的名章或印鉴使用。既有实用功能，又有装饰作用。材料多为金属。男女都可使用。

明包缝　flat-fell seam　又称外包缝。缝型类型。将两片缝料反面相对复合，使一片缝料的缝份包裹住另一片缝料后车缝，然后将缝料分开，缝份向被包裹的缝料一侧折倒，再在缝份边沿进行车缝，使缝料正面形成两道缝迹，特点是缝边部位整洁平服。常用于男衬衫、短裤等服装的缝制。

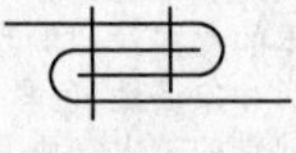

明包缝

明度　lightness value　又称色彩强度、亮度、深浅度，色彩明暗深浅的差异程度。明度是色彩的三属性之一，用符号“V”表示，可以区分明暗层次的非彩色的视觉属性，这种明暗层次取决于亮度的强弱。在可见光谱中，由于波长的不同，黄色处于光谱的中心，最亮；紫色处于光谱边缘，显得最暗，因此在色相间（有彩色中），黄色的明度最高，紫色的明度最低。而在无彩色的领域里，由白到灰到黑，整个过程就是明度从高到低的变化。同一种色彩，也会产生出许多不同层次的明度变化。如深红与浅红，深蓝与浅蓝，含白越多，则明度越高；含黑越多，则明度越低。在无彩色系中来比较，则明度最高的是白色，明度最低的是黑色，同样在黑白之间也会产生各种不同深浅的灰色。

明度差　lightness difference　色与色对比时的明暗差别。配合色的明度在 3 阶段以内（含 3 阶段）的通常称为短调，3 阶段以上的通常称为长调，一般分为 6 类：(1)高长调，配以长调色的高明基调，明快中带有强烈对比；(2)高短调，配以短调色的高明基调，明快而柔和；(3)中长调，配以长调色的中明基调，温和中带有对比；(4)中短调，配以短调色的中明基调，调子柔和；(5)低长调，配以长调色的低明基调，调子稳重；(6)低短调，配以短调色的低明基调，低沉而忧郁。

明度对比　lightness contrast　由同一纯度的色彩以其不同的深浅度来表示的对比。色彩对比中的一种。最强烈的明暗对比是白色与黑色，其效果在所有方面都是对立的。在黑白色之间存在着灰色和彩色的领域。灰色依其深浅顺序可以构成一条连续的光带（或称色阶），可分辨的明暗色调的数目取决于视力的敏感程度和观察者的反应程度，通常将最明（最白）到最暗（最黑）分为 9 级、11 级、14 级和 20 级。其他纯度的明暗程度也可参照灰色光带来划分，但是对不同色相的层次进行比较时不如无彩色那样容易。无论是灰色中的明暗效果，还是纯度色彩中的明暗效果，在服装配色方面都占有非常重要的地位。

明度基调　lightness basic tone　全部某种明度色的组合或以某种明度色为主的色调。

高明度基调明快，中明度基调温和，低明度基调沉静。在服装上指最大的面积，若两块面积相仿，则以占主导地位的上身或正面为主。

明度统调　the same light tone　在参与组合的各种色彩中，使其同时都含有白色或黑色，以求得整体色调在明度方面的近似。如粉绿、血牙、粉红、浅雪青、天蓝、浅灰等色的组合，由白色统一成明快、优美的粉彩色调。

明度推移　light passage　将色彩按明度等差级系列的顺序，由浅到深或由深到浅进行排列、组合的一种渐变形式。一般都选用单色系列组合，也可选用两个色彩的明度系列，不宜选用太多，否则易乱易花，效果适得其反。

明光铠　mingguangkai　中国古代的一种铠甲。胸背部由左右两片近椭圆形的状如镜子的金属护组成，在太阳光下闪闪发光。始于魏晋南北朝时期，并逐渐流行。至隋唐时期明光铠已完全取代了裲裆甲，广泛为武士所穿着。

明裥符号　visible tuck symbol　服装结构制图符号。表示裥面向上的折裥。常用于衣身、口袋造型中。

明裥符号

明缭针　fell stitching　即"明绦针"(359页)。

明绦针　fell stitching　又称明缭针。绦针的一种。成缝后线迹在缝料表面显现的手针缝纫法。

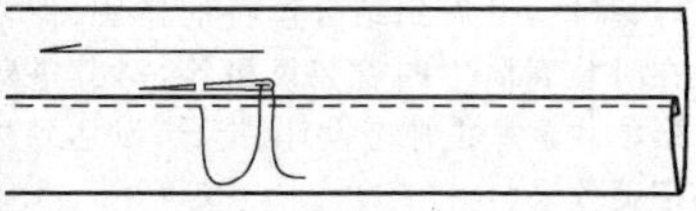

明绦针

明清化妆　Ming and Qing dynasties dressing　中国明清时期女子的化妆风格。总的来说，在面妆上趋于简约、清淡，而在缠足方面达到鼎盛。

明清化妆

摸额图案　forehead piece pattern　中国民俗服饰图案。用于包裹额头的带状品。图案多为吉祥和花鸟纹饰，有前后对称和重复的格式，适合使用单独纹样。色彩鲜艳明快，多运用平绣工艺表现图案，制作精美。

摹本缎　satin brocade　即"库缎"(291页)。

模块式流水线　modular production line　产生于20世纪80年代，流水线机器或人员以组为单位排列，共同生产一个衣片部件或整件服装的生产模式。特点：工人平时在各自模块流程上作业，当其他人员负荷过重时，他们可转移到另一个工作地协助完成服装加工；工人的报酬由模块产量决定，模块有部分自主权，可以决定任务分配、步骤、产量目标；报酬的激励机制能吸引稳定的劳动力；模块生产从原料投入到产出时间短，对顾客需求变化反应快。适应敏捷销售和快速补货的经营方式。

模拟妆　simulated dressing　模拟飞禽、走兽、鱼虫以至妖魔鬼怪并赋予其人格特征的化装。拟人化形象具有性格化魅力，可以引起观众的想象和联想。

模特代理制　model agency' client system　又称模特经纪制。通过签约方式建立公司与模特间关系的管理方式。模特经纪公司是现代代理制的一种表现形式，在模特与市场间起着桥梁的作用。公司通常会为模特制作模特卡，以便与客户交流，提供他们所需的模特，同时又为模特提供演出机会。以赚取模特演出的佣金为主要获利渠道。

模特队形　model formation　时装表演中，模特按一定顺序出场，以定格、亮相、造型、组合、穿梭等方式完成整个表演。包括：一人队形、两人队形、三人队形、四人及四人以上队形等。

模特辅助训练　model supplementary training　配合形体训练的其他训练。包括模特有氧操、模特舞蹈、游泳和跑步、器械训练等。

模特化妆　model making up　以涂抹、喷、洒或者其他类似方法，施于模特皮肤、毛发、指趾甲、唇齿等，以达到清洁、保养、美化、修饰和改变外观，修正人体气味，保持良好状态的方法。使用的化妆品包括隔离霜、粉底、粉饼、眼影、睫毛膏、睫毛夹、眉笔、腮红、唇膏等，还包括假发、染发、文身等发型制作和美容艺术。在时装表演之前，模特造型师会根据表演服装的风格以及模特的自身特点，对她们的整体形象进行设计，并与舞台、音乐、灯光等元素相协调，达到和谐与统一。模特上场前，需要补妆，演出结束后，需要卸妆。

模特基础训练　model preliminary training　时装表演技能的重要组成部分。由“模特形体训练”(360 页)和“模特辅助训练”(360 页)两部分组成。

模特经纪制　model agency' client system　即“模特代理制”(359 页)。

模特卡　model card　既有模特文字资料又有模特形象资料的卡片。文字资料包括模特的姓名、性别、国籍、身高、三围、体重、比例、肩宽、鞋码、爱好、表演经历等。形象资料包括模特脸部特写及着各种不同风格服装的照片等。可为客户挑选模特提供方便。多由模特经纪公司制作及保管。

模特领队　model leader　由模特团队所属上级单位指派认命的团队负责人之一。可以决定是否承接演出，选定演出人员名单，对模特的招聘、待遇及表演编排也有发言权。

模特体形　model figure　时装模特最基本的条件之一。包括身高、比例、三围、头型、肩与颈。中国女模特的理想身高是 172～182 cm；中国男模特的理想身高是 185～195 cm。比例包括上下身比例、大小腿比例以及头身比例。上下身的分界点为肚脐。对时装模特的要求是下身长于上身，腿部是模特完成展示动作的重要部位，要求小腿与大腿接近相等或略长于大腿，大腿线条圆润柔和，小腿线条纤细修长。模特的头长为身长的1/8左右为佳，头颅要小，后脑呈圆弧状，与颈部连接呈“?”状。理想的头型是椭圆形。脸型不宜宽，可稍长。三围包括胸围、腰围和臀围。胸围丰满，腰围纤细，臀部肌肉健美圆润且微微上翘，胸围与腰围差 22～24 cm，臀围与胸围相等或大 2～4 cm 最为理想。模特的肩应稍宽，颈应细长，整体呈 V 形的衣架式背体。

模特团队制　model team system　产生于 20 世纪 80 年代的模特管理方式。模特在团队中享有固定工资，如参加演出获得收入，其个人获利由团队负责人决定，一般无固定标准，并且模特所受管理较为严格。团队制表演规模较大，拥有模特较多，时装表演频繁，经常有机会参加国际交流性演出。

模特形体训练　body training　对人体的头颈部、肩部、胸部、腰腹、胯部、腿部、手臂以及脚部等的训练。通过形体训练可以改善并保持模特完美的体形。

模特演出　model performing　模特向观众展示服装的整个过程。通过模特队形变化，结合特定的场景和道具完成。与演出相关的人员除了模特，还有编导、舞台监督、催场员、穿衣工等。一般一场时装发布会的演出时间为 20～30 min。

模特有氧操训练　model aerobics　以减轻模特体重，加强身体各项肌体组织的运动。有氧操的范本多种多样，模特可以参照示范选择其中一种或多种进行训练。

模特造型师　model stylist　源自模特化妆师，负责模特整体造型的人员。从传统的面部美容、修饰，发展到结合模特的体貌、性格以及在时装表演中的着装风格等，对其进行整体形象甚至举止神态设计、指导，以达到最佳的审美效果。

模特展示能力　model's presenting skill　模特的舞台表演技巧和展示服装能力。模特是服装设计理念的表现者和传达者，要理解设计师的设计意图及编导安排音乐、走台方式的目的所在。在表演中，通过模特的姿态与动作，所有的设想与意图得以具体地表现。因此，一名优秀的模特，还是对服装设计、制作与面料、配饰及音乐、灯光等具有相当领悟能力与修养的综合人才。

模压篮球鞋　basketball shoes with molded sole　通过加热模具中的生橡胶料使之熔融硫化将鞋底与鞋帮结合的鞋。多以硬度适中的海绵作内底，既能保持良好的弹性，又柔软舒适。模压外底四周边缘着地，中间略凹进，产生对地面的吸附作用。鞋帮多用白、黑、蓝等色帆布制作。20世纪50年代后期至70年代，以回力牌565型为代表的模压篮球鞋，曾作为专业篮球鞋，也是当时青年穿用胶鞋的时尚产品。

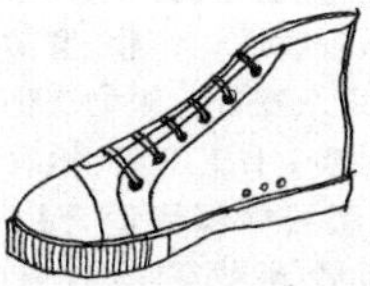

模压篮球鞋

模压皮鞋　pressure molding leather shoes　通过模压工艺，使鞋帮与鞋底结合的皮鞋。把混炼好的生橡胶片称重后放入鞋底模具内，将套上鞋帮的铝楦封压在底模上方，橡胶经加热硫化，鞋底成型并和帮脚牢固结合。模压皮鞋帮底结合牢固，外观规整挺拔，但由于底型变化需更换造价较高的金属模具，因而多用于批量较大的工作鞋和劳保鞋的生产。

模压运动鞋　pressure molding sport shoes　用模压工艺生产的布面橡胶底运动鞋。模压工艺技术和设备早期从国外引进，1968年国产化，用于制造普通运动鞋。模压时外底、围条、外包头、大埂子等胶部件一次成型，因此表面花纹清晰，工艺简单，成本低廉。

摩擦法　rubbing method　用枯笔、橡皮、布等有阻力的粗糙材料，敷上少许颜料，摩擦画面，或者用砂纸、牙刷等工具直接摩擦画面，产生较为朦胧、陈旧的痕迹效果的绘画方法。可用于表现牛仔布、皮革、缎子及裘皮面料。

摩擦及表面粗糙度测试仪 FB4　surface tester KES-FB4　“KES织物风格仪”(648页)的一种。主要由探头、探针、平台、压力检测器、位移检测器、驱动系统、信号处理及控制系统等组成。试样以1 mm/s的速度向前移动3 cm，然后反向移动退回原点。试样移动时，测摩擦力、粗糙度的探头、探针开始工作，测出2 cm区间内的摩擦力和粗糙度的积分电压(起始5 mm和反向后起始5 mm不计算)，结果得出摩擦力、粗糙度的试验曲线以及摩擦系数、平均粗糙度等指标。

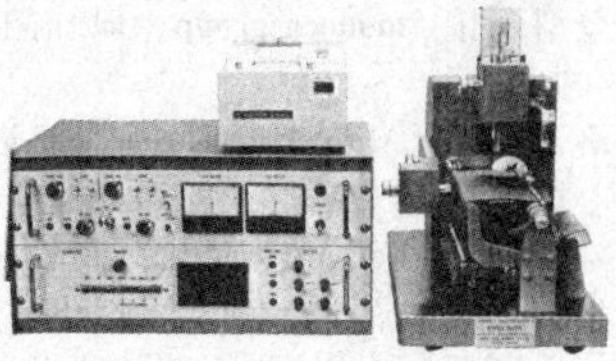

摩擦及表面粗糙度测试仪 FB4

摩擦式静电测试仪　rotary static tester for electrostatic propensity　用于评定以摩擦形式带电后的织物或纱线及其他材料静电特性的设备。适用标准：GB/T 12703.2—2009《纺织品　静电性能的评定　第2部分　电荷面密度》，FZ/T 01061—1999《织物摩擦起电电压测定方法》等。由电动机、回转轮、张力器、摩擦布夹持器、静电探测器、定时器、显示器、设定开关等组成。当两种相同或不同的材料以规定的试验方法和参数相互摩擦或紧密接触并分离后，两种材料分别带上等量异性静电荷。当材料摩擦带电达到稳定后，记录其静电电压值和极性，以此评价试验材料的静电特性。5 cm×8 cm的试样固定在回转轮上，20 cm×2.5 cm的标准摩擦布固定在位于其下方的摩擦布夹持器上。电动机带动回转轮作圆周回转，使试样与标准摩擦布以一定张力(500 cN)摩擦1 min，试样与摩擦布脱离，由静电探测器和定时器测量试样的静电压以及此电压值下降至一半时的时间，在显示器上显示峰值电压，半衰期电压及时间等静电压指标。

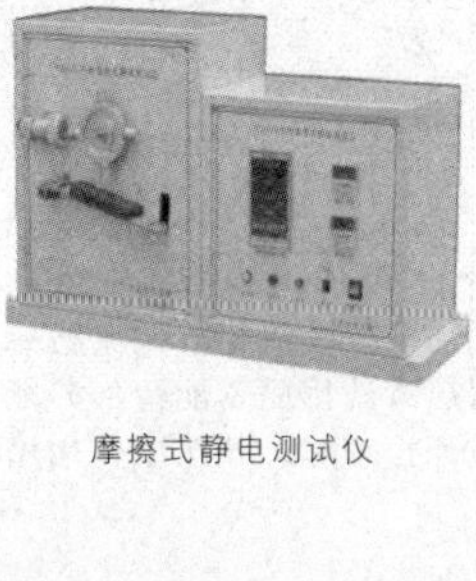

摩擦式静电测试仪

摩登风貌　mod look　即“现代风貌”(563页)。

摩登爵士装束　modern jazz costume　一种街头装扮。由19世纪产生于美国的街头爵士演奏者服饰演变而来。现代典型的爵士装束为:笔挺的深色单排或双排扣西装,白衬衫和细条纹长领带或领结;胸袋前插一块白手帕。

摩登型人群　modern group　即“前卫型人群”(409页)。

摩洛哥皮革　Moroccan leather　摩洛哥产的山羊搓纹革。以植鞣(最初用漆树叶)鞣制而成,配以手工搓纹工艺,使皮革柔软并在表面出现自然精致的碎石花纹,手感丰满舒适,外观特性良好。利用不同工艺仿摩洛哥皮革风格加工的搓纹山羊革也称摩洛哥皮革。主要用于制作服装部件材料。

摩洛哥毡帽　Moroccan cap　即“土耳其毡帽”(528页)。

摩托车装　motorcycle wear　由牛仔装、黑皮夹克、黑长筒靴组成,带有街头服饰的感觉的服装。20世纪70年代和80年代流行。当时欧美和日本年轻人热衷于骑摩托车,还佩戴徽章、项圈、腕镯等,衬出威风凛凛的感觉,在街头巷尾飞车娱乐。

摩托靴　motor-cycling boots　适合骑摩托车时穿用的半高筒皮靴。靴筒口采用封闭式结构,上有调节靴口大小的小开口,靴筒足够高,以保护骑车人不受伤害,鞋跟较厚,以备转弯时鞋跟与地面接触磨损。脚弯部位设计钎带,可调节肥度。摩托靴常被喜欢骑快车的人穿用,因此又称飞车党靴。

摩托靴

磨面膏　abrasive paste　在清洗护肤品的基础上添加某些极微细的砂质粉粒(磨洗剂)而成的深层清洗用品。能清洁并能除去角质层老化或死亡细胞。其按摩作用增强了毛细血管的微循环,促进皮肤的新陈代谢,能有效除去皮肤毛孔中的污垢,使用后明显有清洁感,甚至感觉肤色变白,起到预防粉刺的作用。配方组成除水相、油相及乳化剂等外,主要添加了磨洗剂。磨洗剂有天然型(如杏壳、橄榄仁壳的精细颗粒等)和合成型(如聚乙烯、石英精细颗粒等)。其基本要求是在高倍显微镜下无棱角,以免损伤皮肤。也有不加入磨洗剂的,如无砂型磨面膏、去死皮膏、去死皮液等。

磨面革　buffed grain leather　即“修饰面革”(582页)。

磨绒整理织物　sanded finish fabric　经过磨绒整理的织物。用金刚砂辊(或带)将织物表面磨出一层短而密的绒毛的加工。根据纤维原料不同,有磨绒棉织物、磨绒涤纶织物和磨绒超细纤维织物等。织物表面有短而密的绒毛,外观独特;手感丰满、柔软;有温暖感、保暖性好。磨绒棉织物适合用作春秋季衬衫、睡衣的面料;磨绒涤纶织物和磨绒超细纤维织物适合用作夹克、风衣等的面料。

磨砂革　nubuck　染色后将正面磨成均匀细绒毛状的皮革。主要由牛皮革磨面加工而成。由于皮革正面纤维细致,磨后有丝光感。皮革整体柔软,透气性极好,手感舒适,颜色多样,但容易吸灰。主要用于制作皮鞋。

魔术贴　nylon self-gripping fastener　即“尼龙搭扣”(370页)。

抹彩　mocai　中国传统戏曲化装方法。戏曲老生、武生、小生等行当的面部化装是用手往脸上抹粉和胭脂。

抹额　moe　又称袜额、抹头。中国古代一种抹于额头露出发髻的巾。古代不分男女尊卑均服用。质料通常有布帛、金属,缀以珠宝等。唐代时盛行武士以红色布帛包裹在额头,传于民间,男女喜庆时用之。士庶男女亦有用作束额之巾,非红色。宋代时,武士、仪卫的额饰,以不同颜色的巾帛截为条状,系在额间,一般多扎在幞头、帽子之外,用作标志。金属制成的抹额多用于贵族青年男女,形如头箍,周身镂饰图纹,并缀以珠宝。

抹头　motou　即“抹额”(362页)。

莫代尔纤维织物　Modal fabric　以莫代尔纤维为原料加工的织物。莫代尔纤维是一种高湿模量再生纤维素纤维。织物手感柔软舒适，吸湿性好，悬垂性好，透气性好。适合作内衣面料和夏季服装面料。

莫尔等高线法 Moiré topography method 人体体表测量法。通过三维光学测量，将所测人体用莫尔条纹体表等高线图形化，可以得出体表的凹凸、断面形状、体表展开图等体型信息的人体测量方法。等高线图形似层层木纹。通过静态与动态莫尔图可以计算出运动所引起的垂直或水平断面的形状变化与表面积变化等。

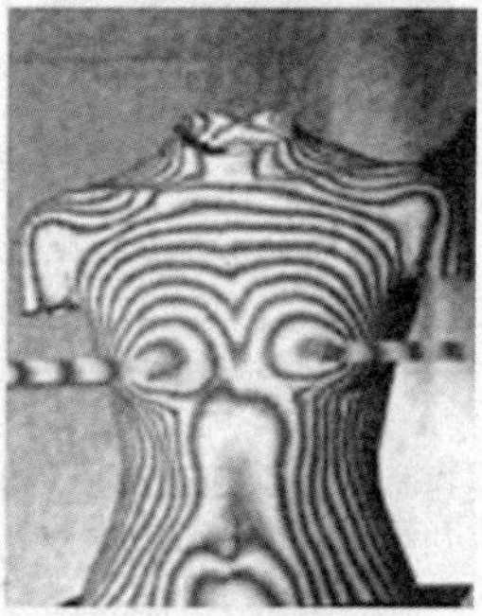

莫尔等高线

莫卡辛皮鞋 Moccasin leather shoes 帮和鞋底连在一起，通过串缝形成包脚鞋套的皮鞋。原为美洲印第安土著民族的原始鞋类，用兽皮串缝，不用鞋楦，只适应个人脚型的长度和肥度。莫卡辛鞋发展至今，配上外底和硬鞋跟，已经成为流行款式。由于鞋头有皱褶，也称皱头鞋，北京地区称之为包子鞋，上海地区则称之为烧卖鞋。穿着随脚，柔软舒适，显著特点是覆盖脚面的U形鞋盖与围子串缝时有一条立体棱线。

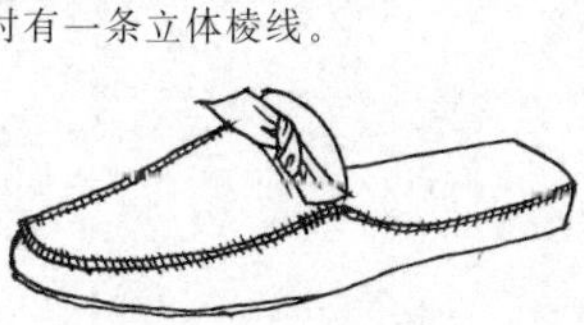

莫卡辛皮鞋

莫里斯图案 Morris pattern 威廉·莫里斯创作的装饰织物图案。由银莲花、茛菪叶、雏菊、郁金香、蛇头花、葡萄树等植物的花朵、叶子、藤蔓与鸟纹等构成。图案源于19世纪中叶的英国，以威廉·莫里斯为代表的新艺术运动，针对机械化生产高度发展，产品审美下降而创作的大量的棉印织物设计作品。造型特点是布局细密、骨骼对称、叶形舒展、花形饱满、鸟禽灵动、配色雅致，结合勾线与平涂等表现手段，使莫里斯图案成为欧洲流传广泛的经典图案，体现在现代服饰面料设计中。

墨眉 black eyebrows 中国古代妇女的一种面部妆饰。以黛饰眉。

墨妆 mo style 中国古代妇女的一种面妆。不施脂粉，以黛饰面。始于北周。

模板小片机 template sewing machine 又称靠模缝纫机。使用专用模板对衣片进行规定缝迹加工的特种缝纫设备。由夹料模板、走布机构、压脚机构、切刀转向和裁切机构、断线自停装置等部分组成。线迹形式为301型锁式线迹。计算机控制或机电一体化程控协调多台电动机（如缝纫电动机、吸废布电动机、切刀电动机和走布电动机等）协调完成缝纫作业。适于服装零部件，如袋盖、衣领、袖口、腰头搭襻、袖襻、肩襻和手套等处有规定缝迹的加工。

牡丹引凤纹 phoenix-peony pattern 即“凤穿牡丹纹”（144页）。

木瓜粉 papaya powder 中国古代妇女敷面用的一种以木瓜为配料的妆粉。

木屐 clogs 以木块为鞋底，皮革或织物为帮面，鞋帮直接钉在木底侧面而成型的鞋。中国、日本、欧洲的木屐各具特点。中国木屐始于战国，汉代已有带齿的木屐，南宋人谢灵运更将鞋齿制成可装卸的，上山卸前齿，下山去后齿。现我国南方仍有各式木屐，如湖南、江西的油皮木屐，两广地区的木拖凉鞋等。日本称木屐为下驮，即咯哒之意，常与和服及达比足袋（短袜）配套穿用。19世纪上半叶出现箱木屐，一种后凸块与木底连为一体，前凸块用竹钉或金属钉等材料制作，适于雪地行走。欧洲的木屐以寒冷地区的荷兰农民穿用的用整块木头挖成脚形的木鞋为代表。20世纪60～70年代流行一种系带式木底鞋，后为欧美民俗木屐舞所采用。

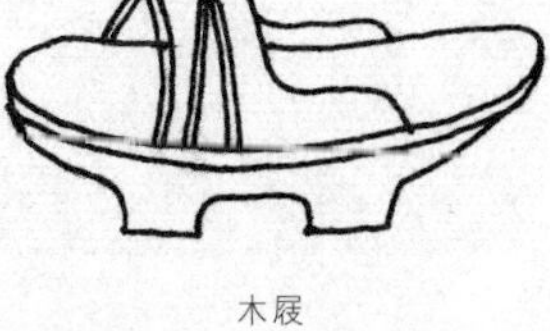

木屐

目的地标志　destination mark　包装识别标志。商品运往何地的地名记号。在国内运输中,可根据各地具体情况,使用习惯上通用的简称或缩写文字。

仫佬族服饰　Mulao ethnic costume and accessories　中国仫佬族衣着和装饰。仫佬族分布在广西。衣色尚青,男子戴青布碗形帽或青布包头,穿对襟上衣,长裤。部分老年人仍穿琵琶襟上衣,穿草鞋;姑娘梳辫,婚后改髻,穿宽缘边的大襟上衣、长裤,系绣花围裙,也有用青布包头的。

仫佬族男子服饰

仫佬族女子服饰

牧场服　ranch wear　牧夫穿着的服饰。风格随意,出现于20世纪40年代。上装和裤子均用棕色华达呢毛料,衣长较短,及腰,上装的口袋均装拉链,下装是牧夫穿的臀围宽松、裤口狭窄的裤子,塞进高跟牛仔式长筒靴裤脚里,线条干净利索。

牧师式装扮　clerical wear　凝重的A字形款式。带有神秘和中性感,此类装扮于1994年春夏流行。此装扮以牧师形象为设计灵感,款式为黑色长外衣和黑色宽边帽。

N

那不勒斯罩帽　Neapolitan bonnet　19世纪早期的麦秸罩帽。装饰着麦秸编制的饰花,色彩相配的缎带从帽冠处垂下来并在胸部松松地打结。名称来自于意大利的那不勒斯。

纳尔莫王冠　pschent　即“埃及双重王冠”(2页)。

纳帕革　Napa leather　泛指经特别加工的粒面平整细致、身骨柔软耐用的绵羊和小山羊皮革。如今已不限于羊皮,以其他原料制成类似柔软度的皮革,也可称为纳帕革。主要用于制作服装、手套、领带、鞋类等。

纳西族服饰　Naxi ethnic costume and accessories　中国纳西族衣着和装饰。纳西族分布在云南的丽江等地,衣色尚白、黑。男子青布包头,穿织绣缘边大襟上衣,着及膝长裤,裹绑腿,系腰带。女子盘辫或梳髻戴帽,穿宽腰大袖青色大褂,外套红或赭色,有宽缘边饰的大襟坎肩,着长裤,外套褶裙,系围裙。披一片羊皮状披肩,称“七星披肩”(399页),也称披星戴月,披肩上缀有丝线绣成的七个圆形图案,垂穗七对。滇西北高原及香格里拉等地纳西族常外披麻布对襟长衫,身披羊皮,脚穿长靴,称云头靴。

纳西族男子服饰

纳西族女子服饰

捺印法　impression method　人体体表测量法。用刻有纵横、斜向等各方向直线的橡章在人体局部皮肤上捺印,之后用拷贝纸复下不同运动状态下的印记的方法。捺印的大小3～5 cm不等,视测量部位面积大小选择。从结果分析中可以得到人体上、中、下部位的纵向、横向和斜向的变化率。

耐寒橡胶长靴　cold proof long boots　一种在严寒环境使用的防寒靴。由普通的橡胶长靴内侧加入腈纶或其他合成短纤的衬垫物制成。

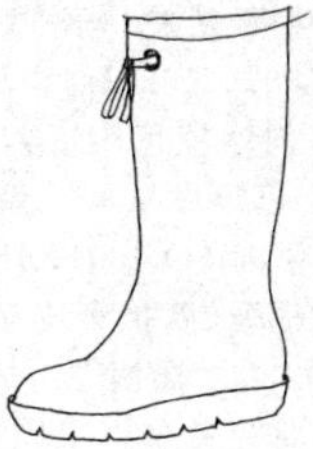

耐寒橡胶长靴

耐汗渍色牢度试验仪　color fastness tester to perspiration　用于各类有色纺织品耐汗渍色牢度、耐水、耐海水等色牢度试验的设备。适用标准:GB/T 3922—1995(2004)《纺织品　耐汗渍色牢度试验方法》,GB/T 5713—1997(2008)《纺织品　色牢度试验　耐水色牢度》,GB/T 5714—1997(2008)《纺织品　色牢度试验　耐海水色牢度》,ISO 105—E01/E02/E04, AATCC 15/106/107/165, DIN 54005,JIS L 0847/0848等。由试样夹板、加压重锤等组成。将5 cm×5 cm的组合试样(试样的正面附上尺寸相同的标准贴衬织物),在规定的温度和时间下,经过人工汗液、水、氯化钠溶液等的处理和干燥后，对试样的变褪色和贴衬织物的沾色程度，与标准灰色样卡及沾色样卡进行比对，评出试样的变色和沾色等级。

耐汗渍色牢度试验仪

耐摩擦色牢度试验仪 color fastness tester to rubbing 测试织物在干、湿状态下耐摩擦色牢度的设备。适用标准：GB/T 3920—2008《纺织品 色牢度试验 耐摩擦色牢度》，GB/T 5712—1997(2008)《纺织品 色牢度试验 耐有机溶剂摩擦色牢度》，GB/T 420—2009《纺织品 色牢度试验 颜料印染纺织品耐刷洗色牢度》，ISO 105、X16 等。由夹布辊、摩擦头、摩擦臂、摩擦臂支架、电动机、自停电路、挤水罗拉、手摇柄等组成。试样两端分别夹入半圆形的夹布辊中固定，将标准摩擦布夹入摩擦头，放下摩擦臂支架，设定摩擦次数后启动电动机，电动机驱动摩擦臂作往复直线运动，则位于摩擦臂一端的摩擦头与试样作往复直线摩擦，至规定次数后，仪器自停，支起摩擦臂支架，取下标准摩擦布，在标准光源下与沾色色卡比对，评出试样经干摩擦后的沾色等级，取下试样，在标准光源下与变色色卡比对，评出试样经干摩擦后的变色等级。做湿摩擦试验时，将标准摩擦布浸湿后夹入挤水罗拉内，转动手摇柄一圈，挤出多余水分后夹入摩擦头，其余试验方法同干摩擦，得出试样经湿摩擦后的沾色及变色等级。通过更换摩擦头（圆形、方形、刷子等）可满足不同的标准要求。

耐摩擦色牢度试验仪

耐气候色牢度试验仪 color fastness tester to light and weather 即“耐日晒色牢度试验仪”（366 页）。

耐日晒色牢度试验仪 color fastness tester for sun light 又称耐气候色牢度试验仪。用于纺织面料以及其他材料耐光、耐气候及光老化试验的设备。适用标准：GB/T 8427—2008《纺织品 色牢度试验 耐人造光色牢度：氙弧》，GB/T 8430—1998(2004)《纺织品 色牢度试验 耐人造气候色牢度：氙弧》，GB/T 16991—2008《纺织品 色牢度试验 高温耐光色牢度：氙弧》，ISO 105—B02，ISO 105—B04，ISO 105—B06，AATCC 16/169 等。由氙弧灯、滤波片、光幅照度控制系统、温湿度控制器、水喷淋装置等组成。模拟和强化自然气候中的光、热、湿气和雨水等老化因素，根据曝晒材料的应用方向和测试标准，提供材料老化的实验环境。采用可模拟全日光光谱的氙弧灯并配合不同的滤波片，可以产生进行不同测试所需要的对应光谱和光能分布（光强度与波长的函数关系），例如，直接的阳光光谱、透过玻璃窗的阳光光谱、UV 光谱等。光幅照度控制系统可选择并设定适当的光幅照量，在光幅照室内连续监测测试样品表面所接受的光幅照度，通过调节灯管功率，可以对因灯管老化或其他任何变化造成的光能量下降及时作出补偿，将光幅照度保持在设定值。

耐日晒色牢度试验仪

耐酸碱皮鞋　acid and alkali resistant leather shoes　以优质防水铬鞣皮革为帮面，能防酸、防碱、防化学药品腐蚀的特种橡胶或塑料为鞋底，经模压或注塑等工艺加工成型的高腰或半高腰鞋靴。帮面多采用整块皮革，以避免缝隙太多渗漏药液伤害脚背。鞋底花纹为倒顺齿或粗深人字形纹，增加防滑性能。适宜酸碱腐蚀不太严重，且需长时间工作的人员穿用。

耐酸碱塑料靴　acid and alkali resistant plastic boots　以聚氯乙烯树脂为基料，通过注塑成型方式制造的长筒全塑料靴，适用于有酸、碱、化学药品等作业时穿用。靴底有特殊设计的防滑花纹，每双靴的重量不超过 2 kg。

耐油皮鞋　anti-oil leather shoes　鞋底具有良好耐油性能的皮革帮面鞋。耐油鞋底一般用丁腈橡胶或增塑聚氯乙烯(SPVC)塑料加工。耐油皮鞋可用模压硫化工艺、胶粘工艺和注塑工艺等加工成型。真皮面耐油底鞋多用于金属加工或加油站等工作场所员工穿用。

耐皂洗色牢度试验仪　color fastness tester to soaping　用于棉、毛、丝、麻、化纤等纺织品耐洗、耐干洗、耐缩呢等色牢度试验的设备。适用标准：GB/T 3921—2008《纺织品　色牢度试验　耐皂洗色牢度》,AATCC 2/61 等。由电动机、旋转轴杆、试样杯、水浴锅、定时器、温度控制器、显示器等组成。水浴锅内装有一根旋转轴杆，旋转轴杆支撑着多只容量约为 550±50 mL 的不锈钢容器(试样杯)。将纺织品试样与规定的贴衬织物缝合在一起，放在标准规定的洗涤液中，亦可放入钢珠增加摩擦，在规定的时间与温度条件下，进行机械搅拌、洗涤。试验时，电动机驱动旋转轴杆做圆周运动，温度控制器控制水浴锅的水温，设定试验时间到，仪器停止搅拌并报警。取出试样，经清洗、干燥后在标准光源箱内用灰色样卡评定试样的变色以及贴衬织物的沾色等级。

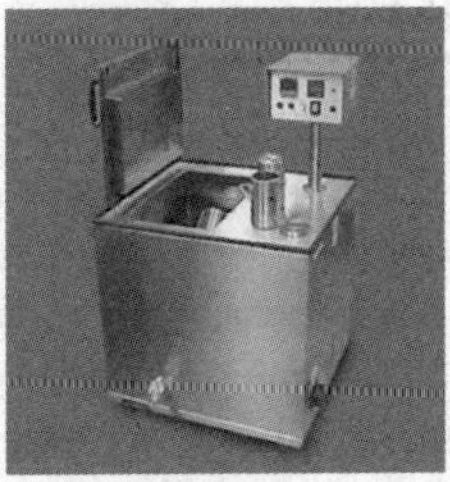

耐皂洗色牢度试验仪

男大坎肩　nandakanjian　中国传统戏曲中坎肩的一种。对襟，直大领，左右胯下开衩，长近于足。古铜或黑色缎料制成，四周绣古朴的寿字、古钱等图案或镶深色宽边。穿用时内着素褶子，腰系丝绦。用于平民中的老年知识分子，如《牡丹亭·闺塾》中的陈最良等；另有在彩缎上绣云龙图样的，穿在庄重沉稳的“蟒”(340 页)外面，并饰以玉带，给人不和谐的滑稽感，专用于由文丑饰演的昏君，如《赵氏孤儿》中的晋灵公。

男服三件套　men's three-piece suit　由上、下装三件组成的男子着装，属经典正统设计风格。现指西式上装、西服背心和西裤的三件套。起源于波旁王朝复辟时代(1815～1830)，指男子的衬衫、西服背心、礼服等三件套，下穿裤子。礼服裁剪合体，造型呈倒三角形，宽肩细腰，下摆放褶，形成男性特有的 T 体廓型，衣长及膝。礼服和西服背心多采用双排扣，扣子使用镀金和珍珠、钢质的装饰扣。是适合正式场合穿着的服装。面料以毛呢为主。

男孩风貌　boylish look　又称少年风貌。带有男孩倾向的时尚打扮。中性风格，20 世纪初在欧洲兴起，1926 年达到顶峰。与传统对女性的审美完全相反，男孩风貌不强调突出女性曲线，而代之以直线型的体态，腰线很低，配上男孩般的短发，体现男孩般的青春和活力。面料常用黑灰等中性色彩的呢料。此风貌 20 世纪末重新流行。

男孩风貌

男花褶子　nanhuaxuezi　中国传统戏曲袍服中绣有花卉鸟兽图案的男式“褶子”(591页)的统称。斜大领,大襟右衽,长及足,阔袖带水袖,左右胯下开衩。可单独着用,也可当作“蟒”(340页)、“帔”(384页)等的衬服。多用彩色缎料制作,所绣花纹随角色行当而有别:文小生多用清秀淡雅的折枝花;武生多用大团花或二方连续花纹;文丑多绣散点式的小碎花;武丑多绣动感较强的鸟兽。武生、武丑、花脸的褶子衬里也饰以花绣,以备有时将其斜披或敞穿在箭衣之外。

男青褶子　nanqingxuezi　中国传统戏曲袍服中不绣花饰的纯色“男素褶子”(368页)的一种。斜大领,大襟右衽,长及足,阔袖带水袖,左右胯下开衩。黑色,白领,无纹饰。寒儒、社会地位较低的平民,如《问樵闹府》中的范仲禹、《坐楼杀惜》中的宋江等着用。

男色褶子　nansexuezi　中国传统戏曲袍服中不绣花饰的纯色“男素褶子”(368页)的一种。所用色彩有大红、宝蓝、古铜、秋香、淡绿等。斜大领,大襟右衽,长及足,阔袖带水袖,左右胯下开衩。一般由老生行当中的平民角色着用,如《四进士》中的宋士杰、《捉放曹》中的吕伯奢。红色素褶子多用作衬袍。

男式套装　men's suit　由男西上装和裤子组成的套装。讲究做工的考究和外观挺括,因此工艺繁杂,使用的黏合衬保证胸部隆起,永久挺括,不起皱褶。考究的裤子带有衬里。选用色彩一般偏于灰、黑、褐色、藏青等色系,表达男性的沉稳美。

男素褶子　nansuxuezi　中国传统戏曲袍服中不绣花饰的纯色男式“褶子”(591页)的统称。包括色褶子、青褶子、“海青”(199页)、“富贵衣”(169页)、紫花老斗衣、“短跳”(110页)、“安安衣”(3页)、“青袍”(415页)等多种。

男袜图案　men's socks pattern　图案的一种。以菱形、条纹等组合的几何形构成,还有兽类动物、船锚、器具等内容。图案以袜筒两侧为装饰,大小适中,或者袜筒边缘点缀粗细彩条,造型与套色简洁沉稳,以表现男性的阳刚之美。最常见的是用提花、织花工艺形成图案的棉纱袜、混纺毛袜等。

男小坎肩　nanxiaokanjian　中国传统戏曲中坎肩的一种。大襟右衽,缀铜疙瘩扣,立领,长及臀。黑缎制作,无纹饰。多用于丑行扮演的文人,如《四进士》中的师爷等。

男性化风貌　androgynous look　设计风格带有男性味的女性服装。设计前卫,在服装造型、款式结构、色彩搭配、装饰风格等方面借鉴男子的服装设计,款式多为裤子、夹克、西套装等。服装色彩也倾向于深灰色调,在搭配上甚至使用男式领带。源于20世纪80年代后期,90年代在世界服装界兴起,意大利设计师吉尔·桑德(Jil Sander)、日本设计师山本耀司等人的设计即可归入此类。

男性化风貌

男性人体特征　male body character　骨架、骨节较大,肌肉发达突出,外轮廓线顺直,头部骨骼方正、突出,前额方正平直,颈较粗的基本特征。胸腔呈明显的倒梯形,胸部肌肉丰满平实,两乳间距为一个头长。腰部两侧的外轮廓短而平直。盆腔较窄,大转子连线的长度小于肩宽,因此男性人体躯干基本为倒梯形。手和脚较大。

男性首饰　men's jewellery　用于男性佩戴和装缀的饰物。主要有戒指、领带夹、袖口纽及手链、项链。与女性首饰相比,除装饰性之外,还具有实用功能,如男性戒指可设计成名字印章使用。

男装设计　men's wear design　对现代成年男子所穿服装进行的设计,起源于19世纪末。设计较少表现华丽感和繁复细节,更多考虑做工精致、面料高档和着装舒适,展现庄重、大方、潇洒的阳刚之美。外形轮廓以倒梯形和方形为主。面料质地体现厚实粗犷感,色彩以低调的自然颜色为主,图案采用几何形和条格纹样。

与潮起潮落的女装相反，男装每年变化并不显著。代表性品种有衬衫、T恤衫、西服套装、西裤、夹克、猎装、风雨衣、羊毛衫等。

男装图案 men's clothing pattern 成年男性服装的图案。传统男装图案多以条格或文字等抽象图形为主，表现理性和阳刚美，图案也局限在衬衫和领带设计中。现代男装图案在内容、形式以及应用范围有很大突破，采用细密的佩兹利、写实的植物和兽类、船锚器具、文字和抽象形等图案，呈现沉稳刚健、粗犷英武与亲切平和两面性。工艺也突破以往的印花和提花，刺绣、补缀等装饰工艺应运而生。男装的定位图案多分布在显示人体力量的胸、背、臂、肩等关键之处，以装饰强调服饰造型特征。

南非羊皮革 South-African cabretta leather 即“好望角羊皮革”(204页)。

南狸子 south civet 见“豹猫皮”(23页)。

难燃性工作服 flame retardant operation wear 具有阻燃防火功能的一类工作服，由难燃性面料或经过阻燃整理的材料制成。接触火焰或高温物体只发生某种程度烧焦，不会着火蔓延，能有效防止着装者的烧伤或烧死事故。主要供在电气炉、熔解炉旁等易接触熔融金属以及经常接触明火的一些场合中着用。

内班行头 neibanxingtou 中国传统戏曲服装分类用语。清乾隆年间两淮盐务绅商为准备乾隆皇帝南巡时演出承应大戏，例蓄若干戏班，称为内班。所用的戏具称为内班行头。其特点为班主经济充裕，在行头上争奢斗艳，开创了豪华型演出之风。

内包缝 welt seam 即“暗包缝”(5页)。

内包装 inside packing 又称小包装。服装包装形式之一。包装时以服装的件和套为单位装入塑料袋，或以若干件为单位打成纸包或装盒。包装内服装的品种、等级必须一致，颜色、花型和尺码规格根据消费者或订货者的要求，分为“独色独码”(109页)、“独色混码”(109页)、“混色独码”(227页)、“混色混码”(227页)等方式。在包装的明显部位注明厂名(或国名)、品名、货号、规格、色别、数量、品等、生产日期等，有时还需标明使用材料名称、纱支及混纺交织比例、产品穿用方法、洗涤说明、防火说明及熨烫说明等。

内衬帽 under cap 16世纪到19世纪中期女性戴在室外帽下面的帽子。也可在室内戴用，类似头巾帽；也指16世纪年长的男性戴在有檐帽下面的室内帽。类似“头颅帽”(522页)。

内裆 in-leg 即“下裆”(560页)。

内底 insole 又称中底。连接鞋帮和外底的部件。其外形轮廓完全与鞋楦底部一致。鞋帮的帮脚先与内底结合而后再与外底连接。不同鞋种的内底构造不一。皮鞋内底还要在鞋腰窝至后跟部粘接上一层与其形状完全一致的半托底，形成一个前软后硬且有一定造型的复合内底，再在内底的后半部铆接上勾心。因此皮鞋内底实际由内底板、半托底和勾心三个部件组成。普通布鞋和旅游鞋的内底通常是一叠布层或纤维片。布面胶鞋内底多为橡胶海绵。

内耳式皮鞋 Balmoral 采用前帮压鞋耳镶接方式的耳式皮鞋。特点是款式稳重，形状挺括，不易变形。

内耳式皮鞋

内翻式发型 classic inwards curly hair style 所有头发自然整齐地在同一层面向内卷拢，形成简单内敛形状的发型。式样传统，是刘海形短发的演变基础。可以遮盖发际线、颈后部许多缺陷，适合多种类型的头发。

内缝 inseam 缝道类型。相对于外缝而言的一种缝道，一般处于服装的内侧、里部，如锁边的分开缝、作来回缝的缝道等。

内踝点 sphyrion, Sph 人体测量点。脚腕内侧踝骨的突出点。测量裤脚口的基准点。

内家妆 neijia style 中国古代宫廷妇女的穿着打扮。

内裤 under drawers 贴身穿着的短裤。其测量部位有裆布、前身长、后身长、前中宽、后裆宽、底裆长、侧缝长等。

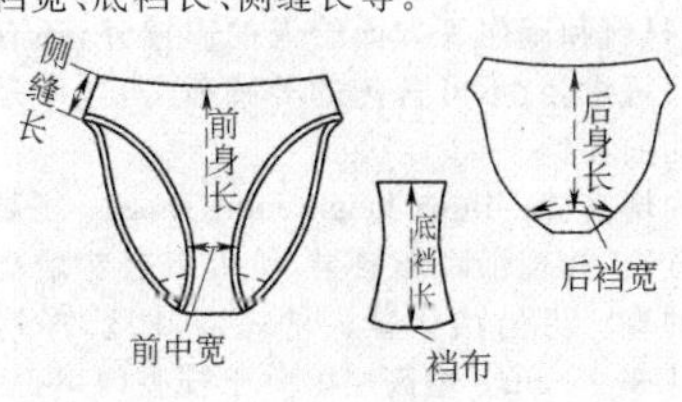

内裤

内围条　inner foxing　旧称内沿条。多层围条的里层。用于布面胶鞋时与布层接触，起到与布层牢固附着的作用。厚度适中，一般为 0.7 mm。压延出型后，经滚切或手工切割成带状。

内袖　undersleeve　即“小袖”(569 页)。

内衣缝　underwear's seam　连接缝道用缝型类型。在被包裹成不露织物边的两片衣片上压上的缝型。

内衣外穿风貌　inside-outside look　内衣的结构设计、外衣化的服装。风格艳丽，20 世纪 80 年代初英国设计师韦斯特伍德(Westwood)率先推出。最为典型的款式是女性吊带式胸衣，通过换用外衣常用面料，重新组合，产生新的穿着效果。内衣外穿装束在 20 世纪 90 年代前后迅速国际化。

内衣外穿风貌

内在美　internal aesthetic　包含两层含义。(1)由服装表现出来的穿着者的美。这种服装美比较含蓄隽永，在外观上难以定性、定量地表达，是通过人的内心活动、气质和个性表现出来的。对服装内在美的感知，需要观察者有较高的心理素质和审美水平，因为它不像服装的造型和色彩那样直观。(2)服装自身的美。在欣赏服装佳作时，除了造型、色彩、材料和制作等方面给人的震撼外，还有一种只可意会、不可言传的美感撞击，这便是服装的内在美。

内增高鞋　inner heightening shoes　增高来自鞋内，体现了隐形效果，给人以自然增高之感的鞋。可增加穿鞋人的站立高度，净增量可达 3～5 cm。增高层隐藏于鞋腔内，由后高前低的内底构成。内底由 EVA 或 PU 硬质微孔塑料制成，具有轻盈及挺括等优点，经长期穿着后仍能保持原高度、外轮廓及一定的弹性。

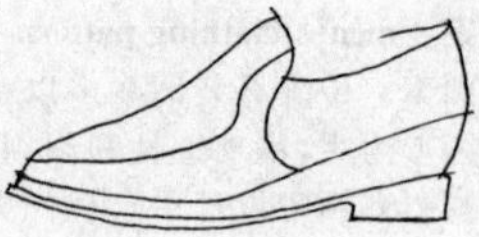

内增高鞋

尼龙搭扣　nylon self-gripping fastener　又称魔术贴。一种用于服装及服饰品扣紧的材料。由锦纶丝织成的带状织物，带子两面分别织有许多毛圈(绒面)和小钩子(钩面)，将带子两面对齐后轻轻挤压，毛圈就被钩住，起到扣紧作用，打开时从搭扣的头端向外稍用力拉开。特点是使用方便、省时、快捷、柔软，可代替纽扣、拉链、按扣等联结材料。广泛用作服装、被服用具及各类生活运动用具等的扣紧材料。

尼龙甲　nylon nail　以尼龙作为材料进行包裹，并加以打磨、涂色、抛光等装饰处理的指甲造型。非常坚固，能承接较长的指甲前缘，造型略厚于丝绸甲。

尼姆巾　Nemes head covering　古埃及新王国时期(公元前 1500～公元前 332)统治者所戴巾帽。一块条纹方巾包在头部太阳穴周围，两耳处形成横向排列的整齐平裥，下垂至肩部。

尼丝纺　nylon habotai　采用无捻或弱捻的锦纶丝，以平纹组织织制的非紧密结构的仿丝织物。一般分中厚型(重量 80 g/m^2)和薄型(重量 40 g/m^2)两类。织物表面细洁光滑，平整缜密，质地坚牢挺括，具有良好的弹性和耐磨性，品种规格较多。中厚型尼龙丝可作服装面料及里料。如经防水涂层整理，可作滑雪衫、风雨衣等的面料。薄型的可作薄型服装的里料及方巾等。

呢　crepon　丝织物大类名。采用绉组织、平纹组织、斜纹组织或联合组织，应用较粗的经纬丝线织制的织物。按外观风格可分为毛型呢和丝型呢两类。织物质地丰厚，具有毛型感。主要用作夹袄、棉袄面料，较薄型的还可用作衬衣、连衣裙等面料。

呢绒　wool fabric　即“毛织物”(345 页)。

呢绒服装　woolen garment　即“毛呢服装”(342 页)。

呢毯式预缩机　woollen-blanket preshrinking machine　面料喷雾给湿和整幅后，依靠呢毯弹性引起的收缩所产生的作用实现面料收缩的预缩机。由进布架、喷雾给湿箱、预烘筒、整幅装置、呢毯烘燥装置和传动装置等部分组成。呢毯厚度约 5～14 mm。工作时，面料经均匀给湿和短时间整幅后随呢毯进入大烘筒，利用该呢毯面离开喂布辊时的曲率变化实现面料收缩，最后再经呢毯烘燥装置烘燥。整理后的面料缩水率一般可降至 1%左右。

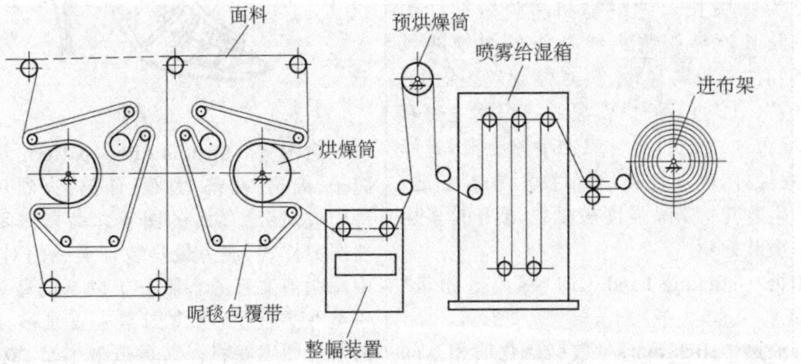

呢毯式预缩机

年龄色　age color　由于年龄的不同而在人们穿着上反映的服装色彩。婴幼儿喜爱柔软、娇嫩的色彩。青年人偏向鲜亮、明朗的色彩。中年人喜欢温和、成熟的色彩。老年人则倾向于沉静、庄重的色彩。这一规律随着社会阶层心态而变化。如青年人选用沉稳的黑色、灰色等中性色，而老年人出于对青春的怀念和不服老的心理，也常用鲜艳色彩。

年龄妆　age dressing　改变年龄整体造型的化妆。常用方法是绘画化装，改变演员的肤色和掩盖肌肤质地的缺陷；整形化装法，改变五官的状态和松弛的肌肤；毛发化装法，改变发型与头发颜色，改变胡须、眉毛的形状和颜色；塑型化装法增强皱纹的立体感或骨骼的突起效果。应考虑影响年龄感的各种自然和社会环境因素、人物情绪和精神状态、健康状况及生活状况、生活习惯等。乐观开朗与老成持重的人，历经坎坷与一帆风顺的人，虽然年龄接近，但可能有不同的年龄感。影响年龄感的外部生理特征有肌肤的质地和颜色、五官的形状、毛发的色彩等。常用于影视剧造型。

年轻风貌　young look　突出年轻人特点的时装设计。20 世纪 60 年代源自伦敦。设计受街头流行服饰的影响，一改英国以往的矜持和严谨，青春而前卫。代表人物是玛丽·匡（Mary Quant），她于 1964 年发布了裙摆在膝盖以上的超短裙。

黏合衬黏合过程　fusible interlining fusible process　黏合衬布与面料即热熔胶与纤维的黏接过程。整个过程分四个阶段：(1)热熔胶受热熔融为黏流体；(2)黏流体浸润纤维并吸附在纤维表面，经扩散渗透到纤维内部；(3)热熔胶在纤维之间扩散；(4)熔融的热熔胶冷却固化并与纤维固着。

黏合衬黏合加工方式　fusible interlining fusing process method　压烫黏合时，面料与衬布的叠置方式。由于压烫设备与加工要求不同，有四种加工方式：(1)正常黏合，将衬布置于面料的上部，热量由衬布传至面料，这是常用的安全方式；(2)反向黏合，面料置于衬布上部，便于热熔胶向面料转移，适用于较难黏合的面料；(3)内叠黏合，一次加工两层衬布和面料，面料在外，衬布在内，上下两面均加热，可提高生产效率；(4)双层黏合，将两块衬布与一块面料重叠在一起，形成衬布与衬布、衬布与面料的一次性黏合，多用于衬衫领的黏合，加工方式和压烫条件应根据面料和衬布的性能选定。

黏合机　fusing press　以热压方式将热熔黏合衬的胶面与衣片的反面黏合成一体的专用加热设备。由加热装置（一般采用电加热形式）、温控装置、加压装置、工作台和传送装置等部分组成。作业时，热熔黏合衬叠放在衣片上，按加热—加压—冷却的工艺流程完成黏合作业。是黏合工艺中必须使用的设备，也是高耗能设备，功率约为 2～30 kW。按加压形式，分为“平板式黏合机”（392 页）和“压辊式黏合机”（593 页）。

黏胶纤维织物　viscose fabric　用黏胶纤维纱线织制的织物。根据黏胶纤维的长度，又可以分为黏胶长丝纱织物和黏胶短纤纱织物。黏胶长丝纱织物主要是仿丝织物的风格，品种有“美丽绸”（348 页）、黏胶丝织锦缎、“利亚绒”（312 页）等；黏胶短纤纱织物主要有“人造棉布”（432 页）等。织物手感光滑，光泽好，悬垂性好，吸湿性和透气性好，穿着舒适，不易产生静电，唯湿强度较低。薄型的多用作夏季服装面料。

黏扣带　sticking band　即“锦纶搭扣带”（263 页）。

黏着痕迹　stick mark　胶鞋硫化前相互间或与异物相接触产生轻微表面损伤，硫化后显出痕迹的现象。操作失误所致。

念珠　beads　又称数珠。宗教活动时用于记数的用品。我国藏族和回族也有使用。在手腕上绕两三圈，有时也挂于脖子上。除了祈祷时使用外，还可以用作算账记数和装饰品。藏族用的每串为 108 颗，而回族用的每串为 101 颗。用料大部分为木制，也有金珠、琥珀珠等。

鸟笼跟　birdcage heel　一种中空、四周有条形结构的鞋跟。因其形状似鸟笼而得名。通常用热塑性工程塑料（ABS）以注塑工艺加工成型。形状有柱形、倒圆锥形等。具有轻巧、美观、新颖、节约原材料等特点，适用于青少年及儿童凉鞋和拖鞋的制作。

鸟笼跟

鸟笼鞋　birdcage shoes　将整个鞋帮设计成条带式结构的凉鞋。几乎将脚全部裸露，因而只适宜脚的肥瘦适度、外形秀美的中青年妇女穿用。图为用黑色麂皮带子制成的，用金色小羊皮作装饰的中跟鸟笼鞋。

鸟笼鞋

鸟禽图案　bird and fowl pattern　由鹦鹉、鸽子、锦鸡、孔雀、大雁、仙鹤、火烈鸟、鸡、鸭等构成，描绘鸟禽的图案。鸟禽因羽毛的天然图案样式，成为最具装饰美感的对象之一。中国明清文官的官服补子以不同鸟禽来区分一至九品官位，鸟禽图案一直是被乐于表现的服饰图案题材。鸟禽造型丰富，或静或动，性格多样，结合数量、疏密、方向、色彩等造型要素呈现出动感而醒目的艺术特色，适用于女性各种服装图案面料设计。

鸟禽图案

镊　nie　中国古代男女皆用的一种专用于修容的工具，如剔除白发、修整眉毛等。通常以金银铜铁或犀角制成，形制有多种。女性所用镊子还作装饰之用，上面饰以珠玉、图纹等，修容完毕即插于发首。

镊

凝重风格　heavy style　线型长而散乱、外轮廓下部体积较大的服装风格。零部件夸张且立体感强，局部皱褶多，多选用厚实的粗纺呢、绒面料。

牛津布　oxford　又称牛津纺。棉织物名。经纬纱采用较细的棉纱线（线密度 13～29 tex），一般经纱用色纱，纬纱用白纱。其主要风格特征是外观呈混色效应，色泽柔和，手感柔软、吸湿性好、透气性好、穿着舒适，有休闲风格。多用作衬衫面料。

牛津纺　oxford　即“牛津布”（373 页）。

牛津鞋　oxford　即“耳式皮鞋”（119 页）。

牛筋底　transparent outsole　又称半透明底。以较透明的天然橡胶、合成橡胶或塑料为基料的鞋底。掺用少量折光率接近的助剂和黄色颜料所制得的半透明模压底、压延底或注塑底，用于热硫化胶鞋及冷粘鞋等的成型。由于这种外底含胶率较高，强度和韧性（耐撕裂性）都很好，似牛筋状，故名。

牛筋底鞋　ox tendon sole leather shoes　鞋底为浅黄色半透明质感似牛筋的鞋类。牛筋底鞋弹性好，穿着舒适，耐磨及耐曲挠性好，特别是用橡胶和热塑弹性体（TPR）制作的牛筋底鞋具有很好的低温性能，天冷时不变硬不打滑，是防寒鞋的上好底材。

牛皮二层革　cowhide split leather　牛皮经剖层得到的第二层皮革。由于没有纤维紧密的粒面层，只有较疏松的真皮层，经喷浆加工制光面皮革时，真皮层容易吸收较多的浆料，使皮革板硬易脆裂。现多采用湿法、移膜等工艺加工光面二层革，使成品二层革仍能保持较软的手感特征，称为牛皮湿法革，牛皮移膜革等。主要用于制作包袋、皮带、运动鞋；对二层革不进行涂饰（贴膜等）处理，而进行磨面起绒加工，制成绒面皮革，透气性良好，称为牛皮二层绒面革。主要用于制作皮鞋。

牛皮革　cowhide leather　黄牛、水牛、牦牛等原皮经加工而成的皮革。成品皮革一般冠以牛的种类名称以示区别。例如“黄牛皮革”（223 页）、“水牛皮革”（485 页）、“牦牛皮革”（345 页）等。坚韧结实，开张较大，每张皮的面积约在 2～4 m^2 之间，黄牛与水牛皮革较大，牦牛皮革稍小。根据不同原料、不同用途可加工成物理性能不同的皮革，如鞋用革，服装用革等。在厚度、弹性、手感性以及表面颜色涂层牢度等方面均有不同的要求，以适应不同的需要。牛皮革是目前用途最广，使用最多的动物皮革。

牛皮鞋　ox leather shoes　用牛皮革作帮面制成的鞋。橡胶、塑料、热塑性弹性材料（TPR）或皮革等作鞋底，通过胶粘、注塑、线缝或模压硫化等工艺加工成型。牛面革又分为黄牛面革、水牛面革、牦牛面革等。黄牛面革以优异的物理机械性能，良好的透气性，以及光滑美好的表面皮纹，成为最好的鞋面材料，因此用黄牛面皮制作的鞋档次较高；水牛面革强度比黄牛面革低，表面花纹粗糙，制作的鞋档次较低。牦牛面革性能介于水牛面革和黄牛面革之间，产量较少。

牛仔布　denim　又称劳动布。棉织物名。色经白纬的粗厚和较粗厚的斜纹棉织物，经纱的颜色多是靛蓝色，组织一般采用 $\frac{3}{1}$ 斜纹。按重量可分为轻型、中型和重型三类：轻型牛仔布重量为 200～340 g/m^2，中型牛仔布重量为 340～450 g/m^2，重型牛仔布重量为 450 g/m^2 以上。花色品种很多，有竹节牛仔布、弹力牛仔布、套染牛仔布等。织物质地紧密，坚牢耐穿，厚实硬挺。经石磨、砂洗或生物酶洗等处理，可得到特有的风格，而且手感变得柔软舒适。主要用作牛仔服面料。

牛仔裤　jeans　20 世纪 60 年代开始流行的一种裤子。采用靛蓝色斜纹布，一般为短裆，臀部合身，穿着舒适。全部车缝为双道装饰缝，前身有弧形斜插口袋，口袋的内侧为表袋，后身有尖形抵腰和两个贴式口袋。接缝处全部用金属铆钉加固，后口袋上面有绘着商标的涂油皮等。具有牢固、耐磨、耐脏的特点。

牛仔领巾图案　bandana pattern, bandanna pattern　又称班丹纳巾图案、印花大手帕图案。牛仔领巾上所用的图案。以佩兹利组合成的二方连续纹样边框和中心组花构成。蓝白、红白或红黑等双色为特征，图案对比醒目、疏密有致。

牛仔靴　cowboy boots　美国西部牛仔经常穿用的半高筒皮靴（图见下页）。筒口为半圆弧形，或者筒口前端成 V 字形，帮筒上有雕花装饰，鞋头较尖或呈方形的中筒皮靴。

牛仔靴

牛仔针织物　denim-like knitted fabric　采用两种以上不同上色率的原料或混纺纱编织成坯布，经染色后面料呈现不规则的斑点效应，具有牛仔布风格的纬编织物。包括鱼鳞布、汗布、双面布、网眼布、彩条布、弹力布、单双珠地布、夹层布、毛圈布等。原料采用涤纶纱、棉纱、腈纶纱、锦纶包覆氨纶丝或涤纶包覆氨纶丝，也可在棉线外加入天丝、竹纤维、大豆纤维和氨纶等。织物细腻柔软，纹路清晰，弹性好，穿着透气适体。主要用于制作牛仔服、T恤衫、童装、睡衣、内衣、运动服、休闲服。

牛仔装束　cowboy costume　包括牛仔夹克、牛仔瘦腿裤、牛仔马甲和披肩领巾（牛仔巾）、阔边牛仔帽、皮靴等的配套服饰。牛仔套装象征活力青春和健康向上，自20世纪80年代后蓬勃兴起，尤其受到年青一代的青睐。

纽环　button loop　棒针衫上用缝针或钩针编织成的环状纽洞。在织物边缘，按纽扣大小用缝针做纽扣环，并在环中套结形成纽环。

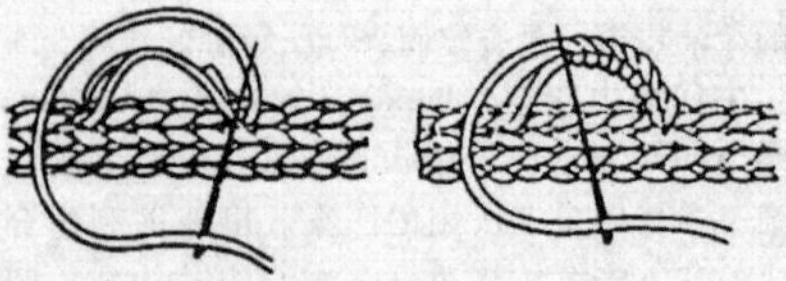

纽环

纽脚　button stem　即“扣脚”（290页）。

纽孔　button hole　即“纽眼”（374页）。

纽扣　button　又称扣子。将衣服或帽、鞋、靴、包袋等服饰配件开口处扣合的紧扣件。也有作为装饰美化的服饰配件。我国元代始用纽扣，之前都用带子扎束。以其特有的色彩、材质、性能、结构造型及在服装或帽、鞋、靴、包袋等服饰件上的位置，体现其作用与价值。纽扣性能主要考虑其耐热性、耐化学性、耐磨性、色牢度、比重、安全性等方面。按其造型，通常有圆盘形、球形、半球形、方块形、长方形、菱形等。按其材质可分为：(1)天然材料有纱线、木材、竹材、骨角、贝壳、果核、皮革等。(2)金属材料有黄铜、铝、铝合金、铁等。(3)合成材料有合成树脂、胶木、电玉、聚苯乙烯、有机玻璃等。以及玻璃、陶瓷、珍珠、宝石等。结构上除了装饰性要求之外，主要反映在扣合功能上。有扣面的孔眼（二孔或四孔）、底面附有脚的孔眼以及铆合扣结构、葡萄扣结构等。纽扣的扣面大小尺寸与型号在国际上有统一规定。扣面不是圆形的，以测量其最大直径。同一型号有固定尺寸，在国际上是通用的。纽扣扣面外径＝纽扣型号×0.635。在国内，不同纽扣会有不同的规格。在服装设计中纽扣的颜色与面料的主要色彩相呼应。纽扣造型与服装款式造型谐调。纽扣材质与面料厚薄、轻重相配伍。纽扣大小应与纽眼相一致。

纽扣

纽扣位　button stand　制样时画钉纽的部位。一般画于里襟上，与纽眼相对称。可用划粉或铅笔作记号。记号形状为“·”和“+”。

纽门缝纫机　straight buttonhole machine　即“平头锁眼机”（394页）。

纽眼　button hole　又称纽孔。固定连接服装上下衣片的纽扣部位。有开纽眼，锁纽眼和装纽眼之分。

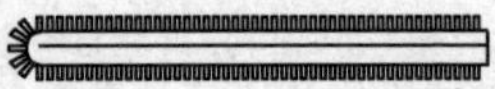

纽眼

农妇包头巾式罩帽 **fanchon** 18世纪帽边上有蕾丝修饰的户外用罩帽。

农妇包头巾式罩帽

农妇风貌 **peasant look** 泛指带有欧洲农村妇女衣着特征的服装风格。源于巴伐利亚和波兰地区农妇用于喜庆节日的民俗服装。常用服装细节为粗腰围、泡袖、抽带式绣花领围,有时加配围裙或黑色花边胸衣等。

农田胶靴 **farm work rubber boots** 一种高筒胶面靴。筒高接近膝部,筒面胶皮较薄,针织棉毛布衬里,靴底为压延出型橡胶底,平跟或矮跟,用于水田作业,防止蚂蟥、血吸虫等对人体的侵害。日本式农田靴大拇指和其他四趾分开。

农田鞋 **farm work cloth shoes with rubber sole** 一种供农业生产用的布面橡胶底鞋。帮面高过踝骨,鞋帮与鞋舌间用防砂布连接,以防止砂土、杂物等进入鞋内。橡胶外包头,较高的围条,大波浪形花纹外底,以适于农田作业。鞋帮以草绿色为主。

农用作业服 **operation wear for agriculture** 从事农业劳动时着用的工作服。一般应具有以下特点:夏防日晒、冬耐寒冷以便于室外劳动;防止皮肤接触有害农药;防止蚊虫叮刺、血吸虫等侵入皮肤;防止外力对皮肤的损伤等。

怒族服饰 **Nu ethnic costume and accessories** 中国怒族衣着和装饰。怒族分布在云南怒江地区。男子青或白布包头,穿交领麻布长衫,束腰带,着及膝长裤,裹绑腿。女子梳辫,用青或白布包头,穿右襟上衣,外套红或黑色坎肩,系彩色花边的围腰或用两块彩条麻布围身,着长裤。用红藤、珊瑚、贝壳、玛瑙、料珠作装饰。男女跣足。

怒族女子服饰

女白褶子 **nyubaixuezi** 中国传统戏曲袍服中女式"褶子"(591页)的一种。对襟,小立领,长仅逾膝,左右开衩,阔袖带水袖。白色,在领、袖及周身边沿饰以莲花图案。供穿孝的中青年女性服用,如《杨门女将》灵堂一场中的穆桂英、《卧龙吊孝》中的小乔等。所用莲花图案是佛教莲花宝座等的象征,在现实生活的祭奠活动中也常采用。

女大坎肩 **nyudakanjian** 中国传统戏曲中坎肩的一种。对襟,直领,领口绣如意头装饰,左右胯下开衩,长稍过膝。用彩色光缎制作,绣花草等纹饰。用于年轻的平民妇女,如《西厢记》中的红娘、《荒山泪》中的张慧珠及宫女等。

女富贵衣 **nyufuguiyi** 中国传统戏曲袍服中女式素"褶子"(591页)的一种。在浅色对襟、小立领、长仅逾膝、左右开衩、阔袖带水袖的黑色"女青褶子"(376页)上补缀若干块杂色绸子,用于十分贫困的妇女。一说在清代已有此种服式,如昆剧《金锁记》中的张驴儿母及京剧《探寒窑》中的王宝钏即着此;一说系20世纪20年代京剧表演艺术家王瑶卿等参考男式富贵衣而设计,供《荒山泪》之张慧珠等穿用。

女官衣 **nyuguanyi** 中国传统戏曲袍服"官衣"(191页)的一种。圆领,大襟右衽,阔袖带水袖,长及膝,左右胯下开衩,袖裉下无摆。红或秋香色缎料制作,不饰纹绣。胸前及背后各缀一方形补子,上绣飞禽、旭日、海水江涯等。用于诰命夫人。穿用时,下身着裙,腰系软带或丝绦。一般老旦行扮演的角色穿秋香色官衣,其余贵夫人着红色官衣。自20世纪以来,女官衣逐渐被女蟒或帔取代,已较少穿用,倒是由丑行扮演的反面或喜剧性的小官，如《小上坟》的刘禄景、《五花洞》中的县官胡大炮等，均穿用红色女官衣，借其长仅及膝、双腿外露，寓滑稽轻浮之意。

女花褶子　nyuhuaxuezi　中国传统戏曲袍服中女式“褶子”(591页)的一种。对襟，小立领，长仅逾膝，左右开衩，阔袖带水袖。所用色彩有红、黄、蓝、绿、粉、秋香等多种。多用缎料制作。在周身及边沿加绣花草、蝴蝶等图案，以华丽鲜艳取胜。用于官宦人家的青、少年妇女，如《奇双会》中的李桂枝、《锁麟囊》中的薛湘灵等。

女皇帔　nyuhuangpei　中国戏曲袍服中女用“帔”(384页)的一种。长领、领底端装如意头，对襟，阔袖带水袖，左右胯下开衩，长过膝。明黄色，绒绣团凤。后妃专用的常服，如《长坂坡》中的糜夫人、《二进宫》中的李艳妃等均着此。

女靠　nyukao　中国传统戏曲戎装“靠”(285页)的一种。圆领、紧袖、长及足等基本形制与男靠相同，差别在于：靠肚略小，靠肚以下自腰至足缀二或三层五色绣花飘带，领部围垂穗云肩，肩部衬荷叶袖，刺绣的图案以凤凰、牡丹及鱼鳞纹等为主，前胸挂绸彩球或护心镜。颜色有红、粉、白三种。穿着方法上有扎“靠旗”(285页)的“硬靠”(616页)和不扎靠旗的“软靠”(436页)之分。供女将着用，如《凤凰山·点将》中的公主、《扈家庄》中的扈三娘等。

女青褶子　nyuqingxuezi　又称青衣。传统戏曲袍服中女式“褶子”(591页)的一种。对襟，小立领，长仅逾膝，左右开衩，阔袖带水袖。黑色，只在领、袖及周身滚蓝色或皎月色边，不施任何纹绣。朴质素雅，用于剧中生活贫苦，命运困厄，而性格幽娴贞静，端庄凝重，不失大家风范的中、青年女性，如《铡美案》中的秦香莲、《生死恨》中的韩玉娘等。这类角色也因常穿此种服装而被称为青衣。

女式呢　woolen lady's cloth　粗纺毛织物名。采用58～64支或一级羊毛，64支精梳短毛，化纤及珍贵的特种动物毛，如羊绒、兔毛等为原料，纺成71.4～100 tex(10～14公支)粗梳毛纱作经纬纱，采用平纹、$\frac{2}{2}$斜纹、绉组织或其他变化组织织制，经缩绒整理而成的匹染素色的粗纺毛织物。按照呢面风格特征分为平素女式呢、立绒女式呢、顺毛女式呢和松结构女式呢。织物色泽鲜艳，手感柔软，有弹性。重量180～400 g/m^2。主要用于秋冬季女装，如两用衫、西装上装、风衣和大衣等。

女式套装　woman's suit　由女西上装和裙子或裤子组成的套装。风格典雅。在服装造型上侧重表现女性的身段线条，制作工艺上使用薄型黏合衬，服装表面具有柔美感，面料与色彩均变化多端。

女式晚礼服设计　ladies' evening wear design　对女性参加晚间正式礼仪和高品位场合时穿着服装的设计。是女装中最能展示设计者艺术才华的服装。由于社会形态和传统文化的影响，女式晚礼服的面貌风格各异且内涵极为丰富，设计讲究主题，追求形式美感，造型上突出女性的体型特征，运用五彩色调和高档面料，表现端庄秀丽、热情性感、冷艳中性等不同风格。传统的晚礼服注重腰部以上的设计，结构以袒露或半露或展开式重叠为主，运用立体花饰点缀，突出肩、胸和腰部美感。腰部以下多为曳地长裙，体积夸张，呈现飘逸感。比较现代的晚礼服设计中心随意设置，暴露部位不定，以长裙居多，线条简洁，结构精致。晚礼服的色彩艳而不俗，雅而不淡，面料多以质地上乘的丝绸、塔夫绸、纱绡为主。高档晚礼服通常是因人而异单独设计的，穿着者的身材、肤色及气质是重要的设计依据。

女式遮颊帽　battant l'oeil　18世纪70年代女性戴的两侧向前突出超过鬓角、眼睛和面颊，式样夸张的无檐帽。

女式珠宝花冠　crants, graundice　即“克朗茨”(289页)。

女袜图案　women's socks pattern　图案的一种。以多样的具象、抽象形构成，因短筒袜、中筒袜、长筒袜、连裤袜等款式变化而图案各异。有袜筒两侧和脚背为装饰的定位图案，也有袜筒边和全袜装饰的连续图案。花卉与几何是最常见的图案，图形、色彩多因款式与风格而变化。图案工艺有提花、织花、绣花、印花、蕾丝等，以棉纱线、锦纶丝、羊毛、混纺纱等为材料，适合于休闲服装、正装等各种搭配。

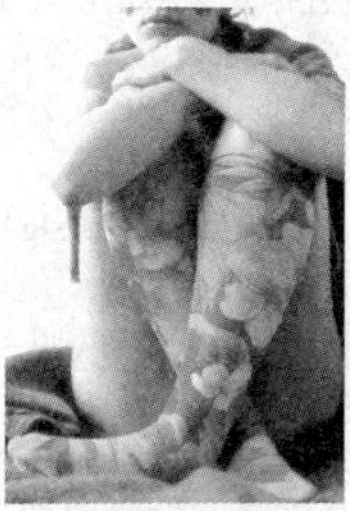

女袜图案

女小坎肩　nyuxiaokanjian　中国传统戏曲中坎肩的一种。大襟右衽，立领，长及臀，左右开衩。彩缎制作，一般绣配与所穿袄、裙相似的栀子花图案。穿着时外系腰巾。多用于富户的使女丫鬟，如《花田错》中的春兰、《卖水》中的梅英。

女性礼服图案　formal dress pattern　女性出席正式礼仪及社交场所的服装用图案。以花卉和传统图案、综合抽象图案、时下流行图案、定位图案强调胸部、肩部、腰部、臂部、前襟、下摆等重要部位；连续图案设计以强调图案造型变化的裙料图案为主。总体追求庄重、华丽、精致、个性的装饰表现，以体现穿着者的身份、地位、国家、民族等因素。图案套色丰富，结合质地考究的金银锦缎、塔夫绸、蝉翼纱、天鹅绒、毛皮等华贵面料，量身定做，采用手绘、蕾丝、刺绣、珠绣、烫钻等手工艺，加上新型闪光涂层等面料工艺，图案趋于立体、多层次、多材料、多工艺的艺术特色。

女性礼服图案

女性帽子图案　women's hat pattern　用于女性头部的帽饰图案。主要以植物、鸟禽、文字标志构成。帽子图案以结合帽型与款式，强调帽身四周的图案布局，图形面积适中，定位或连续循环图案样式来点缀或协调服装，刺绣、印花、编结、蕾丝是最常见的工艺。较于传统，现代帽子图案更注重结合材料与工艺对于造型的体现，仿生态的立体花朵形、鸟形等的造型样式是现代时尚帽子设计中突出的表现。

女性内衣图案　female underwear pattern　女性贴身胸衣和内裤的服饰图案。以装饰和强化造型与结构为目的，以缠枝纹、小碎花等具象纹和小圆点、条格纹等抽象纹为主，白色、粉色、肉色等亮色系是最常见的传统用色，黑色与中国红也是现代内衣常见的色彩。图案制作精良、华丽繁缛、秀丽细腻，以满足视觉和审美需求，常结合透气性和贴合度好的面料，配以印花、蕾丝、刺绣、烫钻、缎带缝缀等工艺作装饰。

女性内衣图案

女性人体特征　female body character　骨架、骨节较小，脂肪发达，体形丰满，外轮廓呈圆润柔顺的弧线的基本特征。女性人体较男性窄，肩宽与大转子连线的长度相当，因此女性人体躯干基本为长方形。头部及前额外形较圆，颈细长。腰部两侧向内收，具有顺畅的曲线特征。乳房丰满向前突起，呈圆锥形。臀部丰满低垂。侧面看女性人体呈S形。手和脚较小。

女性首饰　women's jewellery　用于女性佩戴和装缀的饰物。品种繁多，有头饰、耳饰、颈饰、腕饰、胸饰、踝饰等；材料纷呈，有黄金、铂金、仿金及各种珠宝等；装饰华丽，如发夹上镶嵌珠宝，项链中缀满钻石，胸针里配以大颗粒珍珠、翡翠等；款式纤巧，如烟如游丝的项链，小若豆粒的耳钉等。

女性泳装图案　swimming dress pattern　图案的一种。图案主要由热带植物、海洋动物以及抽象纹构成。常将大花形，饱满的布局，饱和的色彩运用在平涂或晕染的图形中，形成浓烈的色调对比，赋予动感和装饰感。传统的泳装图案多采用四方连续纹样，现代泳装多采用追求趣味的定位图案，将印花工艺与弹性和贴合度好的莱卡等合成纤维相结合，应用于各式泳衣、泳帽中，营造了奔放与妩媚、健康与性感、浪漫与温情的视觉样式，获得远观醒目而强烈的图案艺术效果。

女性泳装图案

女绣边褶子　nyuxiubianxuezi　中国传统戏曲袍服中女式“褶子”(591 页)的一种。对襟，小立领，长仅逾膝，左右开衩，阔袖带水袖。用古铜、淡蓝等色彩雅淡的纯色绸缎制作，在周身边沿及领口、袖口加绣较简单的连续纹饰。平民及官宦人家落魄的青、少年女性均可穿用，如《铁弓缘》中的陈秀英、《失子惊疯》中的胡氏等。

女衣呢　lady's dress worsted　用精纺毛纱织制的色彩鲜艳或有小花型的织物。传统品种有彩点女衣呢、彩条女衣呢、彩格女衣呢、仿麻女衣呢、珠圈女衣呢、双面女衣呢、麦司林、巴里纱、乔其纱、雪丽纱、泡泡纱等。重量轻，结构松，手感柔软，色彩艳丽，具有装饰美感。女衣呢适宜作女装衫裙以及上衣、外套等。

女用宝冠　coronet　妇女戴在头上的发带或花环。用金属制作，宝石和花饰装饰，类似“蒂阿拉冠”(96 页)。

女装设计　ladies' wear design　对现代成年女子所穿服装进行的设计。起源于 19 世纪末 20 世纪初。以胸、肩、臀、腹、腰为结构重点，体现女性的形体线条，公主线分割尤显女性风采。立体裁剪使用广泛，款式多样，用色丰富，面料花色尤多。女性的潮流触觉敏锐，更注重整体配套、形象处理和个性展露。总体上体现纤巧、优雅、温婉、柔美的设计风格。代表性品种有连衣裙、晚礼服、套装、衬衫、整形内衣等。

女装图案　women's dress pattern　成年女性服装上的图案。主要以植物纹和各种抽象形构成，涉及传统图案和各种流行图案。女性图案历史悠久，内容丰富，类型可分单独纹样、角隅纹样、二方连续纹样、四方连续纹样、满地图案、混地图案、清地图案、匹料图案、定位图案、件料图案、裙料图案等。结合丰富的表现手法，体现女性的多样美感，适应功能、风格等需要。面料采用棉、毛、真丝及各种合成纤维，配以蕾丝和缎带作辅饰，结合印花、提花、织花、绣花等多种工艺表现图案。

女装图案

暖耳图案　earmuffs pattern　又称耳衣图案。中国民俗服饰图案。为北方冬季用来防寒护耳的传统饰品上所用。外形以桃形为主，高 2 寸左右，里衬兔毛，面饰以吉祥动物、花鸟植物纹构成的图案。左右耳图案以重复或对称格式,结合刺绣工艺,制作精美,色调调和。多为男性用品,流行于官服与民间服饰中。

暖帽　nuanmao　一种冬季所戴的礼帽。以质地厚实的锦縠或兽皮制成。形制多种,有无檐的桶帽,翻檐的貂帽、毡帽以及垂裙的风帽、搭耳帽等。至清代,多为圆形,周围有一道朝上翻转的檐边。檐边的材料多为皮质,也有用呢绒做成的,视气候变化而定。

暖帽

暖色　warm color　给人心理及感情上以暖和感的颜色,如红、黄、橙等,其中以略带橙色的红色为最暖。

暖手筒　muff　又称手笼包。为保温让两手套入的毛皮手笼兼作皮包的两用品。路易十六时期已成为女性装束的一个重要构成。造型为圆筒形或椭圆筒形,有各种大小,两头开口,可在内层做暗口袋。材料以毛皮为主,色彩以驼色、黑色为主。部分款式在筒面上有少量装饰点缀,如蝴蝶结、飘带等。

暖体假人　thermal manikin　具有正常人体的体型形态,可以模拟人体发热、出汗等功能,用于服装微气候模拟以及服装热舒适性测量的设备的总称。通常又分为干态暖体假人和出汗暖体假人,有的暖体假人还具有一定的模拟人体运动的能力。暖体假人的躯体通常使用铜壳或树脂壳制造,并通过关节进行连接。暖体假人的发热是通过在各区段均布安装发热元件并通过施加一定的电压电流来实现的,外表面的温度是通过安装在假人表面的温度传感器测量并反馈给计算机,再由计算机控制加热元件,调节加热元件功率,使假人表面温度分布与真人相似。暖体假人的出汗功能是通过假人系统中相应的出汗模拟系统实现的,模拟方式多样,各具优缺点,是研究的重点部分。

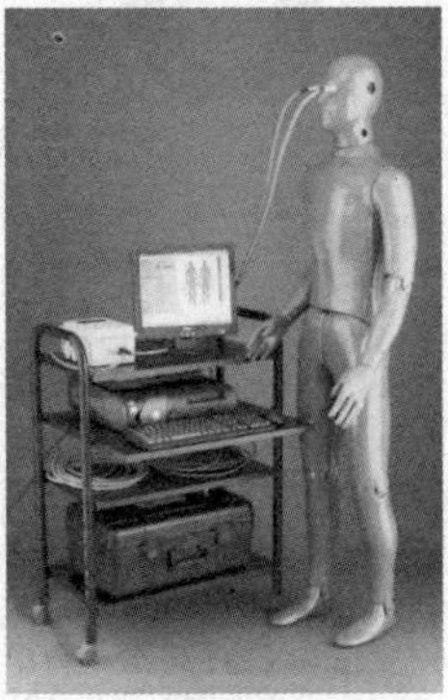

暖体假人

暖妆　warm make-up　整体感觉为亲切温和的化妆。线条造型圆润、柔和,以暖为主色调,色彩饱满,对比温和。

挪威晨帽　Norwegian morning cap, Norwegian morning bonnet　19世纪60年代戴的方巾形状的头盖物。用缎带在颏下打结,一般用设得兰羊毛织成,为樱桃色和白色条纹,在帽冠和头的后部用缎带修饰。

诺福克套装　norfolk suit　19世纪80年代欧洲流行的一种男式运动夹克。用棕褐色、茶色格子手纺厚毛料制作的束腰上装和及膝长裤。上装长至臀部,单排扣,有腰带,大贴袋,前后身有自肩至衣摆的箱型褶。裤子配有翻折口的袜子和软腰靴,轻便潇洒。20世纪逐渐演变成日常便装。

诺福克套装

O

欧泊 opal 一种宝石。成分为非晶质二氧化硅。硬度5～6.5级。共有两大类：宝石纹和普通纹。宝石纹中有：白欧泊、黑欧泊、晶质欧泊、火欧泊、胶状欧泊和漂砾欧泊。体色以黑色或深色为佳，变色均匀，色美，亮度强，致密无破损者为上品。主要产地是澳大利亚、墨西哥和美国。其中，澳大利亚占世界总产量的90%～95%。

欧普风貌 optical art look 利用几何图形和色彩对比设计的服装。带有强烈的视觉冲击效果，源于20世纪60年代。欧普艺术又称视幻艺术或光效应艺术，其特征图形和色彩具有流动感，以此产生形与色的运动感和错视感。欧普艺术在服装上的影响主要表现在服装面料图案上，款式造型比较简洁，以A型为主。20世纪90年代，纽约和米兰时装周上多次出现欧普风格的时装。

欧普风貌

P

爬领　collar band leans out of collar　又称领脚外露，服装外观疵病。多指中山装、男式衬衫等立领表现为衣领扣上纽扣后，上领外圈抽紧，领口往外爬，下领的领脚向外露的现象。形成原因为：裁剪时上领的弯度不足，或下领的弯度过大；缝合上下领时上领的领口太紧，或上下领之间坐缝宽窄不一致等。

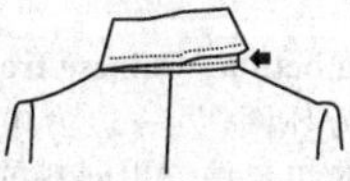

爬领

爬行动物皮革　reptile leather　爬行动物原皮经鞣制加工而成的皮革。主要包括各类"蛇皮革"(460 页)、"鳄鱼皮革"(118 页)、"蜥蜴皮革"(556 页)、"大蟒皮革"(80 页)等。蛇皮革大部分开张小，材料薄，制作皮革制品时需拼接和粘贴于其他皮革上加工；鳄鱼皮革、蜥蜴皮革及大蟒皮革稀少，开张大，制作皮革制品时花纹图案特征自然完整，极为珍贵。常用于制作高档的箱包、鞋类。

帕尔蒂尼帽　pultney cap　18 世纪中期戴用的心形室内用无檐女帽。用铁丝围起的帽舌遮住前额。

帕拉　palla　古罗马妇女所穿的披巾式服装。由方形或矩形的羊皮制成，横过臀部后围在肩上，有时用一端披覆头部。

帕拉

帕利姆　pallium　广义泛指古罗马人所用的大型四角形布块；狭义指古罗马末期普及的样式简单的长方形外衣。仿自古希腊的希玛申。公元 1 世纪，哲学家及学者开始穿着。3 世纪时，神父及教会神职人员也穿用。4 世纪时普及化，形成长约 5.5 m、宽 1.8 m 的毛料或麻织物披挂型衣物。5 世纪时逐渐消失，但神职人员仍穿用。

帕利姆

帕卢达曼托姆　paludamentum　一种沿用古罗马军用外套样式，用长方形或梯形织物制成的大披风。在制作上借鉴了北欧传统披风的基本结构。穿时披于左肩，在右肩用安全别针固定。面料最初采用羊毛，织物主要有紫、红、白等颜色，拜占庭时期改用丝绸。公元 5 世纪以后，衣服趋长，有长及脚踝的式样，且衣身的裁片由长方形改为梯形，并在衣身上增加了表示权贵的方形色块，同时在颜色上作出规定，国王和皇后穿紫色，臣僚及重要官员穿其他颜色。拜占庭以后这种款式的披风仍在欧洲存留，被作为有钱人的外衣沿用了相当长的一段时间。

帕卢达曼托姆

帕尼埃式裙撑 pannier 即“驮篮式裙撑”(531页)。

排料 nesting 将服装的衣片板样在规定的面料幅宽内合理排放的过程。将板样依工艺要求(正反面、倒顺向、对条、对格、对花等)形成能紧密契合的不同形状的排列组合,以期最经济地使用布料,达到降低产品成本的目的。

排球运动服 volleyball wear 排球运动员进行排球运动时穿着的一类运动服。由短袖衫、短裤、运动鞋袜等组成,还包括护膝等。能适应敏捷的动作。排球服面料透气性、滑爽性好,多用棉、毛、化纤材料。

派爱立帽 pileolus, pilleolus 天主教牧师和主教戴在法冠和罗马教皇三重法冠下的头颅帽。

派力司 palpace 精纺毛织物名。混色的轻薄缜密的平纹精纺毛织物。根据所用纤维原料,又分为纯毛派力司、毛涤派力司、纯化纤派力司等。纯毛派力司,织物手感滑、挺、薄、活络、弹性好,呢面平整,光泽自然,以中灰、浅灰、浅米等为主要色泽。毛涤派力司外观和手感都非常接近纯毛派力司,手感稍硬,洗可穿性好。适宜制作夏令西裤、套装等。

潘蜜拉罩帽 Pamela bonnet 19世纪中期的平顶小帽冠。倒U字形的帽檐环绕着脸并遮住耳朵的罩帽,麦秸制作,用缎带和鲜花作装饰。名称来自撒姆尔·理古森(Samuel Richardson)的小说《潘蜜拉》(*Pamela*)。

潘塔隆裤 pantaloons 又称丑角裤。受17世纪后期意大利喜剧演员潘塔来奥尼演出时所穿裤子的影响而流行的直筒裤。长及小腿的肥裤脚。1780年前后开始在平民中流行。法国大革命期间革命党人为了表示与贵族不同的阶级立场多穿此类长裤。腰臀处较宽松、小腿细窄、裤长及脚踝,常用象征革命的红、蓝、白三色条纹毛织物制作。

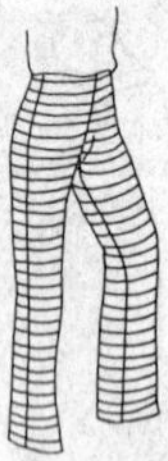

潘塔隆裤

攀岩鞋 rock climbing shoes 用于攀岩运动的矮帮胶底鞋。帮面可用帆布或软皮革制作。主跟包头多为软质或半刚性材料。通背系带式,保证鞋和脚结合松紧适度。鞋底为具有较大摩擦系数的橡胶或弹性体,硬度较低(一般不大于60邵氏度),以便尽可能扩大与地面的接触面积,增加摩擦力。鞋底较薄,以增强脚底的感知能力。底花纹为吸盘式或中等粗细的人字纹、水纹等。

盘花纽扣 frog button 即“盘扣”(382页)。

盘花纽图案 Chinese frog pattern 中国民俗服饰图案。以单色布条或绸缎缝成带状的纽襻条,将其盘曲成各种图案造型,具有服装纽扣的功能。图案主要由花卉、鸟蝶、抽象卷曲纹等构成,饰于正门襟、侧门襟等部位。图案具有立体灵动、精致细密的艺术特征,与整体服装图案协调,营造出中式服装的雅致与内敛的美感。

盘扣 frog button, Chinese frog 又称盘花纽扣。一边为环圈,另一边为中国结编的纽扣组合而成的扣合件。用同料的布条缝成带子后绕成,或用不同料布条制成作为反衬,在两边固定处也可编饰成各种图纹,更富有装饰性和民族风味。

盘形贝雷帽 pancake beret 即“法式贝雷帽”(123页)。

盘形底 cup outsole 一种带较高周边的橡胶或其他材质的成型鞋外底。因其形似盘而得名。四周胶边的作用如同热硫化鞋的围条,既可以防水防湿也可与鞋帮侧面黏合,或者将其边缘用线与鞋侧帮缝合,可起到加固作用。盘形底多为模压成型,可制成多色,常用于旅游鞋或运动鞋,单色或半透明的简易底则多用于保暖鞋。

蹒跚女裙 hobble skirt 又称莲步型女裙。1910年由法国设计师波华亥创造的一种著名时装式样。外形修长,裙长至脚踝,下摆极窄,为便于行走在侧边开一个小衩。

蹒跚女裙

鞶　pan　即"鞶囊"(383 页)。

鞶带　pandai　即"革带"(177 页)。

鞶革　pange　即"革带"(177 页)。

鞶囊　pannang　又称鞶。中国古代一种挂于腰际以盛放印绶或零星细物的小型佩袋。作用与今天口袋相同。通常以皮革或是织锦制成,上饰各种花样。不分男女贵贱均可用之。官吏佩于腰际,内放印绶,以纹样区别等级。男女平民用以盛放手巾、针线、印章、钱币等物品。材料男性多用革,女性多用织锦。其制始于先秦,历代沿用,形制各有不一。唐以后,使用者渐少。

襻　tab　缝于衣服开口及需扣紧部位的服装部件。可用布料、线、绳类材料制成。其形式有:装于袖口的袖口襻,装于腰带上的腰襻,装于袋口的袋襻,装于裤口的裤口襻,装于衣服底边的底边襻,装于肩缝上的肩襻,装于领口的领口襻等种类。起着束紧、牵吊的功能作用和辅助性装饰作用。

襻耳　belt loop　又称串带襻。固定在腰头部位用于串皮带的襻类部件。整个腰部串口量为 5～8 个,视款式而定。长度约为腰带宽加 1 cm 或大于 1 cm,根据腰带厚度而定,宽度 0.5～1.5 cm 不等,形状有带状、宝剑头状等。

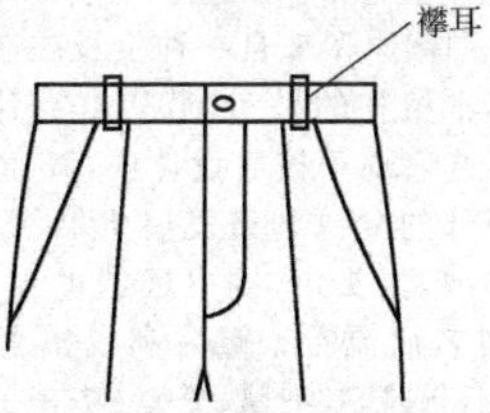

襻耳

胖花提花织物　double-blister jacquard knitted fabric　纬编复合花式织物。在编织每一横列时,按花纹要求在双面地组织中配置单面线圈形成凸起胖花的纬编针织物。在织物正面一个横列中仅一次单面平针编织的称为单胖针织物,在一个横列中连续两次单面平针编织的称为双胖针织物。原料采用低弹涤纶丝、高弹锦纶丝、涤腈混纺纱、高弹丙纶丝及短纤纱等。织物具有凹凸效应,花纹凸出,轮廓清晰,较厚重,尺寸稳定性与保暖性好于一般提花织物,但易勾丝,易起毛起球,强力低。用于制作春秋外衣等。

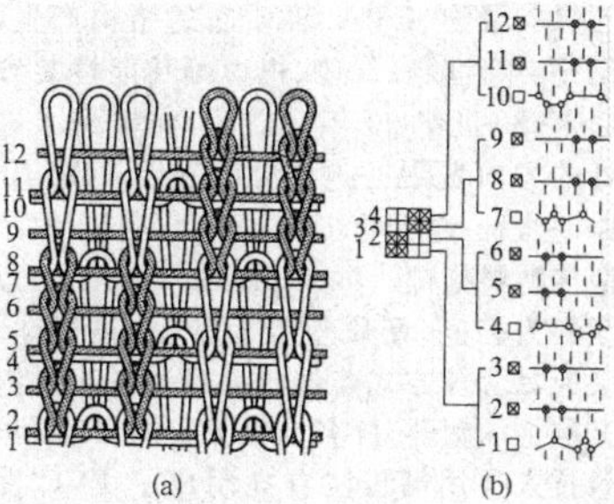

两色双胖针织物

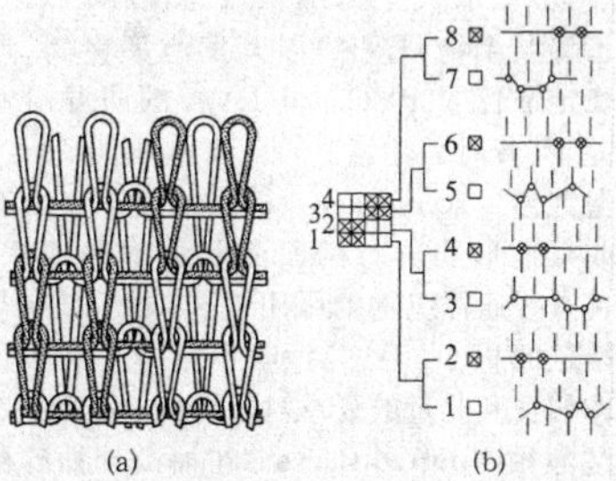

两色单胖针织物

胖势　convex　服装部位的造型和部件的制成形态向外侧凸出的程度。常用于服装胸、臀等部位的评价。技术关键是对凸出的缝边进行适当的归拢熨烫。

袍　pao　又称袍服。❶宽敞且较长的衣服的统称。❷中国古代的一种有夹里、可纳棉絮的长衣。其制作多为两层,其间纳丝绵。周代出现袍的记载,当时袍分为袍和茧。用好丝绵做絮称为茧,用旧丝绵或是粗麻做絮称为袍。战国时期用作内衣,外套穿外衣。秦汉后逐渐成为外服,不分男女均可穿着,逐渐成为一种礼服。妇女在婚嫁时无论尊卑皆可穿着,只是颜色、装饰上略有区别。各朝代样式有所不同。但基本式样是采用交领、直裾、过膝。后渐渐与襜褕融为一种服装,都称袍。袍取代"襜褕"(50 页)后,使用范围更加广泛。上至皇帝,下及百官均可穿着,且被用作"朝服"(54 页)。

袍服　paofu　即"袍"(383 页)。

跑步鞋　running shoes　用于各项跑步运动的鞋。19 世纪中叶,跑步鞋还只是胶底帆布鞋,20 世纪 50～60 年代,真皮面橡胶底鞋出现,20 世纪 70 年代尼龙网布面配乙烯—醋酸乙烯共聚物(EVA)轻质底的结构产生,20世纪80年代鞋底气垫、视窗等功能性装置发展起来,20世纪90年代以后,向按需求进行设计的方向发展。跑步鞋按跑步环境,分为公路跑步鞋、越野跑步鞋、田径比赛鞋等。

泡沫塑料拖鞋　foam plastic slippers　以发泡塑料为鞋底,密质塑料为帮面,通过注塑、组装或黏合等方式连接的无后帮鞋。发泡塑料又称泡沫塑料,故名。源于我国,1961年我国科技人员用高压法首先制成了PVC发泡塑料片,随即应用于拖鞋,以色泽鲜艳,价格低廉,很快取代了海绵橡胶。现在乙烯—醋酸乙烯共聚物(EVA)以其发泡率更高,形状更稳定取代了PVC。但EVA的防湿滑性能稍差,穿着时需注意。

泡泡纱　seersucker　棉织物名。表面有条状或其他形式分布的凹凸状泡泡的棉织物。除具有普通棉织物的服用性能外,还具有与皮肤接触面积小、手感爽利、不粘体的特点。多用作妇女和儿童的夏季衬衫和连衣裙面料。

泡泡袖　puffed sleeve　在袖山处抽碎褶而蓬起呈泡泡状的袖型。通常由硬挺的面料制成。常用于女衫、女裙装和短袖衬衫上。

泡条　paotiao　中国传统戏曲头部化装的饰物名。为一寸宽的平直彩色缎带,上缀电镀铜泡(帽钉)。用时系于包头巾上,以增加美观。多用于有跌扑翻打的马童、士兵一类角色。

帔　pei　中国传统戏曲袍服。为对襟长衫,在明代贵族女性的礼服大袖背子基础上美化而成,男、女均可穿着。一般作为帝王、后妃、官绅及其女眷的便服。长领,对襟,阔袖带水袖,左右胯下开衩。男帔长及脚面,领底端为齐头;女帔仅过膝,领底端多装如意头。大缎或绉缎面料,根据角色身份、年龄分别绒绣或平金绣团龙、团凤、团鹤、团花或禽兽、花草等图案。色彩多样,“箱中十色”(566页)具备。某些色帔习惯根据角色的不同身份、处境而有所区别,如帝室用黄色帔,老年人用秋香色帔,成婚、登科、团圆等喜庆场合用红色帔,居丧贵妇用黑色帔等。

帔帛　peibo　即“披帛”(387页)。

帔子　peizi　即“披帛”(387页)。

佩普罗姆　peplum　又称褶襞短裙。女式外衣或紧身上衣腰部以下延伸出来的部分。在腰线处剪接成展开状的裁片,可以打褶或呈波浪状。18世纪60年代中期和90年代以及19世纪30年代比较流行,20世纪80年代重新流行。

佩普洛斯　peplos　古希腊著名服装。“基同”(233页)的最初形式,荷马时代的妇女常穿着。样式与“多利亚式基同”(114页)相近,区别在于腰带固定的位置:佩普洛斯的腰带展露在外,多利亚式基同的隐藏在内。

佩普洛斯

佩塔索斯帽　petasus　古希腊的一种锥形顶、宽檐帽。多为旅行者、传令使及狩猎者所带。

佩兹利纹　paisley pattern　又称火腿纹。以涡旋形为基本形,结合花草等装饰纹构成的图案。图案原型来自一种生长在东南亚和印度的藤本植物的果实,最初由克什米尔人用提花工艺表现于披肩设计中,18世纪初苏格兰西南部的佩兹利市发展机器织造业,使该图案的披肩、头巾、围巾远销世界,佩兹利纹从此闻名而流行。佩兹利纹寓意吉祥美好,绵延不断,具有细腻、繁复、华美的艺术特征。数百年来流行不衰,成为世界性图案,渗透在各种服饰面料设计中,被称为最具有传统经典与现代时尚两重特性的图案。

佩兹利纹

配色 coloring 在进行服饰产品设计、服饰陈列时，设计师考虑、决定色彩布局和配置的过程。

喷笔工具技法 spray color technique, spray color skill 气泵产生足够的压力，调节所喷出颜色面积的大小，形成线迹或面的绘画技法。喷笔工具包括喷笔与气泵两部分。用专用遮蔽物或纸张等遮挡，可喷出轮廓。水粉色、水彩色都可使用，但需要加入适量的水，以喷出均匀的色彩，加水以不稀薄为宜。

喷跟 spray coat heel 表面用涂料喷涂的鞋跟。其颜色和图案视设计要求，可和帮面相同或不同，甚至喷出类似堆跟效果的花纹。光泽度可选择有光或无光。鞋跟的材质为木料、橡胶、塑料等。为使涂层牢固，喷涂前跟表面应作预处理。

喷绘法 spray drawing 见“喷洒法”(385页)。

喷绘图案 spray draw pattern 将颜料调制成适当浓度，用喷笔或牙刷点，结合遮挡膜，对图形依次遮蔽进行喷制形成的图案。用喷绘法塑造的花卉，具有逼真自然的视觉特征；用作块面的色彩表现，具有细腻柔和的肌理效果。喷绘还可以超写实地表现物象，相对计算机、摄影等技法，所表现的物象更自然生动，是休闲装图案中常见的表现技法。

喷淋式拒水性能测试仪 spay rating tester 即“织物沾水性试验仪”(654页)。

喷墨印花图案 digital code ink-jet printing pattern 通过计算机直接喷印于织物而成的图案。由计算机软件直接设计图案或通过手绘后扫描，经数据处理，直接喷墨输出，完成面料印花。喷墨印花具有占地面积小、环节少，符合环保要求等优点，图案表现自由灵活，可再现照片与高度写实的图案。20世纪90年代开始广泛运用于纺织品上，图案设计通过软件对图形进行处理，接头、换色灵活便捷，以批量小、交货快、远程订货方便和品种多、花色多、精度高、色彩艳丽为特点。具有广阔的发展前景。

喷洒法 spray method, sprinkling drawing 采用喷洒工具将颜料以点的形状集合在画面上的绘画技法。分为：(1)喷绘法，以喷笔等喷绘工具为主的绘制方法。色彩细腻、均匀，过渡自然。能够绘制写实风格的时装画，也能使画面产生神秘的效果。可以用刷子等工具采用遮盖方法，喷绘出清晰的边缘线，达到类似的处理效果。(2)洒绘法，用毛笔、海绵等工具敷上颜色后将色彩洒在画面上的方法。能达到一种不规则的点状肌理效果。

喷洒法

喷霜 bloom 胶鞋和塑料鞋由于液体或固体配合剂从内部迁移到表面因而出现白色或其他微粒状物质的现象。配合剂选择不当、用量不当或工艺处理不当所致。

喷水壶 sprayer 熨烫时喷水用的工具。由喷嘴、活塞按钮、活塞杆和贮水瓶等部分组成。作业时，不断按下活塞按钮，使贮水瓶中的水从喷嘴中呈雾状喷出。

朋克风格服饰图案 punk style pattern 一种西方现代服饰图案样式。由粗俗或过激字眼、色情或暴力的图形构成。源于20世纪70年代末英国伦敦，后影响美国及欧洲各国的服饰风潮。图案以怪诞和黑色幽默的样式，冲突的元素，表现出强烈的视觉冲击力以及高度的创造力，年轻人的矛盾人生观，与众不同与叛逆心理。该风格对国际服饰流行有着重大的影响。

朋克风格服饰图案

朋克风貌　punk look　一种街头服饰。风格前卫怪异，20 世纪 70 年代流行于美国、英国青年中。黑色夹克，上面点缀金属钮钉或徽章等装饰物，裤子为工装裤、紧身并有故意磨损的破旧外观，女子穿极短的超短裙。朋克们的头发喜欢染成五颜六色。朋克装束对现代设计师影响很大，戈蒂尔（Gaultier）、韦斯特伍德（Westwood）等人的作品中经常可见其踪影。

蓬巴杜夫人式装束　Pompadour costume　缀满花饰的礼服款式，属古典主义设计风格，因 18 世纪蓬巴杜夫人极推崇而得名。整款服装用轻薄的丝绸软缎制成，缀满花边、缎带花结、花状饰物和繁琐复杂的褶裥，着装者犹如置身在花丛中。

蓬松肩型　puffed- shoulder style　肩部和袖山处蓬松的造型结构。常在袖山处运用皱褶工艺产生高耸肩型，类似英国女王伊丽莎白一世时代的灯笼式袖型。

蓬松型　fluffy style　在宽绰形的基础上，应用悬挂、披挂、裹缠、叠褶等立体造型手段，通过进一步的艺术拓展和工艺细化处理，使宽绰形服装具有更加明显的空间感和蓬松感的造型。

蓬松型

蓬形女头巾　calash　即“卡拉絮连颈帽”（278 页）。

篷车顶罩帽　cabriolet bonnet　法国路易十六时期妇女戴的大罩帽。帽檐向前伸遮住脸部，类似马车的车篷顶部，后面裁开露出头发，有的在颔下系带。流行于 19 世纪 20～70 年代。

篷车顶罩帽

膨势　bulkiness　评价服装部件或部位的各种皱褶、褶裥造型的蓬松、隆起程度。常用于衣袖、裙身造型的评价。技术关键是形成膨势的皱褶、褶裥量要与造型相一致，必要时需在内部装硬纱等使造型外弹的材料。

膨胀色　expansive color　即“前进色”（408 页）。

批发价格　trade price, wholesale price　批发企业根据进货价格、经营费用和利润等构成的销售价。通常批发价格有最少批发起定量，否则按零售价格出售。

批量生产　mass production　在生产流水线上不同的位置完成缝制过程、组装过程和后整理过程。

批量系数　batch coefficient　订货批量、标准批量和熟练率之间关系的数值。主要用于制定多品种小批量的生产计划、交货期、工时定额或加工费等。批量系数表如下：

批量系数表

熟练率 / 批量比	60%	70%	80%	90%
0.1	5.45	3.27	2.09	1.42
0.2	3.27	2.28	1.68	1.27
0.3	2.43	1.86	1.47	1.20
0.4	1.97	1.60	1.34	1.15
0.5	1.67	1.43	1.25	1.11
0.6	1.46	1.30	1.18	1.08

续表

熟练率 / 批量比	60%	70%	80%	90%
0.7	1.30	1.20	1.12	1.06
0.8	1.18	1.12	1.07	1.04
0.9	1.08	1.06	1.03	1.02
1.0	1.00	1.00	1.00	1.00

注 批量比 = 订货批量/标准批量。

例如：某服装企业生产线的熟练率为 90%，工厂标准批量为 1000 件，实际订货批量 300 件，标准批量每件加工费 50 元，求实际订货时每一件的加工费。

解：

(1)批量比 = 300/1000＝0.3；

(2)批量系数查表为 1.20；

(3)实际加工费 = 50 元/件×1.20＝60 元/件。

坯布　gray goods　从织机上下来未经过任何其他加工的半成品织物，如白坯布、色织坯布等。立体裁剪时常用平布的白坯布。

披帛　pibo　又称帔帛、披巾、帔子。中国古代妇女披搭于肩背上用于装饰的巾。通常以轻薄的纱罗制成，或施晕染，或施彩绘，上面印有各种纹样。其形制有二：一为横幅较宽，长度较短，使用时披在肩上，似披风。二为横幅较窄，长度达 2 m 以上，妇女使用时将其缠绕于双肩，酷似飘带，妇女平时多用此式样。始于秦汉，盛于唐。多用于宫嫔、歌姬及舞女，唐代开元时期，普及民间。

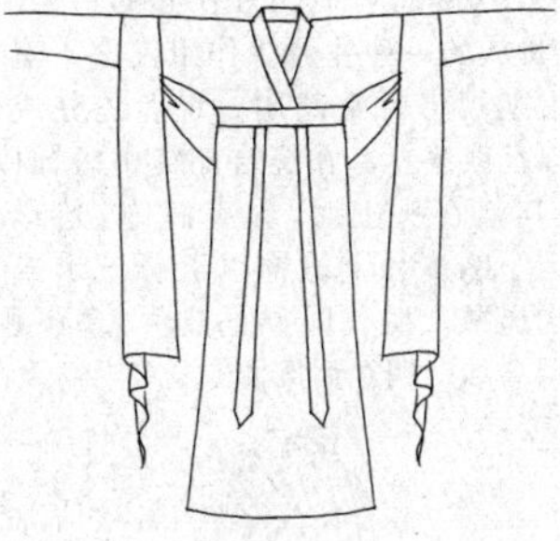

披帛

披风　mantle　即“曼特尔”(340 页)。

披肩礼服　cape dress　可搭配披肩穿着的礼服。式样较多，以窄肩、大领口为主。可在晚会、宴会、音乐会等场合穿着。根据季节及场合的不同，采用薄质丝绸、毛皮等材料制作。披肩可以自由取下，用料可与礼服相同，也可与礼服相仿。

披肩礼服

披肩图案　shawl pattern　用于披在肩部或包裹上身的服饰用品图案。是围巾图案之一，以佩兹利纹和花卉纹为主，结合长方形、三角形围巾外形，以连续循环纹样为主要样式。历史上有闻名的印度北部克什米尔披肩，于 17～18 世纪，英国将其提花生产并推广，打造出经典的佩兹利披肩图案，并影响了其他服饰图案。披肩图案因展露面积大，以花形大、层次多、布局满、色调丰富为特色，运用羊绒、真丝等纤维，结合提花、印花、绣花、蕾丝、烂花等工艺，适用于成年女性披肩。

披肩图案

披巾　pijin　即“披帛”(387页)。

披领　piling　又称大领。清代帝、后、百官及命妇所用的一种领饰。将绸缎裁为菱状,上绣龙蟒等图纹,并加以缘饰。通常缝缀在衣服上,也有分开制作者。使用时罩在肩上,于颈项处扣结。是专用于朝会的服饰。有冬夏两种。冬天用紫貂或用石青加海龙镶缘。夏天用石青加片金缘。披领上还绣以不同的纹饰以区别尊卑等级。

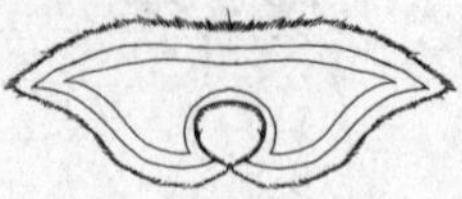

披领

披水布　front and back yoke　又称活络育克。覆盖于上装肩部前后,其上端和领口、肩缝缉缝在一起的附件,分单层和双层两种。起到防水、保暖、耐磨的功能作用,以及增加坚实、挺服,富立体感的装饰作用。多用于风衣、猎装、卡曲和中长上衣等。

披头士风貌　beatles look　以英国披头士四人乐队成员服饰为设计灵感的着装。带有学生装感觉,源于20世纪60年代。没有领子,衣身紧窄,扣子扣到颈部,内穿白衬衫,发型较短,额前是刘海,脚蹬长筒皮靴,披头士装束深受当时年青一代的狂热般喜爱。意大利设计师康帕利切(Complice)于1993年春夏季米兰发布会上推出披头士风貌服饰,深灰色的精致裤套装,白领衬衫,袖口翻边,再现了中性感觉的披头士形象。

披星戴月　pixingdaiyue　即“七星披肩”(399页)。

劈　cutting, splitting the seam and pressing　❶将衣片根据造型需要进行小范围裁剪。❷将缝合的衣缝分开熨平、烫实的操作。如劈止口指将止口分开熨平。

劈门线　front finish line　即“撇胸线”(391页)。

皮　hide, skin　又称生皮。带毛尚未鞣制的动物原皮。大动物皮张重量在13.6 kg以上,中型动物皮如小牛皮的重量为6.8～13.6 kg,重量在6.8 kg以下的为小动物皮。动物皮是生产各类皮革或毛皮的原料。同一种毛皮兽,毛皮上不同部位毛被的构造会有所不同。大多数的毛皮兽,发育最好的是背部及两侧的毛被,其针毛和短绒都较为发达。腹部毛绒短而稀。生存在水中的毛皮兽,全身的毛绒较平均。动物毛皮部位分布如下图所示。不同的动物毛皮,可利用的部位不同,珍贵动物的毛皮全部可用。同一种动物的毛皮,各部位的毛皮品质差异很大。制作服装时,常将图中各矩形内的毛皮作为最佳毛皮部位。对于珍贵裘皮动物如水貂等,耳、头、腿和爪等部位毛皮质量虽不及背部,也可用于中档裘皮服装。对于羊皮、兔皮等的肚档皮因皮板强度太差不适于制作服装,只能做垫料或服装小拼条等辅料。

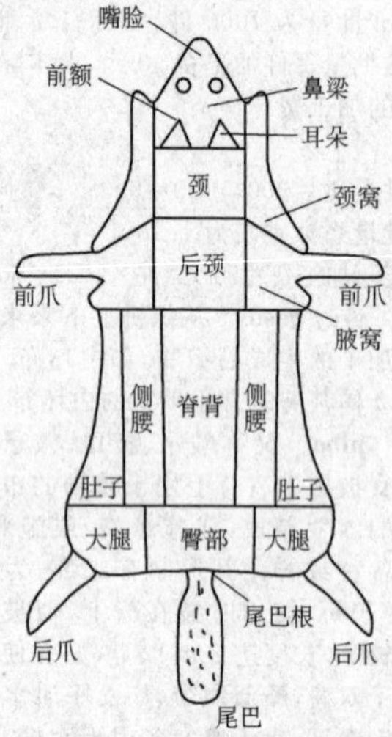

动物毛皮部位分布图

皮弁　pibian　中国古代弁的一种。古代天子、贵族的一种礼冠。作用仅次于冕,天子百官上朝视事时常戴用。将鹿皮分成数瓣,然后以针线缝合。在缝合的缝中缀饰以五彩玉,使其戴在头上时,彩玉满饰,光彩闪闪。古代天子的皮弁上缀饰以五彩玉十二个,以下依次递减。明代时候的皮弁,多不用鹿皮而改用乌纱。明亡后废除。

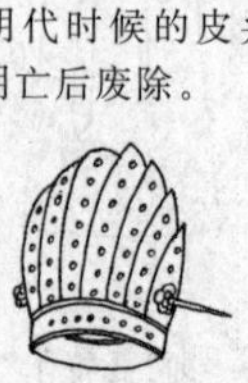

皮弁

皮带革　belt leather　用于皮带或带状皮条的皮革。要求有一定的牢度和弯曲性能，厚度与尺寸根据需要而定。一般从牛皮革、小牛皮革、猪皮革上裁取，也可从牛皮二层革上裁取。

皮肤　skin　人体上覆盖于整个表面，直接与外界环境接触的部分。由表皮、真皮、皮下组织所构成，具有保护、感觉、分泌、排泄等功能。各部位皮肤厚度不同，上眼睑皮肤最薄，掌跖皮肤最厚。正常成人皮肤总重量占体重的5%～15%，总面积1.5～2 m^2，厚度为0.5～4 mm(不包括皮下脂肪层)。

皮肤散热面积　the area of skin for heat diffusion　以辐射、传导、对流、蒸发等形式进行体热散发的皮肤面积。皮肤与皮肤直接接触或仅相隔薄层衣服而间接接触的皮肤面积不计算为皮肤散热面积。自然站立状态时的皮肤散热面积等于体表面积。

皮肤酸碱度　pH value of the skin　通常用pH值表示皮脂膜的酸碱度。正常皮肤的酸碱度(pH值)为4.5～6.5，平均为5.7，呈弱酸性，具有杀菌作用。当pH值受内、外界因素干扰发生改变后，皮脂膜具有将其恢复至正常的能力，即皮脂膜具有缓冲性。超过皮脂膜缓冲能力范围的碱性化妆品会对弱酸性皮肤造成损害，使皮肤患皮疹。

皮革　leather　又称成革。各类动物皮经脱毛、鞣制、整饰加工后的总称。由天然蛋白质纤维在三维空间紧密无规则地排列，表面特殊的粒面层具有自然的粒纹和光泽，强度好，耐曲折，富有弹性，透气性和吸湿性良好。按原料皮的来源主要分为：(1)兽皮革，包括“牛皮革”(373页)、“羊皮革”(601页)、“猪皮革”(669页)、“马皮革”(337页)、“鹿皮革”(330页)等；(2)海兽皮革，如海豹皮革；(3)“鱼皮革”(619页)，如“鲨鱼皮革”(453页)、“青鱼皮革”(415页)；(4)“爬行动物皮革”(381页)，如“蛇皮革”(460页)、“鳄鱼皮革”(118页)、“蜥蜴皮革”(556页)等。按鞣制方法不同，可分为“铬鞣革”(178页)、“植鞣革”(658页)、“油鞣革”(618页)、“醛鞣革”(421页)、“结合鞣革”(260页)等。按表面加工整饰工艺不同，可分为“全粒面革”(420页)、“半粒面革”(16页)、“修饰面革”(582页)、“二层革”(119页)、“打光革”(77页)、“轧花革”(597页)、“印花革”(614页)、“磨砂革”(362页)、“绒面革”(434页)、“镜面革”(271页)、“摔纹革”(478页)、“搓纹革”(75页)、皱纹革、“擦色革”(43页)、“双色效应革”(480页)等。按用途不同可分为鞋面革、鞋底革、服装革、手套革、包袋革、箱用革、皮带革、工业用革等。用途不同，要求的物理化学性能也不同，因此加工方法也有差异。皮革的质量评定包括身骨、软硬度、粒面细度和皮面残疵及皮板缺陷等。其内在质量项目有：含水量、含油量、含铬量、酸碱值、抗张强度、延伸度、撕裂强度、缝裂强度、崩裂力、透气性、耐磨性等。皮革面料一般以 m^2 为计量单位。

皮革跟　laminated heel　即“堆跟”(110页)。

皮革专用缝纫机　leather ware sewing machine　拼缝各种皮革服装、皮革制品的专用缝纫机。由切刀装置、上下送料机构和针送料装置等部分组成。适于皮革、厚重布料或多层布料的缝合加工。

皮洛斯毡帽　pilos　又称希腊圆锥形帽。希腊农民和渔民戴的锥形无檐帽，类似无檐毡便帽。

皮拖鞋　leather slippers　以皮革为帮面，皮革或泡沫塑料作鞋底的无后帮室内鞋。成型方式多为手工缝绱或胶粘工艺。由于皮革具有良好的吸湿透气性能和柔软光滑外观，因而穿着舒适，格调高雅，是中高档家庭的首选鞋品。

皮鞋　leather shoes　天然皮革制成的鞋的统称。早期的皮鞋其帮面、衬里、内底、外底、主跟、包头、鞋跟、掌面等部件都用天然皮革制作。随着科技的发展，橡胶、塑料等代用材料被广泛地应用，因此皮鞋泛指鞋帮采用皮革制成的鞋。按鞋帮结构可分为拖鞋、凉鞋、矮腰鞋、高腰鞋和筒靴等；按功能可分为休闲鞋、劳保鞋、运动鞋、旅游鞋、艺术鞋等；按成型方式可分为缝绱鞋、注塑鞋、模压鞋、硫化鞋、胶粘鞋等。皮鞋的结构一般包括鞋帮、鞋底、鞋跟、包头、主跟等。

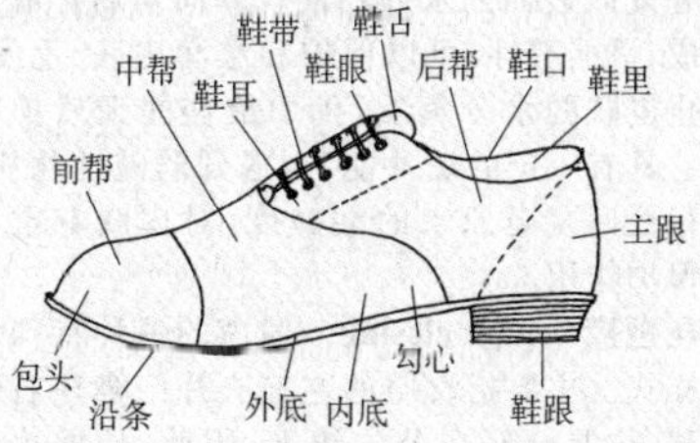

皮鞋

皮鞋式胶鞋　canvas shoes with leather shoes style　帆布面料，具有普通皮鞋帮样结构的鞋帮，台阶式橡胶底，模压工艺生产的布面胶鞋。20 世纪 50 年代末、60 年代初颇为流行，商品名为南光鞋。广东、湖北等地生产。鞋帮有古铜色、蓝色、黑色等多种。

皮鞋式雨鞋　rain shoes with leather shoes fashion　仿皮鞋式样的矮帮系带或不系带，胶面、台阶式胶底防水鞋。胶面有仿皮革花纹，细纹压延底装模压后跟，底边缘具有皮鞋的沿条造型。以黑色为主，少数为棕色或其他颜色。针织棉毛布里。为生活防水用鞋，由于式样仿皮鞋，深受城市消费者欢迎。

皮鞋式雨鞋

皮鞋套鞋　rubber over shoes for leather shoes　套在皮鞋上用以防水的低帮全橡胶鞋。根据市场皮鞋主要式样制造。因临时穿用，鞋帮鞋底料很薄，无衬里。可折叠便于携带，多用黑色或半透明胶料制作。

皮脂　sebum　皮肤表面的一种油脂性物质。呈弱酸性。有一定的抑菌、杀菌作用，皮脂分泌的多少决定皮肤的性质。分泌过多，皮肤呈油性；分泌过少，不足以滋润皮肤，皮肤呈干性。皮脂除小部分在表皮角化过程中形成外，大部分由皮脂腺产生。皮脂腺分泌主要受雄激素的影响，雌激素对皮脂分泌有抑制作用。新生儿因受母体雄激素的影响，皮脂分泌量较多，小儿期减少，青春期最多，老年期则趋于减少。

皮脂膜　sebaceous membrane　人体皮肤表面覆盖着的一层油脂性膜状物。由皮脂、汗液和皮肤表面的水分相混合并向四周扩散而形成，呈弱酸性，可以保护和滋润皮肤、毛发，防止皮肤的水分蒸发，犹如最佳的天然护肤品。具有一定的缓冲能力，遇到弱碱性物质，可很快回复至原来的酸碱度，对皮肤有重要的保护作用。

琵琶襟　pipa closing　偏襟的一种特殊结构样式。主要指女服的左前衣片门襟往右侧偏移，位置恰好在公主线上，因此，外檐边线呈 S 形曲线，整个左前衣片呈琵琶座的形象。对显示女性的曲线美具有特殊装饰作用，具中国民族特色。

匹料图案　yardage pattern　即“四方连续纹样”(492 页)。因方便批量生产而得名。

偏襟　side opening　又称斜襟。上衣左或右前衣片的门襟偏向相反方向的结构样式。有单侧偏襟和左右偏襟之分。偏襟的外沿边线有直线、弧线或不规则线等，偏襟面积可大可小，根据设计意图和整体效果而定。以中国民族服装的旗袍、长衫为代表。

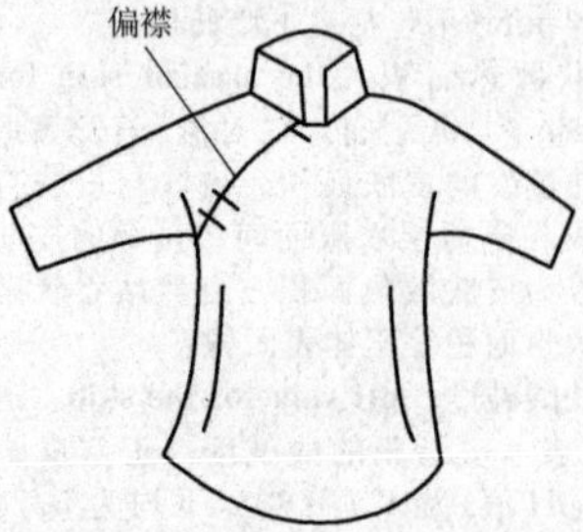

偏襟

偏平头鞋　plane toe shoes　鞋头造型在厚度上正好满足脚趾要求的鞋类。一种比较大众化的造型，常配以小圆头式、小方头式等不同的鞋头。

偏头鞋　slanting toe shoes　鞋头造型为斜形的鞋类。鞋头大趾一侧靠前，小趾一侧靠后，成斜向排列。童鞋中偏头鞋最常见，俗称认脚鞋(左右脚特别明显，好辨认)，在凉鞋、拖鞋和时装鞋中使用也很普遍。

片子　pianzi　中国传统戏曲旦角假发的一种。用人发或纸胎涂黑漆制成的光片。分大片和小片两种。5～7 个小片贴于额头，两个大片分别贴于两颊外侧，既可代替额发及鬓发，又可通过大片贴的位置美化和改变演员的脸型。以人发制成的片子用刨花水贴在脸上，叫做贴片子。片子的贴法有“大开脸”(79 页)、“小弯”(569 页)、“花片子”(217 页)三种。

漂白织物　bleached fabric　本色坯布经煮炼、漂白加工后得到的织物。如漂白棉织物、漂白麻布等。

撇缝熨斗　suture separating iron　对服装衣片缝合部位进行撇缝工艺用的全蒸汽熨斗。由底板和自动加湿装置等组成。体积较小，重量通常在1.5 kg左右。底板上细长型槽孔直线排列喷气，底板长度与宽度的比值较大。

撇片 refine piece 正式缝制前，对裁片按标准样板进行修剪的动作。一般批量裁剪的裁片不够精确，经敷衬后的衣片还会产生变形，撇片后衣片外轮廓精确，能保证缝制后的外形到位。一般用于条、格布料裁片或精制服装。

撇丝法 piesi method 中国画和染织图案设计中的绘画技法。用毛笔笔尖蘸色后压扁，将笔锋撇开，按一定方向涂扫，形成间距、长短等不规则的排线，注重运笔的柔顺匀净。可用于绘出裘皮的长毛质感和丝状物。

撇丝法

撇丝图案 draw fine line pattern 图案表现技法。利用毛笔笔锋或笔肚拖绘出线条表现。线的轻重、方向、转折，根据物象的形态结构或生长规律进行，工整细致地均匀过渡线条，刻画出物象的明暗、起伏等体积和面块形态。根据用笔的大小分为小撇丝和大撇丝两种，多用长锋毛笔和扁形小化妆笔。常见于塑造花叶的形象与结构，表现花叶的灵动美感，应用于裙装等图案设计中。

撇胸线 front finish line 又称劈门线。前领窝沿止口线向里侧划进的斜向辅助线，划进量。撇胸是解决服装结构中因人体胸部隆起而形成的服装浮余量的方法之一，为男装和部分女装中常用。用细实线表示。见“前后衣身衣领结构线”(406页)。

拼耳朵皮 abutting flange 将挂面上端形状如耳朵的部分与挂面其他部位进行拼接的动作。做耳朵皮挂面的目的是使里袋位牢固。一般用于大衣、风衣的挂面加工。

拼合符号 piece together mark 服装结构制图符号。表示服装纸样或裁片在此处进行对准拼接和组合。

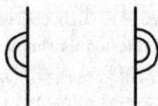

拼合符号

拼接 abutting 衣片长度、宽度不足时，需要进行的拼接工序。如衣服的胸围不够宽时拼宽度，衣袋的袋布不够长时拼长度。

拼贴图案 collage pattern 图案表现技法。利用现有材料，如纸张、印刷品、纤维、树叶、花瓣、蛋壳、线材等较为平面的材料，按图案造型需要，以剪拼组合代替具体的描绘，完成图案。拼贴图案可充分调动材料本身的质地与自然纹理，获得巧妙意外的形式美感。服装面料中的补丁图案就是拼贴图案的典型样式。

品牌孵化店 brand incubator shop 又称品牌新人店。培养品牌或设计师新人，以扩大知名度为目的的创意时尚专卖店。设计师品牌是服装自主创业的重要形式之一，在品牌孵化初期，需要国家和社会团体给予政策或资金方面的支持。

品牌新人店 brand new shop 即“品牌孵化店”(391页)。

品牌形标 brand image 品牌诸因素刺激社会公众的感觉和认识器官，以品牌名称、标志、产品、服务为物质基础，依赖品牌联想形成的形象认识。包括明示的品牌要素——名称或标志，也包括渗透于品牌之中被公众认知和接受的风格或印象。

品牌直销购物中心 outlets 又称奥特莱斯。由销售服装名牌过季、下架、断码商品店铺组成的品牌购物中心。起源于美国制造厂商直接经营的廉价直销店形态，并逐渐发展成为一种独立的零售业态。特点：荟萃世界著名或知名品牌，品牌纯正，质量上乘；一般以低至1～6折的价格销售，物美价廉；远离市区，交通方便，停车场大、货场简洁、舒适。主要形式：制造商直销，包括工厂直销、成衣仓库直销等；零售商直销，用于处理名品尾货销售。

品牌专卖店 brand store 专门经营或授

权经营制造商品牌，适应消费者对品牌选择需求和中间商品牌的零售业态。通常以连锁或特许方式经营，产品线窄，但服务、经营方式包括装潢、商品展示、定价、服务模式等规范标准，有明确的目标市场和市场定位。品牌服装常采用品牌专卖店方式进行销售。

乒乓球鞋　table tennis shoes　以帆布为帮面，橡胶为鞋底，用粘贴或模压法成型的矮帮布面胶鞋。帮面为细帆布，以白色为主，海绵内底，外底花纹为较深的人字纹。在室内的平滑地面上有较好的防滑作用。无鞋跟，以适应比赛时快速后退的需求，为乒乓球比赛及训练专用鞋。

平板式黏合机　flat fusing press　将热熔黏合衬的胶面与衣片的反面在两块平板之间黏合成一体的专用加热设备。由输送机构、上下加热平板、加压机构和冷却装置等组成。作业时，衬布和面料置于两层平板中间，上平板用电热丝加热并固定不动，利用压缩空气或液压动力使下平板上升并与上平板压紧。为防止热熔胶粘在平板上，用聚氟乙烯垫板作保护。工作面为平板，工作方式为间歇式静态加压，工作压力 0～3.4 MPa，加热温度为常温至 300 ℃，加压时间可调，黏合质量好，最大加压面积为 1200 mm×600 mm。根据平板的布置和数量，有推拉式、回转式、步进式等多种形式。

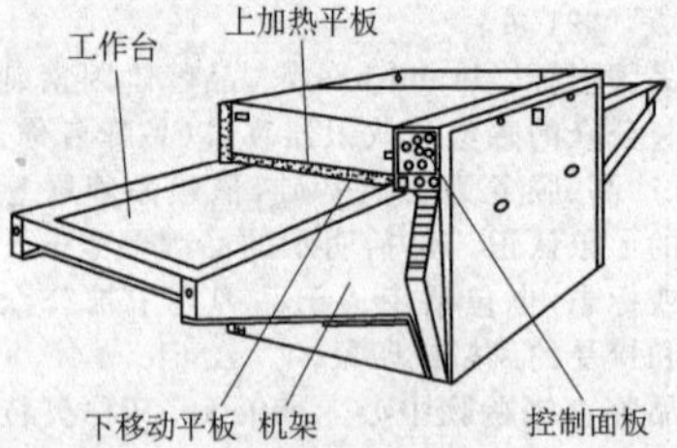

平板式黏合机

平板式织物保暖性能试验仪　warmth retaining tester　用于测定各种织物、绗缝制品及其他保温材料保温性能的设备。适用标准：GB/T 11048—2008《纺织品　生野舒适性　稳态条件下热阻和湿阻的测定》，ASTM D 1518，JIS L 1096 等。由试验板、保护板、底板、防风罩、电加热丝、温度传感器、温度控制器、微处理器等组成。将 30 cm×30 cm 的试样覆盖于试验板上，试验板、位于其下面的底板以及周围的保护板均设定为相同的温度(36 ℃)，以通断电的方式保持恒温，使试验板的热量只能通过试样的方向散发。测定试验板在一定时间内保持恒温所需要的加热时间。通过按键输入试验条件，先不放试样进行空板试验，得到无试样时的散热量，再放上试样，测定有试样时的散热量。仪器可显示试验板、保护板、底板以及罩内空气的温度，并由微处理器计算出试样的保温率、传热系数和克罗值。保温率 =（1－有试样时散热量/无试样时散热量）×100%，传热系数 =（无试样时试验板传热系数×有试样时试验板传热系数）/(无试样时试验板传热系数 - 有试样时试验板传热系数)，克罗值 = 1/0.155×传热系数。

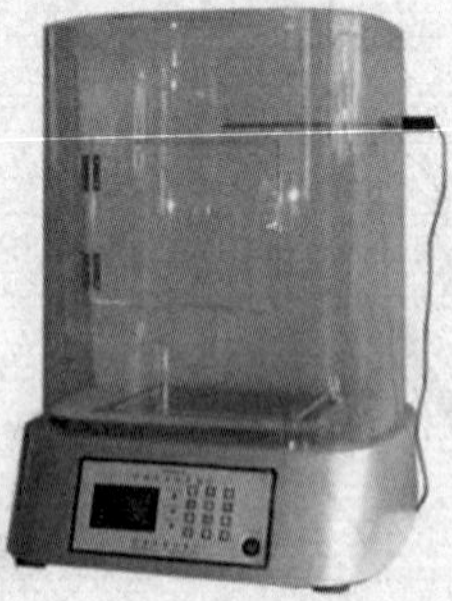
平板式织物保暖性能试验仪

平板压烫机　flat-bed press machine　在整烫机的基础上改进而成的设备。将衬布与面料置于两层压板之间，上压板用电热丝加热，利用压缩空气或液压使压板压紧，下压板垫有透气性好的非织造布和罩布，以保证压力均匀，并用四氟乙烯垫板作保护。主要用作衬衫领衬压烫和外衣黏合衬小部件压烫。施压面积从 1000 mm×500 mm 至 2000 mm×900 mm 不等。

平包联缝机　5-thread overlock machine　即“五线包缝机”(550 页)。

平布　plain cloth　棉织物名。采用平纹组织，经纬纱的纱支和密度相等或接近，外观平整、没有明显纹路的棉织物。根据所用纱线的粗细，又分为细平布、中平布和粗平布。一般都经过漂白、染色或印花。可用作夏季衣裙、罩衫、裤子等的面料。

平叠缝　flat seam　缝型类型。将一块缝料的一端(光边或毛边)与另一块缝料的一端(光边或毛边)相重叠,用稀疏的线迹缝合固定,常用于两层服装材料的拼合。

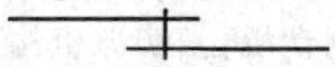

平叠缝

平分熨烫　seam-dividing in ironing　用熨斗将衣缝缝边分开后熨平,不改变衣缝原来的形状、长短的技术动作。

平缝　plain seam　即"合缝"(205 页)。

平缝机　lockstitch sewing machine　即"锁式线迹平缝机"(502 页)。

平缝扣　sew-through button　扣面有两孔或四孔,缝线可直接穿过的纽扣。通常在扣子与衣料间以缝线绕线柱,避免扣合时开襟处因拉力起绉。

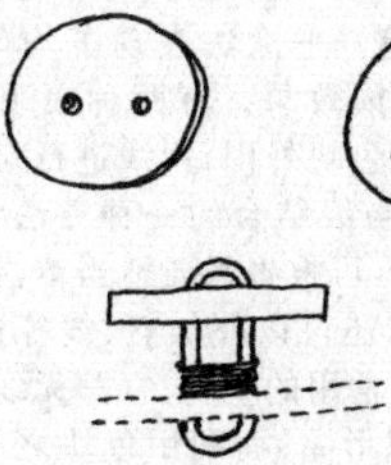

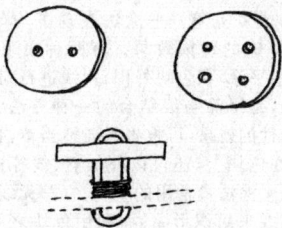

平缝扣

平跟鞋　flat heel shoes　鞋后跟高度较低的鞋类。我国现行标准中规定女鞋跟高小于等于 25 mm,男鞋跟高小于等于 20 mm,属于平跟鞋。穿平跟鞋走路,脚掌与脚后跟受力比较均衡,人体在行走、跑跳等运动状态下容易控制平衡。因此,日常生活用鞋、运动鞋、旅游鞋、童鞋多为平跟鞋。

平衡美学　balance aesthetics　不依靠对称的方法来达到均衡的形式美法则,视觉上对于物体外部形式所产生的心理上的量感。相对于一定的轴线或支点达到稳定感和秩序感。对称和平衡之间既有联系又有区别,对称必然平衡,平衡不一定对称,平衡要比对称复杂。对称是中心轴双方的形、色、肌理和其布列的位置完全相同,从而产生一种静态的秩序感和条理感。而平衡是以双方要素的不等为前提,通过这些量感的转化最终达到双方量感的大致相同。平衡是双方的变化因素通过比较而达成的均衡,它是一种动态的对称。相对于对称来说,平衡能产生静中有动的美感,它具有生动活泼、轻快灵巧的特点,又具有统一协调、稳定有序的整体感。对称是没有变化的统一,平衡是对比的和谐。创造平衡有两种方法:(1)先把构形元素布置成对称平衡,然后逐渐调节、改变元素,使其不再对称,却保持着均衡的感觉。(2)直接利用空间决定元素的状态与位置。改动单元形状的位置时,相应地改变它的比重。如位置移远,应减少其面积或降低其彩度,通过调节形状大小及图与底的色对比,显示空间的强弱。人体是对称的,服装的外形一般也是对称的。如果服装的附件和配件也处于对称形式,往往会显得过于严肃。要使服装呈现出生动、活泼的美感,设计时应注意采用平衡的形式,利用附件、配件和色彩的变化来调节服装的平衡关系。

平肩体　square shoulder figure　即"耸肩体"(496 页)。

平接缝　butted seam　缝型类型。将一块缝料的一端(通常为毛边)与另一块缝料的一端(通常为毛边)对接后用锯齿形的锁缝线迹或绷缝线迹缝合使之加固。特点是使两层缝料成一平面,不影响服装外观的平整,常用于较厚的服装里层材料的对拼。

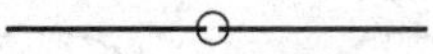

平接缝

平接图案　plain-linked pattern　又称对接图案。四方连续纹样接续格式。画稿通过上下和左右平移来连接纹样,方法直观而简便,是接续规律性较强图案常用的格式。

平扣熨烫　seam-falling in ironing　用熨斗将衣片的毛边扣倒烫平定形,不影响熨烫部位长度的技术动作。

平笠　pingli　即"一字笠"(609 页)。

平眉　straight brows　又称一字眉。眉头、眉峰与眉尾几乎处于同一水平位置的眉形。一般这种眉能给人以平和、年轻、亲切的感觉。

平面裁剪制图　planar cutting　一种制作服装样板或样片的方法。一般专指在纸上绘制出服装结构或在布料上直接划出服装样片轮廓。优点是制作过程便捷、耗材少。制图者需将立体的服装外形通过自己的分析理解转化成平面的结构图形，在技术上有一定难度。

平面感　plane feeling　在三维空间里，淡化某一维而以另两维为主的空间关系。平面感的设计是为了淡化造型要素，突出色彩要素或面料要素。在服装设计中有两层含义：(1)不重视人的体形特征，如胸与腰围、臀与腰围之间的差很小、几乎为零。(2)整体上没有突出的零部件，袋、领或其他小部件都较平整地装配于服装上。平面感只是相对于立体感而言的，任何平面的服装，穿上人体后都具有立体感。

平面结构图　two dimensional structure drawing　按款式设计图及成品规格绘制的服装结构的平面图形。是制订标准样板的依据。由基础线、结构点和轮廓线构成。绘制方法有一定的规则，制图符号和代号也有统一的规定。平面结构图应表达前后衣身的结构平衡，衣领与衣身、衣袖与袖窿间的吻合关系，各部位比例要符合服装的尺寸规格，结构线分割、省道要到位，以全面地表达服装结构的整体关系。

平纽　flat button　扣面平坦光滑的薄型纽扣。包括无柄双孔或四孔纽扣及柄式扁平纽扣。以有机玻璃、塑料、贝壳材料居多。多见于女衬衫及童装上。

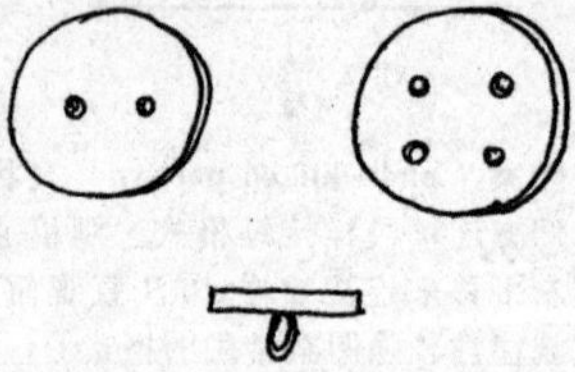

平纽

平绒　velvet and velveteen　棉织物名。采用复杂组织制织成绒坯后，割断绒经或绒纬而形成的表面具有短密、均匀耸立的绒毛的棉织物。分为经平绒和纬平绒两类，具有绒毛丰满平整、质地厚实、光泽柔和、手感柔软、保暖性好、耐磨耐穿、不易起皱等特点。纬平绒以平纹作地组织，质地较紧密厚实，以斜纹作地组织，质地较柔软，常用作春秋外衣面料。

平天冠　pingtianguan　“冕冠”(354 页)的俗称。

平头锁眼机　straight buttonhole machine　又称纽门缝纫机。在服装指定部位缝制出两边为曲折缝迹、两端为加固套结缝迹的专用自动锁眼机。由针杆机构、套结和针摆变位机构、挑线机构、钩线机构、送布和压脚机构、变速和定位制动机构、切刀机构、纽孔针数变化机构、自锁机构、断线自停及紧急停车装置等部分组成。采用先锁眼、后开孔的锁眼工艺。线迹类型 304 号锁式线迹。需要设定的工艺参数较多，有锁眼针数、锁眼长度和宽度、纽孔长度、套结线迹宽度和左右基线的位置等。锁眼速度 2500～4500 r/min，锁眼长度 6.5～45 mm，纽眼宽度 2.5～7 mm，压脚升距 5～8 mm。是衬衫、内衣等薄料、中厚料针织品和化纤面料的纽孔缝锁的必备缝纫机。

平涂法　color block method　每块颜色均匀平涂的绘画技法。颜料用具有一定覆盖力的水粉或麦克笔。平涂法表现了均匀的美感，有特殊的装饰效果。有两种表现形式：(1)勾线平涂，在色块外围，用线进行勾勒、组织形象，是平涂与线结合的一种方法。易获得装饰性的效果，可根据需要适当留白，产生光感，在色块上，还可以叠加点、线等进行装饰。是平涂法最常用的一种。(2)无线平涂，不依靠线来组织形象，而利用色块之间的关系(明度关系、色相关系、纯度关系)产生一种整体的形象感。

平涂法

平涂图案　smooth pattern　图案表现技法。根据图形色块分割，用笔将颜色平涂其中，是图案中基本的表现手法，分为勾线平涂和无线平涂两种。平涂图案色块界线明确，衔接紧密，呈现出简洁秩序的美感，但也有呆板而缺少变化的负面性。卡纸、水粉颜料与毛笔，是传统实现平涂图案的最佳材料与工具，计算机软件是现代获得平涂图案的便捷手段。广泛运用于服饰图案设计中。

平涂图案

平臀体　flat hip figure　臀部肌肉欠丰满，形状扁平的体型。裙裤身纸样设计时减少侧缝和上裆缝的倾斜度，后腰省，改小后臀围及后裆宽。

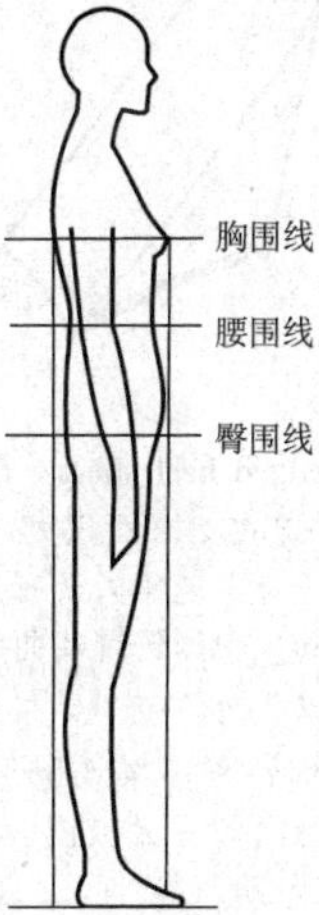

平臀体

平行构图　parallel composition　一个人物或一组人物同处一条平行线上的构图形式。给人平稳均衡的效果。注意人物占画面的空间，不要太大或太小，并注意位置是否合理。常用于服装设计效果图中，能充分展示服装款式的结构、人物动态的整体效果。

平行构图

平行加工　parallel processing　由一台或几台设备同时平行完成若干作业的加工方式。

平行双曲折型锁式线迹　parallel zigzag lockstitch　国际标准 ISO 4915 中编号为 305、310 号的线迹。305 号线迹由两根针线（1 与 2）和一根钩线 a 相互串套形成的线迹。缝料表面显示为两根曲折形面线线迹。用线量相对较多，但其拉伸性明显提高，外形更加美观。可用于缝制针织服装、衣边装饰和打套结、平头锁眼等。310 号线迹由两根针线（1 与 2）和一根钩线 a 相互串套形成的线迹。缝料表面形成两根曲折形针线线迹，钩线只在底层缝料显示。一般用于服装表面装饰线的缝制。

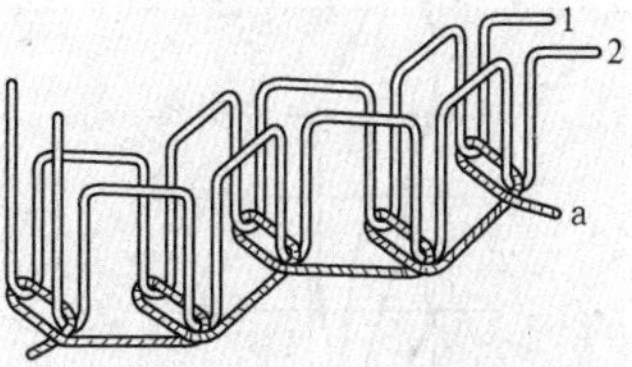

平行双曲折型锁式线迹 305 号

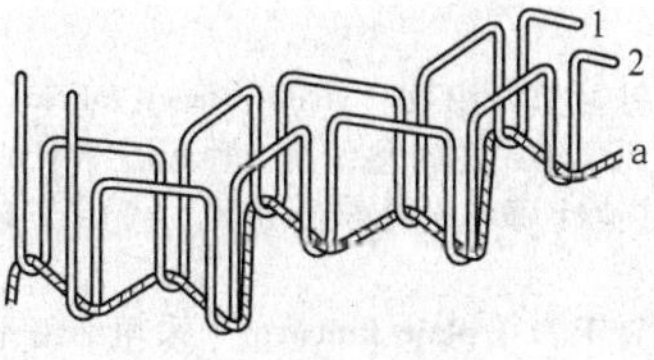

平行双曲折型锁式线迹 310 号

平型压领机 **transfer pressing machine** 黏合衬衫领面和袖克夫，或热缩衣片的黏合熨烫联合设备。由平板模、活动板、固定板、电热系统、液压或电气系统等部分组成。熨烫压力 2.5 MPa，温度 50～300 ℃，外形尺寸 900 mm×700 mm×1300 mm，重量 320 kg，延时时间 3～30 s，有效工作面积 580 mm×400 mm。作业时，在液压或电气传动下，活塞杆上下移动，活动板带动领料压向电加热的平板领模，完成黏合压烫。

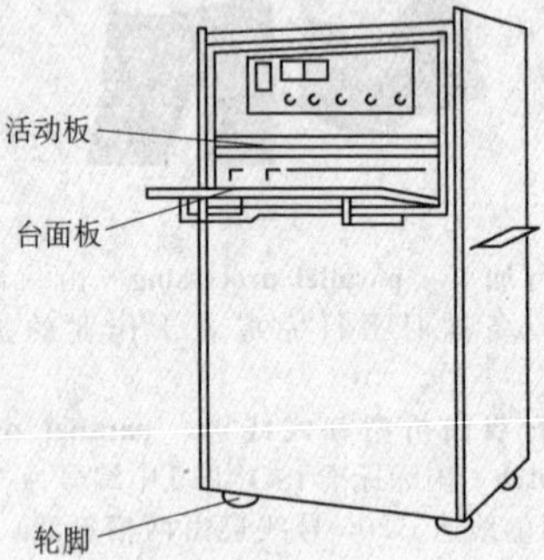

平型压领机

平胸体 **low bust figure** 胸部扁平而且胸高点位置偏低，背部正常的体型。衣身纸样设计时应将前胸围减小，前浮余量减小，袖窿上移。

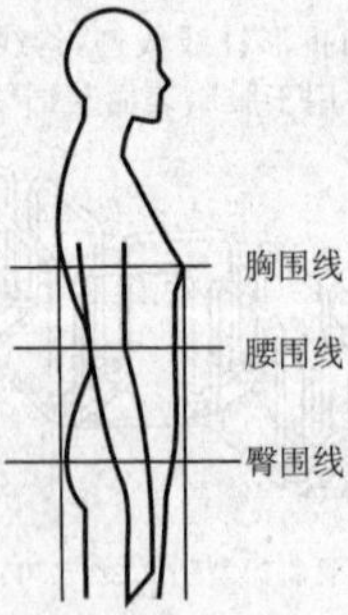

平胸体

平针衬垫针织物 **visible fleecy fabric** 以平针为地组织的衬垫织物。厚度比平针织物大，其他性质与平针织物相同。可用于制作内外衣。

平针毛衫 **plain knitwear** 采用纬编平针组织编织而成的毛衫。以常规毛线和花式线为原料。横向延伸性好，手感柔软，但正面线圈有歪斜，毛纱断裂后易脱散，易卷边。多采用绣花、印染等装饰手法，既可编织成轻薄柔软的内衣，也可编织成厚实、蓬松的花式线外衣。广泛用作毛衣套衫、开衫、绣花衫、裤装、背心等。

平针织物 **plain-knitted fabric** 即“纬平针织物”(544 页)。

平整熨烫 **flat ironing** 见“熨烫”(630 页)。

瓶颈工序 **bottleneck process** 生产线上负荷量最大的工序。瓶颈工序是影响服装流水生产线效率主要因素，可采取工序同期化降低瓶颈工序时间，提高流水线编制效率。

坡跟 **wedge heel** 又称楔形跟。外形呈楔状的鞋跟。跟体一般比较长，从鞋后跟部直插至腰窝部位。多数是插于外底和内底之间。用木头、硬质泡沫塑料或其他材质制作，并可包覆与帮面一致的材料。坡跟可用于各种款式的鞋，因其鞋底与地接触面积大，所以是最平稳的跟型，中老年鞋选用此类跟型较好，也可省去勾心，半托底等部件，节约成本。

坡跟

坡跟鞋 **wedged heel shoes** 配有坡跟的鞋类。坡跟鞋对脚的支撑面积大，穿着舒适，走路稳定性好，适合中老年人及有足疾者穿用。

破脸 **polian** 中国传统戏曲脸谱基本谱式之一。在“整脸”(646 页)、“三块瓦脸”(439 页)基础上添加各种图案或象形物，如《铁笼山》中的姜维脑门勾一太极图、《洪羊洞》中的孟良额上绘红色葫芦等。

剖层革 **split leather** 由片皮机对牛、马、猪等较厚的动物皮革进行剖层所得的二层、三层革。因为没有粒面层，纤维密度明显降低，牢度较差，因此仅适于加工贴膜革、绒面革、夹里革等。广泛用作制鞋、包袋和皮箱。

铺布机 **spreading machine** 即“铺料机”(397页)。

铺料 **spreading** 按照裁剪方案所确定的层数和排料划样所确定的长度，将服装的面料重叠平铺在裁床上的动作。分为单向铺料和双向铺料，根据不同的面料和工艺要求进行选择。

铺料机 **spreading machine** 又称铺布机。将圆柱形或折叠形的面料卷装无张力地层层对齐铺叠在裁剪台上的机器。由铺料台、铺料机头、上布装置和断料装置等部分组成。铺料台高度一般为 850 mm；台脚带有螺杆，可以调节台面高度；长度和宽度随面料的幅宽及生产需要而定，常见的宽度为 1200～1800 mm；外衣类用宽为 1800 mm、长为 12000～24000 mm 的台面；内衣类用宽为 1600 mm、长为 3000～6000 mm 的台面；铺料速度 60～120 m/min，最大堆叠高度 150～300 mm，最大布卷直径 350～600 mm。铺料方式有三种，即单程同向铺料、往返折叠铺料和单程对向铺料。根据控制性能，分为“手动铺料机”(472页)、“半自动铺料机”(17页)和“全自动铺料机”(421页)。

葡尔波因特 **pourpoint** 14～17世纪欧洲的一种男式夹衣。源自13世纪后期罩于铠甲上的带夹层的保护衣，保护性好，结实耐磨，当时称为短夹克或铠甲罩衣。14世纪以后发展成为意大利男子最时髦的服装之一。在两层布中间夹填充物，用倒针法缝制。采用前开式，比套头式在穿着上更加灵活。前胸门襟和衣袖肘部以下钉有排状纽扣。扣子不仅是固定服装的部件，也起到装饰作用。

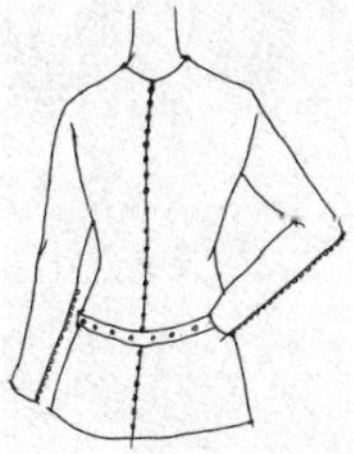

葡尔波因特

葡萄扣 **Chinese button** 又称中式纽扣。由线、绳或布条缝制的盘花纽襻。可采用与衣服同料布条，也可用其他编带织物或线绳结构制作，常用于中式服装。

葡萄扣

普遍检验 **universal inspection** 即“全数检验”(420页)。

普拉普效应革 **oil-pull-up effect leather** 见“多脂鞋面革”(115页)。

普米族服饰 **Primi ethnic costume and accessories** 中国普米族衣着和装饰。普米族分布在云南高黎贡山和四川。男子穿麻布右衽短上衣，着宽大裤子，衣色尚黑，束腰带，披白羊皮坎肩或穿氆氇大衣。女子用绣花蓝布或黑布包头，穿镶边的右襟白或浅色短上衣，覆羊皮披肩或外套羊皮里、红底镶彩边布帛面的右襟坎肩，着长至踝的白色百褶裙，裙摆有多道彩色横条纹，表示归宿时寻祖宗的路线。腰系彩条纹宽腰带。男女均戴银、料珠、珊瑚、玛瑙等饰物。膝下常用布或毯裹腿至踝。

普米族女子服饰

普希时尚 **Pucci style** 以炫丽耀彩的印花图案作面料制成的服装(图见下页)。风格艳丽，20世纪60年代由意大利设计师意米利奥·普希(Emilio Pucci)的设计风格而带动了时尚潮流。普希以印花图案在时装界独树一帜、声名大噪，为一段时期习惯于单色的款式设计注入了时尚活力。普希的印花色彩包括蓝色、粉红色、绿色等。20世纪90年代的时装舞台又一次刮起了强烈的印花服饰风潮，意大利设计大师吉尼·范思哲(Gianni Versace)以其创作理念赋予印花服装以新的时尚生命力。

普希时尚

氆氇图案 pulu pattern 藏族手工织造的传统羊毛织物图案。用天然茜草、荞麦、大黄、核桃皮等染色羊毛,织成赭红、黄、绿等条纹,也有再盖十字纹等模板印形成图案。氆氇图案产生于公元7世纪吐蕃时期,沿用至今,并以扎朗、浪卡子、江孜、芒康等产地著名。氆氇图案造型粗犷简洁、细密平整、质软光滑,用于藏袍、藏靴等面料与边饰,是藏族的代表图案之一。

Q

七彩衣　Seven-color dress　朝鲜族少女所穿服装。衣袖为七色彩条缎制成，衣身用单色绸缎制作。象征彩虹、光明，以示祝福。

七彩啫喱　color gel, chromatic gel　专门起到装饰作用的彩色啫喱状化妆品。一般同时有多种闪亮成分，甚至有些含彩色图案饰物，可以借啫喱的黏性附着于需装饰的部位，起到夸张效果。

七分袖　seven-eights sleeve　袖口在肘部和腕部中间的位置，其袖长约为手臂长的7/10。其长度一般用0.25乘以身高加常数来计算，常数大小与袖长具体长度有关。

七事　qishi　中国古代佩挂于腰间的杂配。唐、辽时期武吏佩系在腰带上的七种什物。此七物皆古代军中常用之物，分别指佩刀、刀子、磨刀石、契苾真、哕厥、针筒、火石袋。清代时，武官行装有系忠孝带，佩内贮火镰小刀的荷包，是其遗制。

七星披肩　qixing shawl　又称披星戴月。纳西族的披肩。由整张羊皮制成，用两条白布由肩部至胸前交叉呈十字结，再围于腰部，布带末端有彩色挑花纹样，披肩背部正中缀有七个直径约9 cm的绣花圆盘，表示北斗七星，盘心处有两条羊皮皮条，可系物。肩两边各有一个大绣花圆盘，表示日、月。披羊习俗与纳西族的族源古羌民族的习俗相关，表示对星月的崇拜。

漆皮革　patent leather, enameled leather　又称镜面革。表面涂覆相当厚的光亮涂层，光泽极好，有镜子般反射作用的皮革。以黑色为主，涂层以聚氨酯和硝化纤维涂料为主，一般以淋涂或喷涂方式涂覆于已加工平整的动物皮革上。涂层的耐磨性、耐弯折性好，手感较差，有塑料感，无透气性。吸湿性能取决于皮革底基的选用，现在普遍使用牛皮革作底基制成漆皮革，又称牛漆皮。主要用于制作女皮鞋和包袋。

漆皮鞋　patent leather shoes　在天然皮革表面喷涂树脂，形成类似漆面涂层的鞋。漆皮革表面鲜艳、平滑、光亮。用漆皮革制作的鞋无须打蜡上鞋油，易于保养，不怕水不怕脏，一擦即干净，但透气性差，适宜作浅口时装鞋。

岐头履　black hair shoes　又称青丝履。一种鞋头翘起且呈分叉状的鞋。秦汉时期的主要鞋品。鞋底用麻线编织，履面用青丝编织，平纹，纬线较粗，织纹有明显的方向性，显芽绿色。

岐头履

奇装青年式样　incroyables　1795～1799年法国热月政变后处于统治阶层的保守党人所穿的服装。代表性装束是：手持文明杖，穿大翻领、紧腰身、双排扣大衣和有背带的半长裤，饰有缎带的翻口或浅口皮靴，将两鬓的长发卷起或戴垂落肩头的假发辫子，头戴小三角帽，白色领巾在颈部绕数圈后在前面扎成蝴蝶结，围好的领巾往往高出下巴。服装整体效果趋于简朴，以英国产的单色羊毛织物为主要面料，刺绣和华丽的织锦面料使用较少。

奇装青年式样

脐点高　omphalion height　人体立姿时从

肚脐点到地面的垂直距离。确定腰部肥胖体型的腰围线时的重要参照。见“人体高度尺寸”(428页)。

畦编织物　full cardigan knitted fabric　俗称元宝针针织物。在织物的两面交替进行集圈编织,属罗纹型的双面集圈纬编织物。可分为:(1)畦编针织物,织物两面均由单针单列交替集圈编织,两面外观相同,均呈玉米棒状粗犷罗纹条,立体感强;(2)半畦编针织物,织物两面外观不同,一面由大小不同的单针单列集圈线圈相间配置,呈玉米棒子状,另一面由平针线圈组成,带有立体感强的罗纹条。畦编针织物比半畦编针织物更松弛,且织物宽度、厚度、重量有所增加,横向延伸性与脱散性较小,蓬松,富有保暖性。用于制作秋冬毛衫,适宜制作宽松服装与男装。

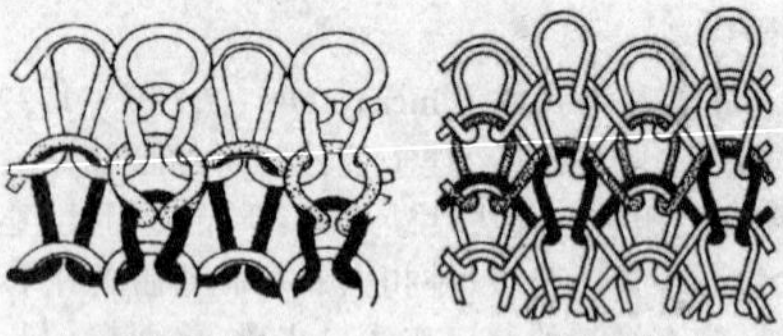

(a)半畦编　(b)畦编

畦编织物

骑警帽　trooper cap　骑警戴的有后侧垂片的无檐男帽。围绕头部两侧和后面的垂片可放下来使耳部温暖或翻折上去展示夹里。用皮革或人造皮制作,毛皮或绒头衬里。在美国原为州警察或骑警戴用,现在为邮递员或警察戴用。

骑警帽

骑马帽　riding cap　骑马时戴的圆顶鸭舌帽。常用黑色的鹿皮或丝绒制作。

骑马套装　riding suit　户外骑马时所穿的服装。带有一些中性感觉。款式包括紧身外套和臀部宽松的马裤,裤脚塞入马靴,再配上有檐帽子。

骑士服　rider wear　中世纪欧洲骑士穿用的服饰。一般包括紧身上衣、肥大裤子、长筒袜及头盔、缎带、长剑、盾牌等。头盔、胸甲及胳膊和腿部护甲把人从头到脚包裹严密。在胸甲外套一层有刺绣纹饰的织物背心,所绣图案和盾牌上的徽章图案相同,并有军衔标志。织物背心可保护铠甲不受雨淋而生锈,避免阳光直接照射在金属上迅速传热并发出刺目的反光;同时也为了美观,标明军衔,以示炫耀。

骑士服

骑士钢盔　riding helmet　中世纪的骑士戴的铁制或钢制的头盔。可有帽檐。

骑士靴　jockey boots　又称马靴。一种鞋后帮部位装有马刺的长筒皮靴。鞋跟有一定高度以便踏住马蹬,靴筒皮革柔软,可避免小腿与马肚两侧的摩擦,并使骑马人避开马蹄溅起的泥土。自16世纪初至第二次世界大战结束,骑士靴在欧洲被视为社会地位尊贵的象征。

骑装长外套　redingote　又称法式制服。18世纪在法国流行的一种宽大外套。男装下摆长至膝盖,翻领,袖管挺直,双排扣,自后背中心的腰线以下有开衩,并贴有里衬。穿着时当腰以上部位用纽扣扣住时,腰以下未扣部分呈向外张开状。常与马裤配套穿着。女装采用公主线式的合身型剪裁,有时系腰带。

骑装长外套(男)

骑装长外套(女)

棋盘格纹 chessboard pattern 形似棋盘的方格图案。图案块面适中,秩序交错排列,两色方格黑白或明度变化,呈现出简洁明快、雅致大方的艺术特性。印第安人以循环的黑白棋盘格纹象征昼夜交替、自然转换,运用于上衣等织物中。现代棋盘格纹多以机织工艺表现于毛呢、棉麻等织物上,主要用于女性裙装等设计中。

綦巾 qijin 即“围裙”(541页)。

旗蟒 qimang 中国传统戏曲袍服中女式“蟒”(340页)的一种。用于满、辽及其他少数民族的贵族妇女,如《四郎探母》中的铁镜公主、《大登殿》中的代战公主等。在清朝皇后服用的朝袍基础上加工而成。圆领,大襟右衽,袖长及腕,镶马蹄袖,长至足,左右胯下开衩。缎地,以金、银及彩线绣团龙、云霞及海水江涯等纹样。色彩有黄、红两种,分别由后妃和公主、诰命夫人着用。服用时领口衬领衣儿,梳旗头,穿花盆底鞋,颈挂朝珠。

旗袍 qipao 具有中国民族特色的一种女装款式。由清代旗人之袍演变而成,但也受古代其他袍服的影响。流行于民国至现代。其样式随着社会的发展也在不断演变。如开衩从最初的四面逐渐收敛变窄,袖口则经过由窄变肥、由肥变瘦的过程。由传统的平面结构逐渐吸收西式结构处理方法而走向立体结构,其基本形制有:直立领、右开大襟或横开襟,两侧开衩,长、短袖或无袖。材料以中国传统织物为主。常有镶、嵌、滚、绣等装饰。

旗纱 flag cloth 用作旗帜的一种轻薄稀疏的精纺毛织物。平纹组织,经纬密度低且大致相等,成品的重量约为140 g/m^2。织物轻薄稀疏,挺括平整,弹性良好,不易起皱,色泽鲜艳,耐日晒,耐水渍。主要用作高级领带的填衬料。

旗头 qitou 中国传统戏曲旦行假发的一种。戏曲化的满族女性发型。用于满、辽及其他少数民族妇女,如《四郎探母》中的萧太后、《雁门关》中的青莲公主等。较通行的式样为以青缎制成高大的横架置于头顶,两侧垂流苏,头发梳成燕尾式,裹以青缎垂于脑后,称为耷拉翅;此外有发髻呈横长形的,称一字头。

旗鞋 bannerman shoes 即“花盆鞋”(217页)。

旗装 qizhuang 清代满族人的装束。包括发式、服装、鞋履及挂佩等。满族隶旗者称旗人,故服装称为旗装。在服饰形制上较多地显示出北方骑射民族的特点,其典型特征有:男子剃发留辫,剃去顶发,留脑后发,结辫下垂。女子幼时同男子一样,也施行剃发,及至成年方蓄发。已婚妇女绾挽发髻,有髟扁头、架子头、两把头等诸多式样。服装材料质地厚实,冬季穿皮衣。式样以上下连属的袍褂为主。家居时穿一裹圆(一种不开襟的长袍),以便保暖;外出时为了乘骑方便,袍褂多有开衩,少则左右两衩,多则前后左右四开叉。衣服袖端多带有箭袖,可在寒冷时节起保暖作用。由于游牧民族常居无定所,一些狩猎及生活用品如刀、箭、火镰、匙、箸、镜、计时器等只能随身所带，因而相应产生各种挂佩，包括各式荷包、刀鞘、箭袋、扇套、表帕、镜囊等。这些服饰原本用于旗人，但满族入关后，为巩固在全国的统治地位，曾三令五申地强制各地军民人等效其习俗，后虽有"男从女不从"、"生从死不从"等"十从十不从"的规定，但对汉族传统服制冲击甚大。至清末，满汉服饰日趋融合，男子服饰已无明显区别，但满族妇女仍以穿用旗装居多。

麒麟送子纹　kylin delivers pattern　中国传统装饰图案。以童子跨骑麒麟构成。麒麟传说为能带来子嗣、使家庭繁荣昌盛的祥瑞神兽，其身似鹿，牛尾独角，周身鳞甲。童子佩挂长命锁，手持莲和笙，喻连生，图案寓意天降神兽喜送贵子。源于中国古时祈子风俗，出现于明代晚期，至清代广为流行，是民间喜闻乐见的吉祥图案。结合织绣与印染工艺表现于织物中，以麒麟送子纹蓝印花布最为著名。

麒麟送子纹

乞丐服　beggar wear　具有颓废思想的服饰文化。属于街头服饰风格，20 世纪 60 年代流行于青年中。他们崇尚自然和真实，反对矫饰和夸张，喜好磨成褪色的牛仔裤、故意弄成毛边皱褶的夹克，或者补成补丁的精致西服。1981 年日本设计师山本耀司和川久保玲率先在 T 型台上正式推出，引起时装界的轰动。

企业标志　business mark　即"厂标"(53 页)。

起空　loose　服装外观疵病。因衣服不符合穿着者体型而在某些部位与人体不能很好贴合，两者间的空隙超过允许程度的现象。常表现在衣领、前胸等部位。补正方法为裁剪制图时，肩缝不宜太斜（不能超过 19°～21°），亦可将垫肩减薄。

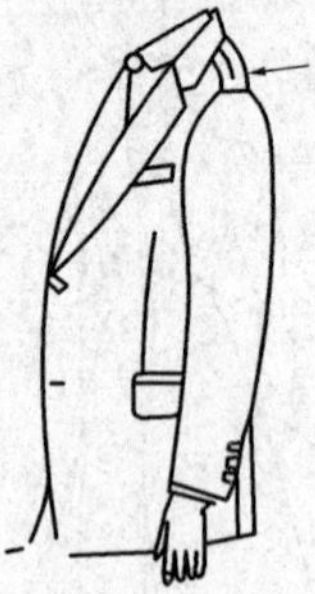

起空

起翘　fabric appears loose　服装外观疵病。衣服的面布与胸衬不贴合一致，面布过分宽松，衣服外部呈不规则隆起的现象。常见于上衣胸部、肩部等部位。补正方法为衣身推门后要有充分冷却自然还原时间，敷面衬时松紧要适宜，腰节与胸省要硬挺些，中腰止口直丝绺向止口方向推弹，以防回缩。

起翘

起皱　wrinkles　服装外观疵病。在缝纫过程中，由于两层或多层衣片的松紧未掌握好，造成一层紧、一层松的现象。松的部位起皱、卷曲。在衣片和衣缝部位都有可能出现，出现在不同部位有不同的名称，如领面起皱、肩缝起皱等。

起皱针织物　crepe knitted fabric　织物表面具有皱效应的针织物。常用起皱方法有：(1)在平针组织的基础上，编织集圈与浮线，使平针线圈凸出在织物表面，形成折皱效应；(2)采用收缩卷曲性高的纱线和收缩卷曲性低的纱线编织，层间由连接纱连接，经后处理产生折皱效应；(3)利用不规则的提花和胖花组织编织；(4)采用高卷曲丝、变形丝及双组分并列型复合纤维编织的坯布，经后处理产生皱效应。用于制作外衣等。

气袋式通风背心 air-baggy ventilation vest 航空服装装备中利用气袋进行通风制冷的背心。躯干前、后部从肩至肚脐、腰下部各附有一只气袋。气袋的内层有通气小孔，外层采用不透气材料。通风总管位于背腰或胸腹之间的侧面。通风气流从放射状的小孔吹向皮肤，再从领口、袖口、裤脚口处流出。

气垫式铺料台 air cushion spread table 带有空气冲气衬垫和空气吸气装置的铺料台。由橡胶板台面、空气冲气衬垫、空气吸气装置等部分组成。台面高度一般为 850 mm；长度和宽度随面料的幅宽及生产需要而定，常见宽度为1200～1800 mm，长度为 12000～24000 mm。作业时，铺料层底部放置一张带直径为 2～3 mm 透气孔的专用衬垫，开启空气吸气装置使各层面料之间紧贴，压缩空气从台面上均匀分布的喷气孔喷出，在台面和铺料层衬垫之间形成均匀的气垫层，消除铺料与台面之间的摩擦，使铺料层悬浮在气垫上，操作工可轻便地将铺料层移至裁剪台。和全自动铺料机、自动裁剪机配套使用，形成裁剪作业流水线。

气垫鞋 air cushioned shoes 具有普通帮面结构而鞋底有气垫构造的皮鞋。气垫和外底两部分组合成鞋底。气垫的 10 个气室分布在脚底前后半部各 5 个，气室间彼此以通道相连，通道的口径控制空气流速，随足部的运动作动态压力调节，同时可吸收冲击力。通过气垫的自然减震和反弹，脚的舒适感增加，有踩在高弹地毯上的感觉。

气冷服 air cooling wear 即“通风服”(519 页)。

气泡 blister 鞋的塑料或橡胶部件表面或断面出现密集或单独的气泡的现象。影响外观和使用寿命。工艺条件控制不当或成型时排气不足所致。如原材料中水分含量过高，未经彻底干燥，或者橡胶混炼结束胶料出片后未经干透就过早地入库等。

气球帽 balloon hat, lunardi hat, parachute hat 又称半月形帽、降落伞帽。具有鼓起大帽冠的宽檐女帽。帽冠用薄纱罩在铁丝架子或麦秸架上。流行于 18 世纪晚期，受鲁纳迪(Lunardi)气球飞行激发的灵感而设计。

气相色谱—质谱联用仪 gas chromatography/mass spectrometry 用于复杂组分的分离与鉴定，具有气相色谱仪的高分辨率和质谱仪的高灵敏度的检测仪器。是生物样品中药物与代谢物定性、定量分析的有效工具。用于纺织品中禁用偶氮染料、农药残留的测试。适用标准：GB/T 17592—2006《纺织品　禁用偶氮染料的测定》，BS DD CEN ISO/TS 17234，DIN ISO/TS 17234，BS EN 14362，DIN EN 14362 等。气相色谱仪由载气系统、进样系统、色谱柱等组成。质谱仪由离子源、滤质器、检测器三部分组成，被安放在真空总管道内。利用试样中各组分在气相和固定液相间的分配系数不同，当汽化后的试样被载气带入色谱柱中运行时，组分就在其中的两相间进行反复多次分配，由于固定相对各组分的吸附或溶解能力不同，因此各组分在色谱柱中的运行速度不同，经过一定的柱长后，彼此分离成纯组分进入质谱仪。质谱仪将气态化的物质分子裂解成离子，使离子按质量的大小分离，经检测和记录系统得到离子的质荷比和相对强度的谱图(质谱图)。质谱图提供了有关物质的分子量、元素组成及分子结构的重要信息，从而鉴定物质的分子结构。

气相色谱—质谱联用仪

气质 temperament 一个人的心理、行为特征的总和。是全部生活姿态提供给别人的综合印象，包括姿势、表情、神态、谈吐等方面。模特具有良好气质，才能烘托服装的艺术设计之美。

汽车司机罩帽 automobile bonnet 20 世纪早期驾驶敞篷车时戴的防尘保护性围裹物。

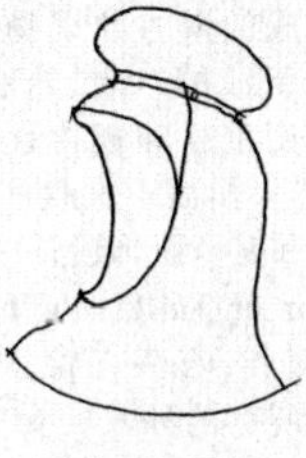

汽车司机罩帽

汽蒸 **steaming** 织物、成衣的外观定形工艺。将成衣套于硬质耐烫的板样外，放在汽蒸机的呢毯平面上，由呢毯下面的蒸汽管向呢毯喷气，通过一定的温度对成衣进行热湿处理，使之定形。一般用于针编织服装及衬衫的熨烫定形。

汽蒸收缩测试仪 **shrinkage-in-steam tester** 用于测定织物在松弛状态下经汽蒸处理后尺寸变化的设备。适用标准：FZ/T 20021—1999(2003)《织物经汽蒸后尺寸变化试验方法》，ISO 3005，BS 4323，IWTO 29.3 等。由蒸汽发生器（电加热蒸汽锅炉）、隔热测试圆桶、样品架、设定开关、定时器等组成。将做好基准点标记的试样放入测试圆桶内的试样架上，由蒸汽发生器产生的蒸汽送入测试圆桶内，至规定时间后取出试样，量取试样经汽蒸处理后的尺寸。由设定开关设定试验时间，到时报警并停止供汽。

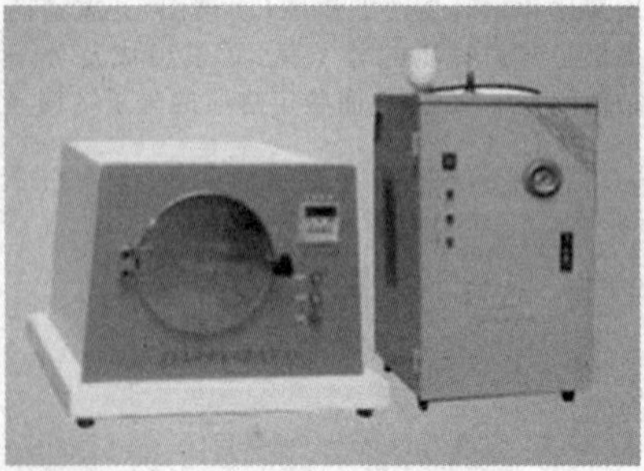

汽蒸收缩测试仪

契约连锁店 **contract chain stores** 即“加盟连锁店”(245 页)。

器具图案 **utensils pattern** 由厨房餐厅用具、乐器、室内陈设用具等主题纹样构成，描绘器皿与用具的图案。中国宋元时期有描绘器物的杂宝纹织物，明代有瓷瓶、古书、铜器、仪器等器物构成的博古纹织物图案，明清时期有佛教用具组成的八宝、八吉祥图案。器具图案通常采用重复和规律性排列，结合丰富的造型，营造多样而不失秩序的视觉美感，适用于家居服和儿童服饰设计中。

袷襻 **Uygur or Tajik robe buttoning gown** 维吾尔族、回族、哈萨克族、塔吉克族和柯尔克孜族男子所穿的外衣。女子也可穿。衣长及膝，对襟，袖长过指，无领无扣，可束腰带。多用彩条纹绸、织绣锦缎或黑、深褐色布制作。分棉、夹、单三种，并有刺绣。女子袷襻，两侧开衩，袖口、衣边均刺绣，纹样为花卉蝴蝶等。

维吾尔族男子袷襻

千层底鞋 **laminated sole shoes** 鞋帮用布制成，鞋底用布一层层粘叠，通过麻线加固而成的鞋。我国传统的布鞋品种。千层底的作法是：将布一层层用糨糊裱糊起来（称袼褙），达到一定厚度（约 1 mm），干后剪切成鞋底状，用白布包边（称小底），粘叠，后跟加厚，形成前 5 层后 7 层约 1 cm 厚的整齐鞋底，再用细麻绳缝纳加固。纳满后用水闷湿捶平，与鞋帮通过反绱工艺结合。整理时鞋底边用加胶的白粉涂饰。千层底对袼褙布的要求较低，甚至颜色和质地不同的布也可利用。我国北方地区这种鞋较多。

千鸟格子纹 **thousand birds checks pattern** 又称犬牙格纹。传统衣料图案。以方框为结构，结合似犬牙的锯齿形、似飞翔的鸟形，呈规则排列构成图案，底为黑色，鸟形白色。千鸟格源自苏格兰高地的牧羊人格纹，织造成图案微凸的苏格兰呢，19 世纪初流行于英国上流社会，为绅士们喜爱的裤子面料图案，近代成为女装的常用图案。具有对比而和谐、严谨而秩序、简洁而繁密、传统而现代的艺术特征。千鸟格子纹常织成厚重的织物，后也应用于轻薄的印花面料上，色调也拓展有黑与红、黑与绿等搭配，广泛应用于职业套装、休闲裙装以及包袋、领带等服装服饰设计中。

牵条衬 **panel interlining** 由全幅衬布裁成的带状衬条。制成盘状。牵条宽度有

0.5 cm、0.7 cm、1.0 cm、1.2 cm、1.5 cm、2.0 cm、3.0 cm 等不同规格，每盘约 50 m。嵌条衬分直牵条衬、斜牵条衬和双面黏合牵条衬。直牵条衬顺着衬布经向或纬向裁成带状，布边与经纱或纬纱的夹角为 0°或 90°，使用此衬可起到加固补强作用，对防止脱散，防皱有良好功效。主要用于袖窿止口、下摆衩口、袖衩等部位。斜牵条衬在裁割时与经纱形成一定角度，有 60°、45°、30°、12°等规格。45°为正斜，小于 45°为小斜。斜牵条衬的特点是伸缩性强，对服装部位起到调节作用和固定效果，多用于袖窿、领口、止口、下摆等部位，使用时注意牵条的角度。双面黏合牵条衬是由双面黏合衬裁制而成，并打上孔眼以便折叠，常用于面料和面料、面料与衬布或衬里之间，起加固或临时加固作用，主要用于袋口、袋底、挂面里、衩口等部位。

铅笔炭笔画技法 **pencil and charcoal pencil technique, pencil and charcoal pencil skill** 平面设计和绘画的基础表现手段。常用于服装设计，是其他技法的基础。铅笔和炭笔的特点相似，都可以勾线和侧锋用笔涂抹，能在素色之中表现丰富的效果，修改方便。勾线以匀线为主，表现线描的效果。侧锋用笔涂抹力量要有变化，通过轻重、停顿等方法体现自由活泼、随意的效果。在勾线基础上略加明暗和灰色调，能加强服装面料的质感和空间感。使用炭笔可以运用擦笔和橡皮与手指结合等辅助手段，丰富服装面料的质感。如运用橡皮和擦笔擦抹，可以表现裘皮等松软的面料以及秋冬毛料服装。使用铅笔和炭笔画图，要选择素描纸或表面较粗的纸，如果用过于光滑的纸会失去工具的特殊美感。

铅笔炭笔画技法

铅粉 **ceruse** 中国古代妇女用以敷面，以助姿容的化妆品。

铅妆 **qian style** 中国古代妇女以铅粉敷面的妆饰。

前帮 **forepart** 鞋帮的前部，从前腰窝至脚趾部分的帮面。是鞋帮变化最重要的部分，不仅各种造型不同的头型，而且体现鞋的防护性（如劳保鞋的钢包头）、鞋帮的装饰性等。由于前帮包含了整鞋唯一的活动部位（跖趾部分），因而也是影响穿着舒适与否的重要部位。前帮设计要求前尖部位保持挺拔、美观，并应满足活动部位的特殊需求，保证跖趾弯曲部位的柔软度。

前臂围 **forearm girth, FG** 前臂最粗处水平围量一周的长度。见“人体围度尺寸”（430 页）。

前臂围长 **front arm length, FAL** 从肩端点到肘点再到前臂最大围处的折线长度。

前冲肩线 **front shoulder outward line** 即“前胸宽线”（409 页）。

前裆 **front rise, front crotch** 裤装前腰线上沿到裆底点的长度。

前裆线 **front crotch line** 前裤片中上起上平线、下至横裆线的垂直基础线。决定裤前裆的大小，用细实线表示。见“前后裤片结构线”（406 页）。

前浮量收省 **darted front excess** 消除浮余量的方法。将前后衣身腰节线放置在同一水平线，以省道形式消除前浮余量，是女装衣身结构平衡的基本方法。

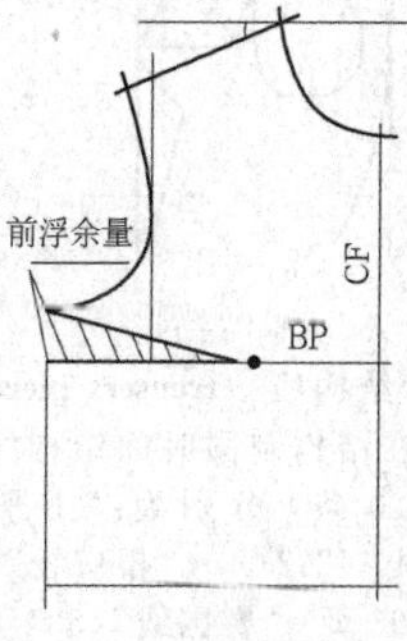

前浮量收省

前浮量下放 **front excess transfer to waist line** 消除浮余量的方法。将前浮余量向下移

至底边形成衣身平衡的方式。平面制图时将前衣身下放至腰节线，使前衣身腰节线低于后衣身腰节线，两者差为前浮余下放量，一般小于等于 2 cm。

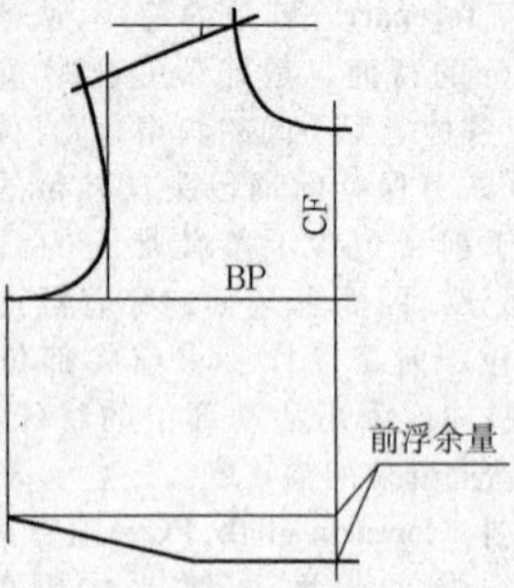

前浮量下放

前浮余量　front excess　又称胸凸量。前衣身胸围线以上呈水平状并且衣身覆合于人体后，在胸围线以上部位产生的多余量。解决前浮余量是衣身结构平衡的关键，方法有三种：前浮余量收省、前浮余量下放和前浮余量收省加前浮余量下放，前浮余量采用下放形式的原型为梯型原型；前浮余量采用省道收去形式的原型为箱型原型。前浮余量的数值和角度可通过测量和计算得到，中国东华式原型前浮余量的角度为 16°，日本文化式原型前浮余量角度为 18°。

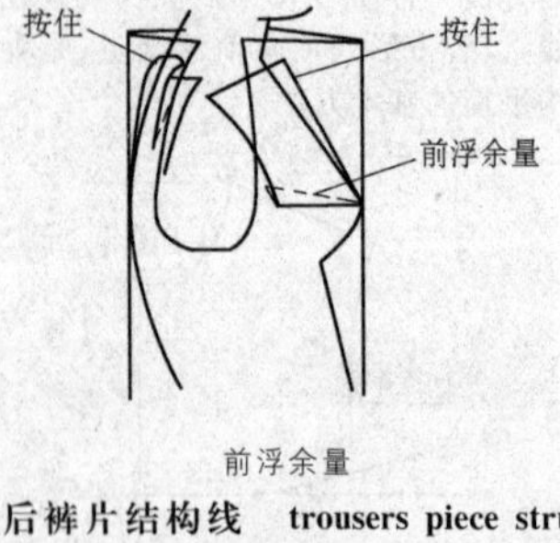

前浮余量

前后裤片结构线　trousers piece structure line　裤片在结构制图时的结构线（图见下页）。共有 20 条。分别为："上平线"（455 页）、"裤长线"（292 页）、"腰口线"（604 页）、"中臀线"（666 页）、"臀围线"（531 页）、"横裆线"（209 页）、"落裆线"（334 页）、"中裆线"（663 页）、"侧缝直线"（46 页）、"前裆线"（405 页）、"裤前缝线"（294 页）、"裤后缝线"（292 页）、"后翘线"（212 页）、"烫迹线"（507 页）、"脚口围线"（257 页）、"裤侧缝线"（291 页）、"下裆缝线"（560 页）、"裤前折裥线"（294 页）、"裤后省线"（293 页）、"后袋线"（211 页）。

前后两面型 X 射线防护服　front and back type X-ray protective clothing　前后两面均有防护材料的 X 射线防护服。

前后衣身差　difference between front length and back length　前衣长与后衣长的长度之差。既反映出人体的前后腰节差，又反映穿着多层服装时所产生的前后差，以及前衣身浮余量下放所产生的前后差。

前后衣身衣领结构线　bodice and collar structure line　上装前后衣身、衣领部位的结构线（图见下页）。共有 30 条。分别为："上平线"（455 页）、"下平线"（560 页）、"前中心线"（410 页）、背中心线、"衣长线"（609 页）、"袖窿深线"（585 页）、"腰节线"（604 页）、"止口线"（660 页）、"搭门线"（76 页）、"撇胸线"（391 页）、"落肩线"（334 页）、"肩宽线"（250 页）、"肩斜线"（250 页）、"前胸宽线"（409 页）、"后背宽线"（210 页）、"袖窿弧线"（585 页）、"前开领宽线"（408 页）、"前开领深线"（408 页）、"后开领宽线"（211 页）、"后开领深线"（211 页）、"领中线"（324 页）、"衣领翻折线"（609 页）、"领外口线"（323 页）、"领下口线"（324 页）、"分割线"（138 页）、"摆缝线"（15 页）、"收腰线"（472 页）、"背衩线"（25 页）、"下摆直线"（559 页）、"门襟圆角线"（349 页）。

前肩省　front shoulder dart　前衣身省道种类。处在人体肩部的省道。通过缝合能使前衣身浮余量消除，与人体隆起的胸部相吻合。可制作成单个省，也可制作成多个开花省，或转移至公主线中。

前肩省

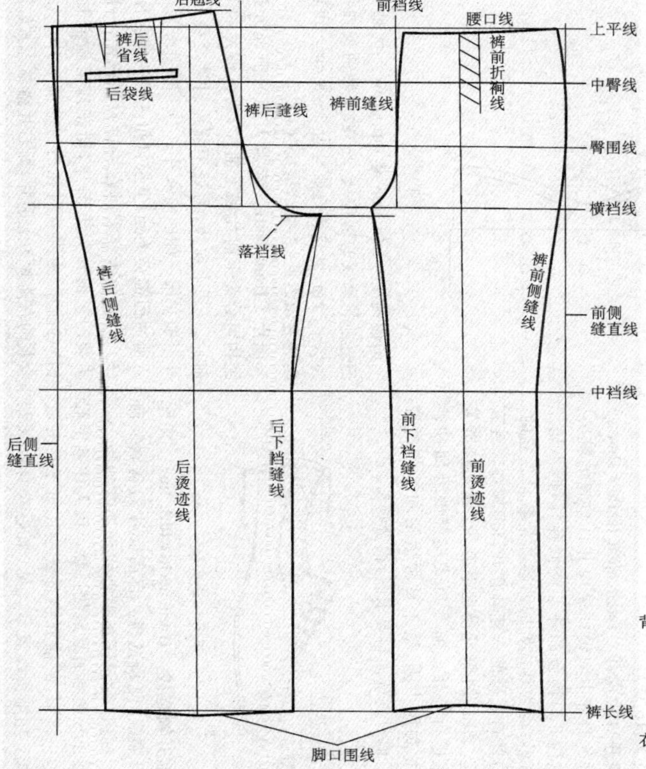

前后裤片结构线

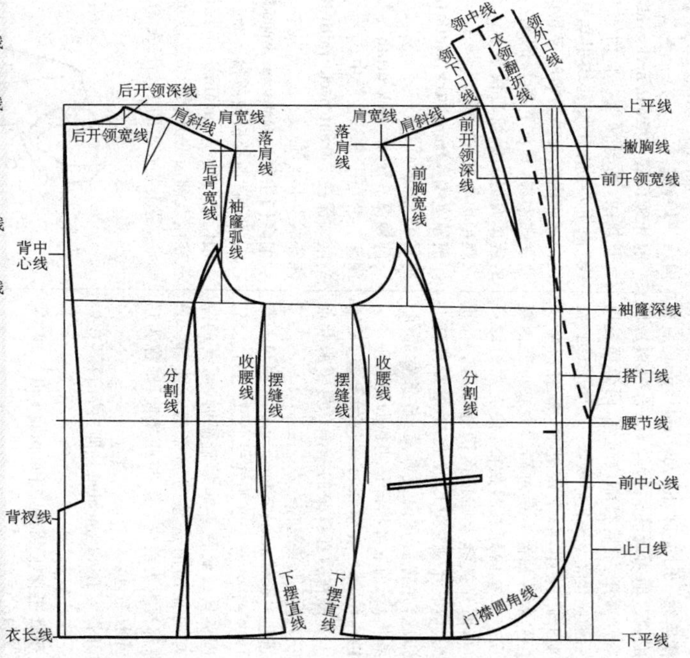

前后衣身衣领结构线

前撴后翘　back of the coat rides up　服装外观疵病。前衣片止口撴盖(叠合过多)，后衣片落空豁开，或后衩部位起翘，两旁摆缝以及前后袖窿坐落、下沉等现象。形成原因为：前开领开门过小，后中线过短，外肩斜势不足、过平，衣片袖窿开得过高。大衣可能因缝制过程中未掌握好衣料性能，使衣片边缘产生宽口，前片摆缝未归拢而摆缝坐落。补正方法为：前衣片领窝开门放大，后衣片背缝上段略归进，并将后背向上升高，放长背缝线，将肩缝抬高，前衣片摆缝适当作归拢处理。

前襟　front　服装开口部位的上层，压盖里襟。一般作为开口眼的一侧。男子服装前襟在左，女子服装前襟在右。

前进色　advancing color　又称膨胀色。与实际位置相比，给人以距离贴近感觉的色彩。在周围背景或底色等非常暗淡时，明亮的颜色具有明显的前进感与膨胀感。红、黄、黄绿、绿都被视为前进色。与此相反，则称为后退色或收缩色。

前开襟　front opening　即“前门襟”(408页)。

前开襟连身工装裤　jumping suit　即“跳伞服”(516页)。

前开口式皮鞋　front open leather shoes　在鞋的跗背中间设计纵向开口位置的鞋类。虽然前开口两侧的外形类似鞋耳，但不属于耳式鞋，因为耳式鞋的两鞋耳是各自独立的，而前开口式鞋的两鞋耳在开口前端往往连在一起。开口两侧可借助系鞋带、装配拉链等方式进行连接。前开口式皮鞋的开闭功能大，抱脚能力强，适于日常生活和工作时穿着。但对皮革面料要求高，很费物料。

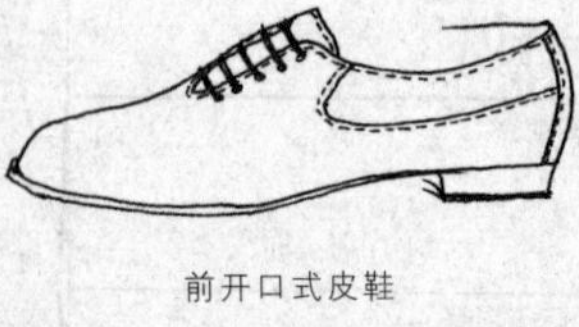

前开口式皮鞋

前开领宽线　front neck width line　又称横开领线、前领宽线。自前衣片的基础线向里，与前开领深线相垂直的水平基础线。一般按1/5领围加减定数计算。因人体颈围截面似一桃形，故前开领宽线往往短于后开领宽线。用细实线表示。见“前后衣身衣领结构线”(406页)。

前开领深线　front neck width line　又称直开领线、前领深线。自前衣片顶端(上平线)向下，与前开领宽线相垂直的竖向基础线。一般用1/5领围加减定数计算。若为翻驳领式上衣，其前开领深的定点则依据领子的造型而定。用细实线表示。见“前后衣身衣领结构线”(406页)。

前领宽线　front neck width line　即“前开领宽线”(408页)。

前领深　front neck depth　服装前领口的深度。常用于服装检验中。

前领深线　front neck width line　即“前开领深线”(408页)。

前窿门生须　landscape wrinkles at the front rise　即“裤前裆横向皱褶”(294页)。

前门襟　front opening　又称前开襟。门襟开在服装前面的开襟形式。方便两手在前方穿脱，是服装开襟的主要形式。

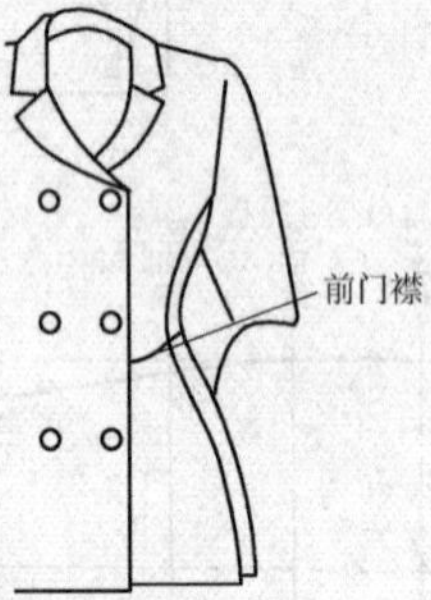

前门襟

前偏袖线　fold line of top sleeve　大袖片偏进前轮廓线的部位线。一般女装前偏袖量为3～4 cm，男装前偏袖量为2～3 cm。用粗实线表示。见“衣袖结构线”(610页)。

前片　front body　衣服大身的前部分按结构可分为上前片和下前片，或左前片和右前片。(1)上前片，为处于前片门襟交叠处，外层锁扣眼一侧的前衣片；(2)下前片，为处于前片门襟交叠处，里层钉扣一侧的前衣片；(3)左前片，为穿着时在左边的前衣片，一般男装的左前片为上前片，即左片搭盖右片；(4)右前片，为穿着时在右边的前衣片，一般女装的右前片为上前片，即右片搭盖左片。胸袋、腰袋等部件的固定部位,也是衣身的主要装饰部位。

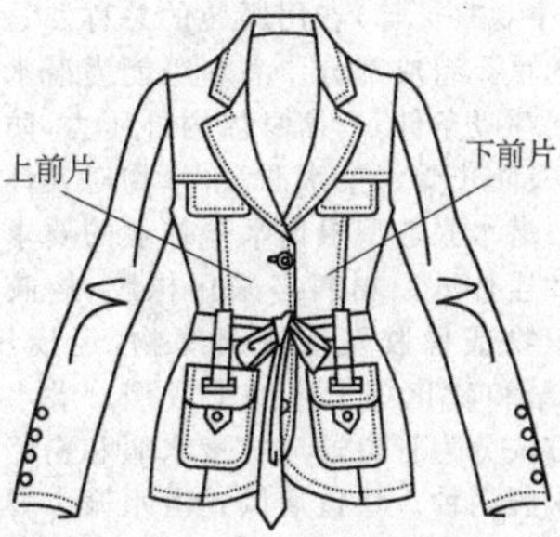

前片

前跷 toe spring 鞋或楦的前尖向上跷起的程度。人脚在不负重的自由状态下,由跖趾部位开始至脚趾尖处向上自然跷起,与脚底平面形成15°左右的夹角,鞋和楦的前跷即据此而设计,见"楦型"(589页)。实践证明,穿前跷的鞋走路轻快,跖趾部位弯曲皱折少,鞋底前尖磨损程度轻;但前跷过大,鞋前掌磨损快,腰窝部位皱折多,鞋容易变形,穿着也不舒适。

前倾体 lean-front figure 即"驼背体"(532页)。

前卫风格 frontier style 线型变化很大、强调对比因素的服装风格。局部造型夸张,零部件形状和位置较少见,材料奇特、新颖。

前卫型人群 advanced group 又称现代型人群、摩登型人群。人体体貌及服饰风格的一种。轮廓清晰,整体印象为标新立异、古灵精怪、个性张扬。人体型特征是:脸部和身材很有骨感,量感小到中等,小骨架偏多,五官立体个性,比例不太标准化,眼神勇敢。服饰特征是:服饰材质多为各类皮革、硬质挺括的化纤、闪光面料以及各种流行的高新科技面料;款式新颖独特;色彩主要有两类,一类是明亮鲜艳的色彩,另一类是无彩色和金属色;图案多为对比而时尚的条纹、格子、几何类、动物皮毛类、抽象类图案,不规格线条居多;饰品和发型造型独特、另类。前卫型人群可分为前卫型男性和前卫型女性。(1)前卫型男性:职业装西服的袖、扣、领、图案常出现流行元素;衬衫多立领、尖领或反常规式样;休闲装及其穿法也时尚个性;鞋包常有光泽感,可长发、微卷发,发型和发色也常与众不同。(2)前卫型女性:职业装多短小精悍、洒脱利落,在领、袖、扣、围巾等细节部分突出差异化设计;休闲装多为以直线裁剪为主的反传统的量感小的个性化服装,如小腿裤、超短裙、七分袖等;化妆鲜明,强调对比;超短发、花式漂染等最新潮的均可尝试。

前卫型女性

前胸 front chest 上衣前衣身的胸围线以上,肩线以下部位。衣身贴合人体要求最严格的部位。前浮余量的消除即是前胸衣片贴合人体所要消除的量。

前胸宽 front bust width, FBW 从前胸左腋窝点水平量至右腋窝点间的体表长度。上装胸宽设计的重要参考值。见"人体长度尺寸"(426页)。

前胸宽线 front chest width line 又称前冲肩线。位于肩缝以下,与前袖窿深1/3~1/2部位相切的垂直基础线。其定位既可按人体测量实际加必要的放松量求得,也可用胸围的一定比例(如1/6等)加减参数求得。用细实线表示。见"前后衣身衣领结构线"(406页)。

前袖缝外翻 sleeve inseam swing out 服装外观疵病。袖山与袖窿缝合后,袖身自然下垂时前袖缝没有按设计要求隐藏在袖身内侧,而向前侧偏斜的现象。

前袖缝外翻

前袖缝线 **front line** 即“里袖缝线”(310页)。

前腰节长 **front waist length, FWL** 由侧颈点通过胸高点垂直量至腰围线的距离。上装设计中前腰节线的重要依据。女性前腰节长约为 0.2 身高＋8～10 cm,男性前腰节长约为 0.2 身高＋9～11 cm。见“人体长度尺寸”(426 页)。

前腰围高 **front waist height, FWH** 人体立姿时从前正中线与腰围线的交点到地面的垂直距离。裤长设计的重要参考值。见“人体高度尺寸”(428 页)。

前腋窝点 **front armpit point, FAP** 人体测量点。在手臂根部的曲线内侧位置,放下手臂时,手臂与躯干部在腋下结合的起点,是测量胸宽的基准点。左右前腋窝点之间的横向长度即为前胸宽。

前育克 **front yoke** 连接前衣身胸围线以上横向分割的与后肩缝缝合的衣片,一般用直料。

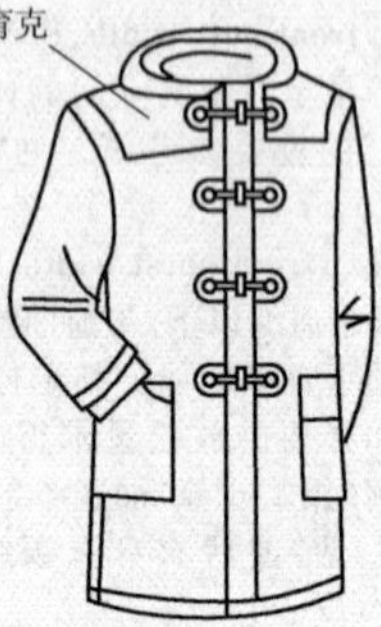

前育克

前中心布 **center gore** 文胸中连接两个罩杯的小梯形布。宽度一般为 0.5～1 cm,高度可根据款式调整。

前中心长 **front center length, FCL** 从颈窝点到腰围线的垂直距离。原型的领窝位置设计的重要依据。

前中心线 **center front line** 各类上衣前衣片的左右中心线。为前衣片制图的各条纬向直线的基准线,如前开领宽、前肩宽、前胸宽、前胸围宽等,均以前中线为基准向外推移。细实线表示。见“前后衣身衣领结构线”(406 页)。

潜水服 **diving wear** 水下潜水人员(包括水下观察员、作业工人、探险者、救生员、运动员、军事观察员等)着用服装的总称。是潜水装备的重要组成部分。潜水服能为潜水员提供水下呼吸条件,平衡身体内外压力,防寒保暖,以及防止受污染水源、水生物对人体的危害等。潜水服造型根据水下作业的要求有分体式和连体式。材料多采用橡胶、橡胶涂层复合织物或橡胶发泡海绵织物,经模压、缝制、黏结和硫化等工艺加工成型。潜水服按供气方式分为管道通风式潜水服和密闭循环式潜水服两种。管道通风式潜水服主要由头盔、领盘、潜水衣和潜水鞋组成,依靠潜水软管与水面供气装置连接。头盔由铜制成,面窗由钢化玻璃制成,保证潜水员的呼吸并保护头部不受碰撞。领盘具有连接头盔与潜水衣的作用。潜水衣为衣裤连体型,由橡胶等防水材料制成。潜水鞋鞋底有铅板,用来抵消水的浮力。密闭循环式潜水服是携带式潜水装备的一种,由于重量轻,属于轻型潜水服。氧气瓶、呼吸装置等都可配套携带入水。潜水衣为衣裤鞋帽一体型,胸部有套筒状开口。潜水服按重量分为轻型潜水服(如密闭循环式潜水服)和重型潜水服。按保暖方式分为被动保暖式和主动保暖式。被动保暖式潜水服又分为湿式和干式两种;主动保暖式潜水服又分为水加热式和电加热式等种类。潜水服按材质特性可分为“硬式潜水服”(617页)和“软式潜水服”(436 页)。

浅口鞋 **shoes with short toe top line** 女式浅口门皮鞋的简称。前脸较短、侧帮较窄的女鞋。前端位置比较靠近脚趾部位,使脚背大面积显露,既穿脱方便,又提高了换气性,特别是从正面看去,小腿与脚背连成一体,增加了腿的修长感,所以深受各阶层女士的欢迎。浅口女鞋外形类似小船,也称女船鞋。浅口鞋因口门造型不同有圆口、方口、直口等式样;因部件结构变化有前空、后空、耳式、舌式等鞋款。因钎带变化而有一带、丁字、后带等款式。

浅色调 **light tone** 多种色彩组合时,以高明度、中纯度的含白粉彩色或高明度、低纯度的含灰苍白色作大面积基调色,以小面积中、低明度作对比色,总体倾向浅淡的色调。感觉轻快、明朗、甜美、柔和、优雅。

浅文殊眉　light wenshu eyebrows　中国古代小尼姑所画之眉。其制淡雅而纤细。浅文殊，意为初作僧尼。

欠硫　undercure　胶鞋部件(鞋底、鞋跟等)硫化不完全，导致物理机械性能差，易变形、断裂、不耐磨的现象。硫化工艺控制不当，如硫化温度偏低或硫化时间不足等所致。

嵌接缝　machine fell seam　内衣缝型类型。两衣片的无限布边位于衣缝的两侧，两有限布边，一片向正面翻折缝份，一片向反面翻折缝份，并相互咬合，用双针机在相互咬合的缝份上一次压上双道线迹，形成嵌接缝型。结构和作用与双重缝缝型相似，但在卷边器的配合下，制作更简单方便，且外形美观，是一种运用广泛的内衣缝型。

嵌料　panel　在服装边缘部位使用，起装饰作用的面料。按缝装的部位分有外嵌、里嵌等，外嵌常用在领、门襟、袖口等止口外面；里嵌常用在滚边、镶边、压条等里口或两块拼缝之间，常用于女装、童装等。

嵌条塔克　piped tuck　塔克种类。用衬绳、嵌条制成的塔克，富有立体感。

嵌条塔克

嵌线袋　welt pocket　袋口部位装有嵌线的口袋。具有一定的装饰性和坚牢度。嵌线分下方有嵌线的单嵌线和上下方都有嵌线的双嵌线两种。由于每条嵌线宽一般不超过1 cm，其袋口宽都比贴袋口小1～1.5 cm。

嵌线缝　corded seam　装饰缝型类型。加工镶有边条的装饰缝型时，将边条对折，并于一片衣片正面相对缝制，然后正面向里与另一衣片叠合，压上缝合线迹再翻折熨平。多用于制服的侧缝、衬裙边饰、贴袋边、衣领边等缝型处理上。

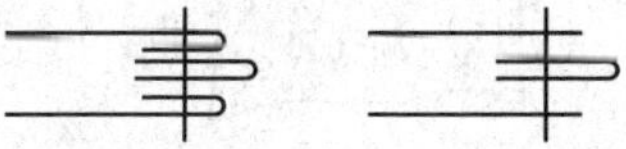

嵌线缝

羌族服饰　Qiang ethnic costume and accessories　中国羌族衣着和装饰。羌族分布在四川。衣色尚白。男子梳辫，包帕，穿右衽过膝麻布长衫，外套羊皮坎肩，束腰带，佩镶嵌珊瑚的火镰及刀。着长裤，着布鞋或皮靴。女子戴绣花头帕，或戴一叠缀有银饰的人字形布头饰，戴耳环、银簪。穿过膝大襟上衣，其领、袖、襟有刺绣宽花边，系绣花腰带，带上挂饰品，系绣花围裙，或穿绣花坎肩，着长裤，着勾尖绣花鞋。纹样有几何纹，花卉鱼虫、八角星纹，蝶戏花，其中红色马樱花绣纹，是古老的植物图腾。绣花鞋垫为爱情信物。

羌族女子服饰(四川茂县)

枪骑兵帽　chapska　18世纪末、19世纪初波兰和第二帝国期间的法国枪骑兵所戴的军帽。一般和蒙头披巾一起使用，装饰着穗饰。

强纯度对比　strong chroma contrast　纯度相差在7～9级之间的色彩对比。如鲜红与含大量灰的灰红，鲜蓝与含大量黑的暗紫，鲜黄与含大量灰的灰黄等。以灰色调衬托鲜艳色，具有强烈、鲜明、色相感强的特点。

强调色　emphasis color　起突出加强作用的单色调或色彩组合。配合色与底色大多使用对立的色相、明度以及纯度。如深蓝色套装搭配粉紫丝巾，紫色即属强调色。使用强调色原理能使服饰色彩产生变化，富有新意。

强明度对比　strong lightness contrast　又称长调对比。用最明亮的与最暗的极色进行对比，明暗对比最为强烈。这种对比效果明快、清新，富有刺激性。

强捻纱 **high twist yarn** 捻度很高的纱线。纱线手感干爽，易产生捻缩。用于加工具有绉效应或干爽手感的织物。

蔷薇露 **qiangwei perfume** 一种以蔷薇花蒸馏而成的香水。

跷 **qiao** 传统戏曲中仿旧时缠足妇女小脚形态的假足。多用于花旦、武旦、刀马旦，并形成包括踩跷行走和跌扑、打出手等特技表演的跷功。可使角色身材修长体现女性美且在打出手时保护脚背。分为：(1)硬跷，主体是用结实耐磨的木料制成的木跷，前部切削成小脚状假足，并套以名为跷鞋的彩绣小鞋，与之相接的是成 75°向上斜起的跷板。使用时用布袜和带子将演员的脚绑在跷板上，并套以专制的裤腿儿：长 20 cm 左右，绣有花边，可遮盖木制小脚的脚面，再穿上可下遮住真脚的彩裤。立起时，支撑全身的是绑在平面跷上的包括脚趾在内的前面 1/3 脚掌，而小腿与跷板则接近垂直状态。(2)软跷，用布制作，近似后跟 10 cm 的高跟鞋，前部仿制成小脚的形状。穿着时脚掌与水平面约成 30°。一般只用于花旦，不宜于跌扑开打。

绱边机 **blind stitch sewing machine** 即“暗缝机”(5 页)。

绱底边 **slip stitching hem** 将底边与大身绱牢的动作。分为：(1)明绱，线迹显现在底边上。(2)暗绱，线迹隐藏在底边内。

绱扣眼 **slip stitching buttonhole** 将扣眼布绱缝在衣身衬布或挂面上的动作。绱缝时扣眼布在三角处要剪光洁，注意绱缝线迹平整光洁。

绱领钩 **attaching hook to collar band** 将领座领钩开口处用手工缝牢的动作。注意使两端的领钩处于领口的中心位置，不偏斜。

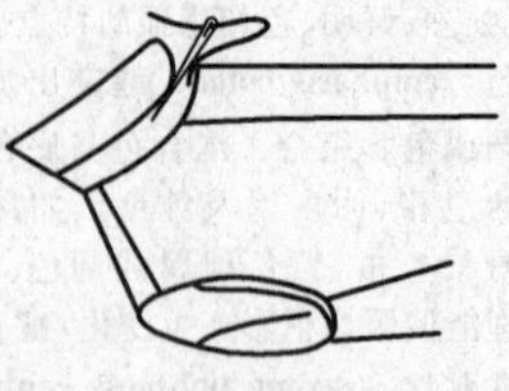

绱领钩

绱领下口 **slip stitching collar to garment, slip stitching collar to bodice** 将领面下口部位缝份折光后用手缝固定于领窝的动作。

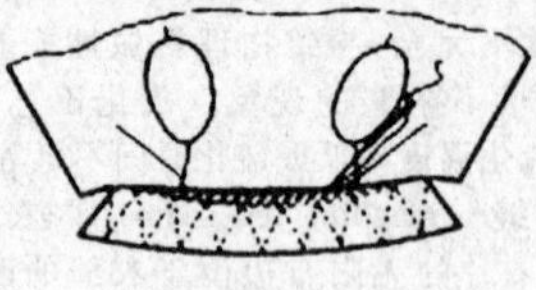

绱领下口

绱纽襻 **slip stitching button loop** 将纽襻布折光，用手工绱缝固定形成外形饱满、整齐的纽襻的动作。一般用于中式服装及使用布质纽襻的服装。

绱纽襻

绱膝盖绸 **slip stitching knee kicker** 将贴于膝盖部位的已扣光的里布绱缝于裤身中裆部位的动作。一般带襻的宽度为0.7～1.2 cm，视具体造型而定。

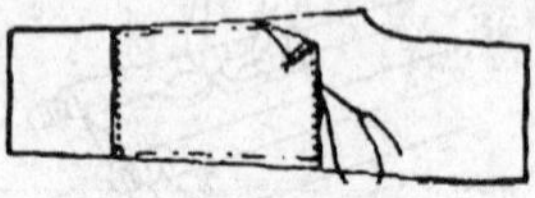

绱膝盖绸

绱袖衩 **slip stitching sleeve seam** 将袖衩边与袖口贴边绱牢固定的动作。注意绱缝固定时要将袖衩稍偏向里侧，使之具有里外匀窝服的状态。

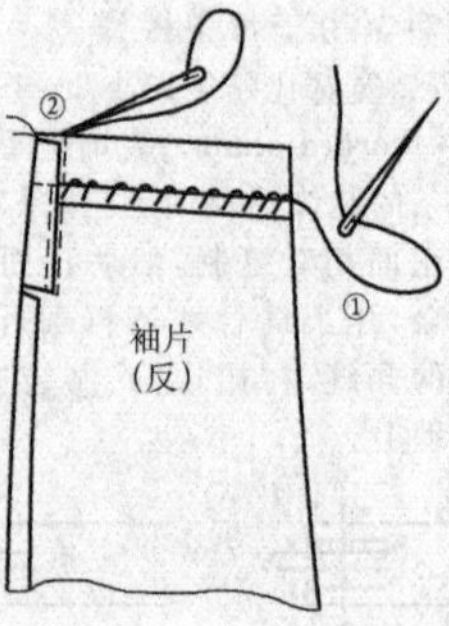

绱袖衩

缲袖窿 **slip stitching armhole** 将衣身里布袖窿部位固定，将袖子里布用手缝方法固定于衣身袖窿里布上的动作。

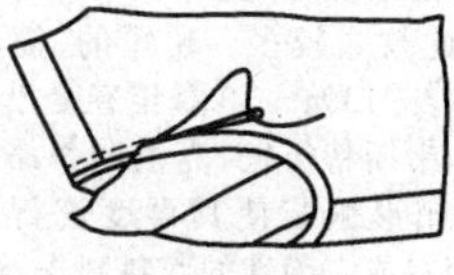

缲袖窿

缲针 **slip stitching** 又称缭针。一种手针缝纫法。将衣缝边折叠成光边后，用缝针作斜形穿刺（后一步的入针在前一步的出针处前面），形成的线迹把缝边与底层缝料缝合。分明缲针、暗缲针、反向缲针、对接缲针等多种。常用于服装的袖口、底边、袖窿、裤脚口等部位的折边固定和两块缝料的拼合。

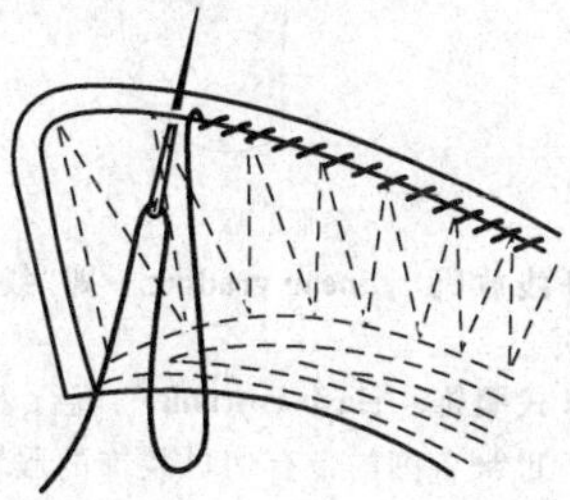

缲针

乔平高底鞋 **chopine** 又称花盆底鞋。欧洲文艺复兴时期的一种厚底鞋。鞋底一般为木制，鞋面为皮革、丝绒或天鹅绒制成，上面装饰刺绣、花边等，一般做成无后踵的拖鞋状。鞋底的高度一般为20～25 cm，最高可达30 cm。最初源于土耳其，16世纪传入威尼斯，后又传到法国、英国、西班牙等国。

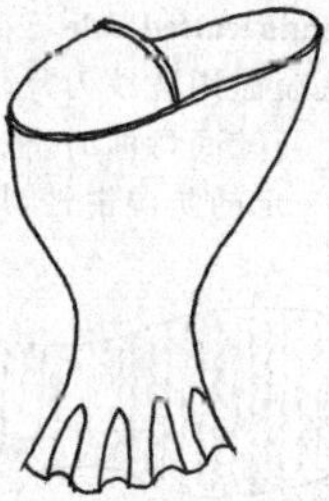

乔平高底鞋

乔其绒 **transparent velvet** 丝织物名。采用强捻桑蚕丝作地组织纱线，有光黏胶丝作起绒经纱，采用上下接结双层组织织造，后经中间分割成为两幅单层绒坯，再经剪绒、精炼和染整而成的绒类织物。乔其立绒地组织为$\frac{1}{2}$经重平；烂花乔其绒地组织为平纹，绒经均为三梭W形固结。地经（甲）采用22.22～24.42 dtex×2（2/20/22 旦）24 捻/cm 强捻桑蚕丝，2根Z捻2根S捻间隔排列（单层1根Z捻、1根S捻）；绒经（乙）采用133.2 dtex（120 旦）有光黏胶丝；纬丝为22.22～24.42 dtex×2（2/20/22 旦）24 捻/cm 强捻桑蚕丝，6根Z捻，6根S捻间隔织入（单层3根Z捻、3根S捻）。织物绒毛浓密挺立，手感柔软，富有弹性，光泽柔和而深邃，外观华丽富贵，手感软糯，悬垂性好。适宜作高档旗袍、晚礼服等的面料。

乔其纱 **crepe georgette** 又名乔其绉、乔其绡。丝织物名。采用强捻桑蚕丝作经纬线，以2S、2Z间隔排列的平纹组织织制的轻薄透明织物。手感柔爽，富有弹性，并具有良好的透气性和悬垂性。主要用作妇女连衣裙、高级夜礼服、丝巾等的面料。

乔其绡 **crepe georgette** 即"乔其纱"（413页）。

乔其绉 **crepe georgette** 即"乔其纱"（413页）。

巧克丁 **tricotine** 精纺毛织物名。呢面呈现类似针织物罗纹条外观的中厚型或厚型精纺毛织物。呢面光洁平整，手感紧密挺括，有身骨，富有弹性，条纹清晰凸立，斜纹角度多为63°，每两根斜纹线组成一组，同一组内的两条斜纹线间距小，条与条之间沟纹浅，组与组之间的距离宽，沟纹明显，恰如两根一组的罗纹，光泽柔和自然，有膘光，颜色多为灰、蓝、米、咖等，也有混色、夹色等。适宜制作便装、制服、风衣、女装、西裤、大衣等。

翘 **up turned** 又称反翘。服装外观疵病。衣片或服装附件的轮廓边角向上翘起的现象。常见于前门襟底边、袖衩、袋盖、领角等。面料应略宽于里料，合缝时两层衣料宽松度一致，在轮廓边角处，里料稍略拉紧，形成向下、向内的弯势。毛呢衣料可先经归拢处理后再缝合，然后用熨斗在轮廓边角处烫出面里的里外沟。

翘势 sticking up 服装制品的造型轮廓线在水平方向向上翘起的程度。常用于服装肩部、袋位、裤裆底边等部位的评价。

翘头履 raise toe shoes 唐代妇女穿用的履式之一，鞋头翘起。浅帮薄底。帮多为罗帛、纹锦、草藤、麻葛等材料。翘头饰有凤凰、虎头、虎眼等各种图案。麻履、革履多为高圆翘头或简单造型，与面料相适应。根据翘头的造型与装饰，有金叶履、勾履、笏头履、云履等。

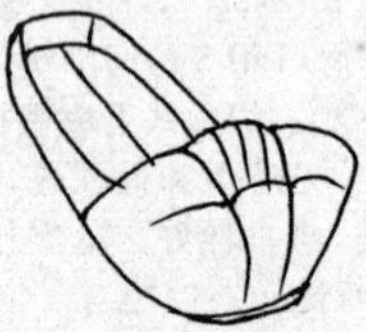

翘头履

鞘式裙 sheath skirt ❶古埃及新王国时期(公元前1580～公元前1090)女子紧身筒形长裙。以提花织物或皮革镶拼而成。裙长自乳房下至小腿下，以肩带固定，露出双乳。❷外形似刀鞘笔直而纤细的贴身裙子。腰围无剪接线，以双向褶产生合身的立体效果。无领无袖、裙摆紧窄，在下摆开衩，以便行走。

鞘式裙

鞘形礼服 sheath dress 紧身苗条型女装。款式笔直而纤细，腰间没有腰线分割，线条简洁流畅，以纵向的省产生合身的效果，常在下摆处开衩以方便行走。腰围至臀围部分紧贴身体，裙摆逐渐变窄，充分展现人体曲线。夜礼服选用此款式较多。超短的、简单款式也可日常穿着。1994～1995年春夏巴黎高级时装发布会，韦斯特伍德、克里斯蒂昂等时装设计师推出鞘形服装使其再度流行。采用丝绸、针织面料或有弹性的面料制作。

鞘形礼服

切开线放码 linear grading 即“线放码”(563页)。

切口式服饰 slash costume 流行于15～17世纪欧洲各国的带有切口装饰的服装和鞋帽。男女皆穿。做法是将外面一层衣服或面料切开一道道有规律的口子，可以平行切割，或切成各种花样图案。切口处露出内衣或衬料，使两种不同质地、光感和色彩的面料交相辉映，互为补衬，产生新奇的装饰效果。

切料装置 edge trimming device 缝纫机上切齐缝料边缘的装置。

切纽孔装置 punching device 即“开孔装置”(281页)。

切纹底 grain cutted sole 在经热硫化的平片纹模压底表面用波纹刀片切出波状花纹的橡胶鞋底。当鞋底弯曲时，被切刀痕离开，显示花纹，有一定的防湿滑性，用于男女帆布帮轻便鞋。

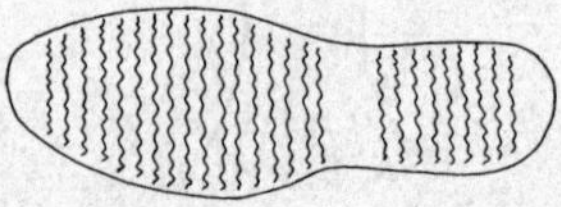

切纹底

秦台粉 **qintai powder** 中国古代妇女敷面用的白色水银粉。因旧传仙人萧史于秦台为秦穆公女弄玉所作，故名。

青春痘 **youth pox** 即“痤疮”(75 页)。

青根貂皮 **muskrat fur** 即“麝鼠皮”(461 页)。

青年式雨鞋 **youth rain shoes** 仿青年式皮鞋式样制作的矮帮胶面防水女鞋。前帮为舌形盖，无系带，鞋底出边的台阶式样。采用压延底、模压跟、粘贴工艺硫化成型。帮面主要为黑色，针织棉毛布里，20 世纪 50 年代末至 70 年代初在我国城乡曾广为流行。

青年装设计 **youth's wear design** 对 18 岁左右青年人所穿服装进行的设计。该年龄的体型已发育成熟，身高达到了最高峰，身体各部位逐渐粗壮丰腴。他们对流行的追求最为敏感，通常想借用穿衣打扮来吸引异性目光。总体设计要求是：造型轻松、明快，款式变化大。男青年装造型挺直，结构严谨，搭配简洁，讲究服装的品质。女青年装造型变化极为丰富，随各类风格流行而呈现不同形态，造型以能突出优美身段为目的。细节设计变化多端，常使用镶、嵌、滚、荡、缉、拼、贴、叠、折、捏、揉等各类手法。色彩的选择与流行关系密切，或深沉、或艳丽、或柔美、或硬朗。面料选用几乎包括所有服用材料，尤其是新颖流行的面料。在这个年龄段的后半段，由于社会角色和经济来源的稳定，呈现出追逐名牌服装的倾向，是个性化设计的推动力量。

青袍 **qingpao** 中国传统戏曲袍服中不绣花饰的纯色“男素褶子”(368 页)的一种。斜大领，大襟右衽，长及足，阔袖带水袖，左右胯下开衩。黑色布料。知县等下级官员的站堂衙役或随从着用，头上多配秦椒帽。

青雀头黛 **qingquetoudai** 中国古代妇女画眉颜料。状如墨锭。源自西域，南北朝时期传入中原，多为宫女所用。

青丝履 **black hair shoes** 即“岐头履”(399 页)。

青素 **qingsu** 中国传统戏曲袍服“官衣”(191 页)的一种。黑色，圆领，大襟右衽，阔袖带水袖，长及足，袖裉下有摆，左右胯下开衩等，均与官衣相同。不同之处在于不缀补子。供驿丞、门官及罪臣等着用，如《一捧雪·豪宴》中的汤勤、罗龙文，《十五贯·见都》中的况钟。

青猺皮 **masked civet** 即“果子狸皮”(196 页)。

青衣 **qingyi** ❶中国古代黑色、青色衣服。古代黑色之衣有皂隶之公服、贵妇之礼服。而青色之服有帝王后妃及诸臣百官在东郊春季时的祭祀之服及官吏公服、奴婢之服、明代监生之服等多种。❷即“女青褶子”(376 页)。

青鼬毛皮 **yellow-throated marten** 又称黄猺皮，黄喉貂皮，密狗皮。小毛细皮的一种。在我国分布广泛，主产于东北、华北、华东、华南及西南各地，台湾也有分布。色泽较鲜艳，针毛坚挺，有弹性，绒毛细密，属毛裘两用。正品张幅在 0.14 m^2(1.3 平方尺)以上。制裘后，可制成各类服装、皮领、皮帽，也可拔去针毛，制成以丰厚的绒毛为特色的服装材料。其针毛适于制笔，尾毛也可制笔、制刷。

青鱼皮革 **black carp leather** “鱼皮革”(619 页)的一种。青鱼皮经鞣制加工而成的皮革。表面有半圆形鳞片花纹，略有高低不平，自然表现特征强。皮革较薄，使用时需复合在其他皮革上，可作为女鞋、小包袋、票夹等产品的面料。

轻便布胶鞋 **leisure canvas shoes** 织物帮面，橡胶鞋底的矮帮鞋。采用粘贴法热硫化工艺生产。鞋型偏瘦，鞋底卷边较少，帮样结构简单，有轻便之感。鞋面材料为织纹较细的帆布、色织布、灯芯绒、网眼布以及化纤复合材料等；样式有一带、松紧口、圆口、方口等多种；颜色有单色、镶拼、印花等；外底等胶部件以浅细花纹为主；内底多为轻软的橡胶海绵。

轻便套装 **easy care suit** 造型简洁大方的休闲套装。结构上省去繁琐部分，常使用无构造工艺设计。穿着轻盈随意且容易保管。

轻便跳舞鞋 **light dancing shoes** 无系带或钎扣等束缚的矮跟浅口鞋。鞋帮为皮革、织物或其他材料。鞋口为圆形、方形或尖形。鞋的头式与鞋口匹配。女鞋前脸可装饰花丝、条带、流苏等各种饰物，也可绣花。鞋底较薄，多用皮革或仿皮底制成。

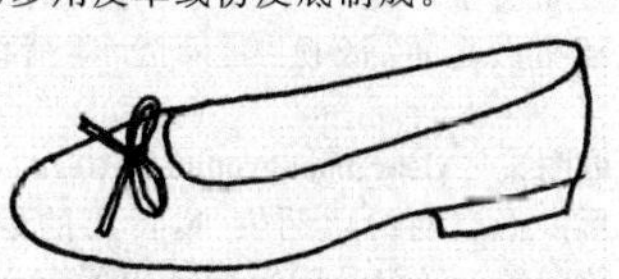

轻便跳舞鞋

轻便雨靴　light rain boots　筒高在小腿以下，比半高筒靴筒低、质轻的黑色胶面雨靴。分男式靴、女式靴和童靴。比矮帮雨鞋有更好的防水功能，压延出型外底，模压跟，有的男轻便靴用压延出型胶冲切成型跟代替模压跟，以简化工艺。极少数无跟，只将鞋底后跟部位的厚度增加 10 mm 左右，即带跟出型底。女轻便靴多用模压跟，跟高在 12 mm以上，靴筒也较高。靴面胶皮与筒部胶皮既可分为两截，也可连为一体一次成型。轻便靴既可作生活防雨水用鞋，也可作防雨水劳动用鞋。

轻革　light leather　厚度较小、质量较轻的皮革。按面积计量。品种有鞋面革、服装革、手套革、衬里革、箱包革等。大部分经铬鞣制成，个别经油鞣、醛鞣结合鞣制的。主要用于制作鞋面、服装、手套、箱包等产品。

轻色　light color　使人感觉轻快的色彩。通常来说，暖色和明色使人感觉轻快；明度相同时，纯度高的色彩感觉轻，如浅蓝、浅绿色等有轻盈之感，属于轻色。无色彩中的白色属于轻色。

轻纱帽　qingshamao　即"韩君轻格"（200 页）。

轻质牛皮　feather calf　非常轻薄滑爽的小牛皮革。经特别鞣制处理和加工，皮革变得非常轻薄，表面滑爽，手感柔软，适合制作服装。

清纯风格　innocent look　由衬衫、背带裙、宽褶裙、大披肩连衣裙、西式套装等组成的服装搭配。风格天真纯情。色彩主要有白色、天蓝、粉色系等，适宜夏令穿着。面料为飘逸柔软的丝绸、全棉高支府绸等。

清淡色　pastel color, pastel　清淡、优美及柔和的色调。作为服饰流行色而屡屡出现。在 1978 年春夏的流行色中，清淡蓝与清淡红作为最典型的清淡色而引人注目。1985 年欧洲女性最为盛行的颜色首推蘑菇棕色和清淡褐色。在 1990～1991 年春夏巴黎时装发布会上清淡红再次成为主题色之一，其他还有白金黄、淡粉红、天蓝、薄荷绿、香蕉黄等。

清地图案　clear background pattern　图案中花形占据空间的比例较少，留出的地空间较大的图案。纺织品图案设计中四方连续图案设计的一种编排样式。内容广泛、造型丰富，图与底的关系分明，富于对比。适用于裁剪面积较大的衣裙等服饰面料设计。

清地图案

清地图案表现技法　island-pattern showing skill　面料中的纹样占据的面积小，地色面积大的图案的表现技法。表现时可根据纹样的大小比例，调整、减弱对纹样的处理，通常情况下对于较小的纹样，抓住纹样整体的造型、色调进行描绘，准确地表现地色调即可。

清地图案表现技法

清洁生产　cleaner production　持续运用整体预防的环境战略，在污染前采取防止对策，在加工过程中消除污染物发生的环保型生产方式。控制要点：清洁能源，节约原材料和能源，取消使用有毒原材料；清洁生产过程，在排放废物之前减降废物的数量和毒性；清洁产品，减少和降低产品从原材料使用到最终处置的整个生命周期的不利影响。实施途径：加强过程控制和管理；改进工艺技术；改进产品设计与包装；选择清洁原料；组织内部物料循环。例如不使用含偶氮染料的面料；生产免烫衬衫过程中减少甲醛含量等，以保证消费者和企业职工的身心健康。

清色　clean color　与浊色相对应，色彩不论明暗都不带灰色。白色与纯色的混合系列色是明清色；黑色与纯色的混合系列色是暗清色。

清水做　sewing-only processing　在服装的整个缝纫过程中，全部用缝纫机缝制加工，而不用其他辅助工序的服装加工方法。与“混水做”(227页)相对。多用于成批生产的棉布服装。

清装　qingzhuang　中国传统戏曲中对所用清代服饰的专称。包括“马褂”(336页)、“箭衣”(255页)、“旗蟒”(401页)、“旗头”(401页)、花盆底等，传统戏曲服装不注重表现历史朝代，清代故事戏中的角色并不一定穿清装，如《落马湖》中的清朝县令施世纶，部将黄天霸、朱光祖，水寇李大成等所穿褶子、开氅、打衣、高方巾、罗帽、鬃帽等，基本与扮演历代人物的服饰一样。同时，清装又不限于清代角色穿用，如以清代的马褂、四开衩蟒袍为原型制作的戏服马褂、箭衣，即通用于各个朝代，如《罗成叫关》中的唐朝人罗成、《李陵碑》中的宋朝人杨延昭等均着马褂，三国戏《群英会》中的周瑜、《洪羊洞》中的宋人焦赞均着箭衣。

晴雨伞图案　umbrella pattern　用于遮阳避雨的伞面图案。包括抽象、具象、传统、流行等类型，分连续纹样和定位图案两大类。连续纹样包括四方连续纹样和二方连续纹样；定位图案多以中心纹样和边饰纹样组成。晴雨伞的历史悠久，欧洲有蕾丝图案的阳伞，中国有手绘图案的油纸伞、绸伞。传统晴雨伞图案以花卉为主要装饰题材，追求图案大小适中，强调边饰的完整性；现代传统晴雨伞图案题材广泛，明星人物、卡通形象、绘画作品等流行题材都被刻画运用；儿童伞还突破了图案的平面性，以动物、仿生态等立体造型，给人全新的视觉体验。

晴雨伞图案

穷绔　qiongku　又称绲裆裤。中国古代一种有裆之裤。将传统的套裤改成有前后裆并将裤管连为一体的裤子，为便于私溺，裆不缝缀，用带系住。始于西汉时期，起初为女性穿用。后世满裆裤便源于此。

丘尼克　tunic　❶古希腊、罗马人穿着的一种连袖直线式宽大束腰长衣(图见下页)。长度及膝，袖及衣身宽松呈自然垂坠褶状。随着服装的演化，袖型、衣长和装饰细节均有显著变化。❷一种宽松长外衫，穿于各种经典服装里的内衣。❸又称柯特儿。流行于9～14世纪的一种基本服装。衣身可长可短，男女均可穿。❹流行于17世纪60～70年代的男士大衣。衣长至膝，衣襟纽扣较低，袖子较宽松。❺一种长而合身、外观朴素的军装外套。❻1840～1850年间，小男孩的传统服装。衣长至膝上，紧身合体，通常与长至脚踝的裤子相配。❼流行于19世纪末和20世纪的一种短而宽松的裙式服装。通常妇女在参与体育运动时与灯笼裤搭配穿着。❽一种用轻薄的装饰性面料制作的长罩衫。可穿于晚礼服外。1868年，由沃斯在巴黎率先推出，盛行于1890～1914年间。❾一种女士长罩衫，款式合身，紧身袖或无袖，可搭配皮带。穿在裙子或宽松裤外，也可以作短式连衣裙单独穿着。流行于20世纪40年代，60～80年代再度盛行。

丘尼克

丘乌帽　Chuyu cap　南美玻利维亚印第安阿伊马拉族男子所戴的编结而成的长筒袜形帽子。长尖顶耸立或垂在脑后，两侧有护耳。

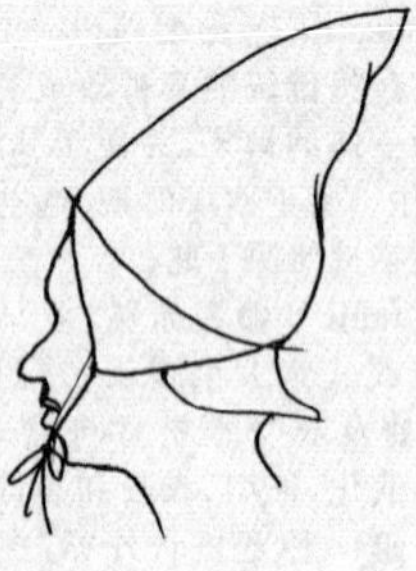

丘乌帽

秋季型男性　autumn male　人体色以中低明度中高纯度的暖基调为主要特征的 Y/D 型男性。皮肤多为瓷器般的象牙色，略带橙黄，不容易有红晕，头发为较浓郁的棕色，也可染成灰黄色、棕色或铜红色，眼珠为暗棕色，眼白湖蓝，眼神沉稳，整体印象是成熟稳重。适合浓郁浑厚的暖基调，如橘红、深绿等，搭配金色或金银镶拼的饰品，眼镜可有深棕色的金色边框。采用弱对比的渐变配色突出成熟稳重。

秋季型女性　autumn female　人体色彩基调带有秋天色彩特征的暖色调女性。肤色偏橙黄色或浅棕色，常有金褐色雀斑，苍黄而缺少红晕，头发多偏深暖棕色、栗褐色、铜色；眼珠色偏深暖棕色或琥珀色。适合奶白色而不是纯白色，温暖的杏红、玉米色、铁锈色和橙红等暖黄色基调，回避冷色、透蓝光的色调和特别鲜艳的颜色。根据体色明度和纯度的不同，秋季型女性又可分为“深秋型女性”(462 页)和“暗秋型女性”(6 页)两种。

囚服　prisoner wear　服刑的囚犯穿用的制服。历来各国的囚服都有特定的色彩，或使用特定花色的面料。功能性很低。近来因对人权的重视趋同于一般水准的服装。

虬髯　qiuran　中国传统戏曲“髯口”(424 页)的一种。基本形状与“二字髯”(121 页)相同，唇上一片长仅寸许的髭须，颏下吊搭一撮短须，但须髯呈浓密蜷曲状。适于表现净行扮演的性格粗犷豪放、不重修饰的角色，如《醉打山门》中的鲁智深、《五台会兄》中的杨五郎等。

球型　spherical shape　服装的整体或局部造型呈球体的造型。一般为装有填料的宽松形、收下摆的短夹克衫或夹克式羽绒服等。袖子多为连袖、插肩袖和套袖等。球型服装富有充气感、膨胀感、圆润感。20 世纪 80 年代曾流行。

裘皮　fur　即“毛皮”(342 页)。

裘皮黏合衬　fur fusible interlining　主要用于裘皮、皮革及人造革服装的黏合衬。也可作暂时性黏合用衬。具有压烫温度低，底布轻薄等特点。底布采用纯棉织物或非织造布，经涂层加工。热熔胶采用聚乙烯—醋酸乙烯。裘皮衬的参考压烫条件为，温度：80～120 ℃；压力：9.81～29.4 kPa；时间：8～12 s。使用时先将衬布与皮革或裘皮复合，然后再裁制服装。如作为暂时性黏合用衬，则作为服装小部位(如袋盖、下摆)的补强衬。

曲棍球服　hockey wear　从事曲棍球运动着用的一类运动服装。曲棍球服能防止身体受到冲击及击打伤害，便于运动。由长袖或短袖上衣、短裤、鞋、袜组成。上衣多用横条纹织物，短裤多用粗犷的棉布。鞋子由皮、合成树脂制成，并有防滑钉。另外配有身体各局部部位的防护用具，如头盔、面罩、护肩、护膝、护臂等。

曲线分割线　curve division line　服装中常用的分割形式。用弯曲线条规则或不规则的将服装分割成若干个几何图形，或通过缉线的单一或反复的设置、花边的收敛或叠裥、花边的环形口或波浪状、花边的分层或覆盖等。

曲线形态可表现为有松有紧，有疏有密；平面、半平面、凹面、凸面，有半立体或全立体；或对比或调和，达到多种多样的艺术效果，在表现服装个性美、柔性美、曲线美时融入装饰美。

曲折缝缝纫机 zigzag sewing machine 在饰边缝制曲折锁式缝迹的专用缝纫设备。由变幅针摆刺料机构、旋锁钩线机构、异形端挑线机构、送料机构、切刀机构、自动润滑机构或花型凸轮机构等部分组成。缝迹形状有二点之字形、三点之字形、四点之字形、花式或羽状缝迹等。计算机控制或通过变换花样凸轮改变针摆运动幅度和位置，形成有变化的装饰缝迹。机针的摆动幅度和位置、送布长度、始末缩缝均可调。曲折量调整为零时，线迹形式为 301 号直线缝迹，效果与平缝机相同。速度 2500～5000 r/mim，针距 1.2～7.9 mm，针摆幅度 3.5 mm，月牙宽 3.5～8 mm，压脚升距 4～8 mm。适于女式内衣裤、泳装、T 恤衫、圆领衫及各式弹性面料等的拼接和装饰加工。

曲折型锁式线迹 zigzag lockstitch 国际标准 ISO 4915 中编号为 304 号的线迹。针法类似 301 号线迹，由一根针线 1 和一根钩线 a 相互串套形成的线迹，缝料表面显示为一根曲折形针线线迹。用线量相对较多，但其拉伸性明显提高，外形美观。可用于缝制针织服装、衣边装饰和打套结、平头锁眼等。

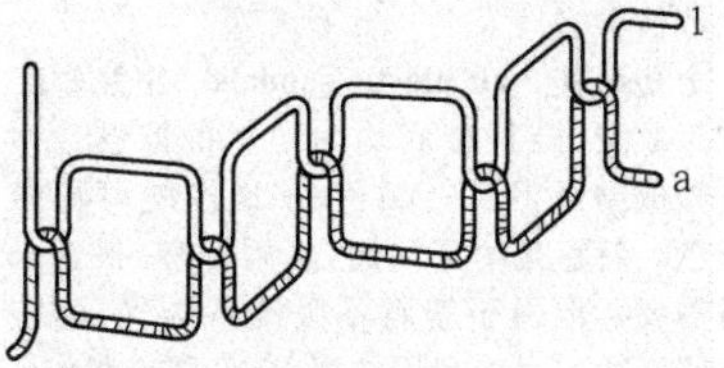

曲折型锁式线迹

屈曲上臂围 flexed upper arm girth，FUAG 肘屈曲时，上臂最粗处水平围量一周的长度。一般用于运动服设计时的人体测量。

躯干 torso 即“体干部”(512 页)。

躯干垂直围 vertical trunk girth，VTG 以肩胛骨上缘最上端点为起点，经躯干前面、会阴点和躯干背面至起点的围长。见“人体围度尺寸”(430 页)。

去污喷枪 decontamination spray gun 向西服、衬衣、羊毛衫等各种服装面料上的污渍处喷涂去污剂的工具。由枪体、贮液壶、喷射室和手柄等部分组成。作业时，利用活塞式运动产生的高压，将贮液壶内的清洁剂(如三氯乙烷)以喷雾状涂覆在面料污渍处，实现清洁去污功能。

圈圈纱织物 loop yarn fabric 花式纱织物名。以棉纱、毛纱、丝等为经纱，以圈圈纱为纬纱织制的织物。织物表面具有特殊的圈圈外观，手感柔软，织物厚实，风格休闲，有较好的保暖性。多用于冬季女装面料。

全臂长 arm length，AL 从肩端点到肘点再到茎突点的折线长度。见“人体长度尺寸”(426 页)。

全国服装标准化技术委员会 national apparel standardization technical commission 由服装专家和企业代表组成，经国家质量技术监督局批准的服装标准化工作组织。审查服装专业国家标准和行业标准草案，提出结论意见，并对服装标准涉及的技术问题负责。组织召开年会。委员会成立于 1996 年 5 月，120 委员组成，其中 60 位专家，60 位企业代表。秘书处设在上海市服装研究所。实施全国标准化技术归口咨询，进行宣传贯彻，解释工作，承担与 ISO/TC 133 服装标准化技术委员会对口事务。

全胶鞋 all rubber shoes 鞋帮鞋底均用橡胶制作，具有极好防水密封功能的鞋靴。胶鞋中最古老的品种，因其功能主要为防雨水，故又称雨鞋，因早期的雨鞋是套在其他鞋的外面穿用的，故又称套鞋。按鞋帮高度，分为：(1)高筒靴，工矿企业、农业、军警、消防等人员劳动保护时穿用；(2)半高筒靴；(3)矮帮鞋，多为生活防雨用，有元宝式、平口式等多种式样。全胶鞋多用粘贴法硫化工艺成型。比较时髦的雨鞋鞋底为模压硫化二次成型，具有较好的外观和较高的鞋跟。全胶鞋的结构较简单，大致由靴面、沿口围条、外后跟条、内底、外底、鞋跟、围条、内头皮、内后跟皮、鞋里、内底布等部件组成。靴面一般为一整块橡胶片贴合于鞋里之上，在后部合拢，后跟条可将接缝封住，同时起加强帮面的作用，内头皮和内跟衬起加强作用，围条可将鞋帮鞋底的接缝封住，以防进水，内底布通常和实心或海绵内底连接，以增加舒适感，外底和鞋跟是接触地面的部件，有良好的耐磨性和防滑花纹，沿口围条具有加固和美化鞋口的作用，同时充当穿鞋时向上提帮的把手。

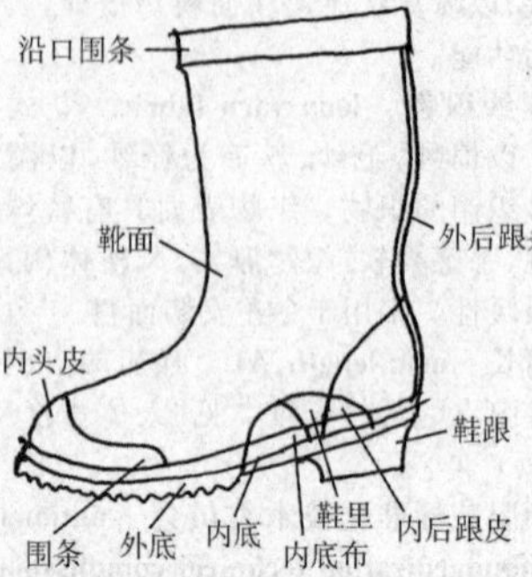

全胶鞋

全粒面革　full grain leather　在制革后仍然保持天然毛孔和粒纹的皮革。一般采用表面缺陷极少的原皮，皮面不需要磨面修饰，涂层很薄，毛孔、粒纹自然可见。全粒面皮革透气性良好，手感柔软、舒适，是优质皮革品种。常用于制作鞋、包袋、箱等各类产品。

全美纺织中心　national textile center, NTC　1991年由美国政府出资设立，专门从事纺织服装基础研究工作的机构。由北卡罗来纳、乔治亚、奥本等大学的纺织服装专家组成项目组，除实施联聘和学术交流外，各大学的研究设备相互通用，并共同组织企业界关心的科研和教育活动，研究经费由美国商务部投资。

全面黏合衬　full fusible interlining　即“主衬”(669页)。

全面质量管理　total quality management, TQM　20世纪60年代开始出现并逐步形成体系的管理方法。企业为了保证和提高产品质量，组织全体职工及各有关部门将行政管理、工艺技术和统计方法有机结合起来，建立一整套贯穿于广义的生产全过程的管理工作系统。主要内容：以服务用户为指导思想，以提供用户满意的产品和服务为目标；上工序为下工序服务，下工序为用户服务，形成互相协调、相互促进的质量管理有机整体；以预防为主，把质量管理重点从产品事后检验转为控制生产过程中的质量；运用统计工具，进行数据化科学管理，将定性管理上升为定量管理；质量管理标准化，各环节在一个统一系统内互通信息、协同工作，始终按计划—实施—检查—处理的循环，周而复始地运作，使质量逐步提高；注重企业的经济效益。

全皮革鞋　all leather shoes　帮面、鞋底乃至鞋跟用天然皮革制作的鞋类。黄牛皮、水牛皮、猪皮、羊皮经过植物鞣剂鞣制后，具有适宜的硬度和弹性，较好的耐曲挠性和吸湿透气性，穿着舒适，属于高档鞋类。但皮革底的耐磨性和防水、防滑性能不如橡胶和聚氨酯等材料。

全身通风服　overall ventilation wear　航空服装装备中可对全身进行通风冷却的服装。造型多为上下装连体式，着用于不透气服装内。分“背部气袋式通风服”(24页)、“管道式通风服”(191页)、“混合式通风服”(227页)三种形式。

全数检验　full inspection　又称普遍检验。对送交检验的全部产品逐件进行测定，判断每一件产品是否合格并剔除不合格品的检验方法。应用场合：重要、关键的高档产品；对后工序加工有决定性影响的项目；质量严重不匀，良莠混杂的材料和产品；废品率高或不良率异常的工序或在制品；不能互换的零部件；批量小不必抽样检验的产品；全数检验容易进行，而且费用低的产品。服装产品生产过程中的样板、裁剪、缝纫、整烫等通常采用全数检验。

全塑凉鞋　all plastic sandals　用注塑工艺加工成型，鞋帮鞋底均为塑料的凉鞋。一次注塑成型可得单一颜色，多次注塑可得多种颜色。特点是耐穿耐用，晴雨皆宜，很适合农村需要。但由于塑料不吸湿不透气，不宜长时间穿用。目前多用增塑PVC塑料制作。

全套猎装　outfit hunting wear　生活在高纬度地区的民族为抵御严寒而穿着的服装款式。主要包括狩猎上装、套裤、皮袄、皮靴、皮袜、狍头皮帽等，其上装款式袖口、下摆收紧，领子竖立，强调保暖。里外口袋较多，因其简洁方便的款式成为深受现代男子喜爱的服饰之一。

全压服　over-all pressure wear　航空服装装备中对整个身体具有加压功能的服装。服装为密闭连体形式，能将服装内所保持的压力均匀加到身体表面。包括主体、头盔、可卸手套和靴子。主体外层由锦纶织物制成限制层；内层是涂氯丁橡胶的锦纶织物制成的气密层。全压服使用高度一般不高于8000 m。

全蒸汽熨斗 full steam iron 使用成品蒸汽加热、没有电线的蒸汽加热熨斗。由喷汽孔底板、蒸汽控制装置、熨斗壳和手柄等部分组成。需配置成品蒸汽发生器和管线设备。输入蒸汽 0.2～0.4 MPa，工作温度 120～140 ℃，底板尺寸 200 mm × 140 mm，重量 1.2～2.3 kg。作业时，成品蒸汽经耐热橡胶汽管引入，由汽阀控制穿过汽道，最后由底板喷汽孔喷出。熨烫温度为成品蒸汽温度。具有喷汽量大、汽水分离性好、温度稳定、喷汽和加湿流畅、不易生锈等优点，适于中间熨烫和毛呢服装的成品整烫。但蒸汽干燥度较差，熨烫时有滴水现象发生。底板按工艺操作的要求专门设计，有以工艺名称命名的撇缝熨斗。

全自动铺料机 automatic spreading machine 由计算机控制，实现成卷面料层层对齐铺叠在铺料台上的铺料机。由气垫式铺料台、机头装置(包括圆筒式布卷和折叠式布卷放布台、铺料和张力控制装置、计长计层装置、对格对条装置等)、上布装置、断料装置等部分组成。当面料达到设定的铺层数时，机器自动断布(也可不断布)、更换布卷和记录铺层数。和气垫式铺料台、自动裁剪机配套使用，形成数字化服装裁剪流水线。

醛鞣革 aldehyde leather 以醛类化合物为鞣剂制成的皮革。一般用于加工轻薄的羊皮。醛鞣剂主要为甲醛、戊二醛等。醛鞣革表面粒纹细腻，弹性好，手感丰满，主要用于制作服装。

颧骨 cheekbone, malar bone 脸颊上方、眼睛下边两腮上突出的骨骼。颧骨下方的凹陷处是修正脸形、涂刷腮红时的重要部位。

犬毛皮 dog fur 又称狗皮。杂毛皮的一种。犬的体型大小差异很大。毛色大致有黑、白、青、黄、棕和杂色等。产于我国东北及西部地区的犬毛皮，毛长绒厚，皮张较大。其中蒙、藏犬皮毛被丰厚，背毛呈黑色，腹部带黄色光的较多，皮张大，品质最好。产于华北地区的狗皮，毛被较短而紧密，多为青、黄、黑色，杂色和白色者较少，皮张中等。产于其他地区的犬毛皮，毛被短平，青、黄、黑、杂色均有，白色较少，皮张较小。按要求取皮加工成皮形完整的开片皮。根据毛被的厚薄程度可分为：(1)狗绒皮，毛被较短薄的，可制皮裤、皮鞋里，毛被较丰厚的，可制成褥子、皮领、皮帽，毛被短白细平的，可制裘皮大衣、挖花褥子和背心等；(2)狗板皮，毛被粗短、稀疏，皮板坚实、牢固，制革后可制成凉鞋、皮鞭等。

犬牙格纹 dog's teeth checks pattern 即“千鸟格子纹”(404 页)。

缺襟 hollowed-out closing 在前衣片的中间部位有意造成空缺的结构样式。能增强人体的饱满度和曲线感，并使内衣的前襟部位外露，可采用色彩填补的方法，进一步衬托造型。有时可在缺襟部位增设装饰物件。

缺襟袍 quejinpao 又称行袍。满族男子服饰，窄袖右衽长袍，右衣襟下方截下约一尺见方的布帛，用纽襻与衣襟相连。

却非冠 quefeiguan 中国古代宫殿门吏、仆射所戴的冠。通常以竹皮为框架，上宽下窄，冠缨施于额下，用于系结。造型与长冠相似。门吏、仆射戴此冠执事，以防不测，因此得名。其制始于汉，至唐沿用不衰。唐后其制渐失。

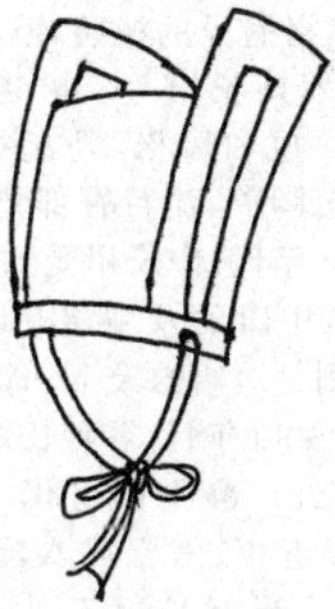

却非冠

却月眉 queyue eyebrows 中国古代妇女画眉样式(图见下页)。比柳叶眉略显宽阔，描绘更为弯曲。因其形状如一轮新月，故名。在新疆吐鲁番唐墓出土的泥塑上有所反映：其两端一般多画得比较尖锐，黛色也用得比较浓重。盛行于隋唐时期。

却月眉

雀斑 **fleck** 较小的褐色或淡黑色斑点。针尖或小米粒大小，圆形或椭圆形，不高出皮肤表面。易发生于皮肤白皙而干燥的成年男女，以女性多见。与遗传、日光因素有关。常发于脸部、鼻部及眼眶下，严重者颈、肩、背上方暴露部位均有。一般自5岁左右开始出现，青春期显露或加重，老年后反而不明显。

雀弁 **quebian** 即“爵弁”(276页)。

裙 **skirt** ❶无裆的圆筒状下装。款式变化多，也可与上衣相接成连衫裙。可长，可短，可紧身，可宽松，还可组合许多造型。各个民族都有风格迥异的裙装，苏格兰短裙、乌克兰长裙、俄罗斯长裙等。裙装在不同的年代有不同的长短和风格，是流行的风向标。19世纪裙长至脚踝，流行臀部垫得高高的撑裙；20世纪20年代，中长裙受到女性的青睐；30～40年代，中庸的及膝裙是时髦的款式；60～70年代则是短裙的天下，青春活泼不言而喻；到了80～90年代，各种长短的裙子异彩纷呈，姹紫嫣红。❷中国古代下裳的一种。古代裙通常以五幅、六幅或八幅布帛拼接制成，上连于腰。形制长短不一：短者下不及膝，一般用作衬里；长者及地，多穿于外面。古人一年四季皆服用裙子，夏天着单裙，冬天着复裙。裙有素色无纹者，也有用画、绣、织、染、镶、滚、贴等工艺为装饰者。另在裙身四周，施以褶裥，以便举足行步。裙裥窄而密者，俗称百褶裙。裙子的历史极为悠久，原始社会人用一块兽皮围系于下身，这是最原始简陋的裙子。到黄帝时代，纺织品的出现，裙子开始以丝帛为材料。自远古开始裙子就是男女的基本服装，直至唐以后，裙子逐渐演变为以女性穿用为主。

裙摆 **skirt hem** 裙子下边缘的形状。按造型可以分为宽摆、窄摆、波浪摆、张口摆、收口摆、圆摆、半圆摆、扇形摆等；按其工艺装饰特征可分为叠裥摆、环形波浪摆、花边装饰摆、开衩摆、缀花摆等。裙摆因造型和结构工艺的不同能产生不同的动态美感。

裙长 **skirt length** 从侧缝裙腰上口起量至下摆底边的长度。测量部位不同；测量长度也不同：前中心线处裙长为前裙长、侧缝线处裙长为侧裙长、后中心线处裙长为后裙长。长裙长以0.6×身高±常数计，中裙长以0.5×身高±常数计，短裙长以0.4×身高±常数计，常数大小与具体造型有关。

裙裥豁开 **split at the lower part of skirt** 服装外观疵病。裙身褶裥下部裂开，裥底外露的现象。形成原因为：裙裥部位的裙身过长或褶裥上段固定不合理。补正方法为：裙裥部位的裙长改短，裙裥上段缝合时略缝缩。

裙裤 **culottes** 又称裤裙。于20世纪30～40年代，60年代和80年代多次流行的一种女装式样。是有裤腿的裙子，或者说是剪裁成类似裙子的裤子。款式变化较多，可以根据季节和用途选定。是一种方便舒适的生活服装，在打网球、高尔夫球或旅游时都可穿用。

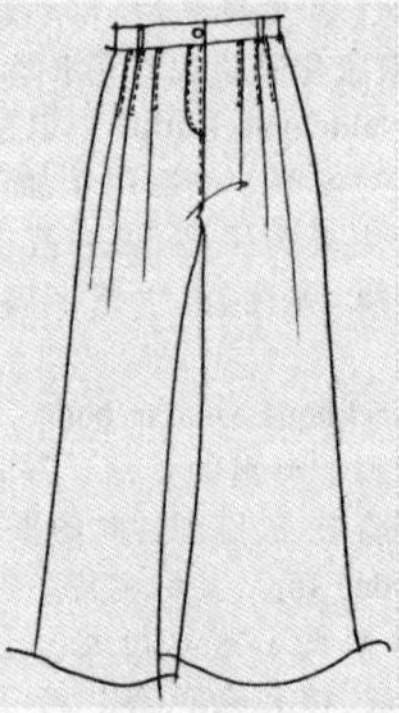

裙裤

裙裤式套装 **culotte suit** 由裙裤和上装组成的套装。料与色变化同于裤装要求，略显女性感的优雅。

裙浪不均　uneven skirt hem　服装外观疵病。波浪裙穿着后波浪造型的大小或位置不均衡的现象。形成原因是裙身板样波浪的量与位置的处理不正确，或缝制时裙缝没有拉紧放平。

裙料图案　skirt material pattern　又称独幅裙图案。服饰面料图案设计的格式。以半身长裙和连衣长裙图案设计为目的，传统图案格式以裙边的二方连续纹样过渡到裙身的四方连续纹样，图形沿布幅边缘向上延伸展开，图案下密上疏，植物纹为主要内容。现代裙料设计加大了面料的幅宽，纹样的形式多样化，工艺除印花外还有手绘、刺绣等，适用的服饰也更为广泛。

裙料图案

裙片　skirt piece　各类裙身裁片的总称。一般分前裙片、后裙片、侧裙片等形式。

裙身吊　skirt suspending　服装外观疵病。裙装穿着时前裙身下端吊起的现象。形成原因是前裙身中线部位长小于人体中线部位长。

裙身吊

裙身结构　skirt structure　包覆在人体腰、臀、腿外沿的下装结构。按其长度分有长裙、中裙、短裙、超短裙；按臀围的松量分有波浪裙、A 型裙、直身裙。波浪裙臀围松量约在 8 cm以上，A 型裙臀围松量约为 4～8 cm，直身裙臀围松量约为 4 cm。

裙身结构

裙腰起牖　bunches below the waist line seam　服装外观疵病。裙腰口下端卷缩、不平服的现象。因喇叭裙用斜丝衣料裁剪组合而成，腰口小，裙围大，腰部既不收省，又无褶裥，造成牖叠起皱，两片式喇叭裙尤为明显。形成原因为：裁剪时腰口挖得过浅，或穿着者腰围和臀围比差过大，裙的臀围过紧等。补正方法为：根据穿着者体型决定腰口的弧度，瘦体型弧度较浅，胖体型弧度较深；人的体型前后不同，在缝纫时裙腰最好经过归拔，使之略呈弧形。

裙腰起牖

R

髯口　rankou　传统戏曲假须的统称。于铜丝上扎缚牦牛毛、马尾、人发或尼龙丝制成，两端以挂钩挂于耳上。髯口的形、色服从戏曲夸张、装饰等造型原则，与真实生活有较大距离。以长短、疏密等形制分为满髯、三髯、五绺、扎髯等多种样式。一般依角色年龄递增而分别用黑、黪、白三种，少数神怪及特定人物也有挂红、紫、蓝髯口或红黑、黑白两色髯口的，个别剧种，如粤剧中的东海龙王戴红、黄、蓝、白、黑五色髯口。戏曲中的髯口不仅是化装用品，还被作为特殊的舞蹈工具，舞弄髯口的方法有搂、撩、挑、捋、撕、绕、甩、吹等，将其与其他表演配合起来，可以强化表现剧中人的各种情绪和心态，被称为耍髯口或须舞。

燃烧假人　flame test manikin　用来测试防护服在火焰中或高温环境下的防护性能的假人。假人形体由耐高温材料制作，并划分出超过100个以上的不同感热区，每个部位表面和表面以下的一定距离都装有相应的温度传感器，可在200 ℃高温下持续使用或间歇性的直接暴露在火焰下使用。通过计算机控制的热信号采集系统来检测防护服相应的各项指标。

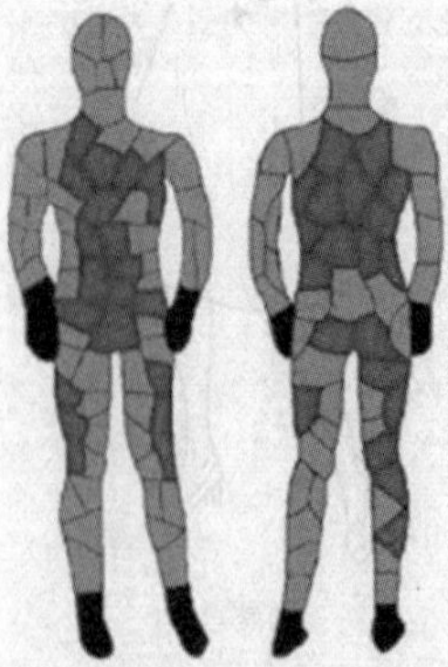

燃烧假人感热区域分布

染眉　eyebrow dyeing　用化学方法将眉毛的颜色改染成所需色彩。具体操作与染发相同，染后的眉色可保持三个月左右。

染色翡翠　dyed jadeite　又称E类翡翠。经过人工染色方法处理的翡翠。是在处理翡翠的工艺上，再加入染色程序，使翡翠呈现绿色。但因质地在染色时被破坏，所染颜色只能维持很短时间。

染色织物　dyed fabric　经染色加工后得到的织物。一般为素色织物。在选用染色织物时，要注意织物的色泽是否均匀，以及染色织物在穿用和保管中由于光、汗、摩擦、洗涤和熨烫等的作用是否容易发生褪色或变色现象。

染须发　hair and beard coloring　将灰白色须发染黑，以掩饰衰老。中国自汉代便已有了染须发的记载。古时染须发的配方，唐代孙思邈撰《千金翼方》中有详细记载。

染指甲　dyeing nail　妇女的一种妆饰。将手指甲染成各种颜色。古时染指甲主要用凤仙花。将凤仙花捣烂，加入少许明矾，把汁液敷在指甲上，用布包裹过夜，反复数次，则红艳透骨，经久不褪。20世纪以后，随着化学工业的发展，快速干燥的亮漆技术被广泛应用到指甲油上。淡红、粉红、大红、紫红、绿色、金色、银色、黑色、白色、无色透明等各种颜色的指甲油应运而生。同时，对指甲的装饰方法也日益考究，除平涂外，还可以描绘各种图纹。美甲也从平面饰花、贴花、彩色喷花，转向立体彩绘、幻彩指甲等。

绕缝针　catch stitching　即“环针”（222页）。

绕线装置　bobbin winder　锁式缝纫机上将缝线从线团绕到梭芯上的装置。由轮式摩擦离合器和梭芯架等部分组成。有内置式和外置式两种形式。其中，内置式安装在缝纫机的机体内，外置式安装在缝纫机的台板上。平缝机上大多采用外置式绕线装置。

热定形　heat setting　通过温度、湿度、压力等外加条件，使织物固定成所需形状的加工工艺。织物经洗涤后会产生不同程度的收缩和折皱，但毛纤维和一些合成纤维高聚物具有特殊的性能，即经拉伸、展平后进行加温、加压或采用某种化学药剂处理，能恢复平整和形成明显的烫折线。根据定形效果，可分为“暂时定形”(633 页)和“永久定形”(617 页)。

热封机 heat-sealing machine 又称热气式焊接机。用热熔密封带封住缝纫后缝迹针孔的专用缝纫设备。由热熔密封带输送装置、送料装置和加热压粘滚轮等部分组成。用于有密封性要求的功能性服装(如雨衣、防水服饰、潜水服、帐篷和羽绒服等)的缝合。

热接触法熔缝 heat-melted welding 熔接缝道类型。将热塑材料与热表面接触进行熔缝的方法，用热表面直接加热热塑材料的缝合部位至熔融温度，冷却后形成熔接缝道，为防止热塑材料粘于热表面，焊缝时在热表面与热塑材料间垫以气膜或特殊衬垫纸(如聚四氟乙烯薄膜等)隔开，主要用于熔缝各种热塑材料，如聚氯乙烯、聚乙烯、聚苯乙烯和聚丙烯等，多使用熨斗、电烙铁等手工工具，也可使用机器，如熔缝机等。

热裤 hot pants 流行于 20 世纪 70 年代的一种女式短裤，为青年所喜爱。1971 年初美国《妇女时装日报》所创的专有名词。极短而紧身，外穿，一般采用高弹面料制成，颜色以醒目色居多，如红色、黄色、黑色等。在穿着时通常与做工精细、花哨的夹克装或露脐短上衣、背心、下摆在腹部打结的衬衫搭配。

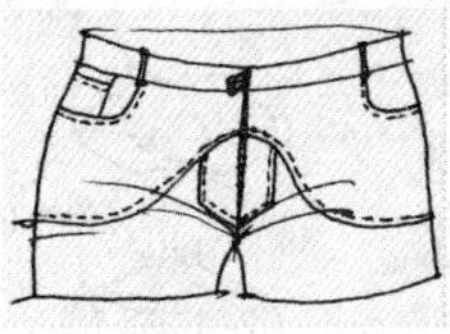

热裤

热气式焊接机 heat-sealing machine 即“热封机”(425 页)。

热熔胶 hot-melt adhesive 又称热熔黏合剂。以热塑性树脂为主要成分的高分子聚合物。用于制作衬布的热熔胶，加热熔融后成为具有一定黏度的黏焙体，有一定的热运动性能，能润湿织物表面，冷却固化后与织物之间具有一定的黏合强力。衬布常用的热熔胶有：高密度聚乙烯(HDPE)、低密度聚乙烯(LDPE)、聚乙烯—醋酸乙烯(酯)(EVA)、共聚酰胺(PA)、共聚酯(PES)、聚氯乙烯(PVC)等。

衬布用热熔胶的主要性能

热熔胶名称	熔融温度(℃)	熔体流动速率(g/10 min)
高密度聚乙烯	125～136	8～20
低密度聚乙烯	100～120	70～200
聚乙烯—醋酸乙烯(酯)	70～90	20～150
共聚酰胺	90～130	15～80
共聚酯	115～125	18～30
聚氯乙烯	100～120	—

热熔胶名称	耐洗性能		抗老化性能
	水洗	干洗	
高密度聚乙烯	优良	尚可	良
低密度聚乙烯	尚可	差	良
聚乙烯—醋酸乙烯(酯)	尚可	较差	良
共聚酰胺	尚可	优良	优
共聚酯	较好	较好	良
聚氯乙烯	良	尚可	差

热熔黏合剂 hot-melt adhesive 即“热熔胶”(425 页)。

热缩领面 collar facing ironing for pre-shrinking 将领面进行防缩熨烫处理的动作。一般用于领面不敷衬压烫的黏合。

热压薄膜衬 fuse fusible interlining 将薄膜衬通过熨斗或压烫机加热加压，黏合在所需部位的动作。一般用于中低档产品的领头部位。

人工气候室 man-made climatic chamber 能实现温湿度、雨、雪、风、日照等气候现象的人为模拟控制室。并可在较大范围里进行调节的一种形似房间的实验设备。主要用于研究服装的环境适应性能，为运动服、特种功能服装等的着用实验提供稳定的、可重现的气候环境。人工气候室通常还包括一些辅助设备：运动模拟仪、呼吸气体分析装置、低温水槽、暖体假人、安全卫生设备等。

人体彩绘 figurative color drawing 根据人体曲线、身体结构以及模特的肢体语言，在人的身体和脸部进行绘画创造，以表达一种美学观念的时尚化妆。可分为写实和写意两种类型；前者直抒胸臆，比较单纯，包括戏剧彩绘、商业彩绘等；后者以寓意、象征、意境、梦幻为主。彩绘来源于古老的文身艺术，最早的人体彩绘是印度宗教信仰的产物，是图腾尊奉和祈福膜拜的化身，是趋魔避邪的吉祥符号。公开的大型人体彩绘始于 1991 年智利摄影家罗伯特·爱德华的人体画实验室，以逼真动感的立体效果、时尚前卫的表现形式、粗犷的色块，张扬个性的寓意主题风靡世界。

人体彩绘

人体测量点　body-measure point　测量人体体型及尺寸的参照点（图见本页下部）。用于服装合体性研究及造型设计时测体。头部有头顶点、颅侧点、眉间点、颅后点、颌下点；颈肩部有第七颈椎点、侧颈点、颈窝点、肩端点、肩峰点；躯体部有前腋窝点、后腋窝点、胸高点、胸点、肩胛骨内侧突点、肩胛骨下角点、腹部前突点、肠棘点、转子点、臀突点；上肢部有肘点、腕点、茎突点、指尖点；下肢部有膝盖骨中点、胫骨点、足颈点、外踝点、内踝点、胫骨前下点、足后跟点、趾尖点。

人体测量面　body-measure plane　测量人体体型及尺寸时为确定空间方位而定义的面和部位。面主要有“人体腰部水平面”（430 页）、“正中矢状面”（647 页）和“额状面”（118 页）；部位有“头部”（522 页）、“颜面部”（598 页）、“颈部”（270 页）、“体干部”（512 页）、“上肢部”（456 页）和“下肢部”（560 页）。

人体测量线　body-measure line　测量人体体型及尺寸的参照线（图见本页下部）。用于服装合体性研究及造型设计时测体。测量线有正中线、胸围线、下胸围线、腰围线、腹围线、臀围线、颈根围线、腋围线、肩线。

人体长度尺寸　body length size　服装设计、制作所涉及的人体测量尺寸之一（图见下页）。长度尺寸有手长、茎突至大拇指根长、掌长、足长、颈侧点至头顶点长、颈椎点至眉间点长、身长、补正身长、背长、臂根深、颈椎点至乳头点长、颈椎点至侧颈点长、乳位高、后腰节长、前腰节长、前中心长、补正前中心长、腿外侧长、臀高、会阴上部前后长、上臂围长、上臂长、前臂围长、全臂长、肩袖长、单肩宽、总肩宽、横肩宽、后背宽、最大背宽、前胸宽、肩胛骨内侧突点间距、肩胛骨下角点间距。

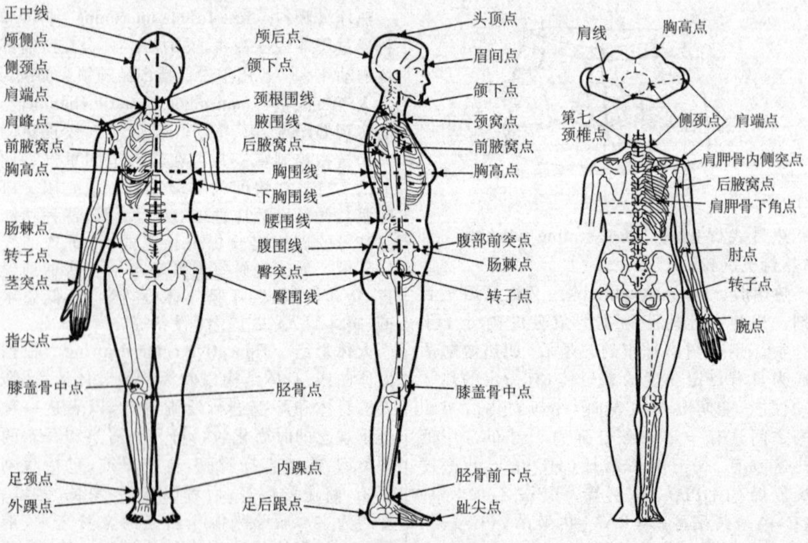

人体测量点及测量线

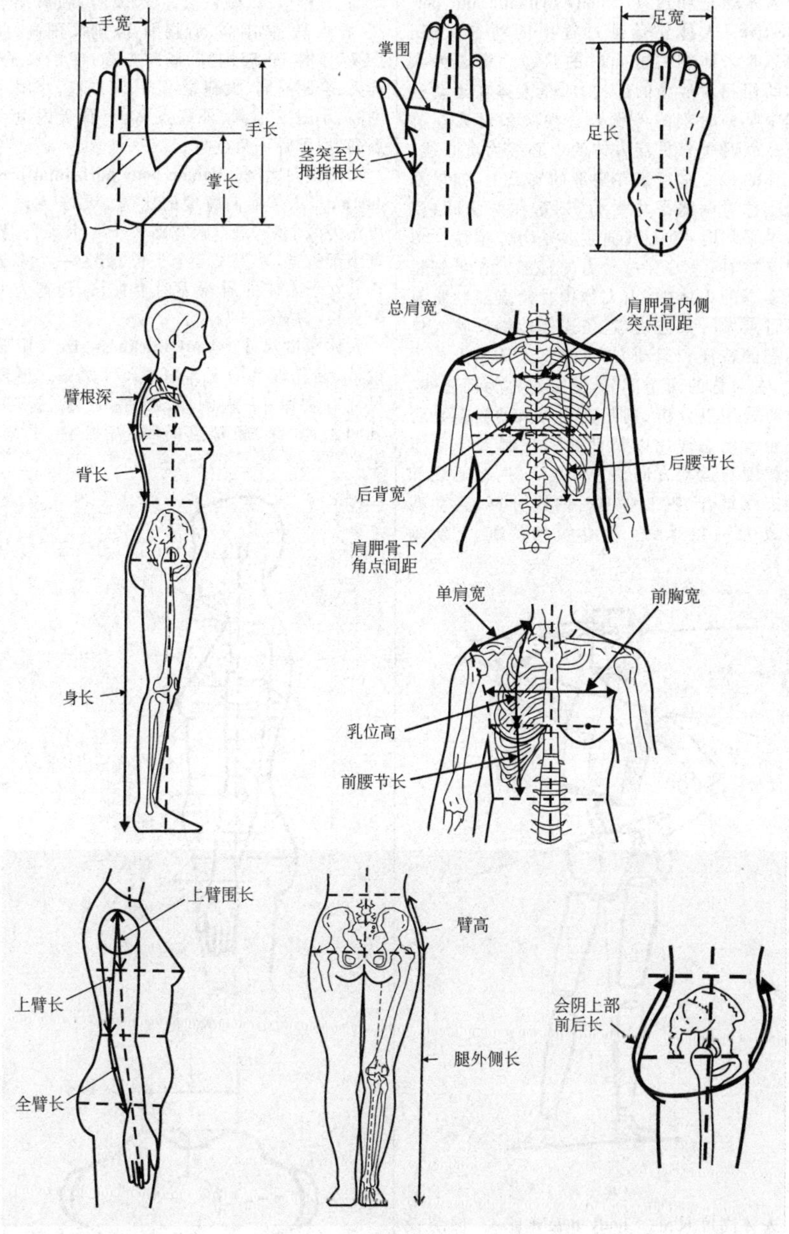
手宽
手长
掌长
掌围
茎突至大
拇指根长
足宽
足长
臂根深
背长
身长
总肩宽
肩胛骨内侧
突点间距
后腰节长
后背宽
肩胛骨下
角点间距
单肩宽
前胸宽
乳位高
前腰节长
上臂围长
上臂长
全臂长
臂高
腿外侧长
会阴上部
前后长

人体长度尺寸

人体动态和透视　body dynamic and perspective　人体在运动过程中的动态状态。静态是人体相对静止时的状态。姿态为人体动作相对静止的形式，或是人体在运动过程中某一时刻的停顿。透视关系以人在静止站立时垂直贯穿人体的中心线为重心线。人体的重心垂直落在腿部的支点上，如果双腿支撑时两腿平均受力，则落在两腿间；受力不平均时，重心线向主要受力方偏移。单腿支撑时，重心穿过受力的脚部。在半侧稍息姿态的人体中，由人体锁骨窝点经肚脐至耻骨点做一条连线，这条连线能够反映人体动态的特征和运动方向，并将人体躯干分为左、右对称的两个部分，这条线称为动态线。重心线用以分析、判断表现对象的姿态是否稳定。动态线用以帮助我们控制人体动态的幅度与运动方向。人体直立时，重心线和动态线重合，躯干弯曲时两线分离，且动态线成为一条弧线，重心线始终是一条垂直线。

透视关系

人体高度尺寸　body height size　服装设计、制作涉及的人体测量尺寸之一(图见下页)。高度部位尺寸有：身高、头全高、头长、眼高、颈椎点高、侧颈点高、颈窝点高、肩端点高、腋点高、胸围高、后腰围高、前腰围高、脐点高、下体高、腹围高、肠棘点高、臀围高、臀沟高、会阴点高、大腿根围高、膝点高、小腿中围高、小腿下围高、外踝点高、肩胛骨内侧突点高、肩胛骨下角点高。

人体横向比例　human body horizontal proportion　人体横向宽度的比例。男子人体的肩宽为两个多头长，腰宽略大于一个头长，臀宽小于肩宽，手为4/5个头长，脚为一个多头长。女子人体的肩宽为两个头长，腰宽为一个头长，臀宽等于肩宽。

人体厚度尺寸　body thickness size　服装设计、制作涉及的人体测量尺寸之一。厚度尺寸有胸厚、下胸围厚、腰厚、腹厚、臀厚、乳间距、乳深、肠棘点间距、臂根宽、手宽、足宽。

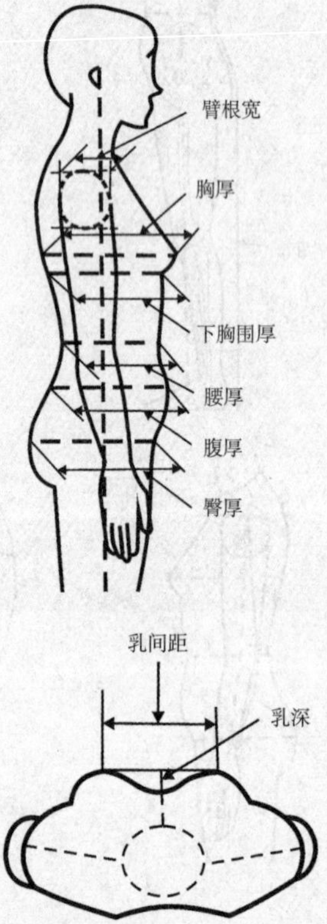

人体厚度尺寸

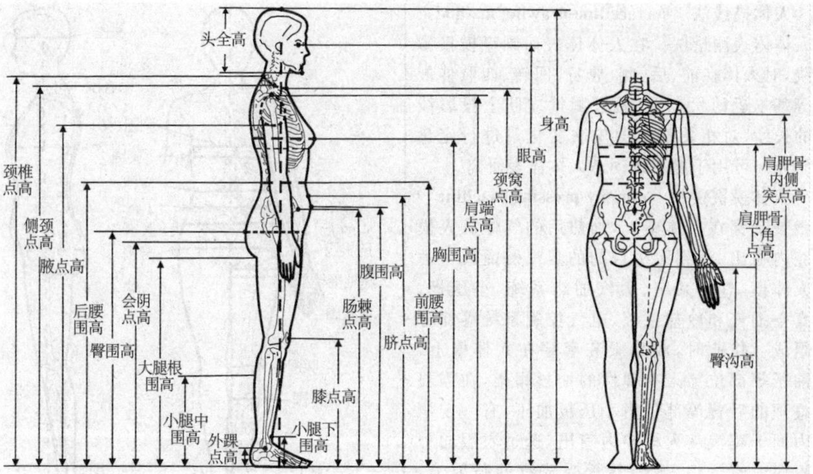

人体高度尺寸

人体角度尺寸 **body angle size** 服装设计、制作涉及的人体测量尺寸之一。角度尺寸有肩斜角、手臂垂直倾斜角、后臀沟角。

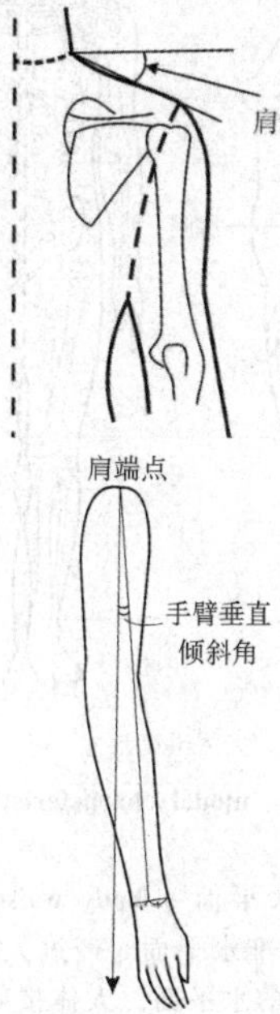

人体角度尺寸

人体宽度尺寸 **body width size** 服装设计、制作所涉及的人体测量尺寸之一。人体宽度尺寸有头宽、胸宽、下胸围宽、腰宽、腹宽、臀宽。

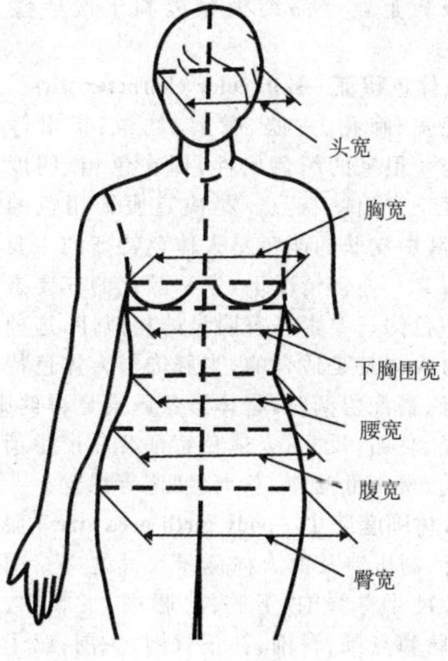

人体宽度尺寸

人体描线法　surface line-drawing method　人体体表测量法。在人体体表面画纵横投影线，对人体在前、后、侧、屈身、回转、四肢伸展等基本运动状态下，通过测量皮肤上投影线的长度，对相关部位的皮肤变化量进行定量研究。可用于静态或动态人体体表研究。

人体模熨烫机　dummy pressing machine　服装套穿在人体模上，加热后的气体从人模腔内喷出，达到熨烫目的的蒸汽熨烫机。由人体模、气动系统、蒸汽加热系统、小压板、真空抽气和冷却系统、电气控制系统等部分组成。作业时，成品服装套穿在人体模上，袖子等部位穿入有弹性的袖衫绷架，在需要整理的后背等部位由小压板加压，有一定压力的干蒸汽从人模腔内喷出，透过衣服向外喷射。熨烫中，服装只承受蒸汽的喷射力，纤维的毛绒不倒伏，熨后衣服平整、毛羽丰满、毛绒感强、无折痕，适于风雨衣、睡袍、羊毛衫、西装、大衣及针织服装的成衣造型整理，效果以毛呢类、绒类、皮革服、裘皮服装、丝绸面料最好。根据整理的需要，人体模可选用裤子人体模、上下衣人体模等，适于服装企业产品终极整烫和干洗店整烫作业。

人体色特征　skin color characteristics　人体毛发、瞳孔、皮肤、嘴唇、红晕、指甲等部位与生俱来的颜色属性，即在色相、明度和纯度三方面的特点。是决定服饰用色的依据，其中皮肤的颜色是人体色特征的主要决定因素。通常情况下，一种颜色的三要素与人体色的三要素具有明显的相似性，这种颜色对人体就是适合的，当服饰与人体色特征吻合、搭配协调时，整体形象就会显得健康、年轻、亮丽，反之，人体色特征容易产生消极影响，带来低品位、苍老、疲倦等感觉。

人体围度尺寸　body girth area size　服装设计、制作涉及的人体测量尺寸之一。围度部位尺寸有胸围、下胸围、腰围、下腰围、腹围、肠棘点围、臀围、补正臀围、头围、躯干垂直围、颈中围、颈根围、臂根围、上臂根围、上臂围、屈曲上臂围、肘围、前臂围、腕围、掌围、过转子点的大腿根围、大腿根围、大腿围、膝围、膝下围、小腿中围、小腿下围、脚跟围。

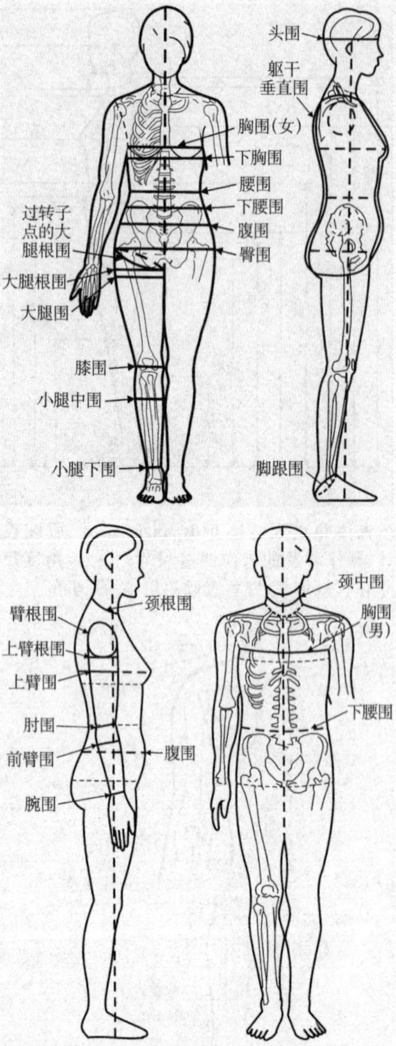

人体围度尺寸

人体型特征　model characteristics　见“型特征”(578 页)。

人体腰部水平面　body waist horizontal plane　又称基准水平面。经过人体腰围线，且与地面平行的水平面。人体腰部水平面将人体分为上、下两部分。见“人体测量面”(426 页)。

人体着装图 **human body wearing drawing** 即“立体着装效果图”(311页)。

人体姿态 **figure movement** 人体在运动或静止状态下，某一时刻的形态。在服装画中，人体姿态作为服装模特的肢体语言，对服装的表现具有重要作用。绘制准确的姿态，是服装画的基础。

人体总体比例 **human body proportion** 人体身高的比例。现代人体比例约为7.5个头长，一般8个头长的比例被认为是最美的。具体的比例为：自头顶至下颚底为第一个头长，自下颚至乳点为第二个头长，自乳点至腰部为第三个头长，自腰部至耻骨联合为第四个头长，自耻骨联合至大腿中部为第五个头长，自大腿中部至膝盖为第六个头长，自膝盖至小腿中部为第七个头长，自小腿中部至足底为第八个头长。

人物图案 **human figure pattern** 由人的性别、年龄、种族、个体或群体、动态等不同构成，描绘人物造型及动态的图案。中国民间有把仙人、仕女、才子、孩童等人物纹样刺绣到肚兜、荷包、衣帽等服饰用品的传统，明清时期有婴戏图、八仙图等服装图案；欧洲的18世纪服饰中，最具代表性的是法国的朱伊图案和欧洲的中国风图案。图案结合人物的装束、职业、体貌等特征，表现出不同时代、国家等各种人物造型，展现特定的故事或文化意味；或强调人物脸部等造型特征，创作肖像或脸谱图案；或借用其他艺术派生的造型样式，如皮影、戏曲人物造型表现图案。夸张、变形、繁化或简化，是人物图案的常见手段，数字技术为写真人物造型提供了方便，照相写真样式的肖像也成为时尚服饰的常见图案。

人物图案

人造宝石 **artificial stone** 完全或部分由人工生产或制造的仿宝石的首饰材料。包括合成宝石、人工宝石、拼合宝石和再造宝石。合成宝石是完全或部分由人工制造的仿真宝石，其理化成分和材料结构与天然宝石基本相同。人工宝石是人工制造出的自然界没有的宝石材料。拼合宝石是由两块或两块以上宝石材料经人工拼合而成。再造宝石是通过人工手段将天然宝石的碎块或碎屑熔接或轧接而成。

人造革鞋 **artificial leather shoes** 以人造革为帮面，以塑料、橡胶、仿革片等为鞋底，用注塑、胶粘等工艺加工成型的鞋。人造革是以织物为底基，以PVC、PU等聚合物为面层的复合型柔性材料。具有色泽美观、清洁保养方便、价格低廉等特点，但吸湿透气性差，穿着易闷脚，加之织物的伸展性差，不能成为高档鞋品。

人造麂皮绒 **artificial suede, suede imitation** 用超细纤维织成基布后浸渍聚氨酯，再经过磨绒处理加工成的表面具有麂皮外观的织物。防水、透气、耐穿、耐洗。是高档的时装面料，可作男女外衣、夹克等的面料。

人造毛皮 **fake fur** 粗纺毛织物名。外观、色泽和花纹酷似各种动物毛皮，如紫貂皮、黄狼皮、豹皮、狐皮等的粗纺毛织物。按织造工艺大致分为以下几种：双层经起毛机织人造毛皮、纬编针织人造毛皮、经编人造毛皮、缝编法人造毛皮。原料以腈纶和改性腈纶为主，绒毛分成两层：外层是光亮粗直的异型纤维刚毛，内层是采用收缩纤维形成的细密柔软的短绒。质地轻软，保暖性好，外观酷似毛皮。适宜制作各种御寒服装的面料和衬里。

人造毛皮针织物 **fake fur knitted fabric** 又称长毛绒针织物。仿动物毛皮的针织物。分为纬编与经编两类。纬编人造毛皮针织物应用较广，在圆纬机编织线圈的同时加入毛条，毛条以绒毛状附着在织物表面而形成。编织底布的地纱可选用棉、涤纶、锦纶、丙纶纱或涤棉混纺纱等，毛绒纤维可选用腈纶、变性腈纶纤维或粗细不同的毛条。按花纹要求选用色纱，由计算机控制选针编织提花人造毛皮织物，或采用印花方式印出动物毛皮图案。质地轻、厚实、柔软、绒毛丰满，保暖性好，有一定延伸性，防蛀，易洗涤。用于制作冬装、童装，服装内胆、衣领、袖口、帽子、门襟等。

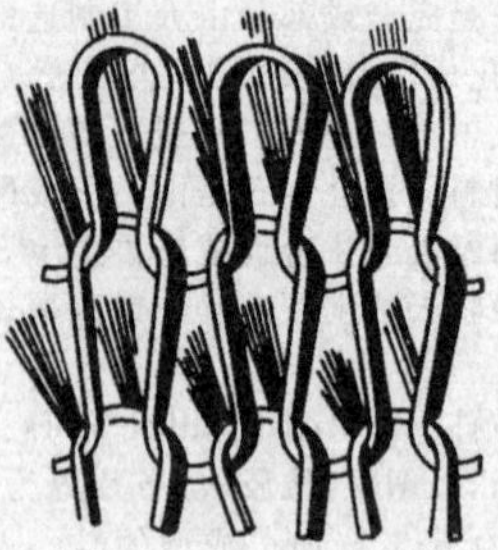

人造毛皮针织物

人造棉布　viscose plain cloth　棉型织物名。以纱支相同或接近的黏胶短纤维纱线织制的经纬纱密度相等或接近的平纹织物。织物外观平整、没有明显纹路，手感柔软，悬垂性好，吸湿性好，穿着舒适。一般都经过漂白、染色或印花。适宜作妇女夏季衬衫、裙子等的面料。

人中　philtrum　中式上衣领圈自肩平线至领深处的距离。位于前后衣片的中心轴线上，与人面部上唇正中的纵形凹沟相似，故名。以此部位为中心，左右衣身是对称的。一般专用于中式连袖服装。

人字拖鞋　zories　帮带呈人字形的无后帮鞋。人字的前部固定在鞋底的中前部，人字的两只条带分别与鞋底后部的左右两边固定。穿着时脚从人字条带的中间进入，大拇趾与其他四趾间的空隙卡住人字带头。鞋帮带和鞋底可用橡胶或塑料制作。为减轻重量，鞋底通常用发泡片材。人字拖鞋源于日本，更适合夏季光脚时室内穿用。

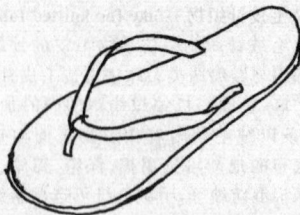

人字拖鞋

任向排料　free direction nesting　排料方式之一。排料时不考虑任何方向性，任意排板的排料方式。比较方便，但成品品质不一。布料使用率介于单向排料和双向排料之间，用布量较省，约为85%以上。

任向排料

日本纺织品色彩设计中心　Japan Textile Color Centre　1955年设立的非营利性的机构。其功能是：(1)保证工业生产质量符合原织品的要求；(2)促进日本纺织品设计的销售。

日本风　Japanese look　带日本文化精髓的服饰风格。表现为：(1)剪裁缝接少、式样宽松的服饰风格。由三宅一生和川久保玲率先推出。该风格可由一个规格来适用各种人体，虽然并无一般和服的造型，但明显借鉴于和服。同时，强调面料的独创性、非自然色彩和戏剧性。该风格的许多款式是宽大的，像1983年流行的肥臀裤装，裤的正面从踝至膝采用抽褶，上配宽大的短袖和服及超大齐膝风衣。(2)日本和服式风格。为美国和欧洲设计师所借鉴。主要用于套装、罩袍和运动服装，以及19世纪以来流行的长睡衣。

日本流行色协会　Japan Fashion Color Association, JAFCA　1953年成立，专门从事服装、化妆品、皮革等的流行色研究的组织。每年两次(春夏和秋冬)对流行色进行预测、选定和发布。

日本女性和服图案　female Japanese kimono pattern　日本女性传统民族服饰图案。多以自然界的风月花鸟或生活中的道具构成，图案分件料图案和连续循环图案。女性和服图案以花位大、花形完整、画意鲜明为特色。图案或以象征秋天红叶的红、黄、金的暖色配以黑色，呈现浓郁艳丽；或以象征春天樱花的粉色系配以银色，呈现朦胧含蓄。结合勾线、平涂与晕染等手法，运用手绘、扎染、型染、刺绣等传统工艺，细腻而独到地体现形与色的完美统一。配以图案细腻精美的刺绣装饰腰带，点缀和呼应和服图案。日本女性和服图案根据婚嫁、年龄、拜访、游玩和购物等不同目的，图案、颜色不同。

日本女性和服图案

日本色彩研究所色立体　Practical Color Coordinate System, PCCS　简称研色立体。PCCS色彩体系是日本色彩研究所研制，于1965年在日本正式发行，它是以美国的孟塞尔色彩体系、德国的奥斯瓦尔德色彩体系为基础，综合其长处和模式改良再发展的。该色立体的明度色阶位于色立体的垂直中心轴。黑色设为10，白色为20，其中有9个阶段的灰色系，共有11个等级。PCCS色彩体系最大的特点是将色彩的三属性关系，综合成色相与色调两种观念来构成色调系列，从色调的观念出发，平面展示了每一个色相的明度关系和纯度关系，从每一个色相在色调系列中的位置可以明确地分析出色相的明度、纯度的含量。整个色调系列以24色相为主体，分别以纯色系、清色系、暗色系、浊色系等色彩关系构成九组不同色彩基调。设定为：纯色调、明色调、中色调、暗色调、浊色调、明灰调、中灰调、暗灰调。

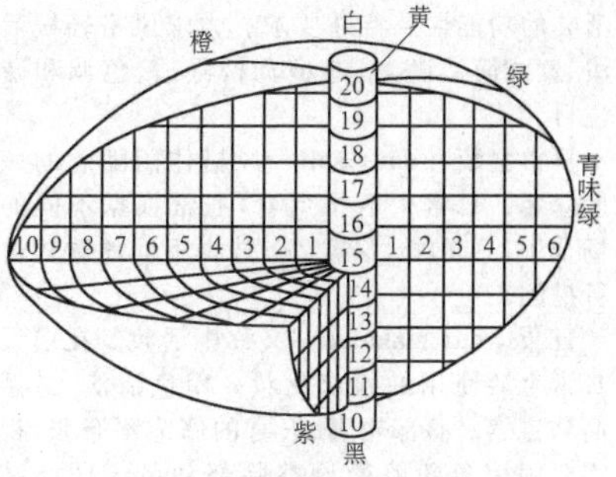

日本色彩研究所色立体

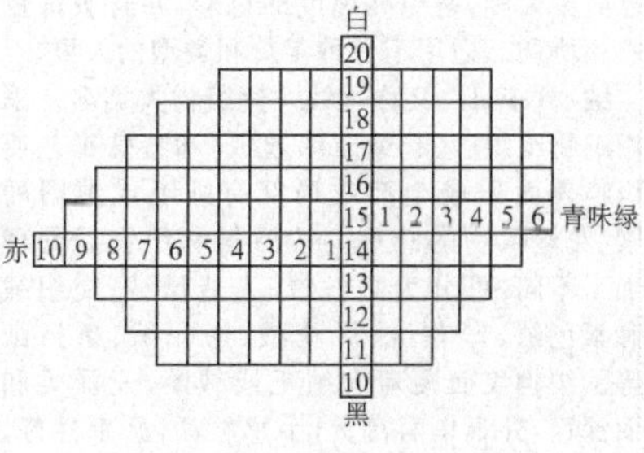

日本色彩研究所色立体纵断面

日本友禅图案　Japanese yuzen pattern　日本传统和服上特有的一种图案。由樱花、竹叶、兰草、红叶、牡丹等植物纹与扇面、龟甲、清海波、雷纹等器物、几何纹组合成。图案源自日本江户元禄时期盛行的友禅染，由扇绘师宫崎友禅斋创造并得名。以糯米制成的防染糊料在衣料上进行图案描绘再染色为技法，形成多彩华丽的手绘纹样。友禅图案深受中国禅宗美学文化思想的影响和渗透，体现了日本民族的审美情趣，被视为日本民族代表图案而流行于世界。友禅图案以主与次、虚与实、密与疏的适当表现，融合淡泊与热烈、华美与素简、丰富与内敛的艺术特征，成为和服的重要图案样式。现代机器化印染为友禅纹的批量复制提供了便捷，而价格昂贵的传统手绘友禅和服制作工艺依然被日本保留。

日常生活装设计　daily wear design　对生活、学习、工作、休闲等没有特殊变化和特殊要求的场合中所穿服装的设计。如便装、睡服、起居服、休闲服等。设计上要求设计师对不同的生活场合进行深入了解，明确各类生活装的功能性及特殊要求。力求风格轻松活泼、款式简洁随意、造型宽松舒适、色调和谐悦目。

日常套装　daily suit　风格休闲随意的一般套装。日常生活中穿着，通常根据不同的场合（上街购物、居家等）选择不同的款式进行搭配。

日妆　day make-up　又称生活妆。在白天日常生活使用的脸部化妆。用色清淡，造型简洁自然。脸部轮廓、五官的修饰不夸张，视需要用棕色粉略微调整脸部和鼻子凹凸结构；粉底较薄，用以调整肤色和掩盖瑕疵；用色简单柔和，避免高纯度的色彩，并与服饰色彩相协调。适用于各种年龄和类型的人群。

绒　velvet　又称丝绒。丝织物大类名。采用织物组织（经起绒或纬起绒）和特殊工艺使织物表面形成全部或局部有绒毛或绒圈的素、花丝织物的总称。按原料和织物后处理加工不同，可分为真丝绒、人造丝绒、交织绒和素色绒、印花绒、烂花绒、烤花绒、条格绒等。织物表面覆盖有绒毛或绒圈，光泽柔和而深邃，外观华丽富贵，手感软糯，悬垂性好。适宜用作高档旗袍、夜礼服等的面料。

绒布　flannelette, cotton flannel　棉织物名。经过拉绒或磨绒整理，织物表面具有蓬松的纤维绒毛的棉织物。分单面绒布和双面绒布两种。绒布布身柔软丰厚，有温暖感，吸湿透气，穿着舒适，布面外观色泽柔和，宜用作冬季内衣、睡衣等的面料，印花绒布、条格绒布等宜作婴幼儿的服装面料。

绒面革　suede leather, suede　表面经磨面起绒的皮革。绒面革分天然绒面革和人造绒面革两类：天然绒面革指表面被磨出一层细致、均匀、紧密绒毛的天然皮革；人造绒面革指将人造革的表面通过发泡或洗去水溶性物质等方式形成的绒面天然绒面革多以牛二层皮、羊皮、猪皮加工制成。加工时将皮革表层磨去，形成近似丝绒的表面。仅在皮革正面（粒面）磨绒的产品称正绒面革，仅在反面（肉面）磨绒的产品称反绒面革。绒面革由于无涂饰层，透气性、吸湿性良好，手感比较柔软舒适，但易沾污不易去污，遇水后表面容易发硬。常用于制鞋、制衣。

绒面革鞋　suede leather shoes　用绒面革制作的鞋。天然绒面革鞋手感柔软，吸湿透气性好，适合脚汗重的人穿用。人造绒面革鞋色泽鲜艳，绒感好，是中低档时装鞋的上好面料。翻毛皮鞋指用反绒面革制作的鞋。

绒面纬编织物　fleece knit fabric　在织物的一面或两面覆盖着稠密细短绒毛的纬编织物。采用衬垫或衬垫与毛圈组织结合编织，经煮练、漂染、烘燥和起毛整理而成。按结构特征可分为起绒织物、割绒织物、剪绒织物和人造毛皮织物。按干燥重量分为细绒、薄绒和厚绒。按漂染工艺分为漂白、特白、素色、印花等各类绒织物。底纱通常采用棉纱、涤纶长丝、锦纶长丝、丙纶长丝以及涤棉混纺纱，起绒纱通常采用较粗的棉纱、腈纶纱、毛纱、黏胶丝、醋酯丝及其混纺纱。绒毛稠密均匀细短，织物厚实柔软，保暖性好。可制作各种款式的运动服装、便服以及内衣等。

容彩　facial gloss　使面部更有光泽的化妆品。添加了类似珍珠光泽的闪亮成分，让整个妆面带有些许的透明感，增添了生动的气质。

容装科　rongzhuangke　中国传统戏曲班社舞台人员的一种组织。负责为旦行角色梳头、化装和管理“梳头桌”(476 页)。其成员习称梳头桌师傅。

熔接缝合缝　fused seam　缝型类型。利用缝料的热塑性，使用热接触、高频或超声波熔缝法熔接缝料，使衣片互相焊接的缝型。加工时，将两片涂层缝料的无限布边同处一侧或两侧，有限布边正面对合或缝份焊接成一体的缝型，有“搭接焊接缝”(76 页)、“复合焊接缝”(168 页)、“对合焊接缝”(112 页)之分。该缝型加工时缝具上下之间具有相当的温度和压力，促使缝边上的涂层熔化而相互黏结，其牢度取决于缝料涂层的内聚力及其与织物间的黏附力，具有良好的不透水性，适于要求绝对不透水且断裂强度要求不高的缝型。

柔春型女性　soft-spring female　春季型女性的一种。人体色表现出中明度中低纯度特征的暖基调 Y/S 型女性。此类型人数较少，为非标准型人群。肤色为较白皙的浅象牙色，脸颊容易呈现淡淡的珊瑚粉的红晕；发色为略深的棕色，眼珠为棕色，眼白呈现浅湖蓝色，眼神多较稳重。适合春季色彩群中明度低而纯度低的暖调颜色，并采用中度对比的中差配色法。

柔道服　judo-gi　进行柔道运动时着用的服装。柔道服在结构造型上兼具了和服和西洋服装的一些特征。上衣采用和服形式，衣长覆盖臂部，袖长至前臂上部；下装采用裤子形式，裤长至脚踝上方，腰间系带的颜色表明运动员的段位。柔道服具有适当的长度与宽松度，以及强度、透气性能，起到防止身体伤害(如擦伤)，利于竞技(如揪握对方)，便于运动的作用。材料多用棉。缝纫牢度要求较高。

柔软漆皮革　soft enameled leather　又称皱纹漆皮。表面光亮极好，柔软而具有皱纹的皮革。通常为黑色。主要用于制作女鞋和包袋产品。

柔软整理织物　softening finished fabric　经过机械或化学的柔软整理的织物。柔软整理可用于各种纤维原料的织物。机械柔软整理的原理：利用机械方法，在张力作用下，将织物多次揉搓，降低织物的刚性，增加织物的柔软度。化学柔软整理的原理：采用柔软剂处理织物，通过减小纤维与纤维、纱线和织物表面的静摩擦系数和动摩擦系数而降低织物的刚性，增加织物的柔软度。化学柔软整理根据整理效果分为暂时性柔软整理和耐久性柔软整理。目前，耐久性柔软整理多采用有机硅柔软剂。织物手感柔软、丰满。可用作衬衫、夹克、裤、裙等的面料。

柔夏型女性　soft-summer female　夏季型女性的一种。人体色表现出中明度中低纯度特征的冷基调 B/S 型女性。此类型人数较少，为非标准型人群。肤色为带灰调的驼色，脸颊易出现淡水粉色红晕；头发多灰黑，眼珠呈现深棕色或灰黑色，眼白呈现柔白色，眼神稳重。适合夏季色彩群中中明度中低纯度的冷调色，并采用类似和邻近色相的渐变搭配法。

柔性缝纫流水线　soft sewing flow line　采用固定机台配置形式，配备多功能程序控制器和标准传送组件，根据不同的服装产品规模和加工程序进行组合的加工生产线。是 20 世纪 80 年代出现的先进服装生产流水线形式。特点是灵活多变，适应性强，可减少因产品变化而调整机台配置的时间，提高劳动生产率。

揉脸　roulian　传统戏曲涂绘脸谱手法的一种。用于染红或黑色为主的“整脸”(646 页)。用手指将颜色均匀揉染在脸上，再用笔画出眉毛、眼窝及表情纹。许多戏中的关羽、《渭水河》的姜子牙等即用揉脸涂绘脸谱。

如意纹　wishful pattern　中国传统器物装饰纹样。如意为柄端呈手指形或心字形，用以搔痒的器物，后发展成把玩或观赏之物，造型有灵芝和朵云形，喻为称心如意。中国民间有以如意纹和瓶、戟、磬、牡丹等纹组成的吉祥图案，传达平安如意、吉庆有余、富贵如意等含义，被应用于服装领、衩、门襟等的镶边以及其他服饰图案中。

襦裙　ruqun　中国古代汉族女子上身着襦，下身穿裙的着装形式。一种短小紧身、自膝以上的单衣，颜色有红、蓝、黄、紫、绿、绛、金等。襦是裙则围系于下身。自汉以后，女子着襦裙开始盛行。

乳间距　nipple breadth, NB　从左乳头点水平量至右乳头点间的横向水平直线距离。女装设计中决定胸高点左右位置的重要参考值。见“人体厚度尺寸”(428 页)。

乳深　bust depth, BD　从左右乳头的中点到胸腔的垂直距离。设计贴体内衣的重要参考值。见“人体厚度尺寸”(428 页)。

乳位高　side neck point to bust point, SNP to BP　由侧颈点向下量至胸高点的长度。约

为0.1乘以身高加8～10 cm，决定服装设计中胸高点的垂直位置。见“人体长度尺寸”(426页)。

乳罩　bra　即“文胸”(546页)。

入圈　interloop　缝纫机钩线器的头端携带缝线，从缝针侧面垂直于退针线圈平面穿入退针线圈的过程。是形成针迹线交结或套结的必要过程。

软帮皮鞋　soft upper leather shoes　鞋帮材料选用软面革制作的鞋类。不用主跟包头，或者采用软主跟包头。穿着柔软舒适，穿脱方便。

软尺法　soft rule measurement　人体体表测量方法。用于测量身体围度长或弧度长的工具，可任意弯折，十分便于测量弧长。软尺有金属和塑料两种，精度以金属质为好，长度有1 m、1.5 m、2 m等多种规格，可根据实际需要选择适当长度。

软缝　soft seam　缝道类型。沿针织物的边缘线圈依次缝合的缝道。将两片针织物边缘上的各个线圈对应缝合，接缝处具有与针织物相似的延伸性，表面平整，由于缝迹是由穿过被缝织物边缘线圈的面线和底线相互串套而成，无布边，手感柔软。

软革　soft leather　经特殊软化加工的皮革。常用牛、马、猪等质地坚实手感较硬的原皮加工。鞣制后采用特殊软化工艺或机械拉软处理，制成比一般皮革更轻软，悬垂性好，穿用舒适的皮革。常用于制作服装、鞋面、箱包等。

软靠　ruankao　中国传统戏曲戎装“靠”(285页)的一种组合穿着方法。穿靠时如不插“靠旗”(285页)，则称为软靠。多用于不处在战斗场合的武将或不需要强调战将的勇武神态时，如《群英会》中的黄忠、《李陵碑》中的杨继业。

软帽　bonnet　即“罩帽”(637页)。

软模　cool modeling mask　用纯天然物质制成的面部用倒模材料。呈粉末状，加水调成稠状物后，倒于面部，自行凝结成柔软模体，可完整取模。取模后，皮肤可涂上一层柔软剂，使其富有光泽，柔软有弹性，感觉舒适。使用前，无须上底霜。主要原料为纤维石膏、硅藻土、多孔性无机填料和促进剂等。辅助的药性成分多为植物性中药，如当归、白芷、人参、白菊、珍珠、黄芪、玉桂、党参等。具有活血化瘀，促进血液循环，漂白去斑，消炎护肤等作用。不含人工色素和香料，性质温和，无刺激性，兼具保湿和滋养皮肤的作用，适用于各类皮肤。

软色　soft color　给人柔软感觉的色彩。明度高的色彩，或中纯度的色彩都会给人以软感，属于软色。无彩色中，灰属于软色。

软式潜水服　soft-type diving wear　服装主体采用柔软的材质制造的潜水服。使用较为普遍。细分为头盔式潜水服、面罩式潜水服和水肺式潜水服。头盔式潜水服的头盔由金属制成，潜水服由锦纶涂橡胶布构成，以及牛皮制铅底潜水鞋、皮或麻制腰带、纯毛或锦纶制内衣、预备空气箱等装备。面罩式潜水服的呼、吸气利用密闭面罩进行，由水面供气。在水深不超过65 m的范围内适用。水肺式潜水服的特征在于潜水员背负充有高压空气的充气筒。携带的空气量决定于潜水时间与潜水深度。呼气排向水中。水肺式潜水服原为水中、海底观测用，现已被潜水运动者广泛使用。

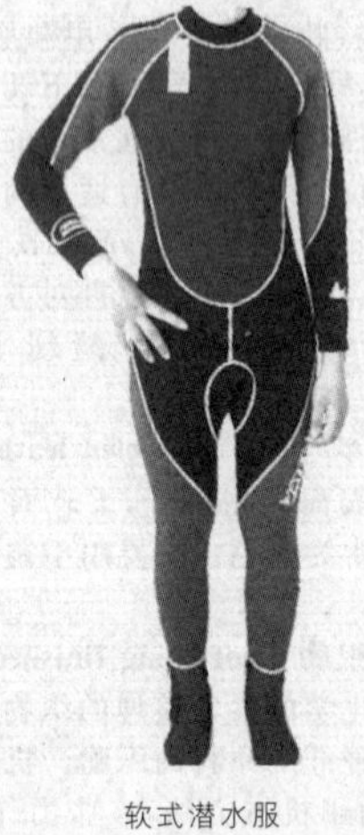

软式潜水服

软体假人　soft manikin　模拟人体体表形态与质感的仿真人体模型。按部位可分上半身体、下半身体、全身体等；按状态分有静态和动态两种。体表由仿皮肤材料制成，体内用软质或液体硅胶物质组成，可动态假人的躯体与手臂、上手臂与下手臂等部位之间的连接关节可根据需要移动变化。通常用于服装压力分布的研究，通过布置在皮肤表面或内部的压力传感器来测量不同部位服装和人体接触压力的大小。可准确测试及示范女性内衣的舒适度，有助研制医学用的压力衣物，以及用作向男学员介绍女性内衣的特性等教学用途。

蕊黄　ruihuang　中国古代妇女面饰。以黄粉绘额，所绘形状犹如花蕊。从“额黄”(117页)演变而来。五代以后，逐渐消失。

弱纯度对比　weak chroma contrast　纯度相近的色彩对比。一般相差在三级以内，如鲜红混入少量白的红色，黄与混入少量白色的红，灰红与灰黄等均为弱对比。

弱明度对比　weak lightness contrast　又称短调对比。明度相近的色彩对比。一般是灰性、较为柔和的对比。这种对比较含蓄、柔弱，能产生典雅、恬静、协调、高贵的效果。

S

撒拉族服饰 Salar ethnic costume and accessories 中国撒拉族衣着和装饰。撒拉族分布在青海、甘肃等地。男子戴白色顶尕帽(无檐圆顶),穿对襟白衬衣,外套黑色对襟坎肩,系红绿绸或布腰带,长裤蓝或黑色,着船形布鞋。冬穿光板羊皮短袄或羊毛褐衫。衣色以白、黑为主,忌红、黄及花色繁缛的服饰。女子戴盖头,穿红色或色彩鲜艳的短上衣,外套黑或紫色短坎肩并露出上衣下摆,着各色长裤、绣花鞋。

洒绘法 sprinkling drawing 见“喷洒法”(385页)。

靸鞋 saxie 中国古代一种平底无跟鞋。靸鞋有拖鞋和缚带两种款式,南方多为拖鞋,北方则多为缚带。男女均可穿用,一般用于燕居。据传夏商周时皆用皮革制作,是朝祭时穿的鞋子。秦始皇二年改为蒲制,自晋到唐多用草制,贵族也有用丝制作的。

萨满服饰 Saman costume and accessories 民族宗教服饰。萨满即巫教宗教专职人员,中国的蒙古族、鄂温克族、达斡尔族、赫哲族、鄂伦春族、锡伯族、满族、藏族等游牧民族曾普遍信奉萨满教。萨满巫师头戴铜盔或裹着黑布的铁纱、藤帽,盔帽前有长8 cm的挡帘,用串珠成黑布遮眼,帽两侧插鹿翅,或用铜质分叉似鹿角的饰品,按萨满身份高低佩戴,以叉多为贵。身穿包腿裹身、中间开衩的宽大长袍,袍上缀有兽骨、兽牙、铜铃、铜片及珠饰,并绣动物等象征物形,胸前有护心镜,后背缀几块护心铜片,紧袖布衣上镶有花饰,下身围彩条穗裙,腰系腰铃和铜片,两肩饰以木雕小神鸟,脚穿兽皮靴,靴头或筒侧拴小铜铃、铜片。

腮 cheek 两颊的下半部。决定脸型的一个重要因素。若脸型偏大,可在此处扫暗影进行修正。

腮红 blusher 用于使上脸颊显现红润的化妆产品。颜色较多,有些含有闪光成分,晚上使用会使脸部富有耀眼夺目的光彩。可分粉状和膏状两种,膏状光泽度较好。

腮红刷 blusher brush, blush brush 一种化妆工具。让圆斜的刷毛前端,顺着脸颊刷动。最好使用毛质适中的天然材料,如马毛、貂毛、松鼠毛等。

塞法利套装 safari suit 户外女子服装。风格简洁明快,1967年春夏推出。套装是为适应当时东非和北非的旅行和狩猎而设计的,由短上装、短裙、短裤和便帽等组成,面料为自然色卡其布等。

赛格门泰 segmentae 拜占庭时期在衣服上增加的一种当时特有的刺绣装饰。在圆形或方形内装饰有动物或植物纹样,也可利用相对独立的动植物纹样组合成圆形或方形图案。主要用于内衣双肩和下摆位置的装饰。

赛马帽 jockey cap 帽冠小巧、紧合的短帽舌无檐帽。外形类似“棒球帽”(17页),帽冠通常用两色的棉质缎裁成三角状拼合而成,帽冠更深些的由职业赛马骑师戴用。颜色多与女用衬衫的颜色相配或选用所骑马匹的色彩,一般用作运动帽。20世纪60年代中期类似的无檐帽被用作女帽。

赛壬服式 siren style 带鱼尾状的服装款式。风格典雅浪漫,20世纪70年代流行。选用松软的天然纤维面料制作连衫长裙,腰臀合身,下摆略大,袖口、裙摆处做成假三层波浪边,是鱼尾状的变化式样,整体轮廓纤细,摇曳多姿,仿佛美人鱼,故以希腊神话中女神赛壬的名字命名。

三白妆 3-white make-up 唐末五代时出现的一种特殊妆型。只在额、鼻和下巴三个部位用白粉涂成白色,其他部位不作修饰。

三北羊皮 san-bei lamb 又称卡拉库尔羊皮、波斯羔羊皮。粗毛皮的一种。中国以及中亚产的一种羔羊毛皮,具有短而美丽的波形卷曲毛,毛色有白色、茶色、灰色、黑色、银色等多种。20世纪50年代开始引种,饲养于新疆、内蒙古等地的荒漠、半荒漠草原地区,后来逐步向其他省份扩展。目前我国的主要产地为西北、东北、华北地区,故名。按要求取皮加工成皮形完整的开片皮,坚实、富有立体感的毛卷组成的图案,美观清晰、质量好、轻软,在国际上声誉较高。制裘后适宜制作各类裘皮大衣、皮帽、皮坎和服饰镶边等。

三重冕　**tiara**　即“蒂阿拉冠”(96 页)。

三点式泳装　**bikini**　即“比基尼泳装”(27 页)。

三件式套装　**three-piece suit**　又称整体套装。由西上装、裤子和西服背心组成的服装搭配。男子在重大场合穿着,风格庄重。应选高档呢料制作。现今西装两件套外加其他面料(毛料、皮革)制成的背心组成的新三件式套装也已常见。女装为裙子或裤子配以外套大衣等。

三间色　**three middle tint**　又称第二次色。橙、绿、紫三种颜色。分别由两个原色混合而成的,三间色可混合成白色。

三角盖　**triangle flap**　形状为三角形的袋舌。一般用于大衣、风衣的里袋上。

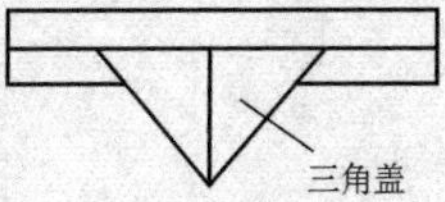

三角盖

三角绕针　**triangle circle stitching**　又称编松叶套结。一种手针缝纫法。线迹排列紧密,富有装饰性。成缝时,将缝线制作成等边三角形,使各边线迹相互错开交叠。常用于袋口两侧的封口部位。

三角围条　**triangle foxing**　截面呈三角形的围条。三角形的三个边,一边贴于外底的切口,一边贴于鞋面,一边刻缝线线迹类花纹,犹如缝制鞋边,故适用于皮鞋式胶鞋,因贴于外底边缘,又称底边围条。

三角形脸　**triangle face**　上额窄,腮部区域大,下颌短的脸形。发型设计时两侧的轮廓应以腮部为准。

三角型　**triangle shape**　服装整体轮廓呈圆锥形的造型。一般表现为紧上身、蓬松曳地大下摆的女礼服,如婚礼服、夜礼服等,三角型服装富有神圣感、崇高感、神秘感和下稳上飘的感觉。

三角针　**herringbone stitching**　手针缝纫法。将缝料折边固定于底层缝料上,线迹呈三角形。起针时将线结藏于折边,在距折边上端 0.7 cm 处插入缝针;第二针向后退,平行穿刺,在距折边 0.7 cm 处入针;第三针再向后退,平行穿刺折边,循序做成整齐、均匀、交角大小相同的线迹。常用于上衣袖口、底边,裤子脚口,腰里等部位的固定。

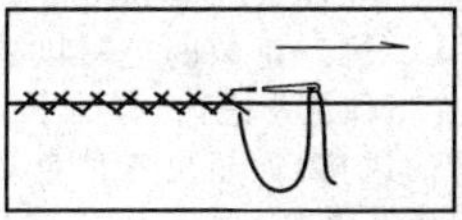

三角针

三节头皮鞋　**three joints leather shoes**　鞋帮分为前包头、前中帮和后帮三部分的耳式皮鞋。以造型稳定,部件分割比例协调,线条流畅著称。从结构上分为内耳式和外耳式。某些三节头皮鞋在部件的边沿常冲有花孔组成图案,称拷花三节头。三接头皮鞋多用于男式鞋款,适合于比较庄重的场所穿用。

三节头皮鞋

三块瓦脸　**sankuaiwalian**　中国传统戏曲脸谱基本谱式之一。因用夸张绘出的眉、眼、鼻三窝将两颊及额头分为三大块而得名。造型给人以眉粗眼大的突出之感。在脸谱基本谱式中,使用最广,但因主色彩和细部构图的不同,变化繁多,如《长坂坡》中的夏侯惇、曹洪,《斩马谡》中的马谡,《三盗九龙杯》中的黄三泰即分别钩紫、蓝、红、白、粉三块瓦脸。由它衍生出多种变化,如《十三妹》中的邓九公、《嘉兴府》中的鲍赐安等,眼梢、眉梢被绘成下垂状,以示年老,称老三块瓦脸,《连环套》中的窦尔墩、《艳阳楼》中的高登等,眉、眼、鼻窝及脸上纹路、图案被加强,称花三块瓦脸。

三髯　**sanran**　传统戏曲“髯口”(424 页)的一种。髯分三绺,象征生长在唇部及两腮的三绺须髯。造型较满髯潇洒飘逸,宜于表现人物文雅俊秀的风格,多用于老生行角色。色彩有黑、黪、白三种,如《打金枝》中的唐王戴黑三髯、《空城计》中的诸葛亮戴黪三髯、《定军山》中的黄忠戴白三髯。

三色底球鞋　**tricolor sole sport shoes**　根据鞋外底前、中、后三部分不同的磨损情况,采用三种不同性能不同颜色的橡胶料制作的布面胶鞋。合理使用橡胶的同时增加产品美观度。鞋帮以白色帆布为主。主要品种有长筒球鞋、短筒球鞋等。

三色原则　three-color principle　选择正装色彩的基本原则。正装的色彩以少为宜，最好能控制在三种色彩之内，有助于保持规范、简洁、庄重的风格；如超出三种色彩，易给人以繁杂、低俗之感。

三停五眼　3-section 5-seeing　衡量人体五官比例是否协调的常用标准。三停是：从脸部纵向看，从额头发际线到眉心所在水平线区域称上停；鼻底所在水平线到下巴边缘区域称下停；眉心到鼻底之间区域称中停。五眼是：从脸部横向看，从左鬓角边缘到左眼外眼角的距离为一眼；左眼内眼角到右眼内眼角的距离为一眼；右眼外眼角到右鬓角边缘的距离为一眼；两只眼睛各为一眼。在化妆审美中，标准的五官比例是三停距离相等，五眼距离相等。

三维服装 CAD　three-dimensional garment computer aided design　即"计算机辅助三维服装设计"(241 页)。

三维服装计算机仿真　three-dimensional garment computer simulation　即"三维虚拟试衣"(440 页)。

三维服装虚拟仿真　three-dimensional garment virtual simulation　即"三维虚拟试衣"(440 页)。

三维人体测量系统　computer aided anthropometry system　即"计算机辅助人体测量系统"(241 页)。

三维人体扫描仪　Three-dimensional body scanner　使用机械或者光学装置对人体进行三维形态的测量仪器，能够精确描述物体三维结构的一系列坐标数据。使用方法有白炽光扫描、激光扫描、红外线扫描等。

三维虚拟试衣　three-dimensional virtual try-on　又称三维服装虚拟仿真、三维服装计算机仿真。具有顾客试穿各款服装后显示人体三维动态着装效果功能的自动试衣系统。采用非接触式三维人体测量技术，获取人体的三维数据，并利用三维虚拟人体建模技术，图形变形技术等，建立个性化的三维人体模型，然后利用柔性服装三维模拟算法模型(包括几何模型与物理模型)，将服装衣片数据进行网格化，并在人体模型上进行虚拟缝合，形成穿着服装时的三维静态仿真效果，并进行相应的合体性评价；利用三维人体模型和三维服装模型，从运动数据库中检索实时动作，利用三维动画技术，实现顾客穿着服装时的三维动态效果仿真；以三维虚拟动态试衣为基础，通过网络媒介传输，实现三维网上试衣系统。同时，还需相应的数据库支持，如人体数据库、三维人体运动数据库和服装数据库等。该系统适用于大型商场的三维虚拟电子试衣，是服装电子化量身定制系统的重要组成部分。见"计算机辅助服装款式试衣"(239 页)。

三维虚拟动态试衣

三线包缝机　three-thread overlock machine　一根机针线和两根弯针线互相穿套，形成如 504 号或 505 号包缝线迹的缝纫设备。由针杆机构、弯针机构、切刀机构、差动送料机构、张力调节器和自动润滑机构等部分组成。转速3000～9500 r/min，最大针距 2～4 mm，压脚升距 2～6 mm，缝边宽度 2～6 mm，差动送料比(1∶0.6)～(1∶2)，是面大量广的包缝机型。通过调整张力，可获得 504 号或 505 号线迹。线迹美观、牢固、耐用，拉伸性好，广泛用于针织物、巾被、羊毛衫、毛毯等的包边、拼合和包缝联合作业中。

三线包缝线迹　three-thread overedge stitch　国际标准 ISO 4915 中编号为 504、505、508、509、521 号的线迹。504 号线迹：针线 1 的线环从已包绕缝料边缘的钩线 a 的上一个线环中穿入缝料，与缝料反面钩线 b 的线环进行互连，钩线 b 的线环再在缝料边缘与钩线 a 的线环进行互连，钩线 a 的线环互连后至下一个穿刺点，缝料表面显示平行钩线线迹。主要用于各类织物的包边。505 号线迹：由一根针线 1 和两根钩线(a 与 b)互相串套形成的线迹。缝料表面显示平行钩线线迹。主要用于各类织物的包边。也可用于缝合受拉伸较大的部位。与504号线迹的主要区别在于后者的面线张力大于前者，而拉伸性不如前者。508号线迹：由两根针线(1与2)和一根钩线a互相串套形成的线迹。缝料表面显示平行的针线与交叉的钩线线迹。主要用于缝料的边缘包缝。509号线迹：针线(1和2)的线环从已包绕缝料边缘的钩线a的上一个线环中穿入缝料，并在缝料的另一面与钩线a的线环互连，包绕过缝料边缘到达针线1和2的下一个机针穿刺点。缝料表面显示平行的针线线迹与交叉的钩线线迹。主要用于各类织物的包边。521号线迹：由两根针线(1与2)和一根钩线a互相串套形成的线迹。缝料表面显示平行的针线线迹和网状钩线线迹。主要用于各类机织物的布边包缝。

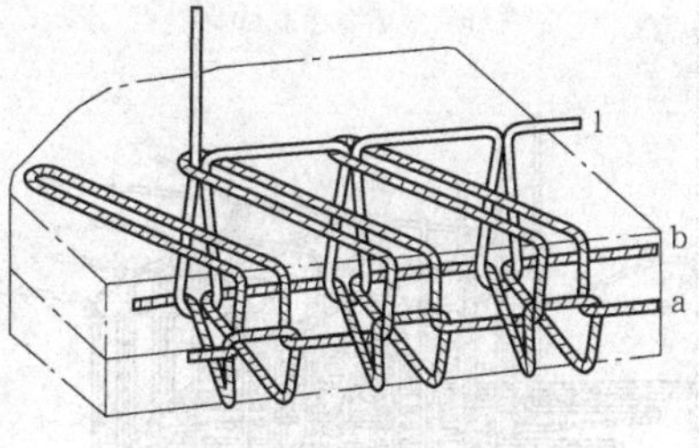

三线包缝线迹504号

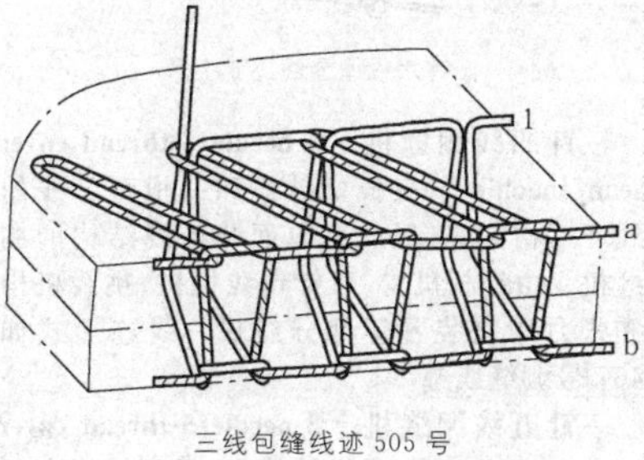

三线包缝线迹505号

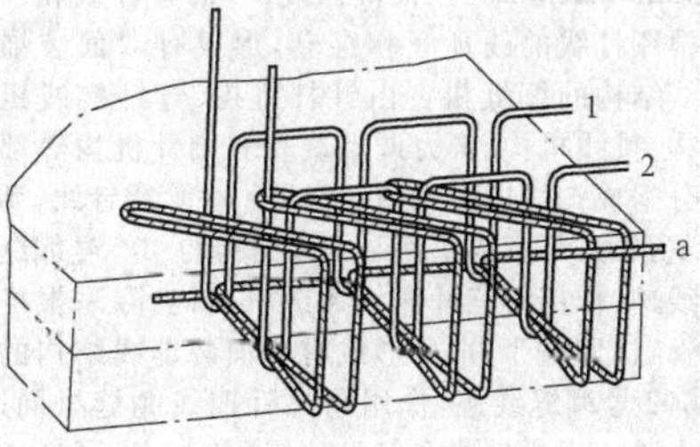

三线包缝线迹508号

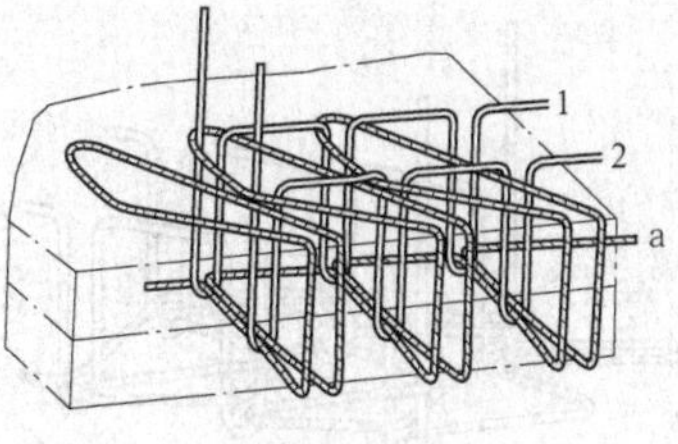

三线包缝线迹509号

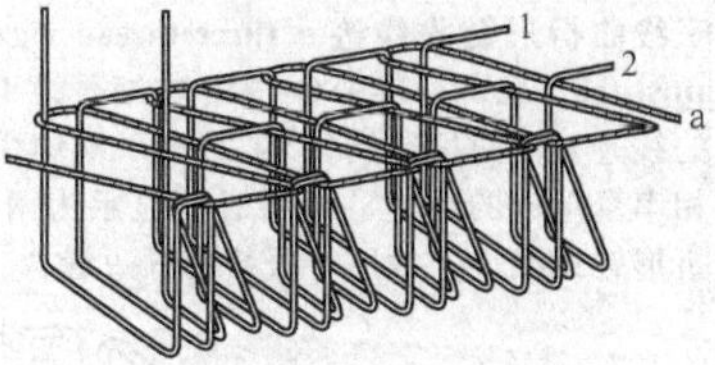

三线包缝线迹521号

三线衬垫织物 three-thread inserted fabric 即“添纱衬垫针织物”(514页)。

三线覆盖链式线迹 three-thread covering chainstitch 即“三针五线绷缝线迹”(443页)。

三线链式线迹 three-thread chainstitch 国际标准ISO 4915中编号为402、406号的线迹。402号线迹：由两根针线(1和2)从机针一面穿入缝料，露出缝料另一面后穿入钩线a的前一个线环，针线的线环依次与钩线a的线环进行互连形成线迹。缝料表面显示为两根直线形针线线迹。常用于牛仔裤类服装缝合。406号线迹：两根针线(1和2)的线环从缝料正面穿入，露出缝料后穿入由钩线a的前线环分离的两个线环，再穿向缝料正面，按照前述动作与钩线a的线环相互串套，如此反复循环，缝料表面形成两根直线形针线线迹。多用于针织服装的滚领、滚边、折边、绷缝、拼接缝等。

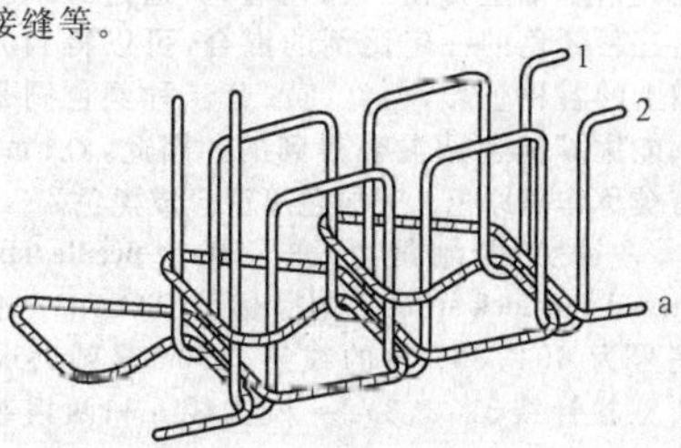

三线链式线迹402号

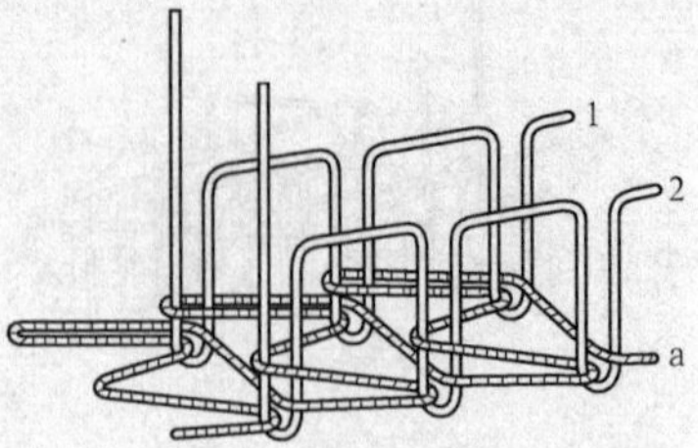

三线链式线迹 406 号

三线曲折形链式线迹　three-thread zigzag chainstitch　国际标准 ISO 4915 中编号为 405 号的线迹。由两根针线(1 与 2)和一根钩线 a 互相串套形成的线迹。缝料表面显示为两根曲折形针线线迹。常用于服装的领边缝合。

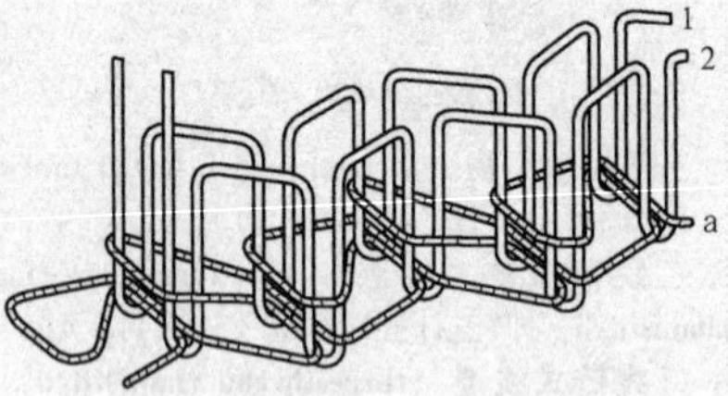

三线曲折形链式线迹

三衣箱　sanyixiang　在中国传统戏曲中特指放置某种演出用服装的箱子。见“衣箱”(610 页)。

三应原则　three needs principle　形象设计原则之一。塑造个人形象要适应具体所处的场合、个人特点和约定俗成的各种规范。广泛用于指导人们的服饰搭配并规范人们的行为举止。

三原色　three primary colors　红、黄、蓝三种颜色。19 世纪初英国物理学家托马斯·杨在光谱基础上提出三原色理论:通过红、黄、蓝三种颜色的一定比例的混合,可以得到光谱上的各种色彩,而红、黄、蓝三种颜色则是不能用其他色调混合得到的。因此,红、黄、蓝被称作三原色。三原色可混合成黑色。

三针六线绷缝线迹　three-needle six-thread flat lock stitch　国际标准 ISO 4915 中编号为 604、607 号的线迹。604 号线迹是由三根针线(1、2、3)、一根钩线 a 和两根装饰线(Y 与 Z)相互串套形成的线迹。缝料表面显示平行的针线线迹和网状的装饰线线迹。主要用于高级针织服装的缝制、加固、拼缝等。607 号线迹是由三根针线(1、2、3)、两根钩线(a 与 b)和一根装饰线 Z 相互串套形成的线迹。缝料表面显示平行的针线线迹和网状的装饰线线迹。主要用于高级针织服装的缝制及装领等。

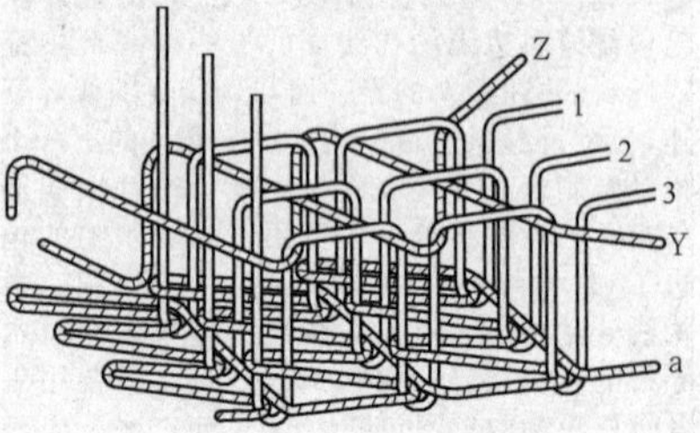

三针六线绷缝线迹 604 号

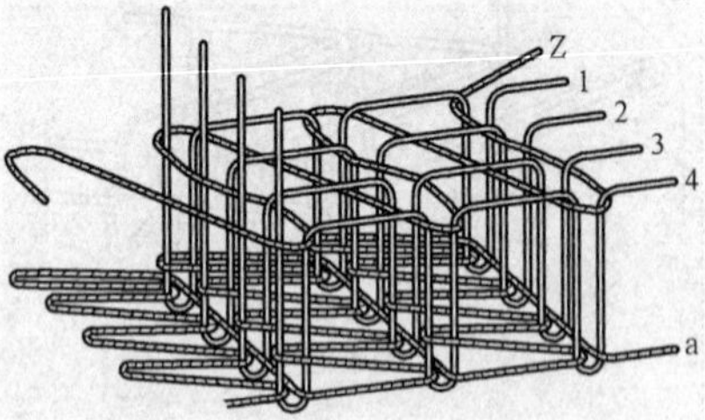

三针六线绷缝线迹 607 号

三针四线绷缝机　3-needle 4-thread cover seam machine　三根机针线和一根弯针线的线环互相穿套,形成有单面装饰线结构的绷缝机。由针杆机构、弯针钩线机构、挑线机构和张力调整装置等部分组成。线迹形式如 407 号绷缝线迹。

三针五线绷缝机　3-needle 5-thread cover seam machine　三根机针线、一根弯针线和一根绷针线的线环互相穿套,形成有双面装饰线结构的绷缝机。由针杆机构、弯针钩线机构、挑线机构、张力调整装置和绷针机构等部分组成。线迹形式如 605 号。去除绷针线,调整张力,可形成单面装饰线结构的 407 号绷缝线迹,作用与三针四线绷缝机同;去除一根机针线,调整张力,可形成有双面装饰线结构的 602 号绷缝线迹,作用与二针四线绷缝机同;去除一根机针线和绷针线,调整张力,可形成单面装饰线结构的 406 号绷缝线迹,作用与二针三线绷缝机同。用于针织内衣、外套、运动衫等服装的布边处理(如内衣领圈、下摆、裤边或滚边等)。

三针五线绷缝线迹　three-needle five-thread flat lock stitch　又称三线覆盖链式线迹。国际标准 ISO 4915 中编号为 605 号的线迹。由三根针线(1、2、3)、一根钩线 a 和一根装饰线 Z 相互串套形成的线迹。缝料表面显示平行的针线线迹和网状的装饰线线迹。主要用于高级针织服装的缝制、加固、拼缝等。

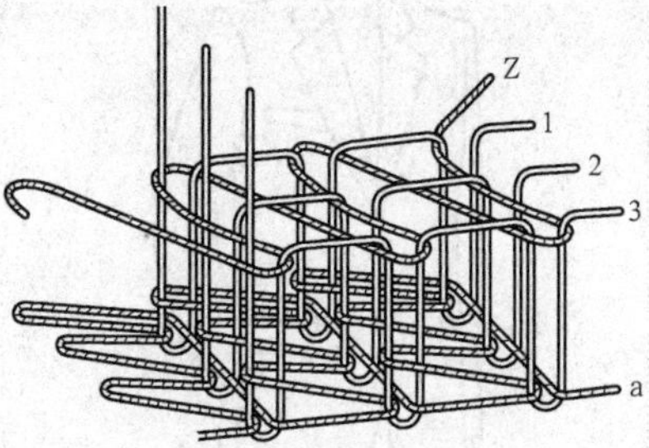

三针五线绷缝线迹

三直线型锁式线迹　three straight lock-stitch　国际标准 ISO 4915 中编号为 303 号的线迹。三根针线(1、2 和 3)的线环从机针一面穿入缝料,与钩线 a 交织,在缝料另一面形成的线迹。缝料表面显示为三根直线形针线线迹。一般用于腰带,多层平行活褶等。

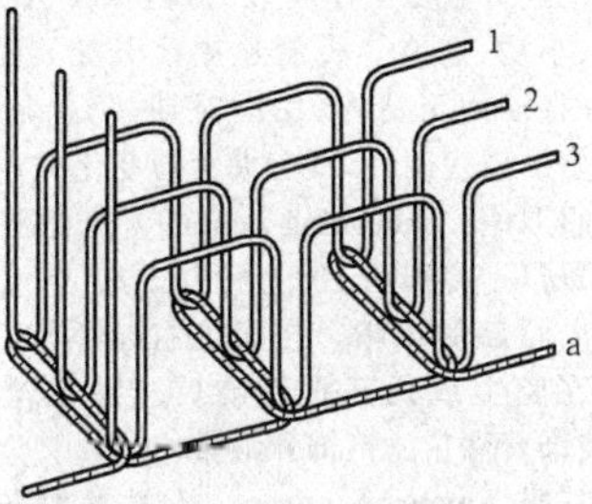

三直线型锁式线迹

三自动平缝机　computer lockstitch sewing machine　又称电脑平缝机。具有自动剪底线和面线、自动定位停针、自动倒回车、自动升降压脚和定针数等功能的平缝机。由计算机控制的电磁离合器、针位检测器、剪线装置、送料机构、针杆机构和旋梭钩线机构等部分组成。可选择的停针位有 3 个:起始缝、停止缝和倒回车。具有生产效率高、缝纫质量好、劳动强度低等优点,适于大批量、少品种的缝纫作业。

散粉　loose powder　即"蜜粉"(352 页)。

散粉刷　powder brush　一种化妆工具。较好的散粉刷一般是由马毛、貂毛、松鼠毛做成的。为了将蜜粉细致均匀地涂在脸上,粉刷上沾的粉不宜过多,使用前先倒过来,把毛上的粉吹掉些。

省　dart　"省道"(443 页)的简称。

省道　dart　简称省。服装结构名称。为适合人体和款式造型需要,将部分衣料缝合,使之形成与人体外部曲面形态相吻合的曲面状态,达到合体和装饰的效果,使人体的曲线美得以更好地展现。命名方式按所在部位分:"胸省"(580 页)、"肩省"(250 页)、"腰省"(604 页)、"肚省"(109 页)、"门襟省"(349 页)、"袖窿省"(585 页)、"胁省"(570 页)、"侧缝省"(46 页)、肘省、领口省、"袖口省"(584 页)等;按省道形状分:"钉子省"(103 页)、"开花省"(280 页)、"橄榄省"(172 页)、不对称省等;按历史惯性和复合构成可分:"法式省"(123 页)、肩胸省等。

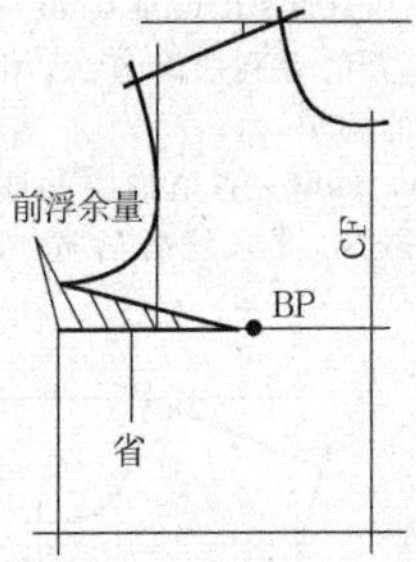

省道

省道符号　dart　服装结构制图符号。表示缝制时将某部位浮余的量缝去以使服装更好地贴合人体。

省道符号

省道转移 **dart transfer** 又称转省。服装结构设计中处理省道变化的一种方法。以省端点为旋转中心，旋转衣身，将某部位省道的量转移到衣片上的其他部位，旋转时省的角度不变，而省道量会改变。常用于将衣身基础纸样的省道转移到款式所要求的省道上。例如以胸高点(BP)为中心，将A点转到A′，B点转到B′，SP点转到SP′，转移后不影响服装的尺寸和适体性。

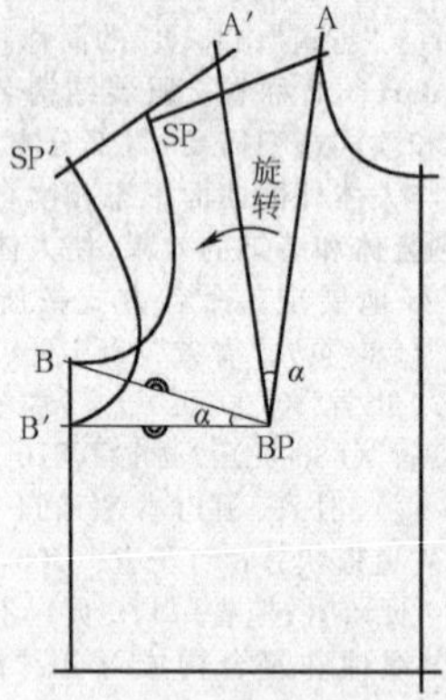

省道转移

省缝环缝 **catch stitching seam** 为防止纱线脱散，将剪开的毛呢服装省缝，用纱线作环形针法绕缝的动作。

省尖 **dart point** 省道的尖端部分。省尖的缝合要求较高，要求缝合后省尖外观不能起鼓。

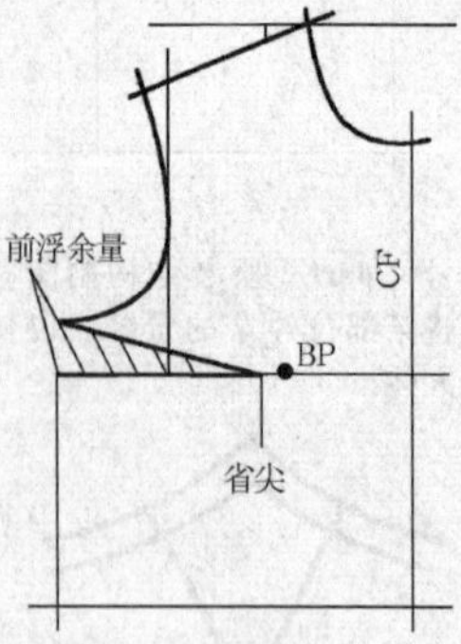

省尖

省尖凹窝 **crumples at dart point** 服装外观疵病。服装收省部位省尖瘪进、里沉，形成一个小窟窿的现象。尤以长型直省较多见。造成原因是省尖部位衣料缝进过多，或打回针时，针迹轨道紊乱。补正方法为：在缝省近省终端时，要注意衣缝顺直，尖端点只有一针针迹，使省尖不会凹窝。

省尖起泡 **dart bubble** 服装外观疵病。省道的尖端出现泡状不平整形态的现象。形成原因是缝省时省尖处没有逐步收尖。

省尖起泡

丧服 **sangfu** 中国古代居丧时所穿的一种服装。商周时分为斩衰、齐衰、大功、小功、缌麻五等。通常以服装款式、材料质地及服用时间为区别，使用时视与死者关系远近亲疏而定。五服之中以斩衰为重，依次为齐衰、大功、小功、缌麻。丧服从周代开始，历经各代，一直沿用至清末、民国时期，仍保持着较为原始的周代制度，没有太大的变化。

丧服罩帽 **mourning bonnet** 配合丧服的黑色罩帽。特别指19世纪70～80年代的一种远离脸部的罩帽。在颏处打结系牢，面纱或罩在脸上或任其垂于脑后。黑色丝绸制作，装饰着大量的褶饰和缎带。

丧礼服 **mourning dress** 女性参加丧礼活动时穿着的礼服。款式简洁，少露肌肤的套装、连衣裙均可。通常选用黑色或近似黑色的面料。除领口可用白色镶边外，其他颜色一律不用，鞋也为黑色。根据穿着者与死者的关系及仪式的种类，可分为正式丧礼服、准丧礼服、便式丧礼服三种。避免采用闪光、华丽面料。避免用花边。除黑水晶之外，避免佩戴宝石等华美首饰。

丧礼服

桑波缎　sangbo crepe damask　丝织物名。经线采用22.22～24.42 dtex×2(2/20/22 旦)桑蚕丝，纬线采用[22.22～24.42 dtex×2(2/20/22 旦)18 S 捻/cm + 22.22～24.42 dtex(20/22 旦)] 16 Z 捻/cm 强捻桑蚕丝，以五枚纬面缎纹地提出五枚经面缎花纹的丝织物。织物爽挺舒适、弹性好、缎面光泽柔和，地部略有微波纹。用作衬衫、妇女连衣裙等的面料。

扫眉　penciling the eyebrows　中国古代妇女的一种饰眉方法。通常将本身眉毛剃去，以黛描绘。也可不剃眉毛，仅用黛色描饰。南北朝以前多用石黛描绘，南北朝以后，则多用画眉墨绘之。古代妇女画眉形式繁多，常见的有八字眉、广眉、愁眉、长眉、柳眉、月眉、阔眉、桂叶眉等。

扫帚领　whisk collar　即“拉巴托领”(299 页)。

DIN 色标系统　Deutsche Industrienoym, DIN　原指德国工业标准，在色彩中则指一种色标系统。它与奥斯特瓦尔德色标系统不同，是以对数来区分暗度等级的系统，在行程中心黑由轴的角度决定纯度。色相在等纯度 $s=b$ 以及等暗度 $D=1$ 中从黄色开始循环分 24 色相。但因为白色是 $D=0$，所以底面是带曲率的倒立圆锥形的色立体。色表示为 T(色相) - S - D 的记号形式。

色彩　color　又称颜色。由于光照射物体时，物体本身对光线有反射或吸收的能力，反射的光刺激人眼，并通过视神经传递到大脑，最终在大脑中形成的感受。一般情况下界定色彩有一个默认的前提，即这种色彩是在白色的光线下，一般是在日光下呈现出来的。色彩含色相、纯度、明度三属性。色彩是设计流行时装和饰物的重要因素，选择色彩要考虑年龄、体型、职业、肤色、性格、活动环境、气候、季节、心理诸因素以及社会流行趋势等。色彩的三原色是红、黄、蓝。

色彩悲欢感　color joy-sad feeling　由色彩明度和纯度产生的对人的情绪感觉。高纯度及高明度的暖色有欢愉感、快乐感；低纯度和低明度的冷色有忧郁感、悲伤感。无彩色中的白色和其他纯色组合时感到活跃、欢乐；黑色是忧郁的，和其他纯色配合时会有低沉之感；灰色则是中性的。如自然界予人以轻快、舒畅的感受；而光线幽暗的房间则有忧郁不安之感。

色彩比例　color ratio　色彩形态美学构成形式。服装色彩局部与局部、局部与整体之间长度、面积大小的关系，对服装的整体风格和美感起着很大的作用，常用的比例有等差数列、等比数列、黄金分割等。黄金比被公认为传统美的比例形式，连衣裙的腰节线分割比例常用此比例。一般尽量避免等面积、等长度的设计，长衣短裙、短衣长裙等能体现对比美的设计方案常被采用。

色彩不对称　color dissymmetry　色彩形态美学构成形式。在对称轴左右，色彩的强弱、轻重、大小存在着明显的不均衡差异状态，表现出视觉生理及心理的不稳定性，处理不当，易产生倾斜、偏重、怪诞、不大方、不安定的弊病，有奇特、新潮、动感强、趣味性足等特点。常见的不对称美，一类是服装款式本身具有对称性，而色彩布局不对称，如马戏团半白半黑的小丑装；另一类是款式本身呈不对称状，如露肩，单臂的夜礼服等。

色彩层次　color gradation　颜色分层次、有规律的变化。这种有规则的变化，在配色中能产生良好的效果。

色彩错觉　color illusion　色彩视觉生理现象，人眼的错视感觉之一。同一种形和色的物体，由于处在不同的位置或环境，会使人产生相异的视觉判断，它是因人脑对外界刺激的分析发生困难和偏差而造成的，并非客观存在。包括明度错觉、空间错觉、补色错觉、空间混合等。在服装设计中，人们常利用它来衬托肤色及改观体型等。

色彩搭配 **color combination** 色彩相互之间的搭配关系。服装上配色除了考虑衣服的内外、上下关系外，还涉及配件、穿着者的肤色、穿着环境色等因素。服装具体配色上还应综合考虑色彩的面积大小、形状、位置以及材料质感等。

色彩动静感 **color move-quiet feeling** 色彩给人活泼与沉静的感受。这种感觉带有积极或消极的情绪，是人对色彩的主观感受之一。积极的色彩能使人产生兴奋、激励、富有生命力的感觉，消极的色彩则体现沉静、安宁、忧郁之感。色彩的兴奋与沉静感和色相、明度、纯度都有关系，其中纯度的影响最大。在色相中，具有长色光特性的红、橙、黄色给人以兴奋、运动、活泼的感觉；具有短色光特性的蓝色系给人以安静、沉静之感。假如这些色的纯度降低，其动感或静感也会随之降低。绿和紫则既无动感，也无静感，处于中性状态，属于中性色。在具体设计中，婚庆、节日、典礼的服装色彩多用兴奋色，年轻人、儿童、运动服等多用鲜艳的兴奋色，老年人、医护人员常用沉稳的色彩。

色彩对比 **color contrast** 两种色彩相比较而产生出的明显差异关系。当两种色彩依据明度、纯度、色相原理而达到各自最大程度时，称为极对比，如色相对比（红绿、紫黄、蓝橘）、黑白对比、冷暖对比等。

色彩对称 **color symmetry** 色彩形态美学构成形式。在中心对称轴左右两边所有的形态对应点都处于相等距离的形式，称为左右对称。以对称点为中心，两边所有的对应点都等距，按一定的角度将形态配置排列的形式，称为放射对称。回转角作180°处理时，其形式称为螺旋对称或逆对称。因人体是对称的，故服装色彩大都设计成左右对称。

色彩分割 **color partition** 即“色彩间隔”（446页）。

色彩感情 **color feeling** 人对色彩的主观心理感受，包括色彩的冷暖、进退、轻重、软硬、动静、喜庆、苍凉、强弱等知觉感情。色彩的视觉心理感受往往与人们的知识背景、心情、意识，以及对色彩的认识有着紧密关联。总体上，不同的色彩给人以不同的色彩感情，但是人们对于色彩本身的情感大体上是一致的。

色彩功能性 **color function** 色彩的物质实用机能，有示警、辨认、调温、防护、伪装、反光等。表现为满足人们生理、心理的需要及与自然、社会环境的谐调，如医务人员职业服的白色易显脏，是为了保持清洁，卫生；而游泳衣的鲜艳显色，则是便于救生员发现救助目标。

色彩关联 **color association** 又称色彩呼应。在相关平面或空间不同位置的色彩，为避免孤立状态，采用相互照应、相互依存、重复使用的手法，取得统一协调的美感。主要指服装中外套、内衣、裤子、头巾、包、鞋、首饰等之间的色彩呼应关系。一般有两种手法：(1)分散法，即让一种或几种色彩同时出现在不同部位，使整体色调统一在某种格调中，如浅黄、浅红、墨绿等色组合，浅色作大面积基调色，深色作小面积对比色，成为高长调类型。此时，墨绿色最好不要仅在一处出现，可适当在其他部位作些呼应，使其产生相互关联的势态。但色彩不宜过于分散，以免使画面出现平板、零乱之感。(2)系列法，一个或多个色彩同时出现在不同平面与空间，组成一组系列，以产生协同、整体的感觉。

色彩关系 **color connection** 在服饰设计时，对各种服饰品进行色彩构思而形成的相互之间的关系。

色彩呼应 **color correspondence** 即“色彩关联”（446页）。

色彩华丽感 **color gorgeous feeling** 色彩组合时，选用高纯度色、强对比色、多色相色、有光泽色，给人以富丽、辉煌的华美感。

色彩混合 **color mixing** 将两种或多种色彩互相混合，造成与原有色不同的新色彩。分加法混合、减法混合、空间混合三种类型。

色彩间隔 **color interval** 又称色彩分割。在色彩之间嵌入其他色彩，以起到调节作用。当色彩过于融合或过于强烈时，可以采用包边线或色带、色块间隔的方法，作为两色之间的缓冲色，从而缓解对比色或互补色直接对比的强度，使其配色达到调和。色彩间隔有三种：(1)以黑、白、灰中任何一色嵌入，间隔效果易突出。(2)以金、银色作间隔，但需注意与其他色彩的协调。(3)有彩色作间隔，需与原色彩有对比，如对比色对比、补色对比、明度对比和强度对比等。

色彩渐变 **color fade** 即“色彩推移”(448页)。

色彩节奏 **color rhythm** 色彩美感形式的一种。通过色彩的色相、明度、纯度、形状、面积、位置、肌理等要素的强弱、大小、长短的反复变化，来加以体现。一般有重复性、定向性及多元性等多种节奏形式。

色彩进退感 **color advance-retreat feeling** 色彩在相互对比中产生的前进、后退的视觉反应。在几种色彩相混合的平面中，常感觉它处于一个跃动的立体中，有的色彩突出具有前倾感，有的则隐没具有后退感。暖色系中红、橙、黄等色彩具有扩张性，看似接近故称为前进色或近色；冷色系中蓝、蓝绿、蓝紫等色彩具有收敛性，看似远离故称为后退色或远色。从色的明度来看，明度高的色感觉近，明度低的色感觉远。总体而言，暖色近，冷色远；亮色近，暗色远；纯色近，灰色远。

色彩均衡 **color balance** 色彩形态美学构成形式，在中心对称轴左右显示异形基本同量的非对称状态。色彩的强弱、轻重等性质差异关系，给人以相对稳定的视觉生理、心理感受。具有活泼、丰富、多变、自由、生动，有趣的特点。上下均衡、前后均衡是设计中常见的应用形式。

色彩冷暖感 **color cool-warm feeling** 色彩对视觉的作用而使人体产生的一种主观感受。红、橙、黄让人联想到太阳、火光、热血，带有温暖感；而蓝、白则让人联想到海洋、冰山，具有寒冷感。其中橙色被认为是色相环中最暖色，而蓝色则是最冷色。此外，冷暖感还与色彩的光波长短有关，光波长的给人以温暖感受；光波短的反之，为冷色。在无彩色系中，灰色、金银色为中性色，黑色为偏暖色调，白色为冷色。

色彩联想 **color associate** 观看某种颜色时，联想与这一颜色相联系的其他事物。这种色彩联想是通过对以往接触的事物的记忆和知识所形成的。由于年龄、性别、民族、文化程度、生活环境、社会经历不同，每个人对颜色产生的联想也不尽相同。一般地说，儿童的色彩联想往往是身边的动物、植物、食物、风景等；而成年人随着生活经历的增加，联想的范围和抽象概念也会随之增加，对某色形成一种特有的感情或某种象征。色彩联想分为两类：具象联想和抽象联想。具象联想，指色彩与客观存在的实体之间的联想性，如看到黄色会想到香蕉、菠萝等；抽象联想，指由观看到的色彩直接想象到某种富于哲理性或抽象性逻辑概念的色彩心理联想形式，如注视蓝色，会让我们联想到希望、宁静、凉爽等。

色彩美 **color aesthetic** 由色彩因素而产生的美感。服装设计在色彩配置上的总要求，也是服装外表美的重要内容之一。具体表现在两个方面。一是服装本身所具有的色彩美感，包括服装面料的色彩美和服装经过搭配而产生的色彩美。一般情况下，设计师是对现有面料色彩进行选择，表达其设计意图。服装搭配的色彩美感往往由穿着者完成，在选择服装时不知不觉地运用自己的色彩审美观。二是由服装与外界因素的协调而产生的色彩美感。包括服色与饰品、服色与肤色、服色与环境等。世上没有绝对漂亮或难看的色彩，关键是它的使用环境和场合。如用浑浊的颜色表现乞丐装一定比鲜亮的颜色和谐得多；在鲜色流行期，温柔高雅的含灰色系在高级成衣设计中不得不退居二线。

色彩民族性 **color nationality** 世界各地的不同民族中，由于传统、习惯、风俗、宗教、地域、气候等因素的差异，形成某些色彩的象征内容不同。如绿色被伊斯兰教国家、民族视为神圣之色，王朝之服多为绿色，而在中国古代朝服中，绿仅是地位低下的七品官服色。

色彩明暗感 **color light-dark feeling** 由色彩明度高低产生的视觉感受。明度高的色彩显得明亮，明度低的色彩显得暗淡。但色彩的明暗感并不反映在明度的高低，如白与黄并列时，尽管白的明度比黄高，但还是黄显得明亮；蓝与蓝绿并列时，尽管蓝绿的明度比蓝高，却觉得蓝色较明朗。紫、黑通常不会给人以明亮的感觉,红、橙、黄、白通常不会给人暗淡的感觉。当两个不同明度的色并列时,明色将变得更明,暗色将显得更暗。

色彩贫富感 **color rich-poor feeling** 色彩给人的华丽辉煌之感,或质朴平实之感。纯度对色彩的这种感觉影响最大,明度、色相其次。总体而言,纯度高的色华丽,纯度低的朴素;明度方面,色彩丰富、明亮呈华丽感,单纯、浑浊、深暗色呈现质朴感。金、银等光泽色感觉华丽、富贵,金比银更甚。在实际配色中,使用色相差距较大的纯色和白、黑色时,会随着明度对比的增强而产生华丽感;纯度和明度差距小的色相互配合时则感觉朴素。此外,金银色虽华丽但可以通过黑白的加入,使其朴素;同样,如有光泽色的加入,一般色彩也能获得华丽的效果。

色彩强度 **color intensity** 即"明度"(358页)。

色彩轻重感 **color light-weight feeling** 因物体色彩的不同而产生的与实际重量不符的视觉效果。暖色和明色使人感觉轻快,冷色和暗色使人感觉沉重;明度相同时,纯度高的感觉轻,纯度低的感觉重。如白、浅蓝、浅绿色有轻盈之感;而黑色让人有厚重感。

色彩软硬感 **color soft-hard feeling** 因物体色彩不同而产生不同软硬感的视觉效果。软硬感和明度有着密切关系。通常来说,明度高的色彩给人以软感,明度低的色彩给人以硬感。此外,色彩的软硬也与纯度有关,中纯度的颜色呈软感,高纯度和低纯度色呈硬感。色相对软硬感几乎没有影响。如掺入白灰色的明浊色有柔软感,纯色和掺进黑色有坚硬感,明清色和暗浊色则介于中间。无色彩中白和黑两色都是硬色,而灰是软色。在设计中,可利用此特征来准确把握服装色调,在女性服装设计中为体现女性的温柔、优雅、亲切,宜采用软感色彩,但一般的职业装或特殊功能服装宜采用硬感色彩。

色彩三属性 **color's three attributes** 色彩感觉上明度、纯度以及色相三个属性。其中任何一个属性的改变都将影响原色的面貌。

色彩设计 **color scheme, color planning** 为了巧妙地发挥色彩的合理机能性及配色效果,在理解配色原理的基础上,为达到不同的目的而进行的配色计划。服装中的色彩设计,特指对组成服装的色彩的形状、面积、位置的确定及其相互关系间的处理,根据穿着对象特征所进行的色彩的综合考虑与搭配设计。包括两个方面:一是服装整体诸要素的搭配,如上下衣、内外衣,衣服与鞋、帽、包等配饰,面料与款式,衣服与人,衣服与环境等,它们之间除了形、材的配套协调外整体效果要通过色彩的对比或调和体现出来;二是服装色彩设计无法被孤立地从服装造型或材质中抽离,应当和服装整体所要传达的意念保持协调。服装色彩还要受到流行趋势、穿着对象和环境场合等诸多因素的影响,对服装色彩的研究跨越了物理学、心理学、设计美学、社会学等多个学科,是一项复杂的工作。

色彩实体 **color substance** 从物理或化学上可以阐明和分析的颜色。通过视觉和大脑感知而对人类具有意义和内容。

色彩体系 **color system** 又称表色系。将色彩按一定的尺度进行归纳、创造并形成整体性、体系性。常用的色彩体系有孟塞尔色彩体系、奥斯瓦尔德色彩体系、日本PCCS色彩体系等。

色彩调和 **color harmony** 即"色调调和"(450页)。

色彩统调 **the same color tone** 在多种色彩进行组合的情况下,为使其达到整体统一、和谐协调的目的,用加入某个共同要素而让统一色调去支配全体色彩的手法。一般有色相统调、明度统调、纯度统调三种类型。

色彩推移 **color passage** 又称色彩渐变。将色彩按照一定规律有秩序地排列、组合的一种作品形式。主要有色相推移、明度推移、纯度推移、综合推移等。其特点是具有强烈的明亮感和闪光感,富有浓厚的现代感和装饰性,甚至还有空间幻觉感。

色彩象征 **color symbol** 人们在长期认识和应用色彩过程中总结形成的一种观念。色彩的象征与联想有着密切联系,当色彩联想内容达到共性反应,并通过文化的传承而形成固定的观念时,就具备了象征意义。但色彩的象征内容和象征意义并没有统一性和绝对性,这是因为政治、经济、文化、宗教、习俗不同所造成的文化差异及个人对事物认知的不同。如黄色在美国象征思念;在希腊象征美丽;在巴基斯坦象征婆罗门教。

色彩心理学　color psychology　以色彩对人产生心理感受为研究内容的学科。主要研究由视觉引发的从知觉、感情到记忆、思想、意志、想象的系列反应与变化,通过对色彩的经验积累而形成对色彩的心理规范。不同的色彩引起不同的心理活动和生理反应。如红色使人心理上温暖,在生理上引起脉搏加快,血压升高。长时间红光的刺激使人长时间兴奋,表现出烦躁不安。

色彩心理因素　color psychological factor　主要包括服装色彩心理的社会因素、个性因素和外在环境因素三个方面。服装色彩心理的社会因素是人们对于色彩的感知和偏好因受诸多社会客观因素的影响,逐渐呈现出来的一种对色彩的心理反映过程。如社会的政治意识形态、道德标准在一定程度上约束了人们对于色彩的理解和审美的标准,在潜意识中规范了人们的衣饰方向;民族传统习俗也形成了服装色彩社会心理因素的客观条件,从总体上决定服装色彩的共性特征;同时,时代科技、文化、教育、经济等物质基础的不断变化也促进和冲击了人们对于时尚的认知度;服装色彩心理的个性因素是人们对色彩个性化、多样化、差异化的美的追求的一种心理反映过程。由于人们主客观条件的差异,服装色彩与人们的心理要求有着错综复杂的关系。决定服装色彩的个性因素具体有消费者的着装动机、生活方式、生活类型、职业、文化、审美水准、兴趣爱好、个体的体型与肤色特征等。人们个性与心理倾向是形成服装色彩个性的关键要素,也是形成色彩丰富变化的主体因素;服装色彩心理的外在环境因素,主要包括三个方面:一是季节、气候对于心理因素的影响,如炎热的夏季,一般选择视觉无刺激性色彩,冬季选用温和、舒适的色彩。二是地理环境对于心理因素的影响,地区的地理条件形成了该区域对于色彩选择的总趋向。如北方较为寒冷、干燥,人们喜欢选用紫红色、棕色等,这类色彩可以有效调节视觉神经的疲劳,弥补人们的心理需求。三是出席的场合对于心理因素的影响。由于人们工作、生活的需要,在不同的场所追求不同的服装色调,服装色彩的协调是影响穿着者形象、内在品质的重要因素。

色彩醒目度　color attractive feeling　色彩在视觉中容易辨认的程度。明度较高、纯度较高的色彩以及暖色系的色彩比较醒目;明度较低、纯度较低的色彩以及冷色系的色彩则醒目程度比较差。同时,周围的色彩也对色彩醒目感有很大影响作用。如万绿丛中一点红,黄色和黑色的间隔就格外醒目,这是受到色相和明度的作用。

色彩质朴感　color plain feeling　色彩组合时,选用低纯度色、低明度色、弱对比色、单纯度色、无光泽色,给人以无华的质朴感。

色彩重点　color key　在进行色彩设计时,为了突出某一部位,改进整体设计单调、乏味的状态,增强活力感觉,通常在这个部位设计与周围色彩在明度、纯度、色相上完全不同的色彩,以起到画龙点睛的作用。色彩重点的使用应注意如下几点:(1)色彩重点的面积不宜过大,否则易与主色调发生冲突,从而失去画面的整体统一美感。面积过小,则因不易显露而失去作用。(2)色彩重点应选用比基调色更强烈或相对比的色彩。(3)色彩重点设置不宜过多,多重点即无重点,多中心的设计将会破坏整体效果,产生无序、杂乱的弊端。(4)并非所有的作品都设置重点色彩。(5)色彩重点应与整体配色平衡。

色彩专家　colorist　处理色彩的专家,如着色师、配色师、印染工作者、色彩设计师、画家等。

色彩庄重感　color solemn feeling　色彩组合时,选用冷色、低纯度色、低明度色、弱对比色,给人以严肃、庄重的感觉。

色差仪　chromatic difference meter　用于测量纺织品、涂料、染料、油墨、塑料、纸张等材料的表面颜色数据及色差的便携式分光光度计。适用标准:GB/T 7921—2008《均匀色空间和色差公式》,GB/T 8424.3—2001(2008)《纺织品　色牢度试验　色差计算》,ISO 105—J03 等。由光源、积分球、探测器、微处理器等组成。间隙式充气钨丝灯作光源,测量样品的反射光谱数据,同储存于仪器内的标准颜色进行比较,根据事先设定的容差，给出合格或不合格的提示，并可提供色度系统的绝对值（L,a,b 值）及相对值（ΔE）。

色差仪

色调　tone　色彩的基本倾向，是色彩的整体外观的一个重要特征，是色相、明度、纯度三要素综合产生的结果。色调的配合有浓淡、深浅、明暗等调子。色调的分类，按色相可分为红色调、黄色调、绿色调、蓝色调等；依据明度分为亮色调、灰调、暗色调；依据纯度可分为清色调、浊色调等；依据色彩的冷暖可分为冷色调和暖色调。

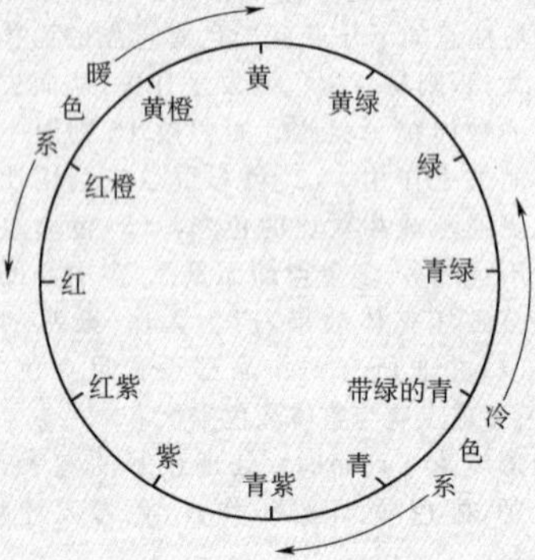

暖色和冷色在色相环上的布局

色调变化　tone change　变调、色调的转换。在服饰色彩设计中，一般考虑选择同品种多色彩系列设计。变调的形式一般有定形变调、定色变调、定形定色变调等。

色调调和　color harmony　又称色彩调和。两种以上的色彩按一定的秩序组合以形成相互协调的关系。在色相环中邻近排列的色彩，属于调和色，如蓝、蓝紫、紫等，这些色彩组合较易调和。

色粉笔　pastel　彩色粉笔的简称。一种绘图用笔。一种用颜料粉末制成的干粉笔。长度 8～10 cm，圆棒或方棒状。颜色丰富，多达 550 余种，可用在各种画纸上。由于粉末易吹散，画面完成后需用定画液。

色光　color light　不同波长的光的不同的色彩倾向。光源是构成色彩最基本的条件，光源分自然光源和人工光源两大类，太阳光是主要的自然光源，灯光是主要的人工光源。日光是一种包括了从波长最短的紫色到波长最长的红色在内的所有可见光的混合光。色光的三原色是红、绿、蓝。

色光暗淡　dull　物体表面粗糙而对光线反射弱，色彩显得暗淡。如麻织物、毛织物，色彩的纯度和明度有减弱趋势。

色环　color circle　又称色轮。以色彩环成圆形，12 等份，主色是红、橙、黄、绿、青、紫六色，每两色之间为中间色。12 色环的顺序为红→红橙→橙→黄橙→黄→黄绿→绿→绿蓝→蓝→蓝紫→紫→紫红。色环的排列顺序是与自然光谱或虹的顺序相同的。这 12 种色均匀地排列着，通过环心相对的色为互补色。

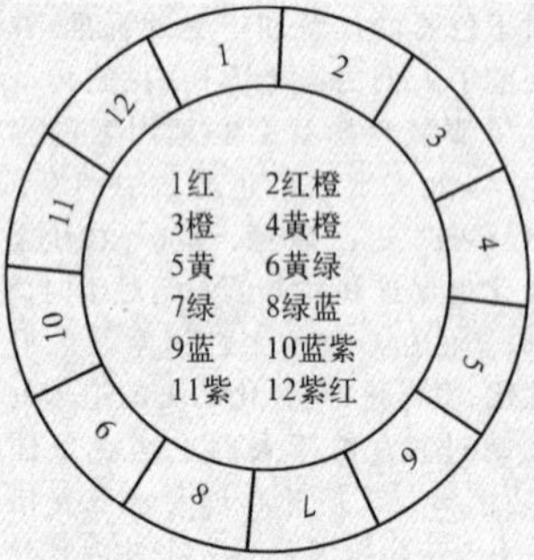

色环

色阶　color range　两种以上色彩之间的色位差，如同音阶一样相连的色差。如藏青的裙子配以藏青与蓝的格子夹克，或与蓝与粉红的条子女衫组合起来，构成相邻的色阶系列，使整体色彩调和。

色卡　colorbooks, color card　用以传递颜色信息的一种参照物。不同的色卡有不同的作用。按照用途可分：印刷、服装、纺织等系列。可以直观看出要选择的各种颜色和花纹图案。色卡分为很多种类，现在以美国 pantone 公司生产的系列色卡为主，还有德国的 ral 系列，日本的 dic 系列，其他的如 munsell 等色卡。

色块组合　color square coordination　不规则的几何形色块的组合。利用不同颜色或质地的布料，剪接或压线做空间的分割，如印花布与素色布的拼接、压线装饰等。有时毛衣与印花布图纹，也设计成此种效果。在1985年春夏巴黎新装展上，由波比·英雷尼发表。

色立体　color solid, stereo color　通过色彩的立体排列而使色彩系统化的组织方式。由于色彩的三属性是相互依存、相互制约、三位一体的三维空间关系，难以用平面的形式说明，只能借助于三维空间，采用旋转直角坐标的方法，以立体的形式表现。色立体通常是纵轴表示明度等级，一段表示白色，另一段表示黑色，中间段落为由浅至深的过程。横轴表示纯度等级，外段是纯色系，中点处为纯色和灰的混合色，中间段表示由纯色至混合色的混合过程。纵剖面形成了等色相面，横剖面形成等明度面。色立体有多种，主要有美国孟塞尔色立体、德国奥斯特瓦尔德色立体、日本色研色立体等。

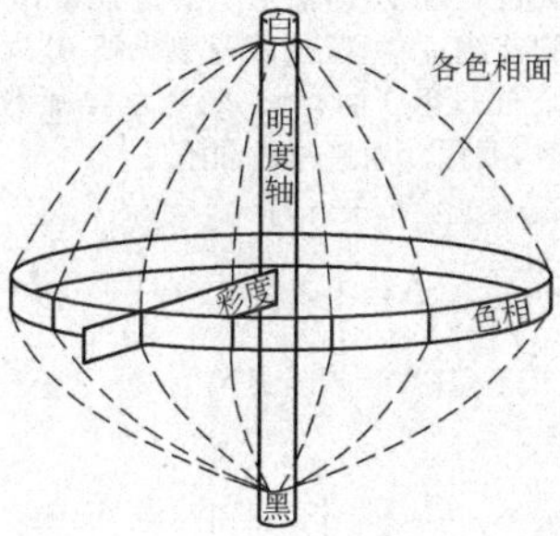

色立体构架示意图

色轮　color circle　即“色环”(450页)。

色名　color name　分为一般色名和惯用色名两种。一般色名也称其本色名，如红、橙、黄、绿、蓝、紫、黑、白、灰等。惯用色名通常以自然物质的色为名，如玫瑰红、胭脂红、柠檬黄、土黄、咖啡色、孔雀绿、湖蓝、天蓝等。色彩的修饰词有明度修饰词和纯度修饰词两种。明度修饰词如暗红、明黄、深蓝、浅绿、浅紫等；纯度修饰词如鲜红、灰蓝等。

色相　hue　色彩三属性之一。为色彩的最大特征，色彩的一种最基本的感觉属性，与色彩的强弱明暗无关，只是区别色与色的名称，对每一种颜色都有约定俗成的称呼，因此就有了我们色彩体系中的红、橙、黄、绿、青、蓝、紫等无数类型的色彩。这些色相是由光的波长决定，其中红、橙、黄、绿、青、紫六色组成了色彩的基本色相，在色相环上通过把纯色色相等距离分割，形成6色相环、12色相环、20色相环、24色相环、40色相环等，在12色相环上，可以清楚分辨出色相的三原色(红、黄、蓝)，以及衍生出的间色(橙、绿、紫)。此外，尤指混合色中占主导地位的原色，如以蓝色为主的灰色则为蓝色相。

色相对比　hue contrast　色彩对比中最简单和明显的一种。由未经掺和的色彩以其最强烈的、最纯的明度来表示的对比。按其在色轮上的排列位置来划分，有以下九种：(1)同色相对比；(2)邻近色相对比；(3)近似色相对比；(4)中差色相对比；(5)对比色相对比；(6)补色色相对比；(7)三色对比；(8)有彩色与无彩色对比；(9)全色相对比。色相对比对色彩视觉辨别要求不高。总的来说，相近的色相，对比柔和，容易协调，但比较单调；相距越远则对比越强烈，视觉冲击力大。

色相环　hue circle　根据自然光谱及色相的渐变排列成的圆环。其排列有多种方法，有10色、12色、24色、100色等多种。

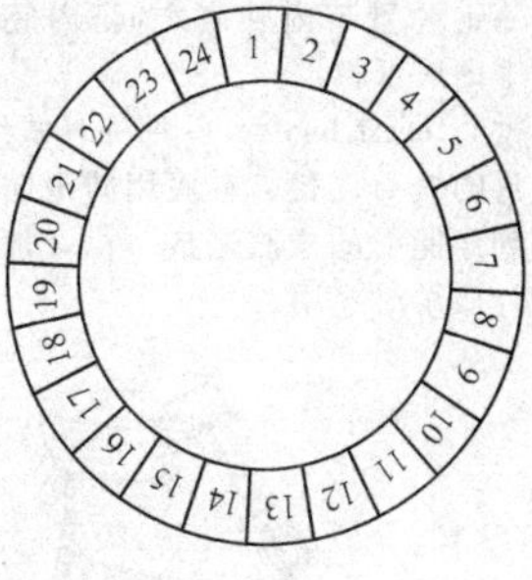

24色相环

色相统调　the same hue tone　在参与组合的各种色彩中，同时都含有某一共同的色相，以使配色取得既有对比又显调和的效果。如黄绿、橙、黄橙、黄等的色彩组合，是一种黄色相统调。

色相推移　hue passage　将色彩按色相环的顺序，由冷到暖或由暖到冷进行排列、组合的一种渐变形式。为了使画面丰富多彩、变化有序，色彩可选用色相环(似地球赤道)，也可选用含白色或浅灰的色相环(似地球北半球的纬线),亦可选用含中灰、深灰、黑色的色相环(似地球南半球的纬度)。

色织条格布 yarn-dyed stripe and check fabric 棉型织物名。用经过染色的棉或棉混纺纱线织制的布面呈条子或格子图案的织物。服用性能同棉织物或棉混纺织物。轻薄型的色织条格布主要用作夏季的衬衫和连衣裙面料,中厚型的色织条格布主要用作春秋季的衬衫、两用衫面料。

色织物 yarn dyed fabric 用漂染的后纱线织成的条、格及小提花棉型织物。主要品种有色织府绸、“牛津布”(373 页)、“牛仔布”(373 页)、“色织条格布”(452 页)和“线呢”(563 页)等。色彩调和,色调鲜明,花型多变,层次丰富。可用作衬衫、罩衫、裤、裙等的面料。

森林防火鞋 forest fireproof shoes 以经防水涂饰处理的皮革或帆布为帮面,氯丁橡胶和天然橡胶混合物为鞋底,经模压硫化工艺加工制作的高筒或半高筒鞋靴。鞋帮具有良好的防水性能,鞋底具有短时间抗高温能力,底花纹为粗深倒顺齿形,起防滑作用。鞋外底有效厚度不低于 4 mm,内底用具有良好吸排湿性能和防刺穿性能的植鞣底革制成,也可用薄钢片置于内外底之间,内底可采用普通纤维内底纸板。

森林靴 forest boots 一种外耳式结构,鞋口有软衬的矮筒皮靴。鞋底用防滑防水并有一定防刺穿能力的橡胶制成。供一般人员户外或森林旅游时穿用。

森林靴

僧袍 sengpao 在生活中僧袍的基础上加工而成的中国传统戏曲服装。与现实生活中僧袍的差异在于腰身较肥大,袖口尤宽,可达二尺以上,以显示庄穆沉重的风度。淡米黄或浅褐色缎面,不绣花饰。用于住持、长老等老僧,如《白蛇传》中的法海、《沙桥饯别》中的唐僧等。

沙法利式着装 Safari style wearing 着装风格的一种。适用于春夏季女性。一般上装为中长外套,下装多配以打皱的裤裙,头上佩戴宽檐毡帽或以宽檐草帽作装饰。大约始于 1967 年。整体印象为青春活力、休闲洒脱。

沙法利式着装

沙丽 sari 印度著名的传统服装。用一块幅宽约 1.2 m,长 5.5～11 m 的布料缠绕在身上构成的垂褶装束。属于块料型服装。穿着方法为从身体右侧开始包绕腰部,在靠近前中央位置时止住,然后从右侧开始作褶,余布从胸前绕过左肩,在后背中央留 0.5～1 m 长的余布。穿沙丽见长辈、参加结婚仪式或拜佛时,要用沙丽遮覆头和脸。

沙丽

沙漏式女装 hourglass dress 造型上宽下窄的服装。呈沙漏斗形状,20 世纪 70 年代末期出现。服装强调宽肩(加肩垫)细腰,配以 V 形大敞开领。1988～1989 年春交会上迪奥发布了束腰的用玻璃珠装饰的沙漏装。

沙漠鞋 desert shoes 以淡黄色绒面革为帮面,以相同或类似鞋帮颜色的橡胶或塑料为鞋底,用胶粘、硫化或缝绱等工艺加工成型的系带式高腰鞋。是模仿第二次世界大战中在北非沙漠战役中英国军官所穿用的鞋而设计的。20世纪90年代因某些英国通俗歌星的喜爱而流行。

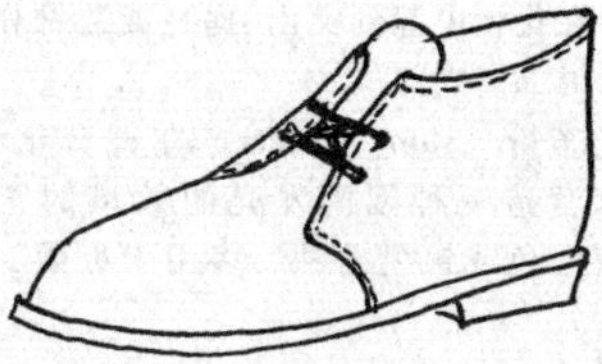

沙漠鞋

沙普列克法 Therblig 又称动作要素法。对作业人员基本动作进行分析、归类的动作研究方法之一。1921年由美国效率专家吉尔布雷斯夫妇发明，动作要素原为17项，后由美国工程学会增加1项而成为18项。利用沙普列克法可在服装作业进行之前，确定作业时间和工作进度并提出合理化改进方案。

沙滩鞋 beach shoes 在海滨娱乐时穿用的鞋。塑料鞋帮鞋底通过注塑工艺一次成型。鞋帮通常为网眼或条带式。可以用PVC塑料，也可以用EVA泡沫塑料。后者由于密度小、轻便，在海水中不会下沉。两者都可注塑发泡，因而使鞋更轻软。

纱 gauze silk 丝织物大类名。全部或者部分采用纱组织，织物表面有均匀分布的、不显条状的由绞经形成清晰纱孔的素、花丝织物。有素纱与花纱两种，素纱是由地经、绞经两个系统的经丝和一个系统的纬丝构成的经丝相互扭绞的丝织物。花纱分为亮地纱和实地纱。亮地纱是以纱组织为地组织，用平纹、斜纹、缎纹或其他变化组织构成花纹的纱织物。实地纱是以平纹、斜纹、缎纹或其他变化组织为地组织，用纱组织构成花纹的纱织物。纱织物诱气性好，是夏季服装的理想面料。

纱剪 thread clippers 用于手工作业或精确剪切的剪刀。一般用于试穿、车缝时剪线。选择时以刃口好剪，有弹性，锐利为佳。

纱剪

纱笼图案 sarong pattern 东南亚传统民族服饰图案。用于围裹身体的直筒长裙。运用彩色蜡染印花工艺，有连续循环纹、定位图案等格式。如由锐利的三角形等构成的盾邦纹可以强调裙的前片边饰，形成纱笼图案的整体性与完整性。

纱罗织物 leno ❶针织物的一种。按照花纹要求，转移线圈针编弧部段形成的纬编织物。❷机织物的一种。经线绞转与纬线进行交织而成的织物。

纱线捻度 yarn twist 纱线单位长度上的捻回数。表示纱线加捻程度的指标。纱线细度相同时，捻度的数值越大，加捻程度越高，纱线越紧密。短纤纱的捻度分为普通捻度和强捻两类，长丝纱的捻度分为无捻、弱捻和强捻三类。普通捻度的短纤纱织物手感比较柔软、丰满，无捻或弱捻的长丝纱织物手感光滑，光泽明亮，强捻的短纤纱织物和长丝纱织物都有干爽的手感，并且织物表面呈现绉效应。

纱线捻向 twist direction 加捻后纱线表层纤维的倾斜方向。有S捻和Z捻两种。纤维由左上方向右下方倾斜的为S捻，股线的捻向一般为S捻。纤维由左下方向右上方倾斜的为Z捻，单纱的捻向一般为Z捻。利用不同捻向的纱线间隔排列，可以加工隐条、隐格图案的织物。

砂锅浅 shaguoqian 中国传统戏曲盔头中男式冠帽的一种。圆形，平顶，以黑色平绒或绉绸为面料。因帽膛浅如砂锅而得名。用于显宦府中年老的门官、佣人，如《龙凤呈祥》中的乔福、《杨家将》中的杨洪等。

莎衣 shayi 即“蓑衣”(501页)。

鲨鱼皮革 sharkskin leather “鱼皮革”(619页)的一种。鲨鱼原皮经鞣制加工而成的皮革。表面呈深灰色，有些带明显的斑点花纹，手感粗糙，有砂布的感觉，比较坚实，耐磨，价格较昂贵。常用于制作皮包、皮带、皮鞋等产品。

色子贡 dice venetian 又称骰子贡。精纺毛织物名。表面有清晰网纹效果的中厚型素色精纺毛织物。除了全毛色子贡之外，还有毛涤色子贡等。织物紧密厚实，纹样细巧，平整光洁，富有弹性。适宜制作礼服、军服、套装、领带等。

晒伤妆 sunning red dressing 以日晒后的古铜色肤质和红色脸颊为主要特点的化妆。用深色粉底给脸部、脖颈、手臂皮肤打底，在两颊处涂抹较为活泼的高原红胭脂以形成日晒后的感觉。由冰岛女歌手比约克首创。

山狸子皮 leopard fur 即“豹猫皮”(23页)。

山猫毛皮 lynx cat fur 大毛细皮的一种。山猫主要栖息在加拿大、欧洲北部及亚洲北部。毛长而浓，毛根呈茶色，毛端为淡灰色，并具丝绸的触感，加拿大北部哈德逊湾和美国阿拉斯加所产的质量最好。与山猫极为相似但体形较小的小山猫，毛短，呈黄褐色，背中央无斑点，仅在体侧有少量斑点，主要产于加拿大南部到美国得克萨斯一带。按要求取皮加工成皮形完整的开片皮。常用于制作外套、皮领、袖口及镶边等。

山羊皮 goatskin 粗毛皮的一种。毛被半弯半直，皮板张幅大，柔软坚韧。我国现有的皮用山羊主要有济宁青山羊、中卫山羊、成都麻羊和宜昌白山羊等。山羊幼体的皮张称猾子皮，依其品种和产地可分为济宁路青猾皮、西藏路黑猾皮、中卫猾子皮和杂路猾子皮等。济宁路青猾皮和中卫滑子皮品质最佳，畅销国外，制裘后，适于做裘皮大衣、帽子、皮领以及服装的镶皮等。白色猾子皮经染色后可仿制高档裘皮。成年山羊皮张称山羊板皮，板纤维组织紧密，厚度适中，在制革中占有重要地位，是我国传统的出口商品。经鞣后的小山羊皮，薄而柔软，有黑、灰或白色波纹，皮白、柔软、细致光泽，可做女鞋鞋面、提包、腰带、上等靴鞋及手套等。

山羊皮革 goat leather “羊皮革”(601页)的一种。山羊原皮经鞣制加工而成的皮革。皮板软而坚韧，丰满有弹性，表面光洁平整，有清晰可见的由毛孔分布形成的鱼鳞状花纹。牢度较好，是制作服装、手套、舒适鞋类、包袋等的良好材料。每张面积为0.3～0.6 m^2，制作服装通常需要利用多种分割线的设计提高出革量，合理利用边角碎料。裁剪时需注意皮质的搭配和皮革的方向。缝合线一般选用低弹锦纶线或涤棉线，线迹密度不宜过大，以防止破坏皮质，降低缝口强度。

珊瑚 coral 一种圆筒状腔肠动物的石灰质遗骨，属有机类宝石。形态多呈树枝状，上面有纵条纹。横断面有同心圆状和放射状条纹。颜色常呈白色，也有少量蓝色和黑色，宝石级珊瑚为红色、粉红色、橙红色。

闪粉 glitter powder, shiny powder 又称荧光粉。细小的闪亮粒子。有粗有细，色彩繁多。在化妆中起到突出、提亮或装饰作用，多用于局部高光部位。

闪光蜜粉 shiny powder 在舞台化妆中可用来营造一种闪闪发光的效果的蜜粉。一般有金色或银色两种。多用于鼻梁、下巴和额头。

扇形袖 fan sleeve 肩上有褶裥，袖窿极深但袖口狭小的袖型当手向上提起时，袖子呈扇子形状。

扇形针钩编织物 flabellate stitch crochet 又称松编针钩编织物。由长针和短针针法钩编而成的编织物。确定花样针数(现以八针为例)后，起针以花样针数加一针作为基数(起针的总针数)。用锁针编成辫子，针挂着线圈向倒数第六针的锁针线圈里钩长针五针，从长针处数第四针钩短针一针，在锁针辫子上每隔三针编五个长针加一短针锁定，重复编织。编织第二层时，钩锁针三针的起立针，掉转织物在前层起端针圈中钩编长针两针，在第一个花样顶部(中心)编入短针，再插入前排短针线圈内编织长针五针，重复编织，成第二层，反复数层，呈扇形效果。结构较紧密，适合各类织物。

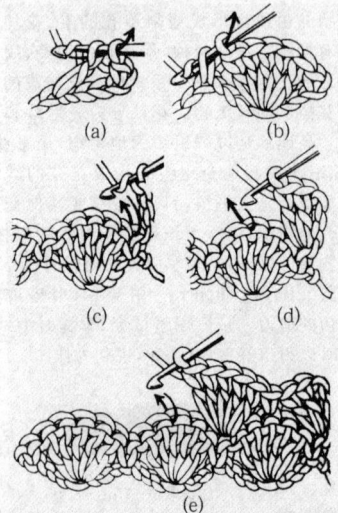

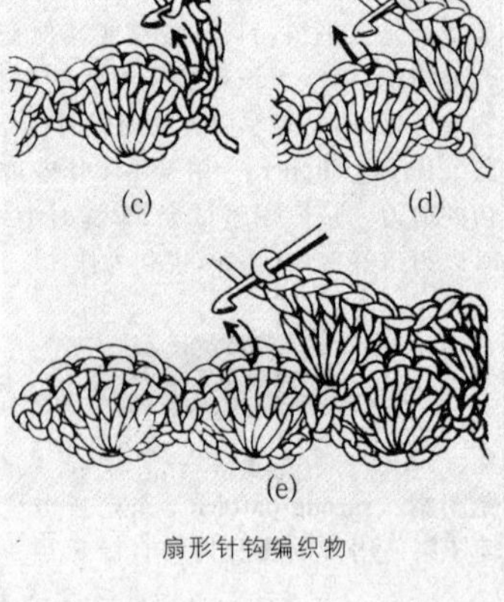

扇形针钩编织物

商业时装插画　commercial fashion illustration　报纸杂志中为配合编辑风格或辅助文章内容表达，用来活跃版面视觉效果的服装画形式。不必表现具体服装款式、色彩和面料特征。通常以强调艺术性、欣赏性的面貌呈现，以表达某种印象。表现方式较为自由，倾向于感性表达，画面的纯粹美感与视觉吸引力是创作的出发点。

商业时装摄影　commercial fashion photography　为提升时装产品市场认知度的时装摄影。分为时装报道摄影和时装广告摄影。通过一定的媒体手段将时尚产品介绍给市场消费者，让消费者或潜在消费者对广告中时装的设计特点、风格和新颖的功能产生印象，并引起大家的购买欲。

商用色　commercial color　为促进购物欲望而使用的颜色。色彩对比关系中的可视性、诱目性和视认性以及色关系、色功能、色的认知性等，常被利用在推销、宣传和展示商品上。

上臂长　upper arm length，UAL　从肩端点向下量至肘点的直线长度。上装袖肘线位置设计的重要参考值。见“人体长度尺寸”(426 页)。

上臂根围　scye circumference，SC　上臂腋窝处水平围量一周的长度。一般等于 0.3～0.32 胸围，对于服装袖肥的设计提供重要参考值。见“人体围度尺寸”(430 页)。

上臂围　upper arm girth，UAG　上臂最粗处水平围量一周的长度。服装袖肥设计的重要参考值。见“人体围度尺寸”(430 页)。

上臂围长　shoulder point to upper arm，SP to UA　从肩端点向下量至上臂最大围处的长度。确定袖肥的重要参考值。见“人体长度尺寸”(426 页)。

上裆　crotch depth　腰头上口到横裆线之间的部位，测量时取人体前或后腰线至会阴点之间的长度。该部位的尺寸是根据人体上裆的大小加上造型松量来确定的，一般情况下，贴体类裤装松量是 0～0.5 cm，较贴体类裤装松量是 0.5～1.5 cm，较宽松类裤装松量是 1.5～2.5 cm，宽松类裤装松量大于 2.5 cm。

上裆宽　crotch width　即“裆宽”(89 页)。

上裆围　crotch length　即“裆围”(89 页)。

上光小山羊皮革　glazed kid skin leather　“山羊皮革”(454 页)的一种。幼小山羊原皮经鞣制加工并经上光处理而成的皮革。开张较小，轻薄而柔软，粒面特别细致，表面光滑，为高档皮革。可制作服装、手套、鞋、包袋、皮带等。

上街套装　street suit　上街购物、散步时穿的服装。设计随意自然。相对于较正规严肃的办公室套装更为舒适、轻快，服装造型多呈 H 型。20 世纪 90 年代上街套装风格呈多样化趋势。

上平线　top horizontal line　各类衣片（如前后衣片、裤片、袖片、领片等）长度部位的第一条水平基础线。而后以此为基准，向下逐条画出衣片的各条结构线。用细实线表示。见“前后衣身衣领结构线”(406 页)。

上五色　shangwuse　中国传统戏曲服装色彩分类的专用名称。包括红、绿、黄（老黄、鹅黄、杏黄等）、白、黑五种颜色。与下五色的紫、蓝、粉红、湖色、古铜（秋香）共称“箱中十色”(566 页)。通常上五色用于较为尊贵、郑重的角色或场合，下五色则多用于便服。

上下差动送布　top and bottom differential feed　缝纫机推送缝料的形式之一。利用缝纫机压脚和送布齿条动程可单独调节的特性，使上下层缝料以各自的速度移动的送布方式。可用于各种缝料的抽缩缝制。

上下盘压领机　up-down collar pressing machine　衬衫成衣在展平状态下，领子的上下盘由初始的平面状压烫形变成符合人体颈项部位的复杂曲面的定形设备。由弧形上下铜领模、活动板、电热系统、液压或电气系统等部件组成。衬衫最长领衬 45 mm。熨烫压力 1.3 MPa，温度 50～300 ℃，外形尺寸 710 mm × 410 mm × 1200 mm，重量 230 kg，延时时间 3～30 s。作业时，在液压或电气传动下，活塞杆上下移动，带动电加热的凹凸上下铜领模在导向柱内移动，实现压领、保压、吸风定形和复位动作。整个熨烫过程不用蒸汽介质。

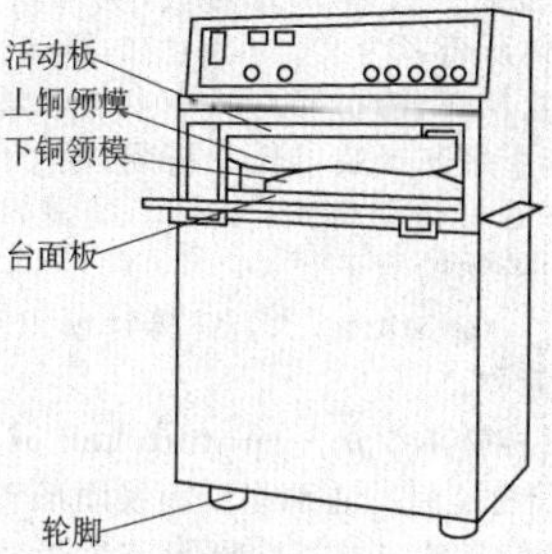

上下盘压领机

上下手衣 shangxiashouyi 中国传统戏曲中武行兵卒用的短式套装。上衣为斜大领，大襟右衽，窄袖，袖口收紧，紧身，长及臀，下着长裤。四套为一堂。土黄色布制，领口及下摆沿黑布边的称上手衣，由剧中正面军队的兵卒穿；黑或深蓝色布制，领口及下摆沿白布边的为下手衣，由剧中反面军队的兵卒穿。

上下送布 top and bottom feed 缝纫机推送缝料的形式之一。缝纫机压脚与送布齿条夹持缝料同步运动的送料方式。适于光滑织物的缝纫，可有效防止上下层缝料错缝。

上下针棒针编织物 up and down stitch knit of knitting pin 又称单罗纹编织物。两面呈正面线圈状态的基础棒针编织物。按其线圈形态称为上下针（罗纹）配置。下针线圈凸起，上针线圈凹陷，织物呈现不同宽窄的直条纹，织物门幅变窄，横向延伸性、弹性好，常见的一上一下单罗纹织物顺编织方向不会脱散。常用于袖口、领口、下摆、裤口编织。二上二下弹性好，类似宽条灯芯绒条纹。常用于紧身毛衫、袖口、领口、裤口和下摆编织。

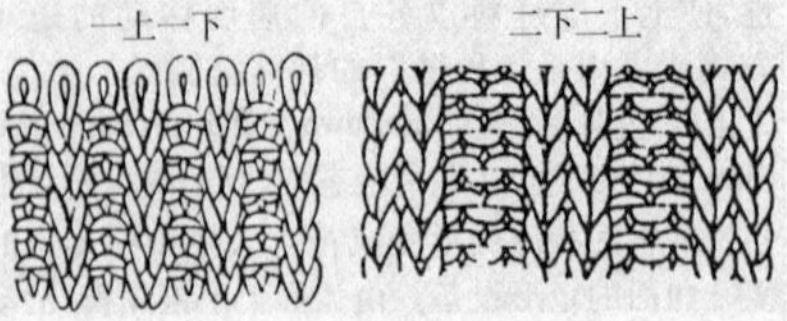

上下针棒针编织物

上线 upper thread 即“针线”（640 页）。

上眼睑 upper eyelid, palpebra superior 眼睛上方的皮肤，直向由睫毛根部到眉毛，横向由内眼角凹陷处到眼、眉毛尾端下方低凹的部分。

上衣下裳制 shangyixiashangzhi 上古时期的服装制度。古代帝王百官的祭祀之服（如冕服等）都采用此制，以示尊古。上古时期，中国服装大多分为两截，上体所着者为衣，下体所着者为裳。在中国的服装形式中，如襦裙、袄裤、袴褶等均属于上衣下裳制。由于上衣下裳制服装可任意搭配，便于脱卸、换洗和穿着后行动自由，多用于民间妇女及从事体力劳动的男子。

上针 top stitch “上针棒针编织法”（456 页）的简称。

上针棒针编织法 up stitch knit of knitting pin 简称上针。正面呈反面线圈形态的最基本的棒针针法。按其线圈形态称为反面线圈基础编织物。将右针从外侧插进左针的线圈内，把线绕在右针上并从线圈内拉出。通常将呈现线圈圈弧的一面作为上针编织物的正面。织物呈现凹凸横条纹，蓬松，纵、横向延伸性较好，顺编织方向或逆编织方向均可脱散。

上针棒针编织法

上肢部 upper limbs 与躯干的肩部相连，分为上臂、下臂、手三部分。上臂形态为前后径较大、左右径较小的椭圆柱体；下臂形态为左右径较大、前后径较小、上端粗壮、下端细小的特征；上、下臂由肘关节相连。影响袖形结构的人体部位。

绱 attaching 将服装部位安装于衣身上的动作泛称。如将衣领、衣袖等大部件缝合于衣身，称为绱领、绱袖等。

绱串带襻 attaching belt loop 将串带襻车缝固定在腰头上的动作。一般将串带襻剪成 4～5 cm 长度，按造型需要整条腰头可装 4～8 条串带襻。

绱串带襻

绱过肩　**setting back yoke**　将肩部横向分割衣片与前衣身缝合的动作。缝合时注意不能拉拽分割线部位。

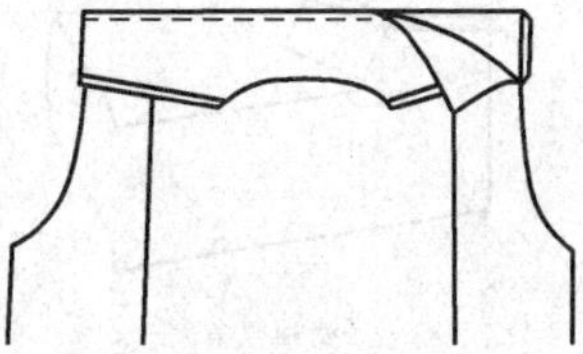

绱过肩

绱拉链　**attaching zipper**　将拉链装在门襟侧缝等部位的动作。缉缝时为保证拉链两侧面布平整，常使用专用压脚进行缝制。

绱拉链起绺　**zip-fly crease**　服装外观疵病。门襟、袋口等部位装拉链后面布出现斜形皱褶的现象。形成原因是装拉链时面布与拉链没有同步，形成错位。常出现在面布较薄的服装上。

绱拉链起绺

绱里襟　**attaching fly shield**　将制成的里襟安装在下层裤身门襟（里襟）上的动作。

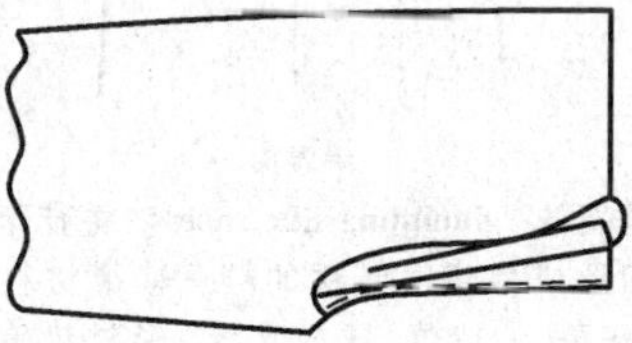

绱里襟

绱领　**attaching collar**　将衣领装领线一侧与衣身领口线一侧用各类缝迹缝合，使之牢固连接的工序。绱领时分别在领身下口线与领窝处对应领中线、左右肩线的部位作对位记号，以保证绱领时准确性。

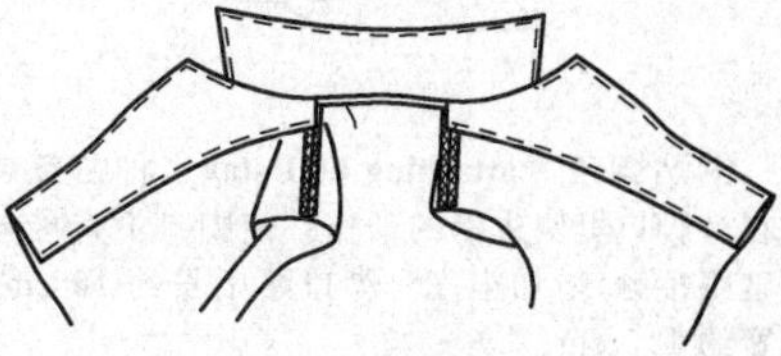

绱领

绱领偏斜　**collar deviate from the front center line**　服装外观疵病。翻领与领座缝合或领身与领窝缝合后左右两部分翻领或领身距门襟止口部位量不等的现象。

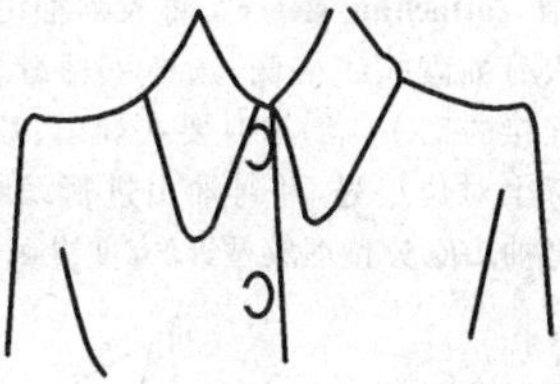

绱领偏斜

绱帽　**setting hood**　将帽子底边装在衣身领窝上的动作。装帽的形式有缝制固定、钉扣相连、装挂锁、装魔术贴等形式。

绱帽檐　**attaching tape to hood brim**　将帽檐缉在帽前止口部位的动作。

绱门襻　**attaching fly facing**　将门襻安装在裤片门襟上的动作。安装时应在正面压硬纸板，防止缉缝时起皱。

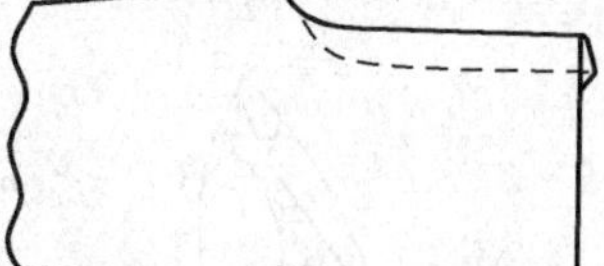

绱门襻

绱松紧带　**attaching elastic**　将松紧带装在袖口底边等部位的动作（图见下页）。为保证多条松紧带松紧一致，常使用专用夹具进行缝装。使用有弹性的链缝、绷缝线迹。

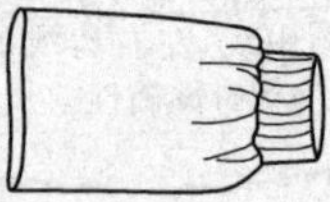

绱松紧带

绱贴脚条　attaching heel stay　将贴条装在裤脚口里侧边沿的动作。使脚口不直接与鞋跟接触，增加牢度。脚口贴条长约 16 cm，宽约 1.5 cm。

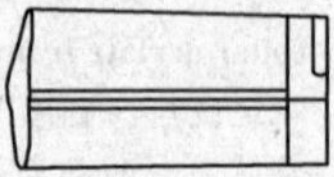

绱贴脚条

绱袖　attaching sleeve　将衣袖袖山弧线一侧与衣身袖窿弧线一侧，选择一种缝合，使之牢固连接的工序。绱袖时要在袖山、袖窿上分别作五个对位记号，并对袖山进行缩缝（抽袖山），将袖山吃势整理成型，以方便准确绱袖。

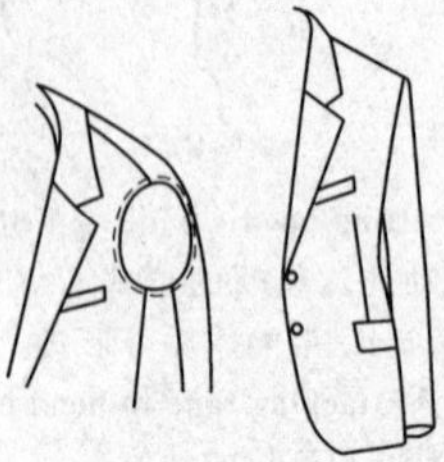

绱袖

绱袖不圆顺　sleeve setting crease　服装外观疵病。装袖山时袖线外观不光顺的现象。装袖时袖山或袖窿的形状不圆顺，或装袖时缝迹不光顺。是装圆袖的常见外观疵病。

绱袖不圆顺

绱袖衩条　slip stitching sleeve slit　将袖衩条装在袖衩部位的动作。一般在装袖头的袖衩上缝装上下两侧袖衩条。

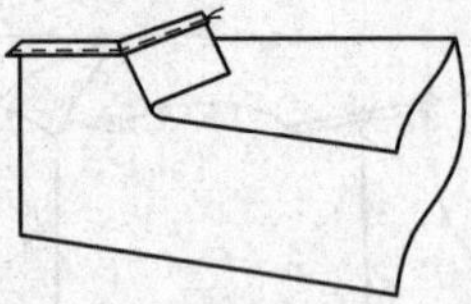

绱袖衩条

绱袖机　sleeve sewing machine　按工艺和造型要求，采用上、下差动送布方式，将袖山归宿到袖窿指定位置，完成绱袖工序的专用缝纫机。由柱状工作台、送布及控制装置、脚踏板、切刀装置和自动断线装置等部分组成。速度 1100～2100 针/min，针距 3～6 mm，压脚升距 8～10 mm。上下送布量一致时，功能与平缝机相同。

绱袖襻　setting sleeve tab　将袖襻装在袖身、袖口造型所规定的部位。一般绱袖襻的位置距袖口边 3～5 cm，位置自前偏袖缝始，终止位置视造型定。

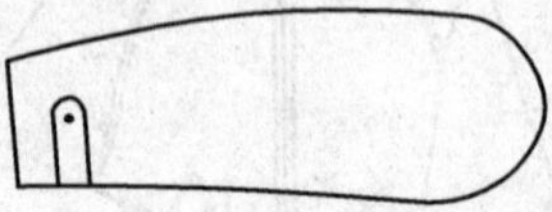

绱袖襻

绱腰头　attaching waistband　将缝制好的裤腰头安装在裤身腰缝上的动作。一般腰头稍宽松，以防止裤身起皱，但无裥（省）的裤身、裤腰则要拉紧些。

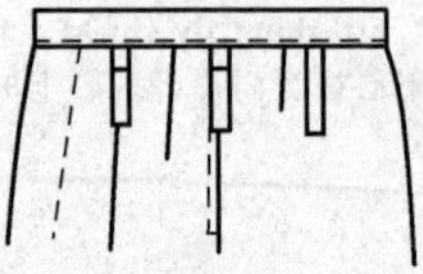

绱腰头

烧卖鞋　dumpling like shoes　将鞋帮头部收褶形成似烧卖皱褶的鞋。鞋帮材料为帆布、皮革、人造革、灯芯绒等。通过热硫化法或冷粘法制造，是日常穿用的轻便鞋。

烧毛丝光针织布　singed and mercerized knitted fabric　见“丝光针织物”（489 页）。

少年风貌 lanior look 即“男孩风貌”(367页)。

少年型人群 early youth group 人体外形及服饰风格的一种。量感小，线条简洁、直线感强，整体印象为帅气、中性、干练、年轻，多用于女性。人体型特征是个子不高，骨架小，轮廓硬朗，眼神坚定、淳朴。服饰以不强调女性线条为主要特征：材质多选用有硬度、挺括的朴素面料，如牛仔布、灯芯绒等，常有兜袋；色彩多为明快的冷色（如黄色、绿色、蓝色等）；图案简洁，多为直线、对比清晰的格纹或条纹；鞋多为系带鞋、方根皮鞋、男式靴，包多为中性化的男式公文包或斜挎长带包，饰品大小适中；淡妆，线条较锐利，用色较理性，以棕色居多；发型多为短直发。常见着装举例：职业装多直线裁剪，立领多扣，小戗驳头，西服裤套装、短款上衣；休闲装将衬衫和T恤衫束于裤中，领口系领带；常穿男士T恤衫、衬衫、长裤、短裤以及直身连衣裙。

少年型人群

少年装设计 juvenile's wear design 对12～17岁少年所穿服装进行的设计。这个年龄段是人体第二性征发育生长期，男孩较女孩略晚几年，男女性别特征各趋明显。男孩肩部增宽，臀部相对显窄，手脚变长变大。女孩胸部隆起，骨盆增宽，腰部相对显细，腿部显得有弹性。身体较显单薄。少年装总的要求是：造型介于青年装和儿童装之间，梯型、X型在女童服装上运用渐多。款式趋于简洁，通过运用泡泡袖、荷叶袖、高腰、中腰等细节来表现少女特点；男童款式体现出户外特点，无论是校服，还是衬衫、T恤衫、裤装、外套都与成人款式接近。女童服装图案装饰大幅减少，色调搭配悦目；而男童则体现运动感，色彩对比强烈。除了牛仔装外，面料更多采用化纤织物。这个时期儿童的身高等方面的尺寸跳跃性很大，发育早的儿童其服装的尺寸接近成人。因此设计时，对这一年龄段的服装要放宽跳档数。

少女套装 girl sweater 少女上装两件套。以羊毛或羊毛混纺纱为原料。长至腰部与臀部，里衫为V字领、圆领、半高领或樽领的套衫或吊带式背心，外套为镶边前开襟衫。采用平针或四平针结构。流行于21世纪初。深受少女喜爱。

少女型人群 maiden group 又称可爱型人群。女性体貌及服饰风格的一种。量感小，轮廓较柔和，整体印象为天真甜美、小巧玲珑、活泼好动。人体型特征：脸小且圆润、五官小巧稚气，眼神明亮天真，身材不高，骨架小，线条柔和。服饰特征：服装面料偏柔软，多为平绒、细条绒、碎花布、薄而软的羊毛和兔毛等；色彩多为春季型色彩，或柔和浅淡或艳丽跳跃；图案多为小花朵、小圆点、小动物、蝴蝶结等；鞋多为圆头浅口中跟皮鞋，可有花朵装饰，包小巧柔软，带有可爱的装饰物，饰品多纤细小巧、玲珑剔透，如小花型手链、小珍珠耳环等；发型多为童花头、马尾辫、编发或天然卷等，化妆浅淡，突出粉红圆形的腮红、长长的睫毛和红润而光泽的嘴唇。常用着装举例：职业装为曲线裁剪的小圆领短款类套装，有蕾丝或蝴蝶结等饰物，休闲装有碎花布衬衣、飘逸的花边连衣裙、背带裙、百褶裙、背带裤、花边装饰的小开衫等，胸部抽褶、泡泡袖、灯笼裙也比较常见。

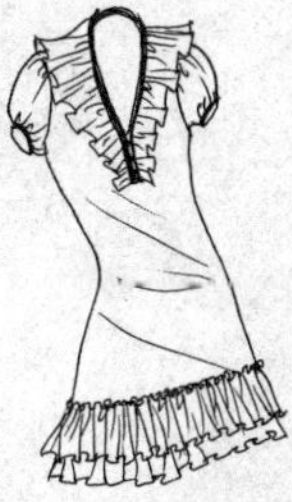

少女型人群

少女装图案 girl's clothes pattern 适合于少女穿用的服装图案。以小碎花、簇花形、爱心形、卡通形等构成。满底连续纹或定位花形式，以粉红、白色系表现，呈现明快活泼、清新甜美的艺术特色，饰有皱褶、木耳边，结合印花、刺绣等工艺，配以灯笼袖上衣、短裙、T恤衫等服装。

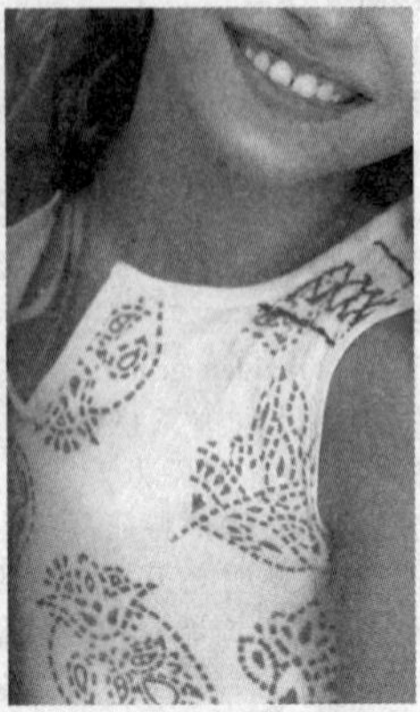

少女装图案

畲族服饰　She ethnic costume and accessories　中国畲族衣着和装饰。畲族分布在福建、浙江、江西、广东、安徽。男子穿大襟青色麻布短或长衫，领、袖口、衣襟镶花边，口袋有绣花。着长裤，裤脚有镶边。年长者黑布缠头，外罩背褡。女子盘发于头顶成螺旋状，发间环束红色绒线。穿青蓝麻布右襟短衫，衣领、襟、袖口镶多道花边，系围裙，着长裤。也有短裤加绑腿。盛装时着凤凰装。男女跣足，主要服饰品是彩带，可作赠友礼物或定情物。

畲族女子服饰（福建）

舌式皮鞋　tongue leather shoes　在鞋的跗面设计有一块舌形部件的鞋类。根据该部件的成型方式，分横断式、纵断式、整体式。舌式鞋无须系带，穿脱方便，也称睡装鞋或无带扣鞋；又因其外形似渡船，也称船鞋。舌式鞋穿脱方便是日常生活中常见的鞋品。

舌式浅口鞋　tongue shoes with short toe top line　鞋的口门处带有仿舌形部件的浅口鞋。鞋舌很短，适合脚趾较长的女性穿用。

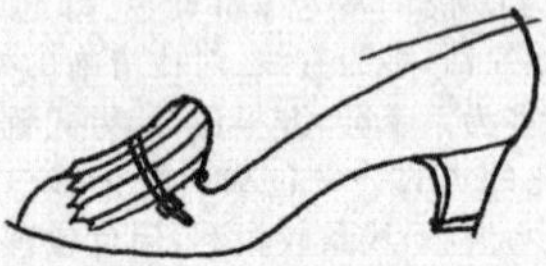

舌式浅口鞋

蛇皮革　snake leather　“爬行动物皮革”（381页）的一种。各类蛇原皮经鞣制加工而成的皮革。蟒蛇、大蟒蛇、眼镜蛇、青蛇、大王蛇、赤链蛇、响尾蛇等多种蛇皮均可制革。各种蛇皮革花纹各异，颜色丰富多彩，外观华丽，具有与众不同的天然钻石状鳞片花纹，属于比较珍贵的品种。多用于制作皮带、票夹、表带、皮鞋、包袋、领带等装饰性强的制品。

蛇皮鞋　snake leather shoes　用蛇皮为帮面制作的鞋。蛇皮的特殊花纹装饰性强，时装鞋上常用其作局部装饰。蛇皮的强度和弹性不如牛皮好，制作时需用贴衬的方法加以弥补。

蛇形头饰　uraeus　古埃及帝、后头饰。眼镜蛇形头饰，用带将它系扎于额顶上。与下埃及图腾崇拜相关。

啥味呢　worsted flannel　精纺毛织物名。采用$\frac{2}{2}$右斜纹组织，经纬纱的纱支相同或接近，经纱密度略大于纬纱密度的非紧密结构的中厚型混色精纺毛织物。织物经缩绒整理，呢面有短而均匀的绒毛，隐约可见45°左右的斜纹，且纹路扁平、较宽。呢面平整，毛绒匀净，齐而短，混色均匀，光泽柔和，手感柔软，丰满，富有弹性，有身骨，色泽以深、中、浅的混色灰为主。适宜用作裤子、女套装等的面料。

舍特维帽　Shatweh　圆台形的巴勒斯坦女帽。类似“土耳其毡帽”（528页），坚硬的帽冠顶部凹陷以便在头部顶运物品。用精制的条状面料制成，加以珠饰和刺绣及前面的两排硬币装饰，多和面纱一起使用。

设计草图 **plan sketch** 即“设计构思图”(461页)。

设计风格 **design style** 艺术作品的创作者根据其对艺术的独特见解，以与之相适应的独特手法所表现出来的作品的面貌特征。风格必须借助于某种形式的载体才能体现出来。风格是创作者在长期的创作实践中逐渐形成的，创作观念的改变会带来作品风格的转变。影响风格改变的因素主要有两个，一是个人生活中的聚变事件会促使设计者的设计风格产生急剧变化；二是社会环境和各种新思维对设计者的影响，这种变化是渐进的、潜移默化的。设计者以消费者为对象，确定多种风格模型，根据当时当地的社会形态和生活形态，推测和模拟合乎实际的生活方式、消费结构和文化背景，从而分门别类地展开风格模型。找到了风格模型也就等于确定了设计方向和为之服务的消费群体。风格可以细化，即使是同一年龄层，也有不同性格的人群，每种风格都可以有与之相适应的风格化的服装。

设计构思图 **fashion sketch** 又称设计草图。设计者记录和表现创作萌芽阶段设计构思的一种实用服装画。主要以速写、线描的形式记录下服装的雏形，表现款式的概貌，大致的比例关系和细节的设计要点。为快速记录下瞬间产生的设计灵感，构思图常采用省略画法，不拘泥于作画材料，也不刻意追求画面布局、绘画技巧和风格。

设计构思图

设计师理念定位 **designer concept positioning** 具有设计师风格和特色，符合消费者需求，产品进入市场有效益的理念定位。服装设计师作品表达着特有的文化品位和思想，能以鲜明的形象与其他服装设计师作品相区别；设计师既是流行趋势的归纳者，从生活中获得灵感和创新，设计符合个性特征的服装式样，又是流行的引导者，在服装界影响着流行；作为商品营销者，设计师还必须考虑市场接受程度和效益。

社交礼仪装设计 **formal wear design** 对正式社交场合穿着服装的设计。穿着礼仪装不仅体现自身价值，也是对别人的尊重。礼仪装包括晚礼服、婚礼服、晨礼服、午后礼服、仪仗服、葬礼服和祭礼服等。传统的男式晚礼服已基本定型，由领结、衬衫、燕尾服和长裤组成，除了面料和局部造型有极细小的变化外，没有其他变动。一般礼仪场合穿着西服套装，款式有单排扣和双排扣之分。单排扣中有单粒扣、两粒扣、三粒扣和四粒扣之分。双排扣中有两粒扣、四粒扣、六粒扣和八粒扣之分。常用的领型有平驳领、戗驳领、青果领等。下摆有单开衩、双开衩和无开衩。口袋有手巾袋、单开线袋、双开线袋、贴袋、有盖袋和无盖袋等。整体造型要求挺拔、合体，肩部加宽、腰部收紧。色彩基本上是素色，面料为精纺呢绒，局部可镶拼丝绒或锦缎织物。这类服装是男式服装中最讲品质的服装之一，充分表现豪华、庄重的特点。西服也是男性在婚礼上穿着的服装。传统女式社交礼仪装西式是拖地晚装，收腰吸臀，凸显女性曲线。一般裸露手臂和后背，V领或U领结构。选用高档丝缎，做工精细，体现高贵典雅的感觉。中式高开衩旗袍也是现代社交礼仪装之一。

摄影模特 **photographic model** 为时装报纸、杂志、电影、电视广告报道流行趋势，宣传公司品牌形象而拍摄的对象。与走台模特相比，摄影模特的形象应更符合时代审美的需求。除身材匀称，面容姣好外，还需有标准的五官以及配合摄影师工作的能力。

麝鼠皮 **muskrat fur** 又称水耗子皮、水老鼠皮、青根貂皮。小毛细皮的一种。成体背毛由棕黄色到棕褐色，夹杂棕红或棕黑色毛尖，背部中央多呈黑褐色，两侧稍浅，腹部呈棕灰色，四肢呈棕褐色，尾部为黑色，我国的麝鼠主要分布于新疆、黑龙江、吉林、辽宁、青海等地。1958年开始引种散放，近年来开展人工饲养。按标准取皮加工成皮形完整、挑开后裆、毛朝外的圆筒皮。其毛被稠密、柔软、光亮，皮板厚实，防水性强、耐用，在国际毛皮市场上占有相当地位。优良的麝鼠毛皮，经拔去粗毛染成黑色后可仿阿拉斯加海豹皮。制裘后可制成裘皮大衣、皮帽、皮领、披肩和皮裤等，成品保暖性强，轻便美观。

申衣　shenyi　即“深衣”(463页)。

伸分熨烫　seam-dividing-and-lengthening in ironing　在用熨斗将衣缝缝边烫开的同时，将衣缝顺方向拉伸的技术动作。常用于衣片凹形部位的衣缝分烫。如前后腰部、袖凹部的衣缝分烫。

伸展缝制　extended sewing　缝纫机差动缝料输送器的差动比率大于1时进行的缝制。缝制时缝料被拉伸，多用于变化型缝道，如上层缝料或下层缝料自行皱缩等。

身长　posterior full length, PFL, back full length, BFL　从颈椎点经过后身到地面的弧线长度。见“人体长度尺寸”(426页)。

身高　height, H　人体立姿时从头顶点垂直向下量至地面的距离。见“人体高度尺寸”(428页)。

绅士靴　gentlemen's rubber boots　一种较轻便的半高筒雨靴。胶皮较厚，便于靴筒直立。楦型偏瘦，黑色胶面，模压底，筒口多为较宽的棕色围条。染色针织棉毛布靴里，贴双色胶皮商标。整鞋造型轻巧挺拔，做工精细。

绅士装　gentlemen's wear　自法兰西第一帝国时期开始至1925年间形成的男子服装的一种程式。高顶大礼帽，衬衣外加领带式的白纱围领(白色领带为主人，黑色领带为仆人)；衬衣外的背心分单、双排扣及平尖下摆，后背一般是羽纱材料；外套为平、斜切口的燕尾服；裤子有膝裤和长裤两种，长裤又有踩跟裤、马裤、西裤等；鞋有高筒靴及皮鞋，高筒靴由两种颜色组成：膝盖至小腿肚为土黄色，小腿肚以下为黑色或咖啡色。其程式化形式稳定了约125年之久。

绅士装

深冬型女性　deep-winter female　冬季型女性的一种。人体色表现出中低明度中高纯度特征的冷基调B/D型女性。此类型人数较多，为标准型之一。一般肤色偏泛青的冷白色或偏白的黄褐色，脸颊不容易呈现红晕。头发多为灰黑色或深棕色；眼珠呈现深棕色或黑色，眼白为冷白色，对比强烈，眼神多锋利。适合冬季色彩群中中低明度中高纯度的冷色调(如宝蓝、柠檬黄、桃红、雪青等)，并采用不同色系间的强对比搭配，强调冷艳醒目。

深浅度　depths　即“明度”(358页)。

深秋型女性　deep-autumn female　秋天型女性的一种。人体色表现出中低明度中高纯度特征的暖基调Y/D型女性。此类型人数较多，为标准型人群。肤色为匀整的瓷器般的象牙色，少红晕，发色多为深棕色，眼珠深棕色或焦茶色，眼白湖蓝色，眼神多沉稳。适合秋季色彩群中中低明度中高纯度的沉稳、浓郁的暖色调(如铁锈红、酒红、黄绿色等)，并采用弱对比的渐变配色，强调成熟华丽。

深色淡抹　dark color-undertone　绘画化妆的一种。用色调很深的油彩以极薄的涂层敷于面部。多选择比肤色略深的油彩如较深的红棕、绿棕、红褐等，易和肤色吻合。色彩实在，不显虚浮，既改变了肤色又突出了肌肤原有的质感。一般在演员肤色较白，而剧中人物形象要求健壮、黝黑的情况下采用。

深色调　dark tone　多种色彩组合时，以低明度纯色或纯色加黑、深灰的色或黑色作大面积基调色，以小面积中、高明度色作对比色，总体倾向深暗的色调。感觉稳重、深沉、庄严、老练、古雅。

深衣　shenyi　又称申衣。中国古代的一种上衣下裳合并而成的服装款式。基本特点为上下相连、宽大、续衽钩边、方领、长度及踝。制作时上下分裁，然后在腰间缝合。腰缝以上为衣，腰缝以下为裳。下裳裁以十二幅，应每年有十二月之意。盛行于春秋战国时期。无论场合、尊卑、男女均可穿着，其地位仅次于朝服。东汉以后多用于妇女，魏晋后被袍衫等服所代替。材料最初多为白麻布，领袖襟裾另施彩缘。战国以后则多用彩帛制作。其服装形制开创了上衣下裳相连的先河，对后世的影响很大。

前

后

深衣

渗胶　bleed through　鞋帮、鞋里或其他部件黏合时胶粘剂用量过大，或胶粘剂太稀以至于扩散到不需用胶的部件，造成污染的现象。制鞋过程中操作不当或胶粘剂太稀所致。

生产进度表　production schedule　用以安排生产任务及日历进度，检查和控制计划执行情况的图表。在制订生产进度表时，需要确定各部门、车间所需工时数，在准时交货的前提下，对必要的面辅料、在线品以及时间延误应考虑一定的安全系数。

生产类型　production types　按产品结构和工艺特点、产品品种和变化、同种产品数量等对企业及生产环节进行的分类。服装企业按用户订单可分为订货生产和预估生产；按产品或工作地专业化程度可分为大量生产、成批生产和单件生产。

生产形式　production form　根据产品种类、产量和生产条件制定的作业方式及其相应的设备配置。服装企业的生产形式主要有：流水缝纫作业、捆扎缝纫作业、同步缝纫作业、轨道缝纫作业、分组缝纫作业、带式输送缝纫作业、吊挂输送缝纫作业等。

生产循环期　production circle　即“生产周期”(463页)。

生产周期　production cycle　又称生产循环期。产品从原材料投入生产开始到成品出产为止的全部时间。生产周期的长短反映企业的工艺技术和生产管理水平，缩短生产周期能更好地保证产品的交货期，加速资金周转，提高企业生产的经济效益。生产周期是编制服装生产计划和作业安排的重要指标之一，是确定产品各工艺阶段，如样板、裁剪、缝纫、手工针、整烫等的投入期和出产期的重要依据。

生活妆　life make-up　即“日妆”(434页)。

生态纺织品　ecological textiles　又称绿色纺织品、环境协调纺织品。经过毒理学测试并具有相应标志的纺织品。必须符合的基本前提：资源可再生和重复利用；生产过程对环境无污染；在穿着和使用过程中对人体没有危害；废弃后能在环境中自然降解，不会对环境造成污染。

生态纺织品标准 100　oeko-tex standard 100　基于产品生态学研究成果，由国际环保纺织协会制定并颁布的专门用于检验纺织服装有害物质的标准。测试对象涉及游离甲醛残留量、多氯联苯酚碱度、可溶性重金属的残留物、杀虫剂残留量、防腐防霉剂、有机氯载体等有毒有害物质；产品测试合格可获得环保标签，纺织服装产品获得生态纺织品标准认证，意味着获得更多进入欧美市场的贸易机会。生态纺织品标准200与生态纺织品标准100相配套，用于审核授权使用环保标签申请的检测程序，并对相关控制项目的检测方法有统一规定。

生态纺织品标准200　oeko-tex standard 200　见"生态纺织品标准100"（463页）。

生物学美容术　biology cosmetology　强调肌肤生理循环系统是以身心平衡、人与自然和谐、微观与宏观世界兼容并蓄的美容术。由德国美容师克罗蒂雅（Claudia Bezold Ferrari）生物美学家所倡导的。在欧美地区视为时尚学说。认为必须配合性格倾向、季节更迭、细胞生长的周期和年龄。肌肤才能恢复平衡状态的美容效应。

绳卷针钩编织物　bight stitch crochet　方格针钩编织物的变化花样编织。在钩针上绕卷形成绳子状，放入方格。结构稀松，孔眼大，有装饰感。适用于春夏服装和装饰品。

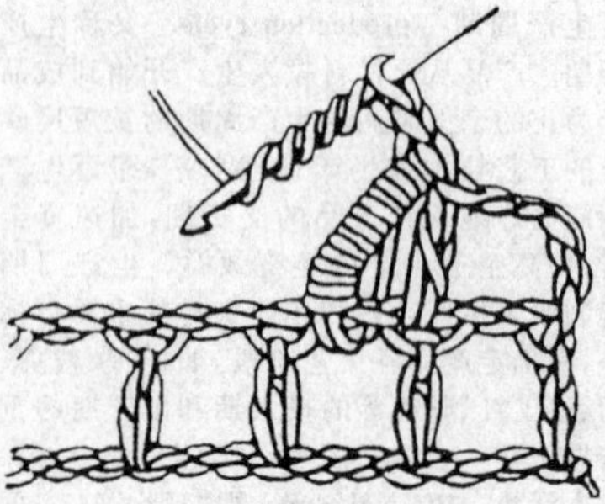

绳卷针钩编织物

省略风格　abbreviation　又称写意风格。一种绘画风格。适当忽略服装画中非基本、非重点之处，以最简练的线条或色彩显示设计作品的主要款式特征。将服装的局部造型和人体细节省略到最低限度，进行精华概括。可节约作画时间，快速反应构思，常用于构思图、商业时装插画。

省略风格服装画　elliptical style fashion drawing　即"写意风格服装画"（575页）。

圣诞图案　christmas pattern　描绘圣诞节题材的花纹或图形。由圣诞老人、雪人、天使、驯鹿、雪橇、鸽子、钟、糖果、花环、冬青树、常青藤、蜡烛、玩具、圣诞帽、长袜、礼物盒、雪景、星星、字体、节庆花边等形象构成。图案简洁明快，装饰感强，主要运用于儿童服、滑雪衣、帽子、手套、靴子等防寒衣物及家居服饰用布，也用于圣诞节活动的服饰中。

圣·斯蒂芬王冠　Saint Stephen's Crown　匈牙利王冠。由11世纪拜占庭风格的镶嵌宝石的头环发展而来，12世纪在圆头环的基础上增加前后、左右方向的拱条，两侧和后面的饰链底部垂挂饰物，冠顶装饰倾斜的十字架。

圣·特洛佩兹装　St. Tropez style　户外服饰。休闲风格，流行于20世纪60年代早中期。圣·特洛佩兹是法国南部的一个海滨小城，因游客的度假服新颖独特而颇具知名度，那些时髦的度假服装被誉为圣·特洛佩兹装。主要款式是色彩鲜艳的长裤、衬衫、泳衣。

胜利冠　victory crown　即"科罗纳冠"（287页）。

剩势　top cloth larger than lining　又称顺势。服装制作时，为使某些部位达到自然的向里侧弯曲的造型需要，将面布裁剪成宽于里布的形态。常用于领面、挂面、袋盖面、袖头面等部位的评价。

失光　dull finish　胶鞋的胶制部件在硫化后失去光泽的现象。可分为三类：(1)产品一出硫化罐立即失光，原因是表面沾有冷凝水，阻止了氧化膜的生成。解决方法是改变硫化工艺条件，尽量避免表面冷凝水的生成。(2)在出罐一段时间后失光，原因是配用的硬脂酸过多，表现为一种喷霜现象。解决方法是改变配方，减少硬脂酸用量。(3)胶面胶鞋亮油涂层全部失光或光亮度达不到要求。亮油所用原材料质地不佳，制油工艺操作不当，或设备欠缺等因素所致。如油溶黑色泽差、熬油不透，成品过早地用纸包装，硫化时直接蒸汽过早进入等。可根据形成的原因有针对性地加以解决。

狮豹披　animal skins covering　古埃及新王国时期（公元前1580～公元前1090）男性统治者服饰。用狮或豹皮制作，将兽头皮固定在前腹部上方，皮身斜向披覆左肩部，兽尾绕至右腰侧，以此象征权力。后用织物替代狮豹皮。

狮豹披

湿热加工 **wet and hot processing** 利用湿、热和压力改变织物的密度、形态和结构，使衣片或服装获得所期望造型的加工方法。过程分为给湿、升温、抽湿、造型稳固四个阶段。湿热加工的基本条件是湿度、温度和压力。给湿使织物纤维膨胀、伸展，其分子链被水分子分开，增加了织物的可塑性，同时水汽加速热量的传递，使织物受热均匀；加温使织物纤维分子链相对运动活跃，纤维变得柔软；压力强制缝料变形，并在冷却时阻止变形的回缩。湿热加工的形式有熨制、压制、蒸制等。

湿热预缩机 **moist heat preshrinking machine** 在一定的温度、湿度和压力下，利用包覆带的弯曲变形挤压面料达到预缩目的的机器。由喷湿装置、定幅装置、三辊预缩装置、烘干箱和吸风装置等部分组成。预缩对象是棉、麻、蚕丝和黏胶纤维面料等。预缩的基本流程是：面料卷装退解—喷湿—定幅—挤压—烘干—出布。根据包覆带的材料，分为“橡胶毯式预缩机”(567 页)和“呢毯式预缩机”(371 页)。

湿装 **wet wear** 采用合成材料（人造皮革）制成的服装。制成的大衣、外套、裙装等给人以湿漉漉的感觉，1969 年由马里斯·阿特伍德（Mauric Attwood）率先推出。20 世纪 90 年代初，伴随青春活泼形象流行，合成材料再次成为时尚面料，湿装也再度风行。

十二色轮 **twelve-color circle** 又称十二色相色轮。将三原色、三种间色、六种再间色按调合的间隔排列，就形成为红→红橙→橙→黄橙→黄→黄绿→绿→绿蓝→蓝→蓝紫→紫→紫红的十二色连接的色轮。色轮的排列顺序与自然光谱或虹的顺序相同。这十二色均匀地排列着，各互补色通过轮心相对。

十二色相色轮 **twelve-color circle** 即“十二色轮”(465 页)。

十二章纹 **twelve noble chapters pattern** 中国传统祭祀服装饰纹样。由各具象征意义的十二种图案：日、月、星辰、群山、龙、华虫、宗彝、藻、火、粉米、黼、黻组成，是最尊贵的纹样，包含了至善至美的帝德，是中国帝制时代的服饰等级标志，帝王及高级官员礼服上绘绣该纹被称为“章服”。十二章纹约在周代已经形成，秦汉以前多为服装上的吉祥纹饰，自东汉确立十二章纹制后，各朝各代把它作为舆服制度的一个重要组成部分。十二章纹沿用近两千年，多为文献记载，流传下来的实物很少，明定陵出土的数件缂丝衮服提供了详实的实物及图案资料。

十字缝塔克 **cross tuck** 塔克种类。数条整齐的垂直塔克与数条整齐的水平塔克相交形成方格效果的组合塔克。由于塔克的相互交叉使得厚度加倍，显得臃肿。只适用在轻薄的面料中。

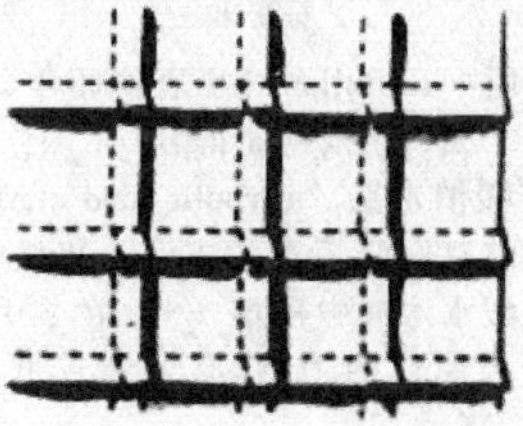

十字缝塔克

十字门脸 **shizimenlian** 中国传统戏曲脸谱基本谱式之一。在黑脸上将白眉加宽，使脑门至鼻尖的黑色挤成一条细直的立柱纹，与横向的黑色眼窝交叉，构成黑十字形。两颊一般涂粉红色。用于年老的正面人物，如《草桥关》中的铫期、《牧虎关》中的高旺。在此基础上衍生出花十字门脸或如张飞、项羽，在宽大的白眉中再勾上燕形眉、寿字眉等；或如《红逼宫》中的司马师、《断密涧》中的李密等，以红立柱纹与黑眼窝构成十字形。

石貂毛皮 **stone marten** 又称棕貂皮。小毛细皮的一种。按要求取皮加工成形状完整,挑开后裆,毛朝外的圆筒皮。针毛为棕色,较长,绒毛灰白略短,细密灵活,色泽素雅,御寒性强,轻柔美观。正品张幅在0.03 m^2(0.3平方尺)以上,制裘后可做大衣、装头等高档商品。

石膏带法 replica method 人体体表测量法。在人体表面轻涂油性护肤膏或密着薄纸、薄布、薄膜后画出纵横线,用浸渍石膏浆的纱布或绷带贴覆体表,待干燥后定形便可剥离得到人体体表形状的硬质石膏模复制品,然后将石膏模按标线剪开后展平。此法有助于总体把握人体形态、人体表面形状和尺寸变化,特别是由立体向平面展开时的对应关系分析。

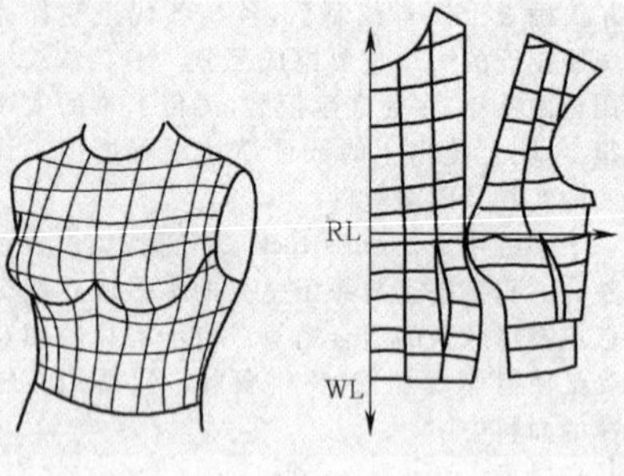

石膏带法

石榴娇 shiliujiao 晚唐僖昭年间妇女点唇样式。因娇小浓艳而得名。

石炭酸消毒法 carbolic acid sterilize 利用石炭酸对服装消毒的方法。将服装在3%的石炭酸水溶液中浸泡1~2 h,常用于对结核菌等病原体的消毒,有刺激皮肤、黏膜的缺点。

时间研究 time study 利用秒表测定数据,分析归纳有关基本作业的标准时间数据或标准工序资料,由此减少作业的无效时间和损失时间,充分有效地利用工时,提高劳动生产率。主要采用连续测时法、工作抽样法、预定时间标准法及标准数据法。如用于针织毛衣的各工序标准时间表和服装产品的各部件标准时间工序资料表等。

时尚 fashion 在特定时段内率先由少数人实验,预测将来可能被社会大众崇尚和仿效的生活方式。含有时间与崇尚之意,是短时间里一些人所崇尚的生活。涉及各个方面,如衣着打扮、饮食、行为、居住,甚至情感表达与思考方式等。

时尚服装平面图 prevalent apparel plan drawing 在专业服装流行趋势刊物上,用于诠释流行要素特征的平面服装画。与工业用服装平面结构图相比,表现形式更为轻松自由。在保持准确的比例和结构的基础上,极少借用直尺、圆规等制图工具进行单纯的勾勒,多采用轻松流畅的线描形式,添加必要的衣纹,表现具有生动的平面放置的服装款式,并常以平涂的方式表现服装的色彩和面料质感。

时尚服装平面图

时尚摄影 fashion photography 以时尚产品、时尚生活和时尚创意为主题的摄影。内容涉及服饰配件、化妆用品、鞋、帽、包和服饰的流行趋势等。

时尚摄影师 fashion photographer 以社会生活中时尚信息为拍摄对象的摄影师。拍摄范围和取材比单纯的时装摄影师广泛,更多涉及非时装类时尚对象的拍摄。

时尚妆 fashion make-up 又称新潮妆、流行化妆。强调前卫时尚,造型夸张但不脱离美感的年轻型化妆。自由而富于个性,表现效果强烈,色彩具有超前的流行性,大胆而引人注目,丰富而不杂乱,造型基本符合脸部自然生理结构,随潮流变化很快。多用于化妆品展示。

时世妆 fashion in vogue 又称天宝妆。唐代天宝年间妇女中流行的一种妆饰。梳椎髻、画八字眉、不施朱粉,以乌膏点唇。

时装 fashion 当时、当地最新颖、最流行，具有浓郁时代气息，符合潮流趋势的各类新装。按照流行时间的长短可以分为：(1)定型时装，经过流行的筛选相对固定下来的服装款式，如西装、中山装、夹克、旗袍等；(2)流行时装，周期性强，分为产品的孕育期、萌芽期、成长期、成熟期及衰退期。按照传统原则，服装是以造型、材料、色彩三要素构成的三度空间立体结构。而时装则在三度空间以外，再设法体现服装的时代特征。在我国，时装专指当前流行的时髦女装、男装和童装。在国外，与时装配套用的鞋帽、包袋、首饰、太阳眼镜、遮阳伞等，也都列入时装的范畴。

时装报道摄影 fashion coverage photography 对时装发布现场整个过程进行现场纪实时摄影。区别于时装广告摄影的策划和设计过程，时装报道摄影是更具新闻性质的抓拍和记录，要求摄影师具有敏锐的观察、判断和对时装整体效果及亮点的把握能力，并快速完成构图，定格画面效果。时装报道摄影需要在拍摄前对拍摄现场的光线、场景进行充分的观察，并根据自己的镜头配置以及画面控制要求选择合适的拍摄位置，如能多个位置同时拍摄则更佳。

时装表演 fashion show 又称时装秀。由时装模特在特定场所，通过走台表演，动态展示时装魅力的表演艺术活动。模特穿上特制的时装，由造型师根据服装的不同风格为模特化妆，并配以相应的饰品，模特以特殊的步伐、节奏和程式在T型台上走动并做各种动作和造型，把服装、音乐、灯光、特效、表演融为一体，达到高度完美的艺术统一。分为彩排和演出两个环节。根据表演种类，分为促销类、发布信息类、竞赛类、娱乐类等多种表演。根据表演形式，分为程式化表演、戏剧化表演、探索式表演、主题型表演、简易型表演、街头式表演等。主要目的是为了预报流行的款式和饰品，宣传和扩大服装商店、设计师和服装厂商的知名度，创出和保持名牌，增强社会竞争能力，增进设计师、厂商、零售商和消费者之间的联系。

时装表演谢幕 final call for fashion show 演出结束后，模特穿着最后一套服装或时装发布会上重点推出的服装再次登台向观众展示，答谢观众的盛意。最后设计师也会上场向观众致意。

时装表演音乐 music for fashion show 用于时装表演的音乐。分为快速音乐、中速音乐和慢速音乐，一般情况下，快速音乐适合运动装和休闲装表演；中速音乐适合职业装表演；慢速音乐适合旗袍和礼服表演。

时装发布会 fashion collection 以服装和饰品为主的展示活动。可以由设计师、公司、企业、商店、大众传播媒介和有关团体等举办。多在跑道式地毯或T型台上由真人模特穿上预报或推销的时装进行表演。也可在发布会期间进行一系列的服装展销和业务洽谈。

时装广告画 fashion advertisement illustration 用于海报、POP广告、产品样本、吊卡中以宣传为目的的服装画。以简洁、富有魅力的形象引人注目，达到吸引观众，加强视觉效果的作用。服装内容在该类型服装画中只起陪衬作用，有时甚至忽略其款式细节。时装广告画所表达的是一种品牌风格，注重欣赏性和广告效应。

时装广告摄影 fashion advertisement photography 以时装产品为拍摄对象并服务于商业传播活动的时装摄影。具有很明确的内容和目标指向性，通常需要对摄影的视觉效果、拍摄过程进行详细的策划。时装广告摄影不需要以过分的夸张和前卫的意识来吸引人们的注意力，而是更多选择人们所熟悉的生活空间和具有亲和力的模特，配合要展示的服装为消费对象或潜在的消费对象营造一个比较切合实际想象力的形象，为时装产品的推销起到引导作用。

时装画 fashion illustration 即“服装画”(153页)。

时装模特 fashion model 具有匀称体形、姣好面容、优雅气质以及相当的展示能力，通过形体语言充分展现服装服饰美和时代气息、经过表演相关基础训练的人员。是时装设计师与消费者之间的中介角色。根据模特职能可以分为“走台模特”(680页)、“摄影模特”(461页)以及“试衣模特”(471页)；根据模特属性又可以分为男女模特、特殊体型模特，以及脸、手、腿、脚的局部模特。

时装设计 fashion design 针对明确的目标顾客群，反映时尚潮流的服装设计。在风格、造型、款式、色彩、面料、细节等方面均紧跟流行趋势，作品具有新颖、美观、时尚、独特等特点。

时装摄影 garment photography 以时装或相关时尚服饰为拍摄主题的摄影。表现以时装为主体的时尚产品的款式、色彩、质感等设计特点，以及着装风貌与服饰搭配等生活方式或流行趋势的摄影。时装摄影最早与人像摄影密切相关，19世纪末开始作为一个独立分支发展。20世纪20～30年代时装摄影之父——巴伦·盖纳·德迈耶，将时装摄影发展成一种高度风格化的样式。同时期对时装发展产生了更大影响的时装摄影大师，有画家出身，任《时装》杂志摄影师的爱德华·施泰肯(Edward Steichen)，他主张运用写实创作手法，关注服装款式造型和模特的肢体语言。20世纪70～80年代在现实主义高涨和彩色的应用范围不断扩大的同时，时装摄影进入相对成熟时期。我国时装摄影发展较晚，20世纪80年代末随时装刊物和时装表演的出现而兴起。1991年7月成功地举办了首届全国时装摄影艺术大赛，就此时装摄影成为传播服装文化和信息的视觉手段。时装摄影要充分反映时装、模特、环境三者间的关系，可分为创意时装摄影和商业时装摄影。商业时装摄影又分时装报道摄影和时装广告摄影。按拍摄方式又分为室内拍摄、外景拍摄以及T台现场拍摄。

时装摄影师 garment photographer 以时装和流行服饰为拍摄对象的摄影师。不仅需要摄影的各种专门知识，还需要对拍摄的时装与服饰具有相当的了解，能够把握时装、模特、环境之间的关系，熟练运用光影造型能力，定格时装与模特最佳表现力的瞬间，创作出具有感染力的时装摄影作品。

时装首饰 fashion jewellery 与时装相匹配的饰物。较少使用贵金属(黄金、铂金、白银)和珠宝(钻石、翡翠、珍珠)；大多使用普通合金、塑料、皮草、木、石等，如仿金丝巾扣、塑质发夹、皮质项链。

时装玩偶 fashion doll 14～18世纪欧洲用来展示最新时装的木偶或布娃娃。最早出现于1391年，后从宫廷流向民间。除展示服装外，也展示最新的流行发型、头饰及其他附件。是现代模特的雏形。

时装鞋 fashion shoes 泛指与流行服装款式相搭配的鞋类。时装鞋的款式不固定，花色品种也很多，但都应与流行的时装巧妙搭配，以达到着装整体完美的效果。各式浅口鞋、矮腰鞋、半筒靴、高筒靴等都属于时装鞋范畴。

时装秀 fashion show 即“时装表演”(467页)。

识别标志 identified mark 包装储运标志。包括主要标志、供号标志、目的地标志、体重重量标志、产地标志五种。其作用是使商品运输交接各有关方面都易于识别不同商品，以加快运输速度。

实 adequacy 服装铺料对准垫衬料，在缝料的四周边角全部铺实、垫足。是服装的各部位止口线应具有的外观效果。

实寸制图法 accurate-measure system drawing 即“短寸制图法”(109页)。

实地调研 field research 即“直接调研”(655页)。

实际领窝 actual neckline 根据具体衣领立体造型，在基础领窝上变换出来的和领片缝合的领窝。服装衣身与领身缝合的最终部位，其形状有弧形、方形、直线形等。

实物法 object method 服装内部造型设计方法之一。取服装材料在设计实践中直接成型的方法。实物法类似于立体裁剪(立体裁剪是对服装的整体而言)，它是有限的或局部的立体裁剪。一些空间转折关系抽象、复杂或者在制作过程中突然产生的灵感，宜用实物法来完成。实物法设计出的结果非常可靠，与工艺不会矛盾。

食品图案 food pattern 由冰淇淋、布丁、蛋糕、汉堡包、糖果等图案构成，描绘食物的图案。造型样式与器具图案相似，通常采用平涂、勾线、点绘等手法，造型具有简洁而立体的美感。由于题材和内容的特殊性，色彩明丽、轻松趣味的食品图案成为儿童服饰图案中乐于表现的题材，也适用于家居服饰。

食品图案

矢状面 **sagittal plane** 与正中矢状面平行的平面均称为矢状面。矢状面将人体分为左、右两部分。

使用标识 **care label** 由法定机构确认的标示产品使用属性的文字说明或图形记号。为了消费者方便安心地使用产品，保证消费者的利益，企业对售出产品在规定的时间和使用、保管条件下，通过明示使用标识的形式承担保证产品质量的责任。服装使用标识包括原产国(原产地)、生产厂家代号、面辅料成分、洗涤方法和熨烫条件等内容；上装通常缝合在摆缝内侧，下装缝合在腰里。

士兵帽 **legionnaire's cap** 法国驻外军团戴用的平顶硬帽冠的鸭舌帽。有的帽后有布帘或遮阳垂布，类似“凯比军帽”(281页)。

示明规格 **representative specifications** 服装规格的表示方式。一般选用主要部位尺寸来表明服装规格或适穿对象的体型，常用的有号型制、胸围制、领围制和代号制等几种，一般在商标带或吊牌上明示出来，以便消费者选择。

示意图 **schematic drawing** 为表达服装某部件的结构组成、制作加工的缝合形态、缝迹类型、成品的外部和内部形态而制定的一种解释图。分为：(1)展示图，服装某部位的展开示意图，一般是指外部形态的示意图；(2)分解图，表示服装某部位的各部件内外结构关系的示意图，通常在缝纫加工时使用。

20世纪20年代服装风貌 **twenties look of 20th century** 直线造型的服饰。青春而接近男孩的设计风格，出现了年轻职业妇女带头接受的男性化女装，最初流行于第一次世界大战后的欧洲。强调直线条造型，腰身很低，设计重点主要放在腰线以下。

20世纪30～40年代服装风貌 **thirties and forties look of 20th century** 优雅而利落的都市淑女形象，流行于20世纪30～40年代。当时，女子重新穿起了紧身胸衣，肩部明显增宽增高，裙摆呈喇叭状向外张开，优美线条凸显。色彩以灰、黑为主。20世纪30～40年代风格装扮常启发以后的设计师，在60年代初和80年代末均曾流行。

20世纪50年代服装风貌 **fifties look 20th century** 造型简洁优美、女性魅力十足的时装风格。20世纪50年代流行。由于受到设计师迪奥(Dior)于1947年推出新外观所带来的影响，50年代时装充分展现女性的体形，款式为收腰贴体、下摆宽大，造型呈X形。面料为毛呢料。在1995年Dior春夏发布会上，主设计师约翰·加里安诺(John Galliano)再次推出带有50年代风格的女装。

20世纪60年代服装风貌 **sixties look of 20th century** 体现青春和活力的女装。流行于20世纪60年代。这一时期的女装，无论是款式、造型，还是色彩、图案，都比较轻快，推进青年时装向成衣产业界发展。1965年以后流行迷你式，蒙德里安型，宇宙型，嬉皮士型等款式，相应的超短裙、收腰短装、娃娃装，透明装以及向日葵图案、闪光面料等众多时尚特征此起彼伏。20世纪90年代女装舞台又重展60年代时装风格。

20世纪70年代服装风貌 **seventies look of 20th century** 与裤装搭配的套装打扮，灵感来源于20世纪70年代服饰特征。与其他时代的服饰相比，20世纪70年代服饰多了一份硬朗，男装对女装的影响进一步显现，这主要表现在裤装的广泛普及，喇叭裤更是在20世纪70年代前半期风靡世界。同时服饰设计更趋多样性，如多层风貌、朋克装束、民族服饰和影响20世纪80年代服装造型的沙漏式服装。20世纪70年代风格在20世纪90年代的服饰中又有表现。

20世纪70年代服装风貌

20世纪80年代服装风貌 **eighties look of 20th century** 体现女强人形象的服饰风格。兼有些中性色彩，流行于20世纪80年代。当时妇女跨出家门走向社会，职业女性大量激增，因此带有女强人形象的服饰成为20世纪80年代的主要潮流。服装款式是V型或T型的宽肩合体的西套装，外形强硬，色彩灰暗，面料主要为毛料。

世界鞋号 Mondo-point 以脚长为基准制定的鞋号。1973年由国际标准化组织137技术委员会（ISO/ TC 137技术委员会）推出。脚长号差分三档：5 mm，7 mm，7.5 mm，并规定以脚宽（跖围的40%）为制订肥瘦型的基础。脚宽号差也分三档：2 mm，2.8 mm，3 mm，型差为4 mm。以脚长/脚宽表示：240/92，245/94，250/96，…，此后经过多次修改，最后确定长度号差仅分两档：5 mm和7.5 mm，而对肥瘦型不作硬性规定，根据各地区各国家人民脚型自行制定。

市场份额 market share 又称市场占有率。企业产品占市场销量或需求的百分率，是制定销售计划的重要依据。包括绝对市场份额和相对市场份额：前者指企业在同行或同类产品中产销量所占的比率，反映企业在同行同类产品的市场额度；后者指企业在同行或同类产品在主要统计源中产销量所占的比率，反映企业与相关企业之间的竞争优势或劣势。

市场占有率 market share 即“市场份额”（470页）。

D式服装裁剪法 D garment pattern design 根据袖系制图基数D的数值绘制袖子和袖孔大小的裁剪方法。袖系制图基数D为半胸围X加服装内外层增值δ。先确定袖孔的深度和宽度，再绘制其他部位。具有裁剪公式统一，制图简易，结构合理，缝合准确的特点。仅适用于圆袖基本款式，不可用于非圆袖或特大、特小非标准圆袖。因袖系基数D来自于统计与实践，该方法科学、准确、简便、统一。

侍者帽 bell boy cap，bell hop cap 宾馆或饭店的侍者戴用的小药盒帽。有的在颔下系带。颜色多与所穿制服相同。硬挺面料制作，常常修饰着金色的辫饰和纽扣。

侍者帽

饰品图案 accessories pattern 服装装饰用品的图案设计。图案有植物纹、动物纹、人物纹、风景纹等各种具象及抽象图形，造型结合服饰品的功能、风格、款式、材料、工艺以及穿着者的民族、习惯、年龄、性别等因素综合表现，起到对服装的点缀、衬托、呼应、装饰等作用。包括帽子图案、围巾图案、手套图案、腰带图案、鞋袜图案等，各历史时期、各民族都有丰富、优秀的饰品图案表现。

饰品图案

饰妆 ornamental dressing 化妆的最后一个步骤。包括检查造型、色彩是否均匀对称，整理发型，佩戴饰物，调整着装，并根据需要喷洒香水。

试金石 touchstone 用来测试黄金真伪反成色的石块。用硬度较高、颜色较深、粒度适中的材料制成。测试时将黄金磨擦于石上，留下痕迹，加滴硝酸液，观察结果，痕迹留在石上为真金，不留石上为假金。再比对黄金成色标本，可得知黄金成色高低。

试样 sample adjusting 又称试衣。衣料裁剪后，将衣片以3～5 cm的长针距进行假缝，并做人体试穿，按人体特征予以修正，以达到合体和穿着舒适的目的，随后进行正式缝合的过程。分为：(1)穿毛壳，第一次试样，样衣衣身、衣领、衣袖等主要部位没有正式缝合；(2)穿光壳，第二次试样，样衣主要部位（除衣袖外）已经正式缝合。一般用于毛呢高档服装制作，有些工艺要求特别高的礼服，要经过多次试样。

试衣 sample adjusting 即“试样”（470页）。

试衣模特　fitting model　为设计师或服装公司试穿样衣的模特。在讲究服装剪裁完美合体的高级女装业，设计师将时装初步完成后，需要模特试穿，发现需要修改之处，不断加以完善。某些服装公司会定期聘用一些体型具有代表性的模特，根据模特的体型制作出各种型号的服装，满足市场需要。

视错觉原理　illusion principle　人对形态的感觉与形态的实际存在不符的原理。引起视错觉的因素很多。如各种形、色、光的干扰，还有人的视觉习惯，视觉差别，心理和生理态度等。常见的有：线段视错，角度视错，面积视错，透视视错，分割视错，图形变形视错，反转视错等。在造型设计中，要防止、矫正视错，但也可以充分利用视错。防止视错是指在设计过程中，去除容易引起形态视错的因素。矫正视错是在充分估计视错的基础上，适当改变量与量之间的关系，使受视错影响的形态补偿或还原成正常的或预定的效果。视错在造型设计中的应用指利用视错，创造出某种特有的效果。例如，军事作战中的隐蔽服装，就是利用视错的形式功能来保护自己。在日常生活中，不同体态的人选择不同线形分割构成的布料，也是利用视错原理来修饰体型。

视错图案　optical art pattern　即“光效应图案”(192 页)。

视觉识别　visual identity, VI　对企业一切可视事物进行标准化、专业化视觉识别的准则。主要分为两大方面：(1)基础系统，包括企业名称、品牌标志、标准字体、印刷字体、标准图形、标准色彩、宣传口号、经营报告书和产品说明书等要素；(2)应用系统，即产品及包装、生产环境和设备、展示场所和器具、交通运输工具、办公设备和用品、工作服及饰物、广告设施和视听资料、公关用品和礼物、厂旗和厂徽、指示标识和路牌等。

视觉中心　visual center　服装整体设计中，最能表现人体美，反映款式特点，抓住人视线的某一局部。选择视觉中心时应注意以下三点：(1)选取什么样的题材作为视觉中心。①具象题材，如花朵、蝴蝶。②抽象题材，用一些简单的纯粹形态，寻求与服装整体的构成关系。③工艺题材，如镶、嵌、滚、烫、褶裥、育克等。(2)选取什么样的部位作为视觉中心。总的原则是选择最能表现人体美或反映服装特色的部位。①明显部位，如领口、前胸、衣襟、裙摆、后背和袖子。②直接在人体上选位，如脸部、肩部、胸部、臂部、腰部、臀部。(3)数量问题。一般情况下，一套服装中以一个视觉中心为好；如果需要选择两个视觉中心，最好放在服装的正面和背面；如果将两个视觉中心放在同一面，则要安排成主次关系，否则，两个中心相互抵消，难以成中心。

柿蒂纹　persimmon base pattern　中国传统装饰纹样。外形呈菱形，由中心点和四角鸡心状为基本形构成。造型源自柿蒂，取柿的长寿、多树荫、无虫、果实味美等品格，将柿蒂纹连绵不断重复组合，寓意事事如意。柿蒂纹造型简洁、秩序感强，兼具抽象和具象图案特点，多结合织绣工艺应用于服饰设计中。

适时生产供货系统　just in time, JIT　生产和销售及时满足市场和顾客需求的管理方式。在保证整个生产销售过程按计划要求持续稳定高效进行的同时，尽可能地减少在线产品，降低采购及运营等成本。服装适时生产供货系统强调在合适的时间和地点，以合适的价格、数量、质量向顾客提供合适的产品。

适应色　suitable color　与特定环境相适应而常用的服饰色彩。服饰色彩对环境的适应主要应考虑气氛和背景色彩，如室内服的色彩以柔和、浅淡的软色调为主；宴会厅一般都比较华丽，气氛也较为热烈，所以宴会服的色调比较华丽，在夜色灯光下的晚宴服更应浓艳一些；在以灰色为基调的城市中，人们往往喜爱明朗的中间色调；夏日海滨的日照强烈，背景主要是海水和沙滩，因此适宜以红、橙、白色为主色调。

适中胸型　moderate-bust style　即“自然胸型”(677 页)。

收缩符号　shrink mark　服装结构制图符号。表示缝制工艺中在该部位需要熨烫归拢缩短。

收缩符号

收缩色　contractive color　视觉上有收缩感的颜色。寒色系统的颜色或暗色都属于收缩色。穿着收缩色的衣服,体型上有细长而苗条的感觉。又因其在视觉上有退后感,也称后退色,如青色及灰色等。

收线　thread tighten up　又称紧圈。收紧针迹线圈的工艺动作。在缝纫机各成缝器件配合下,挑线机件从针迹线圈中抽去形成针迹线圈多余的缝线,使针迹线圈收紧成形。

收线力　thread tighten up force　缝纫力的一种。在缝纫机成缝器件完成针迹线圈交结或套结的同时,收线器为收紧针迹线圈所施加的力。其值与针迹线圈的结构形式、缝线材料的种类和粗度、织物材料的种类、紧密程度等因素有关。

收袖山　easing the sleeve cap　用手工线迹或机缝线迹抽缩袖山的动作。抽缩程度以装袖后不起皱为限,一般前袖山吃势量少,后袖山吃势量大,抽褶后吃势要整理均匀,必要时可熨烫平整后再装袖。

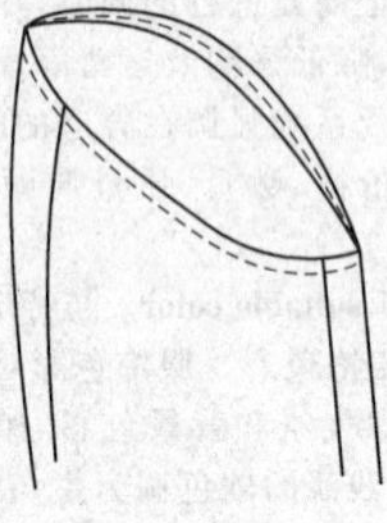

收袖山

收腰线　waist width line　为收紧腰部尺寸确定的垂直方向基础线。用细实线表示。见"前后衣身衣领结构线"(406页)。

手臂垂直倾斜角　arm vertical tilt angle　手臂自然下垂时,肩端点的垂线与手腕中线(肩端点与手腕中点的连线)的夹角。见"人体角度尺寸"(429页)。

手部护理　hand care　对手部进行的保养护理,以使双手显得丰满、细腻、修长、流畅和平滑。手部皮肤很薄,皮下脂肪较少,随着年龄的增长,脂肪会转移到身体其他部位(如腰腹部),使手部瘦骨嶙峋,血管显现,加上紫外线、冷空气、碱性清洁液等的刺激,双手皮肤会出现干燥、粗糙等衰老现象。日常手部保养包括防止化学品对手的损伤,保持手部清洁、保暖、防晒,坚持做手部运动。美容院的手部护理包括清洁、按摩、倒模、修护指甲等。

手长　hand length, HL　从连结桡骨茎突点和尺骨茎突点的掌侧面连线的中点(此点与腕关节皮肤弯屈纹的中点大致相应)至中指指尖点的直线距离。设计手套结构的重要参考值。见"人体长度尺寸"(426页)。

手动铺料机　manual spreading machine　由人工推动机器来回铺布,实现成卷面料层层对齐铺叠在裁剪台上的铺料机。由面料架、行走轮、断料器和记层装置等部分组成。工作时,需要两名以上操作人员协助整理面料的两端、布边以及布面,铺布效率低,劳动强度大,工作质量要靠操作人员的工作经验来保证。优点是能适应各种类型面料的铺放,尤其是有条格的面料。

手缝工艺　hand-stitching technique, hand-tailoring technique, hand-sewing technique　服装缝制过程中以手工为主的操作工艺。通常以手针穿入配色缝线,完成纳针、钉纽、绣花、杨树花针、勾倒回针、打套结、环针(甩缝)、暗缲针、明缲针、三角针、擦针、拱针、扳针、绗针等缝制工艺。

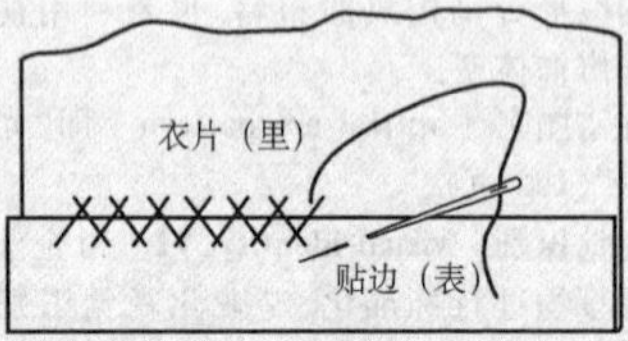

三角针

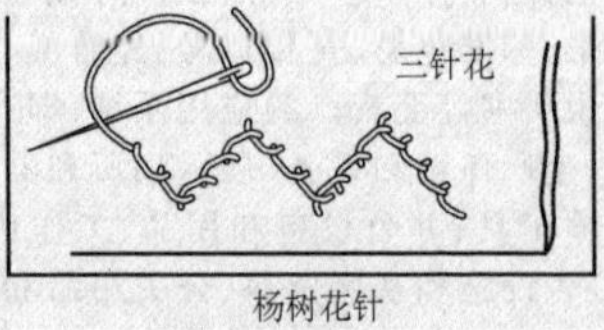

杨树花针

手缝工艺

手缝针　hand needle　手工缝纫用针。按长度、形状及用途可分为:尖头针、圆头针、假缝针、刺绣针、大眼针、穿珠针、绒绣针、长织补针、细织补针等。其中尖头针最为通用,中等长度,圆针眼,用于一般的手工缝纫,可能会刺穿针织物纤维,用于质地粗疏布料;圆头针与尖头针相似,但针头为圆形;假缝针用于衣服的假缝,针身较粗;刺绣针、大眼针、穿珠针、绒绣针、长织补针、细织补针等都作为装饰工艺用针。刺绣针中等长度，针尖细而锋利，针眼长，可穿过双股线或刺绣线；大眼针针体粗，针尖锋利，针眼宽大，比刺绣针稍大，适用于较粗纱线；穿珠针细长，韧性好，针尖锋利，适用于装饰工艺，尤其是钉珠子和亮片；绒绣针针体粗而结实，针尖钝，适用于绒绣及刺绣花边；长织补针针体长而粗，适用于织补破洞，可用粗羊毛纱线，形成精密的网眼，以便覆盖较大的破洞；细织补针有不同的长度和粗细，一般用于织补，因为针尖锋利，也适用于较细纱线的织物，如纯棉和丝绸等。以针号表示粗细，有No.1～12，针号越大则针身越细长，反之则越粗短。选择针的种类应根据织物结构的薄厚、疏密及所用缝纫线的粗细，通常使用的是No.6～9。

手工编结图案 **hand knitting pattern** 运用毛线手工编结的服饰图案。内容和样式广泛，以针法变化形成凹凸或镂空的抽象图形；以毛线的色彩变化形成具象或抽象的平面图形，灵活表现连续或单独图案。手工编结图案操作简便自由，是非专业人士易掌握和操作的服饰装饰手段，中国最早出土的手工编织物距今有2000多年，19世纪中叶编结服装工艺从西方传入中国，至今许多国家仍保留手工编结衣服的习俗。编结服饰质地厚实，弹性好，手感柔软舒适，传统的编结图案多用于乡村服饰、休闲服饰风格或童装、帽子、围巾等设计中，现代材料和工艺赋予编结图案更为多样的视觉特征，广泛运用于各种服装服饰设计中。

手工编结图案

手工刺绣图案 **manual embroidery pattern** 用手工完成的刺绣图案。是人类古老的服饰图案装饰手段，刺绣的针法极其丰富而变化无穷，有平绣、错针绣、乱针绣、网绣、锁绣、盘金绣、打籽绣、补绣、挑花绣等，不同的针法表现的图案各具特色。造型立体、细腻精致，传统以写实图案结合丝绸为主要样式，现今在造型和面料都有很大拓展，是民族服饰与高档服饰品依然运用的一种装饰图案。

手工刺绣图案

手工印染图案 **manual printing pattern** 通过手工方式将染料作用于织物而形成的图案。具有家庭作坊式制作特征，流行于世界各地。图案包括抽象与具象纹，因靛蓝为最普及染料，色调多以蓝白为特征。主要包括手绘图案、扎染图案、蜡染图案以及蓝印花布图案。手工印染图案因自然古朴与个性化，为现代都市人所喜爱，广泛应用于服装设计中，

手绘板 **digital table** 即“数位板”(477页)。

手绘图案 **hand-drawing pattern** 使用纺织品染料在织物上直接绘制的图案。是最古老的在织物上表现图案的方法，操作简单，见效快，个体件制作，避免了产品机器生产的批量与重复。手绘图案分具象和抽象两种，具象形以日本的和服图案为代表，丰富细腻，装饰性强；也有结合织物渗化特性，

追求中国写意画运笔与意韵。抽象形以泼染等手法，充分发挥织物与材料特性，创造出多样的肌理效果。手绘图案色彩变化多样，或色彩浓艳对比，或雅致谐调，多运用在丝绸等轻薄面料上，广泛应用于女性夏装长裙和围巾等设计中。传统手绘图案多在服装件料上完成图案设计，也用匹料直接手绘，后裁剪制作服装。

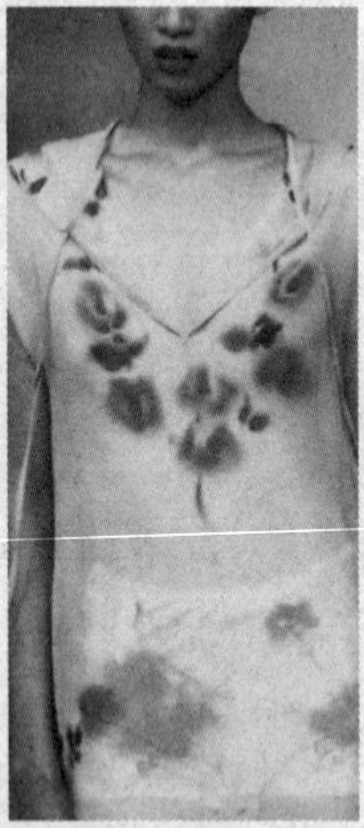

手绘图案

手绘图案表现技法　free-hand pattern showing skill　具有手绘图案不规则性和随意性的表现技法。其绘画艺术性强，变化较大，需根据不同的风格，采用不同的技法表现。如表现国画风格的花卉图案可采用淡彩技法。

手绘图案表现技法

手缉止口　hand-topstitching front edge　在服装领、袋、门襟等有止口的部位用手工以缝回针的方法缉缝止口的动作。线迹具有简洁素雅的独特风格，正面线迹长度一般为0.3 cm，反面线迹只缝住缝料少许纱线，一般不外露。缉缝时缝线以稍紧为好，可增加手缝止口的立体感，具有加固和装饰作用。常用于高档毛料服装。

手宽　hand breadth　从食指到小指根部骨头水平处，掌面桡尺两侧间的最大投影距离。见"人体长度尺寸"(426页)。

手链　wrist chain　戴在手腕上的链状饰品。由链条和搭扣组成，长度按佩戴者的手腕围确定。男女皆可使用。

手铃　wrist bell　系于儿童手腕的饰品。由一根串线和会发出响声的挂铃组成，多用含铜的合金材料制作，款式造型主要有：花生、如意等。

手笼包　muff　即"暖手筒"(379页)。

手帕式礼服　handkerchief dress　起源于20世纪20年代，因裙摆像手帕，呈四方形而得名。其式样多为紧身连衣长裙，也有上下分开式的长裙或中长裙。选用轻质的和有透明感的织物，如丝绸、蝉翼纱、巴厘纱等。1985年春夏巴黎时装发布会，波碧·莫雷尼首次推出白色的手帕式礼服，拖地长裙和多层次的角状下摆，配白鞋及手帕角领。在20世纪20年代、70年代末及80年代中期曾多次流行。

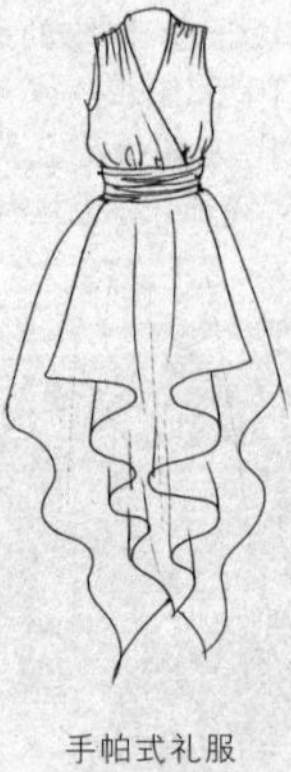

手帕式礼服

手帕图案　handkerchief pattern　手帕上所用的图案。图案分女用、男用、儿童用三类。女用手帕图案以花卉为内容，结合角、中心、边等分别装饰，结合印花、绣花、抽纱等工艺，图案呈现清淡雅致的视觉特征；男用手帕图案以几何条格为内容，以线条边饰强调手帕的方型造型，结合提花、缎条等工艺,图案呈现端庄大方的视觉特征;儿童用手帕图案以卡通与动物为内容,强调中心装饰,结合印花、剪花等工艺,图案呈现活泼醒目的视觉特征。

手术服 **operation wear** 医生进行外科手术时着用的工作服装。多为经过灭菌处理、卫生清洁的长袖围裙型或外罩型服装。领口、袖口收紧;用帽罩住头发;戴面罩。由棉、黏胶织物制成,具有一定耐洗涤、耐消毒牢度。有使用后即烧毁的一次性非织造物手术服。也有透湿不透水,保护医生不受病人体液和血液污染的 gore-tex 面料手术服。

手套皮革 **glove leather** 手套面料采用的皮革。皮质要求轻薄柔软,表面光滑,有弹性,耐磨性能好,宜采用山羊皮革制作,也可采用牛皮革、绵羊皮革、猪皮革等。制作劳防手套用的皮革,对厚度和牢度要求高,对柔软与弹性要求不高,可采用质量较差的绒面羊皮革、猪皮革、牛皮二层革。有些运动手套(如棒球手套),要求厚度 1 mm 左右,坚韧、有弹性、透气透湿,一般采用牛皮革和猪皮革。

手套图案 **gloves pattern** 用于手部的服饰用品图案。主要以花卉、几何纹构成。历史与传统中,手套除了保暖和护手的功能外,与宗教仪式、权威、圣洁及女人的高雅等概念相关联,形成了丰富多样各具工艺特色的手套装饰图案。内容因手套的风格、功能、年龄等各异,图案大小适中,定位图案多以手背、边口为装饰部位,四方连续纹样多以细小纹样规则性排列。图案工艺有编结、平绣、贴绣、蕾丝、印花等。

手套图案

手针缝纫 **hand stitching** 以人工方式运用手缝针作出各种缝迹的工艺。包括“拱针”(183 页)、“扎针”(635 页)、“缲针”(413 页)、“花针”(218 页)、“绗针”(202 页)、“三角针”(439 页)、“杨树花针”(601 页)、“打线丁”(77 页)等,偏重装饰性。

手镯 **bracelet** 戴手腕上的环形饰品。由金属、玉石、玛瑙、翡翠等材料制成。可用丝条绞成,或用刀具直接雕琢而成;还可用镶嵌方法制作。多为女性使用。

首饰 **jewellery** 原指头上的饰物,现泛指佩戴于颈部、头部、腕部、手指、脚踝及其他部位的装饰品。包括项链、发夹、耳环、手镯、戒指、胸针、脚镯等。按质地材料、使用对象、装饰风格及民族特色,可分为多种系列,如贵金属首饰,仿金首饰;女性首饰,男性首饰;时装首饰,古典首饰等。除了装饰性,还有一定的实用性和收藏性,如首饰表、皮带扣、袖口纽等。

首饰表 **jewellery watch** 用首饰装饰方法设计加工的表。除了计时部分外,其他部分(表壳、表带)多用首饰工艺制作。材料有黄金、铂金、钻石、红蓝宝石等。可作为装饰品和珍藏品。

首饰钻石 **diamond jewellery** 用于制造首饰品的钻石。从地下开采出来的钻石,有许多色泽不佳,净度不够,只能用于工业,只有很少部分可以用于首饰业,色泽和净度都有一定要求。坚固性和透明度良好。

寿鞋 **longevity shoes** 死者入棺时穿用的鞋。鞋的品种式样依当时情况及死者家庭贫富与权力而定。有钱有势者穿玉履,如马王堆汉代官人所穿的鞋为金丝玉片编织而成的。一般平民百姓则为蓝、黑或褐色鞋面布底鞋。为了表示祝愿,鞋底绣或印寿字、荷花、梯子、公鸡等吉祥物。江浙一带等南方农村至今仍有此风俗。湘西一带老人死后入棺穿的是大红寿鞋,以红色震慑怕火怕光的妖魔鬼怪,让死者在地府活动自如,免受邪恶侵袭。

寿字纹 **birthday character pattern** 中国传统文字装饰纹样。字花的一种,由单个或多个变形的“寿”字组成,或错落有致的“寿”字组成犹如花纹的装饰效果,表示长寿、百寿等祝福之意。图案采用四方连续形式和锦缎与刺绣工艺,烘托富贵而华丽的寿字纹,多用于年长者的服饰中。

狩猎服 **hunting wear** 狩猎时着用的服装。款式结构上采用四肢分离型,便于野外行动。狩猎多骑马进行,故狩猎服与骑马服在造型上有较多共同点。近来还出现了礼仪用狩猎服,如狩猎连衣裙、狩猎外套等。

狩猎服

狩猎靴 hunting boots 适于打猎时穿用的半高筒系带式皮靴。靴帮为外耳式结构,宽大的鞋舌将鞋耳两侧连接起来,形成一个封闭的靴筒,既有很好的利于穿脱的开闭功能,又有很好的阻止砂粒草粒等进入鞋内的防护作用。筒口处配有钎带,以加强紧固,避免山石树茬刺穿,鞋底用较厚的皮革或橡胶制作,以防刺穿。

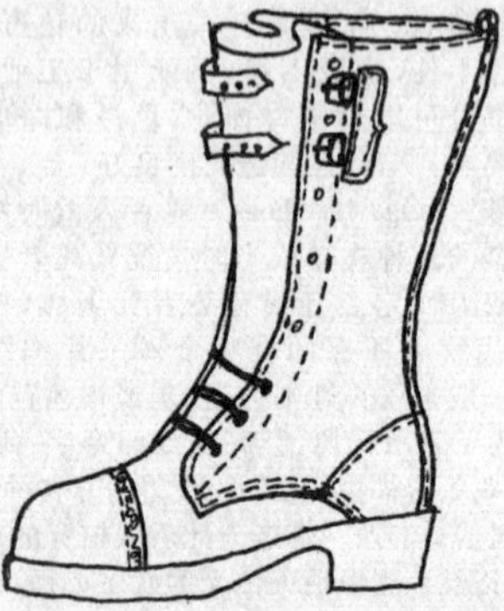

狩猎靴

狩猎鸭舌帽 hunting cap 鸭舌帽的一种。扁平帽冠由帽片拼缝而成,下端贴合头部。男用狩猎鸭舌帽具有护耳,且护耳可翻折到帽顶上。19世纪后半期普遍用作狩猎等运动。狩猎时戴的猎帽一般用加荧光处理的明亮色面料制作,醒目的色彩以便其他的狩猎者识别。普通材料制作的狩猎鸭舌帽后普及使用,流行于20世纪30年代。

狩猎装束 hunting costume 由狩猎夹克、宽松短裤(或长裤)、短裙等组成的搭配。适合狩猎时穿着。款式设计体现功能性和舒适性,同时还兼顾气候因素(防寒、防风、防雨)。户外打扮的灵感来源于非洲狩猎、探险。服装造型呈瘦身型,腰束皮带,西装小翻领,有肩章,前身四个打裥贴袋搭配裤子和宽檐帽。面料以浅咖啡色的卡其布为主。

售货店内部陈列 in-store display 店内商品陈列方式。服装陈列原则和技巧:(1)醒目化:为吸引消费者,应根据服装的特点灵活选择展示部位、展示空间、展示位置、叠放方法等,使顾客一目了然;(2)丰富感:服装属于选购商品,消费者在购买时希望有更多的选择机会,以便对质量、款式、色彩、价格等进行比较,陈列的服装应整齐有序,品种齐全、丰富,使消费者感到富有选择余地;(3)合理化:根据消费者的心理要求和购物习惯,对于同一品种或同一系列的服装应在同一区位展示;(4)艺术美:应在保持服装独立美感的前提下,通过艺术造型使服装巧妙布局,相互辉映,充分运用艺术手法展示服装美。

瘦长体 slim figure 身材瘦长,体重较轻,皮下脂肪少,肌肉欠发达,颈部细长的体型。衣身纸样设计时胸围松量应较正常体稍大,前后浮余量处理量改小。

梳篦 shubi 中国古代的一种女性首饰。通常以金银、玳瑁、兽角或美玉等珍贵材料制成,不但有梳理头发和清除发垢之用,亦可插于发髻、发顶作为装饰。在头上插梳篦的习俗早在四千多年前就已出现,唐宋时期甚为流行。

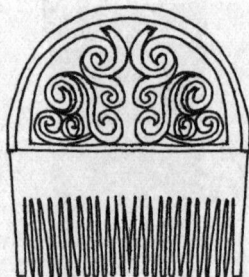

梳篦

梳头桌 shutouzhuo 又称包头桌。在中国传统戏曲中特指旦角头、面部化装用的台子。因包头以及梳头为旦角化装的特点而得名。

舒库拉绸图案 **shu-ku-la silk pattern** 即“爱德利斯绸图案”(3 页)。

舒展风格 **extend style** 突出面料柔软和悬垂性的服装风格。设计所用线型长而柔软,细褶多,面料具飘逸感,装饰小而细致,零部件比较隐蔽和平整。

疏缝 **basting sewing** 针距大于等于 1 cm 的缝纫方法。常用于面布的假缝工序和衬、里布的暂时固定等。由于针迹密度小,拆除时较方便、快捷。

疏缝机 **basting sewing machine** 即“缭缝机”(317 页)。

熟练率 **skilled rate** 生产过程中同一工序达到迅速、准确、自如操作的百分率。新品种投入加工时,工人对所加工的批量产品有一个熟练过程,如生产第一件裁片部件时,由于工人不熟练工艺要领,耗时较多,随着工艺和操作技巧的熟练,加工时间会逐渐减少,趋向一个稳定值。熟练率可通过系列时间值的测定和计算而得。熟练率高,表示工厂或工人适应新品种生产的能力强。通常,服装大批量生产时熟练率可以忽略不计,而单件或小批量生产时,熟练率是制定工时定额或加工费的重要参数。

蜀锦 **Shu brocade** 丝织物名。中国传统名锦之一。桑蚕丝色织提花锦类丝织物。包括经锦和纬锦两大类。质地细密,厚实平挺,花纹层次分明。适宜用作具有中国民族特色的服装面料。

束发冠 **shufaguan** 中国古代男子束发所用的小冠。外形变化较多,其基本形制为“梁冠”(316 页)状,上缀各种珠宝,使用时扣覆在发髻上,用簪子固定。通常以玉石、木料或金属丝制成。士庶男子常用于家居,武士则用于常服。宋代以后使用者渐多,至明代尤为盛行。入清后废除。

束腹 **girdle** 即“科尔塞特”(287 页)。

树形图案 **tree pattern** 由树枝或树形构成,描绘树枝形态的图案。运用写实或写意的手法,强调树枝的转折多变。图案起源可追溯到由西亚或美索不达米亚地区传播至世界各地的生命树图案,以及古波斯织物图案和中国的汉锦图案。现代服饰中的树形图案,常以木本的梅花及竹子等为对象,打破小单元花草组合,以单元形大图形特征强为特色,用于长裙等面积较大的服装设计中。

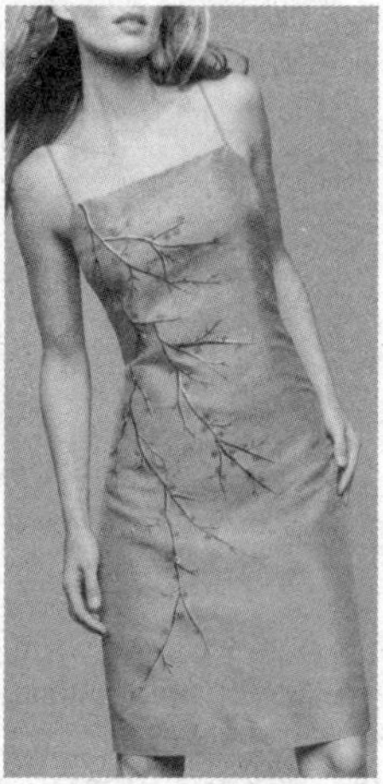

树形图案

树脂整理织物 **resin finished fabric** 经过树脂整理(以单体、聚合物或交联剂对织物进行处理,使其具有防皱性能)的织物。织物的抗皱性和尺寸稳定性好,但撕破强力、耐折边和耐磨性能明显降低,并且存在释放甲醛的问题。可用作衬衫、裤、裙等的面料。

数纱绣 **shusha embroidery** 即“数线绣”(477 页)。

数位板 **digital tablet** 又称绘图板、手绘板。用于设计人员绘图创作的计算机输入设备。作为一种硬件工具,需结合 Painter、Photoshop 等绘图软件使用。可绘制油画、水彩、素描、丙烯等多种效果,使服装画的表现更丰富。

数线绣 **shuxian embroidery** 又称挑绣、数纱绣。苗族等少数民族的刺绣针法。每一针刺绣线覆盖的经纱数或纬纱数均相等。属十字绣类型。

数珠 **beads** 即“念珠”(372 页)。

数字化仪 **digital input machine** 将图像(胶片或相片)和图形的连续模拟量转换为离散数字量的装置。由电磁感应板、游标和相应的电子电路组成。用在服装上是将服装板样的形状数字化后输入计算机。其工作原理大致如下:定位装置在数字板的表面上移动时,通过电磁、静电感应,将数字板上的图形坐标信息一点点地数字化,并传送到计算机中,再经过计算机的处理，就能在屏幕上还原出原来的图形，从而完成图形的输入和数字化。

数字化仪

刷式起毛起球仪　brush pilling tester　用于测试毛织物以及化纤织物起毛起球性能的设备。适用标准：GB/T 4802.1—2008《纺织品　织物起毛起球性能的测定　第1部分：圆轨迹法》等。由工作磨台、尼龙刷、标准磨料、试样夹头、试样夹头臂、加压重锤、拨盘开关、计数器等组成。将直径113 mm的圆形试样夹在试样夹头内，正面朝外，翻转试样圆环，使其位于工作磨台上方，在试样夹头臂上根据标准加载相应重量的加压重锤。电动机驱动试样夹头臂作纵向往复直线运动，工作磨台作横向往复直线运动，则试样与磨台的相对运动轨迹成圆形。先将尼龙刷工作磨台置于右侧，试样与毛刷摩擦一定次数，再将标准磨料工作磨台置于右侧，试样与标准磨料摩擦一定次数，取下试样，在标准光源箱内对照起球标准样照，评出试样的抗起球等级。

刷式起毛起球仪

摔纹革　pressing-milling leather　通过摔软等机械加工，使表面呈不规则的粗细花纹，身骨特别柔软的皮革。多用牛皮制成。主要用于制作鞋类、软包袋等。

甩发　shuaifa　传统戏曲男性角色假发的一种。用黑色人发或尼龙丝制作，根部以丝弦扎紧，固定于网巾顶部圆孔中。甩发的粗细长短不一，一般可垂至腰际，净角用的较粗长，丑角用的较细短。剧中人遭遇被擒、受责、战败、逃亡等意外事件时，卸去盔帽，要动甩发以示激愤、惊惧、挣扎、绝望等心情，是一种难度很高的表演特技，称为甩发功。

甩针　catch stitching　即“环针”(222页)。

双层女帽　double cap　18世纪西方流行的两顶帽子组合在一起的帽子式样。一般在丝、麻制的无檐帽上装饰一顶花边小草帽。

双层女帽

双重缝　double welt seam　内衣缝型类型。两衣片正面朝里与无限布边处于同一侧，沿有限布边使下衣片长出上衣片叠合，下衣片有限布边折包或不折包上衣片有限布边，压上第一道线迹，而后沿线迹分开衣片，使无限布边处于线迹两侧，缝份向上衣片一侧座倒，或下衣片有限布边折包上衣片有限布边，沿上衣片有限布边边缘压上第二道线迹而形成的缝型，主要用于内衣、工作服、军便服的缝制。

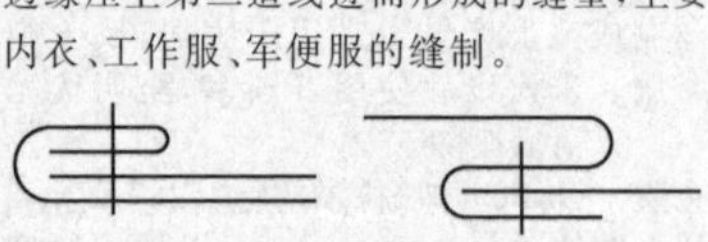

双重缝

双反面织物　purl fabric　又称珍珠编。正面线圈横列与反面线圈横列以一定组合相互交替配置而成的双面纬编织物。双反面组织属于纬编针织物的基本组织。通过正反面线圈横列数的不同组合或色纱与正反面线圈的不同组合配置，形成各种凹凸横条纹或几何纹样的组合花形。原料采用棉纱、粗或中粗毛纱、毛型混纺纱、腈纶纱和弹力锦纶丝等。厚实、不卷边，纵横向具有相近的弹性和延伸性。线圈横列倾斜使织物长度缩短，门幅变宽，厚度增加。织物蓬松，手感柔软，脱散性与纬平针相同。用于制作童装、运动衫、袜子、手套、毛衫等。

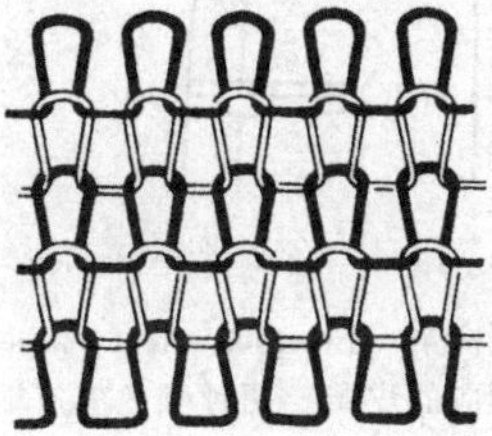

双反面织物

双宫绸　doupioni pongee　丝织物名。经线采用 31.08～33.33 dtex×2(2/28/30 旦)桑蚕丝，纬线采用 55.55～77.77 dtex×2(2/50/70 旦)桑蚕双宫丝，以平纹组织织制的表面呈现粗细不匀横棱纹的织物。绸面呈现均匀而不规则的粗节，质地紧密挺括，色光柔和。适宜做时装面料。

双轨接线　stitch seam uneven　服装外观疵病。止口缉线时因断线接线出现接线与原线不接轨的现象。产生原因为服装缉缝时，因断线或修改缝迹，接线与原线对合的精度不够。

双梁鞋　double rib vamp shoes　鞋帮的前脸有两根突起的梁子，从鞋前口开始呈 V 字形向前伸展直至鞋底前尖的布底布帮鞋。双梁既有保持鞋帮挺拔的作用，又能保护脚不被踩伤、踢伤。梁子多用股子皮(驴软革)缝合，鞋帮上缉纳菱形图案，手工缝绱成型。为明清北方居民干活或练武的鞋式，现北方农村仍能见到。新中国成立初期，解放军战士也曾穿用。

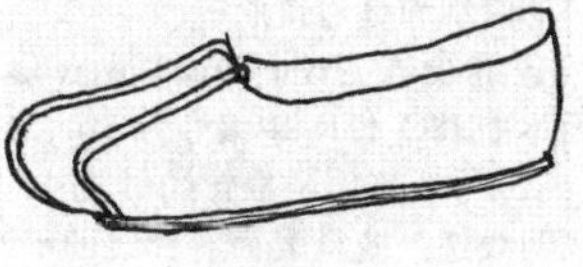

双梁鞋

双罗纹凹凸织物　interlock pique fabric　由双罗纹和变化平针复合而成的纬编针织物。主要采用棉、涤及混纺纱等原料。织物具有横条外观和凹凸效应。用于制作 T 恤衫等。

双罗纹织物　interlock fabric　又称棉毛布、双正面织物。由两个 1＋1 罗纹组织复合而成的纬编织物。织物的两面在外观上都呈现正面线圈纵行形态。属于罗纹变化组织织物。主要采用棉纱、蚕丝、羊毛纱、苎麻纱、棉型腈纶纱以及棉与腈纶、涤纶混纺纱等原料。按织物染整加工特点分为本色棉毛布、染色棉毛布、印花棉毛布、色织棉毛布等。如采用不同色纱，不同方法编织，织物可产生纵向或横向彩色条纹效应、纵向凹凸条纹效应和抽条方格效应。质地紧密厚实，手感柔软，弹性与延伸性好，脱散性较小，布面匀整，不易起球，纹路清晰，有悬垂感。用于制作棉毛衫裤、T 恤衫、运动衫裤、背心、裙子、平脚裤、三角裤等。

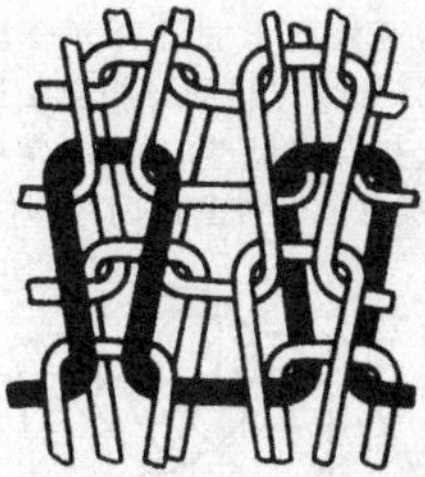

双罗纹织物

2＋2 双罗纹织物　2＋2 rib fabric　采用两个 2＋2 罗纹复合而成的纬编织物。织物厚实、柔软，无卷边，保暖性好，结构稳定，有一定的弹性。多用于制作外衣。

双面花色毛衫　double fancy knitwear　在双正面组织或双反面组织基础上发展变化或复合编织而成的毛衫。采用精纺羊毛纱、腈纶纱及混纺纱为原料。厚实、挺括、脱散性小。正面呈现花色效应。

双面花色针织物　doube fancy knitted fabric　在双面组织基础上变化或复合而成的纬编织物。常见组织有双面提花、胖花、集圈、纱罗、复合等。原料采用棉、毛、化纤、混纺及交捻纱等。质地厚实、挺括，脱散性较小，织物表面形成花纹图案及孔眼、闪色、凹凸、波纹等外观效应。用于制作内衣、外衣、羊毛衫、袜子、手套等。

双面经编织物　double-faced warp knitted

fabric 即“双针床经编织物”(482 页)。

双面黏合衬 reversible fusible interlining 将低熔点共聚酰胺热熔胶或共聚酯热熔胶经熔喷法制成网状热熔纤维薄膜,从而形成的黏合衬。两面均可热熔黏合。重量 10～30 g/m²,常制成牵条使用。为防止压烫时与底板黏合,在卷装过程中垫一层四氟乙烯防黏纸,在压烫另一面时将防黏纸去除。也可在双面衬的两面均覆盖面料进行一次性压烫黏合,起到面料与面料或面料与里料之间的加固作用。双面衬均采用低熔点的热熔胶制成,可用熨斗压烫黏结,使用非常方便。主要用于西服、套装、夹克、职业装、大衣的袋口、袋盖、腰、袖窿、袖口、门襟、开衩等部位。

双面绒针织物 double-flannel knitted fabric 见“割绒针织物”(177 页)。

双排扣 double breasted 门里襟各钉一排纽扣。左右开襟的上衣叠合开合比较大,一般为 5～12 cm。门襟的钉扣起装饰作用,里襟的钉扣起扣合门里襟的作用,常用于男装、女装、童装类大衣和外套的门襟部位。

双排扣

双排扣套装 double breast suit 上衣里襟和门襟相重叠,门襟为双排纽扣的套装。着装较为严肃和拘谨。

双胖针织物 double-blister knitted fabric 见“胖花提花织物”(383 页)。

双嵌袋 double welt pocket 上下方都装有嵌线的嵌线袋。在袋口部位装有嵌线,具有一定的装饰性和坚牢度,嵌线袋的嵌线宽一般不超过 1 cm,袋口宽都比贴袋口小 1～1.5 cm。多用于男西装、腰袋及西裤后袋。

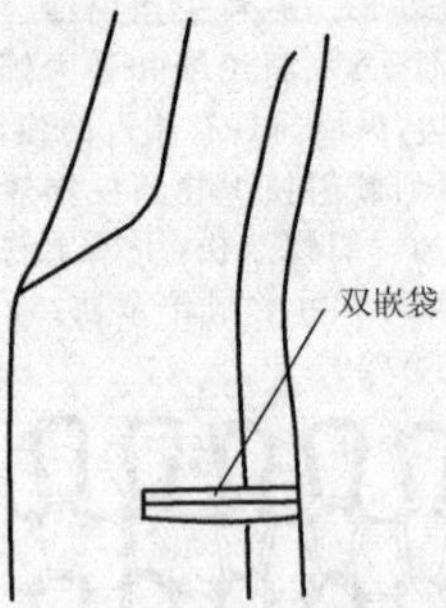

双嵌袋

双色效应革 two-tone effect leather 表面呈双色效应的皮革。两种颜色应有明显的差异,以使皮革表面更具立体效果。在不同视角观察,折射出不同的颜色效果;或者粗看一种颜色,经弯曲变形后显露出两种颜色的效应。双色效应牛皮革主要用于制鞋,羊皮革用于制衣。

双喜纹 double happiness pattern 又称双禧纹。中国传统文字装饰纹样。字花的一种,“禧”为福或喜神之意,通常以“双喜”和“双禧”的形式出现,由两个喜字构成的“囍”字,是汉字中特有的介于文字和图案之间的一种符号。双喜纹寄寓双喜临门,喜上加喜之意,多与鸳鸯等吉祥纹样组合运用,来表示恩爱和欢愉,在民间常见于婚嫁等服饰图案中。

双禧纹 double happiness pattern 即“双喜纹”(480 页)。

双线包缝机 2-thread overlock machine 一根机针线和一根弯针线在一根叉针的配合下,将两根缝线穿套形成包缝线迹的缝纫设备。由针杆机构、弯针机构、挑线机构、送料机构、切刀机构和自动润滑机构等部分组成。用于印染、毛纺及皮革等行业面料相接和面料相拼的缝纫和缝边作业中。

双线包缝线迹 two-thread overedge stitch 国际标准 ISO 4915 中编号为 510、511 号的线迹。510 号线迹由两根针线(1 与 2)互相串套形成的线迹。缝料表面有针线的平行与交叉形线迹。主要用于缝料边缘的包缝。511 号线迹是由两根针线(1 与 2)互相串套形成的线迹。缝料表面有针线的平行与交叉形面线。主要用于缝料边缘的包缝。

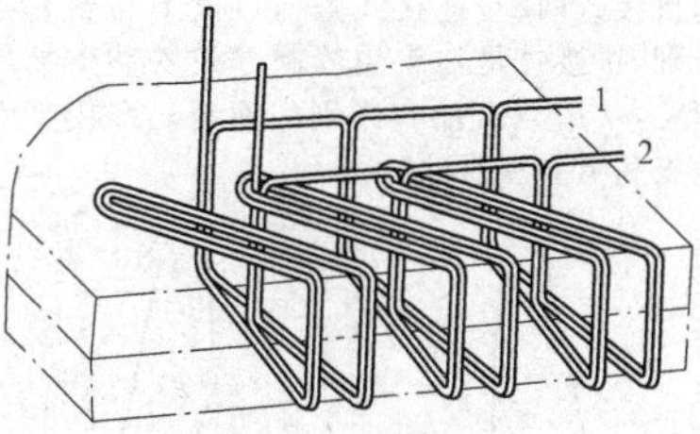

双线包缝线迹 510 号

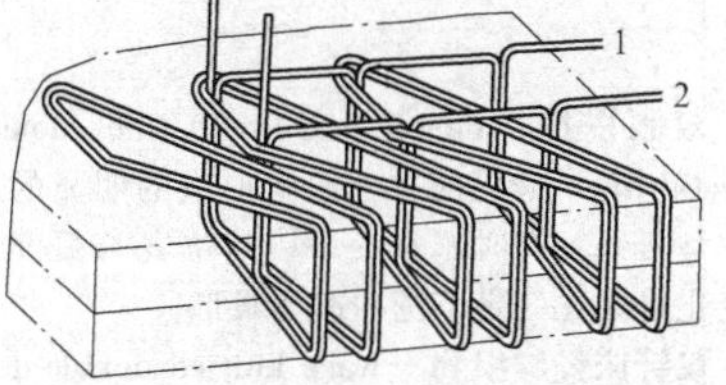

双线包缝线迹 511 号

双线链式缲边线迹　two-thread slip chainstitch　国际标准 ISO 4915 中编号为 409 号的线迹。针线 1 的线环从机针一面穿入缝料的一部分，在缝料的机针一面上露出后，穿入钩线 a 的前一个线环，然后与其互连，机针穿刺方向同连续线迹垂直，缝料表面显示一根直线形针线线迹。常用于服装底边缲缝。

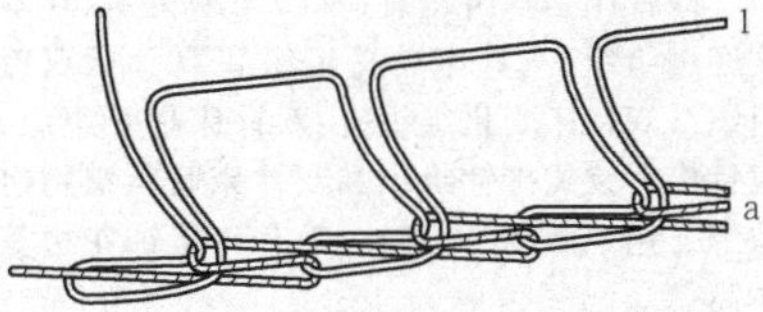

双线链式缲边线迹

双线链式人字线迹　two-thread people-like chainstitch　即“双线曲折形链式线迹”(481 页)。

双线链式线迹　two-thread chainstitch　国际标准 ISO 4915 中编号为 102、401 号的线迹。102 号线迹是由两根针线自位置 1 与 2 从机针一面穿入缝料，在缝料的另一面，线 2 同本身的前一环自连后，又同线 1 的线环互连形成的线迹。缝料表面显示有两根直线针线线迹。常用于缝料间的缝合。401 号线迹是针线 1 的线环从机针一面穿入缝料，露出缝料另一面后穿入钩线 a 的前一个线环，针线的线环依次与钩线 a 的线环进行互连形成线迹。缝料表面显示为一根直线形针线线迹。常用于裤裆缝缝合，西裤后裆缝加固缝合以及针织衣片的缝合，还能与三线包缝线迹构成复合线迹，即五线包缝线迹。

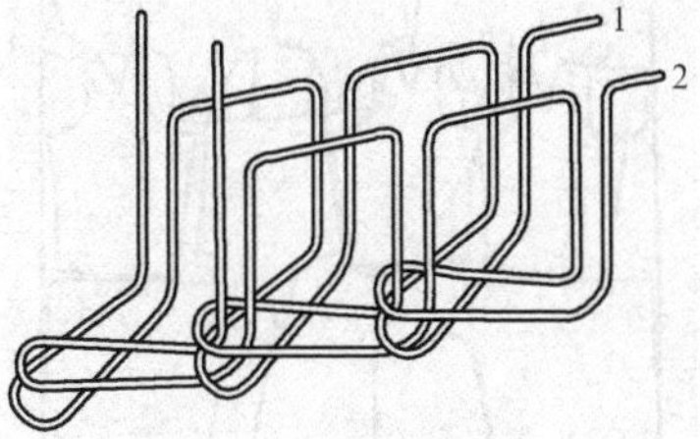

双线链式线迹 102 号

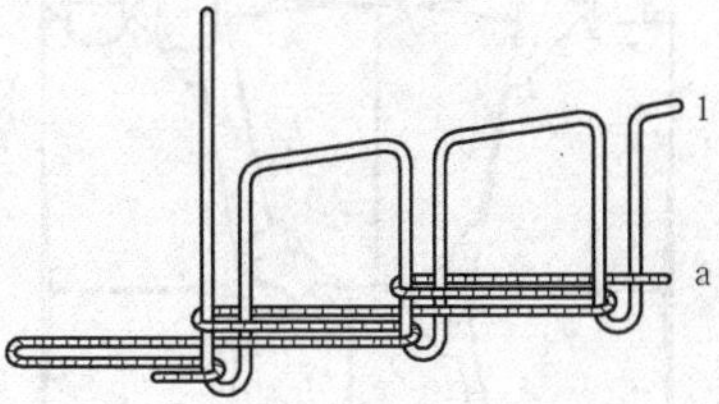

双线链式线迹 401 号

双线曲折形链式线迹　two-thread zigzag chainstitch　又称双线链式人字线迹。国际标准 ISO 4915 中编号为 404 号的线迹。针法类似 401 号线迹，由一根针线 1 和一根钩线 a 互相串套形成的线迹。缝料表面显示排列成曲折状的连续针线线迹。常用于服装的饰边，如犬牙边等缝合。

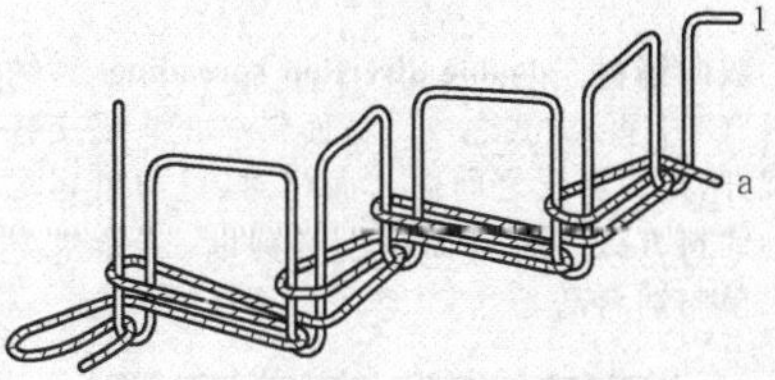

双线曲折形链式线迹

双向排料　double direction nesting　排料方式之一(图见下页)。板样可以朝向任意方向的排料方式。通常用在对称性的布料上，不必考虑布纹及反方向的感光色差，用布量较省，布料使用率约为 80%～85%。

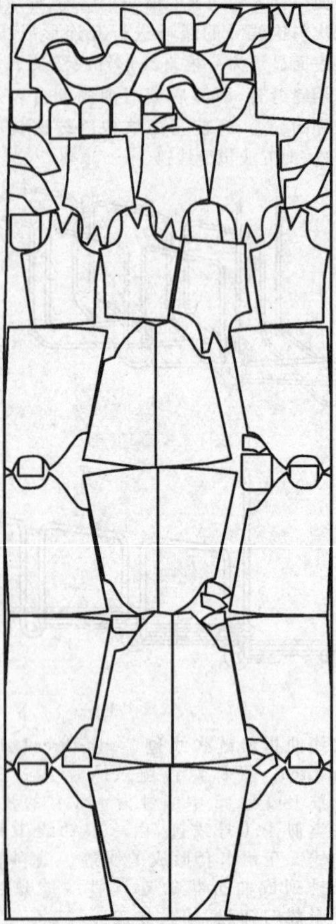

双向排料

双向铺料　double direction spreading　“铺料”(397页)方式之一。将面料一正一反交替展开,形成各层之间面与面相对,里与里相对的铺料方式。每层面料不必剪断,工作效率比单向铺料高。

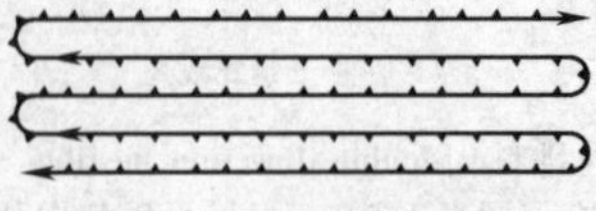

双向铺料

双袖头　double cuff　又称翻克夫。衣袖袖口边向外朝上翻折的装饰袖头。有连接式和拼接式两种,连接式是袖口以下布料直接外翻,拼接式是袖头用缝制方式安装于袖口部位,常用与衣袖有区别的面料。多用于女大衣和男女短袖衬衫。

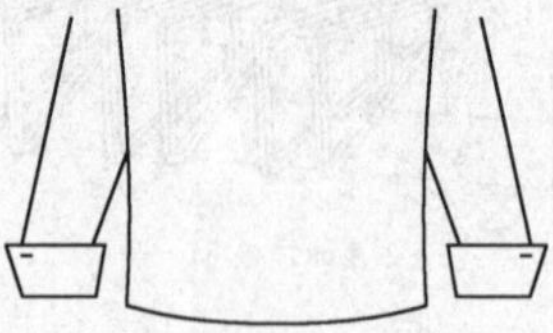

双袖头

双眼皮线　double-fold eyelid line, double eyelid line　睁眼时在上眼睑形成的明显的皮肤皱折线。有时不止一条。其位置与弧度的变化可以在一定范围内改变眼形。

双针床经编织物　warp knitted double-needle bar fabric　又称双面经编织物。双针床经编机编织的正反两面呈现线圈正面外观的针织物。可形成各种双面结构的织物:普通经编双面织物、经编间隔织物、经编筒状织物、经编丝绒织物等。产品用于制作圈绒装饰花边、毛巾、浴衣、手套、连裤袜、围巾、领带、双面服装面料等。

双针床经编组织　double warp-knitted stitch　在双针床经编机上编织的各种经编组织。双针床基本组织有:罗纹经编组织、双罗纹经编组织、双针床单梳组织和双针床双梳组织。双针床变化组织有:双针床抽针组织、双针床罗纹式排针组织和双针床筒状织物组织等。用于服装、连裤袜、手套和服饰花边等产品。

双针链式缝纫机　2-needle 4-thread chain stitch sewing machine　即“双针四线链式线迹缝纫机”(482页)。

双针四线链式线迹缝纫机　2-needle 4-thread chain stitch sewing machine　又称双针链式缝纫机。由两根机针线和两根弯针线形成的两根双线链式线迹的工业用缝纫机。由针杆机构、弯针机构、拨线机构、挑线机构和送料机构等部分组成。双针的排列形式有平行排列和前后排列两种:双针平行排列能缉出两条平行的链式缝迹,外观效果和双针链式缝纫机一样;双针前后排列时能缉出重叠的两根链式缝迹，主要用于缝合受力很大的部位，如裤子的后裆缝作业等。

双针锁式线迹平缝机　2-needle lock stitch sewing machine　两机针同时垂直上下运行，与两个旋梭配合，在缝料上缉出两道平行的锁式线迹的缝纫设备。由针杆机构、针杆分离机构、钩线机构、送料机构、针杆同步机构和倒缝机构等部分组成。针与送布牙同步送料，不易发生上下层面料错位现象。最高缝速 4500 针/min，最大线迹长度 7 mm，压脚升距 13 mm。根据不同的工艺要求，调整双针的间距或更换不同的针位，缝制出不同宽度的双线缝迹。拆除一枚机针，缝纫效果与单针平缝机一致。

双正面织物　bi-fabric　即“双罗纹织物”(479 页)。

双直线型锁式线迹　two straight lockstitch　国际标准 ISO 4915 中编号为 302、309、311、312 号的线迹。302 号线迹是两根针线(1 和 2)的线环从机针一面穿入缝料，与钩线 a 交织，在另一面形成的线迹。缝料表面显示为两根直线形针线线迹。一般用于表面双针形线迹的止口缝合。309 号线迹是由针法类似 302 号线迹，由两根针线(1 与 2)和一根钩线 a 相互串套形成的线迹。缝料表面有两根直线形针线线迹，钩线 a 在底层缝料上显示成曲折形线迹。一般用于表面需两针形线迹的止口缝合。311 号线迹是由两根针线(1 与 2)和一根钩线 a 在两层缝料间相互串套形成的线迹。缝料表面显示为两根直线形针线线迹。一般用于服装表面止口线迹的缝制。312 号线迹是由两根针线(1 与 2)和一根钩线 a 在两层缝料间相互串套形成的线迹。缝料表面显示为两根曲折线形针线线迹。一般用于厚实的缝料缝合。

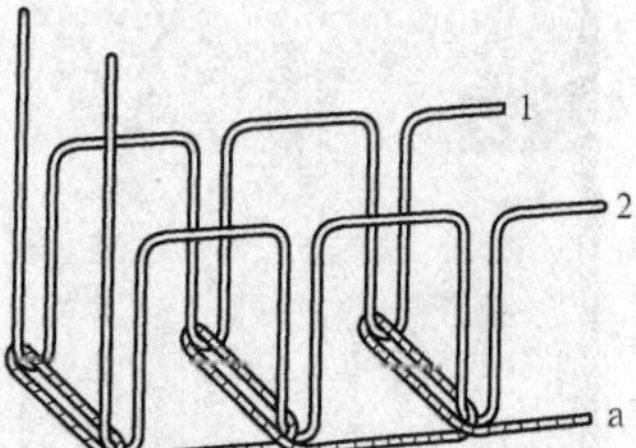

双直线型锁式线迹 302 号

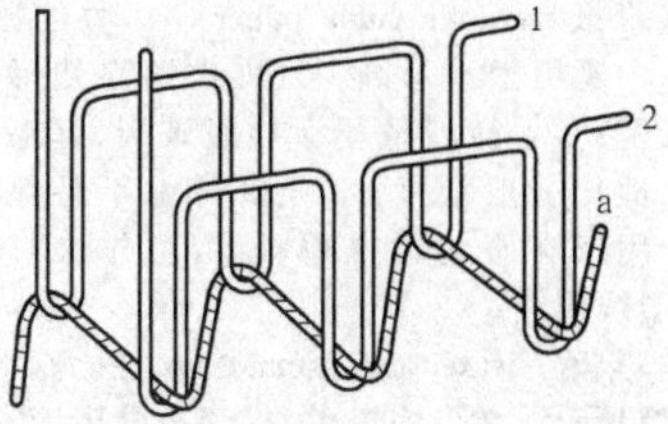

双直线型锁式线迹 309 号

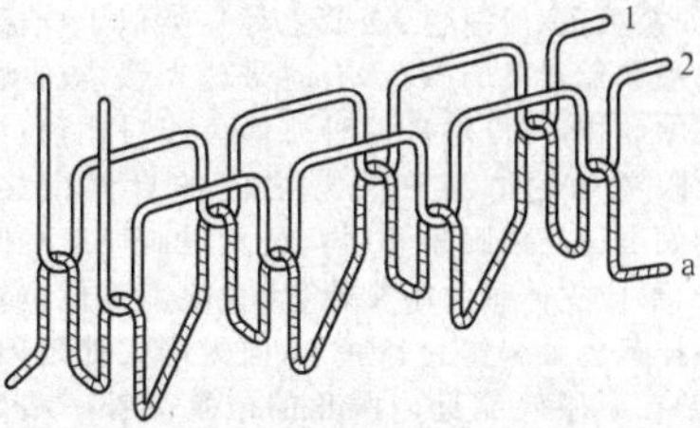

双直线型锁式线迹 311 号

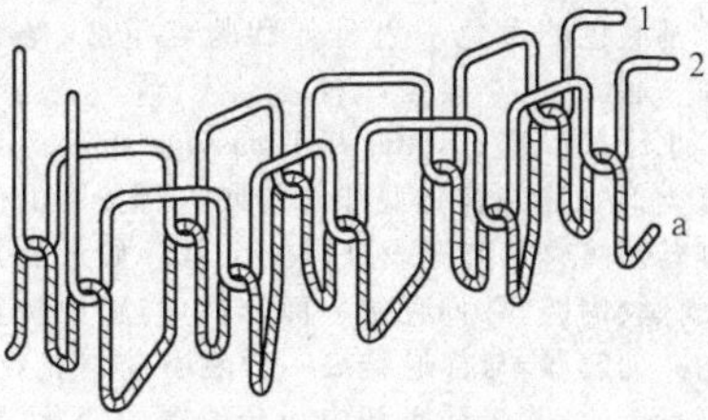

双直线型锁式线迹 312 号

双绉　crepe de chine, elephant crepe　丝织物名。经丝为无捻桑蚕丝，纬丝为强捻桑蚕丝且以 2 Z、2 S 间隔排列，采用平纹组织织制的表面呈现细小均匀皱纹的丝织物。重量 35～78 g/m^2。质地轻柔，平整光亮，富有弹性。用途很广，可作衬衫、连衣裙、丝巾等的面料。

霜状粉底　cream foundation　含有较多粉质和油脂的粉底。遮盖力介于液状粉底和粉条之间，能对脸部毛细血管引起的肤色不匀起到一定的弥补作用。适用于干性皮肤。

水白脸　shuibailian　又称大白脸、粉白脸、大白抹脸。中国传统戏曲脸谱“整脸”(646 页)的一种，于面部抹白粉，再以黑笔勾画眉、眼、鼻、皱纹等。专用于曹操、潘洪、严嵩等奸狡权臣。其特点在于注重眉、眼、皱纹的描画，且没有统一的标准。

水彩纸　water color paper　一种绘画用纸。主要用于水彩画。纸面纹路自然，纤维比较坚韧，不易因重复涂抹而破裂、起毛球，吸水性比一般纸好，水分多时也不易起皱。适合用于在服装画中画彩稿，可作水彩、水粉、墨线用纸。

水彩妆　water color make-up　又称水果妆、糖果妆。突出缤纷色彩，营造健康而充满生机的可爱型化妆。色彩常选用粉嫩的颜色（如淡黄色、淡绿色、淡蓝色等），类似于柠檬、柑橘和猕猴桃的颜色，有时带珠光感；减少色块的面积，可以选择两种协调色或对比色；注意眼窝的轮廓感和色彩之间的自然衔接。例如：(1)在内眼角和眼窝位置描画淡蓝的眼影，形成立体感的眼窝，然后在眼窝其他位置涂抹黄色眼影作为基底色，向太阳穴处延伸。(2)在下眼睑靠近内眼角的位置涂抹一些嫩绿色的眼影，注意画成一个模糊的色块。(3)在眉毛、眉骨位置加入淡蓝色色块。(4)作为整个基底色的黄色一直延伸和腮红重叠、融合在一起。

水床按摩鞋　water bed massage shoes　具有类似水床结构鞋底能对脚底进行按摩的保健鞋。将整只鞋底设计成一个可存放水的封闭橡胶内腔，靠脚底的一面较薄，与路面接触的一面较厚，与普通鞋底一样具有防滑花纹。当行走时，随着鞋底部应力与位置的变化，贴近脚底一面的橡胶膜产生形变，挤压足底相应部位，从而起到按摩作用。例如脚跟蹬地的瞬间，水被压向前方，导致前掌胶膜突起按摩前掌；反之，前掌用力向后蹬地时，水流向脚跟部，跟部胶膜突出按摩后跟。如此循环往复，加速了血液循环，有利于健康。

水貂毛皮　mink fur　小毛细皮的一种。国际裘皮市场的主要商品，有裘皮之王的美称。加拿大东部产的野生貂皮质量最佳，美国东北部及北欧出产的次之。水貂是陆生动物，但善游泳潜水，耐寒冷，色泽优雅美丽，毛长度适中，触感柔软轻滑，具豪华感，针毛和绒毛相互调和，毛色丰富，耐久力强，具备了毛皮的各种优点，是理想的毛皮材料。按标准取皮加工成形状完整、挑开后裆，毛朝外的圆筒皮。制裘后通常制成本色（黑褐色）、增色、染色的串刀和嵌革大衣、皮帽、披肩、装头饰品及服装镶边等。

水粉笔　pigment Brush　一种绘图工具。笔头多用羊毛或化纤制成。羊毛笔较软，适合服装画中的薄画法和湿画法；化纤笔较硬，适合服装画中的干画法和厚画法。笔头从小到大分为1～12号，另有一些特殊型号。

水粉饼专用海绵　wet powder cake special sponge　适合与水粉饼粉底一起使用的海绵化妆用具。在使用前要先蘸水拧干。下方宽大型的海绵较方便顺手。可先用温水充分泡软后再蘸水使用。

水粉画技法　pigment technique, pigment skill　设计师最重要、最复杂的表现手法。由于水粉色掺入粉质，画面显得不透明，色彩深厚，覆盖性强，易于深入刻画，常采用厚涂画法。适合表现秋冬时装的厚实质感，尤其适合表现毛织物和裘皮。技法主要有三种：(1)平涂勾线技法，服装设计效果图中常用的方法。用钢笔或毛笔勾线，用颜色填补，颜料要调和均匀，用笔要平稳，以免留下笔触痕迹，破坏画面效果，平涂颜色后，再进行勾画线条。(2)平涂留白技法，用铅笔勾画服装人物，用颜色填补画面，填色时留出衣纹、服装结构和人物边缘线，等画面晾干后，用橡皮擦掉铅笔线，画面自然留出白线条。如果白线不清晰，可以采用白颜料勾补。此方法也可以用水彩表现。(3)色块拼接技法，采用色块与色块拼接表现人物和服装，主要使用色块，不过多用线描绘，表现色块的装饰美感。

水粉画技法

水粉纸 pigment paper 一种绘画用纸。主要用于水粉画。特点是纸张较厚,纸面纤维坚韧,纹路自然,吸水性比普通纸强,但在使用中如果水分过多或颜料较厚,纸张易卷边、起皱。在服装画中,除水粉外还可作水彩、墨线等用纸。

水狗毛皮 otter fur 即"水獭毛皮"(486页)。

水果妆 fruit make-up 即"水彩妆"(484页)。

水耗子皮 water rat fur 即"麝鼠皮"(461页)。

水晶 rock crystal 氧化硅晶体。硬度7级。属石英类。包括水晶、紫晶、烟晶、黄晶、发晶等,其中紫晶最受人喜爱。紫晶的主要产地是巴西、乌拉圭、俄罗斯。中国出产优质的无色水晶。

水晶甲 crystal fingernail, acrylic nail 运用专门的水晶指甲制作材料,在自然指甲表面粘接重建一层硬度类似塑料的仿真指甲,并加以各种美化的指甲造型。可以较随意地重塑指甲形状、长短,结合其他美甲技艺,可使指甲造型有较大的延伸空间,是实用美甲术中艺术造型的常用载体。因水晶甲粉的不同,水晶甲有白色、肉桂色、粉红色、透明等多个品种。

水晶鞋 crystal shoes 用注塑工艺加工成型的全透明塑料鞋。通常用PVC塑料制作。在塑料配方中使用有机物或稀土类特种稳定剂,增塑剂以邻苯二甲酸二辛酯(DOP)为主,无填料。如在配料中加入微量颜料,则形成各色透明塑料鞋。

水老鼠皮 water rat fur 即"麝鼠皮"(461页)。

水冷服 liquid cooling wear 即"液冷服"(607页)。

水冷帽 water cooling cap 利用水对头部进行降温冷却的帽子,对全身体温调节有明显影响。分网状结构水冷帽和片状水冷帽两种。网状结构水冷帽中的维纶水管呈星状分布;片状水冷帽由纱带将多片柔软的氯丁橡胶联结构成。每片氯丁橡胶都有两根薄片状水管。

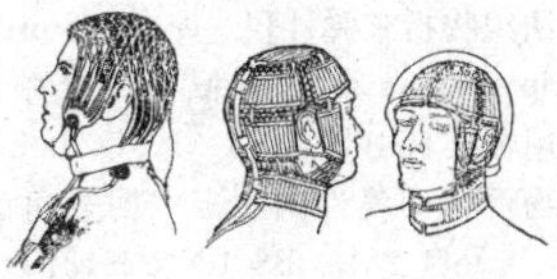

水冷帽

水牛皮革 buffalo leather "牛皮革"(373页)的一种。水牛原皮经鞣制加工而成的皮革。经铬鞣加工的皮革毛孔稀疏、粒面粗糙,皮革纤维较粗较松,欠丰满光滑而偏硬,牢度尚好。可以用作鞋面革、皮带革、箱包革等。经植鞣加工的皮革质地坚硬,可作为鞋底革,制作轮带、垫圈等。

水平法织物燃烧仪 horizontal flammability tester 用于纺织织物水平方向燃烧性能测定的设备。由温度计、通风槽、观察窗、U形试样夹、试样夹导轨、标记线指示板、点火器、焰高标尺等组成。在规定的试验条件下,对水平方向的纺织试样点火(以丙烷或丁烷气体作气源)15 s,测定火焰在试样上的蔓延距离和蔓延此距离所用的时间。将试样夹在U形试样夹中间,试样夹框架上有三个标记线,标记线距离试样点火处分别为38 mm,138 mm, 292 mm。试样尺寸为350 mm×100 mm。用计时装置控制点火器对试样点火,点火时间为15 s。测量火焰蔓延时间和距离,时间记取0.1 s,距离记取1 mm。火焰蔓延至第一标记线时开始计时,火焰蔓延至第三标记线时,停止计时,则火焰蔓延距离为254 mm。若火焰蔓延至第三标记线前熄灭,则停止计时,测定第一标记线至火焰熄灭处的距离。长度不足350 mm的试样,测量火焰从第一标记线蔓延至第二标记线的时间,火焰蔓延距离为100 mm。温度计或温度传感器测定箱内温度,使温度在15～30 ℃范围时进行试验。

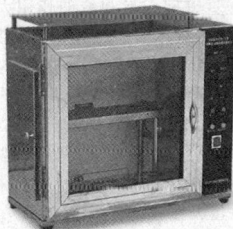

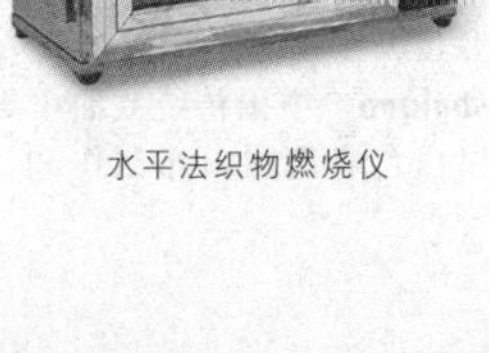

水平法织物燃烧仪

水平法织物折皱弹性仪　crease recovery tester of strip sample　测定各种织物的折痕回复性能。适用标准：GB/T 3819—1997(2008)《纺织品　织物折痕回复性的测定　回复角法》，JIS L 1059.1，ISO 2313，BS EN 22313，DIN EN 22313等。由刻有角度的圆盘、试样夹、压重锤、定时器、显示器等组成。试样夹可绕刻度盘轴心旋转。将试样(15 mm×40 mm)沿长度方向对折后压在压重锤下，5 min后去除压重锤，用镊子将试样的一端移至试样夹内，另一端呈自由悬挂态。松弛5 min后，转动试样夹，使自由悬挂的一端保持在垂直位置，读取刻度盘上相应的折痕回复角。

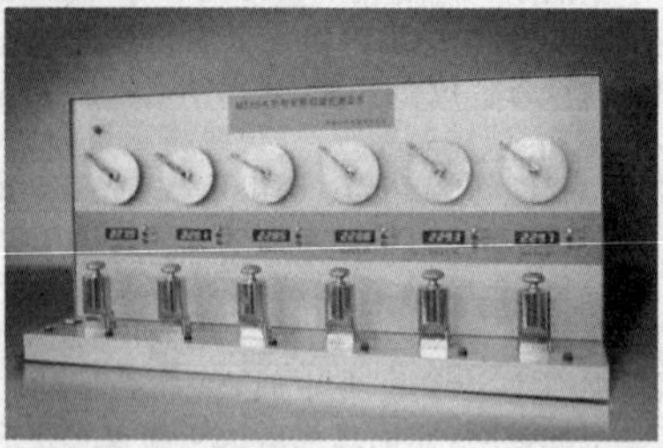

水平法织物折皱弹性仪

水平分割线　horizontal division line　服装设计中常用的分割形式。一般有胸育克、背育克、肩覆势、断腰分割、断肘分割、断膝分割等不同部位的水平分割线。水平分割线直接位于人体胸、背、肩、腰等部位，因此可替代胸省、肩省和腰节省的作用。人们在观察水平线的时候，视线总是顺着线的方向左右移动，这样的观察习惯使水平线在空间上产生了宽的视觉错觉。服装上用水平线能使人感到开阔。当两条、三条甚至更多的水平线平行时，这些平行线又把人的视线向垂直方向引导，如这种向垂直方向引导视线的作用大于向水平方向引导时，则水平线的垂直排列也就有了增强高度的作用。由于引导视线的方向过分一致，单纯用纵向线或单纯用水平线都会使人感到单调。把垂直线和水平线结合起来运用到服装的设计变化中，效果会生动得多。

水平领　horizontal collar　一种衬衫领。领子所开角度几乎呈水平状。

水裙　shuiqun　中国传统戏曲中男用裙子的一种。以白色春绸或白布制作，上、下两层叠缀，打大褶。上身常配茶衣。多用于丑行扮演的樵夫、渔翁、艄公、店小二等下层社会劳动者，如《秋江》中的老艄公、《落马湖》中的酒保等。

水纱　shuisha　传统戏曲角色头部化装用品。黑丝制成，稀薄如纱，长四尺余，宽半尺。用时以水浸湿，勒扎在网巾下缘四周。既象征头发的黑色边缘，可清晰勾勒角色额部轮廓，对面部化装起到凸显作用，又有助于盔头的扎紧，供旦角插"头面"(522页)、净角插"耳毛子"(119页)用。如扎于额顶，使其沿两颊垂下，称为千斤。

水手贝雷帽　sailor beret　贝雷帽的一种。扁平、藏蓝色，帽边装饰着有战舰名称的黑色缎带，缎带的两端在脑后垂下形成两条飘带，飘带的底部有船锚的图案。有的帽顶中部装饰着绒球。原由美国征募的海军使用，现被水手白帽代替。我国水兵也采纳这种帽式。童帽也常模仿此种样式。

水手风貌　middy look　妇女或儿童所穿带有水手或海员特征的服装风格。典型标志元素包括水手领、飘带、蓝白横条纹等。

水手毛衫　crew sweater　毛衫的一种。长袖，水手领(前领呈V字形，后领为方形，四周有蓝边)，衣身一般为白色，袖口与下摆配有罗纹口的套衫。以腈纶或毛腈混纺纱为原料，大多采用纬平针组织编织。因西方一些大学划船比赛队员穿着而得名，曾风行于20世纪50年代和80年代。常作为男女学生服。

水手值班风帽　Watch cap　又称巡夜水手帽。寒冷的天气里由负责观望的水手或其他当值人员戴的贴头针织无檐帽。用羊毛纱线制作，为藏蓝色的，为白色帆布帽的替代用品。现在常被用作运动帽，颜色更加丰富多样。

水獭毛皮　otter fur　又称水狗毛皮、獭猫毛皮。小毛细皮的一种。毛皮光泽美丽，毛量丰富，耐磨沥水，绒毛细密、平齐，有均匀的小弯曲，俗称菊花心，皮板细韧，色彩因产地而异，以褐色为主，黑色为上等品。世界许多国家都有生产，以阿拉斯加产品为上乘，产量南美最高。水獭在我国分布很广，南北各地均有，以西藏产的最佳，毛长绒足，背毛呈褐色，腹部呈灰色，皮板坚韧，东北产的居其次。按标准取皮加工成形状完整、毛朝外的圆筒皮。成品皮主要有两种:(1)獭绒,拔掉针毛,表面呈现稠密、均匀底绒的绒皮;(2)保留针毛的獭皮。制裘后大多利用原色,适于制作各种高档服装的镶饰、皮帽、皮领等,价格昂贵,御寒性强。

水田衣 shuitianyi 中国传统戏曲中坎肩的一种。长领,对襟,下端开衩,长过膝。通身镶饰白、黑、天蓝等菱形绸缎料组成的图案,名为水田纹。是对佛教用破碎布片缝制的百衲衣的美化处理。用于青年道姑、尼姑,如《玉簪记》陈妙常、《思凡下山》色空等。着用时内着"帔"(384 页)及百褶裙,外系丝绦。

水田衣图案 paddy field clothes pattern 明清流行的一种妇女服装图案。以不同颜色的零碎方形小块织锦拼合缝制构成,形色交错,似水田而得名。唐代就有此类衣服,到了明代末期开始盛行。最初水田衣的制作比较注意匀称,将各种锦缎料事先裁成长方形,进行规律编排后缝制;发展到后来织锦料子面积不一,形状不同,参差不齐,形似僧人所穿的百衲衣。该工艺在中国的服装中已失传,而在韩国的传统服饰与装饰织物中还能找到相似的工艺和造型样式。

水袜 jikatabi 日本人称地下足袋(jikatabi)。由日本跣足袋(hadashitabi)粘贴橡胶底制成的防水足袋。1923 年投产,成为日本人劳动中穿用的一种高帮布面橡胶底鞋。帮面以斜纹布为主,多为黑色或深蓝色,穿着时用鞋筒后的金属扣将鞋帮与脚腕固定。大部分产品的鞋头部分第一趾和其他四趾分开。

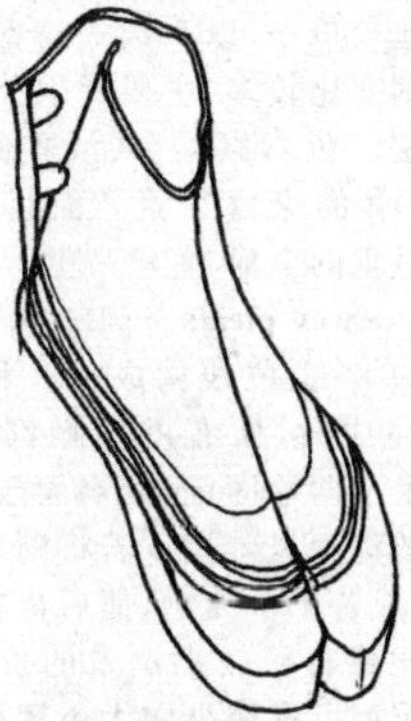

水袜

水洗布 washer wrinkle fabric 经过水洗处理的纯棉织物、涤棉混纺织物和涤纶长丝织物等织物。有漂白、染色和印花等品种。其共同特点是:手感柔软、尺寸稳定、外观有轻微皱纹的自然感觉。可用作各种外衣、衬衫、连衣裙及睡衣等的面料。

水洗符号 washing symbol 服装使用说明符号。表示将服装置于水容器中进行浸渍、预洗、洗涤、冲洗、脱水等步骤。该步骤可以用机器也可以用手工进行,图形符号外框表示洗涤槽,图形中阿拉伯数字表示水洗温度。如在图形符号下面添加一条粗实线,表示对洗涤条件有所限制。

水洗符号

水洗后干燥 drying after washing 服装使用说明符号。在水洗后,需去除服装上残留的水分,不宜甩干或拧干,可直接滴干,图形符号用正方形或悬挂的衣服表示。在图形符号中如添加不同的细部图形,表示不同的干燥方法。

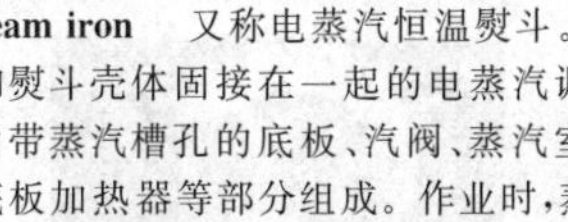

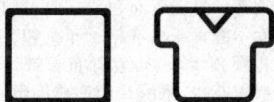

水洗后干燥

水箱式电蒸汽熨斗 tank-type electrothermal steam iron 又称电蒸汽恒温熨斗。将贮水器和熨斗壳体固接在一起的电蒸汽调温熨斗。由带蒸汽槽孔的底板、汽阀、蒸汽室加热器和底板加热器等部分组成。作业时,蒸汽室加热元件和底板加热元件使滴液汽化,经底板槽孔喷出完成熨烫作业。蒸汽温度不高、体积小、便于携带,适于家庭和小规模服装店的成衣熨烫。但水箱容量有限,蒸汽即时蒸发、即时消耗,蒸汽喷射量少、蒸汽压力低,常有滴水现象发生,操作不当时会沾污服装。

水印 chill mark 塑料鞋在注塑浇口附近产生物料流动的痕迹。注塑时物料与模具的温差过大所致。当热物料突然遇冷时模具表面的冷凝水随物料的推移而前进,产生水印。

因此注料时要适当提高模具温度，或者适当降低注塑料的料温。

水族动物图案　aquatic life pattern　由鱼、虾、蟹等构成，描绘水中生活的动物图案。其中造型规整扁平而多样的鱼，是最常表现的主题。水族动物图案以强调动物的外形、数量、面积、方向等造型元素的适度性为要点，结合动物原形的造型特征，充分强调鱼鳞、鱼鳍等细节刻画，运用色彩、肌理等造型手段，简化或繁化地表现图案，适用于各种服装面料的图案设计中。

水族动物图案

水族服饰　Shui ethnic costume and accessories　中国水族衣着和装饰。水族分布在云贵高原东南部。男子青布包头，穿大襟长衫，着长裤。女子缠青或白或格子布头帕。穿蓝色宽袖大襟圆领半长衫，着青布长裤，环肩，袖口及裤脚镶花边，系绣花围兜或围腰，着绣花鞋，戴银挂饰的项圈、手镯、耳环等。三都县的背兜和童帽，其绣纹多用马鬃为轴，绕以丝线精心绣成，称之马尾绣，风格独特。

水族女子胸饰(贵州三都)

水钻头面　shuizuantoumian　中国传统戏曲旦角头部装饰物“头面”(522页)的一种。用彩色玻璃仿制的水钻镶嵌在镀银金属底板上制成。50件左右为一副。用时插于“水纱”(486页)上。可用全副或半副。水钻闪烁耀目，在头面中以华丽见长，使用范围较广，性格开朗活泼的小家碧玉和青年妇女等都可以饰用。

睡帽　sleep bonnet　睡觉时保护发型的发网、发罩或无檐帽。多为薄型或透空的针织材料制作。

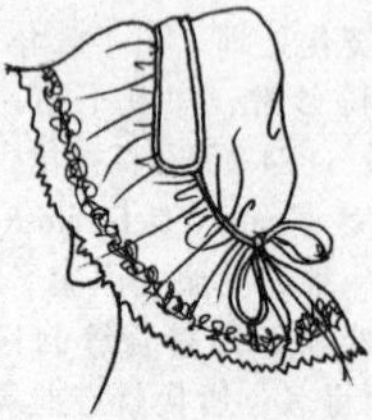

睡帽

睡衣　sleeping wear　睡觉时穿用的服装的总称。欧美的睡衣多为上下分离的套装型，均很宽松。日式睡衣为长外套，长度过膝，浴衣及类似睡衣都有细带。性能上强调必要的卫生功能，如良好的吸水性、透气性、耐洗涤性，以及舒适的着装感。另外也需一定程度的装饰性。睡衣的材质多为柔软的棉制品，特别是平纹棉布、棉毛圈织物等，以及绢、化纤绉类织物、薄型羊毛制品等。睡衣属私生活用品，外观要求、装饰形态、纹样染色都决定于个人的喜好。

睡衣设计　pajama design　对睡眠时穿着服装的设计。造型多为宽松的直线型。男式睡衣款式比较单一，以系结式的青果领为主。女式睡衣则变化较多；主要运用抽褶、花边和绣花等手法。色彩以柔和、淡雅的粉色调为主，营造温馨的家庭气氛。面料以滑爽、透气、轻薄、悬垂的全棉、真丝为主。

顺裥　one-way pleats　裥的种类。由单条折叠线和单条定位线构成的一种最普通的裥。制作完成时，所有的顺裥都倒向一致。若将顺裥上下两端固定，使裥面鼓起，裥面类似于风琴的称为风琴裥。若将顺裥的每个裥量增大，形成若干个大裥，而后再在每个大裥下将大裥化成若干较小裥量的折叠，称为多重裥。多重裥可形成纵向大小褶裥交错的造型，多用于长裙装饰中。

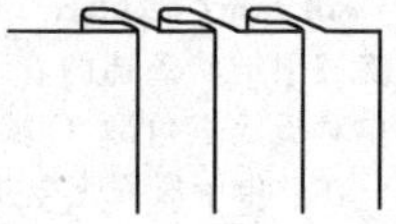

顺裥

顺毛大衣呢 **woolen fleece** 粗纺毛织物名。用58～64支羊毛，或部分混用特种动物纤维，如山羊绒、兔毛、驼绒、牦牛绒等，纺成71.4～250 tex(4～14公支)粗纺毛纱做经纬纱，经纱有时也用精纺股线或粗纺合股纱，以$\frac{1}{3}$、$\frac{3}{1}$破斜纹，$\frac{2}{2}$斜纹或纬面缎纹织制，经洗呢、缩绒、拉毛、剪毛，再经刺果湿拉毛工艺而成的绒毛长且向同一方向倒伏的粗纺毛织物。重量380～780 g/m^2。织物毛绒平伏，手感滑糯柔顺，富有动物毛皮的膘光和兽皮风格。主要用作高档大衣面料。

顺眉 **smooth eyebrow hair** 流向自然顺畅的眉毛。大多数东方人的眉毛都属于此种类型。容易整理，通常给人安定感。

顺势 **top cloth larger than lining** 即"剩势"(464页)。

顺纹绉 **shunwen crepe** 涤纶仿丝织物名。经线为55.55 dtex(50旦)8 S捻/cm单向涤纶加工丝，纬线为55.55 dtex(50旦)6 S捻/cm涤纶加工丝，平纹地上纬起花的织物。手感柔软，富有弹性，尺寸稳定性好，绸面具有纵向不规则的柳条绉效应，风格别致。主要用作衬衫、妇女连衣裙等的面料。

顺向符号 **divert mark** 服装结构制图符号。表示服装材料表面毛绒顺向的线条，箭头的指向与使用的材料毛绒顺向相同。

顺向符号

丝绸 **silk fabric** "丝织物"(491页)的俗称。

丝绸服装 **silk garment** 用各种丝绸材料制作的服装大类。属高档次、高品位的服装，飘逸、华美，穿着效果优异，款式、色彩、材质的流行性强，且有洁肤、健美等生理保健功能。主要有薄型、中薄型丝绸做的女裙、连衣裙和男女衬衫、围巾；透明型或光泽型丝绸做的夜礼服和婚纱；中厚型丝绸做的男女春秋装和冬装，如夹克、套装、风衣、外套，以及针织丝绸面料做的内衣裤等。保存时应避免日晒，洗涤后烫平。注意轻薄绸衣长期挂放会走样。浅色绸衣遇樟脑丸会发黄。纺、纱、绢等丝绸料可以水洗。缎、绒等品种不宜水洗。

丝绸甲 **silk nail** 以薄型丝绸作材料包裹在自然指甲或贴片指甲上，并加以打磨、涂色、抛光等美化处理的指甲造型。由于丝绸织物本身的肌理，可使指甲油牢固、不易脱落，且在外观上产生不同纹路的基底效果。

丝绸黏合衬 **silk fusible interlining** 又称时装衬。主要用于真丝绸及合纤仿丝绸类薄型面料时装的黏合衬。具有轻薄、柔软，既耐干洗又能水洗等特点。底布采用纯涤或涤棉混纺平纹机织布，或低弹涤长丝经编衬纬针织物，经练漂、染色、防缩整理和涂层加工。热熔胶采用共聚酯(PES)或聚酰胺(PA)。衬布要求缩水率低于1%，重量低于70 g/cm^2。时装衬的压烫条件为：温度：140～160 ℃；压力：29.4～49.1 kPa；时间：10～16 s。丝绸衬色谱齐全，可根据服装及面料要求进行选用。

丝光棉织物 **mercerized cotton fabric** 经过丝光处理的棉织物。主要特点是有丝绸般的光泽，强度好，吸色性好。

丝光针织物 **mercerized weft knitted fabric** 具有丝光效应的纬编平针针织物。分为：(1)烧毛丝光针织布，线针织布或纱针织布经过烧毛、丝光处理；(2)双丝光针织布，纱线先经过烧毛丝光处理，编织成针织布后再经丝光处理。以高档棉、毛为原料。外观具有真丝般的光泽，滑爽，平整，线圈清晰，弹性好。多用于制作内衣、T恤衫、休闲服和夏季外衣等。

丝巾蝙蝠衫 **silk scarf batwing dress** 丝巾衣饰的一种。由整块丝巾以披肩方式在胸前系结成蝙蝠衫式样的着装。属丝巾艺术着装。将大的长方丝巾披在肩上，将AB端在前胸系一单结，拉松。

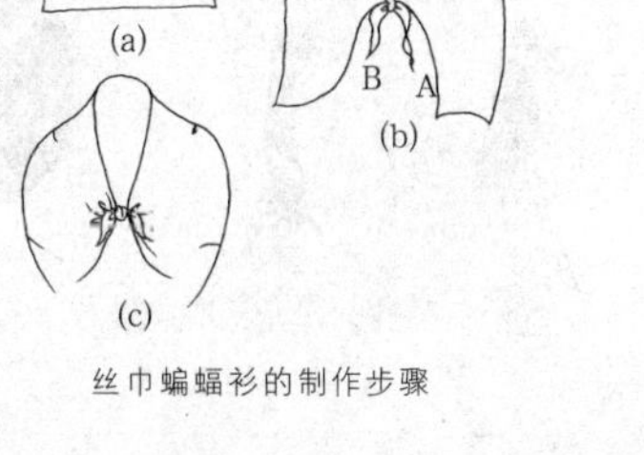

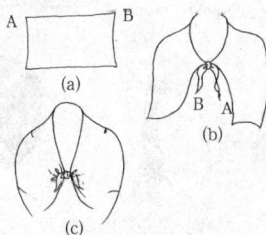

丝巾蝙蝠衫的制作步骤

丝巾扣　scarf knot　用于装饰和夹持围巾之类的饰品。由装饰面、金属别针组成。多佩在丝巾、围巾的中下部，起装饰和固定作用。主要为女性使用。可使服饰风格妩媚优雅，突出女性韵味。

丝巾时尚旗袍　silk scarf fashion qipao　丝巾裙饰的一种。由整块丝巾围裹大身，扎结成旗袍的着装。将较大长丝巾中的A端缠绕成麻花状，绕于颈部一周，在颈前系结，拉松，展成扇形。丝巾裹身一周，将B端系在腋下的料子上。

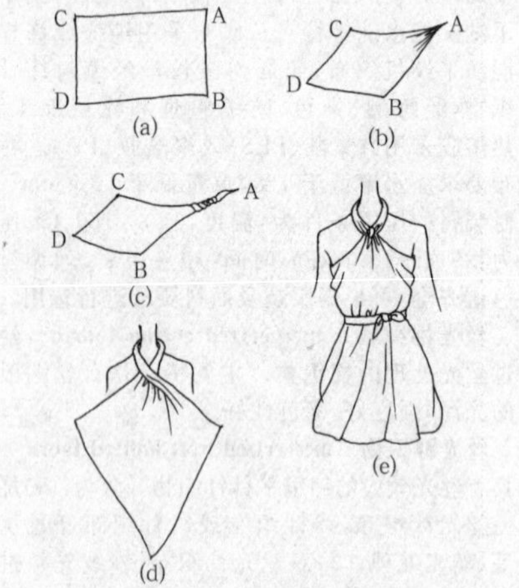

丝巾时尚旗袍的制作步骤

丝巾头饰　silk scarf headdress　丝巾艺术着装的一类。根据发型，将方丝巾通过折叠、缠绕、结扎或发夹固定的手法形成的头饰。形式多样，如将彩色方丝巾对折成三角形，再拧成麻花状。取丝巾一端扎在发辫上，与长发一起缠绕并盘在头上，用发夹固定。

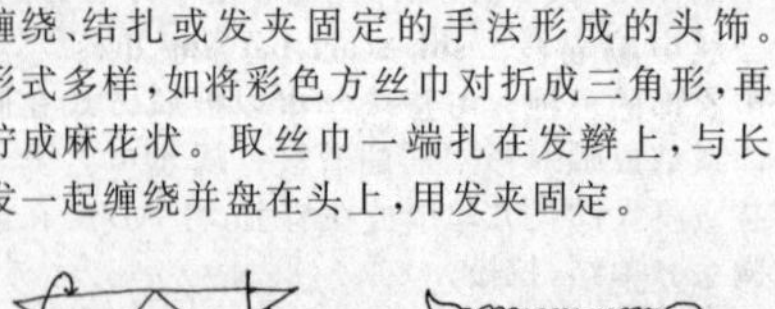

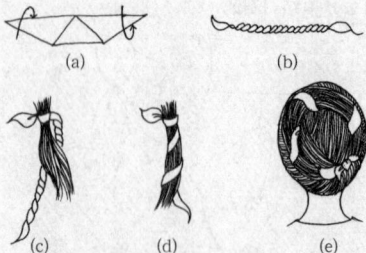

丝巾头饰制作步骤

丝巾项链　silk scarf necklace　由小方丝巾安上丝巾扣绕成项链状颈饰的着装方式。将彩色小方丝巾对折成三角形，C端上翻，再翻折成长条状。在丝巾中段安上丝巾扣，AB两端绕至颈后系一双结。

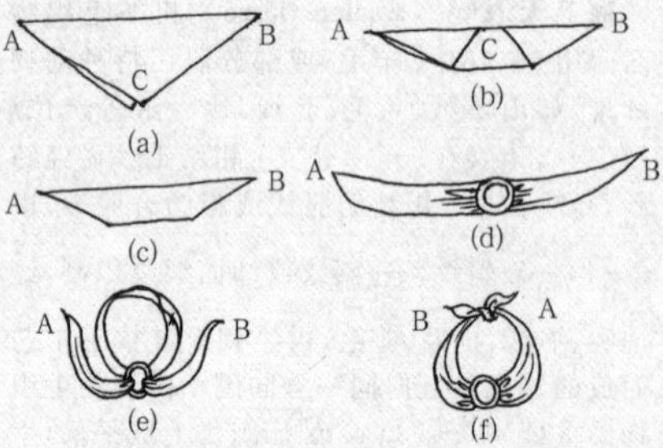

丝巾项链制作步骤

丝巾艺术着装　silk scarf art wearing　以丝巾为面料，根据穿着要求，经过简易手工操作，制成各种服饰配件的着装技艺。丝巾面料按需裁成正方形、长方形、三角形等，采用折叠、缠束、打结等手法，主要有单结、双结、活结、单蝴蝶结和蝴蝶结等结式。因无须裁剪缝纫，在设计效果上有构思巧妙、简洁新奇、独具一格的效果。按着装用途可分为：丝巾头饰、丝巾颈饰、丝巾肩饰、丝巾衣饰与丝巾裙饰等。

丝巾V字领　silk scarf V-neck　丝巾肩饰的一种。将方丝巾对折成三角形，AB两端在颈后系一双结，将前颈部的丝巾摊平成V字领，将下垂部分塞在V领里面，产生双层领的效果。

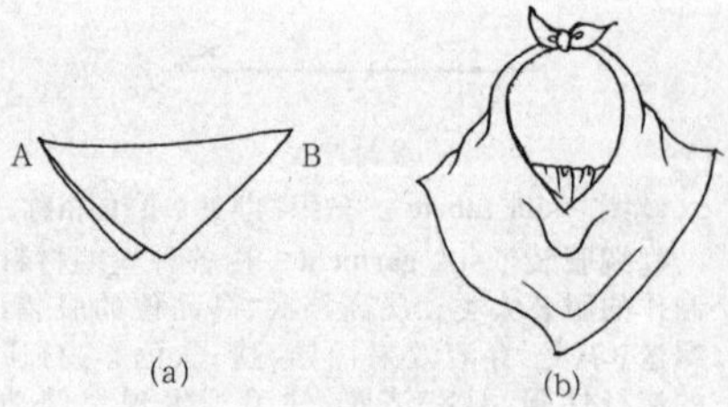

丝巾V字领制作步骤

丝蕾特罩帽　slat bonnet　帽檐加有硬纸板或轻质木条板等硬支撑的罩帽。

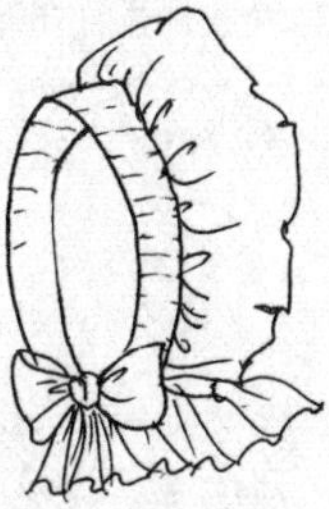

丝蕾特罩帽

丝毛混纺毛衫 **silk-wool knitwear** 以丝毛混纺纱为原料制成的毛衫。细腻，滑糯，手感丰满，蓬松有弹性，穿着舒适高雅。为高档男女毛衫品种。

丝毛呢 **wool-blended tussah square** 丝织物名。由柞蚕丝短纤维和羊毛的混纺纱织制的呢类丝织物。经线和纬线均为 41.7 tex×2 (24/2 公支）丝毛混纺纱，混纺比一般为 55 丝/45 毛，织物组织采用以$\frac{2}{2}$方平组织。质地厚实，富有弹性，有丝光闪现和毛型感。宜做男女西装面料或套装。

丝绒 **velvet** 即“绒”(434 页)。

丝型织物 **silk-like fabric** 用蚕丝或化学纤维长丝纯纺或交织而成的具有丝织物风格的织物。主要包括丝织物、涤纶仿真丝织物、锦纶仿真丝织物和黏胶长丝仿真丝织物。织物表面光洁平整，手感光滑，光泽明亮。薄型的多用作夏季服装面料，厚型的可用作秋冬季服装面料。

丝织物 **silk fabric** 俗称丝绸。用蚕丝纯织，或蚕丝和其他纤维混纺、交织的织物。根据所用纱线的结构、织物组织和织物的外观特点又可分为十四大类：“绡”(568 页)、“纺”(135 页)、“绉”(667 页)、“缎”(110 页)、“锦”(263 页)、“绢”(275 页)、“绫”(319 页)、“罗”(332 页)、“纱”(453 页)、“葛”(178 页)、“绨”(511 页)、“绒”(434 页)、“呢”(370 页)和“绸”(64 页)。光泽柔和明亮、高雅华贵，手感爽滑柔软、吸湿性好，有面料中的皇后之称。耐光性差，耐酸不耐碱，且容易虫蛀。绡、纺、绉、缎、绫、罗、纱、绒等品种多用作高档夏季女装面料及礼服面料，锦、织锦缎等多用作具有中国传统特色的秋冬季服装面料。

私房行头 **sifangxingtou** 中国传统戏曲服装分类用语。约自清乾隆年间起，有成就的戏曲演员开始置备供自己使用的“行头”(577 页)，称为私房行头。此后称戏班所置公用行头为官中行头或堂众行头。私房行头的出现为发挥演员在服装方面的艺术创造力提供了条件，如 20 世纪京剧著名演员梅兰芳、马连良等的私房行头均有较成功的设计创意，对戏曲服饰的发展起了积极作用。

斯宾塞 **spencer** 19 世纪欧洲男女老少皆穿的合身型极短外套。因最初由英国哲学家和社会学家斯宾塞穿着而得名。造型源自西班牙斗牛士穿的带有刺绣的夹克装，属西班牙古典款式的日常装，长及腰节或腰节以上，无纽，前开襟。

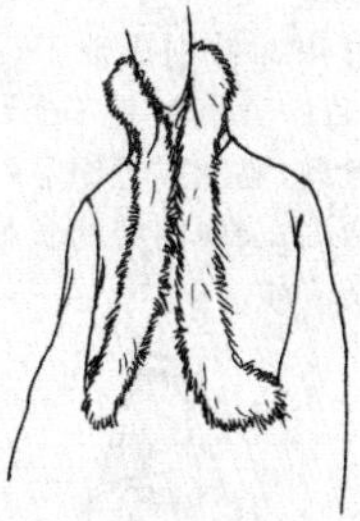

斯宾塞

斯干特 **skent** 又称胯裙。古埃及的一种男式短裙。裙长在膝盖以上，用一块长布料沿腰缠绕一周，用布带打结系住；或将布料的末端勒紧，掖入腰间系住。

斯潘德克斯 **Spandex** 即“聚氨酯弹性纤维”(273 页)

斯坦科克领巾 **steinkirk** 17 世纪 90 年代至 18 世纪 30 年代流行的一种领巾。选用薄棉布、亚麻布或丝绸等面料制作。末端有长蕾丝装饰，可随意卷绕在颈上或将其端部塞人上衣扣眼中。

斯特罗菲昂 **strophion** 古希腊女子穿的一种有三条带子的胸衣。通常一条系在臀部、一条系在胸部、一条系在腰部。

斯图尔特帽 **Baby Stuart cap** 抽碎褶的贴头帽冠，颔下有窄系带的典型婴儿用无檐帽。在凡·戴克（Van Dyck）1634 年的作品《查尔斯二世》的肖像画中可以看到。

斯托克领巾 **stock** 18 世纪欧洲流行的一

种宽大而硬挺的男式筒状领饰。制作时先用厚纸板塑型，再用柔软的丝绸或细布、麻纱精缝而成。可将其围在颈部作为假领使用，衣领后部有花结或带扣。到1820年正式成为服装的组成部分。

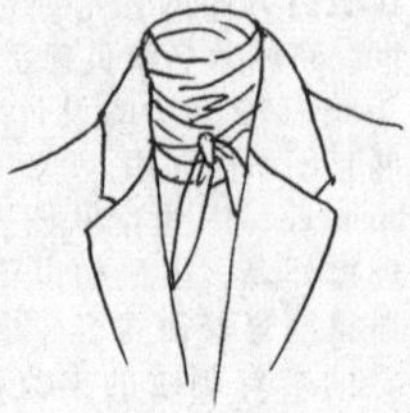

斯托克领巾

斯托拉 stola 古罗马妇女所穿的及踝长外衣。沿上臂用饰针别成袖子，在肩部有一宽大荷叶边，每一臂上装有三个回环，腰部系带。衣料为丝绸、亚麻或毛织品，色彩和装饰各异。头戴两端宽、中间窄的长披巾，披巾两边装饰刺绣及流苏。

斯托拉

死裥 stayed pleats 裥的一种。裥量被缉缝固定，不能自由伸展的裥。常用于衣服背缝、袖中缝等处。

四步活结领带 four in hand 起始于19世纪90年代的一种长领带。通常用斜裁面料，内夹衬布，系于领片下，在喉部以套颈、交叉、绕带和窜结四个步骤打一活结，两端互叠，垂挂至腰部，长度、宽度随流行有所不同。

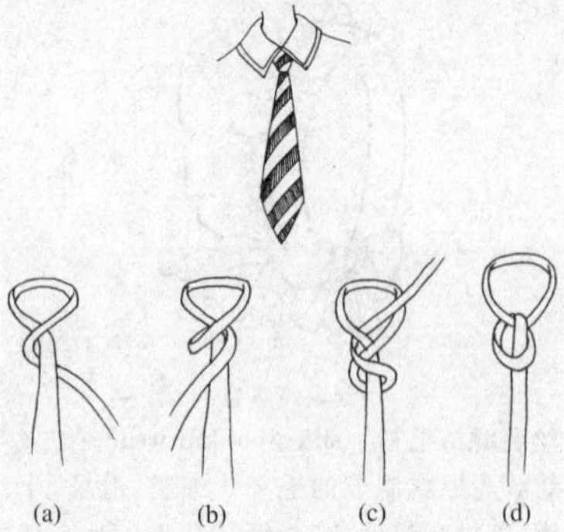

四步活结领带

四方连续纹样 four-directions continuous pattern 又称匹料图案。图案的格式。以一个或几个相同或不同的单位纹样在规定范围内进行排列，上、下、左、右四个方向反复连续，并可无限扩展，是机器化批量生产面料的主要图案格式。内容广泛、造型丰富，纹样面积大小适中，组织形式主要有散点式、连缀式、重叠式、条格式等。接版方式可分为平接式、错接式，并配以不同的套色卡，方便同一花形不同套色的生产。印花、织花是主要的表现工艺，能够经济而便捷地实现服装面料图案样式，广泛运用于古今中外各种风格、功能的服装服饰设计中。传统服饰图案设计要求设计师严格把握好设计稿四边图案的连接处理，计算机软件方便了图案的接续和配色环节。

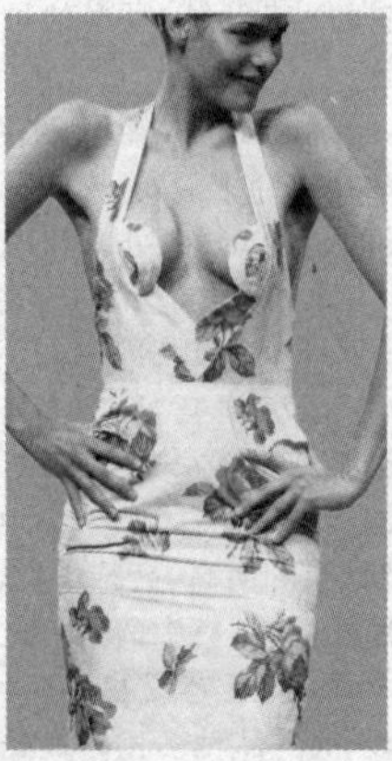

四方连续纹样

四方平定巾 sifangpingdingjin 又称方巾。明代儒生所戴的方形帽。相传是明士人杨维桢见太祖时戴的巾。开始时,巾四脚平直,后太祖以手按之,便成一“民”字形。通常用黑纱制作,可以折叠,展开时四角皆方,巾式有高有低,因时而异。明末其式变得更高,有“头顶一书橱”之形容。

四方平定巾

四方形钩编法 square crochet 用于编织扁平方形编织物的钩编方法。用钩编圆编起针法编织后,从中心一层一层向外侧钩编,边钩编边在每层对称的四个部位增加相同的针数,要求编织针数能被四除尽,形成方形。适用于扁平方形编织物。

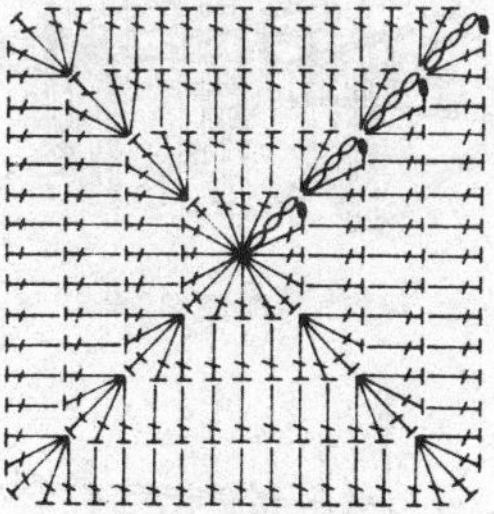

四方形钩编织物

四合扣 no-sew snap 即“免缝按扣”(353页)。

四季色彩学说 four-season color theory 即“季节色彩理论”(244页)。

四角帽 Biretta, birretta, berrette 坚硬的方形无檐帽。在帽顶部由中心向外有三个或四个向上的放射状突起圆脊,常在顶部中央装饰着绒球。原为天主教神职人员在仪式中戴的硬壳帽。颜色因级别而不同:枢区主教用红色,主教用紫色,教士用黑色。欧洲的教授也曾戴用此帽。第二次世界大战后曾短暂成为女性的流行帽式。

四角帽

四君子纹 plum-orchid-bamboo-chrysanthemum pattern 中国传统装饰纹样。以梅花、兰花、竹子、菊花四植物构成。借植物的习性寄托文人雅士孤高傲岸的情怀和不随世浮沉的气节,寓意君子的高洁品德。图案起源于晚唐,盛行于宋代,并在民间服饰文化中广为流传。服饰图案中以织绣、靛蓝染等工艺表现,造型丰富、曲直穿插、颜色雅致,采用四方连续形式,常见于男子便服。

四君子纹

四棱花帽 4-corner flower hat 即“朵帕”(116页)。

四片式男童帽 quartered cap 18世纪中期到19世纪中期男孩戴的无檐帽。平而圆的帽冠分成四部分连到硬挺的帽腰带上。帽舌或有或无。

四喜 sixi 四喜髯的简称。传统戏曲“髯口”(424页)的一种。在唇上两撮短须左右撇开的“八字髯”(9页)基础上,于两腮各加一撮短须。多用于丑行扮演的各种下层平民。有黑、白两种,如《皮匠杀妻》中的杨虎戴黑四喜,《空城计》中的老军戴白四喜。个别丑扮的诙谐风趣的将官如程咬金,有时也戴四喜。

四喜吊搭 sixidiaoda 传统戏曲“髯口”(424页)的一种。在唇上两侧及两腮各有一撮短须的“四喜”(493 页)基础上，于额下悬空吊一可随人物的行动而摇摆晃动的倒桃形短须。多用于丑行扮演的各种下层平民，与四喜相似。有黑、白两种，如《状元谱》中的张公道戴黑四喜吊搭、《乌盆计》中的张别古戴白四喜吊搭。个别丑扮的性格诙谐、喜逗趣的武将如程咬金，有时也戴四喜吊搭。

四喜髯　sixiran　简称“四喜”(493 页)。

四线包缝机　4-thread overlock machine　又称联缝机。两根机针线和两根弯针线互相穿套，形成四线包缝线迹的缝纫设备。由针杆机构、弯针机构、挑线机构、差动送料机构、切刀机构和自动润滑机构等部分组成。转速 4500～8000 r/min，最大针距 2.5～4 mm，压脚升距 4～6.5 mm，缝边宽度 2～6 mm，差动送料比(1∶0.5)～(1∶2.8)。线迹美观、工艺质量好、弹性好、牢度强，用于针织物包缝或服装受摩擦较为剧烈，需要加固的肩缝和袖缝等处的包缝。

四线包缝线迹　four-thread overedge stitch　国际标准 ISO 4915 中编号为 506、507、512、514 号的线迹。506 号线迹是由两根针线(1 与 2)和两根钩线(a 与 b)互相串套形成的线迹。缝料表面显示平行的针线与交叉的钩线线迹。主要用于厚实缝料的包缝和针织服装的部位缝合。507 号的线迹：针线 2 的线环从已覆盖于缝料正面钩线 a 的前一个线环中穿入缝料，针线 1 的线环穿入缝料后拉出到针线 2 线环的露出点，针线 1 和 2 的线环在此点与钩线 b 的线环进行互连，钩线 a 线环互连后至针线 2 的下一个穿刺点，缝料表面显示平行的针线与交叉的钩线线迹。能起到防止织物边缘脱散的作用，并可用于衣片的直接缝合。主要用于针织服装的领、袖口缝合。512 号的线迹：由两根针线(1 与 2)和两根钩线(a 与 b)互相串套形成的线迹。缝料表面显示平行与交叉形的钩线线迹。能起到防止织物边缘脱散的作用，并可用于衣片的直接缝合。主要用于厚实缝料边缘的包缝。514 号线迹：由两根针线(1 与 2)和两根钩线(a 与 b)互相串套形成的线迹。缝料表面显示平行的针线线迹与交叉的钩线线迹。能起到防止织物边缘脱散的作用，并可用于衣片的直接缝合。主要用于厚实缝料的边缘包缝。

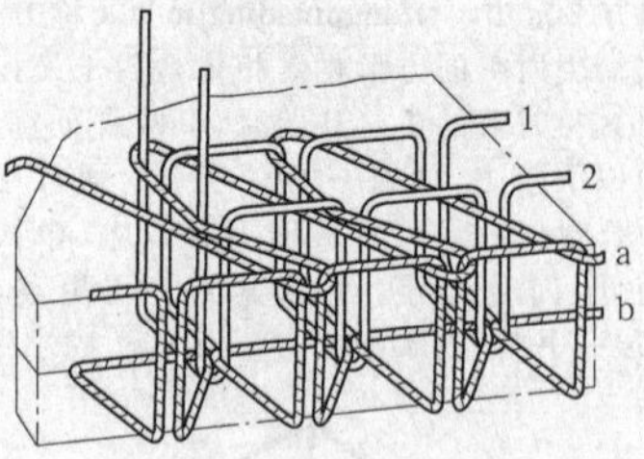

四线包缝线迹 506 号

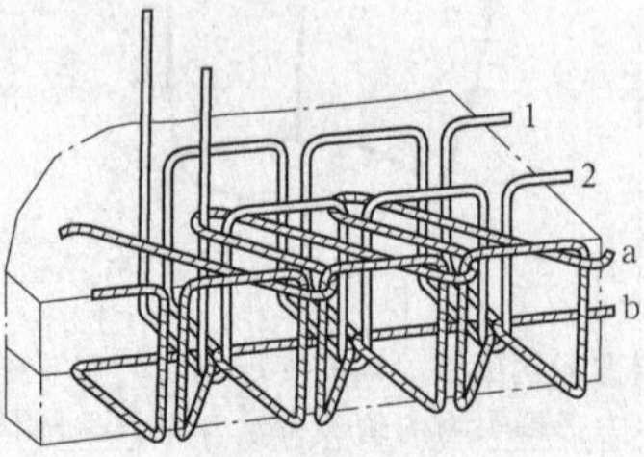

四线包缝线迹 507 号

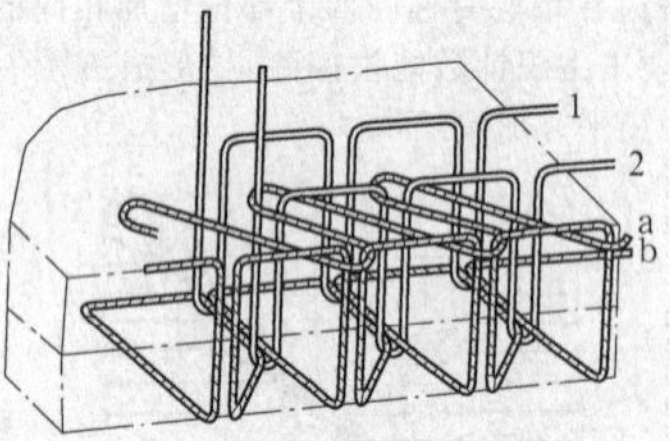

四线包缝线迹 512 号

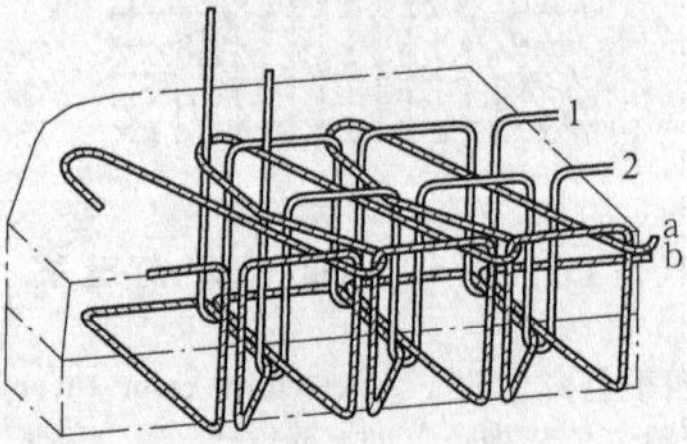

四线包缝线迹 514 号

四线覆盖链式线迹　four-thread covering chainstitch　即“三针六线绷缝线迹”(442 页)。

四线链式线迹　four-thread chainstitch　国际标准 ISO 4915 中编号为 403、407 号的线迹。403 号线迹：三根针线(1、2 和 3)的线环从机针一面穿入缝料，露出缝料另一面后穿入钩线 a 的前一个线环，针线的线环依次与钩线 a 的线环进行互连形成线迹。缝料表面显示为三根直线形针线线迹。常用于针织服装牢固部位的缝合。407 号的线迹：三根针线（1、2 和 3）的线环从机针一面穿入缝料，露出缝料后穿入由钩线 a 的前线环分离的三个线环，然后再与钩线 a 的线环相互串套，如此反复循环，缝料表面显示三根直线形针线线迹。多用于针织服装的滚领、滚边、折边、绷缝、拼接缝等。

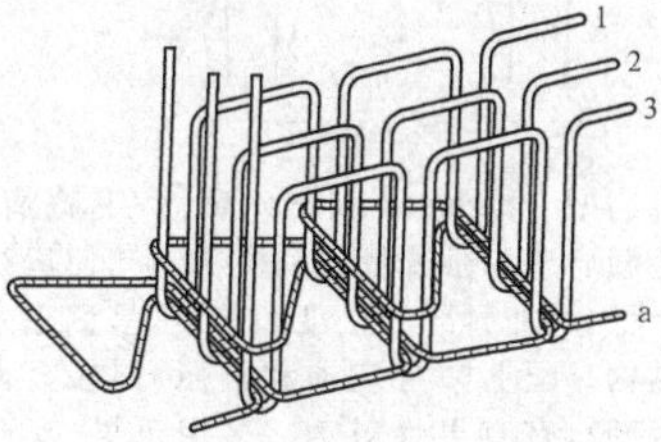

四线链式线迹 403 号

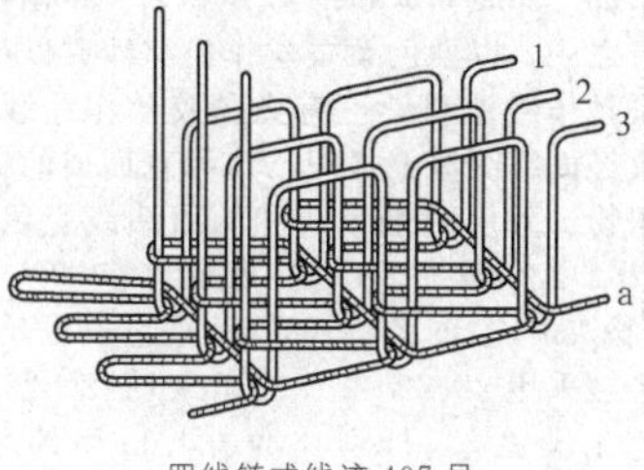

四线链式线迹 407 号

四针九线绷缝线迹　four needle nine-thread flat lock stitch　国际标准 ISO 4915 中编号为 606 号的线迹。由四根针线（1、2、3、4）、四根钩线（a、b、c、d）和一根装饰线 Z 相互串套形成的线迹。缝料表面显示平行的针线线迹和网状的装饰线线迹。主要用于高级针织服装的缝制。

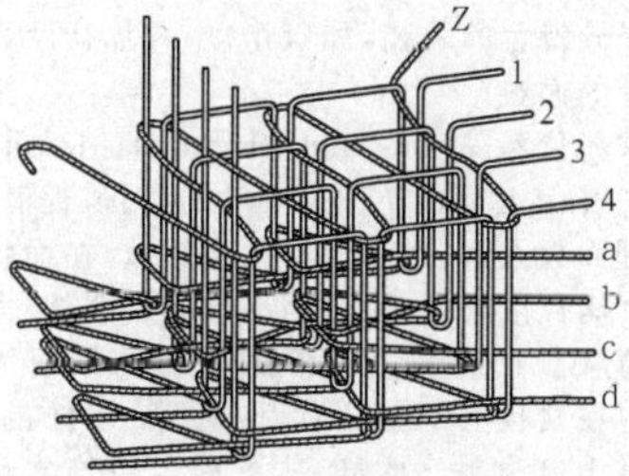

四针九线绷缝线迹

四针六线绷缝线迹　four needle six-thread flat lock stitch　国际标准 ISO 4915 中编号为 609 号的线迹。由四根针线（1、2、3、4）、一根钩线 a 和一根装饰线 Z 相互串套形成的线迹。缝料表面显示平行的针线线迹和网状的装饰线线迹。主要用于高级针织服装的缝制及装领等。

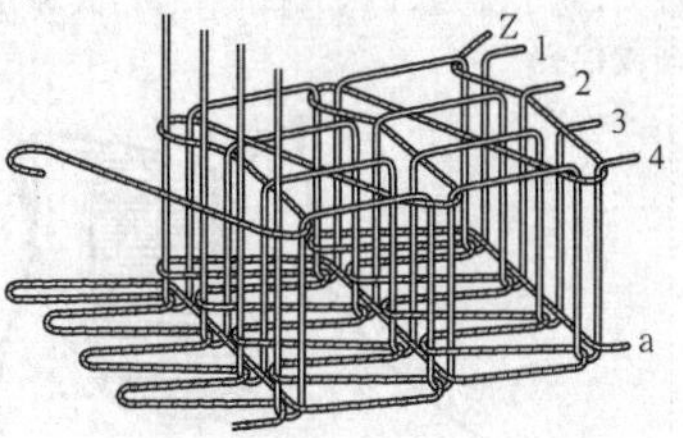

四针六线绷缝线迹

四针七线绷缝线迹　four needle seven-thread flat lock stitch　国际标准 ISO 4915 中编号为 608 号的线迹。由四根针线（1、2、3、4）、一根钩线 a 和两根装饰线（Y 与 Z）相互串套形成的线迹。缝料表面显示平行的针线线迹和网状的装饰线线迹。主要用于高级针织服装的缝制及装领等。

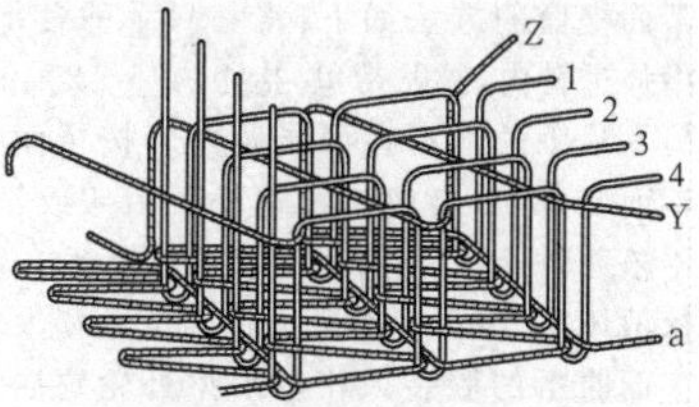

四针七线绷缝线迹

松编针钩编织物　loose stitch crochet　即“扇形针钩编织物”（454 页）。

松饼无檐帽　muffin cap　帽形如圆形小松饼般的无檐帽。一般为毛毡制。英国慈善学校的学生和士兵作业时戴用。

松狗皮　squirrel fur　即“灰鼠皮”（223 页）。

松紧口胶鞋　easy canvas shoes　鞋口处装有松紧带的布面橡胶底鞋。式样很多，从鞋帮结构，分整帮、前后分帮等；从松紧带装置，分双边松紧、单边松紧、舌式暗藏松紧等。鞋帮材料为直贡呢、灯芯绒、帆布等，颜色有黑、蓝、棕、白、白帆布涂料印花等。特点是不用系带穿脱方便，非常跟脚，适宜老年人、儿童穿用。

松紧靴　gore boots, elastic-sided boots　又称橡筋靴。鞋帮两侧装有橡筋布的短靴。中国称将军靴，英国称却尔西靴，美国称议会靴，西班牙称弗拉明戈靴。由于橡筋布的弹性较大，易于穿脱，适于制作中老年人穿用的夹鞋或棉鞋。

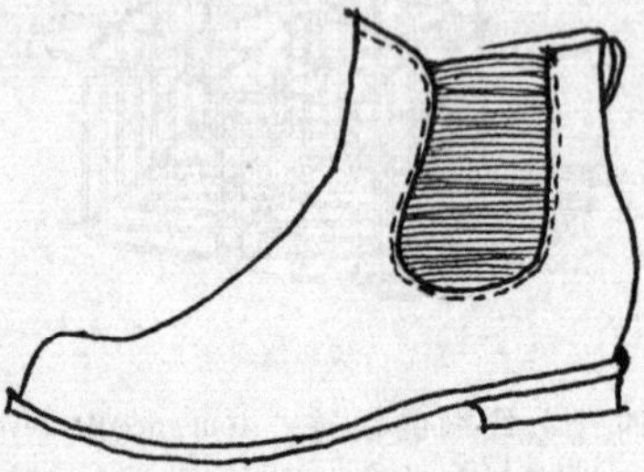

松紧靴

松面　loose grain　皮鞋帮面的粒面层纤维松弛导致产生明显皱纹的现象。鞋面革取自肚皮、颈项部位或鞣制加工不当所致。按照标准 QB/T 1812《皮鞋成鞋检验方法》，检验鞋帮面松面的方法如下：将一只手的食指和中指伸进鞋内，紧贴帮里，指距为15～20 mm，用另一只手的拇指在两指距内轻按帮面，目测帮面变化，如出现皱纹但松手后皱纹消失为不松面，松手后仍有明显皱纹为松面。

松散风格　loose style　造型自然宽大、线条多而曲折的服装风格。A 型外轮廓居多，装饰较为随意，零部件外露，材料粗糙疏松。

松鼠皮　squirrel fur　即“灰鼠皮”(223页)。

松腰型　loose waisted style　又称大腰型。放松人体腰部尺寸的宽身造型。腰部一般无省，并设置分割线或装饰细节，表现出随意、整体的穿着效果。穿着特别自由舒适。

耸肩体　high shoulder figure　又称平肩体。肩型平，其肩斜角小于 18°，常伴以体瘦、躯体扁平等特征的体型。衣身纸样设计时主要是将前后肩缝在肩端点处抬高，袖窿相应提高，并将前胸宽、后背宽稍增加，装垫肩的服装通过改薄垫肩的方法处理。

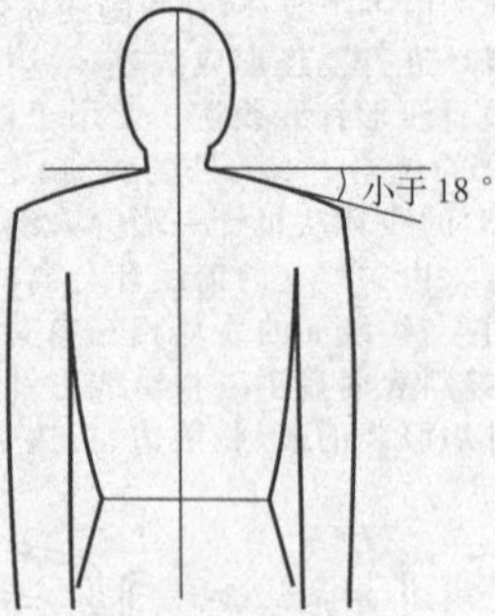

耸肩体

耸肩型　high-shoulder style　又称高肩型、鹅毛翘肩型。通过裁剪和熨烫工艺使肩线变形夸张，增加肩部的松度和耸度，呈鹅毛式弯翘结构。配上紧身装袖和平面肩垫，显得优雅、洒脱，富有男性魅力。多用于男、女西装和大衣，穿着合体舒适。

宋锦　Song brocade　丝织物名。中国传统名锦之一。以染色桑蚕丝作经纬纱或以染色桑蚕丝作经纱和染色有光黏胶丝作纬纱，以八枚经面缎纹地上提织乙纬纬花而成的锦类丝织物。采用两组经线和两组纬线交织，地经为［22.22 ～ 24.42 dtex (20/22 旦) 8 S捻/cm×2］6 Z捻/cm×2 染色桑蚕丝，上层经纱采用 22.22～24.42 dtex (1/20/22 旦) 白色生桑蚕丝，排列比为 6 ∶ 1；甲纬采用 22.22～24.42 dtex (1/20/22 旦)桑蚕丝或 31.08～33.33 dtex (1/28/30 旦)白色生桑蚕丝，染色，乙纬为55.55～77.77 dtex(2/50/70 旦)染色桑蚕丝。经密 108.8 根/cm，纬密 24 根/cm，重量 183 g/m²。锦面平挺、结构精细，光泽柔和雅致，图案多为小型几何纹样，古色古香。多用于书画的装裱及高档精美工艺品的锦盒装潢等。在服装上，适宜用作具有中国民族特色的服装，如旗袍、中式棉袄及其罩衫等的面料。

宋元化妆　Song and Yuan dynasties dressing　宋元时期由于程朱理学的盛行，提倡“存天理而灭人欲”。表现在化妆领域，在面妆上一反唐代浓艳鲜丽的红妆，代之以浅淡、素雅的薄妆。在眉妆上以纤细秀丽的蛾眉为主流。在唇妆上不似唐代那样形状多样，而以樱桃小口为美。此外，宋元时期妆饰文化中的一个非常重要现象是缠足习俗的出现。

宋元化妆

送布力 **feeding force** 缝纫力的一种。缝纫中由缝纫机送布器件握持缝料并推动布料移动的力。

送料 **feeding** 服装加工中，将上道工序的半成品通过人力或机器传送到下道工序的操作过程。可将半成品以若干件为一捆集中置于衣片堆置箱内，用人工或借助皮带输送，也可将缝纫机配置于皮带两侧，借助皮带传送。

送料机构 **feeding mechanism** 缝纫机上保证线迹连续形成且输送缝料的机构。由双偏心轮、抬牙连杆、摇杆、滑块、牙叉连杆、送料轴、送布牙架、送布牙、针距连杆、针距调节摆杆、针距调节器和倒顺缝扳手等部分组成。送料形式有摩擦送料（即不精确送料）和精确送料之分。摩擦送料有两种基本结构：送布牙送料机构和滚轮送料机构。送布牙结构分为上送布牙机构、下送布牙机构及差动送布牙送布机构等形式；滚轮送料机构分为宽滚轮送料机构和窄滚轮送料机构。平缝机上采用的是下送布牙送料机构；暗缝机上采用的是上送布牙送料机构，包缝机上采用的是下差动送布机构；绱袖机上采用的是上差动送布牙送料机构；皮鞋面缝纫、裘皮的串刀工艺缝制等采用窄滚轮送料；多针绷缝机、绗缝机等采用的是宽滚轮送料。精确送料有两种基本结构：针送料和夹具式送料。针送料机构主要用于多层缝料缝纫作业，多见于箱包类厚重缝纫机上；夹具式送料机构主要用于固定缝迹或预先设定缝迹的自动缝纫机上，如套结机、开袋机和绣花机等。

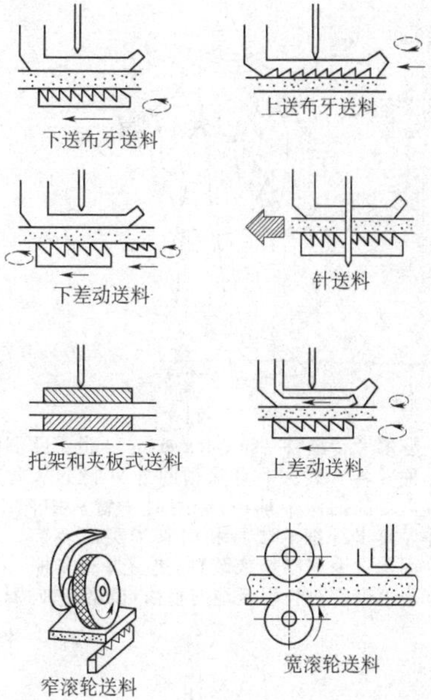

送料机构

送寿鞋 **songshou shoes** 即“福字鞋”（167 页）。

苏尔考特 **surcoat** 哥特时期男女皆穿的一种贯头式外衣。有无袖、短袖或半长袖式样。男装常在腋下开口使手臂伸出，袖子则垂挂在肩上，同时两侧开衩到胯部，便于行动。女装常系一条腰带，衣长及地，多为喇叭状的半长袖，有时刻意露出里面的内衣或把前衣片提起来掖入腰带。使用高档织锦、绸缎作面料，高档毛皮作滚边。

苏尔考特（男）

苏尔考特(女)

苏尔考特维特 surcotouvert 14世纪欧洲的一种著名女装。上身除领圈外只剩下从肩直敞至臀部的两个袖口,穿用时手臂从中伸出,并显露出纤细的腰身和内衣华美的装饰。有的用珍贵毛皮制作或装饰,更显厚重华丽。另有肩上带一对长垂至地的垂袖,极富装饰感。

苏尔考特维特

苏格兰便帽 Tam-o-shaner 苏格兰传统的无檐圆帽。三角形的帽片拼合成柔软饱满的帽冠,帽冠收系到贴头的帽带上。宽帽顶中央饰以绒球,戴在后脑的一侧。常用蓬松的深色条纹羊毛面料制作,条纹形成斜接的图案,名称来自苏格兰诗人罗伯特·波恩斯(Robert Burns)诗中英雄的名字。妇女和儿童戴的类似款式,常用针织或钩针编织而成。

苏格兰便帽

苏格兰格子纹 Scottish checks pattern 苏格兰传统衣料图案。由不同色彩的经纬纱线交织而成的粗纺毛织物图案,以黑、白和饱和的黄、红、蓝、绿等颜色搭配成纵横交错的格子,常用于裤料和裙料设计中。苏格兰格子纹被视为表现英国的历史书,经注册的格子图案多达几百种,其中有以姓氏命名和代表家族的格子纹,每到喜庆佳节,男女老少都穿着代表家族的格纹服饰舞蹈狂欢,成为一种习俗。现今苏格兰格子纹种类和穿着范围更为广泛,可使用羊毛、纯棉、薄纱等面料,运用于休闲与时装设计中。

苏格兰格子纹

苏格兰老妪帽 toy 旧时苏格兰下层老年妇女戴的披肩头巾扎成的帽子。一般用羊毛或亚麻制作。

苏格兰帽 Scotch cap 苏格兰地区用厚毛织物制作的传统的无檐帽。如苏格兰便帽、船形军帽等。

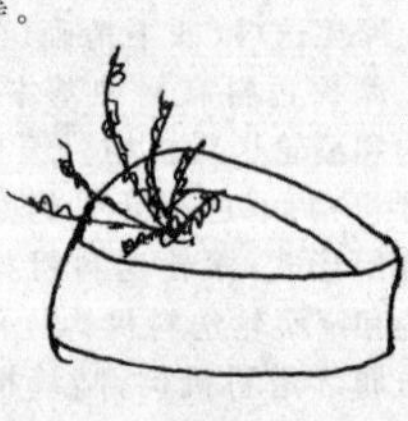

苏格兰帽

苏格兰套装 Scotch suit 由上装和裙组成的套装,有浓郁民族风格。色彩由鹅黄、咖啡、藏青色格子构成,面料为苏格兰彩色格子花呢。

苏格兰无檐男帽 bonnet 苏格兰地区男子戴的用苏格兰厚毛呢制成的传统无檐软帽。

苏联红军军服 USSR army uniform 苏联红军的军队服装总称。款式基本沿袭十月革命前沙俄军队的军服，第二次世界大战后逐渐形成基本款式：普通士兵着单排扣贴身短上衣，军帽为带沙俄风格的尖顶软帽，靴子长及小腿腿肚附近；军官的礼服和便服都带有深红色饰边，高级将官着波浪绿的礼服。红军军服与沙俄军服的唯一区别是五角星帽徽和徽章，前者带有显著的苏维埃特征标志。

苏美尔服饰　Sumerian costume　西亚美索不达米亚平原苏美尔文明时期(公元前3500～公元前2500)服饰。早在公元前3500年左右，苏美尔人就用羊裘皮做服装，后被康纳克斯及边缘带穗状流苏与绳结为装饰的织物替代。服装无性别之分，无裁剪与缝制，着装方式为包缠披挂型，形制有围裙，披巾式长衣与短披风等。围裙的长度显示地位差别，皇室与贵族较长，士兵与仆人较短。男女皆用带束发，垂在肩上或在脑后盘成发髻。

苏美尔披巾　Sumerian shawl　苏美尔服饰之一，依服装所需，用羊毛织成大小相应的长方形披巾，边缘以缨穗状流苏与绳结为装饰。包缠披挂后，形成上衣或长袍等。

素碧绉　kabe crepe　丝织物名。经线采用22.22～24.42 dtex×2(2/20/22旦)桑蚕丝，纬线为22.22～24.42 dtex×3(3/20/22旦)17.5 S捻/cm＋22.22～24.42 dtex (1/20/22旦)16 Z捻/cm桑蚕丝，以平纹组织织制的表面有细小波纹的织物。光泽柔和手感挺爽弹性好。用作夏季衬衫、男士唐装、长衫或妇女连衣裙等的面料。

素广绫　Guangdong satin　丝织物名。经线采用22.22～24.42 dtex (20/22旦)桑蚕丝，纬线为22.22～24.42 dtex×4(4/20/22旦)，以八枚缎纹组织织制的织物。缎面素洁肥亮，手感轻薄柔软。多用作夏季服装面料。

素箭衣　sujianyi　中国传统戏曲男用袍服中轻便戎服“箭衣”(255页)的一种。

素面　sumian　即“俊扮”(277页)。

素描纸　sketch　一种绘画用纸。主要用于素描画，也可用于水彩、水粉、铅笔等绘画形式。因纸质较薄，吸收性差，不宜表现彩稿。在服装画中，通常作淡彩和素描用纸。

素绨　suti poult　丝织物名。用铜氨丝作经线，棉纱线作纬，以平纹组织织制的质地比较粗厚、表面具有横棱纹的交织物。质地粗厚缜密，织纹简洁清晰，光泽柔和。可用作罩衫、棉袄面等的面料。

素头皮鞋　plain vamp leather shoes　鞋前帮由整块部件组成，无任何装饰的皮鞋。特点是突出鞋头的立体造型，如方头、圆头、扁头等。

速滑冰鞋　speed skating shoes　冰上速滑比赛时穿用的鞋。鞋帮用优质防水牛皮缝制，系带式半高腰结构，鞋底用仿水牛皮或耐寒性硬度大的热塑性弹性材料(TPR)制成。鞋型里腰窝部位窄，以达到充分抱脚的目的。鞋底配有与鞋号相同或大一号的跑刀。安装时左脚刀刃与鞋的底中线吻合，右脚刀尖稍向左偏，便于弯道滑行。

速写本　sketch book　常见绘画用品之一。根据纸张质地分为素描速写本、水粉速写本、铅笔速写本和普通速写本。携带方便，可用于绘制服装画草图或设计构思图。

速写铅笔　sketch pencil　一种绘图用笔。一般用手工刀将笔芯削成扁平状，画出的线条有弹性，手感好。可以清晰方便地记录文字符号、构思草图，帮助绘画者提高绘画速度和表现力。常用于表现快速流畅的绘画效果。

塑料拉链　injection molding zipper　以共聚甲醛为原料，熔融注塑成链牙的拉链。质地坚韧、耐磨损、抗腐蚀、色彩丰富，适用的温度范围大。因链牙面积较大，有利于在其表面镶嵌人造宝石，使拉链美观华贵。链牙的颗粒较大，手感粗糙，拉合的轻滑度稍差。常用于大型包箱和厚实面料的服装，如夹克、滑雪衫、羽绒服、工作服等。

塑料纽扣　plastic button　合成树脂制成的纽扣。也有与金属、贝壳或玻璃等其他材料组合而成。现已成为纽扣的大类。主要品种有七种。(1)聚酰胺树脂纽扣，通称尼龙扣。注塑成型的较多。弹性、强韧度、耐磨性、耐有机试剂性都较好。(2)醋酸树脂纽扣。较结实，色彩与质感均佳，但耐热性差，70 ℃时便软化。(3)ABS树脂纽扣。用丙烯酸脂、丁二烯、苯乙烯三套合成。耐冲击性强，镀金性能佳，可代替金属材料使用，还可与其他材料组合使用。(4)环氧树脂纽扣。具有耐酸碱，易染色，耐熨烫等优点。正因附着性好，常与ABS镀金、金属或其他塑料纽扣组合使用。

(5)酪酰树脂纽扣,又称乳白纽扣。由牛乳蛋白质制成。质感柔软,与羊毛风格服装相配性佳。染色性、耐热性、耐冲击性、耐有机溶剂性均佳。(6)聚酯树脂纽扣。耐热性高、耐酸碱、耐有机试剂性高,能制成代替贝壳的珠光扣,表现出蝶贝、水牛角等天然质感,适宜与羊毛、毛皮风格的服装相配。(7)尿素树脂纽扣。加入硬化剂的树脂纽扣,耐热、耐有机试剂性均强。可制成花纹。常用于工作服。

塑料拖鞋 plastic slippers 帮面鞋底均为塑料材质的无后帮鞋。有两种类型:(1)以密质型 PVC 或其他热塑性材料作帮面和帮底,一次注塑成型的无后帮鞋;(2)以发泡 PVC 或 EVA 为鞋底,塑料条带或网眼尼龙布等为帮面,通过组装或胶粘等方式加工成型的无后帮鞋。后者鞋底柔软,比密质底更舒适。塑料拖鞋色彩丰富而鲜艳,比橡胶海绵拖鞋更耐磨,工艺更简单,20 世纪 60 年代以后基本取代了海绵胶拖鞋而成为一般家庭夏季室内主要鞋品,非洲、中东等热带地区销货量很大。

塑料鞋 plastic shoes 鞋帮鞋底均用塑料加工制作的鞋类。按成型方式可分为注塑成型鞋,组装成型鞋和搪塑成型鞋。按功能可分为拖鞋、凉鞋、沙滩鞋、雨鞋及各式劳保鞋(工矿靴、电工靴、油田靴等)。自 20 世纪 50 年代起塑料鞋随着塑料注塑成型技术的日趋完善逐渐发展起来。PVC 塑料是最早用于制鞋的聚合物,现在 EVA 泡沫塑料和 PU 革也成为塑料鞋的重要原材料。塑料鞋不仅色泽美观,耐穿耐用,晴雨皆宜,而且生产效率高,价格低廉。不足之处是吸湿透气功能差,穿用时间长了感觉不舒适。

塑料靴 plastic boots 鞋帮鞋底均为塑料、具有各种筒高的靴鞋的统称。通常以注塑工艺加工成型。色泽和外观造型比橡胶靴美观,不足之处是靴筒中间有一条合模线。目前多用 PVC 塑料制作。具有较好的防水、防油、绝缘等性能,既可作一般雨靴穿用,也可作为工矿靴、油田靴、电工靴、建工靴(加钢包头)等劳动保护用鞋。由于 PVC 对温度较敏感,不宜于冬季穿用。

塑料制品包装 plastic packaging 服装包装形式之一。以塑料为材料制成的包装。塑料质地轻软,可塑性强,不易渗透,容易密封,便于制成塑料薄膜和容器。服装包装常采用塑料薄膜制成的袋、盒形式。

塑身裤袜 shaped panty hose 即“经编贾卡连裤袜”(265 页)。

塑像妆 statue dressing 模拟塑像整体造型的化妆。常用白色底色覆盖皮肤,用塑料或乳胶头套覆盖头发,然后喷上白色或珍珠色以增加透明度,金黄色或青铜色塑像可以使用相同颜色的喷雾剂。

塑型化装法 plastics dressing 采用可塑性材料和塑型零件(如塑料、硅橡胶、牙托以及共聚物等)以雕塑手段进行化装造型的技法。主要方法有鼻油灰塑型法、肤蜡塑型法、纤维塑型法、胶乳塑皱法、胶乳海绵塑型法、硫化胶乳塑型法等。电影化装早期曾用泡泡糖或鼻油灰作塑型材料,现在使用的胶乳海绵、硫化胶乳、肤蜡等,可随着肌肉活动而活动,并且容易与皮肤衔接,表面效果与皮肤质感接近,同时不影响正常的说话、转头以及其他动作。

塑性熨烫 plastic ironing 见“熨烫”(630 页)。

算袋 suandai 又称算囊。中国古代一种用皮革或布帛制成的佩饰,用以盛放计算用具。男子佩于腰际,用以盛放刀笔、算具等零星杂物。官吏所用者以色彩辨别等级。唐代时,算袋被规定为一定品级官员必须随身佩戴的饰物,而品级低等的官员则不允许使用。

算囊 suannang 即“算袋”(500 页)。

随行就市定价法 going-rate pricing 企业产品价格与本行业同类产品竞争者价格保持一致的定价方法。市场经济条件下这一方法使用比较普遍,采用一致的价格能给消费者以“价格合理”的感觉。

随意帽 lounging cap 19 世纪后半期希腊绅士在家中戴的药盒帽或圆屋顶形无檐帽。帽顶中部装饰着丝质的流苏。

随意型人群 nature group 即“自然型人群”(677 页)。

岁寒三友纹 dine-bamboo-plum pattern 中国传统装饰纹样。以青松、翠竹、冬梅构成。三植物不同科属,均不畏严霜,清雅高洁,被中国古代文人所推崇,寓意历经考验的忠贞友谊。百姓则因其长青不老和经冬不凋,将其视为生命力旺盛的象征,成为流传的吉祥纹样。主要采用四方连续形式,以刺绣、织花、靛蓝染等工艺，表现剪影样式的三植物穿插的动感造型，多应用于秋冬男女服装中。

碎花图案　scattered motif pattern　细小花卉构成的连续循环图案。以造型简单的一种或两种草本植物为题材，兼工笔带写意，花、叶呈细碎小块面状，与底部空间穿插紧凑，用色简练，花形与底色形成协调的整体关系。图案常用棉布、亚麻布等印花工艺表现，广泛运用于衬衫、女裙等服装设计中。

碎脸　suilian　传统戏曲脸谱谱式之一。在花三块瓦脸基础上发展而成。以一种颜色为底色，再用多种色彩勾画出极繁琐华丽的纹样，在戏曲脸谱中用色、构图最为复杂。如《金沙滩》中的杨七郎，在黑脸上以红、白等色勾出虎面；《通天犀》中的青面虎脸谱以绿色为主，用白、黑、朱红、鹅黄等色勾绘出复杂的具有象征性的图案。

碎石纹轧花革　scotch grain leather　又称碎石轧花粒纹革。经轧花板轧过皮面形成碎石粒纹的皮革。主要以中小型牛皮加工而成，手感较厚实、丰满有弹性。主要用于制作男鞋。

碎石轧花粒纹革　scotch grain leather　即"碎石纹轧花革"(501页)。

碎妆　broken style　后周宫女所作的一种面部妆饰。以五色云母为"花子"(218页)，贴满面颊，给人以支离破碎之感。

碎妆

娑罗笼　Suoluolong　又称娑罗笼段。中国古代民族服饰。唐代南诏西部茫蛮的服装。娑罗树即木棉，古称吉贝，取籽破壳，将其中白如柳絮的东西取出，制成服装面料，男女均穿。有花色的五色娑罗笼十分美观。

娑罗笼段　Suoluolongduan　即"娑罗笼"(501页)。

蓑　suo　"蓑衣"(501页)的简称。

蓑衣　suoyi　❶又称莎衣。简称蓑。中国古代一种防风御雨之服。基本形制为无袖圆领，后片长至膝，前片及胸，呈披风样式，对襟无纽，以绳带相系。以莎草、油葵、棕毛等编成。一般与斗笠配套。❷在生活中蓑衣基础上加工而成的中国传统戏曲服装。用编结的褐色丝线穗横排层层覆盖组成。形似斗篷，圆领，领口装有襻带，衣长过臀。舞动时线穗纷纷飘动。《望江亭》中伪扮渔妇的谭记儿、《苏武牧羊》中的苏武均着此。

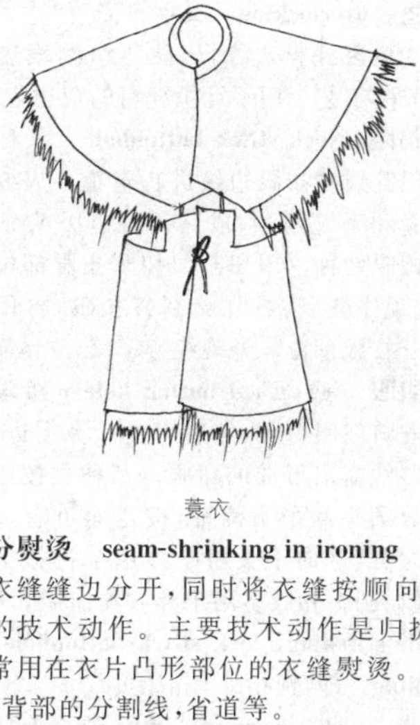

蓑衣

缩分熨烫　seam-shrinking in ironing　用熨斗将衣缝缝边分开，同时将衣缝按顺向收缩压烫的技术动作。主要技术动作是归拢、熨烫。常用在衣片凸形部位的衣缝熨烫。如经过胸、背部的分割线，省道等。

缩缝符号　eased seam　服装结构制图符号。表示布料缝合时在某个位置需要将多余量进行收缩。

缩缝符号

缩扣熨烫　seam-falling-and-shrinking in ironing　用熨斗将衣片的毛边扣倒烫平，且进行缩短定形的技术动作。一般用于圆弧形底边、荷叶边边缘的熨烫。

缩水　washing shrinkage　织物在常温水中的尺寸收缩。缩水程度以缩水率表示。造成缩水的原因有:(1)纤维由于吸湿膨胀变形,经、纬纱直径变粗,在织物中弯曲程度加大,导致长度和幅宽减小;(2)织物在染整加工过程中受机械张力作用产生经向伸长,在穿着和水洗过程中因水分子的渗入导致伸长变形回复,织物尺寸回缩。主要见于亲水性纤维织物,整理加工中可采取预缩等措施加以控制。

缩烫 **shrinking in ironing** 熨烫时,根据造型需要对服装某些部位给汽、加热、施加外力,进行归缩造型的技术动作。所用的外力、温度、水汽根据织物性质而定,具体技术条件与拉烫相同。一般用于前后片的袖窿、门襟、底边部位以及裤片的侧缝上段等凸出部位。

锁边 **overlocking** 又称拉光、拷边。用锁边线迹包裹缝料边缘,以防止织物裁边后纱线脱散的工艺。用于针织缝料的裁边包缝。

锁扣眼 **lock stitch buttonhole** 又称锁纽眼。用缝线对扣眼边缘进行包覆。成缝方法有机缝和手缝两种,成品外观有方头锁眼和圆头锁眼两种。用切割刀切开扣眼部位的缝料,按顺序缝制,或先缝制好扣眼,再用切割刀切开扣眼部位。外观线迹牢固,立体感强。

锁纽眼 ❶**tacked button hole** 纽眼的一种。先将纽眼剪开,然后用缝线将毛边缝缀,不使纱线露出形成的纽眼。其种类按纽眼形状可分圆头和平头两种,按走向可有竖向和横向之分,竖向平头纽眼多用于衬衫类小纽眼;横向圆头扣眼多用于外衣类纽眼。❷**buttonhole stitching, lock stitch buttonhole, buttonholing** 即"锁扣眼"(502页)。

锁片 **lock ornament** 悬挂于胸前的造型似古代锁具的饰品。片状结构,表面雕刻贺语、花草、珍禽等。可与项链配合使用。男女皆可佩戴。

锁式线迹 **lock stitch** 国际标准ISO 4915中编号为300级的线迹。由针线和梭线两根缝线交叉连接于缝料中而形成的线迹,在缝料的正反两面呈相同的外形,是缝纫中使用最普及的线迹。优点是用线量少,不易脱散,上下缝合较紧密,结构简单、牢固;缺点是弹性差,形成此线迹时要用梭芯,而梭芯的容线量受限制,经常要绕梭芯,影响生产效率。

锁式线迹平缝机 **lockstitch sewing machine** 又称平缝机。由针线(俗称面线)和梭线(俗称底线)形成锁式线迹的工业用缝纫机。由针杆机构、钩线机构、挑线机构、送料机构和梭芯装置等部分组成。作业时,缝样放置在平面型工作台上,机针垂直刺料,由送布牙或送布牙的组合形式送料。线迹形式为锁式线迹。具有用线量少、结构紧密等优点,但贮线量有限,弹性和强度不高,适于机织面料、皮带等面大量广的一般缝纫作业。根据机针数,分为"单针锁式线迹平缝机"(88页)和"双针锁式线迹平缝机"(483页)。

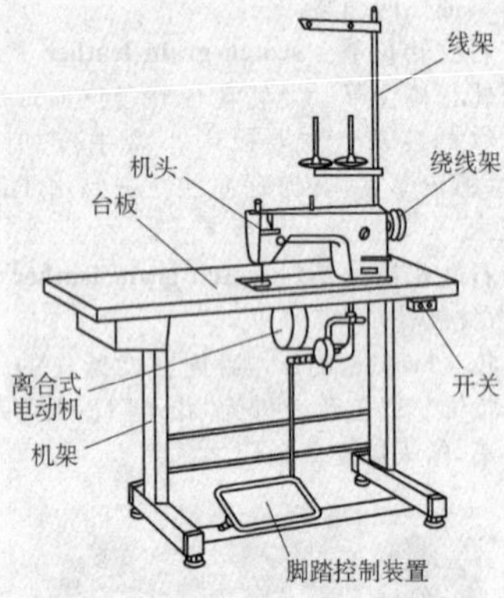

锁式线迹平缝机

锁眼机 **buttonhole sewing machine** 又称开纽眼机。用计算机程序控制方式或凸轮机械控制方式在服装指定部位完成开纽眼和锁纽眼缝纫工艺的专用缝纫机。由凸轮控制机构、针杆机构、切刀机构、钩线机构、送布机构和断线自停装置等部分组成。采用先锁眼、后开纽眼或先开纽眼、后锁眼的锁眼工艺。需要设定的缝纫参数有针距、针数、长度和宽度等。按纽眼形状,分为"平头锁眼机"(394页)和"圆头锁眼机"(625页)。

T

他其帽　taj　伊斯兰教教长戴的圆锥形无檐高帽。由西南亚地区传统的冠帽发展而来。

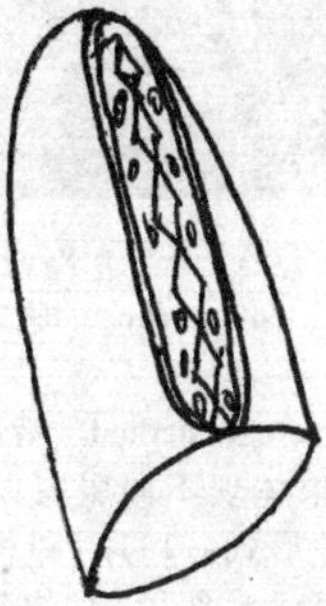

他其帽

塌肩　shoulder sink　服装外观疵病。衣服穿着后在肩胸部出现自肩侧点至胸部向下歪斜皱褶的现象。形成原因是衣服肩斜度太小或穿着者为溜肩体。

塌肩

塌胸　chest sink　服装外观疵病。服装前胸部向里凹陷的现象。原因是制作过程中内衬(挺胸衬)没有挺度,胸部面布太紧压迫内衬,常出现在有较厚衬布的男西装等正装的胸部。

塌胸

塔吉克族服饰　Tajik ethnic costume and accessories　中国塔吉克族衣着和装饰。塔吉克族分布在新疆,男子戴羊羔皮里、平绒面的圆筒帽,帽筒绣有花边。穿套头衬衣,领、胸襟处绣有花边,外套深色对襟绣花坎肩。着长裤,裤脚两侧开衩,着皮靴,外出套“袷襻”(404页),束宽腰带。女子戴耳环、项链、发饰、胸饰等,戴平顶宽立檐绣花小帽,帽前檐有珠串,纱巾连头带帽一起包住。穿连衣裙,已婚妇女系彩色围腰,外套绒布坎肩,着长裤,冬着棉袷襻,衣色喜红。妇女均披大头巾,多用白巾,少女戴黄巾,新娘披红巾,忌用黑色。男女都穿绣花毡袜,着用野公羊皮或牦牛皮制作的尖头软底靴。

塔吉克族女子服饰

塔克　tuck　又称缉褶。装饰缝的一种。以一定间隔折叠布料作细裥缉缝而成，可使布料表面产生立体感与线条美。根据加工形式有“十字缝塔克”(465页)、“荷叶边塔克”(207页)、“开式塔克”(281页)、“闭式塔克”(29页)、“嵌条塔克”(411页)之分。常用于女装、童装的衬衫、连衣裙的前衣身、肩部。

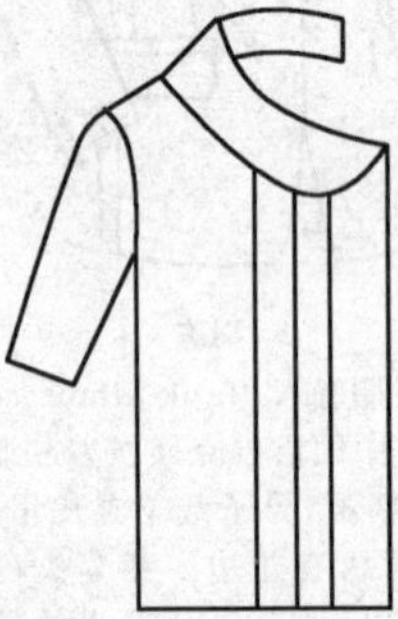

塔克

塔帕图案　thapa pattern　用树皮制成的非纺织服饰面料图案。以抽象的直线、曲线与各种形态的块面相交组合构成。塔帕图案源于南太平洋岛屿古老制作传统，将当地专门栽植的楮树苗的树皮，用水浸泡变软，并以木槌反复敲打成薄而柔软的面料，再采用植物叶发酵或沸煮、焦炭化的染料进行手绘图案，后施于防水油和清漆处理的面料，用以制作各式服装。塔帕图案造型粗犷、古拙，布局细密有致，色相单一却不失明度对比，成为当地的文化特色产品。传统塔帕图案制作成本高，现今只有巴布亚新几内亚、斐济、汤加等岛屿还保留着原始的制作工艺。为了提高产量与发展的需要，产生了丝网印的塔帕图案，图案也变得更加丰富多样。

塔塔尔族服饰　Tatar ethnic coustume and accessories　中国塔塔尔族衣着和装饰。塔塔尔族分布在新疆。男子戴绣花小帽，冬季戴黑卷檐皮帽。穿白色宽袖对襟绣花套头衬衣，外套黑色短坎肩或对襟无扣黑长衫，着黑色窄腿长裤。女子扎头巾或戴皮帽。穿长袖连衣裙，裙摆有波浪形花边装饰，外套深色对襟短坎肩，着绣花皮靴，用银币、镍币作衣饰，戴各种首饰。

塔塔尔族女子服饰

獭猫毛皮　otter fur　即“水獭毛皮”(486页)。

拓印法　frottage method　借用现有物质不同的肌理效果体现不同服装面料质地的方法。包括两种形式：(1)印，利用某一物质将其肌理效果印在画面上。如用棉花、海绵、布等材料，敷上颜料，将其特有的肌理和形状印在画面中。(2)拓，将某物质衬垫在画纸下，用笔与色摩擦的方式将该物质特有的纹理浮现在画纸上。

拓印法

拓印图案　rubbing pattern　图案表现技法。利用媒材盖印而成的图案。把现有的表面凹凸媒材，蘸上干湿厚薄适中的颜料，在纸面盖印，留下媒材本身凹凸的纹理，形成图案;也可把纸放在有凹凸纹理的媒材上,用柔软的布或纸敲打出其凹凸的纹理,形成图案。常见的媒材有纱网、枯树叶、丝瓜瓤、揉皱的纸团、粗纤维等。图案呈现细腻质朴、粗犷厚实、自然生动的视觉效果,是服装面料印花图案常用的手法之一。

台步训练 catwalk training 对模特在舞台表演时行走步伐、展示造型以及面部表情的训练。包括踮脚走步训练、平脚走步训练、提胯划圈走步训练、着鞋适应训练、丁字移步训练、上步转身训练等。

台式裁剪机 band cloth cutting machine 即“带刀式裁剪机”(81 页)。

抬肩 armhole depth 即“挂肩”(190 页)。

太监衣 taijianyi 又称铁莲衣。中国传统戏曲中专供小太监着用的袍服。斜大领,大襟右衽,长及足,阔袖带水袖,左右胯下开衩。绣宝蓝色团龙,周身、腰际及袖口均绣宽花边,穿着时于腰间缀线穗。缎料制作,随侍皇帝的用黄色,侍奉王、侯等的用红色。

太空风貌 cosmonaut look 即“宇航风貌”(620 页)。

太阳裙礼服 sun dress 一般在盛夏的海滨、度假村、避暑地或家中穿着。造型简单,无袖,背、肩部大部分袒露,三角背心领是其代表性样式。加上一件短上装,可作为购物、旅游着装。为了遮挡烈日,可与太阳帽、太阳镜、太阳伞搭配。1976 年春夏的巴黎高级时装发布会,设计师把适合于炎日下穿着的礼服命名为太阳裙礼服。采用轻薄柔软的面料制成,如丝绸、乔其纱、蝉翼纱等。

太阳裙礼服

滩羊毛皮 Tibet lamb 粗毛皮中的绵羊皮的一种。是我国特有的羔羊毛皮,主要产地在宁夏、黄河两岸地区,贺兰山西麓一带及毗邻的甘肃省清远县、景泰县,陕西省定边县。现已有 14 个省、自治区、直辖市从滩羊产地引种。蒙古羊皮板厚,张幅大,含脂多,纤维松弛,毛被发达,毛粗直;西藏羊绒足,花弯绺少,弹性大,光泽好;新疆细毛羊皮板厚而均匀,纤维细致,毛细密多弯,弹性和光泽好。通常取皮加工成皮形完整的开片皮。按毛的长短可分为:(1)滩二毛皮,毛长在 8 cm 以上,底绒少,绒根清楚,不粘连,具有波浪花弯;(2)滩羔皮,毛较短且细柔。两者均为优质制裘原料,可制成轻柔美观的裘皮大衣、冬装里子、帽子等。

弹簧底 sponge insole 即“海绵内底”(199 页)。

弹力灯芯绒 elastic corduroy 棉型织物名。经或纬用具有高弹性的棉/氨纶包芯纱,绒纬用纯棉纱织制的灯芯绒。分为经向弹力灯芯绒和纬向弹力灯芯绒。具有传统灯芯绒的外观和服用性能,唯弹性伸长率远远大于传统的灯芯绒,具有良好的运动适应性,穿着舒适性更佳。根据厚度的不同,可用做春、夏、秋、冬四季服装面料。

弹力府绸 elastic poplin 棉织物名。有弹力的府绸织物。织物表面呈现由经纱构成的饱满的菱形颗粒纹。布身挺括,质地细密,织纹清晰,细腻柔软,具有丝绸感,吸湿性好,还有很好的弹性和延伸性,能适应身体运动所需的变形,穿着更加舒适。适宜做衬衫、连衣裙、裤子、夹克、外衣等的面料。

弹力汗布 elastic single jersey 采用氨纶裸丝与棉、涤纶、锦纶等的短纤纱或长丝交织而成的纬平针织物。既具有交织短纤纱或长丝的服用性能,又具有氨纶丝的延伸性和持久稳定的弹性回复性能。氨纶丝在织物中的含量一般为 5%～10%。织物弹性好,穿着舒适,活动自如,不易产生皱褶。主要用于制作内衣、运动服、紧身衣和休闲服等。

弹力毛衫 elastic knitwear 采用细支羊毛、马海毛、细旦腈纶等原料与氨纶交织而成的毛衫。质轻,延伸性和弹性好。可用作羊毛内衣、时装、外套。

弹力呢 stretch wool fabric 含有一定比例氨纶弹力丝的毛织物。有经向弹力、纬向弹力及经纬双向弹力之分,外衣用弹力织物以经向弹力为佳,一般弹力伸长率为10%～15%。成品外观手感和组织规格都与一般的全毛织物相同,但弹力持久,能适应人体的活动,有良好的运动舒适性,保形性好,衣服的膝部、肘部等部位不致因穿着时间长而变形鼓起。适宜作各种外衣面料。

弹力牛仔布 elastic denim 棉织物名。有弹力的牛仔布。分纬向弹力牛仔布和经纬双向弹力牛仔布两类。通常采用棉氨纶包芯纱作纬纱或经纬纱以提供织物弹力(氨纶含量10%左右)。织物质地紧密,坚牢耐穿,厚实硬挺,有很好的弹性和延伸性,能适应身体运动所需的变形,穿着舒适。主要用作牛仔服面料。

弹力真丝针织物 elastic silk weft knitted fabric 采用平针或罗纹组织,原料为经收缩处理的生丝的弹性针织物。产品具有凉爽、滑软、弹性好等特点,属高档产品。多用于制作女式内衣和休闲服等。

弹性跟 elastic heel 一种具有弹性功能的鞋跟。弹性可通过螺旋状弹簧钢丝实现,也可利用橡胶、热塑性弹性材料(TPR)等材料本身的弹性,或利用上述弹性材质结构变异而产生的弹性,抑或利用封闭气体的弹性实现。弹簧钢丝有的直接安装在鞋跟部形成鞋跟,也有的将其置于鞋跟内部。这种弹性跟弹性虽好,但制作工艺复杂。橡胶和TPR本身的弹性有限,太薄了弹性差,太厚了会很笨重,但其变形结构能产生很好的弹性,例如将它们做成中间略为弯曲的立柱,当其受压时可产生弯曲形变,压力去除后能迅速恢复原状。空气弹簧则是基于球体效应,即体积与压力成反比这一原理制作的,如气垫鞋。将鞋跟整体做成一个皮球,或者将皮球U形或O形气垫环封闭或镶嵌在鞋跟部,因而产生吸震和弹性功能。

弹性跟

檀眉 tan color eyebrows 中国古代妇女画眉样式。以檀粉妆眉。檀色,一说为荔枝红,一说为浅赭色。

檀晕妆 tanyun style 中国古代妇女的一种面妆。以铅粉打底,再敷以檀粉。檀色,一说为荔枝红,一说为浅赭色。

坦领 flat collar 翻折领的一种特殊形式,其领座小于等于2.5 cm,翻领比领座宽得多的领型。翻领成平坦状,与衣片近乎贴合。常用于女式衬衣、童装等服装。

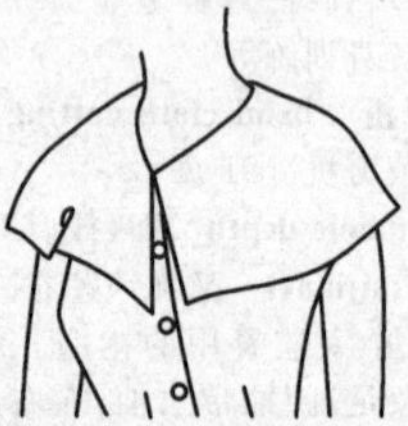

坦领

炭笔 charcoal pencil 一种绘图用笔。多用于素描或起稿。颜色厚重,容易体现出纸张的质感,大面积涂抹时不会反光,但不好掌握力度,不易用橡皮擦拭,画面易脏,笔芯易断。与之同类的有炭条和炭精条,区别在于软硬度。炭条最软,且易清除,可用干馒头或面包擦掉。

炭火熨斗 charcoal fire iron 用加热的木炭进行熨烫作业的熨斗。由熨斗勺和手柄组成。熟铁锻制而成的平底圆勺内盛放燃烧的炭火,用打磨光滑的勺底外表面进行熨烫作业。加热料随处可取,使用方便,但重量重、熨烫压力小、热效率低,目前已被淘汰。

探测性调查 exploring research 又称非正式调查。调查人员根据所需调查问题或初步意向,在小范围内进行的试探性调查。如访问专家、中间商、推销商,征求用户和销售经理的意见等。若在该阶段内,问题的症结已经找到,所需资料已经齐备,就不需再进行正式调查;否则,将开展正式调查。例如,针对上海零售店店面租金这一问题进行探测性调查结果显示:百货店服装零售主要采用柜台租赁(形式上称厂店联销)的方式,在一般情况下,根据不同地理位置、店铺装潢等级,租金是销售额的20%～35%,因此,这一问题就不必再进行正式的市场调研。

探索式表演 exploratory fashion show 一

种先锋派的表演形式。制作者通常具有前卫的时装意识，热衷于夸张的艺术表演形式。从服装、化妆到背景、音乐与灯光都显示出某种程度的离奇与怪诞。表演中的局部设计也会给设计师或消费者带来启发。

唐草图案　tang grass pattern　即“卷草图案”(275页)。

唐代化妆　Tang dynasty dressing　唐代是中国古代化妆的鼎盛时期。面妆方面，浓艳的红妆成了面妆的主流，许多贵妇甚至将整个面颊，包括上眼睑乃至半个耳朵都敷以胭脂，如此的大胆与对红色的偏爱，在其他朝代是没有的。眉妆上，开辟了中国历史上眉式造型最为丰富的时期。各种长眉、短眉、蛾眉、阔眉交替流行，并出现了许多十分另类的短阔眉式。玄宗曾命人画过《十眉图》，可见唐代眉式之丰富。唇妆方面，在晚唐僖昭年间达到顶峰。各种唇式名目达一二十种之多，且色彩十分丰富。造型上仍以小巧圆润为美。面饰方面，各种各样的面饰已进入寻常百姓之家。从唐代仕女画与女俑形象看，极少有不佩面饰者，面饰造型各异，色彩浓艳，且多为几种面饰同时佩画，是唐女面妆中非常有特色的一个方面。

唐代化妆

唐巾　tangjin　宋代常用的一种巾。以乌纱制成，形制与唐代幞头类似，唯有下垂的两角纳有藤篾，向两旁分张，呈八字形。宋元时期盛行，通常用作便服，尊卑均可用。宫廷妇女亦有戴用。元代改易其制，去其藤骨，做成软脚，一般用于文儒。明代时期的纱帽也称唐巾，以黑色的漆纱制成，硬胎，无角。通常用于士人、小吏。宫廷女乐也可戴用。

堂众行头　tangzhongxingtou　中国传统戏曲服装分类用语。见“私房行头”(491页)。

搪塑鞋　slush shoes　用搪塑工艺生产的全塑料鞋。将配制好的PVC塑料糊加入具有整鞋形状并可作三维旋转的中空金属模具中，模具加热后，糊料即在其表面凝固。当达到预定厚度时，倒出剩余物料，随即提高温度，使凝固料进一步熔融塑化。将模具冷却至室温，最后将鞋从模具中拽出。最后加上衬里。最大特点是帮面无注塑鞋常见的合模缝。采用电铸模可得到和皮革鞋一样的外观，线迹和皮纹清晰可见。由于鞋模和设备制造较复杂，现已很少生产。

糖果妆　candy make-up　即“水彩妆”(484页)。

烫迹线　trouser outseam, crease line　❶位于前后裤身中央经熨烫烫成的凸印，如下图。裤装中既具有功能性又具有装饰性的部位。西裤等款式的烫迹线必须熨烫，而运动休闲类裤款则不必熨烫。❷裤片结构线中前后裤身的成形线。分前烫迹线和后烫迹线。用细实线表示。见“前后裤片结构线”(406页)中图。

烫迹线

烫迹线不直　trouser outseam curve　服装外观疵病(图见下页)。裤装穿着后烫迹线不成垂直状的现象。形成原因是熨烫成品裤时烫迹线没有居中，或人体下肢体型特殊，与裤身造型不符。

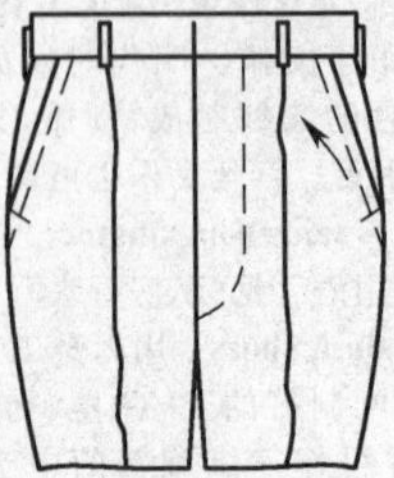

烫迹线不直

烫迹线内撇　crease line leans to inside　服装外观疵病。裤子的烫迹线向下裆缝一侧内甩的现象。形成原因为：(1)裤片丝绺不正；(2)下裆缝合时因吃势过多而缩短，或侧缝缝合时因过分拉伸而伸长；(3)熨烫时烫迹线未烫正。补正方法为：裁剪时要注意丝绺，缝纫时下裆缝劈进，侧缝放出。

烫迹线外撇　crease line leans to outside　服装外观疵病。裤子的烫迹线向摆缝一侧外甩的现象。形成原因为：(1)裤片丝绺不正；(2)侧缝缝合时因吃势太多而缩短，或下裆缝缝合时因过分拉伸而伸长；(3)熨烫时烫迹线未烫正。补正方法为：裁剪时前后裤片的挺缝线必须为直丝绺，缝纫时将前腰口门襟处适当改短，烫迹线偏向内侧，或将下裆线缩短，侧缝劈进。

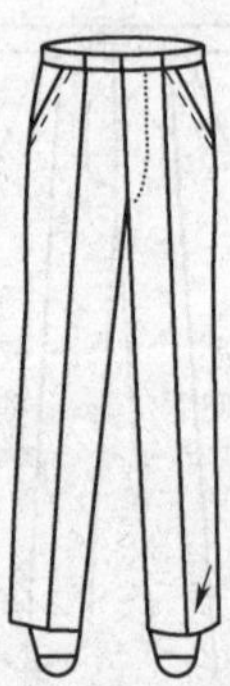

烫迹线外撇

烫馒　sleeve board, ironing board　又称烫模。传统服装熨烫中的辅助垫具。用白坯布包裹木屑制成，外形像马鞍、馒头或凳子。用于服装胸部、袖窿、腰部、肩缝、裤脚缝等有立体造型要求的部位熨烫。

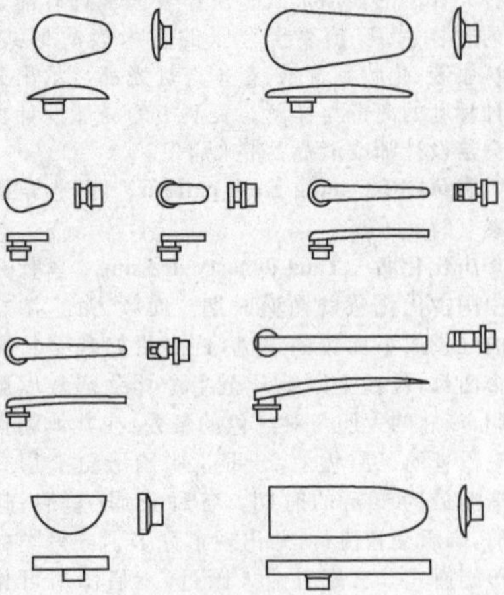

烫馒

烫模　sleeve board, ironing board　即“烫馒”(508 页)。

烫省缝　pressing open dart　将省缝坐倒或分开熨烫的动作。正面要求平整无泡。一般无里布的衣服省缝按坐倒熨烫，有里布的衣服省缝根据材料厚度决定坐倒或分开熨烫。

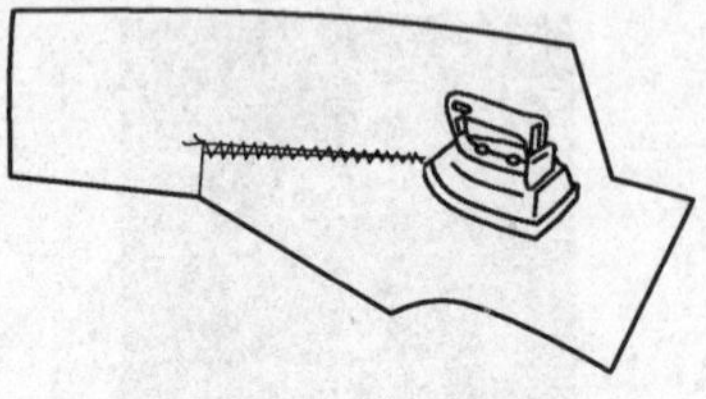

烫省缝

烫缩　ironing to shrink　使织物收缩定形的一种湿热加工工艺。织物在挤压的情况下，加湿、加热使其中的纤维柔软，易于变形，从而克服纤维间牵制力，促使织物变形回缩。使用“熨制”(631 页)、“压制”(596 页)和“蒸制”(645 页)工艺均可。

烫胸衬　pressing chest-interlining　熨烫缉好的胸衬，使之形成与人体胸部形态相符的饱满状态的动作。要求将表面材质、缉线熨平整，与经推门后的前衣片相吻合。

绦绳　taosheng　中国传统戏曲男女着装中的一种辅助性附件。丝线或棉线织成的股绳，长约四丈。剧中穿打衣或战袄战裙有短打表演的男女角色多用绦绳在胸部扎成菱形花格，称为绊胸，以示紧束武服。既有助于勾勒人物的健美体型，又可使激烈打斗时衣不变形，手脚灵活利落。如《莲花湖》中的韩秀、《十三妹》中的何玉凤等，均着此装束。

桃花妆 **peach blossom style** “红妆”(210页)的一种。中国古代妇女面部妆饰。先施白粉，再以胭脂涂抹双颊，色浅而艳，似桃花。流行于隋唐时期，多见于青年妇女。

桃花妆

陶迪 **dhoti** 印度传统男子服装。将一块布缠绕在下半身，按照缠绕的方式不同，形成裤子状或裙子状，选择何种缠绕方式因穿着者所属地区、阶层不同而有所区别。

陶乐赛鞋 **D'Orsay pumps** 鞋的前帮后端和后帮前端汇集到腰窝部位形成开口的中空式女浅口皮凉鞋。浅口暴露式，适于中青年女性晚宴及跳舞时穿用。

陶乐赛鞋

套裤 **taoku** 又称吊敦。清代的一种传统裤子。无裤裆而只有两只裤管的裤子。穿时以带系在腰间，露出臀部及大腿部。有棉、夹、单等种类，多为男子所穿，妇女也有穿者。晚清民国时期传统女性时有所穿。套裤上常有绣花、镶嵌饰物等传统装饰。

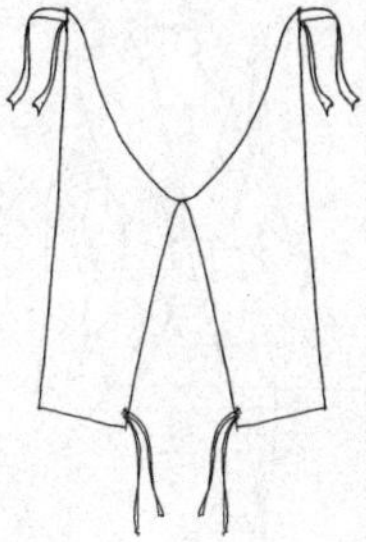

套裤

套色法 **topping method** 将两种或两种以上的色彩进行组合色彩造型的技法。常以其中一个为主色，其他为配色或点缀色，形成色彩的层次和对比。

套头 **taotou** 又称假头。中国传统戏曲对所扮演神魔、动物等形象进行头、面部造型用的器具。用纸壳做成所仿对象的头部外形，再依肤色、脸谱等加工绘制，用时套在头上。如《人兽关·噩梦》中的牛头、马面以及跳加官中的加官、魁星等。

套头毛衫 **pull-over** 较宽松合体的套头式毛衣。采用羊毛、毛腈混纺纱、腈纶膨体纱编织而成。多为圆领和V字领。以素色为主。较轻薄，细针距。实用性强。适于男女老少穿着。

套楦皮鞋 **force lasting leather shoes** 将鞋帮帮脚与内底缝成鞋套，然后套在鞋楦上定形，最后完成帮底结合的鞋类。常配合硫化或注塑工艺装配外底。从鞋的内腔可以看到帮脚与内底结合的缝隙。特点是轻便柔软，适合大众穿用，档次不高。

套装 **suit** 由同料制成的西式上装、马甲和裤子（或裙子）组成的服装。有两件套和三件套两种形式，两件套由上装和裤子（或裙子）组成，三件套由上装、马甲和裤子（或裙子）组成。套装伴随着妇女离开家庭、走向社会这一趋势渐渐成为人们穿着的主要服装。

套装礼服 **two-pieces dress** 由上下身两部分组成的裙装或洋装。穿着方便合体。上下装选择同种面料，分两件式和三件式。两件式由上装和裤或裙组成，三件式由上装、背心和裤组成。上下装可进行变化，如加皱褶。根据季节不同，夏装采用绉缎、丝绸等面料制作，春秋装采用化纤、丝毛、棉毛等混纺面料制作。

套装礼服

特技化装 **acrobatic dressing** 利用机械方法、器具和其他工艺材料对角色进行全身的整体造型。常配合摄影技巧和剪辑手段制造普通化装手段无法达到的效果。

特里科罩帽 **tricot bonnet** 冬天使用的用绒线或特里科经编织物编结而成的无檐罩帽。有时戴在头巾上面。

特殊功能针织物 **special functional knitted fabric** 采用不同组织结构相配，通过高新技术处理的针织面料。具有储热与散热兼顾、抗风与透气并存、导湿与保温统一、抗菌保健等功能。20世纪末推出了棉加莱卡以及经抗菌处理的健康保暖内衣面料，21世纪初推出了采用纳米技术处理的健康保暖内衣面料，增强了保暖效果，改善了人体微循环，更符合健康要求，被男女老少所接受。

特殊生活装设计 **special casual wear design** 对有特殊要求生活场合里的所穿着服装的设计。包括孕妇服、残疾人服、病员服。孕妇服是妇女怀孕及哺乳期所穿的服装。要求从生理、心理、体型变化和保健的角度进行设计。通常采用打褶等手段，增加胸围和腹围尺寸，面料以粉嫩色调的棉布和毛料为主，塑造温馨的生活氛围。残疾人服设计是依据残疾的部位和程度而进行造型构思，在满足功能性要求的同时，尽可能利用视错原理对残疾部位进行遮掩和修饰。盲人服在设计中为考虑穿着者的安全性，利用色彩的明度和纯度对比关系来引起旁人对盲人的注意。病员服是病员在治疗和康复期间穿着的服装，其服装款式设计要方便病员活动，便于换洗和护理，尤其是手术后，便于特殊的照料，选用宁静感的色调。特殊生活装的设计不仅要把重点放在加强功能性、合理性和安全性等方面，还要符合穿着者的心理特征，在造型、色彩和面料的选择上需特别注意。

特体服装 **special figure garment** 为挺胸、弓背、溜肩、端肩、凸肚、臀部肥大等特殊体型度身定制的服装。工艺制作需要对特殊体型进行全方位的量体裁衣：(1)按特体的实际体型特征制作适合的服装；(2)按正常体型设计，采用增添充垫物遮盖体型缺陷，如溜肩体型可通过加垫肩以达到正常体型穿着的外型效果。

特型化装 **special dressing** 采取特殊造型手段表现角色特殊外形的化装。比如我国早期影片《夜半歌声》男主人公宋丹萍被人毁容后伤疤累累的面孔化装，法国影片《巴黎圣母院》中心地善良、容貌奇丑的敲钟人卡西摩多的化装。

特许连锁店 **franchise chain stores** 即“加盟连锁店”(245页)。

特种运动鞋 **special athletic shoes** 各种车类比赛、水上比赛以及运动员相对较少的比赛项目用鞋。如攀岩、蹦极、滑板、技巧小轮车运动等穿用的鞋。

梯型 **trapeze shape** 具有上小下大，比较宽松的廓型特征样式。在女装和童装中较为常见，如宽摆女衬衫、宽摆套袖式外套、宽摆女大衣、孕妇衫、A字裙、娃娃衫等。能充分体现女性体态的柔美稳健和儿童的天真活泼，具有多功能穿着的效果。20世纪60年代的迷你风貌服装属此造型。

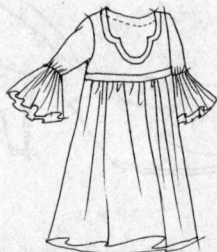

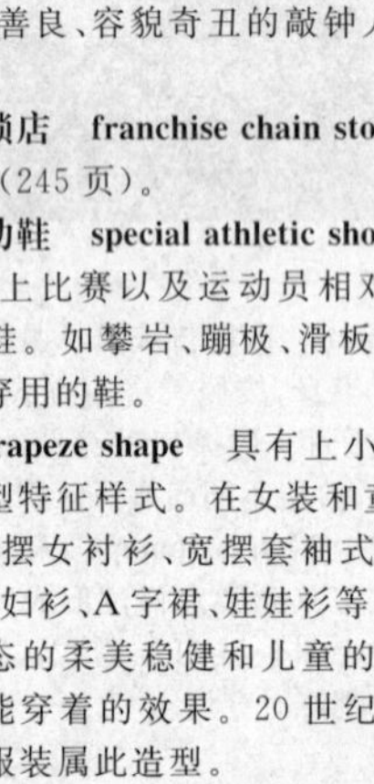

梯型

梯型平衡　trapezia body balance　将前衣身浮余量以下放的形式消除的衣身平衡方式。处理后衣身胸围线至腰围线之间的部分呈梯形，此类平衡适用于宽腰服装，尤其是下摆量较大的风衣、大衣类服装。

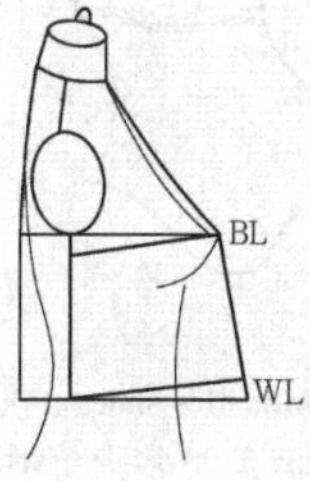

梯型平衡

梯型原型　trapezia basic pattern　将前后浮余量用下放到腰围线的方式消除，使衣身胸围线至腰围线形成梯型体的原型。由于不能直接反映出人体前后腰节差关系，对衣身结构平衡的理解较困难，故逐步被箱型原型取代。

梯型原型

踢踏鞋　tita dance shoes　供踢踏舞演员穿用的硬底鞋。踢踏舞是流行于世界各地的介于表演舞与土风舞之间的一种舞蹈，舞者以下肢跳跃、膝髋摆收动作使足跟足掌轮番冲击地面发出踢踏声响。我国藏族地区、东欧斯拉夫族地区、爱尔兰、西班牙、美国以及印度等地都有踢踏舞表演者。早期多用木头制作，如英国的踢踏舞者就穿木底鞋。我国西藏的舞者则身背木板，脚蹬皮鞋，将木板放在地上，随处可跳。后来踢踏鞋改用皮革、金属及其他能发声响的材料附加到鞋底上制成。印度的踢踏舞者常在脚上或鞋上系挂铃铛，以增加声响效果。美国的踢踏舞演员喜欢穿玛丽・简(Mary Jane)的专门舞蹈鞋，帮面为织物或皮革，用带扣或环形踝带束住脚腕和皮革底，一度广为流行，成为时尚鞋品。

绨　bengaline　丝织物大类名。用长丝作经线，棉纱线作纬，以平纹组织织制的质地比较粗厚、表面略显横棱纹的素、花交织物的总称。按所用纬纱的不同分为线绨和蜡纱绨两类。按是否采用大提花工艺分为素绨和花绨。质地粗厚、缜密，织纹简洁、清晰。可用作罩衫、棉袄等的面料。

提袋编织法　reticule knitting　空层结构的棒针编织方法。通常使用两根针，用下针和浮线针法反复交错进行平片编织，每编织完一个行列后改变握持方法，即往返编织。织物两面都呈现下针线圈，并为两个单层，类似袋状。用于编织提袋等。

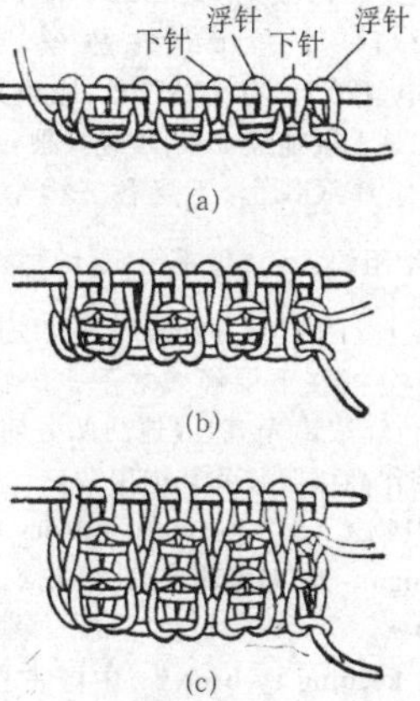

提袋编织法

提花编织　jacquard knitting　又称图案花样编织。用两种或两种以上不同颜色或同色不同类别的编织线交替穿插进行编织。织物正面呈现各类图案花纹。分为有虚线提花编织和无虚线提花编织。色彩丰富，图案繁多，常伴有针法变化，延伸性好。常用于各类编织服装。

提花罗纹织物　jacquard rib fabric　以1+1罗纹组织为地组织的移圈针织物。在织物的两面由带电子选针机构的移圈罗纹机按照花纹要求将某些线圈进行转移编织。织物表面既具有罗纹织物的直条纹外观，同时在线圈纵行移圈部位形成凹凸、孔眼效应，纹路新颖别致，具有罗纹织物横向弹性好，延伸性大，无卷边，仅逆编织方向脱散等特点，但织物牢度较差。原料采用棉纱、毛纱、涤纶长丝、腈纶纱及混纺纱等。可用于制作内衣、T恤衫、套装、运动装等。

提花毛衫 **jacquard knitwear** 由两种以上色纱按花纹图案编织而成的针织毛衫。采用羊毛纱、腈纶纱、毛腈混纺纱为原料。分为：(1)单面提花毛衫，反面可分为有虚线和无虚线两种，前者延伸性小，穿着时易抽丝，常装有内胆，以开衫为主，后者花型清晰，轻薄平整，延伸性好；(2)双面提花毛衫，厚实，不易卷边，不易脱散，延伸性较小。为男女皆宜的毛衫品种。

提花丝绒 **brocaded velvet** 丝织物名。桑蚕丝和黏胶丝交织的双层经起绒提花绒类丝织物。地经线和纬线均为 22.22～24.42 dtex×3(3/20/22 旦)8 捻/cm 桑蚕丝，绒经为 133.2 dtex(120 旦)有光黏胶丝，地经和绒经线的排列比是上层地经 3 根，绒经 1 根，下层地经 3 根。一组纬线以上、下层各三梭轮流织入。上、下层地组织为$\frac{2}{1}$重平组织，绒经在起花范围内连接上、下两层，分别与纬线交织成 W 形，不起花部分沉在下层经线之下。织物地部紧密耸立，色泽浓艳光亮，绒地凸凹分明，富有立体感。用作高级服装和装饰用绸。

提花织物 CAD **jacquard fabrics computer aided design** 即“计算机辅助提花织物设计”(241 页)。

啼眉 **keening eyebrows** 中国古代妇女画眉样式。由啼妆发展而来。用油膏薄拭眉下，如啼泣之状。流行于中唐。

啼妆 **tizhuang** 中国古代妇女的一种面部妆饰。以油膏薄拭目下，如啼泣之状。流行于东汉后期。相传为汉桓帝大将军梁冀妻孙寿所创。

体操服 **gymnastics wear** 体操运动员进行体操运动时着用的紧身服装。体操服应保证身体运动自由、合体。男式体操服包括运动背心、体操紧身衣、体操鞋等；女式体操服常为上下连体的款式造型。运动服结构设计上没有宽松量，并通过在腰际使用橡筋，采用吊带等方式强调体形曲线。选用伸缩性好的面料，如氨纶等合纤与毛混纺织物等。体操鞋采用棉或皮制鞋面与薄橡胶底。

体操服

体操鞋 **gymnastics shoes** 供学生上室内体操课或舞蹈演员平常训练时穿用的轻便布面胶鞋。帮面为整体部件，浅口，脚背外有松紧带，鞋头内衬头皮，以增强承重能力，后跟部有助跟，以适应体操或舞蹈动作。帮面多为漂白细帆布，外底为米黄色薄胶片，帮底结合部用窄围条加固。整鞋轻盈简洁，穿脱方便。

体干部 **torso** 又称躯干。人体的主体部分，由颈、胸、腹部组成。对于人体总体形态有决定性的影响，由于人体的凸凹形态主要集中在体干部，其对服装结构的影响最大，是服装设计制作中重点研究的部位。

体积重量标志 **volume and weight mark** 包装识别标志。标明商品的实际尺寸(长×宽×高)和重量(毛重、净重、皮重)的记号。方便承运部门参照计算运费，选择装卸运输方式，以及在运输工具内积载货物的方法，也方便仓库点收发商品。

体色 **body color** 宝石用语。本体色彩，在漫射光线对着周围毫无反射的无色背景下所观察到的一颗钻石的色彩。

体态语 **body language** 人的手势、身势、表情、眼色以及空间位置关系等与身体姿态有最直接关系的伴随语言手段。一般将发生在人身体上各部位的情感体验反应称为身体动作或身势语言，将发生在颈部以上各部位的情感体验反应称为面部表情或视觉语言。

体型分类 **somatotype classification** 根据一定的参数，如胸腰差、腰臀差、胸臀差等，将人体的体型进行的分类。人体体型参数设定不同，得到的体型分类也不同。我国服装号型标准根据人体的胸围和腰围的差量把男子和女子人体分别分为Y(男22～17 cm,女24～19 cm)、A(男16～12 cm,女18～14 cm)、B(男11～7 cm,女13～9 cm)、C(男6～2 cm,女8～4 cm)四种体型。根据前后腰节差数与正常体的差别,分为"挺胸体"(519页)、"驼背体"(532页);根据臀围与正常体的差别可分为"平臀体"(395页)、"凸臀体"(525页);按腿型与正常体的差别可分为O型腿、X型腿等。

体型特征 **figure characteristics** 身体的型特征。(1)轮廓:肩部与整个身体的骨架线条的倾向性,有直线型、曲线型和中间型三种。男性直曲不明显,主要在于线条是硬朗还是柔和。(2)量感(含比例):身体骨架的大小、轻重、厚实度,有大骨架型、小骨架型和中间型三种。大骨架型骨架宽大,骨感强,身材高大,成熟夸张;小骨架型相反,灵活轻巧。轮廓和比例等综合决定量感,瘦或矮的人也可能量感大。体型特征主要对服装和项链等邻近服饰风格影响最大。

体造型 **volume modeling** 一种造型要素。体是面移动的轨迹,包括平移和旋转。体的空间感觉是真实的、存在的,是占有空间位置的实体。从任意角度都可以对其进行观察和触摸。体从形态上可以分为块体、面体、线体三类。块体是占有闭锁空间的立体,有较大的体量;面体具有平薄的幅度感;线体的空间性非常小,但方向性极强。现实形态中最基本的立体形态是球体、圆锥体、正六面体、圆柱体、三角锥体、角柱体。在服装设计中,视人体为近似圆柱体,此体具体反映在面和线上。作为服装的体,从不同角度观察会产生不同的面,故应考虑到每一个角度的视觉效果。

天宝妆 **tian-bao fashion** 即"时世妆"(466页)。

天鹅绒 **zhangzhou velvet** 即"漳绒"(636页)。

天鹅绒经编织物 **warp knitted velvet** 以表面具有较长延展线的经编单面织物的反面作为正面,经拉绒、刷绒、剪绒等起绒整理而成的织物。常用高机号特利科脱经编机编织。原料用较细的合成纤维。织物绒毛密集、耸立,绒面手感柔软,结构紧密,悬垂性好。可采用交织、提花、印花等技术,使织物外观更丰富。可作为外衣、时装、礼服等的面料。

天鹅绒纬编织物 **velvet weft knitted fabric** 表面形成浓密耸立的绒毛层,外观类似机织物的纬编天鹅绒。底布的地纱主要采用低弹涤纶长丝或锦纶弹力丝,具有良好的拉伸弹性、强度、挺括性和尺寸稳定性。毛圈纱主要采用涤棉混纺纱、涤纶低弹丝、人造丝、醋酯长丝、黏胶丝、棉纱、腈纶纱等,用醋酯丝作毛圈纱,织物光泽明亮,手感滑爽;用棉纱作毛圈纱,织物手感柔软,保暖厚实;用腈纶纱作毛圈纱,织物色泽鲜艳。绒毛短而细密直立,高度一般为1.6～2.5 mm,绒面坚牢耐磨。多用于制作外衣套装、礼服童装等。

天桥 **runway** 即"T型台"(578页)。

天然保湿因子 **natural moisturizing factor, NMF** 角质层中具有保湿作用的物质。为角质层的主要成分,约占30%。含有氨基酸、尿素、乳酸盐、磷酸盐、尿酸等,与水有较强的亲和力,能使角质层中的水分保持在正常范围内,使皮肤保持湿润、光滑。

天然彩色棉织物 **natural colored cotton fabric** 用天然彩色棉为原料加工成的织物。纤维本身具有天然彩色,省却了染色工序,具有一定的环保性。其他性能与普通棉织物基本相同,但色谱还不够多,色泽不够鲜艳。特别适合作内衣面料。

天然翡翠 **natural jadeite** 又称A类翡翠。未经任何人工处理(雕磨除外)的翡翠。保持天然状态,不管使用时间多长,一般都不会出现褪色,变色现绿。

天然纤维织物 **natural fiber fabric** 以天然纤维为原料的织物。根据纤维品种又分为"棉织物"(353页)、"毛织物"(345页)、"丝织物"(491页)和"麻织物"(335页)。根据织物的厚度和重量,又可分为轻薄型、中厚型和厚重型。织物的吸湿性好,穿着舒适,但洗可穿性一般较差,洗后需要熨烫,容易发霉或虫蛀。可用作各类服装的面料、里料和衬料以及服饰用品。

天丝织物 **Tencel fabric** 以天丝纤维为原料加工的织物。天丝纤维是一种新型的再生纤维素纤维，具有较高的干态和湿态强力，吸湿性好，生产过程无污染，是一种绿色环保型纤维。织物手感柔软。用作衬衫、夹克等的面料。

添纱衬垫针织物　plaited inlay knitted fabric　又称三线衬垫织物。由面纱、地纱和衬垫纱构成，衬垫纱周期地在织物某些线圈上形成被夹持在面纱与地纱间不封闭的圈弧的纬编织物。衬垫方式分为直垫式、位移式和混合式三种。衬垫纱处于织物反面，呈鱼鳞状配置，也可经拉毛成为绒布。织物表面光洁，横向延伸性小，尺寸稳定。仅逆编织方向脱散，较松软厚实。广泛用于制作绒衣裤、运动衣裤、休闲服等。

添纱织物　plaiting knitted fabric　面纱与地纱有规律地排列编织而成的纬编织物。常见品种有丝盖棉、毛盖棉、涤盖棉以及交换添纱、架空添纱、绣花添纱和添纱衬垫针织物等。使用具有不同色泽与性能的材料，可形成彩色花纹、网眼、凹凸等效应。原料采用棉纱、麻纱、化纤纱、混纺纱和花色纱等。多用于制作内外衣、衬衫、裙子、袜子等。

田鸡装　creepers　又称蛤蟆装、小儿连衫裤。裤装造型奇特的女装或童装。设计清新自然，出现于 20 世纪 70 年代末期。当时，风靡一时的超短裙激发了设计师的灵感，各式超短裙、超短裤相继推出。一般都采用柔软面料制作，伊塞耶设计的连衫短裤宽松自然，腰间的系结分出上下装，裤腿处的橡筋束出灯笼造型，胸前还设计了两个大大的贴袋，极富有青春美的自然魅力，活泼可爱，形如田鸡而得名。

田径鞋　track and field shoes　供田径运动员穿用的鞋。帆布或皮革帮面，橡胶、皮革或塑料鞋底。帆布田径鞋所用帆布较粗，多为白色，鞋舌夹在鞋帮与衬眼布之间，以防砂土进入鞋内。田径鞋鞋底花纹较粗，以适应室外运动场抓地的要求。鞋帮以矮帮为主。跳高、跳远、标枪、铁饼、短跑等田径赛中运动员穿用的鞋楦型偏瘦，短时间内产生极大的蹬地力量，而中长跑径赛鞋的鞋型不能太瘦，否则易磨脚。田径鞋如果鞋底采用吸湿透气较好的皮革制作，则需在前部加铁钉，便于抓地，尼龙或橡胶底可根据地面情况使用不同粗细和高矮的鞋钉。

田径运动服　track and field wear　从事田径运动所着用的服装的总称。短距离跑等项目的运动服要求身体覆盖面积少、质轻、空气阻力小；款式多为运动背心与短裤组合；选用薄型伸缩性好的面料，如棉、毛、化纤等；竞技运动鞋质轻、牢度好，多采用牛皮、橡胶、合成树脂等制成。马拉松运动用服装吸汗性、滑爽性好；运动鞋的面料采用透气性好的织物，或多孔的袋鼠皮制成，鞋底多为橡胶。游泳、跳水、水球运动用运动服贴体、伸缩性好；面料多采用质轻、吸水少的高支织物，以减少水的阻力。划船用运动服通常由运动背心、短裤构成；雨天戴帽舌较短的帽子；采用棉、毛、化纤等面料。

田园风格样式　pastoral look　18 世纪后期欧洲的一种崇尚自然线条的女服样式。女裙去除了裙撑，通过多层衬裙，宽肥而多褶的外裙和拖在臀后堆满褶裥的长裙，使臀部自然饱满。以紧系的宽腰带束腰使之纤细，腰线较高，上衣的袖子细瘦。上体纤细而下体膨大的造型仍然保留，只是线条更加柔和自然。裙边多采用较长的荷叶边式宽摆褶边，使简朴的女裙装饰感增强。

田园浪漫型人群　rural romantic group　见“浪漫型人群”(305 页)。

田园式着装　rural wearing　环境式风格的一种。具有乡间、田园风情，淳朴洒脱，无拘无束，带有亲切浓郁的乡情。女装通常以小花布围裙式长裙、带花边装饰的上装、小坎肩、披巾、头巾头带等组合，男装中以土布或绣花装饰的坎肩为代表。

填充整形法　filling plastic method　利用填塞物使原本干瘪、不成形或量少的部位变得饱满的造型技法。常见的填塞物有真发丝或化纤材料做的假发、盘花、道具、棉花、硅胶等。比如利用假发做的发髻或发辫进行发型设计，或在口腔中填塞棉花使面部显得丰满。

填料式服装　bombast　文艺复兴时期的一种西班牙式男子服装样式。服装以上身为重点，衣身宽大。廓型早期呈正方形，后来渐渐趋于倒三角形。下身显现修长的双腿，与上身形成强烈的对比。服装造型通过在服装内填充马毛、棉絮、碎羊毛等材料形成。

掭头　tiantou　中国传统戏曲卸装时先摘掉置于头部的盔头、“水纱”(486 页)和“网巾”

(539 页),行话称为搽头。也指演出时演员在台上不慎脱落盔头、网巾。

条绒 **corduroy** 即"灯芯绒"(92 页)。

条纹 **stripe pattern** 线条组合图案。由变化宽窄、曲折、色彩、疏密、方向的直线或曲线构成,适合用机织工艺完成。具有丰富而强烈的视觉方向感,其中单色较宽的条纹图案简洁明快;细密多色的条纹图案活泼热烈;深底亮色细条纹幽雅含蓄。广泛运用在各种针织衫、袜、围巾、男性色织衬衫、套装等服饰设计中,现也有印花工艺的条纹面料。中国民间有土布条纹和西藏的氆氇衣饰条纹图案,西方有将条纹应用于睡衣、职业套装等的传统习惯。

条纹

条形发夹 **barrette, hair slide** 用以固定头发的女用条状夹子。兼作发饰用。一般由塑料、金属、骨料等材料制成。

调和美学 **harmony aesthetics** 不同因素和谐共存于一体的形式美法则。各因素由其共通线索贯串起来,达到造型上的调和。同质因素的结合,最易达到统一、调和,但易因缺乏变化陷于单调、乏味的局面。近似因素的结合是在共通的主导原则下把不同的因素结合起来。由于性质相近,既不雷同,又能提供对比、变化与多样性,所以最易调和,效果也很动人。而异质因素的结合由于对照很强,缺乏共通性,所以不易调和,常常互相排斥,缺乏凝聚力。异质因素可利用其他次要的近似或同质因素来联系,是一种在不调和中求调和的方法,例如用圆角方形配圆形。此外,强弱、虚实的运用可以减弱异质因素的不调和性,从而加强它们的聚合关系,达到相对的调和,例如小面积的补色点缀。在服装设计中把多种要素,即形状、色彩、花纹、材料等有机地组合成一个整体,以表现各种艺术效果,是具备实用价值的手法。

调温电熨斗 **temperature regulated iron** 带有温度调节器的电加热熨斗。光滑底板由铸铁制成或表面涂有硬质氧化铝膜,槽内设有电子式或双金属片触点式温度调节器。双金属片触点式温度调节器由导线 A、B 串接入电热芯电路中。通电前,上下两个弹簧片的触点接触。通电后,底板温度升高,双金属片受热弯曲。当温度升到一定程度时,下弹簧片抬起,上下弹簧片触点分离,电源切断,底板加热停止;温度下降后,双金属片脱离下弹簧片,触点再次接通,加热重新开始。熨烫温度 60～250 ℃。具有重量轻、热惯性较小、能耗低等特点。由于电蒸汽调温熨斗的普及使用,这类熨斗目前已被淘汰。

挑 **picking** 将由反面翻向正面的衣片或零部件的边沿和尖角用镊子、锥子等工具挑出、挑实的技术动作。一般服装部位、部件的止口都需挑实以使造型充实美观。

挑线杆行程 **take-up lever stroke** 缝纫机作业性能技术术语。挑线杆上穿线孔在一个运动周期中的两个极限位置之间的距离。

挑线机构 **take-up mechanism** 缝纫机上缝迹形成时输送机针针线、穿套完成后收紧机针针线的机构(图见下页)。由针杆曲柄、挑线曲柄、挑线连杆和挑线摇杆等部分组成。输线时,挑线杆下行速度较慢;收线时,挑线杆上行速度较快,达到收紧线迹的目的。根据线迹结构特点,常见挑线机构有:凸轮挑线机构、连杆挑线机构、滑杆挑线机构、旋转异形端挑线机构和针杆挑线机构。凸轮挑线机构应用范围小,多用于摆梭类缝纫机上;旋转异形端挑线机构适宜高速和超高速缝纫机挑线,如在包缝机、钉扣机等常用缝纫机上,为了输出和收紧足够的线量,采用旋转异形端挑线机构;针杆挑线机构的送线量和收线量不大,常用于形成链式线迹的缝纫机上,如钉扣机、暗缝机等;锁式平缝机上多采用曲柄摇杆挑线机构。

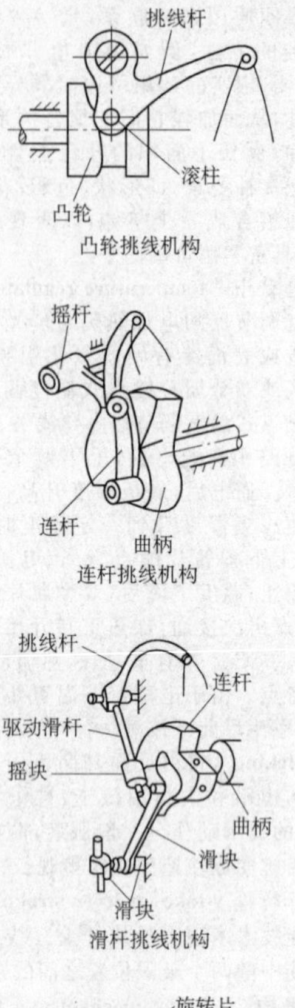

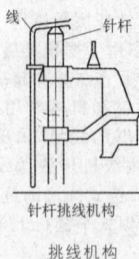

挑线机构

挑 绣　**Tiao embroidery**　即“数线绣”(477 页)。

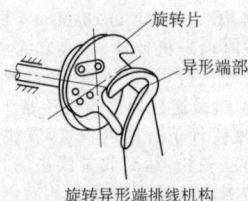

跳接图案　**cross-linked pattern**　即“错接图案”(75 页)。

跳伞服　**jumping suit**　又称前开襟连身工装裤。一种衣裤一体的服装款式。原为伞兵和飞行员制服。后用于女装设计,主要于非正式场合或休闲时穿着。

跳伞服

跳台滑雪鞋　**platform skiing shoes**　在利用山形特别建造的跳台上先行跳下而后进行滑行时穿用的鞋。用皮革制成,底宽且硬。鞋头为方形,以便将鞋固定在滑雪板的固定器上。鞋后跟有弹簧弓子的压槽,弹簧的伸展力较强,运动员在跳跃时可根据动作要求提起鞋后跟稍离板面,以帮助身体前倾,易于调整姿势,保持平衡。

跳舞鞋　**dancing shoes**　跳舞时穿用的鞋。有较好的抱脚能力,有适当的跟高,鞋底选用与地面摩擦力小的材质。有两种类型:(1)普通跳舞鞋,各种款式的晚宴鞋都是为此而设计制备的。迪斯科舞的活动量大,适于穿胶底类有弹性的鞋。(2)专业跳舞鞋,如舞蹈演员表演时穿的跳舞鞋,要求外观美;并适合于剧情功能要求,再如踢踏舞鞋,鞋底要求硬,便于用脚底敲击节奏,而芭蕾舞鞋要求轻盈,特别在脚尖部位设计有特殊填充物,便于套住脚尖站立和旋转。

跳线 **thread get off skip stitch** 即“跳针”(517 页)。

跳蚤市场风貌 **flea market look** 20 世纪 60 年代末在巴黎和英国流行的一种时尚风貌。购买和穿着旧的或已过时的服装和配饰,以新的形式进行搭配。

跳针 ❶**skip stitch** 又称跳线。服装或鞋的外观疵病。缝纫机缝纫中出现两个或多个针迹合并为一个针迹的缝纫疵点。缝纫时压脚的压力、压脚角口的齿隙、成缝器件的运动配合、缝线的捻度、缝料与缝件的匹配不当等因素,都可能引起跳针。❷**skipping stitching** 一种手缝针法。类似星点缝针。正面线迹每隔一定距离消失,间断出现。常用于不作车缝缉线的止口部位或需加固的部位。

贴边 **facing, hem, tape, welt** 处于衣服边缘处折向内层的部位。按其与衣服轮廓边缘部位的关系分有:与衣服轮廓边沿部位成一体的连贴边和与衣服轮廓边沿部位相分离的部位。其作用主要增加衣服轮廓边沿部位的挺度和牢度,以及使里布不外露,保证外观美观。

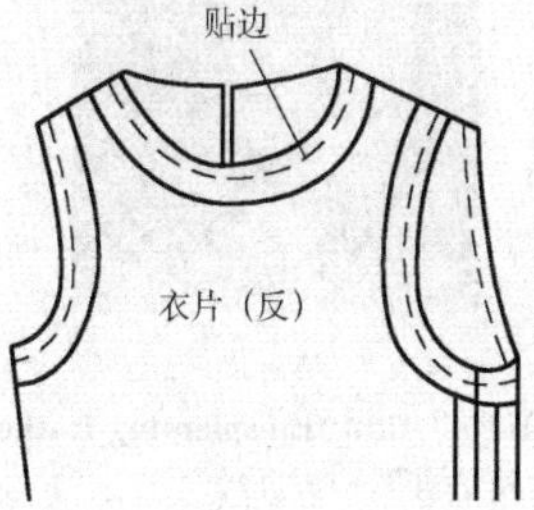

贴边

贴布绣图案 **patchwork embroidery pattern** 又称补花绣图案。一种刺绣图案。将布按图案形状剪好,手缝或机缝将其表现于服饰品上,构成图案。图案以块面感的抽象和具象形象为主,轮廓分明,简洁大方。可以色布和纹样细密的印花布组合成贴绣图形,也可在贴布内放入垫料,增强图形的浮雕感;现代贴布绣利用非织造布等较有筋骨的材料,塑造立体的图案造型。贴布绣图案多以单独纹样形式,装饰于上衣的后背、前襟、领角、裙摆、裤脚等部位,膝盖、袖肘处的贴布绣还兼具增强牢度的功能,常见于童装和家居装设计中,也是现代牛仔等休闲服饰的常用手段。

贴布绣图案

贴袋 **patch pocket** 直接在衣服表面车缉或手缝袋布而成的口袋。其造型随袋位、袋状、袋盖状、袋口状而发生变化,是变化最丰富的口袋类型。袋身形状有四方形、圆角形、椭圆形、多角形等几种。按线迹可分为无缉线贴袋与缉线贴袋;按主体状态分为平面袋和立体袋。口袋上加上袋盖成为有袋盖贴袋。贴袋工艺要求用明、暗线缝纫或手工缲制,将口袋装在服装上,不需要开口而能保持衣片的完整。

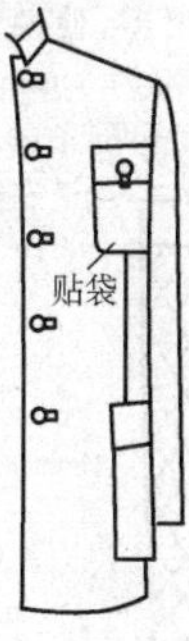

贴袋

贴袋皱翘 **creases up patch pocket** 服装外观疵病(图见下页)。贴袋上口的衣身起皱不平,或贴袋下口衣身下摆起翘的现象。造成原因为:贴袋装缝过紧,使贴袋下面的衣身卷缩起皱,或装袋时将衣身面料上提移位,使下摆翘起。故在装袋前,在衣片上做好装袋部位标记,贴袋的上下两边均须放出 0.3 cm 左右的宽度,并可先用手针定位,或装缝时在袋布上用镊子等小工具压住,避免因上层阻力大于下层而出现移位。

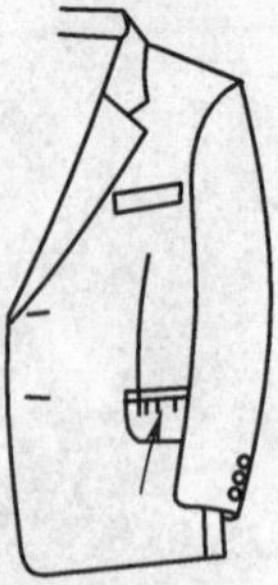

贴袋皱翘

贴缝　lapped seam　连接缝道用缝型类型。两衣片无限布边处于衣缝两侧，上衣片的有限布边折边或不折边，与下衣片的有限布边相互叠合，压上线迹而形成的缝型。上衣片有限布边折边的缝型称为光边贴缝缝，用于连衣裙、贴袋、衬衫的花色边饰及袖头等与基本衣片的连接；上衣片有限布边不折边的缝道称为毛边贴缝缝，用于衬垫衣片的连接。

贴合围条　doubling foxing　将内围条、外围条在同一压延机上出型并贴合后供成型使用的围条。两种不同颜色的胶料在压延机上用挡板隔开同时出型，使两种颜色的围条贴合，使其中一色露出约 3 mm 的整齐色边。这种围条适用于外底包围条的鞋品。

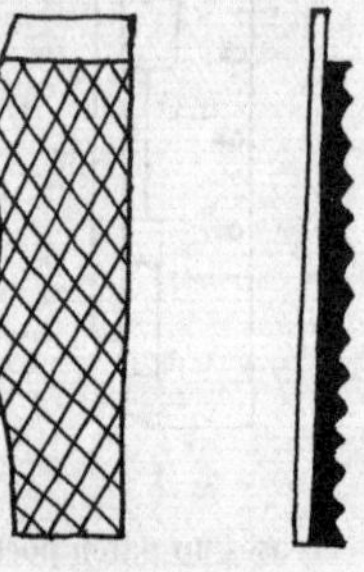

贴合围条

贴脚条　heel stay, bottom binding　又称后跟贴条。服装附件名称。缉缝于裤子后片脚口折边下沿的加固布条。常和后裤脚口大小相同，宽约 1 cm 左右，用于增加脚口的牢度，以保护裤脚口不受磨损。常用于中高档男女西裤。见“大裤底”(80 页)。

贴金　gold foil　用金箔包贴在器物上构成材料外表的首饰表面处理工艺。在我国有着悠久的历史。将高纯度的黄金打造成极薄的金箔片后会对一些光滑材料有很好的互吸性，利用这一特性可以将金箔贴在材料的表面。除了用于工艺品、首饰品外，还大量用于佛像、建筑物等。制成的产品光泽亮丽，使用期长，数十年不变色、不氧化。

贴眉妆　gluing eyebrow make-up　将眉毛用粉底遮盖，以腾出更多空间在脸上进行创意造型的化妆。化妆时先将眉毛修理干净，适当剪短；再用酒精胶水将眉毛贴在皮肤上，注意从眉尾往眉头贴，四五根一组，顺着眉毛的走向，眉毛正反面都要涂抹胶水，贴时要用小木棍拦住没涂过的眉毛；然后用小粉底刷将粉底按压遮盖眉毛，防止眉毛凸起；最后再进行各种创意设计。用于较夸张的妆面。

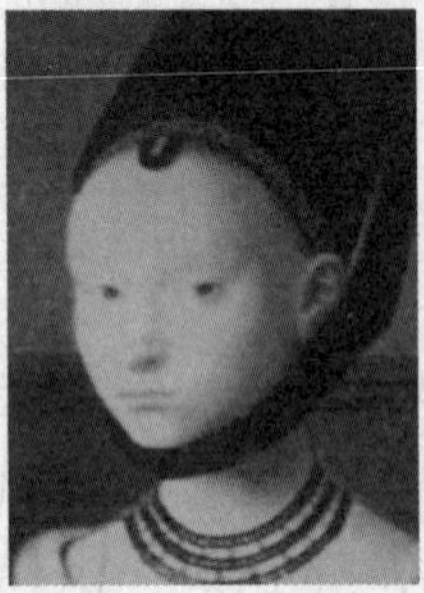

贴眉妆

贴膜革鞋　film transplanting leather shoes　即“移膜革鞋”(611 页)。

贴腰带　patch belt　采用明贴于衣片上的方法缝制而成的腰带。

贴腰带

铁凳　iron stand　传统服装熨烫中的辅助

垫具。由铁铸成凳状，工作面用白坯布包裹，内置木屑等有吸湿功能的垫料。用于服装的袖窿、肩缝等不能放平，又有立体造型要求的部位熨烫。

铁甲 **tiejia** 即“铠”(282页)。

铁莲衣 **tielianyi** 即“太监衣”(505页)。

铁路工帽 **engineer's cap** 铁路工人戴的圆形鸭舌帽。帽冠打褶裥收到帽腰带上，一般用蓝色棉布制作，20世纪60年代年轻人将其作为运动帽使用。

铁云 **iron piece attached on outsole** 鞋跟外侧或鞋底前尖部位的耐磨垫片。以往用钢片制成，因其形状呈半月形云片状，故名。现多用耐磨性好，富有弹性并可注塑成型的热塑性聚氨酯(TPU)制作。多用于修鞋，新鞋上很少见到。

挺胸体 **erect figure** 又称后倾体。实际厚度与正常体基本一样，只是躯体上部向后倾斜，胸部挺出手臂偏后的体型。衣身纸样设计时，前腰节要加长，适当增大前浮余处理量及前胸宽量，减少后腰节长、后浮余量及背宽。

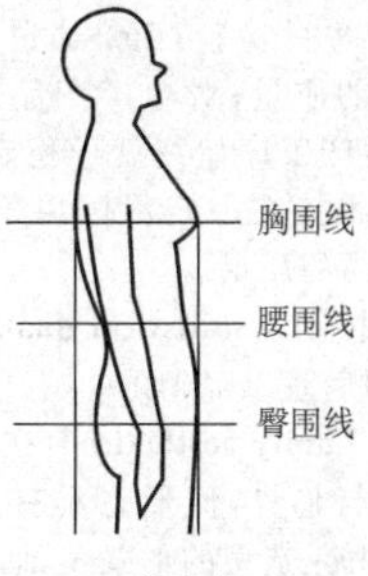

挺胸体

通风服 **ventilating wear** 又称气冷服。通过服装里空气的强迫对流来达到散热、降温、透气的目的。包括“通风帽”(519页)、“半身通风服”(17页)和“全身通风服”(420页)等形式。

通风帽 **ventilating cap** 航空服装装备中用以冷却头颈部的帽子。一般用纱带将数根锦纶管或塑料管编织成网状帽，管上开孔，使气流吹向头颈部皮肤。

通风鞋 **ventilation shoes** 在鞋外底和内底之间，通过很多弹性橡胶或塑料小立柱支撑起一个空间，空气通过鞋外底侧面的小孔进入，并从内底上的小孔排出的鞋。利用鞋内外冷热空气密度差的原理，使之产生自然对流，达到通风散热的目的。通风鞋和空调鞋一样，能较好地解决夏天鞋闷脚烧脚的问题。

通天冠 **tongtianguan** 中国古代皇帝专用的一种礼冠。隆重性仅次于冕冠。通常以铁为梁，外蒙细绢，梁冠正竖于顶而稍带倾斜，梁前有山、述为饰。其本为楚冠，秦代确立服饰制度时将其确立为天子首服，主要用于郊祀、明堂、朝贺及宴会。戴用时一般多穿绛色纱袍，颈配方心曲领，脚着白袜黑舄。自汉代以后历代相承，式样常有变化。如晋代于冠前加金博山，南宋时于冠下衬黑介帻，隋唐于冠上附蝉并施以珠翠等。至唐一改旧制，以铁丝为框，外蒙绢绸，冠身向后翻转，顶饰二十四梁，组缨簪导一应俱全。入清后废除。

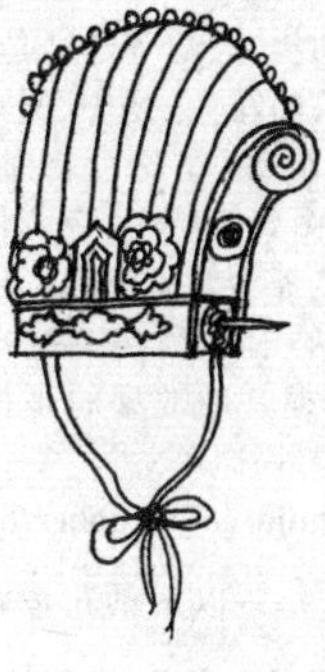

通天冠

同步缝纫作业 **synchronous sewing operations** 按缝制加工工艺流程依次完成同一件产品的作业方式。缝纫设备依照工艺流程和各工序的工作量大小配置。特点是生产周期短，在制品数量可减少至最低限度。

同年鞋 **same age shoes** 一种少数民族鞋式。我国仫佬族姑娘在与小伙子走坡(约会)时，暗测情人脚的大小，回去后用细针密线缝制的鞋。做好后放在蒸笼里蒸十几分钟，取出晾干，在以后与情人会面时赠给他，作为定情物。因赠与的是年龄相当的小伙子，故名。

同色调效果 **tonal effect** 用同色调的不同深浅色彩系统设计各种图案，使之呈现立体、柔和与富有层次的感觉。

同时对比　simultaneous contrast　人眼同时受到不同色彩刺激时，色彩感觉互相排斥，相邻之色会改变原有的感觉，并向对应方向发展。通常表现为三种形式：(1)明暗色相邻，明者更明，暗者更暗。鲜灰色相邻，鲜者更鲜，灰者更灰。冷暖色相邻，冷者更冷，暖者更暖。(2)不同色相相邻，都将对方推向自己的补色方面。(3)补色相邻，鲜明度同时增加，对比效果随纯度提高而增加。

同族色彩调和　family color coordination, kindred color coordination　即“邻近色相调和”(318页)。

铜氨纤维织物　cuprammonium fiber fabric　用铜氨纤维纱线加工成的织物。一般为长丝织物。织物外观和手感很像蚕丝织物，但强力较低。用作高档西服的里料。

童容　tongrong　即“襜褕”(50页)。

童袜图案　children's socks pattern　图案的一种。以动物、人物等卡通造型构成，女童袜以亮粉色系的花朵、爱心、圆点等图案为特色，配以蝴蝶结、蕾丝花边装饰；男童袜以运动器械、几何图案为特色，色彩以明度低的藏青、深红、白色等为常见配色。图案布局也较成人袜更灵活，有袜筒、袜背、袜底等的图案装饰，充满情趣。最常见的是提花、织花、刺绣等工艺的棉纱袜。

童雨靴　children's rubber boots　简称童靴。鞋号在19 $\frac{1}{2}$以下供儿童穿用的各式防水胶靴。帮面多为彩色，常用转移印花等方法在靴鞋帮面上装饰儿童喜爱的小动物、卡通人物或其他图案。压延出型底，贴模压橡胶跟。

童装图案　children's wear pattern　图案的一种。常见的有卡通、花朵等具象形，心形、圆点等符号和抽象形。不同年龄图案呈现不同风格：婴儿装图案以亮粉色系造型简单的小图形为特点；幼儿装图案以拟人的小动物和明快的花朵等具象形为特点；儿童装图案以流行的卡通等形象为主，色彩多以高明度的亮色系来表现童装整体的单纯清新和明快美好的风格。连续纹样结合印花工艺适于生产价廉且易洗涤的服饰，机绣工艺表现的定位图案，多装饰在胸前、领边、下摆、袋口、膝部等较醒目的位置，配以柔软面料来表现图案。

童装图案

统计质量管理　statistical quality management　又称统计质量控制。用统计手段控制产品质量的方法。由美国贝尔电话公司休哈特博士于1926年首先推出质量控制图。主要特点：不依靠事后检验，而是通过控制生产过程管理产品的质量；对生产产品进行抽样检验，以控制生产工序始终处于稳定状态，使产品不合格率维持在一定界限以下，从而在总体上保证产品的质量。

统计质量控制　statistical quality control　即“统计质量管理”(520页)。

统一美学　unity aesthetics　在造型中营造一致的力量与趋势，使形态具有旨趣的形式美法则。调和是造型的形式美，而统一是造型的神态美。有时两者可相通或相交。(1)统一是单纯的明确的倾向，找不到第二倾向来做对比或衬托。统一表现出古典的单调美、朴素美，但容易陷入呆板的状态。要打破单调呆板感，需对细节进行深入描画，表现其各自微差，给人深入品味的余地，或加入节奏性安排、颠倒位置等，都能提供韵味。(2)统率力：赋予主体形象强的作用力或引力，以支配全局或各个附属形象。统率力可由调和因素产生，也可由对照因素产生。由调和因素产生的是协调统一；由对照因素产生的是对抗的统一。统一中必须包含变化，还要贯串整体。如果追求动荡、刺激、痛快，就加强变化的倾向。如果追求稳定、温婉、隽永，就加强统一的倾向。

统一图案　unified pattern　图案的形式美表现。图案通过形状、面积、色彩、位置、方向、肌理等呈现出性质的相近或一致，以形成和谐的美感。图案间造型要素变化越小，统一感越强，但统一过度会造成单一平滞等负面效果。服饰图案以服装整体边饰的重复运用、面料纹样整体配套运用等方法获得图案的统一感。

统一图案

桶裙　barrel skirt　又称筒裙。中国少数民族服饰。中国南方许多少数民族的妇女下身所穿服装，形如圆桶。历史悠久，唐代称“娑罗笼”(501页)，男女皆穿，现云南傣族、景颇族、德昂族、哈尼族、阿昌族、布朗族、海南黎族等仍以此为妇女主裳。多用自制棉布缝成，也有用自产棉纱织成。适合亚热带湿热地区穿着。

桶腰体　bucket-shaped waist figure　又称粗腰体。腰围偏粗的体型，其体态状如木桶。一般情况下臀围和腰围的差量小于16 cm。

筒帕　tongpa　土家族的背包。自织花布缝制，色彩鲜艳，以菱形几何纹样为主，包底两端有流苏装饰。

筒裙　tube skirt　即“桶裙”(521页)。

筒式女装　tube suit　造型紧窄的女装。风格简洁，最先于1948年秋在巴黎时装舞台上出现。当时，筒式女装是与新风貌完全不同的时装样式，款式为肩部圆而斜，低腰身，裙子收紧，造型呈筒式。面料为粗厚的花呢。1960年秋冬季多位巴黎设计师再次推出筒式女装款式，带有20世纪20年代女装情调，表现了现代女性的审美趋向。

筒式女装

筒式索结绳扣　tubular toggle　又称管形套纽、鼓形套纽。常与盘花扣或套绳结头组成的扣合件。多采用塑料聚酯等合成材料。穿有线绳，造型高雅别致。常用于女装或童装上。

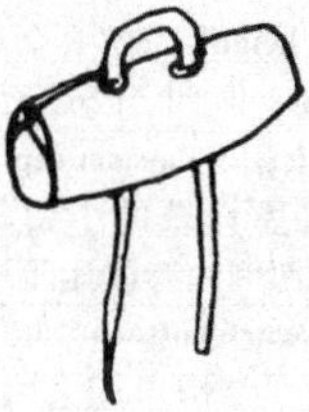

筒式索结绳扣

筒型　tube style　呈筒状的外形特征。主要指裤子和裙子的外轮廓。如直筒裤的外形特征为脚口与中裆的大小基本相等。直筒裙的外形特征为臀部与下摆的大小基本相等。

筒型

头部 head 由颅和面部两部分组成，颅内包含脑，面部有眼、耳、鼻、口等器官。新生儿的头部占其整个身长的1/4，而成年人则占1/8。正常人头上都长有头发，以防止热量的散失。人类的头部结构组成都基本相同，但由于头部大小、形状以及面部器官形态的不同，使得人的面貌各不相同，表现出千差万别的面部特征。

头层皮革 grain leather 动物皮剖层后的第一层材料制成的皮革。保留皮层的毛孔粒纹和纤维紧密的真皮层组织，牢度明显优于其他层皮革且表面光洁。一般只对牛、马、猪皮进行剖层处理，羊皮很薄不必剖层。剖层后的头层，根据粒面质量的好坏，可分别制成全粒面皮革、正面皮革、修面皮革、绒面革等不同品种。

头长 head length 即“头全高”(522页)。

头顶点 vertex, Ver 人体测量点。以正确立姿站立时头部的最高点，位于人体中心线上方。测量身高时上方的基准点，也是测量头长的基准点。

头高 head height 即“头全高”(522页)。

头巾 toujin 即“巾”(261页)。

头巾式无檐女帽 fanchon cap 19世纪40～60年代女性在室内戴的小帽。薄纱或丝制成，绉边装饰，两侧片遮住耳部。

头巾图案 scarf pattern 用于包裹头部的服饰用品图案。是围巾图案之一，以具象植物纹、抽象几何纹为主。结合方形、长形、三角形围巾外形，以连续循环纹样为主要样式，注重包裹头部外露效果。布局均匀，以造型简洁明快、花形中等大小为特色，色彩强调与肤色的对比和服装的协调，结合印花、刺绣、织花等工艺表现图案。

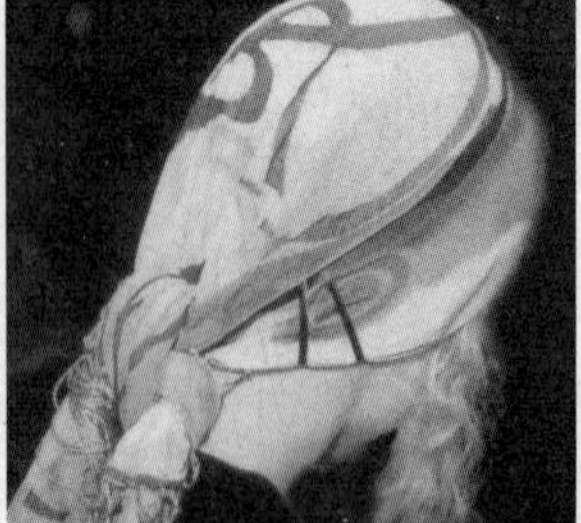

头巾图案

头空鞋 open toe shoes 又称露趾鞋。没有鞋头部件的前空式女浅口皮凉鞋。适于中青年女性穿用。

头空鞋

头宽 head breadth, HB, head width, HW 人体左右颅侧点之间的横向水平直线距离。设计帽身结构的重要参考值。见“人体宽度尺寸”(429页)。

头盔 armet 即“安全帽”(4页)。

头颅帽 skull cap 紧贴头颅的无檐帽。用8块三角形帽片拼成半圆形的帽冠。用丝绸制作。常为神职服装或民族服装的一部分。12～15世纪在欧洲广为流传。

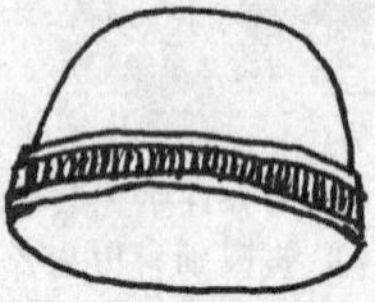

头颅帽

头面 toumian 中国传统戏曲旦行角色头部饰物的总称。包括“水钻头面”(488页)、“点翠头面”(96页)、“银锭头面”(612页)、“水纱”(486页)、“网巾”(539页)、“片子”(390页)、“线尾子”(564页)及发簪、珠花、耳环、插花等。

头帕图案 headwrap pattern 中国少数民族服饰图案。用于裹头。外形呈长方形，由植物、鸟禽等吉祥纹饰构成，图案强调主次与边饰，优雅秀丽，自然生动，构图严谨饱满，色彩鲜艳明快，具有浓郁的乡土气息。刺绣工艺的头帕图案写实而具象；织锦工艺的头帕图案抽象而写意。中国许多少数民族都有自己的头帕图案样式，其中以侗族的蓝白抽象挑花头帕的图案最具特色，图案格式对称，抽象中见具象，粗犷中见精细。

头全高 head height, HH 又称头长，头

高。从头顶点至颏下点的垂距。见“人体高度尺寸”(428页)。

头围 **head girth, HG** 通过前额中央、耳上方和后枕骨，在头部水平围量一周的长度。1/2头围(28 cm左右)是风帽宽设计的基础。见“人体围度尺寸”(430页)。

骰子贡 **dice venetian** 即“色子贡”(453页)。

透叠图案 **transparent permian pattern** 图案的形式美表现造型样式。两个或两个以上的图形交错重叠，重叠部分透明地彼此显露轮廓。透叠部分多以色彩的变化来表现，具体为明度或色相、纯度的变化。具有透明轻快、层次丰富、空间感强等艺术特征。

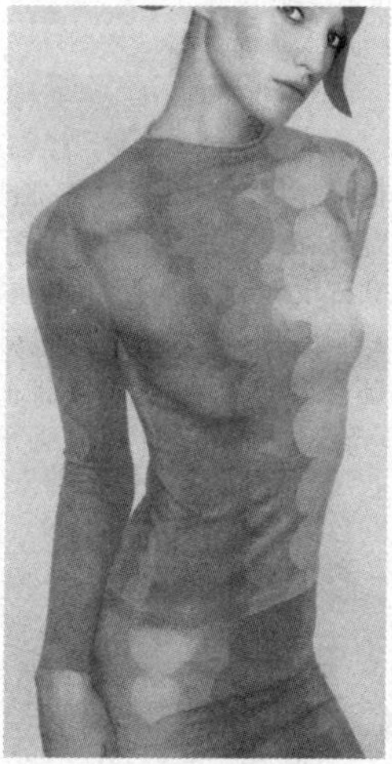

透叠图案

透缝皮鞋 **stitch down leather shoes** 一种从鞋内腔将内底、帮脚与外底直接缝合的皮鞋。缝合过程简单，生产效率高，但产品外观粗糙，档次较低，现已很少生产。

透浆 **exposing insole cloth** 布面胶鞋的中底布有胶浆透出布面的现象。不仅影响外观，穿着也不舒服。由于所使用的浆液过于稀薄，布的组织结构过于稀疏，或刮浆刀施力过大、不匀等因素造成。可通过减少渗透剂用量，使用增稠剂，调整刮刀的施力装置，以及调换织布等措施来解决。

透明蜜粉 **invisible loose powder, transparent loose powder** 化妆用无色透明粉末。粉底后使用，可用来固定粉底和妆面，维持粉底的原色，增加皮肤的透明度，让肤色更自然。使用方便，适用于任何色调的肌肤和粉底。

透明面料表现技法 **transparent fabric showing skill** 根据透明面料的质感差异，采用不同的表现技法。可分别采用以下几种，包括：(1)纱，可综合运用“重叠法”(62页)、“晕染法”(627页)、“喷绘法”(385页)表现其透明效果。当透明面料覆盖在比其色彩深的物体上时，被覆盖物的颜色会变浅，反之，被覆盖物的颜色会更深。纱易产生自然皱褶，处理时，可加强层次的丰富感。对于飘动的纱，可略为淡化。(2)塑料，具有较高的透明感和较强的反光性。其透明感的表现方法同纱相似，但鉴于塑料的反光性，在处理皱褶、转折时，要表现其硬度感。

透明面料表现技法

透明妆 **transparent make-up** 追求妆面水嫩透亮、光洁清新的化妆。选择透明粉底液打底，要求薄而均匀，不压蜜粉，使皮肤看上去细腻而有光泽；妆面自然，色彩淡雅，不画眼线和唇线；眼睛高光处用柔和的白色强调，上眼睑可以用透明感较强的水蓝色眼影或粉色珠光眼影淡抹，上黑色或蓝色睫毛油；唇部用自然的粉红、浅桃红或淡橘红色唇彩涂抹，湿润透明；腮红用色同唇部。发丝略显湿润而凌乱，造型结束后可在脸上喷些水雾以增强透明度。

透湿指数 moisture permeability index 利用蒸发散热量来评价服装蒸发散热性能的一项生理卫生学指标。按全身出汗的人体在穿上服装后的实际蒸发散热量与裸体不穿服装时的蒸发散热量的比值在0～1之间取值，透湿指数为0的服装汗液完全不能蒸发通过，如橡皮防毒服；裸体人体在风速大于3 m/s时透湿指数才可能取1。透湿指数值越大，服装的透湿蒸发散热性能越好，越容易在高温高湿环境中维持人体热平衡。美国陆军标准制服的透湿指数在0.50左右，一般织物的透湿指数为0.15～0.55。气流、环境温度、服装的隔热性、透气性、吸湿性及人体运动都会影响服装的透湿指数。

透视风貌 see-through look 20世纪60年代流行的一种服饰风貌。其特征为穿着者不穿内衣，仅穿质地轻薄透明的外套。1964年，美国设计师格雷奇率先设计出透明家居服。1965年，库雷热推出无内衣连体工装裤。1966年春，法国设计师伊夫·圣·洛朗和皮尔·卡丹将其发展为用金属片串成的透空服装。1968年演化为透明女衫。20世纪60年代末促成男士薄纱衬衫的流行。

透视风貌

凸肚平臀体 abdominous and flat hip figure 臀部肌肉不丰满，形状扁平，而腹部突出的体型。裙裤身纸样设计时增加前臀围，减少或取消腰省量。

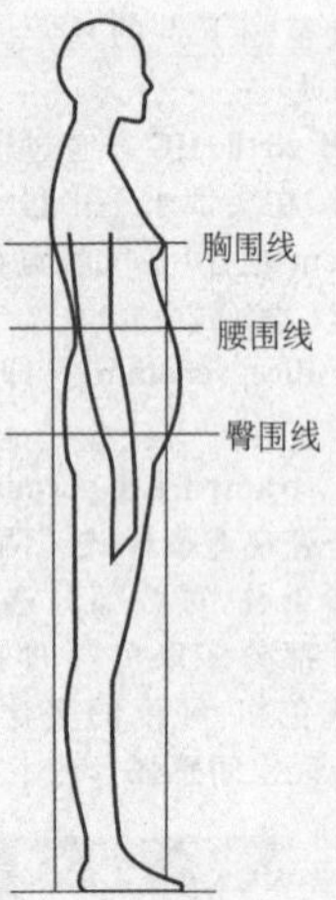

凸肚平臀体

凸肚体 abdominous figure 腰部肥满，腹部凸出的体型。按凸出部位有腰部凸出量大的凸肚体，腹部凸出量大的凸肚体之分；根据其他部位状况又可以分为凸肚挺胸体、凸肚驼背体、一般凸肚体。衣身纸样设计时主要解决腰腹部突出的体型问题，应将前臀围加大、后臀围改小、前腰省改小或取消等。

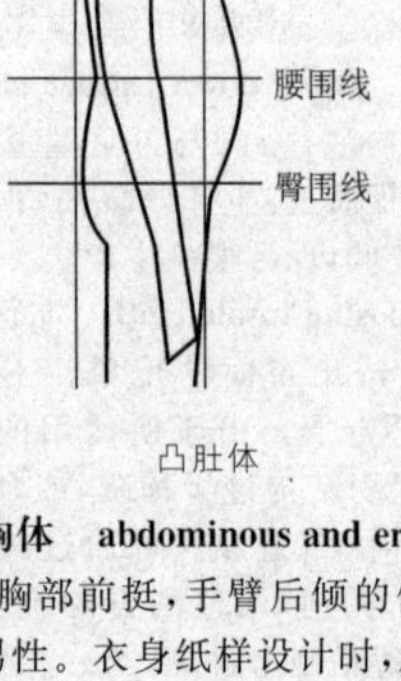

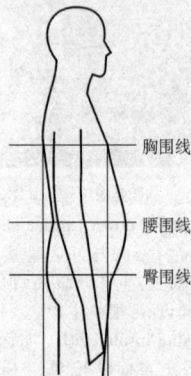

凸肚体

凸肚挺胸体 abdominous and erect figure 腹部肥满，胸部前挺，手臂后倾的体型。多见于中青年男性。衣身纸样设计时，应增加前腰节长、前浮余处理量、前胸前腹部宽度、收肚省，减少后腰节长、后浮余量处理，装袖偏后。

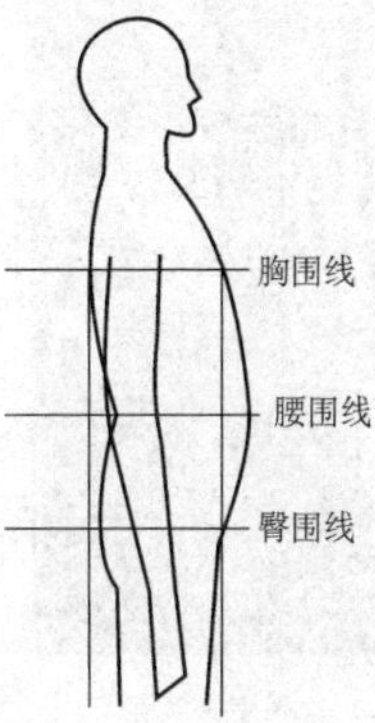

凸肚挺胸体

凸肚凸臀体　abdominous and prominent hip figure　腰腹部饱满，向前凸出，且臀部肌肉也很发达，凸出程度较大的体型。裙裤身纸样设计时前臀围改大，腰省减小甚至取消，后臀围改大，增加后裆缝的倾斜量、上裆宽、后腰省量等。

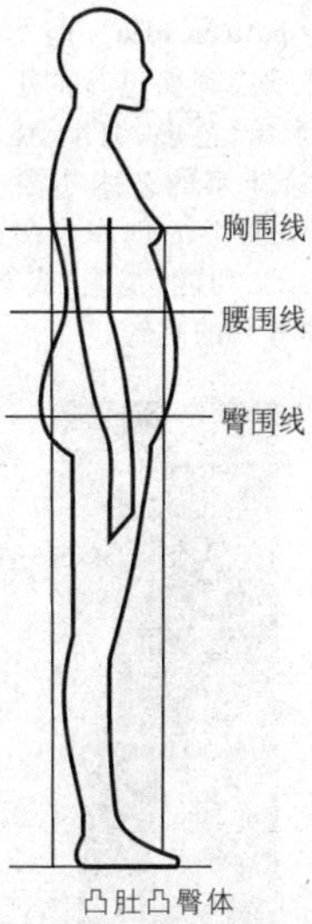

凸肚凸臀体

凸肚驼背体　abdominous and stooping figure　腹部肥满，背部弓曲前倾，胸宽较窄，颈部前倾，两臂前垂的体型。多见于老年人。衣身纸样设计时应将前腰节改短、后腰节增长，前胸宽变小后背宽加大，前腹部宽度加大且收肚省。

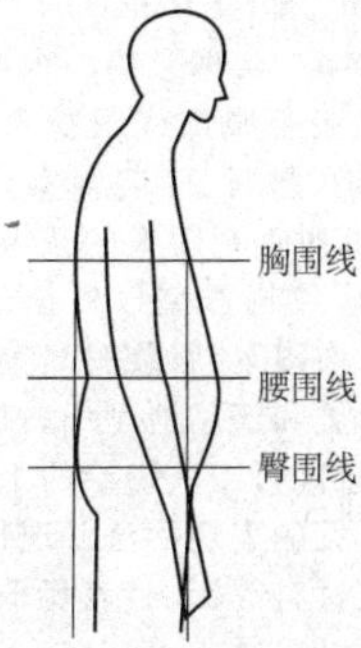

凸肚驼背体

凸起缝　cord seam　装饰缝型类型。使缝型内的缝料凸起，形成具有立体造型的装饰缝型。分为：(1)单线迹凸起缝，用对针方法缝制，收紧针迹使缝料凸起；(2)双线迹凸起缝，用双针绷缝线迹缝制，若不在线迹内垫入织物条，适当收紧下线即可形成凸起缝型；若在缝道下衬垫织物条，并加入芯线，则凸起效果更为明显。

凸条布　corded fabric　机织物名。采用凸条组织织制的表面具有凸起的纵向或横向条纹的织物。根据纤维原料的不同，主要有纯棉凸条布、涤棉凸条布和涤纶凸条布等。织物紧密厚实，坚牢耐穿，具有休闲风格。宜用作春秋季夹克、长裤、连衣裙、裙子等的面料。

凸条针织物　wale knitted fabric　即“叠层针织物”(101页)。

凸臀体　prominent hip figure　臀部肌肉过丰满，形状隆起成浑圆状的体型。裙裤身纸样设计时增加侧缝和上裆缝的倾斜角度，后腰省量，增大后臀围及后裆宽。

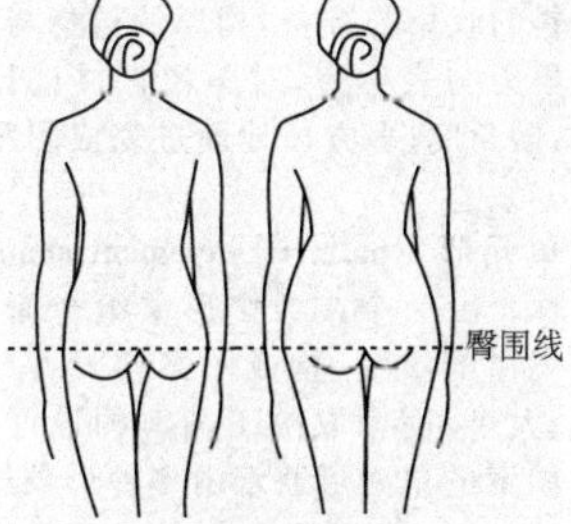

正常体　　凸臀体

秃裙　tuqun　即“无缘裙”(549页)。

图案　pattern　又称彩稿。织物印花用原始单元纹样。服装服饰或织物表面的饰纹。依附形体、结构、材料、工艺等实现形与色的造型表现，强调对客观图像的认识和再创造，内容涉及广泛，纹饰造型以概括、秩序、程式为特征。分服饰图案、服装图案等，应用于服饰及各设计门类和产品造型中。传统图案以美化和修饰为目的，注重描绘的工整性，平涂和勾线是最常见的表现手法。现代图案受造型艺术和工艺材料等影响，表现手段丰富，图案的功能也得以拓展。

LOGO图案　logo pattern　即“标志图案”(31页)。

图案布局　pattern layout　图案中纹样的编排。整体纹样在画面中的结构与层次的规划安排，涉及主题的明确、空间的疏密、层次的主次、图形的完整、视觉的均衡等设计因素，是图案设计不可忽视的创作环节。

图案布局

图案创作　pattern creation　创作图案的过程。通过对图案设计目的的了解与认识，原始资料的收集与准备，构思的选择与完善，借助想象力与表达力，对图像素材进行加工或构建，多角度、多方位地渐进完成图案设计的过程。

图案单元形　pattern's element shape　图形的名称。由一个或数个形象组合而成，进行一定规律的重复，构成图案样式。单元形的数量、大小、简繁取决于图案的设计目的，如裙装图案的单元形通常由多种形象组合而成，领带图案的单元形通常由小而简洁的形象组合而成。

图案单元形

图案负形　negative pattern　又称底形。见“图案正形”(527页)。

图案构成　pattern constitution　图案的造型组合。图案中具体纹样的造型、排列、组合的关系，是图案组织的关键，通过形与形之间有规律的变化组织与安排，共同构建图案整体的虚实、动静、空间关系，使纹样在二维空间内达到和谐。

图案构思　pattern idea　图案创作的过程中孕育图案造型表现而进行的思维活动。涉及图案内容、形象、色彩、编排、技法等表现形式的思考，结合丰富的艺术想象力和形式美法则，以实现对图案的创作。图案构思还受图案设计的目的、功能、工艺、成本、时间和使用对象等总体筹划的制约。

图案构思

图案骨骼　pattern framework　编排纹样图案的框架与格式。分为有规律性骨骼和无规律性骨骼，显性骨骼和隐性骨骼。骨骼和纹样相互依存，构成图案的总体效果，重复、对称、发射、旋转、散点等格式，都是骨骼对纹样的作用体现。

图案花样编织　pattern design knit　即“提花编织”(511 页)。

图案基本形　pattern's basic configuration　构成图案的造型单位。是图案设计中图形间主要造型样式。基本形主要通过方向、位置、大小、数量的变化，并结合对称、旋转、自由等不同的排列，以及色彩的统一或对比的变化来完成图案设计。

图案技法　pattern technical skill　借助工具、材料，实现创作目的的图案表现方法，多样化的表现技法使图案造型样式更为丰富多样，适应更广泛的设计风格。

图案节奏　pattern rhythm　图案的形式美表现图案通过形状、大小、位置、色彩、比例等造型元素，作出规律性的移动和增减，交替或重复出现，把人的视觉引向秩序化运动，形成图案的节奏感。图案中的二方和四方连续纹样因单元形的反复而形成节奏，构成的单元形或单纯或复杂，所产生的节奏也或简洁或丰富。

图案排列　pattern arrangement　图案的组织样式。在图案中对纹样结构进行动态、方向、位置、层次等组织编排，形成某种图案样式，如面料图案设计的满地图案、混地图案、清地图案等。

图案素材　pattern material　图案创作的形象原始材料。主要来源于自然物象和人造物象，包括植物、动物、人物、风景，以及器具、建筑等各种图像，还有事物微观组织结构的细胞、纹理等图像。

图案写生　pattern painting　以设计图案为目的，为收集自然图像而描绘物象的一种方法。与绘画写生相比，图案写生更注重对物象的主观认识和表现，多视点、多角度地对物象进行取舍选择与描绘，强调结构与姿态的造型变化，或者强调微观纹理的组织表现，将观察与理解贯穿于写生的全过程，为图案设计提供造型依据。

图案造型　pattern modeling　图案中与形象表现相关的要素。由形象、色彩、技法构成图案的造型，涉及题材、内容、形式、风格、功能、款式、工艺、材料，以及审美、历史、文化、宗教、民族、习惯、年龄、性别等诸多因素。可分为具象图案、抽象图案、传统图案、流行图案等。

图案造型

图案正形　positive pattern　又称图形。在二维的造型空间中，图形与空间相辅相成，相互作用得以界定和显现，通常将图形本身称为图案正形，将其周围的空间形称为图案负形。例如服饰面料中的花卉图案设计，花卉称为正形，周围的底称为负形。可利用图形的正形和负形的互补效果构成图案，形成特殊的视觉效果，造成在整体图案结构中隐含两个小图形。空间关系中“图”在前，“地”在后，“图”具有积极向前的视觉张力，“地”则消极后退而虚幻、模糊，把“图”与“地”的分界线巧妙处理，正形与负形相互借用，两形共用边线，产生一种时而正形为图，时而负形为图的图案关系。

图形　pattern's figure　即“图案工形”(527 页)。

图章　blazon　即“纹章”(547 页)。

涂层织物　coated fabric　以机织物、针织物或非织造布为基布，经表面涂层高分子物或其他材料而得到的有特殊功能的织物，如防水织物、反光织物、人造皮革等。广泛用作各种风雨衣、夹克的面料。

涂绘法　smearing drawing　运用色彩的冷

暖、深浅来改变肤色和面容的化妆技法。各种角色的肤色要求不同,涂绘肤色既要符合剧情,又要逼真自然。

涂色围条　painted foxing　在单色的压延围条上涂上色线的围条。在围条出型时在光辊上进行涂色。由压延机光辊带动涂色轮,将料斗中的色浆印在围条上。色线宽2.5～3.5 mm,较宽的围条可以涂两条色线(同色或异色)。涂色围条用于热硫化运动鞋、童鞋等。

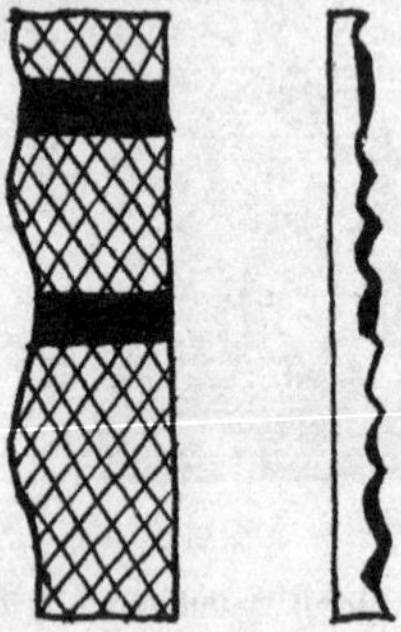

涂色围条

涂鸦图案　graffiti pattern　由文字、色块、抽象线条等组成的图案。歪斜、笔触生动、色彩艳丽,追求徒手随意涂抹的效果。图案源自20世纪60年代的美国涂鸦艺术,在公寓的墙上或地铁车厢外创作作品,以表达对社会的看法和立场。造型自由,结构松散,肌理丰富,呈现奔放、稚拙的艺术特色,应用于年轻男女的T恤衫等时尚休闲服饰设计中。

屠夫帽　Butcher's cap　20世纪60年代流行的宽帽舌的无檐帽。源自19世纪商人戴的无檐帽。常用格子呢、天鹅绒等材料制成。

土拨鼠皮　marmot fur　即"旱獭皮"(201页)。

土布图案　handwoven cloth pattern　又称粗布图案。中国民间手工织机织造而成的面料图案。以手工纺制的棉纱线为材料,最早的土布用靛蓝与本白色纱交织成条纹、格纹,后发展出多种色调的图案。图案线条粗,纹理深。现在原有手工土布的基础上又加以材料和图案的创新,保留其朴实无华的艺术魅力,提高了产量,开拓了市场,深受现代都市人的青睐。

土耳其毡帽　fez　又称摩洛哥毡帽,非斯帽。平顶,圆台形高帽冠的无檐帽。帽顶的中央垂下黑色丝制长流苏,多用红色呢毡制作。地中海沿岸的伊斯兰国家的居民如叙利亚人、巴勒斯坦人、阿尔巴尼亚人戴用,为土耳其常用男帽。19世纪初奥斯曼帝国苏丹马赫穆德二世(1808～1839)将其定为男子正式用帽。女性戴的式样多在前帽边装饰金银币串成的链子并附上头纱或面纱。名称来自最早出现此帽的摩洛哥的非斯(Fez)城。没有流苏的基本款被欧美仿制成流行女帽,20世纪70～80年代曾出现在时装舞台上。

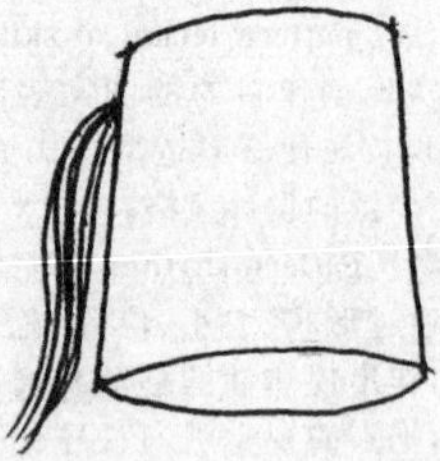

土耳其毡帽

土耳其罩帽　Turkey bonnet　15～16世纪男女两用无帽檐的圆柱形帽子。女式帽子形似颠倒的花盆,面纱从帽冠垂下,源自土耳其。

土家花布　Tujiahuabu　即"土家锦"(528页)。

土家锦　Tujia brocade　又称土家花布、打花铺盖。土家语称"西兰卡普"(554页)。土家族自织的土锦,丝经棉纬。纹样有虎、猴等动物纹;有四十八勾、台台花、阳雀花、岩墙花、椅子花、大蛇花等植物纹,以及钩纹、盘子钩等几何纹样,象征林中的藤蔓逢春新发的嫩芽,歌颂生命。锦图案忌用白底。

土家锦(西兰卡普)

土家族服饰 Tujia ethnic costume and accessories 中国土家族衣着和装饰。土家族分布在湖南、湖北。男子青布帕包头，穿对襟或琵琶襟布衣，中式立领，袖长而窄，着长裤。领、襟、袖口、衣摆和裤腿均为镶边多纽扣。青、蓝色裤子，白布裤腰。女子盘辫或绾髻，也有土布缠头。穿斜襟大褂右衽，袖略短宽，领口、衣襟、袖口镶彩色宽边或两三道花边。着八幅罗裙，衣裙绣有如意纹。也穿镶白色裤腰的青或蓝布肥长裤。戴饰有银链、银牌、银铃、银珠的银项圈，耳环、戒指、手镯。肩背土布缝制的背包，称“筒帕”(521页)。所用花围裙、包兜等用“土家锦”(528页)制作。纹样有蝴蝶花卉、卍纹、八角星纹等。

土家族服饰

土台布 bra band 文胸中连接罩杯下部与后比的部位，具有稳定罩杯的功能。

土族服饰 Tu ethnic costume and accessories 中国土族衣着和装饰。土族分布在青海、甘肃等地。男子戴黑翻边毡帽或鹰嘴啄食白毡帽，穿小领、斜襟长袍或高领绣花白短褂，外套大襟黑或紫色坎肩，系绣花围肚和腰带，着长裤，白布袜，扎绑腿，着云纹绣花鞋。冬穿斜襟光板羊皮袄，领、衣襟、袖口、下摆镶织锦边饰。女子辫梢缀有红珊瑚、绿松石、海螺片等饰品。戴红色长流苏、前顶檐有彩绣布帛头饰或织锦翻檐小帽。穿大襟长袍，袖由红、蓝、绿、黄、黑、白等色布拼成，象征太阳、蓝天、草原、五谷、土地、乳汁，系绣花宽腰带。外套深色大襟，对襟或琵琶襟短坎肩，深色长裤外穿镶白边的红褶裙，裤膝下部分拼接一节裤筒，接处用白布条相间，未婚者裤筒为红色，已婚者为蓝色或黑色。

土族女子服饰

吐止口 facing lean out of front edge 即“反吐”(126页)。

兔毛衫 rabbit hair knitwear 以安哥拉兔毛和家兔毛为主要原料制成的高档毛衫。分为:(1)粗纺兔毛衫，软滑蓬松，绒面丰满，表面毛端簇起，有枪毛，但弹性差，易缩水，表面绒毛易脱落;(2)精纺兔毛衫，为新开发品种，不易掉毛但价格昂贵。

团花图案 grouped floral pattern 中国传统装饰纹样。外形圆润成团状，内以四季花草植物、飞鸟虫鱼、吉祥文字、龙凤、才子佳人等纹样构成，象征吉祥如意、一团和气。团花图案隋唐已流行，常见于袍服的胸、背、肩等部位，至明清极为盛行，成为固定服饰图案，有四团龙纹、四团凤纹、八团龙凤纹等。在服饰面料应用时，团花图案可分为两种:无底纹的清团花图案和与底纹结合的混团花图案。团花图案多以放射、旋转、对称式等为结构，配以刺绣工艺，多彩光洁的丝线使图案呈现出精美细致、饱满华丽的艺术样式。

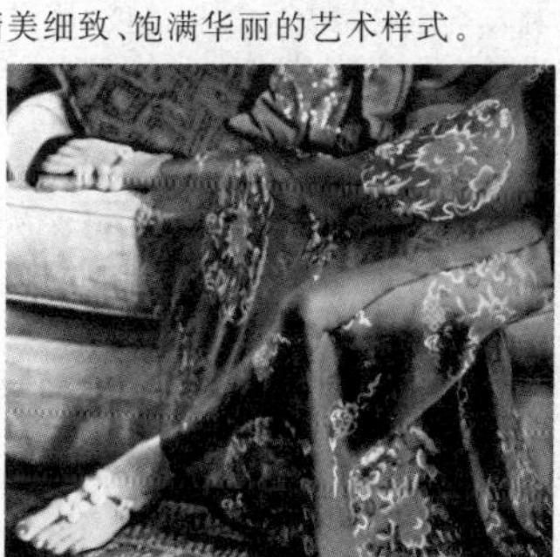

团花图案

团靥　tuanye　中国古代妇女面饰。以黑光纸剪成圆点，粘贴于面部。宋淳化年间比较流行。

推板　grading　即“推档”(530 页)。

推布　feeding　缝纫机缝料输送器将缝料和缝线的交结或套结点沿送布方向移动一个针迹长度的工作过程。

推档　grading　又称样板缩放、放码、推板等。将一个规格样板放大缩小成若干规格样板的方法。一般以中间规格样板为基础进行缩放，是制定工业样板的必要方法。

推门　stretching front piece　将平面的前衣身衣片，经归拔等工艺手段烫成立体状态的工艺。推门可使前衣身符合人体胸部隆起和腰部收缩的状态。推门时要注意将衣身纵向丝绺归直，撇胸处多余的浮余量要熨烫归拢，袖窿处要稍收拢，腰部省缝稍拉向门襟处。口袋处的胖势要推向口袋正中间。常用于男女毛呢服装的衣身熨烫处理。

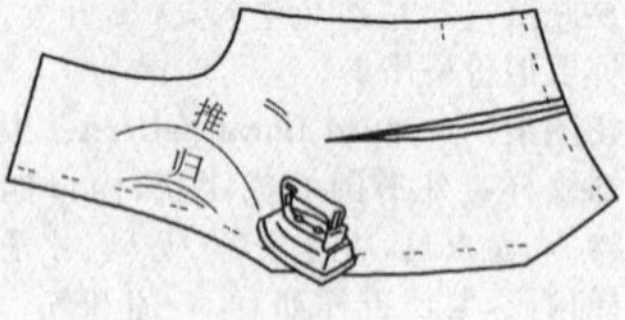

推门

推势　the amount of pushing forward　衣片在熨烫归拔时，将周围的不平整部位用熨斗向外推出的量。

颓废派装束　decadent costume　街头服饰的一种。风格前卫，20 世纪 40 年代末期流行。当时，巴黎和纽约的一些颓废派爵士音乐家对人类环境充满失望和消极，他们喜爱不修边幅的发型、工装式的上衣和牛仔裤，崇尚黑衫、黑裤，在当时极具反叛性，通过媒介的提炼、整合成为一种具有国际性的时尚。

腿外侧长　outside leg length, OLL　从腰围线与人体侧面的交点经过腰臀曲面到地面的长度。见“人体长度尺寸”(426 页)。

退针线圈　needle withdrawing loop　缝针退针时针线受阻不能及时随机针回退而形成的线圈。由于退针时缝料与针线的摩擦力大于机针与针线的摩擦力，因而穿过缝料的针线无法随机退出缝料，在缝针开始回退的瞬间，针线形成与缝料平面垂直的线圈。该线圈的立体形态和尺寸必须满足形成针迹的工艺要求，否则会产生跳线，甚至不能形成针迹。

裉色　color fading　服饰在穿着过程中颜色逐渐变浅的现象。服饰材料选用的着色剂耐日光牢度差所致。

臀布　hip pad　又称臀垫。由海绵或棉花制成的垫状衣物。

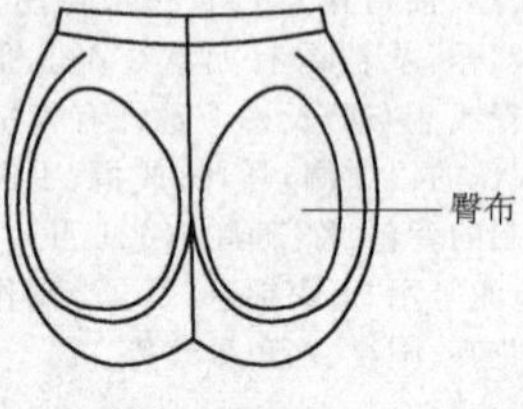

臀布

臀垫　hip pad　即“臀布”(530 页)。

臀高　waist line to hip line, WL to HL　从腰围线向下量至臀部最丰满处的距离。见“人体长度尺寸”(426 页)。

臀沟高　gluteal height, GH　人体立姿时从臀沟最下缘至地面的垂直距离。确定裤装上裆部位位置的重要参考值。见“人体高度尺寸”(428 页)。

臀厚　hip thickness, HT　臀部向后最突出部位高度上，臀部前、后最突出部位间的水平直线距离。裤装设计中决定上裆宽的重要参考值。见“人体厚度尺寸”(428 页)。

臀宽　hip breadth, HB, hip width, HW　臀部向外最突出部位间的横向水平直线距离。确定裤装上裆结构的重要参考值。见“人体宽度尺寸”(429 页)。

臀突点　hip prominent point, HPP　人体测量点。臀后部肌肉最突出的点。确定臀围线和臀长的基准点，也是测量服装压的重要部位。

臀围　❶hip girth, H, hip full, hip measure　在臀部最丰满处水平围量一周的长度。下装结构设计中的重要规格尺寸。见“人体围度尺寸”(430 页)。❷**hip girth**　裤装和裙装对应于人体臀部位置的水平围度。裤装和裙装的臀围是以人体的臀围尺寸加上放松量设计的，一般放松量小于等于 6 cm 为贴体风格，7～12 cm为较贴体风格，13～18 cm 为较宽松风格，19 cm 以上为宽松风格。

臀围高　hip height, HH　人体立姿时从臀部最丰满处到地面的垂直距离。确定裤装臀围部位的重要参考值。见“人体高度尺寸”(428 页)。

臀围线 **hip line,HL** 确定臀围的水平基础线。位于腰围线至横裆线向上1/3处,即人体臀部最丰满的部位。用细实线表示。见“前后裤片结构线”(406页)。

托嘎 **toga** 古罗马的一种宽大外袍。是当时男女穿着的主要服装之一。由羊毛制成,布料呈半圆形,两端有小重垂物,其中一端在前身膝部下垂,上部从胸前向左肩披过,经背后绕至右腕或右腋下,经过胸前再搭回左肩,并向后背垂下另一端,整个右腕或左臂可以自由活动。两端所系的小重物垂下,使得身上的褶裥也顺势向下悬垂,造型很美。通常外出时使用,穿在贴身衣之外。

托嘎

托肩 **collar lining** 中式上衣领圈下垫物,宽度约为5~7 cm的本色料,使领圈部位加固。

拖鞋 **slippers** 只有前帮或中前帮而无后帮的鞋。前帮或中前帮可为满帮、镂空或条带等结构。穿脱方便,柔软舒适,是室内主要用鞋。视鞋帮鞋底材质可分为:(1)皮拖鞋,具有良好的卫生性能和高雅的外观,适合中高档家庭室内穿用;(2)橡胶拖鞋,适合普遍居室、浴池、海滨等穿用;(3)塑料拖鞋,橡胶拖鞋的换代产品;(4)布拖鞋,以其布面花色品种繁多而占据了大量市场。

脱草鞋礼 **ceremony of taking off straw shoes** 以往在闽南地区侨乡中,每当海外亲人安全顺利回家探亲时,亲朋好友总要备上酒肉、糖茶等礼品,盖上以示吉利的大红纸,送给亲人家,名曰送脱草鞋礼。意思是出国谋生不容易,今天能够回来,大家可以在一起共叙衷肠。由于过去人们出国都是为生活贫困所迫,为了走远路,一般人脚上都穿着用黄麻编织的草鞋。现在回来了,可以把草鞋脱下来,好好歇歇。送上脱草鞋礼,以示祝贺。

脱缝 **burst seam** 服装外观疵病。因缝线不牢而引起的缝迹断裂脱开现象。其程度比开缝严重。补正方法为将缝线换成牢度强的材料,在脱缝处补缝。

脱毛 **depilatory** 去除过长、过密、有碍美观的毛发。可分为:(1)永久性脱毛,利用仪器破坏毛囊,使毛发脱去不再长出新毛。利用脱毛机产生超高频振荡信号,形成静电场,作用于毛发,将其拔除,并破坏毛囊和毛乳头,使毛发不能再生,常用于脱除腋毛、倒睫毛及杂乱生长的眉毛等。(2)暂时性脱毛,使用化学脱毛剂、脱毛蜡、剃刀、镊子等将毛发暂时脱去。化学脱毛剂包括脱毛液、脱毛膏及脱毛霜等,其中含有能溶解毛发的化学成分,可溶化毛干,达到脱毛的目的。多用于脱细小绒毛。蜡脱毛法分冻蜡脱毛和热蜡脱毛两种。可脱除四肢体毛、腋毛、唇毛等,特点是快捷、副作用少,几次脱毛后,毛发会减缓或停止生长。此外,还有剃除法、镊除法。

脱散 **ladder** 纬编针织物疵名。针织物在裁剪或受力摩擦时纱线断裂使线圈失去串套联结,线圈与线圈分离,针织物按一定方向解体的现象。与织物所受拉伸力、织物密度、纱线的弹性、直径、光滑度、抗弯程度及坯布的组织结构有关。一般单面织物比双面织物容易脱散,纬编织物比经编织物容易脱散,基本组织比其他组织容易脱散。为此在产品缝制加工过程中应采用防止脱散的线迹结构,注意防止缝纫机件的损坏等。也可利用此特点,将不符合要求的半成品衣片拆开,得到的单纱可重复利用。

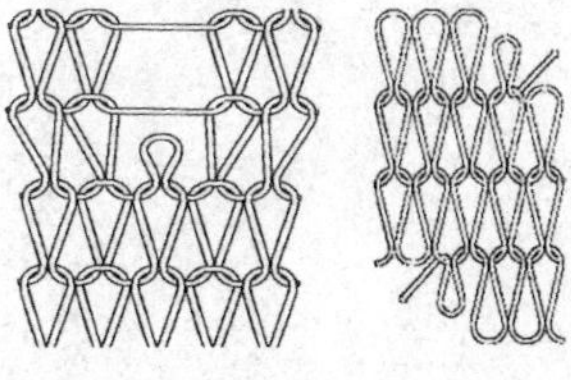

脱散

脱色 **lose of color** 皮鞋鞋面或鞋里染色不牢,造成污染裤子、袜子等的现象。染料或鞣剂选择不当、皮革鞣制工艺控制不当或后处理不当等原因所致。

驮篮式裙撑 **pannier** 又称帕尼埃式裙撑。18世纪洛可可时期流行于欧洲的一种裙撑(图见下页)。采用金属丝、鲸鱼须、藤条等材料制作,起到支撑外裙的作用。系于妇女臀部两侧,撑起外裙的效果犹如马骡在身体两侧背负驮篮状。

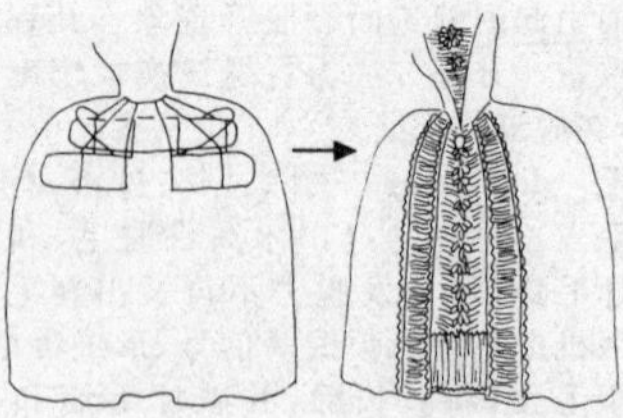

驮篮式裙撑

驼背体 **stooping figure** 又称前倾体、弓背体。胸部单薄，颈部和背部都比标准体向前倾斜，肩胛骨成拱形，手臂前垂的体型。衣身纸样设计时后腰节增长，后浮余量增加，前腰节减短，前浮余量减少，后横开领增大，前横开领减小。

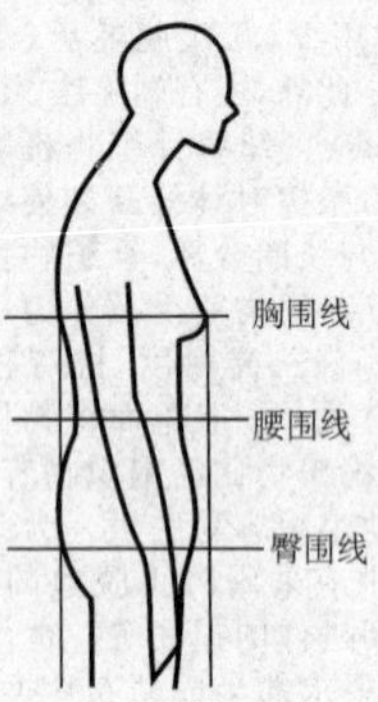

驼背体

驼毛衫 **camel hair knitwear** 以骆驼绒毛为主要原料的高档毛衫。纤维细长，呈天然淡棕色，经脱色处理可呈杏黄、银灰、白色等。保暖性好，手感柔软，色泽自然，富有弹性，不易起球毡缩。但滑糯程度、强力、缩绒性较差，颜色变化少。不宜纯纺，多与羊毛混纺。采用细针型横机编织。

驼丝锦 **doeskin** 精纺毛织物名。织纹细致如麂皮的中厚型素色精纺毛织物。常用五枚或八枚变化经缎组织，呢面光滑平整，织纹细致，织物反面有小花纹，光泽明亮滋润，手感柔滑，富有弹性。常用作礼服、西装、套装、夹克、大衣等的面料。

鸵鸟皮革 **ostrich leather** 鸵鸟原皮经鞣制加工而成的皮革。表面特征明显，有间距不同的凸起小圆点，圆点中心有羽毛孔，透气性好，强度较好。外观自然并有奇特的图案特征。用于制作鞋和包袋等。

鸵鸟皮鞋 **ostrich leather shoes** 用鸵鸟皮为帮面制作的鞋。鸵鸟皮上的花纹有一个个的凸起，凸起的部位上有羽毛根孔。鸵鸟皮的特殊花纹深受欢迎，常用来生产高档鞋。有些仿制的鸵鸟皮与真鸵鸟皮非常相近，但仿制品的凸起上没有羽毛根孔。

椭圆形脸 **oval face** 面颊部位呈椭圆形的脸形。有着柔和的曲线轮廓美，是一种标准的脸形。适合任何妆型。

W

挖袋 **slit pocket** 即“开袋”(280 页)。

挖扣眼 **cutting buttonhole** 用与衣身同色或异色的布料制作的扣眼。将扣眼布与衣身正面相对复合后按扣眼大小作矩形缝迹，从两条缝迹中间将布料剪开，在扣眼左、右(上、下)两端作三角形剪切口(剪切口不可剪到缝迹)，将扣眼布翻向衣身里侧，熨平扣眼布与衣身的缝份，扣眼布烫成制成形，在三角处作倒回针缝固定扣眼布，并用手工将扣眼布缭缝于衣身上。一般用于女装。

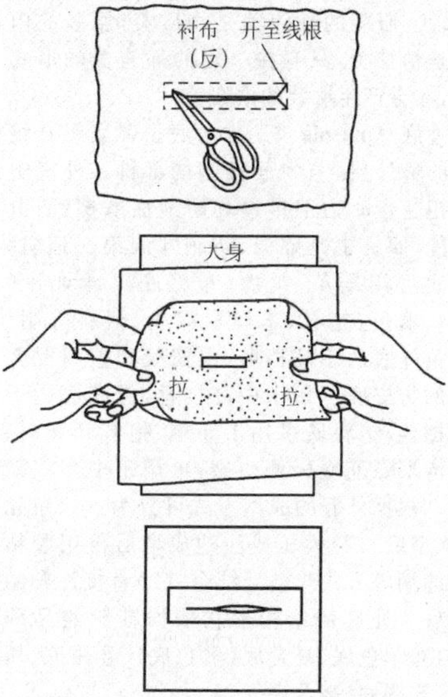

挖扣眼

挖领脚 **trim the under to cut a layer** 领面翻折线至下口线之间领脚部位进行的横向分割。是解决既使翻折线部位贴合颈部，又使下口线长度与领窝线长度相符的结构设计方法。常用于材料较硬挺而风格贴体的服装，尤其是男式翻折领。一般拼接线距翻折线约 0.7 cm，以免外露。

佤族服饰 **Wa ethnic costume and accessories** 中国佤族衣着和装饰。佤族分布在云南西南部。男子用黑、红或紫花布包头，头一侧留一段包头穗，穿耳并系红黑色线穗。黑、青布无领对襟上衣，黑、青布大裆宽腿长裤。佩长刀，挎筒帕。女子戴红布或银头箍，穿贯头衣、V 形或小立领、无袖或连肩短袖紧身短上衣或大襟长袖缘边上衣，着红、黑色横条纹左掩筒裙。男女跣足，颈、臂、腰、腿上戴多个竹篾、藤制的圈(男子戴于颈，女孩增一岁加一个脚圈)。自织棉麻土布裙料上织有白鹏鸟翎纹、松鼠牙齿纹、茅草茎秆纹，象征吉祥幸福、坚强结实、刚直朴实。

佤族男子头饰(云南西盟)

佤族女子服饰(云南澜沧江畔)

袜额 wae 即“抹额”(362 页)。

袜形帽 stocking cap 形状如同长袜的圆锥形无檐帽。帽顶端为下垂的长尖，垂在背部，尖顶部常用带穗的绒球装饰。长长的帽冠也可围绕在脖颈上作围巾使用。多用弹性毛织物针织或钩织而成。原用长袜的一端向上折出翻边而成。15 世纪欧洲某些地区的劳动者工作时戴用，现多用作儿童冬天的户外运动帽。

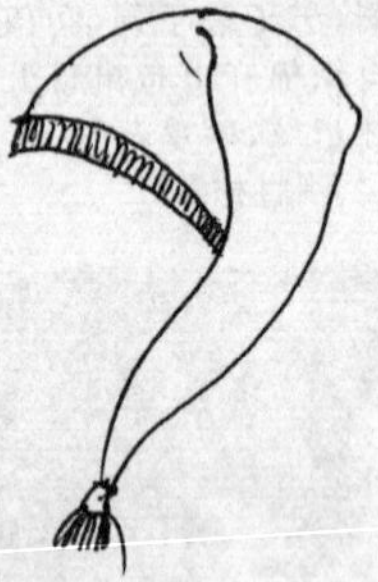

袜形帽

袜子图案 hosiery pattern 用于脚部的服饰用品图案。图案因性别而变化，以外露的袜筒两侧和筒边为图案表现的重点，左右对称，并与鞋构成协调的关系。图案工艺有提花、织花、绣花、印花等，主要材料有棉纱线、锦纶丝、羊毛、混纺纱等，适用于成年男女和儿童。

歪口鞋 shoes with slanting top line 口门里外呈不对称的浅口鞋。

歪口鞋

歪脸 wailian 中国传统戏曲脸谱谱式。特征为有意使面部左右的色彩、构图呈不对称状，如净行扮演《李七长亭》中的李七，双眉高低不同、歪鼻，丑行扮演《三岔口》中的反面人物琉璃滑歪嘴、眼眉粗细不等。

外包缝 flat-fell seam 即“明包缝”(358 页)。

外包装 outside packing 又称大包装。服装“包装”(21 页)形式之一。一般采用五层双瓦楞结构纸箱、集装箱或打麻包等形式包装。外面印有“唛头”(338 页)标志，内容包括厂名(或国名)、品名、货号、箱号、数量、尺码规格、色别、重量(毛重、小包装净重)、服装净重、体积(长、宽、高、立方米)以及品等、日期等，有注意防潮的图形标记。唛头标志必须与箱内实物相符，且端正清楚，为防止服装在运输和仓储中变质，包装材料须有防潮措施，如纸箱外涂防潮油，在装木箱或麻包时内衬沥青纸等。

外表美 external aesthetic 通过观察者的感官直接得到的服装美感。其中，视觉和触觉是最重要的和最广泛的感觉源，服装的造型、材料和制作这三个构成要素创造了实实在在的被人感知的服装和以空间存在方式而存在的外表。服装的外表美是服装设计最主要的目的和任务，也是其他服装美感的综合表现。服装的外表美是物质美，服装的内在美是精神美，只有在一定的外表美的形式之下，才会产生服装的内在美。

外底 outsole 又称大底。鞋底组合结构中的最外层，与地面接触的部件。外底不仅承担行走时力的传递和耐地面摩擦、防滑等功能，而且也是隔温、防刺穿的第一道防线。外底可用皮革、织物(布鞋底)、纤维片(毡靴)、木板(拖鞋、木屐)、橡胶、塑料等制作。皮革外底适于高档鞋，由橡胶和塑料混合制成的仿皮底可用于中高档鞋，橡胶底适于中低档鞋，塑料底多用于布鞋、拖鞋和塑料鞋，发泡聚氨酯底轻便耐磨，可用于中高档鞋生产。根据外底的成型方式可分为：(1)单元底(成型底)，经模压或注塑成型后再用胶粘剂和缝绱等方式与鞋帮结合；(2)直接注塑结帮鞋底。外底的结构形状依据鞋靴的品种而异，有单色底、复合底(多色底)、卷跟底、压跟底、连跟底、高台底等。

外底鼓泡 outsole bubble 胶鞋的外底与海绵中底界面处因脱层而形成大面积气泡或海绵中底内部出现气泡的现象。一般比较集中于前掌。造成界面处气泡的原因包括：外底与海绵的硫化速度不匹配，胶料自黏性差，黏合界面不洁净，沾上油污或水分，成型时裹入空气，成型气压机的气泡与未硫化鞋外部吻合度不够，以及硫化中途压力骤降等。存在于海绵内部的气泡，一般是再生胶水分含量过高，发泡剂分散不均匀或海绵硫化速度过慢所致。

外底弹边 started sole 热硫化胶鞋的外底与鞋帮粘接不牢导致帮底局部弹开的现象。较多出现在鞋的两腮和后跟部位。有的发生在硫化前的停放阶段，有的产生于硫化过程中。是外底回弹力大于帮底结合力的结果。解决方法：(1)从配方上调整，增强鞋底的黏合力，使帮底回弹力尽量一致；(2)从工艺上调整，使帮底可塑度接近。

外耳式皮鞋 Blucher 采用鞋耳压前帮镶接方式的耳式皮鞋。特点是抱脚能力强，适用范围广，由于两鞋耳可以完全敞开，大大提高了鞋帮的开闭功能。外耳式鞋的变化集中反映在鞋耳上。

外耳式皮鞋

外翻式发型 outwards curly hair style 发梢向外翻转、翘起的发型。可局部外翻，如颈背处、两侧发梢；也可整个发型外翻。流动感强，有一定的方向性，视觉上有横向护理倾向，故颈短者较不适宜。

外缝 outseam 缝道类型。以所处方位命名的缝道，一般处于服装的外侧、外部，如缉线的门襟止口、装贴袋的缉线止口等。

外踝点 malleolus fibulae point, MFP 人体测量点。脚腕外侧踝骨的突出点。测量裤长的基准点。

外踝点高 malleolus fibulae point height, MFPH 人体立姿时从外踝点到地面的垂直距离。确定裤长止点的重要参考值。见“人体高度尺寸”(428 页)。

外弹 grain-drawing-out in ironing 衣片经过熨烫处理，使面料丝绺向外偏出以防回缩。主要用于需要进行归拔的毛呢衣料。

外套 overcoat 穿在最外面的实用性服装。长度在臀部以下，有袖，色调以中性为主。也指挡风雨、防寒用的外套。为春秋冬三季户内到户外的替换服装。19 世纪中叶，英国出现了柴斯特大衣，单排暗扣，戗驳领，与之相连的翻领用黑色天鹅绒面料。在礼仪级别上次于柴斯特大衣的是波鲁大衣，双排六粒扣，戗驳领或阿尔斯特领，常作保暖性外套使用。在日常生活中，最广泛的是巴尔玛大衣，造型简练，宽袖窿，插肩袖。20 世纪初出现了堑壕大衣，双排扣，有腰带、肩章，背上有披肩型的轭布。防寒性大衣多选择羊毛、驼毛或人造纤维混纺的毛呢织物作面料；防尘、防风雨的大衣多选择毛、棉织物，有的还要作防水涂层。

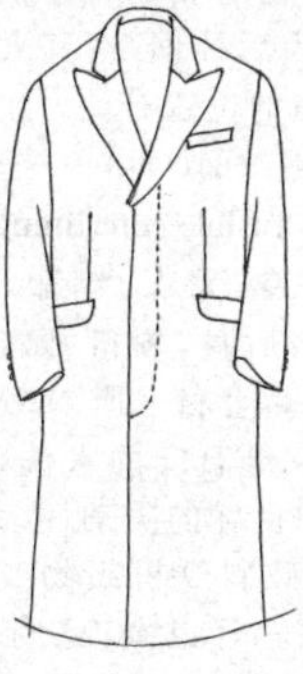

柴斯特大衣

波鲁大衣

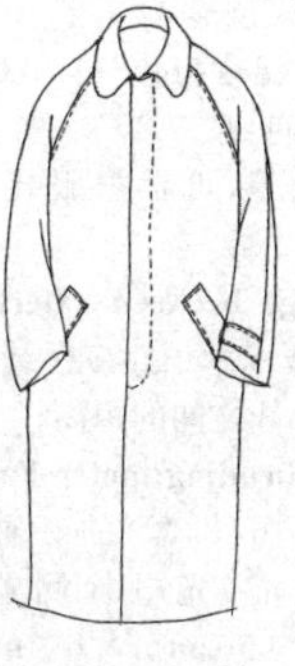

巴尔玛大衣

堑壕大衣

外套式毛衫 coat sweater 作为外套穿着的开衫或套衫。长至膝盖或脚踝，前身有口袋，腰部可系腰带。常用集圈、纬平针组织编织。蓬松厚实或轻薄悬垂。20 世纪 90 年代深受女青年喜爱。常作为大衣、便服。

外套式针织套衫 overshirt 挖领长袖套衫。以腈纶、羊毛及其混纺纱为原料。滚领，长至臀部，连袖，合体。色彩素雅，结构简洁，细针距薄型产品。适合春秋季与裙、裤搭配，以便装为主。

外围条　outer foxing　旧称外沿条。为多层围条的外层，布面胶鞋和雨鞋的底侧封缝部件。表面大多有花纹或色线，由压延出型经滚切或手工切割成带状，或挤出直接制得。有平形及龟背形等多种截面。

外袖　top sleeve　即“大袖”(81 页)。

外袖缝线　elbow seam line　又称后袖缝线。两片袖后侧，袖山中部至袖口边沿的一条凸状弧形轮廓线，与里袖缝相对。外袖缝线距后偏袖直线的距离为后袖偏量，其大小与袖身立体形态中外袖缝的位置有关。用粗实线表示。见“衣袖结构线”(610 页)。

外衣黏合衬　outwear fusible interlining　主要用于男西服、女套装、大衣、制服、夹克、西裤等的前身、挂面、后身、领口、贴边、袋盖、袖窿、腰等部位的黏合衬。具有较好的耐干洗性能，也可耐一定温度的水洗，具有优良的悬垂性、手感和良好的随动性。底布采用棉和化纤交织的破斜纹机织物或低弹涤长丝经编衬纬针织物，经退煮、起绒、防缩整理和涂层加工，热熔胶采用共聚酰胺(PA)或共聚酯(PES)。衬布要求缩水率低于 2.5%，干洗 5 次以上不起泡不变形。外衣衬的参考压烫条件为，温度：140～170 ℃；压力：29.4～49.1 kPa；时间：15～20 s。外衣衬颜色有本白、灰色、黑色等，可根据服装及面料要求进行选用。

外针间距　needle gauge between external needles　缝纫机作业性能技术术语。多针缝纫机上最外边的两根机针中心线之间的距离。

弯曲长度仪 Fast-2　bending meter Fast-2　“FAST 织物风格仪”(648 页)的一种。由试样平台、铝板、测量槽、光电检测器、数码轮、显示器等组成。150 mm×50 mm 的试样放在试样平台上，上面覆盖铝板，铝板压住试样和数码轮。用手压住铝板向右移动，带动数码轮计数并带动试样移进测量槽，当试样前端碰到由测量槽中的光电检测器组成的隐形斜面时，显示器给出信号，此时数码轮测得的位移信号即为试样的弯曲长度 C (mm)，可算出弯曲刚度 B (μN·m) = $W \times C \times 9.81 \times 10^{-6}$ (W 为织物的平方米重量，g/m^2)，成型性 = $(E_{20} - E_5) \times B / 14.7$ (E_{20} 为 1.96 kPa 时的伸长，E_5 为 490 Pa 时的伸长，mm)。

弯曲长度仪 Fast-2

弯曲性能测试仪 FB2　pure bending tester KES-FB2　“KES 织物风格仪”(648 页)的一种。主要由固定夹持器、移动夹持器、扭力检测器、驱动系统、信号处理及控制系统等组成。试样以一定张力固定在两个夹头间，移动夹头连接扭力测试器。试验时，移动夹头沿固定轨迹作曲率移动，试样受弯曲。当夹头移动至最大曲率时返回原点，然后作反向移动至反向最大曲率时返回原点。得出扭距—曲率的关系曲线以及弯曲刚度、弯曲滞后等指标。

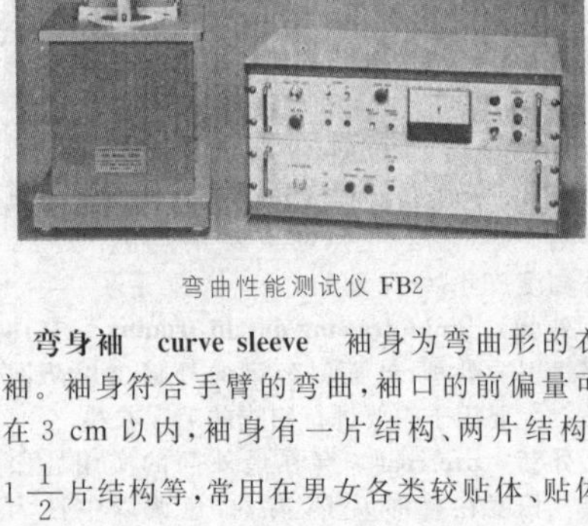

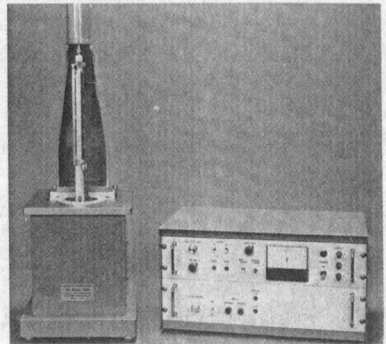

弯曲性能测试仪 FB2

弯身袖　curve sleeve　袖身为弯曲形的衣袖。袖身符合手臂的弯曲，袖口的前偏量可在 3 cm 以内，袖身有一片结构、两片结构、$1\frac{1}{2}$片结构等，常用在男女各类较贴体、贴体风格的服装中。

弯身袖

纨绔风貌　playboy look　又称花花公子风貌。带有男性味的一种反女性传统的服饰形象。中性风格，源于19世纪末英国。服装以男子款式的西装为主，配上马甲和领带，色彩以深色基调为主。面料为花呢等。

完全组织　pattern repeat　组成针织物的最小循环单元。整片织物由许多完全组织以一定形式组合而成。针织物完全组织循环的线圈横列数和线圈纵行数，即花纹宽度所含有的针数（通常用B表示）和花纹高度所含有的横列数（通常用H表示）。完全组织的花纹宽度值应为最大花宽（针织物编织时能形成的最大的完全组织花纹宽）的可约数。电脑提花针织机一般没有花宽花高的限制。

顽童纸帽　dunce cap, fool's cap　用大页纸制作的圆锥形帽子。有时有一个D的标志，原由某些西方学校里考试不及格的学生戴的帽子，现在节日场合为增加气氛而戴用。

挽袖图案　wrist embroiders pattern　中国明清女装袖口图案。包括人物、山水、亭台楼阁、植物、飞禽、吉祥器具，其中以人物题材为经典样式：琴棋书画、才子佳人、男耕女织、渔樵耕读等的描绘，充满了祥和安乐的情致，反映了中国民间朴素的人生价值观。女上衣或礼服的袖口部分，拼接一段绣花图案，穿时翻卷在外。两袖图案格式重复或对称，在10 cm×50 cm的长形空间中，正向布局图案，环绕袖口。挽袖图案布局细密紧致，丰富多样的造型由上而下，平铺直叙却不失层次，色调清淡雅致，是民间服饰品中追求绘画意境的图案样式之一。结合刺绣工艺，针法多样，绣工精细，盘金、银线勾勒外形，别具特色。挽袖图案多以浅色或白色绸缎为底布，也有少量的黄、蓝为底布色调，适用于不同年龄的女性。

挽袖图案

晚礼服 **evening wear, evening dress** 即“夜礼服”(607 页)。

晚礼服式套装 **evening suit** 20 世纪 50 年代流行的女子毛衣套装。风格典雅。款式搭配以无袖毛衣和羊毛筒裙为主,充分体现出女性的婀娜多姿。外面再穿一件呢料短大衣,随意、舒适、端庄。适合多种场合和宴会。

晚宴套装 **late dinner suit** 由西式上装、裙装或连身长裙组成的搭配。用于出席晚宴等重大场合,风格正统。晚宴套装在面料、色彩、做工、搭配上均很考究,上装领型别致,常配上精致饰品,裙装一般长至膝盖处,袒胸的连身长裙与小披肩相配。

晚宴鞋 **court shoes** 专为参加晚宴跳舞而设计的鞋。早期与宫廷鞋基本相同。通常作为轻便舞鞋,没有鞋带和鞋扣。鞋跟高而优雅,有的鞋用宝石等装饰。

晚宴妆 **late dinner make-up** 在出席晚宴时使用的脸部化妆。用色较为浓艳华丽,造型略为夸张。多使用遮盖力较强的粉条打底,调整肤色和脸部轮廓,脸部凹凸结构明显,五官描画清晰,眉型精致,特别是眼睛、唇部造型比较引人注目,唇型饱满亮泽,眼部立体,多用假睫毛和美目贴。整体色彩艳丽亮泽、饱满丰富,主色调鲜明,与华丽的服饰相呼应。

晚妆 **evening make-up** 在出席晚间一般性活动、约会时使用的脸部化妆。使用遮盖力较强的粉条打底,调整肤色和脸部轮廓,突出面部立体结构,用色略显浓重,但不是很鲜艳,总体上不失真实和自然。

万能材料试验机 **universal testing machine** 对纺织材料、纳米材料、高分子材料、复合材料、橡胶、塑料、皮革、钢铁等进行拉伸、压缩、顶破、弯曲、撕裂、剥离、剪切、摩擦等试验的设备。由主机和测量控制系统两部分组成。主机由双立柱、滚珠丝杠、活动横梁、上下夹持器、行程保护装置等组成。测量控制系统包括负荷测量系统、伸长测量系统、电动机驱动系统、计算机等组成。测试指标包括最大力值、上下屈服强度、抗拉强度、抗压强度、任意点定伸长强度、任意点定负荷拉伸、弹性模量、弹性回复、松弛、蠕变、净能量、折返能量、总能量、弯曲模量、平均值、峰值等,试验曲线包括负荷—位移、负荷—时间、位移—时间、应力—应变以及多曲线对比。

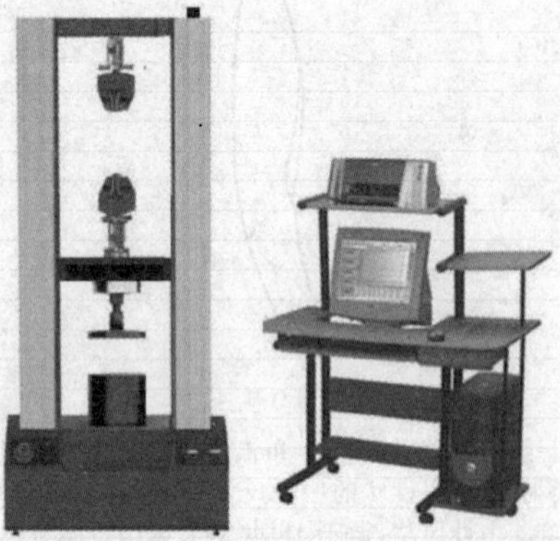

万能材料试验机

万圣节图案 **halloween pattern** 描绘万圣节题材的图案。由南瓜灯、稻草人、女巫、鬼怪等形象构成。图案主要运用于儿童和家居服饰用布,也用于万圣节活动的服饰中。

万圣节图案

万寿缎 **wanshou crepe satin brocade** 丝织物名。桑蚕丝平经绉纬生织缎类提花丝织物。经线采用无捻桑蚕丝,纬线为桑蚕丝强捻线,以 2 S、2 Z 交替织入,在单经$\frac{1}{3}$纬斜纹地上起单经八枚缎纹经花和单经$\frac{3}{1}$经斜纹暗花。织物正面光泽明亮优雅,背面有类似双绉的细小皱纹,绸面平挺,质地柔软有弹性。宜作妇女礼服、棉袄、罩衫等的面料。

万字纹 **swastika pattern** 中国传统文字装饰图案。“卍”字形纹饰。“卍”字是古代的符咒、护符或宗教标志，意为“吉祥万德之所集”，被认为是太阳或火的象征，在古代印度、波斯、希腊等国都有出现。佛教认为它是释迦牟尼胸部所现的“瑞相”，用作“万德”吉祥的标志，唐武则天制定此字读“万”。万字纹即用“卍”字向外延伸组成四方连续图案，连续不断的万字纹称作曲水，表示连绵长久之意，多用作图案边式或底纹，又可演化成各种“万寿锦”锦纹，寓意“绵长不断”和“万福万寿不断头”之意，多用于德高望重的长者服饰中。藏族妇女头面上佩戴的辫筒、腰间挂的荷包、腰带、袖口等绣有“卍”的变体。

腕点　wrist point, WP　人体测量点。尺骨茎状突起外侧最突出的点。确定长袖长度的参考点之一。

腕围　wrist girth, WG　经过腕关节茎突点围量一周的长度。其长度一般等于 0.19～0.21 胸围，服装袖口的设计的重要参考值。见“人体围度尺寸”(430 页)。

王八髯　wangbaran　中国传统戏曲“髯口”(424 页)的一种。自两鬓连成一片的黑色须髯，沿唇上将口部遮住，长寸许，唯中间部分长及颈。多用于丑行扮演的行为不正派的人物，如《打花鼓》中的王八、《四进士》中的姚廷椿等。

王冠　diadem　即“贵冠”(194 页)。

网巾　wangjin　❶又称网子。明代成年男子束发用的一种网罩。其造型类似鱼网，网口用布帛做边，俗称边子。边子旁缀有金属制成的小圈，内贯绳带，使用时将绳带收系。在网巾的上部，开有圆孔，并缀以绳带，使用时将发髻穿出圆孔，用绳带系栓，称为一统山河。通常以黑色丝绳、马尾或棕丝编成，也有用绢布制成。人约在明天启年间，又省去上口绳带，只束下口，称为懒收网。明亡后，其制废除。❷中国传统戏曲角色头部化装用品。以马尾编织成形似无檐软帽的半圆形网子，用时罩于头顶上。象征遮盖住头皮的头发。网巾顶端有可调整大小的圆孔，以缩紧罩住装于其下的“甩发”(478 页)、“发鬏”(123 页)等假发的底部。底边脑后处装有勒头和吊眉用的勒头带。网巾依角色年龄不同，有黑、灰、白色和男、女式之别。

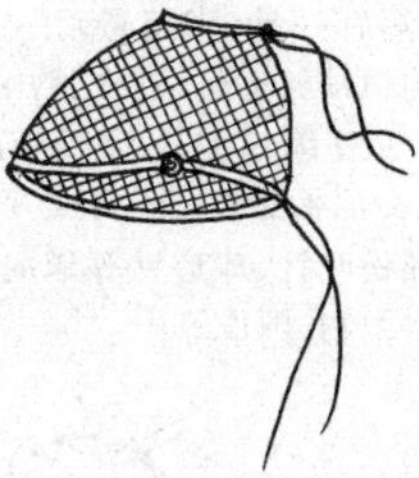

网巾

网络丝　air interlaced yarn　利用特殊网络喷嘴中高速气流使长丝束单丝之间相互缠绕和缠结形成的具有网络结的变形纱。由间隔规律的开松段和紧密段组成，开松段内单丝分离蓬松，紧密段单丝相互缠结在一起，称为网络结。有类似短纤纱的外观，手感丰满，仿毛感强。

网球服　tennis wear　进行网球运动时穿用的一类运动服装。上衣为短袖或无袖棉针织衫，吸汗性能好。下装为短裙、长裤或短裤。面料为棉或涤纶的混纺、交织产品。最初是前襟束带和低领的法兰绒衬搭配白色灯笼裤，随着社会发展和观念更新，女子穿的网球装演变为更加活泼的裙装(包括连身的超短网球装)，面料取白色或浅色为主的全棉织物。男子穿针织衬衫、短裤或长裤，在寒冷季节穿着 V 字型毛衣。袖子从无袖至长袖，随季节变化。

网球毛衫　tennis sweater　具有 20 世纪 20 年代传统网球服装格调，嵌有蓝色与红色线条的 V 字领套衫或开衫。袖口、衣摆与领边编织相同色调的横条纹，衣片采用宽条罗纹或绞花等组织编织。常在高尔夫球、保龄球等运动时穿着。

网球鞋　tennis shoes　一种帆布帮、橡胶底的矮帮鞋。成型工艺多为粘贴法。所用帮面帆布一般比篮球鞋细，海绵内底富有弹性，外底多数采用窄横条或浅而小的花纹，无后跟，以适应快速后退的需要。鞋帮主要为白色，少数为蓝、古铜等色。除用于网球运动外，常作为中小学生或成人的生活用鞋。

网眼钩编织物　mesh stitch crochet　又称波浪针钩编织物。采用锁针与短针钩编的织物。四针一个花样，形成网眼状，故名。起针针数是其倍数上加一针。起针后，竖锁一针，横锁五针，短针一针，直至最后一短针结束。第二层先钩织锁针五针，在波浪中心钩短针，再锁辫子，重复编织完成后，最后钩锁针两针，在短针头部钩织长针一针。可在编织网眼针中间加松叶针、球形针等形成各类图案。适合于镂空织物、围巾等。

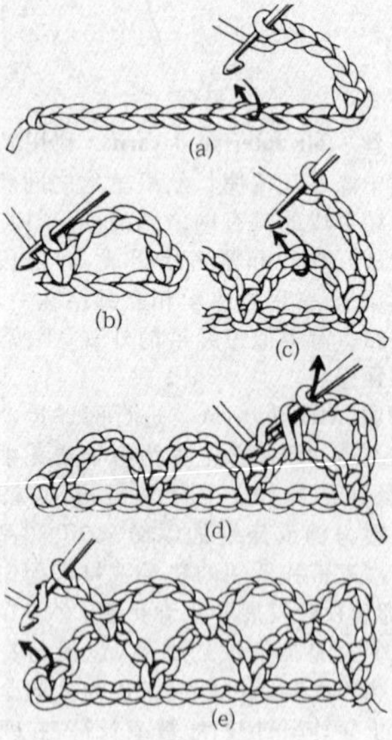

网眼钩编织物

网眼皮鞋　web upper leather shoes　鞋帮面用网眼皮制作的凉鞋。传统的网眼皮多为狗皮革作原料切条后编织而成。皮张柔软细腻，制作的男女凉鞋档次较高。现在的网眼皮可用人造革切条编织或者在皮革上打眼以及用尼龙网制成，这类网眼皮鞋档次较低。

网子　wangzi　即“网巾”(539 页)。

威尼斯高底鞋　Venice high bottom shoes　一种木质高底拖鞋。16 世纪末由一位意大利威尼斯的贵族妇女首创。后来鞋底越来越高，有的竟高达 55 cm，走路崴脚者甚多，后只好禁止这种超高底鞋。现代木底鞋，其造型完全与普通鞋相同，只是前掌较厚(约 3 cm)，后跟较高(约 4.5 cm)，腰窝部位较薄(约 1.8 cm)。前掌和后跟部粘有较厚的橡胶块，防止声响并达到耐磨、防湿防滑的目的。鞋帮为皮革或织物，用皮条和钉子将帮面与鞋底固定。

威尼斯高底鞋

围盖式皮鞋　leather shoes with cover and surrounding upper parts　鞋前帮被分割成围子和鞋盖两部分的皮鞋。按围盖与后帮的组合关系，分为外耳式围盖鞋、舌式围盖鞋、前开口式围盖鞋等。按围子与鞋盖的组合关系，分为围子鞋、盖鞋、翻围子鞋、缝梗鞋等。如果围子与鞋盖并不真正分开，而只是以缉假线、打花孔、穿花条等方法分割，称假围盖鞋。

围盖式浅口鞋　short toe top line shoes with cover and surrounding upper　前帮有围盖部件的浅口鞋。

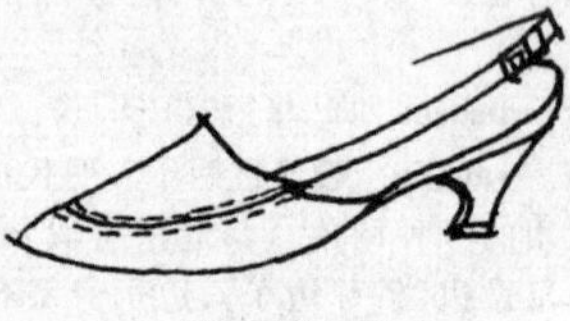

围盖式浅口鞋

围巾图案　scarf pattern　用于颈、肩、头部的服饰用品图案。图案造型包括一切具象和抽象图形。按功能和佩戴方式不同分为披肩图案、头巾图案、领巾图案等；按形状不同分为长巾图案、方巾图案、三角巾图案等；按材料不同分为丝巾图案、纱巾图案、羊毛围巾图案等；按工艺不同分为印花围巾图案、针织围巾图案、编结围巾图案、蕾丝围巾图案、刺绣围巾图案等。围巾较其他服饰品具有结构简单、造型规整等特点，更易展现图案设计的深入与表现。定位图案、连续循环纹样等样式繁多，其中以方巾图案设计为代表，不同服饰文化和现代工艺及材料更赋予了围巾图案缤纷斑斓的面貌。

围巾图案

围裙 weiqun 又称蓁巾、大巾、襜巾。中国一种围系于腰间用于遮蔽下体的大幅方巾。通常围系于腰，多为下长至膝。也有的在巾上缀有绳带，系于颈脖上。古代多为劳动妇女穿着围裙，以便劳作。后世男子从事劳作也有套穿于胫衣之外者。明清时期及以后多称围裙。至20世纪中期，中国农村仍有使用。

围裙

围裙式礼服 apron dress 款式与围裙相似，兼带礼服性能的服装。16世纪后期开始出现有饰珍珠装饰的围裙，仅在贵族和上流社会中流行。17～18世纪又开始流行，19世纪后期饰有花边的围裙曾成为衣服的一部分。以后作为具有装饰性功能且实用的服饰在大众中广泛流行。属于欧洲典型的民族服装。20世纪50年代围裙出现在现代时装上，70年代在时装界再次崛起。1994～1995年春夏巴黎高级时装发布会上，设计师又使其展露新姿。家庭装、实用装和晨礼服采用此款较多，较宽松，穿脱方便，配有大口袋，采用麻棉等面料制作。

围裙式礼服

围条 foxing 雨鞋和布面胶鞋等用以封住帮与底结合缝的条形部件。分光面与花纹表面两种，除了连接作用外，还可阻挡水分和泥浆等浸湿鞋帮，并有一定的美观装饰作用。围条要求耐弯曲、抗龟裂和黏附性能良好。围条通常分内围条和外围条，内围条略高(宽)于外围条。围条按其成型方式分有压延围条、挤出围条、叠合围条等，按其断面形状分有平围条、龟背围条、三角围条等，按其颜色显现方式又有挤出拼色围条、涂色围条、印花围条等，还有用麻线等编织成带状粘贴于内围条上的纤维外围条。

围条不齐 unevenness of foxing 胶鞋的围条宽窄或厚薄不一致的现象。围条不齐整或工艺操作不规范所致。解决办法是改进操作工艺和使用贴合免浆围条。

围条脱胶 started foxing 胶鞋的围条上下边缘与鞋帮或鞋底间产生开胶的现象。围条与帮面或鞋底间黏合力不足，或者围条与鞋帮鞋底黏合面被污染所致。

围子皮鞋 leather shoes with surrounding upper parts 鞋前帮围子压住鞋盖，缝合时鞋围在外，鞋盖在里的围盖式皮鞋(图见下页)。围子压住鞋盖，形成一个聚拢收缩的轮廓，外观上看起来比较清秀，这类鞋由于在跖趾弯曲部位存在围盖搭接缝线，增加了弯曲应力，穿着者易感到疲劳，也容易造成弯曲部位缝线断裂。

围子皮鞋

唯美主义风格　aestheticism style　19世纪末流行于欧洲的一种文艺思潮。片面追求艺术技巧和脱离现实的人工美,反对文艺的社会教育作用。最初为法国的戈蒂埃所提倡。后为英国的瓦尔德发挥,并形成了下列三个论点:(1)艺术应该离开人生,从人生超脱。(2)除了艺术本身之外,什么也不表现。(3)不是艺术反映人生,而是人生反映艺术。在服装设计中表现为脱离现实生活、无主题性、外表华丽的纯唯美的设计风格。

帷帽　weimao　中国古代妇女远行、障面所用的首服。通常在席帽周围上一圈纱帛,下垂至颈,在前面开孔,露出双眼视物。帷帽的前身是围帽,乃是藤席编织成的笠帽上再装上一圈丝网,女子外出时起到障蔽的作用。唐代时盛行。

帷帽

维多利亚式晚宴套装　Victoria dinner suit　较正式的呈维多利亚风格的女子服装。20世纪40年代末出现。第二次世界大战结束后,各种社交活动,包括晚宴、舞会,在一定范围内逐渐增多,适合此类场合穿着的晚礼服套装也重新流行起来。雪纺绸制的大A型膨裙,由裙衬撑开,雍容华贵,配上绢制的短上衣和黑天鹅绒的腰带,为当时女性参加晚宴的时髦装束,连身长裙外加上装是主要搭配方式。

维多利亚式正式夜礼服　Victoria formal wear　男女参加正式宴会或王室、宫廷、政府等国家级礼仪(包括葬仪)时穿着的服装,属维多利亚设计风格,出现于20世纪50年代。分成夜礼服和晨礼服两大类。男子服装包括燕尾服、有侧章的裤子、西服背心、衬衫、大礼帽等。由高档精纺毛料制作,剪裁和做工都精良考究,领结、衬领均用白色绢料制成,整款服装以深色调为主,显得高贵和气度不凡。交响乐队指挥、歌唱家、演奏家也穿这类服装。女子服装是袒胸裸肩裙,领口开得很低(显露乳房1/3)。为充实、撑开裙摆,裙里有多层衬裙,还有些把裙子和衬裙缝合的连衣方式。选用的面料包括绸缎、绫罗、绉纱等。

维多利亚装束　Victoria costume　英国维多利亚女王在位时(1837～1901)的服装。其特征为:前胸裸露、收腰、袖子蓬起、裙摆很宽等。维多利亚装束多呈S形,内穿紧身胸衣和裙撑,打褶、荷叶边装饰被广泛使用。1995年春夏发布会上,英国设计师韦斯特伍德(Westwood)曾推出带有裙撑的维多利亚风格新款时装,作品兼有现代流行元素,引起轰动。

维吾尔族方帽图案　Uygur ethnic square hat pattern　又称朵帕图案。中国少数民族帽子图案。用于维吾尔族方帽。方帽由对角的四片组成,面饰有图案。图案以巴旦杏核与几何形为基本纹样,做工精致,常用刺绣与缀饰手法来表现图案,布面以丝绒、丝绸、棉布为材料。男性主要佩戴绿与黑色调图案的方帽,女性的方帽则以红色调并饰有亮片珠绣图案为主。方帽是新疆维吾尔族男女老少不可缺少的日常服饰,也是现代精美的旅游纪念品。

维吾尔族服饰　Uygur ethnic costume and accessories　中国维吾尔族衣着和装饰。维吾尔族分布在新疆。男子戴"朵帕"(116页),穿白色贯头衬衣,腰扎彩色腰带或对折成三角形的方巾。外套"袷襻"(404页),穿蓝、灰、黑、白、棕等色长裤,裤脚处有刺绣,冬戴皮帽,着皮靴,靴侧插小刀。女子戴条帕或毛皮卷边圆顶软帽。姑娘以辫子数表示年龄,婚后则梳两条辫子,戴面纱。内穿长至膝的各色衬衣,外穿宽袖连衣裙,外套黑金丝绒对襟短坎肩,襟边有金银片及刺绣,着长裤。夏季穿"爱德利斯绸"(2页)短袖连衣裙,冬季外套彩色袷襻,着绣花靴。

维吾尔族男子服饰

维吾尔族女子服饰

维耶勒　**Viyella**　一种棉毛混纺的薄型织物。品种有苏格兰彩条呢和啥味呢类型的平素、混色、灰等织物。混纺比为 55 毛/45 棉或 50 毛/50 棉，所用羊毛原料以较优的细羔毛为主或将长的毛纤维切短，长度控制在 40～50 mm，采用棉纺工艺纺纱。经纬均用单纱，采用$\frac{2}{2}$斜纹组织，经密纬密较接近。织物轻薄柔软，表面有极短的绒毛，有温暖感。适宜作寒冷季节贴身穿着的高档衬衫和童装用料。

伪装图案　**camouflage pattern**　即“迷彩图案”(352 页)。

纬编衬经衬纬织物　**warp and weft insertion knitted fabric**　以纬平针为地组织，衬入不参加成圈的外层纬纱和经纱而形成的纬编织物。经纱的衬入分为直线型衬入和绕圈型衬入两种。常用原料有棉纱、涤纶丝、锦纶丝、维纶纱及涤棉混纺纱等。类似机织物，纵横向延伸性很小，尺寸稳定性好，手感柔软，透气性好，穿着舒服。用于制作外衣。

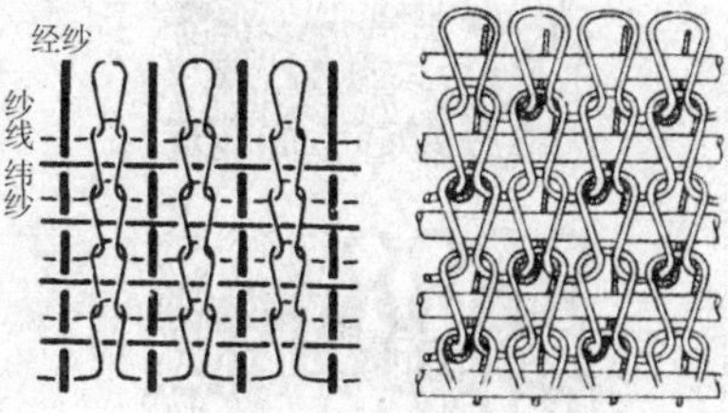

纬编衬经衬纬织物

纬编衬纬织物　**laid-in weft knitted fabric**

沿织物的横列方向，周期性垫入不成圈的纱线而形成的纬编织物。地组织一般为平针组织或罗纹组织，正反面呈双面效应。织物的特性与垫入纱线的性能特征有关。衬入的纬纱限制织物的横向延伸，增加织物的尺寸稳定性。用于制作内衣、套装等，衬入弹性纱线可制作紧身服。

纬编弹性织物　**elastic weft knitted fabric**

纵横向都具有较大伸缩性的纬编织物。采用纬平组织、双罗纹组织和空气层组织编织。原料采用氨纶裸丝、氨纶包芯纱、棉纱、羊毛纱及各种混纺纱。织物结构紧密，柔软，弹性、延伸性好。广泛用于制作内衣裤、泳装、体操服、滑雪衣、文胸和外衣等。

纬编提花织物　**weft knitted jacquard fabric**

在提花机构的控制下由纬编机编织而成的织物。按照花型要求，将两种或两种以上不同颜色、不同粗细或不同类型的原料纱线垫放在相应的织针上，在织物正面呈现花纹图案。分为：(1)单面纬编提花织物，分为：①有虚线提花织物，反面浮线明显，延伸性较小，手感厚实，但花型不易平整，易变形与抽丝；②无虚线提花织物，花型清晰，织物轻薄，弹性、延伸性好，但加工工效低。(2)双面纬编提花织物，正面呈彩色、花纹、闪光、凹凸效应，厚实，延伸性、脱散性小，不易抽丝。分为.①不完全提花织物，反面呈现纵条纹或芝麻点等花纹效应，重量和厚度较大；②完全提花织物，反面呈现横条效应，反面线圈容易露底。主要原料采用涤纶低弹丝、弹力锦纶丝、锦纶长丝、腈纶纱、棉纱及混纺纱。用于制作外衣、套装和童装。

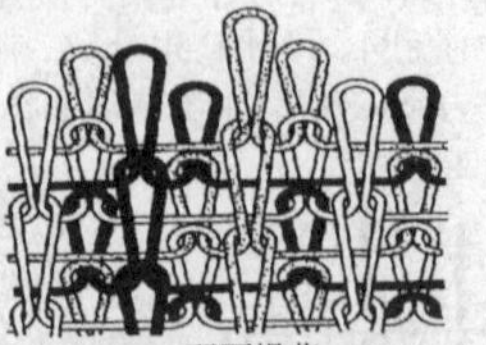

双面提花

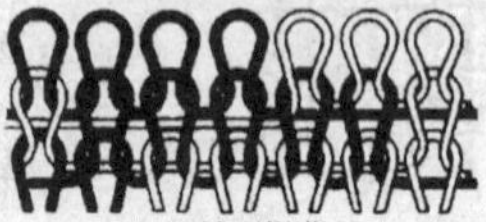

单面提花

纬编提花织物

纬编银枪大衣呢　weft knitted silver-white overcoating　双面提花圆纬机编织的坯织物，经后整理而成的仿银枪大衣呢纬编织物。原料采用涤腈兔三合一混纺纱等。毛型感强、尺寸稳定，弹性好。用于制作大衣、外衣等。

纬编织物　weft knitted fabric　编织时将一根或数根纱线分别由纬向喂入针织机的工作针，使纱线在横向顺序弯曲成圈，并在纵向互相串套而形成的针织物。根据不同的组织结构，面料呈现网眼、闪色、毛圈、毛绒、凸条、波纹、凹凸、彩色等色彩花纹效应。按组织结构可分为：(1)基本组织，包括纬平针组织、罗纹组织和双反面组织等；(2)变化组织，包括变化平针组织、变化罗纹组织和变化双罗纹组织等；(3)花式组织，包括纱罗组织、菠萝组织、衬纬组织、衬垫组织、毛圈组织、提花组织等；(4)复合组织，包括胖花组织、空气层组织以及绗缝组织等。采用原料有棉、毛、丝、麻、腈纶、涤纶、锦纶、丙纶、氨纶等纱线以及涤棉、腈棉、涤麻、黏棉等混纺纱。纱线的线密度、捻度、强力、柔软性、条干均匀度等指标由产品要求而定。横向延伸性、弹性、透气性和抗皱性较好。个别织物易脱散与卷边，有时会产生线圈歪斜现象。可用于制作内衣裤、T恤衫、海军衫、薄绒衫、毛衫、外衣、手套、帽子、袜子等和服饰辅料。

纬平针织物　weft plain-knitted fabric　又称平针织物。由连续的单元线圈以横列方式依次串套而成的针织物。纬平针组织属单面纬编针织物的原组织。过去大多用于制作汗衫、背心等，又称汗布。纬平针织物可以由横机编织成衣片，也可由圆机编织成坯布。产品按染整工艺加工分为：漂白汗布、精梳精漂汗布、双烧毛丝光汗布。按外观色泽可分为：素色汗布、印花汗布、海军条汗布、彩横条汗布等。按原料分为：纯棉汗布、真丝汗布、苎麻汗布、涤纶汗布、腈纶汗布、涤棉混纺汗布、棉麻混纺汗布等。质地细密，纹路清晰，正面光洁平整，有较好的延伸性，手感滑爽，抗起毛起球与抗勾丝性较集圈织物和提花织物好。反面较为阴暗粗糙，因为棉结、杂质、结头都留在织物反面。纬平针织物有脱散性和卷边性，在自由状态下线圈呈歪斜状。原料采用棉、毛、丝、麻、化纤以及混纺纱。用于制作T恤衫、汗衫、背心、三角裤等。

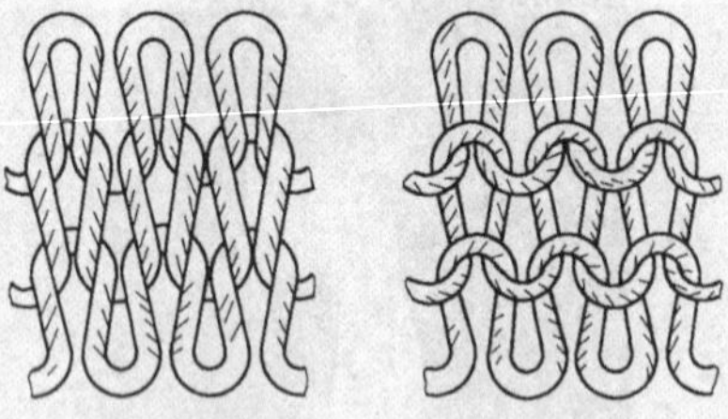

(a)正面　(b)反面

纬平针织物

纬斜　weft skew　织物疵名。织物的主要外观疵点之一。分为两种：(1)机织物纬斜，机织物纬纱与经纱不垂直的现象。织造或后整理时织物两侧张力不一所致。制成服装后会造成扭曲，影响服用。(2)针织物纬斜，圆筒纬编针织物横向线圈呈螺旋状倾斜的现象。成品洗涤后容易发生扭曲变形，影响服用性能和外观。与编织纱线的捻度过大、进线路数过多有关。因此织物需要在生产过程中进行整纬处理。

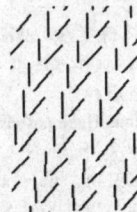

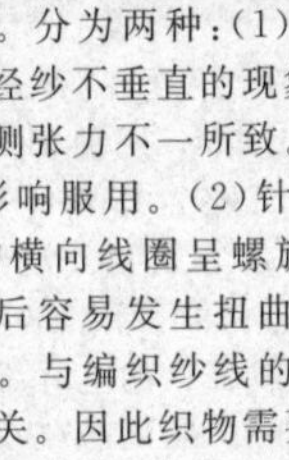

纬斜

委貌 weimao 即“委貌冠”(545 页)。

委貌冠 weimaoguan 又称委貌、冠弁、玄冠。中国古代男子的一种礼冠。通常为贵族男子所戴,多用于上朝。基本形制是以黑色丝帛制成,上小下大,形如覆杯。始于商周时期。隋唐以后,渐渐为学士、舞者所戴,贵族男子使用者渐少。

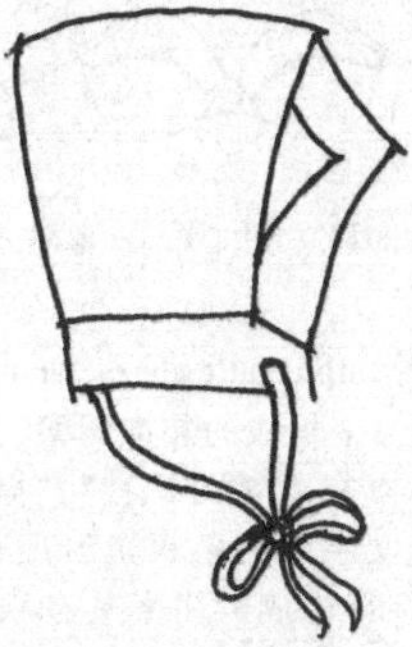

委貌冠

卫生衫裤 hygienic garment 即“针织绒衫裤”(642 页)。

未涂饰皮革 crust leather 又称动物原皮革。动物原皮经半硝鞣制处理后的皮革。表面不经整饰,保留原来形态,呈现粗犷和回归自然的感觉。穿着时间越久,其色泽越深。可用于制作服装、皮靴、皮带等。在美国、巴西等地区比较风行。

魏晋南北朝化妆 Wei Jin Southern and Northern dynasties dressing 魏晋南北朝的化妆文化呈现求新求异,充满自由想象的崭新景象。在女子面妆方面,创造了一系列前所未有的新奇名目。如斜红妆、额黄妆、寿阳妆、碎妆、紫妆、佛妆、黄眉墨妆、徐妃半面妆等,大多形象古怪,立意奇特。其中佛妆、额黄妆与发式中的螺髻与飞天髻等是受佛教影响而创作的,充满浓郁的异域风情。在化妆品制作方面,北魏贾思勰所著《齐民要术》一书,为我们介绍了许多详尽的制作方法,说明魏晋时期化妆品的制作已经达到了非常高的水平。在中国化妆史上,魏晋南北朝是最富创意与想象力的朝代,随后的大唐盛世妆饰高潮,也是在魏晋南北朝时积累的丰厚基础上形成的。

魏晋南北朝化妆

文化衫图案 cultural shirt pattern 即“T恤衫图案”(588 页)。

文面 tattoo on face 即“绣面”(588 页)。

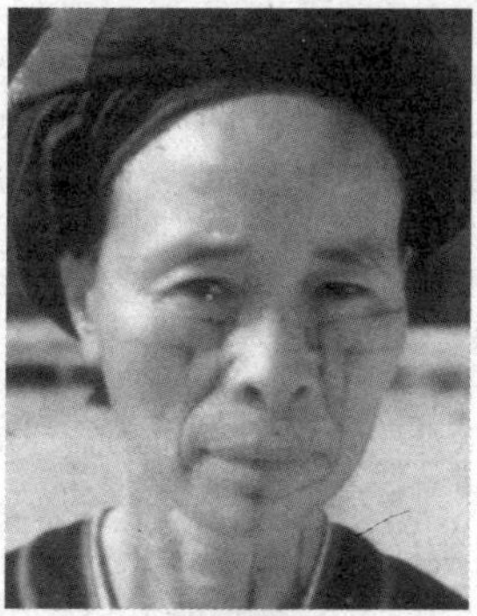

黎族妇女文面

文明杖 stick 步行时使用的撑杖。手柄形状和手杖长度各异,兼有实用性和装饰性。在 18 世纪为皇宫贵族所使用。做工考究,手柄上有金属、象牙、宝石等镶嵌,或用皮革包裹。是一种时髦的服饰附属物。

文身 tattoo 用针刺雕琢身体某些部位以成花纹,染色使之不褪,用作身份标志且示美观,或为避邪认祖之意(图见下页)。例如古代云南哀牢夷,后世高山族、德昂族男女皆有文身之俗,傣族、布朗族、基诺族仅男子文身,独龙族、黎族则有文面之俗。

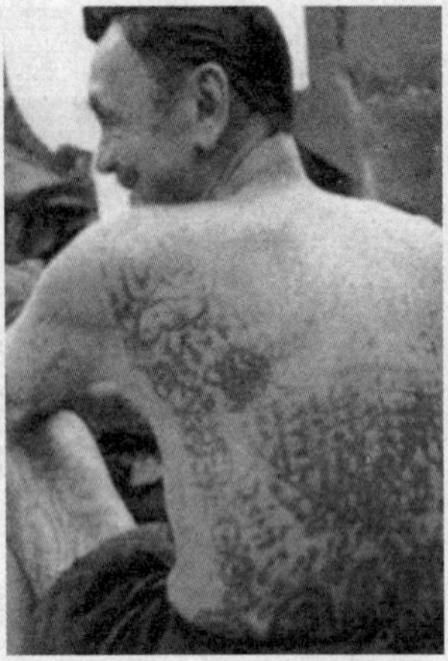

傣族男子的文身

文身贴纸 tattoo sticker 文身用的暂时性的水印贴纸。可以根据造型设计者的需要把不同的花形图案印在皮肤上,使与妆面或服饰形成呼应。一般多在舞台上使用。

文身图案 tattoo pattern 人体皮肤上的装饰图案。古代先民在身体上刺画图案的一种习俗,以功能和信仰为目的,是原始文化中人体的主要装饰形式。现代文身图案成为张扬个性与体现时尚的表现手段,具有人体肌肤上的服饰图案意义。常见图案有:龙纹、蜥蜴纹、玫瑰花以及抽象线条、流行图案等造型鲜明且具有象征性和装饰性的图案,结合单独纹样和满身彩绘等样式,流行于世界各国,为追求时尚新异的前卫人青睐。

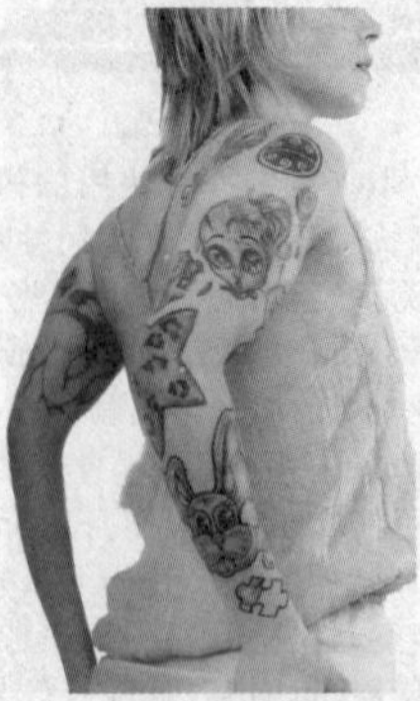

文身图案

文胸 bra 又称乳罩。女性穿在乳房部位的内衣。其功能一为保护乳房部不受外力的侵害及减小运动时的振动,二为塑造美观的乳房造型。文胸的组成部件有前中心布、上罩杯、下罩杯、后比、肩带等部位。

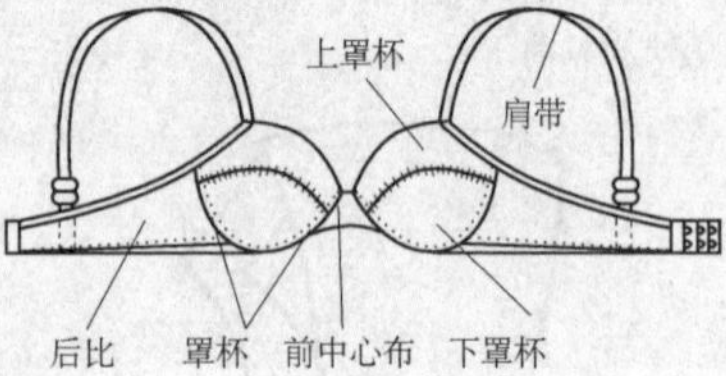

文胸

文字图案 alphabetic character pattern 又称字花。用文字构成的装饰图案。早在汉代就出现于织物中,明清时,"喜"、"福"、"寿"等喜庆吉祥的文字图案已频繁出现在服饰中。汉字、英文字母构成的图案具有秩序和简洁的装饰特性,文字既传达本身的含义,也是图案设计的装饰元素。文字图案除装饰作用之外,也是服饰品牌宣传和表达的符号,成为服饰的流行图案样式,广泛应用于T恤衫、男式衬衫、童衫等休闲服饰面料中。

文字图案

纹样 design 装饰花纹的总称。构成图案的主要要素,包括动物、植物、人物、风景等具象及抽象纹样。组织形式分为:单独纹样、适合纹样、二方连续纹样、四方连续纹样和角隅纹样等。

纹样

纹章　blazon　又称纹章戒指、图章。原为古罗马官员用来签署文件的印章。后被贵族们当作珠宝饰物戴在手指上。一般用玉石、金属等雕饰而成。将纹章印在衣料上制作的服装在中世纪极为盛行。

纹章戒指　blazon　即“纹章”(547页)。

纹章图案　emblem pattern　徽章式图案。以鹰、双狮等鸟兽纹、橄榄枝等花草纹、盾牌、十字纹等几何纹构成,饰以服装的左胸、左臂或帽子上,是以独特含义代表家族或团体等的标记。纹章图案源于西欧中世纪的战事服饰,以纹章辨认骑士,后发展成贵族与平民的族徽图案,并延伸为军队、团体、企业、学校等徽章图案。图案多以结构对称紧凑,或经变形而具有装饰感的纹样组合在圆形或盾牌形等规则外形中,并结合刺绣、珠绣、贴布饰绣等方法制成。现今的纹章图案更强化装饰功能,在保留传统工艺样式的同时,还应用金属、皮革等多样材料,在装饰的部位上也有很大的拓展。

沃朗特宽松袍　robe volante　即“华托服”(219页)。

卧龙袋　wolongdai　即“马褂”(336页)。

乌膏　black cream　黑色的唇膏。中国古代妇女用以点唇。

乌角巾　wujiaojin　即“东坡巾”(106页)。

乌履　black skin shoes　头呈尖状微翘起的黑色皮制浅口鞋。最初为南朝帝王诏见宾客时穿用,后来帝王拜陵、朝拜、视事时均着乌履,最后宫廷各阶层朝服、公服也均配乌履。女子也有穿用。

乌孜别克族服饰　Uzbek ethnic costume and accessories　中国乌孜别克民族衣着和装饰。乌孜别克族分布在新疆西部。男女均戴绣花小帽,帽式与维吾尔族花帽相似,戴时作45°转向以示两族有别。男子穿竖圆领套头衬衣,领、袖、前胸襟有绣纹。外穿绣花坎肩,或外套斜襟、右衽、无扣、长至膝的长衫,束腰带。女子穿翻领长袖连衣裙,外套对襟、两侧开衩、长至臀的红色坎肩,衣襟、下摆绣有云头纹。着绣花皮靴、戴耳环、戒指、手镯、项链、发饰等。

乌孜别克族女子服饰

污迹　spot　服装外观疵病。服装制作过程中或成衣后在表面出现污损痕迹的现象。包括缝纫机油污、手指的污渍、熨斗的锈渍等。

无帮鞋　upperless shoes　只有鞋底没有鞋帮的鞋。鞋底与脚接触的一面或涂压敏胶粘剂,或粘贴尼龙搭扣布。当穿尼龙袜的脚踩在上面时就被粘住充当了鞋帮。由于无帮鞋底很轻,通常用软泡沫塑料制作,因而这种黏合力足以拉起鞋底跟随脚行走。

无彩色　achromatic color　又称非彩色。灰、白、黑等不具有色相和纯度,只有明度变化的色系。

无彩色对比　achromatic color contrast　黑、灰、白等不具有色相和纯度,只有明度变化的色系之间的对比,其中黑白对比是极致。对比效果富有现代气息、大方、庄重,但易产生单调、过于素色的感觉。

无尘服　dustproof wear　又称防尘服。电子(精密机械)工厂、制药工厂、医院手术室、特殊研究室等场合使用的防微尘工作服。造型上有连体装、上下分离装等形式。袖口、领口、裤脚口等开口处要求密闭性能好。材质上避免使用易产生微细纤维断片的短纤维织物，多用锦纶、涤纶长丝织物或涂层薄膜材料。在易产生静电的场合，面料需经防静电整理。常与无尘帽、手套、鞋等组合使用。另外要求着用者注意身体皮肤清洁，并穿着不易产生微尘的内衣。

无缝内衣　seamless intimate　在针织机织造时一次成型的薄型内衣。由电子控制的舌针圆机一次成型后自动折边，无需裁剪及缝接，完全一体成型。柔软轻薄、超弹适体，有针圆机一次成型后自动折边，无需裁剪及缝接，完全一体成型。柔软轻薄、超弹适体，有良好的延伸性，立体无痕，并可在人体易流失热量的背部T字区、胃部、腹部等处利用组织结构加织保暖层，调整塑身，起保暖作用。常用原料有：天然纤维、合成纤维及其混纺纱、包芯纱等。产品包括：文胸、内裤、紧身衣、吊带背心、补整内衣、泳衣、T恤衫、保暖内衣等。

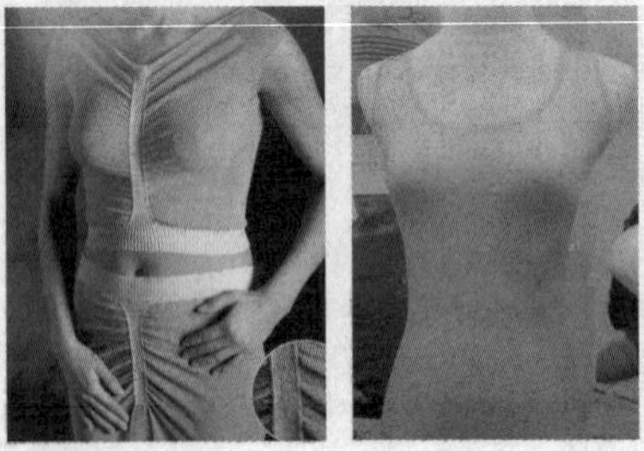

无缝内衣

无跟鞋　heelless shoes　鞋跟被两块成一定夹角结合的钢片所代替的鞋。与地面平行的钢片构成鞋底的部分前掌和后跟，与之成夹角而翘起的钢片承担跖趾以后脚面的全部压力。穿着者有和弹簧跟类似的感觉，但鞋的加工工艺较复杂。穿无跟鞋走路会因无蹬地反作用力的帮助而感觉疲劳。

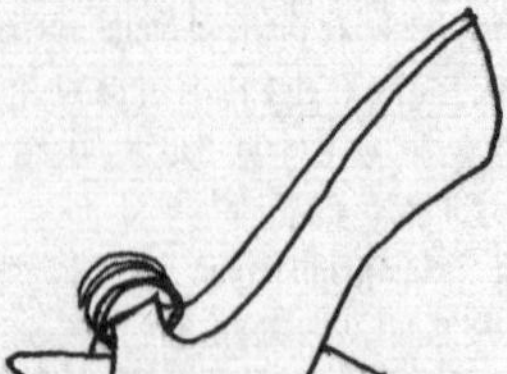

无跟鞋

无过线钉扣　non-cross buttoning　机器钉扣法之一。两组扣孔之间无过渡线的四孔纽扣的钉扣方式。无过线钉缝装置启动一次，可自动连续两次钉缝，从而消除两组纽孔之间的钉缝过渡线。所钉纽扣线迹规则、整齐、美观、牢度高。

无浆围条　self adhesive foxing　又称免浆围条。鞋帮上无需刷胶浆的围条。用黏性较高的胶浆配方，以擦胶或涂刷的方法覆盖于围条背面，在鞋帮表面刷处理剂后，以常用的成型方式成鞋后经硫化而成。解决了布面胶鞋围条露浆不齐，影响产品外观质量的难题。

无结构装束　destructure wear　一种设计流派。风格前卫，于20世纪80年代末、90年代初出现的全新着装风格。其设计区别于传统的固定结构，将现有款式纸样剖开打散，破坏原有结构，再用缠绕、包裹等立体裁剪手法进行重新组合，所设计的结构可以根据需要进行移动，产生新的款式。同时随着人体的运动展现新的衣着效果。无结构装束追求的是风格的个性化、穿着的舒适性。三宅一生、Romeo Gigli等在20世纪90年代初都曾推出过无结构装束服饰。

无菌服　bacterium proof wear　又称防菌服。防止细菌或霉菌等微生物污染或侵入人体的服装。所防护的微生物附着在尘埃、液滴上，浮游于空气中。在结构、性能、材料等方面无菌服都类似于防尘服。

无扣女背心　belero vest　无领、无袖、无扣式长至腰部以下的前开襟女背心。以腈纶、羊毛及其混纺纱为主要原料。前门襟和下摆采用滚边或镶有饰边。适于春秋季与裙、裤配套穿着。

无赖青年服　apache wear　造型宽大的青年人服饰，带有夸张俏皮的设计风格，20世纪50年代出现于英国。衣服肥大，肩部夸张特别宽大，翻领，系细领带，裤子则臀围肥大而裤脚窄小。肥窄突兀出现在一套服装中，滑稽可笑。20世纪70年代曾在美国十分流行。

无领　non-collar　即“领口领”（321页）。

无名色　anonymous color　以灰色系、棕色系、灰蓝系、紫色系等为代表的神秘色彩。为1988～1989年秋冬的国际流行色之一。

无绳电熨斗　cordless iron　没有电线的电

熨斗。由电烙熨斗和调温恒湿加热器等部分组成。作业时,搁放在电加热器上,按熨烫工艺要求调整电加热器温度后加热电烙熨斗,使熨斗获得熨烫所需的温度。熨烫过程中,温度逐渐下降。不能进行熨烫作业时,再次放到电加热器上加热,加热—熨烫—降温—再加热,循环使用。熨烫效果较差,也不稳定,只能在家庭中选择使用。

无位移缝纫 **non-displacement sewing** 缝纫机推送缝料的形式之一。缝合时上下缝料之间无错位,始终平贴一致。推送缝料的形式为针送布,或用人工方法控制缝料送布速度的操作方法。制品外观平整、美观。

无限布边 **unlimited cloth edge** 构成缝型的缝料上,距离缝合线迹较远的一侧边沿,其无限的含义是相对于有限而言,并无无限延伸的含义,用曲线来表示。

无袖短毛衣 **shrink sweater** 长至腰部的紧身、无袖、套头式短毛衣。采用羊毛、毛腈混纺纱为原料。低U字领,袖口、领口和下摆滚边。通常采用提花、彩横条等组织编织。与裙、裤配套。适于妇女、儿童穿着。

无檐帽 **cap** 又称便帽。帽子的主要类型之一。多为帽冠紧贴头部的样式。通常用纺织材料但也有用毛皮、皮革、麦秸、乙烯基树脂或聚氯乙烯(PVC)材料制作。无檐帽历史悠久,流传广泛,样式丰富。第一次世界大战前西方女性主要用作室内帽,战后日趋普及。妇女和儿童戴的样式多为针织或钩针编织而成。20世纪60年代,流行皮革或聚氯乙烯(PVC)制作的色彩明亮的大便帽。

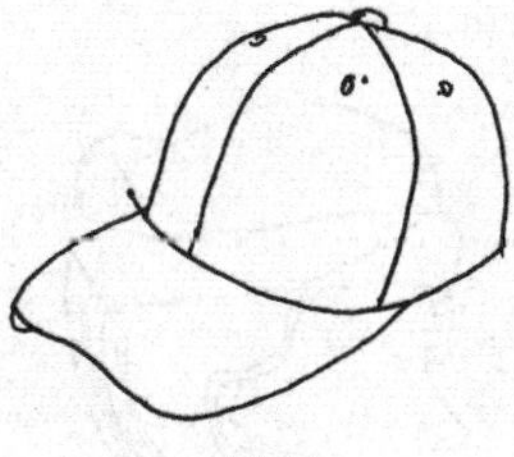

无檐帽

无檐毡便帽 **pileus, pilleus** 古罗马人在运动会和节日时戴的头颅帽。也指帽顶折倒的无檐毡帽,古罗马获得自由的奴隶所戴类似"弗里吉亚帽"(146页)。

无腰型 **no-waisted style** 即"直身腰型"(656页)。

无缘裙 **wuyuanqun** 又称秃裙。中国古代一种不施边饰的裙子。多为女性穿着。多用素绢拼成,裙腰也以素绢制成,整件裙子不施任何纹饰,无缘边。汉代以来为士庶妇女穿着,贵族妇女偶有穿着以示简朴。

五撮 **wuzuo** 即"四喜吊搭"(493页)。

五毒纹 **five poisonous creatures pattern** 中国传统装饰图案。以蝎、蛇、蜈蚣、壁虎、蟾蜍构成。中国民间每到端午节,绣五毒虫寓意毒不近身,驱害防病,为一种辟邪遗俗,表示一种平安美好的愿望。图案通常采用平绣、布贴绣等多种工艺,以大红色为底布,五毒形象用白色、黑色或绿色配以其他彩线缝制而成,表现出平面或具有浮雕立体感的五毒形象,呈现出造型拙朴生动、色彩对比浓艳的艺术特色。民间有五毒纹肚兜、五毒纹马甲等,在西北陕西等地区最为盛行。

五方色 **wufang color** 又称方色。中国古代表示方向、地域之色。青、赤、白、黑、黄五色分别对应东、南、西、北、天、地六个方位。其中黑色代表北、天两方。《考工记·画馈》:"画馈之事,杂五色:东方谓之青;南方谓之赤;西方谓之白;北方谓之黑;天谓之玄;地谓之黄。"多用于祭服及军旗色。

五方正色 **wufangzhengse** 即"正色"(647页)。

五分袖 **half-sleeve, elbow length sleeve** 又称中袖。袖口在肘部左右位置的袖子。其袖长约为手臂长的5/10。其长度一般用0.2乘以身高加常数来计算,常数大小与袖长具体长度有关。

五福捧寿纹 **five bats-longevity pattern** 中国传统装饰图案。以五只蝙蝠围绕寿字或寿桃构成。以蝙蝠谐音为"福",五只蝙蝠分别代表寿、福、贵、康宁、子孙众多;寿字与寿桃代表长寿,图案寓意富贵长寿,多用于年长者服装服饰,寄予吉利与祝福。图案多呈对称、丰满的团状,静态的寿纹和桃纹与张开翅膀的动态蝙蝠形成对比,是中国民间流传甚广的图案样式。

五绺 **wuliu** 中国传统戏曲"髯口"(424页)的一种。髯分五绺,象征生长在两鬓、嘴角及颏下的须髯。色彩有黑、黪两种。如《狸猫换太子》中的包拯戴黑五绺,《过五关》中的普净和尚戴黪五绺。

五线包缝机　five-thread overlock machine　又称平包联缝机。两根机针线和三根弯针线互相穿套，形成包缝与链式线迹的复合线迹的缝纫设备。由针杆机构、弯针机构、挑线机构、差动送料机构、切刀机构和自动润滑机构等部分组成。转速 4500～8000 r/min，最大针距 2.5～4 mm，压脚升距 4～6.5mm，缝边宽度 2～6 mm，差动送料比(1∶0.5)～(1∶2.8)。线迹形式为 516 号，或由 504 号/505 号包缝线迹与 401 号双线链式线迹复合而成。由于包边和合缝两道工序合并作业，减少了设备，提高了效率。线迹美观、牢固，广泛用于衣片的包边和拼合的联合加工，如衬衫前后衣片的侧缝线缝合中。

五线链式线迹　five-thread chainstitch　国际标准 ISO 4915 中编号为 410 号的线迹。针法类似 406 号线迹，由四根针线(1、2、3、4)和一根钩线 a 互相串套形成的线迹。缝料表面显示四根直线形针线线迹。多用于针织服装牢固部位的缝合。

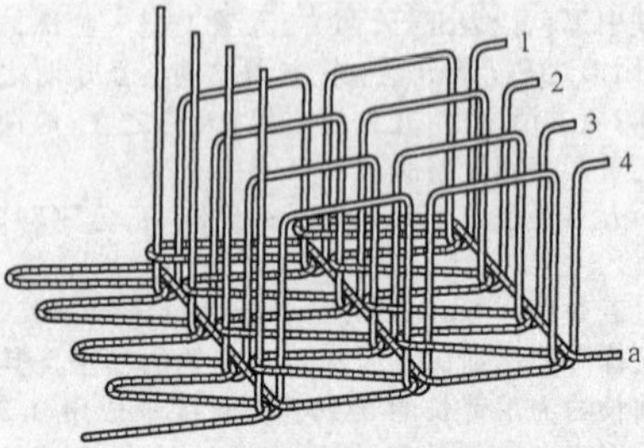

五线链式线迹

五行色　wuxing color　中国古代与阴阳五行说中木、火、金、水、土相对应的色彩。通常指青、赤、白、黑、黄五种正色或绿、碧、红、紫、骝黄五种间色。宋周密《癸辛杂识・后集》："五行所主：金白；木青；水黑；火赤；土黄。然间色每相克成：木克土，则青黄合为绿；金克木，则青白合为碧；火克金，则赤白合为红；水克火，则黑赤合为紫；土克水，则黄黑合为骝。"历代以此来定皇帝的朝服、礼服等服色。

五眼鞋　five pairs eyelet shoes　鞋帮帮口两鞋耳上各有五个穿鞋带鞋眼的系带式布鞋。虽然穿脱不方便，需系带、解带，但适用面广，无论脚背高低的人都可穿用，特别适合于走长路或干活时穿用。作棉鞋时鞋帮能紧裹脚背，保持脚的热量。此款式比较古板，更适合中老年人穿用。鞋底有纳绳布底、橡胶底、塑料底之分，其中纳绳布底贴胶片为最佳，既吸湿，又防水耐磨。

五嘴　wuzui　即"四喜吊搭"(493 页)。

午后礼服　afternoon dress　女性在午后访友、社交、听音乐会等场合穿着的日装礼服。款式以长袖或七分袖连衣裙为主，也可穿套装。领口不宜开得过大，背、胸等部位不宜裸露。根据目的、场合和时间的不同，可有多种款式，但应端庄、大方。可在局部加立体皱褶、镶花边或刺绣等装饰。用丝绸等柔软的材料制作，不宜用过薄、透明和有强烈光泽的衣料。

午后礼服

午后礼帽　afternoon hat　又称半礼服女帽。泛指下午在公众场合戴的与着装相配的半礼服女帽。

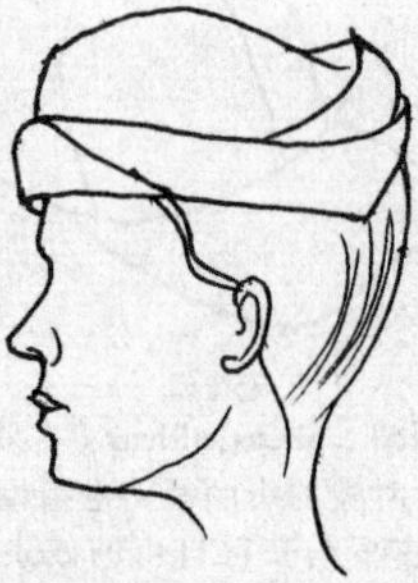
午后礼帽

武弁 **wubian** 即“武冠”(551页)。

武冠 **wuguan** 又称大冠、武弁或繁弁。中国古代的一种武士用冠。通常以漆纱制作，呈簸箕状，使用时加罩在巾帻之上。相传始于战国时期，本为赵武灵王所用，秦灭赵后，统一冠制，特将此冠颁于近臣。汉代时，专用于武士。魏晋南北朝历代相传。隋唐时期帝王从戎出征也戴用。至宋代时，为貂蝉笼巾所代替。

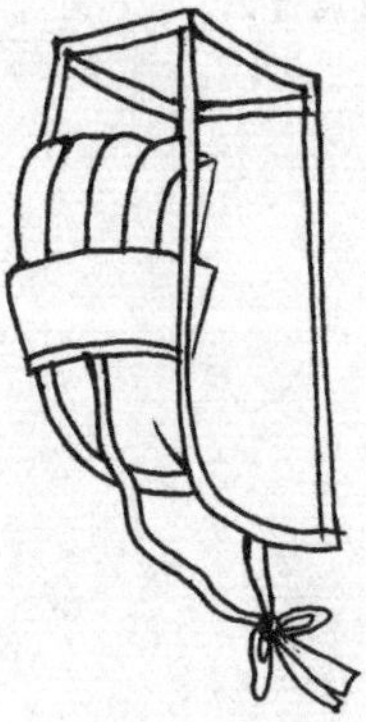

武冠

武警胶靴 **military police rubber boots** 供武警、警察训练和执勤时穿用的工作靴。外形既保持军靴坚固结实庄重的特色，又贴近时尚。靴筒薄而挺拔，靴底厚而不重，比普通民用胶靴具有更好的防滑和自洁功能。外底采用开放式锯齿形越野花纹，前掌和后跟花纹的角度相反，便于蹬踏、攀登。这种花纹能提高与地面的摩擦力，具有抗前滑出和抗横向滑移性。

武术服 **gong apparel** 武术运动员训练、比赛时着用的服装。上装一般为套头式、翻领、紧袖口；下装是灯笼式长裤。适合运动强度高、动作幅度大的武术运动。

舞会礼服 **ball dress** 女性参加盛大舞会时穿着的礼服。属于晚礼服类，通常为袒胸露背的连衣裙或裙套装。除了符合华丽的舞会气氛，体现高贵感外，也要考虑活动机能性。一般裙下摆较大、领口开得较低，有V字形、U字形、梯形等领口，衣袖为泡泡袖、喇叭袖、波形袖，上身较合体。采用丝绸、绉缎、蝉翼纱、乔其纱等轻薄、柔软的面料，色彩较柔和，具有时代感。

舞会礼服

舞台化装 **stage dressing** 适用于舞台表演的化装。不强调局部的细致刻画，关注大的造型和色彩效果，较为夸张。舞台与观众有一定的空间距离，化装要在演员面部加以强调、夸张，比如选用艳丽的眼影色，增强脸部立体感，甚至加荧光粉来加强明暗对比度等，否则观众对剧中人物就难免辨认不清。多用于舞台演艺（舞蹈、歌唱、曲艺、服装表演等）、舞台剧（话剧、歌剧、舞剧等）和传统戏曲。

舞台特效 **stage special efficacy** 由计算机制作出来的虚幻效果。如烟雾、泡泡、人工降雨等，作用是渲染时装表演时的舞台气氛。

兀鹫头饰 **falcon head covering** 古埃及国王、王后头饰。鹰头昂首位于头顶中央，鹰身披覆头部，尾上翘，两翼从脸两侧下垂至颈肩。与崇日信仰有关，鹰象征太阳神，故有保佑吉祥之意。

兀鹫头饰

乌拉靴 **wula boots** 鞋帮鞋底为一整块皮制成，缝线较细，鞋脸捏起许多皱折，鞋口周围安有六个耳子，鞋内垫衬布，用细皮带或麻绳穿过耳子系在腿上的鞋。冬天为防寒，在鞋内絮乌拉草（一种多年生草本植物，细长的叶茎晒干后具有很好的保暖性和柔韧性),称为皮乌拉。穿乌拉靴在零下 20～30 ℃的雪地行军打猎几个小时不会冻脚,因此颇受猎人和士兵欢迎。

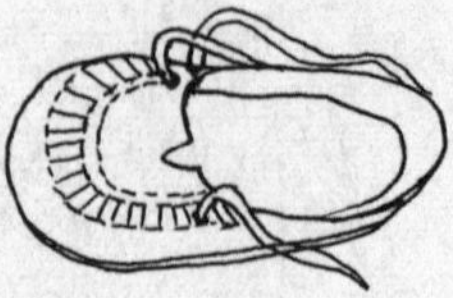

乌拉靴

物体色 object color 不透明物体或颜料在受到光线照射时,将一部分特定波长的光线吸收,反射出其余的光线,这些被反射出来的光线混合起来形成的色彩。如果将白光下呈现绿色的物体放在红色光线下,完全没有绿色光线的成分,那么这种物体就会因为没有可以反射的绿色光线而只能呈现出黑色,从这个意义上来讲,物体的颜色只是相对存在,色彩并非物体的固有属性。

X

西部服式　western style　根据19世纪美国西部的牛仔形象设计的服式。风格粗犷、豪放，流行于20世纪30～40年代。齐备的西部服饰由粗蓝布衬衫裤子、铜钉、宽边牛仔草帽、靴子、宽皮带、披肩领巾、小背心等组成。20世纪50年代后，西部服饰的流行也从劳工阶层向青年人，甚至女青年、中产阶层演化。

西部服式

西部骑马服　western riding wear　带有西部牛仔风格的女子户外服饰，风格粗犷，20世纪40年代在美国兴起。由于受当时开发西部的影响，带西部色彩的服饰十分流行，款式包括牛仔裤和牛仔背心，配半长筒靴、金属皮带，英姿飒爽。面料选用结实耐磨的粗布、细帆布。

西服毛裙　suit skirt　长至膝下的素色合体毛料裙装。通常以羊毛、毛涤、毛腈混纺纱为原料。腰部贴边，臀部合体，裙摆略大于臀部，裙身后片中央下方设有长18～20 cm暗裥。采用四平针等紧密组织编织。适合妇女穿着。

西湖呢　Xihu jacquard crepon　丝织物名。以无捻桑蚕丝作经线、以强捻桑蚕丝作纬线织制的提花呢类丝织物。经线有两组，甲经采用22.22～24.42 dtex×3（3/20/22旦）桑蚕丝，乙经为22.22～24.42 dtex×2(2/20/22旦)桑蚕丝，甲乙经排列比为1∶1，纬线为22.22～24.42 dtex×6（6/20/22旦）8.5捻/cm桑蚕丝，2 Z、2 S排列。地部组织是在$\frac{1}{2}$斜纹基础上添加组织点，形成呈60°复合急斜纹暗点。质地爽，富有弹性，花地清晰，光泽柔和。多用作春秋服装及棉袄面料。

西黄狐皮　west-yellow fox fur　见“狐毛皮”(213页)。

西裤　trousers　西装作为正规服装出现后，搭配的相似风格的正规长裤。西裤的结构从整体到局部，分类极细，主体追求线条流畅。廓型分为：锥形、直筒形、喇叭形。前腰褶为单褶、双褶或无褶。前裤袋分斜插袋、直插袋或平插袋。插袋袋口有直、斜、弯、横之分。后裤袋分无袋盖单嵌线、无袋盖双嵌线、有袋盖单嵌线或有袋盖双嵌线。脚口分翻脚边与非翻脚边。通常西裤与同面料的西装配套使用，选择各种与西装相应的裁剪与工艺处理。一些特殊场合的西裤则有更细的规定，如与男子最高级盛装燕尾服相搭配的西裤，左右侧缝需嵌入两条有条纹相间的侧章，不翻脚边；相同款式只嵌有一条侧章的西裤，规定与夜间用半正式礼服搭配。

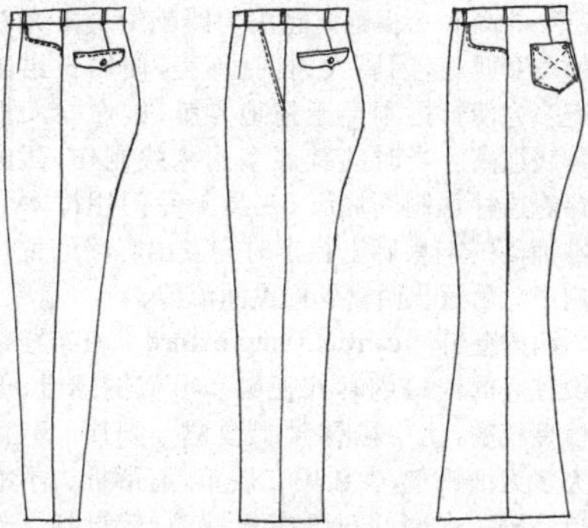

锥形　　直角形　　喇叭形

西裤

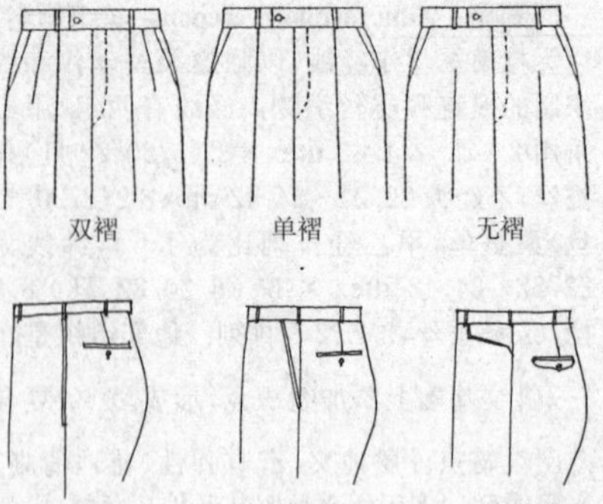

西裤

西裤熨烫机　trousers pressing machine　用于西裤组件的中间烫、西裤成品烫的蒸汽熨烫机。由上、下烫模(不同的熨烫部位采用不同形式的烫模)、蒸汽加热系统、真空抽气和冷却系统、电气控制系统等部分组成。蒸汽压力0.4～0.5 MPa。有西裤中间熨烫机和西裤成品熨烫机之分:西裤中间熨烫机群组采用成品蒸汽作业,穿插在缝纫设备之间,排列方式随缝纫工艺的不同而不同,完成后戗袋、分臀缝、栋缝、拨裆等部位的熨烫;西裤成品熨烫机群组采用干蒸汽作业,排列方式脱离缝纫工艺而集中排列,完成西裤各部位如裤腰、下裆整烫、撇缝线等的造型整理。

西兰卡普　xilankapu　即"土家锦"(528页)。

西施屐　Xishi shoes　又称响屧履。西施所穿的高底木板鞋。越王勾践献给吴王夫差的美女西施,因脚大,自觉不美,便用长裙遮掩。为使长裙不至于拖地弄脏,她命匠人把鞋底加高。当时的鞋底多用木块制作,西施穿着这种木制高底鞋,在吴王专门用梓木为她铺砌的响屧廊上行走时会发出咚咚的悦耳响声。后逐步由宫廷向民间流传。

西维喔鞋　canvas vamp oxford　帆布鞋帮橡胶底的浅口内耳式便鞋。形似网球鞋,但楦型较瘦,比中国鞋号肥瘦型一型瘦。鞋帮大多为细帆布,少数用二层革,前帮折边不沿口,外底、内底间衬纤维板,鞋身较挺括。外底常用皱胶花纹半透明底。鞋帮白色为主,女鞋也可用绣花等装饰。

西薛儿帽　chechia　传统的阿拉伯式样的圆筒帽冠的无檐便帽。帽顶装饰穗子,颜色标识所属的连队。被驻非洲的由阿尔及利亚人组成的法国轻骑兵用作军帽。也指伊斯兰教徒戴的小圆帽。

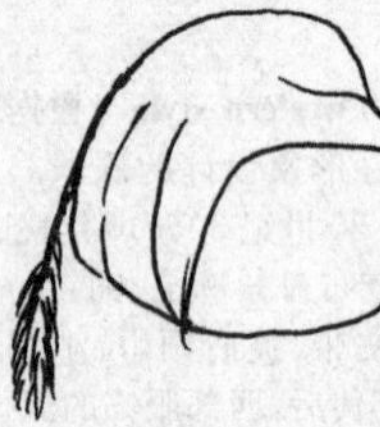
西薛儿帽

西装　tailored suit, European clothes　正式西装为套装,一般包括上装、背心及下装三件套。上下装与西服背心的面料颜色必须一致。面料高档,采用全毛精纺。色彩多用黑色或是不同明度的灰色、蓝色,有时也用暗条纹,表示庄重、典雅的气派。正式西装强调合身与贴体,讲究品牌与做工,各部位工艺精细考究,显示着装者的身份。此类西装单排扣居多,配白色衬衫,领带的花型较为简单、保守,全身的搭配有很强的整体感。目前,西装已是男士们社交时的礼仪服装,在各类正式场合穿着,如某种级别的礼节性拜访及正式谈判、宴会、招待会、酒会等。也作为国际服装普及全球。

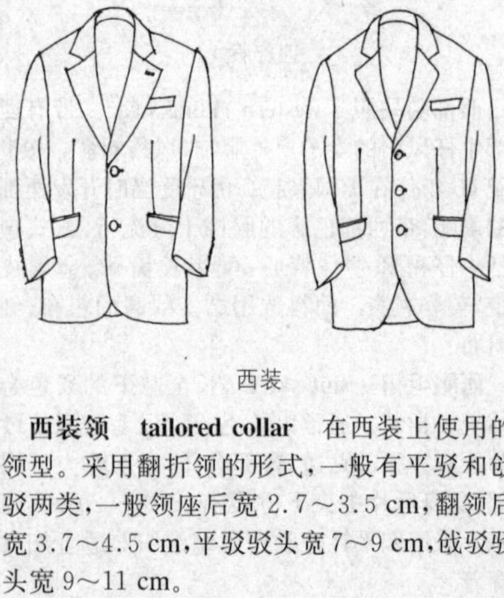
西装

西装领　tailored collar　在西装上使用的领型。采用翻折领的形式,一般有平驳和戗驳两类,一般领座后宽2.7～3.5 cm,翻领后宽3.7～4.5 cm,平驳驳头宽7～9 cm,戗驳驳头宽9～11 cm。

西装领

西装毛背心 **weskit** 以毛、腈、涤等混纺纱为原料，无领、无袖式长至腰部及臀围间的纽扣式前开襟男女背心。前片下摆为倒人字形，腰部装有嵌线夹层口袋，单排或双排纽扣。通常采用四平针等较紧密的组织结构。适合于西服、夹克内穿着，或与裙、裤配套穿着。

西装袖 **suit sleeve** 即“两片袖”(316页)。

西装熨烫机 **suits pressing machine** 用于西装衣片和组件的中间烫、西装成品烫的蒸汽熨烫机。由上、下烫模(不同的熨烫部位采用不同形式的烫模)、蒸汽加热系统、真空抽气和冷却系统、电气控制系统等部分组成。蒸汽压力0.4～0.5 MPa。有西装中间熨烫机和西装成品熨烫机之分：西装中间熨烫机群组采用成品蒸汽作业，穿插在缝纫设备之间，排列方式随缝纫工艺的不同而不同，完成大身敷衬、袋盖、肩缝、背缝、上衣前片、衣领驳头和门襟、袖弯、袖窿等部位或部件的熨烫；西装成品熨烫机群组采用干蒸汽作业，排列方式脱离缝纫工艺集中排列，完成西装各部位如衣领后整烫、衣片后整烫、驳头后整烫、袖缝后整烫、肩部后整烫和驳头等的造型整理。

吸风烫台 **vacuum blowing table** 带有吸风抽湿装置的专用熨烫工作台。是现代熨斗熨烫工艺中必须配置的设备。由台面、烫馒、吸风装置、风量调节装置和风道等部分组成。台面大小(850 mm×450 mm)～(1400 mm×750 mm)。台面铺放透气的海绵垫和耐高温的毡垫，下方装有吸风机，借助吸风机抽真空的功能将熨烫中产生的湿蒸汽抽掉。装有摇臂装置，根据工艺需要选用不同形状的烫模，组合形成以工艺名称命名的专用熨烫台。作业过程中有两个吸风过程：第一次吸风是初次吸风，将熨烫物抚平固定在台面上，起衣片定位和提高蒸汽渗透传热的作用；第二次吸风是熨烫加压后的即时吸风抽湿，使衣片迅速冷却定形。

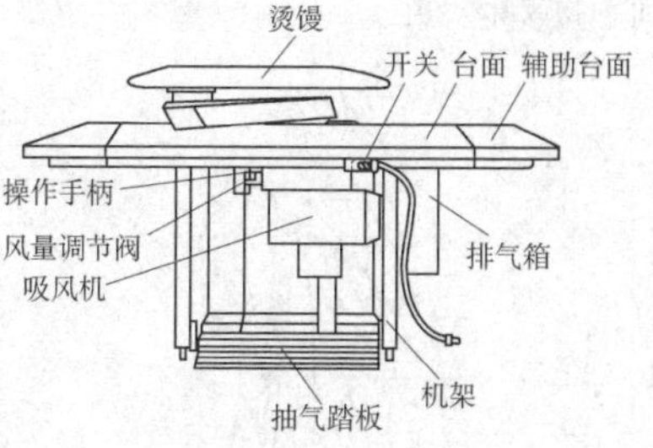

吸风烫台

吸湿排汗纤维 **moisture adsorption & sweat removing fiber** 即“高吸湿纤维”(175页)。

吸线头机 **vacuum board for thread-thrum sucking machine** 利用离心通风机负压吸风原理吹吸黏附在服装成衣上的缝纫线头及其他黏附物(如灰尘等)的设备。由离心式多叶风轮、吸风装置和自动停机保护装置等部分组成。吹吸风力的大小取决于离心通风机负压大小。工艺操作放置在修剪线头之后、成衣熨烫之前。

吸油面纸 **blotting paper, oil blotting paper** 可吸收皮肤上过多油脂的化妆纸。使用时可以轻轻地在皮肤上按压。

吸油装置 **oil suction device** 缝纫机润滑系统中吸除不能自由返回贮油器的剩油、防止润滑油过多而引起外溢或渗漏的装置。由油泵、贮油槽和接头等部分组成。

吸针磁铁 **magnet** 用于吸针的磁铁。在缝制服装中，常有断针、碎针插在服装内，须用吸针磁铁将其吸出，确保服装质量。

希腊鞋 **Greek sandals** 古希腊男女穿着的系带平底鞋。鞋面用带子编成，通透性好。男子旅行与战时也穿开放式皮靴，靴面上部系带，交叉成十字形，脚背上露出前趾。

希腊圆锥形帽 **pilos** 即“皮洛斯毡帽”(389页)。

希玛中 **himation** 古希腊男女皆穿的包缠型长外衣。其形状为一块极大的长方形织物，穿时先搭在左臂左肩，从背后绕经右肩(或右腋下)再搭回左肩。面料尺寸根据穿着者的身高确定，一般情况下宽度等于身高，长度是宽度的2～3倍。质地柔软，通常以白色为主，也有茶色和黑色。其材料按季节选用毛织物或麻织物。

希玛申

稀密条织物　thick and thin striped fabric　有规律地改变经纱排列密度，使布面呈现有规则的疏密相间的经向条纹织物。多为轻薄型织物。具有轻薄透气、穿着舒适的特点。多用作夏季男女衬衫、连衣裙等的面料。

锡伯族服饰　Xibe ethnic costume and accessories　中国锡伯族衣着和装饰。锡伯族分布在新疆、辽宁、吉林、黑龙江。男子戴呢礼帽，穿青、蓝、棕色布或丝绸长袍，大襟右衽，两侧开衩，长至踝，系布腰带，有时穿对襟短袄，或于长袍外罩坎肩，着长裤，也有彩色绣花背心。女子戴缀有银泡的红布头箍，额前有红珠穗，并有簪子、绢花、鬓钗等饰物，戴耳环、手镯、戒指、项链，穿大襟、右衽、两侧开衩的长袍，襟、袖口镶花边，有时胸两侧挂长绣花带，外套鸡心领贯头背心，穿长袖连衣裙，外套短坎肩，着白布袜、绣花鞋。男女多在裤腿上扎黑色腿带，年轻女子扎红色、粉红色腿带。丧事则用白色腿带。

蜥蜴皮革　lizard leather　"爬行动物皮革"(381页)的一种。蜥蜴原皮经鞣制加工而成的皮革。表面有不规则的鳞片花纹。可保留自然色彩或染成各种颜色，光泽柔和，外观优美，稀少珍贵。用于制作手袋、领带、皮带、皮鞋或装饰用皮革制品。

膝点高　knee height, KH　人体立姿时从膝盖骨中点到地面的垂直距离。确定裤装中裆部位的重要参考值。见"人体高度尺寸"(428页)。

膝盖绸　kicker knees　又称裤脚绸。衬托在前裤片里面的附件。可起到滑爽且方便穿脱，减轻膝盖处磨损，使裤身与人体直接接触时保持前挺缝线挺直的作用。其长度从前裤片的腰线至中裆线附近，宽度和前裤片基本相同。一般用纺绸类天然纤维织物，不宜用不耐高温熨烫的锦纶等化纤织物。常用于高档毛呢男女西裤。见"小裤底"(569页)。

膝盖骨中点　patella center, PC　人体测量点。膝盖骨的中央。裤中裆线设计参考的部位，也是测量服装压的重要部位。

膝裤　xiku　又称半袜。一种古代的裤子。与胫衣相似，无裆无腰，左右各一，着时紧裹于胫，上达于膝，下及于踝，膝部以带系缚。男女均可以穿着。五代以后盛行。明代妇女穿着膝裤较为普遍，这时期的膝裤多以锦缎制成，平口。外常套穿"裳"(53页)、"裙"(422页)，或是加罩在长裤之外。

膝围　knee girth, KG　软尺过膝盖中点水平围量一周的长度。裤装中裆设计的重要参考值。见"人体围度尺寸"(430页)。

膝下围　lower knee girth, LKG　经过膝盖骨下部最细处水平围量一周的长度。

嬉哈装束　hip hop costume　一类街头时尚的装扮。风格怪异前卫，源于20世纪90年代中后期，将Rap、Funky、Street beat等融于一体的黑人音乐。服饰主张任何款式、任何色彩都可在身上出现，造型上偏好宽大和随意，例如尺寸过大的T恤衫，不合身的短裤，五颜六色的图案，叮叮当当的首饰挂件。虽然服饰集结了众多的流行因素，但无整体感，因其服饰风格独特，受到青少年的欢迎。

嬉皮士风格服饰图案　hippies style pattern　现代欧美服饰图案样式。以花卉、象征和平的标志、图腾、扎染纹等形象构成。源于美国西海岸，流行于20世纪60年代末至70年代的青少年服饰中，以反商业化、反战争为主题，崇尚回归自然、追求爱和美好，呈现自由散漫，对比强烈的特征。饰以木珠、石材或金属饰品及披肩长发、文身和宽松须边的服装、破旧牛仔服、T恤衫、拖鞋、凉鞋等相搭配。

嬉皮士款式　hippie style　20世纪60年代

在欧美出现的嬉皮士所穿的款式。流行于青年之中。不论男女都以破旧褶皱毛边的牛仔裤、拖着近乎赤脚的凉鞋，身上戴着绚烂的和平勋章，披挂长型念珠，颈上环花，长发披肩，凌乱的头发里还缠上印第安风格的印花布条，作为街头时尚的装束。这种典型的嬉皮士形象表达了他(她)们试图逃离尘世，向往乡村的群居生活。嬉皮士装束曾影响了20世纪70年代全球的民族、民俗服饰。90年代初，许多设计师如拉格费尔德(Lagerfeld)、戈蒂尔(Gaultier)等，先后推出了具现代感的嬉皮士服装款式。

嬉皮士款式

喜鹊登梅纹　magpie in plum tree pattern　中国传统装饰图案。以喜鹊立于梅花枝头构成。喜鹊的“喜”与梅的谐音“眉”，形象地表现喜上眉梢的景致，寓意喜事临门。图案在唐宋时期就有记载，明清广为流行，是民间喜闻乐见的服饰图案，多用于女性服饰。蓝印花布等服装饰品中有很多传世图例。

屣　xi　古时对鞋的称谓。

戏剧服装设计　dramatic costume design　对影视艺术和舞台艺术中演员所穿着服装进行的设计。包括影视服装设计和舞台服装设计。服装与表演的内容紧密相关，款式要符合故事背景、剧情发展需要。在以历史题材为背景的影视作品中，服装的设计成分很少，需尊重历史，切实可靠。反映当代题材的影视服装则以现实服装为蓝本进行构思与设计。在表现未来题材的影视中，设计成分上升到首位，给设计者有较大的想象余地。舞台艺术的特点决定了其服装与现实生活的距离，尤其是戏曲服装。不同剧种的服装均有各自的传统特色，服装与角色有严格的规定。即使是比较贴近生活的剧种，其服装也要进行概念化、程式化的处理。

戏剧化表演　theatrical fashion show　受到戏剧作品中再现生活观念的影响，将戏剧表演中的某些手段运用到时装表演中而产生的表演形式。一般有情节展示，配合道具制造出若干小场景，展示出不同场合的服装。整体效果生动活泼，使人印象深刻，受场地的限制较小，适合展示定位较明确的年龄层和消费群体的服装。

戏剧型男性　dramatic male　见“戏剧型人群”(557页)。

戏剧型女性　dramatic female　见“戏剧型人群”(557页)。

戏剧型人群　dramatic group　又称夸张型人群或艺术型人群。人体体貌及服饰风格的一种。量感大，轮廓清晰，直线感较强，整体印象为夸张大气、时尚骨感、成熟醒目、个性化。人的体型特征是：脸部轮廓硬朗，线条分明，五官夸张而立体，浓眉大眼，眼神多坚定睿智，身材偏高大，个性鲜明引人注目。服饰特征集中表现为夸张个性，材质不限但质感强烈；色彩多为个体色彩群中饱和明艳的颜色，对比较明显；图案多夸张华丽反常规，可以是几何图案、大花图案、抽象图案和各种毛皮图案；饰品多独特、大气、醒目。实际应用时根据场合的不同灵活选择夸张的要素、位置和程度。戏剧型人群又分为戏剧型男性和戏剧型女性两种。(1)戏剧型男性：西装多宽大有型，双排扣居多，戗驳头大领口衣领；衬衫多为大尖角或大方领，领带醒目，多为对比强烈的大条纹、方格或抽象图案；休闲装多为宽松偏长的大外套、大气时尚的流行外套、棒针毛衣等；鞋、包款式摩登，有醒目的装饰，手表大，皮带扣大而奇特；发型时尚而夸张，多中长披肩发、发辫或背头。(2)戏剧型女性：职业套装多锐利时尚，大翻领、通常搭配色彩图案醒目的丝巾或饰品，公文包大而方正；休闲装量感强，宽大时尚或色彩图案醒目，比如大披肩、大开领、阔腿裤、宽松袖、大而长的外套等;多戴大耳环、多层项链,鞋和包款式新潮,多有醒目的饰品;化妆略浓,强调眼唇和轮廓的硬朗线条,发型时尚而夸张,多为长直发、男式超短发、盘发或华丽的大波浪。

戏剧型人群

戏面　ximian　宋代对木刻戏剧面具的称呼。以桂林一带的手工最佳,价格最贵。

戏曲服装　xiqufuzhuang　中国戏曲角色所穿用的服装。现代的传统戏曲服装大体是在明末基础上奠定的。依其形制的基本特征而言,主要有"蟒"(340页)、"靠"(285页)、"帔"(384页)、"褶子"(591页),长衣如"箭衣"(255页)、"开氅"(280页)、"官衣"(191页)等,短衣如"袄裤"(6页)、裙、"马褂"(336页)、"快衣快裤"(296页)、"打衣打裤"(78页)等,专用衣如"龙套衣"(328页)、"僧袍"(452页)、"制度衣"(661页)、"虞姬甲"(620页)等,以及盔头、戏鞋诸类。传统戏服最根本的特点在于它不是生活服装的艺术再现,而是为歌舞、戏曲艺术服务的舞衣。如将袖口变为长达三尺的舞蹈工具的水袖;将破碎旧布补缀而成的百衲衣美化为色彩缤纷的"水田衣"(487页)等。传统戏服还具有以下一些特点:(1)不再现某朝某代和不同地区的具体服装,如在明代蟒衣基础上加工设计的戏服蟒,可通用于任何朝代的帝王将相。(2)以适于舞蹈和美的需要为宗旨,不强调季节气候的差异,对生活贫富的悬殊,基本也是点到为止,如《走雪山》中冻死于雪山的曹福,穿的是四季通用的单层薄绸制褶子,而《武家坡》中以挖野菜为生的王宝钏,穿水袖很长的绸褶子,并在头部饰用"银锭头面"(612页)。(3)戏衣的样式、色彩、纹饰依角色的身份、处境、品质和褒贬有着约定俗成的含义,如帝王和高官显爵在郑重场合着蟒,日常生活则着帔;黄蟒、黄帔只用于帝王后妃;不施纹绣的黑缎快衣快裤多用于武生扮演的角色,黑丝绸制作且绣蝙蝠、飞蝶等的快衣快裤,多为武丑所用;纱帽翅有多种式样,生行俊扮的正直人物用长方形翅,奸狡、残暴而归净行饰演的官员多用尖翅纱帽,丑行扮演的昏庸贪婪、谄上损下的阴险小人则用圆翅,甚或在翅中镂金钱图案。(4)不强调由服装表现的角色个性,只依照角色的行当和类型着用,数量有限的戏衣通用于各个传统剧目的演出。这不仅符合戏曲的美学原则,也最大限度地提高了戏衣的使用率。

ISO 14000系列标准　International Organization for Standardization 14000　即"环境管理系列标准"(221页)。

系列服装　series wear　由西式上装、马甲、衬衫、长裤、长裙、短裙和短裤等组成的服装总称。无论上装与何种裤装或裙装搭配,风格均保持协调,色彩和面料可以有协调变化。

系列套装　series suit　以上装下装为基础,配其他类似风格的服装所形成的组合。例如上装穿西装式夹克,下装搭配长裤、短裙或短裤,上下装的风格呈同一系列设计。1991年,米兰设计师杜萨蒂(Trussadi)在成衣发布会上曾推出系列套装设计。

系扎法　tying method　对服装面料或服装某一部位,用线状或带状材料进行系扎的服装设计方法。系扎分为三种:(1)点状系扎,即将面料拎起一点作系扎。在面料正面系扎,系扎点凸出于面料之上,有较强的立体感,适用于前卫服装的设计;在反面系扎,系扎点隐蔽在内,含蓄优美,适用于实用服装的设计。(2)线状系扎。如裙子下摆的串绳或串橡筋,竖向系扎,会产生波浪起伏的造型;斜向系扎或抽橡筋会产生优美的曲线。(3)块面状系扎。对服装面料横向和竖向同时进行等距离系扎,会形成块面状的具有重量感的立体效果。若通身系扎，则服装的整体造型就会发生变化，并产生线状或块面状的效果。为了服装结构的准确，大量系扎宜对服装面料先系扎后裁剪，小量系扎宜在裁剪时加放适当的松量，最后修剪精确。

细部规格　detail specifications　服装规格的表示方式。以多个控制部位尺寸来表示服装规格，细部规格主要分长度规格(如衣长、袖长等)和围度规格(如胸围、腰围、臀围、袖肥等)，一般用于成品检验或样板制作中。

细部结构　detailed structure　服装局部部件、部位之间的结构关系。

细旦织物　fine denier fiber fabric　用细旦丝为原料加工的织物。细旦丝是单纤维线密度为0.55～1.4 dtex (0.5～1.3 旦)的合纤长丝，细度与蚕丝比较接近，多用于加工仿真丝织物。织物手感柔软、光滑，光泽比较柔和，仿真丝效果好，洗可穿性好，不霉不蛀，易照料。主要用作夏季女装面料。

细纺　cambric　棉织物名。一种缜密、轻薄的平纹棉织物。采用细特的精梳棉纱作经纬纱，一般为 6 tex(100 英支)～10 tex(60 英支)，经纬向紧度在 30%～45%之间，质地轻薄、表面光洁、手感柔软。适宜作夏季衬衫面料和连衣裙面料。

细实线　thin solid line　服装结构制图符号。构成服装各部位和部件图形结构的基础线和辅助线。线宽度一般为0.3 mm。

细腿体　slender thigh figure　大腿根围以及腿部形态比一般人纤细的体型。裤身纸样设计时注意将裤装横裆改小。

细腰体　wasp waist figure　即“蜂腰体”(142 页)。

细制服呢　navy cloth　即“海军呢”(198 页)。

舄　xi　秦汉以前对鞋的称谓。始于商周，是一种复底鞋，底的上层用皮或麻葛等材料编织或铺垫，下层装有中间挖空的木制厚底，并在其外涂防潮湿的蜡。先秦时地位高贵者祭祀时也穿舄。天子着舄有三等，上等是赤舄，其次是白舄和乌舄，王后着舄也分三等，上等是玄舄(皂黄色鞋)，其次是青舄和赤舄。

舄

狭窄肩型　narrow - shoulder style　削减正常肩部宽度，使肩部外形缩小的造型结构。表现古典主义风格。有时装有反翘高肩垫，使袖冠产生耸立感觉。外观紧凑合体，适合紧身型服装。

霞帔图案　rosy cloud ladies band pattern　中国古代妇女礼服的饰品图案。霞帔是一条长长的彩色挂带，形状像披肩。图案格式讲究主纹与边饰的对应协调，内容造型丰富。霞帔图案在南北朝时期出现，宋代列入礼服行列，明代发展成熟，是宫廷命妇的着装，平民女子只有出嫁时才可以穿戴。命妇的霞帔在用色和图案纹饰上都有规定，品级的差别主要表现在纹饰上。

下摆接边　waist cuff　服装附件名称。上衣下端的条状接边，长度比衣身下摆略短，起收拢下摆的作用。宽度约为 4～6 cm，有平面式和抽缩式两种，平面式常加可束紧的带夹，抽缩式常加松紧带。多用于夹克、猎装、工作服等上装。

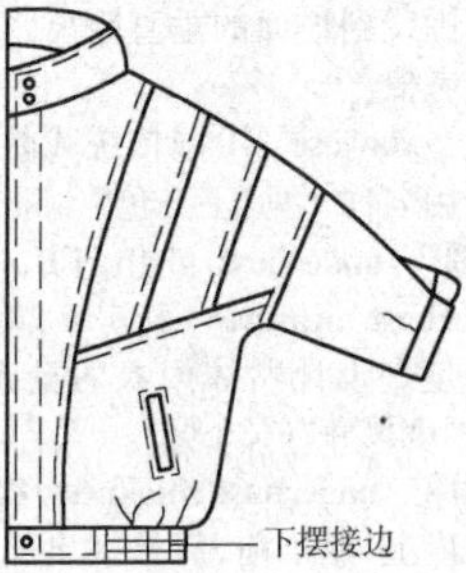

下摆接边

下摆宽　hem width　沿服装左下摆点水平量至右下摆点的宽度。

下摆直线　straight bottom line　确定服装下摆位置的水平方向基础线。用细实线表示。见“前后衣身衣领结构线”(406 页)。

下裳 **xiachang** 即“裳”(53 页)。

下裆 **in-leg** 又称内裆。裤装中横裆线以下的长度,等于裤长和上裆的差量。对应人体的会阴点以下至足面的长度。一般情况,下裆是裤装的装饰设计区域,即相对合体而言,更多的是款式的造型设计。

下裆缝线 **inside seam** 前、后裤片横裆内侧顶端至裤脚口的弧形轮廓线。是前、后裤片的缝合线。后裤片处为内凹形;前裤片的下裆缝线凹势较小。用粗实线表示。见“前后裤片结构线”(406 页)中。

下料机 **punching machine** 即“冲裁机”(62 页)。

下平线 **basic line** 各类衣片(如前后衣片、裤片、袖片、领片等)横向最终部位的第一条水平基础线。与上平线之间的距离即为该衣片的净长度。用细实线表示。见“前后衣身衣领结构线”(406 页)。

下送布 **bottom feed** 缝纫机推送缝料的形式之一。由缝纫机针板下的送布齿条按上升、平移、下降和复位的周期运动送布。每一周期将缝料推进一个针迹长度,调节送布齿条的动程,可改变针迹密度;改变送布齿条上升的最高位置即压脚的压力,可改变送布的握持力。缝纫时,上层缝料的移动靠缝料间的摩擦力由下层缝料带动,故下送布容易造成缝料间的相对滑移,形成上下片错缝。

下体高 **lower body height, LBH** 人体立姿时从腰围线到地面的垂直距离。决定裤长的重要参考值。

下五色 **xiawuse** 中国传统戏曲服装色彩分类的专用名称。见“上五色”(455 页)。

下胸围 **underbust girth, UB, underbust full, underbust measure** 乳房下端水平围量一周的长度。设计贴体内衣的重要参考值。见“人体围度尺寸”(430 页)。

下胸围厚 **underbust thickness, UBT** 在乳房下部高度上,躯干前、后最突出部位间的水平直线距离。确定贴体内衣结构的重要参考值。见“人体厚度尺寸”(428 页)。

下胸围宽 **underbust breadth, UBB, underbust width, UBW** 乳房下部水平面上与人体侧面交点间的横向水平直线距离。见“人体宽度尺寸”(429 页)。

下胸围线 **underbust line, UBL** 人体测量线。过人体乳房下端的水平围线。测量女性胸部形态的重要测量线。

下眼睑 **lower eyelid, palpebra inferior** 眼睛下方由眼头到眼尾的带形皮肤区域,幅度为睫毛根部往外约 0~3 mm。

下腰围 **lower waist girth, LW, lower waist full, lower waist measure** 腰围线至腹围线的 1/2 处水平围量一周的长度。一般用于凸肚体型的测量。见“人体围度尺寸”(430 页)。

下针 **under stitch** 即“下针棒针编织法”(560 页)。

下针棒针编织法 **under stitch knit of knitting pin** 简称下针。编织物正面呈正面线圈形态的最基本的棒针针法。将右针从内侧插进左针的线圈内,把线绕在右针上并从线圈内拉出。通常将呈现线圈圈柱的一面作为下针编织物的正面。特点是光洁,平整,针路清晰,延伸性横向好于纵向,顺编织方向或逆编织方向均可脱散。

下针棒针编织法

下肢部 **lower limbs** 人体躯体以下部位,由胯部、腿部、足部组成。腿部的形体特征为上粗下细，大腿肌肉丰满、粗壮，小腿后侧形成腿肚。影响裙、裤装结构的人体部位。

夏布 homespun ramie fabric 麻织物名。用手工绩麻成纱，再用木织机以手工方式织成的苎麻织物。中国传统的纺织品之一。其中湖南浏阳夏布、江西万载夏布和四川隆昌夏布，以其紧密、细薄、滑爽洁白等性能驰名中外。除以地名命名外，四川省也以总经线数为夏布的名称，如600夏布、725夏布等；广东省以织物幅宽命名，如18寸(60 cm)、24寸(80 cm)抽绣夏布等。苎麻纤维较长，其织物经精炼、漂白后，颜色洁白，光泽柔和，穿着时有清汗离体、挺括凉爽的特点。适宜用作夏季服装面料。

夏季型男性 summer male 人体色以中高明度、中低纯度的冷基调为主要特征的B/L型男性。皮肤多为泛青的米白色、乳白色或健康的小麦色，脸颊容易出现淡淡的粉色红晕，头发多为黑灰、褐色或棕灰色，也可染成酒红色调，眼珠呈现棕色或玫瑰棕色，眼白柔白色，眼神稳重柔和，整体印象是温和亲切。适合清新、恬静、浅淡的冷基调色彩，搭配铂金、白银、钻石类的饰品，眼镜可有银质金属边框或冷灰树脂边框。可采用弱对比的相同或相邻色系配色法加强男性亲和力。

夏季型女性 summer female 人体色彩基调带有夏天色彩特征的冷色调女性。肤色多明亮，多苍白偏淡白青色，也有米粉红色(看上去细嫩红润)的，可能有些雀斑或红血丝，易被晒黑；发色灰黄、灰黑或灰褐色；眼珠色偏灰黑色、蓝色、蓝灰色、蓝绿色，瞳孔周围常带一圈灰色，透明感较春季型女性略差。指甲偏淡粉色。适合所有冷色调和蓝色基调的颜色(如粉色、紫红色、天蓝色等)，避免纯白黑和透黄色的褐色基调。根据体色明度和纯度的不同，夏季型女性又可分为“亮夏型女性”(317页)、“淡夏型女性”(89页)和“柔夏型女性”(435页)三种。

夏洛特·考黛室内帽 Charlotte Corday cap 19世纪70年代欧洲女性日间戴用的室内帽。加衬垫的细薄棉布制成的高帽冠被抽聚到一条缎带上，有的连接着围绕脸部的波状蕾丝绉边，缎带垂在后面，戴时需抽紧缎带。

夏洛特·考黛室内帽

夏奈尔风貌 Chanel look 法国著名设计师夏奈尔设计的女装风貌。设计风格简洁、优雅、精致。20世纪30年代，夏奈尔推出她所设计的套装，四个口袋的外套紧身收腰，剪裁线条自然流畅，饰以精巧的滚边，金色的纽饰，袖口做成假双层，配色极为朴素，裙长及膝。这是典型的夏奈尔风貌，而且这一形象在她以后作品中反复出现。通常采用轻柔而触感粗糙的粗花呢、板司呢制作，内穿丝绸飘带衬衫，领口一个大领结。款式轻快优美，成为职业女性的首选套装。

夏威夷衫图案 Hawaiian shirt pattern 又称阿洛哈衫图案(图见下页)。夏威夷滨海度假的标志性服饰图案。以扶桑花、椰子树为主纹样，配以龟背叶、羊齿草等热带植物和海洋生物，以及沙滩、海洋风光、生活景物为背景纹样，点缀土著语ALOHA(阿洛哈：意为“欢迎你”等问候语)与其他英语单词构成。夏威夷衫图案原来用于当地男子日常穿着的短袖衬衫，特殊的地理和人文环境形成了图案的风格，旅游业推动了夏威夷图案，自20世纪中后期开始流行于世界各地，成为男女老少皆宜的夏季休假服和室内服图案。图案通过勾线平涂、泥点晕染、色彩浓烈对比等手法的四方连续纹样，呈现鲜明强烈的艺术个性。结合纯棉、真丝印花面料，应用于男式夏装、女裙、T恤衫、衬衫等服饰设计中。

夏威夷衫图案

夏威夷式着装 **Hawaiian wearing** 着装风格的一种。模拟夏威夷当地人穿着以热情奔放、简洁自由为特点。由各种宽松式裙装组成，服装面料多为印花布，色彩艳丽，图案奔放，可使人想起夏威夷的海滨。兴起于1930年的美国，适合不同类型的人穿着。

夏装设计 **summer garment design** 对适合夏季穿着的服装进行的设计。夏季天气炎热，所以设计力求款式简洁，线条洗练，穿着层次少，总体上轻松活泼、明了爽快。选择夏装面料以凉爽透气、滑爽吸汗、不粘不闷、不糙不紧的高支棉织物、麻织物和真丝织物为主，也可选择性能优良的仿真丝化纤织物。在设计中应充分利用面料的悬垂性，以斜裁、折裥或抽褶等手法，表现服装的飘逸感。色彩通常以淡雅清爽为主，流行色在夏装中应用很广，设计中可侧重主色调的表达。夏装面料图案除了传统的条格印花外，各类抽象、具象图案同样丰富多彩，设计中可依据具体风格和主题，选用适宜的花形。夏装最常见的品种有衬衣、裙子、短裤、裙裤、T恤衫、背心、连衣裙等，成本较低。

仙蛾妆 **xiane style** 又称连头眉。中国古代妇女的一种妆型。以青黛画眉，眉式纤细，两端相连。流行于汉魏南北朝时期。

纤维革 **fiber bonded leather** 即"再生革"(632页)。

纤维塑型法 **fiber plastic method** 用棉花、腈纶纤维等进行雕塑造型的塑型化装技法。可制造某些特殊效果(如烧伤、失去皮肤光泽和质感的肌肉、皱纹等)。在舞台化装中常用染成肉色的腈纶纤维塑造形象，可填平某些沟纹和凹陷的肌肤以及将瘦削的面庞塑胖等。

鲜卑族服饰 **Xianbei ethnic costume and accessories** 中国古代民族衣着和装饰。源出东胡族支系，汉魏南北朝时期分布于内蒙古东部地区，逐渐南下黄河流域建立前燕、西秦、南凉、北魏、北周等国。头戴卷檐毡帽或头裹幅巾，剃去前发，脑后垂小辫，穿圆领小袖衫，冬着半长袍，腰束"鞢韄带"(102页)。着白布裤或褶裤，脚穿乌皮履。鲜卑族所用铜饰牌上的搏兽纹与中原汉文化和从西面来的草原游牧民族文化相关。

鲜强度对比 **fresh strength contrast** 纯度较高的色彩之间的组合对比。如鲜绿黄与鲜橙、鲜红与鲜蓝，这种色彩对比具有艳丽活泼、明快刺激的感觉。鲜艳的颜色适合儿童的心理，多用于儿童服装设计。

鲜色调 **fresh tone** 多种色彩组合时，以强烈对比、高纯度色为大面积基调色，以小面积中、低纯度色为对比色，总体倾向鲜艳、夺目的色调。一般都以金、银、黑、白、灰色加以间隔调和，效果积极、活泼、明艳、亮丽，富有朝气及时代感。

鲜艳度 **chroma** 即"纯度"(71页)。

现代风格服饰图案 **modern style pattern** 受现代主义风格影响的服饰图案样式。由意象或抽象的曲直线组合的造型构成。源于20世纪西方各反传统的艺术流派，强调表现对现实的真实感受。造型夸张变形，色彩浓重艳丽或黑白极色对比，注重形式与技法的表现，呈现时尚而前卫、简洁而对比、数理而节奏、高科技等艺术特征。广泛应用于各种时尚或休闲的服饰设计中。

现代风格服饰图案

现代风貌　mod look　又称摩登风貌。流行于20世纪60年代以披头士乐队为范例的不同于传统样式的服饰风貌。始于1963年伦敦年轻男士的装扮，类似爱德华风貌的较贴腰、高开衩长外套，细窄式裤管，配以圆点或花卉图案的衬衫及领带。

现代风貌

现代型人群　modern group　即"前卫型人群"(409页)。

现实形态　realistic form　又称具象形态、可视形态。为服装造型提供借鉴来源的具象造型。可分为自然形态和人工形态两大类。自然界中的天象界、植物、动物等都可以归为自然形态。人造的建筑、家具、首饰等可归为人工形态。

线钉机　thread marking machine　又称穿线打样器。手工操作，在面料上完成工艺作业定位的设备。由钩针、导线杆、线轴和底座等部分组成。作业时，在需要做定位记号的面料层上放上线钉机，按下手柄，压入钩针，在作记号处穿入线钉线，在衣片上留下2～4 mm长的线钉记号。具有安全可靠、不损伤面料等优点。需手工剪断各层面料间的穿线。后续缝纫作业中需对线钉作隐蔽工艺处理或消除线钉。

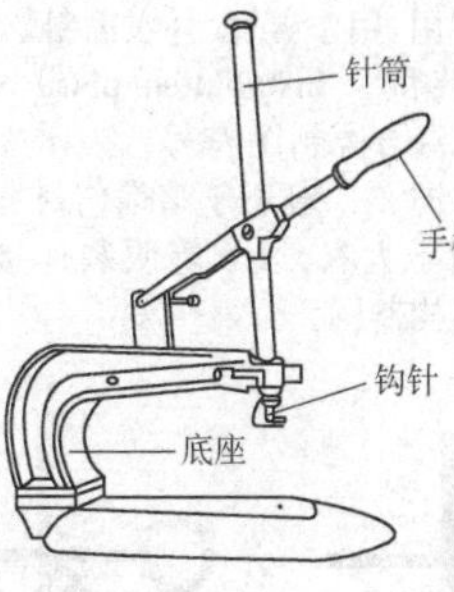

线钉机

线放码　linear grading　又称切开线放码、分割放码。服装样板缩放的一种方法。在服装基础样板的重要部位上先设置水平线、竖直线或任意角度线等方位的切割线，然后将各部位档差分配到切割线中，从而得到系列号型的各档样板。

线缝鞋　sewing shoes　鞋帮与鞋底通过缝线方式结合成型的鞋靴。缝合方法有手工缝和机械缝；缝合方式有透缝、反绱、压条缝、沿条缝等。布鞋多用前三种方式，皮鞋则用后两种方式。线缝鞋由于内外底间有一定空隙，因而透气性较好，穿着舒适。

线迹　stitch　由缝纫机的缝针和成缝器按特定的运动规律将单根或多根缝线相互串套联结而成的单元。不同根数的缝线和不同的串套方式，联结成不同的线迹结构，从而决定线迹的形状和性能。国际标准化组织拟定的线迹型式国际标准ISO 4915，将线迹结构分为6类：第一类代码100，为链式线迹；第二类代码200，为仿手工线迹；第三类代码300，为锁式线迹；第四类代码400，为多线链式线迹；第五类代码500，为包缝线迹；第六类代码600，为覆盖线迹。每种线迹由三位数组成，代码第一位数表示线迹型式，后两位数表示线迹结构形式，如301号代码表示直线型锁式线迹，简称301号线迹。

线迹结构　stitch construction　缝线在线迹内依次循环穿套或交结的配置关系。是构成线迹的最小单元。

线接缝道　thread seam　缝道类型。用缝线缝合缝料所形成的缝道。

线呢　cotton suitings　棉织物名。采用染色的棉型纱线或花式纱线织制的具有精纺毛花呢类织物风格的机织物。生产工序较多，产品厚实耐用，用作男、女外衣面料。

线襻安装位 **installation place of thread carrier** 服装结构制图符号。表示安装线襻的位置及方向。一般用于暗偏门襟服装的门襟连接或用于大衣、风衣等服装连接内外层面里布的结构制图。

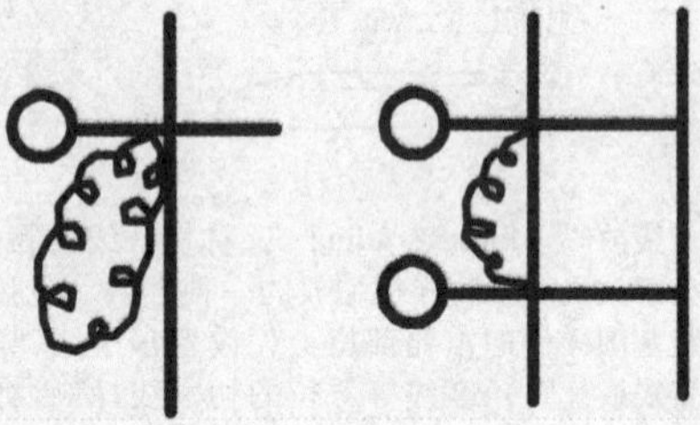

线襻安装位

线圈 **loop** 构成“针织物”(642 页)最基本的结构单元。分为:(1)纬编线圈，由圈弧和圈柱组成，并由沉降弧连接相邻的两个线圈，结构如图示;(2)经编线圈，分为闭口线圈和开口线圈，由延展线和圈干组成，结构如图示。线圈长度和大小不仅决定了针织物的密度，而且对针织物的脱散性、延伸性、耐磨性、弹性、强力、抗起毛起球和勾丝有很大影响。

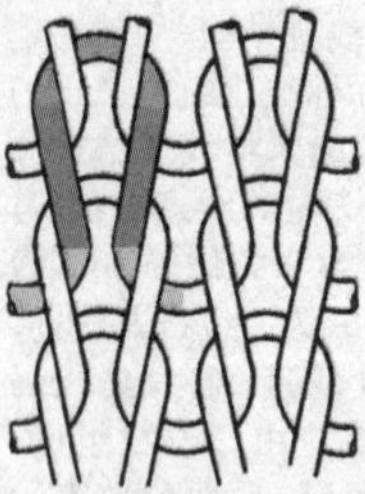

纬编线圈

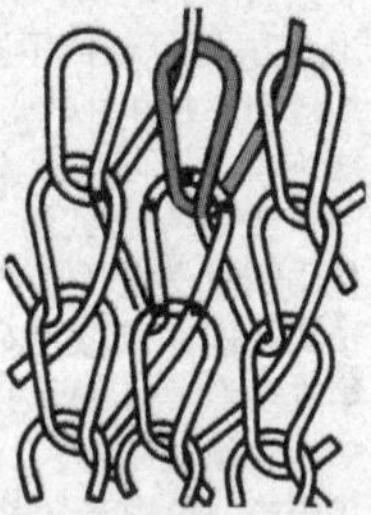

经编线圈

线圈横列 **course** 在针织物中，沿织物水平方向组成的一系列线圈。在纬编织物的简单组织中，一个横列由一根纱线形成，在纬编复杂花型中，一个横列可能由几根纱线经过若干编织过程完成。经编织物由一组或几组纱线完成一个线圈横列。

线圈密度 **loop density** 即“针织物密度”(642 页)。

线圈纵行 **wale** 针织物在连续编织过程中，在同一枚针上形成的一系列垂直方向的线圈。

线尾子 **xianyizi** 又称线帘子、辫帘子。传统戏曲旦角假发的一种。用粗黑丝线制成，宽约五六寸，长约同人身。用时置于脑后假髻下面，并分出两小绺垂于胸前，是妇女下垂长发的夸张造型。

线造型 **line modeling** 通过点的移动轨迹而形成的形态。没有厚度和宽度，只有长度。点的大小决定线的粗细，点移动的距离决定线的长度。线的宽度与长度的比率决定何时为线、何时为面。当点的移动方向不变时，形成直线;方向不断改变时形成曲线。在客观现实中，线是面的界限，它紧紧依附于平面和体。从这个角度上认识线，称消极线。服装的整体线型及门襟、下摆折边线、领边、驳头边线、袖口、裤脚折边线、裤中线、挺缝线等，都是消极线。而那些点的运行轨迹(包括排列)，如笔尖运行的轨迹、车灯运行的轨迹以及点按一定方向的排列，则被感知为积极线。服装上附加的各种装饰线、装饰物(如项链等)以及面料上线的纹样，都属于积极线。线在服装造型中是最丰富、最生动、最形象的艺术成分，从功能作用来看，可分为五大类型:外形周边的轮廓线、部位规格结构线、集聚打碎的分割线、艺术美化的装饰线和形体标征的公主线。

乡村风格服饰图案 **country style pattern** 着意表现带有乡村田园风味的西方传统服饰图案样式，由色织条格纹、满底碎花、花束等构成主要图案，以黄色、棕色、靛蓝、黑白灰色等柔和淡雅的图案用色。该织物设计在 18 世纪欧美已极具规模，有英式乡村风格、法式乡村风格、美式乡村风格等，映射出回归自然的情趣。乡村风格的图案多以粗棉布、灯芯绒、牛仔布等棉、麻、毛天然织物为材料，印花、织花、拼接、刺绣为主要工艺，皱褶、荷叶边、缎带为装饰，呈现出清新质朴、自然随意、温馨甜美、宁静和谐的平民气质，在自然和略带怀旧中追求一种浪漫的理想情愫，广泛运用于低领高腰女衫、斜裁长裙、围裙式着装等服饰设计中。

乡村风格服饰图案

乡村服装　country wear　款式包括围裙式着装、粗棉工作服、斜裁长裙、牛仔装等的打扮。风格自然休闲。服装多以夏日休闲式装束为主,面料以天然织物(棉、麻)的花布、色织格子料为主,色彩有水果色、粉色系列、靛蓝、黑白等。20世纪90年代全球尽吹回归自然的休闲风,乡村装扮成为流行主角之一。

相反色　contrary color　即"对立色"(112页)。

香岛绉　xiangdao cloque　丝织物名。甲经和甲乙纬采用强捻桑蚕丝,乙经和丙纬采用无捻桑蚕丝,以双层袋组织织制的双层高花提花绉类丝织物。织物手感松软,弹性好,表面具有凹凸效应,立体感强,风格独特雅致。主要作高级女装面料。

香胶　fragrant cream　中国古代润发用的香膏。可滋润秀发但又不会使其黏结,为发品中的上品。

香狸猫皮　gem-faced civet　即"果子狸皮"(196页)。

香鼬毛皮　alpine weasel　小毛细皮的一种。主要产于东北三省及内蒙古东部,甘肃、新疆、广东、海南、福建、四川等地也有少量分布,其中黑河地区和嫩江地区所产的香鼬皮板油润,毛被细密而灵活,针毛呈金黄色,质量最佳。产于东北三省的香鼬皮,一般要求加工成毛朝里、不开裆的圆筒皮,其他地区的毛皮,则要求加工成毛朝外的圆筒皮。制裘后,适宜于制作大衣、披肩、帽子及服装镶边饰品等。

香云纱　gambiered canton gauze　即"莨纱绸"(315页)。

箱式起毛起球仪　pilling tester with box method　用于毛针织物及其他易起球织物的滚动摩擦起球试验,以评定织物在不受压力条件下起球等级的设备。适用标准:GB/T 4802.3—2008《纺织品　织物起毛起球性能的测定　第3部分:起球箱法》,JIS L 1076(A法),IWS TM 152等。由电动机、变速箱、起球箱、记数及自停装置等组成。电动机通过变速箱减速,使起球箱匀速转动。起球箱2只或4只,内壁衬以3.2 mm厚的软木衬垫。转动次数通过按钮设定,自停装置由传感器采集信号,转数由发光二极管(LED)显示,单片机控制。试验时,将试样套在直径30 mm,长140 mm的聚氨酯载样管上,正面朝外,把装有试样的载样管放入起球箱,在转动的木箱内翻滚,至设定的转数后仪器自停,取下载样管上的试样,在标准光源箱内对照标准样照评出试样的抗起球等级。

箱式起毛起球仪

箱—梯型平衡　box-trapezia body balance　部分前浮余量用下放形式处理,部分前浮余量用收省形式处理的衣身平衡方式。此类服装平衡适用于收腰的较贴体或较宽松风格的服装。

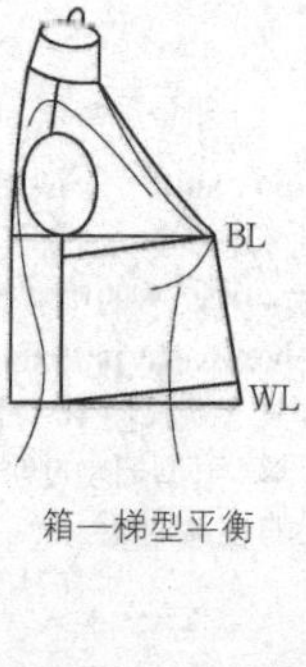

箱—梯型平衡

箱型 box shape 又称方型。近似于四边形的服装轮廓。人体胸腔近似于方形，因此箱型服装往往是胸腔轮廓实在的外描述。这类服装的肩宽、胸围宽、下摆宽几乎相等，无论色彩或款式变化，给人总体印象是健美的上身肌体和端庄的静态风貌。为了不显得呆板，箱型服装的配套，总是采用大跨度的上下装的长度比例。另外，服装的局部上也有方形廓型，如方形领口、方形口袋等。

箱型

箱型袋 accordion pocket 即“立体口袋”(311页)。

箱型平衡 box body balance 将前衣身浮余量用收省或工艺归拢方法消除的衣身平衡方式。处理后衣身胸围线至腰围线之间的部分呈箱形。此类平衡适用于收腰、面料有条格的服装，尤其是贴体、较贴体风格服装。

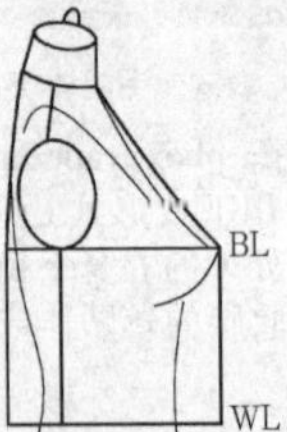

箱型平衡

箱型套装 box suit 外型呈直筒的套装。19世纪中叶前后出现。腰部不收省，肩部高而宽，下摆较宽，用较厚的呢料制成。

箱型原型 box basic pattern 将前后浮余量用收省的方式消除，使衣身胸围线至腰围线部分形成矩形(箱型)体的原型。为国际上原型技术发展的主流种类。

箱型原型

箱中十色 xiangzhongshise 中国戏曲服装色彩分类的专用名称。见“上五色”(455页)。

镶边 bordering 在服装的外沿部位剪去部分衣料，缝上其他质地、色泽或纹样衣料的工艺。宽度0.8～2 cm，视具体造型要求而定。常用于女装、童装的领、袋、袖口、门襟止口等部位，可增加款式的装饰性。

镶嵌皮革 inlay leather 镶嵌在毛皮上的皮革。加工长毛毛皮(狐皮等)时，有时将毛皮裁剪成细长条状，再间隔地缝接条状皮革，经镶嵌后，毛皮面积明显扩大。镶嵌皮革要求软而薄，有一定的牢度，性能与毛皮皮板相近，一般采用山羊皮革或小牛皮革制作。

响屧履 sound wooden slippers 即“西施屧”(554页)。

项链 necklace 戴在脖子上及胸前的饰品的一种。由链条、项坠和搭扣组成。典型款式是小椭圆圈串连成的链条，镶宝石项坠，金属搭扣，间或点缀些小颗粒宝石。另有用珠宝串缀成的，如珍珠项链、玛瑙项链等。还用各种线材(皮绳、丝绳、锦纶线等)串上项坠做成的款式，简洁、轻巧，价廉物美。男女皆可使用。

项圈 necklet 戴脖子上的饰品的一种。起源于辽金时代，用大环圈制成，中部较粗，两端渐细，头上作相背弯曲的造型。从元代起不仅妇女佩戴，男性也使用。清代少年男女佩戴更为普遍。具有粗犷豪放的特点，给服饰带来力度感。

象帽 Xiang hat 朝鲜族男子舞蹈时所戴的帽子。藤架笼纱或丝绸制成，帽顶的珠上系一串彩珠并连接一条长长的红绸带，舞蹈时随头部摆动，红绸带便随之转出层层圆圈。

象形法 pictographic method 将现实形态中的基本造型根据设计意图的需要，作合理变化的服装设计方法。把一些具象的物体经一定改变后运用到服装款式中，而不是简单照搬，应结合服装具体特点，把现实形态最有特征的部分概括出来，进行必要的设计处理。如简单地照搬原形只能使设计落入过于直观化、道具化、图解化的俗套。

象形脸 xiangxinglian 中国传统戏曲脸谱谱式。用于戏剧中的禽兽、神怪以及有神话背景的角色。特点为将有关的禽兽形象绘于面上。如孙悟空的脸谱肖猴形，金钱豹脸谱肖豹纹或绘铜钱图案，传说是金翅大鹏鸟转世的李元霸勾鸟嘴，绘鸟形脸谱。

象牙 ivory 象的门牙。属有机类宝石。由牙质、软骨质及钙盐等组成。质地细密、光泽好、硬度高。产地主要为：坦桑尼亚、南非、斯里兰卡、泰国等国家。随着各国对野生动物的保护越来越重视，象牙逐渐显得珍贵，并被限制在一定范围内使用和贸易。

橡胶毯式预缩机 rubber-blanket preshrinking machine 依靠橡胶毯、进布加压辊和加热辊之间的压力、橡胶毯弹性引起的收缩所产生的作用实现面料收缩的预缩机。由水蒸气给湿管、进布加压辊、出布辊、加热辊、橡胶辊、橡胶毯张力调节辊等部分组成。橡胶毯厚度一般为 25 mm、50 mm 和 67 mm，加热辊直径为 300～350 mm，进布辊和加热辊的间距比橡胶毯厚度小 1～3 mm，出布辊与加热辊的间距为 25～30 mm，加热辊圆心比进布辊、出布辊高 1 mm。

橡胶拖鞋 rubber slippers 以橡胶条带或织物为帮面，海绵橡胶或盘形外底内衬海绵为鞋底，通过机械装配或粘贴硫化、胶粘等工艺制成的无后帮鞋。条带式胶拖鞋适于夏季室内外或海滨穿用。20 世纪 30～60 年代较为流行，后被泡沫塑料拖鞋取代；盘形底布面胶拖鞋更适合春、秋、冬季室内穿用。

橡筋鞋 elastic shoes 在鞋口前方左右两侧镶有 V 形橡筋布，用以取代鞋带对鞋口开启闭合功能的布鞋。特点是穿脱无需系带解带，十分方便，适用面广，男女老少皆宜。多为单鞋，鞋底多用塑料注塑成型，也有少数用胶粘或缝绱成型。

消防服 fire-fighting clothing 又称灭火防护服。消防队员灭火作业时穿用的服装。能防止火焰、高温对人体的伤害，是消防人员的工作制服。分为一般火灾用的防火服和油类等火灾时使用的特殊防火服（含耐热服）等种类。材料有经阻燃整理的棉、涂铝织物等。普通的消防服由防火帽、外套型防护服、防护靴等构成。防火帽由金属或以玻璃纤维为基质的强化塑料材料制成。防护服采用粗厚的棉织物（如双层组织织物），也有内衬合成橡胶层起到防水作用。这类服装多为消防队员在距火区有一定距离，如在操纵水龙头等场合使用。特殊消防服可用于扑灭油类火灾，或在近火处救人等场合。由防火帽、上下装、防火手套、防火靴组成。防火服的上下装常由内外两层面料构成，外层为镀铝材料或黏结铝膜的织物，内层为玻璃纤维织物，具有良好的防热、防水性能。由于全身密闭覆盖，有听音困难、透汗性差、活动不便的缺点。另有一种防火服，特点在于面料采用麻及合成橡胶，外表面是一层 0.2 mm 厚的铝粉末与合成橡胶的涂层，能有效地利用铝膜反射辐射热，具有质轻、耐热性好的特点。包括长及膝部的外套、裤装、防火帽与防火靴。外套为插肩袖结构，腋下及背部有通气孔，前中心有较宽的掩襟，纯毛针织袖口可束紧，腰间有调节松紧的腰带。在上臂、肩部、背部及胸部有海绵缓冲垫防撞击，外套背中心有箱型裥。防火帽采用玻璃纤维复合材料，帽子为银鼠色。消防服在胸围线、上衣下摆、袖口、裤脚口等部位通常都有一条金属反光带便于夜间辨认。

消防靴 fire protection boots 供消防救火人员穿用的高筒、半高筒或高腰靴。鞋底用具有极佳防火性能的氯丁橡胶制作，为了增加防刺穿性能，通常衬以特种薄钢片或其他高强度材料。有两种类型：(1)皮橡胶靴，采用经防水处理的牛皮革为帮面，橡胶为鞋底，模压硫化工艺成型，系带式结构，吸湿透气，穿着舒适，轻便，适于一般消防作业时穿用；(2)全橡胶靴，帮面用具有极佳防火性能的氯丁橡胶制作，粘贴法硫化工艺成型，统口式结构，防水性能强，可在大面积积水的地面作业时穿用。

消防员隔热防护服 heat insulation uniform 为防止消防员靠近火焰时受到强辐射热侵害而穿着的专用防护服。用来对其上下躯干、头部、手部和脚部进行隔热防护，包括隔热上衣、隔热裤、隔热头套、隔热手套以及隔热脚套。

消防员个人防护装备 personal protective

equipment for firefighters 消防员在灭火救援作业或训练中用于保护自身安全的基本防护装备和特种防护装备。

消费者推广 **consumer sales promotion** 鼓励和促使消费者光顾某一特定的零售商店或者试用和购买某一商品的营业推广类型。方式有:赠送样品、有奖销售、降价销售、消费信贷、推销竞赛展销等。通过这些活动,起到介绍新产品或促销传统产品的作用,并可作为广告和人员推销的补充。中低档服装销售常采用消费者推广手段;高档服装使用该手段的频率有限且谨慎,因为过多地强调优惠或用其他小利吸引消费者,会降低高档服装的身价和形象,损害品牌形象。

消光革 **matt-finished leather** 涂饰皮革时在涂饰剂中加入消光材料,或在涂饰完成后揩擦、喷涂消光材料制成的皮革。消光材料能分散自然光线,减小集中反射现象,使涂饰后的皮革光泽自然。主要用于制作鞋类、皮带、沙发、箱包等。

绡 **sheer silks** 丝织物大类名。采用平纹或透孔组织织制的经纬密度小、质地轻薄、透明的丝织物的总称。从工艺上可分素绡、提花绡和修花绡等。主要用作妇女晚礼服、丝巾、连衣裙等的面料。

销售服装设计 **selling garment design** 对市场销售的服装进行的设计。衡量服装销售好坏的标准是销量,包括相对成交率和成交总量,所以要有精确的成本核算,首先决定设计方向,同时要考虑到销售渠道、设计品位和价格定位之间的吻合。设计销售服装要求在造型、色彩、面料等方面尽可能地将流行因素与品牌原有风格结合起来,处理好服装设计中个性与共性的关系。此外,还要考虑设计加工要求与服装加工技术水平能否吻合。

小包装 **inside packing** 即"内包装"(369页)。

小丑妆 **pierrot dressing** 模拟小丑整体造型的化妆。典型的小丑妆分为白脸型和邋遢型两种:(1)白脸型:全脸以白色粉打底;再用红色、蓝色和黑色影调创造图案突出面部特征,也可以用普通瓷器记号笔上色;较少使用胡须,经常前顶光秃或戴有红头发的假发套;红色乳胶鼻子,也可用凝胶塑模做成各种形状。(2)邋遢型小丑:有快乐的和忧伤的,取决于嘴唇是上翘还是下弯状;脸部用浅色或中性色打底,嘴唇可以画成白色或红色,服装总是破旧不堪,扣子很少扣上。常见于喜剧、马戏中。

小丑装束 **pierrot costume** 灵感来源于马戏团小丑的装扮。风格俏皮夸张。现今的小丑服装已成定式,色彩大胆鲜亮,以条纹、圆点、星形、菱形等抢眼图案居多,立领,手脚收口处有荷叶边,造型宽松,头戴尖形穗花帽,脚着鞋尖上翘或绣饰大绒球的鞋靴。1992年米兰秋冬时装舞台上意大利设计师莫利尼(Popy Moreni)曾推出多款小丑风格时装。

小儿连衫裤 **creepers** 即"田鸡装"(514页)。

小45°法织物燃烧仪 **fabrics burning behavior tester by 45°determination (flame spread rate)** 用于测量易燃纺织品燃烧的剧烈程度和速度的设备。适用标准:GB/T 14644—1993(2004)《纺织织物 燃烧性能 45°方向燃烧速率测定》等。由通风的箱体、试样夹、重锤、点火器、燃烧器、计时装置、控制系统等组成。试样夹呈45°放置,尺寸为150 mm × 50 mm的试样夹进试样夹内,在标志线处挂上重锤。由计时装置控制,使火焰(以丙烷或丁烷气体作气源)与试样表面接触1 s。当火焰烧到挂在试样上部的标志线时,重锤因线被烧断而下落,计时器停止计时,记录此时定时器所示的燃烧时间,作为评定该纺织品燃烧剧烈程度的量度。服用织物可依此时间分级:1级:正常可燃性;2级:中等可燃性;3级:快速和剧烈燃烧性等。

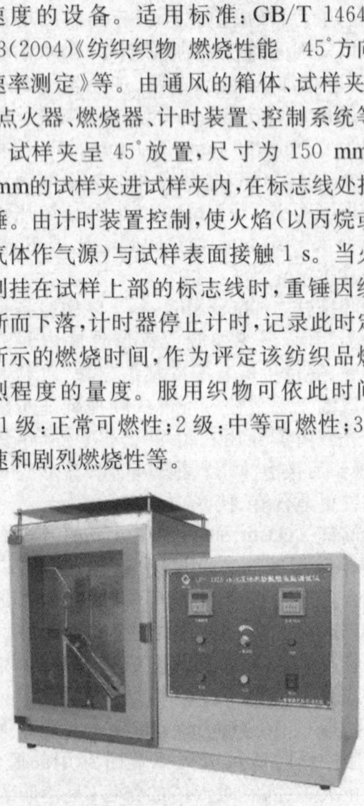

小45°法织物燃烧仪

小瓜皮帽 beanie, dink calotte 圆形的无檐小便帽。三角状帽片拼合而成,贴合头部。源自古希腊,后成为教会人员的头饰。20世纪30年代曾成为短时流行的女性帽式。

小冠 xiaoguan 中国古代一种低矮而小的冠饰。魏晋南北朝至唐初时期流行,多为武士所戴。一般用作便帽。冠圆而小,底部较平,前低后高。戴时罩在发髻外,冠后有一圆洞,用簪穿过,使冠与发髻固定。冠前用一扁形的笄横穿冠中。

小横裆 crotch 裤装前片上裆的宽度,处于裤门襟止口到裆底之间的部位。

小襟 under lap 中式斜襟衣服的里襟部位,位于大襟的下部。

小裤底 front crotch stay 前裤片弯裆缝的附件。增加裆缝牢度和减少摩擦力,用羽纱、尼丝纺等面料裁制,常为三角形,主要用于精做裤类。

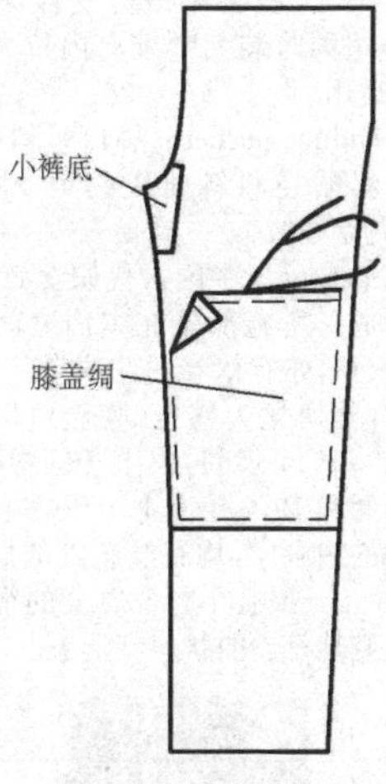

小裤底

小毛细皮 short-fine fur 见“毛皮”(342页)。

小牛皮革 calf 牛犊或1岁左右的小牛原皮经鞣制加工而成的皮革。表面粒纹细,毛孔细小,伤残极少,皮张弹性和柔软性好,强度比大牛皮稍低,牢度可以满足实用要求。属上等牛皮革。用于制作皮鞋、服装、包袋等。

小披挂 xiaopigua 即“卒坎”(680页)。

小山猫皮 lynx cat fur 见“山猫毛皮”(454页)。

小烫 point ironing “熨烫”(630页)工艺的一种。半制品衣片的局部熨烫或小部件制作过程中的熨烫。常用于衣片缝边的分缝及衣领、口袋、袋盖、门襟、里襟等部件或部位的熨烫。因工艺动作形式多样,多为人工熨烫。

小腿下围 ankle girth, AG 踝骨上部最细处水平围量一周的长度。贴体裤设计的重要参考值。见“人体围度尺寸”(430页)。

小腿下围高 ankle girth height, AGH 人体立姿时从踝点上部最细处到地面的垂直距离。见“人体高度尺寸”(428页)。

小腿中围 calf girth, CG 在小腿最丰满处水平围量一周的长度。贴体裤设计的重要参考值。见“人体围度尺寸”(430页)。

小腿中围高 calf girth height, CGH 人体立姿时从小腿最大围处到地面的垂直距离。见“人体高度尺寸”(428页)。

小弯 xiaowan 中国传统戏曲旦角假发“片子”(390页)的一种贴法。即先在额部至两鬓用小片贴出5～7个小弯,再对称地向下贴大片,结束处稍向下颏弯曲收进。其造型使面部趋于瓜子形,多用于表现温柔秀丽、端庄大方的人物。

小王冠 coronet 又称宝冠。14世纪地位低于君王的贵族或皇族戴的敞开式冠。

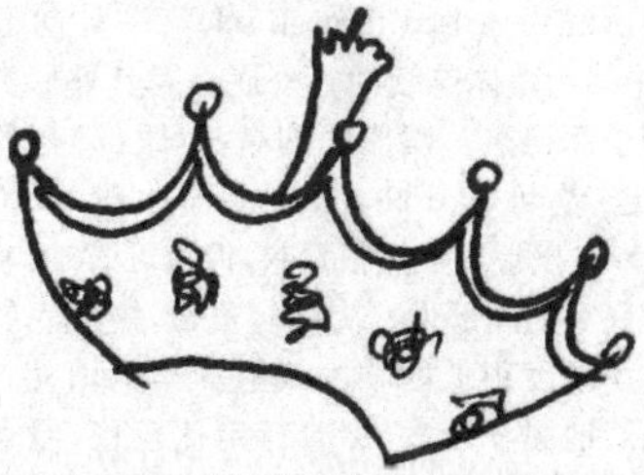

小王冠

小型球场专用鞋 special shoes for small court 运动鞋中专用于小型球场进行竞技比赛的鞋品。如网球鞋、篮球鞋、排球鞋、保龄球鞋、羽毛球鞋、乒乓球鞋等。多为橡胶底帆布帮。

小袖 undersleeve 又称内袖。服装部位名称。两片袖的结构中,手臂内侧位于衣袖里侧，与大袖片相对。其属服装检验中较重要的部位之一，重要性次于外袖。

小袖衩　sleeve under slit　在衣袖袖衩结构中，被大袖衩覆盖的下层钉扣的部件，一般做成条形。

小野禽风貌　flapper look　呈H型的少女装束。风格轻松活泼，20世纪20年代末流行。与当时S型传统相反，特征为无领、无袖、直身、短裙，饰品为长珠串项饰、围巾等。常为短发。

小靥　xiaoye　中国古代妇女面饰。在双颊上粘贴小型花样的金箔。后借指美女。

小衣　xiaoyi　即“亵衣”(576页)。

晓霞妆　sun-glow style　中国古代妇女面妆的一种。以胭脂描绘于面颊。因色彩鲜红如晓霞将散，故名。

肖像妆　portrait dressing　模拟历史或现实生活中真人原型整体造型的化妆。要求是:(1)以准确的外形诱发演员神情的变化，做到形神兼备;(2)以整体形象为依据描画局部;(3)以生活原型和演员特点为依据进行艺术提炼加工，准确生动地揭示人物性格，表现人物的精神气质。

校服　school uniform　在学校内穿的标识性服装。分成小学、中学、大学三个不同层次。校服款式和色彩主要反映各个层次学生的不同特点，运动舒适，面料坚牢耐磨，耐洗不褪色。

楔形底　wedged through sole　一种前低后高，中间为整体连续的鞋外底。因其外形类似于楔子而得名。楔形底的高头(跟部)与低头(前尖)差可达100 mm以上，一般为30～50 mm。楔形底虽然很费料，但也可省却勾心、半托底等加固部件。为减轻重量，楔形底的中间可用密度很低的软木或泡沫塑料填充。楔形底着地面积较大，穿着行走比较稳，但太大的高度差也会产生摇摆的感觉。现代PU楔形底系整体鞋底，制作快速而精密。

楔形跟　wedge heel　即“坡跟”(396页)。

胁省　underarm dart　又称腋下省。省道种类。属上衣的省道，一般位于前衣片袖窿下方。既能使服装均匀地收腰，呈现人体曲线美，又能调节服装胸臀差。常做成纵向省，收至大袋袋口，多用于三片式紧腰上衣，如男、女西装，男式中山装。

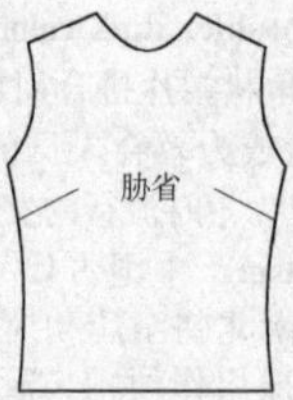

胁省

胁势　waist drawing in　又称胁腰。通过收省和归拔等工艺使服装腰节线贴合人体腰部的造型。技术关键是将胁腰的缝边拉伸熨烫成稍直的形状，并将余量推归至衣片中间。

胁腰　waist drawing in　即“胁势”(571页)。

胁衣　xieyi　即“亵衣”(576页)。

斜裁法　bias-cut method　斜向裁剪面料的服装造型方法。广泛运用于晚装和造型复杂的设计中。其特征为裁剪方向与布纹经纬向保持45°的斜角(业内称正斜裁)。斜裁后衣料延伸性增大，服装风格可变性大大增加。1923年由法国时装大师维奥内特夫人(Vionet)首先运用。

斜袋　oblique pocket　袋口呈斜线形状的口袋。分斜贴袋和斜插袋两类。用于短夹克、运动夹克等。

斜红　xiehong　中国古代妇女面饰。以胭脂描绘而成。所施部位在鬓眉之间，两边各一，形如弦月，亦有作卷曲花纹者。其俗始于南北朝时，至唐尤为盛行，晚唐以后，其俗渐衰。1902～1914年间，出土于新疆喀喇和卓唐墓的陶俑和1972年出土于新疆吐鲁番阿斯塔那唐墓的绢画中，均有绘斜红的妇女形象。1928年出土于新疆吐鲁番唐墓的绢画《伏羲女娲图》，则绘有卷曲状斜红形象。

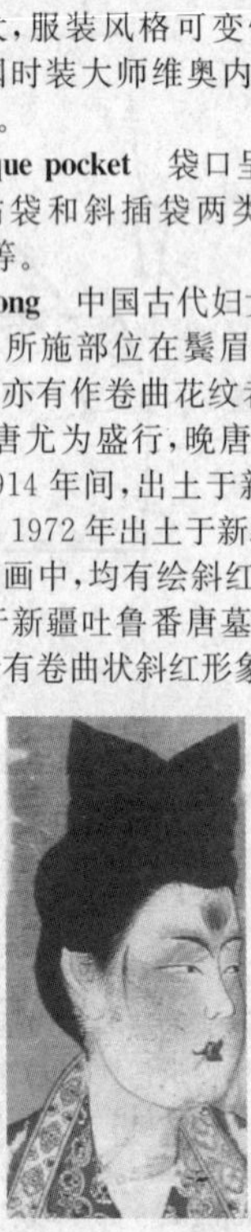

斜红

斜肩领口　oblique neckline　即“单肩领口”(85页)。

斜襟　side opening　即“偏襟”(390页)。

斜纹针织物　twill knitted fabric　由集圈和浮线线圈单元有规律地组合形成斜纹织纹的纬编织物。分为单斜纹和双斜纹两种。原料采用低弹涤纶丝、涤腈变形丝及涤纶变形丝。织物紧密挺括、尺寸稳定,纵向与横向延伸性较小,不易起毛、起球。多用于制作上装等。

斜向分割线　bias division line　服装中常用的分割形式。具有一定倾斜度。当接近垂直时,其视觉效果与垂直线相似。当接近水平时,其视觉效果与水平线相似。斜向分割线给人不安定的感觉。服装设计中常用来增加服装的运动感,可放在胸部、肩部、臀部、衣领、衣袖、裙摆等部位,对称或非对称均可。对称斜向分割线在服装外观上呈V形或Λ形;非对称斜向分割有同向和异向之分,也有呈双向交叉分割的。因其会产生巧妙、含蓄、生动等视觉效应,已为服装设计师经常使用的线条。按形式美法则把服装分成若干个几何图形,通过线与线、面与面、图形与图形、线与各部分图形及总体图形间的相互关系,或对比或调和,形成整体和谐及多样统一的艺术效果,增强服装的趣味感、活动感、节奏感、装饰感和形体感。

斜向号　bias line　服装结构制图符号。表示服装裁片要使用斜向布料。有箭头的直线表示布料的经纱方向,无箭头直线表示布料的纬纱方向。

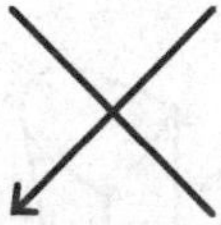

斜向号

鞋　shoes, footwear　一种穿在脚上,走路时着地用以保护脚不受伤害的物品。其造型、材料和工艺均随时代不同而有所差异。古代以树皮、兽皮和藤葛等裹脚,现代鞋多用织物、皮革、橡胶、塑料等加工制成。按帮面材质分皮鞋、橡胶鞋、布鞋、塑料鞋等;按性别年龄分男鞋、女鞋、童鞋、中老年人鞋等;按帮面结构款式分拖鞋、凉鞋、矮腰鞋、高帮鞋、高筒靴等;按鞋帮鞋底连接成型工艺分缝制鞋、胶粘鞋、硫化鞋、模压鞋、注塑鞋等;按鞋跟高低分平跟鞋、中跟鞋、高跟鞋;按穿用功能分日常生活用鞋、运动鞋、旅游鞋、劳保鞋、军鞋等;按穿用季节分棉鞋、夹鞋、单鞋、凉鞋等。鞋既是人们日常生活、工作的必需品,也是社会物质和精神文明的载体。

鞋拔　shoe spoon　一种用以帮助穿鞋的工具。用铜或其他金属、非金属薄片制成。宽3 cm左右,两头略翘起。沿长度方向有一大致和脚后跟相吻合的弧形槽。新鞋,特别是不系带鞋,由于受鞋口大小和跗背高度的限制,脚伸进去比较困难,此时可利用鞋拔插入鞋后帮与脚后跟之间往外抻着鞋帮向上提,脚即可顺利地进入。

鞋帮　upper　鞋的上半部,包裹脚背以上鞋面部分的统称。包括帮面、衬里、主跟、包头、护趾布等。鞋帮结构依品种而异,皮鞋、旅游鞋帮面通常由“前帮”(405页)、“中帮”(662页)、“后帮”(210页)三部分组成,也有的仅由前帮和后帮组成,中后帮联为一体。布鞋帮有时是一整块布料构成,而雨鞋帮则多数是由两片料,构成前后帮。各种鞋前后帮几乎都有加固衬,这些加固衬在皮鞋中分别称包头(前头帮衬)和主跟(后跟衬),而在雨鞋中则称头皮和后跟皮。布鞋多数只有后跟衬。鞋帮结构基本可分为系带式和不系带式。系带式鞋帮可借助鞋带松紧长短来调节适应脚背高低。旅游鞋帮结构最为复杂,从七八片到十几片不等。

鞋帮不平服　unbalanced lasting　绷帮时帮面未绷平整,因而产生不符楦的现象。操作不当或者未按工艺条件要求操作所致。如鞋帮湿润时间不足等。

鞋撑　upper stay　用以支撑鞋帮,使之在贮运和展卖过程中保持形状不变的物体。最简单的就是在鞋帮内填充碎纸,现多用充气塑料模,也可用半硬质发泡或密质塑料片,一般仅仅塞在鞋前帮部位。比较考究的鞋撑前后帮均可支撑,通常是将硬质塑料或金属片加工成与鞋前头和后帮相同的形状,中间用杆连接,并可通过调节杆的长短达到一撑多号通用的目的。早期的高筒靴靴撑较复杂,用一螺杆带动两边圆轮撑住靴筒,现多用充气塑料脚模代替,既轻巧又便宜。

鞋带 shoe lace 用以将鞋束在脚上，使之在行走时不致脱开的条形织物。尽管皮鞋、运动鞋等各类鞋的鞋带长短、粗细及颜色各异，但都具有以下特点：(1)强度高，能承受脚在行走时对鞋的冲击；(2)摩擦系数高，以保证在穿用过程中鞋带结不会松开；(3)耐摩擦，因为鞋带和鞋眼上的金属圈相摩擦。鞋带通常用编织机或针织机织成管状物，中间可加芯。棉和合纤混纺鞋带综合性能较好，结合了棉纤维的高摩擦力与合纤的高强度。为方便穿鞋眼和不使鞋带挑线，鞋带两端用金属或塑料皮包覆。

鞋底 bottom, sole 鞋的下部托住脚底的部分。普通鞋底由外底、内底和鞋垫三部分组成。外底指最下层接触地面的部件。内底指连接鞋帮和外底的部件，鞋垫指处于鞋底的最上层直接与脚底接触的部件。某些旅游鞋和运动鞋的鞋底除上述三部分外，还在外底和内底之间加一层泡沫缓冲层，俗称中插底。皮鞋的内、外底之间加有钢勾心，以保证鞋型稳定。外底承担摩擦、防滑、弯曲等多种功能，一般由橡胶、皮革、塑料等制成，内底以前用皮革、再生革制造，现多用纤维纸板加工，鞋垫则由皮革、织物、人造革、非织造布等制成。构造最简单的是拖鞋底，由一层发泡或不发泡塑料制成，档次较高的拖鞋底也由外底、内底和鞋垫组成。最复杂的鞋底是士兵的作战靴和消防靴，除外底、内底和鞋垫外，还要加防刺穿层。某些运动鞋的鞋底有空气弹簧和扭力片，有些童鞋鞋底装有发光和声响装置等。

鞋底革 sole leather 见“鞋皮革”(573页)。

鞋垫 sock 鞋中直接与脚底接触的部件。可用皮革、人造革、叠层织物、橡胶或塑料海绵包复片等制成。既可粘贴也可搁置于内底上。某些布鞋和布面胶鞋鞋垫布直接和鞋帮缝合，有的皮鞋只有半截鞋垫，旅游鞋和运动鞋的鞋垫多用海绵制成，海绵垫的厚薄和软硬度对运动有一定影响。鞋垫层有较好的吸湿性，多层复合结构鞋垫有较好的吸湿排汗功能。

鞋垫图案 shoe pad pattern 中国民俗服饰图案。用于布鞋内底垫。由龙凤纹、喜鹊纹、鸳鸯纹、牡丹纹、莲花纹等具象纹，喜福等文字纹，以及抽象几何纹构成，富有吉祥寓意。图案以刺绣为工艺，配色热烈明快、对比鲜明、繁简得宜，呈现粗犷生动的艺术特色。鞋垫便于鞋内清洁和保暖，图案赋予其审美价值，也寄托了理想和祝福，是民间农村女子自绣自制的手工服饰品，也为表达情感的信物。

鞋跟 heel 鞋外底后部高起的部分。主要作用：(1)使人体重心前移，保持一定的前倾角度，有利于轻松行走；(2)减轻脚跟着地对大脑的冲击，特别是橡胶跟等弹性跟；(3)增进美感。男鞋 20～40 mm，女鞋 30～50 mm，超过上述范围，脚掌容易因为用力过大而酸疼。鞋跟的美感可通过不同的造型赋予，另外，随着鞋跟高度的增加，人体重心前移，身体各部位曲线强度增大，女性表现得尤为突出。鞋跟可用木材、橡胶、塑料、皮革、金属等制作。既可单独成型，也可和外底连成一体，布鞋、布胶鞋和多数男皮鞋就属于后一种形式。通常由跟体、跟座、跟口和跟掌或跟面等几部分组成。跟座即跟的上部，常呈半圆凹面；跟体有粗、细及各种造型；跟掌面为触地部分，常用金属或耐磨弹性材料与之配合；跟口是指鞋跟与鞋底相对的一面，可以是平面，也可以是弧形面。鞋跟按其成型方式有注塑跟、压制跟、包跟、堆跟、喷跟等；按其材质有木跟、橡胶跟、塑料跟、皮革跟等；按其与鞋底的装配方式有卷跟和压跟；按其造型有路易斯跟、古巴跟、匕首跟等。不同跟型与楦型及帮样配合产生不同的美感和穿着效果。

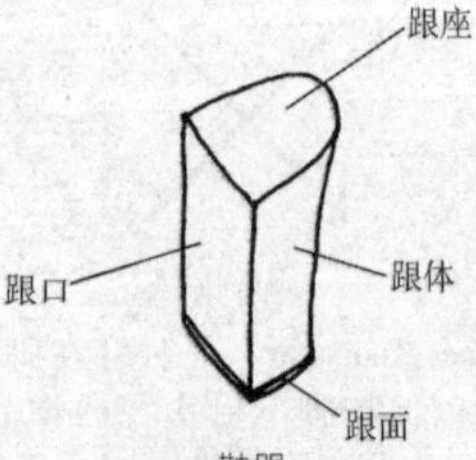

鞋跟

鞋号 footwear size 鞋的长短和肥瘦的标志。世界各国根据自己所在地区的人的脚型特点和脚型规律及使用习惯制订不同鞋号，如法码、英国鞋号、美国鞋号、中国鞋号、世界鞋号等。长短以号表示，肥瘦以型表示。按制订基础，分基脚长制和基内底长制两种。前者如中国鞋号、世界鞋号等，特点是同一双脚穿任何品种式样的鞋都是同一鞋号；后者如法码、英国鞋号、美国鞋号等，特点是同一双脚穿不同品种、不同款式的鞋鞋号有差别。长度号的表示有英寸、厘米、毫米等。型以数字表示，数字越大越肥。有表示跖围和脚宽之别，法码、英国鞋号、美国鞋号、中国鞋号采用前者，世界鞋号采用后者。

鞋口　top line　鞋帮后上部的开口。依据鞋的品种款式，鞋口大小不一。浅口鞋鞋口有的长达全鞋的80%，系带鞋鞋口则基本和脚腕大小相当，高筒雨靴的鞋口较大，便于脚伸进，有拉链的高筒皮靴的鞋口较小。鞋口造型依据鞋帮高低而定。为使踝骨外露，矮帮鞋的鞋口一般设计为V字形或元宝形，高帮靴鞋，鞋口多为一字形平行口，浅口鞋的口形大致分为圆形、方形、尖形三种形状，旅游鞋、运动鞋的鞋口有柔软的护口。

鞋扣　shoe button　鞋帮上的紧固件。如铆钉、四合扣(压扣)、鞋钎、尼龙搭扣等。既可以承担帮片间的连接，又可作为鞋帮与脚间的开合紧固件。多数用铝、铜等金属制作，也可用工程塑料加工。铆钉多用于中前帮开口处的连接；针眼式结构的鞋钎又称鞋卡，外形可方可圆；压扣和尼龙搭扣适用于童鞋。

鞋老化　shoe ageing　鞋在穿着过程中受外界因素如日光、温度、水汽、氧、臭氧等的影响，鞋部件性能下降的现象。老化后一般出现鞋底耐折性能下降，产生裂纹，鞋帮面裂浆、掉浆等现象。改进的方法是调整材料配方，增加有效稳定剂用量，改变稳定剂品种，改进工艺，缩短物料的加工时间等。

鞋面革　upper leather　见“鞋皮革”(573页)。

鞋内在质量　inherent quality of footwear　以人的感官不能检验，必须借助专用仪器检验的鞋的物理机械性能。如耐折性能、耐磨性能、剥离强度、硬度等。

鞋皮革　shoe leather　用于皮鞋的皮革。因用途不同，可分为：(1)鞋面革，厚度为0.8～1.8 mm，具有一定的柔软性，结实而富有弹性，耐曲折性好，表面颜色均匀，光泽一致，绒面革绒毛均匀细致。可由牛、马、猪、羊、鹿、袋鼠等多种动物皮加工而成，也可由合成材料制成。(2)鞋底革，厚度为3.0～4.5 mm，质地较坚硬，有韧性，可弯曲，耐磨性较好，一般由植鞣的牛、猪皮制成，目前较少用真皮革作鞋底材料，仅限于高档的鞋类。大部分鞋底采用橡胶和合成材料制造。(3)鞋夹里革，一般要求较低，厚度0.5 mm以上，有较好的柔软性，染色的、有涂层的、未涂饰的坯革均可采用，但对染色、涂层牢度有一定要求，以防穿用后严重脱色。常采用质量较差的羊皮革、猪皮革及各种剖层皮革制成。(4)鞋内底革，要求厚度为1.2～2 mm，质地坚硬结实，弯曲不易断裂。一般由植鞣的牛皮、猪皮制成。目前仅有少量的鞋采用真皮革内底材料，大部分鞋内底采用代用材料，其中以纸质的鞋用纸板为主，合成内底革为辅。

鞋钎　buckle　鞋帮上起连接、紧固和装饰作用的部件。例如一带式浅口鞋，将鞋钎固定于鞋帮外侧，鞋带从鞋内侧绕过脚背与之相连，利用鞋眼调节束缚的松紧程度。鞋钎可用铜、铝、钢或工程塑料制作，再镀金、银等色，使之具有装饰作用。鞋钎的外形有圆形、方形、椭圆形等。

鞋舌　tongue　系带式鞋帮护盖脚背部位的舌形部件。其作用是保护脚背不受鞋眼鞋带等摩擦，也可防止灰尘砂石进入鞋内，并使脚不会裸露于外，增加美观性。一般使用与帮面材质一致的材料，为使穿着舒适，某些运动鞋用复合PU泡沫布作鞋舌。鞋舌通常只与前帮连接，也有些特种防尘鞋靴将其加宽后与两边鞋帮缝合。

鞋饰　decoration on shoe　固定于鞋帮、鞋底或鞋口内的主要起装饰或标识作用的部件。饰件一般置于鞋的最显眼的部位，如前帮、侧帮、跟垫等部位。饰件依鞋的品种和帮面结构、材质、颜色等不同而变化。皮鞋除用鞋帮本色或近似色皮条编织流苏等饰件外，也可镶嵌金属小饰件，童布鞋等则可粘贴或镶嵌多彩的动物与花卉图案。鞋的商标是最重要的饰物。

鞋外观质量　appearance quality of footwear　以人的感官(必要时辅以量具)可以检验的鞋的质量项目。如鞋帮是否端正、平服、对称；帮面有无松面、裂面、裂浆等缺陷；缝线针码是否均匀，有无开线、翻线、跳线；帮底间是否开胶；尺寸偏差是否符合允差(如两只鞋长短肥瘦是否一致);鞋帮、鞋底色泽是否均一等。

鞋卫生性能　hygienic property　鞋在穿着过程中,对脚的生理需求的满足程度。(1)设计合理,既不挤脚也不压脚、磨脚;(2)用料讲究,尽量使用具有良好吸湿透气功能的材质,使脚的热量和汗液的生成与散发尽可能平衡;(3)保持一定的轻盈度,减轻人体的负载,研究表明:鞋重每增加1 g,相当于人体负重增加6 g。

鞋文化　shoe culture　文学、艺术、经济、民俗、科学技术等诸多文化内涵在鞋上的体现。我国鞋文化内涵极其丰富。(1)在文字上,随着历史时期不同,鞋的称谓、文字也不尽相同。从古至今对鞋的称呼有鞢(xié)、鞮(dī)、舄(xì)、屦(jù)、屣(xǐ)、屧(xiè)、履(lǚ)、屐(jī)等二十余种。其他有关鞋的成语、熟语典故也不少。如隔靴搔痒、削足适履等。(2)在礼仪上,不同场合、不同层次的人物穿着鞋不同,与服装配套成为区分上下等级、贵贱尊卑的重要标志。先秦时皇帝在最重大的礼仪场合穿赤舄(红色复底鞋),而皇后则着玄舄(黑色复底鞋),明清时代官员学士穿厚底朝靴,平民百姓则着薄底布鞋等。(3)鞋与民俗紧密相关,鞋与偕、谐同音,因此不少地方女儿出嫁时都以鞋为嫁妆献给新郎和公婆,另外某些地区和少数民族有以鞋为媒、以鞋定情的习俗。(4)鞋是文学艺术的重要载体,诗词歌赋、小说、剧本等文学作品和雕塑、绘画、刺绣、影视、曲艺等艺术形式,都有与鞋相关的内容。(5)鞋是某一特定历史时期科技与文化的载体,反映了不同历史时期社会科技与经济的发展情况,早在4000年前我国人民即以兽皮作成鞋帮、鞋底,用动物筋为线缝合成鞋,距今2000多年的汉代鞋已相当精致。

鞋楦　last　又称楦头。用以辅助鞋类成型的模具。

鞋眼　eyelet　用以穿绕鞋带而达到将鞋固定于脚上的部件。有的球鞋或运动鞋在中帮下侧腰窝处开有1～3个鞋眼,用以调节鞋内温湿度。鞋眼一般用不易生锈的铝材或铜材制造,以机械或手工方式铆在经加衬处理的鞋帮上。有的鞋眼不用金属环,而是直接在鞋帮上打眼,这就要求该部位的加固片具有较好的韧性和耐撕裂性。

鞋眼衬　eyelet stay　又称衬眼布、衬眼皮。钉鞋眼部位的衬垫材料。将帆布、经硫化的皮革或人造革切成一定形状缝在订鞋眼部位,增加该部位厚度,使鞋眼更牢地固着在鞋帮上。分内衬、外衬两种,内衬缝在鞋里上,外衬用彩色及白色人造革或胶皮缝在鞋面上,兼对鞋帮起装饰作用。

鞋样CAD　shoe pattern computer aided design　即“计算机辅助鞋样设计”(242页)。

鞋油　shoe polish, shoe cream　使皮鞋的帮面保持润泽和光亮的糊膏状物质。其主要成分是蜡,如虫蜡、石蜡等,按一定比例在熔融状态下混合,然后加入适量的挥发性(如松节油)和油溶性颜料,搅匀后倒于容器中。将其涂布于皮鞋帮面会逐步被吸收,再轻摩擦抛光后,即产生润泽亮丽的效果;另一类鞋油是将蜡先溶于少量溶剂中,然后进行乳化,制成乳液,干后即产生亮膜,无需抛光。

鞋子图案　shoes pattern　用于脚部的服饰用品图案。主要以花卉纹构成。传统鞋子图案多以对称格式,重点装饰鞋头和鞋两侧;现代鞋子图案渗透到鞋里、鞋底、鞋跟,也有打破两足对称的个性化图案设计和与服装面料统一的四方连续图案。结合提花、印花、贴绣、平绣、珠绣等工艺,鞋子呈现平面和立体的装饰图案。历史上有中国清代的如意卷云男鞋、马蹄绣花绸缎女鞋、民间绣花布鞋,许多少数民族至今仍保留用图案装饰鞋的习俗。

鞋子图案

鞢　xie　西周以前对鞋的称谓。最初为生皮制成,后来用其他材料制作。具有特殊式样的鞋也称鞢,只不过在前面加上注名而已。如芒鞢,即革鞋;丁鞢,即带钉的鞋;弓鞢,即鞋底成弯弓形状的鞋。

写实风格　actualism　一种绘画风格。以标准人体比例为基础，对人物的形体、表情及服装的款式、结构、色彩等进行较为准确、细腻的刻画。主要依照素描原理对衣褶的光影进行描绘，生动地反映服装的款式造型和面料肌理，并对画面构成要素进行适当的取舍，兼具艺术性与真实性。

写实风格服装画　realism style fashion drawing　以理想的人体比例为基础，画面形态略有夸张，对人物及服饰的刻画较准确细腻，无论是服装的款式、结构、色彩还是人物的形态、比例及表情都较逼真、自然，接近现实生活的服装画。素描是写实风格的基础，无论选用哪种绘画工具，都应基本以素描的形式对衣褶光影进行描绘，真实生动地反映服装款式造型、面料肌理及衣纹变化，并将画面构成要素作一定的取舍，使整个画面具有服饰美和艺术性。

写实风格服装画

写实图案　realism pattern　图案的形式美表现。强调物象外在造型特征的图案。通过写生观察认识物象的生长规律和特点，以尊重原貌为基础，进行主观取舍、归纳和提炼，用简化或复杂化的手法对形象进行装饰表现。写实图案具有写实程度的差别，装饰的色彩表现也会赋予写实形的图案感。广泛应用于传统和自然风格等服饰面料设计中。

写实图案

写意风格　abbreviation　即“省略风格”(464 页)。

写意风格服装画　free hand style fashion drawing　又称省略风格服装画。适当忽略时装画中非基本、非重点之处，以最简练的线条或色彩显示设计作品的主要款式特征的服装画。将服装的局部造型和人体细节省略到最低限度，进行精华概括，妙在虚与实、藏与露、具体与省略的对比，含蓄简洁，轻松凝练，给人回味与遐想。此风格时装画亦能节约作画时间，快速反应构思，常用于构思图、商业时装插画中。

写意风格服装画

写意图案　compose pattern　图案的形式美表现。强调物象内在表现特征的图案。注重对物象神态和精神表现的刻画，以主观体验与装饰手法结合表现。写意图案建立在创作者对物象的充分了解和把握与对图案语言的熟练运用上。广泛应用于现代休闲风格等服饰面料设计中。

写意图案

血晕妆　xieyun style　唐长庆年间京师妇女的一种面饰。以丹紫涂染于眼眶上下。

卸开　split　服装外观疵病。缝合后两层衣片分离的现象。其原因为：(1)上、下层衣片的衣缝沿边没有对齐，上层有线迹，下层没有缝到；(2)缝纫时断线、跳针未被发现；(3)缝线质量差，或缝纫时有浮线，衣料拉紧后缝线绷断。多见于上衣袖窿和裤子裆缝部位，对外观和内在质量都有影响。

亵衣　xieyi　又称胁衣、小衣。中国古代内衣统称。人体上身最为贴身的衣服。基本形制为舒适、短小、贴身的上衣。因贴体而穿，一般以质地细密舒适的材料制成。不分男女和尊卑均可穿用。始于秦汉时期，各朝代的亵衣式样有所不同。古代对贴身内衣的名称有很多种，如汗衣、鄙袒、羞袒、心衣、抱腹、帕腹、圆腰、宝袜、小衫、抹胸、抹腹、袜裙、腰巾、肚兜、小马甲等。

谢公屐　xiegong shoes　一种鞋底装有活动齿的木屐。由南朝宋国人谢灵运发明。以皮革或织物为帮面，木板为鞋底，并在其前后装有可拆装的特制鞋齿，主要供出行山路时穿用。上山时拆下前齿，下山时拔掉后齿。由于这些齿有一定高度，因而上行下行时都能很好地保持躯体平衡，使走路更轻松、稳当。

屟　xie　古时对木板鞋的称谓。战国时西施即穿此种鞋。见“西施屟”(554 页)。

新潮妆　mod make-up　即“时尚妆”(466 页)。

新达达主义风格　neo-dadalism style　即“波普艺术风格”(34 页)。

新黑色　new black　表现为有光亮的黑、无光亮的黑、化学的黑等各种黑色的一种组合。20 世纪 80 年代末，黑色由全盛时期转向衰落，然而在 1990～1991 年秋冬，一种具有魅力的新黑色又重新流行，称为新黑色，如三宅一生使用了有光亮的黑色与无光亮的黑色的搭配，产生了别样的效果。使用不同材料的黑色组合是新黑色的特征。新黑色是 1990～1991 年秋冬日本时装界推出的流行色之一。

新疆雨鞋　Xinjiang rain shoes　新疆地区维吾尔等少数民族喜欢穿用的胶面胶鞋。矮帮，黑色胶面。红色针织绒布里，帮底结合处有较高的围条。

新结构毛衫　new structural knitwear　由电脑横机采用素色或两种以上色彩编织带有立体图案的毛衫。一般以松结构为宜。可呈现凹凸、立体、交叉等图案纹样，也可将前片、袖、后身逐片相连编织成衫。深受男女老少喜爱。

新郎妆　bridegroom make-up　突出新郎阳刚之气的化妆。用自然粉底对新郎脸部皮肤和轮廓进行修正，淡咖啡色眼影加强眼部神采，浅橘色唇膏增添唇部光泽和红润感，视需要对新郎眉型进行修整。着妆痕迹不能太重，以自然、大方、得体为主要原则。

新面貌女装　the new look dress　强调人体曲线，外形呈 X 的女装款式，1947 年在巴黎由设计师迪奥(Dior)率先推出，风格高贵典雅。当时残酷的第二次世界大战刚刚结束，经历战争洗礼的人们将审美又一次回到对女性美的追求之中。迪奥顺应潮流，选用厚实粗呢料，设计了极具女性味的新面貌女装，肩线自然圆润，胸部合体，腰部紧身，裙子加长过膝，辅以衬裙，像喇叭花一样张开，宛如 8 字形，充分体现了女性的内在气质和外形魅力，这种形象成为 20 世纪 50 年代流行的主旋律。

在迪奥发布新面貌女装 50 年后，1997 年迪奥品牌再次推出带新面貌感觉的时装，同样引起轰动。

新面貌女装

新娘妆　bridal make-up　突出新娘的清新、甜美、温柔等的化妆。粉底是重点，要令肤质、细腻红润有光泽；眉型和唇型平缓圆润，眼妆自然柔和，用眉目贴和假睫毛强调眼部神采；色彩以玫红、桃红、橘红、粉绿、粉蓝色调为主，其中中式婚礼妆略为浓艳，暖色偏多以示喜庆，西式婚礼略为淡雅，粉紫色偏多以示纯洁。整体妆面干净、立体、持久。

新维多利亚式套装　new Victorian suit　上紧下松的 S 型女装。由 19 世纪的维多利亚风格演变而来，于 20 世纪 40 年代流行。上装合身，胸部饱满，收腰，夸张地突出女性线条，下配喇叭状过膝裙。新维多利亚式套装在造型上带有 19 世纪的宫廷女装痕迹，但不衬紧身胸衣。

新写实主义风格　pop art style　即“波普艺术风格”(34 页)。

新艺术风貌　Art Nouveau look　侧身轮廓呈 S 型曲线女装。属于巴洛克风格，流行于 19 世纪末 20 世纪初。受当时新样式运动影响，服装造型、装饰细节和面料图案带有曲线形，花边被大量用于服装（紧身胸衣、夜礼服、裙子），甚至帽檐、披肩、扇面的点缀，各种曲线形式的花草纹样均广泛使用。

星点缝针　star point stitching　一种手针缝纫法。在缝料正面作回针针法，但入针与前一线迹的出针之间间隔很小，一般为 0.3 cm左右，呈星点状。常用于不作车缝缉线的止口部位或需加固的部位。

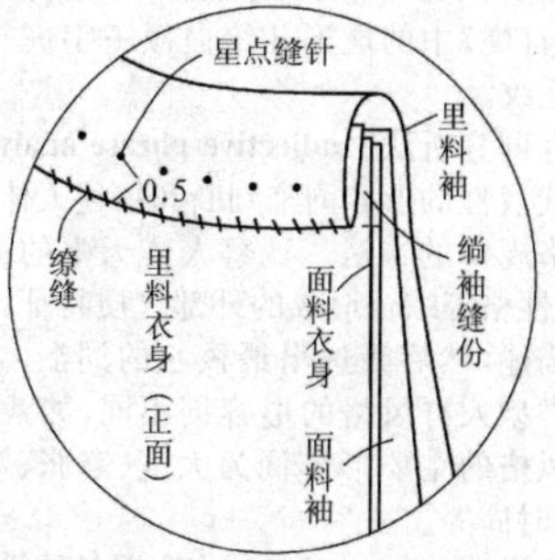

星点缝针

星光宝石　star light gem　在光线照射下，表面呈现相互交会的四射、六射或十二射星状光带，似夜空中星光的宝石。内部有平行晶面排列的管状、纤维状包体或管状空隙。当平行纤维包体的展示面被磨成光洁的弧面后，入射光与交织的包体会发生定向反射，交会在一起的反射光就呈现星光效果。品种很多，如星光红宝石、星光蓝宝石、星光芙蓉石、星光透辉石、星光尖晶石等。

行冠　xingguan　清代帝王外出巡行时所戴的一种冠。有冬夏两种形制，冬用皮或绒，夏用藤竹蒙纱，冠顶饰有朱氂、顶珠。

行袍　xingpao　即“缺襟袍”(421 页)。

行头　xingtou　中国传统戏曲对演出服装的总称。包括所有戏衣、盔头、戏鞋以及戏装的各种附件。也可以泛指一切演出用具。

行头盔头　*Xingtou Kuitou*　戏曲服饰著述。齐如山著《齐如山剧学丛书》第九种，北平国剧学会 1935 年版，后收入 1979 年中国台湾联经出版社出版的《齐如山全集》第一册。上、下两卷，分别介绍了戏曲中常用“行头”(577 页)、盔头的名目、式样、制作方法及在演出中的具体运用，并略述其与生活服装间的关系。

U 形地带　U-zone area　脸侧面从颧骨到耳前、腮部至下巴的区域。化妆中常在此区域使用暗色，用以加强面部的纵深效果。

形儿　xinger　又称假形。传统戏曲对所扮演动物形象进行全身造型用的服饰。布制，依所仿动物头、身、足、尾的外形制作，并绘出所仿动物的皮毛纹理，用时连头、身及手足一起套在里面。如《义记・闹朝扑犬》中的狗形儿头耸狗耳，周身绘黑或黄色狗毛纹；《武松打虎》中的虎形儿绘白额王字虎头，黑色虎毛纹。

形容词分析法　adjective phrase analysis　运用代表性的形容词来判断和描述人体及服饰风格规律的方法。观察人体天生的面部、身材、性格等综合形成的外部气质特征，用形容词描述，然后筛选出最核心的词汇。描述不同类型人群风格的形容词不同，如戏剧型人群风格的主要形容词为大气、夸张、对比、成熟、时尚等。

形象设计　image design　运用各种设计手段，根据被设计者外形、身份、性格等个性化要求，对其发型、化妆、服饰、体态、体姿甚至语言等各方面进行整体包装设计，同时利用人的视错觉，形成心理美感和视觉美感。早期主要应用于影视戏剧舞台，后逐渐用于人们日常生活中的外貌和言行举止的美化和得体化，也可用于规范各种社会角色，使其定位更加职业化。

形象设计效果图　image design fashion drawing　用以表达设计效果的工具图。根据设计对象的特点，将设计构思通过全身正面或斜面的平面图纸体现出来，注重人体比例、头型和发型的艺术处理等。多附有创意说明。

形象选择　image selection　根据形象诊断的结果，对设计对象的各项特征进行汇总分析，并选择出最佳形象设计方案的过程。建立在资料整理基础上的形象思维和艺术创造，用于形象定位前的准备。

形象诊断　image diagnosis　形象设计过程的准备阶段。通过视觉观察、语言交流等方式，了解和把握设计对象的外貌特征、设计要求，建立设计对象档案，以便为设计对象确定设计方案。其中视觉观察需要把握的特征主要有身高、体型、头形及大小、头发特征、脸型特征、五官特点、皮肤特征等，语言交流需要了解的内容主要是年龄、职业、文化、生活方式、兴趣爱好、性格特征及设计对象本人的要求。

T型内造型　T-line inner modeling　肩部呈水平线与直线相交，将服装分割成若干个平面，它所形成的线或图案构成英文大写字母T的造型。最常见的有胸育克T型和背育克T型服装，具有稳健、均衡的感觉，能显示穿衣者的胸部饱满和腰部纤细的特征，在合体形女装上运用较多。

T型台　runway　又称天桥。时装表演中模特用以展示时装的平台，形状多为T型伸展台。由于时装表演的目的、规模、策划编排不同，T型台的形式也较为多样。例如，配置着豪华的跑道式地毯的巨型舞台，充满异国情调的咖啡厅中伸向观众席旁的过道，都可以充当暂时的T型台。T型台的形式由服装风格和目标市场决定。

型特征　model characteristics　由轮廓、比例和量感共同决定的外形特点。轮廓指由表面紧密排列的不同走向的线条所决定的外部形态，可分为直线型、曲线型和中间型三种，直线型令人感觉硬朗，曲线型令人感觉柔和。比例指物体内部各部分之间的比，它决定匀称感，多决定于线条分割，和谐的比例多带来均衡感，夸张或特殊的比例往往带来个性、新颖感。量感指由粗细、大小、轻重、厚薄、宽窄等综合决定的物体分量感，受物体的体积、颜色、材质等因素的影响。深颜色比浅颜色量感大；量感大的袖子往往宽大有厚重感，量感小的袖子往往窄小而贴身；量感大的领子领口低而领面宽，量感小的领子领口浅而领面窄；量感大的面料多挺括厚实、纹路粗犷，量感小的面料往往轻薄柔软；量感大的图案多大对比、大花朵、大格纹；量感大的配饰夸张醒目；量感大的彩妆艳丽成熟而量感小的彩妆淡雅可爱。量感多与比例共同考虑，同样重量的物体由于比例不同会给人以不同的体量感受。骨感强、脸大、五官夸张立体通常脸部量感大，但脸小而五官大也显量感大。脸部量感比身体量感对人体风格定位的影响更大。在形象设计中要注意两类型特征：(1)人体型特征：人与生俱来的体貌特征，可从脸型特征和体型特征考察，主要体现在由脸部骨骼、五官线条、眼神目光、身体骨骼、肩部线条决定的综合整体感觉上；(2)人体装扮要素的型特征：服装、配饰、发型、化妆等内容的外部特征，其中服装需要关注肩、领、袖、衣片、裙、裤、服装面料和图案等基本要素，配饰需要关注鞋、包、丝巾和饰品等基本要素。对人体型特征的分析是服饰风格定位的关键，人体型特征和装扮要素的型特征统一、匹配才能获得和谐的整体风格。

O型腿体型　O-shaped leg figure　两腿在膝盖部位以下向内弯曲呈O型的体型。裤身纸样设计时将前后裤片横裆线处剪开、拉开，加长侧缝以适应腿部外侧长度的增加。

O型腿体型

X型腿体型　X-shaped leg figure　两腿在膝盖以下向外弯曲呈X型的体型。裤身纸样设计时将标准体的前后裤片在中裆缝处剪开，加长下裆缝以适应腿部内侧长度的增加。

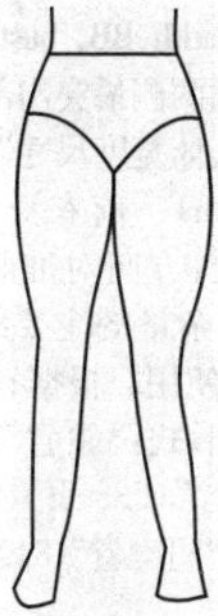

X型腿体型

性格妆　temperamental dressing　赋予人物特有的气质、修养、思想和社会经历等的化妆。将角色的内心本质特征显示在演员外形上，帮助演员塑造具有鲜明个性的整体造型。脸型、眉型、鼻型、唇型等是塑造的要素，常用各种细节，包括生活与心理特征、生活习性、趣味和爱好等，塑造出容貌各异，神情、气质迥然不同的人物形象，要求特征鲜明并符合人物的性格逻辑与生活逻辑，忌主观随意性。我国传统戏曲的脸谱、古希腊故意夸大人物表情的面具等都属于性格妆。

匈牙利皮帽　Hungarian fur hat　17世纪匈牙利男子戴的平顶，圆筒形无檐帽。帽顶上常装饰着羽毛，多用毛皮制作。

匈牙利皮帽

胸背图案　chest and back pattern　即"补子图案"(38页)。

胸部绷紧　tight at chest　服装外观疵病。服装前胸部位绷紧，两端外肩部有重压感，里肩部起空，有时会出现前开襟下止口部位稍略豁开的现象。原因是：(1)前胸尺寸裁配过小；(2)缝制过程中推门不足；(3)肩缝裁剪过斜，使里肩起空，整体衣服的重心落于外肩。补正方法为：(1)酌情放宽前胸宽尺寸，前后衣片的里肩缝处略放平；(2)如前胸放出，前衣片腋下部分的摆缝处也应相应放出，使前胸显得宽舒；(3)缝制时门开襟部位的上止口适当归拢，推出前胸胖势。

胸部绷紧

胸袋　breast pocket　位于胸部的口袋(图见下页)。位于上装胸宽线与胸围线交叉的区域，有贴袋和开袋之分，贴袋有装袋盖和不装袋盖两种，开袋有单嵌线、双嵌线及无嵌线之分。一般具有功能性的胸袋大小为11～13 cm，具有装饰性的胸袋大小为9～11 cm。多用于中山装、男式衬衫、男式西装及马甲等服装上。

胸袋

胸袋手帕　pocket handkerchief　插在胸部口袋处起装饰作用的手帕。以白色和粉色居多。袋口露出的形状可折成单角形、多角形、直形、花蕾形或自由形。作用是提升礼服在隆重场合的高雅感。现代社会逐渐以鲜花造型替代手帕装饰，以显示时尚感。

胸袋手帕

胸挡布　clothing for sheltering from chest　低领口服装领口内用以遮挡胸部的装饰布料，如水兵服的胸领口。常用于女衬衫及儿童服装。

胸挡布

胸点　bust point, BP　即“胸高点”(580 页)。

胸垫　chest pad　即“组合胸衬”(681 页)。

胸度法原型　bust-measure system basic pattern　原型的种类。用人体净胸围的比例形式作为主要部位制图公式的原型，国内外大部分上装原型都是胸度法原型。

胸度制图法　bust-measure system drawing　平面裁剪制图方法。以人体胸围的比例形式计算出上衣其他部位规格尺寸进行结构制图的方法。常见的有三分法(1/3 比例)、四分法(1/4 比例)、六分法(1/6 比例)、八分法(1/8 比例)、十分法(1/10 比例)等。三分法、六分法常用于收腰服装的结构制图；四分法、八分法常用于宽身服装的结构制图；十分法运算比较方便，常单独使用或与其他方法混合使用。

胸高点　bust point, BP　又称胸点。人体测量点。胸部最高的位置。服装构成最重要的基准点之一。女装结构胸省所对准的部位，使衣服胸部隆起位置与程度与此点的位置与状态相对应，也是测量服装压的重要部位。

胸厚　bust thickness, BT　在乳头点高度上，躯干前、后最突出部位间的水平直线距离。确定贴体内衣结构的重要参考值。见“人体厚度尺寸”(428 页)。

胸宽　bust breadth, BB, bust width, BW　在乳头点高度上，胸廓两侧最突出部位间的横向水平直线距离。见“人体宽度尺寸”(429 页)。

胸省　bust dart　前衣身省道种类。为塑造胸部立体造型，方向对准胸高点(BP)的省道。消除前身浮余量的主要结构形式，在女装结构设计中广泛使用。根据省道所处位置的不同，一般有六种形式：“领省”(323 页)、“肩省”(250 页)、“袖窿省”(585 页)、“胁省”(570 页)、“腰省”(604 页)、“门襟省”(349 页)等。

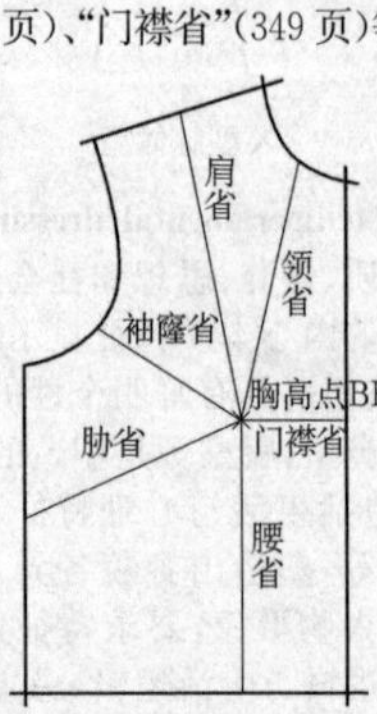

胸省

胸凸量　front excess　即“前浮余量”(406页)。

胸围　chest girth, bust girth　男性胸围为沿人体腋窝点水平围量一周的长度。男装号型中的基本部位。女性胸围为过胸高点沿胸廓水平围量一周的长度。女装号型中基本部位,上装规格设计中的重要尺寸。见“人体围度尺寸”(430页)。

胸围高　bust height, BH　人体立姿时从胸高点到地面的垂直距离。见“人体高度尺寸”(428页)。

胸围线　bust line, BL　人体测量线。过人体胸高点的水平围线。测量人体胸围的重要测量线。

胸围制　bust circumference designation　我国服装示明规格常规表示方法。以服装的胸围尺寸表示服装规格。适用于贴身内衣、运动衣、羊毛衫等针织编织类的服装,规格档差为5 cm。

胸腰差　dispersion between bust girth and waist girth　胸围与腰围围度之差。有人体和服装两种含义,人体的胸腰差分四种组别:Y、A、B、C,服装的胸腰差与服装具体风格相关。

胸针　broach　用于胸前佩戴的饰品。由装饰体和金属别针组成。多佩在衣服的左胸部。主要为女性使用,特殊场合也有男性作为标志使用。可以强调身份特征,提高服饰品位,显示优雅。

熊皮高帽　bearskin cap　高筒状帽冠,颔下或下唇处有链子或系带的无檐帽。黑熊皮制成,常装饰着竖直的羽毛、辫穗、流苏。英国军队的职员和白金汉宫的卫兵及加拿大渥太华国会大厦的卫兵等人员戴用。

熊皮高帽

休假套装　holiday suit　户外服饰。休假时穿着。与正规套装的风格造型相反,休假套装强调宽松,穿着舒适,取天然的棉、麻、丝、毛织物作面料,色彩淡雅,以自然环境色为上乘。

休闲风格　leisure style　线型自然、弧线较多的服装风格。零部件少且面感强,外轮廓简单,讲究层次搭配,手感柔软,多用天然材料。

休闲服装设计　casual wear design　休闲场合穿着服装的设计。造型宽松自然,款式简洁,忽略细节装饰。上下装面料风格一致或接近,以具有粗糙肌理和穿着舒适的棉、麻等天然织物和混纺织物为宜。休闲服已被越来越多的人接受,其适合场合也变得更为宽广。室内休闲服包括睡衣裤、睡袍、睡裙、浴衣等。室外休闲服包括T恤衫、夹克、宽松西服、羊毛套衫、滑雪衫、宽松裤等。

休闲式羊毛套装　leisure wool suit　户外羊毛服饰。休闲风格,20世纪90年代初受全球休闲风影响而出现。款式特点:上装宽松、裙长近膝盖,总体上细长呈直线型,无过多修饰,主要根据编织工艺的不同而变化款式。大多选用棉、麻、毛等天然纤维或涤纶丝、人造丝、锦纶等材料混纺,手工编织也占有相当部分。取米黄、驼色、烟灰、棕红等大自然色彩为主。

休闲套装　leisure suit　H型造型,非常轻松的套装。以牛仔裤的随意和西装的整齐相结合为特征。色彩以自然色系和粉色系居多,面料采用天然的棉、麻、丝等。休闲套装是20世纪90年代兴起的服饰。最具代表性的有牛仔裤装、衬衫式套装、衬衫领夹克、时尚型短夹克套装等。

休闲鞋　leisure shoes　在工作之余闲暇时穿用的鞋类。一般用缝帮套楦,而后注塑或黏合成型。特点是穿脱方便,鞋型宽松,鞋帮鞋底柔软而富弹性,矮跟或坡跟,可以使脚得到放松和休息,如懒汉鞋、包底鞋、皮便鞋等。

休闲装图案　casual dress pattern　休闲装的服饰图案(图见下页)。内容包括动植物、人物风景以及各种抽象图案,装饰手段自由灵活。适用于绒布衬衫、T恤衫、牛仔衣裤、棉麻连衣裙等服装设计中。形式多样的连续图案或简洁的定位图案,呈现出轻松明快、舒展自如的风格特征。采用天然棉、麻、丝以及人造纤维材料,与印花、机织、机绣等工艺结合表现图案。

休闲装图案

修眉刀　eyebrow razor　将眉毛修整成形的剃刀。使用较为方便，速度快。可以简单地剃除杂毛，但是往往显得不够自然。

修面革　corrected grain leather　即“修饰面革”(582 页)。

修面革鞋　finished leather shoes　用修饰面革为帮面制成的鞋。天然皮革由于伤残或由于某些动物皮纹粗糙等原因，表面不平整，不符合使用和美观要求，需要进行修饰。通常的做法是将粒面层磨去，再进行涂饰、轧花等处理，称修饰革。用修饰革制的鞋，外表美观，色泽亮丽，但卫生性能较差，原因是涂饰层阻隔了皮纤维组织的大部分吸湿透气通道。另外因为失去原有的皮纹，修面革鞋一般档次较低。

修女头巾　nun's veiling　12 世纪后期在英国流行的一种头巾样式。用一块长的亚麻布，从颈部开始沿面颊向上拉起，覆盖到头发。头巾的两端重叠于头顶，并固定在头饰上。头巾外通常戴一块面纱。头上的装束往往由一个圆环系住。后演变成修道院里修女们的专用头巾，流传至今。

修女装束　nun costume　A 字型长长的袍服。灵感来源于修道院修女的服装款式，风格神秘。面料紧裹身体，有时遮一块薄纱，以深色调为主。1993 年秋冬曾流行加入些许亮丽色彩和前卫感觉的修女装束。

修容刷　face brush　下眼圈或 T 字部位涂抹亮光影彩时用的笔刷。毛尾顺着要打亮的地区依次刷过，但若沾了太多粉，会很不自然。扁平状的刷子使用起来最顺手。

修饰面革　corrected grain leather　又称修面革、磨面革。表面层经磨面修饰处理的皮革。原皮表面存在的伤残、疵点等缺陷，若不加磨面修饰，会影响外观质量。将有缺陷的皮在磨革机上进行磨面、平整，然后喷涂或刷涂浆料，再经压纹上光等修饰处理，使皮革表面形成一层崭新的薄膜，颜色、光泽、花纹、耐磨牢度、抗水性、抗污性良好，但由于改变了动物皮的天然粒纹，毛孔被覆盖，失去了部分透气性，手感偏硬。牛、马皮的修饰面革，可用于制作鞋类、箱包、皮带等；羊皮修饰面革只能用于制作低档服装或鞋类。

修剔止口　front edge trimming　将缉好的止口毛边剪窄的动作。一般分修双边与修一边两种方法，单修一边的止口两边缝边有错位，翻出后止口外观较平服。适宜于材质较厚的服装。

修颜液　complexion regular liquid　即“肤色修正液”(145 页)。

修正符号　revised symbol　服装试样后，对需要修正部位或衣缝所作的记号。通常采用划粉划线和大头针别出两种记号方法。具体符号有改短、放长、提升、下降、拉拔、归拢、除去、增添等：(1)改短符号，用针横别或用划一道横线标于要改的部位，标号的长短即改短该段的尺寸；(2)放长符号，以横针或横线为标准，并在横针或横线中间加一直针或直线，标号长短即放长的尺寸；(3)提升符号，下面一根横针或横线，上面两根平行的横针或横线，上下距离即表示提升的幅度；(4)下降符号，上面一根横针或横线，下面两根平行的横针或横线，上下距离即表示降低的幅度；(5)拉拔符号，八字形的针型或划线，表示这一部位需稍作拉拔和伸长；(6)归拢符号，V 字形的针型或划线，表示这一部位需稍作归拢和紧缩；(7)除去符号，两针交叉或两线交叉，表示这一附件或这一省缝可以除去不要；(8)增添符号，两根横针并列或两根横线并列，表示这一部位需添加某些附件(纽扣等)、衣缝或缉线。

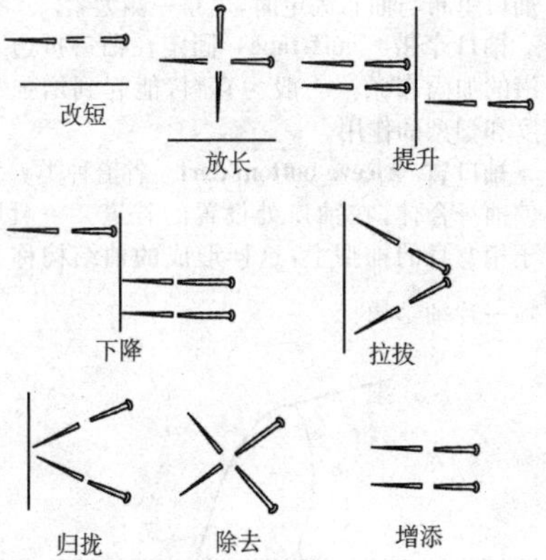

修正符号

修正样板　pattern for revise　用于校正裁片的样板。裁片在熨烫、缝制处理中会发生变形,需要用修正样板修剪裁片,以保证裁片的准确性。如西装前裁片经过高温压衬后会发生热缩等变形现象,导致左右两片不对称,需要用修正样板修剪裁片。修正样板除纸边外一般为净缝,以保证修正时的精度。

修指甲　manicure　将指甲前缘剪磨成形的操作过程。一般先决定保留的指甲长度,再用指甲剪从指甲的两边向中央剪出一个大概的形状,再用砂条打磨细致。

羞体　xiuti　见“盖头”(170 页)。

$1\frac{1}{2}$袖　one-and-half-piece sleeve　衣袖结构种类。后袖口处收省的弯身袖。因后袖口处收省,使整个后袖身处于部分相连部分分离的状态。常用于女装外衣上。

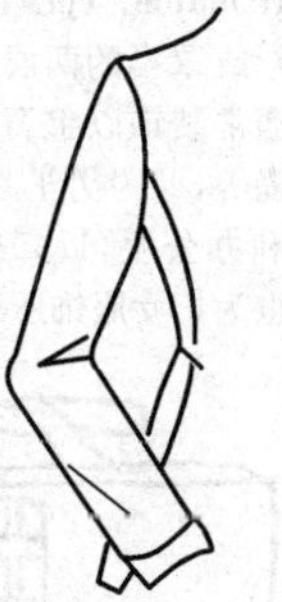

$1\frac{1}{2}$袖

袖插角　sleeve triangle　又称袖三角。在连袖的袖底腋下部位嵌缝进三角或多边形的布料,以增加腋下的松量,便于抬手。其大小可根据衣服功能需要而选择。

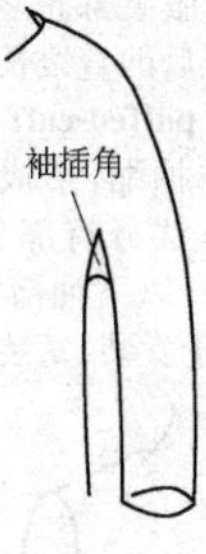

袖插角

袖衩　sleeve slit　袖口内侧的开口。为紧袖口式衣袖穿脱方便而设。缝合形式有四种:滚边开衩、贴边开衩、缝合线开衩、书签式开衩。开衩按功能分有真衩、假衩、真假衩等。

袖衩线　sleeve slit line　作为袖口部位的开口,在袖口外袖缝线处向外放出贴边量后的直形轮廓线。袖衩宽为 2.5～3 cm。用粗实线表示。见“衣袖结构线”(610 页)。

袖长　sleeve length　服装上衣袖肩峰点至袖口的长度,对应于人体的全臂长,肩点至腕点的长度。其长度一般用人体身高比例和一定的常量来表示。圆袖的长度是肩缝的交叉点量至袖口边中间的长度,连袖是指后领中沿肩袖缝、袖中线量至袖口中间的长度。

袖长线　sleeve length line　从衣袖上端袖山顶点至下端袖口边沿的水平基础线。在插肩袖制图中,袖长线不包括插肩部分的长度。用细实线表示。见“衣袖结构线”(610 页)。

袖底弧线　armhole curve　小袖片上端向下凹的弧形轮廓线。用粗实线表示。见“衣袖结构线”(610 页)。

袖垫　sleeve pad　即“袖窿衬”(585 页)。

袖缝　sleeve line　服装缝道种类。衣袖的缝合缝,按所在部位分前袖缝、后袖缝、中袖缝等。

袖箍　sleeve hoop　用于固定长袖衬衫袖子的饰品。将有弹性的材料制成圈形,置于袖臂上限制袖子活动,既具实用性,又具装饰性。多为金属制成。男女皆可佩用。

袖克夫　sleeve cuff　又称袖头。装在袖口处能束紧的部件。现延伸为凡装于某部位能起束紧作用的部件。

袖孔　armhole　即"袖窿"(585页)。

袖口　cuff　服装部位名称。衣袖最下端的部位。其平摊后的直线长度为袖口大。

袖口抽褶袖　puffed-cuff sleeve　又称灯笼袖。在袖口部位抽缩,形成袖身蓬松感的袖类。按构成的方法分有部分袖身以下、袖山线以下、整体袖身以下抽褶等种类,具有较强的装饰性,常用于女装、童装各类内外衣。

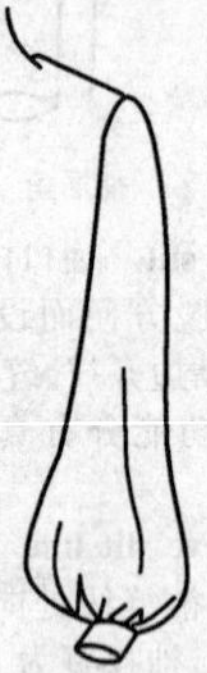

袖口抽褶袖

袖口宽　cuff width　测量时将袖口水平放置,为整个袖口围长的1/2。一般紧身袖口宽约为9～11 cm,稍宽袖口宽为13～14.5 cm,宽袖口宽为15 cm以上。

袖口宽

袖口起绺　sleeve opening crease　服装外观疵病。袖口部位成型后产生的不平整现象。形成原因是袖口的面布在里侧固定太紧,或袖口里布与面布固定时,里布一侧太紧。

袖口牵带　cuff tape　固定在袖口折边下沿的加固布条。一般为直料,能起到增强牢度和塑型的作用。

袖口省　sleeve bottom dart　省道种类。为使袖身合体,在袖口处设置的省道。一般用于稍弯身的袖型上,这样形成的袖结构称为$1\frac{1}{2}$片袖结构。

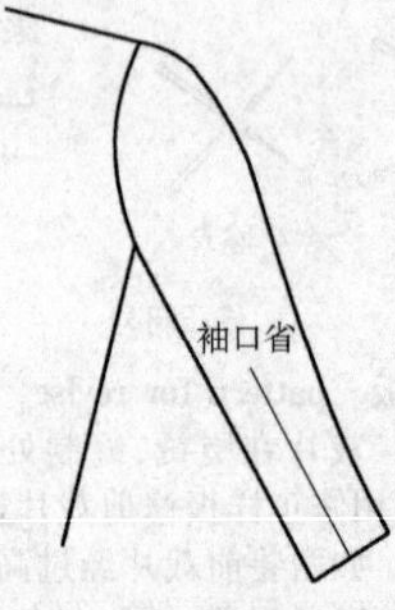

袖口省

袖口围　cuff circumference　袖口围度的大小。衣服袖口平摊后的周长或成型的袖口宽乘以2。

袖口线　sleeve end line　衣袖袖片下端边沿的一段弧形轮廓线。一般一片的衬衫袖袖口借用下平线,两片或三片的装(圆)袖、插肩袖等,以下平线为基准,靠里袖缝的一边上翘,靠外袖缝的一边向下移,袖片的弧度越大,袖口的斜势越足。袖口线必须与内、外袖缝成直角。用粗实线表示。见"衣袖结构线"(610页)。

袖扣　cuff button, cuff link　又称链扣。用以扣紧衬衫或罩衫的两层袖头且能卸下的纽扣。扣面通常装饰以宝石、珍珠、金、银、黄铜、象牙、陶瓷等,原为男子衣袖服饰配件,大多用于礼服和办公服,近来也常与领带夹配套使用。现也为妇女服饰所采用。

袖扣

袖宽　sleeve width　袖身结构中袖肥大小的1/2。测量时将袖身平放,量宽度最大部位的尺寸。袖宽涉及到袖身穿脱的方便性及穿着的舒适性,一般在较贴体、贴体风格的衣袖设计中较注重。

袖里　sleeve lining　袖子的里料。袖子的里布与面布在样板构成中有一定的区别,因里布的缝型为座倒缝,故在面布样板基础上横向缝份各增加0.2 cm的缩水差异,纵向缝份则在袖底增加2.5 cm的差值,以保证袖面布的外形平整。袖里主要是保护面布、增加外衣与内衣间的滑爽性等功能。

袖里拧　sleeve lining crease　服装外观疵病。装袖后袖身外观出现扭曲的现象。形成原因是装袖时袖身面里布不同步,出现袖里布扭曲的现象。

袖窿　arm-hole　又称袖孔。衣片和衣袖袖山的缝合位置,按形态可分为圆袖窿、尖袖窿、方袖窿、直袖窿等,袖窿的形态直接影响服装穿着的舒适性和衣袖造型。袖窿弧长可根据款式和服装的胸围大小来设定。

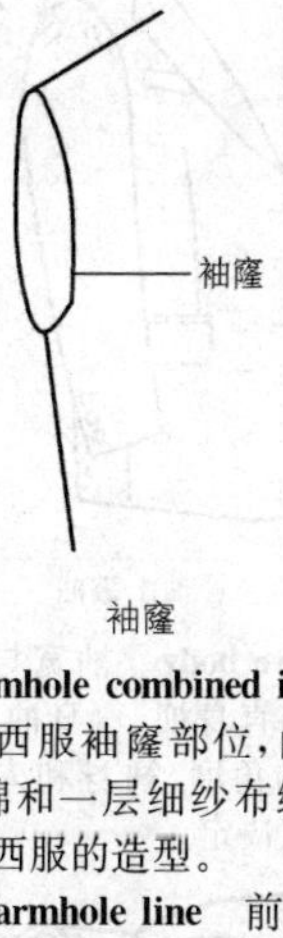

袖窿

袖窿衬　armhole combined interlining　又称袖垫。用于西服袖窿部位,由两层黑炭衬布,一层针刺棉和一层细纱布缝制而成的条状衬。可改善西服的造型。

袖窿弧线　armhole line　前后衣片袖窿部位的轮廓线。经过衣身的前后肩端点,前胸宽后背宽,袖窿底点的圆顺弧形线。因受服装款式的影响,袖窿造型和弧度不尽相同,有圆形、方形、直线形之分。用粗实线表示。见"前后衣身衣领结构线"(406页)。

袖窿宽　armhole opening　袖窿处前腋点到后腋点的水平距离,常用于服装检验中。

袖窿深线　armhole deepth line　袖窿弧线最低部位的水平基础线。其定点计算方法以上平线或肩斜线为基准向下,按胸围的比例形式加减定数。用细实线表示。见"前后衣身衣领结构线"(406页)。

袖窿省　armhole dart　省道种类。处理前后浮余量的一种形式,在前后袖窿处设置的省道。

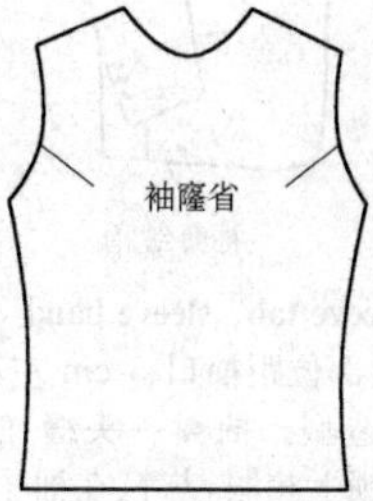

袖窿省

袖窿围　armhole circumference　袖窿的弧长。由前后冲肩量、胸宽、背宽、袖窿门宽、袖窿的底点组成整个围度的尺寸。其大小根据手臂根围、服装风格造型决定,一般其大小为$1\frac{1}{2}$胸围±常数,常数与服装造型风格有关。

袖窿下沉　armhole sinking　服装外观疵病。后衣片背中部起吊,袖底部、腰胁处起皱不平,后袖窿下沉的现象。多见于无背缝的上衣。形成原因为:肩胛骨、背中的腰节部位推拔不足,或背中胖势处、后袖窿等部位推归不足,在缝纫时肩缝、摆缝处拉宽或后衣片肩斜不合比例。肩胛骨部位的胖势推拔匀称,背中的腰节部位拉伸适宜,并在后袖窿凹进处归足,缝纫时对衣片的肩缝部位和摆缝部位不宜拉宽,在后袖窿处应敷缝牵带,使衣料归紧,裁剪时注意后衣片的肩斜度并注意裁配准确。

袖窿皱褶　diagonal wrinkles at armhole　服装外观疵病(图见下页)。袖子底部绷紧,袖窿出现皱臃的现象。形成原因为:装袖时,前衣片的胸部袖窿部位未归拢,不敷牵带。补正方法为:衣片的前胸袖窿斜丝部位,如是毛呢面料,需先用熨斗稍加归缩,并敷牵带;如是布料,在装袖时只能缝缩,不能拉宽。

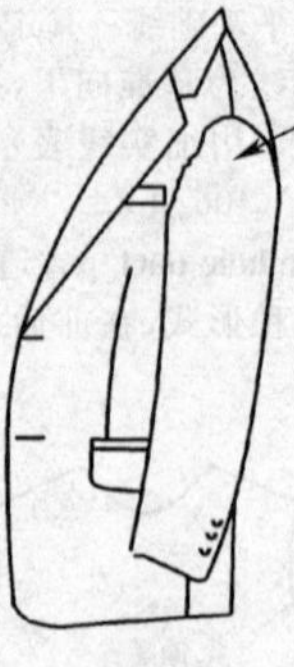

袖窿皱褶

袖襻　sleeve tab, sleeve band　装在袖上的带襻。安装部位距袖口 5 cm 左右，形状有圆弧、尖角等造型。袖襻一头缝在袖子的侧缝里，另一头锁上扣眼，与钉在袖子上的扣子相扣，袖襻具有装饰性，能够调节袖口的大小及在雨雪天增加保暖性。

袖三角　sleeve triangle　即“袖插角”(583页)。

袖山　sleeve cap　服装部位名称。在圆袖的顶部，其形状是拱圆，呈山顶状。形状随风格变化而异，当袖子倾角为 0°～20°时，其形状扁圆而平坦，前后凹凸度很小；当袖子倾角为 20°～30°时，其形状较圆，前后凹凸度较小；当袖子倾角为 30°～40°时，其形状浑圆，前后凹凸度较大；当袖子倾角为 40°～50°时，其形状尖圆而耸起，前后凹凸度最大。

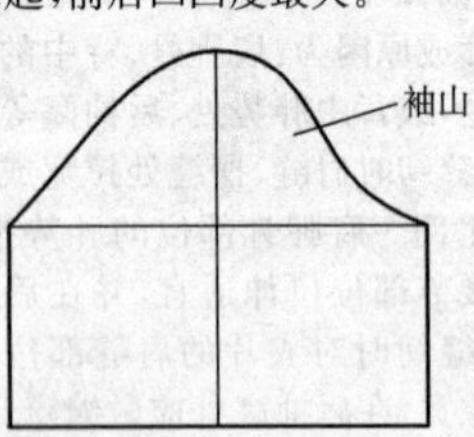

袖山

袖山吃势　sleeve cap ease　又称袖山缝缩量。按袖山与袖窿的数量配伍，袖山与袖窿之间的尺寸差量。用缝缩表示缝缩时袖山、袖窿上相关对位点在规定部位上形成，其大小根据不同的袖子造型和不同面料的风格来决定。

袖山倒吃　sleeve cap straining　为款式需要，袖窿尺寸比袖山尺寸大，缝合时袖窿在上，反压在袖山上，将袖窿缝缩，袖山拉紧的情况。一般在较宽松和宽松休闲装及针织服装上采用。

袖山缝缩量　sleeve cap ease　即“袖山吃势”(586 页)。

袖山高线　biceps line　即“袖山深线”(586页)。

袖山弧线　armhole curve　袖片上端向上凸起的弧形轮廓线。用粗实线表示。见“衣袖结构线”(610 页)。

袖山深线　biceps line　又称袖山高线。与袖长线平行，表示袖深的尺寸线。袖山高常用胸围的比例数加减定数计算。用细实线表示。见“衣袖结构线”(610 页)。

袖山皱曲　wrinkles at the sleeve cap　服装外观疵病。袖子装得太靠前，使横丝绺失去平衡的现象。补正方法为：将袖山的刀眼标记前移，或先用手针将衣袖和衣身假缝在一起，然后将袖子装缝好。

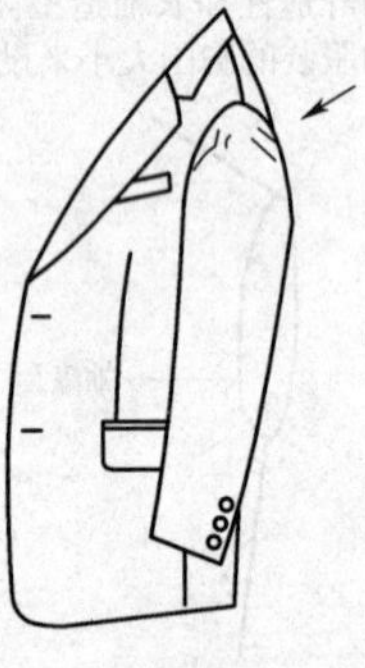

袖山皱曲

袖身　sleeve body　袖宽与袖口之间的部位。其形态有直身袖、弯身袖之分，由手臂的形态和前倾的角度、袖身和人体手臂的贴合度等几个因素决定。

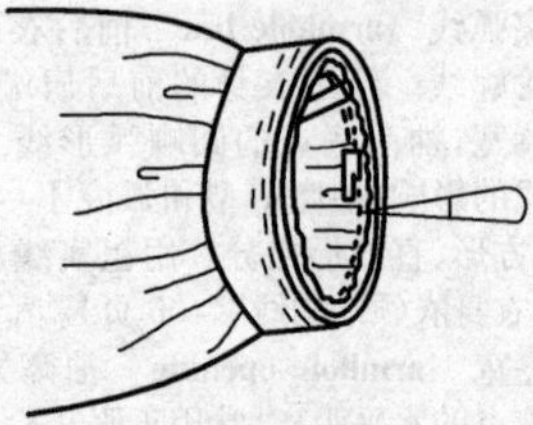

袖头与袖身的缝合

袖烫板　sleeve-ironing board　袖形的熨烫板。便于衣袖的手工缝合和正面压烫。通常用木料制成,上部包裹棉花和粗布,下部为木板底垫。

袖头　sleeve cuff　即"袖克夫"(584 页)。

袖头长　cuff girth　又称袖头围。袖子的袖头展开时长边的中间长度。主要依据手腕围来设计,一般为手腕围加 2 cm 左右松量,或0.1 乘以净胸围加 2 cm 左右计算。

袖头宽　cuff width　袖头宽度,主要根据造型风格确定,一般女装较窄为 3～5 cm,男装较宽为 5～8 cm。

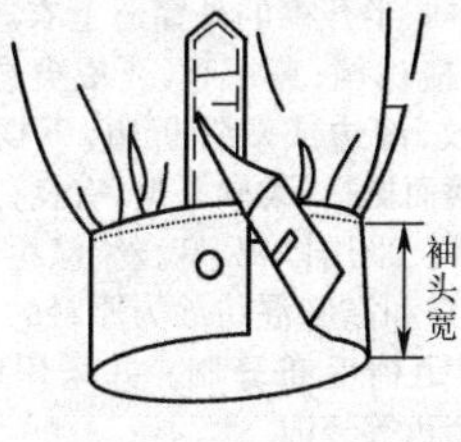

袖头宽

袖头围　cuff girth　即"袖头长"(587 页)。

袖眼　sleeve eye　圆袖的袖山折叠后上、下袖山之间形成的图形。眼睛造型相似。其结构有下列五种:(1)宽松型袖眼,袖眼整体呈扁平状;(2)较宽松型袖眼,袖眼整体呈扁圆状,其与袖窿底部有较小的吻合部位;(3)较贴体型袖眼,袖眼整体呈杏圆状,其与袖窿底部有较多的吻合部位;(4)贴体型袖眼,袖眼整体呈圆状,其与袖窿底部有更多的吻合部位;(5)极贴体型袖眼,袖眼整体呈倾斜形状,其与袖窿底部有很大的吻合部位。男女装袖眼基本都是通过基本型右旋所得到,部分女装袖眼是通过左旋所得到。

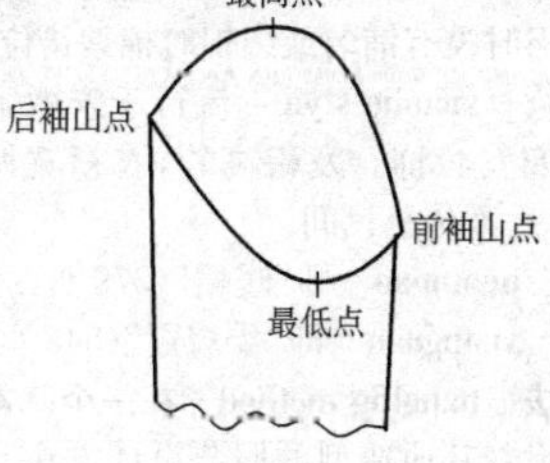

袖眼

袖眼旋转　twirled sleeve eye　基本袖眼。以袖中心线为旋转轴,进行左向或右向的旋转,从而形成不同风格袖眼的过程。可以进行右旋与左旋,产生各种袖窿—袖山风格。

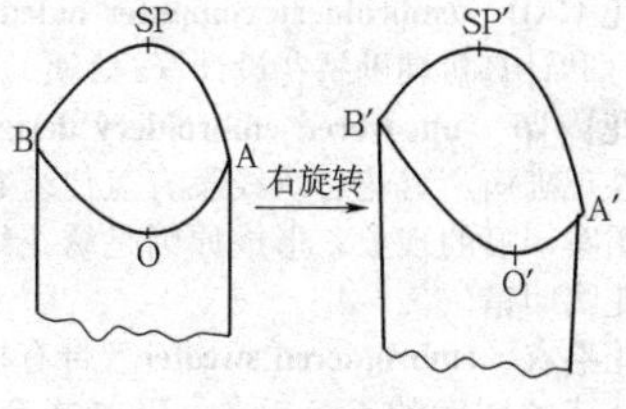

袖眼旋转

袖中线　sleeve centre line　经过肩端点至袖口底边的垂直基础线。在一片袖中,也是袖片对称的基准线。用细实线表示。见"衣袖结构线"(610 页)。

袖肘　sleeve elbow, elbow　为衣袖的袖身中部对应于手臂肘部处的部位。其形态决定袖身造型,所谓直身袖就是在袖肘处不弯曲的袖型,所谓弯身袖就是在肘部弯曲的袖型。

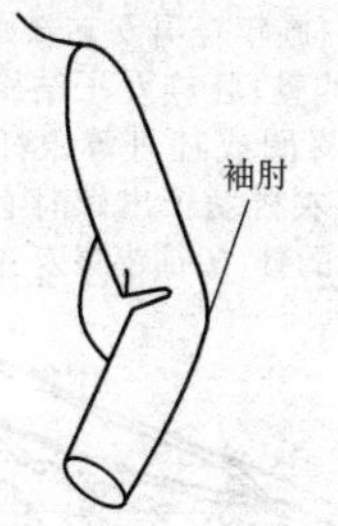

袖肘

袖肘省　elbow dart　从袖底缝朝向肘部的省,使袖身外形符合手臂自然弯曲的形状。常由单个钉子省、多个较小的钉子省或活褶构成,一般用于弯身的一片袖袖型上。

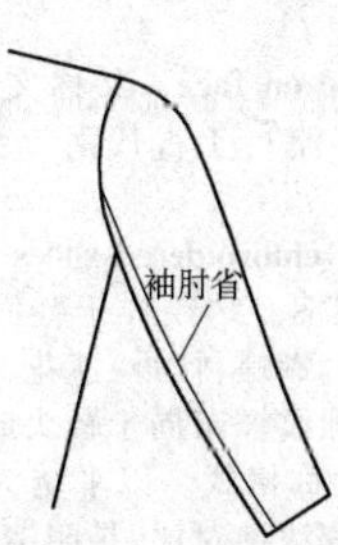

袖肘省

袖肘线 **elbow line** 确定袖肘位置的水平基础线。其位置一般对应于人体的肘关节。用细实线表示。见“衣袖结构线”(610页)。

绣花 CAD **embroidery computer aided design** 即“计算机辅助绣花设计”(242页)。

绣花露印 **uncovered embroidery design** 服装外观疵病。绣花后绣线没有盖住绣布上应绣图案印痕的现象。形成原因是绣花线迹与绣花图印错位。

绣花毛衣 **embroidered sweater** 带有机绣或手绣花纹图案的素色毛衣。开衫或套衫,领口、袖口、下摆配有罗纹边。花纹图案一般以几何图案、花卉图案、卡通图案为主,风景图案为辅。采用自由式、对称式、散点式及二方连续式布局。以女装与童装为主。

绣花鞋 **embroidered shoes** 在鞋帮的前脸或两侧绣有花纹图案的布鞋。源于我国农村,妇女手工刺绣,很适合小孩和青年妇女穿用。绣的花式多为花、草、鱼、虫(包括蜂、蝶)飞禽类的吉祥物。许多少数民族至今仍盛行穿用。云南白族年轻男女和新婚女子要穿各色彩线刺绣的鞋;壮族女子结婚时要穿大红布帮上绣双喜图或牡丹等象征吉祥的花卉鞋;以往闽南农村女子出嫁时必须穿红色绣龟、鹿等图案的鞋,象征福禄寿齐全。

绣花鞋

绣脚 **tattoo on feet** 以针在腿足部刺花纹。

绣面 **tattoo on face** 又称文面。以针在面部刺花纹。流行于古代南方少数民族地区。

绣鞋图案 **embroidered shoes pattern** 中国民俗服饰图案。绣纹样于鞋面,图案有凤凰、鸳鸯、喜鹊、蝴蝶、牡丹、莲花、梅花等吉祥动植物纹,单独纹样布局于鞋头或鞋帮,两只鞋的图案呈对称格式。以平绣为主要工艺,制作精致,色彩浓艳对比,是明清以来广为流行的服饰图案样式。

绣胸图案 **official ceremonial garment pattern** 即“补子图案”(38页)。

虚边 **weak side** 服装外观疵病。有两种现象:(1)缝料在反面缝合后翻向正面时没有翻实;(2)缝合后任意一侧的缝料过分外露,有损缝料的止口造型且牢度降低。

徐妃半面妆 **Xu-fei half-face style** 中国古代一种奇特的面部妆饰。只妆饰半边脸面,左右两颊颜色不一。相传出自梁元帝之妃徐氏之手。

T恤衫 **T-shirt** 用针织面料缝制的翻领、无领、长短袖、半开襟的外穿薄上衣。领式包括衬衫领、横机领、燕子领、夏威夷领等。袖口采用罗纹、滚边或双针折边,下摆多为折边。面料薄而挺括,柔软平整,有良好的延伸性和透气性。采用以棉、麻、丝、涤纶、腈纶以及棉麻、棉涤和涤麻混纺纱为原料的汗布、网眼布、细针距棉毛布缝制。并采用印花、镶拼、绣花、套色等装饰。

T恤衫图案 **T-shirt pattern** 又称广告衫图案、文化衫图案。多在前胸部位设计,面积适中的单独纹样,内容广泛,常见有植物、卡通动物、传统脸谱、名胜古迹、名人明星、抽象纹、广告语、文字、标志等。T恤衫起源于针织男式圆领衣,后发展成世界范围内应用广泛、适用性强的实用服装,部分兼具广告、旅游纪念等功能,图案具有轮廓分明、装饰性强、对比醒目等造型特点。T恤衫图案除传统机印外,还有喷墨、手绘、机绣、贴补绣、顶珠绣、烫钻等,图案在部位、面积、形式上多种多样,变化灵活。

絮棉不均 **uneven padding** 服装外观疵病。内装有天然棉絮、化纤棉絮等填充物的服装表层出现絮棉厚实不均的现象。形成原因是铺棉时没有铺匀或绗棉时棉絮错位。

宣和妆 **xuanhe style** 流行于宋徽宗宣和年间的妇女妆饰。发髻高耸,衣衫宽博。源自宫廷,后渐传至民间。

煖帽 **nuanmao** 即“暖帽”(379页)。

玄冠 **xuanguan** 即“委貌冠”(545页)。

悬挂法 **hanging method** 在一个基本造型的表面附着其他造型的服装设计方法。其特征是被悬挂物浮离或基本浮离于表面之上,仅用必不可少的牵引材料相联系。

旋袄 xuanao 宋代广泛流行的一种男女均可穿用的短袄。基本形制为对襟、窄袖、袖长不过肘、衣长过膝。妇女所穿的旋袄要比男性的长。一般以厚实的布帛制成，中间纳棉絮。多用作便服。元代仍盛行，后逐渐消失。

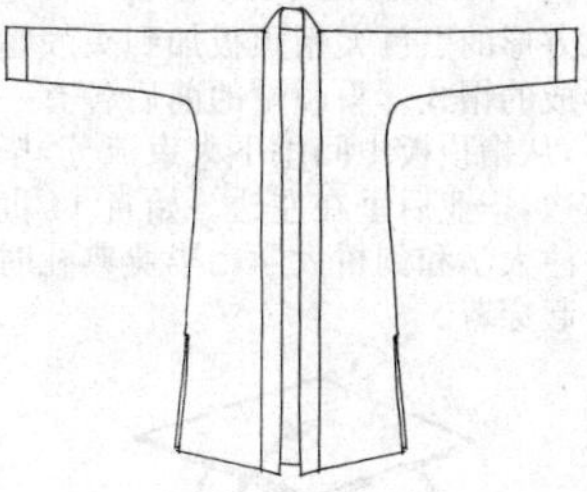

旋袄

旋转法 revolving method 将基本造型作一定角度的旋转取得新造型的服装设计方法。以基本造型的某一点作圆心进行一次或数次旋转。旋转以后的某些部分会出现类似叠加的效果。旋转可以分为定点旋转和移点旋转。定点旋转即以某一固定圆心作多次旋转，如以长方形某个顶点为圆点作多次旋转。移点旋转是将圆心在基本造型边缘移动作多次旋转，如先以长方形的一个顶点为圆心旋转后，再以长方形的另一个顶点为圆心旋转，其图形呈现起伏感。

楦扮 xuanban 即“楦判”(589 页)。

楦判 xuanpan 又称楦扮、扎判。传统戏曲服装的特殊穿扮方法。穿扮时在颈背部和腰部绑扎用稻草束成的棍状物，再用胖袄叠成圆形绑于前胸。外罩相应的服装后，角色成为两肩宽阔、胸膛突起、腹部内敛、臀部翘举的畸形巨人。一般多用于外形较异常的神道角色，如《钟馗嫁妹》中的钟馗，《铡判官》、《李慧娘》中的判官。外罩的服装多为“官衣”(191 页)，扎大带，并将官衣前襟叠成三角形掖于大带间，也可用“蟒”(340 页)或“靠”(285 页)。

楦头 last 即“鞋楦”(574 页)。

楦型 last pattern 鞋楦的类型。以人的脚型为依据，但又有别于脚。不同跟高和款式楦型不同。按鞋的材料，分皮鞋楦、布鞋楦、胶鞋楦、塑料鞋楦等；按鞋的功能，分靴鞋楦、便鞋楦、旅游鞋楦、运动鞋楦、拖鞋楦、劳保鞋楦等；按鞋跟高度，分无跟鞋楦、平跟鞋楦、中跟鞋楦、高跟鞋楦等；按鞋帮高度，分高腰楦、半筒楦等。

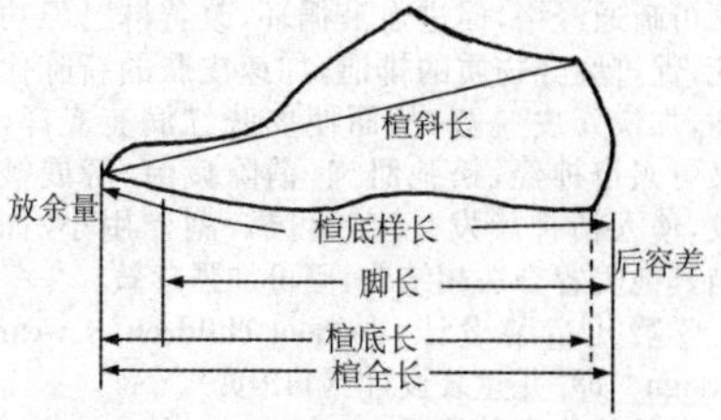

楦型

楦型设计 last pattern design 根据脚型及鞋的种类、用途、款式、结构、材料、工艺、设备等情况，对楦型进行综合加工(制作标样楦)的过程。分底样设计及楦体(楦面)设计两部分，底样设计是基础。楦底样长 = 脚长 + 放余量 - 后容差。楦体设计包括前跷高、后跷高、后身高、后弧线、头型、头厚、前掌和踵心凸度、跗面高低、筒口长宽等。以往楦型设计是以手工方式进行，现在可以借助计算机进行三维设计。

靴 boots 鞋帮高至踝骨以上的鞋。按靴帮材质分皮靴、橡胶靴、塑料靴、毡靴、布靴等；按靴帮高低分矮腰靴、半高筒靴、高筒靴；按穿用功能分棉皮靴、雪地靴、马靴、军警靴、油田靴、矿工靴、防砸靴、雨靴、作战靴等；按靴筒构造方式分拉链式靴和筒靴。我国许多少数民族有自己特殊结构的靴，如藏族靴筒宽大，内有藏刀处；蒙古族爱骑马，靴里多装马刺。

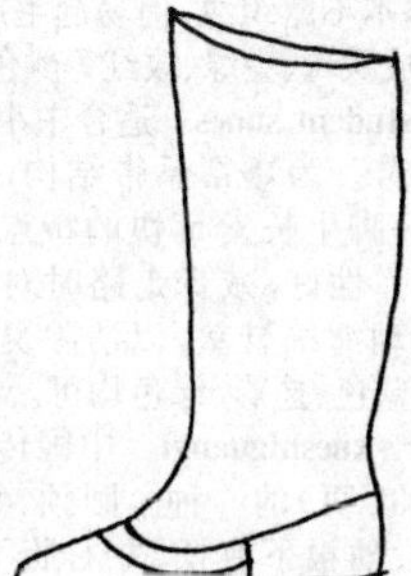

靴

穴位按摩美容　points massage beauty　一种美容方法。根据中医经络学说，将各种按摩手法作用于身体的某一穴位或部位，促进皮肤新陈代谢，以达到美容的目的。穴位按摩可疏通经络，促进血液循环，改善淋巴腺功能，促进废弃物质的排泄，加速皮肤的新陈代谢，加快死皮脱落，从而使皮肤红润有光泽，又可兴奋神经，松弛肌肉，消除疲劳，舒展皱纹，使人精神焕发。疗效可靠，副作用小，如与其他美容方法相结合，更可加强疗效。

学龄儿童装设计　school children's wear design　即“儿童装设计”(119 页)。

学龄前儿童装设计　preschooler's wear design　即“幼儿装设计”(619 页)。

学生服领　stand collar　单立领形式，领前为方形的领型。形式简洁活泼，领座后宽一般为 3.5 cm，前宽一般为 3 cm，常用于学生装、工作服等服装。

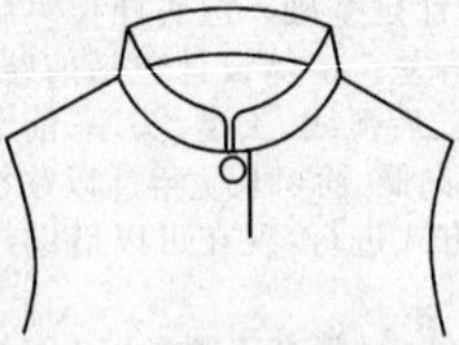

学生服领

学生呢　uniform cloth　又称大众呢。粗纺毛织物名。以精梳短毛、再生毛为主要原料，混以 25%～30% 黏胶纤维，纺成 100～111.1 tex(9～10 公支)粗梳毛纱作经纬纱，用$\frac{2}{2}$破斜纹组织织制，经缩绒整理而成的一种呢面风格的匹染素色的粗纺毛织物。织物呢面平整，手感柔软，基本不露织纹，但易起毛起球，不耐磨。常匹染成藏青、墨绿、玫红等颜色。

学生鞋　student shoes　适合中小学生穿用的布面胶底鞋。为矮帮系带结构，以适应学生活动量大、脚生长发育快的特点。鞋底为橡胶，耐磨，弹性好，减少走路时对大脑的震动。内配活动海绵鞋垫，以清除臭味。帮面白色、棕色、蓝色、迷彩、绿色均可。

学士官衣　xueshiguanyi　中国传统戏曲袍服“官衣”(191 页)的一种。圆领、大襟右衽、阔袖带水袖、袖裉下有摆、左右胯下开衩、长及足、前后胸各缀一补子等，均与官衣相同。区别在于周边及下摆处增添了海水等绣纹，且改头戴的纱帽为学士巾，腰围的玉带为软带，并自软带正中处垂下两条飘带。较官衣潇洒飘逸，介乎官服和常服之间。如《十道本》中的褚遂良等即着此。进一步向官员常服方向发展，将作为官服特征的补子改为团形绣花纹饰并取消了腋下的摆，称为学士衣，如《洛神》中的曹植所着。

学士帽　mortarboard cornercap　又称学位帽。由方形的黑色大帽顶板加到头颅帽的顶部而形成的帽式。头颅帽的前后各有一个尖角垂下，从帽顶板中间垂下大束流苏，毕业前垂在右边，毕业后垂在左边。始自 14 世纪的英国牛津大学和剑桥大学。毕业典礼时和学位服一起穿着。

学士帽

学士衣　xueshiyi　见“学士官衣”(590 页)。

学位服　academic costume　高等教育院校学位以及校长、导师等职位的专用服装。袍身和衣袖特别宽大，后身垂坠下同样宽大的连颈帽。分为校长服、导师服、博士服、硕士服、学士服五种。学位帽为方形黑色。校长服流苏为黄色，博士服流苏为红色，硕士服流苏为深蓝色，学士服流苏为黑色。校长服为红、黑两色，博士服为黑、红两色，硕士服为蓝、深蓝两色，学士服为黄、白两色。垂布为套头三角兜型，饰边处按文、理、工、农、医、军事六大类分别标为粉、灰、黄、绿、白、红色。

学位服

学位帽 **mortarboard** 即“学士帽”(590页)。

学院风格服饰图案 **academic style pattern** 又称乡村俱乐部时装图案。美国服饰图案样式。图案由格纹、小花纹等构成,以美国国旗色红、蓝、白与中性褐色为色调。源自20世纪50年代以后的美国北部,70年代后期流行,以传达对社会的服从,表现富裕而平凡的生活状态。图案结合印花和织花工艺,应用法兰绒、斜纹织物和牛津布面料,表现宽松露膝的男女半长裤、衬衫、裙子等随意的服装款式。

褶子 **xuezi** 中国传统戏曲袍服。“褶”字在戏曲界作为服装名词时读音为xué。作为一种便服,是使用范围最广的戏衣,男女老少、官宦平民均可穿着,品类较多。主要可分为:(1)男褶子,源自唐、宋以来的传统斜领大袖男子便服:斜大领,大襟右衽,长及足,阔袖带水袖,左右胯下开衩;(2)女褶子,融合明代妇女小领对襟窄袖袄及外罩的褙子设计:对襟,小立领,长仅逾膝,左右开衩,阔袖带水袖,老旦褶子为大襟斜领。褶子一般用绉缎或绸制作,特殊品种也有用大缎、茧绸和布料制作的。

雪地靴 **snow boots** 又称防雪靴。适合雪地穿用的低筒或半高筒靴。靴的帮面为皮革或防水锦纶,里子常用毛皮、绒毡、聚氨酯泡沫材料制成,保暖性好。鞋底为多层结构,外层多用有较好防滑和防水性能的橡胶制作,里层插入或者嵌入质轻、隔热、保暖的泡沫塑料。鞋口为系带或钎扣式。

雪地靴

雪克斯金 **sharkskin** 精纺毛织物名。织物手感和条纹外观都像鲨鱼皮的中厚花呢。用纱细度以20 tex以下(50公支以上)的股线为多。经纬色纱都是1根深色纱与1根浅色纱间隔排列,采用$\frac{2}{2}$斜纹组织,经向紧度116%左右,纬向紧度94%左右,呢面呈现阶梯样花纹,重量250～270 g/m²。织物结构紧密,手感光滑、硬挺,呢面洁净,花型典雅,是传统的精纺呢料。适宜作套装、西裤等。

雪尼尔毛衫 **chenille knitwear** 采用棉、毛、丝、麻、腈纶等原料,纺制成外形如刺毛状、试管刷状或剪绒状的花式毛线,经编织而成的毛衫。绒头长1～1.5 mm,不掉毛,多为彩色,丝绒感好,丰满、舒适、保暖、粗犷、豪放。为女装毛衫的特色品种,还可用以编织帽子、围巾。

雪尼尔纱织物 **chenille yarn fabric** 花式纱织物名。以棉纱、毛纱、丝等为经纱,以雪尼尔纱为纬纱织制的织物。织物厚实,绒毛丰满,手感柔软,风格休闲。适合作春秋季外衣、夹克的面料。

雪橇帽 **toboggan cap** 圣诞老人乘雪橇时戴的长袜帽型便帽。绒线针织而成,尖顶上有绒球装饰。

雪特兰毛衫 **shetland knitwear** 以产于英国雪特兰岛的雪特兰羊毛为主要原料制成的粗纺毛衫。经缩绒后,丰满松软,有弹性。适用于男女上装。

雪靴 **snow boots** 一种在极地等严寒环境使用的防寒靴。保温性能卓越,适应极寒气候。主体材料为羊毛毡;靴面用涤纶、棉交织面料,内衬无纺布;靴垫是10 mm厚的非织造布;配橡胶靴底。

雪靴

血防胶靴 **blood fluke protective rubber boots** 全称为预防血吸虫病橡胶靴。下部为普通的胶面轻便雨靴,从轻便雨靴筒口向上接防水胶布筒,内侧到裤裆,外侧到裤腰,系于裤带上的鞋。供有血吸虫地区水中作业人员穿用,防止血吸虫侵害人体。

薰墨变相 **xunmobianxiang** 中国古代妇女画眉颜料。以烟熏法制成的一种墨块。使用时只需蘸水即可，无需研磨。因使用方便，宋代以后较为普及。

巡夜水手帽　watch cap　即“水手值班风帽”(486页)。

循序加工　sequence processing　用一台或几台设备按顺序先后完成产品各部件作业的加工方式。如流水线缝纫机依次排列完成各种缝道的线迹加工等。

训　grain contorting　将服装织物的丝绺拉伸变形的技术动作。如训挂面指将挂面熨烫拉伸，训料指织物斜料。

训练鞋　training shoes　以棉帆布为帮面，以橡胶或其他合成材料为鞋底，以皮革条加固装饰，经粘接或硫化工艺加工成形的系带式矮帮运动鞋。特点是实用、朴素、价位较低，主要供中小学生或专业运动员平常训练时穿用。鞋口鞋舌均以柔性泡沫塑料加工制作，以保护足腕或脚背不受损伤。

训练鞋

驯旱獭女郎罩帽　marin anglais bonnet　19世纪70年代戴在头后部的女用罩帽。类似儿童的士兵帽，用缎带和羽毛装饰，在颏处系牢。来自法语的英国士兵帽。

Y

丫巴鞋　yaba shoes　日本特有的一种布面胶底鞋。建筑、筑路、园林工人及农民的常用鞋。按帮底连接方式分粘接及缝制两种。从穿用功能则分为普通型(浅花纹厚底)及轻便型(滚花纹薄底)。帮面的拇趾部位与其余四趾部位分开,以适应日本人的穿鞋习惯。外底花纹深度大,以保证优良的抗滑性、可挠性及吸震性。鞋帮一般在小腿肚以下部位。

压感笔　tablet digital pen　绘图用数码压力感应笔。计算机绘制服装画的绘图工具,配合数位板使用。利用笔头具有的压力感应可根据使用者的力度和方向绘制不同效果的文字及图像,也可模仿各种绘画用具的绘画效果,混合运用于一张效果图上,以丰富表现技法。

压跟　pressed heel　跟座整个压住鞋外底的后跟部位的鞋跟。绝大多数男鞋采用这种跟型,女鞋用压跟的有酒杯跟、古巴跟等。压跟的跟口一般为平面或略有弧度,有的采用各种造型面。

压跟底　pressed heel sole　一种后部被鞋跟跟座全部压住的鞋外底。其后部形状完全与绷帮后的鞋后身一致或者稍有余量,厚度不变。皮革、仿革、橡胶、聚氨酯等都可加工成压跟底。

压跟鞋　pressed heel shoes　鞋外底的后跟部扣压在鞋跟下的鞋类。男鞋大多使用压跟。压跟鞋比卷跟鞋装配简单,外观雄浑有力。

压辊式黏合机　roller fusing press　将热熔黏合衬的胶面与衣片的反面在压辊之间黏合成一体的专用加热设备(图见本页下部)。由输送机构、加压机构、加热机构和冷却装置等部分组成。作业时,黏合剂从机器A向进入,在上下两层聚四氟乙烯传送带中经过加热后升温,黏合剂熔融,再经过一对胶辊加压,衣片和黏合衬黏合在一起,从机器B向输出,最后冷却定形。工作压力0～4 MPa,加热温度为常温至230 ℃,最大黏合宽度890 mm,传送带速率为1～10 m/min,加热时间4～24 s。具有工作连续、生产效率高等特点,适于大面积面料的黏合。但黏合物上下层之间容易产生相对位移,且加压时间受速度限制,加压为线接触,黏合质量受影响。此外,黏合物从常温加热到黏合温度必须有较长的预热区,故设备体积较大。输送方式有直线式、回转式和连续式之分。

压缉缝　top-stitched lap seam　又称闷缝、扣压缝。缝型类型。将衣片缝料的缝份折倒,反面与另一片缝料正面相对复合后,沿折边车缝,缝迹数量有单条、双条、多条之分,第一道缝迹的宽度一般为0.3 cm左右,双条、多条的第二道或以后几道缝迹,宽度可视需要而定。

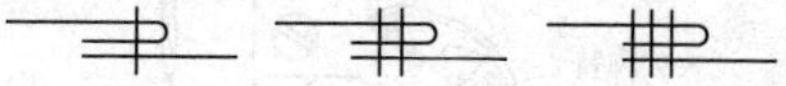

压缉缝

压肩　winkles below the front shoulder line　服装外观疵病。肩骨部位牵紧,后肩部有压迫感,前肩下部有斜形皱褶的现象。原因为:前衣身肩部没有作出凹陷形态;后衣身肩省太小,没有作出肩骨的隆起状态。补正方法为:(1)若为夹衣,将前衣片的里肩部分适

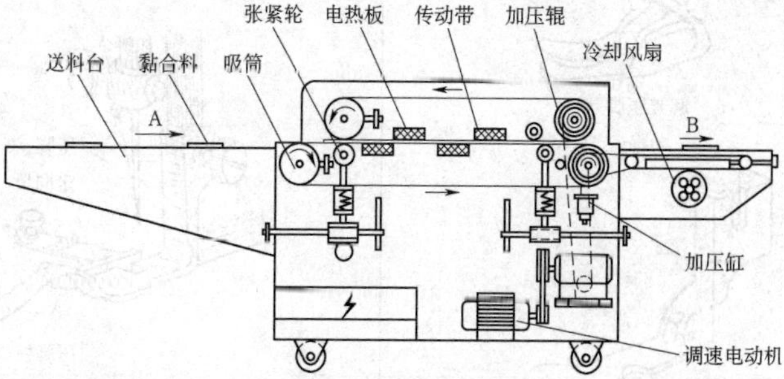

压辊式黏合机

当改低，外肩不动，后衣片的里肩部分稍作放平，后过肩部分也相应改低，使衣服重心落在里肩部分；(2)若为单衣，将前衣身胸省改小，肩缝相应缩进，将后衣身肩省加大，后肩缝相应放出，无肩省的服装应先将肩缝改斜，而后将肩缝中段多加熨烫归拢。

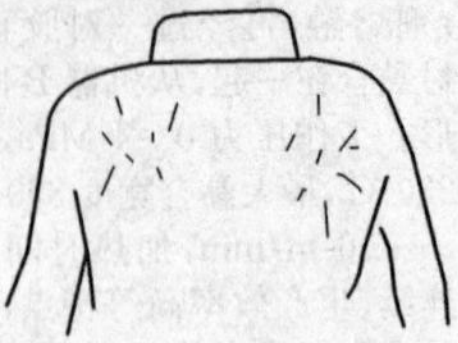

压肩

压脚 presser foot 缝纫时，压住缝料，起辅助送料和缝纫作用，带有容针孔的装置。由压脚底板、压脚垫、弹簧、销轴等部分组成。按缝纫机型，有平缝机压脚、包缝机压脚和特种机型压脚等；按功能，有卷边压脚、高低压脚、起皱压脚、嵌线压脚和单边压脚等。

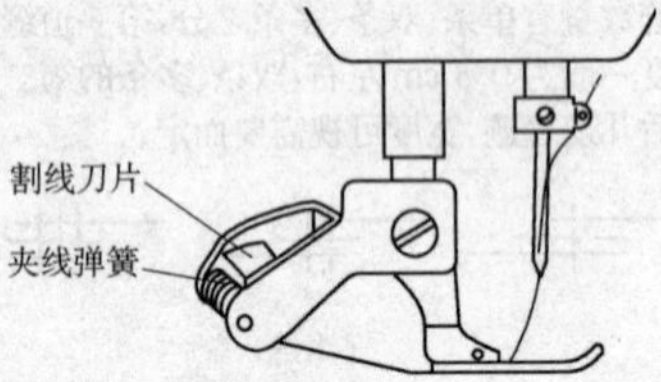

割线压脚

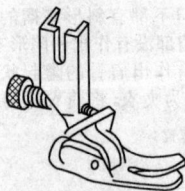

起皱压脚

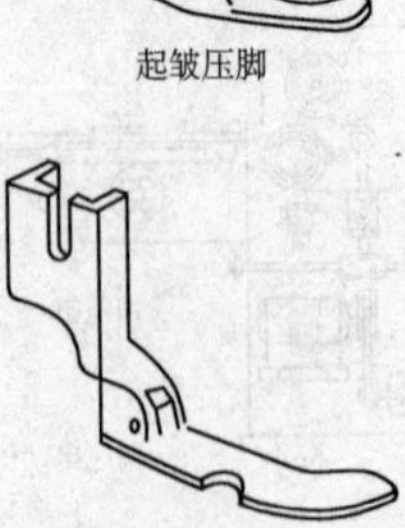

单边压脚

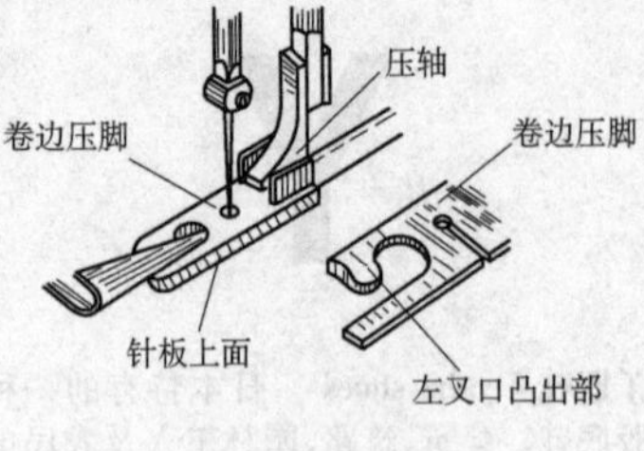

卷边压脚

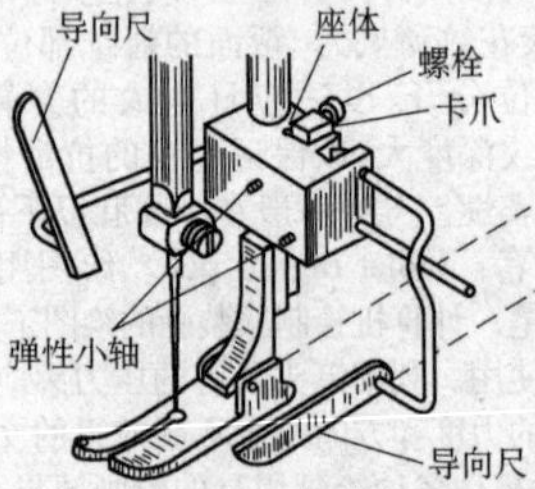

带导向尺压脚

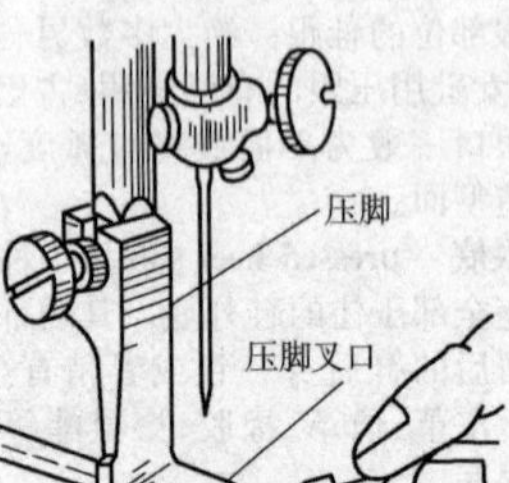

缝软线压脚

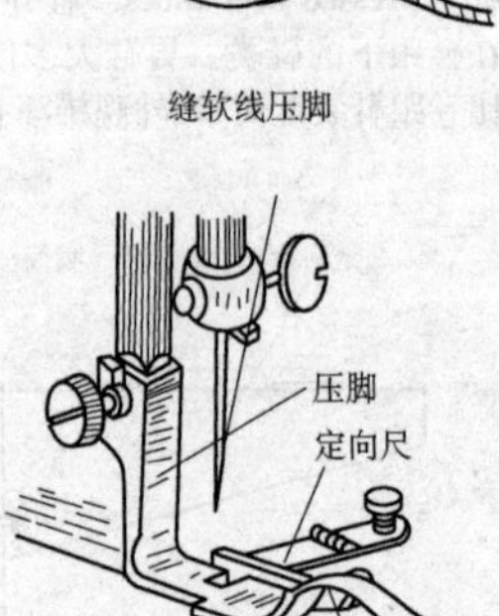

花边压脚

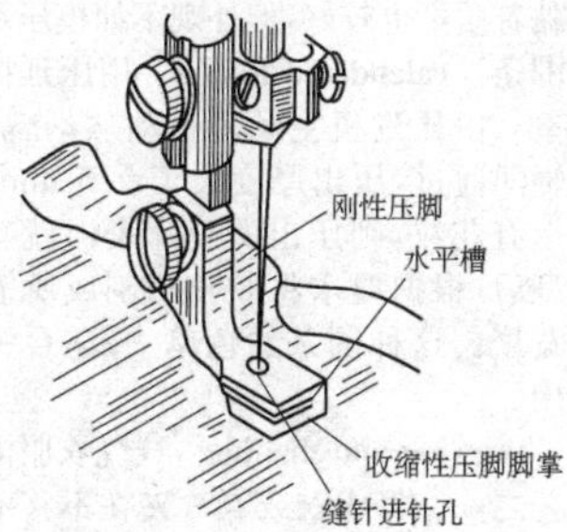

装配压脚

压脚

压脚提升机构　presser lifting mechanism　缝纫机上提升压脚，或将压脚放下并对缝料施加压力的机构。由压脚部件、压力调整机构、锁紧机构、抬压脚连杆传动机构等部分组成。有手提压脚机构，膝提压脚机构，脚踏提升压脚机构，电动、气动或液压提升压脚机构及自动提升压脚机构等多种结构形式。

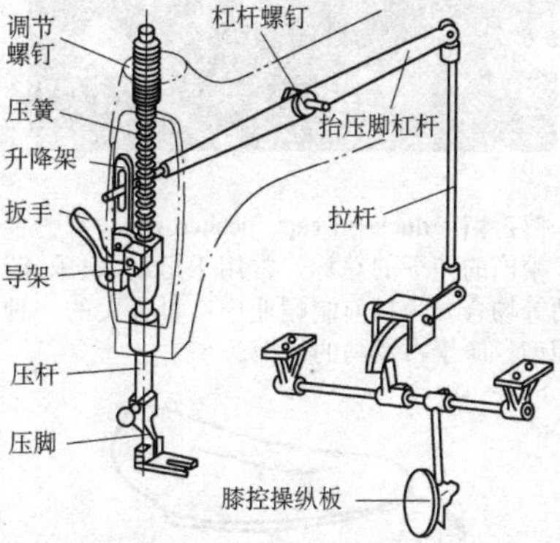

压脚提升机构

压紧机构　presser mechanism　缝纫机上对缝料表面施加压力的机构。由压力调节装置、加压弹簧和压紧部件(如滚轮部件、压脚部件、夹板部件)等部分组成。刺料时固定缝料；送料时，利用正压力产生的摩擦力或夹紧力完成送料运动。有交替压紧杆机构和滚轮压紧机构等多种结构形式。

压领角　pressing collar point　上领翻出后，将领角进行热定形的动作。

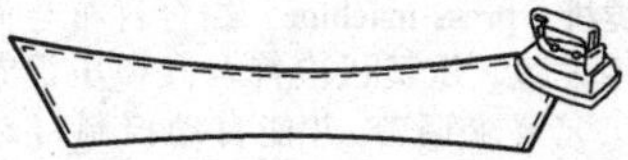

压领角

压缩厚度仪 Fast－1　compression meter Fast-1　“FAST 织物风格仪”(648 页)的一种。由试样平台、承压环、位移传感器、轻锤、重锤、显示器等组成。试样放在试样平台上，承压环上放置重锤。转动承压环上的手柄，对试样施以 196 Pa 及 9.81 kPa 的压力，由位移传感器测出相应的试样厚度，可计算出表示表面蓬松度的表面厚度指标，即：表面厚度＝试样在 196 Pa 压力下的厚度－试样在 9.81 kPa压力下的厚度。经过汽蒸处理后的试样可得出松弛表面厚度。

压缩厚度仪 Fast－1

压缩性能及厚度测试仪 FB3　compression tester KES-FB3　“KES 织物风格仪”(648 页)的一种。主要由压柱、平台、压力检测器、位移检测器、驱动系统、信号处理及控制系统等组成。试样平放在平台上，平台连接压力检测器，上方压柱连接位移测试器。压柱以恒速下降对试样加压，当压力达到设定的最大值时，压柱上升回至起点。结果得出厚度—压力曲线以及压缩功、回复功、回弹性等指标。

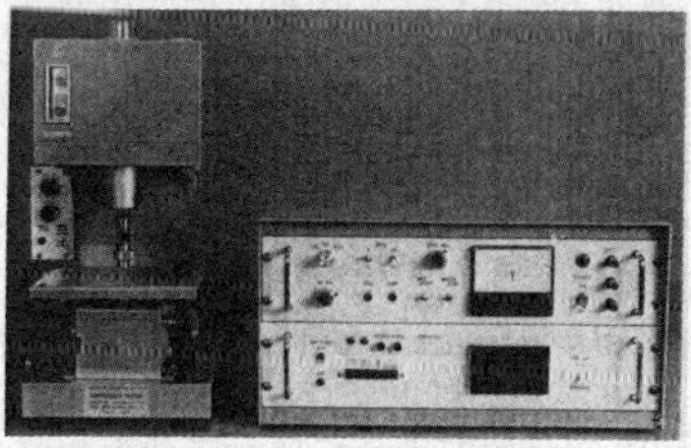

压缩性能及厚度测试仪 FB3

压烫机　press machine　黏合衬布与面料的专用设备。压烫机应符合：(1)压烫条件可按工艺要求调节，并能自动控制；(2)各部位的温度、压力均匀一致；(3)操作、维修方便。压烫机的类型很多，按结构分类有台式、平板式、滑动立式等；按热源分类有电热式、蒸汽式、高频式；按加压方式分类有汽动式、液压式。设备按台面和功率的大小分成多种型号。

压烫条件　press condition　升温阶段、黏合阶段和固着阶段的温度、压力、时间要求。温度、压力、时间是压烫工艺的三个主要工艺参数。压烫条件主要决定于衬布上热熔胶的种类和性能，面料性能及压烫设备。压烫条件的制定既要保证压烫后有足够的黏合强力，又要考虑不影响面料的外观和手感。压烫的三要素相互影响，必须通过前期试验确定。

压条皮鞋　veldtschoen leather shoes　帮底缝合时，帮脚外翻，上压条形部件，再与内底缝合的皮鞋。配外底常采用黏合工艺。缝压条工艺分为：(1)压边法：帮脚外翻后直接与外底缝合；(2)卷边法：帮脚外翻后先包住内底边沿，再与外底缝合。

压纹漆皮革　embossed patent leather　在光亮的漆皮革表面压出波浪状纹路以增加美观的漆皮革。主要以牛漆皮革加工而成，可用于装饰性较强的皮包。

压延出型跟　calendered heel　简称“压延跟”(596页)。

压延底　calendered outsole　压延出型底的简称。混炼好的橡胶料经压延出型机压成具有鞋底花纹与规定厚薄的片料，再经模刀切割成的外底。将其与鞋帮底部粘贴后，经过硫化缸加热加压硫化，增加鞋底的强度和黏合力。是热硫化鞋生产中最普遍应用的外底成型方式。绝大部分雨鞋、多数布面胶鞋及某些皮鞋用这种效率高、成本低的压延底，但花纹和外形都不如模压底清晰、规矩，特别是一些带跟的压延底，跟型的侧边和棱线不很规整，影响外观。

压延跟　calendered heel　压延出型跟的简称。由压延出型机出型具有规定厚度与花纹的胶片，经冲切而成的后跟。可粘在压延底后跟部位。压延跟的工艺比模压跟简单，与外底的黏着质量也较好，但外观不如模压跟。

压延围条　calendered foxing　用压延机出型的围条。由压延机主动辊带动从动辊，胶料从两辊间通过，压出厚度大于 0.5 mm，若从动辊上有花纹，则压出的胶片表面就有花纹。出型后，根据要求将胶片切割成所需的长度和宽度。这种围条颜色单一，适合一般胶鞋使用。

压制　pressing and making　线缝衣服湿热加工工艺之一。将成衣或衣片夹在不移动的两热源之间，加湿、加热、加压和抽湿，获得稳定造型的加工工艺。主要用于大衣片的造型和成衣的最后造型、整理。压制作业多在熨烫机上进行。

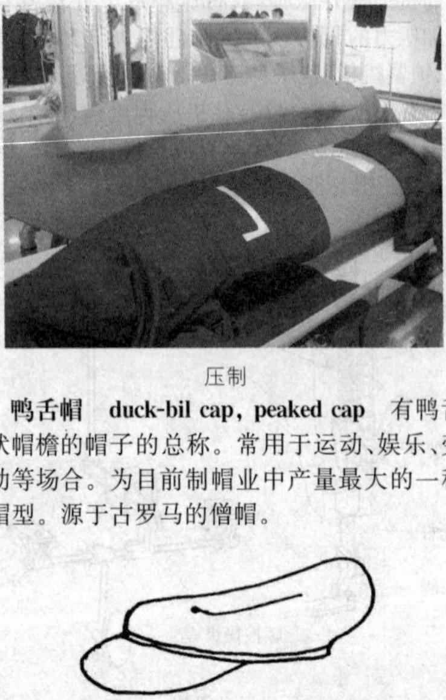

压制

鸭舌帽　duck-bil cap, peaked cap　有鸭舌状帽檐的帽子的总称。常用于运动、娱乐、劳动等场合。为目前制帽业中产量最大的一种帽型。源于古罗马的僧帽。

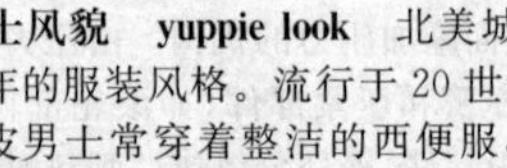

鸭舌帽

雅皮士风貌　yuppie look　北美城市高薪职业青年的服装风格。流行于 20 世纪 80 年代。雅皮男士常穿着整洁的西便服，袖肘处喜贴一块长方形或椭圆形耐磨耐脏的皮革或补丁襻；洁净的衬衫，一般领和袖克夫为白色，配领带；发型理得较短。雅皮女士的服装风格一般以北美职业妇女的形象为代表，常穿剪裁精良、单色或灰调的加肩垫的套装，搭配彩色饰品。

轧光整理织物　calender finished fabric　经过轧光整理的棉型织物。在湿热条件下，棉型织物经由光滑的软、硬轧辊组成的轧点连续轧压，纱线被压扁，耸立的绒毛被压伏在织物表面，使织物变得平滑，降低了对光线的漫反射程度，提高了织物的光泽。织物手感平滑，光泽比普通棉型织物明亮，透气性降低。有漂白、染色和印花等品种。用作女罩衫、夹克、长裤等的面料。

轧花革　embossed leather　表面处理时采用轧花工艺修饰的皮革。轧花是为了掩盖皮革表面的残次和缺陷。轧花板为雕刻凹凸花纹的钢板，可在皮革表面压出有深浅明暗层次的花纹图案。手感偏硬，但外观比较美观，有层次感。主要用于制作装饰、箱包、鞋类、皮带。

轧花革鞋　embossed leather shoes　用轧花革为帮面制成的修面革鞋。为遮盖皮革的伤残或皮纹粗糙的缺陷，先将革的表面轻磨（也可不磨），再利用皮革有一定可塑性的特点，在加热加压下用花板或花辊压出所需形状的花纹，最后经整饰，使之具有凹凸亮丽的花纹。由于表层被压轧，失去了动物皮特有的皮纹，而且柔软性降低，轧花革鞋的外观、柔软性、透气性等都不太好，属中低档鞋品。

轧纹整理织物　gauffered finished fabric　经过轧纹整理的棉型织物。在湿热条件下，棉型织物经由表面刻有花纹的轧辊轧压后，布面产生明显凹凸花纹效果。轧纹整理与树脂整理结合，可加工永久凹凸花纹效果织物。多为薄型织物，外观独特。适合用作女衬衫、连衣裙等的面料。

亚麻布女帽　mutch　苏格兰老年妇女戴的合尺寸的头巾帽。用亚麻或细平布制成，多有褶饰。

亚麻细布　fine linen plain　麻织物名。采用细特、中特亚麻纱织制的非紧密结构的平纹织物。坯布经、纬向紧度均为50%左右。外观具有条干不匀的特殊风格，光泽柔和，吸湿散湿快，但抗皱性差。可作夏季服装面料、抽绣工艺用布等。

亚麻织物　linen fabric　用亚麻纱线织制的织物。按印染加工方法可分为漂白、染色和印花苎麻织物三类。织物表面具有特殊的粗细不匀的外观效果，手感爽利，吸湿好，放湿快，挺爽透气，不黏身，但抗皱性差，折边不耐磨。适宜作夏季服装面料和抽绣用面料。

亚莫克犹太便帽　yarmulka　犹太男子戴的传统的圆顶小帽。着日装时戴用，如在祷告、学习、吃饭等场合，特别是集会时戴用。使用纺织面料，用刺绣、珠饰、钩针编织等方法制成。

亚述服饰　Assyrian costume　古西亚美索不达米亚平原亚述帝国时期（公元前1200～公元前540）的服饰。与古巴比伦服饰区别不大。男女均穿经裁剪缝制的T形袍，贴身全体，腰间束带，衣袖渐长，女子袖长至手腕。外着包缠形的衣裙，作为庆典礼服时，则带有穗状流苏或刺绣的织物边缘，织物交错重叠，形成衣裙的分割与装饰的层次感。男子留胡须与卷曲长发，国王的胡须常与其他材料一起编织，比常人更长。面料有羊毛织物、亚麻布，晚期有印度进口的棉布。

亚述帽　Assyrian cap　古亚述男子戴的锥形帽，帽尖向后下垂，一般都用麻布或毛毡制作。

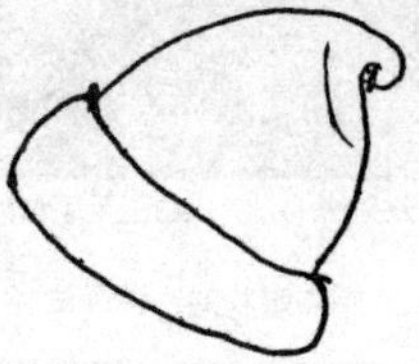

亚述帽

胭脂　yanzhi　即“燕支”（600页）。

胭脂妆　yanzhizhuang　即“红妆”（210页）。

烟囱效应　chimney effect　着装时受体温加热的体表处空气密度变小，在服装内形成上升气流，产生自然对流，从服装向上的开口处（如领口）逃逸的现象。烟囱效应可影响服装的隔热效果。

烟熏妆　graduated make-up　运用晕染技巧，将一种颜色按浓淡深浅以渐变形式体现出来的脸部化妆。多用于眼睛。晕染时要注意控制眼睑部的表现位置和色彩过渡自然均匀。如烟熏眼妆有八种表现形式：内眼角法、外眼角法、眼中区法、由上至下渐淡法、由下至上渐淡法、双角法、渐宽法和渐窄法。眼睫毛边缘往外逐渐变淡最为常见。早期的烟熏眼妆多为深灰色、深棕色甚至黑色，配合嬉皮士的装扮有颓废感，在服装发布会上特别常见；现在中明度的眼妆色（如绿色、黄色、紫色、红棕色等）也较为常用，配合脸部其他部位明亮轻柔色彩（如浅橘、浅桃红、浅粉等），妆面健康时尚。

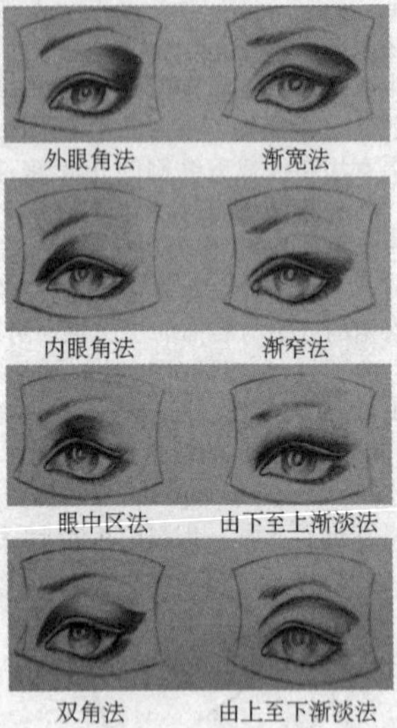

烟熏眼妆的八种画法

严谨风格 **strict style** 线型简练、结构紧身合体的服装风格。零部件种类齐备，服饰品配套到位，材料精致，富有弹性。

沿口不齐 **unevenness of topline** 鞋的沿口折边宽窄或厚薄不一致、不圆滑、不整齐的现象。操作不熟练或过分追求效率所致。

沿口围条 **top binding** 封闭胶面鞋开口边缘的围条。用于低帮鞋的较窄，称上口线；用于高帮靴的宽度随产品而定，并具装饰作用，可与胶面不同色。

沿条 **welt** 皮鞋外底上边缘的条形部件。缝制皮鞋时先和鞋帮缝合，再和鞋底连接，是帮与底的连接件，在胶粘和注塑、模压鞋中，它仅起装饰作用，帮底连接靠黏合剂和熔融物料的渗透凝固。沿条一般用皮革材料制作，中低档鞋可用挤出成型的 PVC 塑料条，童鞋多用装饰性彩色微孔橡胶或塑料沿条。

沿条不齐 **unevenness of welt** 鞋的沿条宽窄或厚薄不一致、不平整、边缘不整齐的现象。是沿条成型不合格或缝沿条操作不熟练做工粗糙所致。

研色立体 **Practical Color Coordinate System, PCCS** 即“日本色彩研究所色立体”的简称（433 页）。

颜面部 **face** 人头的前部，包括下巴、嘴、鼻、颊、眼，且通常包括前额。

颜色 **color** 即“色彩”（445 页）。

檐帽 **yanmao** 即“后檐帽”（212 页）。

眼袋 **eye-sack** 由于下眼睑皮肤老化、松弛、甚至有脂肪逸出形成臃肿的袋状畸形。医学上称为眼睑袋状畸形或眼睑松垂。下眼睑皮肤松弛，眼眶膈膜脆弱，致使眶膈脂肪逸突于皮下，或因眼轮匝肌松弛，外观上呈现为袋状突出的皮下团块。形成的主因是年龄因素、家族遗传、肾脏病、过度用眼或生活不规律。眼袋一旦形成不能用药物消除，也不能用化妆品掩盖，唯一有效的方法是手术切除。

眼袋遮饰法 **pouch hide method, pouch cover method, under-eye puffiness coverage** 一种眼部化妆方法。要去除眼袋和黑眼圈，先用粉底修整眼眶肤色，用色调明亮的粉底或遮瑕膏在眼睛下点几点，再用海绵或手指将其点开涂匀。

眼档 **button distance** 扣眼间的距离。一般可定好首尾两端的扣眼，后平均分配中间扣眼。眼档一般为 7～8 cm，最大不超过 10 cm，根据造型需要也可间距不等。

眼刀 **notch** 又称刀眼。服装缝制中用于衣片定位的标记。作用是使衣领与领窝、衣袖与袖窿、前后衣身、袖身等相关裁片在缝纫时能达到左右对称或前后位置符合要求。在衣片之间对应的部位使用眼刀机或剪刀切出直型或 V 形缺口，在纸样上做眼刀须在边缘剪出细窄的 V 形或 U 形缺口，从而在相关衣片缝合时，能够根据眼刀准确对位。

眼刀机 **hot notcher** 在成叠裁片上制作 V 形眼刀的用具。主要工作机构为 V 形截面的金属条及其加热装置（温度可调），运行时手动操作打出眼刀。

眼高 **eye height, EH** 从眼外角到地面的垂直距离。见“人体高度尺寸”（428 页）。

眼睛整形化装法 **eye-plastic dressing** 改变眼睛形状的造型技法。人物形象的神情大多靠眉眼传达，化装造型的神似，也更多依靠对眉眼的刻画。20世纪50年代前,我国电影中眼睛化装多用色彩描画,难以较大幅度地改变眼形;60年代后,绢纱粘贴法和整形睫毛粘贴法得到广泛应用,另有聚酯胶带粘贴法和胶乳或胶水粘贴法等。

眼皮 **eyelid** 服装外观疵病。按照工艺规定,服装的缝合应在衣缝或止口的沿边缉线,如在某些部位或某一端离开衣缝或止口过多,使这些部位的衣缝产生掀起的现象。

眼头 **eye head** 从内眼角到黑眼球靠近鼻梁侧的区域。约为整个眼睛的1/4。

眼尾 **eye end** 黑眼球远离鼻梁侧到外眼角的区域。约为整个眼睛的1/4。

眼线笔 **eyeliner, eye liner pencil, eye pencil** 外观酷似眉笔,笔芯是用颜料压制而成,较眉笔更细软的化妆用笔。可用于沿睫毛根处画出一根长线,在量的程度上改变眼睛的形状,使眼睛看上去更加有神。一般分为可调节粗细的铅笔型和笔芯更换型两种。

眼线笔刷 **eyeliner brush** 眼线饼专用笔刷。相当于最小尺寸的油彩笔刷。以质感细致、笔梢纤细为最佳。

眼线液 **eyeliner liquid** 用于勾画眼线的瓶装液体。盖子上多附有柔软的细长毛笔,笔刷的材质分为毛笔和毛毡两种。墨液装在可以更换的囊管里。使用前要注意毛笔上的液体不要太多,这样描绘起来较为顺手。

眼形 **eye shape** 眼睛睁开时的形状。眼睛长短、大小、倾斜方向等直觉印象。有三角眼、单凤眼、杏仁眼、下垂眼等。

眼影笔 **eye shadow pencil** 笔芯比眼线笔粗,质地软,有多种颜色,又粗又钝的化妆笔。可呈粉质或黏稠,可用来画粗线条,较膏状眼影清爽好用。

眼影底 **eye shadow base** 涂抹眼影前,先在整个眼睑涂的一层底色。一般使用白色或米黄色。可使整个眼妆上色光滑均匀,不受眼皮本身颜色及定妆粉不足造成沾色情况的影响,同时也起到衬出眼影效果的作用。

眼影粉 **eye shadow powder** 用来修饰眼睛的粉饼。化妆塑型中最常用的一种单品。有丰富的颜色,用起来较为方便,只需一个海绵头眼影扫或眼影刷就可涂抹。

眼影渐增画法 **incremental drawing of eye shadow, increasing graduation eye shadow drawing** 一种眼部化妆方法。最简单、最适合东方人的眼影画法。首先可用比较亮的颜色涂画于眉弓骨处。画时注意在眼睑上要来回扫动,使外眼角的颜色较重,在内眼角可涂些亮色,则内眼角显得明亮。一般多用于生活妆、职业妆。

眼影结构画法 **structural drawing of eye shadow** 一种眼部化妆方法。强调眼部结构轮廓,较适合于眼部结构较明显,眼皮较单薄的人。画好之后,在眼尾处形成一个明显的“>”形,一般多用于晚宴妆、舞台妆。

眼影刷 **eye shadow brush** 一种化妆工具。有多种大小,可用来晕染眼睛的不同部位。

宴服 **yanfu** 即“燕服”(600页)。

宴会服 **party dress** 又称聚会装。介于午后礼服和晚礼服之间,作为参加宴会、舞会等社交活动的礼服。款式没有特别限制,变化多样,领口可大可小,有V形、U形、梯形;袖子有长袖、短袖、无袖。上身多为贴体紧身,并有装饰图案或皱褶,下身为摆裙,裙长可根据个人爱好决定,但多为中长裙或长裙。采用丝绸、绉缎、山东绸、乔其纱、细布等轻薄柔软的面料制作。

宴会服

验布 **cloth inspection, cloth examination** 坯布整理工序之一。对织物外观质量进行逐匹检验。检查布料中有无色差、纬斜、疵点等质量问题,并在发现疵点的位置上作出明显标记或开匹。验布的目的是在排料裁剪前排除疵布，避免因布料产生的服装外观疵病。常见的验布设备有平验机和卷验机。丝织、毛织可用卷验机，除验布外，卷验机还可将织物卷成圆筒状卷装，验布速度为10～20 m/min，使用下灯光或上灯光照明，一般上灯光使用效果较好。目前，织物疵点自动检测系统逐步代替人工验布，是验布技术的发展方向。

验布机 cloth inspecting machine 检验面料长度、幅宽、色差、纬斜，或面料织造、印染、印花等疵点的专用机器。由卷装支架、卷绕和退卷装置、卷装成形装置、透明验布工作台、光源和计数器等部分组成。有些验布机还带有折痕熨烫装置、卷装变换装置、无级变速装置和制动装置等。工作宽度可达2 m以上，验布速度在0～75 m/min内可调。作业时，验布机将折叠式或圆柱式卷装退解下来，连续、分段地将面料平放后通过验布机工作台，灯光从面料背面照入，由操作工目测判断色差和织疵等，并做好标记和记录。面料厂使用验布机将面料分成不同的等级，服装厂使用验布机以提高衣片质量。

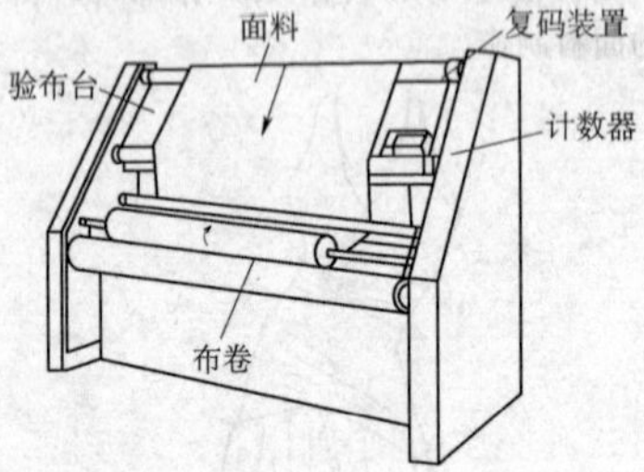

验布机

验片 cutting check 检查裁片质量。目的是将不合质量要求的衣片查出，避免残疵衣片投入缝制工序，影响生产的顺利进行和产品的质量。验片的内容与方法为：(1)裁片与板样相比，检查各裁片是否与板样的尺寸、形状一致；(2)上下层裁片相比，检查各层裁片误差是否超过规定标准；(3)检查刀口、定位孔位置是否准确、清楚，有无漏剪；(4)检查对格对条是否准确；(5)检查裁片边际是否光滑圆顺。

燕服 yanfu 又称讌服、宴服。职官及命妇家居所穿常服。形制较朝祭服饰简便。江南则以巾褐襦裙，北朝则杂以戎夷之制。爰至北齐，有长帽短靴、合袴袄子等。文武百官可着此礼见、拜会。但不得用于祭祀及重大朝会。

燕尾服 swallow tailed coat 起源于欧洲，外形与英国骑兵服相似的服装。为便于骑马，将兵服修去前下摆，后襟开衩口至腰节，骑马时后下摆分开，因酷似燕尾而得名。制作燕尾服通常采用黑色或深蓝色礼服呢，独特的双排六粒扣设计。戗驳领面采用与衣身同色系的丝绸或斜纹缎。腰部有剪接。配套的西裤与礼服同料，左右侧缝嵌有两条侧章，且为非翻脚口的款式。内穿白色双翼领礼服衬衫，双排扣或单排扣方领或青果领背心，备有蝴蝶结、小山羊皮手套、黑袜、漆皮皮鞋以及高档饰物。19世纪中叶成为上流社会绅士们参加夜间正式宴会、观剧、舞会等场合的第一礼服，现在已成为指定性的社交装束，如大型音乐指挥，古典交际舞比赛等。燕尾服的穿戴讲究，局限性强，在礼服中居首要地位。

燕尾服

燕支 rouge 又称胭脂。中国古代妇女妆面用的红色妆品。因早期出产于西北地区的燕支山下，故名。古人以植物“红蓝”(209页)制作燕支粉，北朝末期，又在燕支粉中，加入牛髓、猪胰等物，使之变成一种稠密、润滑的油膏，抹在脸上，以免皴裂。燕支的名称由此被改写为胭脂。以后妇女妆面的红色染料不断增多，有苏方木、山花、石榴花等，但习惯上仍称为胭脂。

燕支妆 **yanzhizhuang** 即“红妆”(210页)。

谳服 **yanfu** 即“燕服”(600页)。

羊毛背心 **wool knitted vest** 以羊毛为主要原料制成的无袖上衣。分开襟式与套头式两种。可有领也可无领。袖边、下摆、领口配以罗纹边或滚边。可内穿也可外穿。以纯毛或混纺毛为原料。采用纬平针、提花、罗纹等组织结构编织。男女老少皆宜。

羊毛内衣 **wool knitted underwear** 经防缩、柔软等特殊工艺处理的超薄型纯毛贴身内衣。具有柔软、轻薄、保暖、透气、防缩、防蛀等特点。多以纬平针组织编织。

羊毛衫 **wool knitwear** 以绵羊毛和山羊毛为主要原料制成的中、高档毛衫。包括开襟系扣式、拉链式、半开襟式和套头式，分为：(1)精纺羊毛衫，以绵羊毛为原料，弹性好，强度高，外观纹路清晰、光滑，不易走型；(2)粗纺羊毛衫，以山羊毛为原料，经缩绒处理，表面有绒毛，手感丰满，适形性强，但纱线支数较低，抗拉伸强度低。为男女老少常用的毛衫品种。

羊皮革 **goat or sheep leather** 绵羊和山羊原皮经鞣制加工而成的皮革。皮板较薄、纤维细，加工成皮革后表面粒纹细致、柔软、轻薄、富有弹性。包括“山羊皮革”(454页)和“绵羊皮革”(353页)。广泛用于制作服装、鞋类、包袋、手套、票夹等。

羊皮鞋 **sheep leather shoes** 用羊面革作帮面制成的鞋。分山羊面革和绵羊面革两大类。山羊面革因花纹细致、革面柔软，多用于高档女式鞋的制作，但强度、耐磨性等低于黄牛面革，只适于生产柔软舒适的女鞋；绵羊面革柔软性比山羊面革好，但由于强度太低，极少用于制鞋。

羊绒衫 **cashmere knitwear** 以山羊细绒毛为主要原料制成的高档毛衫。分为：(1)粗纺羊绒衫，经缩绒后绒感较强，穿着舒适，强力不及羊毛，弹性较差，成衣不宜长时间悬挂；(2)精纺羊绒衫，强力高，弹性好，手感柔软，抗折皱回弹性佳，不易起球，可作为春秋季上衣、高档内衣及睡袍。

羊腿袖 **leg-of-mutton sleeve** 文艺复兴时期流行的一种状似羊腿的肥大袖形。在袖肩部位有大量褶裥，填料后可使袖子的袖筒和袖窿膨起，显得肥大，然后渐渐过渡至窄紧的袖口。

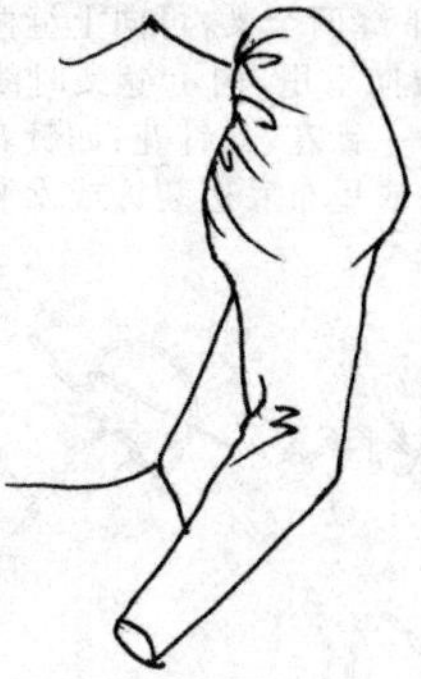

羊腿袖

羊驼毛衫 **alpaca knitwear** 以羊驼毛为主要原料制成的毛衫。羊驼毛细长，呈棕、驼、灰、黄等天然色泽，有丝般光泽，手感柔滑，保暖。为男女高档毛衫品种。

羊仔毛衫 **lambkin wool knitwear** 以小羊羔毛或精纺梳理下来的短毛为原料制成的粗纺中档毛衫。纤维柔软均匀但强力低，一般与少量锦纶或一定比例的羊毛混纺。羊仔毛衫经缩绒后，绒面短密，质轻，手感柔软，保暖性好。新开发的精纺羊仔毛纱条干均匀，强力及耐磨性好。适用于轻薄型内衣、春秋外穿毛衣等。

阳光型人群 **sunny group** 人体体貌及服饰风格的一种。量感小到中等，线条明朗，整体印象为年轻活泼、自由活力、轻松时尚。多用于男性。人体型特征是：脸形、五官和身材的骨架都不太大，轮廓直线感较强，脸上常带着灿烂爽朗的笑容。服饰特征：服装材质多为棉织物、麻织物、毛混纺织物、丝混纺织物、仿毛织物和仿丝织物等；用色大胆鲜明，对比较强烈；图案变化不复杂，多为格子、几何条纹等。常穿夹克、T恤衫、宽松牛仔裤和运动鞋，采用双肩包、斜挎包或多袋包。多见于运动、休闲度假等场合，舒适实用。

杨树花针 **feather stitching** 一种手针缝纫法。缝迹形同杨柳树花絮。先将底边用绷缝固定，第一针于折边上侧 0.2 cm 处出针；第二针入针在第一针出针垂直向下 0.3 cm 处，出针在第一针出针与第二针入针的垂直平分线向前 0.3 cm 处，出针时，将线顺套在缝针前面，再将缝针拔出，即完成了一个叉形线迹；这样向下缝两个叉，再向上缝两个叉，向下缝叉时线向下甩，向上缝叉时线向上甩。按线迹分为一针花、二针花、四针花等类别。常用于女大衣里布底边装饰或女装、童装的外部装饰。

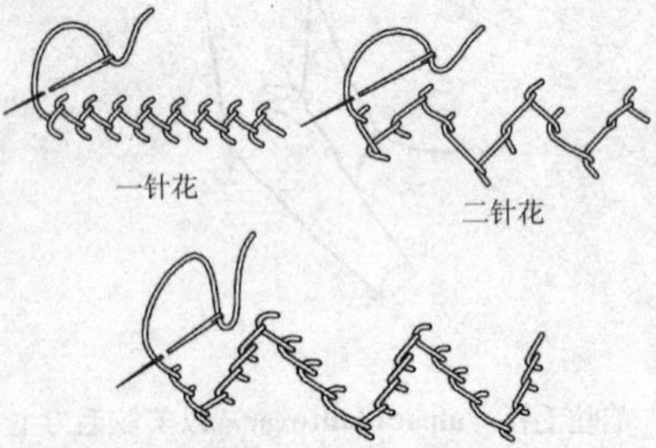

杨树花针

洋葱头装　onion wear　一种多层穿着服装形式。20 世纪 70 年代流行。由于受 1973 年秋中东战争影响而产生的能源危机，使保暖御寒成为当时设计师要考虑的首要问题，所以推出多层穿法的洋葱头装，由内到外包括衬衫、马甲、套装、大衣，再加围巾、帽子、手套等。与此同时，相呼应的层层削剪的洋葱头发型也流行一时。

洋纺　paj　丝织物名。经纬纱均采用 22.22～24.42 dtex(1/20/22 旦)无捻桑蚕丝，或经为 31.08～33.33 dtex(1/28/30 旦)无捻桑蚕丝，纬为 22.22～24.42 dtex(1/20/22 旦)无捻桑蚕丝，以平纹组织织制而成的非紧密结构的轻薄丝织物。质地平挺细腻，光泽明亮优雅。适宜作丝巾等。

洋娃娃风貌　baby doll look　20 世纪 40 年代流行的女性特征明显的少女装。非常女性化的短上衣和裙子，无腰节。面料以红白或蓝白两色花格呢为主。上装的袖子可做成灯笼形，领口开得很大，装有松紧带，可以拉低裸露出肩膀。衣服上装饰以荷叶边、皱褶、镂空花纹及刺绣。发式一般长而松散，在额前用发夹卡住，或用有蝴蝶结饰的箍发带把头发束在脑后，还可在发梢上烫出小卷，任其披落在肩上。

洋娃娃风貌

洋镶首饰　foreign jewellery　用欧美的工艺技术制成的饰物。由于各国民俗风情、传统工艺不同，洋镶首饰也各具特色。如法国首饰以造型见长，意大利首饰以繁复著称，日本首饰以精致享誉。此类首饰重视贵金属与珠宝的配合，整体感强，色彩丰富。我国从 19 世纪开始引入。

养殖珍珠　cultured pearl　人工方法培养的珍珠。分海水养殖和河水养殖两种。养殖又分无核与有核两种。无核珠是将珍珠贝的外套膜切成小片，移植到另一个珍珠贝的组织中去。经过一段时间和一系列的变化，形成珍珠囊，分泌珍珠质而产生。如果在移植外套膜小片的同时，植入蚌壳或其他材料制成的珠核，被移植的小片经过一系列的变化之后，形成包围珍珠的珍珠囊，再分泌珍珠质沉积在珍珠核上便产生养殖有核珠。全世界海水珠占 80%，河水珠占 20%，而河水珠中的 80%来自中国。世界上养殖珍珠技术最先进的国家是日本，其产量在世界上名列前茅。

氧指数仪　textiles burning behavior tester by oxygen index method　用于测定各种纺织品、塑料、橡胶、纸张等燃烧性能的设备。适用标准 GB/T 5454—1997(2004)《纺织品　燃烧性能试验　氧指数测定法》，GB/T 2406.1—2008《塑料　燃烧性能试验方法　氧指数法》等。由燃烧筒、试样支架、氧气及氮气流量计、流量调节器、压力计、压力调节器、混合气体供给器、氧气钢瓶、氮气钢瓶、气体减压计、混合气体温度计等组成。两个玻璃转子流量计分别控制氧、氮流量。150 mm × 58 mm的试样夹入U形试样夹中，垂直置于燃烧筒内的试样支架上，打开气体供给部分的阀门，从推定的氧浓度，可查得相应的氧流量和氮流量。选择合适的混合气体浓度，流量在10 L/min左右。在向上流动的氧氮气流中，点燃试样上端，观察其燃烧特性，并与规定的极限值比较其续燃时间或损毁长度。通过在不同氧浓度中一系列试样的试验，可以测得维持燃烧时氧气百分含量表示的最低氧浓度值。受试试样中要有40%～60%超过规定的续燃和阴燃时间或损毁长度。

氧指数仪

样板放缩 **grading** 即“推档”(530页)。

样板基准点 **reference point, starting point** 即“基准点”(233页)。

样板检验 **pattern plate inspection** 对排料、裁剪和生产用各类样板按工艺规格和质量要求进行的检验。包括基准样板、生产样板和辅助样板的检验，通常采用全数检验。检验要求：符合款式结构，样板无遗漏；核对各部位工艺尺寸；样板之间各工艺点配合准确；刀口光滑、圆顺，刀眼准确无遗漏；省位、裥裥的位置、大小准确无遗漏；样板按推档规格叠齐，观察跳档是否准确；文字标记、丝绺及各种记号线正确无遗漏。

样板原点 **reference point, starting point** 即“基准点”(233页)。

样衣 **sample garment** 服装的实际样品。分为两种：(1)企业自主设计试制的新款样品，供客户选样订购；(2)按客户要求制作并经客户确认的样品，体现设计意图和原作精神的样衣是设计、制板和车缝密切配合、反复修改、不断完善的集体劳动成果。为使其与大货保持一致，样衣通常采用与缝制车间相同的机器设备和操作规程制作。

腰衬 **inside belt** 用于裤和裙腰部的条状衬布。具有硬挺、防滑和保形作用。腰衬按其用途可分为：(1)中间型腰衬，用于裤腰的中间层，主要起硬挺、补强和保形作用，可分为：①非黏合型是将树脂衬通过切割裁成条状，宽度2.4～4.0 cm，每卷长度约50 cm；②黏合型是将树脂衬通过撒粉法撒上乙烯—醋酸乙烯热熔胶，形成暂时性黏合衬，然后切割成条，使用时用熨斗即可黏合。(2)腰头装饰衬，由树脂衬、织带条和口袋布缝制而成，按其组合和加工方法分为三类：①普通型，由树脂衬和口袋布缝制而成，宽5 cm；②防滑型，由织带条、树脂衬和口袋布缝制而成，织带条宽约4 cm，由氨纶等高弹性纤维编织而成，中间凸起部分有防滑作用；③涂层型由树脂衬和口袋布缝制而成，并在口袋布表面涂以凸起的聚氨酯，起防滑作用，也可进行静电植绒。

腰带扣 **waistband knot** 腰带搭扣装饰。软质腰带需配置搭扣，为增加美观，使之成为一种饰品。由装饰面、金属搭扣组成。可在西式长裤上佩戴，也可在裙装上佩戴。男女皆可使用。

腰带图案 **girdle pattern** 用于束腰的带状服饰上所用的图案。以简洁的植物纹和抽象纹构成，最常见的是二方连续纹样表现形式，也有强调带扣等部位的定位图案，以及与服装面料统一的四方连续纹样样式。腰带图案强调材料与工艺的选择，结合刺绣、顶珠绣、雕绣、烫钻等工艺，运用纺织纤维、皮革等制品，协调和点缀服装，成为男女各式服装的重要饰品。

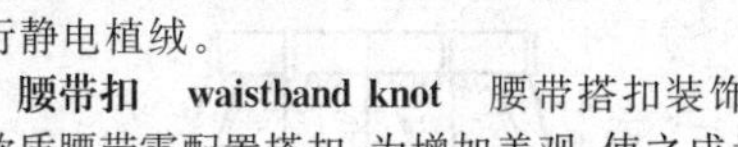

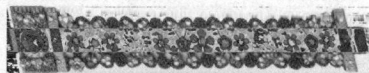

腰带图案

腰袋 **waist pocket** 位于腰部上下位置的口袋。常指上装前衣身部位腰部的口袋，如马甲、西装、大衣等上装的口袋，其种类有贴袋和开袋之分。贴袋中又有平面袋和立体袋等种类，开袋中有装袋襻的插袋和不装袋襻装嵌线的嵌线袋。一般都兼有功能性和装饰性,其大小为容纳人手掌最大宽度加厚度为准,一般女装腰袋为14～16 cm,男装腰袋为16～18 cm,角度以袋口与水平线成15°～45°最佳。

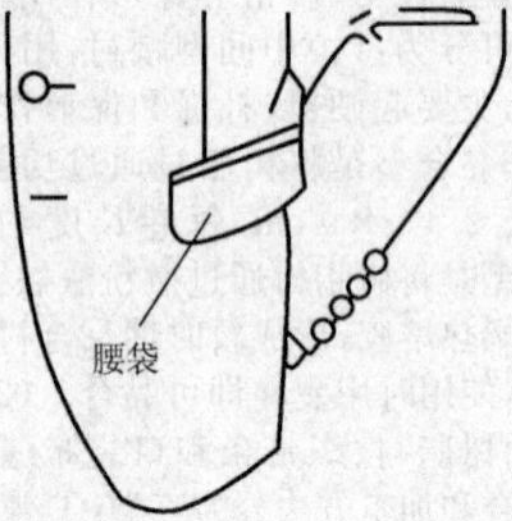

腰袋

腰缝下口涌　uneven trouser waist seam　服装外观疵病。裤装穿着后装腰缝道处裤身出现不平整的现象。形成原因是裤腰缝道不齐或裤身缝合过松。

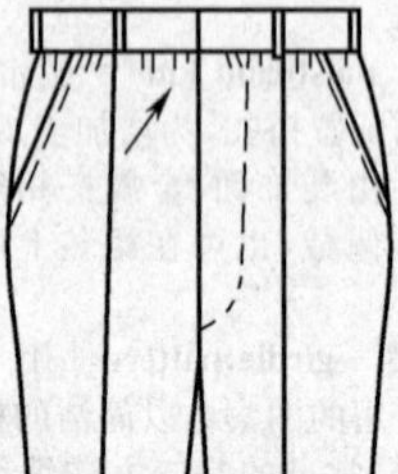

腰缝下口涌

腰厚　waist thickness, WT　最小腰围高度上,腰部前、后最突出部位间的水平直线距离。见"人体厚度尺寸"(428页)。

腰夹里　waist band　裤腰头内侧的布料。可有专用成型腰夹里,即先用里布斜料、衬料缝合,装上防滑带,做成成型的腰夹里;也可用衣料、羽纱、美丽绸自行裁制。

腰节线　waist line　自侧颈点向下取腰节长与前中心线相垂直的水平方向基础线。收腰量在此线上确定。上平线与前衣身腰节线的距离即为前腰节长,与后衣身腰节线的距离即为后腰节长。用细实线表示。见"前后衣身衣领结构线"(406页)。

腰克夫　waist cuff　又称腰头。与裤、裙身缝合在一起,起束紧腰部和保护腰部作用。常见形式的宽度为2.5～4 cm不等,也有大于4 cm以上者。有松紧型、扣襻型等,两端可有方形、尖角形、圆角形等各种形式。

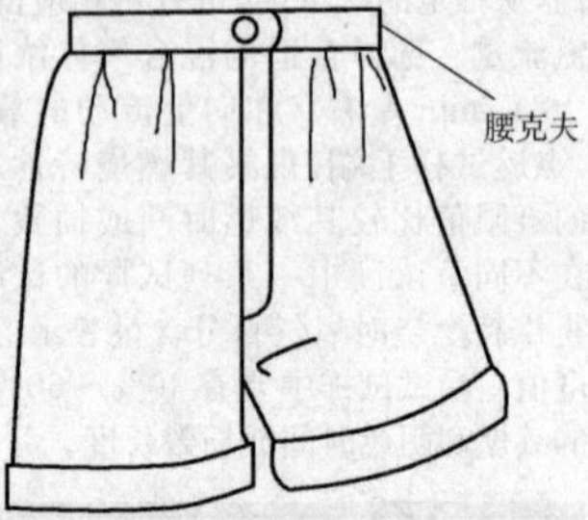

腰克夫

腰口线　waist line　确定腰围的水平结构线。用粗实线表示。见"前后裤片结构线"(406页)。

腰宽　waist breadth, WB, waist width, WW　腰部最细部位水平面与人体侧面交点间的横向水平直线距离。见"人体宽度尺寸"(429页)。

腰里　waistband lining　裤裙等腰头里面的部件。布料常与面布相同,一般加衬,可与面布相连、也可分片缝合。

腰链　waist chain　戴在腰部的饰品。由链条或串饰、搭扣组成,长度按佩戴者的腰围确定。主要为女性使用。可替代腰带使用,集装饰性与实用性为一体。

腰裙　yaoqun　中国传统戏曲中的长裙。一般多以春绸为面料。长度同一般裙子。由左右两扇素白色、掐鱼鳞形密褶的裙片组成。裙片下端缝绳套,穿着时两片居中重叠。男女均可着用。穿腰包习称打腰包,特点为:(1)可将前面两扇裙片的下角斜掖于背后;(2)表演时可用手指钩住绳套,使其随两臂挥舞而呈蝴蝶展翅状。为病者、罪犯及逃难赶路时的装束,如《朱砂痣》中患病的吴相公、《一捧雪·换监》中的莫怀古、《廉锦枫》中的廉锦枫,《白蛇传·断桥》中的白素贞。

腰省　waist dart　省道种类。收于腰部,为解决胸围与腰围或臀围与腰围之间多余部分的省。起到收束腰部、凸出胸部、显示人体曲线美的作用。

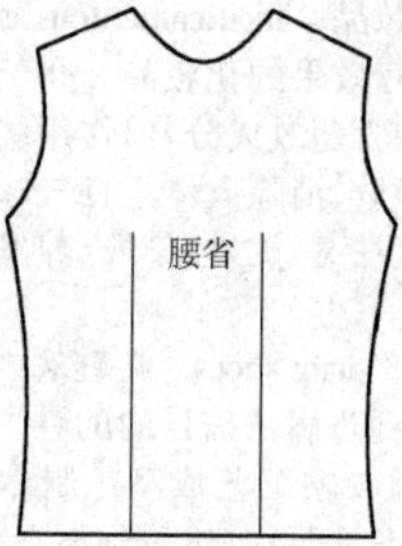

腰省

腰头　waistband　即"腰克夫"(604页)。

腰头宽　waistband width　裤裙腰头的宽度。一般为3～5 cm宽，超过5 cm宽即为高腰型。

腰头探出　waistband extension　服装外观疵病。裤腰或裙腰的前头部超过装腰的造型所要求的与裤或裙身平齐的位置。形成原因是装腰时腰头位置超过裤或裙身的开口位置。

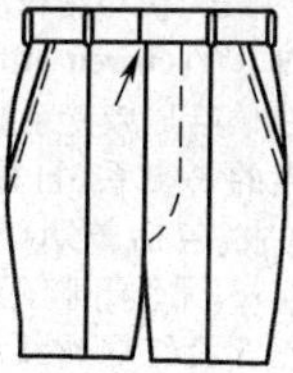

腰头探出

腰臀差　dispersion between waist girth and hip girth　臀围与腰围围度之差。有人体和服装两种含义，人体的臀腰差与人体体型相关，服装的臀腰差与服装具体风格相关。中国成人中间体的腰臀差女性为4～6 cm，男性为2～4 cm。

腰围　waist girth, W, waist full, waist measure　经过腰部最细处水平围量一周的长度。下装结构设计中的重要规格尺寸。见"人体围度尺寸"(430页)。

腰围线　waist line, WL　人体测量线。过人体腰部最细部位的水平围线。测量人体腰围的重要测量线。

腰窝透空鞋　open waist shoes　一种中空式女浅口皮凉鞋。晚宴鞋的一种。腰窝部位帮面被挖空，以露出脚腰窝。

腰窝透空鞋

腰衣　loincloth　又称缠腰布。世界上热带国家或地区男子围裹于腰臀上的布与原始人所使用的兜裆布的总称。古埃及男子最具代表性的服装。其形状为一块裹在腰间的布兜，穿时将布条在腰间绕一周后，从前面经两腿间穿过系结在后腰。长度从极短至足踝。功能为遮蔽下体，是裙子的雏形。

腰衣

腰子脸　yaozilian　中国传统戏曲脸谱谱式。以白粉在两眼及鼻子至颧骨间勾一腰子形、元宝形或倒元宝形的粉块。多用于文丑扮演的武人和下层人物，如《赵氏孤儿》中的晋灵公、《消谣津》中的华歆、《女起解》中的崇公道。

摇臂式直刀裁剪机　swing arm vertical cutting machine　直刀式裁剪机与摇臂连接后作平面运动，完成面料裁剪的设备。由机头吊装装置、机头升降装置、摇臂装置和行走控制箱等部分组成。裁剪时，面料固定，机头吊装在摇臂上，开启行走机构的电动机后，通过涡轮减速器及链传动带动立柱、摇臂沿工作台水平行走。裁刀运动轨迹始终与工作台垂直。推动手柄时，两极摇臂还能自动变幅。

工作台宽度 1200～2000 mm，最大裁剪厚度 240 mm 以上，裁剪速度 1500～2500 r/min。裁剪刀的宽度窄，刀片垂直度好，具有效率高、裁剪阻力小等优点，裁片质量优于一般直刀式裁剪机。

摇滚乐服式 rock'n, roll style 由短夹克皮装和上宽下紧的裤子组成的搭配。设计风格前卫，20 世纪 50 年代源自北美。崇尚黑色、注重装饰，如镶嵌手绘的标志、宝石，粗犷明显的缝线，折缝中镶有不同色块以及成排金属扣等。短夹克皮装和上宽下紧的裤子成为摇滚乐的代表款式。女青年也有马尾发型，夏威夷印花衬衫，展宽碎褶裙及系带便鞋等穿着。

瑶族服饰 Yao ethnic costume and accessories 中国瑶族衣着和装饰。瑶族分布在广西、湖南、云南、广东、贵州。男子扎头巾，穿青蓝色对襟或斜襟或琵琶襟上衣，铜或布纽扣。着宽脚中裤或长裤，裹绑腿，系围腰。女子包头帕或戴头饰，头饰有龙盘、月牙、飞燕等，或戴竹箭、竖顶板、尖状帽、竹壳帽、塔形帽等。衣色以红、绿、黄、白、黑为主，均有刺绣、织锦、蜡染等装饰，穿花边对襟或右衽长衣，着挑花长裤或百褶花裙，系绣花腰带、围裙和绑腿。也有用流苏、绒球作装饰。

瑶族服饰

瑶族服饰(广西)

药斑布图案 yao-ban cloth pattern 即“蓝印花布图案”(303 页)。

药物化妆品 medicamentous cosmetics 具有药物治疗效果的化妆品。介于药品与化妆品之间，内含药效成分，但作用缓慢。可以达到美容、护肤、消除人体不良气味等目的。可分为防晒、祛斑、烫发、染发、养发、美乳、健美等类。

药物鞋 drug shoes 在鞋底内腔装有不同药物以达到防病祛病目的的鞋。适宜于用单元底，采用胶粘工艺成型。制作时既可利用鞋垫吸附各种药物，然后逐渐释放有效成分，通过脚对药物的吸收达到防病治病的目的；也可将缓释性药物置于鞋底前后内腔中让其缓慢释放挥发性成分，刺激脚掌，达到保健医疗目的。

野外运动鞋 field sport shoes 各种野外休闲运动时穿用的鞋。如打猎鞋、爬山鞋、钓鱼鞋、郊游鞋等。打猎鞋为避山野草木、野兽等的侵袭，多为皮质橡胶底矮腰或高筒靴；爬山鞋以帆布帮、橡胶底通背式系带式为多；钓鱼鞋、郊游鞋一般为帆布帮橡胶底运动鞋。

叶车人服饰 Yecheren ethnic costume and accessories 中国哈尼族支系服饰。云南红河地区的哈尼族的一支系，自称叶车人。服饰奇特，俗称龟服，包括雀朗(外衣)、雀巴(衬衣)、雀帕(背心)，无领开胸，紧身，袖稍宽，外衣衩口处有三五股红绿丝线绣边，领襟处用细排纽扣为饰，上衣下摆及腰部有多层花边，腰侧拴挂若干银螺状饰件，两肩挂有银链饰垂至腰际，由“鞢韄带”(102 页)变来，以对称使用为特色。裤极短，裤筒仅及耻线，全年裸露双腿，与上衣繁缛衣饰相映成趣，便于水田劳作与炎热气候。

叶纹图案 foliage pattern 由一种或多种叶子构成，描绘植物叶子的图案。包括木本、草本、禾本、藤本等植物的叶子，是植物图形的重要组成部分。从中国汉唐时期的茱萸叶纹、卷草纹、忍冬纹，到流行于公元 3～4 世纪希腊、西亚和中亚地区的莨菪叶纹、棕榈叶纹，叶子图案一直广泛应用于服饰图案中。与花卉图案比较，叶子图案在造型上更具有平面的装饰感，如纤细的兰草叶、丰腴的龟背叶、边线具缺刻的枫叶等，造型各具特色，成为服饰图案设计的极好素材。小面积且秩序细密的叶子图案，适合简洁而休闲的服装款式；舒长线条且排列多变的叶子图案，适合表现风格独特的长裙及个性化服装。

叶纹图案

夜礼服　evening dress　又称正式礼服、晚礼服。参加18:00之后的社交活动，如晚宴、舞会、音乐会时穿着的正式礼服。选用高级衣料量身定做，艺术性强，做工考究。款式以无袖紧身连衣裙为主。肩部、背部、胸部大部分露出，裙长及地，有时稍短。根据季节的不同，还可搭配围巾、披肩和短上衣。选用金银锦缎、塔夫绸、蝉翼纱、天鹅绒、蕾丝等华贵面料制作。佩戴珠宝首饰、手套，穿着与礼服相协调的皮鞋，凸显豪华、高贵、富丽、典雅的格调。

夜礼服

夜用考福帽　night coif　16～17世纪女性睡觉时配合长睡衣戴的无檐帽，多用刺绣装饰并带有前额布。

液冷服　liquid cooling wear　又称水冷服。通过服装里液体冷却介质的强迫对流来达到散热降温透气的冷却服装。液冷服能使其中的冷却介质乙二醇水溶液沿着皮肤表面流动，起到冷却降温作用。种类上有衣裤相连的连体装，称水冷背心、水冷帽等。水冷服由服装固结层与冷却管系统组成。服装固结层多由针织物制成；冷却管多采用直径1.5～3.6 mm的聚氯乙烯软管，按管道布列方式可有四种形式：直出直入式水冷服，倒流式水冷服，环流式水冷服，片状水冷服。直出直入式水冷服的水管沿身体纵向分成左右两部分，每部分又分通向上半身的上行水管与通向下半身的下行水管，总进水管和总出水管设置在腰部，这种水冷服冷却效果差。倒流式水冷服的供水管先到四肢远端，后分多路从四肢蜿蜒向躯干流回。环流式水冷服的多根透明的聚氯乙烯水管围绕在除头、手、足部位外的人体表面，形成一种环流。总进水管与总出水管设在躯干中部。美国首次登月的航天员曾使用此种水冷服。片状水冷服用薄而柔软的聚氨基甲酸酯制成覆盖身体（左、右上身，左、右下身，头部）的五大片管道，每片都有进水管和出水管，是一种高效率的水冷服。

液体划线笔　liquid marmp pen　在衣料上绘画板样轮廓的制图工具。主要有两种，一种是印记可在48 h内自行消失，另一种则可通过水洗去除。一般用于高档面料的划线。

液体划线笔

液压式冲裁机　hydraulic punching machine　又称油压式冲裁机。由油泵或油缸产生的静压力冲裁衣片的裁剪机。由龙门式机架、冲裁头、油泵或油缸、蜡面工作台、成形裁刀等部分组成。冲裁衣片质量好，精度高，切口光洁整齐。对于每一个需要冲裁的衣片，必须有一个相应尺寸的裁刀。

液状粉底专用海绵　liquid foundation special sponge　用来推匀液状、霜状粉底的海绵化妆用具。一种吸收性和延展性较佳的海绵，可使粉底与肌肤紧密贴合。其中又以方圆无角的海绵最好用。

腋点高　armscye height, AH　人体立姿时从腋窝点到地面的垂直距离。见“人体高度尺寸”(428 页)。

腋围线　armscye line, AL　人体测量线。过人体的前后腋点、腋窝点和肩端点的弧线。设计圆袖袖窿的重要参考线。

腋窝起绺　underarm crease　服装外观疵病。衣服穿着后袖窿下端腋窝部位出现斜形皱褶的现象。由于前后衣片不平整、长短不一或人体体型所致。

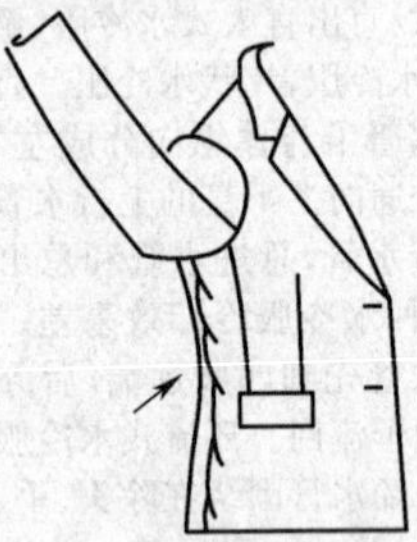

腋窝起绺

腋下省　underarm dart　即“胁省”(570 页)。

一戳髯　yichuoran　中国传统戏曲“髯口”(424 页)的一种。位于上唇正中的一撮向上耸立的假须。多用于武丑所扮机警滑稽的江湖人物，如《庆贺黄马褂》中的神偷王伯燕。

一带布胶鞋　canvas shoes with one belt　脚背部有一横带的女式浅口布面橡胶底鞋。源于民间女一带式布鞋，将布底改为橡胶底。有圆口、方口等式样，脚背的横带扣住两侧鞋帮。鞋面一般为黑色帆布、直贡呢、哔叽等，帮底间有较窄的围条，外形轻便，适合女子日常生活穿用，跟脚、美观、耐磨、有弹性、防水、防湿，是南方农村妇女喜爱的鞋品。

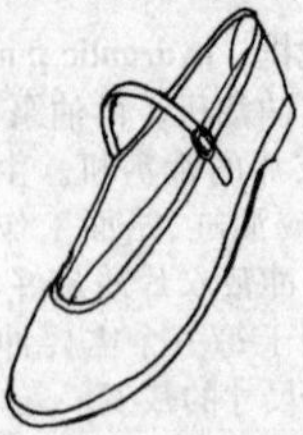

一带布胶鞋

一号多型　single-height tie in multi-circumference of bust or waist　号型系列中号型的搭配方式。以一个号(身高)配多个型(胸围或腰围)，可以增加该服装的消费体型覆盖率，如 160/82A、160/84A、160/86A。

一号一型　single-height tie in single-circumference of bust or waist　号型系列中号型的搭配方式，以一个号(身高)配一个型(胸围或腰围)，如 155/80A、160/84A、165/88A。

一级渠道　one-lever channel　在生产商与最终消费者之间含有一个销售中介机构的渠道方式。生产企业以出厂价将产品售予零售商，再由零售商售给消费者。我国百货店、专卖店服装常用这一方式。

一口钟　yikouzhong　中国古代一种长而无袖、左右不开衩的外衣。外形如钟。常在外出时披裹，以御风防寒，并可用做装饰。面料多用鲜艳绸缎，或施以绣绘。内可衬皮毛。在清代中后期非常流行。

一口钟

一片袖　one-piece sleeve　衣袖结构种类。整个袖身由一片组成，有直身一片袖、弯身一片袖之分，弯身一片袖有后袖身缝缩与收省两种类型。其结构简单、制作方便，多用于衬衫、夹克、风衣等服装。

一片袖

一字肩型　broad-shoulder style　放大肩部标准尺寸，装有平面厚肩垫或立体半球形肩垫，使肩形饱满平挺，外形与汉字"一"相仿的一种肩型。起到强调肩部的作用。一般适合宽松型服装，多配合宽大型的装袖、连袖、装连袖、套袖、蝙蝠袖等袖型。

一字襟　yizijin　中国清代马甲衣襟式样之一。领处横排七粒纽襻，腋下两侧各三粒纽襻，形如一字，共有十三粒纽襻，也称十三太保。晚清时横排纽襻也有位于腰上。用锦缎制，男女均用。太保原是中国古代三公官名之一，也是庙祝官司名，康熙时废除。民间以此称服装，有诙谐之意。

一字笠　yizili　又称平笠。日本江户时代武士外出遮阳戴的帽子。从斗笠顶到边缘的部分倾斜较缓，呈圆形。用蓑衣草或者竹条编织而成。

一字眉　straight brows　即"平眉"(393页)

一字髯　yiziran　中国传统戏曲"髯口"(424页)的一种。短髭自两鬓连成一片，将唇上两腮及下颏完全遮住，长寸许，形如"一"字，是"络腮胡子"的艺术表现。用于莽撞粗鲁、不重修饰的净、丑行角色。色彩有黑、红两种，如《法门寺》中的刘彪戴黑一字髯，《铁冠图》中的一只虎戴红一字髯。剧中角色改变生活环境时，也常借改戴一字髯来表现，如《穆柯寨》中原系戴黑扎的焦赞，《战濮阳》中戴红扎的典韦，遭火烧后，即改戴一字髯，以示胡须被烧掉的狼狈相。

一字头　yizitou　中国戏曲旦行旗头假发的一种。见"旗头"(401页)。

伊顿帽　Eton cap　紧贴头部的短帽舌无边帽。因英格兰伊顿贵族学院学生常戴用而得。20世纪20～30年代在美国男孩中流行和外套面料相配。

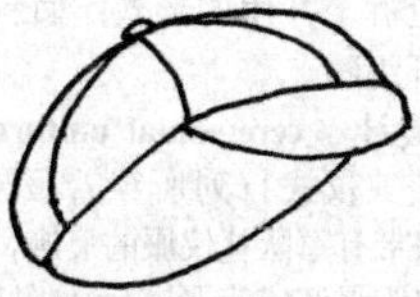

伊顿帽

衣长线　clothes length line　前后衣片横向最终部位的第一条水平基础线。自后颈点取衣长尺寸确定的与前后中心线垂直的水平方向结构线。用细实线表示。见"前后衣身衣领结构线"(406页)。

衣袋结构　pocket structure　服装上兼备装饰和装东西用的部件。结构种类可分为开袋、贴袋、开贴袋三类。开袋是在口袋所在部位上将其开穿，形成开口的袋型，其细部结构可分单嵌线袋、双嵌袋、装袋盖的嵌线袋、暗开袋(将衣缝空出一段作为开口)和装袋襻的插袋等。贴袋是同料或异料做成袋布状缝合于衣身(裤、裙)上的袋型，其细部结构分平贴袋、立体袋等。开贴袋是在贴袋布上再作开袋的袋型，其细部结构可分装袋盖的开贴袋和不装袋盖的开贴袋等形式。

衣缝　in seam　即"缝道"(142页)。

衣服气候　apparel climate　属微环境气候。人体穿着服装之后，服装和人体皮肤之间形成的内部微小空气层气候，包括温度、湿度和气流的作用等。

衣宽　clothing width　服装的最宽部位的宽度。上装指左右腋点之间的宽度。

衣领翻折线　collar roll line　衣领自然翻折形成的线，是翻领和底领的分界线。翻折领制图时，领座与翻领之间须划上一条线作为标记。标记线以下常为缉缝线部位，缉缝后的领座部位硬挺，使衣领耸立。用粗双点划线表示。见"前后衣身衣领结构线"(406页)。

衣领结构　collar structure　衣服上对应人体颈、肩部位的排列。衣服的主要装饰部位。有"领口领"(321页)、"立领"(310页)和"翻折领"(124页)等三类。若三类基本结构与衣身、波浪、垂褶、省、褶、裥等造型形式结合起来，可分为连身领、波浪领、垂褶领、收省领、褶裥领等。

衣坯　intacted piece　处于生产原始状态，未作任何加工的衣片。

衣片　cut piece　构成衣服主要部件的裁制品。按类别分为主衣片、上衣片、袖片、领片、裙片和裤片等，和零部件如领里、挂面、口袋等。

衣片丝绺不正　uneven grain　服装外观疵病。衣片的丝绺没有按照样板的要求裁剪，产生起皱、下沉、上翘或向里卷曲的现象。造成原因是在裁剪排料时，为了套裁节约衣料，忽视了衣片的经纬丝绺。补正方法为：裁剪排料时，必须按面料丝绺将四周修齐、归整，使左右对称一致，或适当改短、改小衣片的长度和宽度。

衣身比例 body proportion 衣身腰节线上下及门襟线左右各部位的比例关系。一般用来衡量衣长与腰节、袖窿深与腰节、袖长与腰节、裙长与腰节、肩宽与领窝宽，门襟宽与领窝宽等部位的比例关系。

衣身部件 garment body parts, garment body details 衣身结构的细部。有衣长、袖长、肩袖长、衣宽、下摆宽、摆围、大身、前片、后片、上前片、下前片、左前片、右前片、侧片、侧缝、背缝、过肩、单排扣、双排扣、嵌料、门襟、里襟、叠门等。

衣身结构 body structure 衣身几何图形的构造形式。按横向的比例分为：(1)三开身，衣身在横向受侧缝的分割部位的制约，使前、后衣身的结构比例为胸围除以3加减常数的形式；(2)四开身，衣身在横向受侧缝的分割部位的制约，使前、后衣身的结构比例为胸围除以4加减常数的形式；(3)多开身，衣身在横向受侧缝在其他分割线的制约，使前、后衣身的结构比例为任意比例的形式。按纵向的比例分，衣身结构有连腰型和断腰型。连腰型是腰围线以上部位和腰围线以下部位连成一体，如连衣裙、连衣裤等；断腰型是腰围线以上部位和腰围线以下部位分割成两部分，且腰围线以下部位一般做成向外扩展的喇叭形。

衣箱 yixiang 在传统戏曲中特指放置演出用服装的箱子。依其所放之物分为大、二、三衣箱。男女“蟒”(340页)、“帔”(384页)、“官衣”(191页)、“褶子”(591页)等文服统称为大衣，与喜神、朝珠、牙笏、折扇等道具置于大衣箱中；各种武服，如男女“靠”(285页)、“大铠”(79页)、“打衣打裤”(78页)、“快衣快裤”(296页)，以及玉带、汗巾、“绦绳”(508页)等带状饰物，统称为二衣，置于二衣箱；内衣、裤、靴等统称为三衣，与“楦判”(589页)等稻草束等塑型用具置于三衣箱。

衣袖 sleeve 覆盖人体手臂的服装部位，具有装饰性和功能性的要求。其整体基本结构分为“圆袖”(626页)、“连袖”(313页)、“分割袖”(138页)三类。圆袖是袖山形状呈圆弧形的衣袖，其按袖山细部结构可分为宽松型、较宽松型、较贴体型、贴体型；按袖身细部结构可分一片袖、两片袖及多片袖。连袖是衣袖袖山部位与衣身整体相连形成一体的袖型，其细部结构除具有圆袖的结构特征外，又可分为插角袖和无插角袖两类。分割袖是在连袖的基础上用富有装饰性的分割线将连袖加以分割而成的袖。衣袖基本结构与垂褶、波浪、抽褶、省、裥等造型形式相结合，又可形成垂褶袖、波浪袖、抽褶袖、省袖、褶裥袖等变化结构。

衣袖结构线 sleeve structure line 衣袖部位的结构线。共有12条。分别为：“袖长线”(583页)、“袖口线”(584页)、“袖山弧线”(586页)、“袖底弧线”(583页)、“袖山深线”(586页)、“袖肘线”(588页)、“里袖缝线”(310页)、“外袖缝线”(536页)、“前偏袖线”(408页)、“后偏袖线”(212页)、“袖中线”(587页)、“袖衩线”(583页)。

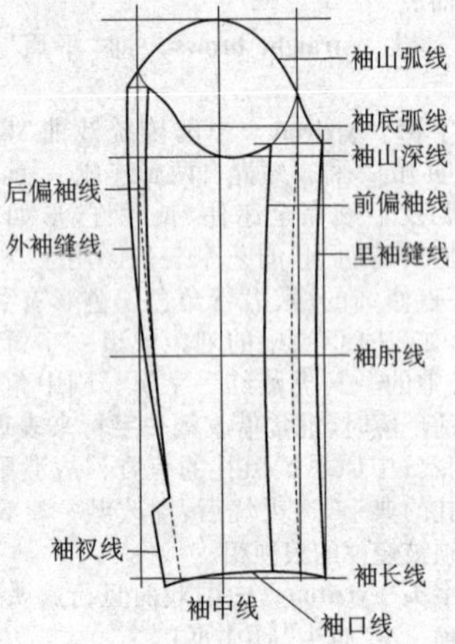

衣袖结构线

医师服 medical uniform 医务人员为病人看病时着用的一类白色工作服装。一般为单排扣外罩型或双排扣外套型。也有较长的上衣与白色裤子并用的形式。面料多为白色的棉或化纤织物。

仪仗服设计 ceremonial uniform design 对隆重的庆典仪式行列所穿着服装进行的设计。仪仗服带有军队礼仪服的痕迹，不同之处在于军队礼仪服强调威武严谨，而仪仗服力求热烈欢快、豪华辉煌。仪仗服合体中带有夸张，局部造型明快，多用镶拼、滚条等手法，绶带、肩章、领章、勋章、缨穗、腰带、靴子等配饰齐全。材质丰富多样，如金属、丝绸、皮革、驼毛、羽毛、裘皮、编织带等；色彩以鲜亮的暖色为主，配合金、银、黑、白，形成豪华耀眼的色调。面料以挺括的制服呢、华达呢、哔叽或直贡呢为主，夏季也采用一些轻薄织物。

移接图案 cross-linked pattern 即“错接图案”(75 页)。

移膜革鞋 film transplanting leather shoes 又称贴膜革鞋。用移膜革制作的鞋。移膜革指将 PU 等树脂膜转移贴合到二层革上，使之外观上具有均匀规整的皮纹结构。主要用于生产时装鞋和运动鞋。移膜革鞋外观美丽，因有一个真皮层，吸湿性尚可，但转移膜不具备透气性，只能用于中低档鞋。

移圈织物 transfer knitted fabric 在纬编基本组织的基础上，按照花纹要求将一个或几个纵行上的线圈转移到另一个或几个纵行上，使该纵行上的线圈串套中断而形成的纬编织物。根据转移线圈纱段的不同，分为纱罗织物和菠萝织物两大类。织物正面呈孔眼、凹凸、扭曲(绞棒)等效应，并由孔眼或扭曲按照一定规律分布在织物表面形成花型图案。分为：(1)单面移圈织物，以纬平针组织为地组织，移圈按花纹要求进行，以孔眼花纹为主；(2)双面移圈织物，一般以罗纹组织为地组织。原料采用涤纶丝、毛纱、腈纶纱及混纺纱等。可用于制作毛衫、内外衣、T 恤衫和运动服等。

移省剪叠法 transfer dart through cut-lap method 省道变化的作图法。在纸样上确定新省道位置并将省位处剪开，然后折叠原省道，使省道量转移到剪开的部位，形成新省道。新省道与原省道角度大小相同，剪开形式可以是直线或曲线，也可一次剪开或多次剪开。

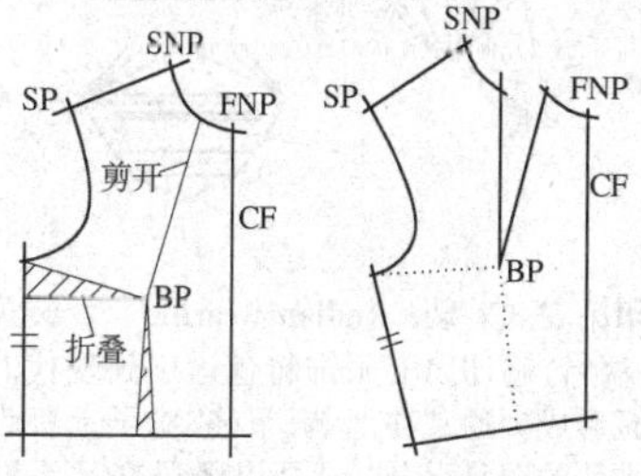

移省剪叠法

移位法 displacement method 服装内部造型设计方法之一。对设计原型的构成内容不作实质性改变，只作移动处理的方法。如将腰节线移至胸下，则服装的视觉中心立即上移，可调节身材比例，使下肢显得修长。移位法简单有效，在实际设计中，可结合其他的设计和造型方法灵活使用。

彝族服饰 Yi ethnic costume and accessories 中国彝族衣着和装饰。彝族分布在四川凉山和云南、贵州、广西等地。其支系复杂，衣式繁多，色彩浓艳，传统以黑色为贵。男子头扎“英雄结”(614 页)，穿黑色窄袖右斜襟上衣，衣襟、袖口有彩色宽缘边，着多褶肥腿长裤，裤口有条纹，外出时身披下摆有流苏和彩绣饰边的披风，穿布鞋或跣足，左耳戴金属环和彩珠。女子头搭叠瓦式头帕，盘压长辫，也有戴绣花帽或戴四角缀有银泡并饰以绒球、流苏的头巾；穿彩条窄袖对襟或大襟右衽上衣，外穿对襟短坎肩，系三节彩色横布料接成的百褶裙。裙色取红、绿、黄、蓝、白、黑中三色。也有着长裤，系绣花围腰。冬天将领部有褶裥的羊毛披毡套在宽大轻薄的毛织披风内。戴项链、手镯、银铃、银牌、银泡等首饰。

彝族女子服饰(四川凉山)

乙字眉 Yi shape brows 眉峰位置在瞳孔的正上方的眉形。

艺术型人群 artistic group 即“戏剧型人群”(557 页)。

异国情调装束 exotic costume 带有他国尤其是指中国、日本、印度及阿拉伯、非洲，以及南美等服饰特征的着装形象。时装设计师为追求新的着装风貌，借鉴不同文化背景的他国服饰特色文化激发设计灵感，创作新服饰。例如 1992 年玛克斯·玛拉(Max Mara)推出的中式立领、高开侧衩、七分敞袖、对衩时装；1995 年罗密欧·吉利(Romeo Gigli)推出的非洲风格的单肩式短衫、低腰宽口裤等都曾流行了一段时期。

异国情调装束

异域型人群 foreign region group 即“民俗型人群”(357页)。

易去污整理织物 soil release finish fabric 经过易去污整理的合成纤维及其混纺织物。用易去污整理剂处理合成纤维及其混纺织物，赋予织物良好的亲水性，使污垢容易脱落，也能减轻在洗涤过程中污垢重新沾污的现象。

银锭头面 yindingtoumian 又称银泡。传统戏曲旦角头部饰物“头面”(522页)的一种。多枚铜质镀银的半圆形球状体。用时将其在额前“水纱”(486页)上插成一排。造型、色彩均较单纯，多用于剧中贫穷或寡居的妇女。

银泡 yinpao 即“银锭头面”(612页)。

银皮革 silver leather 表面加工成银白色的皮革。可通过涂饰皮革时在涂料中掺入银粉颜料制成。银粉颜料由铝粉制成。涂层极薄，能隐约见到天然皮革凹凸不平的自然粒纹；也可采用银色电化铝移膜工艺制成。用于制作装饰性强的产品，如包袋、鞋类等。

银戗大衣呢 mohair fleece 粗纺毛织物名。用10%左右本白的粗马海毛与染成银色的羊毛、羊绒或其他动物纤维均匀混合，经纺、织和洗呢、缩绒、拉毛、剪毛等工艺整理而成的顺毛大衣呢。在乌黑的绒面中均匀地闪烁着银色发光的戗毛，美观大方。主要用作高档大衣面料。

银鼠毛皮 ermine fur 即“白鼬毛皮”(13页)。

银纹 silver streaking 塑料鞋底或帮面出现银色条纹缺陷的现象。由于注塑加工成型不良所致。所用注塑原料水分过大，加工过程中温度过高物料受热分解产生气体，或者模具在温度低时凝结水分及混入杂质等情况，都可能导致银纹的产生。

隐形拉链 invisible zipper, concealed zipper 由尼龙单丝或聚酯材料卷编而成，拉合后不露拉链，仅露拉链头的拉链。适用于裙与裤类的扣合处，以专用压脚缝合。

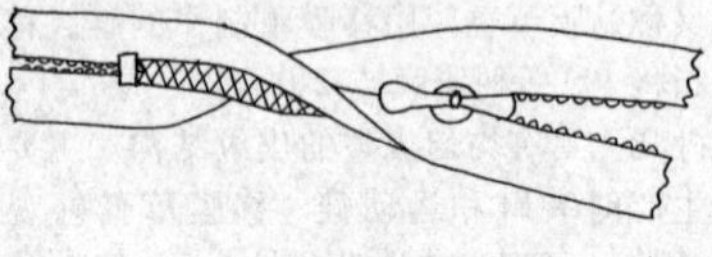
隐形拉链

隐形鞋 invisible shoes 鞋帮用透明材料制作给人光脚感觉的鞋。1947年由意大利的萨尔瓦多·菲拉加莫(Salvatore Feragamo)设计。底和踝带用金色小羊皮包覆，前后帮面为透明尼龙丝，楔形底为圆弧造型。也许因为脚太暴露穿着者很少。

隐性镶法 conceal inlaid 将宝石的托架隐藏在宝石腰部以下的珠宝首饰加工工艺。多用于红蓝宝石、钻石的镶嵌。宝石的腰部以下需切出特殊的凹槽，在同一位置上的宝石形状、大小须统一。宝石凹槽镶入爪钩，两者相互接触。这样从宝石顶部或背部，都不见爪钩，故称隐性。制成的产品整齐华艳，极具时代美感。

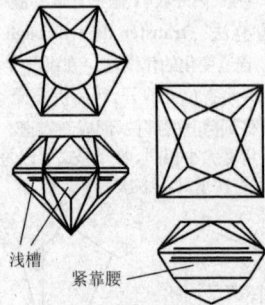

隐性镶法

印第安式着装 Indian wearing 着装风格的一种。将印第安服饰特色运用到现代时装中而形成。通常在上装、下装、靴子上都设计有排列的春穗装饰，或是以绳子交叉系结组成的服装饰物，有时在帽子上或发型上点缀羽毛装饰等。兴起于20世纪60年代的美国，受到年轻人的欢迎。

印第安式着装

印第安罩帽　American Indian bonnet　羽毛头饰。在皮质额带的前部插上许多直立的大羽毛形成光环效果，在头后部有一个或两个加附羽毛的拖尾，长近乎及地。原为美洲印第安部落的帽式，英国殖民地时期，曾仿制成军帽，19世纪初出现了以浅帽冠的丝绒帽代替额带上插羽毛的仿制式样。

印第安罩帽

印度风格装束　Indian style costume　以披挂围裹式的沙丽、带有神秘感的土红、深灰、褐色为代表的服饰形象。带有印度文化印迹。在1993年的米兰春夏季发布会上，Byblos品牌曾推出一系列以印度为设计灵感的时装。

印度风格装束

印度沙丽图案　indian sari pattern　印度传统民族服装图案。图案题材繁多，已有数千年历史。传统的沙丽图案由主纹样与二方连续边饰纹样构成，边饰分底边和侧边，并着重强调外露的侧边。纹样由密至疏，穿插得当，色彩艳丽对比，配以玻璃珠、小圆镜和其他手工绣、印花等工艺，呈现丰富华美且秩序性强的造型样式。沙丽图案的颜色随季节的变化而改变，夏季多为明亮的黄，冬季多为沉稳的红与紫，雨季多为深绿色调。现代沙丽图案也有边饰纹样结合连续循环纹样的，图案呈现更为灵活自由的样式。

印度沙丽图案

印花大手帕图案 **big printed handkerchief pattern** 即“牛仔领巾图案”(373页)。

印花革 **printed leather** 对动物皮革进行表面印刷、印染加工的皮革。可用牛、猪、羊等多种动物皮革,包括各种剖层(二层、三层)皮革制作。印刷或印染加工可以较大程度地改变外观质量,提高皮革的档次和利用率。可根据需要设计各种颜色、花形,图案色彩丰富漂亮,装饰性强,但皮革的自然风格基本丧失。主要用作服装、领带、包袋面料,少量用于制作鞋类。

印花毛衫 **printed knitwear** 通过平网和圆网印花形成彩色图案的毛衫。以羊毛纱、毛腈混纺纱、腈纶纱等为原料。色泽鲜艳,图案逼真,印花方式灵活。一般为中低档产品。

印花围条 **printed foxing** 在无花纹的平面围条上印花的围条。一般在成鞋硫化前用转移印花法,少数用筛网印花印于围条上,但成鞋时图形易变形。印花围条常用于童鞋、女鞋等。

印花雨靴 **printed rain boots** 将滚筒印花工艺应用于橡胶鞋面印花,单色胶面印另一色印浆,使胶面产生色彩空间混合的效果,甚至产生织锦缎般质感的雨靴。印花胶面可制成多种女式雨鞋,如系带式、舌式等,是我国20世纪70～80年代城镇极为流行的胶面鞋。压延出型外底,贴模压高跟。

印花织物 **printed fabric** 经印花加工后得到表面有花纹图案的织物。根据所用设备分为滚筒印花织物、筛网印花织物、转移印花织物、静电印刷术印花织物和油墨喷射印花织物;根据印花工艺可分为直接印花织物、拔染印花织物和防染印花织物;根据织物所用的纤维原料可分为印花棉布、印花人造棉布、印花丝织物、印花涤纶织物等。织物正面花纹清晰,色彩鲜艳,花纹、图案可以多种多样。多用作妇女和儿童的衬衫、连衣裙和沙滩裤等面料。

印花织物CAD **printed fabric computer aided design** 即“计算机辅助印花织物设计”(242页)。

英国门襟 **English placket** 前身采用半开襟的暗门襟结构样式。一般钉有三颗扣子,常见于马球衫上。

英国式猎装 **English hunting costume** 适应外出郊游打猎,带有英国绅士感觉的设计风格的服装。20世纪50年代初流行。由粗呢上衣和半长灯笼裤组成,棕色的绑腿与灯笼裤相映成趣,头戴无檐的格纹羊毛帽。

英国式西便套装 **English lounge suit** 英国便装化的礼服。设计风格严谨中带些随意,于20世纪40年代末50年代初流行,是英国上流社会的男子服装。当时男子穿的礼服逐渐便装化,普通西服款式替代了燕尾服,一般用黑色粗纺呢制作,领带也采用厚质料子,配黑色或灰条纹的无褶卷裤脚裤子,再加高级毛料制成的软礼帽。

英国鞋号 **English size of footwear** 以鞋内底长度英寸为基础制订的一种鞋号。将鞋内底长度为$4\frac{1}{3}$英寸(110.06 mm)时的鞋号定为1号。内底长度每增加1/3英寸(8.47 mm),鞋号增加一个号,13号对应的鞋内底长度为$8\frac{1}{3}$英寸(211.66 mm)。13号以后,下一个号不是14,而是又一个1号,对应的鞋内底长度是$8\frac{1}{3}$英寸,然后,再按上述同样方法,又从1号排到13号,这后一个13号对应的鞋内底长度$12\frac{2}{3}$英寸(321.74 mm)。前一个1～13号为童鞋,后一个1～13号为成人鞋。

英雄结 **yingxiongjie** 四川凉山彝族男子头饰。以长布条缠头,在右前方缠成一个向上翘起的锥形长结,向前伸出包头帕,以示英武。渐成为服饰特色,已有两千年以上传统。

英雄结(彝族)

婴儿帽　baby cap　16世纪晚期和17世纪早期用上等细布或蕾丝制作的女用头巾帽。类似“婴儿罩帽”(615页)。

婴儿帽

婴儿式女帽　bambin, bambino hat　又称光环形檐边女帽。20世纪30年代妇女戴的帽檐卷离脸庞的帽,来自意大利语。

婴儿无檐帽　infant's cap　婴幼儿戴的贴头无檐帽。用柔软的棉布制作或绒线编结而成。

婴儿鸭舌帽　infant's off the face　婴儿戴的帽舌上翘的无檐帽。一般用羊毛、天鹅绒、凹凸织物制作。

婴儿罩帽　baby bonnet, infant's bonnet　婴儿戴的从后颅部包裹到前额,遮盖住双耳的罩头帽。合于头部的形状并用布带或缎带在颔下系牢。多用柔软的布料制成,有的用蕾丝修饰。

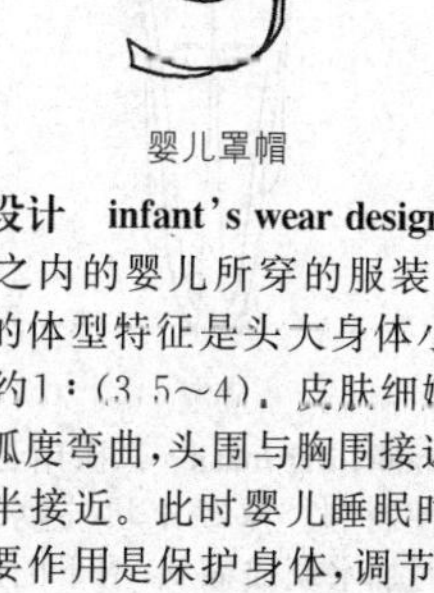

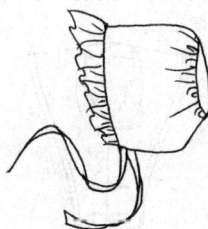

婴儿罩帽

婴儿装设计　infant's wear design　对从出生到周岁之内的婴儿所穿的服装进行的设计。婴儿的体型特征是头大身体小,头部与休长的比约1∶(3.5～4),皮肤细嫩,腿短日向内侧呈弧度弯曲,头围与胸围接近,肩宽与臀围的一半接近。此时婴儿睡眠时间较多,服装的主要作用是保护身体,调节体温。婴儿服装总的要求是:服装款式变化不宜繁复,结构简单,造型宽松,易穿脱,面料要选择比较柔软、吸湿性强、透气性好的天然织物,如棉、针织物等,避免用化纤及混纺面料。选用稚嫩、淡雅的色调,如白、粉红、浅蓝、奶黄等。同时,可以加少量绣花图案,塑造纯洁可爱的感觉。常见品种有宝宝衫、斜襟连裤衫、田鸡衣、睡裙式单衣等。

婴儿装

婴儿装图案　baby's wear pattern　婴儿服装上的图案。主要以小碎花、小动物纹、小圆点等构成。图案追求简洁、明快的造型,平涂是最常见的表现手法,面积大小适中,布局匀称,采用粉红、粉黄、粉蓝、白色等亮粉色系的配色。面料注重功能性和舒适性,以柔软的棉等天然纤维为主,配以印花工艺,外套也用少量的刺绣等装饰手段表现图案。

婴戏纹　children at play pattern　又称百子纹。中国传统装饰图案。以众多童子捉迷藏、耍灯笼、放风筝、荡秋千、扑蝶、读书、下棋等嬉戏游戏场面构成,寓意多子多福。图案出现约晚唐时,后流传甚广,出土的明孝靖皇后的彩绣夹衣,整件服装绣以一百个动态各异的童子,为婴戏纹的经典例证。图案多为红底,彩线刺绣,金线勾勒边形,人物造型迥异生动,或配以器物与建筑、植物,烘托吉祥热闹的气氛。应用于女性服装的衣料、挽袖等服饰设计中。

璎珞　yingluo　也称华鬘。一种印度传统饰品(图见下页)。以线穿花朵,戴在头上或颈部作为装饰。外形类似花环。也可连缀珠玉作为装饰。男女皆有佩戴。我国将它与原有的颈饰、佩饰相结合,产生了更为复杂的样式,在悬挂的饰件上,金玉并用,并刻琢成龙、凤盘螭等。

璎珞

荧光粉 **fluorescent powder** 即“闪粉”(454页)。

营销渠道 **marketing channel** 执行将产品及其所有权从生产者转移到消费者的所有活动的一系列组织机构，是生产商与最终用户之间执行不同功能的营销中介机构组织。大多数服装生产商都要与营销中介机构交往以便将产品提供给最终消费者。在服装流通领域中，最大量的是零售商，此外，还有批发商、承包商或担负类似转售职能的商贸企业。由于服装业的运营涉及从纺织业到零售业的漫长流程，故而广义的营销渠道还包括整个流程的其他各种组织。

影视化装 **film and TV dressing** 以剧本中的人物特点和导演总体构思为依据，对角色从脸部到全身进行整体外部形象塑造的艺术过程。化妆师结合演员的生理特征和剧中的典型环境，运用各种表现手段和材料工艺，赋予演员剧中人物性格、年龄、身份、职业以及人物的遭遇、命运等各种特征，以诱发演员的心理、神态的变化。化装必须做到细致、真实、自然。根据艺术创作目的不同，可分为性格装造型、年龄装造型、肖像装造型、美容装造型、气氛装造型和模拟装造型等；根据化装表现技法不同，可分为绘画化装法、整形化装法、塑型化装法、毛发化装法等。影视的常规程序是先绘制造型设计图，准备各种附属零部件，再进行试装和定装；也可以根据自己对演员面孔的熟悉和了解，直接在演员脸上造型、定装；或利用演员的照片，在照片上勾画设计，准备粘贴零件，然后进行试装造型，最后定装。

硬缝 **hard seam** 缝道类型。在连接针织物同时能包裹布边的缝道，由于缝道位于织物的边缘，形成凸边，延伸性较差、手感较硬。

硬靠 **yingkao** 中国传统戏曲戎装“靠”(285页)的一种组合穿着方法。穿靠时如插“靠旗”(285页)，称为硬靠。多用于处在战斗场合的武将或需要强调战将的勇武神态时。

硬朗风格 **tough style** 给人以直线型的挺拔、简练，带有男性感的服装风格。色彩以无彩色或纯度较低的色相为主，零部件较为夸张，装饰不多，材料比较厚实硬挺。

硬领 **yingling** 清代的一种服饰。由硬领与领衣两部分组成。清代袍褂均是圆口无领式，所以在穿袍褂之前，先穿上硬领，然后再在外面穿袍褂。硬领款式与今日中山服领子相似，只是硬领稍宽大些。硬领前后延长的两片常称为领衣，因形状如牛舌，故俗称为牛舌头。春秋两季的硬领一般用浅湖色或鸭青色的缎子、绸子或细布等制成，涂刷上浆以使其挺括结实。冬天选用深色的绒或皮毛，春天则用颜色较浅的纱或细布。夏天多不着硬领。服丧时硬领则以黑布制成。衣领前面开衩如衣襟，有纽扣系结，下端束于腰间。通常硬领与领衣都是穿在袍褂之内的，但也有把硬领及领衣直接穿在外面，不套袍褂的。同治、光绪年间，民间渐渐出现了一些带领子的服装，不仅长袍、短褂，一些坎肩背心也出现了领子。民国以后，没有领子的袍褂消失了，硬领也随之废止。

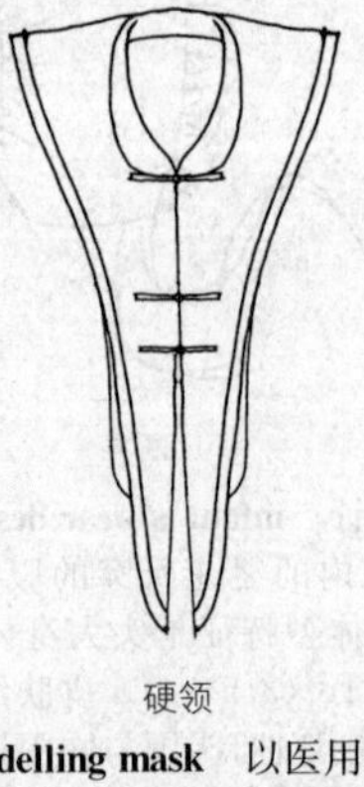

硬领

硬模 **modelling mask** 以医用石膏为主要成分的倒模材料。呈粉末状，遇水后很快解体。使用时加水调成糊状，倒于面部后，自行凝固、发热、冷却变硬，形成坚硬的模体，可整体剥脱。使用前，先在面部涂上具有疗效的底霜，如漂白、消炎、抗过敏、抗皱效果的药物或营养霜。利用倒模材料发热、冷却与收缩等物理特性，增加药物吸收，提高疗效。可分为(1)冷模，镇静皮下组织，收缩毛孔，清热消毒，适用于痤疮、油性和敏感皮肤；(2)热模，促进血液循环，促进皮脂腺、汗腺分泌，适用于干性、中性皮肤。

硬色　hard color　与明度和纯度有关，从视觉感官出发的一种色彩定义。同样的事物因色彩的不同会产生不同的软硬感，这种与实际的质感不符的视觉效果称为色彩的软硬感。通常来说，明度低的颜色，或纯度高、纯度低的颜色给人以硬感，称为硬色。

硬式潜水服　hard-type diving wear　由坚固的金属制成，外壳类似人形的潜水服。重量大。呼吸所需空气由水面通过管道供给。硬式潜水服避免了高气压对潜水员的危害问题，但制约了潜水员的身体活动。适于进行深水观察等作业时使用。

硬镶法　nail inlaid　即“钉镶法”(104页)。

慵来妆　languid make-up　中国古代妇女的一种面部妆饰。以表现慵懒娇柔为特点的淡妆。头发松松绾起来，脸上薄施脂粉，无太多颜色，秀眉若有若无，清淡雅致而层次丰富，静若远山，称为远山眉。相传为赵飞燕的妹妹赵合德所创。唐代妇女仍喜模仿此妆饰，多见于嫔妃宫妓。

臃　wrinkles　服装外观疵病。衣片的表面不平服，卷缩、起皱、隆起的现象。补正方法为：里料要与面料匹配；敷衬应平服不起翘。

永久定形　permanent setting　“热定形”(424页)的一种形式。织物在拉伸展平后破坏了原来的氢键结合，使具有多卷曲螺旋链状的毛纤维大分子伸直，并在新的位置上通过牢固的氢键结合。一般用于成衣的成形熨烫加工。

永久性黏合　permanent fusing　衬布与面料黏合后，在实际穿着期间能耐重复水洗或干洗，不影响服装服用性能的黏合方式。必须选用耐水洗或耐干洗的热熔胶，用压烫机黏合。如衬衫领衬、西服大身衬。

泳装　swimming wear　游泳水浴和日光浴时着用的服装的总称。服装的覆盖部分尽量少，以减小在水中的阻力，并保证能在海边进行有效的日光浴。服装多用针织物，采用锦纶、橡胶、氨纶等具有良好伸缩性的材料。造型从短袖、短裤形式逐渐向露臂、露腿形式发展，直到比基尼式(三点式)。服装廓型与色彩日趋大胆，作为海滩服的一种，具有时装化倾向。

优雅套装　elegant suit　以古典主义审美为基础的套装。款式简洁大方，突出女性身材，风格和谐高雅，色彩协调典雅。多采用上等面料制成，做工精细。因带有贵族气而有别于街头时尚，兴衰随流行趋势而变。

优雅型人群　graceful group　人体体貌及服饰风格的一种。量感中等偏小，轮廓柔和，曲线感较强，整体印象为恬静雅致，温柔而不妩媚，富女人味。多用于有小家碧玉之感的女性。人体型特征，身材圆润，个子小到中等；脸部轮廓柔美，眼神温柔，五官精致小巧。服饰以柔美精致为特征，服装材质多为柔软轻盈的面料，如乔其纱、羊驼绒、绸缎、真丝等；色彩对比不明显，多为个人色彩群中浅淡柔美的女性化色彩(如粉红、淡紫、天蓝等)；图案多为柔美的花朵、圆点类；丝巾是常用的点缀；发型多为柔和的中长卷发或发髻较高的盘发，化妆柔美忌浓艳。常见着装举例：曲线裁剪、腰臀合体的职业装，衣领、衣襟、口袋等处以花边、皱褶装饰；休闲装为柔软飘逸的连衣裙或半身裙配羊毛绒开衫毛衣、宽松而有垂感的长裤配真丝翻领衬衣等。

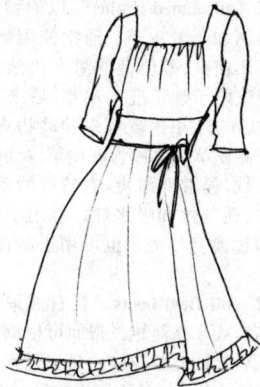

优雅型女性

油彩　greasepaint　含色素和油分较多的颜料。多用于戏剧化妆或舞台化妆的人物造型设计中。使用油彩对人物的造型改变颇大，视觉效果强烈。

油画笔　oil-painting brush　一种绘图用笔。主要用作绘制油画。笔毛多为猪鬃，也有狼毫和化纤。按笔头形状分圆头笔、平头笔、扇形笔、排笔等。从小到大分为1～12号，另有大型号油画笔。较硬挺，配合油画颜料可以表现不同的肌理效果。

油画颜料　oil color　一种绘画颜料。由色粉加油和搅拌研磨而成。色相根据色粉的色相而定，油起到使色粉的色相稍偏深且饱和的作用，可上染或附着在其他材料上形成一定的颜料层，且具有一定的可塑性，能根据对不同工具的运用表现服装画中的不同肌理。

油浸革　oil tanning leather　采用熔点较高未经乳化的天然混合油脂，熔化后保持一定温度，对植鞣或铬植结合鞣革进行施油，再经干燥整理而成的皮革。原皮以牛皮为主，柔软坚实，不经涂饰，正反两面均可使用，有拒水功能。主要用于制作工作鞋、劳保鞋和军用鞋等。

油皮鞋　oil leather shoes　用油皮制作的鞋。油皮是一种多脂面革，又称油浸皮。皮革在制造过程中加入较多油脂，比较柔软和耐磨，以前多用于劳保鞋面，现在也成为一种时尚产品。大多为栲胶色(浅黄略带红的颜色)。保养时应选择含油成分较多的乳液型鞋油。油皮鞋档次不高，适合于与牛仔服搭配。

油鞣革　oil tanned leather　以油脂作为主要鞣剂鞣制加工的皮革。通常使用鳕鱼油、鲨鱼油等碘值高、酸值低的海产鱼油作油鞣剂。早期仅限于加工麂的皮革，后来也用于加工鹿皮、羊皮、小牛皮等多种动物皮革，加工后的绒面皮革都可称为麂皮革。油鞣革纤维特别柔软，松散而滑爽，有较好的耐磨性、耐水洗性、透气性和吸水性。可用于擦拭光学玻璃和过滤汽油等。也可用于制作手套、服装等。

油田靴　oil field boots　供石油采掘工人穿用的高筒或半高筒靴。帮面可根据要求制成光面或者装饰皮革花纹。靴底通常有粗犷的防滑花纹。分为：(1)丁腈橡胶靴，粘贴法硫化工艺成型，衬里可用棉毛布或弹力锦纶丝；(2)改性PVC塑料靴，注塑成型，可不用衬布而使用活动靴套，防寒效果好，可拉出洗晒。

油鞋　oil shoes　即“钉鞋”(103页)。

油性皮肤　oily skin　皮脂分泌量多、角质层含水量正常的皮肤。皮层较厚，纹理较粗，毛孔粗大，肤色较深，面部油腻发亮，弹性好，耐衰老，不易起皱纹，对外界刺激的耐受性较好。但易生痤疮。由于先天性皮脂分泌过多、雄性激素活跃、偏食脂肪多的食物、过多摄取辛辣食物、缺乏B族维生素等原因形成。常见于青春发育期的年轻人。

油压式冲裁机　hydraulic punching machine　即“液压式冲裁机”(607页)。

游艇装　yacht wear　年轻女性在划船游玩时的穿着，款式简洁明快的户外服装。带有古典主义风格特征，19世纪后期出现于法国。服装由白亚麻布制成，在袖口、门襟处饰以刺绣的花纹，造型为夸张的X型，色彩洁白，亮丽动人。

游泳帽　bathing cap, swimming cap　游泳时戴的贴头的无檐帽。防止头发在水中受损并避免头发的阻碍，一般用锦纶、塑料、橡胶等防水材料制作，色彩亮丽醒目。

有彩色　chromatic color　具有色相、明度、纯度三种属性，带彩的色。人类视觉所能观察到的色彩从宏观上可分为有彩色系和无彩色系两大门类。红、橙、黄、绿、青、蓝、紫为基本色。通过这些色彩不同程度的混合，产生出无数的色彩，都属于有彩色系范畴。有彩色包括色环上的纯色、清色、暗色、浊色等。

有盖袋　flap pocket　装有袋盖的口袋总称。袋盖为口袋增加保护性。多在贴袋和挖袋上加袋盖制成。

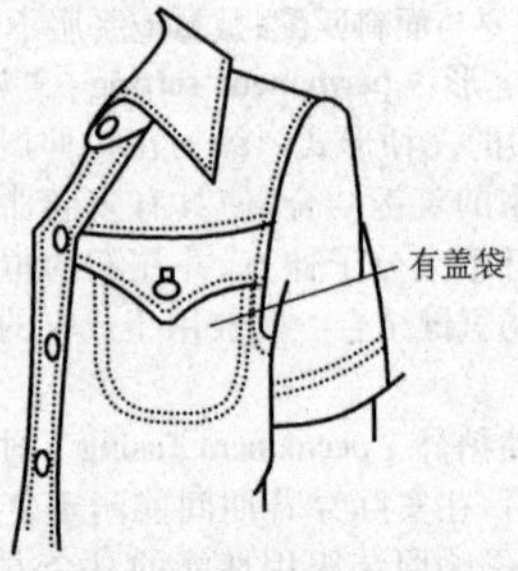

有盖袋

有机玻璃扣　plexiglass button　由聚甲基丙烯酸甲酯加入珠光颜料制成的纽扣。色泽艳丽，有珍珠般光泽，极富装饰性，但耐热性、耐化学试剂性、耐磨性较差。

有孔皮革 perforated leather 经均匀打孔加工处理的皮革。孔眼一般如水珠状大小,按一定的花形排列,由羊皮和小牛皮制成,富有透气性和良好的吸汗性。用于制作内衣、衬衫等。

有襻纽扣 shank button 即“柄式纽扣”(33页)。

有限布边 limited cloth edge 构成缝型的缝料上,距离缝合线迹较近的一侧边沿,如缝份、折边等,用直线来表示。

有檐帽 hat 帽的主要类型之一。具有帽冠和帽檐或者两者之一且具有一定形状的头部覆盖物。种类和造型文化非常丰富。帽顶造型主要有平顶、尖顶、圆顶、中凹顶、两侧凹进等;帽身造型主要有筒状、锥状、碗状、盔状等;帽檐有宽窄、平直、翻折等变化。帽顶、帽身及帽檐等要素变化组合形成多种样式。多用呢毡、毛皮或草秸等制作。装饰材料以缎带、羽毛、人造花、绳结等为常见。装饰部位常处于帽身和帽檐的结合处。源自希腊的一种帽檐宽、帽身浅的帽形物,以抵挡恶劣天气或出于装饰的目的。

有檐帽衬帽 under cap 18世纪对戴在帽子下面的无檐帽的称呼,主要为女性使用。

幼儿装设计 toddler's wear design 又称学龄前儿童装设计。对2~6岁年龄段的孩童所穿服装进行的设计。该年龄段体型特点是:头大、挺肚、无胸腰差。家庭、幼儿园的生活以游戏为中心。具体设计中,上衣以宽松式梯形为主,将纽扣配置在前身开襟以便儿童穿脱自理。适穿背带裙、背带裤或松紧腰的满裆裤。配色注重大色块效果,点缀图案应符合幼儿心理特征,如卡通人物、现代艺术、热带风光、小花小草等,体现儿童活泼好动、天真可爱的稚气,并具有开发智力的功效。在款式、造型、颜色和花纹上,男女幼童应有所区别。

余色 complementary color 即“补色”(37页)。

鱼冻布 silk/ramie mixed fabric 又称鱼冻绸。麻织物名。中国古代始于广东东莞一带的蚕丝与苎麻的交织物。中国明代渔民以拆取苎麻渔网的纱线为经,蚕丝为纬织制而成。织物坚韧柔软,富有光泽,色白若鱼冻,越洗涤越洁白。宜用作春末秋初和夏令的男女服装面料。

鱼冻绸 silk/ramie mixed fabric 即“鱼冻布”(619页)。

鱼鳞毛衫 fishman knitwear 又称元宝针毛衫。采用单双面集圈组织编织而成的毛衫。质地丰厚、蓬松,延伸性好,但弹性、保形性较差,衣身易下沉,较易抽丝。适用于秋冬宽松男女套衫、外套及童装。

鱼媚子 yumeizi 中国古代妇女面饰。以黑色光纸剪成圆形,并镂饰以鱼鳃之骨,粘贴于额间或面颊两侧。宋淳化年间比较流行。

鱼皮革 fish leather 鱼类的原皮经鞣制加工而成的皮革。包括“鲨鱼皮革”(453页)、鲤鱼皮革、鲸鱼皮革、“青鱼皮革”(415页)、黑鱼皮革、“珍珠鱼皮革”(644页)等品种。由于各种鱼类大小不同,鳞片形状各异,花纹颜色不同,制成皮革的开张、风格、厚度、花纹等有很大差异。可取其特征,用其所长,制作装饰性要求高的包袋、鞋类、皮带等产品。

鱼皮衣 fish skin costume 赫哲族人用鱼皮制成的服装。将鳙鱼、草鱼、鲑鱼、鲤鱼等的鱼皮剥下,晒干,捶打,处理后用野花染成红、黄、蓝、绿等色,再缝制成服装。有耐磨、不透水、保温、轻便及不挂霜等特点。

鱼嘴鞋 fish mouth shoes 一种小前开口皮鞋的别称。因前开口较小,加之尖圆头款式,鞋底和鞋帮似鱼嘴外形,故名。鞋帮有开口,只适宜于凉鞋。而且应在比较干净和平坦的场所穿用,常成为夏秋女礼宴鞋。鞋底不能太厚,否则构不成鱼嘴。图为赫伯特·列文(Herbert Levine)1958年设计的白缎晚宴女凉鞋。鞋头的珠宝装饰似鱼儿戏水时吐出的串串气泡。

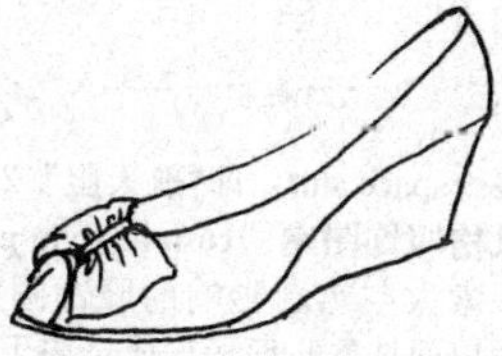

鱼嘴鞋

娱乐类时装表演 fashion show for recreation 以娱乐为目的,在娱乐场所刺激消费的时装表演。如为一些节日或庆典活动助兴的表演,或为歌舞厅、夜总会上演的时装表演,以及一些具有文化探索意味的时装表演等。

虞姬甲　yujijia　传统戏曲戎装的一种。京剧著名演员梅兰芳于20世纪20年代排演《霸王别姬》时专门为虞姬舞剑一场戏设计的随军妃嫔穿着的铠甲。对女靠进行改造而成。以黄缎为面料，上身为立领、大襟的短袄，加云肩，前片下部象征护裆的“吊鱼”(101页)与“靠牌”(285页)连接。全衣外轮廓呈鱼尾形并平金满绣鱼鳞纹，四周垂红穗。用时罩在专为虞姬创制的淡黄色古装外面，光彩夺目，有力地衬托出人物高贵英武的气质，是梅兰芳设计的戏装中具有代表性的成功之作。

宇航风貌　cosmonaut look　又称太空风貌。表现宇航员或想象中的太空人的衣着风格。以钢盔式帽型、金属色泽质地的面料和连体装上套有抽象几何造型的上衣为特征。1963年，由巴黎设计师圣·洛朗首创。1966年，皮尔·卡丹发表太空风貌的系列时装，配以超短裤等。该风貌促成妇女裤装和连体装的流行。

宇航风貌

宇航服　space suit　即“航天服”(202页)。

宇宙风格服饰图案　cosmic style pattern　受人类探索太空热潮影响的服饰图案样式。以直线大块面抽象几何形构成。源于20世纪60年代后期，以模仿宇航服装为特征，图案造型刚硬简洁，配以金、银等金属色调，结合闪光涂层的面料，应用于头盔式连帽连体装中。

羽纱　rayon luster lining　黏胶纤维仿丝织物名。经纱采用133.2 dtex(120旦)有光黏胶丝，纬纱采用棉纱线，以$\frac{3}{1}$斜纹组织交织而成的织物。按所用纬纱的不同分为：棉纬绫[纬纱采用40 tex(21英支)的棉纱]、棉线绫[纬纱采用20 tex×2(42英支/2)的纯棉股线]和蜡羽纱[纬纱采用40 tex(21英支)的上蜡棉纱]。绸面光滑，纹路清晰，质地柔软。用作服装里料。

雨水布　trouser curtain　装在裤腰里布与面布之间，附以硬衬并露在裤腰里下端的布条。一般与里布同料，起装饰与硬挺作用，常用于男西裤。注意合裆缝时要防止裆缝拉伸或缝线过紧引起裆缝外观疵病。

雨鞋　rain shoes　见“全胶鞋”(419页)。

雨衣　raincoat　防止雨水淋湿身体而着用的一种外罩式服装。服装的衣长、袖长等都较普通长外套略长(1 cm左右)。按材质分为织物雨衣、橡胶雨衣和塑料雨衣。织物雨衣以表面易于水滴滑移的薄型面料为主，并经防水加工处理，分透气型与不透气型两类。橡胶雨衣和塑料雨衣多为不透气型，穿着舒适性差。日常生活用雨衣分雨披、风雨衣等多种款型；职业用雨衣对应一些特定职业的要求有消防雨衣、军用雨衣、交警执勤雨衣等。

玉　nephrite　含水的钙镁硅酸盐矿物。可分为白玉、青玉、青白玉、碧玉、墨玉和黄玉。质地细腻，光泽滋润、柔和，颜色均一，略具透明感，坚韧，不易碎裂。产地较多，以中国新疆和田县历史最久，质量最佳，被国际珠宝界誉为中国玉。

玉带　jade belt　用玉制成的系带饰品。唐代以后规定的官品大带制度以玉带为最高者，因此加工最精。以明代为例，长度一般在1.4 m左右，宽度略有不同。有的用皮革做成，外面用黄锦套住；带头有钢钩，开口在后，两端可以调节长短，带身用白玉和碧玉，有的还加饰黄金和珠宝，是男性饰品。

玉龙膏　yulong cream　中国古代妇女敷面用的油膏。相传为宋太宗所制。因被储于雕有龙纹的玉盒之内，故名。宫中嫔妃用于涂颊，以助姿容。

玉佩　jade jewellery　用玉制成的佩饰。琢玉是我国古老的传统工艺，新石器时代就有作品诞生。从半首、鱼鸟，到戈、斧、锛、凿等的装饰极其丰富，可以一件使用，也可以多件贯串使用，或附在其他饰品上，如与凤冠同时佩用。

玉簪粉　yuzan powder　明代妇女敷面用

的一种妆粉。以玉簪花和铅粉制成，多用于秋冬季。

玉簪花

郁金香裙　tulip skirt　1953年法国设计师迪奥创造的一种服装。裙装的腰部束紧并加以碎褶，使腰臀处鼓起，下摆削窄，外观如郁金香花状。

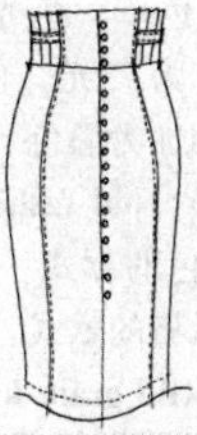

郁金香裙

育克　yoke　连接部位的拼接布。一般用直料，常用于衬衫、裙等有横向分割线的服装中。衣服胸围线以上横向分割的上部衣片，有里布的服装为一片，不装里布的服装则为两片。可分为前育克、后育克、肩育克。

浴帽　shower cap　淋浴时使用的紧贴头部的无檐帽。可颔下系带。用橡胶、塑料或其他经防水处理的材料制作，来保持头发干燥。

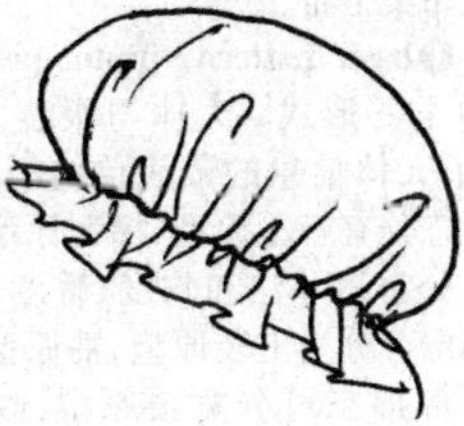

浴帽

预测性调查　forecasting research　由市场调研获得一定数据后，针对企业的实际需求，运用已有的知识、经验和科学方法，对市场的发展趋势作出分析和判断，为经营决策提供可靠依据的市场调查方法。预测内容分为：市场潜在需求、企业销售、市场占有率等。调查步骤为：确立预测目标、分析整理资料、选择预测方法、建立预测模型、数学演算、编写预测报告和总结。

预缩机　preshrinking machine　在给湿给热的状态下，通过挤压或振动，消除面料内部残余形变、稳定面料尺寸的机器。由输送装置、预缩装置和定幅装置等部分组成。服装厂加工高档服装面料（如精纺毛料、羊绒等）前，需将面料进行预缩，以达到衣片平整、毛羽丰满、手感和目测效果俱佳的服装外观效果。根据面料性质和成衣对面料的整理要求，服装厂使用的预缩机有两种："湿热预缩机"（465页）和"蒸汽预缩机"（644页）。

预缩整理织物　preshrinking finished fabric　经过预缩整理而得到的低缩水率的织物。预缩整理一般采用预缩机，织物在一定的热、湿条件下，利用弹性毯的扩张、收缩变形而使织物纬密和经密增加到一定程度，减少织物在织造和印染整理中产生的内应力，使织物落水后的收缩率减小。用作对尺寸稳定性要求较高的服装面料。

预校生式着装　preppy wearing　着装风格的一种。模拟美国东部常春藤盟校八大学府组成的预校生穿着为特点。常见组合是：扣结领衬衫，布雷泽外衣，船员领毛衣，苏格兰式的裙子。简洁质朴，富有活力朝气，受到年轻人的喜爱。

寓意图案　implication pattern　中国传统图案样式。通过图案的造型表现，结合谐音、想象等含蓄地传达喜庆、安康、兴盛、长寿、永久等吉祥含义的纹样。图案包括云纹、回纹、团花、百花、龙凤呈祥、喜鹊登梅、五福捧寿、瓜瓞绵绵、十二章纹、岁寒三友、八吉祥、麒麟送子、婴戏纹等。是中国最古老、最传统的图案样式之一，也是中国传统服饰中应用最多最广的图案样式之一。

裕固族服饰　Yugur ethnic costume and accessories　中国裕固族衣着和装饰。裕固族主要分布在甘肃。男子戴圆筒平顶镶锦缎的白毡帽或礼帽，穿高领左大襟长袍，领、袖、下摆有缘边，系红、蓝腰带，佩有腰刀、火镰、火石、小佛像、小酒壶、鼻烟壶、旱烟袋等，着高筒靴。女子戴白色喇叭形红缨毡帽，婚后戴三条镶有银牌、珊瑚、玛瑙、彩珠、贝壳等饰物的红色头面,分别系于三条发辫上,长至脚踝。穿下摆开衩长袍,衣边均有刺绣,绿或蓝色衣外罩大红、桃红、翠绿、蓝色缎的高领短坎肩,系腰带,着高筒靴。

裕固族女子服饰

鸳鸯眉 **mandarin duck eyebrows** 见“八字眉”(9 页)。

元宝脸 **yuanbaolian** 中国传统戏曲脸谱基本谱式之一。特征为眉眼以下勾花脸,而脑门处保持肉色或略涂粉红色。因形似元宝而得名。多用于性格粗暴的下层人物,如《五人义》中的颜佩韦、《恶虎村》中的王栋。

元宝鞋 **yuan bao shoes** 鞋口造型和金银元宝相似,两头翘起中间凹下的胶面胶底鞋。又称元宝套鞋,“文化大革命”期间曾更名为工农雨鞋。产生于 20 世纪 30 年代后期。衬里为针织绒布或棉毛布,初期为硬质橡胶内底,20 世纪 60 年代后改为海绵内底以增加穿着舒适度。鞋面鞋底多为黑色,结构简单、轻巧,为一般生活防雨水用鞋。

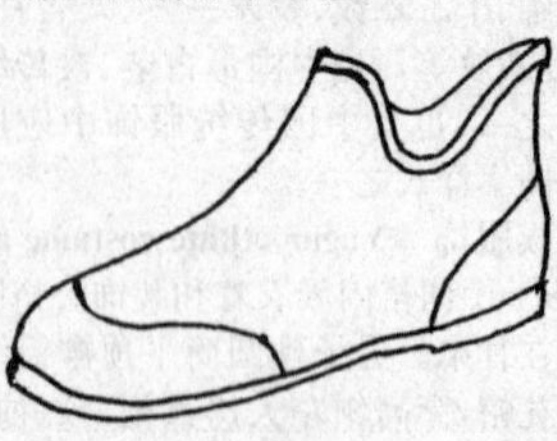

元宝鞋

元宝针毛衫 **cradle sweater** 即“鱼鳞毛衫”(619 页)。

元皮 **kolinsku fur** 见“黄鼬毛皮”(223 页)。

原材料检验 **raw material inspection** 对企业生产所需原材料进行的检验。通过检验的原材料可保证后续生产符合规定的质量标准。可分为原材料进厂检验、原材料在库检验和原材料投产前检验等。服装企业原材料检验又称面辅料检验或入库检验,主要内容有匹长检验、门幅检验、纬斜检验、色差检验、面料疵点检验、缩水率检验和各类辅料检验等。

原色 **primary colors, soul colors** 又称第一次色、基色。能混合成其他色彩,而其他色彩不能调出它的色彩。色光的三原色为红、绿、蓝,它们相加为白光。色彩的三原色为红、黄、蓝,它们相加为黑色。

原色流行服饰 **soul fashion** 借用红、黄、蓝三原色进行配色的款式。由于非洲黑人常用,故属于非洲风格的款式。

原始纹皮革 **wild grain leather** 鞣制后表面伤残、破洞、疖疤、粗纹等缺陷未经任何修饰的动物皮革。在美国、南美一带比较风行,用以制作服装和皮件制品,充满野趣,适应回归自然的风味。

原始主义装束 **primitive costume** 一种受原始主义思潮影响的服饰形象设计流派。风格古朴,在设计中常汲取非洲、爱斯基摩、太平洋岛屿等带原始生活图腾文化的灵感,服装造型夸张,色彩丰富,大胆裸露。细节设计如绳结、流苏、拼接、刺绣等也面面俱到。面料为手工印染土布、麻等。

原型 ❶**basic pattern, prototype** 服装基础纸样的主要形式。人体与服装之间的媒介,记录了人体信息的最简单的纸样。按立体构成形态分有箱型原型、梯型原型;按平面构成方法分有短寸法和胸度(臀度)法;按包覆人体部位可分为上装原型、袖原型、裙原型等。按腰部形态可分宽腰原型、收腰原型。❷**prototype** 在未修饰状态下,由骨骼、肌肉、五官、纹路自然组合而成的面部特征。塑造整个妆面效果的基本构架。

原型制图法 **prototype drawing** 根据服装造型和规格,将原型作为中间媒介,在原型基础上作结构变化,如分割、平移和旋转等,变换成所需款式结构制图的方法。特点:(1)可以直观观察到款式纸样与原型之间的距离,即服装与人体之间的距离;(2)由于有原型作基础,作图方法较简捷,特别是衣身结构平衡,可适应各种复杂造型的纸样设计。

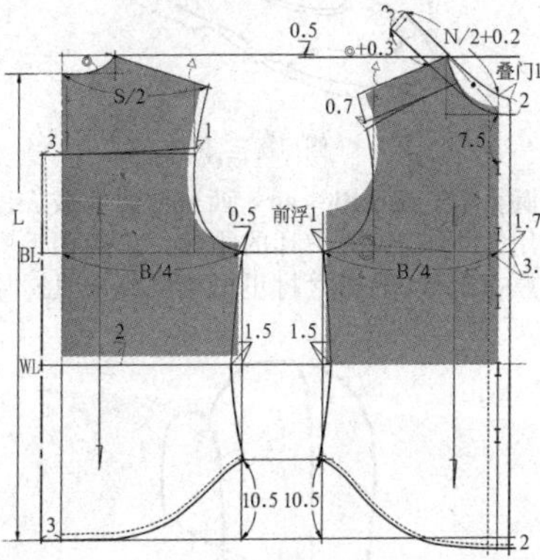

原型制图法

TPO原则　TPO principle　一种着装的普通原则。着装要与时间、地点、场合相协调。TPO是英语Time(时间)、Place(地点)、Occasion(场合)的缩写。时间是线型概念,指早晚、季节、时代等;地点是面型概念,指不同国家、不同民族等;场合是线面兼容的概念,指社交场合、工作场合、休闲场合等。此原则由日本男用时装协会于1963年提出。

原子吸收光谱仪　atomic absorption spectrometers　用于检测物质中的金属微量元素含量,能检测纺织品中重金属离子含量的设备。适用标准:ASTM E 1613,DIN EN 1811等。由光源(空心阴极灯)、原子化系统(喷雾器、预混合室、燃烧器),石墨炉原子器(石墨管壁、石墨平台、石墨坩埚、电加热器)、分光系统(单色器)、检测系统(光电倍增管、放大器、对数转换器、计算机等)五部分组成。原子吸收光谱分析的波长区域在近紫外区。用于纺织品中重金属离子测试时,试样分别用模拟酸性汗液、碱性汗液和唾液进行萃取,将萃取液放在该仪器里,在相应的光谱波长处测量其吸光度,扣除空白,对照标准工作曲线确定各重金属离子的含量,计算出试样中各重金属离子的含量。

原子吸收光谱仪

圆刀式裁剪机　rotary knife cutting machine　手提式圆盘形钢制刀片裁剪机。由圆盘形裁刀、裁刀研磨装置、电机和操作手柄等部分组成。刀刃结构形式有:圆刀形、波浪形、多边形和锯齿形。作业时,面料固定在裁床上,电机通过齿轮将动力传给圆盘形钢制刀片,刀片逆时针高速旋转完成面料切割。圆刀直径有63.5 mm,76.2 mm,88.9 mm,101.6 mm,127 mm,139.7 mm,165.1 mm,190.5 mm,215.9 mm和304.8 mm等多种规格;最大裁剪厚度85 mm以上;裁剪速度1300～3000 r/min。刀片宽度随铺料层高度的增大而增大。具有切割平稳、布料断口整齐美观等优点。常用于样衣间单件或少层衣片和纸样的裁剪,以及多层(5层以上)面料的直线切割和断料作业。

圆耳帽　round-eared cap　18世纪中期女性戴用的围绕着脸部的室内用无檐帽。帽边缘上修饰着绉边,浅浅的后部用绳子抽紧显露出头发,有的两边有垂片可翻上固定或在颏下松松的打结。用白细麻布或蕾丝制成。

圆管帽　bumper　荷兰儿童戴的无檐帽。服帖的戴在头的后部,围绕脸部的宽厚纱线卷保护脸部。

圆口胶便鞋　light canvas shoes with round top line　仿照民间同类布鞋制作的布面橡胶底鞋(图见下页)。浅口式,无带,结构简单,有圆口、方口等式样。帮面材料为较细织纹的帆布、直贡呢、卡其及其他织物,主要为黑色。多为细小花纹的浅色橡胶底,布鞋外形,弹性和防水功能比布鞋好。如配有海绵内底,感觉柔软舒适。为日常生活用鞋。

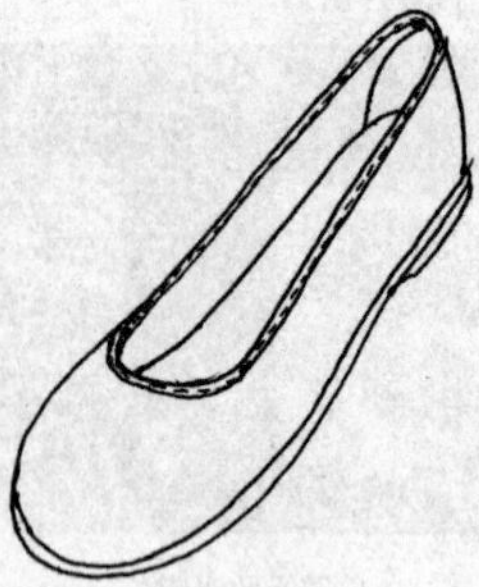

圆口胶便鞋

圆口鞋　shoes with round toe top line　鞋帮上的口门造型呈圆形的浅口鞋。圆口门的轮廓线柔和平稳，给人以亲切感，常配以圆头楦型。织物帮面配注塑底的称圆口布鞋；皮帮配皮底或仿皮底的称圆口皮鞋；布帮套楦后粘贴压出成型橡胶底，然后硫化成型的称圆口胶鞋。圆口皮鞋和胶鞋多为女式，圆口布鞋多为男式。

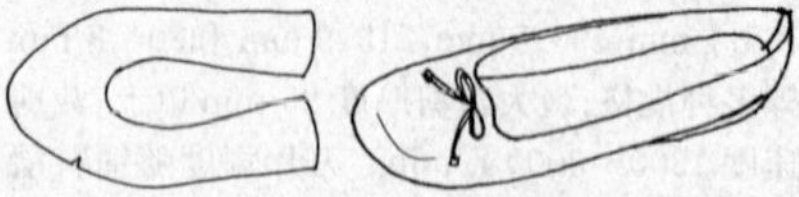

圆口鞋

圆口一带鞋　one bar shoes with round top line　在圆口鞋里怀帮腰上配置横向皮带，经过脚背与外怀后帮上钎扣连接固定的女鞋。特点是抱脚能力强，日常生活和工作鞋以及一些跳舞鞋，常采用这种钎带。根据钎带装配方式不同，又衍生出各种样式，如斜向配置钎带时，称为圆口斜带鞋；并行配置双钎带时，称为圆口双带鞋；交叉配置双钎带，称为圆口叉带鞋；在踝部配置钎带，称为圆口围带鞋等。

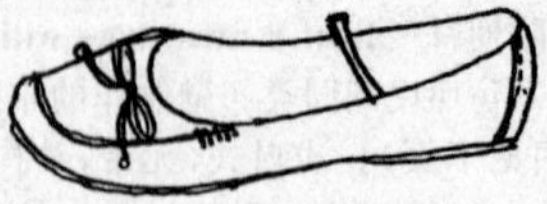

圆口一带鞋

圆口雨鞋　rain shoes with round top line　和我国传统的圆口布鞋形状相似的雨鞋。胶面胶鞋中最早的品种之一，产生于20世纪20年代末。黑色橡胶帮面和鞋底，针织绒布衬里，为一般生活和劳动防雨水用鞋。

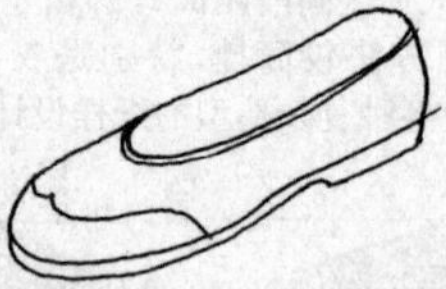

圆口雨鞋

圆猎帽　mountie cap　西班牙猎人或农民戴用的圆帽冠，有护耳的猎帽。一般用毛呢或厚布制作，毛皮含衬里以增强保暖性。始于17世纪。

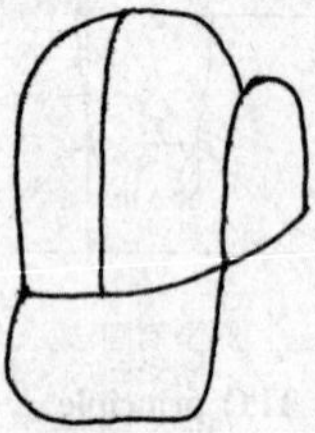

圆猎帽

圆领机　round collar pressing machine　对衬衫成衣上翻折好的领子进行里外匀的圆弧定形的专用熨烫设备。由固定铜领模、电热系统、液压或电气系统等部分组成。熨烫压力1.2 MPa，温度50～150 ℃，外形尺寸880 mm×800 mm×1300 mm，重量200 kg，延时3～30 s，加工领子尺寸266.7～444.5 mm。作业时，用调整电压的方法调节温度，在液压或电气传动下，活塞杆连接领托座前后移动，拖脚前伸摆动，完成圆领定形。适于棉布、锦纶、丝绸等面料的衬衫领圈的圆弧定形。

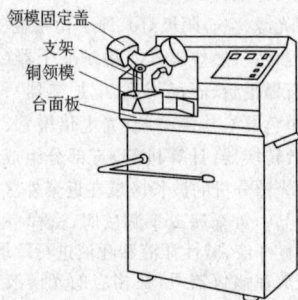

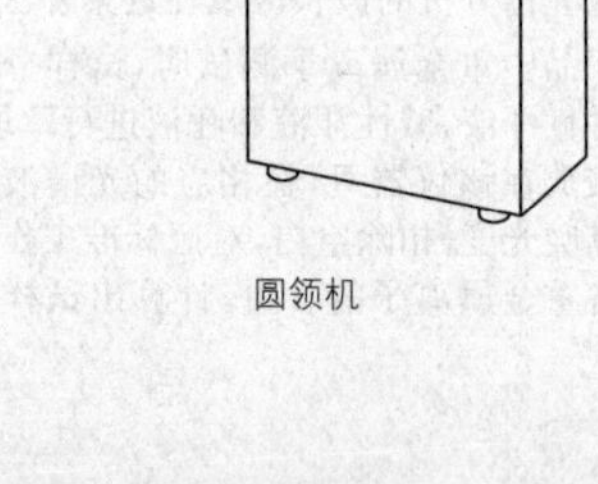

圆领机

圆盘式织物耐磨仪　fabric circular abrasion tester　用于纺织品、皮革等耐磨性能测试的设备。适用标准：ISO 5470.1，ASTM D 3884，DIN 53863.2 等。由工作圆盘、左右支架、左右砂轮磨盘、计数器、吸尘器等组成。试样固定在工作圆盘上，圆盘以 60 r/min 转速作等速回转运动，左右支架上分别装有砂轮磨盘，可绕各自的轴自由回转。试验时，工作圆盘上的试样与砂轮磨盘接触，带动砂轮磨盘也作回转运动，使试样受到多方向的磨损，在试样上形成一个磨损圆环。磨盘对试样的压力可根据支架上加载的负荷重锤调整。可选择不同磨损强度的砂轮磨盘。吸尘装置及时清除试样表面的磨屑。根据磨损一定次数后试样重量或厚度的减少率（%），对织物的耐磨性进行评价，亦可根据试样出现破损时的磨损次数评价织物的耐磨性。

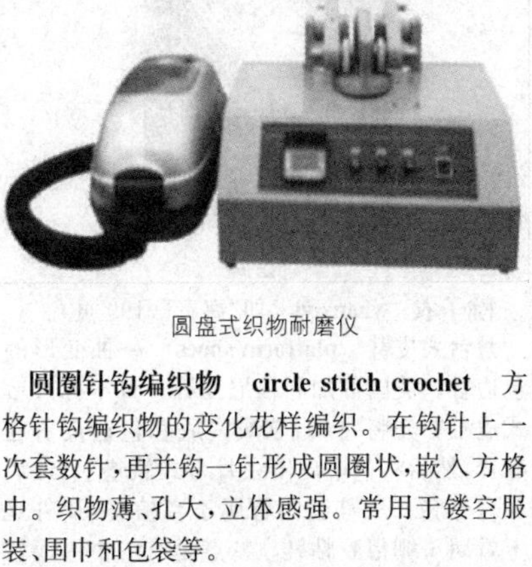

圆盘式织物耐磨仪

圆圈针钩编织物　circle stitch crochet　方格针钩编织物的变化花样编织。在钩针上一次套数针，再并钩一针形成圆圈状，嵌入方格中。织物薄、孔大，立体感强。常用于镂空服装、围巾和包袋等。

圆头锁眼　eyelet buttonholing　扣眼近门襟止口一端成圆形的锁缝扣眼。先在扣眼部位剪开，并在近门襟止口一端剪成0.3 cm左右的小圆孔，沿扣眼边沿作底线，用制作方头锁眼的方法锁缝扣眼边沿，注意线结要整齐并沿扣眼边沿排列，使成型扣眼线迹美观。由于扣眼的一端为圆孔，与纽扣的纽脚大小相符，扣上后纽脚不影响纽眼四周的平整。常用于较厚布料制成的外衣。

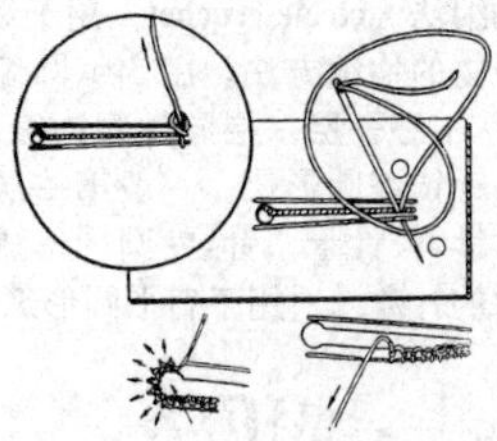

圆头锁眼

圆头锁眼机　eyelet stitching machine　在服装指定部位缝制出带有圆弧形纽孔头部的专用自动缝纫机。由摆动针杆机构、转针机构、套结和针摆变位机构、凸轮挑线机构、钩线机构、纽形凸轮机构、变速和定位制动机构、绷料机构和切刀机构等部分组成。采用先锁眼、后开孔或先开孔、后锁眼的锁眼工艺。线迹形式是 404 号之形链式线迹或 502 号线迹。需要设定的工艺参数有缝纫速度、纽孔形状尺寸、套结长度、切刀位置参数和线迹宽度等。锁眼速度 1000～2000 r/min，锁眼长度 10～50 mm，打结长度 3～10 mm，针距0.5～2.0 mm，针数 4～20 针，刀具间隙 0.3～0.5 mm，压脚升距 8.5～10 mm。纽孔形状美观，线迹均匀、结实，受力高，装饰性好，是加工中厚料外套服装（如西服、大衣等）的圆头锁眼的必备缝纫机。

圆头鞋　round toe shoes　鞋头造型为圆形的鞋类。由于鞋帮前的帮面帮里之间夹入了内包头作为定形部件，皮鞋头的造型可以长久保持。圆头分大圆头、小圆头、尖圆头等多种形式。目前流行的蚕豆式圆头，带有许多童趣，深受少女的喜爱。圆头鞋给人以圆满、丰厚、流畅的感觉，是常见的品种。

圆屋顶帽　dome hat　古丹麦男子戴的由 16 条毡条层加圈缝而形成圆屋顶状的盖头帽。

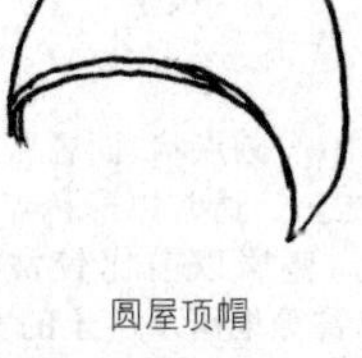

圆屋顶帽

圆形钩编法 circle crochet 用于编织扁平圆形编织物的钩编方法。用钩编圆编起针法编织后,从中心一层一层向外侧钩编,边钩编边均匀加针钩编圆形层。一般第一层的针数为短针六针,长针十八针,使圆周形成半径约六倍尺寸的针数。适用于扁平圆形编织物。

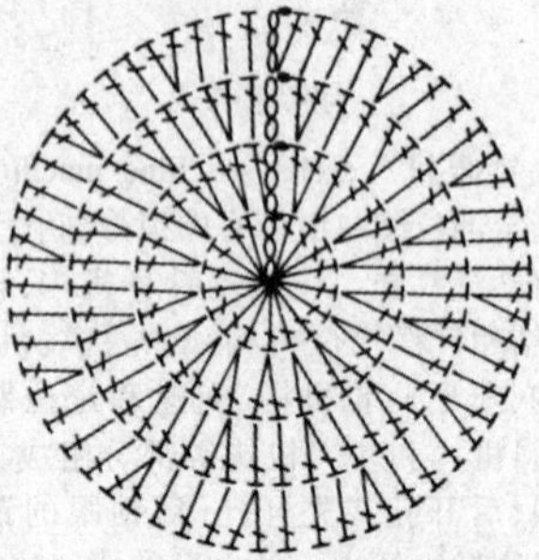

圆形钩编织物

圆形脸 round face 面颊部位较为胖而丰满的脸形。给人以温柔可爱的感觉。和同龄人相比,这种脸形的人显得更年轻一些。

圆袖 set-in sleeve 圆弧形袖山与袖窿组合组装的衣袖。衣袖结构中最重要的基本结构。按袖山结构的风格可分为宽松、较宽松、较贴体、贴体。按袖身风格分为直身、弯身等,其造型精神、合体,有曲线感,常用于男女童各类服装。

圆袖

圆靥 dot ye 圆点状"面靥"(355 页)。唐代妇女面饰之一。通常以彩色点绘在面颊两侧的酒窝处。盛唐以前比较常见。陕西西安、新疆吐鲁番等地唐墓出土的女俑面部,常见此种妆式。

远红外纤维 far-infrared fiber 在纤维加工过程中添加了能吸收不同波长的远红外线,进而能辐射远红外线的远红外吸收剂而制得的功能纤维。具有保温和活化细胞组织、促进血液循环及抑菌防臭的功效,有"生命的纤维"之称,被誉为 21 世纪人类最需要的保健品。其物理性能与常规纤维相似。可以用于御寒背心、保健御寒衣、护肘、护膝、鞋垫等产品。

远色 distal color 即"后退色"(212 页)。

远山眉 mountain-distant eyebrows 中国古代妇女画眉样式。以浅黛染绘而成。色淡而虚,如远山之色。始于汉。

远山眉

院子衣 yuanziyi 即"海青"(199 页)。

月台式皮鞋 platform shoes 一种变形的包边鞋。美国称加利福尼亚鞋。日本称月台式皮鞋。先将帮脚、软质内底和包边皮一起缝合,然后将包边皮压在月台式软垫上,最后黏合外底。从鞋腔内看属于套楦鞋,从外观上看属于绷帮胶粘鞋。特点是有一个厚而软的内底,穿着轻软舒适。

月牙缝缝纫机 scallop edge machine 在衣片边缘缝制出标准形式的等距或不等距的月牙状图案或花纹的曲折缝缝迹的专用缝纫设备。由针杆摆动刺料机构、针摆左右移动机构、切刀机构、压脚机构、送料机构和自动润滑机构等部分组成。针摆可在缝纫过程中按花型需要变幅。速度 1500~5500 r/mim,针距 0.5~5.1 mm,月牙宽 2.5~10 mm,压脚升距 3~10 mm。用于童装、女装、手帕、枕套等服饰上的饰边作业。

越剧舞台美术 *Yueju Wutai Meishu* 戏曲美术著述。上海越剧艺术研究中心编，上海人民美术出版社1997年版。全书收录上海越剧院演出剧目的服装、化装、发式、头饰及舞台设计彩色图、线描图、细部纹样图及剧照等达千张左右。中英文对照说明。书前有袁雪芬所撰《序》。

越野滑雪鞋 **cross country skiing shoes** 借助滑雪用具(滑雪板、雪橇等)在山丘雪原进行滑行运动时穿用的鞋。轻底鞋头稍向前伸出，略呈方形，通过稳钉孔与稳定器上的稳钉相结合，通过弹簧弓子将其压在固定器上。鞋底多用皮革或仿皮革制成，鞋帮为矮腰系带结构，用轻质软防水革加工成型，整鞋轻软，以便于滑行中提挪滑雪板和蹬动。

越野跑步鞋 **running shoes for cross country** 用于天然野外场地跑步竞赛时穿用的矮帮鞋。竞赛场地的泥泞、草皮等具有吸震效果，要求鞋的防湿滑性能好，鞋底应有较深的花纹或颗粒状尖钉，以便有效地抓住地面。鞋帮用棉帆布、皮革、网眼尼龙布等加工，模压或注塑工艺成型。

晕染法 **blending method** 从中国工笔画技法中吸取的时装画技法。采用两支毛笔交替进行，一支依照线条的一侧敷色，一支沾清水将颜色渲染晕化，由深至浅均匀染色。可用于表现人物和有光泽的面辅料。

晕染法

晕染图案 **stepless shaded pattern** 图案表现技法。将各种颜色由深到浅，或由浓到淡渐次染出，也可通过色相从冷到暖的自然过渡，完成图形的塑造。分为单色晕染和多色晕染，薄画法和厚画法。羊毛笔、宣纸、水彩纸等吸湿性纸张是表现晕染图案的适宜材料。晕染图案含蓄柔和，变化微妙，颜色透明生动。适合印染在丝绸质地的面料上，多用于女性晚装和夏装。

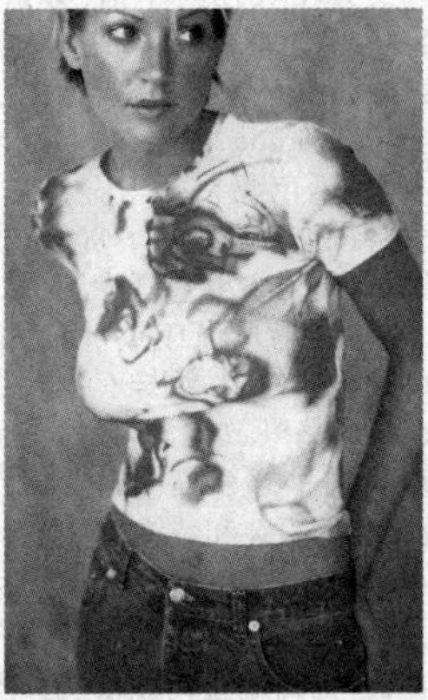

晕染图案

云肩 **yunjian** 中国古代的一种披肩。用绸缎制成，上施彩绣，四周饰以绣边，或缀以彩穗。外形呈云朵状。穿用时绕脖一周，披于肩背。源自北方少数民族的肩饰，形象资料较早见于隋代敦煌观音画。元代成为官服的组成部分。元以前云肩俱作四合云式，明代宫廷妇女亦用四合云式。又有较大的阁鬟和较小的宫装等变化。明末清初曾流行柳叶式小云肩，有一色上绣小折枝花的，有五色间窄沿牙子和羊皮金银滚边的。清代后期曾流行饰以排须的云肩。清光绪末年，江南妇女由于低髻垂肩，恐油腻玷污衣领，也在日常穿用云肩。

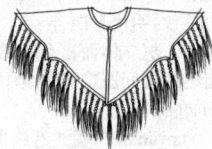

云肩

云肩图案 yun jian pattern 一种披肩图案。中国古代妇女肩部饰品的图案。云肩多以丝缎织锦制作，整体造型外圆内方，造型以领口为中心，结构呈“X”、“米”字等放射形，结合云纹、如意、柳叶、荷花等外形，以对称、重复、旋转式组合，内置人物、花鸟、建筑场景等图案构成。云肩在隋以后发展而成，明清普及到社会各个阶层，妇女多在岁时节令或婚嫁时佩戴，以示喜庆和隆重。云肩图案色彩典雅丰富，表现了人们对生活、爱情、婚姻的美好祝愿。云肩打破中式T形服装的平面设计，是中国服饰中立体剪裁的典型样式。

云锦 Yun brocade 丝织物名。中国传统名锦之一。用染色桑蚕丝与金银皮、染色有光黏胶丝织制的色彩富丽华贵，花纹绚烂如云的锦类丝织物。主要包括库锦、库缎、妆花三大类。图案布局严谨庄重，用色浓艳对比强烈，常以片金线勾边，纹样有大朵缠枝花和各种云纹等，风格豪放饱满，典雅雄浑。质地紧密厚重，表面手感粗糙。主要用作蒙、藏、满等少数民族的服装和装饰材料。

云履 footwear with cloud toe 又称云头履。翘头履的一种。鞋头蓄以棕草，高翘翻卷，形似卷云，肥阔端庄，美观大方，男女均可穿用。

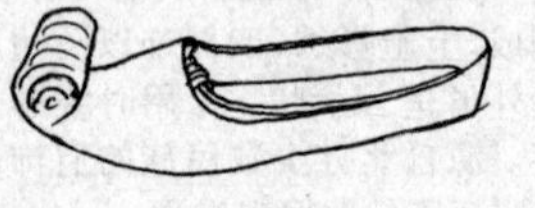

云履

云头履 footwear with cloud toe 即“云履”（628页）。

云纹 cloud pattern 中国传统装饰纹样。自然天象的云，与古代农业活动关系紧密，成为中国传达吉祥征兆且具有文化和艺术表象的纹样，象征高升和如意。各朝各代创造了形象丰富的云纹，成为器物、织物的重要装饰纹饰。商周有云雷纹，先秦有卷云纹，楚汉有云气纹，隋唐有朵云纹、如意纹，明代有四合云纹、行云纹等。云纹造型细腻生动、立体而富有动感，表现在中国古代龙袍图案、民间服饰等织绣中，也是影响日本传统服饰的图案之一。

云云鞋 yunyunxie 见“羌族服饰”（411页）。

运动背心 sports vest 从事体育运动时着用的无袖U形领背心。因简单、易洗涤、防暑功能好而常作为夏季服装使用。面料为棉、化纤的白色针织物，也用网眼、绉织物。

运动风貌 active sport look 采用运动服质地及类似款式的日常服装。兴起于20世纪80年代末90年代初。款式简洁，色彩大胆鲜艳，图案醒目，穿着舒适，一般选用横向有弹性面料、涂层面料、全棉针织面料等制成。

运动服 sports wear 从事体育运动和相关活动的着用服装的总称。分为进行运动时着用的服装和轻快的运动型服装两大类。前者作为从事竞技运动着用的运动服的总称，对应不同运动项目及特有运动方式，有运动背心、长袖衫等上衣与短裤、长裤、短裙等服装品类。针对一些特殊的竞技项目，有护面、护胸、护腿、手套等防护用品。运动服从功能上首先要求动作适应性，在可能的限度里多裸露肌肤，服装紧贴人体，减小体积与重量。除使用弹性面料和追求服装的轻快性外，也要求服装具有一定程度的装饰性（如采用明亮色彩）。运动服在防寒、散热、出汗等方面有较高的卫生学要求。根据具体的运动项目，有相应的运动服装种类，如泳装、运动背心、短裤、长紧身衣、棒球运动服、柔道服、击剑服等。运动型服装，除了直接进行运动场合着用的服装外，还包括进行跑步、散步、远足等场合穿用的休闲服。

运动服设计 sports wear design 对体育运动时所穿服装的设计。应体现适体、护身、活动如意、美观大方、时尚有生气等特征。在设计上须体现各项运动特点，注重功能性。款式以分割为主，色彩对比强烈，突出而醒目。选用具弹性的复合面料，以适应运动特性。按着装场合及对象也可分为：比赛服、训练服、教练服、裁判服、入场服、领奖服等；或职业运动服和业余运动服等。

运动服图案 sports wear pattern 运动服装的服饰图案。一般运动型服装的图案以抽象形为主，对比适中，套色少，突出简洁活泼的造型风格，面料追求舒适与方便运动；竞技装由队标、国旗、徽章、文字、标饰与抽象图形构成，多以定位图案在服装上进行色块分割，强调鲜明动感与对比度，结合现代珠光或闪光涂层，营造清晰醒目、积极明朗的风格。以印花工艺配合舒适透气的纯棉加莱卡或富有弹性的各类合成纤维面料表现图案，也有少量的刺绣装饰工艺。

运动服图案

运动连衣裙　sports dress　原指运动竞技时穿用的一种专门的连衣裙，现已发展为人们休闲外出时着用的服装。在设计上强调迎合游玩的着用目的；款式简洁实用，并使用纽扣、口袋等部件；布料有一定牢度。

运动衫　sports shirt　运动或休闲时穿用的一类衬衫。穿用这类衬衫都不用系领带。造型上有长袖、短袖、立领、V形领、衬衫领、套头型、门襟式等多种形式，如休闲时穿用的马球衫、T恤衫、套头衫、牛仔衫等；运动时穿用的网球衫、足球衫等。

运动外套　sports coat　进行体育活动时着用的外穿服装的总称。分为两类：一类是利用斜纹布、汗布等制作的驳折领西装式上衣，以表现运动性时尚为主；另一类是狩猎、快艇运动用的外套，强调功能性。运动外套均便于肢体活动，同时具有一定功能。包括散步用外套、远足郊游用外套、射击用外套、滑雪外套、网球外套、狩猎服、骑马服等各种品类。

运动鞋　sports shoes　供运动时穿用的鞋的统称。分为：(1)专业运动鞋，包括各式球类运动、田径运动、冰雪运动鞋。帮面一般用轻软吸湿透气性好的棉帆布或皮革制作，鞋底用弹性好、防滑性能优良、耐摩擦的橡胶或弹性体加工。还要根据运动类别，从楦型到帮样结构和鞋底花纹构造等方面分别设计。篮球鞋因在平滑的地面上高速运动，故底型接触面大，花纹较细。足球鞋因在草地上跑动，需用鞋钉抓地。短跑和跳高鞋对于砂石地面要用细尖钉抓地，对于塑胶跑道可用粗胶钉或大花纹底减小摩擦，因其在较短距离内高速奔跑，因而楦型偏瘦，将脚紧缚。中长跑鞋鞋帮不宜太紧，否则易磨破脚身。(2)普通运动鞋，通常为帆布帮，橡胶底。运动鞋鞋底厚度和软硬度有严格要求，专业运动鞋厚度一般不小于6 mm，不大于16 mm，硬度控制在邵氏60～70度。鞋帮多为通背系带式结构，以便使帮面各部位尽可能与脚背贴合。热硫化布面胶底运动鞋的结构是这类鞋的典型代表。主要由鞋帮、鞋舌、鞋眼、眼衬、外包头、大埂子、护趾布、皮底布、海绵内底、外底、内后跟(衬)、内围条、外围条、后跟条、后口皮、筒口衬垫、沿口条等组成。

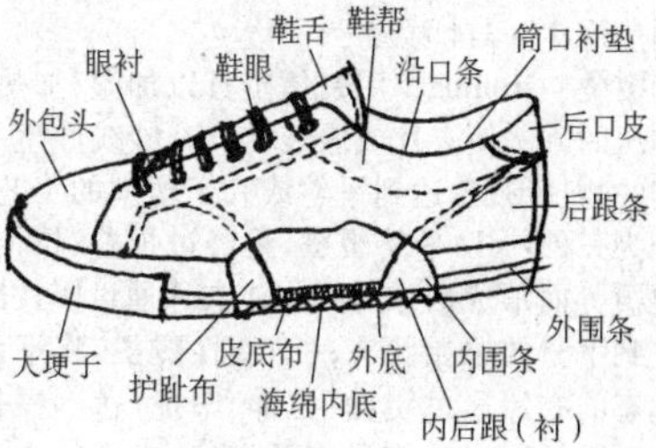

运动鞋

运动休闲装束　sports leisure costume　用于运动休闲场合的服饰。风格随意自然，源于20世纪70年代中后期。随着文化水准的提升和生活内容的丰富，女性慢慢重视运动和休闲活动，以保持良好身段。慢跑、韵律操、晨舞、爬山、旅游成了日常活动，运动休闲装束应运而生。这类服装注重款式的舒适性，色彩的搭配亮丽而协调，特别适合室外的运动休闲。面料多为舒适、有弹性的全棉、莱卡等。

运输工序　transporting process　在工艺工序或工艺检验工序之间运送劳动对象的工序。可分为人工传输、人工控制机械传输及自动控制传输等多种形式。

韵律美学　rhythm aesthetics　将服装结构、色彩等按一定规则变化所产生的节奏。如形状大小的缓急变化、曲线流动的摆向等。韵律要有一气灌注之势以及连续性高低跌宕的衔接，这样才能使人产生韵律的视觉心理回响。韵律按表现形式分，有舒缓的、跃动的、流畅的、转折的、纤细的、粗犷的等。韵律按其形态分，有静态的、激烈的、微妙的、雄壮的、单纯的、复杂的；按结构分，有渐变的韵律、起伏的韵律、旋转的韵律、等差韵律、等比韵律和自由韵律。在具体操作过程中，首先安排全局的起伏，再安排局部的起伏，对它们的方向和分量进行仔细的分析和推敲。

熨斗　iron　手工操作，对面料或服装进行湿热定形的熨烫工具。由手柄、底板和加热装置等部分组成。作业时，具有一定熨烫温度的铁制或铝合金熨斗底板放在需要熨烫处，一边喷湿，一边加压，一边移动熨斗，使衣片或服装产生一定程度的变形，达到定形和平挺的要求。根据加热形式，分为“火加热熨斗”(227 页)、“电加热熨斗”(97 页)和“蒸汽加热熨斗”(644 页)。

熨烫　ironing　用熨烫工具以加湿、加热、加压的方法使衣片或服装、织物、纱线产生一定的物理形变，达到平整或利于塑型的工艺。分为三种：(1)平整熨烫，将经过折叠、拉伸、包覆等而形成褶皱的织物或衣片通过熨烫回复到平整的原始状态；(2)塑性熨烫，将平面状态的衣片通过熨烫、拉伸、归拢，达到操作者所需状态；(3)定形熨烫，将已成型的衣片或成品衣服通过熨烫，达到状态的稳定。按生产加工形式分为小烫和大烫。可起到塑型、定形和提高外观等作用。图形符号用熨斗表示。在图形符号中间添加“高、中、低”文字或不同个数的圆点，表示不同的熨烫温度。如一个点表示低温，三个点表示高温；在图形符号下面加上不同的细部图形，表示不同的熨烫方法。如加波浪表示加垫布熨烫。

熨烫

熨烫垫布　press cloth　又称熨烫垫呢。铺在熨烫工作台上的熨烫辅助物品。在吸湿性能较好的双层棉毯上加盖一层去浆水的白坯布制成。其作用除了使坚硬的工作台呈现柔软性，改善熨斗和服装面料的接触效果外，还可以增加熨烫时的吸湿效果，有助于服装定形。

熨烫垫呢　press felt　即“熨烫垫布”(630 页)。

熨烫机附属设备　pressing machine supplements　与蒸汽熨烫机配套使用的设备。包括蒸汽发生设备(如蒸汽发生器，有电热式、燃油式、燃气式、燃煤式等)、抽气设备(如真空泵等)、空气压缩设备(如空压机等)、去污机、折叠机等。

熨烫设备　pressing equipment　又称整烫设备。利用织物湿热定形性能，对衣片或服装进行消皱整理、热塑整形和定形的专用设备。由加热和加压装置、给汽喷湿装置和吸风抽湿装置等部分组成。作业时，经过对熨烫物加湿加热的准备阶段、对熨烫物加压的造型阶段和对熨烫物吸风抽湿的定形阶段，实现改变织物的密度和形态，达到服装立体造型优美和穿着舒适的目的。根据熨烫工艺的不同要求，有熨斗作业和烫机作业两大类。其中，熨斗作业由熨斗和烫台等设备完成；烫机作业由蒸汽熨烫机和蒸汽锅炉、蒸汽管道、压缩空气泵、真空泵等附属设备完成。

熨烫升华色牢度试验仪　color fastness tester to ironing sublimation　用于测定各类纺织品耐干热、耐热压色牢度及耐热滚筒加工能力的设备。适用标准：GB/T 6152—1997(2008)《纺织品　色牢度试验　耐热压色牢度》，ISO 105．X11，EN ISO 105．X11，AATCC 133 等。由温度设定拨盘、温度控制器、定时器、单片机、压重块等组成。40 mm×100 mm 的试样，上下覆盖标准规定的贴衬织物，施以 4 kPa 的力于 110 ℃、150 ℃或200 ℃的温度下熨烫 15 s 或 30 s，在标准光源箱内比对灰色样卡和沾色样卡，评出试样的变色等级及贴衬织物的沾色等级。由单片机控制温度与时间，具备比例—积分(PID)调节功能，使温度保持平稳。

熨烫升华色牢度试验仪

熨烫水布 pressing cloth 传统熨烫工艺中盖在衣服上面，起到保护衣料和防止极光产生的熨烫辅助物品。长约 80 cm，宽约 50 cm。不宜用化纤布或混纺布，最好用旧的棉布。如果使用新的棉布，必须先把布料的浆料洗去。湿布和干布要分开使用。

熨烫水花 steam water stain 服装外观疵病。因熨烫时给湿不均匀，在衣服面料上留下水渍的现象。补正方法为补烫。衣物上盖的水布水量要大，熨斗温度要高。熨烫时，因热而产生的蒸汽，可充分渗入织物，使其表面水渍印随水分消散、蒸发。

熨烫温度 ironing temperature 织物熨烫的规定温度。直接影响熨烫效果和成衣质量。熨烫温度与织物的纤维种类有关，各种纤维织物的适当熨烫温度为：棉180～200 ℃、麻 140～200 ℃、毛 120～160 ℃、丝 120～150 ℃、黏胶纤维 120～160 ℃、醋酯纤维 120～130 ℃、锦纶 120～150 ℃、涤纶 140～160 ℃、腈纶 130～150 ℃、维纶 120～150 ℃、丙纶 90～110 ℃、氯纶、偏氯纶 70～80 ℃。混纺织物的熨烫温度主要以其中耐热性较差的纤维为准。影响熨烫温度的因素还有织物厚薄、起皱程度、浮长长短、熨斗轻重、熨烫时间、喷水量、隔垫布等。应避免产生收缩、变色、变形、硬化、焦化或破损等现象。

熨制 wet ironing 线缝衣服湿热加工工艺之一。成衣或衣片在移动的热源下，被加湿、加热、加压和抽湿，获得造型的加工工艺。多用于中间熨烫和部分成衣熨烫。

Z

扎蜡染图案表现技法　tie-batik-dye pattern showing skill　能表现出扎蜡染图案效果的绘画方法。扎蜡染图案具有较深的底色，用阻染法可以艺术地表现其风格。先使用亮度较高的颜色，如白色、柠檬黄、粉绿色等绘制图案。用较深的颜色覆盖其上，可选用与前一种性质相反的颜料。颜料干后会呈现出图案。要表现较为丰富的彩色扎蜡染图案，有两种方法：(1)将图案用不同的色彩表现，再用相反性质的深色覆盖；(2)根据图案的色彩层次，逐层使用以上的方法，每层用不同的色彩绘制图案，而覆盖色彩也由浅至深，同样使用相反性质的颜料。

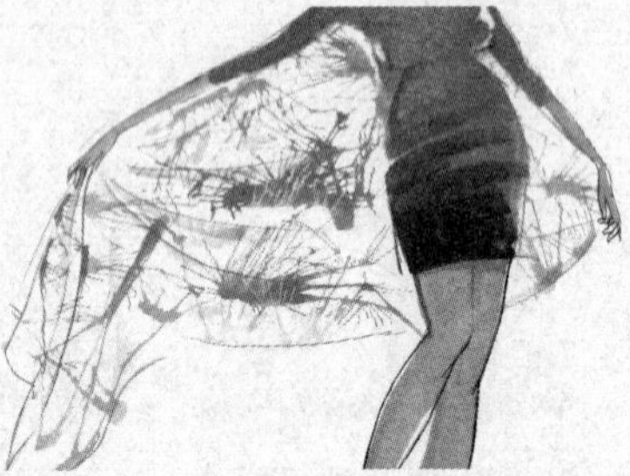

扎蜡染图案表现技法

扎染图案　tie-dye pattern　又称绞缬图案。一种古老的手工防染印花图案。按图案设计的花纹形状，将面料进行捆、扎、缝、绞、折叠等方法用以防染，后入缸浸染，再抽去扎或缝的线，获得单色扎染图案；同一织物运用多次扎结和染色，可获得套色扎染。扎染图案以抽象与写意纹为特色，著名的有鹿胎纹、鱼子纹、小蝴蝶纹、腊梅纹、海棠纹等。中国、印度、日本、柬埔寨、泰国、印度尼西亚、马来西亚等国和非洲都有各具特色的扎染手工艺。扎染图案或古朴粗犷或细腻有致，不可预测的渗化效果更使图案生动自然，流行于世界各地服饰设计中。

扎染图案

扎染织物　tie dyed fabric　用扎染的方法加工而成的具有独特色晕效果、花纹图案的织物。扎染是根据所设计图案的效果，用线或绳子以各种方式绑扎织物，放入染液中进行染色，绑扎处因染料无法渗入而形成边界有晕染效果的花纹图案。适合做丝巾、连衣裙等的面料。

杂毛皮　sundry hair fur　见“毛皮”(342页)。

再间色　second middle color　即“复色”(168页)。

再热式蒸汽加热熨斗　re-heated steam iron　即“干蒸汽熨斗”(171页)。

再生革　regenerated leather　又称纤维革。以猪、牛、马、羊等皮革废料加工成的仿皮革产品。将小块皮革废料机械粉碎成纤维状，掺入合成树脂拌匀，压成片状，烘干成型，经剖层、涂饰，整理成皮革状。物理性能较差，不耐曲折，强度差，可作为箱类产品的面料使用，未经涂饰，厚度足够的再生革可以用作皮鞋内底革，也可作为箱包的内衬板材料等。

再生纤维织物　regenerated fiber fabric　用再生纤维纱线加工成的织物。再生纤维目前有再生纤维素纤维（黏胶纤维、铜氨纤维、醋酯纤维和莱塞尔纤维）和再生蛋白质纤维（大豆纤维、玉米纤维等）。织物吸湿性好，悬垂性好。用作衬衫、裤子、连衣裙等的面料及服装里料等。

簪　zan　用于束结头发的条状饰品。古代男女皆戴。常与钗搭配使用，尤其是顶端的装饰越复杂越适合搭配。

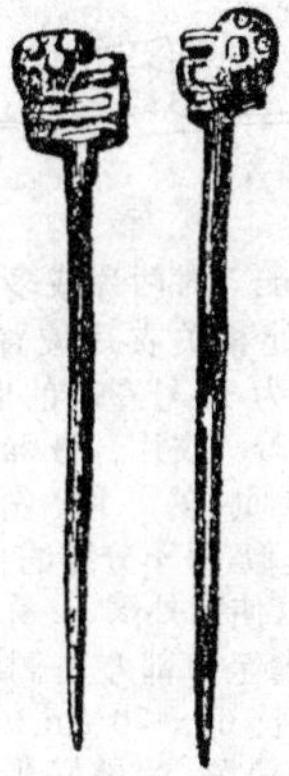

簪

簪发文身　zanfa tattoo　即“断发文身”(110页)。

暂时定形　temporary setting　“热定形”(424页)的一种形式。织物在定形过程中，纤维中的二硫键和氢键被破坏后，在新的位置上相互结合，在尚未全部结合时，中止定形的外加条件(温度、湿度、压力等)，从而达到暂时定形的效果。一般用于成衣生产中半制品的熨烫加工。

暂时性黏合　temporary fusing　衬布与面料黏合后，在实际穿着期间不耐重复水洗或干洗，需经熨烫后再次黏合的黏合方式。主要用作以黏代缝部位，可提高缝制效率，再次熨烫黏合后不影响外观。用于休闲装、工作服、裤、裙的局部黏合。

藏靴　Tibetan boots　藏族人民喜爱的靴鞋。以牛皮或绒布(平绒或条绒)为靴面，毛毡为衬里，皮革为靴底。帮面多为黑色或红色，黄色是神圣的，只有活佛和喇嘛才能穿黄色或镶嵌黄色的鞋靴。昌都地区藏民爱穿灯芯绒藏靴，青海玉树地区藏民喜欢在靴尖上翘起小勾，青海西北地区藏民喜爱厚底大绱靴，四川阿坝地区藏民穿靴不分左右脚，所以只能自己制作。藏族男子爱将长裤脚塞入靴内，靴筒内外可插10～17 cm长的短刀。靴宽稍窄，靴背靴座较高，即使穿御寒袜也不挤脚。康巴藏民的靴底有铁钉，以利于骑马。

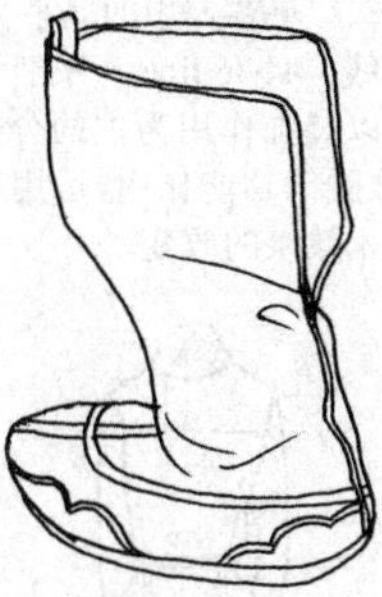

藏靴

藏族服饰　Tibetan costume and accessories　中国藏族衣着和装饰。藏族分布在西藏、青海、甘肃、四川、云南。男子梳独辫盘于头顶，或剪短如盖，戴皮帽、礼帽。内穿中式领左襟长袖短褂，外着右衽无扣宽长袍，领袖处用毛皮饰边，右襟用带系扎，也有用细毛皮或氆氇镶边的光板羊皮长袍，着长裤，氆氇靴或牛皮靴。女子蓄辫盘于头顶，戴各种头饰，或梳双辫或许多小辫。穿通领长袖短衣，外穿深色长至脚踝的氆氇长袍或长坎肩。系彩色氆氇“帮垫”(17页)，系毛织腰带，着氆氇靴或牛皮靴。衣纹多为几何形符号，如十、卐等，表示慈善、爱抚、吉祥。藏族分布广，支系复杂，农区妇女穿无袖长袍，牧区男女则通常不穿短褂，珠饰变化多，发式尤其多变。藏族接受佛教逾千年，有独特的僧侣服制，通常喇嘛袈裟用紫红色氆氇制作，长幅缠身，下穿围裙，足蹬长靴，头戴僧帽。

藏族女子服饰(青海玉树地区)

枣核脸　zaohulian　中国传统戏曲脸谱式之一。以白粉在鼻梁上勾一两头尖、中间宽的粉块，形似枣核。用于武丑行。如《战宛城》中的胡车、《三盗令》中的邱小义。

造型分割线 style line 分割线种类。附加在服装上以装饰作用为主的分割线。基本上无凸胸、收腰等功能作用，运用得当会引起服装造型艺术效果的改变。

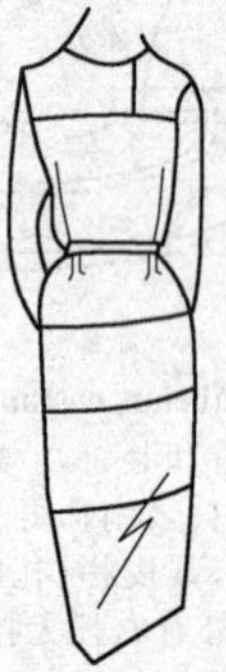

造型分割线

造型美 form aesthetic 由造型因素而产生的美感。服装设计在造型上的总要求。除了将对比、统一、调和、变化、平衡、比例、节奏、反复等内容合理安排外，还要检视其外部造型和局部造型的处理是否得当，是否有新意等。服装上表现出来的造型美不是孤立的，需将色彩、材料、流行等因素联系起来一并考虑。在诸多关系中，造型设计和服装功能尤为重要。

造型要素 modeling elements 服装造型设计的基本要素。包括点、线、面、体。服装设计经这四个要素而展开，或以点为主，或以线为主，或以面为主，或体现体块感。四要素之间互为协调、互为补充。每个基本要素都有自己的特点和规律，任何复杂的造型由于这四个造型要素的增减都会变得简单易懂。从某种意义上说，服装造型的设计仅仅是点、线、面、体的组合安排，除了遵循纯粹的形式美法则外，还必须结合人体、流行、道德、伦理、机能等因素，做到合理运用。

帻 ze 中国古代男子的一种首服。用于束裹鬓发或覆盖发髻。最初多用于士庶阶层。汉代以后逐渐复杂化，产生各种样式，如平顶的称平上帻，屋顶状的称介帻。帻上又加长耳、短耳。不分上下尊贵皆可以服用。庶民百姓单着帻，而宦官贵族则在冠下着帻。帻的色彩也丰富多样，但各有定规，如武官带赤帻，以示威烈。

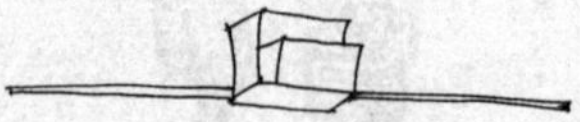

帻

扎 ❶**basting** 对两片或多片缝料进行手工假缝处理，使相关衣片位置固定的动作。假缝用线一般为 30 号左右的棉质线，因其质地较疏松可附着于衣片。❷**zha** 中国传统戏曲“髯口”(424 页)的一种。外观形状与“满髯”(339 页)近似，呈不分绺的长片形，于嘴的部位留一方口，使嘴外露，又称开口。由三片假髯组成：自鬓至口部左右侧的两片及吊于颏下的一片。长 60～70 cm。专用于净行扮演的性格粗豪急躁、凶勇好斗的人物。色彩有黑、黪、白、红、紫等多种。如《古城会》中的张飞戴黑扎，《张飞归天》中的暮年张飞戴黪扎，《界牌关》中的王本超戴白扎，《锁五龙》中的单雄信戴红扎，《三侠五义》中绰号紫髯伯的欧阳春戴紫扎。戴扎的角色按例均佩戴“耳毛子”(119 页)。

扎驳机 pinking machine 在暗缝机上安装专用车缝辅件后用于西装驳头和门襟衬缝合的专用缝纫机。结构和特点与暗缝机相同。

扎驳头 stitching lapel 将驳头部位的面布和衬布通过斜向或八字形线迹加以固定并作出里外匀称的平服状态的工艺。将面料和衬料覆合后，把衬料向上卷，形成外松内紧的弯曲状，再将缝针刺入衬料内缝住面料的一两根纱线，以在面料上看不到线迹为佳，并将缝线稍稍拉紧，使成品自然向里卷曲。该工艺可使驳头部位的面料和衬料固定，起坚实、贴身、挺括的作用。方法为：(1)手工操作，用缝针进行缝合；(2)机器操作，用扎驳机进行缝合。线迹排列一般有单斜向和八字形两种，要求线迹整齐，行距间隔均匀。多用于精制男女外衣的驳头部位。

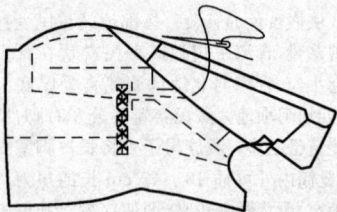

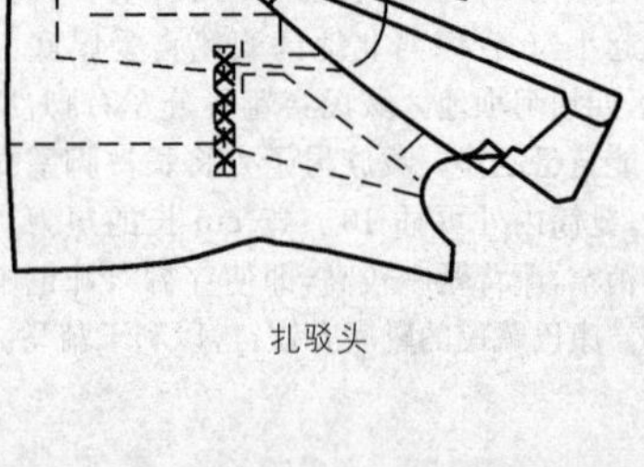

扎驳头

扎毛壳　**half sewing**　即“扎样壳”(635页)。

扎判　**zhapan**　即“楦判”(589页)。

扎样壳　**half sewing**　又称扎毛壳。制作服装时为使服装合体,在推门敷衬后,用手缝作绷缝,将前后衣身、一只衣袖、衣领衬布假缝作成毛壳的过程。毛壳各部位尺寸和造型力求与成品相同,以便试穿时根据人体实际情况进行修改和修正。常用于男女高档毛呢服装或礼服。

扎针　**baste stitching**　又称绷针。一种手针缝纫法。用左手压住缝料,右手持缝针,操作时入针后马上出针,在缝料反面露出的线迹小,正面线迹密度可随所缝部位的疏密变化。主要用于服装缝制中需临时固定的部位。

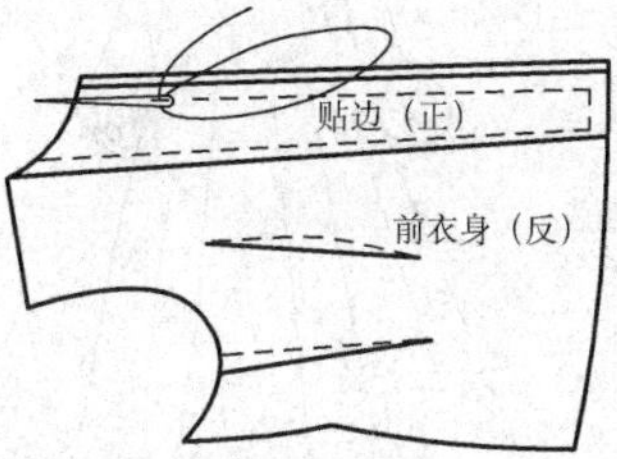

扎针

炸金　**fried gold**　用高温或电蚀方法将黄金表面处理成油炸肌理效果的首饰表面处理工艺。区别于一般黄金材料光亮如镜的效果,炸金首饰呈现沙粒或裂纹状外观效果,与前者形成亮涩对比和反质感对比。

窄檐罩帽　**papillon bonnet**　即“蝶形帽”(102页)

摞　**slip stitching**　用手工缝合方法将局部部位固定。缝合固定时一般只挑住材料的少量纱线。如摞底边、摞挂面,表示手缝固定底边、挂面。

摞肩缝　**slip stitching shoulder seam**　将肩缝头与衬布用手缝方式固定的动作。以保证肩缝的外观平整。

摞止口　**basting front edge**　在待翻出或已翻出的止口上,手工或机缝一道临时固定的线迹,以方便后续工序的动作。机缝线迹一般用单线链缝线迹,有弹性且拆除时较方便。

粘翻领　**fusing collar lining**　领衬与领面的三边沿口用糨糊黏合固定,或领衬与领面粘贴固定的动作。

粘接缝道　**adhered seam**　缝道类型。用粘线、胶粘布、胶粘剂等热熔胶黏合缝料,待热熔胶冷却固化后形成的缝道,多采用贴缝缝型。

詹妮·林德帽　**Jenny Lind cap**　19世纪40年代晚期和50年代早期女性戴的晨帽。钩针编织的发带横越过头顶,垂下经双耳上部,绕到头后系牢,有的用制成多为深红色或白色羊毛。模仿有瑞典夜莺美誉的花腔女高音詹妮·林德(Jenny Lind,1820～1887)所戴的款式而得名。

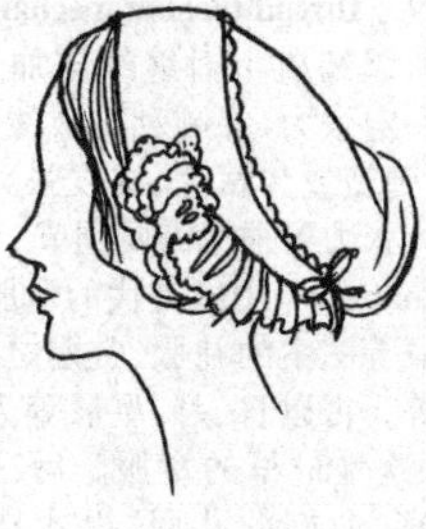
詹妮·林德帽

展衣　**zhanyi**　又称禮衣。为王后、士大夫之妻专用于朝见帝王以及接见宾客所着服装。衣服形式采用袍制,面料、里料都用白色,素雅,不施文彩。始于商周,唐朝以后衣服颜色多用杂色,穿着时还必须佩戴钿钗等首饰。

展衣

战袄战裙 **zhanaozhanqun** 传统戏曲中女性角色短打时着用的短式套装。上身为对襟短袄,小立领,窄袖,袖口收紧,下身为左右连接的两片"靠牌"(285页),又称开裙。袄、裙上绣花卉、蝴蝶等图案。色彩多样。以靠牌代替裙子,既便于开打,又添下衣飞舞飘动之美。着时于腰际系绣花腰巾,可显身姿婀娜。女兵着战袄战裙时,以四人为一堂,戴头巾,加饰软额子。用于擅长武艺的女性角色,如《打焦赞》中的杨排风、《悦来店》中的何玉凤等。

襢衣 **zhanyi** 即"展衣"(635页)。

张力装置 **thread tension mechanism** 又称夹线装置。缝纫机上对缝线施加夹紧力,使缝线获得一定张力,并顺利构成线迹的装置。由张力器、弹簧或弹簧片、螺纹张力调节杆等部分组成。张力可根据需要调节。

章服 **zhangfu** 中国古代的章服包括绘有日、月、星辰等图案的礼服、赏赐之服、朝政议事的公服等。古以日、月、星辰等为天子的冕服十二章,这是最早的章服。后这些纹样用于皇族百官、命妇的礼服,以式样、质料、颜色、配饰等的不同区分穿着者的身份、等级、尊卑。赏赐的章服则以颜色、质料区分等级。各朝代按服制规定各有特色。古代刑法规定,罪人服刑期间所穿的服装各有徽识也称为章服。

章衣图案 **mandarin squares pattern** 即"补服图案"(37页)。

漳缎 **zhangzhou velvet satin** 丝织物名。桑蚕丝缎纹起绒提花织物。著名的中国传统丝织物品种。起源于福建漳州地区而得名。有缎地绒花和绒地缎花两种。质地厚实、缎地挺括坚牢、光泽肥亮、绒毛密立柔软、富丽华贵,具有浓郁的东方民族风格。适宜用作妇女高级时装面料。

漳绒 **zhangzhou velvet** 又称天鹅绒。丝织物名。表面具有绒圈或绒毛的单层经起绒的绒类丝织物。绒圈或绒毛浓密耸立,光泽柔和,质地坚牢耐磨。常用作妇女高档服装、女帽等面料。

掌长 **metacarpale length** 从手腕部桡骨茎突和尺骨茎突之间的掌根连线到中指根部的掌面之间的垂直距离。设计手套结构的重要参考值。见"人体长度尺寸"(426页)。

掌围 **hand girth, HG** 拇指自然向掌内弯曲,通过拇指根部围量一周的长度。手套结构设计的重要参考值。见"人体长度尺寸"(426页)。

帐篷式礼服 **fent dress** 外形呈帐篷状的A型裙。裙子从肩部向外展开,肩部狭小,下摆幅度较宽。1967年春夏巴黎时装发布会,皮尔·卡丹正式推出此款,在1971～1978年秋冬的巴黎高级时装发布会上屡次登场。孕妇服装、大衣采用此款较多。根据季节的不同,夏季采用乔其纱、绉绸、丝绸等柔软的面料制作,春秋采用棉麻、棉毛等混纺面料制作。

帐篷式礼服

昭君帽 **zhaojunmao** 即"面帽"(355页)。

爪镶法 **jaw inlaid** 用爪形托架固定宝石的珠宝首饰加工工艺。从齿镶法演变而来,将后者的两部分(底座和枚齿)合二为一。它的流派很多,有意大利派、法国派、日本派等,主要表现在爪形上,有尖爪形、方爪形、半圆形;除爪形外,托架的形式也有多种,如莲花托、叉形托、球形托等。制成的产品紧凑坚固,具有现代感。

照相写真图案 **photographic portrait pattern** 具有照相般写实的图案。以政治人物、影视明星等时代象征的人物、或被关注的物象构成。图案受照相现实主义绘画流派的影响,利用现代摄影技术和绘画技巧,捕捉现实中瞬间的视觉图像,以追求和表现对哲学与人生的思考,流行于20世纪90年代的服饰中。图案以花形大、独立完整的样式,表现在服装主要部位:上衣前胸或后背、裙的下摆或裤腿上，剪裁简洁的T恤衫或直筒裙成为较常运用的服装款式。图案的产生和流行很大程度上依赖计算机和印染技术的发展与普及，是时尚另类服饰的代表图案之一。

照相写真图案

罩杯　cup　包容乳房的部件。文胸的主体部位。分为：(1)上罩杯，文胸罩杯的中乳点以上的部分。上罩杯的上边缘线称为上杯边，上罩杯的下边缘线称为杯骨。(2)下罩杯，文胸罩杯的中乳点以下的部分，由一片或者两片以上结构组成。

罩帽　bonnet　又称软帽。帽的主要类型之一。服贴地由后向前覆盖住头后部、头顶的女帽。戴时显露出前额，前帽檐或有或无，用帽内或缝在帽檐上的带子在颔下或脸侧打结，带子多为缎带。帽式的变化很多，有用柔软的纺织材料制成的头巾式，也有用草、麦秸编的罩壳式。罩帽源于14世纪的印度，18世纪时西方妇女、儿童才始普遍戴用。并在18世纪末至19世纪中期成为流行一时的代表性女帽。19世纪的罩帽通常由麦秸制作，用绉绸、蕾丝、缎子或天鹅绒做装饰。欧美各地都有其具地方风格的罩帽，如遮住或暴露脸的款式。到20世纪早期罩帽逐渐退出流行的舞台，很少被人戴用，仅婴儿帽仍保留着一些罩帽的形式。此外，也有无缝的无檐男罩帽。

罩帽

罩袖　oversleeve　中式上衣袖子的拼接部分。由于中式上衣其袖型为连袖，且前后袖相连，故排料时往往因出手(过肩长)超过布料门幅，不得不拼接，形成罩袖。

遮日檐帽　sun hat　具有舌状帽檐，只有帽圈而无帽冠的遮阳用帽子。帽舌一般用赛璐珞制作，帽圈则多用皮革或弹性面料制作。常用于网球等运动中，避免阳光的直接照射以保护眼睛。

遮瑕膏　concealer, correct　在打完基础粉底之后，用来遮饰雀斑、黑斑、黑眼圈等瑕疵的一类产品。含油量较少，色料最多，遮盖效果最强，可以用中指、海绵或超细的笔刷在使用处匀开。

遮阳大帽　zheyangdamao　明太祖赐生员用于遮阳之帽。后学士与武将均服用，形制不完全相同。学士所戴的礼帽，通常以竹篾为骨，纱罗为表，高顶宽檐，形似笠帽。武将所戴盔帽似笠而檐窄，上插翎羽。

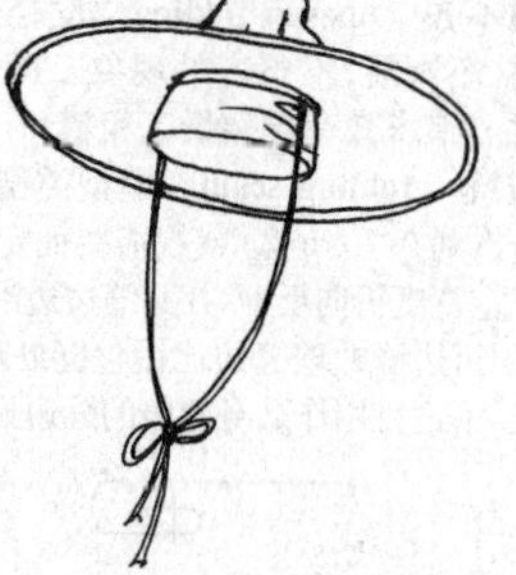

遮阳大帽

遮阳罩帽 sun bonnet 女性夏天防晒用的头部遮挡物。棉布制成的帽冠聚合成宽大的波浪状帽檐围绕在前额和脸颊的两侧，系带在颏处系牢，后颈部有垂片以遮挡阳光对颈部的照射。也有麦秸制作的样式。美国从殖民时代到20世纪都很流行，婴幼儿童最为常用，至今仍为童帽的款式。

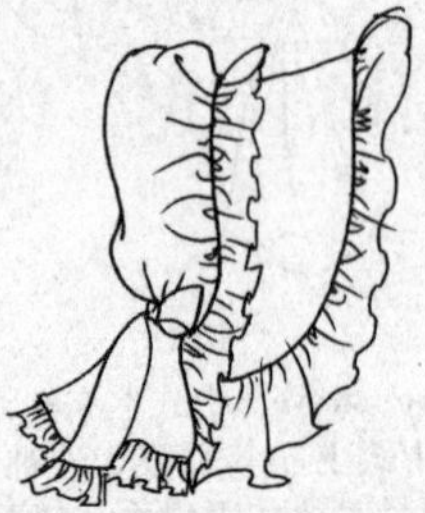

遮阳罩帽

折边 selvedge hem 将面料翻折，缝头隐藏在折边中的部位，常用于衬衣类服装的底摆、领口、袖口等部位。

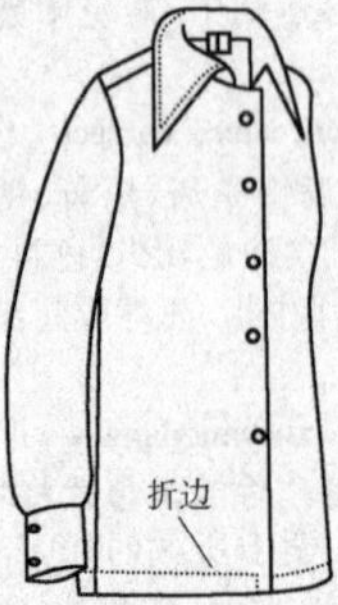

折边

折边不齐 uneven folding 皮鞋鞋帮折边不平整、不圆滑、不整齐的现象。操作不熟练或者过分追求效率导致做工粗糙。

折边缝 folding seam 缝型类型。将缝料的缝边折到0.7 cm宽（或视需要而定），再将缝料按规定宽度折向反面，在其缝边边沿上车缝的缝型，用折边缝处理缝边比用包缝处理牢固，但较硬挺，不适宜用作贴身衣服的缝边处理。

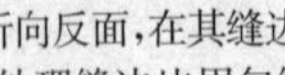

折边缝

折叠法 folding method 将面料进行折叠处理的服装设计方法。面料经过折叠后产生折痕，称为褶或折褶。褶分活褶和死褶，活褶的立体感强，死褶的稳定性好。活褶有单向褶、垂坠褶、抽褶、波浪褶。死褶有锥形、长线形和长方形。锥形褶常见于裤子的腰处，长线形和长方形死褶常见于衬衫的覆势和育克处。折叠法是改变服装平面感的常用手法之一，被广泛地运用于服装设计中。

折叠缝 folding seam 装饰缝型类型。沿直线或弯曲线折叠（或部分折叠）衣片后，缉缝线迹形成缝型，分“简单折叠缝”（252页）和“复杂折叠缝”（168页）两种，除装饰作用外，有时也有连接作用。

折叠口袋 accordion pocket 即“立体口袋”（311页）。

折叠雨帽 rain bonnet 折成风琴褶状的塑料头部覆盖物。两端固定系带，遇雨时拉开褶裥用系带在颔处系牢，不用时折叠起来放入手提袋内。

折扣商店 discount house, discount store 即“廉价商店”（314页）。

折线分割线 zigzag division line 服装中常用的分割形式。由曲折形的线条对服装进行分割，这种形式具有个性美的审美特征和强烈的装饰感。一般有纵向、横向、斜向的折线分割，线条可呈平衡或非平衡、单纯反复或韵律反复。

折枝花图案 floral branch pattern 描绘植物上截取花与枝叶部分的图案，也指花与枝叶结合的图案。强调完整花朵与折枝的造型关系，画面的整体图案由多样的穿插排列来表现。折枝花是服饰面料设计的一种重要造型图案，遍及世界各地各民族的服饰设计中。唐代诗句就有对织绣图案的折枝花描写，明清时期已发展成极为普遍的服饰图案，同时也是欧洲18世纪中国风服饰的常用图案。

折枝花图案

折皱法　wrinkle method　将画面按需要揉、折成皱，再敷上色彩作画，产生某种肌理效果的绘画技法。常用于表现特殊面料和背景的肌理效果。

褶　tucks　为符合体型和造型需要，将部分衣料缝缩而形成的自然褶皱。因其不通过熨烫，立体感、动感强烈，是衬衫、裙类、女装、童装的重要装饰工艺。

褶襞　peplum　装饰于腰部的波形褶布，常用于女式衬衣、童装等服装的腰部。

褶襞短裙　peplum　即“佩普罗姆”(384页)。

褶裥　pleats　即“裥”(252页)。

褶裥保持性能　pleat retention of fabrics　羊毛和合成纤维等热塑性织物经高温整烫加工后，其褶裥造型(如裤缝)被固定下来并能保持长久不变的性能。是织物产生热塑变形的结果。影响织物褶裥保持程度的因素有温度、水分、时间和压力，可对织物局部使用定形剂如热熔胶等，以提高织物的褶裥保持程度。

褶裥贝雷帽　beret hunting　前面有褶裥的贝雷帽。略大于一般的贝雷帽，多用苏格兰粗呢制作而具有乡村气息。

褶领　collarette　即“拉夫领”(299页)。

鹧鸪冠　zheguguan　即“姑姑冠”(187页)。

针插　needle grabber, pin cushion　用于插针的工具。椅垫状，直径 8～10 cm 为宜，用布包着棉花、海绵等絮状材料，可防止针锈，使针滑润。

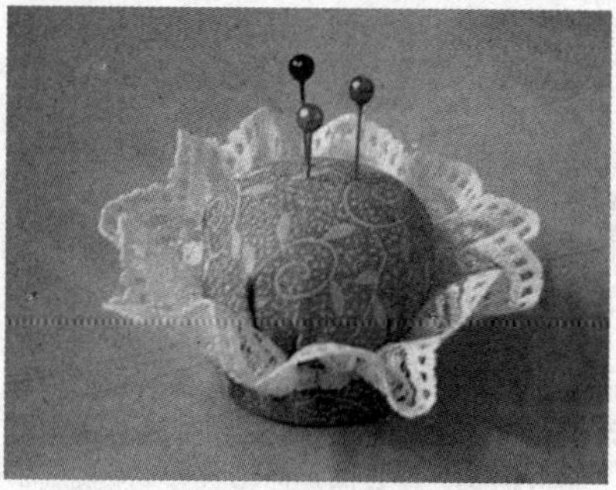

针插

针刺垫肩　needle punched shoulder pad　以棉絮片、涤纶絮片、复合絮片为主要原料，辅以黑炭衬或其他衬料，由针刺方法复合成形而制成的垫肩。耐洗性和耐热熨烫性能好，尺寸稳定，富有弹性，用于高档西服和各类职业服装等。

针洞　hole　服装外观疵病。缝纫机在缝制过程中，由于缝针的穿刺，使缝料中纤维或纱线发生断裂而产生破洞；或低熔点纤维织物，由于高速机的缝针温度而形成烙洞。补正方法为：根据规定的缝迹密度标准调节缝迹密度。

针杆机构　needle bar mechanism　由针杆带动机针引线刺穿缝料进行缝纫的缝纫机机构。由针杆曲柄、针杆连杆、针杆连接柱、针杆滑块或摆杆等构件组成。根据线迹形成的要求，有直线刺料针杆机构和弧形摆动弯针刺料机构之分。直线刺料针杆机构有垂直刺料(如平缝机针杆机构)、直线斜刺料(如包缝机针杆机构)和摆动直刺料(如钉扣机针杆机构)。暗缝机针杆机构是摆动弧形刺料机构。

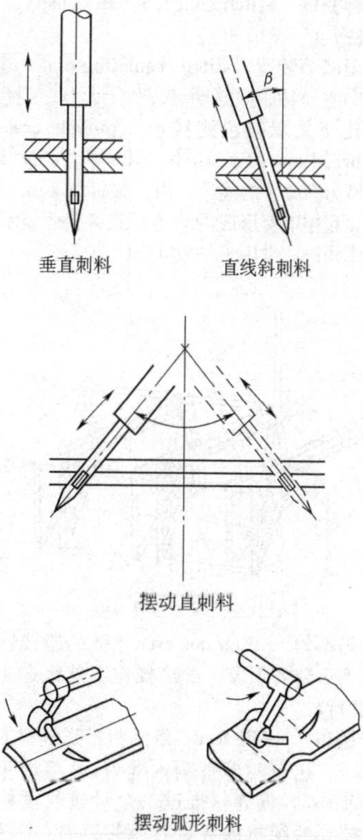

垂直刺料　直线斜刺料

摆动直刺料

摆动弧形刺料

针杆机构

针杆行程 needle bar stroke 缝纫机作业性能技术术语。针杆上某一点在针杆运动两个极限位置之间的距离。

针箍 thimble 即“顶针”(103页)。

针迹 stitch mark 缝针穿刺缝料时在缝料上形成的针眼。

针迹距 distance between needle point tracers 缝纫机作业性能技术术语。缝纫机无缝线缝纫时两个相邻针孔间的距离。

针迹密度 stitch gauge, stitch density 又称针脚密度。单位长度线迹内的针迹数。国家标准规定,机织物的密度为3 cm线迹长度内的针迹数,针织物的密度为2 cm线迹长度内的针迹数。

针间距 needle gauge 缝纫机作业性能技术术语。多针缝纫机上两根相邻机针中心线之间的距离。

针脚密度 stitch gauge, stitch density 即“针迹密度”(640页)。

针距调节装置 stitch regulating dial 缝纫机上控制送料机构的运动、调节针距大小的装置。

针孔交叉双线包缝线迹 pinhole crossed two-thread overedge stitch 国际标准ISO 4915中编号为502号的线迹。由一根针线1和一根钩线a互相串套形成的线迹。缝料表面显示平行钩线线迹。常用于一般缝料的包缝。

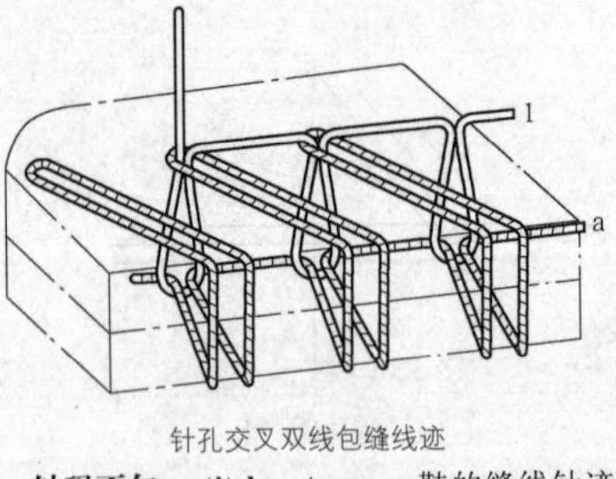

针孔交叉双线包缝线迹

针码不匀 stitch not even 鞋的缝线针迹距离不一致的现象。缝纫操作不熟练走速不一致所致。

针送布 needle feed 缝纫机推送缝料的形式之一。送布时缝针刺入缝料,针与送布齿条同步移动,将缝料推进一个针迹长度的送布方式。缝纫机的导针杆携带缝针,不仅作上下穿刺运动,还在线迹方向作前后移动。用于厚料或多层缝料的缝制,可防止各层缝料产生相对滑移而形成上下层缝料的错缝。

针筒式织物勾丝仪 snagging resistance tester with cylinder snag method 即“刺辊式织物勾丝仪”(73页)。

针线 needle thread 又称上线、面线。随缝针穿刺缝料形成针迹线圈的缝线。缝纫时针线的线团或线管放在插线丁或线架上,经过张力装置、挑线器、导线环等穿入机针针眼,随机针的上下运动穿刺缝料,形成同自身退针线圈或下针线圈串套或交结的针迹线圈。

针织 knitting 利用织针将纱线弯曲成线圈,将线圈相互串套成针织物的工艺技术。分为:(1)手工针织,主要使用棒针,织物质地松软,富于弹性;(2)机器针织,按编织工艺的特点可分为纬编和经编。针织生产具有工艺流程短、噪声小、成本低、原料适应性强等特点。产品柔软,弹性延伸性好,适体透气。产品主要为服装、服饰面辅料。

针织衬衫 knitted shirt 穿在内衣外,可作中衣也可作外衣的针织短上衣。一般采用细号纯棉、真丝、涤纶、锦纶及其混纺纱,纬平针、纱罗组织、集圈组织、经编平纹组织编织。具有平挺抗皱、轻薄、易洗快干的特色。

针织衬衫领 knit shirt collar 即“马球领”(337页)。

针织仿毛哔叽 knitted wool-like serge 织物表面呈现斜纹效应,经染整加工而成的纬编织物。常采用集圈—成圈型、浮线—成圈型和浮线—集圈—成圈型等组织结构。采用中特或细特假捻变形低弹涤纶丝、涤纶或丙纶空气变形丝,涤腈混纺纱以及不同收缩的短纤维混纺纱。横向延伸性小,尺寸稳定,挺括,斜纹纹路清晰,类似机织毛哔叽。用于制作外衣、裤、裙等。

针织仿毛华达呢 knitted wool-like gabardine 类似毛华达呢的纬编织物。一般在双面提花圆纬机或多跑道变换三角双面圆纬机上编织。采用普通低弹涤纶丝、细特低弹涤纶丝等。光洁平整,斜纹针路清晰,细密丰厚,有弹性,悬垂性较好。用于制作外衣、套装等。

针织服装 knitted garment 由针织面料制成的服装总称。分为两类:(1)裁剪类针织服装，运用纬编机和经编机生产的针织坯布，整理后经裁剪缝制而成；(2)成形类针织服装，由针织横机或电子控制的横机或圆机生产。下机织物为：①平幅坯布，为成形裁剪，基本接近服装部段的正确尺寸或其倍数，少量裁剪后即可缝制成衣；②衣片，为全成形编织，边缘通过收、放针形成所需形状，衣边边缘为光边，不裁或少量裁剪即可缝制成衣；③衣服，为无缝编织(圆机)或整体式编织(横机)，不缝或少量缝纫即可成为服装。针织服装由线圈互相串套编织而成。延伸性好，弹性好，透气性好，柔软舒适，有良好的运动机能。但保型性不如机织服装。

针织服装 CAD/CAM　knitted garment computer aided design and manufacture　即"计算机辅助针织服装设计与制造"(243 页)。

针织汗背心　knitted vest, under vest　贴身穿着的薄型无袖、挖肩、背带式针织上衣。使用汗布、罗纹布、提花布和弹力布。主要分为：(1)男式汗背心，一般为 H 型；(2)女式汗背心，造型有 H 型、X 型。前后领较深，领口、下摆、袖口有罗纹边、滚边、折边等，常采用印花、印字、绣花、镶色、嵌线、曲牙花边、相拼及采用花式缝迹装饰。

针织护帽　helmet cap　防寒用针织盔形无檐帽。紧贴头部，颈部的克夫可在下颏处系牢，也可向上翻折，多为儿童戴用。

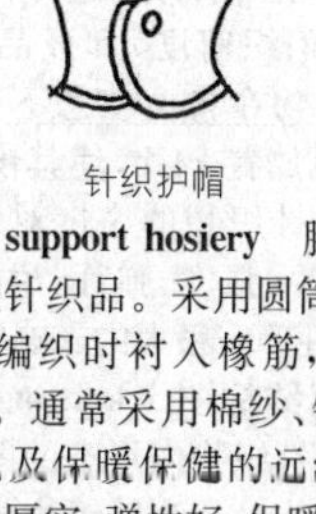

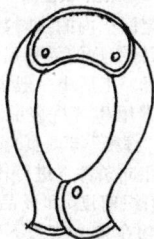

针织护帽

针织护套　support hosiery　膝盖至踝部穿戴的防寒保暖针织品。采用圆筒形毛圈组织或变化组织，编织时衬入橡筋，形成弹性橡口，穿戴方便。通常采用棉纱、锦纶变形丝、丙纶变形丝以及保暖保健的远红外类原料。成品质地丰满厚实，弹性好，保暖性好。

针织面料表现技法　knitted material showing skill　以编织的表面纹理作为重点表现针织面料质感的技法。用圆机生产的针织面料，纹理平滑、整齐，可采用相应的转印纸图案，转印一定部位和面积的针织纹理，或在绘制中，适当夸大面料的针织纹理效果。横机和手工编织的针织面料，直接按一定的比例进行绘制，或夸张地表现其纹理效果。编织面料的图案造型是根据编织面料的纹理走向生成的。工具可选用彩色铅笔、油画棒等。采用摩擦法、勾线平涂等技法。

针织面料表现技法

针织蘑菇布　mushroom weft knitted fabric　采用罗纹式对针，针盘针一隔一排列，针筒针按一高一低排列编织而成的纬编织物。凹凸感强，粗犷豪放，透气性好，里层平滑细腻，正面有少量毛圈浮现。多用于制作服装。

针织内裤　knitted underpants　用针织物制作的内裤。通常指由针织汗布、罗纹布、棉毛布缝制而成的三角裤和平脚裤。裤腰通常为：宽紧带腰、串带腰和贴边腰。针织内裤中档的种类最多，女三角裤常用扇形裆，成人用双层，女童用单层。男三角裤、平脚裤、运动裤常用箭形裆、琵琶裆、菱形裆和伞形裆。裤口分为橡筋裤口、滚边裤口、罗纹裤口。可配以绣花、花边、镂空、织物相拼等手段。

针织披肩　knitted cape　遮盖肩膀手臂和后背的毛针织披肩。以羊毛、毛腈、腈纶膨体纱为原料。颈部紧密贴身，无领，颈脖处系结，肩部合体，长至腰部，下摆较宽大。通常采用提花组织编织。以素色或花卉图案为主，二方连续式或散点式分布。与衬衫、毛衣、裙配套穿着。

针织绒衫裤 knitted fleece shirt and trousers 又称卫生衫裤。一种单面起绒保暖性好的针织服装。采用衬垫组织和添纱衬垫组织编织，织物一面经拉毛处理，表面形成稠密短细绒。面料采用：(1)厚绒布，又称一号绒布，主要用于制作冬季穿着的运动衫裤、高领拉链球衫和开襟男女运动衫；(2)薄绒布，又称二号绒布，绒毛厚度和保暖性稍差于厚绒布，适宜缝制运动衫裤；(3)细绒布，又称三号绒布，适宜缝制内衣、套衫、运动衣、休闲服和童装等。可采用镶拼、嵌线、贴花、印花等工艺，制成休闲款式的绒衫裤。原料有棉、腈纶或涤腈、腈棉混纺材料，腈纶织物色泽鲜艳，更适宜制作童装。

针织图案 knitting pattern 把形成线圈的纱线，经穿套连接成的服饰图案。配色遵循针织的换线原理，最易表现条纹、格纹等抽象图案，而具象图案多以外形规整、块面性强的装饰感图形为特征，可生产重复性强的连续纹样与独立的单独纹样。随着针织材料和工艺的发展，机器针织从内衣逐渐扩大到各种服装服饰甚至时装设计中，图案也呈现精巧细腻、自然温情的气息。

针织图案

针织外衣 knitted outerwear 由针织面料缝制的外穿服装。包括各类毛衫、裙装、裤子、夹克衫、运动服、休闲服、夜礼服、海滨服、旅行服等。按编织方法分为：(1)经编外衣，具有结构紧密、挺括、延伸性小、不易脱散、不易变形等特点；(2)纬编外衣，具有手感柔软、弹性好、延伸性好、穿着舒适等特点。一般用天然纤维和合成纤维为原料制成。

针织物 knitted fabric 利用织针等成圈机件将纱线弯曲成圈，并将线圈依次相互串套而形成的织物。分为纬编针织物和经编针织物两类。柔软适体，有良好的弹性、延伸性和透气性，但尺寸稳定性差，有不同程度的脱散、卷边、纬斜、起毛起球和勾丝等现象。原料采用棉、毛、丝、麻等天然纤维和涤纶、锦纶、腈纶、氨纶等化学纤维以及涤棉、涤麻、棉腈、毛腈等混纺纤维。广泛用于内衣、外衣、紧身服、运动衣、礼服、功能服、袜、帽、袋类服饰产品和辅料。

针织物 CAD knitted fabric computer aided design 即“计算机辅助针织物设计”(243页)。

针织物单位面积重量 knitted fabric weight per area 针织物单位面积的干燥重量。单位：g/m^2。考核针织面料质量的重要指标，是计算圆机产品重量和工艺用料的依据。一般指双层 $10\times10\ cm^2$ 坯布的重量。

$$\begin{matrix}\text{单位面积}\\\text{干燥重量}\end{matrix}=\frac{\text{单位面积重量}}{1+\text{纱线公定回潮率}}\times100\%$$

针织物密度 stitch density 又称线圈密度。针织物规定面积内的线圈数。在一定纱支条件下，表示针织物的稀密程度，是针织物的重要物理指标。工厂中一般采用的单位长度为 10 cm。常用 $P_A\times P_B$ 表示，P_A 指“横密”(209 页)，P_B 指“直密”(656 页)。针织物的线圈密度必须在相同条件下进行比较。一般常用上机密度(编织密度)和成品密度衡量织物。测量针织物在自由状态下的密度，一般需将织物下机放置 24 h，使其恢复平衡状态再进行测量。针织物的密度对织物的厚度、保暖性、透气性、强度、弹性、耐磨性、抗起毛起球性、勾丝性等有很大的影响。

针织物线圈结构图 knitting stitch sketch 表示线圈在针织物内形态的图形。针织物结构的表示方法。分为针织物的正面形态图和反面形态图。可以清晰地看出线圈在针织物内的组织形态及其相互连接与分布情况，直观性强。表示方法复杂。只适宜表现较为简单的织物组织。

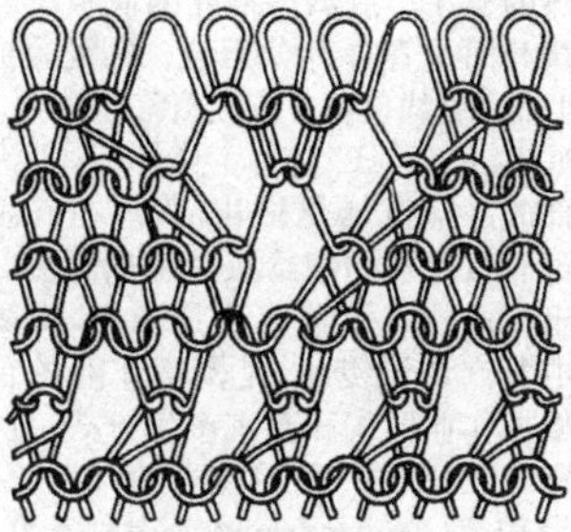

针织物线圈结构图

针织物意匠图　knitting pattern grid　将针织物内线圈组合的规律，用规定的符号记录在小方格纸上。每一方格代表一个针织物结构单元，可以表示不同的颜色、不同的成圈方式（成圈、集圈和浮线）或不同纱线编织的结构单元。方格在直向的组合表示线圈纵行，横向的组合表示线圈横列。每个方格所用的符号含义如自行设定，则需加以注明。

线圈结构图

编织意匠图

线圈结构图和提花织物组织编织意匠图

针织羊毛帽　tea-cozy cap　20 世纪 60 年代晚期推出的茶壶保暖套似的无檐帽。因类似经绗缝并加垫后的茶壶罩而得名。

针织运动服　knitter sportswear　由针织面料缝制而成的运动便服和专业运动竞赛服。包括球类、田径、体操、武术、游泳、滑雪、溜冰和自行车等运动项目。根据运动项目决定纱线的种类、组织结构和服装款式，对运动量大、出汗多的运动，一般采用吸湿性好的棉纱与放湿好的丙纶、涤纶等合成纤维，凹凸组织、双层组织、棉毛组织编织，使织物具有吸汗放湿和不粘身的功能。对于体操、跳水等运动，需要体现运动员的体型美又不妨碍活动，常用弹性好、色泽鲜艳的高弹面料，一般采用氨纶及超细涤纶编织，如鲨鱼皮泳装。登山服、滑雪训练服要求保暖性好，并能缓冲运动员跌倒时的冲击力，坚牢度好，色彩鲜艳。采用化纤与天然纤维交织而成的双面针织面料，表层为化纤原料，里层为棉、毛、棉涤混纺原料。织物表面可采用凹凸组织编织。网球服、羽毛球服和乒乓球服一般为短袖、短裤、短裙、V 字领。服装面料具有一定的吸汗性，采用纯棉、棉混纺或化纤针织面料，棉毛、网眼等组织结构，色彩轻快、活泼，不宜用反射性强或与球色类似的颜色。

针织绉　knitted crepe　即“单面乔其纱针织物”（85 页）。

珍珠　pearl　有机类宝石。产在珍珠蚌类软体动物体内。硬度 2.5～4 级。按生存方式分天然珍珠和养殖珍珠；按生存环境分海水珍珠和河水珍珠，按色彩分淡色珍珠、粉色珍珠和黑色珍珠。上品须具有很强的光泽，且带彩虹般的晕色，颜色以白色稍带玫瑰红色为最佳，带蓝黑色金属光泽为特佳品。形状以圆形为好，走盘珠（在平整的盘上自行不停地滚动）质量最佳。世界上产珠的地区有：波斯湾地区、斯里兰卡，产出的珍珠称为东珠；缅甸、菲律宾和澳大利亚，产出的珍珠称为南洋珠；美国、苏格兰，产出的珍珠称为西珠；中国南海，产出的珍珠称为南珠。业内普遍认为西珠不如东珠，东珠不如南珠。

珍珠编　pearl knitting　即“双反面织物”（478 页）。

珍珠粉　zhenzhu powder　明代妇女喜用的一种由紫茉莉的花种提炼而成的妆粉。多用于春夏季。

紫茉莉

珍珠花钿妆　pearl hua dian zhuang　见“花钿妆”（216 页）。

珍珠系唇膏　pearl color lipstick　色泽自

然透明，兼具珍珠质感的唇膏。有白色、金色、银色或两种以上的颜色混合而成的亮光珍珠系唇膏。

珍珠纤维　pearl-cellulose fiber　纤维素纤维纺丝时在纤维内加入超细珍珠粉制成的功能性纤维。纤维表面均匀分布着纳米级珍珠微粒，光泽晶莹，吸湿透气，手感柔软滑糯，与肌肤有天然的亲和性。具有远红外发射和防紫外线功能，是理想的贴身穿着面料。

珍珠纤维织物　pearl fiber fabric　用珍珠纤维纱线加工成的织物。多为短纤纱织物，手感柔软，吸湿性好，悬垂性好，强度较低，抗皱性较差。用作衬衫、连衣裙等的面料。

珍珠鱼皮革　pearl-fish leather　“鱼皮革”(619 页)的一种。珍珠鱼原皮经鞣制加工而成的皮革。主要产于东南亚、泰国一带。保留了鱼鳞片，数毫米直径不等的硬质鳞片，晶莹光亮、自然地镶嵌在皮革表面。珍珠鱼皮革颜色多样，别具一格，在头部中心有数颗稍大一些的白色鳞片珠状物，很易辨认。皮革开张在 0.1 m^2以内，仅适于制作领带、票夹、手袋、皮饰品、皮革镶嵌制品等。

真空包装　vacuum packaging　服装包装形式之一。降低服装的含湿量，将服装装入塑料袋，抽去袋和服装内的空气，最后将袋口黏合密封。可减小成衣的装运体积，减轻装运重量，减少折皱和破损。

真丝缎　silk satin　丝织物名。经纬线均为无捻桑蚕丝，以八枚缎纹组织织制的织物。织物质地紧密细腻，手感平滑柔软，缎面光亮。宜作妇女礼服或丝巾等。

真丝棉化针织物　cotton-like silk weft knitted fabric　真丝经化学蓬松剂处理后编织而成的纬编织物。松弛柔软类似棉织物。可用于制作内衣产品。

真丝绡　silk voile　丝织物名。经纬丝均为[14.43～16.65 dtex（13/15 旦）8 S 捻/cm×2] 6.8 Z 捻/cm 桑蚕丝，组织采用平纹组织，经密 37 根/cm，纬密 37 根/cm，重量 24 g/m^2。织物刚柔糯爽，孔眼清晰，质地轻薄平挺。用作夜礼服或宴会服、结婚礼服的兜纱、戏装等的面料。

瑱　zhen　即“珥”(119 页)。

蒸发散热　evaporation　液体表面体液的水分在皮肤和黏膜表面由液态转化为气态，同时带走大量热量的散热方式。安静状态时其 70%在皮肤表面进行，30%由呼吸道进行。是着装人体体热散失的主要途径。

蒸汽加热熨斗　steam iron　使用成品蒸汽加热的熨斗。由蒸汽槽孔的底板、气阀、进汽管线和回水管等部分组成。需配置成品蒸汽发生器和管线设备。成品蒸汽压力约 2.5×10^5 Pa，温度 120 ℃左右。作业时，进汽管引入外部成品蒸汽加热熨斗，蒸汽在气阀控制下通过底板汽孔均匀给衣片加热加湿。是汽进汽出型电熨斗。蒸汽质量稳定，熨烫质量优于电蒸汽调温熨斗，是熨烫作业的首选熨斗。根据作业形式和蒸汽产生方式，分为“全蒸汽熨斗”(421 页)和“干蒸汽熨斗”(171 页)。

蒸汽美容　vapor beauty　一种美容方法。利用热蒸汽彻底清洁毛孔，滋养皮肤。热蒸汽可扩张毛孔和汗孔，软化和清除皮脂腺内的阻塞物，有利于皮肤的深层清洁，改善血液循环，促进皮肤分泌，补充皮肤水分，保持皮肤健康红润。可分为：(1)单纯蒸汽，用电加热的方式使水沸腾，产生蒸汽对脸部进行喷雾，有助于改善肤质；(2)离子蒸汽，单纯蒸汽和紫外线疗法相结合，通过紫外线的作用产生负离子，连同蒸汽一起喷向面部，具有补充细胞水分、杀菌和漂白等作用；(3)药物蒸汽，通常加入中草药或其他香薰植物，使其具有提神醒脑、清洁滋养、增白防皱等作用。

蒸汽预缩机　steam preshrinking machine　面料在无张力状态下由蒸汽给湿给热后，纤维分子间相互作用，自由释放内应力，达到消除残余变形的目的的预缩机。由无张力送布装置、蒸汽装置（毛织物预缩时选用低温蒸汽，合成纤维面料预缩时选用高温蒸汽）、热收缩板、吸风和冷却装置等部分组成。工作时，面料在无张力、无挤压的状态下由蒸汽给湿给热，在保温区内振动，自由释放内应力进行热收缩，然后冷却出布。预缩后，面料蓬松柔软，特别适合毛料织物的预缩。最大预缩量是面料本身存在缩量的 60%，较适于服装厂服装生产前的面料预缩。

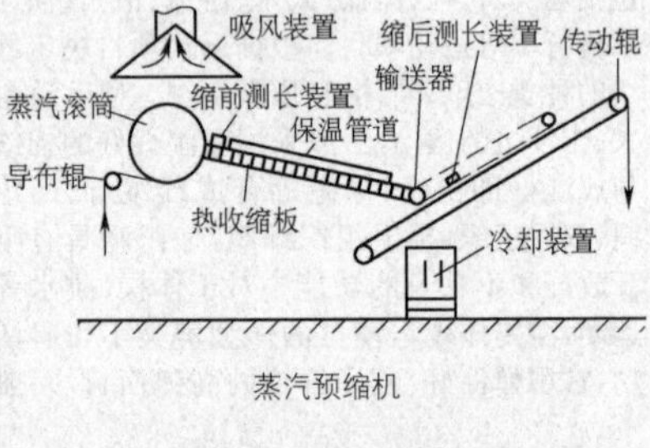

蒸汽预缩机

蒸汽熨烫机 **steam pressing machine** 用成品蒸汽或干蒸汽对服装进行造型或整理的熨烫设备。需与蒸汽锅炉、蒸汽管道、压缩空气泵、真空泵等附属设备配套使用。由气压系统、蒸汽加热系统、真空抽气冷却系统、电气控制系统和烫模等部件组成。其中,气压系统用于传送熨烫所需的动力和压力,实现合模、喷蒸汽、加压、抽真空等动作;蒸汽加热系统生产成品蒸汽或干蒸汽;真空抽气冷却系统执行抽湿、排汽、冷却和定形等职能;控制系统用于控制蒸汽、真空等的开启和关闭时间。作业时,衣片或服装经初合模、定位、喷汽加热、热压定形、吸风抽湿、启模复位等五大过程,获得平挺、整齐、美观的效果,不会产生极光等熨烫疵点。适于款式成熟、批量大的服装企业熨烫作业。按服装工艺,分为“中间熨烫机”(665 页)、“成品熨烫机”(60 页)和“人体模熨烫机”(430 页);按服装款式,分为“西装熨烫机”(555 页)、“西裤熨烫机”(554 页)和“衬衫熨烫机”(59 页)等。

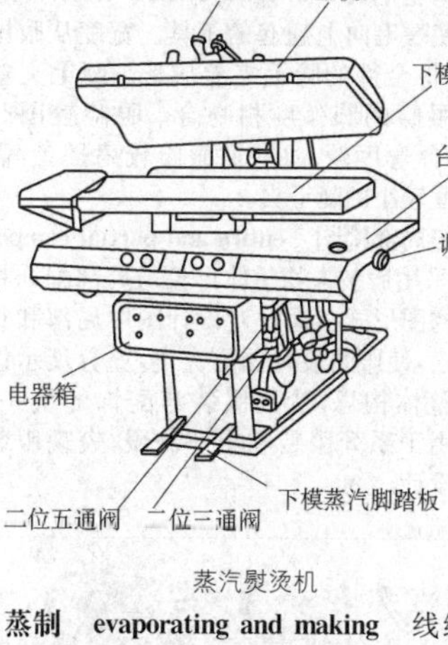

蒸汽熨烫机

蒸制 **evaporating and making** 线缝衣服湿热加工工艺之一。将成衣平置于烫台上或套于蒸汽人体模上,用汽蒸、抽湿和干燥等工艺使成衣获得整理和造型的加工工艺。蒸制作业在汽烫台或蒸汽人体模烫机上进行,经蒸制作业加工的服装手感柔软,富有弹性,尤其适于羊毛衫的精整。

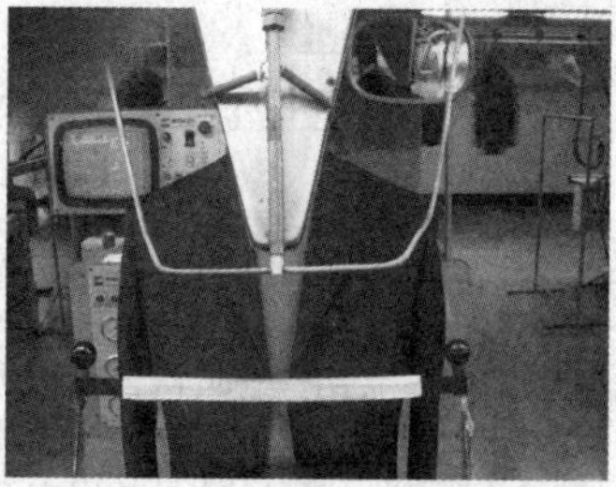
蒸制

整帮皮鞋 **one-piece vamp leather shoes, whole upper leather shoes** 由一整块皮革制成鞋帮的鞋类。除前开口、后帮中缝外,其他部位没有部件间缝合的线迹,也称无断帮皮鞋。虽然减少了缝纫工时,但很费料,导致成本增加,而且穿着时并无特殊优良感觉。

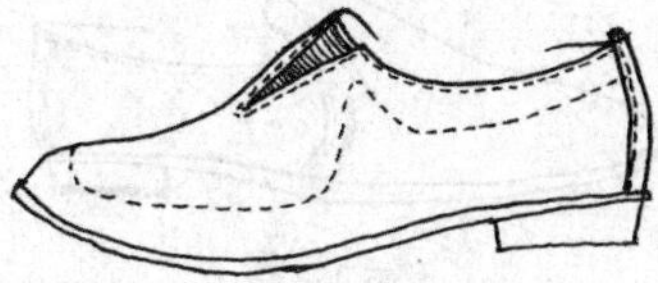
整帮皮鞋

整帮整舌式皮鞋 **whole upper and tongue leather shoes** 具有整舌式结构的整帮皮鞋。全鞋由一整块皮革制作鞋帮。由于鞋的外形似船,鞋舌比较突出,也称大舌船鞋。特点是穿脱方便,但如果楦型和结构不当,很容易咧口,不跟脚。套裁时也比较费料。

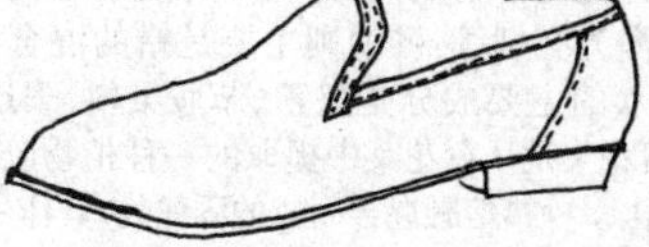
整帮整舌式皮鞋

整缝 **plain neatened seam** 连接缝道用缝型类型(图见下页)。在座倒缝缝合缝型的缝份上沿缝缉上线迹。特点是装饰性强、缝型稳定、结实,可固定某些湿热加工无法固定的缝份。此缝型可以是两缝份边均外露的毛边缝型,也可以是里面一片缝份被加固线迹和另一缝份遮住的遮边缝迹,主要用于棉织物、毛织物和涂橡胶织物的外衣衣片连接。

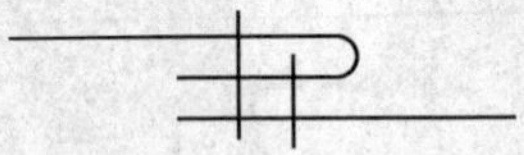

整缝

整脸 zhenglian 中国传统戏曲脸谱基本谱式之一。脸上只涂一种色彩，再以白笔或黑笔勾画眉、眼。常用红、黑、白色。前两种用于正面人物，如关羽为红整脸，包拯为黑整脸，白整脸又称“水白脸”(483 页)，用于反面人物。

整舌式皮鞋 full tongue leather shoes 鞋舌与前帮连为一体的舌式皮鞋。前帮上横向纵向都不断开，增加了排料难度，由于帮面简洁得近乎单调，因此常把装饰件放在鞋舌两侧，既不破坏整体结构，又显得轻松活泼。

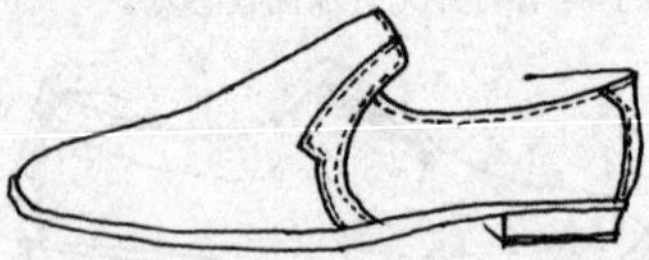

整舌式皮鞋

整饰剂 decorater 鞋用修饰材料的总称。制鞋生产后期，为使帮、底光泽亮丽而施加的一些涂饰性材料，包括各种鞋面和鞋底整饰材料，如颜料膏、光亮剂、鞋油、染色水、石花浆、蜡饼等。颜料膏用于帮面轻度伤残的修复，其主要成分是酪素、颜料和水，借助于酪素对皮革的特殊亲和力和成膜性能，将颜料固定于伤残处；光亮剂和鞋油都是使皮革表面润泽光亮的物质，光亮剂分为酪素光亮剂、丙烯酸光亮剂等，鞋油则主要是蜡的混合物；染色水的主要成分是酪素、苯胺染料、蒙旦蜡等；石花浆是从石花菜中提取的一种植物胶；蜡饼是由多种蜡熔融混合而成的固体物，其作用都是使皮革制鞋底平滑光亮并具有防水性。

整烫 ironing and finishing 对成衣各部位的整理、熨烫过程。包括：(1)整理，拆除成衣上的扎线、清理线头和理平服装；(2)熨烫，在整理的基础上用熨斗、熨烫机或蒸汽人体模烫机，去除成衣折皱，完成最后造型。包括衣身的正面熨烫、衣领的立体熨烫、衣袖熨烫、肩部的立体熨烫、衣身的反面熨烫等工作。

整烫设备 pressing equipment 即“熨烫设备”(630 页)。

整体风貌 coordinate look 全身服饰穿戴的风格。要求除服装主体外，帽子、发型、妆容、皮包、手套、鞋袜、装饰品等，都要与服装主体呈同一装束格调。

整体结构 whole structure 服装的轮廓、整体风格、主要部位之间的结构关系。

整体美 totality aesthetic 服装的外观整体效果所具有的美感。服装物质内容和精神内容的完美结合。服装由造型、材料、制作三个基本要素构成，三者如何达到平衡，是服装整体美的基本内容。此外，服装整体美还包括穿着者着装后的整体状态，如穿着者自身的条件、服装与服饰品的配套、服装与着装环境等方面，如单看某件服装很难判断其设计的好坏，只有与其他着装因素搭配时，才产生效果，因此服装经组合搭配后表现出来的整体美是判断服装好坏的关键。设计师的设计只是理想化的着装状态，但最终是消费者根据自身特点和审美情趣，完成了服装的整体搭配。

整体套装 ensemble suit 即“三件式套装”(439 页)。

整体型睫毛夹 integral eyelash curler 通过夹力使睫毛向上翘起的工具。宽度从眼尾到眼头，将全部的睫毛夹卷成形。睫毛夹弯度要和眼睑的圆弧度相吻合。眼睑较圆凸者，需选择弯度较大的，而眼睑较扁平者，需选择弯度较小的睫毛夹。

整体与局部构图 entire and partial composition 采用服装人物整体形象与局部配饰相结合的构图形式。通过对设计图中局部和整体的描绘，使服装设计图更完美，充分展示设计者的整体构思，达到服装与配饰的统一。适合应用于系列服装和企业制服，表现服装的整体设计。

整体与局部构图

整形服装 **foundation garment** 即“补正内衣”(38页)。

整形化装法 **plastic dressing** 利用胶带、牙托、绢纱等特殊材料和工具以改变演员年龄、美化或重塑形象的造型技法。因与医学的整形术相似而得名。由“眼睛整形化装法”(598页)、“口腔整形化装法”(290页)、“绢纱整复法”(275页)、“绢纱整形牵引法”(275页)四种化装方法所组成,前三者为我国电影化装独创。

正常体 **regular figure** 身体发育正常,各部位基本对称、均衡,没有过胖过瘦或畸形,具有健康美感的体型。

正规连锁 **regular chain** 即“直营连锁店”(657页)。

正面革鞋 **right side leather shoes** 以天然皮革的正面为帮面所制成的鞋。正面即动物毛下的外露层。正面一般较平滑,但由于动物皮多有伤残,因而表面有时要经过磨饰和轧花等工艺处理。包括粒面革鞋、修饰面革鞋、轧花革鞋、漆革鞋、苯胺革鞋等。正面革鞋具有亮丽、结实、美观、卫生性能好等特点,是皮鞋、运动鞋中档次较高的鞋品。

正面皮革 **grain side leather** 动物原皮去掉毛被和表皮层后制革,真皮层的表面经喷浆上光后作为正面使用的皮革。一般有清晰的皮纹,毛孔可辨。各种动物的正面皮革可以通过毛孔皮纹粒面特征区别。

正品 **certified product** 即“合格品”(205页)。

正色 **zhengse** 又称五方正色。中国古代纯正的服色,与两色以上相混的间色相区别,即青、赤、黄、白、黑五色。古人重正色而轻间色,正色都用于上衣及衣表。

正式礼服 **formal dress** 即“夜礼服”(607页)。

正式套装 **formal suit** 男子所穿正式套装指西式上装和裤子,女子的正式套装指西式上装加裙子。风格正统。正式套装的款式均属传统型,面料上乘,做工精细,色彩典雅,适合正式场合的穿着。

正中面 **median plane** 即“正中矢状面”(647页)。

正中矢状面 **median sagittal plane** 又称基准垂直面、正中面。经过人体前后中心线位置的平面。将人体分为左、右对称两部分。见“人体测量点”(426页)。

正中线 **median line, ML** 人体测量线。过人体头顶点的垂线。此线将人体划分为左右两部分。

正装鞋 **regular shoes** 在穿着正装时与其相搭配的鞋类。多为内耳式或外耳式鞋,如三节头鞋,庄重大方,与正装相协调,适于出入公开的庆典、集会等场合。

支流工序 **branch process** 加工服装零部件衣片的工序。如衣领、袖头、袋盖等。

支配色 **dominance** 即“主调色”(669页)。

支配式色彩搭配 **dominance harmony** 在各配色中均有共同的要素,从而创造出较为协调的配色效果,如以色彩的三个属性(色相、明度、纯度)或色调为主的配色方法。

织补 **darning** 修补裁片中可修复的织疵如小破洞、跳纱等。一般用于高档织物和难以配货织物的修复。应用与该裁片同样材料的纱线,按疵点周围布纹的经纬方向修补,做到吻合一致,修补如新。

织锦缎 **tapestry satin** 丝织物名。采用精练染色的桑蚕丝为经丝原料,彩色人造丝、金银丝为纬丝原料,以多重纬组织织制的表层呈经面缎纹的色织大提花丝织物。质地细密,厚实平挺,色彩绚丽,精致华美。适宜用作具有中国民族特色的服装,如旗袍、中式棉袄及其罩衫等的面料。

织物 **fabric** 由纤维和纱线按照一定方法制成的柔软且有一定服用性能的片状物。按其制成方法可分为机织物、针织物、编织物和非织造布四大类。为服装面料、辅料以及服饰品的主要材料。

织物顶破强力仪 **fabric pushing tester** 用于测定针织物和弹性机织物顶破强力的设备。适用标准:GB/T 19976—2005《纺织品 顶破强力的测定 钢球法》,ASTM D 3787等。由主机和测量控制系统两部分组成。主机由单立柱、滚珠丝杠、活动横梁、上下夹持器、行程保护装置等组成。测量控制系统包括负荷测量系统、伸长测量系统、电动机驱动系统、计算机等组成。活动横梁连接钢珠顶破杆,工作台连接装载试样的圆形夹具。试验时,活动横梁匀速下降,至钢珠顶破试样时，记录顶破力值和伸长量。测试指标包括顶破强力、顶破伸长、顶破伸长曲线等。

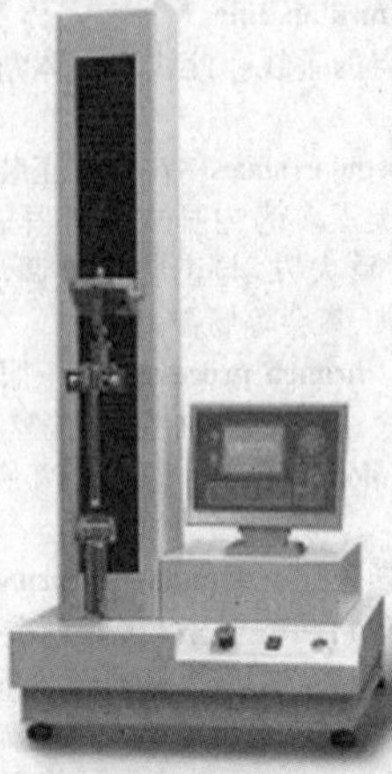

织物顶破强力仪

织物防雨性测定仪　water repellency tester　又称邦迪斯门淋雨试验仪。检测在不同雨水压力作用下织物或复合材料拒水性能的设备。适用标准：GB/T 14577—1993（2008）《织物拒水性测定　邦迪斯门淋雨法》，ISO 9865，JIS L 1092，EN 29865，BS EN 29865，DIN EN 29865 等。由淋雨器（由 300 余个相同的滴水器组成，水流量可调节）、试样夹、试样杯、刮水器、试样架、离心器等组成。试样由试样夹固定后置于试样杯上，试样杯外径为100 mm，杯中心与垂线成 15°倾斜，以保证试样表面的水流动。每只试样杯上附有一副十字形刮水器，试验时刮板应紧靠试样的下面，以20 r/min旋转，对试样施加摩擦作用。4 只试样杯均匀地环状排列于试样架上。试验时，试样架以6 r/min围绕仪器中心转动，使所有试样经受一致的淋雨条件。试验前关闭淋雨器，先校正流量，称量调湿后试样的质量。对试样淋雨 15 min 后，将试样离心脱水 15 s，立即称出其质量，计算试样的吸水率。淋雨试验中，除测定试样的吸水量外，还能测试透过试样的水量，以试样杯中所收集的水按毫升计量。用参比样照目测评定湿试样的拒水性。5 级：小水珠快速滴下；4 级：形成大水珠；3 级：部分试样沾上水珠；2 级：部分润湿；1 级：整个表面润湿。

KES 织物风格仪　fabric handle tester by Kawabata's evaluating system　可分别测出用于客观评定纺织品手感风格的 16 个物理量（拉伸线性度、拉伸能量、拉伸回弹性、剪切刚度、正向滞后力、反向滞后力、弯曲刚度、滞后矩、压缩线性度、压缩比功、压缩回弹性、厚度、单位面积重量、动摩擦平均系数、摩擦系数平均偏差、表面粗糙度），将测试结果通过计算机软件进行计算，并将结果绘制在控制图形（织物指纹图）中，对织物及服装生产以及产品的应用提供重要信息的设备。20 世纪 50 年代，日本的松尾、川端分别研制了测量拉伸、剪切、弯曲、压缩、摩擦等力学性能的多机台多指标型风格仪，建立了织物的手感评定和标准化委员会（HESC），专门研究织物风格的评价方法。该系统由 4 台独立的仪器组成，即低应力下的“拉伸及剪切性能测试仪 FB1”（301 页）、“弯曲性能测试仪 FB2”（536 页）、“压缩性能及厚度测试仪 FB3”（595 页）、“摩擦及表面粗糙度测试仪 FB4”（361 页）。

FAST 织物风格仪　fabric handle tester by fast evaluating system　用于客观评价织物外观、手感和性能的简易测量系统。包括三台仪器和一种测量方法，即“压缩厚度仪 Fast-1”（595 页），“弯曲长度仪 Fast-2”（536 页），“拉伸仪 Fast-3”（301 页）和“尺寸稳定性测试方法”（61 页）。20 世纪 90 年代初，由澳大利亚联邦科学院（CSIRO）研制成功。测得的数据通过专用接口输入计算机计算分析，存储及显示表面厚度、松弛厚度、弯曲长度、弯曲刚度、伸长、斜向拉伸、剪切刚度、成形性、松弛收缩率、吸湿膨胀率等指标，并得出描述试样特性的 Fast 控制图（指纹图）。

织物刚柔性仪　fabric stiffness tester　即“织物硬挺度仪”（653 页）。

织物光泽仪　glossmeter for fabric　用于测定织物、片状材料光泽度性能的设备。适用于棉、毛、丝、麻、化纤纯纺或混纺织物等。适用标准：FZ/T 01097—2006《织物光泽测试方法》等。由光源、光电检测装置、数字转换显示装置、校正用标准板等组成。一定光强的光源，以 3°～60°的入射角照射于被测样品，测量 2°～5°或 30°观察角处接收到的样品反射光强，经光电转换后以数字形式显示，也可将测量数据下载到电脑上作进一步处理。

织物光泽仪

织物厚度仪　fabric thickness tester　用于测定 10 mm 厚度内纺织品及非织造布厚度的设备。适用标准：GB/T 3820—1997(2008)《纺织品和纺织制品厚度的测定》，ISO 5084/9073.2等。由基准板、压重砝码、压脚、位移传感器、定时器、显示器等组成。将试样放置在基准板上，与基准板平行的圆形压脚上放置压重砝码，采用杠杆加砝码的方法对压脚加压，杠杆比为 16。在压重规定时间后，位移传感器读取的两块板之间的距离，即为试样的厚度值。压脚面积和压重砝码可以根据织物的类型选择不同的匹配。

织物厚度仪

织物静水压试验仪　fabric hydrostatic pressure tester　即“织物渗水性试验仪”(650 页)。

织物拉伸仪　fabric tensile tester　即“织物强力仪”(649 页)。

织物密度仪　fabric picks counter　测定织物经向或纬向一定长度内纱线根数的设备。适用标准：GB/T 4668—1995(2008)《机织物密度的测定》，ISO 7211.2 等。由放大镜、位移标尺、位移螺杆组成。将密度镜平放于织物上，标尺刻度线与经纱或纬纱方向平行(针织物与线圈纵行或横列平行)，转动螺杆，将放大镜的刻度线与位移标尺的零位对准。缓缓转动螺杆，计数 50 mm 内的纱线根数。

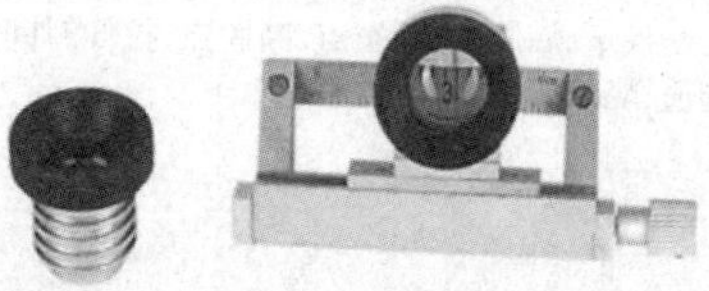

织物密度仪

织物强力仪　fabric strength tester　又称织物拉伸仪。用于各种机织物、针织物、非织造布等材料拉伸力学性能测试的设备。适用标准：GB/T 3923.1—1997(2004)《纺织品　织物拉伸性能　第 1 部分：织物断裂强力和断裂伸长率的测定　条样法》，GB/T 3923.2—1998(2004)《纺织品　织物拉伸性能　第 2 部分：断裂强力的测定　抓样法》，GB/T 3917.2—2009《纺织品　织物撕破性能　第 2 部分：裤形试样(单缝)撕破强力的测定》，GB/T 3917.3—2009《纺织品织物撕破性能　第 3 部分：梯形试样撕破强力的测定》，ASTM D 4964 等。由主机和测量控制系统两部分组成。主机由双立柱、滚珠丝杠、活动横梁、上下夹持器、行程保护装置等组成。测量控制系统由负荷测量系统、伸长测量系统、电动机驱动系统、计算机等组成。试样夹持在上下夹持器中间，活动横梁连接上夹持器并与负荷传感器连接，将试样的受力变化通过放大、A/D(模/数)转换后以数字形式输入计算机。位移测量是由装在滚珠丝杠一端与丝杠同步转动的光电编码器提取信号。由于丝杠的螺距已经确定，光电编码器发出的脉冲数就与活动横梁的位移量有固定的比例关系。由光电编码器发出的脉冲信号送入计算机，计算机运算并根据设定的拉伸速度、拉伸方式送出控制信号，经 D/A(数/模)转换后驱动电动机，控制活动横梁的上升、下降、停止。拉伸开始后，负荷测量系统、伸长测量系统将检测到的负荷、位移变化信号同步送入计算机，计算机控制整个拉伸过程并记录试样的受力、变形数据。除一次断裂拉伸外，还能进行反复拉伸、定伸长、定负荷拉伸等试验。通过更换夹持器具，可以进行顶破等试验。对试样进行不同形状和尺寸的裁剪，还可进行撕破强力、缝线滑移强力、接缝强力等试验。试验方式、试验条件的选择通过键盘输入计算机，试验数据被存储、显示或打印。输出指标有强力、伸长、弹性回复、初始模量、屈服点、断裂点、断脱点、拉伸时间、平均值、峰值等。

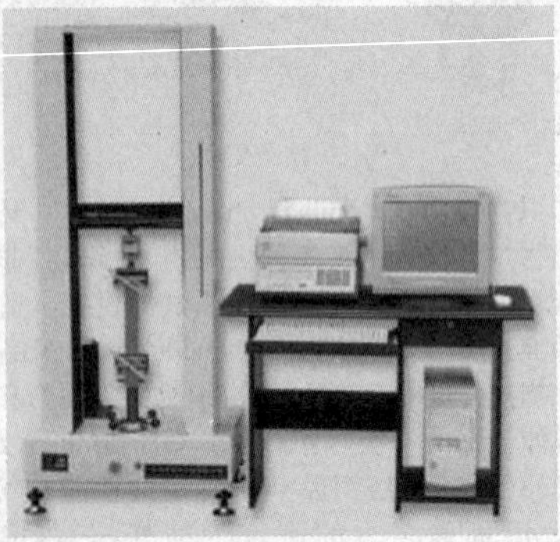

织物强力仪

织物三磨仪　universal wear tester　即"织物通用耐磨仪"(652 页)。

织物渗水性试验仪　fabric water permeability tester　又称织物静水压试验仪。用于测试防水、涂层织物及其他材料耐静水压(拒水)性能的设备。适用标准：GB/T 4744—1997(2008)《纺织织物　抗渗水性测定　静水压试验》，FZ/T 01004—2008《涂层织物　抗渗水性的测定》，ISO 811，AATCC 127，DIN EN 20811，JIS L 1092 等。由夹试样手轮、加压装置、储水箱、溢水盆、单片机、显示器等组成。试样被固定在 100 cm^2 面积的试样夹上，加压泵工作使压缩空气作用于水产生水压，试样的一面承受一个持续上升的水压，直到另一面有三处渗水，记录此时的压力即为试样能承受的静水压。加压的速度可设定，单片机根据设定的试验模式控制加压速率、停止加压、排水等动作，并储存试验数据供显示及打印。

织物渗水性试验仪

织物撕裂仪　fabric impact tearing tester　用于机织物和撕裂方向有规则的非织造布撕裂强力测定的设备。适用标准：GB/T 3917.1—2009《纺织品　织物撕破性能　第 1 部分：冲击摆锤法撕破强力的测定》，ASTM D 1424，ASTM D 5734 等。由机架、扇形摆锤、强力刻度尺、强力指针、小刀、固定夹持器、移动夹持器等组成。移动夹持器装在摆锤上，固定夹持器装在机架上，扇形摆锤可绕水平轴自由摆动。竖起摆锤，使强力指针置于零位，试样被夹持在两个夹持器之间，移动夹持器可随摆锤摆动，固定夹持器固定在机架上。用小刀对试样切割 2 cm 的小切口，释放摆锤，摆锤从垂直位置下落到水平位置时的冲力使移动夹持器与固定夹持器中的试样沿切口方向迅速撕裂，撕破织物一定长度所做的功折算成撕裂强力，可从强力指针停留位置直接读取。应根据试样的撕裂强力范围选择重锤：A 锤(不加重锤，即机架本身重量)：0～16 N，B 锤(薄锤)：0～32 N，C 锤(厚锤)：0～64 N。

织物撕裂仪

织物撕破强力仪　fabric tearing tester　梯形法、舌形法测定织物撕破强力的设备。适用标准：GB/T 3917.2—2009《纺织品　织物撕破性能　第2部分：裤形试样（单缝）撕破强力的测定》，GB/T 3917.3—2009《纺织品　织物撕破性能　第3部分：梯形试样撕破强力的测定》等。使用织物强力仪，试验方法与织物的拉伸强力试验方法相似，只是试样的尺寸形状以及夹持方式不同。做撕裂试验时，梯形法试样的中间剪开一个15 mm的切口，虚线左面和右面分别夹入强力仪的上下夹持器内。单舌法以及双舌法试样的虚线部分分别夹入强力仪的上下夹持器内。

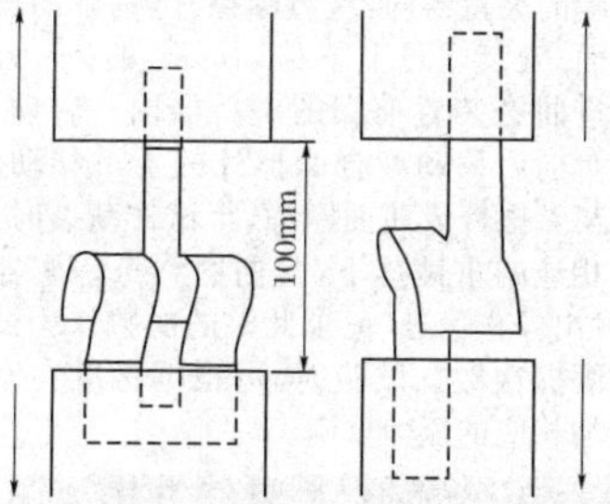

双舌法撕破强力试样及夹持方法　单舌法撕破强力试样及夹持方法

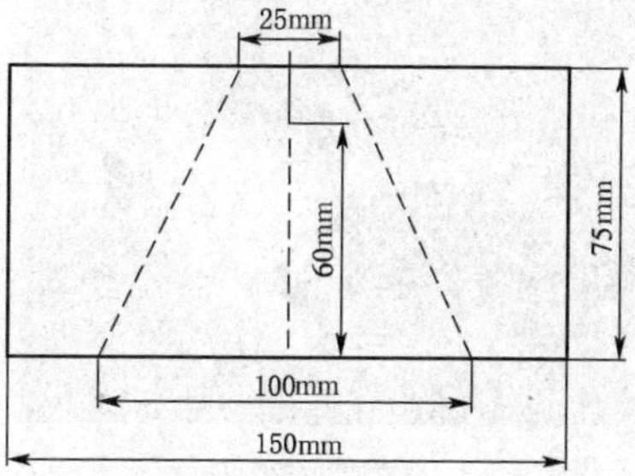

梯形法撕破强力试样及夹持方法

织物缩水率机（美国标准）　fabric water shrinkage tester（American standard）　用于织物经过洗衣机水洗前后尺寸变化试验以及洗后外观评测的设备。适用标准：AATCC 88B/88C/124/130/135/142/143/150/159/172等。由电动机、洗衣桶、立轴、搅拌翼、电磁阀、定时器、程序控制器、水位控制器、水温控制器等组成。属于搅拌式洗涤方式。模仿手工洗涤的揉搓原理，洗衣桶的中央置有垂直立轴，轴上装有搅拌翼。电动机带动立轴，进行周期性正反摆动，使衣物在洗涤液中不断地被搅动，达到洗涤的目的。由可编程序控制器控制整个洗涤过程的动作和时间，如进水、加热、洗涤、脱水、排水、停止等动作。仪器可储存多种标准洗涤程序，亦可输入自定的洗涤动作和时间。

织物缩水率机（美国标准）

织物缩水率机（日本标准）　fabric water shrinkage tester（Japan standard）　用于织物经过洗衣机水洗前后尺寸变化的试验设备。适用标准：JIS L 1059.2等。由电动机、波轮、进水管、出水管、内桶、外桶、定时器、程序控制器、水位控制器、水温控制器等组成。属于波轮式洗涤方式。以底部波轮的快速转动产生强劲水流为动力，使衣物、水流、筒壁之间相互摩擦而去污。由可编程序控制器控制整个洗涤过程的动作和时间，如进水、加热、洗涤、脱水、排水、停止等动作。仪器可储存多种标准洗涤程序，亦可输入自定的洗涤动作和时间。

织物缩水率机（日本标准）

织物缩水率机(中国标准、欧洲标准) fabric water shrinkage tester(China standard、Europe standard) 用于织物经过洗衣机水洗前后尺寸变化试验以及洗后外观评测的设备。适用标准:GB/T 8629—2001(2004)《纺织品 试验用家庭洗涤和干燥程序》,GB/T 8630—2002(2004)《纺织品 洗涤和干燥后尺寸变化的测定》,FZ/T 70009—1999《毛纺织产品经机洗后的松弛及毡化收缩试验方法》,ISO 6330,BS EN ISO 6330,DIN EN ISO 6330 等。由电动机、洗衣桶、减震器、电磁阀、排水泵、定时器、程序控制器、水位控制器、水温控制器等组成。属于滚筒式洗涤方式。模仿棒槌击打衣物原理,利用电动机的机械做功使滚筒旋转,衣物在滚筒中不断地被提升摔下,做重复运动,加上洗衣粉和水的共同作用使衣物洗涤干净。由可编程序控制器控制整个洗涤过程的动作和时间,如进水、加热、洗涤、脱水、排水、停止等动作。仪器可储存多种标准洗涤程序,亦可输入自定的洗涤动作和时间。

织物缩水率机(中国标准、欧洲标准)

织物通用耐磨仪 universal wear tester 又称织物三磨仪。用于纺织品、皮革、纸张的表面磨损(平磨)、弯曲磨损(曲磨)、折边磨损(折磨)以及起霜花等试验的设备。适用标准:ASTM D 3885,AATCC 119 等。由试验台、平磨装置、曲磨装置、折磨装置、摩擦头、平衡装置、加压装置、试验终点检测装置、定时器、计数器、气泵、压力表、电动机以及起霜花附件、厚度计等组成。电动机驱动试验台作前后往复运动,动程 25 mm,速度 115 次/min。做平磨试验时,试验台上安装圆形的平磨装置,圆形试样安装在因充有一定压力气体而鼓起的橡胶膜上,在位于其上方的摩擦头下覆盖标准金刚砂纸。启动后,试样与金刚砂纸作往复摩擦,至断裂时,安装在摩擦头下、伸出金刚砂纸的探针与橡胶膜上的金属片接触,产生停止信号,此时计数器的次数,即为试样的耐磨损次数。做折边磨试验时,将橡胶膜片换成折边磨夹持器,将长方形试样对折后夹进夹持器内,使折边部位与金刚砂纸摩擦。做曲磨试验时,试验台上安装方形的平磨装置,长方形试样一端夹进摩擦头前端的夹持器内,绕过摩擦片(扁平的长方形截面,安装在可上下移动的支架上),另一端夹进曲磨装置前端的夹持器内。启动后,试验台前后移动配合摩擦片的上下移动,使试样与摩擦杆成曲面摩擦,至试样断裂时,与支架相连的重锤落下,与曲磨终点探测器接触,发出停止信号,记录此时的次数作为试样的耐磨损次数。试验时,可根据标准在摩擦头上加相应的压力重锤。

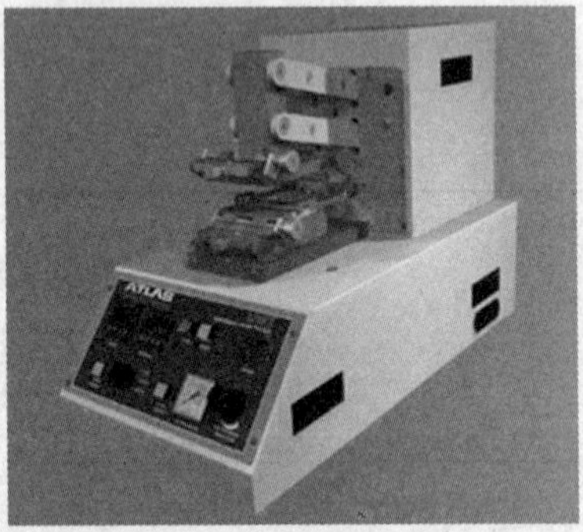

织物通用耐磨仪

织物透气性试验仪 fabric air permeability tester 用于各种织物、皮革、纸张等平面材料透气性测定的设备。适用标准:GB/T 5453—1997(2004)《纺织品 织物透气性的测定》,ISO 9237,ASTM D 737,BS EN ISO 9237,DIN EN ISO 9237 等。由抽气泵、电子流量计、压力传感器、试样压环、孔径、计算机、打印机等组成。试样压入压环下,通过计算机键盘输入试验条件,如试验面积、试样两端的压差等,启动抽气泵后,压力传感器将检测到的试样两端的压力值送入计算机，计算机根据试样两端的压力大小调整孔径进气量，至试样两端的压差达到设定值时，由电子流量计测得的空气流量即为织物的透气量（L/s · m^2）或透气率（mm/s）。试验结果可储存、显示及打印。

织物透气性试验仪

织物透湿性试验仪　fabric moisture permeability tester　用于纺织品的调温调湿处理，以测定在恒定的水蒸气压条件下，规定时间内通过单位面积织物的水蒸气质量的设备。适用标准：GB/T 12704.1—2009《纺织品　织物透湿性试验方法　第1部分：吸湿法》，ASTM E96/E96M，BS 7209 等。由烘箱、透湿杯、试样架、恒温恒湿箱体、加热系统、制冷系统、加湿系统、除湿系统、温湿度传感器、循环系统、供水系统、可编程序控制器、显示器等组成。透湿杯用铝合金或不锈钢制成，并用橡胶垫圈密封。把盛有吸湿剂或水并封以织物试样的透湿杯置于规定温湿度的密封环境中，根据一定时间内透湿杯（包括试样、吸湿剂或水）质量的变化计算出试样的透湿量（g/m^2 · 24 h）。烘箱用于吸湿剂的干燥。采用电加热方式加热，压缩方式制冷，表面蒸发方式加湿，冷却方式除湿，循环采用风轮送风。温度、湿度等试验条件通过按钮输入，装载透湿杯的试样架在箱内缓慢旋转，传感器将试验箱内的温湿度值送入可编程序控制器，由可编程序控制器实时控制加热、加湿、制冷、除湿等动作，并将当前的温湿度值显示在面板上。透湿杯的称重在箱外完成。

织物透湿性试验仪

透湿杯

织物悬垂性试验仪　fabric draping tester　测定各种织物悬垂性指标（悬垂系数、活泼率、织物曲面波纹数和美感系数）的设备。适用标准：FZ/T 01045—1996《织物悬垂性试验方法》，BS 5058，BS EN ISO 9073.9，DIN EN ISO 9073.9 等。由光源、抛物面反光镜、试样台、CCD（电荷耦合器件）传感器、计算机等组成。将试样放在试样台上，光源位于抛物面的焦点，由光源发出的光经抛物面反射后呈平行光照射到试样上，得到一个平面投影图，由 CCD 传感器将该图像送至计算机，利用图像处理技术测试织物的悬垂性能指标，包括：（1）悬垂基本指标，包括悬垂系数、织物曲面波纹数、波峰幅值均匀度、波峰夹角均匀度、动静态悬垂系数；（2）辅助指标，包括最大波峰幅值、最小波峰幅值、最大波峰夹角、最小波峰夹角等。

织物悬垂性试验仪

织物硬挺度仪　fabric rigidity tester　又称织物刚柔性仪。用于各类织物、非织造布、涂层织物以及纸张、皮革、薄膜等柔性材料刚柔性试验的设备。不适用于易卷边的织物。适用标准 GB/T 18318.1—2009《纺织品 弯曲性能的测定 第1部分：斜面法》，ASTM D 1388，ISO 9073.7，BS EN ISO 9073.7 等。由试样台、滑板、红外发光及接收器、角度调节器、步进电动机、单片机、设定开关、显示屏等组成。200 mm×25 mm 的试样放在试样台上，上面覆盖滑板。试验时，滑板向右移动，把试样带出试样台，当试样前端向下弯曲至由红外发光及接收器组成的隐形检测斜面时，滑板停止移动，此时试样滑出平台的长度即为抗弯长度，试样的抗弯刚度 $= G \times C^3 \times 10^{-1}$，$G$ 为试样的平方米重量（g/m^2），C 为试样的抗弯长度（cm）。根据不同的标准，检测斜面的角度可调，包括 41°30′、43°、45°。

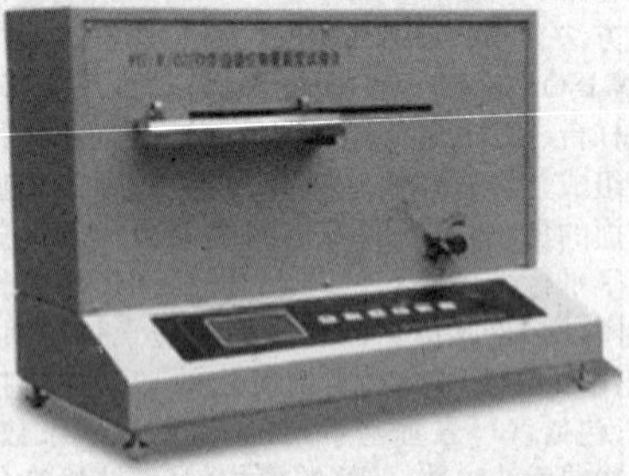

织物硬挺度仪

织物沾水性试验仪　fabric water mark tester　又称喷淋式拒水性能测试仪。用于各种织物（包括已经或未经抗水或拒水整理的织物）表面抗湿性能试验的设备。适用标准：GB/T 4745—1997(2004)《纺织织物　表面抗湿性测定　沾水试验》，ISO 4920，DIN EN 24920，AATCC 22 等。由 45°倾斜试样台、试样夹、漏斗、喷嘴等组成。定量蒸馏水（250 mL）通过标准喷头以 45°喷淋在喷嘴下方 150 mm 处的试样上，喷淋规定的时间后，移去试样夹，将试样表面与标准图卡进行对照评级。5 级：受淋表面没有润湿，表面也没有沾小水珠；4 级：受淋表面没有润湿，但在表面沾有小水珠；3 级：受淋表面仅有不连接的小面积润湿；2 级：受淋表面一半润湿，指小块不连接的润湿面积总和；1 级：受淋表面全部润湿。

织物胀破强力仪　fabric bursting tester　用于测定针织物、机织物、非织造布等的胀破强度和胀破扩张度的设备。适用标准：GB/T 7742.1—2005《纺织品　织物胀破性能　第1部分：胀破强力和胀破扩张度的测定　液压法》，FZ/T 01030—1993(2003)《针织物和弹性机织物接缝强力和扩张度的测定　顶破法》等。由直流伺服电动机、传动机构、油缸、压头机构、位移探杆、压力传感器、旋转编码器和电气控制系统等部分组成。将一定面积的试样覆盖在弹性膜片上，用一定尺寸的环形夹具夹住，在膜片下平缓地增加流体压力，直至试样胀破。电动机通过传动机构带动丝杆转动，与丝杆相连的活塞杆在档块的作用下做直线运动，对油缸内的液体进行加压或减压。转动手轮，通过螺杆使压头机构升降，以压紧或放松试样。压力传感器通过铜管与油缸相连，以检测油缸内的压力，即仪器向试样所加的压力。位移探杆与试样接触，并随试样的胀高而位移，其位移量就是试样的扩张度。以单片机为中心的电气控制系统由单片机、放大电路、A/D 转换电路、电动机驱动电路、显示电路等组成，完成整个试验过程的控制、试验数据的存储、运算、显示与打印等。试验结果包括：胀破强力、胀破强度、胀破扩张度、胀破时间等。

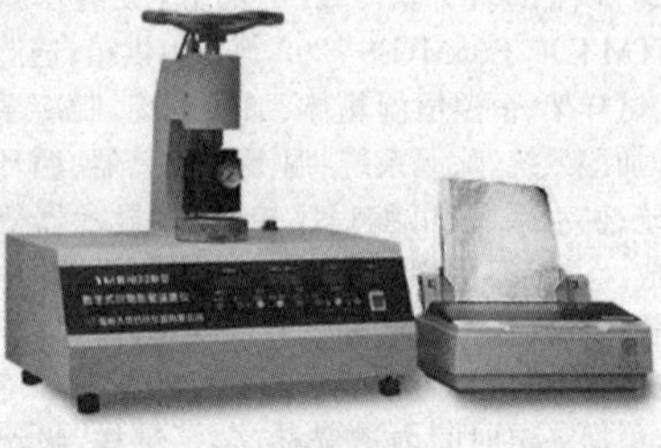

织物胀破强力仪

织物紫外线通透测试仪　fabric permeability tester for ultraviolet ray　用于测定纺织品紫外线透过率以及紫外线防护系数的设备。适用标准：GB/T 18830—2009《纺织品　防紫外线性能的评定》，AATCC 183，BS EN 13758.1 等。由辐射源、单色器、积分球、探测器、计算机、打印机等组成。辐射源（通常为氙灯）为测试提供充足且稳定的紫外线辐射能量。单色仪将辐射源的紫外线辐射能量色散，以便进行光谱测量。测定的波长范围为

280～400 nm，涵盖了 UVA（波长 315～400 nm）和 UVB（波长 280～315 nm）波段。积分球可计算出由样品射出的所有方向（直射和漫射）的光谱辐射通量。探测器由光电倍增管组成，信号经放大和处理后，输入计算机进行信号处理。存储输出紫外线 A 波段透射比 T_a（UVA）、紫外线 B 波段透射比 T_b（UVB）、紫外线防护系数 UPF 等参数。

织物紫外线通透测试仪

脂粉　grease and powder　面脂与妆粉的合称。也泛指妇女的化妆品。

脂麻油　zhima oil　中国古代妇女养发用的香油。用油浸脂麻叶，可令发黑，并除秽。

直刀式裁剪机　straight knife cutting machine　又称电剪刀。直线形刀具作直线往复裁剪运动的裁剪机。由电机、直线形裁刀、刀鞘、磨刀装置和底座等部分组成。刀刃形状有直线刀刃、锯齿刀刃、细牙刀刃和波形刀刃四种。切割时，面料在自重作用下或由压铁、布夹等工具固定在裁床上，裁刀垂直地作往复运动，依靠手工推动裁剪机作进给切割运动。刀刃长度 101.6～330.2 mm，比刀片箱短 25.4～50.8 mm；刀片冲剪长度有 28.75 mm，31.75 mm，38.10 mm 和44.45 mm 等多种规格；切布厚度以刀刃长度减 38.10 mm为宜；刀片往复次数 2800 次/min；最大裁剪厚度 200 mm 以上；裁剪速度1500～3600 r/min。适合裁剪多层曲率较小的大片布料，生产效率高。当铺料层数少于 10 层时，面料固定不理想，裁片精度不高。

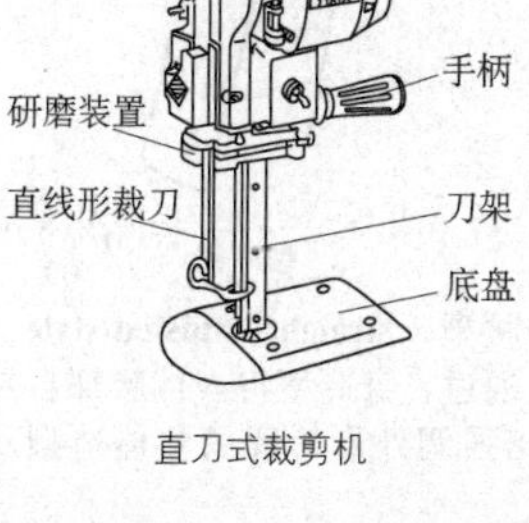

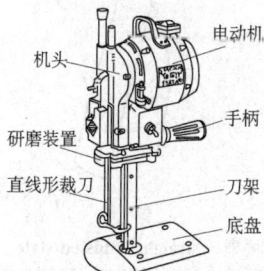

直刀式裁剪机

直裰　zhiduo　即“直缀”（657 页）。

直复营销　direct marketing　利用广告媒体，可以在任何地方进行交易的交互营销系统。在现代经济活动中，直复营销已成为重要的促销方式。一般采用售货目录、直邮和电话营销或电视、电台、杂志及报纸直复营销等。

直贡呢　twilled satin, venetian　机织物名。有棉织和毛织两种。（1）棉织直贡呢：用 5 枚或 8 枚经面缎纹组织织成的经向紧密的缎纹织物。有纱直贡和半线直贡之分。经向紧度为 45%～55%，纬向紧度为 65%～80%，经纬向紧度比约为 2∶3。布面光洁，富有光泽，质地柔软，多加工成黑色，适合做老年人冬衣面料、鞋面布等。（2）毛织直贡呢：用变化缎纹组织织制的光泽明亮、经向紧密的中厚型精纺毛织物。组织以 5 枚加强缎纹为主，配合高经密，在织物表面呈现 70°左右的纹路。呢面平整，织纹清晰，纹路间距狭细，手感丰厚滑糯，光泽明亮。色泽以乌黑为主，还有藏青、灰色以及其他各种闪色和夹色等。乌黑色的贡呢又称礼服呢。适宜作礼服、套装、大衣、鞋面等的面料。

直角　vertical mark　服装结构制图符号。表示两线相交成 90°直角。

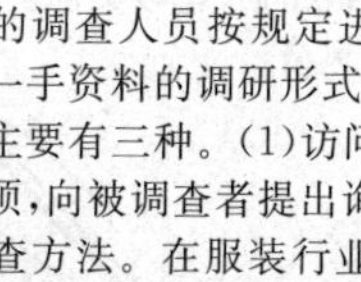

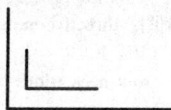

直角

直接调研　direct research　又称实地调研。经系统培训的调查人员按规定进度和方法，到现场获取一手资料的调研形式。进行直接调研的方式主要有三种。（1）访问调查法，按所拟调查事项，向被调查者提出询问，获取所需资料的调查方法。在服装行业中，访问调查法较多采用面谈调查和留置问卷调查两种形式。（2）观察调查法，调查人员通过在现场观察具体事物和现象收集资料。（3）实验调查法，通过市场营销实验来测定某一产品或某项营销措施的效果，以确定是否扩大规模。通过直接调研获取的原始资料能揭示市场活动过程的现象和问题，是企业进行市场分析、预测及决策的基本依据。

直接销售　direct sale　零级渠道的经营方式。一部分品牌企业不通过中间商销售产品，而依靠自身的营销系统直接销售服装。如利用媒体广告直接向消费者推销服装及利用推销人员上门游说消费者购买等。

直接营销渠道 **direct marketing channel** 即“零级渠道”(319 页)。

直接造型法 **direct formative method** 服装外轮廓设计方法之一。运用布料在人体模型或模特胸架上直接造型的方法。这种方法借鉴立体裁剪的原理，一般不剪开布料，只用大头针别出和固定衣服造型，取得外轮廓的效果，随后记录下来。通常在 1∶1 的人体模型上完成，也有 1∶0.5 的人体模型，操作方便，节省布料。直接造型法直观而准确，能保证设计构思与作品效果的一致性。既可以在构思成熟后使用，也可以在构思过程中使用，跳过了绘制设计图的环节而更早进入实践检验环节，对不擅长绘画的设计者是优选之法。它能培养设计者良好的服装创新感觉，体验各种布料的物理性能，积累丰富的创作素材。

直接制图法 **direct drawing** 不通过任何媒介，直接按服装的各细部尺寸或运用基本部位与细部之间的回归关系式进行结构制图的方法。按其方法种类可有“比例制图法”(28 页)和“短寸制图法”(109 页)两种。

直接注寸制图 **directive measure making** 即“定寸制图”(104 页)。

直开领线 **front neck width line** 即“前开领深线”(408 页)。

直口鞋 **shoes with straight toe top line** 由两个部件相交后直接成型的口门呈角形的浅口鞋。口门成角形，配以柔和的线条，有一种柔中有刚的风格。

直口鞋

直流电美容 **galvanic beauty** 一种美容方法。将较低电压的直流电作用于机体，以达到护肤的目的。直流电作用于人体能产生镇静和兴奋作用，调节植物神经及内分泌腺功能，改善细胞膜的通透性，增强血液循环，促进炎症消散。可分为：(1)单纯直流电疗法，用于治疗各种皮肤疤痕；(2)电解组织疗法，利用直流电的电解作用，破坏局部组织，常用于电解拔毛、除赘；(3)直流电离子导入法，又称营养导入法，利用直流电场的作用，使药物以离子形式经皮肤或黏膜进入人体，兼有直流电和药物的作用，疗效较好。

直眉 **straight eyebrows** 中国古代妇女画眉样式。眉形平直。

直眉

直密 **courses per unit length** 针织物纵行方向 10 cm 长度内的线圈横列数。单位：线圈数/10 cm，以 P_B 表示。取决于针的尺寸、弯纱深度、组织结构、纱线直径和张力大小。

直身袖 **straight sleeve** 袖身为直线型的衣袖。结构常为一片袖，袖口前偏量为 0～1 cm，常用在男女各种宽松类、较宽松类服装中。

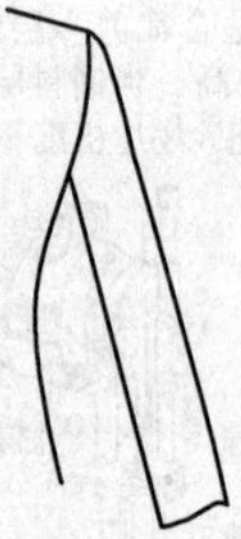

直身袖

直身腰型 **straight- waisted style** 又称无腰型。通过直身造型将人体腰部自然曲线遮掩，突出强调外形轮廓的整体造型。腰部一般无省,并设置分割线或装饰细节,表现出简洁、端庄自由舒适的穿着效果。

直线型　straight-line style　服装外轮廓呈长方形,流行期较长,介于紧身型和宽松型服装之间的样式。常见于男、女、老、幼的中长式大衣、直身型风衣、宽松式连衣裙等。给人以稳定、均衡、舒适、安定的感觉。

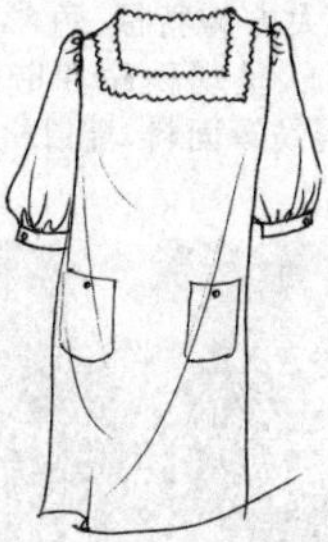

直线型

直线型锁式线迹　straight lockstitch　国际标准 ISO 4915 中编号为 301 号、306 号的线迹。301 号线迹:针线 1 的线环从机针一面穿入缝料,露出在另一面与梭线 a 进行交织,收紧线使交织的线环处于缝料层的中间部位。缝料表面显示为一根直线形面线,正反面线迹相同,结构简单紧密且容易处理,用线节省。一般用于不易受拉伸的衣料和部件,是最简单的缝合用线迹,如缝制口袋、衣领、门襟、钉商标、滚带、缝边、省缝等,使用广泛。306 号线迹:由一根针线 1 和一根钩线 a 相互串套形成的线迹。缝料表面显示为一根断续状直线形针线线迹。一般用于两缝料的简单固定。

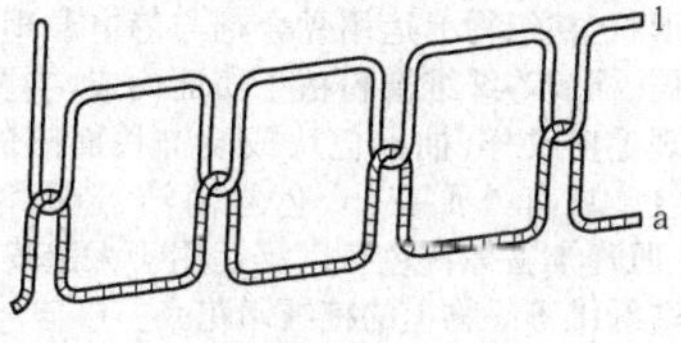

直线型锁式线迹 301 号

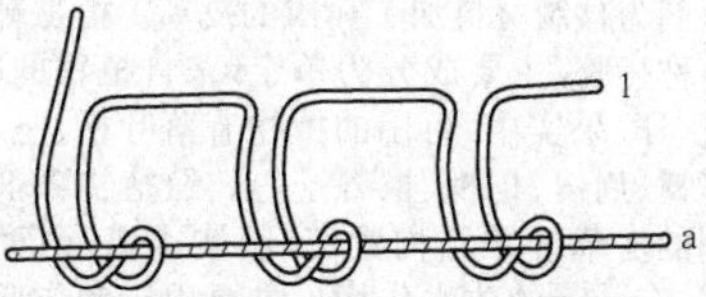

直线型锁式线迹 306 号

直营连锁店　direct-controlling chain store　又称正规连锁。各分店的经营权完全由总公司掌握,采用集中管理、统一经营的连锁组织。直营店前期投入大,需要企业有雄厚的资金、技术和人才,各分店经理遵循总部决策进行经营活动。这种连锁方式有利于对市场的快速反应和一致性。大型服装企业刚进入市场时,常采用这种方式。

直缀　zhizhui　又称直裰。袍服的一种。包括士庶男子穿着以纱罗纻丝制成、大襟交领、长度过膝、无横襕、无襞积、直通上下的家居常服和道士、僧人所穿素布、对襟、大袖、腰缀横襕、衣缘四周缘黑边的服装。古代服装中背后的中缝也称为直缀。

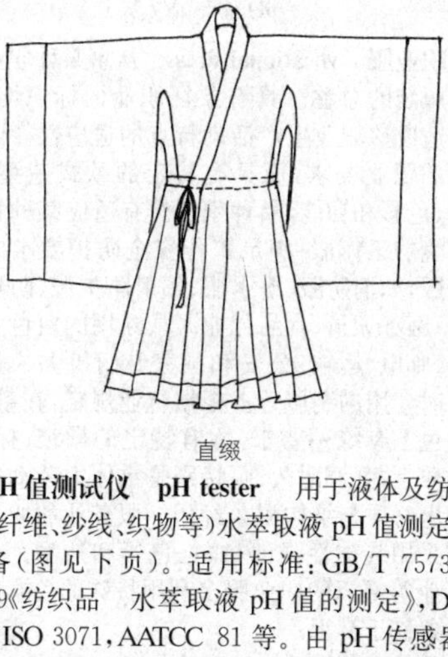

直缀

pH 值测试仪　pH tester　用于液体及纺织品(纤维、纱线、织物等)水萃取液 pH 值测定的设备(图见下页)。适用标准:GB/T 7573—2009《纺织品　水萃取液 pH 值的测定》,DIN EN ISO 3071,AATCC 81 等。由 pH 传感器、显示器、温度传感器、微处理器等组成。pH 传感器是一个恒定电位的参比电极和测量电极组成的原电池,原电池电动势的大小取决于氢离子的浓度,即溶液的酸碱度。测量电极上有特殊的对 pH 反应灵敏的玻璃探头,由能导电、能渗透氢离子的特殊玻璃制成,当玻璃探头和氢离子接触时,就产生电位。pH 值不同,对应产生的电位也不同。pH 电极上的玻璃随着时间推移会逐渐老化,需要经常标定。温度传感器可实时测量溶液的温度,进行动态温度补偿。将不同部位的纺织品试样剪成约 0.5 cm 的小块,2 g 试样加入 100 mL 水,在振荡机上振荡 1h 后得到水萃取液,将电极浸入水萃取液,直接读取 pH 值。

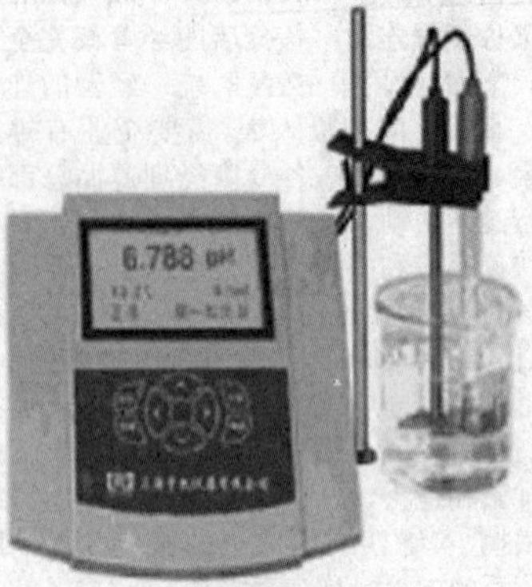

pH 值测试仪

职业服　vocational dress　从事某种职业所穿服装的总称。具有象征职业的标识性，并有适应该职业生产活动特点的适应性。因不同的职业要求，而具有特定的款式造型、材质、色彩和功能，品种繁多。有适应某种特定环境的工作服；满足工作安全防护要求的防护服，如消防服、潜水服、辐射防护服、防毒服等；医务人员、食品行业人员穿用的白色卫生服；邮电、运输、公安和国家专门机关人员勤务时着用的制服等。根据行业规定，在款式、颜色上有统一要求，缀有特定的徽记、标志。材质上，强调耐久性，特别是重体力劳动职业要求材质与结构耐久经用。服务业的职业服常采用装饰性强的材料、色彩和造型。公共事业等部门的职业服多利用特殊的色彩以使形象易于辨识。

职业女装设计　ladies' uniform design　广义指对女性在上班时所穿着的带有礼仪功能的套装进行的设计。狭义指对在办公室工作的白领女性上班时穿着的套装进行的设计。属女装成衣中的主要产品大类。可分为休闲类职业女装、少女型职业女装及正装类职业女装。设计时应注重体现女性端庄、干练的特点，注重套装内外的呼应。款式构成以裙套装和裤套装为主。

职业妆　professional make-up　在较严肃正式的工作场合使用的脸部化妆。以端庄、沉稳、干练为特点。轮廓自然，眉型和唇型线条清晰硬朗，直线感较强，色彩纯度较低。避免过于艳丽的颜色、上翘的眼线和细挑的眉毛。

职业装图案　business wear pattern　以表现职业特征为目的的图案。图案以适应服装款式与功能为前提，单独纹样多采用局部的标志图案、文字图案，连续纹样多采用几何纹、条格纹、提花工艺花卉纹，也有以表现民族特色的传统纹样等。主要包括工作制服图案、办公制服图案、劳保制服图案。图案以素雅端庄、简洁大方为特征，色彩以对比弱、整体感强为特征，呈现秩序和谐的造型样式。采用棉、呢、混纺等面料，配以机织、印花和小面积刺绣工艺。

职业装图案

植绒印花图案　flock printing pattern　用植绒工艺印花而成的图案。按图案设计的花纹形状，在织物上运用黏合剂与静电原理，将毛屑、棉屑等纤维微粉植于布面而成，主要有表现毛皮纹样、抽象色块或装饰块面感的具象纹。具有外形突出、色彩简洁、造型浮雕化、肌理丰富等特色。广泛运用于人造皮革、人造纤维等织物上的植绒印花。

植鞣革　vegetable-tanned leather　以植物鞣剂为鞣制材料加工而成的皮革。植物鞣剂俗称栲胶，主要成分为单宁，来自植物的叶、皮、秆、果实中，可用的植物有落叶松、坚木、栲树、荆树、杨梅、橡碗子等。经植物鞣剂鞣制的皮革纤维结构紧密，坚实丰满，耐磨性好，有一定的防水作用。主要用于制作服饰配件和鞋底皮革。

植鞣绒面革 ooze leather 经植物鞣剂鞣制而成的"绒面革"(434页)。一般用小牛皮加工鞣制后染色,但不进行涂饰,以皮革的反面(肉面)经磨面、起绒后作为正面使用。身骨较柔软,强度较好,绒面的绒毛细致,有丝光感,手感舒适、耐用。主要用于制衣、制鞋。

植物图案 plants pattern 描绘植物形态的图案。运用形式审美法则,结合多样的造型手段和技法,以表现各类植物。植物图案造型优美,多由树形纹、朵花纹、折枝花纹、簇花纹、果实纹、叶纹等构成,传统中著名的缠枝纹、卷草纹都是来自对植物的创作表现。植物图案是服饰图案中应用历史最久、运用最广泛、形式最多样的纹样之一,也是时尚流行服饰的重要纹样。

植物图案

跖围 metatarsal girth 脚部第一跖趾关节与第五跖趾关节凸出点的围长。是脚的最宽部位,决定了所穿鞋的肥瘦型号。

止缝 open neatened seam 连接缝道用缝型类型。在分开缝缝合的缝份上分别压上和缝型平行的线迹。多用于缝型熨烫会引起面料涂层融化的服装,如涂橡胶雨衣、薄膜涂层雨衣,以及充当服装装饰线迹。

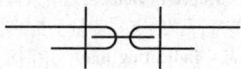

止缝

止口 edge 由双层或多层衣料缝合后翻出的衣缝外沿边缘。按所在部位分类有:门襟止口、衣领边止口、袋盖边止口等。

止口

止口不直 uneven outer edge 服装外观疵病。成型后的门襟、袋盖、领等部位的外沿(止口)部位出现非造型需求的不顺直现象。形成原因是在里层缝合上述部位的外轮廓时缝迹不直或翻向正面时没有翻齐。

止口不直

止口反翘 lining too loose 服装外观疵病。止口部位出现面布紧、里布松的向外翘起现象。形成原因是缝合止口面里布时面布太紧、里布太松。常出现在门襟止口转角处。

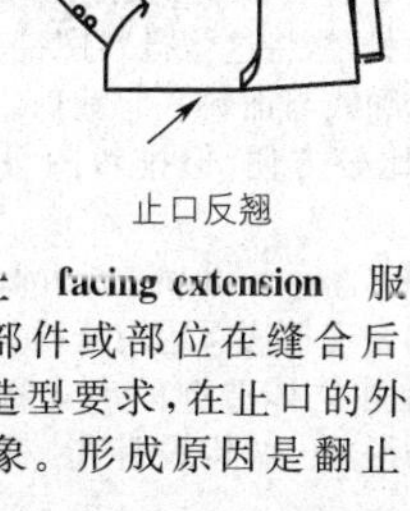

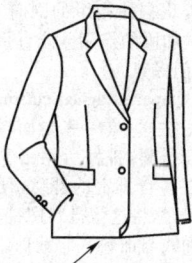

止口反翘

止口反吐 facing extension 服装外观疵病。服装部件或部位在缝合后出现里侧布料不符造型要求,在止口的外沿上向外露出的现象。形成原因是翻止口时没有将里侧布料拉紧。常出现在门襟止口、袋盖、领身等部位。

止口反吐

止口线 **front edge line, closing line** 泛指各类衣片的外沿边缘的基础线。特指在开襟部位的外沿轮廓线、领外侧的外沿轮廓线、袋盖下口及左右两侧的外沿边缘轮廓线等。用细实线表示。见“前后衣身衣领结构线”(406页)。

纸板内底 **fiber board insole** 一种以植物纤维为基料,加入天然或人造胶乳,运用造纸工艺即打浆、成网、脱水、干燥等工序加工成型的特种纸板。这种纸板具有很好的韧性,以适应内底长期反复弯曲的需要。纸板还有很好的吸湿排汗性能以及层间剥离性能等。纸板厚度从1 mm到3 mm不等,根据不同鞋品要求选择。和传统皮革材料内底相比,纸板内底不仅厚度小,质地轻,而且不变形,不发霉,加工方便。

纸甲 **paper nail** 以专用纸甲纸包裹自然指甲表面,再涂抹指甲油进行美化的指甲造型。在简单美化自然指甲的同时,也起到快速修补和略微加固的作用。能直接用洗甲水去除,无需专门保养。

纸皮划样 **paper attached cutting** “划样”(221页)方法之一。在一张与面料幅宽相同的薄纸上进行排料,排好后用铅笔将每个板样的形状画在各自排定的部位,便得到一幅排料图。裁剪时,将这张排料图铺在面料上,沿图上的轮廓线与面料一起裁剪。采用这种方式,划样比较方便,但排料图只可使用一次。

纸塑技法 **paper-shaped technique** 一种造型方式和表现技法。运用纸质材料塑造具有结构设计和立体造型的形式特征的服饰和人物装饰形象。结构设计指,根据款式造型特点和人体型特征,运用比例分配法,进行纸材料的结构制图和服装结构表现;立体造型指,具有服装及饰品的正面、背面和正侧面的连接造型表现。

指甲包裹法 **wrapping method of fingernail** 用小片丝绸、尼龙或玻璃纤维材料制成的裹皮,包贴自然指甲,使其强韧的美甲方法。先将指甲磨光,根据需要选好裹皮形状大小,准确贴好后,用胶水将裹皮粘牢,喷速干剂,使其固定,待完全干透再抛光表面。

指甲花 **nail flower** 植物名。李时珍《本草纲目·草部》卷十四中载有:“指甲花,有黄、白二色,夏月开,香似木犀,可染指甲,过于凤仙花。”

指甲嵌线 **inserted line of fingernail, inserting winding of fingernail** 在指甲表面用丝线分割色彩块面,表现凹凸花纹的装饰手段。可直接粘贴在已涂上指甲色油的表面;也可根据设计,把极细的金银丝或其他彩色光亮的丝线粘贴在指甲表面所需位置,待胶干爽,装饰线固定,再配合上色。通常有嵌线的指甲必须在完成美甲作品之后,上一层亮油,作为保护。

指甲手绘 **hand painting of fingernail, hand-drawing of fingernail** 以毛身很细的笔刷蘸取指甲色油或丙烯酸颜料,在指甲表面绘制图形的美甲方法。装饰效果灵活多变,创作随意性强,操作简便易学,是美甲造型中常用的手段。

指甲贴片法 **coating method of fingernail** 在指甲表面利用各种装饰物件,组合粘贴、雕塑成立体造型的美甲技法。多用于美甲比赛或舞台展示,配合舞台灯光、时装、音响背景等,给人较多遐想空间和艺术美感。

指甲形状 **fingernail shape** 指甲前缘的伸出形状。自然生长的指甲有椭圆形、圆形、尖形、方形、喇叭形等。美甲操作时以修成椭圆形、方形或较方的椭圆形居多。

指尖点 **fingertip point, FP** 人体测量点。手中指最前端部位的点。测量手长的基准点。

指示标志 **indicating mark** 在储存、运输过程中,为使商品存放、搬运适当,以简单醒目的图案和文字印在外包装规定位置上的记号。包括向上标志、防潮标志、易碎轻放标志、放热标志、吊起点标志、开启处标志、重心点标志、防冻防寒标志等八种。

趾尖点 acropodion, Ap 人体测量点。立姿时，离足后跟点最远的足趾的端点。

制度衣 zhiduyi 中国传统戏曲中孙悟空的专用服装。小圆领，大襟，窄袖，袖口束紧，长及臀。黄缎面，在黑团上绣龙纹图案，周沿镶黑或蓝色缎边，绣猴毛纹。用于《闹天宫》等戏中在天界任弼马温时的孙悟空。

制服 uniform 为体现特殊的工作身份、工作环境而统一规定、具有标志性的定制服装。分为：(1)受限市场制服，包括军队制服(陆军、海军、空军、武警部队及特种兵)和国家公职人员制服(如公安、检察院、法院、税务、商检、邮政、铁路、海关、航运等)；(2)非受限市场制服，如酒店、商场、保险、银行人员的制服，可根据行业特点和需求自主设计。制服面料应轻便、实用、耐久、易洗涤和易整理，以中档为主，款型突出功能性和标志性，按职务、职衔和工种系列设计。

制服呢 uniform cloth 粗纺毛织物名。织物表面有绒毛覆盖，织纹隐约可见，因原料中含有一定数量的死毛，故手感粗糙，并且在匹染成藏青、黑色等色泽后，呢面色泽不够匀净。主要用作秋冬制服、外套、夹克等的面料。

制图比例 drawing proportion 绘制服装结构图时，各部位绘制的规格尺寸与实际大小的比例关系。一般制小图时用1∶5、1∶4的制图比例，制实图时用 1∶1 的制图比例。制图时，在图纸或图样中应标明制图比例。

制图顺序 drawing processes 服装制图的先后秩序。为合理准确地绘制服装裁剪图而制定的规则。一般是先横后竖(即先定长度，后定宽度)，由上而下，由近而远；再计量定点和定点划线。

制鞋材料 shoemaking material 帮材、底材、连接材料及辅助材料的统称。帮材包括面料、衬里料、补强料(如尼龙条带、主跟、包头料等)；底材包括外底材、内底材、中底材、鞋垫、鞋跟、掌面等；连接材料包括线、带、绳、扣、拉链和胶粘剂，辅助材料包括各种饰件、紧固件和条带等。制鞋材料包括皮革、木材、织物、无纺布、橡胶、塑料、人造革，胶粘剂、金属等。目前我国用量最多的鞋材是塑料，其次是橡胶、皮革、织物等。

制鞋工业 shoemaking industry 运用物理、化学及机械、电子等手段，将皮革、橡胶、塑料及织物等多种原辅材料加工成鞋的工业部门。包括楦型、帮样、鞋底等的设计与制造，以及鞋帮、鞋底的装配成型。楦型设计与制造一般单独建厂，而帮样、鞋底与装配一起构成制鞋厂。皮鞋、旅游鞋的工艺流程基本相同，而胶鞋、布鞋、塑料鞋的工艺流程则有所差别，其中塑料鞋工艺较简便，约 6～7 个工序；皮鞋工艺最复杂，有几十个工序。皮鞋和旅游鞋厂一般包含帮工、底工(装配)两个车间；胶鞋厂包含炼胶、制帮、成型和硫化四个车间；布鞋厂包含制帮、造粒和注塑车间；塑料鞋厂一般包含造粒和注塑两个车间。

制鞋工艺 shoemaking technology 按设计要求制作鞋的各种方法、技术的统称。包括鞋帮、鞋底的制作以及鞋帮和鞋底的连接成型方式。主要有：(1)缝绱工艺，鞋帮和鞋底以缝线方法连接；(2)胶粘工艺，鞋帮和鞋底用胶粘剂连接；(3)硫化工艺，依靠橡胶在硫化过程中达到帮底牢固结合；(4)注塑工艺，向鞋底模具中注入熔融塑料，在形成鞋底的同时与鞋帮结合；(5)模压(硫化)工艺，鞋底模具中的橡胶在加热硫化形成鞋底的过程中与鞋帮牢固结合；(6)搪塑工艺，塑料在鞋模旋转中填充模具，并在加热后塑化成型。

制鞋机械 shoemaking machine 用以加工鞋帮、鞋底并将其组装成型的机械设备的统称。按功能可分为截断机械、缝纫机械、磨削机械、混料机械和成型机械等。每个类别又包括若干不同型号和用途的设备，如截断机械包括摇臂式、龙门式等机械式下料机和水束切割、激光下料等高性能高科技下料装置；缝纫机械包括各式平缝机、高台机、大轴机、单计机、双计机、滚边机、抿边机、拼缝机等；磨削机械包括带刀式片皮机、圆刀式削皮机、磨底机、磨帮茬机、磨边机等；混料机械包括开炼机、密炼机、捏合机、挤出机等；成型机械包括注塑机、模压机、绷帮机、定形机、压合机、浇注机、钉跟机、内线机、外线机等。制鞋机械中动作最复杂的是绷帮机，精度要求最高的是片皮机，吨位最大的是密炼机，效率最高的是注塑机。

质量成本 quality costs 产品由于质量原因造成损失而发生的费用以及保证和提高产品质量支出的各项费用。确定质量成本的目的是核算同质量有关的各项成本，寻求提高质量、降低成本的有效途径。质量成本可分成：预防成本，也称教育成本；检验成本，也称鉴定成本；损失成本，可分为厂内损失成本和厂外损失成本。在服装生产中，应将重点放在预防成本方面，在降低检验成本和损失成本的同时，使三项成本之和最低，则为最佳质量成本。

质量管理 **quality control，QC** 管理和控制产品质量的方法。20世纪20～30年代的质量管理，主要对产品进行事后检验和全数检验；20世纪40～50年代采用统计质量管理的方法，应用各种统计工具，推行抽样检验，利用控制图对生产进行动态控制；20世纪60年代起开始采用全面质量管理的方法，在企业中建立全员关心提高产品质量的机制，从产品的市场调查直到生产和售后服务，全面保证产品的质量。

质量管理体系认证 **quality management systems certification** 又称ISO 9000族标准。企业产品质量保证和控制的规范化管理方法。1987年由国际标准化组织颁布系列标准，旨在帮助企业改进质量，促进交流，增强企业产品在国内、区域和国际贸易市场中的竞争力。我国1988年起等同采用ISO 9000系列标准，采取企业自愿申请，由隶属国际标准化组织的非官方机构审核通过后，可获得认证资格。2000年12月15日国际标准化组织颁布实施新版ISO 9000族核心标准，由ISO 9000、ISO 9001、ISO 9004和ISO 19011四项标准构成。

质量管理小组 **quality control cycle** 在生产现场的职工，根据企业生产经营方针和目标，以改进和提高产品、工作、服务质量为目的，自愿组织起来进行质量管理活动的小组。这一活动要求做到：自愿建立组织，采用自主管理方法；方针目标明确，以质量为中心，同时也注意解决效率、成本、工作气氛和环境等诸方面问题；根据计划，落实活动的时间、内容、负责人和措施等；自我启发，相互启发，运用各种统计方法，连续地开展活动，并进行记录；定期开展成果发表会，给予不同形式的奖励和推广。服装企业的质量管理小组根据生产线规模、产品品种和工艺划分，通常由10～15人组成。

质量检验 **quality inspection** 又称技术检验。采用规定的检验测试手段或检查方法测定产品的质量特性，并把测定结果与规定的质量标准作比较，从而对某一产品或一批产品作出合格或不合格的判定。按服装质量检验范围，可分入库检验、样板检验、裁剪检验、半成品检验、成品检验等；按质量检验方法，可分全数检验和抽样检验；按组织形式，可分自检、互检、专检。

质量统计工具 **quality statistical tools** 利用科学方法对产品质量实施统计分析的方法。服装企业统计方法主要采用帕累托图、因果分析图、直方图、检验明细表及扇形图等。

质孙服 **zhisunfu** 元代一种袍服。汉语称一色服。内廷大宴时所穿的服装。基本形制为上衣下裳相连，衣式较紧窄，下裳较短，腰间做无数襞积，肩背间贯以大珠。元代上至天子百官，下及庶民百姓均穿用，根据材料、色彩以及各种装饰区别其身份等级。穿着者冠帽衣履必须同一色，不得有异。考究者用织锦制作，上缀珍珠。一年四季可以服用，仅面料、配饰等有所不同，但无定制。明后定质孙服为仪卫之服。

栉 **comb** 梳子、篦子等用于梳理头发或装饰的饰品。梳子齿疏，用以梳理头发；篦子齿密，用以篦除发垢。除实用功能外，还可插于发际，作为首饰。有雕花、镶宝、镂刻等装饰。多为女性使用。

中帮 **waistpart，midstpart** 鞋帮的中间部分，即裹脚腰窝部位的帮面。一般鞋面特别是皮鞋、旅游鞋、运动鞋，从穿着舒适、美观和节约用料等诸多方面考虑，将鞋的帮面分成前、中、后三大块。中帮是从跖趾以后至腰窝的帮面，它起到使整个鞋帮紧固的作用，同时使鞋便于穿脱。

中包装 **middle packing** 服装“包装”（21页）形式之一。将若干商品或内包装的商品组成一个小的整件进行的包装。主要是为了加强对商品的保护，便于再组装，同时也便于分拨、销售商品。

中草药美容 **herbal beauty** 一种美容方法。根据中国传统医理，运用中药配伍处方进行美容。副作用小，作用温和，疗效可靠。剂型多样，口服及外用兼备，使用方便，内外并重，标本兼治，防治结合，既可保健，改善皮肤新陈代谢,抗衰老等,又可起治疗作用。可分为祛风类、益气温阳类、养血滋阴类、清热类、香薰类、活血类、理气类、祛湿类等。

中纯度对比 **middle chroma contrast** 纯度相差在4～6级之间的色彩对比。如:鲜黄与灰绿、鲜绿与灰蓝等。某种色彩用黑色、白色、灰色或同一种纯度的色彩混合时,会产生一些纯度可能相等、较明或较暗的色调。

中裆 **leg width aroud knee** 人体膝盖附近部位的裤装围度。

中裆线 **knee line** 长裤前、后裤片下裆中部,与人体下肢膝盖部位相近的水平基础线。一般定位在臀围线与脚口线正中略向上处。用细实线表示。见“前后裤片结构线”(406页)中图。

中档服装设计 **middle-level garment design** 服装构成要素体现出中档标准的服装设计形式。设计、材料、制作均一般。设计目的为了满足普通消费者的要求,造型、款式、色彩、图案、面料、细节等服装各元素均参照流行信息,并随着时尚潮流的变化而变化。中档服装适当降低了某一要素的标准,相应也降低了销售价格,满足普通消费者追求时尚的愿望。

中底 **insole** 即“内底”(369页)。

中调对比 **middle tone contrast** 即“中明度对比”(665页)。

中跟鞋 **mildle heel shoes** 鞋后跟高度适中的鞋类。我国现行标准中规定女鞋跟高范围在30～50 mm,男鞋跟高范围在25～35 mm,属于中跟鞋。一般情况下穿中跟鞋比较适应日常的工作和生活。由于鞋跟有适当高度,人体在行进时有一种潜在的推动作用,走起路来感觉轻松。

中国传统服饰图案 **Chinese traditional costume pattern** 中国传统穿戴中所出现的纹样。包括寓意吉祥的动植物纹、人物和风景纹、器具等具象及抽象纹样。主要有上衣、肚兜、裙、裤、袍、围裙等服装图案,以及鞋、鞋垫、帽、云肩、纽扣、荷包等饰品图案,涉及中国历史、文化、宗教、审美等诸多因素,结合功能、款式及不同穿着者等因素,运用传统手工染织绣等工艺,表现出丰富的服饰图案样式。

中国传统京剧服装道具 ***Zhongguo Chuantong Jingju Fuzhuang Daoju*** 戏曲著述。赵之硕、张耀笳、于瑛丽著。台北淑馨出版社、瑞华出版公司1992年合作出版。载“蟒”(340页)、“褶子”(591页)、“帔”(384页)、“靠”(285页)等各种戏服及靴鞋、“髯口”(424页)、盔头、砌末彩色图片二百余幅。书前有张耀笳著《中国传统京剧服装和道具的特点》一文,作为全书代序。

中国风格服饰图案 **chinoiserie style pattern** 运用中国艺术特征进行设计的服饰图案样式。由缠枝花、瓷器、假山石、屏风、鹦鹉、中国装束的人物等构成。出现于18世纪的法国,为洛可可的一种艺术表现。图案色调明丽,以富有中国工笔重彩的勾线、晕染等装饰手法,结合欧洲的审美把中国的风情景致表现出来。配以锦缎、丝绸印花,结合盘花纽、立领、如意边饰、斜襟衫袄、开衩收腰旗袍,成为西方服装设计师追求东方情调的表现样式。

中国风格装束 **Chinese style costume** 又称中式装束。以中国传统服饰为特征的着装风格。具有典型东方审美特征——含蓄、淡雅,早在18世纪的洛可可时期就影响了当时的法国。20世纪70～80年代,伊夫·圣·洛朗(YSL)和皮尔·卡丹(Pierre Cardin)等设计师都以不同形式设计带有中国风格的时装。20世纪90年代中国风格更是为世界的时装设计师所借鉴,如斜襟衫袄、开衩收腰旗袍、亮丽的中国红,以及各种形式的装饰图案在时装设计舞台上时有靓丽表现。

中国风貌 **Chinese look** 以中国的旗袍、长衫马褂、龙凤图案、屋檐造型、立领、盘花纽襻、交襻、对襟等为代表的服饰形象。设计带有东方情调的中国文化痕迹。在20世纪90年代中后期以旗袍式服装备受世界多国设计师的青睐。

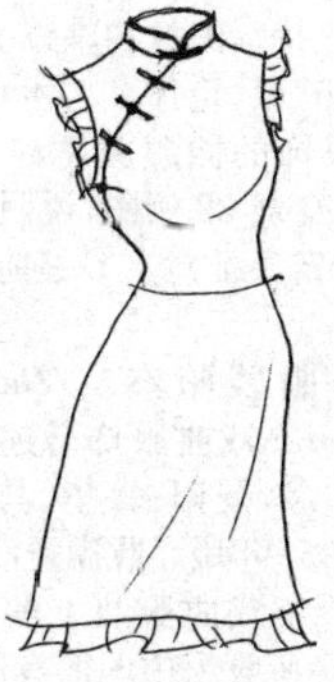

中国风貌

中国红　Chinese red　惯用色名。中国使用的一种大红色。色彩取自始于唐代的大红色釉瓷器,2004 年大红色釉被正式命名为中国红。红色在五千年的华夏文明史上占据着重要的位置,从远古时期的仰韶文化、青莲岗文化出土的彩陶,到民间喜庆、传统节日等的服饰,都以红色为主调,中国国旗也是鲜明的红色。在中国,红色象征着幸福、喜庆,是传统节日的色彩。在中国文化中,中国红代表着逢凶化吉、事事遂心、平安吉祥、欢天喜地、团团圆圆、大富大贵、福禄康寿。

中国吉祥图案　Chinese fortune pattern　中国传统图案样式。以隐喻、象征等手法,结合谐音、想象等含蓄地表现出具有吉利意味的纹样组合。图案包括:莲花、牡丹、梅花、宝相花等植物纹样;龙、凤、喜鹊、鱼、鸳鸯、麒麟等动物纹样;八吉祥、八宝等器具纹样;回纹、联珠纹等抽象纹样;莲花和鲤鱼组合寓意连年有余纹;喜鹊、梅花组合寓意喜上眉梢纹等各种谐音组合纹样。图案可追溯到商周,宋代为成熟期,盛行于明清时期,反映了中国政治、文化、风俗、审美、心理、理想等综合体现的典型图案,是中国传统服饰中应用最多、最广的图案样式之一。

中国京剧服装图谱　*Zhongguo Jingju Fuzhuang Tupu*　戏曲服饰著述。中国戏曲学院编,谭元杰绘。北京工艺美术出版社 1990 年初版、1992 年修订二版。根据服装形制的基本特征,将传统京剧 145 个品种的服装分为"蟒"(340 页)、"帔"(384 页)、"靠"(285 页)、"褶子"(591 页)、衣五类绘为素色线条图,兼及头饰、盔帽、髯口、靴鞋、佩饰、化装、脸谱,并逐幅注明所绘图的剧目、角色名、角色身份、行当。每幅图像均辅以文字阐释,从现代审美角度着眼,论述其艺术特色与成就,与历史生活服饰的渊源关系和革新演变过程。另附特殊穿戴 32 例图,说明改变服装搭配所产生的特定象征意义。书前有李超所作的《序》。

中国戏曲服装图案　*Zhongguo Xiqu Fuzhuang Tuan*　戏曲服饰著述。东北戏曲研究院研究室编,夏阳、鲁华、马强绘。人民美术出版社 1957 年版。收狮子滚绣球、团龙、翠鸟牡丹等传统戏曲服装上的图案七十余幅,全彩印刷。所收为中国旧有的戏曲服装、民间刺绣实物及个人创作中比较好的、适合于目前普遍需要参考的图案。适于文武老生、小生和各路旦角服装的需要。按照中国戏曲服装的分类,适合应用于蟒、帔、褶子、宫装、袄裤、开氅等。

中国鞋号　China size of footwear　以脚长为基准制订的一种鞋号。中国有关科研和生产部门在调查测量了全国 25 万人次脚型的基础上,运用数理统计与脚型分析实际试穿等方法制订而成。起始长度号为 9 cm(脚长)即 9 号,号差为 10 mm。$9\sim12\frac{1}{2}$号为婴儿鞋,$13\sim23\frac{1}{2}$为童鞋,$20\frac{1}{2}\sim24\frac{1}{2}$号为女鞋,$23\frac{1}{2}\sim30\frac{1}{2}$号为男鞋。1999 年为了与国际标准接轨,将厘米号改为毫米号,即原来的 25 号改为 250 号,依此类推。中国鞋的肥瘦以跖趾围长来量度,分五个型,一型最瘦,五型最肥,型差为 7 mm。型在鞋号中放在长度号的后边用圆括号中的阿拉伯数字表示,250(3),即适合长度为 250 mm,肥瘦度为 3 型的脚穿的鞋。为了与国际接轨,从 1998 年开始,我国采用世界鞋号。

中厚面料质感表现技法　medium heavy and heavy fabric showing skill　采用粗犷、挺括的线条表现中厚面料质感的表现技法。呢料的反光性较弱,可利用平涂、摩擦等方便的方法表现。用洒绘法、拓印法等表现粗花呢的花纹以及牛仔布的纹理。

中厚面料质感表现技法

中间规格　middle size　服装产品总体规格中的中间值。其确定原则是:(1)服装号型系列的中间号型，如我国人体现阶段的中间号型是男 170/88A、女 160/84A；(2)批量最多的规格。

中间色 intermediate color 即“间色”(253 页)。

中间体 standard figure 即“标准体”(32 页)。

中间熨烫 middle ironing 穿插在缝纫工序之间的熨烫。包括分缝烫、坐缝烫、折边烫、归拔烫和小件定形烫等。主要任务是使制品缝份分开、形态平整、外观形状符合加工要求等。可使用普通电熨斗、蒸汽熨斗、电子调温熨斗、中间烫熨烫机等，在抽湿烫台上进行。

中间熨烫机 under pressing unit 服装半成品分烫或小烫的蒸汽熨烫机。由气压传动系统、蒸汽给湿加温加压系统、真空抽气冷却系统、电气控制系统、烫模以及相应的蒸汽锅炉、蒸汽管道、真空泵等附属设备组成。蒸汽压力 0.022～0.129 MPa。常用的蒸汽为成品蒸汽。使用时，不同的服装部位配置不同的烫模，是一个中间熨烫机群组，以适应服装各部位，如袋盖、肩缝、背缝、上衣前片、衣领驳头和门襟等部位的熨烫。

中明度 middle lightness 色彩的中等明暗程度。用 10 级制的光带(或称色带)来表示时，从白到黑的无彩色的阶段中，它的中间的灰色成为明度 5.0。从明度中灰色(JIS 明度 6.5)到暗中灰色(JIS 明度 4.5)的明亮度称为中明度区域。

中明度对比 middle lightness contrast 又称中调对比。用最亮的色彩与明度属灰色调的颜色对比，两色之间有一定的差度，但差度不能太大，这种对比可以使纹样明确清晰，刺激性略低而效果明快。

中年女装图案 middle age lady's dress pattern 中年女性服装的服饰图案。主要以花卉、条纹、佩兹利等构成。图案整体造型沉稳庄重，花形大小、疏密适中，以中性、低明度的调和色调为常用色。图案工艺有织造、绣花、印花等，其中提花工艺占一定的比例，以体现花型的精良。羊毛、真丝与合成纤维为常见用料，突出面料的质地考究。

中年装设计 middleaged wear design 对 40 岁至退休前男女所穿服装进行的设计。中年男女处在人生巅峰期，家庭稳定，事业有成，生活充实，重视与身份经历相符的衣着。中年女装强调体形特征，着装干练而不失温婉，优雅华丽，但不过于夸张、暴露和花俏；或简洁严谨，表现成熟时尚美感。中年男装更讲究面料与做工，形象或潇洒或稳重，体现其成熟和相应的文化品味。女装代表性品种有传统套装、长裙、礼服连衣裙等；男装有西装、中山装、风衣、夹克、衬衫等。

中色调 middle tone 多种色彩组合时，以中纯度、中明度色作大面积基调色，以小面积或鲜或深或浅色作对比色，总体倾向中间感的色调。效果平和、随意、舒适、稳重、大方、亲切、丰富多变。

中山装 zhongshanzhuang 中国近现代的典型男式服装。由孙中山先生倡导，依据中服和西服样式改革而成。最初的款式为翻领，有背缝，在后背中腰处有腰带，前门襟钉 9 个扣子，上下口袋袋褶外露。随着时间的推移，逐渐改为后背整片、五扣式，大口袋改为现在的贴袋，上面的小口袋改为平贴口袋，袋盖上都有明眼。面料可使用高级毛料，也可用一般布料。既可作为礼服，又可作为日常便服；既可以作为单衣，也可作春、秋、冬的罩衣。

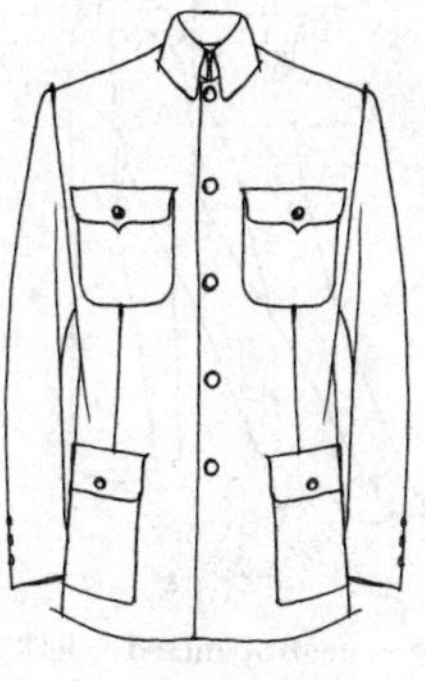

中山装

中式纽扣 Chinese button 即“葡萄扣”(397 页)。

中式袖 mandarin sleeve 又称满族袖。无袖窿剪接线且从肘部向袖口急速展宽的极肥大的袖型。曾在中国清代官服上使用。

中式装束 Chinese costume 即“中国风格装束”(663 页)。

中筒胶靴 middle leg rubber boots 筒高齐腿肚部位的胶面防水雨靴。黑色，针织棉毛布衬里，压延出型底，模压跟。20 世纪 50

年代前作为生活防雨水鞋靴。随着轻便雨鞋的出现和路面条件的改善，逐渐成为劳动保护用靴。

中臀线 middle hip line 确定中臀围的水平基础线，处于腰围线至臀围线的1/2处。用细实线表示。见“前后裤片结构线”(406页)中图。

中心线 central line 服装结构制图符号。服装前片或后片的中心线。分为：(1)前中心线，CF(Center Front)；(2)后中心线，CB(Center Back)。

中性风貌 unisex look 20世纪60年代起在年轻人中流行的一种风貌。男女均可穿用。包括领口有花边装饰的衬衫，在口袋或裤腰处有拉带的裤子和双排扣夹克。夹克在衣身两边分别有扣子和扣眼，穿着时既可以左扣又可以右扣。

中性风貌

中性混合 neutral mixed 即“空间混合”(289页)。

中性皮肤 normal skin 水分和皮脂分泌保持平衡的皮肤，是理想状态的健美皮肤。皮层厚薄适中、纹理细腻，毛孔细小，光滑红润，富有弹性，对外界刺激不太敏感，较耐晒。但也随年龄和季节而发生变化，冬天常感干燥，夏天趋于油腻。常见于青春发育期前的儿童、少年，成年人中极少见。

中性色 neutral color 没有明显的暖寒感觉的色彩，处于暖色系中有寒冷的感觉，处于冷色系中则有温暖的感觉。无彩色时是纯正的灰色；有彩色时指既非暖色也非冷色的混合色，即绿色类和紫色类的颜色。

中性装设计 unisex clothing design 超越性别、男女通用的着装设计，是一种风格的表现。在造型、款式、色彩、面料、配件、装饰、尺寸等方面表现既非男性化的刚强和力感，也非女性化的柔弱和典雅，而是从男女双方角度出发，寻求在审美口味上两者都能接受的设计。随着社会男女角色的淡化，价值观的多元化，着装在形式上已难分男女。中性时装有望成为未来服装潮流新趋势。

中袖 half-sleeve, elbow length sleeve 即“五分袖”(549页)。

中腰型 standard-waisted style 又称标准腰型。服装腰线位置与人体腰线基本一致的造型，具有稳健、均衡的感觉。线条流畅，穿着舒适合体。为最常见的腰型，通用于男、女各式服装。

中装袖 Chinese sleeve 即“连袖”(313页)。

重彩装饰 heavy color make-up 绘画化妆的一种。根据特定要求选择一种浓艳、装饰性很强的色彩在脸上进行涂抹。设色较浓，线条工整，面部五官都要描画。多见于戏曲片、歌舞片中的化装造型和古装片中妇女的化装。角色应佩戴表示身份、时代和地区特色的各种饰物，使形象协调统一，人物面容更见光彩。

重革 heavy leather 按重量计量的皮革。有鞋底革、轮带革等。主要由植物鞣剂鞣制而成。用于制作鞋底、轮带等。

重色 weight color 感觉重的色彩。通常来说，冷色和暗色使人感觉沉重；明度相同时，纯度低的色彩感觉重。无彩色中的黑色让人有厚重感，属于重色。

周代化妆 Zhou dynasty make-up 古代化妆的一种。周代是中国化妆文化的形成期。眉妆、唇妆、面妆以及一系列的化妆品，如妆粉、面脂、唇脂、香泽、眉黛等都可以在文献中找到明确的记载。周代的文化总体上以礼为基础，因此周代化妆的总体风格比较素雅，以粉白黛黑的素妆为主，并不盛行红妆，称之为素妆时代。

周代化妆

轴绣　Zhou embroidery　贵州黎平、广西三江地区的侗族、苗族等少数民族的刺绣方法。在一根芯线外包缠绣线，并将该线按纹样盘钉于布帛上，使绣纹具有浅浮雕的立体感。

肘点　elbow point, EP　人体测量点。尺骨上端向外最突出的点，上肢自然弯曲时，该点很明显地突起。既是测量上臂长的基准点，也是决定衣服袖弯位置的基准点。

肘围　elbow girth, EG　经过肘关节水平围量一周的长度。设计长袖袖肥及短袖袖口结构的重要参考值。见"人体围度尺寸"(430页)。

绉　crepe　丝织物大类名。采用加捻等工艺条件，应用平纹组织或者其他组织，外观呈现绉效应，光泽柔和并富有弹性的素、花丝织物的总称。品种很多，有轻薄型的乔其绉(纱)，中薄型的双绉、华绉、碧绉，中厚型的缎背绉、留香绉、柞丝绉等。织物光泽柔和，手感滑爽富有弹性，抗皱性能良好。主要用作妇女衬衫、连衣裙、礼服、旗袍等的面料。

绉布　creppella　用绉组织织制的布面呈现凹凸不平、类似胡桃外壳起绉效应的织物。具有手感柔软、光泽柔和、厚实似呢绒的特点。可作儿童和妇女外衣面料。

胄　zhou　中国古代武士所用的作战时保护头部的帽子。商代开始流行铜胄。铜胄多铸造而成，上铸有兽头形。另外还有皮胄，用多片皮革缝制而成。

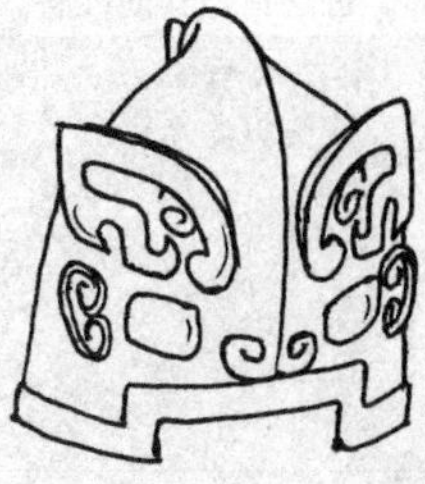

胄

皱胶底　zcrepe outsole　外底的花纹呈橡胶皱片形状的鞋底。根据产品要求有半透明皱底和白色、彩色底等，用于男女轻便鞋。这种鞋底因其含胶率高，其弹性、耐磨、耐撕裂性能都很好，穿着轻便、舒适，是中高档鞋的重要配件。

皱缩革　shrunken grain leather　皮纹经加工后明显收缩，形成皱纹稠密的皮革。一般以深色为主，光泽柔和、无极光。采用收缩工艺可以掩盖原皮的较小缺陷，猪皮粗大的毛孔收缩变小，皮面整体均匀、一致，外观质量得到改善，并能保持良好的透气性能，手感舒适、柔软、弹性好。主要用于制作鞋、皮衣、包袋等。

皱纹　wrinkle　皮肤产生的与肌肉收缩方向垂直的沟纹。面部皮肤结构的显著特点是皮下肌肉有部分纤维直接与皮肤相连，当肌肉收缩产生表情时，皮肤会产生皱纹，面部皱纹是容貌老化的外部表现。除年龄、遗传、习惯外，外界不良环境(如长期暴晒)及各种病菌、化学物质的侵害，都会促使皮肤老化，产生皱纹。根据面部皱纹的形态和产生机理，可分为体位性皱纹、动力性皱纹、重力性皱纹和混合性皱纹四种。

皱纹漆皮　wrinkle patent leather　即"柔软漆皮革"(435页)。

皱褶布　wrinkle fabric　通过特殊的设备形成皱褶，然后经过热定形或化学定形加工使皱褶永久定形的织物。原料多为合成纤维，也可以是棉纤维等。布面有各种形态的皱褶，外观独特，这些皱褶在服用过程中和洗涤后均不会发生明显变化。多用作裙料、衬衫面料等。

朱　zhu　以朱砂、胭脂等制成的红色化妆品。

朱唇　red lip　中国古代妇女唇妆。以丹脂点染唇部。也泛指妇女的红唇。

朱唇

朱服　zhufu　即“朱衣”(668页)。

朱丽叶帽　Juliet cap　通常用华丽的透孔编织面料制作,装饰着珍珠、宝石的帽子。用于配合晚装或婚礼头纱。也可以完全用珍珠、宝石或链子制作。因女演员诺玛·希拉(Norma Shearer)在电影《罗密欧与朱丽叶》中戴用而流行。

朱丽叶帽

朱伊图案　toile de jouy pattern　法国传统印花布图案。以人物、动物、植物、器物等构成的田园风光、劳动场景、神话传说、人物事件等连续循环图案。朱伊图案源于18世纪晚期,德籍人奥柏卡姆普夫在巴黎郊外的朱伊镇开设印染厂,生产本色棉或麻布上木版及铜版的印染图案面料,流行于宫廷内外。朱伊图案层次分明,造型逼真、形象繁多、刻画精细,并以正向图形表现,是最具绘画情节感的面料图案设计之一。色调以单色为特色,最常用的有深蓝、深红、深绿、深米色,分别印在本色匹布上,形成图案。统一的套色和手法使复杂的图形设计极具协调感,形色间呈现人间古朴而浪漫的气息,是绘画艺术和实用艺术结合的艺术典范。传统朱伊图案主要以室内装饰用布为主,现今也用于设计上衣、裙装、裤子、内衣、包袋等服饰品。新开发的朱伊布尝试在单色基础上运用靓丽的纯色块表现图案,而传统的单套色以其经典的艺术风格依然深受人们的喜爱。

朱伊图案

朱衣　zhuyi　又称朱服。中国古代的一种红色衣服。帝王后妃及诸臣百官用于南郊夏祭的服装以及汉代后官吏之公服。按五行学说,南方属火,火色为朱,故夏季皇族百官祭祀南郊的服装为红色。

珠宝　pearls and jewel　宝石、玉石、非晶体有机质的总称。也指珍珠宝石一类的饰物。

珠边机　decorative stitching machine　又称仿手工线迹缝纫机或贡针机。在服装正面的止口边缉成等距点状直线分布的缝迹,在外观上起到手工贡针的缝纫效果的缝纫机。由针杆机构、钩线机构(链式线迹为线叉钩线、锁式线迹为梭子钩线)、针距变换机构、挑线机构、送料机构等部分组成。线迹形式有103号单线链式线迹和301号锁式线迹。速度420～4000针/mm,针距1～10 mm,压脚升距8 mm。用于服装止口缝边等的装饰性缝纫。

珠粉　pearl powder　中国古代妇女用以敷面的以珍珠为原料加工制作的妆粉。对皮肤有很好的保养作用。

珠圈毛衫　terry knitwear　由毛圈组织编织而成的毛衫。采用色纱或素色纱编织,可呈现不同珠圈图案,质地柔软,厚实丰满,保暖性好。常用作秋冬内衣、上装、裙子、套装。

珠松　zhusong　即“步摇”(42页)。

珠绣图案 beads embroidery pattern 用针穿缝珠形成的图案。由古人用果核、贝壳装饰服饰的习俗发展而来，在非洲、太平洋岛屿地区以及中国的侗族、苗族等服饰中均有表现，分小面积点缀式的半珠绣和大面积点缀式的全珠绣两种。珠绣材料经光线折射，色彩晶莹绚丽，图案呈现凹凸立体、细腻秩序的装饰样式。材料以多色、大小与形状各异的玻璃珠、木珠、电光片等为主，是高级女装、舞台装等常见的图案装饰手法。现代珠绣也用于印花图案中，用珠绣勾勒花形，使图案精致而凸显造型，广泛运用于富有浪漫气息的休闲服饰设计中。

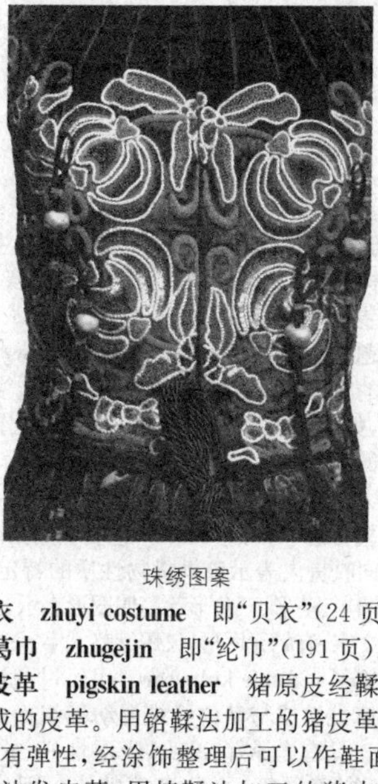

珠绣图案

珠衣 zhuyi costume 即“贝衣”(24 页)。

诸葛巾 zhugejin 即“纶巾”(191 页)。

猪皮革 pigskin leather 猪原皮经鞣制加工而成的皮革。用铬鞣法加工的猪皮革比较柔软，有弹性，经涂饰整理后可以作鞋面、箱包袋、沙发皮革；用植鞣法加工的猪皮革结实、耐磨，可制作鞋底、内底、轮带等。猪皮毛孔粗大，每三点一撮，具有独特风格，皮纹粗糙，外观平整度不如牛皮、羊皮等。我国猪皮资源丰富，价格较低。猪皮革牢度尚好，透气性强，经表面抛光涂饰处理的光面革用作鞋面革，耐折性好，厚度在 1.0 mm 以下的绒面革用于制衣，柔软结实色彩丰富的染色猪皮革可用作箱包袋革。

猪皮鞋 pig leather shoes 用猪皮革作帮面制成的鞋。猪面革的物理机械性能并不亚于黄牛面革，但因其表面的毛孔粗大而受到冷落。经过磨饰等表面处理的猪皮鞋，因柔软性、吸湿透气性等较差，只能用于劳保鞋等低档鞋。

竹节牛仔布 slubbed yarn denim 花式纱织物名。用棉竹节纱线织制的牛仔布。织物质地紧密，坚牢耐穿，厚实硬挺，布面呈现不规则分布的竹节，有休闲风格。主要用作牛仔服面料。

竹节纱织物 slubbed yarn fabric 花式纱织物名。用竹节纱线织制的织物。布面呈现不规则分布的竹节，外观类似麻织物，粗细不匀，具有休闲风格。可用作夹克、外套等的面料。

竹纤维织物 bamboo fiber fabric 以竹纤维为原料加工的织物。多与其他纤维混纺。竹纤维分为竹浆纤维和竹原纤维两类。竹浆纤维是以竹子为原料的一种新型的再生纤维素纤维；竹原纤维又称天然竹纤维，是将毛竹或簇生竹锯成所需的长度，然后通过物理和机械的方法，经过蒸煮、软化等多道工序，去除竹子中的木质素、果胶、多戊糖等杂质，直接提取出的原生竹纤维。竹纤维织物具有良好的抗菌性，吸湿性好。适宜用作内衣、睡衣及夏季服装面料。

逐点放码 point grading 即“点放码”(96 页)。

主衬 main fusible interlining 又称全面黏合衬。用于服装较大面积部位的黏合衬。如上衣前身、胸部、衣领、驳头、内贴边、后片、育克等，要求具有良好的造型性、保形性和补强性。在面料和衬布裁好以后，直接用黏合压烫机黏合。主衬采用永久性黏合衬，必须用压烫机黏合，保证黏合均匀和黏合强力。

主调色 dominant color, dominance 又称支配色。在服饰色彩设计中，当各类色彩组合在一起时，有一种占据主要面积，处于中心地位的、支配主体的色彩。它和其他色彩形成对比，形成主次分明、富有变化的美感。

主跟 counter 靴鞋后帮的加固件。皮鞋、旅游鞋等称主跟，胶鞋和布鞋称后跟衬，其作用是保持后帮形状挺拔，使脚在鞋靴内不左右晃动。皮鞋和雨鞋的主跟通常是镶嵌并黏附在后帮的帮面与衬里之间，而布面胶鞋和布鞋多是缝贴在后帮衬里之内。主跟的形状基本和后帮跟部一致，呈半弯月型。皮鞋主跟有短、中、长之分。短主跟主要用于各式系带鞋靴，中、长主跟多用于不系带鞋靴，鞋口越浅，主跟越长，以保持鞋不敞口。主跟应具有很好的刚性和韧性。皮鞋、旅游鞋的主跟多用皮革、再生革或合成纤维板加工制成。布面胶鞋和布鞋的主跟多用叠层布制造，雨鞋则用橡胶片粘贴。

主观感觉评分　subjective comfort rating　温度舒适性的一种主观评价指标。属于人体主观试验的范畴。受试者针对某种环境及状态下着装的冷热和舒适两种主观感觉用填写评分表的形式进行描述。如美国采暖、制冷和空气调节工程师学会(ashrae)对冷热感觉的评分表为：冷(-3)；凉(-2)；稍凉(-1)；不冷不热(0)；稍温热(+1)；微热(+2)；热(+3)。日本空调卫生工学会对舒适感的评分表为：舒适(1)；稍不舒适(2)；不舒适(3)；非常不舒适(4)。

主教红帽　camauro　比头颅帽略大些的用红色天鹅绒制作、貂皮修饰的无檐帽。原由罗马天主教堂大主教所戴，故名。

主教礼冠　miter　又称大祭司冠。由天主教、英国国教、古代犹太教的主教、教皇等高级教职人员在典礼中使用的装饰性正式头戴物。高耸的冠前后呈高起的山形，中间有深深的横谷，后部有两根长垂带。前面的金板上刻有归耶和华为圣(*holiness to the lord*)。从 12 世纪使用至今。

主教礼冠

主教袖　bishop sleeve　文艺复兴时期的一种宽敞袖式。通常在袖山部做褶裥，袖窿宽松肥大，袖口用带子收紧后也形成褶裥。源于主教长袍的袖子。

主教袖

主流工序　main process　加工服装主要衣片结构的工序流程。如前身衣片、后身衣片、男西装上装、下装的组合加工等。

主题型表演　thematic fashion show　规模盛大的时装表演。在一些大型的文艺演出中出现，如运动会开幕式上的表演，时装节开幕式上的表演等。表演舞台面积大，模特阵容也很大。

主要标志　main mark　包装识别标志。发货人向收货人表示该批货物性质的特定记号。多用圆形、菱形、三角形等简明图形表示，并配以缩略文字，有的无图形，仅用缩略文字。

苎麻衫　ramie knitwear　用经过变性处理的苎麻纯纺或与其他纤维混纺编织而成的针织衫。具有光泽好、凉爽、吸湿性好、放湿快、透气、穿着硬挺、不贴身等特点。但容易起皱，适宜作夏令服装。新开发的粗纺毛麻衫具有粗犷感，手感蓬松有弹性。适用于男女上装。

苎麻细布　fine ramie plain　麻织物名。采用细特、中特苎麻纱织制的非紧密结构的平纹织物。外观风格、服用性能和用途均与亚麻细布类似。

苎麻织物　ramie fabric　用苎麻纱线织制的织物。按加工方法可分为手工和机制苎麻织物两类，按印染加工方法可分为漂白、染色和印花苎麻织物三类。织物表面具有特殊的粗细不匀的外观效果，手感爽利，吸湿好，放湿快，挺爽透气，不粘身，但抗皱性差，折边不耐磨，纤维较粗时有刺痒感。适宜用作夏季服装面料。

注胶布鞋 **cloth shoes by injection rubber sole** 采用注胶工艺将鞋帮鞋底加工成型的布鞋。将混炼好的橡胶在硫化温度以下注入鞋底模具中，提高温度加热模具，使橡胶熔融硫化。由于鞋底模上方用套上鞋帮的金属楦作密封盖，因此胶料在加热硫化过程中即与帮面牢固结合。注胶布鞋鞋底轮廓整齐，花纹清晰，造型美观，具有橡胶底弹性好、耐磨、走路无声响等优点，但生产效率比硫化鞋稍低。

注塑布鞋 **cloth shoes by injection molding** 采用注塑工艺将鞋帮鞋底加工成型的布鞋。将缝好的帮面套在铝金属楦上，经拉绳绷帮后放入烘箱预热，取出后置于鞋底模具上方，加压使模具密封。开动注塑机，向鞋底模腔内注入熔融的热塑性鞋底料，冷却后，鞋底即成型，并和鞋帮形成牢固的结合。生产效率高，耐穿用。鞋底不吸湿不透气，卫生性能差。用 PVC 塑料作鞋底，天冷易变硬打滑，用热塑性弹性材料(TPR)则无此弊端。

注塑勾心 **injection molded shank** 将热塑性工程塑料注入纤维内底的后半部，使之具有楦底后部所需形状，兼具勾心和半托底作用的部件。比钢勾心加半托底的效率高，成本低，重量轻，还省去了半托底。具体作法是：将纸板内底后半部剖开，置于注塑机的特制模具内，开动注塑机，将加热熔融的工程塑料注入，冷却定形。注塑勾心对模具精确性要求高，但由于工程塑料本身强度及弹性的限制，故多用于 50 mm 以下的高跟皮鞋。

注塑皮鞋 **injection molding leather shoes** 通过注塑工艺完成帮底结合成型的皮鞋。注塑皮鞋的鞋底材料具有较好的热熔流动性，冷却后能保持形状不变。注塑皮鞋用注塑机和模具进行生产，鞋底料在注塑机内熔融，注入鞋底模具冷却成型的同时与鞋帮帮脚结合。注塑皮鞋属于中低档鞋。由于底材颜色丰富多彩，更适于儿童鞋的生产。

注塑塑料鞋 **plastic shoes by injection molding** 用注塑工艺生产的塑料鞋。早期鞋帮鞋底为同一种塑料，颜色单一。现已通过多次注塑，帮、底颜色可以不同。鞋体美观，生产效率高。注塑工艺可以生产拖鞋、凉鞋、沙滩鞋、高筒塑料靴，具有防雨、防油、绝缘等功能的日常生活及劳动保护用鞋。

抓髻 **zhuaji** 中国传统戏曲旦行“大顶”(78 页)假髻的一种。

专业运动鞋 **professional sport shoes** 按各类特定的运动要求进行设计制造，供各特定的专业运动员穿用的鞋的统称。以球类运动为例，有足球鞋、手球鞋、排球鞋、网球鞋、篮球鞋、冰球鞋、马球鞋、棒球鞋、羽毛球鞋、乒乓球鞋、橄榄球鞋、高尔夫球鞋、保龄球鞋、门球鞋等。彼此的结构和材制都不相同。这不仅和运动项目有关，也和每个运动员的身体特征有关，因此现代专业运动鞋的发展方向趋向于个体订制。

转省 **dart transfer** 即“省道转移”(444 页)。

转印法 **transfer printing method** 利用刮笔将转印纸上的图案转印到画中的方法。具有工整、快捷等优点，但受到转印纸图案种类和尺寸的限制。常用于流行预测、商业设计图等。

转子点 **trochanterion, Tro** 人体测量点。在与骨盆相连的大腿骨的外端。一般对应于裙、裤装侧面最丰满处。

妆粉 **make-up powder** 泛指中国古代妇女化妆用的敷面之粉。

妆花缎 **Zhuanghua swiveled damassin** 丝织物名。云锦的一种。在缎地上以各色彩纬织出花纹，同时以片金线织于花纹边缘。图案的章法和布局严谨庄重，配色五彩缤纷且富于变化，绚烂华美。质地细腻紧密醇厚。宜作高级服装面料。

妆前液 **primer** 化妆前用来隔离彩妆，调整肌肤状态，使上底均匀、妆面持久的护肤乳液。

妆饰 **dress-up** 妆容修饰的简称(图见下页)。包括化妆、发式、佩饰三大部分。内容涉及化妆造型、化妆品配方、发式造型、发饰、首饰等。

1868 年中国女性梳妆照

装垫肩　setting shoulder pad　安装垫肩的工艺。安装时垫肩中心对准袖窿肩头部位，将垫肩固定于人体肩缝部位。前后衣身与垫肩固定时要注意作成里外匀状态。

装领歪斜　collar deviate from the center line　服装外观疵病。领子歪斜，领缝中心点不在领窝正中的现象。形成原因为：装领方法不当。补正方法为：(1)装领前在衣领和领窝上做好装领标记，装领时刀眼和衣服领窝的背中点、肩缝点对准；(2)装领时第一道拉缝缝线和第二道拉缝缝线松紧保持一致，做到领面、领里、领窝三者统一；(3)掌握好装领时领窝的拉缩部位；(4)衣领下缘的弧线和衣片领圈弧线长度一致。

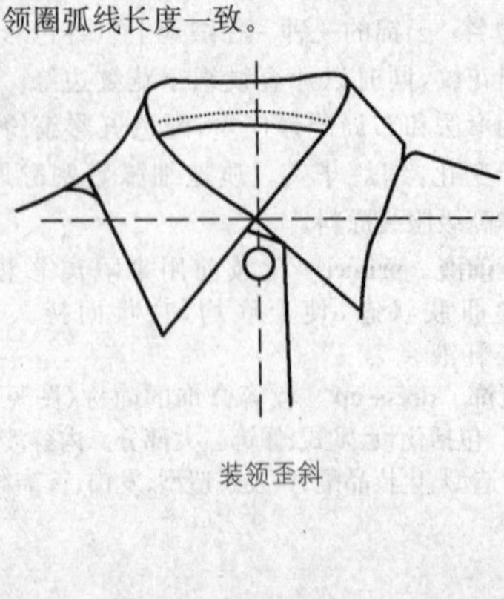

装领歪斜

装领线　collar inside line　即“领下口线”(324页)。

装纽眼　looped buttonhole　纽眼的一种。线绳类材料构成套状，用于固定纽扣的纽眼。其大小一般按纽扣直径加厚度计算，与衣服的搭门有关联。一般用于表露在身的纽扣(明纽眼)，与衣服的层次、体积，材料的轻薄有关，用于暗藏于衣身的纽眼(暗纽眼)比应该使用的纽眼要小。单排纽的纽眼位置应自迭门线外厘米处向里侧测量，双排纽的纽眼应自止口处向里侧 2 cm 左右测量。常用于童装、大衣或成衣的风衣中。

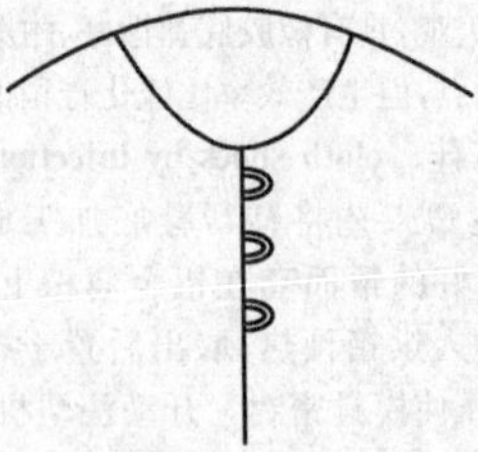

装纽眼

装饰背型　ornament-backed style　设有背缝、背育克、分割线或添加饰物、褶裥、悬垂等形式的背型。外观造型丰富多彩，生动有趣，具有装饰美。

装饰带　trimming　起装饰或兼有装饰作用的薄型带织物。常用棉、丝、化纤、皮革、金属丝等原料编织，配以色纱、刺绣，或钉珠片、亮片、珠管，或烫花、烫钻，或镶有一定形状的物体，将其边缘与饰带缝合固定。外观大方得体，色彩鲜艳。可用作服饰配件。

装饰风格　decoration　一种绘画风格。在服装画中融入巴洛克、洛可可、浮世绘、中国古代装饰画及其他艺术风格，提倡装饰性、平面化和对色彩的高度概括、提炼、加工，通过改变内部图形、外部结构、人物动态、服饰细节等方法，进行图案化归纳，形成一种浓郁的装饰规范美、格局美。可用于装饰环境、出版物的封面及时装广告等。

装饰风格服装画　ornamental style fashion drawing　起源于 20 世纪新艺术和迪考艺术的服装画。艺术家从改变着装人物的具象形态入手，融入原始艺术、巴洛克和洛可可装饰艺术、日本浮世绘、中国古代装饰画及其他东方艺术元素，汲取其单纯的形式美感，提倡装饰性、平面化及对色彩的高度概括和提炼加工，以改变内部形态、外部结构、人物动态、服饰细节等，进行图案化归纳，形成一种浓郁的装饰规范美、格局美。

装饰风格服装画

装饰缝 **ornamental seam, decorative seam** 缝道类型。因服装款式的需要，而非服装结构必须的缝道，主要起装饰作用，多分布在服装的表面。

装饰襟 **ornament closing** 加以装饰性的门襟结构样式。在对襟、叠门襟、偏襟、大襟、琵琶襟、覆盖襟、缺襟等各种样式的基础上，采用镶拼、滚嵌、荡贴、绣绘、悬垂、镂雕等传统工艺方法，使门襟部位的款式、配色、图案、材质、肌理等效果更加丰富多彩。

装饰缲边线迹 **decorative slip stitch** 国际标准 ISO 4915 中编号为 320 号的线迹。针法类似 313 号线迹，由一根针线 1 和一根钩线 a 相互串套形成的线迹。机针穿刺方向与连续线迹方向垂直。优点是拉伸性好，缝料正面不露明线。专用于衣服边缘的缲边。

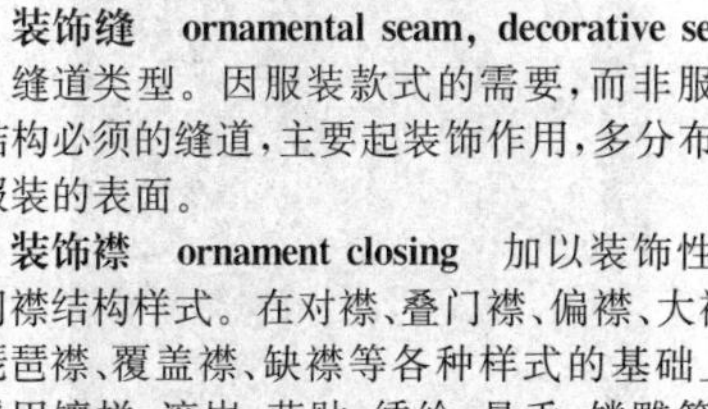

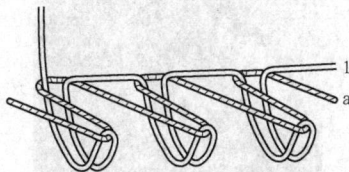

装饰缲边线迹

装饰色彩 **decorative color** 来源于生活与自然，在写生色彩以及观察生活的基础上，根据需要进行高度概括、提炼、归纳和集中而得出的色彩。具有强烈的装饰性、象征性、浪漫性。

装饰绳 **decorative rope** 以装饰为主并有紧扣作用的绳索。原材料有：人造丝、涤纶低弹丝、锦纶丝、丙纶丝和棉纱等。分为：(1)单数锭编绳为扁平绳（带），一般宽度在 1.5 cm 以下，如鞋带；(2)双数锭编绳，为圆形，直径为 0.2～1.5 cm，通常为 8 锭、12 锭或更多锭。编织绳质地紧密、表面光滑、手感柔软、外观为人字交织纹路。用于帽、鞋及服装的紧扣件和装饰件。

装饰线 **ornamental line** 对服装外形起点缀、修饰、美化功能的线条。在本质上区别于结构线和分割线。按属性可分为艺术性造型装饰线和工艺性造型装饰线两种。前者具有装饰功能如交叉线、放射线、流线型线、螺旋线等，还包括配色线、凹凸线、光影线、图案线、抽象线等。后者为服装款式上具体的育克线、覆肩线、镶嵌线、拼接线、明缉粗线、细裥线、抽裥线、叠裥线、花边线、拉链装饰线等。

装饰腰型 **ornament-waisted style** 强调装饰性的腰部造型。可运用装饰线、团花蝴蝶结、结带、饰品等装饰手法，使视线集中于腰部。

装袖错位 **diagonal wrinkles at armhole** 服装外观疵病。衣袖袖山不圆、部位不正，两只衣袖一前一后的现象。形成原因为：装缝衣袖时左右两只衣袖起手与落手的方向不一致，装左面衣袖时，后衣片袖窿处起缝，经过肩缝，直至下段袖窿；装右面衣袖时，从前衣片袖窿处起缝，经过肩缝、后衣片袖窿，直至下段袖窿；吃势不匀或移位；衣袖和衣片的放缝宽窄不一，造成袖山弧线或袖窿弧线的长短不一致。补正方法为：装袖时，在衣袖弧线和袖窿弧线上作好坐缝标记，按照标记坐缝，袖山部位在装袖前作好收缩，使吃势均匀并固定，或先用手针试缝，再做正式装缝，根据袖山、袖窿弧线长短相差的情况，在袖窿下段做适当的拉宽或归拢处理。

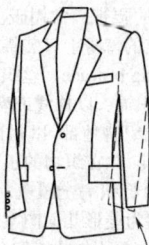

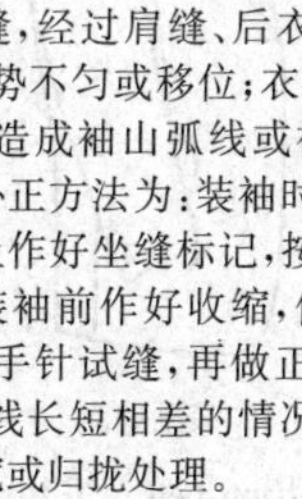

装袖错位

装袖偏后　sleeve handing backward　服装外观疵病。袖山与袖窿缝合后，袖身自然下垂盖住腰袋1/2大小偏后位置的现象。此种状态不符合人体正常手臂状态。

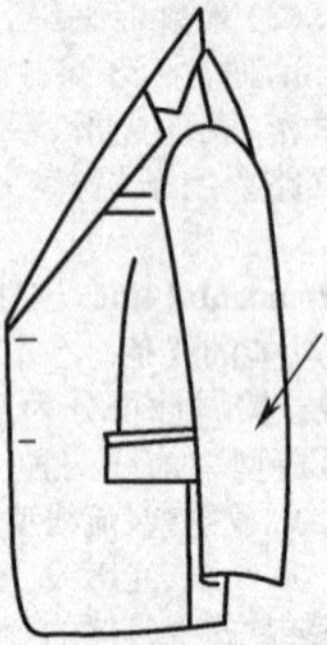

装袖偏后

装袖偏前　sleeve handing forward　服装外观疵病。袖山与袖窿缝合后，袖身自然下垂盖住腰袋1/2大小偏前位置的现象。此种状态不符合人体正常手臂状态。

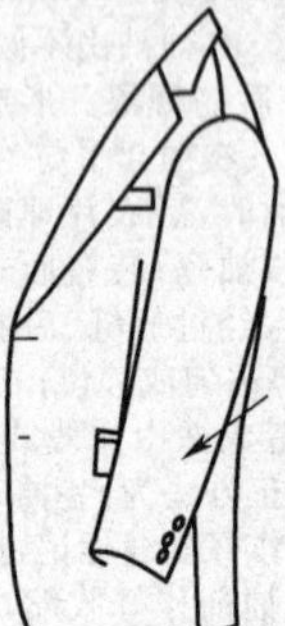

装袖偏前

装腰带　setting belt　采用与衣片分割的方法缝制而成的腰带。常用于上装的下摆部位装腰，裤裙装的裤身上口装腰。

壮锦　Zhuang brocade　丝织物名。中国壮族的传统手工织锦。以棉线或麻线作地经、地纬，平纹交织成织物地部，以粗而无捻的丝线作彩纬织入起花，并在织物的正面和反面形成对称花纹，将地组织完全覆盖。质地松软，富有弹性，纹样多为菱形几何图案，色彩丰富，具有民族特色。主要用作壮族妇女服饰。

壮族服饰　Zhuang ethnic costume and accessories　中国壮族衣着和装饰。壮族分布在广西、广东、贵州、湖南、云南。衣色尚蓝黑。男子穿对襟上衣，即短领对襟的土布上衣，用一排6～8对布结纽扣，胸前安小兜一对，腹前安大兜一对，下摆内折成宽边，并在下沿开对称裂口。着中长裤，长及膝下，束腰带，扎头巾。女子绾髻，戴绣花头巾或头插鲜花，戴十几个大小不一的银项圈和蝶形挂饰，系粉色腰带与短围腰。穿右衽偏襟短上衣，加彩边，着长裤或外套百褶短裙，也有长裙，裤腿边有镶边，在赶墟、歌场或节日则穿绣花鞋。

壮族男子服饰

壮族女子服饰

状方　making rectangular contour　将服装衣身轮廓线，经裁剪、缝制、熨烫，加工成立体的方形。常指上衣后背的造型。状方的技术关键是将衣服的浮余量消除，纵横丝绺要归正。

锥形省 tapered dart 省道种类。省道呈笔尖状，上端平直，下端尖斜。多用于连腰裤的裤后省等。

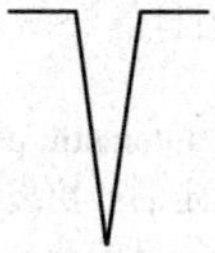

锥形省

锥子 awl 拉出领子、衣摆等部件尖角，或拆掉缝合线时使用的工具。宜选择尖端尖锐且牢固的。也可用于纸样中间定位，如袋位、省位、裥位等，以及用于复制纸样。

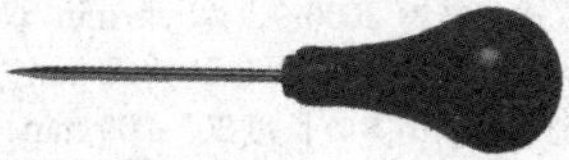

锥子

坠裆 long seat 即“裤后裆肥宽”（292页）。

卓别林风格 Charlie Chaplin Style 借鉴已故美国电影艺术家卓别林的服饰文化而设计的服装风格。卓别林在电影中塑造的都市流浪汉形象，破旧衬衫西装、黑缎带领结、宽大的长裤、黑色圆礼帽、大皮鞋为其特征。为悼念1977年圣诞前夜逝世的著名电影演员卓别林，1978年春夏在巴黎高级时装店展示样品中，让·路易·夏奈尔发表了卓别林风格的夜小礼服格调的时装，曾一度流行。意大利设计师厄尼斯蒂娜·塞利尼（Ernestina Cerini）于1994年秋冬也推出纪念卓别林的系列时装。

着装拘束性 dress bondage 人体穿着服装时受到的着装压迫感。可用来衡量服装对人体的束缚程度，其大小可用着装拘束指数来表达。

着装拘束指数 dress bondage index 通过着装前后服装表面积的变化来客观评定人体着装的拘束性即舒适感觉。公式如下：

$$k=\frac{B-A}{A}\times 100\%$$

式中：k 表示着装拘束指数；A 表示着装前衣服的表面积；B 表示服装覆盖的人体表面积。

着装容积 apparel volume 身着的服装在空间上的容积，是描述服装外观性质的一个指标。着装容积减去人体体积就是衣下间隙的容积。

缁布冠 zibuguan 又称缁撮。中国历史上最早的冠帽。用黑色麻布制作。形状为前高后低，用簪横穿于发髻上。形制很小，只能用于束发。盛行于周、秦、汉各朝代，魏晋南北朝时也有戴用者，多为官宦、文人雅士居家时候用，庶民也有戴用。官宦、文人雅士礼见时则将缁布冠戴于“皮弁”（388页）、“爵弁”（276页）之内。

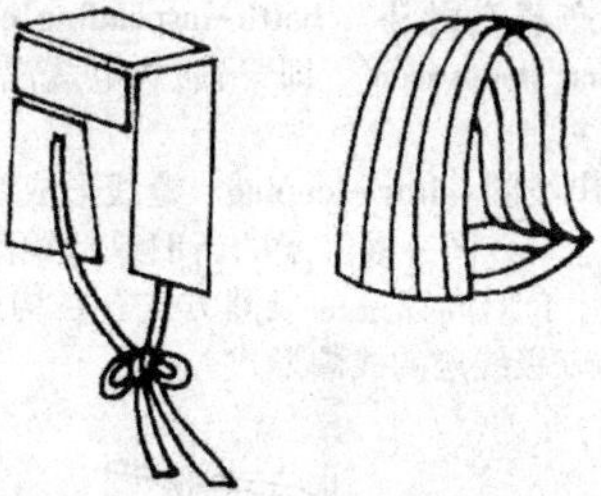

缁布冠

缁撮 zicuo 即“缁布冠”（675页）。

紫貂毛皮 sable fur 又称黑貂毛皮，火叶子皮。小毛细皮的一种。养殖貂皮的一种。毛色为淡紫青色，是青色系毛色貂皮的代表。属较难饲养、产量较少的养殖貂。产于新疆的紫貂毛长绒足，色泽较深，多呈黑褐色；产于黑龙江省的紫貂毛被细密灵活，针毛长，多呈深褐色或黑灰色，色泽光润，皮板足壮；产于吉林省的紫貂毛被丰厚，色泽略浅，针毛黑，但底绒发黄者较多。按要求取皮加工成形状完整，挑开后裆，皮板朝外的圆筒皮，是世界上最珍贵的细毛皮之一，与东北人参和乌拉草合称为东北三宝。毛绒细软灵活，色泽光润，保暖性较强。正品张幅在0.06 m^2以上。制裘后可做高级的裘皮大衣、皮领、皮帽、服装镶边和妇女装头等，制品轻柔美观。

紫花老斗 zihualaodou 中国传统戏曲袍服中不绣花饰的纯色“男素褶子”（368页）的一种。斜大领，大襟右衽，长及足，阔袖带水袖，左右胯下开衩。用未经漂染的茧绸或土黄色布料制作，单层，无衬里。其得名之由，一说为：此衣当初用紫花棉线制作，后来改用粗绸，名未改（齐如山《行头盔头》）；一说紫花布为茧绸的别称。老斗是过去对下层社会老年人的贱称。戏中贫苦劳动人民着此，如《三娘教子》中的薛保、《乌盆计》中的张别古。亦有紫花粗绸女褶子，供土地婆及乡下妇人穿用。

紫色 purple 一般色名。包括各种紫的颜色的总称。属于中性色彩，对视觉器官的刺激也较为一般。在中国传统用色中，紫色是帝王的专用色，如紫禁城、紫诏之说。古埃及则将紫色象征大地。在西方国家，紫色象征着庄重、高贵。

紫妆 zizhuang 见“红妆”(210 页)。

自产蒸汽熨斗 bottle-suspending electro-thermal steam iron 即“吊瓶式电蒸汽熨斗”(100 页)。

自串线圈 intra-looping 缝线形成线圈的形式之一。同一根缝线的新旧退针线圈依次相互串套形成针迹的成圈方式。是构成 100 级、200 级线迹的线圈形式。

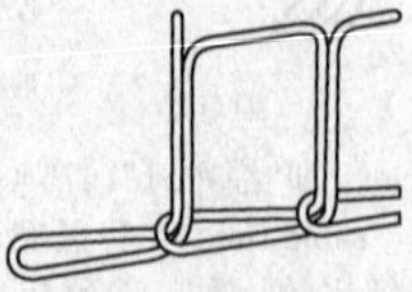

自串线圈

自动拨线装置 automatic thread wiping device 在有自动剪线装置的缝纫机中，为使下一次缝纫的第一针有足够的用线量，自动将机针缝线从针孔下拨出一定缝线长度的装置。

自动缝纫机 automatic sewing machine 借助计算机控制，在一台机电一体化设备上完成若干台机械式缝纫机才能完成的自动缝纫、停针、剪线等工序的缝纫机。由自动监控系统、送料系统和自动起缝机构等部分组成。作业时，根据缝制过程中条件的变化，在检测和反馈后自动进行设定的缝制工作，实现慢速启动、自动定位停针、自动线迹技术、自动加固缝、自动换色线、花样缩放和旋转等功能，自动化、智能化程度高。按用途，分为“三自动平缝机”(443 页)、“自动开袋机”(676 页)和“绱袖机”(458 页)等。

自动功能服装 automatic function wear 对应环境等影响因素而自动或主动具有某些特定功能的服装。如可以随气候变化自动调温的服装。采用光色性染料染色制成，能与环境颜色同步变化的自动变色服装。英国研制的在中空纤维内注入能根据温度改变色泽的温敏液晶颜料的变色内衣。

自动剪线装置 automatic thread cutting device 缝纫作业结束时，自动剪断面线和底线，使线头残量控制在 2～3 mm，满足工艺标准要求的装置。

自动开袋机 automatic pocket welting machine 按预先设定的嵌挖袋参数，在衣片上自动完成服装嵌挖袋口的开裁和缝制的专用缝纫机。由双针平缝机头、滑板移动机构、夹料机构、叠料机构、中刀和三角刀机构、光电定位系统、脚踏板控制系统和操作面板等部分组成。集光、电、气、机械于一体，自动化程度高。能完成上装、西裤、大衣等服装的有袋盖、无袋盖的直袋，斜袋的单、双嵌挖袋和拉链袋等6～8 种嵌挖款式。转速 2000～3000 针/min，双针距离 8～20 mm，正常缝针距1.5～3.7 mm，加固缝针 0.5～1 mm，袋口长度20～200 mm。加工的袋口规格均一，平整美观，是中、高档服装嵌挖袋缝纫作业的必备设备。

自动停针位装置 automatic needle position device 缝纫机上使机针自动停在规定位置的专用装置。有两个上停针位和一个下停针位。第一停针位为开机上停针位，接通电源后，机针上起，送入布料进行缝前准备；第二停针位是中途下停针位，以机针为中心转动缝料；第三停针位是剪线上停针位，反踩脚踏板，自动剪断底面线。

自然背型 natural-backed style 由人体穿着后的自然形状构成的背型。一般无背缝，无背育克，无分割线。男装无肩省。外观轮廓清晰简洁，穿着自然轻松。在直身型和宽身型服装上运用较多。

自然光 natural light 白天户外的光线。自然光下的化妆效果可以显示得完整、准确。化妆时，理想的自然光是上午 9～10 点钟和下午 15～17 点钟的户外阳光，以顺光为好。

自然肩型 natural- shoulder style 上衣肩宽、肩斜度与人体肩宽、肩斜度相吻合的外观形状。给人自然、轻松和合体的感觉。一般适用于直身型和紧身型服装，可配装袖、连袖、装连袖、套袖等袖型。

自然凝胶甲 natural gel nail 水晶甲的一种。直接通过凝胶与速干剂的配合使用制作的水晶指甲。是水晶甲中做法最简单的一种。因其不如其他指甲材料坚固，只能适于对自然指甲的修补与简单装饰,发挥余地较小。

自然型男性 **natural male** 见"自然型人群"(677 页)。

自然型女性 **natural female** 见"自然型人群"(677 页)。

自然型人群 **nature group** 又称随意型人群。人体体貌及服饰风格的一种。量感适中,女性偏小,轮廓较柔和,线条简洁,整体印象为纯朴、亲切、随和、健康。人体型特征:通常身材无明显曲线,脸部和五官棱角也不锋利,神态随意轻松。服饰特征集中表现为自在天然,服装质地朴素大方,多为经久耐用、无强烈光泽感的天然面料,如棉、麻、粗呢、牛仔布、灯芯绒、花呢和表面粗糙的编织品;色彩多为个人色彩群中柔和、素雅的天然色彩;图案不花哨,多为线条简洁的格子、平和的条纹、几何图形、自然花草风光和手工编织的图案等;款式宽松随意;饰品材质天然、造型质朴或具有民族风格,略大,如贝壳、仿象牙等。发型随意。自然型人群又分为自然型女性和自然型男性两种。(1)自然型男性多穿造型简单大方的 H 型单排扣西服,衬衫多方领、有领尖扣,领带素雅,多为圆点、条纹等几何型图案;休闲服略宽松,少装饰;鞋子简洁大方,布包或皮包,无醒目装饰;可长发。(2)自然型女性:职业装多为造型简洁的直线裁剪类服装,休闲装多为款式简单大方、宽松随意的棒针衫、T 恤衫、牛仔服、A 字裙、短裤等;项链等饰物天然、略大,鞋包无过分装饰,多漂亮的低跟浅口鞋、低跟靴子、平底便鞋,皮质柔软的挎包、编织包、布包等;淡妆,忌纹饰。

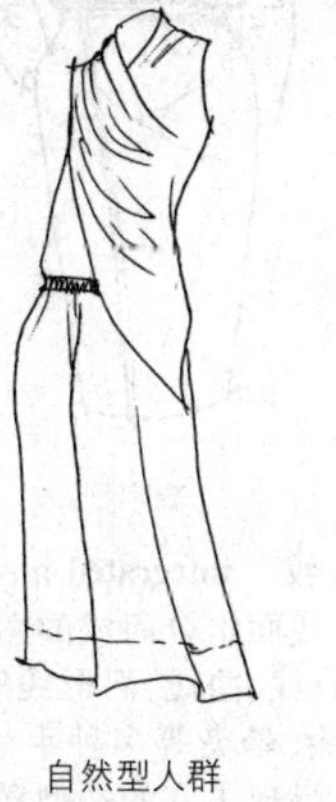

自然型人群

自然胸型 **moderate-bust style** 又称适中胸型。根据人体实际情况进行的服装胸部造型。是一种现实主义的造型方法。多用于胸衬,体现人体胸部的自然线条,具有轻、柔、弹的特点。适用面较广,包括紧、直、宽身造型的女装。穿着后自然得体,活动便利。

自热式蒸汽电熨斗 **electrothermal steam iron** 即"电蒸汽调温熨斗"(99 页)。

自由分割 **free division** 在服装外廓型确定的前提下,服装的内分割并不是以单纯的纵向、横向、斜向、圆弧、交错进行,而是将上述几种分割相结合。与其他的分割法相比,自由分割更为随意灵活,但仍需依照形式美法则。

自由连锁店 **voluntary chain stores** 即"自愿连锁店"(677 页)。

自愿连锁店 **voluntary chain stores** 又称自由连锁店。由若干中小零售商为了与大型直营连锁组织和商业集团竞争,自愿组成的联合组织。一般由当地知名的零售商和批发商牵头,联合若干小型商店组成连锁组织,负责统一进货、分销,为各成员提供各种服务,降低整体运营成本,同时各成员店实现信息共享,利用众多销售网点合作销售,获得规模效益。自愿连锁店的各分店在资金和经营上独立,不需要大量资金投入建立新店,市场拓展迅速,各分店经营弹性也较大,便于应付地区性竞争,满足地区性顾客需求。

字花 **alphabetic character pattern** 即"文字图案"(546 页)。

A 字型 **A-line** 服装整体轮廓呈 A 字的造型。一般为上部紧身,下摆放宽,呈现上小下大的外轮廓。下摆放大就使外轮廓线由竖线变为斜线,增加了服装的长度,呈现华丽、飘逸、浪漫感觉。1947 年法国设计师迪奥(Dior)发布的新风貌女装呈典型的 A 字造型。

A 字型

H字型　H-line　服装整体轮廓呈H字的造型。采用直线构成的宽松长方形轮廓，遮掩胸部、腰部和臀部的曲线，显得简洁和随意。20世纪20年代的新样式女装和90年代的回归自然风潮女装均呈H字型。

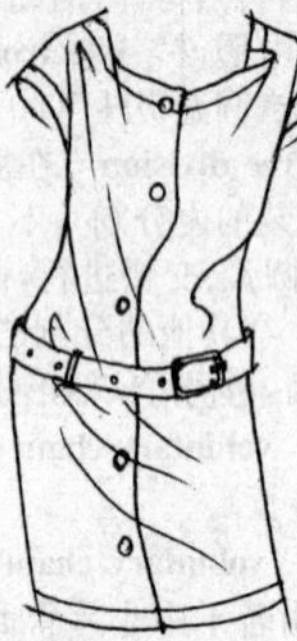

H字型

O字型　O-line　服装整体轮廓呈O字的造型。外形呈灯笼状。采用强调肩部弯度和收紧下摆的方式，使躯干部位的外轮廓达到造型要求。

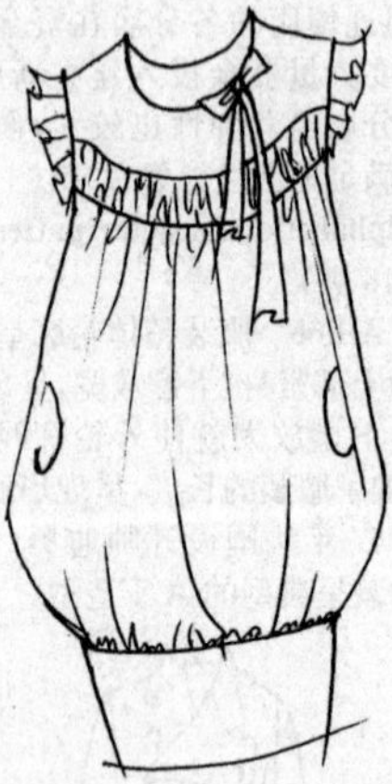

O字型

V字型　V-line　服装整体轮廓呈V字的造型。肩部较为平宽，下摆相对紧窄。流行于20世纪80年代初期。因为外形呈V字型，带有一些女强人的感觉，所以适合职业妇女穿着，办公套装造型就属典型的V形服装。

X字型　X-line　A字型和Y字型的综合造型。取躯干的任何部位作横向收紧，夸大肩部和裙摆造型，形成强烈视觉对比。这种造型最能体现女性的富丽和浪漫，17世纪的巴洛克女装属典型的X字型，此外晚礼服和婚纱也多用此造型。

X字型

Y字型　Y-line　服装整体轮廓呈Y字的造型。通常使用垫肩使肩线平直、加宽，腰身收紧且下半身合体，形成上大下小，上身向外扩张开而下身细长的感觉，1955年法国著名设计师迪奥(Dior)首创这一造型。用于男服可显示出男性的威武、健壮；用于女服则显得男性化。

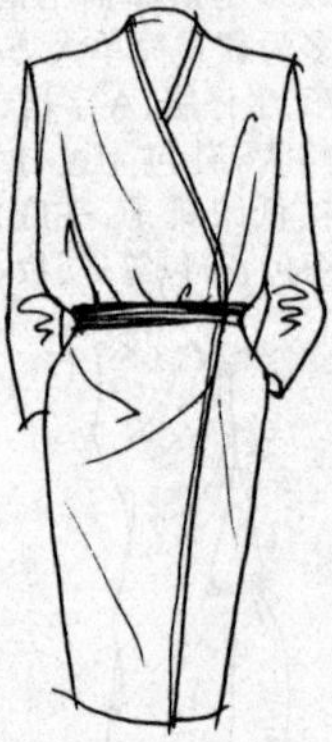

Y字型

综合抽象纹　integrated abstract pattern　各种抽象点线面组合而成的图案。剔除物象的概念，以直线、曲线、涡形线等组合的面，结合徒手、平涂、晕染等多种手法，配以不同的材料与工艺呈现丰富的造型样式。以无主题性与强烈的形式感，成为传统而兼具现代感的服饰图案。

综合工艺图案 **integrated crafts pattern** 综合多种材料和工艺构成的服饰图案。以珠片、纽扣、丝带、羽毛等为装饰材料，结合拼贴、补缀、褶皱、堆积、镂空、刺绣等工艺塑造表现图案，呈现平面或立体的图案造型样式，多以定位图案样式为表现，造型丰富而别致，是现代服饰设计常见的工艺样式。传统日本和服以综合手绘、扎染、刺绣工艺来表现图案；中国的苗族以综合蜡染、色织、刺绣等工艺表现服装图案。

综合工艺图案

综合色彩对比 **comprehensive color comparison** 多种色彩组合后，由于色相、明度、纯度等的不同，产生的总体效果。这种多属性、多差别对比的效果，要比单项对比丰富、复杂得多。设计师在进行多种色彩的综合对比时要强调、突出色调的倾向，使某一方面处于主要地位，强调对比另一方面。如从色相角度可分为浅、深等色调倾向。从明度角度可分浅、中、灰等色调倾向。从感情角度可分冷、暖、华丽、古朴、高雅、轻快等色调倾向。

综合色彩推移 **comprehensive color passage** 将色彩按等差级数的顺序由鲜到灰或由灰到鲜进行排列组合的一种渐变形式。互补推移是处于色相环通过圆心 180°两端位置上一对色相的纯度组合推移形式。

综合送布 **comprehensive feed** 缝纫机推送缝料的形式之一。缝纫机的压脚、送布齿条和针共同握持缝料且同步移动的送布方式。使用走步压脚，适于缝制弹性较大的缝料，可防止缝料走布不爽的弊病。

棕貂皮 **brown marten** 即“石貂毛皮”(465 页)。

棕色 **brown** 惯用色名。古罗马将棕色视为谷类女神的神圣颜色，在中世纪的欧洲，棕色是日常服装的常用色彩，西方天主教方济各会的修道士们都穿着棕色的法衣。中国元代，也广泛使用棕色。棕色有红棕色到黄棕色等许多种，明度低，色彩性格不太强烈，容易与其他颜色相配，尤其与纯色，如蓝、白、黑、米黄、咖啡等相配时，有一种新鲜感。20 世纪 90 年代，回归大自然风行，由于能联想到泥土、沙漠、森林等色彩，棕色成流行色。

总肩宽 **across back shoulders, S** 又称横肩宽。在后背处从左肩骨外端经后颈点(第七颈椎点)，到右肩骨外端的弧形长度。见“人体长度尺寸”(426 页)。

总体热防护性能 **total thermal protective performance** 通过织物表面导致人体 2 度烧伤(灼伤)所需热量的测定评价服装总体的热防护的相对能力。通常通过总体热防护性能测试仪对织物的总体热防护性能进行测试。测试值越大，织物或服装的总体热防护性能越好。

纵断舌式皮鞋 **longitudinal section tongue leather shoes** 鞋舌与前帮纵向断开的舌式皮鞋。鞋舌纵向断开后，与前帮跗背形成整舌盖，整舌盖处于脚背弯曲部位，纵向的线条显示出其简洁风格。

纵断舌式皮鞋

纵截面测量仪 **body vertical section measurement** 使用纵向滑杆的位移测量人体前中、后中、前胸、后背等纵截面形状的仪器。由固定的纵、横轴及可移动的纵向插杆组成。当人体测量时，纵向插杆则移动，接触人体后静止，此时可从插杆位移量中分析人体纵向各个部位的大小及纵向截面图，并计算出面积。

走兽图案 **beast pattern** 描绘猫、狗、虎、马等哺乳动物的图案。图案历史悠久，中国明清的武官官服补子以狮子、虎、豹、熊等动物来区分官位。走兽图案或以头部五官刻画为重点，塑造动物性格的表现；或抓住动物瞬间动态的表现，呈现动物造型特征。威猛彪悍的走兽造型适用于成年男性休闲服装的图案表现；可爱顽皮的走兽造型适用于儿童服装的图案表现。

走兽图案

走水 zoushui “打衣打裤”(78页)的装饰性部件。

走台模特 catwalk model 通过在舞台上走动展示服装的模特。模特中最普遍的一种。出现的场合多种多样，如高级时装发布会、大型庆典演出、流行趋势发布会、促销表演等。走台模特要具备的专业要求很多：女模身高1.75 m以上，男模身高1.85 m以上，拥有扎实的走台技巧并能形成个人风格，掌握展示不同风格服装的表演性动作和姿势，能通过自身的表情和肢体语言与观众进行交流，具备与他人配合的能力，能应变演出中的突发状况。

足部护理 foot care 对足部进行的保养护理。脚掌只有汗腺，没有皮脂腺，容易出现干燥、粗糙、蛇皮状纹。特别在寒冷冬天，新陈代谢缓慢，角质不易脱落，加上皮肤干燥缺水，形成厚厚的硬皮阻挡水分和营养的吸收，使足部皮肤更粗硬。如果经常走路、承重，双足会疲劳、肿胀。鞋对脚的约束以及与脚跟、脚底的摩擦，会使趾间长出硬皮，甚至老茧。日常足部保养护理包括清洁、去死皮、浸泡、修甲和按摩等。

足长 foot length, FL 从足后跟点至最长的足趾尖点(第一趾与第二趾)之间，平行于足后跟点至第二趾尖点的连线的最大直线距离。设计鞋、袜结构的重要参考值。见“人体长度尺寸”(426页)。

足后跟点 pternion, Pte 人体测量点。立姿时，足后跟部向后最突出的点。

足颈点 ankle point, Ank 人体测量点。小腿最细部位的外侧点。

足宽 foot breadth 足趾根部内侧间与足纵轴相垂直的最大距离。设计鞋、袜结构的重要参考值。见“人体长度尺寸”(426页)。

足球鞋 football shoes 专业比赛用足球鞋。通常在皮鞋厂生产。帮面用柔软且极富弹性的牛粒面革制作，强度高，吸湿透性良好，有一定的伸展性，穿着舒适，经特殊处理的还有防水功能。帮面为矮帮通背系带式结构，主跟包头均为半刚性或软质材料，鞋底用热塑性弹性材料(TPR)等制成，具有良好的弹性和防水功能。前后掌均有胶钉，通常为前8后4，胶钉为圆形或其他形状，有的胶钉可根据草地草长短情况临时更换(鞋底上有螺旋孔，不同长短形状的胶钉可旋上拧下)。

足球训练鞋 football training shoes 供青年学生或足球业余爱好者训练和比赛时穿用的鞋。鞋帮以黑色帆布或迷彩布为主，鞋头部有较大的橡胶外包头，以便较好地保护脚趾。鞋底有凸出的圆形或椭圆形橡胶钉，增大与草皮地面的摩擦以便在球场上快速跑动。矮帮结构，踝骨外露，以保证脚在奔跑时运动自如。通背系带式，使整鞋能较好地和脚吻合，以适应高速跑动的需要。

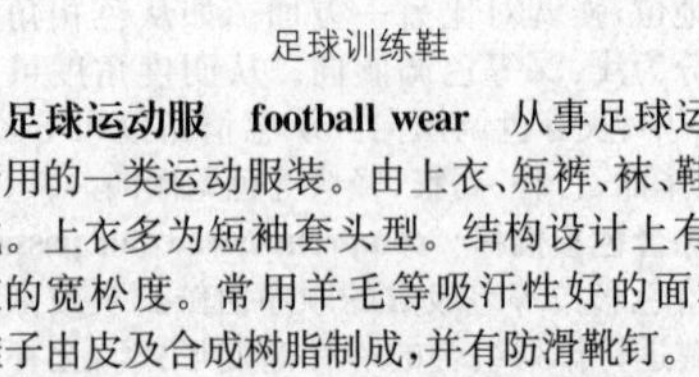

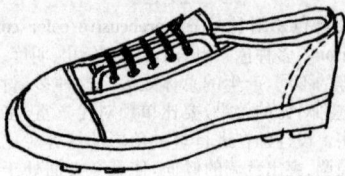

足球训练鞋

足球运动服 football wear 从事足球运动着用的一类运动服装。由上衣、短裤、袜、鞋组成。上衣多为短袖套头型。结构设计上有一定的宽松度。常用羊毛等吸汗性好的面料。鞋子由皮及合成树脂制成，并有防滑靴钉。

卒坎 zukan 中国传统戏曲中坎肩的一种。对襟，圆领，左右开衩，长及髋。红色绸料制作。胸、背正中缀圆形白色绸布，绣勇或卒字，或美化为绣团花，边缘加饰纹样。用于兵卒及探子等。习惯在其反面衬黄布，绘虎皮纹，可翻转供小鬼、夜叉着用，称虎皮坎肩或虎皮披挂。

ISO 9000 族标准　International Organization for Standardization 9000　即"质量管理体系认证"(662 页)。

阻燃纤维　flame retardant fiber　通过物理或化学方法达到一定阻燃效果的纤维。阻燃指降低材料的可燃性，减慢火焰蔓延速度，其实质是破坏织物中纤维的燃烧过程。极限氧指数(LOI)26～34 为难燃纤维，超过 35 为不燃纤维。阻燃纤维分为：(1)纤维本身具有阻燃性能，如聚间苯二甲酰间苯二胺纤维、聚酰胺—酰亚胺纤维、聚酰亚胺 2080 纤维、聚苯并咪唑纤维等；(2)常规纤维通过阻燃改性，可使用共聚法、共混法、接枝改性法和皮芯复合纺丝法。广泛应用于服用纺织品、室内装饰织物、交通运输、防护及工业用纺织品。

阻燃整理织物　flame retardant finished fabric　经过阻燃整理剂整理，遇有明火不易着火或能延缓燃烧，离火后立刻自熄的织物。根据阻燃效果的耐久性，可分为暂时性、半耐久性和耐久性三类。常用的有阻燃棉织物、阻燃黏胶纤维织物、阻燃毛织物和阻燃涤纶织物。可用作儿童睡衣、卧床病人睡衣和低档消防服等的面料。

阻染法　blocking method　利用颜料中油性颜料(油画棒、蜡笔、油性麦克笔等)与水性颜料(水粉、水彩、水性铅笔等)相互不溶的特性，以一种颜料作纹理，另一种颜料附在上面，从而产生两种颜料相分离效果的绘画技法。多用于深底浅色面料的表现，如蓝印花布、蜡染面料和镂空面料等。

阻染法

组合式救援医用服　assembled rescue-medical clothing　又称重宁爱心救援医用服。将一般医用服装设计成用拉链、四合扣或纽扣来拼合并可拆装的服装。由重庆市许重宁中学生设计发明得名。为了便于病员在不翻身情况下穿着或脱卸服装，将一般医用服装设计成袖底缝、衣侧缝、前衣中缝等有连接装置的服装，拼装时用拉链、四合扣或纽扣来拼接。必要时可拆卸为长裤、短裤、长袖、短袖、袖筒、裤腿、口袋等服装和部件，完全解体时可成为一块被单。适用于因烫伤、瘫痪等疾病而不便翻动穿衣裤的人使用。

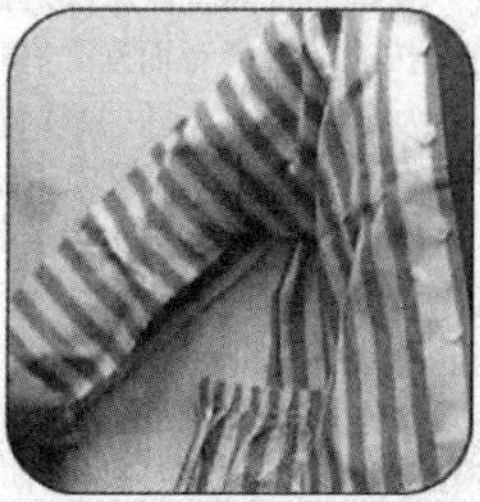

组合式救援医用服

组合套装　unmatched suit, unmatched separates, package suit　由上装、马甲、裙子(或裤子)、衬衫等组成的套装。20 世纪 80 年代较为流行。服装的面料、色彩、花型等各不相同，但整体风格较为协调。因为适合搭配组合，尤其是职业女性的穿着。

组合胸衬　combined chest interlining　又称胸垫。用于西服的以黑炭衬和马尾衬为主，并辅助胸绒、牵条衬、棉衬等缝制而成的衬。先按西服款式和型号制成样板，然后按样板将各类衬布裁成片料；再经开省和锯齿形缝合，熨烫定形成组合衬。组合衬可简化服装加工工艺，提高工效，保证服装规格造型一致，组合衬和服装一样有各种号型，不同号型的服装配不同号型的组合衬。组合衬分全幅组合衬和半幅组合衬。

组装过程　assembling process　把衣服的各个部件缝合在一起的生产过程。如上装的衣袖与衣身缝合，衣领与衣片缝合、袖头与袖身缝合等，下装的绱门襟、绱腰头等缝制工序。

组装塑料鞋　assembled plastic shoes　塑料鞋帮鞋底分别成型后再通过机械或化学方法

结合的鞋。鞋底多数为有一定厚度(8 mm以上)的发泡塑料片,经冲切成型后,在其周边或中部钻孔,将注塑成型的鞋帮条带脚(具有钉头结构)在加热和润滑剂的帮助下装入钻孔中。有的注塑成型单元底在其侧面预留凹形槽,通过胶粘剂、热烫或钉子等将其与鞋帮连接。鞋底可用PVC塑料或EVA、PE发泡塑料制作。EVA和PE鞋底的防湿滑性差,不适合在有水的光滑地面上穿用,PVC鞋底防湿滑性能相对较好。

祖母绿 emerald 铍铝硅酸盐晶体,硬度7.5～8级。属绿柱石类。经丝绸之路传入我国,其名称是按波斯语译音而来。青草般的色泽使它被誉为绿色之王,绿色愈浓价值愈高。一般颗粒都很小,作为宝石级大都在0.2～0.3克拉,超过0.5克拉,就被称为上品。

钻孔机 drilling machine 服装厂普遍采用的定位工具。由电机、水准仪、钻针和机架等部分组成。作业时,将钻孔机放在需要作记号(如袋位、省位、刀眼位等)的面料层上,调整钻孔深度,旋转钻针,在衣片上钻出一个凹孔。一般钻针直径有1.2 mm、1.8 mm和2.2 mm几种,钻深可达200 mm。具有生产效率高、操作简单等特点。后续缝纫作业中需对钻孔记号作消除工艺处理。

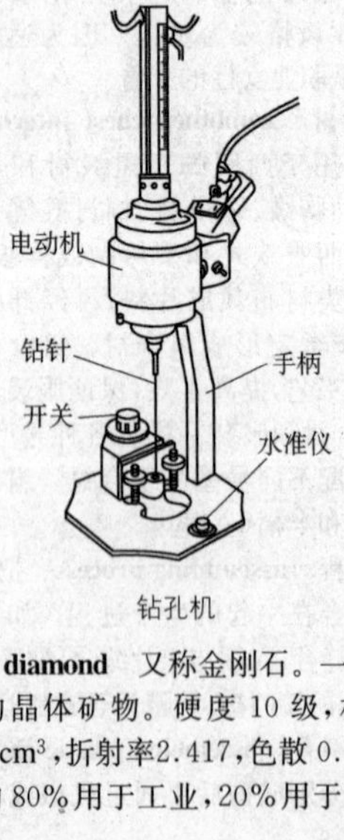

钻孔机

钻石 diamond 又称金刚石。一种由碳元素构成的晶体矿物。硬度10级,相对密度3.521 g/cm³,折射率2.417,色散0.44。世界总产量的80%用于工业,20%用于首饰和收藏,但这20%的价值相当于工业钻石价值的五倍,要生产切磨好的1克拉钻石,须从钻石矿藏中挖出约250吨矿石。

钻眼 drilling 用裁剪工具在裁片上钻出细孔作为缝制标记。细孔应在可缝去、可遮盖的部位上,以免影响产品美观。

钻眼位置符号 drilling mark 服装结构制图符号。表示为使上下各层裁片一致,服装裁片在相应部位需钻眼的位置。

钻眼位置符号

嘴角 mouth corners 上下唇尾交汇的锐角部分。化妆时把这个角度描绘清楚,唇线会美丽有型。

最大背宽 maximum back width, MBW 两手合拢向前伸状态下,从后背左腋窝点水平量至右腋窝点间的距离。工作服类上装背宽设计的重要参考值。

最高缝纫速度 maximum sewing speed 缝纫机主要性能参数。缝纫机正常缝纫条件下能承受的最高缝纫速度。

最新流行色 high fashion color 在一般人普遍采用某种颜色使之成为流行色以前,一部分时髦而敏感的人率先采用的颜色。

最终价格 final price 即“零售价格”(319页)。

最终检验 ultimate testing 即“成品检验”(60页)。

罪衣罪裤 zuiyizuiku 中国传统戏曲中专供罪犯着用的服装。一般为红色布料。男式为上衣立领,大襟右衽,窄袖,下着长裤;女式为立领,对襟,排蓝色疙瘩襻,下着长裤,衣裤周沿镶蓝色双边。男女均可加腰包。

醉妆 drunk style 中国古代妇女面妆的一种。先施白粉,再涂以浓重的胭脂,如酒醉然。流行于五代。先为宫女所饰,后普及民间,成为一时风尚。

作圆 making round 将服装某部位轮廓线,经裁剪、缝制、熨烫,加工成圆顺形态。常指袖山、胸部的造型。作圆的技术关键是加工部位的丝绺要归正，根据造型需要确定与之相适应的里外匀。

作战靴 **combat boots** 供陆军战士穿用的系带式矮腰靴。以模压或注胶方式成型。帮面为经防水处理的软牛皮革制成，衬里为具有优良吸湿和耐磨性能的非织造布。为防止沙石尘土等进入鞋内，鞋舌两边加防尘布，并与两边鞋耳缝合。靴外底为具有良好的弹性、抗撕裂性和防火功能的硫化橡胶，鞋底有粗犷的防滑花纹。内底为特种纸板，重量轻，吸排湿性好。内外底间夹有特种防刺穿片材，通常与外底连成一体。鞋跟高度15 mm左右。鞋带材料以摩擦系数大的棉纤维为主，加入少量合纤以增加强度和耐磨性。

坐缝 **seam inadequately turned over** 服装外观疵病。需分开或两层夹合后需要翻向正面的衣缝，其衣缝因未分足或翻足还遗留一些藏在里面的现象。补正方法为将卷缩在里面的衣缝朝外推足，熨烫服帖。

坐跟 **dropping-in** 鞋后跟部向下塌的现象。操作不当造成主跟安装不到位，或者主跟材质刚度和弹性不符合要求造成主跟变形所致。

坐缉缝 **tucked seam, lap seam, laped seam** 又称拉剥缝。缝型类型。将两片缝料正面相对缝合，缝份折向衣边，然后翻向缝料正面，抹平，使缝道旁无折倒的余量，再在上层的缝料上车缝线迹使之固定，常用于需加强牢度的缝迹。

坐缉缝

坐落 **wrinkles** 服装外观疵病。因服装部位不合体型或衣片长短配合不当而形成的斜形折皱，面料表面下沉的现象。常见于衣袖后袖缝、衣身侧缝等部位。

坐式操作 **seated operation** 作业工人坐着加工劳动对象的工作方法。服装企业缝纫车间衣片缝合加工、检验等作业以坐式操作为主。

坐烫里子缝 **pressing open lining seam** 将里布缉缝坐倒熨烫的动作。坐量为0.2 cm左右。

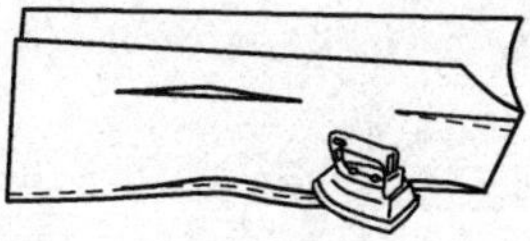

坐烫里子缝

座倒缝 **lapping seam** 缝型类型。将两块缝料正面相对缝合后，缝边向其中一块缝料的一侧折倒使缝边稳定，同时有一定的座量，当服装受力时，该缝型的座量可应对变形，以保证服装外观的平服，常用于里布与面布、里布与里布的缝合。

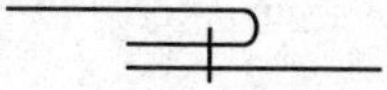

座倒缝

做插笔口 **making pen opening** 在胸袋上制作可插钢笔的开口的动作。

做垫肩 **making shoulder pad** 用布、棉花、中空纤维等材料制作衣服垫肩的动作。垫肩形态分平面状、翘肩状、圆状三种。垫肩厚度根据造型需要而定，一般为0.5～1.5 cm。

做领舌 **sewing collar-tongue** 做中山装底领伸出的状如舌头的里襟的动作。

学科分类索引

1. 服装材料

1.1 服装面料

1.1.2 针织物

1.2 服装辅料

1.3 新纤维

2. 服装舒适性与功能

3. 时装表演

4. 服装品种

5. 服装摄影

6. 服饰品

6.1 首饰

6.2 鞋

6.3 帽

6.4 其他

7. 服装结构工艺设计

7.1 结构设计

7.1.1 结构设计

7.1.2 衣身部件

7.1.3 疵病

7.2 工艺设计

7.2.1 排料与裁剪工艺

7.2.3 缝型、线迹与手工缝纫

7.2.4 熨烫工艺

8. 服装款式设计

8.1 服装设计

8.1.1 服装设计原理与方法

8.1.2 服装类别设计

8.1.3 服装细部设计

8.2 服装画

9. 服装设备与仪器

10. 服装生产管理与营销

10.1 服装生产

10.2 服装管理

10.3 服装营销

11. 服装史

11.1 中国服装史

11.2 西方服装史

12. 服装厂设计

13. 形象设计与妆饰

13.1 形象设计

13.2 妆饰

13.3 美容与美甲

14. 服装图案与色彩

14.1 服装图案

14.2 色彩

15. 编结

16. 服装工业数字化技术

17. 少数民族服饰

18. 戏曲服装

19. 功能性服装

20. 人体测量与体型分类

20.1 人体测量

20.2 体型分类

插图索引

D

T